Springer Collected Works in Mathematics

More information about this series at http://www.springer.com/series/11104

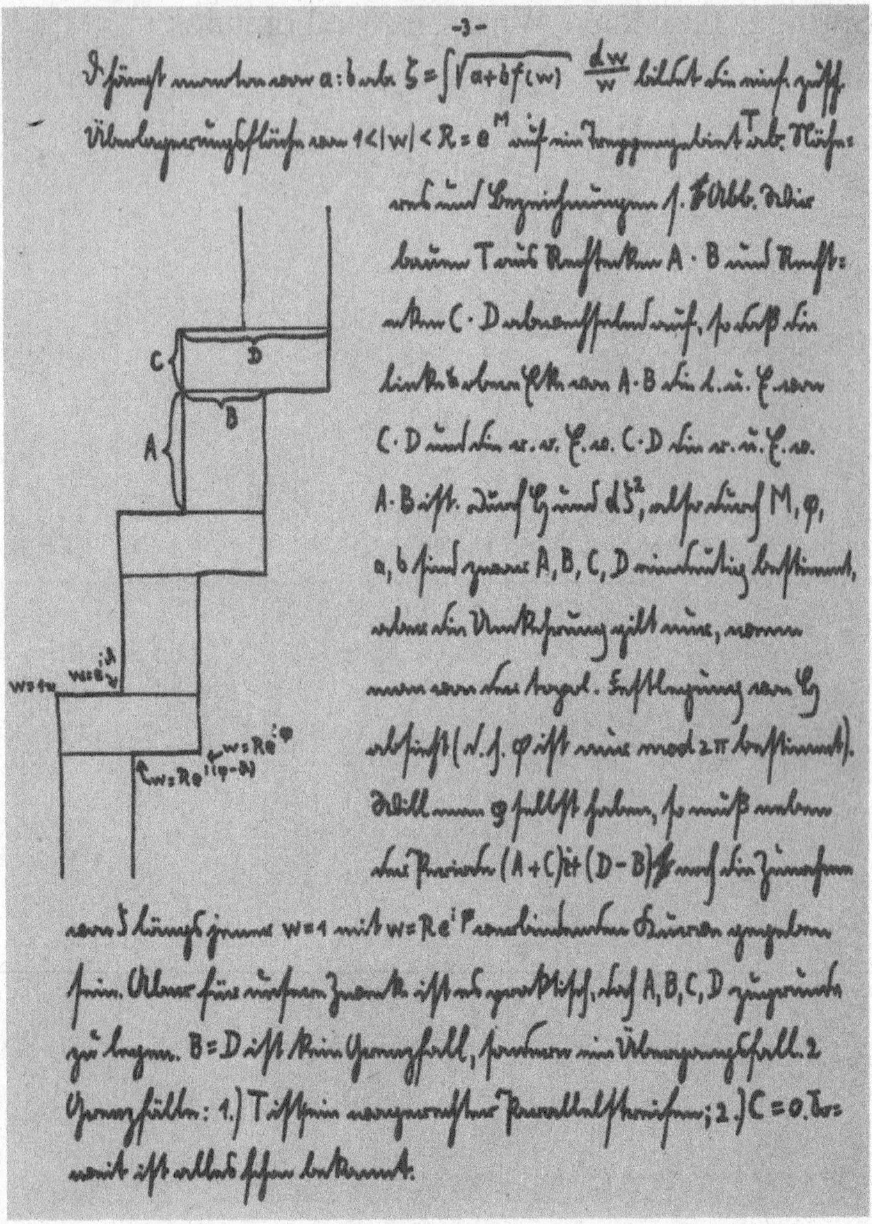

Aus einem Brief von Teichmüller an Professor E. Ullrich
Mit freundlicher Genehmigung von Frau L.-D. Ullrich und Professor H. Wittich

Oswald Teichmüller

Gesammelte Abhandlungen - Collected Papers

Editors
L.V. Ahlfors
F.W. Gehring

Reprint of the 1982 Edition

Springer

Author
Oswald Teichmüller (1913 – 1943)
University of Göttingen
Germany

Editors
L.V. Ahlfors
Harvard University
Cambridge, MA
USA

F.W. Gehring
University of Michigan
Ann Arbor, MI
USA

ISSN 2194-9875
Springer Collected Works in Mathematics
ISBN 978-3-662-47009-1 (Softcover)
978- 3-540-10899-3 (Hardcover)
DOI 10.1007/978-3-642-15094-4

Library of Congress Control Number: 2012954381

Mathematical Subject Classification (2010): 30.0X, 01A75, 09.1X, 10.0X, 27.0X

Springer Berlin Heidelberg New York Dordrecht London

Printed on acid-free paper

Springer-Verlag GmbH Berlin Heidelberg is part of Springer Science+Business Media
(www.springer.com)

OSWALD TEICHMÜLLER
GESAMMELTE ABHANDLUNGEN
COLLECTED PAPERS

Herausgegeben von

L.V. Ahlfors und F.W. Gehring

SPRINGER-VERLAG

BERLIN HEIDELBERG NEW YORK 1982

Lars V. Ahlfors
Department of Mathematics, Harvard University
Cambridge, MA 02138, USA

Frederick W. Gehring
Department of Mathematics, The University of Michigan
Ann Arbor, MI 48109, USA

ISBN 978-3-540-10899-3 Springer-Verlag Berlin Heidelberg New York
ISBN 978-3-540-10899-3 Springer-Verlag New York Heidelberg Berlin

CIP-Kurztitelaufnahme der Deutschen Bibliothek
Teichmüller, Oswald:
Gesammelte Abhandlungen = Collected papers/
Oswald Teichmüller. Hrsg. von L.V. Ahlfors u. F.W. Gehring.-
Berlin; Heidelberg; New York: Springer, 1982.
NE: Teichmüller, Oswald: [Sammlung]

Offsetdruck: J. Beltz, Hemsbach. Bindearbeiten: Konrad Triltsch, Würzburg
2141/3140-543210

Editors' Preface

Oswald Teichmüller was born June 14, 1913 in Nordhausen, Germany. He was reported missing on the Eastern front in 1943. During his short life he wrote 34 papers, all reproduced in this volume. A search for unfinished manuscripts after his death was unsuccessful.

The publishers have rightly decided to let Teichmüller's work speak for itself. His papers have been notoriously difficult to locate. Not only were there very few subscribers to Deutsche Mathematik outside Germany, but even the papers that appeared in more reputable journals were mostly published during World War II, and many libraries show extensive gaps in their holdings of German periodicals from that period. For this reason the present volume is one of collected rather than selected papers. An even more compelling reason for choosing the format of collected works was the desire to present the whole picture of Teichmüller as a working mathematician. Any kind of selection on the part of the editors would have been contrary to this aim.

There is no doubt that the most important part of Teichmüller's work is the one connected with quasiconformal mapping and Riemann surfaces. It has very decidedly changed the course of that particular branch of analysis. Already in 1928 H. Grötzsch had introduced the notion of quasiconformal mapping (under a different name), but it remained a side-issue until Teichmüller saw its significance in an entirely new light.

Teichmüller's most influential paper was called "Extremale quasikonforme Abbildungen und quadratische Differentiale" (No. 20 in this collection). At the time of its appearance several special cases of extremal problems for quasiconformal mappings had already been solved, and Teichmüller was able to draw on a substantial fund of experience. Nevertheless, it was a remarkable feat to extract the common features of all the known examples and formulate a conjecture, now known as Teichmüller's theorem, which in an unexpected way connects the holomorphic second order differentials on a Riemann surface with the extremal quasiconformal mappings of that surface. The paper of 1939 contains a uniqueness proof, which is essentially still the only known proof, but not yet a rigorous existence proof. This did not prevent Teichmüller from laying the foundation of what has become known as the theory of Teichmüller spaces, a theory that has mushroomed to an extent that could not then have been foreseen. At the same time Teichmüller's work led to a deeper understanding of the fundamental role played by quasiconformal mappings in all of geometric function theory, and it foreshadowed the subsequent development of the theory of quasiconformal mappings in several dimensions. It is a fact that the whole theory of analytic functions of one complex variable has been greatly enriched by the inclusion of quasiconformal mappings, much of it based on Teichmüller's seminal ideas.

Teichmüller's style was unorthodox, to say the least. He himself was well aware of the difference between a proof and intuitive reasoning, but his manner of presentation makes it difficult to follow the frequent shifts from one mode to another. He finally gave a correct if somewhat awkward proof of his main conjecture (No. 29); it has later been replaced by a much simpler one. His paper „Veränderliche Riemannsche Flächen" (No. 32) contains some rather vague but promising ideas that should probably be further analyzed.

Oswald Teichmüller deserves our respect and admiration for his mathematics. His life is another matter. The charitable explanation is that he was a politically naive victim of the disease that was rampant in his country. A redeeming feature is that he did not stoop to racial slurs in his scientific papers, which shows that his regard for mathematics was stronger than his prejudices.

Lars V. Ahlfors Frederick W. Gehring

Inhaltsverzeichnis

1.
Operatoren im Wachsschen Raum[1]

J. reine angew. Math. *174*, 73-124 (1935)

Inhaltsverzeichnis.

Einleitung.

H. Wachs sprach 1934 den Gedanken aus, einen zum Hilbertschen Raum analogen Raum mit Koeffizienten aus dem Quaternionenkörper aufzubauen. Das wird in dieser Arbeit geschehen. Es ergibt sich dabei zunächst, bei zweckmäßigen Grunddefinitionen, eine weitgehende Analogie zum Hilbertschen Raum und seiner Operatorentheorie, so daß sich die meisten Definitionen und Sätze wörtlich übertragen. An zwei Stellen jedoch, bei der Fortsetzungstheorie abgeschlossener hermitescher Operatoren nämlich und beim Spektralproblem der normalen Operatoren, waren neue Überlegungen nötig, die auch zu anderen Ergebnissen führten, als den aus dem Hilbertschen Raum bekannten. Die neuen Sätze und Beweise ließen sich in den Hilbertschen Raum und den reellen Hilbertschen Raum übertragen und ergaben neue Gesichtspunkte und Einordnungen für die dort bekannten Tatsachen. Selbstverständlich werden alle unwesentlichen Dimensionsbeschränkungen fortgelassen. Auf physikalische Anwendungen gehe ich nicht ein, möchte es aber nicht unterlassen, auf eine Arbeit von Jordan [1] hinzuweisen [2]), wo von einer möglichen Anwendung von Quaternionenmatrizen in der relativistischen Quantenmechanik die Rede ist.

In §§ 1—3 werden die Bezeichnungen eingeführt und die wichtigsten Sätze der bekannten Theorie ohne ausführliche Beweise übertragen. In § 4, der ebenfalls einleitenden Charakter hat, werden die Sätze über vertauschbare Operatoren zusammengestellt, insbesondere wird der Reduktionsbegriff gleich so eingeführt, wie er später

---

[1]) Diese Arbeit wurde von der Mathematisch-Naturwissenschaftlichen Fakultät der Ernst-August-Universität zu Göttingen als Dissertation angenommen. Referent war Herr Prof. Dr. Hasse.

[2]) Die in eckigen Klammern beigefügten Nummern verweisen auf das Literaturverzeichnis am Ende der Arbeit.

gebraucht wird. Die §§ 5 und 6 bringen dann, vom eigentlichen Thema abschweifend, eine ausführliche Theorie der Dimension. Der lokale Zerlegungssatz, den Rieß [1] als eigentlichen Kern des Spektralsatzes über selbstadjungierte Operatoren erkannte, wird in § 7 mit Hilfe eines Formalismus, der auf eine Arbeit von v. Neumann [3] zurückgeht, bewiesen; derselbe Formalismus wird auch später in § 14 angewandt. Dann folgt, nach Vorbereitungen in §§ 8 und 9, in § 10 die allgemeine Fortsetzungstheorie der hermiteschen abgeschlossenen Operatoren, die die v. Neumannsche Theorie als Spezialfall enthält. Eine rechnerische Bestimmung aller maximalen, aber nicht selbstadjungierten Operatoren im Wachsschen Raum (§ 11) schließt sich an. Schließlich versuche ich in den §§ 12—14 das Spektralproblem der normalen Operatoren zu lösen. Als elementare Bausteine ergeben sich dabei allerdings neben den Projektoren, mit denen man im Hilbertschen Raum auskommt, notwendigerweise noch die in § 9 näher untersuchten „Imaginäroperatoren".

§ 1. Der Grundkörper.

Σ sei entweder der Körper R der reellen Zahlen oder der Körper K der komplexen Zahlen oder der Quaternionenkörper Q. Z sei das Zentrum von Σ, also R bzw. K bzw. R. Wir benutzen folgende Basis von Σ über R:

$$\begin{aligned} R &= 1R, \\ K &= 1R + iR \qquad (i^2 = -1), \\ Q &= 1R + iR + jR + kR \qquad (i^2 = j^2 = -1,\ ij = k = -ji). \end{aligned}$$

Wir wollen uns K immer als den speziellen Unterkörper $R(i)$ von Q vorstellen.

Ein (durch algebraische Eigenschaften ausgezeichneter) inverser Automorphismus $a \to \bar{a}$ von Σ über dem Fixkörper R wird gegeben durch

$$\begin{gathered} \bar{a} = a \quad \text{für} \quad a \in R, \\ \bar{i} = -i, \quad \bar{j} = -j, \quad \bar{k} = -k. \end{gathered}$$

Er hat die Haupteigenschaften:

$$\begin{aligned} &\bar{a} + \bar{b} = \overline{a + b}, \\ &\overline{ab} = \bar{b}\bar{a}, \\ &\bar{\bar{a}} = a, \\ &a + \bar{a} \in R, \\ &\bar{a}a = a\bar{a} \geqq 0 \text{ in } R,\ \bar{a}a = 0 \text{ nur wenn } a = 0. \end{aligned}$$

Und definiert man

$$|a| = \sqrt{\bar{a}a} \geqq 0,$$

so gilt

$$\begin{aligned} |ab| &= |a|\,|b|, \\ |a + b| &\leqq |a| + |b|. \end{aligned}$$

Zu jedem $a \in Q$ gibt es ein $c \neq 0$ in Q so, daß

$$b = c^{-1} a c \in K, \quad \frac{b - \bar{b}}{2i} \geqq 0.$$

All diese Bezeichnungen und Regeln werden in der ganzen Arbeit stillschweigend angewandt.

§ 2. Der Raum.

1. Unter einem *Raum* verstehen wir in dieser Arbeit eine nichtleere Menge $\mathfrak{R}$, die (im Sinne der abstrakten Algebra) in dreifacher Weise mit dem „Grundkörper" Σ

verknüpft ist:

1) Zu $x \in \mathfrak{R}$, $y \in \mathfrak{R}$ gibt es ein $x + y \in \mathfrak{R}$.
2) Zu $x \in \mathfrak{R}$, $a \in \Sigma$ gibt es ein $xa \in \mathfrak{R}$.
3) Zu $x \in \mathfrak{R}$, $y \in \mathfrak{R}$ gibt es ein $(x, y) \in \Sigma$.

Und zwar sollen diese drei „Verknüpfungen" folgenden sechs Axiomen genügen, in denen a ein Element von Σ und x, y, z, x_n Elemente aus $\mathfrak{R}$ bezeichnen:

1) $(x + y, z) = (x, z) + (y, z)$.
2) $(xa, y) = (x, y)a$.
3) Gilt $(x, z) = (y, z)$ für alle z, so ist $x = y$.
4) $(y, x) = \overline{(x, y)}$.
5) $(x, x) \geqq 0$.
6) Gilt $\lim_{m, n \to \infty} (x_m + x_n(-1), x_m + x_n(-1)) = 0$, so gibt es ein $x \in \mathfrak{R}$ mit

$$\lim_{n \to \infty} (x + x_n(-1), x + x_n(-1)) = 0.$$

2. Um zu erkennen, inwiefern der so erklärte Raum eine vernünftige Verallgemeinerung des Hilbertschen Raums ist, ziehen wir sofort die einfachsten Folgerungen aus den Axiomen.

Weil identisch für alle z

$$(x + y, z) = (x, z) + (y, z) = (y, z) + (x, z) = (y + x, z)$$

gilt, ist nach Axiom 3)

$$x + y = y + x.$$

Genau so beweist man unter alleiniger Benutzung der Axiome 1)—3):

$$(x + y) + z = x + (y + z).$$
$$(x + y(-1)) + y = x.$$
$$(x + y)a = xa + ya.$$
$$x(a + b) = xa + xb.$$
$$x(ab) = (xa)b.$$
$$x1 = x.$$

Das drückt man bekanntlich so aus: $\mathfrak{R}$ ist (hinsichtlich der ersten beiden Raumverknüpfungen) ein Σ-Rechtsmodul. Wie immer erklärt man

$$x + y(-1) = x - y, \quad x - x = 0, \quad 0 - x = -x;$$

dann ist

$$0a = x0 = 0, \quad -x = x(-1) \text{ usw.}$$

Aus 2) und 4) folgt

$$(x, yb) = \overline{(yb, x)} = \overline{(y, x)b} = \bar{b}\overline{(y, x)} = \bar{b}(x, y),$$

also

$$(xa, yb) = \bar{b}(x, y)a.$$

Setzt man

$$|x| = \sqrt{(x, x)} \geqq 0,$$

so ist

$$|xa| = |a|\,|x|,$$

und aus

$$0 \leqq |x\lambda + y(x, y)\mu|^2 = \lambda |x|^2 \lambda + \mu\,\overline{(x, y)}\,(x, y)\,\lambda + \lambda\,(y, x)\,(x, y)\,\mu + \mu\,\overline{(x, y)}\,|y|^2\,(x, y)\mu$$

für alle reellen λ und μ folgt für die Diskriminante

$$|x|^2\,|y|^2\,|(x, y)|^2 - |(x, y)|^4 \geqq 0,$$
$$|(x, y)| \leqq |x|\,|y|.$$

Aus dieser Schwarzschen Ungleichung folgt wie üblich die Dreiecksungleichung

$$|x + y| \leqq |x| + |y|.$$

Aus $|x| = 0$ folgt $x = 0$. Für alle z ist nämlich

$$0 \leqq |(x, z)| \leqq |x| \, |z| = 0,$$

$$(x, z) = (0, z),$$

sowie $|x| = 0$; nach 3) folgt $x = 0$.

Jetzt sieht man, daß unsere Axiome bis auf größere Allgemeinheit des Grundkörpers und der Dimension mit den bekannten Axiomen des Hilbertschen Raums übereinstimmen [3]).

Wir können es uns darum ersparen, alle Einzelheiten des weiteren Aufbaus, soweit es sich um bloße Verallgemeinerungen bekannter Schlüsse handelt, ausführlich durchzurechnen; es wird vielmehr genügen, unter Verweis auf die Literatur des Hilbertschen Raums die Hauptergebnisse anzugeben. Man hat dabei eigentlich nur im Auge zu behalten, daß die Faktoren aus Σ immer rechts von den Elementen aus $\mathfrak{R}$ stehen, und die Regel

$$(xa, yb) = \bar{b}(x, y)\, a$$

zu beachten.

Gibt es zu der Folge x_n aus $\mathfrak{R}$ ein $x \in \mathfrak{R}$ mit $\lim\limits_{n\to\infty} |x - x_n| = 0$, so gibt es nur eins; dies heißt dann $x = \lim\limits_{n\to\infty} x_n$. Das innere Produkt ist stetig, d. h. aus $\lim\limits_{n\to\infty} x_n = x$, $\lim\limits_{n\to\infty} y_n = y$ folgt

$$\lim_{n\to\infty} (x_n, y_n) = (x, y).$$

Für $(x, y) = 0$ schreibt man auch: $x \perp y$. Für Mengen $\mathfrak{M}, \mathfrak{N} \leqq \mathfrak{R}$ bedeute $\mathfrak{M} \perp \mathfrak{N}$, daß $x \perp y$ für alle $x \in \mathfrak{M}$, $y \in \mathfrak{N}$.

3. Ein *Orthonormalsystem* (normiertes Orthogonalsystem) ist eine Teilmenge $\mathfrak{P}$ von $\mathfrak{R}$ mit der Eigenschaft, daß für $p \in \mathfrak{P}$, $q \in \mathfrak{P}$ stets gilt

$$(p, q) = \begin{cases} 1, & p = q \\ 0, & p \neq q. \end{cases}$$

Die Haupteigenschaft der Orthonormalsysteme ist die Besselsche Ungleichung: für jedes $x \in \mathfrak{R}$ gilt, wenn $p_1, p_2, \ldots, p_m$ verschiedene Elemente von $\mathfrak{P}$ sind,

$$|x|^2 - |(x, p_1)|^2 - \cdots - |(x, p_m)|^2 \geqq 0.$$

Aus ihr folgt: $\sum\limits_{p\in\mathfrak{P}} p(x, p)$ ist für jedes x in dem Sinne konvergent, daß alle Glieder bis auf höchstens abzählbar viele verschwinden und bei beliebiger Numerierung der übrigen Glieder der Limes der Partialsummen existiert. Ist

$$x = \sum_{\mathfrak{P}} p(x, p) \quad \text{für alle } x \in \mathfrak{R},$$

so heißt $\mathfrak{P}$ *vollständig*.

Es gibt ein vollständiges Orthonormalsystem in $\mathfrak{R}$.

Beweis: Sei eine Wohlordnung von $\mathfrak{R}$ gegeben. Dann werde $\mathfrak{P}$ durch transfinite Induktion [4]) erklärt: p werde dann und nur dann in $\mathfrak{P}$ aufgenommen, wenn $|p| = 1$ und $p \perp q$ ist für alle diejenigen Vorgänger q von p (in der Wohlordnung), die schon

[3]) v. Neumann [1] I § 2.

[4]) Daß man Funktionen durch transfinite Induktion erklären kann, ist bekannt (v. d. Waerden [1] § 59). Teilmengen $\mathfrak{P}$ von $\mathfrak{R}$ kann man aber durch ihre charakteristische Funktion ($\chi(x) = 1$ für $x \in \mathfrak{P}$, $= 0$ sonst) beschreiben.

in $\mathfrak{P}$ aufgenommen sind. Daß das so konstruierte $\mathfrak{P}$ ein Orthonormalsystem ist, ist klar. Wäre $\mathfrak{P}$ nicht vollständig, so gäbe es ein $x \in \mathfrak{R}$ mit

$$y = x - \sum_{\mathfrak{P}} p(x, p) \neq 0.$$

Setzt man

$$z = y|y|^{-1},$$

so wäre, wie man leicht nachrechnet, $|z| = 1$ und $z \perp q$ für alle $q \in \mathfrak{P}$, insbesondere $z \perp q$ für alle Vorgänger q von z, die in $\mathfrak{P}$ enthalten sind; nach Konstruktionsvorschrift von $\mathfrak{P}$ müßte z in $\mathfrak{P}$ aufgenommen worden sein, daher $z \perp z$, was sich mit $|z| = 1$ nicht verträgt.

Schon oben benutzten wir: Wird jedem $p \in \mathfrak{P}$ ein $\xi_p \in \Sigma$ so zugeordnet, daß (höchstens abzählbar viele $\xi_p \neq 0$ sind und) $\sum_{\mathfrak{P}} |\xi_p|^2$ konvergiert, so konvergiert $\sum_{\mathfrak{P}} p\xi_p$. Damit haben wir eine vollständige Übersicht über alle Räume: Es gibt ein vollständiges Orthonormalsystem $\mathfrak{P}$, und die Elemente von $\mathfrak{R}$ sind genau die Summen

$$\sum_{\mathfrak{P}} p\xi_p,$$

wo die ξ_p Elemente von Σ mit (im erklärten Sinne) konvergenter $\sum_{\mathfrak{P}} |\xi_p|^2$ sind. Und ist $x = \sum_{\mathfrak{P}} p\xi_p$, $y = \sum_{\mathfrak{P}} p\eta_p$, so drücken sich die drei Raumverknüpfungen (Addition, hintere skalare Multiplikation, inneres Produkt) folgendermaßen durch die „Koordinaten" ξ_p, η_p aus:

$$x + y = \sum_{\mathfrak{P}} p(\xi_p + \eta_p),$$

$$xa = \sum_{\mathfrak{P}} p(\xi_p a),$$

$$(x, y) = \sum_{\mathfrak{P}} \bar{\eta}_p \xi_p \quad \text{(sic!)}.$$

Von diesen Formeln ausgehend, kann man ähnlich wie Löwig[5]) Beispiele von Räumen konstruieren, wobei man noch den Grundkörper Σ und die Mächtigkeit des vollständigen Orthonormalsystems, von dem man ausgeht, beliebig vorgeben kann.

4. Nachdem wir so einen Überblick über die Beziehungen zwischen den Elementen des Raumes $\mathfrak{R}$ gewonnen haben, wenden wir uns zur Betrachtung von Teilmengen von $\mathfrak{R}$.

Unter einer Linearmannigfaltigkeit versteht man eine nichtleere Teilmenge von $\mathfrak{R}$, die mit x und y stets auch alle $xa + yb$ (a und b beliebig aus Σ) enthält. Ist $\mathfrak{M}$ eine Teilmenge von $\mathfrak{R}$, so ist die Menge aller endlichen Summen Σxa mit $x \in \mathfrak{M}$, $a \in \Sigma$ (bzw. 0, wenn $\mathfrak{M}$ leer ist) die kleinste $\mathfrak{M}$ enthaltende Linearmannigfaltigkeit und heißt *die von $\mathfrak{M}$ erzeugte Linearmannigfaltigkeit*; sie werde mit $\hat{\mathfrak{M}}$ bezeichnet. Für die nur aus 0 bestehende Linearmannigfaltigkeit werden wir ohne Verwechslungsgefahr 0 schreiben. Ist eine Linearmannigfaltigkeit $\mathfrak{M}$ abgeschlossen, d. h. enthält $\mathfrak{M}$ mit jeder konvergenten Folge auch ihr Grenzelement, so lassen sich in $\mathfrak{M}$ nicht nur alle Raumverknüpfungen ausführen, sondern es gelten auch alle sechs Axiome (insbesondere 6)); $\mathfrak{M}$ kann daher *Unterraum* genannt werden. Ist $\mathfrak{M}$ wieder eine beliebige Teilmenge von $\mathfrak{R}$, so ist die Menge der Grenzen aller konvergenten Folgen aus $\hat{\mathfrak{M}}$ (die abgeschlossene Hülle von $\hat{\mathfrak{M}}$) der kleinste $\mathfrak{M}$ enthaltende Unterraum und heißt *der von $\mathfrak{M}$ erzeugte Unterraum*, geschrieben $\overline{\hat{\mathfrak{M}}}$. Eine Menge $\mathfrak{M}$ heißt in der Menge $\mathfrak{N}$ *dicht*, wenn jedes Element von $\mathfrak{N}$ Grenze einer Folge aus $\mathfrak{M}$ ist.

Der Durchschnitt von $\mathfrak{M}$ und $\mathfrak{N}$ werde mit $\mathfrak{M} \frown \mathfrak{N}$ bezeichnet. Sind $\mathfrak{M}$ und $\mathfrak{N}$ Linearmannigfaltigkeiten, die nur 0 gemein haben, so bezeichnen wir die von $\mathfrak{M}$ und $\mathfrak{N}$ erzeugte Linearmannigfaltigkeit mit $\mathfrak{M} \dot{+} \mathfrak{N}$; sind $\mathfrak{M}$ und $\mathfrak{N}$ sogar Unterräume und ist

[5]) Löwig [1] S. 25f.

$\mathfrak{M} \perp \mathfrak{N}$, so bezeichnen wir die von $\mathfrak{M}$ und $\mathfrak{N}$ erzeugte Linearmannigfaltigkeit, die dann sogar ein Unterraum ist, mit $\mathfrak{M} \oplus \mathfrak{N}$[6]). Sind $\mathfrak{M}$ und $\mathfrak{N}$ Unterräume, $\mathfrak{M} \geqq \mathfrak{N}$, so sei $\mathfrak{M} \ominus \mathfrak{N}$ die Menge der $x \in \mathfrak{M}$ mit $x \perp \mathfrak{N}$. Dies $\mathfrak{M} \ominus \mathfrak{N}$ heißt das orthogonale Komplement von $\mathfrak{N}$ in $\mathfrak{M}$, denn es gilt der Satz:

$$\mathfrak{N} \oplus (\mathfrak{M} \ominus \mathfrak{N}) = \mathfrak{M}.$$

Beweis. Daß $\mathfrak{N}$ und $\mathfrak{M} \ominus \mathfrak{N}$ orthogonale Unterräume sind, ist trivial. In $\mathfrak{N}$ gibt es nach § 2, **3** ein in $\mathfrak{N}$ vollständiges Orthonormalsystem $\mathfrak{P}$. Ist $x \in \mathfrak{M}$ beliebig, so ist

$$y = \sum_{\mathfrak{P}} p(x, p) \in \mathfrak{N},$$

weil alle $p \in \mathfrak{N}$ sind, und

$$x - y \in \mathfrak{M} \ominus \mathfrak{N},$$

denn es ist $x - y \in \mathfrak{M}$ und $x - y \perp p$ für alle $p \in \mathfrak{P}$, darum $x - y \perp \sum_{\mathfrak{P}} p(w, p) = w$ für alle $w \in \mathfrak{N}$, $x - y \perp \mathfrak{N}$. Mithin

$$x = y + (x - y) \in \mathfrak{N} \oplus (\mathfrak{M} \ominus \mathfrak{N})$$

für jedes $x \in \mathfrak{M}$. Weil aber andererseits $\mathfrak{N} \leqq \mathfrak{M}$ und $\mathfrak{M} \ominus \mathfrak{N} \leqq \mathfrak{M}$ ist, folgt die Behauptung[7]).

Ein einfaches Korollar ist der Satz[8]):

Eine Linearmannigfaltigkeit $\mathfrak{M}$ *ist entweder in* $\mathfrak{R}$ *dicht, oder es gibt ein* $z \neq 0$ *in* $\mathfrak{R}$, *das auf ganz* $\mathfrak{M}$ *senkrecht steht.*

Beweis. Ist $\widetilde{\mathfrak{M}} = \mathfrak{R}$, so ist $\mathfrak{M}$ in $\mathfrak{R}$ dicht. Andernfalls ist

$$\mathfrak{R} = \widetilde{\mathfrak{M}} \oplus (\mathfrak{R} \ominus \widetilde{\mathfrak{M}}),$$
$$\mathfrak{R} > \widetilde{\mathfrak{M}},$$

darum

$$\mathfrak{R} \ominus \widetilde{\mathfrak{M}} \neq 0.$$

5. Einiger weniger Anwendungen im folgenden wegen wollen wir den Satz von der Existenz eines vollständigen Orthonormalsystems in jedem Raum so verallgemeinern:

Jedem $f \neq 0$ *aus* $\mathfrak{R}$ *sei eine Teilmenge* $\mathfrak{M}(f)$ *von* $\mathfrak{R}$ *so zugeordnet, daß folgendes gilt:*

1) $f \in \widetilde{\mathfrak{M}(f)}$.

2) *Aus* $\mathfrak{M}(f) \perp g$ *folgt* $\mathfrak{M}(f) \perp \mathfrak{M}(g)$.

Dann gibt es eine Menge $\mathfrak{F}$ *aus von* 0 *verschiedenen Elementen* f *von* $\mathfrak{R}$ *so, daß die* $\mathfrak{M}(f)$, $f \in \mathfrak{F}$, *paarweise orthogonal sind und zusammen* $\mathfrak{R}$ *als Unterraum erzeugen.* (Dann sind natürlich auch die $\widetilde{\mathfrak{M}(f)}$, $f \in \mathfrak{F}$, paarweise orthogonal und der von ihnen erzeugte Unterraum ist $\mathfrak{R}$.)

Beweis (analog § 2, **3**). Wieder sei eine Wohlordnung von $\mathfrak{R}$ gegeben. $\mathfrak{F}$ wird durch transfinite Induktion[4]) erklärt: f werde genau dann in $\mathfrak{F}$ aufgenommen, wenn $f \neq 0$ und $f \perp \mathfrak{M}(g)$ für alle Vorgänger g von f, welche schon in $\mathfrak{F}$ aufgenommen worden sind. Nach 2) sind in dem so konstruierten $\mathfrak{F}$ die $\mathfrak{M}(f)$, $f \in \mathfrak{F}$, paarweise orthogonal. Der von all diesen $\mathfrak{M}(f)$, $f \in \mathfrak{F}$, erzeugte Unterraum heiße $\mathfrak{M}$. Wäre $\mathfrak{M} < \mathfrak{R}$, so gäbe es nach dem soeben bewiesenen Korollar ein $h \neq 0$, das auf $\mathfrak{M}$, d. h. auf allen $\mathfrak{M}(g)$, $g \in \mathfrak{F}$, senkrecht stünde; nach Konstruktion wäre $h \in \mathfrak{F}$, demnach auch $h \perp \mathfrak{M}(h)$, $h \perp \widetilde{\mathfrak{M}(h)}$, nach 1) also $h \perp h$ im Widerspruch mit $h \neq 0$[9]).

---

[6]) Dies Zeichen wird bei Stone [1] S. 21 in anderem Sinne gebraucht.

[7]) Vgl. Stone [1] S. 23.

[8]) Rieß [2].

[9]) Man kann auch $(\mathfrak{M} \ominus \mathfrak{N}) \oplus \mathfrak{N} = \mathfrak{M}$ direkt beweisen (Rellich [1] S. 344f., Löwig [1] § 2), dann diesen Beweis bringen und aus ihm auf die Existenz eines vollständigen Orthonormalsystems schließen. Dann hat man im ganzen Aufbau nur einen einzigen Wohlordnungsschluß.

6. Es wird sich zeigen, daß die Dimension des Raumes (wird in § 5 definiert) keinen großen Einfluß auf die Operatorentheorie hat, abgesehen davon, daß in endlichdimensionalen Räumen viele Beweise einfacher zu führen sind, weil dort die Mannigfaltigkeit der Operatoren nicht sehr groß ist. Viel wichtiger ist für viele Fragen der Operatorentheorie der Grundkörper Σ des Raumes, und deshalb ist es wohl gerechtfertigt, die Räume nach ihren drei möglichen Grundkörpern verschieden zu benennen, dagegen Eigenschaften wie Separabilität usw. nicht in den Namen der Räume zum Ausdruck zu bringen. Deshalb wollen wir jeden Raum mit $\Sigma = K$ einen *Hilbertschen Raum* nennen, ohne Rücksicht auf seine Dimension. Für Räume mit $\Sigma = R$ hat sich der Name *reeller Hilbertscher Raum* eingebürgert. Ist aber $\Sigma = Q$, so heiße $\mathfrak{R}$ ein *Wachsscher Raum.*

§ 3. Operatoren.

1. Ein *Operator* (linear transformation) A ist eine Funktion, die den x aus einer Linearmannigfaltigkeit $\mathfrak{D} \leqq \mathfrak{R}$ Werte $y = Ax$ aus $\mathfrak{R}$ so zuordnet, daß

$$A(xa + yb) = (Ax)a + (Ay)b,$$

während sie den $x \notin \mathfrak{D}$ nichts zuordnet. $\mathfrak{D}$ heißt der *Definitionsbereich*, die Menge der sinnvollen Ax (d. i. die Menge der Ax, $x \in \mathfrak{D}$) heißt der *Wertebereich von A*. Ist $\mathfrak{D} = \mathfrak{R}$, so heißt A *überall definiert.* A ist *Fortsetzung von B* ($A \geqq B$, $B \leqq A$), wenn aus $y = Bx$ folgt $y = Ax$, d. h. wenn der Definitionsbereich von A den von B enthält und wenn in letzterem A und B an jeder Stelle gleiche Werte annehmen. $A = B$ bedeutet $A \leqq B$ und $B \leqq A$, d. h. Operatoren sind gleich, wenn sie denselben Definitionsbereich haben und in ihm überall gleiche Werte annehmen. Stets ist $A0 = 0$. Ist $\mathfrak{M}$ eine Teilmenge des Definitionsbereichs von A, so sei $A\mathfrak{M}$ die Menge der Ax, $x \in \mathfrak{M}$.

Ist $\lambda \in Z$ (Zentrum von Σ), so gilt identisch

$$(xa + yb)\lambda = (x\lambda)a + (y\lambda)b.$$

Durch

$$\Lambda x = x\lambda$$

wird daher jedem $\lambda \in Z$ ein wohlbestimmter Operator Λ zugeordnet, den wir später mit λE bezeichnen werden. Für $\lambda \in Z$ schreibt man auch

$$\lambda x = x\lambda.$$

Spezialfälle $\lambda = 1$ bzw. $\lambda = 0$ sind: Der Operator, der jedes x sich selbst zuordnet, heiße E; der Operator, der allen Elementen von $\mathfrak{R}$ die 0 zuordnet, werde — ohne Verwechslungsgefahr — 0 geschrieben. Man beachte, daß λx für $\Sigma = Q$, $\lambda \notin \mathfrak{R}$ nicht definiert ist.

2. $A \pm B$, λA ($\lambda \in Z$), AB, $\lim\limits_{n\to\infty} A_n$, A^{-1}, A^* werden wie bei Stone [1] S. 35ff. definiert: $(A \pm B)x = Ax \pm Bx$, wenn Ax und Bx sinnvoll sind, sonst $(A \pm B)x$ sinnlos; $(\lambda A)x = \lambda(Ax)$, wenn $\lambda \in Z$ und Ax sinnvoll, sonst sinnlos; $(AB)x = A(Bx)$, wenn Bx und $A(Bx)$ sinnvoll sind, sonst sinnlos; $(\lim\limits_{n\to\infty} A_n)x = \lim\limits_{n\to\infty}(A_n x)$, wenn $A_n x$ für alle hinreichend großen n sinnvoll ist und konvergiert, sonst sinnlos; diese Operatoren existieren immer. Wenn aus $Ax = 0$ folgt $x = 0$, so wird A^{-1} so erklärt: A^{-1} ordnet den y aus dem Wertebereich von A das (existierende und eindeutig bestimmte) x mit $Ax = y$ zu ($A^{-1}y = x$), den übrigen y ordnet A^{-1} nichts zu. A^* wird, wenn der Definitionsbereich von A in $\mathfrak{R}$ dicht ist, so erklärt: A^* ordnet den und nur den y etwas zu, zu denen es ein $z \in \mathfrak{R}$ mit

$$(Ax, y) = (x, z)$$

für alle x des Definitionsbereichs von A gibt; dies z ist dann eindeutig bestimmt, und man setzt

$$A^* y = z.$$

Diese Verknüpfungen genügen u. a. folgenden Regeln:

$A + B = B + A.$

$(A + B) + C = A + (B + C).$

$A - B = A + (-1) B.$

$A0 = 0.$

$0A \leqq 0.$

$(AB)C = A(BC).$

$(A \pm B)C = AC \pm BC.$

$A(B \pm C) \geqq AB \pm AC$ (das Zeichen = gilt z. B., wenn A überall definiert ist).

$(\lim_{n\to\infty} A_n) B = \lim_{n\to\infty} (A_n B).$

$(AB)^{-1} = B^{-1} A^{-1}$, wenn A^{-1} und B^{-1} existieren.

Aus $A \leqq B$ folgt $A^* \geqq B^*$, wenn A^* existiert.

$(A \pm B)^* \geqq A^* \pm B^*$, wenn $(A \pm B)^*$ existiert
$(AB)^* \geqq B^* A^*$, wenn A^* und $(AB)^*$ existieren
} das Zeichen = gilt z. B., wenn A beschränkt ist.

$(\lambda E)^* = \bar{\lambda} E \ (\lambda \in Z).$

$(A^*)^{-1} = (A^{-1})^*$, wenn A^{-1}, A^* und $(A^{-1})^*$ existieren.

Die Operatoren bilden also keinen Ring.

Das orthogonale Komplement der abgeschlossenen Hülle des Wertebereichs von A ist, wenn A^* existiert, die Menge der x mit $A^* x = 0$.

A heißt abgeschlossen, wenn aus $x_n \to x$, $A x_n \to y$ folgt, daß Ax sinnvoll und $= y$ ist. A^* ist, wenn vorhanden, immer abgeschlossen.

3. A heißt *stetig*, wenn bei sinnvollen Ax_n und Ax aus $x_n \to x$ stets $Ax_n \to Ax$ folgt. A heißt *beschränkt* (Stone: bounded linear transformation with domain $\mathfrak{R}$), wenn A überall definiert ist und es ein $c \in R$ so gibt, daß

$$|Ax| \leqq c\,|x|$$

für alle $x \in \mathfrak{R}$ gilt. Dann ist A stetig und A^* ist beschränkt; letzteres beweist man mit folgendem Hilfssatz: Ist jedem $x \in \mathfrak{R}$ ein $f(x) \in \Sigma$ so zugeordnet, daß identisch

$$f(xa + yb) = f(x)a + f(y)b$$

ist und daß aus $x_n \to x$ folgt $f(x_n) \to f(x)$, so gibt es genau ein $g \in \mathfrak{R}$ derart, daß für alle x

$$f(x) = (x, g)$$

gilt [10]). Es gibt unbeschränkte überall definierte Operatoren. Mit A und B sind $A \pm B$, λA $(\lambda \in Z)$, AB beschränkt.

A heißt *hermitesch*, wenn $A \leqq A^*$, *selbstadjungiert* oder *hypermaximal*, wenn $A = A^*$, *nichtnegativ definit* $(A \geqq 0)$, wenn A selbstadjungiert und stets $(Ax, x) \geqq 0$ ist. Beschränkte hermitesche Operatoren sind also von selbst selbstadjungiert. Zu jedem beschränkten und nichtnegativ definiten Operator M gibt es einen ebensolchen Operator N mit $M = N^2$, und ist C beschränkt, $CM = MC$, so folgt $CN = NC$ [11]).

Ein *Projektor* (Einzel-, Projektionsoperator, projection) ist ein beschränkter hermitescher Operator P mit $P^2 = P$. Sein Wertebereich $\mathfrak{M}$ ist Unterraum, und für $x \in \mathfrak{M}$ ist $Px = x$, für $x \in \mathfrak{R} \ominus \mathfrak{M}$ ist $Px = 0$. Ist umgekehrt $\mathfrak{M}$ ein Unterraum, so ist der Operator, der jedem $x \in \mathfrak{R}$ das $y \in \mathfrak{M}$ mit $x - y \perp \mathfrak{M}$ (§ 2, 4) zuordnet, ein Projektor;

[10]) Rellich [1] S. 345f., Löwig [1] S. 11f., Rieß [2] S. 37f.

[11]) Wecken [1].

so hat man eine eindeutige Beziehung zwischen der Menge aller Projektoren und der Menge aller Unterräume. P und Q seien Projektoren, $\mathfrak{M}$ und $\mathfrak{N}$ die zugehörigen Unterräume. Dann ist $PQ = QP$ dann und nur dann, wenn $P\mathfrak{N} \leqq \mathfrak{N}$ (oder $Q\mathfrak{M} \leqq \mathfrak{M}$). Und zwar ist dann PQ der zu $\mathfrak{M} \cap \mathfrak{N}$ gehörige Projektor; ist $\mathfrak{M} \geqq \mathfrak{N}$, so ist $P - Q$ der zu $\mathfrak{M} \ominus \mathfrak{N}$ gehörende Projektor, und ist $\mathfrak{M} \perp \mathfrak{N}$, so ist $P + Q$ der zu $\mathfrak{M} \oplus \mathfrak{N}$ gehörende Projektor.

Eine „isomorphe" Abbildung zweier Linearmannigfaltigkeiten aufeinander, eine Abbildung $x \to Ux$ also mit den Eigenschaften

$$U(x + y) = Ux + Uy,$$
$$U(xa) = (Ux)a,$$
$$(Ux, Uy) = (x, y),$$

ist ein *isometrischer Operator*. Ist $\mathfrak{R}$ Definitions- und Wertebereich, so heißt U *unitär*. Die unitären Operatoren sind genau die beschränkten Operatoren U mit

$$U^* U = U U^* = E.$$

Zwei Operatoren A und B heißen *unitäräquivalent*, wenn es ein unitäres U mit

$$U A U^{-1} = B$$

gibt [12].

4. Die Menge der Paare $\{x, y\}$, $x \in \mathfrak{R}$, $y \in \mathfrak{R}$, bildet bei der Verknüpfung

$$\{x, y\} + \{x', y'\} = \{x + x', y + y'\}$$
$$\{x, y\}a = \{xa, ya\}$$
$$(\{x, y\}, \{x', y'\}) = (x, x') + (y, y')$$

einen Raum, den wir $\mathfrak{R}^2$ nennen wollen. In ihm erklären wir die Operatoren V und F durch

$$V\{x, y\} = \{y, -x\},$$
$$F\{x, y\} = \{x, 0\}.$$

Dann ist $V^2 = -\bar{E}$, $V^* = -V$, V unitär, F Projektor. Den Wertebereich $F\mathfrak{R}^2$ von F, die Menge der $\{x, 0\}$ $(x \in \mathfrak{R})$, nennen wir den Abszissenraum, sein orthogonales Komplement $(\bar{E} - F)\mathfrak{R}^2$, die Menge der $\{0, y\}$ $(y \in \mathfrak{R})$, den Ordinatenraum.

Jedem Operator A in $\mathfrak{R}$ wird durch

$$\bar{A}\{x, y\} = \{Ax, Ay\}, \text{ wenn } Ax \text{ und } Ay \text{ sinnvoll sind,}$$
$$\bar{A}\{x, y\} \text{ sonst sinnlos}$$

ein Operator $\bar{A}$ in $\mathfrak{R}^2$ so zugeordnet, daß

$$\overline{(A \pm B)} = \bar{A} \pm \bar{B}.$$
$$\overline{(\lambda A)} = \lambda \bar{A} \quad (\lambda \in Z).$$
$$\overline{(AB)} = \bar{A}\bar{B}.$$
$$\overline{\lim_{n\to\infty} A_n} = \lim_{n\to\infty} \bar{A}_n.$$
$$\left.\begin{aligned} \bar{A}^{-1} &= \overline{A^{-1}} \\ \bar{A}^* &= \overline{A^*} \end{aligned}\right\} \text{ wenn eine der beiden Seiten existiert.}$$

Ferner wird jedem Operator A von $\mathfrak{R}$ als Bild $\mathfrak{B}_A$ die Menge aller $\{x, Ax\}$ zugeordnet, wo x den Definitionsbereich von A durchläuft. Dies ist eine eineindeutige Abbildung der Menge aller Operatoren von $\mathfrak{R}$ auf die Menge aller derjenigen Linearmannigfaltigkeiten in $\mathfrak{R}^2$, die mit dem Ordinatenraum den Durchschnitt 0 haben (d. h. die sich eindeutig in den Abszissenraum projizieren). Insbesondere ist jede Linearmannigfaltigkeit, die im Bild eines Operators enthalten ist, selbst Bild eines Operators.

[12]) Stone [1] S. 49—85.

$A \leqq B$ ist gleichbedeutend mit $\mathfrak{B}_A \leqq \mathfrak{B}_B$. A ist genau dann abgeschlossen, wenn $\mathfrak{B}_A$ abgeschlossen (d. h. Unterraum) ist.

A sei ein abgeschlossener Operator. Dann existiert A^* dann und nur dann, wenn $\mathfrak{R}^2 \ominus V\mathfrak{B}_A$ Bild eines Operators ist, und zwar ist dann

$$\mathfrak{B}_{A^*} = \mathfrak{R}^2 \ominus V\mathfrak{B}_A.$$

Beweis. Die Gleichung

$$(Ax, y) = (x, z)$$

ist mit

$$(\{y, z\}, V\{x, Ax\}) = 0$$

gleichwertig, wie man sofort sieht. Existiert also A^*, so sind $\{y, z\} \in \mathfrak{B}_{A^*}$ und $\{y, z\} \perp V\mathfrak{B}_A$ gleichwertig. Und A^* existiert genau dann, wenn oben z durch y eindeutig bestimmt ist; das ist aber genau dann der Fall, wenn es kein $\{0, z\} \neq 0$ in $\mathfrak{R}^2 \ominus V\mathfrak{B}_A$ gibt, d. h. wenn $\mathfrak{R}^2 \ominus V\mathfrak{B}_A$ Bild eines Operators ist.

Ist A abgeschlossen und A^* vorhanden, so folgt durch Anwenden des unitären Operators V auf

$$\mathfrak{R}^2 = \mathfrak{B}_{A^*} \oplus V\mathfrak{B}_A,$$

weil $V^2 = -\overline{E}$ und darum $V^2\mathfrak{B}_A = \mathfrak{B}_A$ ist, daß

$$\mathfrak{R}^2 = V\mathfrak{B}_{A^*} \oplus \mathfrak{B}_A,$$

daher $A^{**} = A$. Unter denselben Voraussetzungen ist

$$(A^*A + E)^{-1} = H$$

ein beschränkter hermitescher Operator mit $(Hx, x) > 0$ $(x \neq 0)$ [13]).

§ 4. Vertauschbarkeit.

1. Nachdem wir nun die wichtigsten grundlegenden Definitionen und Sätze ohne Mühe in unsere allgemeinen Räume übertragen haben, soll, bevor Neues in Angriff genommen wird, das Wichtigste über den von v. Neumann [2] und Rieß [1] gebrauchten Vertauschbarkeitsbegriff zusammengestellt werden. Ich halte es für aussichtlos, die Vertauschbarkeit allgemeiner, als es hier geschieht, in vernünftiger Weise definieren zu wollen.

Wir schreiben

$$C\mathfrak{v}A,$$

wenn C beschränkt ist und

$$CA \leqq AC$$

gilt.

Aus $C\mathfrak{v}A$ und $C\mathfrak{v}B$ folgt $C\mathfrak{v}A \pm B$ und $C\mathfrak{v}AB$.

Beweis. $C(A \pm B) = CA \pm CB \leqq AC \pm BC = (A \pm B)C$,

$$CAB \leqq ACB \leqq ABC.$$

Aus $C\mathfrak{v}A$ und $D\mathfrak{v}A$ folgt $C \pm D\mathfrak{v}A$ und $CD\mathfrak{v}A$.

Beweis. $(C \pm D)\,A = CA \pm DA \leqq AC \pm AD \leqq A(C \pm D)$,

$$CDA \leqq CAD \leqq ACD.$$

$\lambda E\mathfrak{v}A$ $(\lambda \in Z)$ gilt allgemein. Sind A und B beschränkt, so sind $A\mathfrak{v}B$ und $B\mathfrak{v}A$ gleichbedeutend.

Existiert A^{-1}, so folgt aus $C\mathfrak{v}A$, daß $C\mathfrak{v}A^{-1}$.

Beweis. Es ist zu zeigen, daß dann aus der Existenz von $CA^{-1}x$ folgt, daß $A^{-1}Cx$

[13]) v. Neumann [3] bis S. 302.

existiert und $= CA^{-1}x$ ist. Existiert $CA^{-1}x$, so existiert (nach Definition des Operatorenproduktes) $A^{-1}x$, nach Definition von A^{-1} ist $x = AA^{-1}x$, daher

$$Cx = CAA^{-1}x = ACA^{-1}x,$$

letzteres wegen $CA \leqq AC$ (Vor.). Cx liegt demnach im Wertebereich von A, $A^{-1}Cx$ existiert, und es ist

$$A^{-1}Cx = CA^{-1}x.$$

Aus $C\mathfrak{v}A_n\,(n = 1, 2, \ldots)$ *folgt* $C\,\mathfrak{v}\lim\limits_{n\to\infty} A_n$.

Beweis. Existiert $C \lim\limits_{n\to\infty} A_n x$, so ist $A_n x$ für hinreichend große n sinnvoll und konvergent; wegen der Stetigkeit von C und wegen $C\mathfrak{v}A_n$ gilt

$$C \lim A_n x = \lim CA_n x = \lim (A_n Cx) = (\lim A_n)Cx.$$

Gilt $C_n\mathfrak{v}A$, *ist* $\lim C_n$ *ein beschränkter Operator und ist* A *abgeschlossen, so gilt* $\lim C_n\mathfrak{v}A$.

Beweis. Ist Ax sinnvoll, so konvergieren $\lim C_n x$ und $\lim AC_n x$ (weil $AC_n x = C_n Ax$ ist); wegen der Abgeschlossenheit von A folgt, daß auch $A \lim C_n x$ existiert und

$$A \lim C_n x = \lim AC_n x = \lim C_n Ax$$

ist.

Die interessanteste dieser Regeln ist aber diese:

Wenn A^* *existiert, so folgt aus* $C\mathfrak{v}A$, *daß* $C^*\mathfrak{v}A^*$.

Beweis. Dann ist der Definitionsbereich von CA gleich dem von A, also in $\mathfrak{R}$ dicht, $(CA)^*$ existiert. Wegen $CA \leqq AC$ ist erst recht der Definitionsbereich von AC in $\mathfrak{R}$ dicht, $(AC)^*$ existiert, und es ist

$$(AC)^* \leqq (CA)^*.$$

Nach der Regel über den zu einem Produkt adjungierten Operator aus § 3, 2 folgt (C ist ja beschränkt)

$$C^*A^* \leqq (AC)^* \leqq (CA)^* = A^*C^*.$$

Hieraus folgt: Existiert noch A^{**}, so gilt

$$C = C^{**}\mathfrak{v}A^{**}.$$

2. Es sei $\mathfrak{R} = \mathfrak{M} \oplus \mathfrak{N}$ (in dieser Formel ist enthalten, daß $\mathfrak{M}$ und $\mathfrak{N}$ orthogonale Unterräume sind, von denen jeder das orthogonale Komplement des andern ist). In $\mathfrak{M}$ sei ein Operator A_1 mit dem Definitionsbereich $\mathfrak{D}_1$ gegeben, dessen Wertebereich natürlich in $\mathfrak{M}$ enthalten sein muß. Analog A_2 mit dem Definitionsbereich $\mathfrak{D}_2$ in $\mathfrak{N}$. Dann können wir uns auf folgende einfache Weise einen Operator in $\mathfrak{R}$ bauen: Als Definitionsbereich $\mathfrak{D}$ nehmen wir $\mathfrak{D}_1 \dotplus \mathfrak{D}_2$ (der Durchschnitt von $\mathfrak{D}_1 \leqq \mathfrak{M}$ und $\mathfrak{D}_2 \leqq \mathfrak{N}$ ist ja 0), und ist $x = y + z$, $x \in \mathfrak{D}$, $y \in \mathfrak{D}_1$, $z \in \mathfrak{D}_2$, so setzen wir

$$Ax = A_1 y + A_2 z.$$

Nun kann man sich umgekehrt fragen, ob ein gegebener Operator A als auf solche Weise entstanden gedacht werden kann. So kommt man zu der

Definition. A sei ein Operator in $\mathfrak{R}$ mit dem Definitionsbereich $\mathfrak{D}$, $\mathfrak{M}$ sei ein Unterraum von $\mathfrak{R}$. Wir sagen, $\mathfrak{M}$ reduziert A, wenn es Linearmannigfaltigkeiten $\mathfrak{D}_1 \leqq \mathfrak{M}$ und $\mathfrak{D}_2 \leqq \mathfrak{R} \ominus \mathfrak{M}$ so gibt, daß folgende drei Bedingungen erfüllt sind:

1. A nimmt in $\mathfrak{D}_1$ nur Werte aus $\mathfrak{M}$ an.
2. A nimmt in $\mathfrak{D}_2$ nur Werte aus $\mathfrak{R} \ominus \mathfrak{M}$ an.
3. $\mathfrak{D} = \mathfrak{D}_1 \dotplus \mathfrak{D}_2$.

Sind diese Bedingungen erfüllt, so ist natürlich $\mathfrak{D}_1 = \mathfrak{D} \cap \mathfrak{M}$ und $\mathfrak{D}_2 = \mathfrak{D} \cap (\mathfrak{R} \ominus \mathfrak{M})$. Ist noch P der zu $\mathfrak{M}$ gehörige Projektor, also $\mathfrak{M}$ der Wertebereich von P und $\mathfrak{R} \ominus \mathfrak{M}$

der Wertebereich von $E - P$, so kann man bei Beachtung dieser Bemerkung die notwendigen und hinreichenden Bedingungen dafür, daß $\mathfrak{M}$ den Operator reduziert, auch in folgender Form schreiben:

1. $AP = PAP$.
2. $A(E-P) = (E-P)\,A(E-P)$.
3. $A = AP + A(E-P)$ [14].

In der Tat: 1. besagt, daß die Werte, die A an Stellen annimmt, die in der Form Px geschrieben werden können (d. h. die in $\mathfrak{M}$ liegen), bei Anwendung von P ungeändert bleiben, also gleichfalls in $\mathfrak{M}$ liegen, folglich nimmt A im Durchschnitt seines Definitionsbereichs mit $\mathfrak{M}$ nur Werte aus $\mathfrak{M}$ an. Entsprechend besagt 2., daß A in $\mathfrak{D} \frown (\mathfrak{R} \ominus \mathfrak{M})$ nur Werte aus $\mathfrak{R} \ominus \mathfrak{M}$ annimmt. Und schließlich besagt 3., daß mit x stets auch Px und $(E-P)x$ im Definitionsbereich von A liegen, d. h.

$$\mathfrak{D} = (\mathfrak{D} \frown \mathfrak{M}) \dotplus (\mathfrak{D} \frown (\mathfrak{R} \ominus \mathfrak{M})).$$

Diese drei Gleichungen sind nun aber mit

$$P \mathfrak{v} A$$

gleichwertig. Denn sind jene erfüllt, so ist

$$PA = P(AP + A(E-P)) = P(AP + (E-P)\,A(E-P)) = PAP + 0A(E-P)$$
$$= AP + 0A(E-P) \leqq AP.$$

Umgekehrt sei $P \mathfrak{v} A$ erfüllt. Dann ist

$$PAP \leqq AP^2 = AP;$$

weil aber beide Seiten denselben Definitionsbereich haben, gilt sogar

$$PAP = AP.$$

Aus $E \mathfrak{v} A$ und $P \mathfrak{v} A$ folgt $(E-P) \mathfrak{v} A$, und weil auch $E-P$ Projektor ist, gilt entsprechend

$$(E-P)A(E-P) = A(E-P).$$

Schließlich folgt

$$A = PA + (E-P)A \leqq AP + A(E-P),$$

darum [14]

$$A = AP + A(E-P) \text{ [15]}.$$

Zusatz. Ist C beschränkt und führen C und C^* den Unterraum $\mathfrak{M}$ in eine Teilmenge von $\mathfrak{M}$ über, so reduziert $\mathfrak{M}$ den Operator C [16].

3. Wir haben in § 3, 4 den Operatoren A in $\mathfrak{R}$ Operatoren $\bar{A}$ in $\mathfrak{R}^2$ zugeordnet. Ferner führten wir V und F ein. Es gilt

$$V \mathfrak{v} \bar{A} \quad \text{und} \quad F \mathfrak{v} \bar{A}.$$

Denn ist $\bar{A}\{x, y\}$ sinnvoll, d. h. sind Ax und Ay sinnvoll, so ist

$$V\bar{A}\{x, y\} = \{Ay, -Ax\} = \bar{A}V\{x, y\},$$
$$F\bar{A}\{x, y\} = \{Ax, 0\} = \bar{A}F\{x, y\}.$$

Es gilt aber auch die Umkehrung, nämlich:

Ist D ein Operator in $\mathfrak{R}^2$, gilt $V \mathfrak{v} D$ und $F \mathfrak{v} D$, so gibt es einen Operator A in $\mathfrak{R}$ mit $\bar{A} = D$.

Beweis. F ist der zum Abszissenraum gehörige Projektor, aus $F \mathfrak{v} D$ folgt darum, daß D in der zu Anfang von § 4, 2 erklärten Weise aus einem Operator im Abszissenraum und einem Operator im Ordinatenraum zusammengebaut ist: Es gibt Operatoren

---

[14]) $A \geqq AP + A(E-P)$ gilt identisch.

[15]) In anderer Form s. v. Neumann [1] IV.

[16]) Stone [1] S. 152.

A und B in $\mathfrak{R}$ so, daß

$$D\{x, y\} = \{Ax, By\},$$

wenn Ax und By sinnvoll sind, und $D\{x, y\}$ sonst sinnlos ist. Denn jeder Operator im Abszissenraum ist ja eine Transformation

$$\{x, 0\} \to \{Ax, 0\}$$

bei passendem Operator A in $\mathfrak{R}$; entsprechend für den Ordinatenraum. Aus $V\mathfrak{v}D$ folgt nun

$$\{By, -Ax\} = VD\{x, y\} = DV\{x, y\} = \{Ay, -Bx\},$$

sowie Ax und By sinnvoll sind. Vergleich der Abszissen liefert $B \leqq A$, Vergleich der Ordinaten liefert $A \leqq B$, zusammen $A = B$. Damit ist die Behauptung bewiesen.

Ist $\mathfrak{B}_A$ das A in § 3. 4 *zugeordnete Bild und C beschränkt, so ist $C\mathfrak{v}A$ gleichwertig mit*

$$\bar{C}\mathfrak{B}_A \leqq \mathfrak{B}_A.$$

Beweis. $C\mathfrak{v}A$ bedeutet, daß, sowie Ax sinnvoll ist,

$$CAx = ACx$$

ist; dies ist gleichbedeutend damit, daß, sowie Ax sinnvoll ist,

$$\{Cx, CAx\} = \bar{C}\{x, Ax\}$$

zu $\mathfrak{B}_A$ gehört, und letzteres besagt genau $\bar{C}\mathfrak{B}_A \leqq \mathfrak{B}_A$ [17]).

§ 5. Die Dimension [17a]).

1. Löwig definiert [18]) die Dimension einer Linearmannigfaltigkeit $\mathfrak{L}$ in $\mathfrak{R}$ als die Mächtigkeit eines vollständigen Orthonormalsystems in $\tilde{\mathfrak{L}}$, die, wie er beweist, von der speziellen Wahl des Orthonormalsystems unabhängig ist. Er fängt aber mit seiner Definition nichts an, sondern rechtfertigt damit nur die Überschrift seiner Arbeit. Wir wollen hier, von einer im Wortlaut etwas anderen und ohne vorherigen Existenz- und Eindeutigkeitssatz auskommenden Definition ausgehend, in zwei Abschnitten eine ausführliche Diskussion dieses Begriffs geben.

Unter einer *Grundmenge* $\mathfrak{G}$ in der Linearmannigfaltigkeit $\mathfrak{L}$ verstehen wir [19]) eine Teilmenge von $\mathfrak{L}$ mit der Eigenschaft, daß die davon erzeugte Linearmannigfaltigkeit $\tilde{\mathfrak{G}}$ in $\mathfrak{L}$ dicht ist, oder, was dasselbe ist,

$$\mathfrak{G} \leqq \mathfrak{L} \leqq \tilde{\mathfrak{G}}.$$

Haupteigenschaften dieses Begriffs sind:

Sind die $\mathfrak{L}_\nu$ Linearmannigfaltigkeiten (ν durchläuft eine beliebige Menge von Indizes), ist $\mathfrak{G}_\nu$ für jedes ν eine Grundmenge in $\mathfrak{L}_\nu$ und sind alle $\mathfrak{L}_\nu$ zusammengenommen eine Grundmenge in der Linearmannigfaltigkeit $\mathfrak{M}$, so sind auch alle $\mathfrak{G}_\nu$ zusammen schon eine Grundmenge in $\mathfrak{M}$. Man beachte den Spezialfall, daß nur ein einziges $\mathfrak{L}_\nu$ vorgelegt ist.

Ist $\mathfrak{G}$ Grundmenge in $\mathfrak{L}$ und ist A ein stetiger Operator, dessen Definitionsbereich $\mathfrak{L}$ enthält, so ist auch $A\mathfrak{G}$ Grundmenge in $A\mathfrak{L}$.

Bekanntlich gibt es in jeder nichtleeren Menge von Kardinalzahlen eine kleinste. Die Menge der Mächtigkeiten aller Grundmengen in einer gegebenen Linearmannigfaltigkeit $\mathfrak{L}$ ist nicht leer, denn es gibt Grundmengen in $\mathfrak{L}$ (z. B. $\mathfrak{L}$ selbst). Daher dürfen wir definieren:

---

[17]) Warnung: Dieser Satz eignet sich nicht zu einer Verallgemeinerung des Vertauschbarkeitsbegriffs.

[17a]) Zus. b. d. Korr. Inzwischen hat H. Löwig in einer Arbeit: „*Über die Dimension linearer Räume*", Studia math. 5 (1935), 18—23 ähnliche Ergebnisse gewonnen.

[18]) Löwig [1] S. 32.

[19]) Mit geringer Abweichung von Hausdorff [1] S. 295.

Die Dimension einer Linearmannigfaltigkeit $\mathfrak{L}$ (geschrieben Dim $\mathfrak{L}$) ist die kleinste unter den Mächtigkeiten aller Grundmengen in $\mathfrak{L}$.

2. Die von endlich vielen Elementen von $\mathfrak{R}$ erzeugte Linearmannigfaltigkeit ist stets ein Unterraum [20]). Hieraus folgt:

Gibt es in $\mathfrak{L}$ eine Grundmenge, die nur aus n Elementen ($n < \infty$) besteht, so ist $\mathfrak{L}$ der von diesen n Elementen erzeugte Σ-Rechtsmodul, also höchstens vom Rang n. Umgekehrt gilt trivialerweise: Ist $\mathfrak{L}$ ein Σ-Rechtsmodul vom Rang $n < \infty$, so gibt es in $\mathfrak{L}$ eine Grundmenge von n Elementen (nämlich eine Basis). Zusammengenommen:

Dim $\mathfrak{L}$ *hat genau dann den endlichen Wert* n, *wenn* $\mathfrak{L}$ *ein* Σ*-Rechtsmodul vom Rang* n *ist.*

Und setzt man, wie im folgenden stets,

$$\sum_{\nu=0}^{\infty} 1 = \mathfrak{a},$$

so ist $\mathfrak{L}$ *dann und nur dann separabel, wenn* Dim $\mathfrak{L} \leqq \mathfrak{a}$ *ist* [21]).

3. Ist A ein stetiger Operator, dessen Definitionsbereich die Linearmannigfaltigkeit $\mathfrak{L}$ enthält, so ist

$$\text{Dim}\, A\mathfrak{L} \leqq \text{Dim}\, \mathfrak{L}.$$

Denn die Dimension von $A\mathfrak{L}$ ist nicht größer als die Mächtigkeit der Grundmenge $A\mathfrak{G}$ von $A\mathfrak{L}$, wo für $\mathfrak{G}$ eine beliebige Grundmenge von $\mathfrak{L}$ — auch eine solche mit der Mächtigkeit Dim $\mathfrak{L}$ — eingesetzt werden darf. Abschätzungen in umgekehrter Richtung werden wir erst in § 6 gewinnen.

Eins aber sieht man jetzt schon:

Sind $\mathfrak{L}$ *und* $\mathfrak{M}$ *zwei separable Linearmannigfaltigkeiten, die eineindeutig linear aufeinander abgebildet sind, so ist*

$$\text{Dim}\, \mathfrak{L} = \text{Dim}\, \mathfrak{M}.$$

Beweis. Hat $\mathfrak{L}$ die endliche Dimension n, so auch $\mathfrak{M}$, weil dann $\mathfrak{L}$ und $\mathfrak{M}$ beide endliche Σ-Rechtsmoduln vom Rang n sind. Dasselbe gilt, wenn $\mathfrak{M}$ endliche Dimension hat. Sind aber Dim $\mathfrak{L}$ und Dim $\mathfrak{M}$ beide unendlich, so sind sie auch gleich, nämlich beide $= \mathfrak{a}$.

4. $\mathfrak{L}$ *und* $\mathfrak{M}$ *seien Linearmannigfaltigkeiten,* $\mathfrak{L} \subseteq \mathfrak{M}$, $\mathfrak{L}$ *in* $\mathfrak{M}$ *dicht* (*z. B.* $\mathfrak{M} = \tilde{\mathfrak{L}}$). *Dann ist*

$$\text{Dim}\, \mathfrak{L} = \text{Dim}\, \mathfrak{M}.$$

Beweis. Ist Dim $\mathfrak{M} < \mathfrak{a}$, so ist $\mathfrak{L}$ Unterraum; aus

$$\mathfrak{L} \subseteq \mathfrak{M} \subseteq \tilde{\mathfrak{L}} = \mathfrak{L}$$

folgt also $\mathfrak{L} = \mathfrak{M}$, Dim $\mathfrak{L}$ = Dim $\mathfrak{M}$. Es sei also Dim $\mathfrak{M} \geqq \mathfrak{a}$. Dann ist einerseits jede Grundmenge in $\mathfrak{L}$ auch Grundmenge in $\mathfrak{M}$, also Dim $\mathfrak{L} \geqq$ Dim $\mathfrak{M}$. Ist andererseits $\mathfrak{G}$ eine Grundmenge in $\mathfrak{M}$ von der Mächtigkeit Dim $\mathfrak{M}$, so wähle man zu jedem $g \in \mathfrak{G}$ eine Folge $f_n \in \mathfrak{L}$ mit $\lim_{n \to \infty} f_n = g$ aus und bezeichne die Menge all dieser f_n mit $\mathfrak{F}$; dann hat $\mathfrak{F}$ höchstens die Mächtigkeit

$$\mathfrak{a}\, \text{Dim}\, \mathfrak{M} = \text{Dim}\, \mathfrak{M},$$

und wegen

$$\mathfrak{F} \subseteq \mathfrak{L} \subseteq \mathfrak{M} \subseteq \tilde{\mathfrak{G}} \subseteq \tilde{\mathfrak{F}}$$

[20]) Hausdorff [1] S. 298.

[21]) Vgl. Hausdorff [1] S. 295f.

ist $\mathfrak{F}$ Grundmenge in $\mathfrak{L}$, deshalb

$$\text{Dim}\,\mathfrak{L} \leqq \text{Dim}\,\mathfrak{M}\,^{22})\,^{23}).$$

5. *Die $\mathfrak{L}_\nu$ seien paarweise orthogonale Linearmannigfaltigkeiten, deren Vereinigungsmenge Grundmenge in der Linearmannigfaltigkeit $\mathfrak{L}$ sei; ν durchläuft eine beliebige Menge von Indizes. Dann ist*

$$\text{Dim}\,\mathfrak{L} = \sum_\nu \text{Dim}\,\mathfrak{L}_\nu.$$

Beweis. Es sei $\mathfrak{S}_\nu$ der von $\mathfrak{L}_\nu$, $\mathfrak{S}$ der von $\mathfrak{L}$ erzeugte Unterraum. Dann sind die $\mathfrak{S}_\nu$ paarweise orthogonale Unterräume, die zusammen den Unterraum $\mathfrak{S}$ erzeugen, und nach dem eben Bewiesenen ist

$$\text{Dim}\,\mathfrak{L}_\nu = \text{Dim}\,\mathfrak{S}_\nu,$$
$$\text{Dim}\,\mathfrak{L} = \text{Dim}\,\mathfrak{S};$$

die Behauptung reduziert sich also auf

$$\text{Dim}\,\mathfrak{S} = \sum_\nu \text{Dim}\,\mathfrak{S}_\nu.$$

Ist Dim $\mathfrak{S}$ endlich, so ist $\mathfrak{S}$ die direkte Summe der endlichen Σ-Rechtsmoduln $\mathfrak{S}_\nu$, und alles ist klar. Sei also Dim $\mathfrak{S}$ unendlich. Ist dann $\mathfrak{G}_\nu$ eine Grundmenge in $\mathfrak{S}_\nu$, so bilden alle $\mathfrak{G}_\nu$ zusammen eine Grundmenge in $\mathfrak{S}$, daher

$$\text{Dim}\,\mathfrak{S} \leqq \sum_\nu \text{Dim}\,\mathfrak{S}_\nu.$$

Umgekehrt sei $\mathfrak{G}$ eine Grundmenge in $\mathfrak{S}$ mit der Mächtigkeit Dim $\mathfrak{S}$. P_ν sei der zu $\mathfrak{S}_\nu$ gehörige Projektor. Dann werde $\mathfrak{G}_\nu$ definiert als $P_\nu\mathfrak{G}$, wo aus $P_\nu\mathfrak{G}$ aber die Nullen weggelassen werden sollen. Wegen der Orthogonalität der $\mathfrak{S}_\nu$ gilt die Gleichung

$$|g|^2 = \sum_\nu |P_\nu g|^2$$

für alle $g \in \mathfrak{G}$, zu jedem $g \in \mathfrak{G}$ gibt es also höchstens abzählbar viele ν mit $P_\nu g \neq 0$. Ist $\mathfrak{d}_\nu$ die Mächtigkeit von $\mathfrak{G}_\nu$, so folgt

$$\sum_\nu \mathfrak{d}_\nu \leqq \mathfrak{a}\,\text{Dim}\,\mathfrak{S} = \text{Dim}\,\mathfrak{S}.$$

Andererseits ist P_ν ein stetiger Operator; weil nun $\mathfrak{G}$ Grundmenge in $\mathfrak{S}$ ist, muß $P_\nu\mathfrak{G}$ Grundmenge in $P_\nu\mathfrak{S}$ sein, d. h. $\mathfrak{G}_\nu$ ist Grundmenge in $\mathfrak{S}_\nu$, hieraus folgt

$$\text{Dim}\,\mathfrak{S}_\nu \leqq \mathfrak{d}_\nu,$$

mithin

$$\sum_\nu \text{Dim}\,\mathfrak{S}_\nu \leqq \sum_\nu \mathfrak{d}_\nu \leqq \text{Dim}\,\mathfrak{S}.$$

6. Dieser Satz gestattet viele Anwendungen.

$\mathfrak{P}$ sei ein vollständiges Orthonormalsystem in der Linearmannigfaltigkeit $\mathfrak{L}$, d. h. das Orthonormalsystem $\mathfrak{P} < \mathfrak{L}$ habe die Eigenschaft, daß für alle $x \in \mathfrak{L}$ gilt

$$x = \sum_{\mathfrak{P}} p(x, p).$$

Dann ist die Dimension von $\mathfrak{L}$ gleich der Mächtigkeit von $\mathfrak{P}$.

Beweis. Ordnet man jedem $p \in \mathfrak{P}$ den von p allein erzeugten Unterraum $\mathfrak{L}_p$ zu, so erfüllen die $\mathfrak{L}_p$ und $\mathfrak{L}$ die Voraussetzungen des eben bewiesenen Satzes, und alle $\mathfrak{L}_p$ haben die Dimension 1. Daher

$$\text{Dim}\,\mathfrak{L} = \sum_{\mathfrak{P}} 1.$$

Rechts steht aber gerade die Mächtigkeit von $\mathfrak{P}$. Hiermit ist die Übereinstimmung unseres Dimensionsbegriffs mit dem Löwigschen nachgewiesen und zugleich gezeigt,

---

[22]) Bis hierher gilt alles in beliebigen linearen metrischen Räumen.

[23]) Jetzt kann man die Übereinstimmung unserer Dimension mit Löwigs Dimension so einsehen: Es genügt, das Übereinstimmen für Unterräume zu zeigen. Einerseits ist aber jedes vollständige Orthonormalsystem eine Grundmenge, andererseits stellt das von Rellich [1] S. 356 angewandte Orthogonalisierungsverfahren aus jeder Grundmenge ein vollständiges Orthonormalsystem von nicht höherer Mächtigkeit her.

daß alle in derselben Linearmannigfaltigkeit vollständigen Orthonormalsysteme gleiche Mächtigkeit haben.

$\mathfrak{S}$ sei ein Unterraum, und die $\mathfrak{d}_\nu$ seien Kardinalzahlen mit der Eigenschaft

$$\operatorname{Dim} \mathfrak{S} = \sum_\nu \mathfrak{d}_\nu.$$

Dann gibt es paarweise orthogonale Unterräume $\mathfrak{S}_\nu$ in $\mathfrak{S}$ mit den Dimensionen

$$\operatorname{Dim} \mathfrak{S}_\nu = \mathfrak{d}_\nu,$$

die zusammen $\mathfrak{S}$ als Unterraum erzeugen.

Beweis. $\mathfrak{P}$ sei ein vollständiges Orthonormalsystem in $\mathfrak{S}$, also von der Mächtigkeit Dim $\mathfrak{S}$. Dann gibt es jedenfalls eine Zerlegung von $\mathfrak{P}$ in paarweise fremde Teilmengen $\mathfrak{P}_\nu$ von der Mächtigkeit $\mathfrak{d}_\nu$. Für $\mathfrak{S}_\nu$ kann man den von $\mathfrak{P}_\nu$ erzeugten Unterraum nehmen.

Zwei Unterräume $\mathfrak{S}$ und $\mathfrak{T}$ mögen dieselbe Dimension haben. Dann kann man den einen durch einen isometrischen Operator auf den andern abbilden. Sind nämlich $\mathfrak{P}$ und $\mathfrak{Q}$ vollständige Orthonormalsysteme in $\mathfrak{S}$ bzw. $\mathfrak{T}$, so kann man jedenfalls die gleichmächtigen Mengen $\mathfrak{P}$ und $\mathfrak{Q}$ eineindeutig aufeinander abbilden. Es ist leicht zu sehen, daß sich diese eineindeutige Abbildung eindeutig zu einer isometrischen Abbildung von $\mathfrak{S}$ auf $\mathfrak{T}$ fortsetzen läßt.

Sind $\mathfrak{L}$ und $\mathfrak{M}$ zwei Linearmannigfaltigkeiten mit $\mathfrak{L} \leqq \mathfrak{M}$, so ist

$$\operatorname{Dim} \mathfrak{L} \leqq \operatorname{Dim} \mathfrak{M}.$$

Beweis. $\operatorname{Dim} \mathfrak{L} = \operatorname{Dim} \tilde{\mathfrak{L}} \leqq \operatorname{Dim} \tilde{\mathfrak{L}} + \operatorname{Dim} (\tilde{\mathfrak{M}} \ominus \tilde{\mathfrak{L}}) = \operatorname{Dim} \tilde{\mathfrak{M}} = \operatorname{Dim} \mathfrak{M}$.

§ 6. Weitere Sätze über die Dimension.

1. In diesem Abschnitt sollen einige Sätze über das Verhalten der Dimension bei Abbildungen und das Additionstheorem bewiesen werden, die in separablen Räumen trivial sind, die aber im allgemeinen Fall nicht ganz so einfach wie die Ergebnisse des vorigen Abschnitts sind. Die Quelle all dieser Sätze ist folgende Tatsache:

A sei ein stetiger Operator, dessen Definitionsbereich das Orthonormalsystem $\mathfrak{P}$ enthält. Dann kann man $\mathfrak{P}$ so in höchstens abzählbar unendliche Klassen zerlegen, daß, sowie $p \in \mathfrak{P}$ und $q \in \mathfrak{P}$ in verschiedenen Klassen liegen, $Ap \perp Aq$ gilt.

Beweis. Unter einer $p \in \mathfrak{P}$ und $q \in \mathfrak{P}$ verbindenden Kette verstehen wir für den Augenblick eine Reihe

$$p = p_0, p_1, \ldots, p_n = q$$

von Elementen von $\mathfrak{P}$, in der

$$(Ap_0, Ap_1) \neq 0, \ldots, (Ap_{n-1}, Ap_n) \neq 0.$$

Nach einem in § 3, **3** angeführten Hilfssatz über stetige lineare Funktionen gibt es zu jedem $y \in \mathfrak{R}$ ein z in dem vom Definitionsbereich von A erzeugten Unterraum derart, daß

$$(Ax, y) = (x, z)$$

ist für alle x des Definitionsbereichs von $\mathfrak{S}$. Ist $p \in \mathfrak{P}$ und setzt man $y = Ap$, so gibt es nach § 2, **3** zu dem zugehörigen z höchstens abzählbar viele $p_1 \in \mathfrak{P}$ mit $(p_1, z) \neq 0$, d. h. höchstens abzählbar viele $p_1 \in \mathfrak{P}$ mit $(Ap, Ap_1) \neq 0$. Zu jedem p_1 gibt es aus demselben Grunde höchstens abzählbar viele p_2 mit $(Ap_1, Ap_2) \neq 0$; darum kann man p auch nur mit höchstens abzählbar vielen q durch eine Kette von der Länge 2 verbinden. Analog kann man p nur mit höchstens abzählbar vielen $q \in \mathfrak{P}$ durch eine Kette von der Länge n verbinden, also kann man p überhaupt nur mit höchstens abzählbar vielen $q \in \mathfrak{P}$ durch eine Kette verbinden. Die Verbindbarkeit zweier Elemente von $\mathfrak{P}$ durch eine Kette ist nun offenbar eine Äquivalenzrelation, die eine Klasseneinteilung von $\mathfrak{P}$ liefert. In dieser muß offensichtlich für p und q aus verschiedenen Klassen stets $Ap \perp Aq$ gelten, sonst wären ja p und q durch eine Kette von der Länge 1 verbindbar. Und daß die so entstehenden Klassen nie überabzählbar sind, wurde eben gezeigt.

Dieselbe Schlußweise liefert noch etwas mehr: Sind $A_1, A_2, \ldots$ höchstens abzählbar viele stetige Operatoren, deren Definitionsbereiche alle $\mathfrak{P}$ enthalten, so kann man $\mathfrak{P}$ auch in höchstens abzählbare Klassen so zerlegen, daß, wenn p und q in verschiedenen Klassen liegen, sogar

$$A_m p \perp A_n q$$

für alle m und alle n. Es ist wohl nicht nötig, das im einzelnen auseinanderzusetzen.

2. Wir ziehen eine erste Folgerung.

Die Linearmannigfaltigkeit $\mathfrak{S}$ sei durch den stetigen Operator A eineindeutig auf die Linearmannigfaltigkeit $\mathfrak{L}$ abgebildet. Ist dann $\mathfrak{P}$ ein Orthonormalsystem in $\mathfrak{S}$, so ist die Dimension von $\mathfrak{L}$ nicht kleiner als die Mächtigkeit von $\mathfrak{P}$.

Beweis. Wir teilen $\mathfrak{P}$ in die Klassen $\mathfrak{P}_\nu$ aus § 6, 1 ein. $\mathfrak{S}_\nu$ seien die von den einzelnen Klassen $\mathfrak{P}_\nu$ erzeugten Linearmannigfaltigkeiten (ν durchläuft, wie immer, eine beliebige Menge von Indizes). Weil $\mathfrak{P}_\nu$ Grundmenge in $\mathfrak{S}_\nu$ ist, ist $A\mathfrak{P}_\nu$ Grundmenge in $A\mathfrak{S}_\nu$, folglich ist $A\mathfrak{S}_\nu$ separabel. Nach § 5, 3 folgt (weil auch $\mathfrak{S}_\nu$ separabel ist)

$$\text{Dim}\,\mathfrak{S}_\nu = \text{Dim}\,A\mathfrak{S}_\nu.$$

Nach Konstruktion der Klasseneinteilung sind aber verschiedene $A\mathfrak{P}_\nu$ orthogonal, darum sind auch verschiedene $A\mathfrak{S}_\nu$ orthogonal. Ist $\mathfrak{L}'$ die von allen $A\mathfrak{S}_\nu$ zusammen erzeugte Linearmannigfaltigkeit, so ist $\mathfrak{L}' \leqq \mathfrak{L}$ und nach § 5, 5

$$\sum_\nu \text{Dim}\,A\mathfrak{S}_\nu = \text{Dim}\,\mathfrak{L}'.$$

Ist noch $\mathfrak{d}_\nu$ die Mächtigkeit von $\mathfrak{P}_\nu$ und $\mathfrak{d}$ die von $\mathfrak{P}$, so ist nach § 5, 6

$$\mathfrak{d}_\nu = \text{Dim}\,\mathfrak{S}_\nu,$$

also

$$\mathfrak{d} = \sum_\nu \mathfrak{d}_\nu = \sum_\nu \text{Dim}\,\mathfrak{S}_\nu = \sum_\nu \text{Dim}\,A\mathfrak{S}_\nu = \text{Dim}\,\mathfrak{L}' \leqq \text{Dim}\,\mathfrak{L}.$$

Ist insbesondere die Mächtigkeit von $\mathfrak{P}$ gleich Dim $\mathfrak{S}$ (ist z. B. $\mathfrak{P}$ in $\mathfrak{S}$ vollständig), so kann man aus § 5, 3 und dem eben Bewiesenen sofort schließen

$$\text{Dim}\,\mathfrak{S} = \text{Dim}\,\mathfrak{L}.$$

Weil es in Unterräumen stets vollständige Orthonormalsysteme gibt, folgt:

Alle eineindeutigen stetigen linearen Bilder eines Unterraums haben die gleiche Dimension wie der Unterraum.

Dies letztere Ergebnis hätten wir auch auf anderem Wege erhalten können: Nach dem auch in § 6, 1 benutzten Hilfssatz (den man aber dort leicht eliminieren kann) gibt es unter der Voraussetzung, daß $\mathfrak{S}$ Unterraum ist, zu jedem $y \in \mathfrak{S}$ genau ein $z = Hy \in \mathfrak{S}$ mit

$$(Ax, Ay) = (x, Hy)\,.$$

H ist, als Operator in $\mathfrak{S}$ angesehen, beschränkt und hermitesch. Ordnet man jedem $f \neq 0$ aus $\mathfrak{S}$ als $\mathfrak{M}(f)$ die aus $f, Hf, H^2f, \ldots$ bestehende Menge zu, so sind die Voraussetzungen von § 2, 5 erfüllt; es gibt also Elemente $f_\nu \neq 0$ in $\mathfrak{S}$ so, daß die $\mathfrak{S}_\nu = \mathfrak{M}(f_\nu)$ paarweise orthogonal sind und zusammen den Unterraum $\mathfrak{S}$ erzeugen. Aus $H\mathfrak{S}_\nu \leqq \mathfrak{S}_\nu$ folgt $(Ax, Ay) = (Hx, y) = 0$, sowie $x \in \mathfrak{S}_\nu$, $y \in \mathfrak{S}_\mu$, $\nu \neq \mu$. Die $\mathfrak{S}_\nu$ und die $A\mathfrak{S}_\nu$ sind separabel, und auch die $A\mathfrak{S}_\nu$ bilden zusammen eine Grundmenge in $\mathfrak{L}$; daraus folgt

$$\text{Dim}\,\mathfrak{S} = \sum_\nu \text{Dim}\,\mathfrak{S}_\nu = \sum_\nu \text{Dim}\,A\mathfrak{S}_\nu = \text{Dim}\,\mathfrak{L}\,.$$

Der hier skizzierte Weg führt mit trivialer Abänderung auch zu den gleich abzuleitenden Sätzen über abgeschlossene Operatoren.

3. *A sei ein abgeschlossener Operator,* $\mathfrak{D}$ *sein Definitionsbereich,* $\mathfrak{L}$ *sein Wertebereich.* A^{-1} *existiere, d. h. A vermittle eine eineindeutige lineare Beziehung zwischen* $\mathfrak{D}$ *und* $\mathfrak{L}$. *Dann ist*

$$\text{Dim}\,\mathfrak{D} = \text{Dim}\,\mathfrak{L}.$$

Beweis. Der in § 3, 4 eingeführte Operator F ist als Projektor stetig und führt $\mathfrak{B}_A$ eineindeutig in $\{\mathfrak{D}, 0\}$ (die Menge der $\{x, 0\}$, $x \in \mathfrak{D}$) über. Genau so ist $\overline{E} - F$ ein stetiger Operator, der $\mathfrak{B}_A$ eineindeutig in $\{0, \mathfrak{L}\}$ überführt (eineindeutig wegen der Existenz von A^{-1}). Weil nach Voraussetzung $\mathfrak{B}_A$ Unterraum ist und weil man trivialerweise $\mathfrak{D}$ und $\mathfrak{L}$ isometrisch auf $\{\mathfrak{D}, 0\}$ bzw. $\{0, \mathfrak{L}\}$ abbilden kann, ist

$$\text{Dim}\,\mathfrak{D} = \text{Dim}\,\{\mathfrak{D}, 0\} = \text{Dim}\,\mathfrak{B}_A = \text{Dim}\,\{0, \mathfrak{L}\} = \text{Dim}\,\mathfrak{L}.$$

A sei ein beliebiger abgeschlossener Operator des Raumes $\mathfrak{R}$. *Dann gibt es paarweise orthogonale separable Unterräume von* $\mathfrak{R}$, *die A reduzieren* (§ 4, 2) *und die zusammen den Unterraum* $\mathfrak{R}$ *erzeugen.*

Beweis. $\mathfrak{P}$ sei ein vollständiges Orthonormalsystem in $\mathfrak{B}_A$. Nach dem Zusatz zu § 6, 1 gibt es zu den beiden stetigen Operatoren, die den $\{x, Ax\} \in \mathfrak{B}_A$ die Elemente x bzw. Ax von $\mathfrak{R}$ zuordnen, eine Einteilung von $\mathfrak{P}$ in höchstens abzählbare Klassen derart, daß, wenn $\{x, Ax\} \in \mathfrak{P}$ und $\{y, Ay\} \in \mathfrak{P}$ in verschiedenen Klassen sind, $x \perp y$ und $Ax \perp y$ und $x \perp Ay$ und $Ax \perp Ay$ gilt. Sind $\mathfrak{S}_\nu$ die von den verschiedenen Klassen von $\mathfrak{P}$ in $\mathfrak{B}_A$ erzeugten Unterräume, so gilt natürlich $x \perp y$, $Ax \perp y$, $x \perp Ay$, $Ax \perp Ay$ auch schon, wenn $\{x, Ax\}$ und $\{y, Ay\}$ in verschiedenen $\mathfrak{S}_\nu$ sind. Wir setzen nun

$$\mathfrak{S}'_\nu = \mathfrak{B}_A \ominus \mathfrak{S}_\nu$$

und definieren $\mathfrak{D}_\nu$, $\mathfrak{L}_\nu$, $\mathfrak{D}'_\nu$ und $\mathfrak{L}'_\nu$ durch

$$\{\mathfrak{D}_\nu, 0\} = F\mathfrak{S}_\nu, \qquad \{0, \mathfrak{L}_\nu\} = (\overline{E} - F)\mathfrak{S}_\nu,$$
$$\{\mathfrak{D}'_\nu, 0\} = F\mathfrak{S}'_\nu, \qquad \{0, \mathfrak{L}'_\nu\} = (\overline{E} - F)\mathfrak{S}'_\nu.$$

Aus

$$\mathfrak{B}_A = \mathfrak{S}_\nu \oplus \mathfrak{S}'_\nu$$

folgt dann

$$\mathfrak{D} = \mathfrak{D}_\nu \dotplus \mathfrak{D}'_\nu,$$

und es ist, wenn $\mathfrak{R}_\nu$ der von $\mathfrak{D}_\nu$ und $\mathfrak{L}_\nu$ zusammen erzeugte Unterraum ist,

$$\mathfrak{D}_\nu \leqq \mathfrak{R}_\nu, \qquad A\mathfrak{D}_\nu = \mathfrak{L}_\nu \leqq \mathfrak{R}_\nu,$$
$$\mathfrak{D}'_\nu \perp \mathfrak{R}_\nu, \qquad A\mathfrak{D}'_\nu = \mathfrak{L}'_\nu \perp \mathfrak{R}_\nu.$$

Nach § 4, 2 reduzieren demnach alle $\mathfrak{R}_\nu$ den abgeschlossenen Operator A. Mit den $\mathfrak{S}_\nu$ sind die $\mathfrak{D}_\nu$ und die $\mathfrak{L}_\nu$ und darum auch die $\mathfrak{R}_\nu$ separabel. Der von allen $\mathfrak{R}_\nu$ erzeugte Unterraum enthält aber Definitions- und Wertebereich von A. Sein orthogonales Komplement darf man also in beliebiger Weise in paarweise orthogonale separable (z. B. eindimensionale) Unterräume zerlegen, diese werden A trivialerweise auch reduzieren.

Aus dem damit bewiesenen Satz folgt, daß es irreduzible abgeschlossene Operatoren nur in separablen Räumen gibt.

In den separablen Linearmannigfaltigkeiten $\mathfrak{D}_\nu$ des obigen Beweises liefert uns das E. Schmidtsche Orthogonalisierungsverfahren vollständige Orthonormalsysteme. Wählt man in jedem $\mathfrak{D}_\nu$ eins aus und setzt man all diese Systeme zusammen, so erhält man in $\mathfrak{D}$ ein vollständiges Orthonormalsystem.

Dies Ergebnis, daß der Definitionsbereich jedes abgeschlossenen Operators ein vollständiges Orthonormalsystem enthält, legt die Frage nahe, ob es überhaupt Linearmannigfaltigkeiten gibt, in denen kein vollständiges Orthonormalsystem existiert. Diese Frage hat Wecken im bejahenden Sinne beantwortet [24]). Der Grundgedanke seiner Kon-

[24]) Rellich [2] S. 6, 7f.

struktion ist folgender: Man kann eine linear unabhängige Teilmenge eines separablen Hilbertschen Raums $\mathfrak{H}$ mit der Mächtigkeit des Kontinuums explizit angeben. Ihre Elemente f ordne man eineindeutig den Elementen p eines vollständigen Orthonormalsystems in einem Raum $\mathfrak{C}$, dessen Dimension gleich der Mächtigkeit des Kontinuums ist, zu. Nun denke man sich $\mathfrak{H}$ und $\mathfrak{C}$ senkrecht zueinander in einen großen Raum eingebettet und bilde in ihm die von den Summen $f + p$ einander zugeordneter f und p erzeugte Linearmannigfaltigkeit $\mathfrak{L}$. Diese erzeugt mit $\mathfrak{H}$ zusammen den Unterraum $\mathfrak{H} \oplus \mathfrak{C}$ und ist deshalb nicht separabel, trotzdem bildet der zu $\mathfrak{H}$ gehörige Projektor $\mathfrak{L}$ eineindeutig auf eine in $\mathfrak{H}$ enthaltene Linearmannigfaltigkeit, deren Dimension also höchstens $\mathfrak{a}$ ist, ab. Enthielte $\mathfrak{L}$ ein vollständiges Orthonormalsystem, so widerspräche das dem in § 6, 2 Festgestellten.

4. *Sind $\mathfrak{S}$ und $\mathfrak{T}$ Unterräume, $\mathfrak{D}$ ihr Durchschnitt und $\mathfrak{V}$ der von $\mathfrak{S}$ und $\mathfrak{T}$ erzeugte Unterraum, so ist*

$$\mathrm{Dim}(\mathfrak{T} \ominus \mathfrak{D}) = \mathrm{Dim}(\mathfrak{V} \ominus \mathfrak{S}).$$

Beweis. Es sei P der zu $\mathfrak{V} \ominus \mathfrak{S}$ gehörige Projektor,

$$P(\mathfrak{T} \ominus \mathfrak{D}) = \mathfrak{L}.$$

P ist jedenfalls ein Operator, der $\mathfrak{T} \ominus \mathfrak{D}$ stetig in $\mathfrak{L}$ transformiert. Diese Transformation ist eineindeutig, denn P führt Elemente von $\mathfrak{T} \ominus \mathfrak{D} \leqq \mathfrak{V}$ nur dann in 0 über, wenn sie in $\mathfrak{S}$ liegen, also in $\mathfrak{T} \frown \mathfrak{S} = \mathfrak{D}$, also in $(\mathfrak{T} \ominus \mathfrak{D}) \frown \mathfrak{D} = 0$. Daher (§ 6, 2)

$$\mathrm{Dim}(\mathfrak{T} \ominus \mathfrak{D}) = \mathrm{Dim}\, \mathfrak{L}.$$

$\mathfrak{S}$ und $\mathfrak{T} \ominus \mathfrak{D}$ sind zusammen Grundmenge in $\mathfrak{V}$, darum sind $P\mathfrak{S} = 0$ und $P(\mathfrak{T} \ominus \mathfrak{D}) = \mathfrak{L}$ zusammen Grundmenge in $P\mathfrak{V} = \mathfrak{V} \ominus \mathfrak{S}$, d. h. $\mathfrak{L}$ ist in $\mathfrak{V} \ominus \mathfrak{S}$ dicht, daher (§ 5, 4)

$$\mathrm{Dim}\, \mathfrak{L} = \mathrm{Dim}\, (\mathfrak{V} \ominus \mathfrak{S}).$$

Hiermit beweist man leicht

$$\mathrm{Dim}\, \mathfrak{S} + \mathrm{Dim}\, \mathfrak{T} = \mathrm{Dim}\, \mathfrak{V} + \mathrm{Dim}\, \mathfrak{D},$$

nämlich so:

$$\begin{aligned} \mathrm{Dim}\, \mathfrak{S} + \mathrm{Dim}\, \mathfrak{T} &= \mathrm{Dim}\, \mathfrak{S} + \mathrm{Dim}\, (\mathfrak{T} \ominus \mathfrak{D}) + \mathrm{Dim}\, \mathfrak{D} \\ &= \mathrm{Dim}\, \mathfrak{S} + \mathrm{Dim}\, (\mathfrak{V} \ominus \mathfrak{S}) + \mathrm{Dim}\, \mathfrak{D} \\ &= \mathrm{Dim}\, \mathfrak{V} + \mathrm{Dim}\, \mathfrak{D}. \end{aligned}$$

Aber es folgt noch mehr, nämlich:

$\mathfrak{R}_\nu$ sei eine wohlgeordnete Menge von Unterräumen: ν durchlaufe die Ordnungszahlen $0 \leqq \nu < \varrho$, wo ϱ eine passende Ordnungszahl ist. Für $\tau \leqq \varrho$ sei $\mathfrak{V}_\tau$ der von den $\mathfrak{R}_\nu$ mit $\nu < \tau$ erzeugte Unterraum, $\mathfrak{V}_0 = 0$, und für $\nu < \varrho$ habe $\mathfrak{R}_\nu$ nur 0 mit $\mathfrak{V}_\nu$ gemein. Dann ist

$$\mathrm{Dim}\, \mathfrak{V}_\varrho = \sum_{\nu<\varrho} \mathrm{Dim}\, \mathfrak{R}_\nu.$$

Beweis. Es sei für $\nu < \varrho$:

$$\mathfrak{S}_\nu = \mathfrak{V}_{\nu+1} \ominus \mathfrak{V}_\nu.$$

Dann ist, wie soeben festgestellt,

$$\mathrm{Dim}\, \mathfrak{R}_\nu = \mathrm{Dim}\, \mathfrak{S}_\nu \qquad (\nu < \varrho).$$

Die $\mathfrak{S}_\nu$ sind nun paarweise orthogonale Unterräume von $\mathfrak{V}_\varrho$. $\mathfrak{U}_\tau$ sei ($\tau \leqq \varrho$) der von den $\mathfrak{S}_\nu$ mit $\nu < \tau$ erzeugte Unterraum, $\mathfrak{U}_0 = 0$. Aus

$$\mathfrak{S}_\nu \leqq \mathfrak{V}_{\nu+1} \leqq \mathfrak{V}_\tau \qquad (\nu < \tau)$$

folgt $\mathfrak{U}_\tau \leqq \mathfrak{V}_\tau$. Es gilt aber sogar

$$\mathfrak{U}_\tau = \mathfrak{V}_\tau.$$

Beweis durch transfinite Induktion: $\tau = 0$ klar. Sei schon $\mathfrak{U}_\nu = \mathfrak{V}_\nu$ für alle $\nu < \tau$. Dann ist für $\nu < \tau$ sowohl $\mathfrak{V}_\nu (= \mathfrak{U}_\nu)$ wie $\mathfrak{V}_{\nu+1} \ominus \mathfrak{V}_\nu (= \mathfrak{S}_\nu)$, mithin auch

$$\mathfrak{R}_\nu \leqq \mathfrak{V}_{\nu+1} = \mathfrak{V}_\nu \oplus (\mathfrak{V}_{\nu+1} \ominus \mathfrak{V}_\nu)$$

in $\mathfrak{U}_\tau$ enthalten, $\mathfrak{V}_\tau \leqq \mathfrak{U}_\tau$; weil $\mathfrak{U}_\tau \leqq \mathfrak{V}_\tau$ schon bewiesen ist, ist wirklich $\mathfrak{U}_\tau = \mathfrak{V}_\tau$. Insbesondere ist $\mathfrak{U}_\varrho = \mathfrak{V}_\varrho$. Da aber nach § 5, 5

$$\operatorname{Dim} \mathfrak{U}_\varrho = \sum_{\nu<\varrho} \operatorname{Dim} \mathfrak{S}_\nu$$

ist, ist die Behauptung bewiesen.

5. Bei v. Neumann [25]) wird, wenn $\mathfrak{L}$ und $\mathfrak{M}$ Linearmannigfaltigkeiten mit $\mathfrak{L} \leqq \mathfrak{M}$ sind, eine Zahl $\operatorname{Dim} \mathfrak{M} \bmod \mathfrak{L}$ eingeführt, und zwar als Rang des Faktormoduls $\mathfrak{M} \bmod \mathfrak{L}$, wenn dieser endlich ist; sonst wird $\operatorname{Dim} \mathfrak{M} \bmod \mathfrak{L} = \infty$ gesetzt. Dieser Begriff wird dort sogar noch verallgemeinert. Die obige Definition ist natürlich nur in separablen Räumen vernünftig. Wir werden jenen merkwürdigen Dimensionsbegriff zwar nicht brauchen, trotzdem soll hier wenigstens die Möglichkeit seiner Einführung in einer speziellen Klasse von Fällen, die aber doch für die Anwendungen ausreicht, bewiesen werden.

Dazu brauchen wir den Hilfssatz: Jeder abgeschlossene Operator B im Raum $\mathfrak{R}$, dessen Definitionsbereich ganz $\mathfrak{R}$ ist, ist beschränkt. Das beweist man vielleicht am einfachsten, indem man den Satz VI bei Hausdorff [1] S. 302f. auf die stetige lineare Abbildung

$$F\mathfrak{V}_B = \{\mathfrak{R}, 0\}$$

anwendet. Man kann den Hilfssatz aber auch wie Stone [1] S. 59ff. für selbstadjungiertes B beweisen und dann wie v. Neumann [3] S. 310 den allgemeinen Fall auf das schon Bewiesene zurückführen. Der Hilfssatz läßt sich übrigens in der allgemeineren Form aussprechen: *Sind B und C abgeschlossene Operatoren und enthält der Definitionsbereich von C den von B, so folgt aus* $\lim\limits_{n\to\infty} x_n = x$ *und* $\lim\limits_{n\to\infty} Bx_n = Bx$, *daß* $\lim\limits_{n\to\infty} Cx_n = Cx$. Dies folgt aus dem oben angegebenen Spezialfall, indem man die Elemente von $\mathfrak{V}_B$ parallel zum Ordinatenraum so verschiebt, daß sie in $\mathfrak{V}_C$ fallen, und aus der Abgeschlossenheit dieser Transformation wie im folgenden Beweis auf ihre Stetigkeit schließt. In der Terminologie von Friedrichs [1] wird diese Überlegung noch einfacher.

Der Satz, der bewiesen werden soll, lautet:

$\mathfrak{L}$ und $\mathfrak{M}$ seien Linearmannigfaltigkeiten, $\mathfrak{L} \leqq \mathfrak{M}$, $\mathfrak{S}$ und $\mathfrak{T}$ seien Unterräume, $\mathfrak{S} \leqq \mathfrak{T}$. Der Operator A vermittle eine stetige und eineindeutige Abbildung seines Definitionsbereichs $\mathfrak{T}$ auf $\mathfrak{M}$, die $\mathfrak{S}$ in $\mathfrak{L}$ überführt. Dann ist $\operatorname{Dim}(\mathfrak{T} \ominus \mathfrak{S})$ *nur von $\mathfrak{L}$ und $\mathfrak{M}$, nicht aber von $\mathfrak{S}$, $\mathfrak{T}$ und A abhängig.*

Beweis. Es seien auch $\bar{\mathfrak{S}}$ und $\bar{\mathfrak{T}}$ Unterräume, $\bar{\mathfrak{S}} \leqq \bar{\mathfrak{T}}$, und $\bar{A}$ vermittle eine eineindeutige und stetige Abbildung seines Definitionsbereichs $\bar{\mathfrak{T}}$ auf $\mathfrak{M}$, die $\bar{\mathfrak{S}}$ in $\mathfrak{L}$ überführt. Dann ist $\bar{A}^{-1}A$ ein Operator, der $\mathfrak{T}$ so auf $\bar{\mathfrak{T}}$ abbildet, daß $\mathfrak{S}$ in $\bar{\mathfrak{S}}$ übergeht. Aus $x_n \in \mathfrak{T}$, $x_n \to x$ und $\bar{A}^{-1}Ax_n \to y$ folgt $x \in \mathfrak{T}$, $Ax_n \to Ax$, $Ax_n = \bar{A}\bar{A}^{-1}Ax_n \to \bar{A}y$, $Ax = \bar{A}y$, $y = \bar{A}^{-1}Ax$. Also ist $\bar{A}^{-1}A$ abgeschlossen. Nach § 6, 3 gilt $\operatorname{Dim} \mathfrak{T} = \operatorname{Dim} \bar{\mathfrak{T}}$, nach § 5, 6 gibt es einen isometrischen Operator U mit dem Definitionsbereich $\bar{\mathfrak{T}}$ und dem Wertebereich $\mathfrak{T}$. Nun ist $U\bar{A}^{-1}A$ ein abgeschlossener Operator in $\mathfrak{T}$ mit dem Definitionsbereich $\mathfrak{T}$, also nach dem Hilfssatz beschränkt. Das heißt: $\bar{A}^{-1}A$ ist stetig. Darum ist das Urbild $\mathfrak{U}$ des Unterraums $\bar{\mathfrak{T}} \ominus \bar{\mathfrak{S}}$ in $\mathfrak{T}$ ein Unterraum. Aus

$$\bar{\mathfrak{T}} = \bar{\mathfrak{S}} \oplus (\bar{\mathfrak{T}} \ominus \bar{\mathfrak{S}})$$

folgt

$$\mathfrak{T} = \mathfrak{S} \dotplus \mathfrak{U}.$$

Wegen § 6, 4 und § 6, 2 folgt

$$\operatorname{Dim}(\mathfrak{T} \ominus \mathfrak{S}) = \operatorname{Dim} \mathfrak{U} = \operatorname{Dim}(\bar{\mathfrak{T}} \ominus \bar{\mathfrak{S}}).$$

[25]) [1] S. 87.

Ob es aber zweckmäßig ist, die so als Funktion von $\mathfrak{L}$ und $\mathfrak{M}$ allein erkannte Kardinalzahl Dim $(\mathfrak{T} \ominus \mathfrak{S})$ mit Dim $\mathfrak{M}$ mod $\mathfrak{L}$ zu bezeichnen, bleibe dahingestellt.

§ 7. Der Spektralsatz.

1. Auch der Spektralsatz für selbstadjungierte Operatoren gehört wie die in § 3 zusammengestellten Tatsachen zu den in allen in dieser Arbeit betrachteten Räumen gültigen Sätzen. Aber der Umstand, daß (mit Ausnahme von Rellich [3] S. 5f.) in der Literatur kein Beweis vorkommt, der dies ganz klar zum Ausdruck kommen läßt [26]), zwingt uns doch zu näherer Betrachtung. Daß alle Beweise, die die Resolvente benutzen, nur im Hilbertschen Raum funktionieren, ist klar: Man kann eben $(A - \lambda E)^{-1}$ für komplexes λ nur bilden, wenn λE ein Operator ist. Man kann nun zwar aus der Gültigkeit des Spektralsatzes im Hilbertschen Raum seine Gültigkeit im reellen Hilbertschen Raum und dann auch im Wachsschen Raum erschließen, aber dieser Weg scheint mir nicht schön zu sein.

Erinnern wir uns lieber an Rieß [1], wo der Spektralsatz in einer in all' unseren Räumen gültigen Weise auf folgenden lokalen Zerlegungssatz zurückgeführt wird:

A sei selbstadjungiert. Dann gibt es einen Projektor P_- (er ist durch A eindeutig bestimmt und heiße der 0-Projektor von A) mit folgenden Eigenschaften:

1. *Aus $C \mathfrak{v} A$ folgt $C \mathfrak{v} P_-$.*
2. $P_- \mathfrak{v} A$.
3. $A P_- \leqq 0$ [27]).
4. $A(E - P_-) \geqq 0$.
5. *Aus $Ax = 0$ folgt $P_- x = 0$.*

Für beschränktes A läßt sich Rieß' Beweis wörtlich übertragen, einfacher steht der Beweis bei Wecken [1]. Für unbeschränktes A ist der Rießsche Beweis auf den Fall $\Sigma = K$ zugeschnitten. Man kann sich aber so helfen: Wie wir aus § 3, 4 wissen, ist, wenn A selbstadjungiert ist, $(A^2 + E)^{-1} = H$ ein beschränkter selbstadjungierter Operator [28]). Nicht allzu schwierige Rechnungen zeigen, daß $G = AH$ beschränkt und hermitesch ist, ferner daß $H \mathfrak{v} G$, $A = H^{-1} G$. Und daraus folgt durch ähnliche Rechnungen wie bei Rieß, daß der zu G gehörige 0-Projektor auch zu A als 0-Projektor gehört.

2. Es hätte nicht gelohnt, diesen Beweis in den Einzelheiten durchzuführen. Dafür wollen wir jetzt einen zweiten Beweis vollständig durchführen. Wir betrachten die Form (Ax, x) nicht als den x des Definitionsbereichs von A, sondern als den $\{x, Ax\}$ aus $\mathfrak{B}_A$ zugeordnet. Wegen

$$|(Ax, x)| \leqq \tfrac{1}{2} |\{x, Ax\}|^2$$

haben wir es mit einer beschränkten Form zu tun. Wenn wir aber $\mathfrak{B}_A$ orthogonal so zerlegt haben, daß (Ax, x) in einem Unterraum von $\mathfrak{B}_A$ negativ, im orthogonalen Komplement positiv semidefinit wird und der Unterraum sozusagen die Form (Ax, x) reduziert (von den unwesentlichen Bedingungen 1. und 5. einmal ganz abgesehen), haben wir durchaus keinen Grund zu der Annahme, dieser Tatbestand projizierte sich in den Abszissenraum. Man muß doch die Voraussetzung benutzen, daß nicht nur $A \leqq A^*$, sondern sogar $A = A^*$ ist, d. h.

$$\mathfrak{B}_A = \mathfrak{B}_{A^*} = \mathfrak{R}^2 \ominus V \mathfrak{B}_A.$$

---

[26]) Bei Friedrichs [1] § 5 ist allerdings der Spektralsatz für halbbeschränkte Operatoren allgemeingültig bewiesen und ein ähnlicher Beweis im allgemeinen Fall angekündigt.

[27]) Aus $P_- \mathfrak{v} A$ folgt $AP_- = P_- AP_- \leqq (P_- AP_-)^* = (AP_-)^* \leqq (P_- A)^* = AP_-$, darum ist AP_- selbstadjungiert.

[28]) Dasselbe folgt nach einer Bemerkung von F. J. Wecken durch Anwenden der Sätze Friedrichs' ([1]) auf die Form $(x, y) + (Ax, Ay)$.

Diese Voraussetzung besagt genau: Jedes Element $\{x, y\}$ von $\mathfrak{R}^2$ läßt sich in der Form

$$\{x, y\} = \{z, Az\} + \{A\zeta, -\zeta\}$$

darstellen (z, ζ im Definitionsbereich von A), und

$$\{z, Az\} \perp \{A\zeta, -\zeta\}.$$

Wir werden daher nicht die Form (Az, z) in $\mathfrak{B}_A$ betrachten, sondern die Form $(Az, z) + (\zeta, A\zeta)$ in ganz $\mathfrak{R}^2$. Und zwar werden wir den hermiteschen Operator D, der diese Form erzeugt:

$$(D\{x, y\}, \{x, y\}) = (Az, z) + (\zeta, A\zeta),$$

explizit angeben.

3. A sei selbstadjungiert, und B sei der zum Unterraum $\mathfrak{B}_A$ von $\mathfrak{R}^2$ gehörende Projektor. F und V seien wie in § 3, 4 erklärt. V transformiert $F\mathfrak{R}^2$ und $B\mathfrak{R}^2$ in ihr orthogonales Komplement, daher

$$(1) \qquad \begin{matrix} VFV^{-1} = \overline{E} - F & \qquad V(\overline{E} - F)V^{-1} = F \\ VBV^{-1} = \overline{E} - B & \qquad V(\overline{E} - B)V^{-1} = B. \end{matrix}$$

Es werde definiert

$$(2) \qquad D = BFVB - (E - B)FV(E - B)\text{ [29]}.$$

Wir formen diesen Ausdruck um. Aus (1) folgt

$$0 = -BVB$$

und

$$0 = (\overline{E} - B)\, V(\overline{E} - B).$$

Durch Addition der letzten drei Gleichungen folgt

$$D = -B(V - FV)B + (\overline{E} - B)\,(V - FV)\,(\overline{E} - B)$$

$$(3) \qquad D = (\overline{E} - B)\,(\overline{E} - F)\, V(\overline{E} - B) - B(\overline{E} - F)VB$$

$$(4) \qquad D = -BVFB + (\overline{E} - B)\, VF(\overline{E} - B),$$

letzteres nach (1). Ferner folgt durch Auflösen der Klammern in (2)

$$D = \quad BFV + FVB - FV$$

$$D = BV - BVF - FBV \quad \text{(nach (1))}$$

$$(5) \qquad D = (E - F)\, BV(E - F) - FBVF.$$

Aus (2) folgt $B\mathfrak{v}D$. Transformiert man (2) mit V, so entsteht bei Berücksichtigung von (1)

$$VDV^{-1} = (\overline{E} - B)\,(\overline{E} - F)\, V(\overline{E} - B) - B(\overline{E} - F)\, VB = D$$

nach (3); mithin $V\mathfrak{v}D$. Bildet man nach den Regeln aus § 3, 2 in (2) D^*, so entsteht wegen $F^* = F$, $B^* = B$, $V^* = -V$

$$D^* = -BVFB + (E - B)VF(E - B) = D$$

nach (4); mithin ist der beschränkte Operator D hermitesch. Schließlich folgt aus (5) $F\mathfrak{v}D$.

Nach dem für beschränkte hermitesche Operatoren schon bewiesenen Zerlegungssatz gibt es zu dem beschränkten hermiteschen D einen 0-Projektor, der wie D (nach 1.) mit F und V vertauschbar sein muß und darum nach § 4, 3 in der Form $\overline{P_-}$ geschrieben werden kann. Mit $\overline{P_-}$ ist natürlich auch P_- Projektor. Wir behaupten, P_- sei der zu A gehörende 0-Projektor.

---

[29]) Es ist $D = \overline{A(A^2 + E)^{-1}}$. Dies liefert einen Zusammenhang mit dem vorhin gegebenen Beweis. Vgl. § 14, 4.

Beweis. 1. Es gelte $C \mathfrak{v} A$. Dann gilt nach § 4, 1 $C^* \mathfrak{v} A^* = A$, nach § 4, 3 wird $\mathfrak{B}_A$ von $\overline{C}$ und $\overline{C^*} = \overline{C}^*$ in sich übergeführt, nach dem Zusatz von § 4, 2 folgt $\overline{C} \mathfrak{v} B$.

Nach § 4, 3 gilt außerdem $\overline{C} \mathfrak{v} F$ und $\overline{C} \mathfrak{v} V$, mithin

$$\begin{aligned} &\overline{C} \mathfrak{v} BFVB - (\overline{E} - B)\, FV(\overline{E} - B) = D, \\ &\overline{C} \mathfrak{v} \overline{P_-}, \\ &C \mathfrak{v} P_-. \end{aligned}$$

2. Aus dem oben festgestellten $B \mathfrak{v} D$ folgt

$$\begin{aligned} &B \mathfrak{v} \overline{P_-}, \\ &B \overline{P_-} B = \overline{P_-} B. \end{aligned}$$

$\overline{P_-}$ führt demnach $\mathfrak{B}_A$ in sich über, nach § 4, 3 folgt

$$P_- \mathfrak{v} A.$$

3.
$$\begin{aligned} (AP_-z, z) &= (\{AP_-z, 0\}, \{P_-z, AP_-z\}) \\ &= (FVB\overline{P_-}\{P_-z, AP_-z\}, \{P_-z, AP_-z\}) \\ &= (D\overline{P_-}\{P_-z, AP_-z\}, \{P_-z, AP_-z\}) \leqq 0. \end{aligned}$$

4. Entsprechend folgt $(A(E - P_-)z, z) \geqq 0$.

5. Aus $Az = 0$ folgt

$$\begin{aligned} D\{z, 0\} &= BFV\,\{z, 0\} = 0, \\ \overline{P_-}\{z, 0\} &= 0, \\ P_- z &= 0. \end{aligned}$$

§ 8. Quaternionendarstellungen.

1. Nachdem wir uns im ersten Teil der Arbeit mit den Begriffen befaßt haben, die sich in mehr oder weniger zwangsläufiger Weise aus dem gewöhnlichen Hilbertschen Raum bei unseren beiden Verallgemeinerungen — beliebige Dimension und als Grundkörper beliebige Divisionsalgebra über dem Körper R — übertragen und nachdem wir außerdem die Theorie der Dimension in § 5 und § 6 entwickelt haben, wenden wir uns jetzt den Veränderungen zu, die die Zulassung des nichtkommutativen Quaternionenkörpers Q als Grundkörper hervorruft. Natürlicher Ausgangspunkt ist die schon in § 3, 1 festgestellte Tatsache, daß λx im Wachsschen Raum $\mathfrak{R} = \mathfrak{W}$ nur für $\lambda \in Z = R$ definiert ist.

Betrachten wir dagegen eine Darstellung der Elemente von $\mathfrak{W}$ durch Vektoren

$$x = \begin{pmatrix} \xi_1 \\ \xi_2 \\ \vdots \end{pmatrix}$$

mit eventuell nichtabzählbar vielen Koordinaten ξ_ν, so erscheint diese Beschränkung zuerst durchaus unvernünftig. Wie sich die Raumverknüpfungen in den (schon in § 2, 3 implizit aufgestellten) Formeln

$$\begin{pmatrix} \xi_1 \\ \xi_2 \\ \vdots \end{pmatrix} + \begin{pmatrix} \eta_1 \\ \eta_2 \\ \vdots \end{pmatrix} = \begin{pmatrix} \xi_1 + \eta_1 \\ \xi_2 + \eta_2 \\ \vdots \end{pmatrix}, \quad \begin{pmatrix} \xi_1 \\ \xi_2 \\ \vdots \end{pmatrix} a = \begin{pmatrix} \xi_1 a \\ \xi_2 a \\ \vdots \end{pmatrix}, \quad \left(\begin{pmatrix} \xi_1 \\ \xi_2 \\ \vdots \end{pmatrix}, \begin{pmatrix} \eta_1 \\ \eta_2 \\ \vdots \end{pmatrix} \right) = \sum_\nu \overline{\eta}_\nu \xi_\nu$$

ausdrücken, so wird man versuchen, ganz naiv zu definieren:

$$\lambda \begin{pmatrix} \xi_1 \\ \xi_2 \\ \vdots \end{pmatrix} = \begin{pmatrix} \lambda\xi_1 \\ \lambda\xi_2 \\ \vdots \end{pmatrix}.$$

Man sieht sofort: mit $\sum_\nu |\xi_\nu|^2$ ist $\sum_\nu |\lambda \xi_\nu|^2$ konvergent, die Definition führt also aus dem Raum nicht heraus. Es gilt:

$$(1)\quad\begin{cases} \lambda(xa + yb) = (\lambda x)a + (\lambda y)b. \\ |\lambda x| = |\lambda|\,|x|. \\ (\lambda + \mu)x = \lambda x + \mu x. \\ (\lambda\mu)x = \lambda(\mu x). \\ (\lambda x, y) = (x, \bar{\lambda} y). \\ \lambda x = x\lambda \text{ für } \lambda \in R. \end{cases}$$

Bei näherem Zusehen erlebt man aber zwei Enttäuschungen: Erstens ist unsere Definition nicht unitär-invariant. λx hängt nicht nur von λ und x, sondern auch von dem speziellen Koordinatensystem, in dem wir x als $\begin{pmatrix}\xi_1\\ \xi_2\\ \vdots\end{pmatrix}$ darstellen, ab. Zweitens: Ist z. B. Dim $\mathfrak{W} = 2$, so ist

$$A\begin{pmatrix}\xi_1\\ \xi_2\end{pmatrix} = \begin{pmatrix}a_{11} & a_{12}\\ a_{21} & a_{22}\end{pmatrix}\begin{pmatrix}\xi_1\\ \xi_2\end{pmatrix} \qquad (a_{ik} \in Q)$$

ein beschränkter Operator, der genau dann hermitesch ist, wenn

$$a_{ik} = \overline{a_{ki}};$$

diese Bedingung ist z. B. für die Matrix

$$(a_{ik}) = \begin{pmatrix}0 & i\\ -i & 0\end{pmatrix}$$

erfüllt, und trotzdem ist

$$\begin{pmatrix}0 & i\\ -i & 0\end{pmatrix}\begin{pmatrix}k\\ 1\end{pmatrix} = j\begin{pmatrix}k\\ 1\end{pmatrix}.$$

Die hermitesch symmetrische Matrix $\begin{pmatrix}0 & i\\ -i & 0\end{pmatrix}$ scheint also den nichtreellen Eigenwert j zu haben. Bringt man $\begin{pmatrix}0 & i\\ -i & 0\end{pmatrix}$ dagegen auf Hauptachsen, so erhält man

$$\begin{pmatrix}1 & 0\\ 0 & -1\end{pmatrix},$$

was diese Eigenschaft nicht mehr hat. Dies Beispiel zeigt uns auch schon, daß sich zur Behandlung gewisser Aufgaben das in dem einen Koordinatensystem definierte λx besser eignet als das in dem anderen Koordinatensystem definierte. Wir werden das später noch bestätigt finden.

All dem tragen wir Rechnung, indem wir, aus den Gleichungen (1) nur das Unitärinvariante herausziehend, definieren:

2. *Eine Quaternionendarstellung ist eine Funktion, die jedem $\lambda \in Q$ einen beschränkten Operator T_λ so zuordnet, daß*

$$(2)\quad\begin{cases} T_\lambda + T_\mu = T_{\lambda+\mu}. \\ T_\lambda T_\mu = T_{\lambda\mu}. \\ T^*_\lambda = T_{\bar{\lambda}}. \\ T_\lambda = \lambda E \qquad \textit{für } \lambda \in R. \end{cases}$$

Den Erörterungen des § 8, 1 entnimmt man: $\mathfrak{P}$ sei ein vollständiges Orthonormalsystem in $\mathfrak{W}$, dann wird durch

$$T_\lambda x = T_\lambda \sum_{\mathfrak{P}} p(x, p) = \sum_{\mathfrak{P}} p\lambda(x, p)$$

jedem $\lambda \in Q$ ein beschränkter Operator T_λ so zugeordnet, daß die Funktion T_λ von λ eine Quaternionendarstellung ist. Natürlich ist T_λ durch

$$(3)\qquad T_\lambda p = p\lambda \qquad (p \in \mathfrak{P})$$

als beschränkter Operator schon eindeutig festgelegt. Wir gehen jetzt umgekehrt von einer beliebigen Quaternionendarstellung aus und werden u. a. zeigen, daß es stets zu ihr ein vollständiges Orthonormalsystem $\mathfrak{P}$ mit (3) gibt, daß also auf die angegebene Art schon jede Quaternionendarstellung entsteht.

T_λ sei also eine Quaternionendarstellung. Dann sei $\mathfrak{H}$ die Menge aller $f \in \mathfrak{W}$ mit

(4) $$T_\lambda f = f\lambda \quad \text{für alle } \lambda \in Q.$$

$\mathfrak{H}$ ist dann offenbar ein abgeschlossener R-Rechtsmodul, d. h. $\mathfrak{H}$ enthält mit f und g auch $fa + gb$, wenn $a, b \in R$, und enthält mit f_n auch $\lim\limits_{n\to\infty} f_n$, wenn dieser vorhanden ist. Wir können aber noch mehr aussagen: aus $f \in \mathfrak{H}$, $g \in \mathfrak{H}$ folgt $(f, g) \in R$, denn wegen

$$(f, g)\lambda = (f\lambda, g) = (T_\lambda f, g) = (f, T_\lambda^* g) = (f, T_{\bar\lambda} g) = (f, g\bar\lambda) = \lambda(f, g)$$

ist (f, g) mit allen $\lambda \in Q$ vertauschbar. Auf Grund der Definition in § 2, **1** und § 2, **6** müssen wir $\mathfrak{H}$ einen Raum mit dem Grundkörper R, einen reellen Hilbertschen Raum nennen. Die von $\mathfrak{H}$ in $\mathfrak{W}$ erzeugte Linearmannigfaltigkeit (also wieder Q als Grundkörper!) ist nun $\mathfrak{W}$, denn ist $x \in \mathfrak{W}$ beliebig, so setze man

$$f(x) = x - T_i x i - T_j x j - T_k x k;$$

dann ist

$$T_i f(x) = T_i x + xi - T_k x j + T_j x k = f(x) i$$

und analog für j und k, also $T_\lambda f(x) = f(x)\lambda$ für alle $\lambda \in Q$, $f(x) \in \mathfrak{H}$ und

$$f(x) - f(xi)i - f(xj)j - f(xk)k = x - T_i x i - T_j x j - T_k x k - (xi + T_i x - T_j x k + T_k x j)i$$
$$- (xj + T_i x k + T_j x - T_k x i)j - (xk - T_i x j + T_j x i + T_k x)k = 4x.$$

Nach § 2, **3** gibt es ein in $\mathfrak{H}$ vollständiges Orthonormalsystem $\mathfrak{P}$. Dies ist natürlich, als Teilmenge von $\mathfrak{W}$ betrachtet, ein in $\mathfrak{W}$ vollständiges Orthonormalsystem. Und jedes $p \in \mathfrak{P}$ liegt in $\mathfrak{H}$, daraus folgt (3).

Wir haben soeben jeder Quaternionendarstellung T_λ einen reellen Hilbertschen Raum $\mathfrak{H}$ zugeordnet, der im Sinne von § 5, **1** Grundmenge in $\mathfrak{W}$ ist. Weil jedes T_λ ($\lambda \in Q$) als beschränkter Operator durch die Werte, die es in der Grundmenge $\mathfrak{H}$ annimmt, vollständig festgelegt ist, diese aber durch (4) gegeben sind, ist jeder Raum $\mathfrak{H}$ höchstens einer Quaternionendarstellung zugeordnet. Wir wollen noch zeigen, daß jeder reelle Hilbertsche Raum $\mathfrak{H}$, der Grundmenge in $\mathfrak{W}$ ist, wirklich einer T_λ zugeordnet ist. Dazu wählen wir am einfachsten ein in $\mathfrak{H}$ vollständiges Orthonormalsystem $\mathfrak{P}$, das dann von selbst in $\mathfrak{W}$ vollständig ist, und erklären T_λ durch (3). Für $f \in \mathfrak{H}$ sind dann alle (f, p) ($p \in \mathfrak{P}$) reell, also

$$T_\lambda f = \sum_{\mathfrak{P}} p\lambda(f, p) = \sum_{\mathfrak{P}} p(f, p)\lambda = f\lambda$$

in Übereinstimmung mit (4). Für den T_λ zugeordneten reellen Hilbertschen Teilraum $\mathfrak{H}'$ gilt also $\mathfrak{H} \leqq \mathfrak{H}'$. Wäre nicht $\mathfrak{H} = \mathfrak{H}'$, so gäbe es ein $h' \perp \mathfrak{H}$, $h' \neq 0$ in $\mathfrak{H}'$, während doch $\mathfrak{H}' \leqq \mathfrak{W} = \tilde{\mathfrak{H}}$ ist.

3. In bezug auf die beschränkten Operatoren T, die in einer Quaternionendarstellung die Rolle des T_i spielen können, sagen die Beziehungen (2) folgendes aus:

(5) $$T^2 = -E, \quad T^* = -T.$$

Beschränkte Operatoren mit diesen beiden Eigenschaften (5) wollen wir *Imaginäroperatoren* nennen. Sie sind unitär. Sie beherrschen alles Folgende. Zunächst soll für sie die der vorstehenden analoge Rechnung durchgeführt werden.

T sei ein Imaginäroperator, $\mathfrak{H}$ die Menge der $f \in \mathfrak{W}$ mit

$$Tf = fi.$$

Dann ist $\mathfrak{H}$ abgeschlossener K-Rechtsmodul: aus $f, g \in \mathfrak{H}$, $a, b \in K$ folgt $fa + gb \in \mathfrak{H}$, und aus $f_n \in \mathfrak{H}$, $\lim f_n = f$ folgt $f \in \mathfrak{H}$. Ferner folgt aus $f, g \in \mathfrak{H}$ auch $(f, g) \in K$, denn wegen

$$(f, g)i = (fi, g) = (Tf, g) = (f, T^*g) = -(f, Tg) = -(f, gi) = i(f, g)$$

ist (f, g) mit i vertauschbar; K ist aber gerade der Körper der mit i vertauschbaren Quaternionen. $\mathfrak{H}$ ist also ein Hilbertscher Raum. Und die von $\mathfrak{H}$ in $\mathfrak{W}$ erzeugte Linearmannigfaltigkeit ist $\mathfrak{W}$, denn setzt man

$$f(x) = x - Txi \quad (x \in \mathfrak{W}),$$

so ist

$$Tf(x) = Tx + xi = f(x)i,$$

also $f(x) \in \mathfrak{H}$, und es ist

$$f(x) - f(xj)j = x - Txi - (xj + Txk)j = 2x.$$

Die Überlegung geht nun ganz analog § 8, 2 weiter und ergibt: *Man erhält Imaginäroperatoren und man erhält* *j e d e n* *Imaginäroperator, wenn man in $\mathfrak{W}$ ein vollständiges Orthonormalsystem $\mathfrak{P}$ wählt und T gleich dem (existierenden und eindeutig bestimmten) beschränkten Operator T mit*

$$Tp = pi \quad (p \in \mathfrak{P})$$

setzt. Die oben erklärte Zuordnung eines Hilbertschen Teilraums von $\mathfrak{W}$ zu jedem Imaginäroperator in $\mathfrak{W}$ ist eine eineindeutige Abbildung der Menge aller Imaginäroperatoren in $\mathfrak{W}$ auf die Menge aller der Hilbertschen Teilräume, die in $\mathfrak{W}$ Grundmengen sind.

4. *Zu jedem selbstadjungierten Operator A gibt es eine mit A vertauschbare Quaternionendarstellung T_λ.*

Beweis. Jedem $f \neq 0$ aus $\mathfrak{W}$ werde als $\mathfrak{M}(f)$ die Menge aller $P_\mu f$ $(\mu \in R)$ zugeordnet, wo P_μ die Spektralschar von A ist. Aus bekannten Sätzen der Spektraltheorie, die natürlich im Wachsschen Raum genau wie anderswo gelten, folgt, daß die Voraussetzungen von § 2, 5 erfüllt sind. Es gibt also eine Menge $\mathfrak{F}$ so, daß die $\mathfrak{M}(f)$ $(f \in \mathfrak{F})$ paarweise orthogonal sind und zusammen den Unterraum $\mathfrak{W}$ erzeugen. Weil alle $(P_\mu f, P_\nu g)$ $(\mu, \nu \in R; f, g \in \mathfrak{F})$ reell sind [30]), ist die abgeschlossene Hülle des von allen $P_\mu f$ $(\mu \in R, f \in \mathfrak{F})$ erzeugten R-Rechtsmoduls ein reeller Hilbertscher Teilraum $\mathfrak{H}$ von $\mathfrak{W}$, der offenbar in $\mathfrak{W}$ Grundmenge ist. Er ist im Sinne von § 8, 2 einer Quaternionendarstellung T_λ zugeordnet. Jedes P_μ führt die Menge aller $P_\mu f$ $(\mu \in R, f \in \mathfrak{F})$, also auch $\mathfrak{H}$ in einen Teil von sich über, daher ist

$$T_\lambda P_\mu x = P_\mu x\lambda = P_\mu T_\lambda x$$

für alle $x \in \mathfrak{H}$; weil aber $\mathfrak{H}$ in $\mathfrak{W}$ Grundmenge ist, gilt die Operatorengleichung

$$T_\lambda P_\mu = P_\mu T_\lambda$$

für alle $\mu \in R$, $\lambda \in Q$. Weil somit jedes T_λ mit allen P_μ vertauschbar ist, gilt $T_\lambda \mathfrak{v} A$.

In Wirklichkeit sind sogar alle $\widetilde{\mathfrak{M}(f)}$ separabel, das haben wir aber beim Beweis nicht benutzt. Ist A beschränkt, so hätte man einfacher für $\mathfrak{M}(f)$ die aus $f, Af, A^2f, \ldots$ bestehende Menge nehmen können.

Aus dem eben bewiesenen Satz folgt, daß jeder selbstadjungierte Operator mit einem gewissen Imaginäroperator vertauschbar ist.

Man rechnet leicht allgemein nach, daß ein beschränkter Operator A in einem durch ein vollständiges Orthonormalsystem gegebenen Koordinatensystem dann und nur dann eine reelle Matrix (Aq, p) hat, wenn A mit der durch (3) dem Orthonormalsystem zugeordneten Quaternionendarstellung vertauschbar ist. Aus unserem Satz folgt also:

Zu jedem beschränkten hermiteschen Operator A in $\mathfrak{W}$ gibt es mindestens ein vollständiges Orthonormalsystem $\mathfrak{P}$, für das die Matrix (Aq, p) reell ist. A hat also, wenn

[30]) Nämlich $(P_\mu f, P_\nu g) = 0$ für $f \neq g$, $= (P_\varrho f, P_\varrho f)$ für $f = g$, $\varrho = \mathrm{Min}\,(\mu, \nu)$.

Dim $\mathfrak{W} = n < \infty$ *ist, n reelle Eigenwerte* $\lambda_1, \ldots, \lambda_n$, *nämlich die Wurzeln der Gleichung*

$$|(Aq, p) - \lambda(q, p)| = 0 \quad (p \text{ Zeilenindex, } q \text{ Spaltenindex}).$$

Dasselbe hätte man natürlich auch mit weniger Aufwand beweisen können.

§ 9. Normalformen für Imaginäroperatoren.

1. Nicht nur im Wachsschen Raum, auch in den beiden Hilbertschen Räumen definieren wir: Ein Imaginäroperator ist ein beschränkter Operator T mit

$$T^2 = -E, \qquad T^* = -T,$$

der also von selbst unitär ist. Oder: Ein Imaginäroperator ist ein unitärer Operator T mit

$$T^2 = -E.$$

Aus der letzteren Fassung folgt: Der Unterraum $\mathfrak{U}$ reduziere den Operator T. Dann ist T dann und nur dann in $\mathfrak{R}$ Imaginäroperator, wenn T in $\mathfrak{U}$ und auch in $\mathfrak{R} \ominus \mathfrak{U}$ Imaginäroperator ist.

Wir wollen nun einige Normalformen aufstellen, denen man es sofort ansieht, daß sie Imaginäroperatoren liefern. Dann werden wir uns mit der Aufgabe beschäftigen, gegebene Imaginäroperatoren auf alle möglichen Arten in eine der Normalformen zu bringen oder doch paarweise orthogonale Unterräume zu konstruieren, die zusammen den ganzen Raum $\mathfrak{R}$ als Unterraum erzeugen und in deren jedem T auf eine der Normalformen gebracht werden kann.

2. $\mathfrak{R}$ habe die gerade oder unendliche Dimension

$$\text{Dim}\,\mathfrak{R} = \mathfrak{d} = 2\mathfrak{p}.$$

Dann gibt es nach § 5, 6 mindestens einen Unterraum $\mathfrak{Z}$ von $\mathfrak{R}$ so, daß

$$\text{Dim}\,\mathfrak{Z} = \text{Dim}(\mathfrak{R} \ominus \mathfrak{Z}) = \mathfrak{p}.$$

Gleichfalls nach § 5, 6 gibt es einen isometrischen Operator U mit dem Definitionsbereich $\mathfrak{Z}$ und dem Wertebereich $\mathfrak{R} \ominus \mathfrak{Z}$. P sei der zu $\mathfrak{Z}$ gehörige Projektor. *Dann ist*

$$T = UP - U^{-1}(E - P)$$

ein Imaginäroperator.

Beweis. T ist überall definiert, weil man U ungehindert auf Elemente des Wertebereichs $\mathfrak{Z}$ von P und U^{-1} (vorhanden, weil U isometrisch ist!) auf Elemente des Wertebereichs $\mathfrak{R} \ominus \mathfrak{Z}$ von $E - P$ anwenden kann. Daß T beschränkt ist, ist trivial. Schreibt man

$$T = (E - P)UP - PU^{-1}(E - P),$$

so kann man

$$T^2 = -E, \quad (Tx, y) = -(x, Ty)$$

sofort nachrechnen.

$$T = UP - U^{-1}(E - P)$$

ist die *erste Normalform.* Weil in ihre Definition die Struktur des Grundkörpers nicht eingeht, ist sie die wichtigste (vgl. § 10, 2). Ist T bekannt, so ist die Normalform durch $\mathfrak{Z}$ vollständig bestimmt: U ist einfach die Transformation, die $T|$ auf $\mathfrak{Z}$ ausübt. Ein gegebener Unterraum spielt dann und nur dann in einer passenden Darstellung von T in der ersten Normalform die Rolle des $\mathfrak{Z}$, wenn für ihn

$$T\mathfrak{Z} = \mathfrak{R} \ominus \mathfrak{Z}$$

gilt. Um also alle Darstellungen eines gegebenen Imaginäroperators T in der ersten Normalform aufzufinden, braucht man nur nach allen Unterräumen $\mathfrak{Z}$ mit

$$\mathfrak{Z} \oplus T\mathfrak{Z} = \mathfrak{R}$$

zu fragen.

Ein Musterbeispiel für einen Imaginäroperator in der ersten Normalform ist der Operator V aus § 3, 4, wo man für $\mathfrak{Z}$ am einfachsten den Ordinatenraum $(\overline{E} - F)\mathfrak{R}^2$ nimmt. U ist dann durch

$$U\{0, z\} = \{z, 0\}$$

gegeben.

3. Die zweite Normalform nimmt auf die Struktur des Grundkörpers Σ Bezug. Ist ε ein Element von Σ mit $\varepsilon^2 = -1$, woraus $|\varepsilon| = 1$ folgt, und ist $\mathfrak{P}$ ein vollständiges Orthonormalsystem, so wird durch

$$Tp = p\varepsilon \qquad (p \in \mathfrak{P})$$

ein beschränkter Operator T bestimmt, der sich als Imaginäroperator herausstellt. Das ist die *zweite Normalform.*

Es kommt also zunächst einmal darauf an, für welche $\varepsilon \in \Sigma$ die Beziehung $\varepsilon^2 = -1$ gilt. In $\Sigma = R$ gibt es überhaupt kein solches ε, im reellen Hilbertschen Razum gibt es also keine zweite Normalform. In $\Sigma = K$ gibt es zwei solche ε, nämlich $\varepsilon = i$ und $\varepsilon = -i$. K ist aber kommutativ, daher kann man statt $Tp = p\varepsilon$ auch schreiben

$$Tp = \varepsilon p \quad (p \in \mathfrak{P})$$

oder

$$T = \pm iE.$$

Das sind also im Hilbertschen Raum die beiden Imaginäroperatoren der zweiten Normalform.

In $\Sigma = Q$ gibt es zu jedem ε mit $\varepsilon^2 = -1$ ein η mit

$$\varepsilon\eta = \eta i,$$

o. B. d. A. kann man sogar $|\eta| = 1$ annehmen [31]). $\mathfrak{P}\eta$, die Menge aller $p\eta$ $(p \in \mathfrak{P})$, ist dann auch ein vollständiges Orthonormalsystem, und aus

$$Tp = p\varepsilon$$

wird

$$T(p\eta) = (p\eta)i.$$

Im Wachsschen Raum dürfen wir uns daher o. B. d. A. auf $\varepsilon = i$ beschränken.

4. Wir wollen nun zuerst die Imaginäroperatoren im Hilbertschen Raum und im Wachsschen Raum auf die zweite Normalform bringen, um dann hiervon später zur ersten Normalform überzugehen.

T sei Imaginäroperator im Hilbertschen Raum $\mathfrak{H}$. Dann ist

$$P = \frac{E - iT}{2},$$

wie man sofort bestätigt, Projektor:

$$P^2 = \frac{E - 2iT - T^2}{4} = \frac{2E - 2iT}{4} = P,$$

$$P^* = \frac{E + iT^*}{2} = \frac{E - iT}{2} = P.$$

Ist $\mathfrak{U}$ der Unterraum der u mit $Pu = u$, $\mathfrak{B}$ der Unterraum der v mit $Pv = 0$, so ist $\mathfrak{H} = \mathfrak{U} \oplus \mathfrak{B}$, und $\mathfrak{U}$ ist die Menge der u mit $Tu = ui$, $\mathfrak{B}$ ist die Menge der v mit $Tv = -vi$, $\mathfrak{U}$ und $\mathfrak{B}$ reduzieren T. $\mathfrak{H}$ ist also direkte Summe zweier orthogonaler Unterräume, in deren jedem T die zweite Normalform hat. $\mathfrak{U}$ und $\mathfrak{B}$ sind offensichtlich durch T eindeutig bestimmt.

---

[31]) Man kann sogar noch $\eta^2 = -1$ annehmen: $\eta = \pm \frac{\varepsilon + i}{|\varepsilon + i|}$ für $\varepsilon \neq -i$, $\eta = aj + bk$ $(a, b \in R,$ $a^2 + b^2 = 1)$ für $\varepsilon = -i$.

Wir wissen aus § 8, **3**, daß man jeden Imaginäroperator im Wachsschen Raum in die zweite Normalform bringen kann.

5. Nun fragen wir nach denjenigen Unterräumen, in denen man einen gegebenen Imaginäroperator T in die erste Normalform bringen kann. Ist $\mathfrak{S}$ ein derartiger Unterraum, so soll also

$$\mathfrak{S} = \mathfrak{Z} \oplus T\mathfrak{Z}$$

mit passendem Unterraum $\mathfrak{Z}$ gelten. Insbesondere muß

$$T\mathfrak{Z} \perp \mathfrak{Z}$$

gelten. Ist aber dies erfüllt, so wird durch

$$\mathfrak{S} = \mathfrak{Z} \oplus T\mathfrak{Z}$$

ein Unterraum $\mathfrak{S}$ von $\mathfrak{R}$ definiert, in dem T die erste Normalform hat und der offenbar T reduziert. Wir können also die Fragestellung dahin abändern, daß wir nach allen Unterräumen $\mathfrak{Z}$ von $\mathfrak{R}$ fragen, für die $T\mathfrak{Z} \perp \mathfrak{Z}$ gilt.

T sei Imaginäroperator im reellen Hilbertschen Raum $\mathfrak{H}$. Dann kann man T in die erste Normalform bringen.

Beweis. Im reellen Hilbertschen Raum gilt identisch

$$(Tf, f) = (f, T^*f) = (f, -Tf) = -\overline{(Tf, f)} = -(Tf, f),$$

also

$$(Tf, f) = 0.$$

Man ordne jedem $f \neq 0$ aus $\mathfrak{H}$ als $\mathfrak{M}(f)$ die aus f und Tf bestehende Menge zu. Dann sind die Voraussetzungen von § 2, **5** erfüllt:

$$f \in \mathfrak{M}(f) < \widetilde{\mathfrak{M}(f)}$$

ist trivial, und aus $\mathfrak{M}(f) \perp g$ folgt

$$(f, g) = 0 \qquad (Tf, g) = 0$$
$$(f, Tg) = -(Tf, g) = 0, \qquad (Tf, Tg) = (f, g) = 0,$$
$$\mathfrak{M}(f) \perp \mathfrak{M}(g).$$

Darum gibt es Elemente f_ν in $\mathfrak{H}$ (wo ν irgendeine Menge von Indizes durchläuft) so, daß die $\mathfrak{M}(f_\nu)$ paarweise orthogonal sind und zusammen den Unterraum $\mathfrak{H}$ erzeugen. Wir können $|f_\nu| = 1$ annehmen. Dann ist auch $|Tf_\nu| = 1$ und $(Tf_\nu, f_\nu) = 0$. Die f_ν bilden daher mit den Tf_ν zusammen ein vollständiges Orthonormalsystem in $\mathfrak{H}$. Setzt man für $\mathfrak{Z}$ den von allen f_ν erzeugten Unterraum ein, so ist offenbar

$$\mathfrak{H} = \mathfrak{Z} \oplus T\mathfrak{Z}.$$

Die Unterräume von $\mathfrak{H}$, in denen man T auf die erste Normalform bringen kann, sind demnach alle Unterräume, die T überhaupt reduzieren. Als Nebenresultat stellt sich heraus, daß es in reellen Hilbertschen Räumen von ungerader Dimension keine Imaginäroperatoren gibt, weil dort die Gleichung

$$\operatorname{Dim} \mathfrak{H} = 2 \operatorname{Dim} \mathfrak{Z}$$

unlösbar wird.

6. T sei ein Imaginäroperator im Hilbertschen Raum $\mathfrak{H}$, $\mathfrak{U}$ und $\mathfrak{V}$ die beiden in § 8, **4** eingeführten Unterräume, also

$$\mathfrak{H} = \mathfrak{U} \oplus \mathfrak{V}$$
$$Tu = ui \quad (u \in \mathfrak{U}), \qquad Tv = -vi \quad (v \in \mathfrak{V}).$$

Wir fragen nach den Unterräumen $\mathfrak{Z}$ mit $T\mathfrak{Z} \perp \mathfrak{Z}$. Ist uns solch ein $\mathfrak{Z}$ gegeben, so stellen wir gemäß $\mathfrak{H} = \mathfrak{U} \oplus \mathfrak{V}$ jedes $z \in \mathfrak{Z}$ eindeutig in der Form

$$z \in \mathfrak{Z}: \qquad z = u + v, \quad u \in \mathfrak{U}, \quad v \in \mathfrak{V}$$

dar. Nun ist $\mathfrak{U} \frown \mathfrak{Z} = 0$, denn für ein $u \in \mathfrak{U} \frown \mathfrak{Z}$ gilt zugleich $Tu = ui$ und $Tu \perp u$, woraus $ui \perp u$, $u = 0$ folgt. Analog ist $\mathfrak{V} \cap \mathfrak{Z} = 0$. Daher gibt es zu jedem $u \in \mathfrak{U}$ höchstens ein $v \in \mathfrak{V}$ mit $u + v \in \mathfrak{Z}$, und zu jedem $v \in \mathfrak{V}$ gibt es höchstens ein $u \in \mathfrak{U}$ mit $u + v \in \mathfrak{Z}$. Durch

$$u + v \in \mathfrak{Z}$$

wird eine Teilmenge $\mathfrak{N}$ von $\mathfrak{V}$ eineindeutig und linear auf eine Teilmenge $\mathfrak{M}$ von $\mathfrak{U}$ abgebildet:

$$u = Sv, \qquad v = \overset{-1}{S} u.$$

$\mathfrak{N}$ ist einfach die Menge der $v \in \mathfrak{V}$, zu denen es ein $u (= Sv)$ in $\mathfrak{U}$ mit $u + v \in \mathfrak{Z}$ gibt, $\mathfrak{M} = S\mathfrak{N}$.

Der hierdurch definierte Operator S mit dem Definitionsbereich $\mathfrak{N} \leqq \mathfrak{V}$ und dem Wertebereich $\mathfrak{M} \leqq \mathfrak{U}$ ist nun isometrisch, und $\mathfrak{M}$ und $\mathfrak{N}$ sind Unterräume. Denn sobald $v \in \mathfrak{N}$ und $v' \in \mathfrak{N}$, d. h. $Sv + v \in \mathfrak{Z}$ und $Sv' + v' \in \mathfrak{Z}$ gilt, ist wegen $T\mathfrak{Z} \perp \mathfrak{Z}$

$$T(Sv + v) \perp Sv' + v', \qquad (Svi - vi, Sv' + v') = 0,$$

und wegen $S\mathfrak{N} = \mathfrak{M} \leqq \mathfrak{U} \perp \mathfrak{V} \geqq \mathfrak{N}$

$$(Sv, Sv') - (v, v') = 0,$$

womit schon gezeigt ist, daß S isometrisch ist. Es sei nun $v_n \in \mathfrak{V}$, $v_n \to v$. Dann ist auch

$$\lim_{m, n \to \infty} |Sv_m - Sv_n| = \lim_{m, n \to \infty} |v_m - v_n| = 0,$$

es konvergiert $Sv \to u$; aus

$$Sv_n + v_n \in \mathfrak{Z}$$

folgt, weil $\mathfrak{Z}$ Unterraum ist,

$$u + v \in \mathfrak{Z},$$

d. h. $Sv = u$, $v \in \mathfrak{N}$. Genau so beweist man die Abgeschlossenheit von $\mathfrak{M}$.

Zusammengefaßt: *Zu jedem Unterraum $\mathfrak{Z}$ mit $T\mathfrak{Z} \perp \mathfrak{Z}$ gibt es einen Unterraum $\mathfrak{M} \leqq \mathfrak{U}$, einen Unterraum $\mathfrak{N} \leqq \mathfrak{V}$ und einen isometrischen Operator S mit dem Definitionsbereich $\mathfrak{N}$ und dem Wertebereich $\mathfrak{M}$ so, daß $\mathfrak{Z}$ genau die Menge der $Sv + v\,(v \in \mathfrak{N})$, d. h. der Wertebereich von $E + S$, ist. Und ist*

$$\mathrm{Dim}\,\mathfrak{M} = \mathrm{Dim}\,\mathfrak{N} = \mathfrak{p},$$
$$\mathrm{Dim}\,\mathfrak{U} = \mathfrak{m}, \qquad \mathrm{Dim}\,\mathfrak{V} = \mathfrak{n},$$
$$\mathrm{Dim}(\mathfrak{U} \ominus \mathfrak{M}) = \mathfrak{m}', \qquad \mathrm{Dim}(\mathfrak{V} \ominus \mathfrak{N}) = \mathfrak{n}',$$

so ist

$$\mathfrak{m} = \mathfrak{p} + \mathfrak{m}', \qquad \mathfrak{n} = \mathfrak{p} + \mathfrak{n}'.$$

Dieser Tatbestand läßt sich umkehren. Sind nämlich Kardinalzahlen $\mathfrak{p}$, $\mathfrak{m}'$ und $\mathfrak{n}'$ so gegeben, daß

$$\mathfrak{p} + \mathfrak{m}' = \mathfrak{m} = \mathrm{Dim}\,\mathfrak{U}, \qquad \mathfrak{p} + \mathfrak{n}' = \mathfrak{n} = \mathrm{Dim}\,\mathfrak{V}$$

ist, dann gibt es Unterräume $\mathfrak{M} \leqq \mathfrak{U}$ und $\mathfrak{N} \leqq \mathfrak{V}$ mit

$$\mathrm{Dim}\,\mathfrak{M} = \mathfrak{p}, \qquad \mathrm{Dim}\,\mathfrak{N} = \mathfrak{p},$$
$$\mathrm{Dim}(\mathfrak{U} \ominus \mathfrak{M}) = \mathfrak{m}', \qquad \mathrm{Dim}(\mathfrak{V} \ominus \mathfrak{N}) = \mathfrak{n}',$$

und es gibt einen isometrischen Operator S mit dem Definitionsbereich $\mathfrak{N}$ und dem Wertebereich $\mathfrak{M}$. Erklärt man $\mathfrak{Z}$ als Wertebereich von $E + S$,

$$\mathfrak{Z} = (E + S)\mathfrak{N},$$

so folgt in bekannter Weise aus

$$|v + Sv|^2 = |v|^2 + |Sv|^2 = 2\,|v|^2$$

(wegen $Sv \perp v$), daß mit $\mathfrak{N}$ auch $\mathfrak{Z}$ abgeschlossen, also Unterraum ist. Und es ist

$$T(Sv + v) = (Sv - v)i,$$
$$(T(Sv + v), Sv' + v') = (Sv - v, Sv' + v')i = ((Sv, Sv') - (v, v'))\,i = 0,$$

also in der Tat

$$T\mathfrak{Z} \perp \mathfrak{Z}.$$

Wir können hinzufügen: Es ist

$$\mathfrak{Z} \oplus T\mathfrak{Z} = \mathfrak{M} \oplus \mathfrak{N},$$

denn $\mathfrak{Z}$ ist der Wertebereich von $E + S$ und $T\mathfrak{Z}$ der von $E - S$. Man kann schreiben

$$\mathfrak{H} = (\mathfrak{Z} \oplus T\mathfrak{Z}) \oplus (\mathfrak{U} \ominus \mathfrak{M}) \oplus (\mathfrak{V} \ominus \mathfrak{N}),$$

wo alle drei Summanden T reduzieren; T hat im ersten Summanden mit der Dimension $2\mathfrak{p}$ die erste Normalform, im zweiten und dritten Summanden mit den Dimensionen $\mathfrak{m}'$, $\mathfrak{n}'$ dagegen jeweils die zweite Normalform. Und zwischen $\mathfrak{p}$, $\mathfrak{m}'$ und $\mathfrak{n}'$ bestehen nur die Bedingungen

$$\mathfrak{m} = \mathfrak{p} + \mathfrak{m}', \qquad \mathfrak{n} = \mathfrak{p} + \mathfrak{n}',$$

sonst kann man sie beliebig vorschreiben.

7. T sei endlich ein Imaginäroperator im Wachsschen Raum $\mathfrak{W}$. Wir fragen nach den Unterräumen $\mathfrak{Z}$ mit

$$T\mathfrak{Z} \perp \mathfrak{Z}.$$

Ist uns solch ein $\mathfrak{Z}$ gegeben, so sei $\{p_\nu\}$, wo ν eine Menge von Indizes durchläuft, ein vollständiges Orthonormalsystem in $\mathfrak{Z}$. Wir definieren q_ν und q'_ν durch

$$\sqrt{2}\, q_\nu = p_\nu - Tp_\nu i, \qquad \sqrt{2}\, q'_\nu = -p_\nu j - Tp_\nu k.$$

Dann ist

$$Tq_\nu = q_\nu i, \quad Tq'_\nu = q'_\nu i,$$

$$\sqrt{2}\, p_\nu = q_\nu + q'_\nu j, \quad \sqrt{2}\, Tp_\nu = q_\nu i + q'_\nu k,$$

$$(q_\mu, q_\nu) = \tfrac{1}{2}(p_\mu - Tp_\mu i,\, p_\nu - Tp_\nu i) = (p_\mu, p_\nu) = \begin{cases} 1, & \mu = \nu \\ 0, & \mu \neq \nu, \end{cases}$$

$$(q'_\mu, q'_\nu) = \tfrac{1}{2}(p_\mu j + Tp_\mu k,\, p_\nu j + Tp_\nu k) = (p_\mu, p_\nu) = \begin{cases} 1, & \mu = \nu \\ 0, & \mu \neq \nu, \end{cases}$$

$$(q_\mu, q'_\nu) = -\tfrac{1}{2}(p_\mu - Tp_\mu i,\, p_\nu j + Tp_\nu k) = \tfrac{1}{2}(j(p_\mu, p_\nu) - k(p_\mu, p_\nu) i) = 0.$$

Das heißt: *Ist $\mathfrak{H}$ der aus § 8, 3 bekannte Hilbertsche Teilraum aller $f \in \mathfrak{W}$ mit $Tf = fi$, so sind die q_ν und die q'_ν zusammen ein Orthonormalsystem in $\mathfrak{H}$, das in $\mathfrak{W}$ den Unterraum $\mathfrak{Z} \oplus T\mathfrak{Z}$ erzeugt. Ist $\mathfrak{d}$ die Dimension von $\mathfrak{W}$, $\mathfrak{p}$ die von $\mathfrak{Z}$ und $\mathfrak{d}'$ die von $\mathfrak{W} \ominus (\mathfrak{Z} \oplus T\mathfrak{Z})$, so ist*

$$\mathfrak{d} = 2\,\mathfrak{p} + \mathfrak{d}'.$$

Dieser Tatbestand läßt sich umkehren. Seien nämlich die q_ν und die q'_ν, wo ν eine Indizesmenge von der Mächtigkeit $\mathfrak{p}$ durchläuft, zusammen ein Orthonormalsystem in $\mathfrak{H}$ [32]). Setzt man dann

$$\sqrt{2}\, p_\nu = q_\nu + q'_\nu j,$$

so ist

$$\sqrt{2}\, Tp_\nu = q_\nu i + q'_\nu k,$$

$$(p_\mu, p_\nu) = \frac{1}{2}(q_\mu + q'_\mu j,\, q_\nu + q'_\nu j) = \frac{(q_\mu, q_\nu) + (q'_\mu, q'_\nu)}{2} = \begin{cases} 1, & \mu = \nu \\ 0, & \mu \neq \nu, \end{cases}$$

$$(Tp_\mu, p_\nu) = \frac{1}{2}(q_\mu i + q'_\mu k,\, q_\nu + q'_\nu j) = \frac{(q_\mu, q_\nu) i - j(q'_\mu, q'_\nu) k}{2} = 0.$$

Das heißt: die p_ν sind ein Orthonormalsystem; ist $\mathfrak{Z}$ der davon erzeugte Unterraum, so $T\mathfrak{Z} \perp \mathfrak{Z}$.

[32]) Durch die Schreibweise deuten wir schon an, daß immer q_ν und q'_ν einander zugeordnet sind.

Sind ferner Kardinalzahlen $\mathfrak{p}$ und $\mathfrak{d}'$ gegeben, die nur der Bedingung

$$2\mathfrak{p} + \mathfrak{d}' = \mathfrak{d} = \operatorname{Dim} \mathfrak{W}$$

genügen, so gibt es nach § 5, 6 Elemente q_ν und q'_ν in $\mathfrak{H}$, wo ν eine Indizesmenge von der Mächtigkeit $\mathfrak{p}$ durchläuft, die zusammen ein Orthonormalsystem bilden, derart, daß die Dimension des orthogonalen Komplements in $\mathfrak{H}$ des von den q_ν und den q'_ν erzeugten Unterraums gerade gleich $\mathfrak{d}'$ wird. Konstruiert man $\mathfrak{Z}$ aus den q_ν und q'_ν wie eben angegeben, so ist $T\mathfrak{Z} \perp \mathfrak{Z}$, $\mathfrak{Z}$ hat die Dimension $\mathfrak{p}$, und $\mathfrak{W} \ominus (\mathfrak{Z} \oplus T\mathfrak{Z})$ ist das orthogonale Komplement des von den q_ν, q'_ν erzeugten Unterraums in $\mathfrak{W}$ und hat als solches die Dimension $\mathfrak{d}'$.

Wir können also die Unterräume $\mathfrak{Z}$ mit $T\mathfrak{Z} \perp \mathfrak{Z}$ durch die Orthonormalsysteme in $\mathfrak{H}$, die in zwei Klassen einander eineindeutig zugeordneter Elemente q_ν, q'_ν zerfallen, vollständig beschreiben. Und zwischen der Dimension $\mathfrak{p}$ von $\mathfrak{Z}$ und der Dimension $\mathfrak{d}'$ von $\mathfrak{W} \ominus (\mathfrak{Z} \oplus T\mathfrak{Z})$ besteht nur die eine Relation

$$(*) \qquad \mathfrak{d} = 2\mathfrak{p} + \mathfrak{d}'.$$

Jetzt lassen sich leicht die verschiedenen möglichen Fälle durchdiskutieren. Ist $\mathfrak{d} = 0$ oder $\mathfrak{d} = 1$, so kommt in (*) nur $\mathfrak{p} = 0$ in Frage, es ist notwendig $\mathfrak{Z} = 0$. Ist aber $\mathfrak{d} > 1$, so gibt es positive Zahlen $\mathfrak{p}$, für die (*) mit passendem $\mathfrak{d}'$ erfüllt ist. Ist $\mathfrak{d}$ gerade, so kann man durch passende Wahl von $\mathfrak{p}$ erreichen, daß $\mathfrak{d}' = 0$, man kann aber nicht $\mathfrak{d}' = 1$ erreichen; ist $\mathfrak{d}$ ungerade, so kann man wohl $\mathfrak{d}' = 1$, nicht aber $\mathfrak{d}' = 0$ durch richtige Wahl von $\mathfrak{p}$ erreichen. Ist $\mathfrak{d}$ schließlich unendlich, so kann man sowohl $\mathfrak{d}' = 0$ wie $\mathfrak{d}' = 1$ erreichen, indem man $\mathfrak{p} = \mathfrak{d}$ setzt.

Wir werden diese Ergebnisse im nächsten Abschnitt anwenden.

§ 10. Hermitesche abgeschlossene Operatoren.

1. Der Operator A heißt hermitesch, wenn A^* existiert und

$$A \leqq A^*$$

gilt, abgeschlossen, wenn $\mathfrak{B}_A$ abgeschlossen ist (A^* ist, wenn vorhanden, von selbst abgeschlossen), maximal, wenn er hermitesch und abgeschlossen ist, während keine echte Fortsetzung von A hermitesch und abgeschlossen ist, selbstadjungiert, wenn $A = A^*$, nurmaximal, wenn A maximal und nicht selbstadjungiert ist.

A sei ein fester hermitescher abgeschlossener Operator. Es sei

$$\mathfrak{L} = \mathfrak{B}_{A^*} \ominus \mathfrak{B}_A.$$

Nun ist nach § 3, 4

$$\mathfrak{B}_{A^*} = \mathfrak{R}^2 \ominus V\mathfrak{B}_A.$$

Darum

$$\mathfrak{L} = (\mathfrak{R}^2 \ominus V\mathfrak{B}_A) \ominus \mathfrak{B}_A,$$
$$\mathfrak{L} = \mathfrak{R}^2 \ominus (V\mathfrak{B}_A \oplus \mathfrak{B}_A).$$

Weil V unitär ist, folgt

$$V\mathfrak{L} = V\mathfrak{R}^2 \ominus (V^2\mathfrak{B}_A \oplus V\mathfrak{B}_A) = \mathfrak{R}^2 \ominus (\mathfrak{B}_A \oplus V\mathfrak{B}_A) = \mathfrak{L}.$$

V führt also $\mathfrak{L}$ und auch das orthogonale Komplement von $\mathfrak{L}$ in $\mathfrak{R}^2$ in sich über, $\mathfrak{L}$ reduziert V. V kann daher auch als Operator in $\mathfrak{L}$ angesehen werden. Wie schon in § 9, 2 bemerkt, ist V Imaginäroperator. Wir werden bald die Ergebnisse des vorigen Abschnitts auf den Imaginäroperator V in $\mathfrak{L}$ anwenden.

Wegen $\mathfrak{L} \leqq \mathfrak{B}_{A^*}$ hat sicher jedes Element von $\mathfrak{L}$ die Form $\{z, A^*z\}$. Wir wollen die notwendige und hinreichende Bedingung dafür aufstellen, daß ein $\{z, A^*z\}$ in $\mathfrak{L}$ liegt. $\{z, A^*z\}$ liegt dann und nur dann in $\mathfrak{L}$, wenn

$$\{z, A^*z\} \perp \mathfrak{B}_A.$$

Weil V unitär ist, ist das gleichbedeutend mit

$$V\{z, A^*z\} \perp V\mathfrak{B}_A,$$
$$\{A^*z, -z\} \in \mathfrak{R}^2 \ominus V\mathfrak{B}_A = \mathfrak{B}_{A^*}.$$

Dies letztere ist aber genau dann wahr, wenn

$$A^{*2}z = -z.$$

$\mathfrak{L}$ besteht also genau aus den $\{z, A^*z\}$ mit $A^{*2}z = -z$.

2. Es ist nun unsere Aufgabe, alle hermiteschen abgeschlossenen Operatoren A', die Fortsetzungen von A sind ($A' \geqq A$), zu überblicken und insbesondere etwas über maximale oder gar selbstadjungierte Operatoren, die sich unter diesen A' befinden, auszusagen. Zu dem Zweck stellen wir eine eineindeutige Abbildung der Menge aller hermiteschen abgeschlossenen $A' \geqq A$ auf die Menge aller der Unterräume $\mathfrak{Z}$ von $\mathfrak{L}$, für die $V\mathfrak{Z} \perp \mathfrak{Z}$ gilt, her.

A' sei eine hermitesche abgeschlossene Fortsetzung von A, also

$$A \leqq A', \qquad A' \leqq A'^*.$$

Aus $A \leqq A'$ folgt dann noch

$$A'^* \leqq A^*,$$

zusammengefaßt:

$$\mathfrak{B}_A \leqq \mathfrak{B}_{A'} \leqq \mathfrak{B}_{A'^*} \leqq \mathfrak{B}_{A^*}.$$

Es sei

$$\mathfrak{Z} = \mathfrak{B}_{A'} \ominus \mathfrak{B}_A.$$

Dann ist

$$\mathfrak{Z} \leqq \mathfrak{B}_{A^*} \ominus \mathfrak{B}_A = \mathfrak{L},$$
$$V\mathfrak{Z} = V\mathfrak{B}_{A'} \ominus V\mathfrak{B}_A \leqq V\mathfrak{B}_{A'} = \mathfrak{R}^2 \ominus \mathfrak{B}_{A'^*},$$
$$V\mathfrak{Z} \perp \mathfrak{B}_{A'^*} \geqq \mathfrak{B}_{A'} \geqq \mathfrak{Z},$$
$$V\mathfrak{Z} \perp \mathfrak{Z}.$$

Damit ist jedem A' ein Unterraum $\mathfrak{Z}$ von $\mathfrak{L}$ mit $V\mathfrak{Z} \perp \mathfrak{Z}$ zugeordnet. Aus der Definition von $\mathfrak{Z}$ folgt aber

$$\mathfrak{B}_{A'} = \mathfrak{B}_A \oplus \mathfrak{Z},$$

deshalb ist A' durch $\mathfrak{Z}$ (immer bei festem A) eindeutig bestimmt. Es bleibt noch zu zeigen, daß jedem $\mathfrak{Z}$ auch wirklich ein A' entspricht.

Sei

$$\mathfrak{Z} \leqq \mathfrak{L}, \qquad V\mathfrak{Z} \perp \mathfrak{Z}.$$

Dann ist $\mathfrak{B}_A \oplus \mathfrak{Z}$ als Unterraum des Bildes $\mathfrak{B}_{A^*}$ von A^* nach § 3, 4 selbst Bild eines abgeschlossenen Operators A':

$$\mathfrak{B}_A \oplus \mathfrak{Z} = \mathfrak{B}_{A'}.$$

A' ist Fortsetzung von A, darum existiert A'^*. Und aus

$$\mathfrak{B}_A \perp V\mathfrak{B}_A (= \mathfrak{R}^2 \ominus \mathfrak{B}_{A^*}), \qquad \mathfrak{B}_A \perp \mathfrak{L} \geqq V\mathfrak{Z},$$
$$\mathfrak{Z} \perp \mathfrak{R}^2 \ominus \mathfrak{B}_{A^*} = V\mathfrak{B}_A, \qquad \mathfrak{Z} \perp V\mathfrak{Z}$$

folgt

$$\mathfrak{B}_{A'} = \mathfrak{B}_A \oplus \mathfrak{Z} \perp V\mathfrak{B}_A \oplus V\mathfrak{Z} = V\mathfrak{B}_{A'},$$

deshalb ist A' hermitesch.

3. Wir haben also zu jedem hermiteschen abgeschlossenen Operator A einen Raum $\mathfrak{L}$ und in ihm einen Imaginäroperator V, und wir haben die hermiteschen abgeschlossenen Fortsetzungen A' von A eineindeutig den Unterräumen $\mathfrak{Z}$ von $\mathfrak{L}$ mit $V\mathfrak{Z} \perp \mathfrak{Z}$ zugeordnet. Bei dieser Zuordnung entsprechen einander natürlich $A' = A$ und $\mathfrak{Z} = 0$. A ist maximal, wenn jedes $\mathfrak{Z} = 0$ ist; A ist selbstadjungiert, wenn $\mathfrak{B}_A = \mathfrak{B}_{A^*}$, d. h. wenn $\mathfrak{L} = 0$ ist.

Zu einer hermiteschen abgeschlossenen Fortsetzung A' gehört genau wie in § 10, 1 ein

$$\mathfrak{L}' = \mathfrak{B}_{A'^*} \ominus \mathfrak{B}_{A'}.$$

Wir können $\mathfrak{L}'$ einfach durch das zu A' gehörige $\mathfrak{Z}$ ausdrücken: Aus

$$\mathfrak{B}_{A'} = \mathfrak{B}_A \oplus \mathfrak{Z}$$

und

$$\mathfrak{B}_{A'^*} = \mathfrak{R}^2 \ominus V\mathfrak{B}_{A'} = \mathfrak{R}^2 \ominus V\mathfrak{B}_A \ominus V\mathfrak{Z} = \mathfrak{B}_{A^*} \ominus V\mathfrak{Z}$$

folgt

$$\mathfrak{L}' = \mathfrak{L} \ominus (V\mathfrak{Z} \oplus \mathfrak{Z}).$$

In der Sprechweise von § 9 heißt das: der Fortsetzung von A zu A' entspricht die Herstellung der ersten Normalform für V in einem Unterraum $\mathfrak{Z} \oplus V\mathfrak{Z}$ von $\mathfrak{L}$; dadurch wird die Frage nach der Struktur von V auf die Betrachtung von V in dem orthogonalen Komplement $\mathfrak{L} \ominus (\mathfrak{Z} \oplus V\mathfrak{Z})$ zurückgeführt. Als Anwendung ergibt sich: *Die Fortsetzung A' ist dann und nur dann maximal, wenn für Unterräume $\mathfrak{Z}'$ von $\mathfrak{L}'$ aus $V\mathfrak{Z}' \perp \mathfrak{Z}'$ folgt $\mathfrak{Z}' = 0$; A' ist selbstadjungiert, wenn $\mathfrak{L}' = 0$, d. h. wenn $\mathfrak{L} = \mathfrak{Z} \oplus V\mathfrak{Z}$.*

Die weitere Untersuchung muß nun eine Fallunterscheidung hinsichtlich des Grundkörpers Σ machen.

4. Im reellen Hilbertschen Raum ($\Sigma = R$) gibt es nach § 9, **5** stets eine selbstadjungierte Fortsetzung A'.

Im Hilbertschen Raum ($\Sigma = K$) sei wieder $\mathfrak{U}$ die Menge der $\{z, A^*z\}$ in $\mathfrak{L}$ mit $V\{z, A^*z\} = \{z, A^*z\}i$, das ist die Menge der $\{z, A^*z\}$ mit $A^*z = zi$ [33]); $\mathfrak{B}$ aber sei die Menge der $\{z, A^*z\}$ in $\mathfrak{L}$ mit $V\{z, A^*z\} = -\{z, A^*z\}i$, das ist die Menge der $\{z, A^*z\}$ mit $A^*z = -zi$ [33]). Wie in § 9, **6** sei

$$\operatorname{Dim} \mathfrak{U} = \mathfrak{m}, \qquad \operatorname{Dim} \mathfrak{B} = \mathfrak{n}.$$

Durch Projizieren in den Abszissenraum erkennt man [34]), daß $\mathfrak{m}$ auch die Dimension des Unterraums aller z mit $A^*z = zi$ und $\mathfrak{n}$ die Dimension des Unterraums aller z mit $A^*z = -zi$ ist. Das Zahlenpaar $\{\mathfrak{m}, \mathfrak{n}\}$ heißt der *Defektindex von A*. Aus § 9, **6** folgt: *Es gibt dann und nur dann eine hermitesche abgeschlossene Fortsetzung A' von A mit dem Defektindex $\{\mathfrak{m}', \mathfrak{n}'\}$, wenn es eine Kardinalzahl $\mathfrak{p}$ so gibt, daß*

$$\mathfrak{m} = \mathfrak{p} + \mathfrak{m}', \qquad \mathfrak{n} = \mathfrak{p} + \mathfrak{n}' \text{ [35]}).$$

In § 9, **6** haben wir die $\mathfrak{Z} \leqq \mathfrak{L}$ mit $V\mathfrak{Z} \perp \mathfrak{Z}$, also die hermiteschen abgeschlossenen Fortsetzungen A' von A, eineindeutig den isometrischen Abbildungen S eines Unterraums $\mathfrak{N}$ von $\mathfrak{B}$ auf einen Unterraum $\mathfrak{M}$ von $\mathfrak{U}$ zugeordnet. Und zwar war $\mathfrak{Z}$ der Wertebereich von $E + S$, und für $\{z, A^*z\} \in \mathfrak{Z}$ war

$$V\{z, A^*z\} = i(S - E)(S + E)^{-1}\{z, A^*z\}.$$

Projiziert man diesen Sachverhalt in den Abszissenraum, so sieht man, wie hier nicht weiter ausgeführt werden soll, einen gewissen Zusammenhang mit der Cayleytransformation.

5. Im Wachsschen Raum ($\Sigma = Q$) setzen wir

$$\operatorname{Dim} \mathfrak{L} = \mathfrak{d}$$

und nennen $\mathfrak{d}$ den Defektindex von A. Nach § 9, **7** gibt es *dann und nur dann eine hermi-*

[33]) $\{z, A^*z\}$ liegt dann wegen $A^{*2}z = -z$ nach § 10, **1** von selbst in $\mathfrak{L}$.

[34]) Dies Projizieren ist bis auf den Faktor $\frac{1}{\sqrt{2}}$ eine isometrische Transformation. Man braucht also nicht den Beweis aus § 6, **2** heranzuziehen.

[35]) v. Neumann [1] VIII, Stone [1] S. 339.

tesche abgeschlossene Fortsetzung von A mit dem Defektindex $\mathfrak{d}$, *wenn es eine Kardinalzahl* $\mathfrak{p}$ *mit*

$$\mathfrak{d} = 2\mathfrak{p} + \mathfrak{d}'$$

gibt. Aus der Diskussion am Schluß von § 9, 7 liest man sofort ab:

$\mathfrak{d} = 0 \longleftrightarrow A$ selbstadjungiert.

$\mathfrak{d} = 1 \longleftrightarrow A$ nurmaximal.

$\mathfrak{d} \equiv 0 (\mathrm{mod}\ 2) \longleftrightarrow A$ selbstadjungiert fortsetzbar, nicht nurmaximal fortsetzbar.

$\mathfrak{d} \equiv 1 (\mathrm{mod}\ 2) \longleftrightarrow A$ nurmaximal fortsetzbar, nicht selbstadjungiert fortsetzbar.

$\mathfrak{d} \geqq \mathfrak{a} \longleftrightarrow A$ selbstadjungiert fortsetzbar und nurmaximal fortsetzbar.

Der Defektindex $\mathfrak{d}$ ist, wie Projizieren in den Abszissenraum lehrt, die Dimension der Menge aller z mit $A^{*2}z = -z$ (§ 6, 2). Aus § 6, 5 folgt, daß $\mathfrak{d}$ nur von den Definitionsbereichen von A und A^*, nicht aber von der sonstigen Struktur dieser Operatoren abhängt. Insbesondere hat $\lambda A + \mu E$ ($\lambda, \mu \in R$; $\lambda \neq 0$) denselben Defektindex wie A. So ließen sich noch einige Sätze über hermitesche abgeschlossene Operatoren aus dem Hilbertschen Raum übertragen bzw. dort neu beweisen, wir wollen uns aber darauf beschränken, eine Übersicht über die nurmaximalen Operatoren im Wachsschen Raum zu geben.

§ 11. Nurmaximale Operatoren im Wachsschen Raum.

1. Zunächst soll bei vorläufig beliebigem Grundkörper Σ das Verhalten des in § 10, 1 eingeführten Unterraums $\mathfrak{L}$ bei Reduktion untersucht werden. Sei also A ein hermitescher abgeschlossener Operator, $\mathfrak{L} = \mathfrak{B}_{A^*} \ominus \mathfrak{B}_A$, P sei Projektor mit dem Wertbereich $\mathfrak{M}$, $\mathfrak{N} = \mathfrak{R} \ominus \mathfrak{M}$, es gelte $P \mathfrak{v} A$. Dann gilt nach § 4, 1 auch $P = P^* \mathfrak{v} A^*$. Nach § 4, 3 führt P die Unterräume $\mathfrak{B}_A$ und $\mathfrak{B}_{A^*}$ in sich über, ist also (§ 3, 3) mit den zu $\mathfrak{B}_A$ und $\mathfrak{B}_{A^*}$ gehörigen Projektoren vertauschbar. Deshalb ist P auch mit dem zu $\mathfrak{L}$ gehörigen Projektor vertauschbar: P führt $\mathfrak{L}$ in sich über, und es ist

$$\mathrm{Dim}\,(\bar{P}\mathfrak{L}) + \mathrm{Dim}\,((\bar{E} - \bar{P})\,\mathfrak{L}) = \mathrm{Dim}\,\mathfrak{L}.$$

Betrachtet man nun aber A als hermiteschen abgeschlossenen Operator in $\mathfrak{M}$, so muß man in den Betrachtungen des § 10 offenbar $\mathfrak{R}^2$ durch $\mathfrak{M}^2 = \bar{P}\mathfrak{R}^2$, $\mathfrak{B}_A$ durch $\bar{P}\mathfrak{B}_A$, $\mathfrak{B}_{A^*}$ durch $\bar{P}\mathfrak{B}_{A^*}$ und mithin $\mathfrak{L} = \mathfrak{B}_{A^*} \ominus \mathfrak{B}_A$ durch $\bar{P}\mathfrak{B}_{A^*} \ominus \bar{P}\mathfrak{B}_A = \bar{P}\mathfrak{L}$ ersetzen. Entsprechendes gilt für $\bar{E} - \bar{P}$ und $\mathfrak{N}$. Damit sind also in der obigen Formel die beiden Unterräume auf der linken Seite geometrisch gedeutet.

Ist insbesondere $\mathfrak{R} = \mathfrak{W}$ ein Wachsscher Raum, so kann man sagen: *Der Defektindex von A ist die Summe der beiden Defektindizes, die A als in* $\mathfrak{M}$ *bzw. in* $\mathfrak{N}$ *erklärter hermitescher abgeschlossener Operator hat.*

2. A sei ein nurmaximaler Operator im Wachsschen Raum $\mathfrak{W}$, d. h. nach § 10, 5 ein hermitescher abgeschlossener Operator mit dem Defektindex $\mathfrak{d} = 1$. Dann gibt es nach § 8, 3 in $\mathfrak{L} = \mathfrak{B}_{A^*} \ominus \mathfrak{B}_A$ ein $\{z_0, A^*z_0\}$ mit $V\{z_0, A^*z_0\} = \{z_0, A^*z_0\}\,i$, das den Unterraum $\mathfrak{L}$ erzeugt. Oder: Es gibt ein $z_0 \neq 0$ in $\mathfrak{W}$ mit

(1) $$A^* z_0 = z_0 i,$$

o. B. d. A. können wir

(2) $$|z_0| = 1$$

annehmen, und jedes z mit $A^{*2}z = -z$ ist von z_0 linear abhängig:

(3) Aus $A^{*2}z = -z$ folgt $z = z_0 a$ $(a \in Q)$.

Nach § 3, 4 ist

$$H = (A^*A + E)^{-1}$$

ein beschränkter hermitescher Operator; es sei

$$H^n z_0 = z_n \quad (n > 0),$$

14*

also

$$A^*Az_n + z_n = z_{n-1} \quad (n > 0).$$

Insbesondere liegen die z_n $(n > 0)$ alle im Definitionsbereich von A. Wegen $A \leqq A^*$ können wir natürlich auch schreiben

$$(4) \qquad A^{*2}z_n + z_n = z_{n-1} \quad (n > 0).$$

(4) reicht aber nur in Verbindung damit, daß die z_n $(n > 0)$ im Definitionsbereich von A liegen, zur Definition der z_n aus.

Es werde definiert

$$(z_k, z_0) = b_k \quad (k \geqq 0).$$

Dann ist, weil H hermitesch und beschränkt ist,

$$(z_m, z_n) = (H^m z_0, H^n z_0) = (H^{m+n} z_0, z_0) = (z_{m+n}, z_0),$$

$$(5) \qquad (z_m, z_n) = b_{m+n},$$

insbesondere

$$\overline{b_k} = \overline{(z_k, z_0)} = (z_0, z_k) = b_k,$$

$$(6) \qquad b_k \in R.$$

Nun gibt es Quaternionen a_k so, daß

$$(7) \qquad A^*z_n = \sum_{\nu=0}^{n} z_\nu a_{n-\nu} \quad (n \geqq 0).$$

Beweis durch Induktion: $n = 0$ mit $a_0 = i$ ist nach (1) klar. Es seien schon Quaternionen $a_0, a_1, \ldots, a_{n-1}$ bekannt derart, daß

$$A^*z_m = \sum_{\mu=0}^{m} z_\mu a_{m-\mu} \quad (0 \leqq m \leqq n-1).$$

Setzt man dann

$$(8) \qquad A^*z_n - \sum_{\nu=1}^{n} z_\nu a_{n-\nu} = z',$$

so folgt durch Anwenden von $A^{*2} + E$ unter Beachtung von (4)

$$(A^{*2} + E)z' = A^*z_{n-1} - \sum_{\nu=1}^{n} z_{\nu-1} a_{n-\nu} = A^*z_{n-1} - \sum_{\mu=0}^{n-1} z_\mu a_{n-1-\mu} = 0;$$

nach (3) gibt es ein $a_n \in Q$ mit

$$z' = z_0 a_n.$$

Setzt man dies in (8) ein, so steht (7) da.

Bildet man in (7) das innere Produkt mit z_0, so erhält man

$$\sum_{\nu=0}^{n} b_\nu a_{n-\nu} = (Az_n, z_0) = (z_n, A^*z_0) = (z_n, z_0 i) = -ib_n,$$

$$(9) \qquad b_0 a_n + b_1 a_{n-1} + \cdots + b_{n-1}a_1 + b_n a_0 = -ib_n \ (n > 0).$$

Wendet man auf (7) andererseits A^* an und beachtet man (4) und (7), so folgt

$$(10) \qquad z_{n-1} - z_n = \sum_{\nu=0}^{n} A^* z_\nu a_{n-\nu} = \sum_{\nu=0}^{n} \sum_{\mu=0}^{\nu} z_\mu a_{\nu-\mu} a_{n-\nu} \quad (n > 0).$$

Nun sind die z_n linear unabhängig. Denn wegen (2) ist $z_0 \neq 0$. Wäre

$$\sum_{\nu=0}^{n} z_\nu c_\nu = 0, \quad c_n \neq 0, \quad 0 < n = \text{Min.},$$

so würde durch Anwenden von $A^{*2} + E$ folgen

$$\sum_{\nu=1}^{n} z_{\nu-1} c_\nu = 0, \quad c_n \neq 0$$

im Widerspruch zur Voraussetzung $n = $ Min. Daher sind in (10) die Koeffizienten von

z_0 auf beiden Seiten gleich:

$$(11) \qquad \sum_{\nu=0}^{n} a_\nu a_{n-\nu} = \begin{cases} 1, & n = 1 \\ 0, & n > 1 \end{cases} \quad (n > 0).$$

Nun folgt aus (9) durch Induktion, weil die b_k nach (6) reell sind und nach (2) $b_0 = 1$ ist, daß

$$a_n \in K.$$

Alle a_n sind miteinander vertauschbar. Deshalb kann (11) zur rekursiven Berechnung der a_n verwandt werden, der Koeffizient von a_n in (11) ist ja $2a_0 = 2i \neq 0$. Jetzt kann man analog aus (9) rekursiv die b_n berechnen. Die Gleichungen (11) und (9) sind aber von A frei. Darum hängen die a_n und die b_n nur von ihrem Index n, nicht aber von der speziellen Wahl des nurmaximalen Operators A ab [36]).

3. Der Definitionsbereich von A heiße $\mathfrak{D}$. Es sei $\mathfrak{M}$ der von $z_0, z_1, \ldots, z_n, \ldots$ erzeugte Unterraum, $\mathfrak{W} \ominus \mathfrak{M} = \mathfrak{N}$. Es soll bewiesen werden: $\mathfrak{M}$ reduziert A. Zu dem Zweck bezeichnen wir mit $\mathfrak{B}'$ den von $\{z_1, Az_1\}, \{z_2, Az_2\}, \ldots$ erzeugten Unterraum in $\mathfrak{B}_A$. Ferner erklären wir $\mathfrak{D}_1$ und $\mathfrak{D}_2$ durch

$$\{\mathfrak{D}_1, 0\} = F\mathfrak{B}', \quad \mathfrak{D}_2 = \mathfrak{D} \frown \mathfrak{N}.$$

Dann ist (nach Definition der Reduktion in § 4, 2) zu zeigen:

1. $A\mathfrak{D}_1 \leqq \mathfrak{M}$.
2. $A\mathfrak{D}_2 \leqq \mathfrak{N}$.
3. $\mathfrak{D} = \mathfrak{D}_1 \dotplus \mathfrak{D}_2$.

Beweis. 1. Nach Definition von $\mathfrak{D}_1$ ist

$$\{0, A\mathfrak{D}_1\} = (\overline{E} - F)\mathfrak{B}'.$$

Weil die $\{z_n, Az_n\}$ $(n > 0)$ eine Grundmenge in $\mathfrak{B}'$ sind, sind die Az_n eine Grundmenge in $A\mathfrak{D}_1$. Nach (7) liegen aber alle Az_n $(n > 0)$ in $\mathfrak{M}$.

2. Gilt $(y, z_n) = 0$ für alle $n \geqq 0$, so ist auch

$$(Ay, z_n) = (y, A^* z_n) = \Big(y, \sum_{\nu=0}^{n} z_\nu a_{n-\nu}\Big) = 0,$$

wenn Ay existiert; aus $y \in \mathfrak{D} \frown \mathfrak{N}$ folgt also $Ay \perp \mathfrak{M}$, $Ay \in \mathfrak{N}$.

3. Für alle $y \in \mathfrak{D}$ gilt die Identität

$$(\{y, Ay\}, \{z_n, Az_n\}) = (y, z_n) + (Ay, Az_n) = (y, z_n + A^*Az_n) = (y, z_{n-1}) \quad (n > 0).$$

Verschwinden der linken Seite bedeutet $\{y, Ay\} \in \mathfrak{B}_A \ominus \mathfrak{B}'$, Verschwinden der rechten Seite bedeutet $y \in \mathfrak{D}_2$. Es ist also

$$\{\mathfrak{D}_2, 0\} = F(\mathfrak{B}_A \ominus \mathfrak{B}').$$

Aus

$$\mathfrak{B}_A = \mathfrak{B}' \oplus (\mathfrak{B}_A \ominus \mathfrak{B}')$$

folgt demnach durch Anwenden von F

$$\{\mathfrak{D}, 0\} = \{\mathfrak{D}_1, 0\} \dotplus \{\mathfrak{D}_2, 0\},$$
$$\mathfrak{D} = \mathfrak{D}_1 \dotplus \mathfrak{D}_2.$$

4. Weil z_0 in $\mathfrak{M}$ liegt, kann A in $\mathfrak{M}$ nicht selbstadjungiert sein, A muß in $\mathfrak{M}$ mindestens den Defektindex 1 haben. A hat aber in ganz $\mathfrak{W}$ den Defektindex 1, und nach § 11, 1 verhält sich der Defektindex bei Reduktion additiv. Das ist nur möglich, wenn A in $\mathfrak{M}$ den Defektindex 1 und in $\mathfrak{N}$ den Defektindex 0 hat. Wir wollen noch zeigen, daß $\mathfrak{N}$ der größte A reduzierende Unterraum ist, in dem A selbstadjungiert ist, daß also A in $\mathfrak{M}$ irreduzibel ist.

---

[36]) Es ist $a_n = (-1)^n \binom{\frac{1}{2}}{n} i$, $b_n = 2(-1)^n \binom{\frac{1}{2}}{n+1}$.

Sei P ein Projektor, $P \mathfrak{v} A$. Dann hat wie oben A in $P\mathfrak{W}$ oder in $(E - P)\mathfrak{W}$, o. B. d. A. in $P\mathfrak{W}$, den Defektindex 1, im orthogonalen Komplement $(E - P)\mathfrak{W}$ den Defektindex 0. $P\mathfrak{W}$ enthält also ein $z \neq 0$ mit $(A^{*2} + E)z = 0$, das nach (3) von z_0 linear abhängig ist, d. h. $P\mathfrak{W}$ enthält z_0. Aus $P \mathfrak{v} A$ folgt nun $P \mathfrak{v} A^*$, $P \mathfrak{v} (A^*A + E)^{-1} = H$, $P\mathfrak{W}$ reduziert H, $P\mathfrak{W}$ enthält mit z_0 auch alle $H^n z_0 = z_n$, d. h. $\mathfrak{M} \leqq P\mathfrak{W}$.

Der nurmaximale Operator A legt also eindeutig eine Zerlegung

$$\mathfrak{W} = \mathfrak{M} \oplus \mathfrak{N}$$

des Raumes $\mathfrak{W}$ fest derart, daß A in $\mathfrak{M}$ irreduzibel und nurmaximal, in $\mathfrak{N}$ dagegen selbstadjungiert ist. Natürlich ist

$$\operatorname{Dim} \mathfrak{M} = \mathfrak{a}.$$

5. A und B seien zwei irreduzible nurmaximale Operatoren im Wachsschen Raum $\mathfrak{W}$. (Dann ist $\operatorname{Dim} \mathfrak{W} = \mathfrak{a}$.) Wie in § 11, 2 seien $z_0, z_1, \ldots$ so gewählt, daß $|z_0| = 1$, $A^* z_0 = z_0 i$, $(A^*A + E)^{-n} z_0 = z_n$. Analog seien $\zeta_0, \zeta_1, \ldots$ so gewählt, daß $|\zeta_0| = 1$, $B^*\zeta_0 = \zeta_0 i$, $(B^*B + E)^{-n}\zeta_0 = \zeta_n$. Nach dem E. Schmidtschen Orthogonalisierungsverfahren kann man aus $z_0, z_1, \ldots$ ein Orthonormalsystem $p_0, p_1, \ldots$ herstellen, das durch die beiden Eigenschaften

1. p_n ist von $z_0, z_1, \ldots, z_n$ linear abhängig,
2. $(p_n, z_n) > 0$

eindeutig bestimmt ist[37]). In

$$p_n = \sum_{\nu=0}^{n} z_\nu c_{\nu n}, \qquad z_n = \sum_{\nu=0}^{n} p_\nu d_{\nu n}$$

sind dann die $c_{\nu n}$ und die $d_{\nu n}$ nur von den b_k abhängig; weil aber die b_k nach § 11, 2 nicht von A abhängen, sind auch die $c_{\nu n}$ und die $d_{\nu n}$ nur von ν und n, nicht aber von A abhängig. Konstruiert man das Orthonormalsystem $q_0, q_1, \ldots$ zu $\zeta_0, \zeta_1, \ldots$ genau so wie $p_0, p_1, \ldots$ zu $z_0, z_1, \ldots$, so ist deshalb

$$q_n = \sum_{\nu=0}^{n} \zeta_\nu c_{\nu n}, \qquad \zeta_n = \sum_{\nu=0}^{n} q_\nu d_{\nu n}$$

mit denselben $c_{\nu n}$ und $d_{\nu n}$. Der von $p_0, p_1, \ldots$ erzeugte Unterraum ist genau der von $z_0, z_1, \ldots$ erzeugte Unterraum, dieser reduziert A nach § 11, 3; weil A als irreduzibel vorausgesetzt war, ist jener Unterraum gleich $\mathfrak{W}$: die $p_0, p_1, \ldots$ sind ein in $\mathfrak{W}$ vollständiges Orthonormalsystem. Analog sind die $q_0, q_1, \ldots$ ein in $\mathfrak{W}$ vollständiges Orthonormalsystem, weil B irreduzibel ist. Darum gibt es einen unitären Operator U mit

$$q_n = U p_n \qquad (n \geqq 0).$$

Dann ist auch

$$\zeta_n = \sum_{\nu=0}^{n} q_\nu d_{\nu n} = \sum_{\nu=0}^{n} U p_\nu d_{\nu n} = U z_n$$

und

$$B\zeta_n = \sum_{\nu=0}^{n} \zeta_\nu a_{n-\nu} = \sum_{\nu=0}^{n} U z_\nu a_{n-\nu} = U A z_n = U A U^{-1} \zeta_n \qquad (n > 0),$$

denn in (7) sind auch die a_k von der speziellen Wahl von A unabhängig. Dem Beweis in § 11, 3 entnimmt man, daß $\mathfrak{B}_A$ der von den $\{z_1, Az_1\}, \{z_2, Az_2\}, \ldots$ erzeugte Unterraum ist. Das orthogonale Komplement dieses Unterraums in $\mathfrak{B}_A$ entsprach ja dem dortigen $\mathfrak{N}$, das hier verschwindet. Analog ist $\mathfrak{B}_B$ der von den $\{\zeta_1, B\zeta_1\}, \{\zeta_2, B\zeta_2\}, \ldots$ erzeugte Unterraum. Aus

$$\{\zeta_n, B\zeta_n\} = \overline{U}\{z_n, Az_n\} \qquad (n > 0)$$

[37]) Weil die z_n linear unabhängig sind.

folgt darum

$$\mathfrak{B}_B = \bar{U}\mathfrak{B}_A.$$

Dies ist aber offensichtlich gleichbedeutend mit

$$B = UAU^{-1}.$$

Also: *Alle nurmaximalen irreduziblen Operatoren im Wachsschen Raum sind unitär-äquivalent.*

6. Man kann schließlich noch die Frage aufwerfen: Gibt es überhaupt nurmaximale Operatoren im unendlichdimensionalen Wachsschen Raum? Das ist tatsächlich der Fall. Man stelle sich z. B. einen maximalen Hilbertschen Teilraum $\mathfrak{H}$ des Wachsschen Raums $\mathfrak{W}$ wie in § 8, **3** her (etwa als abgeschlossene Hülle des von einem in $\mathfrak{W}$ vollständigen Orthonormalsystem erzeugten K-Rechtsmoduls), in diesem kann man dann einen nurmaximalen Operator vom Defektindex $\{1, 0\}$ konstruieren [38]). Dieser wird sich in eindeutig bestimmter Weise zu einem nurmaximalen Operator des Wachsschen Raums $\mathfrak{W}$ fortsetzen.

Man kann auch einen nurmaximalen Operator im Funktionenraum explizit hinschreiben [39]).

§ 12. Propädeutische Betrachtung normaler Operatoren.

1. Ein abgeschlossener Operator N heißt *normal*, wenn N^* existiert und wenn

$$NN^* = N^*N$$ [40])

oder, was dasselbe ist,

$$(NN^* + E)^{-1} = (N^*N + E)^{-1}.$$

Z. B. ist jeder selbstadjungierte Operator und jeder Imaginäroperator normal. Im Hilbertschen Raum gibt es bekanntlich eine Spektralzerlegung normaler Operatoren [41]), die sich von der Spektralzerlegung selbstadjungierter Operatoren im wesentlichen nur dadurch unterscheidet, daß sich das Spektrum über die ganze Gaußsche Ebene erstrecken kann. Ein Analogon im Wachsschen Raum ist nicht ohne weiteres zu sehen. Deshalb wollen wir uns erst am Spezialfall des endlichdimensionalen Wachsschen Raums orientieren, um zu erfahren, was wir im allgemeinen Fall erwarten dürfen.

2. Ist $p_1, p_2, \ldots, p_n$ ein vollständiges Orthonormalsystem im n-dimensionalen Wachsschen Raum $\mathfrak{W}$ und sind $\lambda_1, \lambda_2, \ldots, \lambda_n$ beliebige Quaternionen, so wird durch

(1) $$Np_\nu = p_\nu \lambda_\nu \qquad (\nu = 1, 2, \ldots, n)$$

ein beschränkter Operator N festgelegt, der offenbar normal ist. Aber $\lambda_1, \lambda_2, \ldots, \lambda_n$ sind durch N nicht bis auf die Reihenfolge eindeutig bestimmt. Wenn man z. B. p_1 durch $p_1\eta$ ersetzt ($|\eta| = 1$) und $p_2, \ldots, p_n$ ungeändert läßt, so muß man, damit (1) auch nach dieser Transformation gilt, λ_1 durch $\eta^{-1}\lambda_1\eta$ ersetzen, was für $\lambda_1 \notin R$ im allgemeinen von λ_1 verschieden ist, während sich $\lambda_2, \ldots, \lambda_n$ nicht ändern. Die $\lambda_1, \ldots, \lambda_n$ lassen sich nun bekanntlich durch solche Transformationen $\lambda \to \eta^{-1}\lambda\eta$ ($|\eta| = 1$) alle in die abgeschlossene obere Halbebene von K bringen, so daß für die transformierten $\lambda_1, \ldots, \lambda_n$ gilt

(2) $$\lambda_\nu \in K, \quad \frac{\lambda_\nu - \bar{\lambda}_\nu}{2i} \geqq 0.$$

Wir dürfen also immer annehmen, in (1) seien die $\lambda_1, \ldots, \lambda_n$ schon gemäß (2) gewählt. Unter dieser Zusatzvoraussetzung läßt sich nun leicht zeigen, daß die λ_ν durch

[38]) Z. B. Stone [1] S. 349f.

[39]) Vgl. Stone [1], Theorem 10.8.

[40]) In bezug auf den Sinn dieser Definition siehe v. Neumann [3] S. 308f.

[41]) v. Neumann [2] V, Stone [1] VIII § 3.

N bis auf die Reihenfolge eindeutig bestimmt sind: Ist $q_1, \ldots, q_n$ noch ein Orthonormalsystem,

$$Nq_\varrho = q_\varrho \mu_\varrho \quad (\varrho = 1, \ldots, n),$$

$$\mu_\varrho \in K, \quad \frac{\mu_\varrho - \bar{\mu}_\varrho}{2i} \geqq 0,$$

und ist etwa

$$q_1 = \sum_{\nu=1}^{n} p_\nu \xi_\nu,$$

so ist

$$\sum_{\nu=1}^{n} p_\nu \lambda_\nu \xi_\nu = Nq_1 = q_1 \mu_1 = \sum_{\nu=1}^{n} p_\nu \xi_\nu \mu_1,$$

$$\lambda_\nu \xi_\nu = \xi_\nu \mu_1;$$

aus $\lambda_\nu = \xi_\nu \mu_1 \xi_\nu^{-1}$ folgt wegen der eindeutigen Normierung (2) der λ_ν und μ_ϱ, daß $\lambda_\nu = \mu_1$, daher ist $\xi_\nu = 0$ für $\lambda_\nu \neq \mu_1$; jedes q_ϱ ist daher von den p_ν mit

$$\lambda_\nu = \mu_\varrho$$

linear abhängig, zu einem jeden „Eigenwert“ λ gibt es höchstens so viele q_ϱ wie p_ν, weil doch diese q_ϱ in dem durch diese p_ν bestimmten Unterraum ein Orthonormalsystem sind; es gibt aber gleich viele q_ϱ wie p_ν (nämlich n), daraus folgt die Behauptung.

3. *Jeder normale Operator N im n-dimensionalen ($n < \mathfrak{a}$) Wachsschen Raum läßt sich in der Hauptachsenform* (1) *darstellen.*

Beweis (durch Induktion nach n). Der beschränkte hermitesche Operator $N + N^*$ hat nach § 8, 4 einen reellen Eigenwert:

$$(N + N^*)p = \lambda p, \quad p \neq 0, \quad \lambda \in R.$$

Der zum Unterraum $\mathfrak{M}$ aller p mit

$$(N + N^*)p = \lambda p$$

gehörende Projektor ist nach der Spektraltheorie wegen $N \mathfrak{v} N + N^*$ mit N vertauschbar: $\mathfrak{M}$ reduziert N. Genau so reduziert der Unterraum $\mathfrak{M} \neq 0$ den beschränkten hermiteschen Operator

$$\left(N - \frac{\lambda}{2} E\right)^* \left(N - \frac{\lambda}{2} E\right);$$

dieser Operator hat also einen (natürlich nichtnegativen) Eigenwert μ, auch wenn man ihn nur als Operator in $\mathfrak{M}$ betrachtet:

$$\left(N - \frac{\lambda}{2} E\right)^* \left(N - \frac{\lambda}{2} E\right) p = \mu p, \qquad p \neq 0 \text{ in } \mathfrak{M},\ \mu \geqq 0 \text{ in } R.$$

Wegen $N \mathfrak{v} \left(N - \frac{\lambda}{2} E\right)^* \left(N - \frac{\lambda}{2} E\right)$ reduziert der Unterraum $\mathfrak{N}$ aller p mit

$$\text{(3)} \qquad \begin{cases} (N + N^*)\, p = \lambda p, \\ \left(N - \frac{\lambda}{2} E\right)^* \left(N - \frac{\lambda}{2} E\right) p = \mu p \end{cases}$$

gleichfalls N. Ist nun

$$\mu > 0,$$

so reduziert $\mathfrak{N}$ auch den Operator

$$T = \frac{N - \frac{\lambda}{2} E}{\sqrt{\mu}}.$$

Dieser Operator T ist aber, als Operator nur in $\mathfrak{N}$ betrachtet, Imaginäroperator: (3) besagt ja genau

$$(T + T^*)\,p = 0, \qquad T^*Tp = p$$

für alle $p \in \mathfrak{N}$. Nach § 8, 3 gibt es ein in $\mathfrak{N}$ vollständiges Orthonormalsystem $p_1, \ldots, p_s$ mit

$$Tp_\nu = P_\nu i \qquad (\nu = 1, \ldots, s),$$

d. h.

$$(4) \qquad Np_\nu = p_\nu\left(\frac{\lambda}{2} + \sqrt{\mu}\, i\right).$$

Sollte aber $\mu = 0$ sein, so folgt aus (3)

$$\left(\left(N - \frac{\lambda}{2}E\right)^*\left(N - \frac{\lambda}{2}E\right)p, p\right) = 0,$$

$$\left(N - \frac{\lambda}{2}E\right)p = 0.$$

(4) ist dann für jedes beliebige vollständige Orthonormalsystem $p_1, \ldots, p_s$ in $\mathfrak{N}$ erfüllt. Um (1) zu erreichen, genügt es nun, $p_1, \ldots, p_s$ durch ein geeignetes vollständiges Orthonormalsystem in $\mathfrak{W} \ominus \mathfrak{N}$ zu ergänzen, d. h. N in $\mathfrak{W} \ominus \mathfrak{N}$ auf die Form (1) zu bringen. Wegen $\mathfrak{N} \neq 0$ ist aber

$$\operatorname{Dim}(\mathfrak{W} \ominus \mathfrak{N}) < \operatorname{Dim} \mathfrak{W} = n.$$

Setzen wir die Lösbarkeit von (1) für alle kleineren Dimensionen als n voraus, so folgt sie auch für n.

Man beachte, daß wir (2) gleich nebenher erreicht haben. Der Grundgedanke dieses Beweises ist derselbe wie der des Beweises des Hauptsatzes in § 13.

4. Nehmen wir einmal der Einfachheit halber an, in (1), (2) seien alle

$$\frac{\lambda_\nu - \bar{\lambda}_\nu}{2i} > 0,$$

also kein λ_ν reell. Dann ist der durch

$$T_0 p_\nu = p_\nu i \qquad (\nu = 1, \ldots, n)$$

festgelegte Imaginäroperator T_0 mit N vertauschbar, und jeder mit N vertauschbare beschränkte Operator ist auch mit T_0 vertauschbar [42]). In den Bezeichnungen des letzten Beweises stimmt T_0 mit dem damals eingeführten T genau in $\mathfrak{N}$ überein. Setzt man

$$\lambda_\nu = \lambda_\nu' + i\lambda_\nu'', \quad \lambda_\nu' \in R, \quad 0 < \lambda_\nu'' \in R,$$

so geht (1) in

$$Np_\nu = (\lambda_\nu' E + \lambda_\nu'' T_0)\,p_\nu \qquad (\nu = 1, \ldots, n)$$

über. Dies ist die vernünftige Schreibweise und nicht (1); das sieht man schon daran, daß für festes λ' und λ'' die Menge der p mit

$$Np = (\lambda' E + \lambda'' T_0)\,p$$

ein Unterraum ist, während doch bei festem $\lambda \notin R$ die Menge der p mit

$$Np = p\lambda$$

kein Unterraum war. Man muß also sozusagen das i als T_0 nach vorn ziehen, was nur für gewisse p erlaubt ist, und erhält eine Gleichung mit größerem, abgeschlossenerem

---

[42]) Aus $\lambda_\alpha c_{\alpha\beta} = c_{\alpha\beta}\lambda_\beta$, $\lambda_\nu \in K$, $\dfrac{\lambda_\nu - \bar{\lambda}_\nu}{2i} > 0$ folgt $ic_{\alpha\beta} = c_{\alpha\beta} i$ oder $c_{\alpha\beta} = 0$.

Gültigkeitsbereich. Wie sich aus den nachfolgenden Erörterungen ergeben wird, ist T_0 durch N eindeutig und unitärinvariant bestimmt.

Jetzt können wir schon ungefähr formulieren, was bei unendlicher Dimension zu erwarten ist. Wir werden eine Spektralzerlegung normaler Operatoren erhalten, ähnlich der im Hilbertschen Raum, nur wird das gesamte Spektrum bei geeigneter Normierung der abgeschlossenen oberen Halbebene angehören. Und was im Hilbertschen Raum i tat, wird im Wachsschen Raum ein geeigneter Imaginäroperator T_0 tun.

Was geschieht aber, wenn die Voraussetzung $\frac{\lambda_\nu - \bar{\lambda}_\nu}{2i} > 0$ nicht mehr für alle $\nu = 1, 2, \ldots, n$ erfüllt ist? Nun, die p_ν mit $\frac{\lambda_\nu - \bar{\lambda}_\nu}{2i} > 0$ erzeugen jedenfalls einen Unterraum $\mathfrak{K}$, der N reduziert. Sein orthogonales Komplement $\mathfrak{W} \ominus \mathfrak{K}$ wird von den p_ν mit reellen λ_ν erzeugt, in $\mathfrak{W} \ominus \mathfrak{K}$ ist also N selbstadjungiert. Man erkennt leicht, daß $\mathfrak{W} \ominus \mathfrak{K}$ genau die Menge aller x mit

$$Nx = N^*x$$

ist. Einem selbstadjungierten Operator auch einen Imaginäroperator zuzuordnen, wäre unnütz; die Zuordnung könnte auch gar nicht unitärinvariant sein. Man wird daher den Imaginäroperator T_0 einfach nur in $\mathfrak{K}$ definieren.

Nun sind wir so weit, daß wir den Hauptsatz über normale Operatoren, dessen Beweis der Schluß dieser Arbeit gewidmet ist, endgültig formulieren können.

5. In Anbetracht der zuletzt erwähnten Schwierigkeit führen wir folgende *Bezeichnung* ein:

Ist C ein Operator und $\mathfrak{K}$ ein Unterraum und nimmt C im Durchschnitt seines Definitionsbereichs mit $\mathfrak{K}$ nur Werte aus $\mathfrak{K}$ an (z. B. wenn $\mathfrak{K}$ den Operator C reduziert), so bezeichnen wir mit $C_{\mathfrak{K}}$ den aus C durch Einengen des Definitionsbereichs von C auf seinen Durchschnitt mit $\mathfrak{K}$ entstehenden Operator. Also:

$$C_{\mathfrak{K}}\,x \begin{cases} = Cx, & \text{wenn } x \in \mathfrak{K} \text{ und } Cx \text{ sinnvoll,} \\ \text{sonst sinnlos.} \end{cases}$$

Dann gilt der

Hauptsatz über normale Operatoren: *N sei ein normaler Operator im Raum $\mathfrak{R}$. Dann gibt es zu N drei Operatoren A, B, T_0 und einen Unterraum $\mathfrak{K}$ mit folgenden Eigenschaften:*

a) *A und B sind selbstadjungierte Operatoren, B ist nichtnegativ definit; $\mathfrak{K}$ ist die abgeschlossene Hülle des Wertebereichs von B, also*[43]) *das orthogonale Komplement des Eigenraums von B zum Eigenwert* 0; *T_0 ist nur in $\mathfrak{K}$ erklärt und nimmt nur Werte aus $\mathfrak{K}$ an; T_0 ist, als Operator in $\mathfrak{K}$ angesehen, Imaginäroperator.*

b) *Jeder Spektralprojektor von A oder von B ist mit N und N^* vertauschbar; $\mathfrak{K}$ reduziert N und N^*, und in $\mathfrak{K}$ gilt $T_0 \mathfrak{v} N_{\mathfrak{K}}$, $T_0 \mathfrak{v} (N^*)_{\mathfrak{K}}$.*

c) *Ist C ein beschränkter Operator und gilt $C \mathfrak{v} N$ und $C \mathfrak{v} N^*$, so gilt $C \mathfrak{v} A$, $C \mathfrak{v} B$, $\mathfrak{K}$ reduziert C, $C_{\mathfrak{K}} \mathfrak{v} T_0$ in $\mathfrak{K}$.*

d)
$$N = A + T_0 B,$$
$$N^* = A - T_0 B.$$

Der Hauptsatz soll in §§ 13—14 bewiesen werden. Es wird sich dabei auch die eindeutige Bestimmtheit von A, B, T_0, $\mathfrak{K}$ ergeben.

6. Ist $P_{\lambda'}$ die Spektralschar von A (d. h. ist $P_{\lambda'}$ der 0-Projektor von $A - \lambda' E$ im

[43]) Nach einer schon in § 3, 2 gemachten Bemerkung.

Sinne von § 7, 1) und ist $Q_{\lambda''}$ die Spektralschar von B, so folgt aus

$$N = A + T_0 B, \qquad A = \int_{-\infty}^{+\infty} \lambda' dP_{\lambda'}, \qquad B = \int_0^{\infty} \lambda'' dQ_{\lambda''}$$

formal

$$N = \int_{-\infty}^{+\infty} \int_0^{\infty} (\lambda' + T_0 \lambda'') dQ_{\lambda''} dP_{\lambda'},$$

d. h. eine Spektralzerlegung von N in der abgeschlossenen oberen Halbebene der Gaußschen Ebene, wo nur i durch T_0 ersetzt ist. Wir werden darauf noch genauer einzugehen haben, vorläufig begnügen wir uns mit der Feststellung, daß wirklich die $P_{\lambda'}$ mit den $Q_{\lambda''}$ vertauschbar sind [$P_{\lambda'} \mathfrak{v} N$, N^* nach b), darum $P_{\lambda'} \mathfrak{v} B$ nach c), d. h. $P_{\lambda'} \mathfrak{v} Q_{\lambda''}$] und daß aus ähnlichen Gründen auch $P_{\lambda'\mathfrak{K}}$ und $Q_{\lambda''\mathfrak{K}}$ mit T_0 in $\mathfrak{K}$ vertauschbar sind.

Eine gewisse Analogie zu dem einfacheren lokalen Zerlegungssatz in § 7 ist unverkennbar: Erst Aussagen über die Natur der Dinge, deren Existenz behauptet wird [dort, daß P_- Projektor ist, hier a)], dann Vertauschbarkeit des neu Eingeführten mit dem Gegebenen [dort 2., hier b)], dann Vertauschbarkeit des Neuen mit allen beschränkten Operatoren C, die mit dem Gegebenen vertauschbar sind [dort 1., hier c); daß $\mathfrak{K}$ einen Operator reduziert, ist ja nach § 4, 2 auch eine Vertauschbarkeitsaussage], zuletzt die formale Relation, die das eigentliche Ziel der ganzen Konstruktion ist, ohne jene vorhergehenden Feststellungen aber praktisch wertlos wäre [dort 3. und 4., hier d)]; in § 7 schloß sich dann nur noch eine unwesentliche Normierung 5. an.

Es ist nach dem Vorangegangenen leicht, den Hauptsatz im Fall des endlichdimensionalen Wachsschen Raums direkt zu beweisen: Bringt man wieder N auf die Normalform (1), (2) und setzt man

$$\lambda_\nu = \lambda'_\nu + i\lambda''_\nu; \quad \lambda'_\nu, \lambda''_\nu \in R,$$

so werden A, B, T_0 durch

$$A p_\nu = \lambda'_\nu p_\nu; \quad B p_\nu = \lambda''_\nu p_\nu; \quad T_0 p_\nu = p_\nu i \qquad (\lambda''_\nu > 0)$$

bestimmt, während $\mathfrak{K}$ der von den p_ν mit $\lambda''_\nu > 0$ erzeugte Unterraum ist. Wir wollen aber auf die Einzelheiten nicht eingehen.

7. Der Hauptsatz gilt nicht nur im Wachsschen Raum, sondern auch in den beiden Hilbertschen Räumen. Es wird später klar werden, inwiefern er mit dem bekannten Spektralsatz für normale Operatoren im Hilbertschen Raum gleichwertig ist.

Wir werden in § 13 zuerst den Hauptsatz im Fall beschränkter normaler Operatoren direkt beweisen. Darauf werden wir ihn in drei einzelne Behauptungen zerlegen. In § 14 wird dann gezeigt, daß für jeden normalen Operator, für den jene drei Behauptungen zutreffen, auch der Hauptsatz gilt. Weil der Hauptsatz und damit auch die drei Behauptungen für beschränkte Operatoren schon bewiesen sein werden, wird es dann unsere einzige Aufgabe sein, sie von beschränkten auf unbeschränkte Operatoren zu übertragen; dies wird ähnlich wie in § 7, 3 geschehen. Es ist zwar durchaus möglich, den Hauptsatz direkt von beschränkten auf beliebige normale Operatoren zu übertragen, die hierbei notwendigen Rechnungen sind jedoch so wenig durchsichtig, daß der oben skizzierte Umweg bei weitem den Vorzug verdient, um so mehr, als er gerade an den praktischen spektraltheoretischen Anwendungen unserer vielleicht etwas ungewohnten und umständlichen Begriffsbildungen vorbeiführt. Die Kenntnis der gewöhnlichen Spektraltheorie, insbesondere ihres Rießschen Aufbaus [44]), wird dabei natürlich vorausgesetzt.

[44]) Rieß [1], bes. S. 45—51.

§ 13. Beschränkte normale Operatoren.

1. N sei ein beschränkter normaler Operator. Wir wollen den in § 12, 5 formulierten Hauptsatz für N beweisen, indem wir $A, B, T_0, \mathfrak{K}$ direkt angeben und die dort behaupteten Eigenschaften nachweisen.

Es werde definiert

$$A = \frac{N + N^*}{2}.$$

Dann ist A ein beschränkter selbstadjungierter Operator, und aus $C\mathfrak{v}N$, $C\mathfrak{v}N^*$ folgt $C\mathfrak{v}A$. Insbesondere gilt

$$A\mathfrak{v}N, N^*.$$

Darum ist auch jeder Spektralprojektor von A mit N und N^* vertauschbar.

Der Operator

$$(N - A)^*(N - A)$$

ist beschränkt, selbstadjungiert und nichtnegativ definit. Nach einer Bemerkung in § 3, 3 gibt es daher einen beschränkten selbstadjungierten nichtnegativ definiten Operator B mit den Eigenschaften: Es gilt

$$B^2 = (N - A)^*(N - A),$$

und aus $C\mathfrak{v}(N - A)^*(N - A)$ folgt $C\mathfrak{v}B$. Insbesondere folgt $C\mathfrak{v}B$ aus $C\mathfrak{v}N, N^*$, daher ist B und somit auch jeder Spektralprojektor von B mit N, N^*, A vertauschbar, denn N, N^*, A sind ja beschränkte mit N, N^* vertauschbare Operatoren.

$\mathfrak{K}$ sei der vom Wertebereich von B erzeugte Unterraum, also [43]) das orthogonale Komplement in $\mathfrak{R}$ des Unterraums aller x mit $Bx = 0$. Aus der Spektraltheorie ist bekannt, daß der zu $\mathfrak{K}$ gehörige Projektor genau der 0-Projektor von $-B$ ist (B war ja nichtnegativ definit). Aus $C\mathfrak{v}B$ folgt also, daß der zu $\mathfrak{K}$ gehörige Projektor mit C vertauschbar ist, d. h. daß $\mathfrak{K}$ den Operator C reduziert. Ist insbesondere der beschränkte Operator C mit N und N^* vertauschbar, so ist C, wie wir schon wissen, mit B vertauschbar, $\mathfrak{K}$ reduziert also alle diese C. Daher reduziert $\mathfrak{K}$ auch N und N^*.

Damit sind schon alle Behauptungen des Hauptsatzes bewiesen, in denen T_0 nicht vorkommt.

2. Nach Definition von B gilt identisch

$$|Bx| = |(N - A)x|.$$

Aus $Bx = 0$ folgt daher $(N - A)x = 0$. Zu jedem y gibt es deshalb höchstens ein z, mit dem für passendes x gilt:

$$Bx = y, \quad (N - A)x = z.$$

Wäre nämlich etwa noch

$$Bx' = y, \quad (N - A)x' = z',$$

so wäre

$$B(x - x') = 0,$$
$$(N - A)(x - x') = 0,$$
$$z = z'.$$

Der Operator, der genau den y, zu denen es solch ein z gibt, dies z zuordnet, während er den anderen y nichts zuordnet, heiße T':

$$T'y = z.$$

Der Definitionsbereich von T' ist also der Wertebereich von B. Wegen $|T'y| = |y|$ kann man T' stetig in die abgeschlossene Hülle $\mathfrak{K}$ des Wertebereichs von B fortsetzen;

der so fortgesetzte Operator heiße T_0. Es gilt also

$$T_0 \lim_{n\to\infty} y_n = \lim_{n\to\infty} T' y_n$$

für y_n im Wertebereich von B, $\lim y_n \in \mathfrak{K}$.

Nach Definition von T_0 ist

$$T_0 B = N - A,$$

nach Definition von A ist aber

$$N - A = -(N^* - A).$$

Aus beidem zusammen folgt

$$N = A + T_0 B, \quad N^* = A - T_0 B.$$

Wegen

$$((N - A)x, (N - A)y) = (Bx, By)$$

ist T' und damit auch T_0 ein isometrischer Operator. Um zu beweisen, daß $\mathfrak{K}$ durch T_0 unitär in sich transformiert wird, haben wir nur zu zeigen, daß $\mathfrak{K}$ der Wertebereich von T_0 ist. — Der Wertebereich von T' war der von $N - A$, der Wertebereich von T_0 ist darum der vom Wertebereich von $N - A$ erzeugte Unterraum (T_0 ist ja isometrisch); dieser ist [43]) das orthogonale Komplement des Unterraums aller x mit $(N - A)^* x = 0$ oder wegen $(N - A)^* = -(N - A)$ das orthogonale Komplement des Unterraums aller x mit $(N - A)x = 0$. Weil aber $(N - A)x = 0$ und $Bx = 0$ gleichbedeutend sind, ist der Wertebereich von T_0 auch das orthogonale Komplement des Unterraums der x mit $Bx = 0$. Damit ist schon bewiesen, daß der Wertebereich von T_0 gleich $\mathfrak{K}$ ist, daß T_0 also $\mathfrak{K}$ unitär auf sich abbildet.

Aus

$$T_0 B = N - A$$

folgt

$$T_0 B^2 = (N - A)\, B = B(N - A) = B T_0 B,$$

d. h.

$$T_0 B y = B T_0 y$$

für alle y im Wertebereich von B, aus Stetigkeitsgründen für alle $y \in \mathfrak{K}$, d. h.

$$T_0 \mathfrak{v} B_{\mathfrak{K}} \quad \text{in } \mathfrak{K}.$$

Nun existiert $B_{\mathfrak{K}}^{-1}$. Denn ist $z \in \mathfrak{K}$ und $B_{\mathfrak{K}} z = Bz = 0$, so liegt z nach Definition von $\mathfrak{K}$ im orthogonalen Komplement von $\mathfrak{K}$; weil auch $z \in \mathfrak{K}$ sein sollte, muß $z = 0$ sein. Aus $N - A = T_0 B$ folgt daher

$$N_{\mathfrak{K}} - A_{\mathfrak{K}} = T_0 B_{\mathfrak{K}} = B_{\mathfrak{K}} T_0,$$
$$B_{\mathfrak{K}}^{-1}(N_{\mathfrak{K}} - A_{\mathfrak{K}}) = T_0.$$

Ist nun C irgendein beschränkter Operator mit $C \mathfrak{v} N$, $C \mathfrak{v} N^*$, so gilt, wie wir schon wissen, auch $C \mathfrak{v} A$, $C \mathfrak{v} B$, und $\mathfrak{K}$ reduziert C; nun können wir auch noch schließen

$$C_{\mathfrak{K}} \mathfrak{v} B_{\mathfrak{K}}^{-1}(N_{\mathfrak{K}} - A_{\mathfrak{K}}) = T_0.$$

Das gilt insbesondere für $C = N$ und für $C = N^*$.

Damit sind alle Aussagen des Hauptsatzes bestätigt bis auf diese: T_0 soll in $\mathfrak{K}$ Imaginäroperator sein. Wir wissen bisher nur, daß T_0 in $\mathfrak{K}$ unitär ist. Nun ist aber der Wertebereich von $B_{\mathfrak{K}}^2$ in $\mathfrak{K}$ dicht, denn aus $z \in \mathfrak{K}$, $z \perp B^2 y$ für alle $y \in \mathfrak{K}$ folgt $z \perp B^3 x$ für alle $x \in \mathfrak{R}$, $B^3 z \perp x$ für alle $x \in \mathfrak{R}$ (weil B hermitesch ist), $B_{\mathfrak{K}}^3 z = 0$; weil aber $B_{\mathfrak{K}}^{-1}$ existiert, ist das nur für $z = 0$ möglich. Aus der Gleichung

$$\begin{aligned} T_0^2 B_{\mathfrak{K}}^2 = T_0(N_{\mathfrak{K}} - A_{\mathfrak{K}}) B_{\mathfrak{K}} &= (N_{\mathfrak{K}} - A_{\mathfrak{K}}) T_0 B_{\mathfrak{K}} = (N_{\mathfrak{K}} - A_{\mathfrak{K}})^2 \\ &= -(N_{\mathfrak{K}} - A_{\mathfrak{K}})^*(N_{\mathfrak{K}} - A_{\mathfrak{K}}) = -B_{\mathfrak{K}}^2 \end{aligned}$$

folgt deshalb

$$T_0^2 x = -x$$

für alle x im Wertebereich von $B^2_{\mathfrak{R}}$, also auch für alle $x \in \mathfrak{R}$, d. h.

$$T_0^2 = -E_{\mathfrak{R}}.$$

Damit ist auch gezeigt, daß T_0 in $\mathfrak{R}$ Imaginäroperator ist, und der Hauptsatz über normale Operatoren ist für den Fall beschränkter normaler Operatoren bewiesen.

3. Wir stellen nun drei Sätze auf, die, wie sofort zu sehen ist, für jeden normalen Operator gelten, für den der Hauptsatz richtig ist, insbesondere also für jeden beschränkten normalen Operator. In § 14 werden wir sie für beliebige normale Operatoren beweisen und daraus dann rückwärts die Allgemeingültigkeit des Hauptsatzes erschließen.

I. *Ist N ein normaler Operator, so reduziert der von allen x mit $Nx = N^*x$ erzeugte Unterraum N und jeden beschränkten mit N und N^* vertauschbaren Operator.*

Beweis. Wegen

$$N = A + T_0 B, \qquad N^* = A - T_0 B$$

ist $Nx = N^*x$ mit $T_0 Bx = 0$ gleichwertig; T_0 ist aber in $\mathfrak{R}$ Imaginäroperator, darum folgt $Bx = 0$, x liegt im orthogonalen Komplement von $\mathfrak{R}$; $\mathfrak{R}$ und darum auch $\Re \ominus \mathfrak{R}$ reduziert aber, wie im Hauptsatz steht, N und jeden beschränkten mit N und N^* vertauschbaren Operator.

II. *Zu jedem normalen Operator gibt es einen Projektor P_- (er heiße in Analogie zu § 7 0-Projektor von N) mit folgenden Eigenschaften:*

1. *Aus $C \mathfrak{v} N$, $C \mathfrak{v} N^*$ folgt $C \mathfrak{v} P_-$.*
2. $P_- \mathfrak{v} N$, $P_- \mathfrak{v} N^*$.
3. $((N + N^*)P_- x, x) \leqq 0$, *wo* $(N + N^*)P_- x$ *sinnvoll ist.*
4. $((N + N^*)(E - P_-)x, x) \geqq 0$, *wo* $(N + N^*)(E - P_-)x$ *sinnvoll ist.*
5. *Aus* $Nx + N^*x = 0$ *folgt* $P_- x = 0$.

Beweis. Für P_- nimmt man den 0-Projektor von A. Die Eigenschaften 1. und 2. folgen dann aus c) und b) des Hauptsatzes, in bezug auf 3., 4. und 5. beachte man nur, daß (wegen d)) gilt

$$N + N^* \leqq 2A.$$

Um III formulieren zu können, machen wir eine Vorbemerkung: Ist T Imaginäroperator, so folgt aus $T \mathfrak{v} R$, daß sogar $TR = RT$ ist. Denn es gilt

$$TR \leqq RT = -T^2 RT \leqq -TRT^2 = TR,$$

also muß hier überall das Gleichheitszeichen stehen.

Hieraus folgt: Ist N normal, T Imaginäroperator, $T \mathfrak{v} N$, $T \mathfrak{v} N^*$, so ist auch TN normal mit $(TN)^* = -TN^*$. Denn:

$$(TN)^* = N^* T^* = -N^* T = -TN^*,$$
$$TN(TN)^* = -TNTN^* = -T^2 NN^* = NN^*,$$
$$(TN)^* TN = -TN^* TN = -T^2 N^* N = N^* N = NN^*.$$

III. *Zu jedem normalen Operator N mit der Eigenschaft, daß $Nx = N^*x$ nur für $x = 0$ gilt, gibt es einen Imaginäroperator T_0, der mit N, N^* und allen mit N und N^* vertauschbaren beschränkten Operatoren vertauschbar ist, so daß der 0-Projektor des normalen Operators $T_0^{-1} N$ gleich 0 wird.*

Beweis. Die Voraussetzung, daß $Nx = N^*x$ nur für $x = 0$ gilt, besagt, wie aus der im Anschluß an I gemachten Bemerkung ersichtlich ist, genau $\mathfrak{R} = \Re$; wir weisen die Eigenschaften für das T_0 des Hauptsatzes nach, das ja jetzt in ganz $\Re$ Imaginäroperator ist. Die Vertauschbarkeitsaussage für dies T_0 steht schon im Hauptsatz, es ist nur zu zeigen, daß 0 im Sinne von II 0-Projektor von $T_0^{-1}N$ ist. Und dazu genügt es wieder,

$$((T_0^{-1}N + (T_0^{-1}N)^*)x, x) \geqq 0$$

nachzuweisen. Nun ist nach d)

$$T_0^{-1}N = T_0^{-1}A + B,$$
$$(T_0^{-1}N)^* = -T_0^{-1}N^* = -T_0^{-1}A + B,$$
$$T_0^{-1}N + (T_0^{-1}N)^* \leq 2B;$$

B war aber nichtnegativ definit.

4. *Der 0-Projektor eines normalen Operators N ist durch N eindeutig bestimmt.* Das zeigt man analog wie beim Fall eines selbstadjungierten Operators [45]) so: Sind P_- und Q_- zwei 0-Projektoren von N, so ist

$$P_- - Q_- = P_-(E - Q_-) - (E - P_-)Q_-;$$

wegen 1. und 2. gilt $P_- \mathfrak{v} Q_-$, rechts steht also die Differenz zweier Projektoren. Für alle $x \in P_-(E - Q_-)\mathfrak{R}$ gilt $P_-x = x$ und $(E - Q_-)x = x$, also nach 3. und 4. sowohl $((N + N^*)x, x) \leqq 0$ wie $((N + N^*)x, x) \geqq 0$, also $((N + N^*)x, x) = 0$; weil $N + N^*$ hermitesch ist [46]), folgt in bekannter Weise $(N + N^*)P_-(E - Q_-)\mathfrak{R} = 0$, wegen 5. $P_-P_-(E - Q_-)\mathfrak{R} = 0$, $P_-(E - Q_-) = 0$. Analog zeigt man $(E - P_-)Q_- = 0$.

Auch das T_0 von III *ist durch N eindeutig bestimmt.*

Beweis. Aus $Nx = N^*x$ folge $x = 0$, und mit T_0 habe auch der Imaginäroperator T_1 die obigen Eigenschaften. Dann sind T_0 und T_1 vertauschbar, und

$$\frac{E - T_0T_1}{2}$$

ist ein Projektor; setzt man

$$\frac{E - T_0T_1}{2}\mathfrak{R} = \mathfrak{M}, \quad \mathfrak{R} \ominus \mathfrak{M} = \mathfrak{N},$$

so ist

$$T_0x = T_1x \qquad \text{für } x \in \mathfrak{M},$$
$$T_0x = -T_1x \qquad \text{für } x \in \mathfrak{N}\ [47]).$$

Wir haben zu zeigen, daß $\mathfrak{N} = 0$ ist. Für $x \in \mathfrak{N}$ ist aber

$$((T_0^{-1}N + (T_0^{-1}N)^*)x, x) \geqq 0 \quad \text{und} \quad ((T_1^{-1}N + (T_1^{-1}N)^*)x, x) \geqq 0,$$

wenn diese Ausdrücke existieren; aus beidem zusammen folgt aber wegen $x \in \mathfrak{N}$

$$(T_0^{-1}N + (T_0^{-1}N)^*)x = 0$$

analog zu einem oben gebrauchten Schluß. Weil aber

$$T_0^{-1}N + (T_0^{-1}N)^* = T_0^{-1}(N - N^*)$$

ist, folgt

$$(N - N^*)x = 0;$$

nach der Voraussetzung über N folgt daraus $x = 0$. Diese x liegen, weil $T_0^{-1}N + (T_0^{-1}N)^*$ hermitesch ist, in $\mathfrak{N}$ dicht, daher ist in der Tat

$$\mathfrak{N} = 0.$$

---

[45]) Rellich [3] S. 7.

[46]) Ist N normal, so ist $N + N^*$ hermitesch. Denn $((N + N^*)x, y) = (x, (N + N^*)y)$ ist trivial; der Wertebereich von $(N^*N + E)^{-1} = (NN^* + E)^{-1}$ ist aber in $\mathfrak{R}$ dicht, und in ihm sind N und N^* überall erklärt, darum ist der Definitionsbereich von $N + N^*$ in $\mathfrak{R}$ dicht. Dasselbe gilt natürlich in jedem N (und daher auch N^* und $N + N^*$) reduzierenden Unterraum.

[47]) Beweis analog zu § 9, 4 (dort war $T_0 = iE$, $T_1 = T$ gesetzt).

§ 14. Beweis des Hauptsatzes.

1. Wir beweisen zunächst, daß für einen normalen Operator N, für den der Hauptsatz gilt, A, B, $\mathfrak{K}$ und T_0 durch N eindeutig bestimmt sind. Zunächst ist $\mathfrak{K}$ als orthogonales Komplement des von den x mit $Nx = N^*x$ erzeugten Unterraums eindeutig durch N festgelegt. Ferner ist der 0-Projektor von $A - \lambda E$ ($\lambda \in R$) auch 0-Projektor des normalen Operators $N - \lambda E$, wie im Anschluß an II gezeigt wurde (die dortige Beschränkung auf $\lambda = 0$ ist unerheblich), als solcher ist er durch N eindeutig bestimmt. Die Spektralschar von A und damit A selbst ist also eindeutig festgelegt. Nun benutzen wir die Reduktionsinvarianz des Hauptsatzes. Damit ist folgendes gemeint: Ist $\mathfrak{M}$ irgendein Unterraum, der N reduziert, so kann man einfach die Definitionsbereiche von N, N^*, A, B, T_0 auf ihre Durchschnitte mit $\mathfrak{M}$ verengen und auch $\mathfrak{K}$ durch $\mathfrak{K} \frown \mathfrak{M}$ ersetzen, dann hat man den Hauptsatz für das so eingeengte $N_{\mathfrak{M}}$ dastehen. Ein Beweis dieser einfachen Tatsache ist nicht nötig. Wenn $\mathfrak{M}$ außerdem jeden mit N und N^* vertauschbaren Operator reduziert, so folgt sogar aus der Gültigkeit des Hauptsatzes für $N_{\mathfrak{M}}$ und für $N_{\mathfrak{R} \ominus \mathfrak{M}}$ auch wieder seine Gültigkeit für N selbst. Wir werden das später beim Beweis des Hauptsatzes noch anwenden. Schon jetzt aber sehen wir: Weil T_0 nur in $\mathfrak{K}$ erklärt ist und weil $B(\mathfrak{R} \ominus \mathfrak{K}) = 0$ gilt, genügt es, die eindeutige Bestimmtheit von T_0 und B in $\mathfrak{K}$ zu zeigen. Nach dem oben ausgesprochenen Prinzip kann man sich, weil $\mathfrak{K}$ N reduziert, dabei überhaupt auf die Betrachtung von N in $\mathfrak{K}$ beschränken, d. h. man kann annehmen, daß $\mathfrak{K}$ der ganze Raum sei: $\mathfrak{K} = \mathfrak{R}$. Dann sind aber die Voraussetzungen von III erfüllt. Wie schon dort bewiesen wurde, ist T_0 dann der Imaginäroperator, dessen Existenz in III behauptet wird, als solcher ist er eindeutig bestimmt. Schließlich ist ohne Mühe analog II zu sehen, daß für $\lambda \in R$ der 0-Projektor von $B - \lambda E$ zugleich auch 0-Projektor von $T_0^{-1} N - \lambda E$ ist, darum sind alle Spektralprojektoren von B und damit auch B durch N eindeutig bestimmt.

2. Dieser Beweis zeigt schon, wie wir unter Voraussetzung der uneingeschränkten Gültigkeit von I, II und III den Hauptsatz allgemein beweisen können. Sei also N irgendein normaler Operator. Dann reduziert nach I der von den x mit $Nx = N^*x$ erzeugte Unterraum $\mathfrak{M}$ den Operator N und alle mit N und N^* vertauschbaren beschränkten Operatoren. Nach dem obigen Reduktionsprinzip genügt es also, den Hauptsatz für $N_{\mathfrak{M}}$ und, $\mathfrak{R} \ominus \mathfrak{M} = \mathfrak{K}$ gesetzt, für $N_{\mathfrak{K}}$ zu beweisen. Mit anderen Worten, es genügt den Hauptsatz in folgenden beiden Extremfällen zu beweisen:

a) Die x mit $Nx = N^*x$ liegen im Raum dicht.

b) Aus $Nx = N^*x$ folgt $x = 0$.

Wir werden diesen Nachweis nun unter Verwendung von II und III führen.

a) Die x mit $Nx = N^*x$ mögen in $\mathfrak{R}$ dicht liegen. Dann sei P_λ der 0-Projektor von $N - \lambda E$. Ganz analog zu Rieß [1] S. 45—51 sieht man: die P_λ sind eine Spektralschar, und bezeichnet man den Operator, der den x mit $Nx = N^*x$ dies Nx, den übrigen x nichts zuordnet, mit A, so ist (A abgeschlossen und in einer in $\mathfrak{R}$ dichten Menge definiert und deshalb)

$$A = \int_{-\infty}^{+\infty} \lambda \, d P_\lambda .$$

Aus $N \geqq A$ und $N^* \geqq A$ folgt nun $N \leqq A^* = A$, $N = A$. Man kann also das A des Hauptsatzes gleich unserem $A = N$ setzen; man wird dann $B = 0$, $\mathfrak{K} = 0$ zu setzen haben, T_0 braucht nicht erst definiert zu werden ($T_0 0 = 0$). Man sieht ohne weiteres, daß sämtliche Behauptungen a)—d) des Hauptsatzes richtig sind. In diesem Extremfall hat sich also N als selbstadjungiert ergeben.

b) Nun folge aus $Nx = N^*x$, daß $x = 0$. Dann setzen wir $\mathfrak{K} = \mathfrak{R}$. Wegen III gibt es einen Imaginäroperator T_0, der mit N und allen beschränkten mit N und N^* vertauschbaren Operatoren vertauschbar ist, so daß der 0-Projektor von $T_0^{-1}N$ verschwindet, d. h. daß stets

$$((T_0^{-1}N + (T_0^{-1}N)^*)x, x) \geqq 0$$

gilt. Wir bezeichnen für reelle λ' und λ'' mit $P_{\lambda'}$ den 0-Projektor von $N - \lambda' E$, mit $Q_{\lambda''}$ den 0-Projektor von $T_0^{-1}N - \lambda'' E$. Wie bei Rieß [1] S. 45—51 sieht man: Die $P_{\lambda'}$ und die $Q_{\lambda''}$ sind je eine Spektralschar, sie sind mit N und N^* und mit allen mit N und N^* vertauschbaren beschränkten Operatoren vertauschbar, für $\lambda'' \leqq 0$ ist $Q_{\lambda''} = 0$. Es sei

$$A = \int_{-\infty}^{+\infty} \lambda' dP_{\lambda'}, \quad B = \int_0^{\infty} \lambda'' dQ_{\lambda''}.$$

Dann sind mit diesen A, B, $\mathfrak{K}$, T_0 alle Aussagen des Hauptsatzes erfüllt bis auf d). (Daß $\mathfrak{K}$ wirklich das orthogonale Komplement des Unterraums aller x mit $Bx = 0$ ist, folgt so: Weil $T_0^{-1}N + (T_0^{-1}N)^*$ hermitesch ist und wegen $Q_0 = 0$ ist $(\lim_{\lambda'' \to +0} Q_{\lambda''})\mathfrak{R}$ der von allen x mit $(T_0^{-1}N + (T_0^{-1}N)^*)x = 0$ erzeugte Unterraum, also (vgl. § 13, 4) der von den x mit $Nx = N^*x$ erzeugte Unterraum, also 0; daher $\lim_{\lambda'' \to +\infty} Q_{\lambda''} = 0$, d. h. auch aus $Bx = 0$ folgt $x = 0$.)

Ist nun $\lambda' < \mu'$ und $\lambda'' < \mu''$, so setze man

$$\Delta = (P_{\mu'} - P_{\lambda'})(Q_{\mu''} - Q_{\lambda''});$$

ist dann $x \in \Delta\mathfrak{R}$ und sind Nx und N^*x sinnvoll, so ist

$$\left|\frac{N + N^*}{2} x - \lambda' x\right| \leqq (\mu' - \lambda')\,|x| \quad \text{und} \quad \left|T_0^{-1}\left(\frac{N - N^*}{2}\right) x - \lambda'' x\right| \leqq (\mu'' - \lambda'')\,|x|,$$

mithin $\quad |Nx - \lambda' x - \lambda'' T_0 x| \leqq (\mu' - \lambda' + \mu'' - \lambda'')\,|x|$

und $\quad |N^*x - \lambda' x + \lambda'' T_0 x| \leqq (\mu' - \lambda' + \mu'' - \lambda'')\,|x|$.

Daraus folgt, daß ganz $\Delta\mathfrak{R}$ zum Definitionsbereich von N und zum Definitionsbereich von N^* gehört, und daß Nx und N^*x dann und nur dann existieren, wenn

$$\int_{-\infty}^{+\infty} \int_0^{\infty} (\lambda'^2 + \lambda''^2)\,(dQ_{\lambda''} dP_{\lambda'} x, x)$$

existiert, und daß dann

$$Nx = \int_{-\infty}^{+\infty} \int_0^{\infty} (\lambda' + \lambda'' T_0)\, dQ_{\lambda''} dP_{\lambda'} x, \quad N^*x = \int_{-\infty}^{+\infty} \int_0^{\infty} (\lambda' - \lambda'' T_0)\, dQ_{\lambda''} dP_{\lambda'} x$$

ist. Auf Grund der bekannten Spektralformeln für Ax und Bx sieht man, daß sowohl Nx wie N^*x dann und nur dann existiert, wenn Ax und Bx existieren, und daß dann

$$Nx = Ax + T_0 Bx, \qquad N^*x = Ax - T_0 Bx$$

ist. Die Einzelheiten sind wieder analog zu Rieß [1].

3. Auf eine Verallgemeinerungsmöglichkeit sei kurz hingewiesen. Es könnte sein, daß aus $Nx = N^*x$ nicht notwendig $x = 0$ folgt, daß aber trotzdem ein mit N (und N^*) vertauschbarer Imaginäroperator T bekannt ist, für den auch nicht notwendig

$$((T^{-1}N + (T^{-1}N)^*)x, x) \geqq 0$$

zu gelten braucht. Dann kann man wie eben eine Spektralzerlegung

$$N = \int_{-\infty}^{+\infty} \int_{-\infty}^{+\infty} (\lambda' + \lambda'' T) dQ_{\lambda''} dP_{\lambda'}, \qquad N^* = \int_{-\infty}^{+\infty} \int_{-\infty}^{+\infty} (\lambda' - \lambda'' T) dQ_{\lambda''} dP_{\lambda'}$$

gewinnen. Die $P_{\lambda'}$ und die $Q_{\lambda''}$ werden mit N, N^* und T und allen mit N, N^* und T vertauschbaren beschränkten Operatoren vertauschbar sein. Man kann auch wieder

$$A = \int_{-\infty}^{+\infty} \lambda' dP_{\lambda'}, \qquad B = \int_{-\infty}^{+\infty} \lambda'' dQ_{\lambda''}$$

setzen und ein Analogon des Hauptsatzes aufstellen, das insofern einfacher wird, als die Schwierigkeiten mit $\mathfrak{K}$ wegfallen und T schon von vornherein gegeben ist. Dafür weiß man eben nicht, ob es ein solches T überhaupt gibt, wenn man nicht schon eine Spektralzerlegung von N kennt.

Insbesondere kann man im Hilbertschen Raum $T = iE$ setzen und kommt so zu der bekannten Spektralzerlegung normaler Operatoren im Hilbertschen Raum [41]) zurück.

4. Nach dem Vorhergehenden wird der Hauptsatz über normale Operatoren bewiesen sein, wenn die in § 13, **3** formulierten Behauptungen I, II, III, deren Gültigkeit bisher nur für beschränkte Operatoren feststeht, für beliebige normale Operatoren bewiesen sein werden. Dazu sind einige Vorbereitungen nötig.

Wie immer seien F und V durch

$$F\{x, y\} = \{x, 0\}, \qquad V\{x, y\} = \{y, -x\}$$

als Projektor bzw. Imaginäroperator in $\mathfrak{R}^2$ erklärt. N sei ein normaler Operator, B der zu $\mathfrak{B}_N$ gehörende Projektor. Wir wollen B explizit ausrechnen. Dazu sei

$$H = (N^*N + E)^{-1} = (NN^* + E)^{-1}.$$

Nach § 3, **4** ist das ein beschränkter selbstadjungierter Operator. Wegen

$\{x, 0\} = \{Hx, NHx\} + \{N^*NHx, -NHx\}, \{0, y\} = \{N^*Hy, NN^*Hy\} - \{N^*Hy, -Hy\}$

ist

$$B\{x, y\} = \{Hx + N^*Hy, NHx + NN^*Hy\},$$

denn $\mathfrak{B}_N$ war ja die Menge der sinnvollen $\{z, Nz\}$, $\mathfrak{R}^2 \ominus \mathfrak{B}_N$ die Menge der sinnvollen $\{N^*\zeta, -\zeta\}$. Bildet man nun

$$D = BFVB - (E - B)FV(E - B), \tag{1}$$

so ist unter Berücksichtigung von $(E - B)\{x, y\} = \{x - Hx - N^*Hy, -NHx + Hy\}$:

$$\begin{aligned} D\{x, y\} &= \{H(NHx + NN^*Hy), NH(NHx + NN^*Hy)\} \\ &\quad - \{-NHx + Hy - H(-NHx + Hy), -NH(-NHx + Hy)\} \\ &= \{NHx, NHy\}, \\ D &= \overline{NH}. \end{aligned}$$

Darum nach § 4, **3**

$$F\mathfrak{v}D, \quad V\mathfrak{v}D. \tag{2}$$

Trivialerweise gilt auch

$$B\mathfrak{v}D. \tag{3}$$

Schließlich ist

$$D^* = -BVFB + (E - B)VF(E - B)\mathfrak{v}D. \tag{4}$$

Bei Beachtung von

$$FV + VF = V$$

(vgl. § 7, **3**) folgt daraus

$$D - D^* = BVB - (E - B)V(E - B). \tag{5}$$

D ist also ein beschränkter normaler Operator in $\mathfrak{R}^2$. Ferner gilt

$$C\mathfrak{v}N, N^* \text{ genau wenn } \overline{C}\mathfrak{v}B. \tag{6}$$

Denn $C\mathfrak{v}N$ und $C\mathfrak{v}N^*$ gelten dann nur dann, wenn $C\mathfrak{v}N$ und $C^*\mathfrak{v}N$ (§ 4, **1**), also dann und nur dann, wenn $\overline{C}\mathfrak{B}_N \leqq \mathfrak{B}_N$ und $\overline{C}^*\mathfrak{B}_N \leqq \mathfrak{B}_N$ [48]), nach dem Zusatz von § 4, 2 heißt das genau $\overline{C}\mathfrak{v}B$.

Weil für alle beschränkten C

$$\overline{C}\,\mathfrak{v}F,\ V$$

gilt, folgt:

$$\text{(7)}\qquad \text{Aus } C\mathfrak{v}N, N^* \text{ folgt } \overline{C}\mathfrak{v}D, D^*.$$

Mit Hilfe von (1) und (4) rechnet man schließlich leicht nach:

$$\text{(8)}\qquad (D\{z, Nz\}, \{z, Nz\}) = (Nz, z),$$

$$\text{(9)}\qquad (D^*\{z, Nz\}, \{z, Nz\}) = (z, Nz).$$

Weil D normal und beschränkt ist, gelten die Sätze I, II, III für D. Wir werden sie so lange umformen, bis sie für N dastehen.

Der Definitionsbereich von N heiße $\mathfrak{D}$.

5. Weil I für D gilt, ist der Projektor, der zum Unterraum aller $\{x, y\}$ mit

$$D\{x, y\} = D^*\{x, y\}$$

gehört, mit D und allen mit D und D^* vertauschbaren Operatoren vertauschbar. Insbesondere ist er mit F und V vertauschbar, darum kann er (§ 4, 3) gleich in der Form $\overline{P}$ geschrieben werden. Ferner ist $\overline{P}$ mit B vertauschbar, d. h. nach (6)

$$P\mathfrak{v}N, N^*.$$

Und aus $C\mathfrak{v}N, N^*$ folgt nach (7) $\overline{C}\mathfrak{v}D, D^*$, daraus $\overline{C}\mathfrak{v}\overline{P}$, $C\mathfrak{v}P$. Jetzt fehlt nur noch der Nachweis, daß $P\mathfrak{R}$ genau der von den z mit $Nz = N^*z$ erzeugte Unterraum ist.

$\mathfrak{D}$ liegt in $\mathfrak{R}$ dicht und $P\mathfrak{R}$ reduziert N, darum ist $\mathfrak{D} \frown P\mathfrak{R}$ in $P\mathfrak{R}$ dicht (vgl. § 4, 2). Es genügt also, zu zeigen, daß $z \in \mathfrak{D} \frown P\mathfrak{R}$ und $Nz = N^*z$ gleichwertig sind. Wegen $P\mathfrak{v}N$ besagt aber $z \in \mathfrak{D} \frown P\mathfrak{R}$ genau $\{z, Nz\} \in \overline{P}\mathfrak{R}^2$, d. h.

$$(D - D^*)\{z, Nz\} = 0$$

oder wegen (5)

$$B\{Nz, -z\} = 0,$$

$$\{Nz, -z\} \in \mathfrak{R}^2 \ominus \mathfrak{B}_N = V\mathfrak{B}_{N^*},$$

$$Nz = N^*z.$$

Damit ist I schon bewiesen.

6. Weil II für D gilt, gibt es einen Projektor — wir können ihn wie oben gleich in der Form $\overline{P_-}$ schreiben — mit den Eigenschaften:

1. Aus $G\mathfrak{v}D$ und $G\mathfrak{v}D^*$ folgt $G\mathfrak{v}\overline{P_-}$.
2. $\overline{P_-}\mathfrak{v}D$, $\overline{P_-}\mathfrak{v}D^*$.

$$\left.\begin{array}{l} 3.\ ((D + D^*)\overline{P_-}x, x) \leqq 0 \\ 4.\ ((D + D^*)(\overline{E} - \overline{P_-})x, x) \geqq 0 \\ 5.\ \text{Aus } (D + D^*)x = 0 \text{ folgt } \overline{P_-}x = 0 \end{array}\right\} (x \in \mathfrak{R}^2).$$

Wir beweisen, daß P_- die analogen Eigenschaften in bezug auf N hat.

1. Aus $C\mathfrak{v}N, N^*$ folgt nach (7) $\overline{C}\mathfrak{v}D, D^*$, nach 1. $\overline{C}\mathfrak{v}\overline{P_-}$, $C\mathfrak{v}P_-$.
2. Aus $B\mathfrak{v}D, D^*$ folgt nach 1. $B\mathfrak{v}\overline{P_-}$, nach (6) $P_-\mathfrak{v}N, N^*$.
3. Aus $P_-z = z$, $z \in \mathfrak{D}$ folgt

$$\overline{P_-}\{z, Nz\} = \{z, Nz\},$$

nach 3.

$$((D + D^*)\{z, Nz\}, \{z, Nz\}) \leqq 0,$$

[48]) Nach § 4, 3. Man beachte dabei $\overline{C}^* = \overline{C^*}$ (§ 3, 4).

nach (8) und (9)

$$(Nz, z) + (z, Nz) \leqq 0,$$

deshalb gilt allgemein

$$((N + N^*) P_- z, z) \leqq 0.$$

4. Genau so beweist man

$$((N + N^*)(E - P_-) z, z) \geqq 0.$$

5. Wie man leicht nachrechnet, ist

$$(D + D^*) \{z, Nz\} = B \{Nz, z\},$$

aus $Nz + N^*z = 0$ folgt darum

$$(D + D^*) \{z, Nz\} = -B\{N^*z, -z\} = 0,$$

nach 5.

$$\overline{P_-}\{z, Nz\} = 0,$$
$$P_- z = 0.$$

Damit ist die Gültigkeit von II auch für N bewiesen.

7. Weil III für D gilt, gibt es in $\mathfrak{R}^2$ einen mit D, D^* und allen mit D und D^* vertauschbaren beschränkten Operatoren vertauschbaren Imaginäroperator — er kann wieder gleich $\overline{T}_0$ geschrieben werden — mit

$$(\overline{T}_0^{-1}(D - D^*) x, x) \geqq 0.$$

T_0 wird die in III behaupteten Eigenschaften in bezug auf N haben. Daß T_0 mit N, N^* und allen beschränkten mit N und N^* vertauschbaren Operatoren vertauschbar ist, folgt wie in § 14, 5 und 6. Wegen (5) und $B\,\mathfrak{v}\,\overline{T}_0$ ist aber

$$0 \leqq (\overline{T}_0^{-1}(D - D^*)\{z, Nz\}, \{z, Nz\}) = (T_0^{-1} Nz, z) - (T_0^{-1} z, Nz) = (T_0^{-1}(N - N^*) z, z).$$

Auch III gilt also für beliebiges N.

Damit ist auch der Hauptsatz über normale Operatoren allgemein bewiesen.

Literaturverzeichnis.

Friedrichs 1: Spektraltheorie halbbeschränkter Operatoren usw., Math. Annalen **109** (1934).
Hausdorff 1: Zur Theorie der linearen metrischen Räume, Journal f. d. r. u. a. Math. **167** (1932).
Jordan 1: Über die Multiplikation quantenmechanischer Größen II, Zeitschrift f. Physik **87** (1934).
Löwig 1: Komplexe Euklidische Räume von beliebiger endlicher oder transfiniter Dimensionszahl, Acta litt. ac. sc. Szeged **7** (1934).
v. Neumann 1: Allgemeine Eigenwerttheorie Hermitescher Funktionaloperatoren, Math. Ann. **102** (1930).
— 2: Zur Algebra der Funktionaloperationen und Theorie der normalen Operatoren, Math. Ann. **102** (1930).
— 3: Über adjungierte Funktionaloperatoren, Annals of Math. **33** (1932).
Rellich 1: Spektraltheorie in nichtseparabeln Räumen, Math. Ann. **110** (1935).
— 2: Operatorentheorie } Seminarausarbeitungen, Göttingen 1933/34 und 1934.
— 3: Spektraltheorie }
Rieß 1: Über die linearen Transformationen des komplexen Hilbertschen Raumes, Acta litt. ac. sc. Szeged **5** (1930/32).
— 2: Zur Theorie des Hilbertschen Raumes, ebenda **7** (1934).
Stone 1: Linear Transformations in Hilbert Space usw., New York 1932.
v. d. Waerden 1: Moderne Algebra I, Berlin 1930.
Wecken 1: Zur Theorie linearer Operatoren, Math. Ann. **110** (1935).

Eingegangen 10. Juni 1935.

2.

Über die Struktur diskret bewerteter perfekter Körper

Nachr. Ges. Wiss. Göttingen, math.-phys. Kl. 1, 151-161 (1936)

Vorgelegt von H. HASSE in der Sitzung am 21. Februar 1936.

1. Einleitung. H. HASSE und F. K. SCHMIDT[1]) haben über diskret bewertete perfekte Körper die folgenden Sätze aufgestellt:

Jeder charakteristikgleich diskret bewertete perfekte Körper ist analytisch isomorph zu einem Potenzreihenkörper.

Zu jedem Körper von Primzahlcharakteristik gibt es einen und bis auf analytische Isomorphie nur einen unverzweigten charakteristikungleich diskret bewerteten perfekten Körper, dessen Restklassenkörper der gegebene Körper ist.

Jeder verzweigte charakteristikungleich diskret bewertete perfekte Körper ist ein Eisensteinscher Oberkörper eines gewissen unverzweigten Unterkörpers.

Im Anschluß an die Untersuchungen einer Arbeitsgemeinschaft der Math.-naturw. Fachschaft[2]) ist es mir nun gelungen, die bisher recht unübersichtlichen Beweise jener Sätze durch neue zu ersetzen, die einen besseren Einblick in die Struktur diskret bewerteter Körper zu gewähren scheinen. Insbesondere werden die Wohlordnungsschlüsse, die sich durch alle Beweise der angeführten Arbeit hindurchziehen, auf die zwei einzigen Stellen, wo sie wirklich nötig sind, konzentriert. Vielleicht kann man einige der im Folgenden auftretenden Ergebnisse, besonders über p-adisch bewertete Körper, auch bei anderen zahlentheoretischen Untersuchungen anwenden.

Eine ausführliche Darstellung soll später im Journal f. d. r. u. a. Mathematik veröffentlicht werden.

---

1) H. HASSE und F. K. SCHMIDT, Die Struktur diskret bewerteter Körper, Journal f. d. r. u. a. Math. **170** (1934), Einleitung. Die Kenntnis der Arbeit selbst wird nicht vorausgesetzt.

2) Teilnehmer: BEHRBOHM, HASSE, OUSSOREN, SCHMID, TEICHMÜLLER, WITT.

2. Bezeichnungen. Wir bezeichnen

mit K den diskret bewerteten *Körper*,
mit $\alpha, \ldots, a, \ldots$ seine *Elemente*,
mit w seine *Ordnungszahlbewertung*,
mit π ein *Primelement*.

Also:

$w(0) = \infty$, $w(\alpha)$ ganzrational für $\alpha \neq 0$;
$w(\alpha\beta) = w(\alpha) + w(\beta)$;
$w(\alpha + \beta) \geqq \mathrm{Min}\,(w(\alpha), w(\beta))$;
$w(\pi) = 1$;
aus $\lim_{n\to\infty} w(\alpha_{n+1} - \alpha_n) = \infty$ folgt die Existenz eines
$\alpha = \lim_{n\to\infty} \alpha_n$ in K mit $\lim w(\alpha - \alpha_n) = \infty$.
$\alpha \sim \beta$ bedeute $w(\alpha) = w(\beta)$.

mit I den Integritätsbereich aller α mit $w(\alpha) \geqq 0$ (*Bewertungsring*),
mit $\mathfrak{K}$ den *Restklassenkörper* $I/(\pi)$ (unabhängig von π),
mit $\mathfrak{a}, \ldots$ seine Elemente,
mit R ein noch zu wählendes *Repräsentantensystem* für $\mathfrak{K}$ und dann
mit $a = R \cap \mathfrak{a}$ den in R liegenden Repräsentanten der Restklasse $\mathfrak{a} \varepsilon \mathfrak{K}$.

Ein natürliches Vielfaches von 1, das $= 0$ ist in I, ist erst recht $\equiv 0 \pmod{\pi}$; die Charakteristik $\chi(\mathfrak{K})$ von $\mathfrak{K}$ geht darum in der Charakteristik $\chi(K)$ von K auf. Dementsprechend bestehen drei Möglichkeiten:

$$\left.\begin{array}{ll} \chi(K) = 0, & \chi(\mathfrak{K}) = 0 \\ \chi(K) = p, & \chi(\mathfrak{K}) = p \end{array}\right\} \textit{Charakteristikgleiche Fälle.}$$
$$\chi(K) = 0, \quad \chi(\mathfrak{K}) = p \quad \textit{Charakteristikungleicher Fall.}$$

Am schwierigsten, aber vom zahlentheoretischen Standpunkt aus auch am interessantesten, ist der charakteristikungleiche Fall. Die Primzahl p hat in diesem Fall, als Element von I angesehen, eine positive Ordnungszahl $w(p) = s > 0$ (also $\pi^s \sim p$); dies s heißt der *Verzweigungsexponent* von K. Ist $s = 1$, d. h. ist p selbst ein Primelement, so heißt K *unverzweigt*.

3. Der Fall $\chi(K) = \chi(\mathfrak{K}) = 0$. Hier kann das Verfahren von Hasse und Schmidt[1]) ohne Schwierigkeit angewandt werden.

Nach Steinitz hat $\mathfrak{K}$ eine *Transzendenzbasis* $\mathfrak{X}$ über dem Primkörper $\mathfrak{P}$ von $\mathfrak{K}$, also eine Teilmenge, zwischen deren Elementen

1) S. Anm. 1 auf S. 151.

keine algebraische Relation mit rationalen Koeffizienten besteht, während $\mathfrak{K}/\mathfrak{P}(\mathfrak{X})$ algebraisch ist. Wir wählen zu jeder Restklasse $\mathfrak{x}\,\varepsilon\,\mathfrak{X}$ einen Repräsentanten $x\,\varepsilon\,I$ beliebig aus und erhalten so eine Teilmenge X von K.

P sei der Primkörper von K, also der Körper der rationalen Zahlen. Dann sind die Repräsentanten $x\,\varepsilon\,X$ der Restklassen $\mathfrak{x}\,\varepsilon\,\mathfrak{X}$ gleichfalls über P algebraisch unabhängig. Denn jede algebraische Gleichung

$$\sum c_i x_1^{i_1} \ldots x_r^{i_r} = 0 \qquad (c_i\,\varepsilon\,P,\; x_k\,\varepsilon\,X)$$

hätte die entsprechende Gleichung im Restklassenkörper zur Folge, die $\mathfrak{x}\,\varepsilon\,\mathfrak{X}$ waren aber über $\mathfrak{P}$ algebraisch unabhängig.

Aus demselben Grunde enthält jede Restklasse $\mathfrak{a}\,\varepsilon\,\mathfrak{P}(\mathfrak{X})$ ein und nur ein $a\,\varepsilon\,P(X)$: Der *Körper* $P(X)$ ist ein *Repräsentantensystem* für die Restklassen aus $\mathfrak{P}(\mathfrak{X})$.

Nun sei R die in K algebraisch abgeschlossene Hülle von $P(X)$, also der Körper aller i. b. a. $P(X)$ algebraischen Elemente von K. Wir behaupten:

Der Körper R ist ein Repräsentantensystem für $\mathfrak{K}$.

Daß jede Restklasse $\mathfrak{a}\,\varepsilon\,\mathfrak{K}$ nur ein $a\,\varepsilon\,R$ enthalten kann, ist klar: Genügt a der irreduziblen Gleichung

$$\sum c_i a^i = 0$$

mit Koeffizienten $c_i\,\varepsilon\,P(X)$, so ist wegen der Isomorphie

$$P(X) \cong \mathfrak{P}(\mathfrak{X})$$

auch das Polynom $\sum \mathfrak{c}_i x^i$ ($\mathfrak{c}_i$ Restklasse von c_i) über $\mathfrak{P}(\mathfrak{X})$ irreduzibel mit der Nullstelle $\mathfrak{a}$. Die $\mathfrak{c}_i$, also die c_i sind also durch $\mathfrak{a}$ eindeutig bestimmt, und weil $\sum \mathfrak{c}_i x^i$ nur einfache Nullstellen hat, ist a die einzige in $\mathfrak{a}$ gelegene Nullstelle von $\sum c_i x^i$.

Daß aber jede Restklasse $\mathfrak{a}\,\varepsilon\,\mathfrak{K}$ ein Element von R enthält, folgt aus einem Satze von Hensel und Rychlík [1]).

Wir haben also ein Repräsentantensystem R gefunden, das Körper ist. Nun ist K nicht nur der Körper aller Reihen

$$\sum_{r=v}^{\infty} c_r \pi^r \quad (c_r\,\varepsilon\,R),$$

sondern wenn man zwei solche Potenzreihen nach den gewöhnlichen Potenzreihenrechenregeln addiert oder multipliziert, erhält man immer wieder eine Potenzreihe der gleichen Form (deren

1) K. Rychlík, Zur Bewertungstheorie der algebraischen Körper, Journal f. d. r. u. a. Math. **153** (1924).

Koeffizienten also in R liegen). Mit dieser Feststellung ist die Struktur von K durch $\mathfrak{R}$ genau beschrieben:

K ist der Körper aller Potenzreihen in π über einem zu $\mathfrak{R}$ isomorphen Körper R. Die Bewertung ist durch

$$w\left(\sum_{r=v}^{\infty} c_r \pi^r\right) = v \qquad (c_r \in R,\ c_v \neq 0)$$

gegeben.

R ist offenbar durch die Forderung, daß $X \subset R$ sein soll, in K eindeutig bestimmt. In dem ganzen Beweis steckt nur ein einziger Wohlordnungsschluß, nämlich in der Existenz der Transzendenzbasis $\mathfrak{X}$ von $\mathfrak{R}$ (und, wenn man will, auch in der *Auswahl* der x). Insbesondere ist R als Unterkörper von K eindeutig bestimmt, wenn $\mathfrak{R}$ absolut algebraisch ist.

In dem anderen charakteristikgleichen Fall ($\chi(K) = \chi(\mathfrak{R}) = p$) versagt dies Beweisverfahren, sowie die Möglichkeit in Betracht gezogen wird, daß $\mathfrak{R}/\mathfrak{P}(\mathfrak{X})$ inseparabel ist. Deshalb gehen wir, wenn der Restklassenkörper $\mathfrak{R}$ die Charakteristik p hat, ganz anders vor. Und zwar behandeln wir zuerst den Fall eines vollkommenen $\mathfrak{R}$.

4. Das multiplikative Repräsentantensystem. Der Restklassenkörper habe bis auf weiteres die *Charakteristik* p und sei *vollkommen.*

Satz. *Zu jeder Restklasse $\mathfrak{a}$ gibt es in K eine und nur eine Folge $a_{\overline{n}|} \in \mathfrak{a}^{p^{-n}}$ mit $a_{\overline{n+1}|}^{p} = a_{\overline{n}|}$.*

Sind nämlich die α_n beliebige Repräsentanten von $\mathfrak{a}^{p^{-n}}$, so konvergiert $\lim\limits_{k\to\infty} \alpha_{n+k}^{p^k}$ gegen die gesuchten $a_{\overline{n}|}$. Die Eindeutigkeit liegt dann an der Diskretheit der Bewertung.

Aus diesem Satz kann man die Struktur der diskret bewerteten perfekten Körper K mit zunächst vollkommenem, dann aber auch mit unvollkommenem Restklassenkörper $\mathfrak{R}$ der Charakteristik p bestimmen.

Wir ordnen jeder Restklasse $\mathfrak{a}$ als Repräsentanten das $a_{\overline{0}|}$ des eben genannten Satzes zu. *Dieses Repräsentantensystem ist multiplikativ,* d. h. der Repräsentant des Produkts zweier Restklassen ist das Produkt der Repräsentanten. Denn gehört die Folge $a_{\overline{n}|}$ zur Restklasse $\mathfrak{a}$ und die Folge $b_{\overline{n}|}$ zur Restklasse $\mathfrak{b}$, so liegt $a_{\overline{n}|} b_{\overline{n}|}$ in der Restklasse $(\mathfrak{a}\mathfrak{b})^{p^{-n}}$, und es besteht die Gleichung

$$(a_{\overline{n+1}|}\, b_{\overline{n+1}|})^p = a_{\overline{n}|}\, b_{\overline{n}|},$$

aus Eindeutigkeitsgründen ist $a_{\overline{0}|} b_{\overline{0}|}$ der Repräsentant von $\mathfrak{a}\mathfrak{b}$.

Durch die Eigenschaft, multiplikativ zu sein, ist aber unser Repräsentantensystem R schon eindeutig bestimmt: Ist R irgend ein multiplikatives Repräsentantensystem und ist in ihm $a_{\overline{n}|}$ der Repräsentant von $\mathfrak{a}^{p^{-n}}$, so ist ja $a^p_{\overline{n+1}|} = a_{\overline{n}|}$, man kommt also von selbst wieder auf die alte Bestimmung von $a_{\overline{n}|}$, insbesondere von $a_{\overline{0}|}$, zurück.

Im *charakteristikgleichen Fall* ist das so konstruierte Repräsentantensystem R nicht nur multiplikativ, sondern (aus demselben Grund wie oben) auch *additiv*.

Das Repräsentantensystem R ist dann also ein *Körper*. Genau wie in 3 folgt, daß K Potenzreihenkörper über $R \cong \mathfrak{K}$ ist.

5. p-adische Addition. Wir betrachten jetzt den *charakteristikungleichen Fall* bei *vollkommenem Restklassenkörper*. Zunächst werde angenommen, daß K *unverzweigt* ist, daß also p selbst ein Primelement ist.

R sei das soeben konstruierte multiplikative Repräsentantensystem. Dann läßt sich jedes $\alpha \varepsilon K$ eindeutig in eine „p-adische Reihe"

$$\alpha = \sum_{n=\nu}^{\infty} a_n p^n$$

entwickeln. Wenn man aber zwei derartige Reihen formal addiert oder multipliziert, wird kaum wieder eine gleichartige Reihe entstehen, denn R ist doch im charakteristikungleichen Fall kein Körper. Um die Summe oder das Produkt zweier p-adischer Reihen (immer mit Koeffizienten aus R) wieder als p-adische Reihe schreiben zu können, müssen wir vielmehr ein *Verfahren* kennen, *nach dem wir die Summe und die Differenz zweier Repräsentanten in eine p-adische Reihe entwickeln können;* weil das Produkt zweier Pepräsentanten wieder ein Repräsentant ist, würde das genügen, um alle rationalen Operationen mit p-adischen Reihen mit jeder beliebigen Genauigkeit (d. h. mod jeder Potenz p^n) ausführbar zu machen.

Es ist von vornherein zu vermuten, daß ein solches Verfahren sich verhältnismäßig einfach angeben lassen muß, wenn man sich auf das multiplikative Repräsentantensystem beschränkt. Tatsächlich ergibt sich das Verfahren aus einem Formalismus, den H. L. Schmid und E. Witt zu ganz anderen Zwecken aufgestellt haben.

Wir definieren Polynome $h_0(x, y)$, $h_1(x, y)$, ... mit rationalen Koeffizienten in zwei Unbestimmten x, y folgendermaßen:

(1) $x^{p^n}+y^{p^n}=h_0^{p^n}+p\,h_1^{p^{n-1}}+\cdots+p^{n-1}h_{n-1}^p+p^n h_n=\sum_{\nu=0}^{n} p^\nu h_\nu^{p^{n-\nu}}.$

Also

$$h_0(x,y)=x+y,$$

$$h_1(x,y)=\frac{1}{p}(x^p+y^p-(x+y)^p),$$

$$h_2(x,y)=\frac{1}{p}\left(\frac{1}{p}(x^{p^2}+y^{p^2}-(x+y)^{p^2})-\left(\frac{1}{p}(x^p+y^p-(x+y)^p)\right)^p\right)$$

. . . .

Diese Polynome haben ganzrationale Koeffizienten.

Zum Beweis bemerken wir zuerst: betrachtet man (1) nur als Kongruenz mod p^{n+1}, so darf man x, y und alle h_ν beliebig mod p abändern, und h_n ist dann durch (1) auch mod p bestimmt. Haben nun $h_0, \ldots, h_{n-1}$ schon ganze Koeffizienten, so ist für $\nu=0, \ldots, n-1$

$$h_\nu(x,y)^p \equiv h_\nu(x^p,y^p) \pmod p$$

und darum

$$p^\nu h_\nu(x,y)^{p^{n-\nu}} \equiv p^\nu h_\nu(x^p,y^p)^{p^{n-1-\nu}} \pmod{p^n};$$

ferner gilt

$$x^{p^n}+y^{p^n}=h_0(x^p,y^p)^{p^{n-1}}+\cdots+p^{n-1}h_{n-1}(x^p,y^p)=\sum_{\nu=0}^{n-1} p^\nu h_\nu(x^p,y^p)^{p^{n-1-\nu}}.$$

Setzt man in die letzte Gleichung die vorhergehende Kongruenz ein und vergleicht man mit (1), so erhält man

$$0\equiv p^n h_n(x,y) \pmod{p^n},$$

d. h. auch h_n hat ganze Koeffizienten.

Weil die h_n Polynome mit ganzrationalen Koeffizienten sind, können wir Größen aus einem beliebigen kommutativen Ring, z. B. aus dem Restklassenkörper $\mathfrak{K}$ von K, einsetzen; tun wir das, so kommt es natürlich auf h_n nur mod p an, wir brauchen (1) nur als Kongruenz mod p^{n+1} zu betrachten.

Satz. *Es sei $\chi(K)=0$, $\chi(\mathfrak{K})=p$ und $\mathfrak{K}$ vollkommen. R sei das multiplikative Repräsentantensystem. Aus den Restklassen $\mathfrak{a}$, $\mathfrak{b}$ in $\mathfrak{K}$ bilden wir die Restklassen $\mathfrak{c}_n$ durch*

$$\mathfrak{c}_n^{p^n}=h_n(\mathfrak{a},\mathfrak{b}).$$

Sind dann a, b, c_n die Repräsentanten von $\mathfrak{a}$, $\mathfrak{b}$, $\mathfrak{c}_n$ in R (also $a=R\cap\mathfrak{a}$, $b=R\cap\mathfrak{b}$, $c_n=R\cap\mathfrak{c}_n$), so ist

$$a+b=\sum_{n=0}^{\infty} c_n p^n.$$

Ich will diesen Satz hier nicht beweisen, sondern nur andeuten, inwiefern die Möglichkeit einer Berechnung der Restklassen $\mathfrak{c}_n$ aus den Restklassen $\mathfrak{a}, \mathfrak{b}$ gerade für das multiplikative Repräsentantensystem bestehen muß: Sind $\mathfrak{c}_0, \ldots, \mathfrak{c}_{n-1}$ schon bekannt, so handelt es sich um die Bestimmung der Restklasse $\mathfrak{c}_n$ von c_n mit

$$a + b \equiv \sum_{\nu=0}^{n} c_\nu p^\nu \pmod{p^{n+1}}.$$

Von vornherein kann diese Aufgabe hoffnungslos erscheinen, weil ja die c_ν mit $\nu = 0, \ldots, n-1$ wie auch a und b nur mod p unmittelbar im Restklassenkörper gegeben sind, während wir doch a und b mod p^{n+1} und die c_ν mod $p^{n+1-\nu}$ kennen müssen, um c_n mod p zu berechnen. Weil aber z. B. a als Repräsentant aus R eine p^n-te Potenz ist (nämlich die p^n-te Potenz des Repräsentanten $a_{\overline{n}|}$ von $\mathfrak{a}^{p^{-n}}$), liegt a in der *einzigen* Restklasse mod p^{n+1}, die in $\mathfrak{a}$ enthalten ist und die überhaupt p^n-te Potenzen enthält. Denn ist α beliebig in $\mathfrak{a}^{p^{-n}}$, so ist ja $a = a_{\overline{n}|}^{p^n} \equiv \alpha^{p^n}$ nicht nur mod p, sondern sogar mod p^{n+1}.

6. Die Struktur von K bei vollkommenem Restklassenkörper. Wie schon erwähnt, kann man mit Hilfe der angegebenen Formel für p-adische Addition beliebige p-adische Reihen $\sum a_n p^n$ addieren und multiplizieren, durch Umkehrung erhält man Subtraktions- und Divisionsvorschriften. Ich will keine Formeln häufen. Die Koeffizienten a_n der p-adischen Reihen sind dabei eineindeutig ihren Restklassen $\mathfrak{a}_n$ zugeordnet, und die Restklassen der Koeffizienten von Summe, Differenz, Produkt und Quotient zweier p-adischer Reihen können aus den Restklassen der Koeffizienten der gegebenen Reihen eindeutig[1]) berechnet werden. Deshalb sind die rationalen Rechenoperationen (sowie die Ordnungszahlbewertung) in K vollständig durch das Rechnen in $\mathfrak{K}$ bestimmt:

Zu einem gegebenen vollkommenen Restklassenkörper $\mathfrak{K}$ der Charakteristik p gibt es (bis auf analytische Isomorphie) nur einen diskret bewerteten perfekten unverzweigten Körper K.

Man kann auch umgekehrt, von den oben angedeuteten Formeln ausgehend, zu gegebenem $\mathfrak{K}$ wirklich einen diskret bewerteten perfekten unverzweigten Körper K mit dem Restklassenkörper $\mathfrak{K}$ konstruieren.

Es besteht also eine eineindeutige Beziehung zwischen den unverzweigten K der Charakteristik 0 mit vollkommenem Restklassen-

1) Durch Addieren, Subtrahieren, Multiplizieren, Dividieren und Ausziehen p-ter Wurzeln.

körper $\mathfrak{K}$ der Charakteristik p und diesen Restklassenkörpern. Insbesondere entsprechen den unverzweigten $\mathfrak{p}$-adischen Körpern die Galoisfelder. Allgemein entsprechen den (analytischen) Automorphismen von K die Automorphismen von $\mathfrak{K}$, man kann ein Seitenstück zum Verschiebungssatz der Galoisschen Theorie aufstellen usw.

Endlich behandeln wir noch den Fall, daß K verzweigt ist und einen vollkommenen Restklassenkörper $\mathfrak{K}$ hat. Dann gilt nach wie vor der Satz über die Summe zweier Repräsentanten. Die Gesamtheit der Reihen

$$\sum a_n p^n,$$

wo die a_n aus dem multiplikativen Repräsentantensystem R von K stammen, ist also auch in diesem Falle ein Körper K', und zwar ein unverzweigter perfekter Unterkörper von K mit dem Restklassenkörper $\mathfrak{K}$. Dies ist auch der einzige derartige Unterkörper, denn jeder unverzweigte perfekte Unterkörper mit dem Restklassenkörper $\mathfrak{K}$ muß doch ein multiplikatives Repräsentantensystem für die Restklassen von $\mathfrak{K}$ enthalten, muß also R enthalten; der einzige R enthaltende unverzweigte perfekte Unterkörper von K ist aber K'. Nach bekannten Schlüssen ist jetzt K ein Eisensteinscher Oberkörper von K' vom Grade s, wenn $\pi^s \sim p$.

7. p-Basis des Restklassenkörpers. Nachdem wir den Fall eines vollkommenen Restklassenkörpers erledigt haben, müssen wir jetzt noch unvollkommene $\mathfrak{K}$ betrachten. Dazu brauchen wir den folgenden Hilfssatz [1]:

Jeder Körper $\mathfrak{K}$ der Charakteristik p hat eine p-Basis $\mathfrak{M}$, d. h. eine Teilmenge $\mathfrak{M}$ mit folgenden Eigenschaften:

a) *Sind $\mathfrak{a}_1, \ldots, \mathfrak{a}_r$ r verschiedene Elemente von $\mathfrak{M}$, so hat*

$$\mathfrak{K}(\sqrt[p]{\mathfrak{a}_1}, \ldots, \sqrt[p]{\mathfrak{a}_r})$$

über $\mathfrak{K}$ den Grad p^r.

b) $\mathfrak{K}^p(\mathfrak{M}) = \mathfrak{K}$.

Diesen Hilfssatz wenden wir so an: K habe den Restklassenkörper $\mathfrak{K}$ der Charakteristik p. Dann wählen wir irgend eine p-Basis $\mathfrak{M}$ von $\mathfrak{K}$ und greifen aus jeder Restklasse $\mathfrak{a}_\lambda \varepsilon \mathfrak{K}$ einen Vertreter a_λ beliebig heraus (λ durchläuft eine beliebige Menge von Indizes), die Menge aller a_λ bezeichnen wir dann mit M. Nun bilden wir die Körperfolge

$$K_i = K(\sqrt[p^i]{M}).$$

---

1) O. Teichmüller, p-Algebren, erscheint demnächst in der Deutschen Mathematik, § 3.

Wenn K die Charakteristik p hat, ist alles klar. Aber im charakteristikungleichen Fall ist die p-te Wurzel mehrdeutig. Dann ist K_i so zu bilden: Erst ziehen wir aus jedem a_λ eine p-te Wurzel $\sqrt[p]{a_\lambda}$ und adjungieren all diese $\sqrt[p]{a_\lambda}$ zu K, das gibt K_1. Ohne auf andere in K_1 etwa noch vorhandene p-te Wurzeln eines a_λ Rücksicht zu nehmen, ziehen wir dann aus den oben gezogenen $\sqrt[p]{a_\lambda}$ wieder die p-ten Wurzeln, so entsteht K_2 usw. Zuletzt haben wir also zu jedem a_λ eine wohlbestimmte Folge $\sqrt[p^i]{a_\lambda} \varepsilon K_i$.

Die gegebene diskrete Bewertung w von K setzt sich eindeutig zu einer Exponentenbewertung aller K_i fort[1]). Wegen der Eigenschaft a) unserer p-Basis zeigt es sich aber, daß diese Exponentenbewertungen wieder diskret und ganzzahlig sind, daß also die K_i über K relativ unverzweigt sind. Der Restklassenkörper von K_i ist wegen b)

$$\mathfrak{K}_i = \mathfrak{K}(\sqrt[p^i]{\mathfrak{M}}) = \mathfrak{K}^{p^{-i}}.$$

Nun bilden wir die Vereinigungsmenge L der ineinandergeschachtelten Körperfolge K_i. Auch L ist diskret bewertet und über K relativ unverzweigt, der Restklassenkörper $\mathfrak{L}$ von L ist der Vereinigungskörper aller $\mathfrak{K}_i$, also der aus $\mathfrak{K}$ durch Adjunktion aller p-ten, p^2-ten, ... Wurzeln entstehende Oberkörper, das ist der kleinste vollkommene Oberkörper von $\mathfrak{K}$.

Wir haben also den gegebenen Körper K in einen relativ unverzweigten Oberkörper L eingebettet, dessen Restklassenkörper $\mathfrak{L}$ der kleinste vollkommene Oberkörper von $\mathfrak{K}$ ist. Dabei tritt an einer Stelle ein Wohlordnungsschluß auf, nämlich beim Beweis der Existenz einer p-Basis von $\mathfrak{K}$ (und, wenn man will, auch bei der Auswahl der a_λ). Der konstruierte Körper L hängt also (im Gegensatz zu seinem Restklassenkörper $\mathfrak{L}$) noch von willkürlichem ab. Das ist auch kein Wunder, denn wir können jetzt nicht mehr erwarten, daß K eine so übersichtliche Struktur hat wie früher. Immerhin zeigt es sich, daß nach Konstruktion von L keine neuen Auswahlakte mehr nötig sind, sondern daß K innerhalb L allein durch seinen (in den Restklassenkörper $\mathfrak{L}$ von L eingebetteten) Restklassenkörper $\mathfrak{K}$ sowie durch M eindeutig bestimmt ist. Wie im Falle $\chi(\mathfrak{K}) = 0$ genügt es also, einen einzigen Auswahlakt vorzunehmen, alles übrige ergibt sich danach zwangsläufig.

Man sieht, daß hier die p-Basen des Restklassenkörpers dieselbe Rolle spielen wie im Falle $\chi(K) = \chi(\mathfrak{K}) = 0$ die Transzendenzbasen des Restklassenkörpers.

Weil L einen vollkommenen Restklassenkörper $\mathfrak{L}$ hat, ist die

---

1) S. Anm. 1 auf S. 153.

Struktur von L schon bekannt. Es ist nun unsere Aufgabe, K innerhalb L zu beschreiben.

8. Schluß. Im *charakteristikgleichen Fall* ($\chi(K) = \chi(\mathfrak{K}) = p$) ist das multiplikative Repräsentantensystem R in L ein zu $\mathfrak{L}$ isomorpher Körper, und L ist der Potenzreihenkörper in π mit Koeffizienten aus R. T sei das Teilsystem derjenigen Repräsentanten aus R, welche die Restklassen aus K vertreten, also ein zu $\mathfrak{K}$ isomorpher Unterkörper von R. Man kann nun beweisen:

$$T \subseteq K.$$

Damit ist also *in* K ein Repräsentantensystem für die sämtlichen Restklassen aus $\mathfrak{K}$ aufgefunden, welches ein *Körper* ist. Nach dem Schluß aus 3 ist K der Körper aller Potenzreihen in π mit Koeffizienten aus T.

Im *charakteristikungleichen Fall* liegen die Verhältnisse viel komplizierter. Wieder sei R das multiplikative Repräsentantensystem in L und T das Teilsystem der Vertreter der $\mathfrak{K}$-Restklassen. T denkt aber gar nicht daran, in K zu liegen, denn der kleinste perfekte Unterkörper von L, der T enthält, ist der in 6 konstruierte größte unverzweigte perfekte Unterkörper L' von L mit dem Restklassenkörper $\mathfrak{L}$. Man kann aber trotzdem, wenn nur $L, \mathfrak{K}$ und die p-Basis $\mathfrak{M}$ von $\mathfrak{K}$ bekannt sind, K in L konstruieren.

Zunächst bemerken wir, daß L gerade so konstruiert wurde, daß M eine Teilmenge von R wird. Im übrigen genügt es, um K zu kennen, den *Bewertungsring* I von K zu kennen. Und weil K *perfekt* ist, ist I vollständig bestimmt durch die *Ringe sämtlicher Restklassen* (mod π^n) ($n = 1, 2, \ldots$) *des Bewertungsringes von* L, *welche Elemente von* K *enthalten.*

Nehmen wir zunächst K als unverzweigt an, so enthalten folgende Restklassen mod p^{n+1} sicher Elemente von K:

1. das p-fache einer Restklasse mod p^n, die ein K-Element enthält;

2. eine Restklasse x^{p^n} (mod p^{n+1}), wenn die Restklasse x (mod p) ein Element von K enthält;

3. eine Restklasse a_λ (mod p^{n+1}), $a_\lambda \varepsilon M$.

Natürlich auch die Summen und Produkte solcher Restklassen. *Damit sind aber schon alle fraglichen Restklassen aufgezählt.* Das liegt an der Eigenschaft b) der p-Basis $\mathfrak{M}$.

Wie schon erwähnt, ist damit K als Unterkörper von L bestimmt.

Wenn K *verzweigt* sein sollte, kann man nach einer ganz ähnlichen Methode einen unverzweigten perfekten Unterkörper von K konstruieren, über dem K Eisensteinsch ist.

Endlich kommt man auf dem angegebenen Wege auch zu einer *Konstruktion* von K zu vorgegebenem Restklassenkörper $\mathfrak{K}$.

Ausgegeben am 4. April 1936.

3.
Verschränkte Produkte mit Normalringen

Deutsche Math. *1*, 92–102 (1936)

In dieser Arbeit soll eine neue Grundlegung der Theorie der verschränkten Produkte gegeben werden. Die Anregung dazu stammt aus einer Arbeitsgemeinschaft der Math.-Naturw. Fachschaft.

Die neue Grundlegung geschieht durch folgende Verallgemeinerung: Während man bisher von einem endlichen separablen Galoisschen Oberkörper Σ des Grundkörpers P und seiner Galoisschen Gruppe $\mathfrak{G}$ ausging[1]), betrachte ich die direkte Summe

$$S = \Sigma_1 + \cdots + \Sigma_h$$

von h zu Σ in bezug auf (im folgenden abgekürzt: i. b. a.) P isomorphen Körpern, und ist $\mathfrak{G}$ eine Gruppe, in der $\mathfrak{H}$ Untergruppe vom Index h ist,

$$\mathfrak{G} = \mathfrak{H} + \sigma_2 \mathfrak{H} + \cdots + \sigma_h \mathfrak{H},$$

so identifiziere ich die $\sigma \in \mathfrak{H}$ mit den entsprechenden Automorphismen von Σ_1 und σ_i $(i \neq 1)$ mit irgendeinem Isomorphismus von Σ_1 auf Σ_i i. b. a. P, dadurch wird dann $\mathfrak{G}$ eindeutig zu einer (nicht: der) Automorphismengruppe von S i. b. a. P gemacht. Halbeinfache Systeme[2]), die man sich so entstanden denken kann, werden Normalringe genannt, dabei ist es wesentlich,

[1]) Hasse, Cyclic Algebras, Amer. Transactions 1932, S. 180ff. Vgl. auch Hasse, Algebrenklassengruppe über algebraischem Zahlkörper, Math. Ann. 107, S. 737ff.

[2]) Die grundlegenden Begriffe und Tatsachen aus der Lehre von den hyperkomplexen Systemen müssen hier als bekannt vorausgesetzt werden. Vgl. z. B. v. d. Waerden, Moderne Algebra II, Kap. XVI. Zur Bequemlichkeit für die Leser ist dieser Arbeit eine Einführung aus der Feder von W. Weber vorausgeschickt.

auch die Gruppe $\mathfrak{G}$ zu erwähnen, die ja durch S und P nicht eindeutig bestimmt ist. Jetzt werden ähnlich wie in der bekannten Theorie Faktorensysteme und verschränkte Produkte gebildet, letztere erweisen sich als h-reihige Matrizenringe über verschränkten Produkten im gewöhnlichen Sinne.

Wenn dies der Inhalt der vorliegenden Arbeit wäre, wäre ich der letzte gewesen, der sie veröffentlicht hätte. — Wirft man aber einen Blick auf die folgenden Seiten, so wird man von den oben aufgezählten komplizierten Trivialitäten nicht viel bemerken. Im Vordergrund wird das kommutative halbeinfache System mit fest vorgegebener Automorphismengruppe stehen, dann werden so viele Voraussetzungen gemacht, daß eine der bekannten ähnliche Theorie der verschränkten Produkte entsteht. Diese Theorie wird natürlich die bekannte enthalten müssen (daß es sich sachlich nur um eine geringe Verallgemeinerung handelt, wurde oben ausgeführt), aber sie ist abgeschlossener, so daß die Beweise darin übersichtlicher werden dürften, und außerdem zwingt sie geradezu zu einer mehr hyperkomplexen Betrachtung auch des Normalkörpers; daß sich für hyperkomplexe Anwendungen eine hyperkomplexe Auffassung der Galoisschen Theorie, wie sie etwa bei Brauer (Crelles Journal 166, S. 250ff.) zu finden ist, besonders eignet, ist von vornherein wahrscheinlich und wird durch diese Arbeit hoffentlich begründet. — Im ersten Teil werden Voraussetzungen I, II, III über ein kommutatives halbeinfaches System und eine Automorphismengruppe davon im Zusammenhang mit der Untersuchung des Analogons des verschränkten Produkts gemacht, sodann wird einiges über Systeme, die diesen Voraussetzungen genügen — das sind die „Normalringe" —, bewiesen. Im dritten Teil werden drei einfache Rechenregeln für verschränkte Produkte hergeleitet, aus denen zum Schluß die bekannten Sätze — Multiplikationssatz, Erweiterungssatz, Satz über Teilkörper als Zerfällungskörper[1]) — folgen. — Wo es die Einheitlichkeit des Gedankengangs nicht störte, habe ich Überlegungen, die sich aus der bekannten Theorie in trivialer Weise übertragen, ausgelassen.

S sei ein kommutatives halbeinfaches System über dem Grundkörper P. S ist dann direkte Summe von h Körpern:

$$S = \Sigma_1 + \cdots + \Sigma_h,$$

Σ_i Körper mit dem Einselement e_i. Der Rang $(S:\mathrm{P})$ sei N. $\mathfrak{G}$ sei eine (natürlich endliche) Gruppe von n Automorphismen $1, \sigma, \tau, \ldots$ von S i. b. a. P, die Multiplikation in $\mathfrak{G}$ sei dabei so erklärt, daß

$$\xi^{\sigma\tau} = (\xi^\tau)^\sigma \qquad (\xi \in S;\ \sigma, \tau \in \mathfrak{G})$$

gilt. Weil $\mathfrak{G}$ eine Gruppe ist, ist jedes $\sigma \in \mathfrak{G}$ ein Isomorphismus von S auf sich, der also die Σ_i permutiert und in einem Σ_i, das er (als Ganzes) fest läßt, einen Automorphismus i. b. a. e_i P induziert.

Jedem Paar σ, τ von Elementen von $\mathfrak{G}$ sei ein reguläres Element $a_{\sigma,\tau}$ von S zugeordnet. Dann und nur dann, wenn die Assoziativitätsbedingung

$$a_{\varrho,\sigma}\, a_{\varrho\sigma,\tau} = a^{\varrho}_{\sigma,\tau}\, a_{\varrho,\sigma\tau}$$

erfüllt ist, wird durch

$$A = \sum_{\sigma \in \mathfrak{G}} S u_\sigma,$$

[1]) Hasse, Cyclic Algebras, Amer. Transactions 1932, S. 180ff. Vgl. auch Hasse, Algebrenklassengruppe über algebraischem Zahlkörper, Math. Ann. 107, S. 737ff.

wo die u_σ den Gruppenelementen σ zugeordnete Symbole mit den Rechengesetzen

$$u_\sigma \xi = \xi^\sigma u_\sigma \quad (\xi \in S),$$
$$u_\sigma u_\tau = a_{\sigma,\tau} u_{\sigma\tau}$$

sind, ein hyperkomplexes System A festgelegt. A hat dann den Rang Nn:

$$(A:\mathrm{P}) = (S:\mathrm{P})(\mathfrak{G}:1).$$

Man kann die $\xi \in S$ mit den $\xi a_{1,1}^{-1} u_1$ in A identifizieren und so S in A einbetten:

$$\mathrm{P} \subseteq S \subseteq A.$$

Alle u_σ sind reguläre Elemente von A. Aber das so konstruierte A nennen wir noch nicht ein verschränktes Produkt. Das tun wir vielmehr erst, wenn noch einige Voraussetzungen erfüllt sind.

Die erste dieser Voraussetzungen, die im folgenden gemacht werden, ist diese:

[I] Führt $\sigma \in \mathfrak{G}$ ein Σ_i elementweise in sich über, so ist $\sigma = 1$.

I ist gleichwertig mit:

[I'] Ist $\eta \in S$, $\sigma \in \mathfrak{G}$, $\eta(\vartheta^\sigma - \vartheta) = 0$ für alle $\vartheta \in S$, so ist $\eta = 0$ oder $\sigma = 1$.

Beweis: a) $\mathrm{I} \to \mathrm{I}'$. I sei erfüllt. Es sei $\eta \in S$, $\sigma \in \mathfrak{G}$, $\eta(\vartheta^\sigma - \vartheta) = 0$ für alle $\vartheta \in S$. Dann ist erst recht

(*) $$e_i \eta (\vartheta_i^\sigma - \vartheta_i) = 0$$

für alle $\vartheta_i \in \Sigma_i$. Nun sind zwei Fälle möglich: Sind alle $e_i \eta = 0$, so ist $\eta = 0$. Ist aber ein $e_i \eta \neq 0$, so folgt aus (*) durch Einsetzen von $\vartheta_i = e_i$, daß $e_i^\sigma = e_i$, d. h. daß σ Σ_i in sich überführt, weil aber Σ_i Körper ist, folgt aus (*) weiter, daß $\vartheta_i^\sigma - \vartheta_i = 0$ für alle $\vartheta_i \in \Sigma_i$, wegen I ist dann $\sigma = 1$.

b) $\mathrm{I}' \to \mathrm{I}$. I' sei erfüllt, σ führe Σ_i elementweise in sich über. Weil bei beliebigem $\vartheta \in S$ e_i und $e_i \vartheta$ in Σ_i liegen, ist

$$e_i \vartheta^\sigma = e_i^\sigma \vartheta^\sigma = (e_i \vartheta)^\sigma = e_i \vartheta,$$
$$e_i(\vartheta^\sigma - \vartheta) = 0$$

für alle $\vartheta \in S$. Es ist aber $e_i \neq 0$, daher $\sigma = 1$.

Unter dieser einen Voraussetzung $\mathrm{I}(\leftrightarrow \mathrm{I}')$ können wir schon weitgehende Aussagen über die Struktur unserer Systeme A machen. Zuerst beweisen wir den

Satz: Jedes mit S elementweise vertauschbare Element von A ist in S enthalten. In der Tat: Ist $y = \sum_{\sigma \in \mathfrak{G}} \eta_\sigma u_\sigma (\eta_\sigma \in S)$ mit allen $\vartheta \in S$ vertauschbar, so heißt das

$$y\vartheta - \vartheta y = \sum_{\sigma \in \mathfrak{G}} \eta_\sigma (\vartheta^\sigma - \vartheta) u_\sigma = 0,$$

alle $\eta_\sigma(\vartheta^\sigma - \vartheta)$ müssen verschwinden, für $\sigma \neq 1$ besagt das nach I', daß $\eta_\sigma = 0$, daher

$$y = \eta_1 u_1 = \eta_1 a_{1,1} \in S.$$

Hieraus folgt: Das Zentrum von A ist in S enthalten. Ferner folgt:

Ist $\mathfrak{a} \neq 0$ ein zweiseitiges Ideal von A, so ist auch $\mathfrak{a} \cap S \neq 0$. Beweis: $x = \sum_{\sigma \in \mathfrak{G}} \xi_\sigma u_\sigma (\xi_\sigma \in S)$ sei ein von 0 verschiedenes Element von $\mathfrak{a}$ mit möglichst wenig von 0 verschiedenen ξ_σ. Ist etwa $\xi_\tau \neq 0$, so liegt auch $y = x u_{\tau^{-1}} \neq 0$ in $\mathfrak{a}$, und auch in

$$y = \sum_{\sigma \in \mathfrak{G}} \eta_\sigma u_\sigma \quad (\eta_\sigma \in S)$$

sind möglichst wenige η_σ von 0 verschieden, überdies ist $\eta_1 \neq 0$. Für $\vartheta \in S$ sind in

$$y\vartheta - \vartheta y = \sum_{\sigma \in \mathfrak{G}} \eta_\sigma (\vartheta^\sigma - \vartheta) u_\sigma$$

noch weniger Koeffizienten von 0 verschieden; das ist nicht anders möglich, als daß

$$y\vartheta - \vartheta y = 0$$

für alle $\vartheta \in S$ ist, d. h. $y \neq 0$ liegt in $\mathfrak{a} \frown S$.

Eine erste Folgerung aus diesem Satz ist: Kein von 0 verschiedenes zweiseitiges Ideal von A ist nilpotent, A ist halbeinfach. Aber wir können auch die Zerlegung von A in einfache Summanden genau beschreiben. $\mathfrak{a}$ sei ein zweiseitiges Ideal von A. Dann ist $\mathfrak{a}$ bekanntlich das von einem im Zentrum von A, erst recht also in S gelegenen Idempotent erzeugte Rechtsideal. Setzt man

$$\mathfrak{a} \frown S = \mathfrak{L},$$

so ist $\mathfrak{L}$ Ideal von S, d. h. Summe gewisser Σ_i, und man sieht sofort

$$\mathfrak{a} = \mathfrak{L} A.$$

Durch

$$\mathfrak{L} = \mathfrak{a} \frown S, \qquad \mathfrak{a} = \mathfrak{L} A$$

werden also die zweiseitigen Ideale $\mathfrak{a}$ von A eineindeutig gewissen Idealen $\mathfrak{L}$ von S zugeordnet.

Die Ideale von S, die als Durchschnitt von S mit einem zweiseitigen Ideal $\mathfrak{a}$ auftreten, lassen sich nun leicht aufstellen. Aus

$$u_\sigma \mathfrak{a} u_\sigma^{-1} = \mathfrak{a},$$
$$u_\sigma S u_\sigma^{-1} = S,$$
$$\mathfrak{a} \frown S = \mathfrak{L}$$

folgt

$$u_\sigma \mathfrak{L} u_\sigma^{-1} = \mathfrak{L},$$
$$\mathfrak{L}^\sigma = \mathfrak{L}$$

als notwendige Bedingung: Alle $\sigma \in \mathfrak{G}$ müssen Automorphismen von $\mathfrak{L}$ sein. Ist aber diese Bedingung erfüllt, so hat man in

$$\mathfrak{a} = \sum_{\sigma \in \mathfrak{G}} \mathfrak{L} u_\sigma$$

offenbar ein zweiseitiges Ideal von A mit

$$\mathfrak{a} \frown S = \mathfrak{L}$$

vor sich. Also: Oben wurden die zweiseitigen Ideale $\mathfrak{a}$ von A eineindeutig denjenigen Idealen $\mathfrak{L}$ von S zugeordnet, die bei allen Automorphismen aus $\mathfrak{G}$ in sich übergehen.

Wir teilen nun die Körper $\Sigma_1, \ldots, \Sigma_h$ so in Klassen ein: Σ_i und Σ_k sollen dann und nur dann in derselben Klasse liegen, wenn es ein $\sigma \in \mathfrak{G}$ mit

$$\Sigma_i^\sigma = \Sigma_k$$

gibt; das geht, weil $\mathfrak{G}$ eine Gruppe ist. In jeder dieser Klassen bilden wir sodann die direkte Summe $\mathfrak{C}$ der darin enthaltenen Körper (also ein Ideal von S), die so entstehenden Ideale seien etwa $\mathfrak{C}_1, \ldots, \mathfrak{C}_r$. Natürlich ist

$$\mathfrak{C}_1 + \cdots + \mathfrak{C}_r = S.$$

Die Ideale $\mathfrak{L}$ von S, für die $\mathfrak{L}^\sigma = \mathfrak{L}$ für alle $\sigma \in \mathfrak{G}$ gilt, sind nun offenbar genau diejenigen Summen gewisser Σ_i, in denen mit jedem Σ_i auch alle $\Sigma_i^\sigma (\sigma \in \mathfrak{G})$ vorkommen, d. h. die Summen gewisser $\mathfrak{C}_k$. Ist etwa

$$\mathfrak{L} = \mathfrak{C}_{k_1} + \cdots + \mathfrak{C}_{k_s},$$

so ist das zugehörige Ideal von A

$$\mathfrak{a} = \sum_{\sigma \in \mathfrak{G}} \mathfrak{L}\, u_\sigma = \sum_{\sigma \in \mathfrak{G}} \mathfrak{C}_{k_1} u_\sigma + \cdots + \sum_{\sigma \in \mathfrak{G}} \mathfrak{C}_{k_s} u_\sigma;$$

jedes zweiseitige Ideal $\mathfrak{a}$ von A ist demnach direkte Summe gewisser

$$\mathfrak{a}_k = \sum_{\sigma \in \mathfrak{G}} \mathfrak{C}_k u_\sigma \qquad (k = 1, \ldots, r).$$

Hieraus folgt: Die $\mathfrak{a}_k (k = 1, \ldots, r)$ sind genau die einfachen Ideale in A.

Machen wir nun die weitere Voraussetzung:

[II] $\mathfrak{G}$ ist hinsichtlich der Σ_i transitiv,

so bedeutet das: Alle Σ_i gehören im oben erklärten Sinne in eine Klasse, $\mathfrak{C}_1 = S$, A selbst ist ein einfaches System.

Das Zentrum Z von A ist, weil A das von S und den u_σ erzeugte hyperkomplexe System ist, die Menge der mit allen $\vartheta \in S$ und allen u_σ vertauschbaren Elemente ζ. Daß ζ mit allen $\vartheta \in S$ vertauschbar ist, bedeutet $\zeta \in S$; daß ζ außerdem mit allen u_σ vertauschbar ist, besagt $\zeta^\sigma = \zeta$ für alle $\sigma \in \mathfrak{G}$, Z ist also die Menge der bei allen in $\mathfrak{G}$ enthaltenen Automorphismen festbleibenden Elemente von S; diese Menge ist als Zentrum des einfachen Systems A ein Körper[1]). Man sieht leicht, daß man S und A auch als hyperkomplexe Systeme über dem Grundkörper Z ansehen kann. Wir machen aber die dritte und letzte Voraussetzung:

[III] Ist $\zeta \in S$, $\zeta^\sigma = \zeta$ bei allen $\sigma \in \mathfrak{G}$, so ist $\zeta \in \mathsf{P}$.

Das bedeutet, daß P das Zentrum von A ist: unter den Voraussetzungen I, II, III ist A eine einfache und normale Algebra.

Unter den Voraussetzungen I—III soll S hinsichtlich $\mathfrak{G}$ i. b. a. P **Normalring**,

$$A = (a_{\sigma,\tau}, S, \mathfrak{G})$$

verschränktes Produkt heißen.

Wir betrachten nun ein spezielles verschränktes Produkt: Es seien alle $a_{\sigma,\tau} = 1$ (die Assoziativitätsbedingungen sind erfüllt), also

$$u_\sigma u_\tau = u_{\sigma\tau}.$$

Ist

$$w = \sum_{\sigma \in \mathfrak{G}} u_\sigma,$$

so folgt

$$u_\sigma w = w,$$

darum ist

$$S w,$$

die Menge der $\xi w (\xi \in S)$, ein Linksideal in A. Wir bestimmen seine Operatorautomorphismen. Jeder Operatorautomorphismus von Sw führt w in ein gewisses $\zeta w (\zeta \in S)$, $\xi w (\xi \in S)$ also in $\xi \zeta w$ über. Ferner muß $u_\sigma w = w$ in $u_\sigma \zeta w = \zeta^\sigma u_\sigma w = \zeta^\sigma w$ übergehen, d. h. $\zeta^\sigma w = \zeta w$,

$$\zeta^\sigma = \zeta$$

[1]) Daß Z Körper ist, folgt übrigens auch aus II allein, ohne Benutzung von I.

für alle $\sigma \in \mathfrak{G}$, nach III $\zeta \in \mathsf{P}$. Ist umgekehrt $\zeta \in \mathsf{P}$, so ist die Abbildung

$$\xi w \to \xi \zeta w \; (\xi \in S)$$

wirklich ein Operatorautomorphismus von Sw. Der Automorphismenring von Sw ist also der Körper P, daher ist Sw ein einfaches Linksideal, natürlich vom Rang $(S:\mathsf{P}) = N$. Und das einfache System A ist ein Matrizenring vom Rang N^2 über P[1]). Andererseits ist der Rang $(A:\mathsf{P}) = Nn$ mit $n = (\mathfrak{G}:1)$, daher

$\boxed{\mathrm{III}'}$
$$N = n \;{}^{2)}.$$

Abgeschwächt:

$\boxed{\mathrm{II}'}$
$$N \leq n.$$

Wir haben nun 6 Aussagen über Normalringe:

$\boxed{\mathrm{I}}$ Führt $\sigma \in \mathfrak{G}$ ein Σ_i elementweise in sich über, so ist $\sigma = 1$.

$\boxed{\mathrm{II}}$ $\mathfrak{G}$ ist hinsichtlich der Σ_i transitiv.

$\boxed{\mathrm{III}}$ Ist $\zeta \in S$, $\zeta^\sigma = \zeta$ bei allen $\sigma \in \mathfrak{G}$, so ist $\zeta \in \mathsf{P}$.

$\boxed{\mathrm{I}'}$ Ist $\eta \in S$, $\sigma \in \mathfrak{G}$, $\eta(\vartheta^\sigma - \vartheta) = 0$ für alle $\vartheta \in S$, so ist $\eta = 0$ oder $\sigma = 1$.

$\boxed{\mathrm{II}'}$
$$(S:\mathsf{P}) \leq (\mathfrak{G}:1).$$

$\boxed{\mathrm{III}'}$
$$(S:\mathsf{P}) = (\mathfrak{G}:1).$$

Wir wollen einige logische Abhängigkeiten zwischen diesen Aussagen aufstellen.

Daß I und I′ gleichwertig sind, wissen wir schon. Aus III′ folgt II′. Übrigens folgt auch II aus I und III, davon wird aber kein Gebrauch gemacht werden. Daß I′, II′, III′ aus I, II, III folgen, wurde soeben gezeigt. Aber hiervon gilt auch die Umkehrung, nämlich:

Aus I′ und II′ (erst recht also aus I′ und III′) folgen I, II, III. **Beweis**: Aus I′ folgt I. Die Systeme $\mathfrak{C}_1, \ldots, \mathfrak{C}_r$ seien wie auf S. 95 definiert. Dann ist $\mathfrak{G}$ auch eine Automorphismengruppe von $\mathfrak{C}_1$, und es genügt $\mathfrak{C}_1$ hinsichtlich $\mathfrak{G}$ den Voraussetzungen I und II. Die Menge Z der $\zeta \in \mathfrak{C}_1$, für die $\zeta^\sigma = \zeta$ bei allen $\sigma \in \mathfrak{G}$ gilt, ist darum ein Körper, $\mathfrak{C}_1$ ist hyperkomplex über Z, $\mathfrak{C}_1$ genügt hinsichtlich $\mathfrak{G}$ i. b. a. Z den Voraussetzungen I, II, III, ist also Normalring, mithin

$$(\mathfrak{C}_1:Z) = (\mathfrak{G}:1).$$

In

$$(\mathfrak{G}:1) = (\mathfrak{C}_1:Z) \leq (\mathfrak{C}_1:\mathsf{P}) \leq (S:\mathsf{P}) \leq (\mathfrak{G}:1)$$

muß überall das Gleichheitszeichen stehen, d. h.

$$\mathfrak{C}_1 = S \quad (\mathrm{II})$$

und

$$Z = \mathsf{P} \quad (\mathrm{III}).$$

S sei ein Körper. Dann ist I (also auch I′) von selbst erfüllt, S ist demnach dann und nur dann Normalring, wenn III′ gilt. Und bekanntlich gilt $(S:\mathsf{P}) = (\mathfrak{G}:1)$ bei einem Körper dann und nur dann, wenn erstens S/P Galoissch und separabel ist und zweitens $\mathfrak{G}$ die volle

1) Vgl. z. B. v. d. Waerden, Moderne Algebra II, Kap. XVI.

2) Dies folgt natürlich auch aus dem allgemeinen Satz: Enthält das kommutative halbeinfache System S in der einfachen normalen Algebra A die Eins von A, so ist S als Unterring von A dann und nur dann maximalkommutativ, wenn der Rang von S gleich der Quadratwurzel aus dem Rang von A ist. Dieser Satz folgt leicht aus seinem Spezialfall, in dem S ein Körper ist, er scheint jedoch in der Literatur noch nicht vorzukommen.

Galoissche Gruppe von S/P ist. $\mathfrak{G}$ ist in diesem Falle also durch S schon eindeutig bestimmt, darum schreibt man auch

$$(a_{\sigma,\tau}, S, \mathfrak{G}) = (a_{\sigma,\tau}, S).$$

In einigen neueren Arbeiten wird der Satz benutzt: In jedem separablen endlichen Oberkörper Λ von P gibt es ein η mit

$$\mathrm{Sp}_{\Lambda/P}\, \eta = 1.$$

Das kann man besonders einfach so beweisen: Zunächst kann man Λ in einen endlichen separablen Galoisschen Oberkörper S von P einbetten. Wir betrachten wie vorhin das spezielle verschränkte Produkt $(1, S)$. Sein Linksideal

$$S\, w \;\Big(w = \sum_{\sigma \in \mathfrak{G}} u_\sigma\Big)$$

muß ein von 0 verschiedenes Idempotent ξw enthalten. Wegen

$$\xi\, w = (\xi\, w)^2 = \sum_{\sigma \in \mathfrak{G}} \xi\, u_\sigma\, \xi\, w = \sum_{\sigma \in \mathfrak{G}} \xi^\sigma\, \xi\, u_\sigma\, w = \mathrm{Sp}_{S/P}\, \xi \cdot \xi\, w$$

muß $\mathrm{Sp}_{S/P}\, \xi = 1$ sein; setzt man

$$\eta = \mathrm{Sp}_{S/\Lambda}\, \xi,$$

so ist tatsächlich

$$\mathrm{Sp}_{\Lambda/P}\, \eta = 1.$$

Zu den allgemeinen verschränkten Produkten mit Normalringen zurückkehrend, beweisen wir drei Hauptrechenregeln.

$$1. \quad (a_{\sigma,\tau}, S, \mathfrak{G}) \sim (e_1\, a_{\sigma,\tau}, \Sigma_1, \mathfrak{H}).$$

Hierin ist Σ_1 wie früher einer der nach II i. b. a. P isomorphen Körper, deren direkte Summe S ist, e_1 sein Einselement, $\mathfrak{H}$ die Untergruppe der σ aus $\mathfrak{G}$, die Σ_1 fest lassen (oder m. a. W. die Untergruppe der $\sigma \in \mathfrak{G}$ mit $e_1^\sigma = e_1$); rechts durchlaufen in $e_1\, a_{\sigma,\tau}$ natürlich σ und τ nur $\mathfrak{H}$.

Beweis: Erst haben wir zu zeigen, daß Σ_1 überhaupt hinsichtlich seiner Automorphismengruppe $\mathfrak{H}$ i. b. a. P Normalring ist. I ist trivial, wir beweisen III′. Weil in

$$S = \Sigma_1 + \cdots + \Sigma_h$$

die h Körper $\Sigma_1, \ldots, \Sigma_h$ i. b. a. P isomorph sind, ist

$$(\Sigma_1 : \mathrm{P}) = \frac{N}{h}.$$

Auch wegen der Transitivität von $\mathfrak{G}$ ist aber aus gruppentheoretischen Gründen

$$(\mathfrak{G} : \mathfrak{H}) = h,$$

$$(\mathfrak{H} : 1) = \frac{n}{h}.$$

Weil für den Normalring S schon $N = n$ gilt, ist auch

$$(\Sigma_1 : \mathrm{P}) = (\mathfrak{H} : 1), \quad \text{w. z. b. w.}$$

Nun wenden wir folgendes Lemma an: Ist A einfach und normal, e_1 ein von 0 verschiedenes Idempotent in A, so ist auch $e_1\, A\, e_1$ einfach und normal, und es ist

$$A \sim e_1\, A\, e_1\ ^{1)}.$$

[1]) $e_1 A e_1$ ist nämlich isomorph dem (links geschriebenen) Automorphismensystem des Rechtsideals $e_1 A$.

Aus

$$A = (a_{\sigma,\tau}, S, \mathfrak{G}) = \sum_{\sigma \in \mathfrak{G}} S u_\sigma,$$
$$u_\sigma \xi = \xi^\sigma u_\sigma \qquad (\xi \in S),$$
$$u_\sigma u_\tau = a_{\sigma,\tau} u_{\sigma\tau}$$

folgt nun

$$A \sim e_1 A e_1 = \sum_{\sigma \in \mathfrak{G}} e_1 S u_\sigma e_1 = \sum_{\sigma \in \mathfrak{G}} \Sigma_1 e_1^\sigma u_\sigma .$$

Für $\sigma \in \mathfrak{H}$ ist $e_1^\sigma = e_1$, für andere σ dagegen ist $\Sigma_1 e_1^\sigma = 0$. Daher ist

$$e_1 A e_1 = \sum_{\sigma \in \mathfrak{H}} \Sigma_1 (e_1 u_\sigma),$$

und offenbar gilt

$$(e_1 u_\sigma) \xi = \xi^\sigma (e_1 u_\sigma) \qquad (\xi \in \Sigma_1),$$
$$(e_1 u_\sigma)(e_1 u_\tau) = (e_1 a_{\sigma,\tau})(e_1 u_{\sigma\tau}) \qquad (\sigma, \tau \in \mathfrak{H}).$$

Damit ist aber schon

$$A \sim e_1 A e_1 \cong (e_1 a_{\sigma,\tau}, \Sigma_1, \mathfrak{H})$$

bewiesen.

Als Nebenresultat merken wir noch besonders an: Σ_1 ist Normalkörper (d. h. Normalring und Körper), also Galoissch und insbesondere separabel i. b. a. P.

2. $(a_{\sigma,\tau}, S, \mathfrak{G})_\Omega \cong (a_{\sigma,\tau}, S_\Omega, \mathfrak{G})$.

Hierin ist $(a_{\sigma,\tau}, S, \mathfrak{G})$ ein verschränktes Produkt, Ω ein beliebiger Oberkörper von P; der Erweiterungsring S_Ω ist als hyperkomplexes System über Ω aufzufassen, auch die behauptete Isomorphie gilt i. b. a. Ω; die $\sigma \in \mathfrak{G}$ sind eindeutig zu Automorphismen von S_Ω i. b. a. Ω fortsetzbar und bilden auch als solche eine Gruppe, die wieder als $\mathfrak{G}$ auf der rechten Seite auftritt.

Beweis: Weil, wie oben bemerkt, alle Σ_i separabel sind, ist S_Ω halbeinfach. Um zu zeigen, daß S_Ω hinsichtlich $\mathfrak{G}$ i. b. a. Ω Normalring ist, weisen wir dafür I' und III' nach. III' ist trivial:

$$(S_\Omega : \Omega) = (S : \mathrm{P}) = (\mathfrak{G} : 1).$$

Ist $\omega_1, \ldots, \omega_N$ eine Basis von S/P und ist

$$\omega_k (\omega_i^\sigma - \omega_i) = \sum_{l=1}^{N} d_{\sigma,ik}^{(l)} \omega_l \qquad (d \in \mathrm{P}),$$

so bedeutet das Erfülltsein von I' in S genau, daß das Gleichungssystem

$$\sum_{k=1}^{N} x_k d_{\sigma,ik}^{(l)} = 0 \qquad (i, l = 1, \ldots, N)$$

in P nur die triviale Lösung hat, sobald $\sigma \neq 1$; diese Tatsache überträgt sich bekanntlich auf Ω, daher gilt I' auch für S_Ω.

Aus

$$A = (a_{\sigma,\tau}, S, \mathfrak{G}) = \sum_{\sigma \in \mathfrak{G}} S u_\sigma,$$
$$u_\sigma \xi = \xi^\sigma u_\sigma \qquad (\xi \in S),$$
$$u_\sigma u_\tau = a_{\sigma,\tau} u_{\sigma\tau}$$

7*

folgt jetzt unmittelbar

$$A_\Omega = \sum_{\sigma \in \mathfrak{G}} S_\Omega u_\sigma,$$

$$u_\sigma \xi = \xi^\sigma u_\sigma \quad (\xi \in S_\Omega),$$

$$u_\sigma u_\tau = a_{\sigma,\tau} u_{\sigma\tau},$$

und hieraus liest man sofort ab:

$$A_\Omega \cong (a_{\sigma,\tau}, S_\Omega, \mathfrak{G}).$$

3. $(a_{\sigma_1,\tau_1}, S_1, \mathfrak{G}_1) \times (b_{\sigma_2,\tau_2}, S_2, \mathfrak{G}_2) \cong (a_{\sigma_1,\tau_1} \cdot b_{\sigma_2,\tau_2}, S_1 \times S_2, \mathfrak{G}_1 \times \mathfrak{G}_2)$.

Hierin sind $(a_{\sigma_1,\tau_1}, S_1, \mathfrak{G}_1)$ und $(b_{\sigma_2,\tau_2}, S_2, \mathfrak{G}_2)$ zwei verschränkte Produkte über dem Grundkörper P, S_1 und S_2 werden formal als fremd angesehen, damit man sie mit $S_1 \cdot 1$ bzw. $1 \cdot S_2$ im direkten Produkt $S_1 \times S_2$ identifizieren kann, $\mathfrak{G}_1 \times \mathfrak{G}_2$ wird durch

$$\left.\begin{aligned} \xi_1^{\sigma_1\sigma_2} &= \xi_1^{\sigma_1} && (\xi_1 \in S_1) \\ \xi_2^{\sigma_1\sigma_2} &= \xi_2^{\sigma_2} && (\xi_2 \in S_2) \end{aligned}\right\}\text{[1]}$$

eindeutig zu einer Gruppe von Automorphismen von $S_1 \times S_2$ i. b. a. P gemacht; die $a_{\sigma_1,\tau_1} b_{\sigma_2,\tau_2}$ sind das den $\sigma_1\sigma_2$, $\tau_1\tau_2$ aus $\mathfrak{G}_1 \times \mathfrak{G}_2$ zugeordnete Faktorensystem.

Beweis: $S_1 \times S_2$ ist genau wie eben halbeinfach. Um zu zeigen, daß $S_1 \times S_2$ hinsichtlich $\mathfrak{G}_1 \times \mathfrak{G}_2$ i. b. a. P Normalring ist, weisen wir wieder I′ und III′ nach. III′ ist trivial:

$$(S_1 \times S_2 : \mathrm{P}) = (S_1 : \mathrm{P})(S_2 : \mathrm{P}) = (\mathfrak{G}_1 : 1)(\mathfrak{G}_2 : 1) = (\mathfrak{G}_1 \times \mathfrak{G}_2 : 1).$$

Wäre aber $\eta \neq 0$, $\sigma_1\sigma_2 \neq 1$,

$$\eta\,(\vartheta^{\sigma_1\sigma_2} - \vartheta) = 0$$

für alle $\vartheta \in S_1 \times S_2$, so wäre ohne Beschränkung der Allgemeinheit $\sigma_1 \neq 1$; ist wieder $\omega_1, \ldots, \omega_{N_1}$ eine Basis von S_1/P und sind die $d^{(l)}_{\sigma_1,ik}$ wie auf S. 99 definiert, so wäre, $\eta = x_1\omega_1 + \cdots + x_{N_1}\omega_{N_1}$ $(x \in S_2)$ gesetzt,

$$\sum_{k=1}^{N_1} x_k\, d^{(l)}_{\sigma_1,ik} = 0$$

für alle $i, l = 1, \ldots, N_1$, was wieder der Gültigkeit von I′ in S_1 widerspräche.

Aus

$$A = (a_{\sigma_1,\tau_1}, S_1, \mathfrak{G}_1) = \sum_{\sigma_1 \in \mathfrak{G}_1} S_1 u_{\sigma_1}, \qquad B = (b_{\sigma_2,\tau_2}, S_2, \mathfrak{G}_2) = \sum_{\sigma_2 \in \mathfrak{G}_2} S_2 v_{\sigma_2},$$

$$u_{\sigma_1}\xi_1 = \xi_1^{\sigma_1} u_{\sigma_1} \quad (\xi_1 \in S_1), \qquad v_{\sigma_2}\xi_2 = \xi_2^{\sigma_2} v_{\sigma_2} \quad (\xi_2 \in S_2),$$

$$u_{\sigma_1} u_{\tau_1} = a_{\sigma_1,\tau_1} u_{\sigma_1\tau_1}, \qquad v_{\sigma_2} v_{\tau_2} = b_{\sigma_2,\tau_2} v_{\sigma_2\tau_2}$$

folgt nun ohne weiteres

$$A \times B = \sum_{\sigma_1 \in \mathfrak{G}_1, \sigma_2 \in \mathfrak{G}_2} (S_1 \times S_2)(u_{\sigma_1} v_{\sigma_2}),$$

$$(u_{\sigma_1} v_{\sigma_2})\,\xi = \xi^{\sigma_1\sigma_2}(u_{\sigma_1} v_{\sigma_2}) \qquad (\xi \in S_1 \times S_2),$$

$$(u_{\sigma_1} v_{\sigma_2})(u_{\tau_1} v_{\tau_2}) = a_{\sigma_1,\tau_1} b_{\sigma_2,\tau_2} (u_{\sigma_1\tau_1} v_{\sigma_2\tau_2}).$$

Das bedeutet aber

$$A \times B \cong (a_{\sigma_1,\tau_1} b_{\sigma_2,\tau_2}, S_1 \times S_2, \mathfrak{G}_1 \times \mathfrak{G}_2).$$

---

[1]) In diesem Zusammenhang sollen Automorphismen mit dem Index $i = 1, 2$ immer aus $\mathfrak{G}_i$ stammen.

Zum Schluß wenden wir diese drei Rechenregeln

1. $(a_{\sigma,\tau}, S, \mathfrak{G}) \sim (e_1 a_{\sigma,\tau}, \Sigma_1, \mathfrak{H})$,
2. $(a_{\sigma,\tau}, S, \mathfrak{G})_\Omega \cong (a_{\sigma,\tau}, S_\Omega, \mathfrak{G})$,
3. $(a_{\sigma_1,\tau_1}, S_1, \mathfrak{G}_1) \times (b_{\sigma_2,\tau_2}, S_2, \mathfrak{G}_2) \cong (a_{\sigma_1,\tau_1} \cdot b_{\sigma_2,\tau_2}, S_1 \times S_2, \mathfrak{G}_1 \times \mathfrak{G}_2)$

an, um die drei bekanntesten Sätze über verschränkte Produkte zu beweisen. Setzt man nämlich in 2. oder 3. für S bzw. S_1 und S_2 Normalkörper ein, so steht auf der rechten Seite nicht notwendig ein verschränktes Produkt mit einem Körper. Aber 1. erlaubt es, jedes verschränkte Produkt auf ein verschränktes Produkt mit einem Normalkörper zurückzuführen. Wir wollen das genau durchrechnen, dazu brauchen wir den Begriff des Kompositums.

S sei ein endlicher, Ω ein beliebiger Oberkörper von P. Unter einem Kompositum von S und Ω i. b. a. P versteht man bekanntlich einen Oberkörper K von P, der zu S und zu Ω i. b. a. P isomorphe Unterkörper S' und Ω' so enthält, daß K der von S' und Ω' erzeugte Körper ist; natürlich identifiziert man nachträglich S' und Ω' wieder mit S und Ω. Bildet man nun die im Erweiterungsring S_Ω gebildeten Summen $\sum_\nu s_\nu \omega_\nu$ $(s_\nu \in S, \omega_\nu \in \Omega)$ auf die in einem Kompositum K gebildeten Summen $\sum_\nu s_\nu \omega_\nu$ ab, so ist das ein Ringhomomorphismus von S_Ω auf K i. b. a. Ω. Ja, wir können sogar sagen: Die Komposita K sind genau diejenigen ringhomomorphen Bilder von S_Ω, welche Körper sind. Nehmen wir S als separabel an, so sind die letzteren offenbar bis auf Isomorphie i. b. a. S und Ω genau die Σ_i in

$$S_\Omega = \Sigma_1 + \cdots + \Sigma_h$$

(Σ_i Körper mit Einselement e_i), d. h. man kann ein passendes Σ_i isomorph so auf K abbilden, daß dabei die $e_i s$ in s und die $e_i \omega$ in ω übergehen $(s \in S, \omega \in \Omega)$. Wäre S inseparabel, so müßte man analog den Restklassenring von S_Ω nach seinem Radikal in Körper zerlegen.

Ist speziell S i. b. a. P Normalkörper mit der Gruppe $\mathfrak{G}$, so ist, wie schon im Beweis von 2. festgestellt wurde, S_Ω hinsichtlich des richtig fortgesetzten $\mathfrak{G}$ i. b. a. Ω Normalring, wegen II sind in

$$S_\Omega = \Sigma_1 + \cdots + \Sigma_h$$

alle Σ_i i. b. a. Ω isomorph. Deshalb sind dann auch alle Komposita von S und Ω i. b. a. Ω isomorph. Dagegen sind natürlich zwei verschiedene Σ_i nie i. b. a. S und Ω isomorph.

K sei ein Kompositum, welches ohne Beschränkung der Allgemeinheit $\cong \Sigma_1$ i. b. a. S und Ω sei, $A = (a_{\sigma,\tau}, S)$ ein verschränktes Produkt. A_Ω soll bis auf einen Matrizenring als verschränktes Produkt mit dem Normalkörper K/Ω dargestellt werden. — Nach 2. und 1. ist

$$A_\Omega \cong (a_{\sigma,\tau}, S_\Omega, \mathfrak{G}) \sim (e_1 a_{\sigma,\tau}, \Sigma_1, \mathfrak{H}),$$

wo wieder $\mathfrak{H}$ die Untergruppe der $\sigma \in \mathfrak{G}$ mit $\Sigma_1^\sigma = \Sigma_1$ ist. Unsere einzige Aufgabe ist es nun, auf der rechten Seite von Σ_1 isomorph zu K überzugehen, Σ_1 und K sollten ja i. b. a. S und Ω isomorph sein. $\mathfrak{H}$ muß dabei natürlich — es handelt sich ja um Normalkörper — in die volle Galoische Gruppe von K/Ω übergehen, und die $e_1 a_{\sigma,\tau}$ gehen selbstverständlich in $a_{\sigma,\tau}$ über. Aber das kann uns nicht genügen, wir müssen auch wissen, welchen Automorphismen von K/Ω die $a_{\sigma,\tau}$ $(\sigma, \tau \in \mathfrak{H})$ zugeordnet sind. — Ist $s \in S$, $\sigma \in \mathfrak{H}$, so gilt

$$(e_1 s)^\sigma = e_1 s^\sigma,$$

bei dem Isomorphismus $\Sigma_1 \cong K$ gehen die $e_1 s$ in die s über, mithin entspricht einem $\sigma \in \mathfrak{H}$ derjenige Automorphismus $\bar\sigma$ von K/Ω, der in $S \subseteq K$ den Automorphismus σ induziert. Also:

$$(a_{\sigma,\tau}, S)_\Omega \sim (a_{\bar\sigma,\bar\tau}, K).$$

Darin ist das Faktorensystem $a_{\bar\sigma,\bar\tau}$ auf der rechten Seite so erklärt: Induzieren die Automorphismen $\bar\sigma,\bar\tau$ von K/Ω in S die Automorphismen σ bzw. τ, so setze man

$$a_{\bar\sigma,\bar\tau}=a_{\sigma,\tau}.$$

Jetzt wollen wir den allgemeinen Multiplikationssatz für verschränkte Produkte mit Normalkörpern beweisen. S_1 und S_2 seien i. b. a. P Normalkörper mit den Galoisschen Gruppen $\mathfrak{G}_1$ und $\mathfrak{G}_2$, $A=(a_{\sigma_1,\tau_1}, S_1)$ und $B=(b_{\sigma_2,\tau_2}, S_2)$ zwei verschränkte Produkte. Es sei

$$S_1\times S_2=\Sigma_1+\cdots+\Sigma_h,$$

Σ_i Körper mit dem Einselement e_i. Wie vorhin ist jedes Kompositum K von S_1 und S_2 isomorph einem Σ_i i. b. a. S_1 und S_2; ohne Beschränkung der Allgemeinheit darf man annehmen, daß es isomorph Σ_1 ist. $A\times B$ soll bis auf einen Matrizenring als verschränktes Produkt mit K dargestellt werden. — Nach 3. und 1. ist

$$A\times B\cong(a_{\sigma_1,\tau_1}\cdot b_{\sigma_2,\tau_2}, S_1\times S_2, \mathfrak{G}_1\times\mathfrak{G}_2)\sim(e_1 a_{\sigma_1,\tau_1} b_{\sigma_2,\tau_2}, \Sigma_1, \mathfrak{H}),$$

wenn $\mathfrak{H}$ wieder die Gruppe der $\sigma_1\sigma_2\in\mathfrak{G}_1\times\mathfrak{G}_2$ mit $\Sigma_1^{\sigma_1\sigma_2}=\Sigma_1$ ist[1]). Wir bilden Σ_1 isomorph so auf K ab, daß die $e_1 s_i$ $(s_i\in S_i, i=1,2)$ in s_i übergehen. Dabei geht natürlich wieder $\mathfrak{H}$ in die volle Galoissche Gruppe von K/P über, aus $e_1 a_{\sigma_1,\tau_1} b_{\sigma_2,\tau_2}$ wird $a_{\sigma_1,\tau_1} b_{\sigma_2,\tau_2}$. Und ist $\sigma_1\sigma_2\in\mathfrak{H}$, so ist

$$(e_1 s_i)^{\sigma_1\sigma_2}=e_1 s_i^{\sigma_i}\qquad(s_i\in S_i, i=1,2),$$

folglich hat derjenige Automorphismus σ von K/P, der dem $\sigma_1\sigma_2$ bei dem Isomorphismus $\Sigma_1\cong K$ entspricht, die Eigenschaft, in S_1 σ_1 und in S_2 σ_2 zu induzieren; weil K Kompositum von S_1 und S_2 ist, ist er hierdurch schon eindeutig festgelegt. Wir können mithin den Satz aussprechen:

Es ist

$$(a_{\sigma_1,\tau_1}, S_1)\times(b_{\sigma_2,\tau_2}, S_2)\sim(c_{\sigma,\tau}, K),$$

wo, wenn die Automorphismen σ,τ von K/P in S_1 σ_1,τ_1 und in S_2 σ_2,τ_2 induzieren,

$$c_{\sigma,\tau}=a_{\sigma_1,\tau_1}\cdot b_{\sigma_2,\tau_2}$$

zu setzen ist.

In der Literatur kommt dieser Satz in zwei Spezialfällen vor, aus denen beiden zusammen er übrigens wieder folgt:

Setzt man $S_1=S_2=K$, so wird

$$(a_{\sigma,\tau}, K)\times(b_{\sigma,\tau}, K)\sim(a_{\sigma,\tau}\cdot b_{\sigma,\tau}, K).$$

Mittels 1. kann man diesen Satz sofort auf Normalringe K übertragen.

Setzt man aber alle $b_{\sigma_2,\tau_2}=1$ und $S_1\subseteq S_2=K$, so wird

$$(b_{\sigma_2,\tau_2}, S_2)\sim 1$$

und darum

$$(a_{\sigma_1,\tau_1}, S_1)\sim(a_{\sigma_2,\tau_2}, S_2),$$

worin

$$a_{\sigma_2,\tau_2}=a_{\sigma_1,\tau_1}$$

zu setzen ist; die Automorphismen σ_2,τ_2 von S_2/P induzieren σ_1,τ_1 in S_1.

[1]) In diesem Zusammenhang sollen Automorphismen mit dem Index $i=1,2$ immer aus $\mathfrak{G}_i$ stammen.

4.
Multiplikation zyklischer Normalringe

Deutsche Math. *1*, 197–238 (1936)

K sei ein endlicher separabler Galoisscher Oberkörper des kommutativen Körpers P mit Abelscher Galoisscher Gruppe $\mathfrak{G}$. Ist Z ein i. b. a. P zyklischer Unterkörper von K und σ ein erzeugender Automorphismus von Z/P, so definieren wir folgendermaßen einen Charakter χ von $\mathfrak{G}$: Wenn $\tau \in \mathfrak{G}$, auf Elemente von Z angewandt, den Automorphismus σ^a ergibt (d. h. $x^\tau = x^{\sigma^a}$ für $x \in Z$), so sei $\chi(\tau) = e^{\frac{2\pi i a}{n}}$; hierin ist n der Grad $(Z:\mathsf{P})$. In demselben Sinne seien den zyklischen Unterkörpern Z', $\bar{Z}$ von K mit den erzeugenden Automorphismen σ', $\bar{\sigma}$ die Charaktere χ', $\bar{\chi}$ zugeordnet. Dann gilt die folgende Identität über zyklische verschränkte Produkte:

$$\text{Aus } \chi\chi' = \bar{\chi} \text{ folgt } (\alpha, Z, \sigma) \times (\alpha, Z', \sigma') \sim (\alpha, \bar{Z}, \bar{\sigma}).$$

Diesen Satz werden wir beweisen. Aber das ist nicht das Hauptziel der vorliegenden Arbeit, sondern nur das am leichtesten auszusprechende Teilergebnis. — Die in einer vorangehenden Arbeit „Verschränkte Produkte mit Normalringen" auseinandergesetzte Theorie der Normalringe wird hier besonders für den zyklischen Fall weiter ausgebaut, mit geeigneten Grunddefinitionen werden dabei zyklische Normalringe so multipliziert, daß eine Gruppe entsteht. Selbstverständlich steht das alles wieder mit den zugehörigen verschränkten Produkten in engstem Zusammenhang.

In den ersten 3 Abschnitten bringen wir vorbereitende Hilfssätze, in §§ 4—10 folgt dann die eigentliche Multiplikationstheorie. In den letzten 5 Abschnitten folgen einige Anwendungen und Beispiele. Z. B. werden wir den eingangs genannten Satz für algebraische Zahlkörper in § 12 direkt mit Hilfe der Klassenkörpertheorie beweisen. In §§ 13 und 14 werden zyklische Normalringe beschrieben, die in einer demnächst erscheinenden Arbeit über „p-Algebren" ihre Anwendung finden.

§ 1. Halbeinfache Systeme.

1. In der Algebra A seien h orthogonale Idempotente $e_1, \ldots, e_h$ mit der Summe 1 gegeben. Dann ist

(1) $$e_1 A e_1 + \cdots + e_h A e_h$$

der Ring aller mit $e_1, \ldots, e_h$ vertauschbaren Elemente von A.

Denn jedes Element

$$a = e_1 a_1 e_1 + \cdots + e_h a_h e_h$$

ist mit e_i vertauschbar:

$$e_i a = e_i a_i e_i = a e_i.$$

Ist aber a mit allen e_i vertauschbar, so ist

$$a = 1 a = e_1^2 a + \cdots + e_h^2 a = e_1 a e_1 + \cdots + e_h a e_h.$$

Daß die Summe der $e_i A e_i$ direkt ist, ist klar.

Wir interessieren uns hier für den Fall, daß A eine einfache und normale Algebra über dem Grundkörper P ist. Dann ist $e_i A e_i$ isomorph (i. b. a. P) dem (links geschriebenen) Automorphismenring des Rechtsideals $e_i A$ und daher eine zu A ähnliche einfache und normale Algebra über P.

Und für die Ränge gilt

(2) $$\{e_i A e_i\}\{A\} = \{e_i A\}^2.$$

2. Bekanntlich ist jedes halbeinfache System S direkte Summe einfacher Systeme $e_1 S = S e_1, \ldots, e_h S = S e_h$, wo $e_1, \ldots, e_h$ die primitiven Zentrumsidempotente von S sind und daher orthogonale Idempotente mit der Summe 1 sind.

Wir denken nun das halbeinfache System S so in das einfache und normale System A eingebettet, daß das Einselement 1 von S mit dem von A zusammenfällt. Dann genügen die primitiven Zentrumsidempotente $e_1, \ldots, e_h$ von S den Voraussetzungen von § 1, **1.** Der Ring T der mit allen Elementen von S vertauschbaren Elemente von A ist deshalb in (1) enthalten. Ein Ausdruck

$$e_1 a_1 e_1 + \cdots + e_h a_h e_h$$

liegt aber offensichtlich dann und nur dann in T, wenn jedes $e_i a_i e_i$ mit allen Elementen von $e_i S = S e_i$ vertauschbar ist. T ist also direkte Summe $T = T_1 + \cdots + T_h$, wo T_i der Ring aller mit $e_i S$ elementweise vertauschbaren Elemente der einfachen und normalen Algebra $e_i A e_i$ ist.

$e_i S$ ist aber einfach und enthält das Einselement e_i von $e_i A e_i$. Daher ist auch T_i ein einfaches System mit dem Einselement e_i, und $e_i S$ ist der Ring aller mit T_i elementweise vertauschbaren Elemente von $e_i A e_i$, und es besteht die Rangrelation

$$\{e_i S\}\{T_i\} = \{e_i A e_i\}\ ^{1)}. \tag{3}$$

Durch direkte Summation über i erhalten wir: $e_1, \ldots, e_h$ **sind auch die primitiven Zentrumsidempotente des halbeinfachen Systems** T. S **ist der Ring aller mit** T **elementweise vertauschbaren Elemente von** A [2]).

Dagegen kann man aus dem Rang von S nicht etwa den Rang von T berechnen. Derartige Schlüsse sind nur in Spezialfällen möglich.

3. Ist S kommutativ, so gilt bekanntlich

$$\{e_i S\} \leq \sqrt{\{e_i A e_i\}} = \frac{\{e_i A\}}{\sqrt{\{A\}}},$$

letzteres nach (2). Bei Summation ist

$$\{e_1 A\} + \cdots + \{e_h A\} = \{A\}, \tag{4}$$

mithin

$$\{S\} \leq \sqrt{\{A\}}.$$

Hier steht das Gleichheitszeichen dann und nur dann, wenn alle

$$\{e_i S\} = \sqrt{\{e_i A e_i\}}$$

sind; bekanntlich gilt aber dies dann und nur dann, wenn alle $e_i S = T_i$ sind. Also:

Für kommutatives S **gilt** $\{S\} \leq \sqrt{\{A\}}$; $\{S\} = \sqrt{\{A\}}$ **gilt dann und nur dann, wenn** S **in** A **maximalkommutativ ist** (d. h. wenn $T = S$).

Für nicht notwendig kommutatives S folgt aus der Schwarzschen Ungleichung

$$\left(\sum_{i=1}^{h} \sqrt{\{e_i S\}}\sqrt{\{T_i\}}\right)^2 \leq \left(\sum_{i=1}^{h} \{e_i S\}\right)\left(\sum_{i=1}^{h} \{T_i\}\right)$$

nach (3), (2) und (4)

$$\{A\} \leq \{S\}\{T\}.$$

Hier steht das Gleichheitszeichen dann und nur dann, wenn die $\{e_i S\}$ proportional den $\{T_i\}$ sind. Letzteres ist z. B. erfüllt, wenn alle $e_i S$ durch innere Automorphismen von A ineinander übergeführt werden können. Dann sind nämlich erstens alle $e_i S$ i. b. a. P isomorph, darum hängt $\{e_i S\}$ nicht von i ab; zweitens gehen dann die e_i, also auch die Algebren $e_i A e_i$, durch Automorphismen von A i. b. a. P ineinander über und haben daher gleichen Rang; wegen (3) hängt dann auch $\{T_i\}$ nicht von i ab. Also:

Kann man die einfachen direkten Summanden von S **durch innere Automorphismen von** A **ineinander überführen, so gilt**

$$\{A\} = \{S\}\{T\}.$$

4. S und S' seien nun zwei halbeinfache Systeme, die beide so in das einfache und normale A eingebettet sind, daß ihre Einselemente mit dem Einselement von A übereinstimmen. Ferner sei ein Isomorphismus $S \cong S'$ i. b. a. P gegeben. Unter welchen Voraussetzungen läßt er sich zu einem inneren Automorphismus von A fortsetzen?

---

[1]) E. Noether, Nichtkommutative Algebra, Math. Z. 37.

[2]) B. L. v. d. Waerden, Gruppen von linearen Transformationen, Ergebnisse der Mathematik und ihrer Grenzgebiete 4, § 12.

Wir betrachten erst den einfachsten Fall, daß die primitiven Zentrumsidempotente $e_1, \ldots, e_h$ von S mit denen von S' übereinstimmen und daß $e_1, \ldots, e_h$ auch bei dem gegebenen Isomorphismus fest bleiben. Dann ist $e_i S$ isomorph i. b. a. P auf $e_i S'$ bezogen, und beide sind einfach im einfachen und normalen $e_i A e_i$. Darum gibt es $b_i \in e_i A e_i$ so, daß die Transformation $x \to b_i x b_i^{-1}$ von $e_i A e_i$ den Isomorphismus $e_i S \cong e_i S'$ fortsetzt[1]). Weil alle b_i in $e_i A e_i$ regulär sind, ist $b = b_1 + \cdots + b_h$ in A regulär, und die Transformation $x \to b x b^{-1}$ setzt offenbar den gegebenen Isomorphismus $S \cong S'$ fort.

Im allgemeinen Fall seien $e_1, \ldots, e_h$ die primitiven Zentrumsidempotente von S, $e'_1, \ldots, e'_h$ die von S', der Isomorphismus $S \cong S'$ führe e_i in e'_i über. Um dann einen inneren Automorphismus von A zu finden, der $S \cong S'$ fortsetzt, genügt es, ein $a \in A$ mit $a e_i a^{-1} = e'_i$ zu finden. Bildet man nämlich dann $a S a^{-1}$ durch Transformation mit a^{-1} auf S und dann wie vorgeschrieben auf S' ab, so ist das ein Isomorphismus $a S a^{-1} \cong S'$, bei dem die primitiven Zentrumsidempotente $e'_1, \ldots, e'_h$ von $a S a^{-1}$ und S' übereinstimmen und fest bleiben, der sich also zu einem inneren Automorphismus $x \to b x b^{-1}$ fortsetzen läßt; die Transformation $x \to b a x (b a)^{-1}$ setzt dann den gegebenen Isomorphismus $S \cong S'$ fort.

Wann gibt es nun einen inneren Automorphismus von A, der e_1 in $e'_1, \ldots, e_h$ in e'_h überführt? — Eine notwendige Bedingung ist leicht anzugeben: Es muß $\{e_i A\} = \{e'_i A\}$ gelten.

Diese Bedingung sei erfüllt. Dann sind die Rechtsideale $e_i A$ und $e'_i A$ des einfachen Systems A operatorisomorph. Weil A die direkte Summe der $e_i A$ und der $e'_i A$ ist, gibt es einen Operatorautomorphismus des A-Rechtsmoduls A, bei dem $e_i A$ in $e'_i A$ übergeht. Alle derartigen Operatorautomorphismen von A entstehen aber durch Linksmultiplikation von A mit einem regulären a aus A. Also $a e_i \in e' A$ oder auch $a e_i a^{-1} \in e'_i A$. Weil aber die Summe der $e'_i A$ direkt ist und $\sum_{i=1}^{h} a e_i a^{-1} = \sum_{i=1}^{h} e'_i = 1$ ist, gilt $a e_i a^{-1} = e'_i$.

Damit ist bewiesen: *Ein Isomorphismus $S \cong S'$ läßt sich dann und nur dann zu einem Automorphismus von A fortsetzen, wenn entsprechende primitive Zentrumsidempotente von S und von S' in A Rechtsideale gleichen Ranges erzeugen.*

Wir betrachten noch den Spezialfall, daß S in A maximalkommutativ ist. Die Bedingung hierfür ist $\{S\}^2 = \{A\}$, auch S' ist dann also maximalkommutativ, denn S und S' müssen doch denselben Rang haben. Ferner gilt sogar $\{e_i S\} = \{e'_i S'\}$, daraus folgt

$$\{e_i A e_i\} = \{e_i S\}^2 = \{e'_i S'\}^2 = \{e'_i A e'_i\}$$

und daraus nach (2) $\{e_i A\} = \{e'_i A\}$. Unsere notwendige und hinreichende Bedingung ist also in diesem Falle von selbst erfüllt:

Jeder Isomorphismus zweier in A maximalkommutativer halbeinfacher Systeme i. b. a. P läßt sich zu einem inneren Automorphismus von A fortsetzen.

§ 2. Normalringe.

1. In einer vorangehenden Arbeit[3]) wurde der Begriff des Normalrings eingeführt. Es war da ein kommutatives halbeinfaches System $S = \Sigma_1 + \cdots + \Sigma_h$ (Σ_i Körper mit dem Einselement e_i) über dem Grundkörper P mit einer endlichen Gruppe $\mathfrak{G}$ derart verknüpft,

---

[3]) Verschränkte Produkte mit Normalringen, Deutsche Mathematik 1. Zitiert mit N. I.

daß es zu jedem $x \in S$ und jedem $\sigma \in \mathfrak{G}$ ein $x^\sigma \in S$ gibt. Und zwar sollte für jedes feste σ die Zuordnung $x \to x^\sigma$ ein Automorphismus von S sein, und es sollte

$$(x^\tau)^\sigma = x^{\sigma\tau}$$

gelten. Für einen „Normalring S hinsichtlich $\mathfrak{G}$ i. b. a. P" waren dann folgende Axiome charakteristisch:

I Führt $\sigma \in \mathfrak{G}$ ein Σ_i elementweise in sich über, so ist $\sigma = 1$.

II $\mathfrak{G}$ ist hinsichtlich der Σ_i transitiv.

III Ist $\zeta \in S$, $\zeta^\sigma = \zeta$ bei allen $\sigma \in \mathfrak{G}$, so ist $\zeta \in \mathsf{P}$.

I′ Ist $y \in S$, $\sigma \in \mathfrak{G}$, $y(x^\sigma - x) = 0$ für alle $x \in S$, so ist $y = 0$ oder $\sigma = 1$.

II′ $$(S:\mathsf{P}) \leq (\mathfrak{G}:1).$$

III′ $$(S:\mathsf{P}) = (\mathfrak{G}:1).$$

Zum Nachweis der Normalringeigenschaft genügt es aber, I und II und III oder I′ und III′ oder I und III′ oder auch nur I′ und II′ zu verifizieren. In dieser ganzen Arbeit werden mit römischen Zahlen immer diese Forderungen zitiert, ohne daß jedesmal ausdrücklich auf diese Aufzählung verwiesen wird.

Man lasse sich nicht durch das scheinbar komplizierte I′ stören. Abgesehen davon, daß I′ mit der einfacher gebauten Bedingung I gleichwertig ist, ist es in konkreten Fällen nie besonders schwer, I′ nachzuweisen, das wird man gerade in dieser Arbeit immer wieder sehen. Und I′ ist nun einmal eine Forderung, die im Wesen der Sache liegt. Übrigens folgt I′ aus der schärferen Bedingung:

I″ Zu jedem $\sigma \neq 1$ in $\mathfrak{G}$ gibt es ein $x \in S$ mit regulärem $x^\sigma - x$.

Wie das Gegenbeispiel der direkten Summe von drei Körpern mit je zwei Elementen zeigt, braucht für einen Normalring nicht notwendig I″ zu gelten. Sowie aber der Grundkörper P unendlich viele Elemente enthält, folgt I″ aus I′. Ein Beweis ist nicht nötig, weil wir diese Bemerkung nie benutzen werden.

2. Die Ergebnisse von § 1 ermöglichen es uns, jetzt die Analogie der Theorie der verschränkten Produkte mit Normalringen zur alten Theorie[4]) in zwei Punkten zu vervollständigen.

Ist der Normalring S hinsichtlich $\mathfrak{G}$ i. b. a. P in der einfachen und normalen Algebra A über P maximalkommutativ, so ist A isomorph einem verschränkten Produkt $(a_{\sigma,\tau}, S, \mathfrak{G})$.

Beweis nach Witt: Nach § 1, 4 läßt sich jeder Automorphismus $\sigma \in \mathfrak{G}$ von S zu einem inneren Automorphismus $x \to u_\sigma x u_\sigma^{-1}$ von A fortsetzen:

$$u_\sigma x = x^\sigma u_\sigma \ (x \in S), \ u_\sigma \text{ in } A \text{ regulär.}$$

$a_{\sigma,\tau} = u_\sigma u_\tau u_{\sigma\tau}^{-1}$ ist mit S elementweise vertauschbar, darum $a_{\sigma,\tau} \in S$. Es gilt

$$u_\varrho u_\sigma u_{\varrho\sigma}^{-1} \cdot u_{\varrho\sigma} u_\tau u_{\varrho\sigma\tau}^{-1} = u_\varrho (u_\sigma u_\tau u_{\sigma\tau}^{-1}) u_\varrho^{-1} \cdot u_\varrho u_{\sigma\tau} u_{\varrho\sigma\tau}^{-1}$$

oder

$$a_{\varrho,\sigma} a_{\varrho\sigma,\tau} = a_{\sigma,\tau}^\varrho a_{\varrho,\sigma\tau}.$$

[4]) Hasse, Cyclic Algebras, Amer. Transactions 34.

Der von S und den u_σ erzeugte Unterring von A ist jetzt ein ringhomomorphes Bild von $(a_{\sigma,\tau}, S, \mathfrak{G})$. Weil aber $(a_{\sigma,\tau}, S, \mathfrak{G})$ einfach ist, ist jener Ring sogar isomorph $(a_{\sigma,\tau}, S, \mathfrak{G})$. Und weil A und $(a_{\sigma,\tau}, S, \mathfrak{G})$ beide den Rang $(S:\mathrm{P})^2$ haben, ist sogar $A \cong (a_{\sigma,\tau}, S, \mathfrak{G})$.

Aus $(a_{\sigma,\tau}, S, \mathfrak{G}) \sim 1$ folgt $a_{\sigma,\tau} = \frac{c_\sigma c_\tau^\sigma}{c_{\sigma\tau}}$ mit passenden $c_\sigma \in S$.

Beweis: Es ist $(a_{\sigma,\tau}, S, \mathfrak{G}) \cong (1, S, \mathfrak{G})$. In

$$(a_{\sigma,\tau}, S, \mathfrak{G}) = \sum_{\sigma \in \mathfrak{G}} S\, u_\sigma, \qquad u_\sigma x = x^\sigma u_\sigma, \qquad u_\sigma u_\tau = a_{\sigma,\tau} u_{\sigma\tau}$$

muß es also ein zu S i. b. a. P isomorphes S' und Größen v_σ mit

$$v_\sigma y = y^\sigma v_\sigma \ (y \in S'), \qquad v_\sigma v_\tau = v_{\sigma\tau}$$

geben. Nach § 1, 4 kann man S' durch einen inneren Automorphismus von $(a_{\sigma,\tau}, S, \mathfrak{G})$ in S überführen, so daß man ohne Beschränkung der Allgemeinheit $S = S'$ annehmen kann:

$$v_\sigma x = x^\sigma v_\sigma \ (x \in S), \qquad v_\sigma v_\tau = v_{\sigma\tau}.$$

$u_\sigma v_\sigma^{-1}$ ist dann mit S elementweise vertauschbar, also in S: $u_\sigma = c_\sigma v_\sigma$, c_σ in S regulär. Setzt man diesen Wert für u_σ in $u_\sigma u_\tau = a_{\sigma,\tau} u_{\sigma\tau}$ ein, so erhält man $a_{\sigma,\tau} = \frac{c_\sigma c_\tau^\sigma}{c_{\sigma\tau}}$.

Wie üblich beweist man:

Aus $\frac{c_\sigma c_\tau^\sigma}{c_{\sigma\tau}} = 1$ folgt $c_\sigma = \frac{d^\sigma}{d}$ mit regulärem $d \in S$.

3. Ist R ein Ring, $\mathfrak{a}$ ein Ideal in R und σ ein Automorphismus von R, so kann man σ dann und nur dann durch Übergang zu den Restklassen mod $\mathfrak{a}$ zu einem Automorphismus des Restklassenrings $R/\mathfrak{a}$ machen, wenn $\mathfrak{a}^\sigma \subseteq \mathfrak{a}$.

Der Beweis verläuft genau wie der Beweis des Homomorphiesatzes der Gruppentheorie für Gruppen mit Operatoren σ[5]). Unsere Behauptung kann übrigens auch als Spezialfall dieses Homomorphiesatzes aufgefaßt werden.

Wir werden das später manchmal in folgendem Zusammenhang anwenden:

S sei hinsichtlich $\mathfrak{G}$ i. b. a. P Normalring, der Ring T enthalte ein ringhomomorphes Bild S' von S. Zu jedem $\sigma \in \mathfrak{G}$ gebe es einen Automorphismus σ' von S' mit der Eigenschaft, daß aus $x^\sigma = y$ in S für die Bilder x', y' von x, y in S' folgt $x'^{\sigma'} = y'$. Wir sagen dann, dem $\sigma \in \mathfrak{G}$ entspricht σ' bei dem Homomorphismus $S \sim S'$.

S' ist dann isomorph einem Restklassenring $S/\mathfrak{a}$, wo $\mathfrak{a}$ ein Ideal von S, also direkte Summe gewisser Σ_i ist. Weil aber jedem $\sigma \in \mathfrak{G}$ in der oben beschriebenen Weise ein Automorphismus von S' entspricht, muß jedes $\sigma \in \mathfrak{G}$ das Ideal $\mathfrak{a}$ in sich überführen. Nach II ist das nur möglich, wenn $\mathfrak{a} = S$ oder $\mathfrak{a} = 0$. Im ersten Fall ist S' der Nullring, im zweiten Falle ist $S \cong S'$. Also:

Ist $S' \neq 0$, so ist der gegebene Homomorphismus $S \sim S'$ ein Isomorphismus.

Man kann dann also S' auch als hyperkomplexes System über P auffassen. Ist nun auch T hyperkomplex über P mit dem Rang $(T:\mathrm{P}) = (S:\mathrm{P})$, so hat T denselben Rang wie S', also ist $T = S'$, $S \cong T$.

---

[5]) B. L. v. d. Waerden, Moderne Algebra I, S. 134.

§ 3. Normalteiler der Gruppe eines Normalrings.

1. S sei hinsichtlich $\mathfrak{G}$ i. b. a. P Normalring, $\mathfrak{N}$ sei ein Normalteiler in $\mathfrak{G}$. T sei der Ring aller Elemente von S, die bei allen $\sigma \in \mathfrak{N}$ fest bleiben.

Dann ist T jedenfalls ein kommutatives halbeinfaches System über P, das das Einselement von S enthält. Automorphismen derselben Restklasse von $\mathfrak{G}$ nach $\mathfrak{N}$ ergeben, auf T angewandt, denselben Automorphismus, man kann also die Faktorgruppe $\mathfrak{G}/\mathfrak{N}$ als Automorphismengruppe von T ansehen ($(x^\tau)^\sigma = x^{\sigma\tau}$ ist dann erfüllt). Wir behaupten nun:

T ist hinsichtlich $\mathfrak{G}/\mathfrak{N}$ i. b. a. P Normalring.

Zum Beweis setzen wir

$$T = \mathrm{T}_1 + \cdots + \mathrm{T}_{h'}, \quad \mathrm{T}_i \text{ Körper mit dem Einselement } e_i'.$$

Wir weisen nun zuerst II nach. — Jedes Idempotent in S, also auch jedes e_i', ist Summe gewisser verschiedener e_i, wo $e_1, \ldots, e_h$ die primitiven Idempotente von S sind. Wegen $e_1' + \cdots + e_h' = 1$ und $e_i' \neq 0$ gibt es zu jedem e_i' ein e_k und zu jedem e_k nur ein e_i' mit $e_k e_i' \neq 0$. Sind nun e_i' und e_j' gegeben, so sei $e_k e_i' \neq 0$ und $e_l e_j' \neq 0$; ist dann $e_k^\sigma = e_l$, so ist auch $e_l e_i'^\sigma \neq 0$, mithin $e_i'^\sigma = e_j'$. Die Restklasse von σ nach $\mathfrak{N}$ führt dann T_i in T_j über.

2. Um nun I und III' für T zu beweisen, betrachten wir in einem verschränkten Produkt

$$A = (a_{\sigma,\tau}, S, \mathfrak{G}) = \sum_{\sigma \in \mathfrak{G}} S u_\sigma, \qquad u_\sigma x = x^\sigma u_\sigma \ (x \in S), \qquad u_\sigma u_\tau = a_{\sigma,\tau} u_{\sigma\tau}$$

den Unterring

$$B = \sum_{\sigma \in \mathfrak{N}} S u_\sigma .$$

S genügt hinsichtlich $\mathfrak{N}$ der Voraussetzung I, nach der Diskussion in N. I[3]) ist darum B halbeinfach. Der Ring aller Elemente von $A = (a_{\sigma,\tau}, S, \mathfrak{G})$, die mit B elementweise vertauschbar sind, ist offenbar genau T. Nach § 1, **2** schließen wir: Die primitiven Zentrumsidempotente von B sind die primitiven Zentrumsidempotente $e_1', \ldots, e_{h'}'$ von T. B ist der Ring aller mit T elementweise vertauschbaren Elemente von A. — Die einfachen direkten Summanden T_i von T kann man durch Automorphismen $\sigma \in \mathfrak{G}$ von S, also durch innere Automorphismen $x \to u_\sigma x u_\sigma^{-1}$ von A ineinander überführen. Nach § 1, **3** gilt daher $\{A\} = \{T\}\{B\}$.

Damit sind I und III' eigentlich schon bewiesen:

I. $\sigma \in \mathfrak{G}$ führe T_1 elementweise in sich über. Dann ist $e_1' u_\sigma = u_\sigma e_1'$ elementweise mit T vertauschbar, daher

$$e_1' u_\sigma \in \sum_{\tau \in \mathfrak{N}} S u_\tau .$$

Das ist nur möglich, wenn $\sigma \in \mathfrak{N}$, wenn also σ in der Einsklasse nach $\mathfrak{N}$ liegt.

III'. Es ist $\{A\} = \{S\}^2$ und $\{B\} = \{S\}(\mathfrak{N}:1) = \frac{\{A\}}{(\mathfrak{G}:\mathfrak{N})}$. Aus $\{A\} = \{T\}\{B\}$ folgt daher $\{T\} = (\mathfrak{G}:\mathfrak{N})$.

3. Im Anschluß hieran beweisen wir gleich noch einen Hilfssatz, der uns später einen Beweis wesentlich vereinfachen wird:

Es existieren $(\mathfrak{N}:1) = m$ Elemente $b_1, \ldots, b_m$ in S mit

$$S = T b_1 + \cdots + T b_m .$$

Beweis: $e'_i S$ enthält den Körper T_i und hat daher eine Basis $b_{i1}, \ldots, b_{im}$ i. b. a. T_i:

$$e'_i S = \mathrm{T}_i b_{i1} + \cdots + \mathrm{T}_i b_{im}.$$

Diese Basis hat aus folgendem Grunde gerade m Elemente: Weil, wie bewiesen, $\mathfrak{G}$ hinsichtlich der e'_i transitiv ist, muß der Rang von $e'_i S$ über T_i für alle i derselbe sein; die Summe der Ränge aller $e'_i S$ ist aber das m-fache der Summe der Ränge aller T_i. — Nun setzen wir einfach

$$b_k = b_{1k} + \cdots + b_{h'k},$$

dann ist

$$S = \sum_{i=1}^{h'} \sum_{k=1}^{m} \mathrm{T}_i b_{ik} = \sum_{k=1}^{m} \sum_{i=1}^{h'} \mathrm{T}_i b_k = \sum_{k=1}^{m} T b_k.$$

Hierin sind alle Summen direkte Modulsummen.

4. *S sei hinsichtlich $\mathfrak{G}$ i. b. a. P Normalring, $\mathfrak{G}$ sei direktes Produkt $\mathfrak{G} = \mathfrak{G}' \times \mathfrak{G}''$. S' sei der Ring aller bei $\mathfrak{G}''$ fest bleibenden Elemente von S, S'' sei der Ring aller bei $\mathfrak{G}'$ fest bleibenden Elemente von S.*

Dann ist S' hinsichtlich $\mathfrak{G}/\mathfrak{G}''$ i. b. a. P Normalring, denn $\mathfrak{G}''$ ist in $\mathfrak{G}$ Normalteiler. Es ist aber $\mathfrak{G}/\mathfrak{G}'' \cong \mathfrak{G}'$; diese Isomorphie entsteht, wenn man jedem Element von $\mathfrak{G}'$ seine Restklasse nach $\mathfrak{G}''$ zuordnet. Man kann daher auch S' als Normalring hinsichtlich $\mathfrak{G}'$ i. b. a. P auffassen, und das ist auch ganz natürlich, denn die $\sigma' \in \mathfrak{G}'$ sind ja sowieso als Elemente von $\mathfrak{G}$ schon Automorphismen von S'. Entsprechend ist S'' hinsichtlich $\mathfrak{G}''$ i. b. a. P Normalring. Wir behaupten nun:

Es gilt $S = S' \times S''$.

Beweis: Wir bilden das abstrakte direkte Produkt $S' \times S''$ i. b. a. den Grundkörper P. Wie in N. I näher ausgeführt wurde, kann man das direkte Produkt $\mathfrak{G}' \times \mathfrak{G}''$ so zu einer Automorphismengruppe von $S' \times S''$ machen, daß

$$x'^{\sigma'\sigma''} = x'^{\sigma'}, \quad x''^{\sigma'\sigma''} = x''^{\sigma''} \text{ [6]}),$$

und $S' \times S''$ ist dann hinsichtlich $\mathfrak{G}' \times \mathfrak{G}''$ i. b. a. P Normalring. Jetzt ordnen wir den in $S' \times S''$ gebildeten Summen $\sum_i x'_i x''_i$ die entsprechend in S gebildeten Summen $\sum_i x'_i x''_i$ zu. Aus der Maximaleigenschaft des direkten Produkts [7]) folgt, daß hierdurch ein Ringhomomorphismus von $S' \times S''$ auf den von S' und S'' erzeugten Unterring von S erklärt wird. Aber den Automorphismen $\sigma' \sigma''$ [6]) von $S' \times S''$ entsprechen bei dieser Abbildung die entsprechend in $\mathfrak{G}$ gebildeten Produkte $\sigma' \sigma''$, die ja Automorphismen von S sind. Zum Beweis hat man sich nur zu überlegen, daß $x'^{\sigma'}$, $x'^{\sigma''}$, $x''^{\sigma'}$ und $x''^{\sigma''}$ in $S' \times S''$ und in S auf die gleiche Art gebildet werden. Nach § 2, **3** ist deshalb der Homomorphismus von $S' \times S''$ auf den von S' und S'' erzeugten Unterring von S ein Isomorphismus, und weil $S' \times S''$ und S denselben Rang haben (nämlich die Ordnung von $\mathfrak{G}' \times \mathfrak{G}'' = \mathfrak{G}$), ist sogar $S \cong S' \times S''$.

[6]) x' durchläuft S', x'' durchläuft S'', σ' durchläuft $\mathfrak{G}'$, σ'' durchläuft $\mathfrak{G}''$.

[7]) $S' \times S''$ hat unter allen gemeinsamen Oberringen P von S' und S'' mit Operatorenbereich P, in denen die Einselemente von S', S'' und P zusammenfallen und die von S' und S'' erzeugt werden, den größten Rang, jedes P ist ein i. b. a. S' und S'' homomorphes Bild von $S' \times S''$.

§ 4. Zyklische Normalringe.

1. S sei hinsichtlich der zyklischen Gruppe (σ) i. b. a. P Normalring vom Rang n.

σ hat dann die Ordnung n. In einem verschränkten Produkt

$$A = (a_{\sigma^i,\sigma^k}, S, (\sigma)) = \sum_{i=0}^{n-1} S u_{\sigma^i}, \qquad u_{\sigma^i} x = x^{\sigma^i} u_{\sigma^i}, \qquad u_{\sigma^i} u_{\sigma^k} = a_{\sigma^i,\sigma^k} u_{\sigma^{i+k}}$$

kann man dann u_{σ^i} durch $u_\sigma^i = u^i$ $(i = 0, 1, \ldots, n-1)$ ersetzen. Dabei geht das Faktorensystem a_{σ^i,σ^k} in ein assoziiertes über. $u^n = u_\sigma^n$ ist ein mit u und allen Elementen von S vertauschbares Element von A, daher

$$u^n = \alpha \in \mathrm{P}.$$

Aus

$$\alpha u = u^{n+1} = a_{\sigma,\sigma} a_{\sigma^2,\sigma} \ldots a_{\sigma^{n-1},\sigma} a_{1,\sigma} u$$

folgt die explizite Formel

$$\alpha = \prod_{i=0}^{n-1} a_{\sigma^i,\sigma}.$$

Wir haben also

$$A = \sum_{i=0}^{n-1} S u^i, \qquad u x = x^\sigma u, \qquad u^n = \alpha \in \mathrm{P}.$$

Durch diese Gleichungen wird auch wirklich für jedes $\alpha \neq 0$ aus P ein verschränktes Produkt A erklärt. Wir schreiben

$$A = (\alpha, S, \sigma)$$

und nennen A ein **zyklisches verschränktes Produkt.** Sein normiertes Faktorensystem ist

$$a_{\sigma^i,\sigma^k} = \begin{cases} 1, & \text{wenn } i + k < n, \\ \alpha, & \text{wenn } i + k \geq n \end{cases} \qquad (i, k = 0, 1, \ldots, n-1).$$

Man kann hierfür auch schreiben

$$a_{\sigma^i,\sigma^k} = \alpha^{\left[\frac{i+k}{n}\right] - \left[\frac{i}{n}\right] - \left[\frac{k}{n}\right]}.$$

2. Es ist bekannt, wie man die allgemeinen Sätze über verschränkte Produkte auf den zyklischen Fall zu spezialisieren hat. Wir geben daher nur kurz die Ergebnisse an:

$(\alpha, S, \sigma) \sim 1$ gilt dann und nur dann, wenn es ein reguläres $c \in S$ mit $\alpha = c^{1+\sigma+\cdots+\sigma^{n-1}}$ gibt.

Dann und nur dann ist $c^{1+\sigma+\cdots+\sigma^{n-1}} = 1$, wenn es ein reguläres $d \in S$ mit $c = d^{\sigma-1}$ gibt.

$$(\alpha, S, \sigma) \times (\beta, S, \sigma) \sim (\alpha\beta, S, \sigma).$$

Ist $S = \Sigma_1 + \cdots + \Sigma_h$, Σ_i Körper mit dem Einselement e_i, so ist (σ^h) als einzige Untergruppe vom Index h die Gruppe aller Elemente von (σ), die e_1 festlassen, Σ_1 ist hinsichtlich (σ^h) i. b. a. P Normalring, und es gilt $(\alpha, S, \sigma) \sim (\alpha, \Sigma_1, \sigma^h)$.

Ist Ω ein Oberkörper von P, so ist der Erweiterungsring S_Ω hinsichtlich der richtig fortgesetzten Gruppe (σ) i. b. a. P Normalring, und es gilt $(\alpha, S, \sigma)_\Omega \cong (\alpha, S_\Omega, \sigma)$.

Ist S Körper und hat das Kompositum K von S und Ω über Ω den Grad $\frac{n}{h}$, so ist σ^h die früheste σ-Potenz, die sich zu einem Automorphismus von K/Ω fortsetzen läßt, und es ist $(\alpha, S, \sigma)_\Omega \sim (\alpha, K, \sigma^h)$.

Ist S' hinsichtlich (σ') i. b. a. P Normalkörper (d. h. Normalring und zugleich Körper) und ist S'' hinsichtlich (σ'') i. b. a. P Normalkörper und ist $S' \subseteqq S''$ und σ'' Fortsetzung von σ' und hat S'' über S' den Grad m, so gilt $(\alpha, S'', \sigma'')^m \sim (\alpha, S', \sigma')$.

Ist r zu n prim, so ist auch σ^r ein erzeugender Automorphismus der Gruppe (σ); es gilt dann $(\alpha^r, S, \sigma^r) \sim (\alpha, S, \sigma)$.

3. Ein Normalring S ist nicht durch Angabe des Grundkörpers P und etwa einer Multiplikationstafel für eine Basis schon eindeutig bestimmt, sondern es ist notwendig, auch die Gruppe $\mathfrak{G}$ anzugeben, hinsichtlich deren er Normalring ist. Bei einem zyklischen Normalring ist es nun zweckmäßig, sich auch mit der Kenntnis der ganzen Gruppe (σ) noch nicht zufrieden zu geben, sondern auch den erzeugenden Automorphismus σ, den man gerade betrachtet, als ein wesentliches Bestimmungsstück des zyklischen Normalrings anzusehen. Das mag seine vorläufige Rechtfertigung darin finden, daß in der oben aufgestellten Normalform der zyklischen verschränkten Produkte und in den Rechenregeln dafür die Auszeichnung eines erzeugenden Automorphismus σ gar nicht zu umgehen ist.

Wir haben es also eigentlich nicht mit Ringen S, sondern vielmehr mit Paaren (S, σ) eines kommutativen halbeinfachen Systems S und eines Automorphismus σ davon zu tun, derart daß S hinsichtlich (σ) i. b. a. P Normalring ist. Wir wollen die Schreibweise (S, σ) gleich beibehalten; in Zukunft heißt es also: „(S, σ) ist i. b. a. P zyklischer Normalring" anstatt: „S ist hinsichtlich (σ) i. b. a. P Normalring".

Um ganz korrekt zu sein, können wir auch zwischen Normalringen mit zyklischer Gruppe und zyklischen Normalringen unterscheiden: Erstere sind bei bekanntem S durch Angabe der zyklischen Gruppe (σ) schon vollständig bestimmt, in letzteren ist hingegen ein erzeugender Automorphismus in (σ) ausgezeichnet.

Es ist nicht immer nötig, den Grundkörper P besonders zu erwähnen, P ist ja als Ring aller bei σ fest bleibenden Elemente von S durch das Paar (S, σ) eindeutig bestimmt.

4. Konsequenterweise müssen wir nun definieren:

Zwei zyklische Normalringe (S, σ) und (S', σ') über demselben Grundkörper P heißen isomorph, wenn man sie so aufeinander eineindeutig abbilden kann, daß

1. Summen in Summen, Produkte in Produkte und Elemente von P in sich übergehen,
2. bei diesem Isomorphismus die Automorphismen σ von S und σ' von S' einander entsprechen.

Explizit: Es soll eine umkehrbare Funktion f mit dem Definitionsbereich S und dem Wertebereich S' so existieren, daß

$$\begin{aligned} f(x+y) &= f(x) + f(y), \\ f(x\,y) &= f(x)\,f(y), \\ f(\xi) &= \xi \text{ für } \xi \in \mathrm{P}, \\ f(x^\sigma) &= (f(x))^{\sigma'}. \end{aligned}$$

Selbstverständlich betrachten wir isomorphe zyklische Normalringe als nicht wesentlich verschieden. Aus $(S, \sigma) \cong (S', \sigma')$ folgt trivialerweise $(S_\Omega, \sigma) \cong (S'_\Omega, \sigma')$ und $(\alpha, S, \sigma) \cong (\alpha, S', \sigma')$. —

S sei ein separabler Galoisscher Oberkörper von P vom Rang n mit zyklischer Galoisscher Gruppe. Ist σ ein erzeugender Automorphismus, so erhält man alle erzeugenden Automorphismen in der Form σ^r mit $(r, n) = 1$. Es gilt aber der Satz:

$$(S, \sigma) \cong (S, \sigma^r) \text{ gilt nur für } r \equiv 1 \pmod{n}.$$

Beweis: Ist $(S, \sigma) \cong (S, \sigma^r)$, so muß es nach Definition der Isomorphie eine Funktion f der oben beschriebenen Art geben. Dies f kann nur ein Automorphismus von S i. b. a. P sein, also eine Potenz σ^k. Die Bedingung

$$(x^\sigma)^{\sigma^k} = (x^{\sigma^k})^{\sigma^r}$$

ist aber nur für $r \equiv 1 \pmod{n}$ erfüllbar.

Wir haben beim Beweis benutzt, daß die Gruppe von S/P Abelsch war. Der Satz gilt auch nur für zyklische Normalkörper, nicht für zyklische Normalringe. Es wird sich bald zeigen, was im Falle zyklischer Normalringe an seine Stelle tritt.

§ 5. Ähnlichkeit zyklischer Normalringe.

1. (S, σ) sei i. b. a. P zyklischer Normalring, $S = \Sigma_1 + \cdots + \Sigma_h$, Σ_i Körper mit dem Einselement e_i. Nach II muß dann σ die Σ_i zyklisch permutieren; man kann die Σ_i also so ordnen, daß σ Σ_1 in $\Sigma_2, \ldots, \Sigma_{h-1}$ in Σ_h und Σ_h in Σ_1 überführt. σ^h führt dann nicht nur Σ_1, sondern auch die anderen Σ_i in sich über und ist ein erzeugender Automorphismus eines jeden Σ_i, wie aus den Erörterungen in N. I folgt. Dem einen (S, σ) sind so h zyklische Normalkörper (Σ_i, σ^h) zugeordnet. Diese sind aber alle isomorph.

Beweis: σ^{i-1} ist ein Isomorphismus des Körpers Σ_1 auf den Körper Σ_i. Und für alle $x \in \Sigma_1$ gilt

$$\left(x^{\sigma^h}\right)^{\sigma^{i-1}} = \left(x^{\sigma^{i-1}}\right)^{\sigma^h};$$

dem Automorphismus σ^h von Σ_1 entspricht also der Automorphismus σ^h von Σ_i.

2. Wir haben also jedem (S, σ) einen bis auf Isomorphie eindeutig bestimmten zyklischen Normalkörper (Σ_1, σ^h) zugeordnet. Jetzt soll auch die Umkehrung durchgeführt werden.

Wir gehen von einem zyklischen Normalkörper (Σ, σ') und einer natürlichen Zahl h aus. Es soll ein zyklischer Normalring (S, σ) derart konstruiert werden, daß ihm im Sinne der eben durchgeführten Überlegung bis auf Isomorphie der zyklische Normalkörper (Σ, σ') zugeordnet ist und daß der Rang von S gleich h mal dem Rang von Σ wird.

S wird definiert als direkte Summe

$$S = \Sigma_1 + \cdots + \Sigma_h$$

von h isomorph auf Σ bezogenen Körpern. σ aber definieren wir so: σ führe Σ_1 isomorph i. b. a. P in Σ_2 über usw., σ führe schließlich auch Σ_h wieder isomorph i. b. a. P in Σ_1 über, aber so, daß derjenige Automorphismus von Σ_1, der entsteht, indem man Σ_1 durch σ auf Σ_2, dann Σ_2 wieder durch σ auf $\Sigma_3, \ldots, \Sigma_{h-1}$ durch σ auf Σ_h und Σ_h auch durch σ auf Σ_1 abbildet, gerade dem σ' entspricht. Man sieht ohne weiteres, daß so ein zyklischer Normalring (S, σ) entsteht (man kann z. B. I und III' nachweisen) und daß wirklich diesem (S, σ) im Sinne der obigen Überlegungen bis auf Isomorphie (Σ, σ') zugeordnet ist.

Mehr noch: Unser Konstruktionsverfahren ergibt sich ganz zwangsläufig aus der vorhergegangenen Theorie. (S, σ) ist durch (Σ, σ') bis auf Isomorphie eindeutig bestimmt.

3. Ist dem (S, σ) der zyklische Normalkörper (Σ, σ') zugeordnet (d. h. ist $(\Sigma, \sigma') \cong (\Sigma_1, \sigma^h)$), so schreiben wir

$$(S, \sigma) \sim (\Sigma, \sigma')$$

($\sim$ gespr. ähnlich). Zu jedem (S, σ) gehört bis auf Isomorphie genau ein (Σ, σ'), und zu jedem (Σ, σ') gehört für jedes natürliche h bis auf Isomorphie genau ein (S, σ).

Ferner sei $(S, \sigma) \sim (S', \sigma')$ dann und nur dann, wenn (S, σ) und (S', σ') zu isomorphen zyklischen Normalkörpern ähnlich sind.

Durch diese Festsetzungen wird eine Klasseneinteilung der zyklischen Normalringe mit folgenden Eigenschaften bestimmt:

Ähnliche und nur ähnliche zyklische Normalringe gehören derselben Klasse an.

Isomorphe zyklische Normalringe sind ähnlich.

Ähnliche zyklische Normalringe gleichen Ranges sind isomorph.

In jeder Klasse liegt ein und bis auf Isomorphie nur ein zyklischer Normalkörper. Hat er den Grad m, so enthält die Klasse zyklische Normalringe mit den Rängen m, $2m$, $3m, \ldots$ und keine anderen.

Die Bedeutung des Begriffs der Ähnlichkeit liegt gerade in dieser letzten Feststellung. Aus ihr folgt nämlich, daß man endlich viele gegebene Klassen zyklischer Normalringe stets durch solche Vertreter repräsentieren kann, die alle gleichen Rang n haben. n muß dabei nur ein Vielfaches der Grade aller in den gegebenen Klassen liegenden Körper sein. Aus diesem Grunde können wir uns in § 6 auf die Betrachtung von zyklischen Normalringen gleichen Ranges beschränken.

4. In einem zyklischen Normalring (S, σ) i. b. a. P seien h' orthogonale Idempotente $e'_1, \ldots, e'_{h'}$ mit der Summe 1 gegeben (aber nicht notwendig primitive Idempotente). σ vertausche $e'_1, \ldots, e'_{h'}$ (bei geeigneter Ordnung) zyklisch. Dann ist $(e'_1 S, \sigma^{h'})$ i. b. a. P ein zyklischer Normalring $\sim (S, \sigma)$.

Beweis: Es sei $S = \Sigma_1 + \cdots + \Sigma_h$, Σ_i Körper mit dem Einselement e_i. h' ist dann jedenfalls ein Teiler von h [7a]). Wenn σ e_1 in $e_2, \ldots, e_h$ in e_1 überführt, so muß e'_1 als bei $\sigma^{h'}$ festes Idempotent Summe gewisser e_i sein, in der mit jedem e_i auch alle e_k mit $k \equiv i$ (mod h') auftreten. Weil dasselbe aber für $e'_2, \ldots, e'_{h'}$ auch gilt, kann jedes e' nur Summe der e_i einer einzigen Restklasse i (mod h') sein. Also etwa $e'_1 = e_1 + e_{h'+1} + \cdots + e_{h-h'+1}$. Aus dieser Formel sieht man aber ohne weiteres, daß $(e'_1 S, \sigma^{h'})$ aus (Σ_1, σ^h) nach der Konstruktionsmethode von § 5, **2** entstanden ist, also $(e'_1 S, \sigma^{h'}) \sim (\Sigma_1, \sigma^h) \sim (S, \sigma)$.

5. Wir wenden das gleich an.

Aus $(S, \sigma) \sim (S', \sigma')$ folgt $(S_\Omega, \sigma) \sim (S'_\Omega, \sigma')$.

Beweis: Es genügt offenbar, folgenden Satz zu beweisen:

Ist (S, σ) zyklischer Normalring, $S = \Sigma_1 + \cdots + \Sigma_h$, Σ_i Körper mit dem Einselement e_i, so ist $(S_\Omega, \sigma) \sim ((\Sigma_1)_\Omega, \sigma^h)$.

Nun sind aber $e_1, \ldots, e_h$ in S_Ω orthogonale Idempotente, die von σ zyklisch permutiert werden. Nach § 5, **4** gilt $(S_\Omega, \sigma) \sim (e_1 S_\Omega, \sigma^h) \cong ((\Sigma_1)_\Omega, \sigma^h)$.

Aus $(S, \sigma) \sim (S', \sigma')$ folgt $(\alpha, S, \sigma) \sim (\alpha, S', \sigma')$.

Das ist weiter nichts als ein neuer Ausdruck für die schon in § 4, **2** festgestellte Regel $(\alpha, S, \sigma) \sim (\alpha, \Sigma_1, \sigma^h)$.

[7a]) Denn σ^h führt e'_1 in sich über.

Wir fassen nun beide Sätze zusammen:

Ω sei ein Oberkörper von P, $\alpha \neq 0$ ein Element von Ω. Aus $(S,\sigma) \sim (S',\sigma')$ folgt dann $(\alpha, S_\Omega, \sigma) \sim (\alpha, S'_\Omega, \sigma')$.

Wir werden später sehen, daß die Gültigkeit dieses Satzes für den hier eingeführten Ähnlichkeitsbegriff *charakteristisch* ist. Das wird uns viele komplizierte Rechnungen vereinfachen: an Stelle der zyklischen Normalringe werden wir oft Algebrenklassen betrachten können. Es sei auch bemerkt, daß die in § 5, **3** festgestellten Eigenschaften der Klassen zyklischer Normalringe viel formale Ähnlichkeit mit den Eigenschaften der Algebrenklassen haben. In § 7 werden wir eine Multiplikation der Klassen zyklischer Normalringe so definieren, daß für jedes feste Ω und jedes feste $\alpha \in \Omega$ die Abbildung

$$(S,\sigma) \to (\alpha, S_\Omega, \sigma)$$

eine *homomorphe Abbildung* der Klasse von (S,σ) auf die Algebrenklasse von $(\alpha, S_\Omega, \sigma)$ ist.

6. Mit (S,σ) ist auch (S,σ^r) zyklischer Normalring, wenn $(r,n)=1$. Hier sei n der Rang von S, h die Anzahl der direkten Körpersummanden von S, also $m = \frac{n}{h}$ der Grad des zu (S,σ) ähnlichen zyklischen Normalkörpers. In § 4, **4** wurde die Frage aufgeworfen: Unter welchen Bedingungen ist $(S,\sigma) \cong (S,\sigma^r)$? — Mit Hilfe des Ähnlichkeitsbegriffs können wir jetzt die Antwort geben:

Dann und nur dann ist $(S,\sigma) \cong (S,\sigma^r)$, wenn $r \equiv 1 \pmod m$.

Beweis: Ist wie immer Σ_1 einer der direkten Summanden von S und Körper, so ist $(S,\sigma) \sim (\Sigma_1, \sigma^h)$ und $(S,\sigma^r) \sim (\Sigma_1, \sigma^{hr})$. Nun ist $(S,\sigma) \cong (S,\sigma^r)$ dann und nur dann, wenn $(S,\sigma) \sim (S,\sigma^r)$, d. h. wenn $(\Sigma_1,\sigma^h) \sim (\Sigma_1,\sigma^{hr})$ oder schließlich wenn $(\Sigma_1,\sigma^h) \cong (\Sigma_1,\sigma^{hr})$.

Nun ist Σ_1 ein separabler und Galoisscher Oberkörper mit dem erzeugenden Automorphismus σ^h, nach § 4, **4** gilt also $(\Sigma_1,\sigma^h) \cong (\Sigma_1,\sigma^{hr})$ genau wenn $r \equiv 1 \pmod m$.

§ 6. Die Gruppe der zyklischen Normalringe eines festen Ranges n.

1. (S,σ) und (S',σ') seien zwei zyklische Normalringe vom gleichen Rang n über dem festen Grundkörper P. Das direkte Produkt $S \times S'$ ist dann hinsichtlich $(\sigma) \times (\sigma')$ i. b. a. P Normalring, wie in N. I gezeigt wurde; es ist gut, sich ins Gedächtnis zurückzurufen, daß σ und σ' dabei diejenigen Automorphismen von $S \times S'$ sind (wenn man σ und σ' als Elemente von $(\sigma) \times (\sigma')$ betrachtet), die in S bzw. S' dieselbe Wirkung haben wie vorher, während sie auf S' bzw. S angewandt den identischen Automorphismus ergeben (d. h. Elemente von S' bzw. S festlassen). Nun bilden wir den *Ring $\bar{S}$ aller Elemente x von $S \times S'$ mit $x^\sigma = x^{\sigma'}$*. Das ist genau der Ring aller bei den Automorphismen der zyklischen Gruppe $(\sigma\sigma'^{-1})$ festbleibenden Elemente von S. $(\sigma\sigma'^{-1})$ ist in $(\sigma)\times(\sigma')$ Normalteiler vom Index n, nach § 3, **1** ist $\bar{S}$ hinsichtlich der Faktorgruppe $(\sigma)\times(\sigma')/(\sigma\sigma'^{-1})$ Normalring vom Rang n über P. Diese Faktorgruppe ist aber zyklisch: eine Erzeugende ist die Restklasse $\bar{\sigma}$ von σ, die zugleich auch die σ' enthaltende Restklasse ist. Wie in § 3, **1** machen wir natürlich diese *Restklasse $\bar{\sigma}$ zu einem Automorphismus* von $\bar{S}$:

$$x^{\bar{\sigma}} = x^\sigma \; (= x^{\sigma'}) \quad \text{für } x \in \bar{S}$$

und wissen: $(\bar{S}, \bar{\sigma})$ ist i. b. a. P **ein zyklischer Normalring.** Wir **definieren**

$$(S, \sigma)(S', \sigma') = (\bar{S}, \bar{\sigma}).$$

Damit ist das **Produkt** zweier **zyklischer Normalringe gleichen Ranges** n **über dem festen Grundkörper** P erklärt. $(\bar{S}, \bar{\sigma})$ ist durch (S, σ) und (S', σ') natürlich bis auf Isomorphie eindeutig bestimmt.

2. Es liegt auf der Hand, daß diese Multiplikation **kommutativ** ist. Sie ist aber auch **assoziativ**.

Sind nämlich drei zyklische Normalringe (S, σ), (S', σ') und (S'', σ'') vom Rang n über P vorgelegt, so betrachte man im direkten Produkt $S \times S' \times S''$, das hinsichtlich $(\sigma) \times (\sigma') \times (\sigma'')$ i. b. a. P Normalring ist, den Ring $\bar{S}$ aller x mit $x^{\sigma} = x^{\sigma'} = x^{\sigma''}$. Er ist hinsichtlich der von dem durch

$$x^{\bar{\sigma}} = x^{\sigma} = x^{\sigma'} = x^{\sigma''} \qquad (x \in \bar{S})$$

definierten Automorphismus erzeugten zyklischen Faktorgruppe $(\bar{\sigma})$ Normalring i. b. a. P vom Rang n. Und ob man (S, σ) (S', σ') mit (S'', σ'') multipliziert oder ob man (S, σ) mit (S', σ') (S'', σ'') multipliziert, beide Male kommt man auf $(\bar{S}, \bar{\sigma})$.

Wir werden gleich sehen, daß unsere Multiplikation auch eindeutig umkehrbar ist, so daß wir die zyklischen Normalringe vom Rang n über P zu einer **Gruppe** zusammengesetzt haben.

3. **Aus** $(S, \sigma)(S', \sigma') = (\bar{S}, \bar{\sigma})$ **folgt** $(S, \sigma) \cong (\bar{S}, \bar{\sigma})(S', \sigma'^{-1})$.

Beweis: Wir rechnen $(\bar{S}, \bar{\sigma})(S', \sigma'^{-1})$ nach der Vorschrift von § 6, **1** aus. $\bar{S}$ ist der Ring der bei $(\sigma\sigma'^{-1})$ festen Elemente von $S \times S'$, S' ist der Ring der bei (σ) festen Elemente von $S \times S'$. Die Gruppe $\mathfrak{G} = (\sigma) \times (\sigma')$, hinsichtlich deren $S \times S'$ Normalring ist, ist aber direktes Produkt $\mathfrak{G} = (\sigma) \times (\sigma\sigma'^{-1})$. Nach § 3, **4** folgt

$$S \times S' = \bar{S} \times S'.$$

$S \times S'$ ist also nun als Normalring auch hinsichtlich des Produkts der betreffenden zyklischen Gruppen von $\bar{S}$ und S' aufzufassen. Dies direkte Produkt ist natürlich wieder $\mathfrak{G}$. Aber wie in § 6, **1** ausdrücklich betont wurde, haben wir den erzeugenden Automorphismus $\bar{\sigma}$ von $\bar{S}$ so zu einem Automorphismus von $S \times S'$ fortzusetzen, daß dieser S' elementweise festläßt, und den Automorphismus, der in S' gleich σ'^{-1} ist, haben wir so zu einem Automorphismus von $S \times S'$ zu machen, daß er $\bar{S}$ elementweise festläßt. Was für Automorphismen von $S \times S'$ ergibt das? — Die Antwort ist nicht schwer: Der Automorphismus, der in $\bar{S}$ wie $\bar{\sigma}$ wirkt und der S' festläßt, ist σ; der Automorphismus von $S \times S'$, der in S' wie σ'^{-1} wirkt und der $\bar{S}$ festläßt, ist (nicht σ'^{-1}, sondern) $\sigma\sigma'^{-1}$. Das direkte Produkt $\bar{S} \times S' = S \times S'$ ist also im Sinne der Konstruktion aus § 6, **1** als Normalring hinsichtlich $(\sigma) \times (\sigma\sigma'^{-1})$ aufzufassen. Nun haben wir, um das Produkt $(\bar{S}, \bar{\sigma})(S', \sigma'^{-1})$ zu bilden, den Ring aller $x \in S \times S'$ mit

$$x^{\sigma} = x^{\sigma\sigma'^{-1}}$$

aufzusuchen, das ist aber S. Und in ihm haben wir als erzeugenden Automorphismus

$$x \to x^{\sigma} = x^{\sigma\sigma'^{-1}}$$

auszuzeichnen, das ist aber der Automorphismus σ von S. Damit ist alles bewiesen.

Wir ziehen aus dem bewiesenen Satz drei Folgerungen:

1. In $(S, \sigma)(S', \sigma') \cong (\bar{S}, \bar{\sigma})$ ist der erste Faktor durch den zweiten Faktor und das Produkt schon (bis auf Isomorphie) eindeutig bestimmt, d. h. die Multiplikation ist in jedem Falle, wenn überhaupt, eindeutig umkehrbar.

2. (S, σ) und (S', σ'^{-1}) durchlaufen alle zyklischen Normalringe vom Rang n über P. Zu jedem (S', σ'^{-1}) gibt es also ein $(\bar{S}, \bar{\sigma})$ so, daß das Produkt isomorph dem beliebig gegebenen (S, σ) wird: die Multiplikation ist in allen Fällen umkehrbar.

Aus beiden zusammen ergibt sich, daß die Multiplikation eindeutig umkehrbar ist. Die zyklischen Normalringe vom Rang n über P bilden also eine Gruppe.

3. Schließlich ergibt unser Satz noch die Formel

$$(S, \sigma)^{-1} \cong (S, \sigma^{-1}).$$

All dies wäre unmöglich, wenn wir nicht in § 4, 3 den Übergang von den Normalringen mit zyklischer Gruppe zu den zyklischen Normalringen, in denen ein bestimmter erzeugender Automorphismus ausgezeichnet ist, vollzogen hätten.

4. Wir kommen nun zu dem Satz, um dessentwillen die ganzen bisherigen Überlegungen angestellt wurden:

Aus $(S, \sigma)(S', \sigma') \cong (\bar{S}, \bar{\sigma})$ folgt $(\alpha, S, \sigma) \times (\alpha, S', \sigma') \sim (\alpha, \bar{S}, \bar{\sigma})$.

Beweis: Wir bilden das direkte Produkt

$$C = A \times B,$$

$$A = \sum_{i=0}^{n-1} S u^i \qquad\qquad B = \sum_{i=0}^{n-1} S' u'^i$$

$$u x = x^\sigma u \quad (x \in S) \qquad\qquad u' x' = x'^{\sigma'} u' \quad (x' \in S')$$

$$u^n = \alpha \qquad\qquad u'^n = \alpha.$$

Wie in § 6, 1 denken wir $\bar{S}$ in $S \times S'$ konstruiert. Wegen

$$S \times S' = \bar{S} \times S'$$

ist C nicht nur der von S, S', u und u', sondern auch der von $\bar{S}, S', u$ und $\frac{u'}{u}$ erzeugte Ring. Daß u mit $\frac{u'}{u}$ und die Elemente von S' mit u und mit den Elementen von $\bar{S}$ vertauschbar sind, ist klar; nach Definition ist aber auch $\bar{S}$ elementweise mit $\frac{u'}{u}$ vertauschbar. D. h. die Unterringe $\bar{S}[u]$ und $S'\left[\frac{u'}{u}\right]$ von C sind elementweise miteinander vertauschbar, und der von beiden erzeugte Unterring ist C. Nun gilt

in $\bar{S}[u]$: $\qquad$ in $S'\left[\frac{u'}{u}\right]$:

$$u \bar{x} = \bar{x}^{\bar{\sigma}} u \quad (\bar{x} \in \bar{S}) \qquad\qquad \frac{u'}{u} x' = x'^{\sigma'} \frac{u'}{u} \quad (x' \in S')$$

$$u^n = \alpha \qquad\qquad \left(\frac{u'}{u}\right)^n = 1.$$

Daher sind $\bar{S}[u]$ und $S'\left[\frac{u'}{u}\right]$ ringhomomorphe Bilder der zyklischen verschränkten Produkte $(\alpha, \bar{S}, \bar{\sigma})$ bzw. $(1, S', \sigma')$, und C ist ein ringhomomorphes Bild von $(\alpha, \bar{S}, \bar{\sigma}) \times (1, S', \sigma')$. Weil dies letztere Produkt aber einfach ist (oder auch weil es denselben Rang wie C hat), ist

$$(\alpha, S, \sigma) \times (\alpha, S', \sigma') = C \cong (\alpha, \bar{S}, \bar{\sigma}) \times (1, S', \sigma') \sim (\alpha, \bar{S}, \bar{\sigma}).$$

5. Der einfachste zyklische Normalring (S, σ) vom Rang n über P ist die direkte Summe S von n zu P isomorphen Körpern, die von σ zyklisch permutiert werden. Das ist nämlich

14*

derjenige zyklische Normalring vom Rang n, der $\sim(\mathrm{P},1)$ ist. Hierin ist P als zyklischer Oberkörper vom Grade 1 über P mit dem erzeugenden Automorphismus 1 aufzufassen. Wir werden in § 7, **2** sehen, daß dieser Normalring das Einselement der in diesem Paragraphen erklärten Gruppe ist. Schon hier aber beweisen wir:

Ist $\mathrm{P}(\alpha)$ eine transzendente Erweiterung von P und ist $(\alpha, S_{\mathrm{P}(\alpha)}, \sigma)\sim 1$, so ist $(S,\sigma)\sim(\mathrm{P},1)$.

Beweis: Es sei $(S,\sigma)\sim(\Sigma,\sigma')$, Σ Körper. Nach § 5, **5** folgt

$$(\alpha, \Sigma_{\mathrm{P}(\alpha)}, \sigma')\sim(\alpha, S_{\mathrm{P}(\alpha)}, \sigma)\sim 1.$$

Nach § 4, **2** muß α Norm eines Elementes c des zyklischen Oberkörpers $\Sigma(\alpha)$ von $\mathrm{P}(\alpha)$ sein. Ist c Quotient eines Polynoms in α vom Grad k durch ein Polynom vom Grad l mit Koeffizienten aus Σ und hat Σ über P den Grad m, so ist die Norm α (als Produkt der Konjugierten zu c) Quotient eines Polynoms vom Grad km durch ein Polynom vom Grad lm. Das ist nur möglich, wenn $m=1$; dann ist aber $\Sigma=\mathrm{P}$, $(S,\sigma)\sim(\mathrm{P},1)$.

6. Die Konstruktion in § 6, **1** hat linearen Charakter. Darum folgt aus $(S,\sigma)(S',\sigma')\cong(\bar S,\bar\sigma)$, daß $(S_\Omega,\sigma)(S'_\Omega,\sigma')\cong(\bar S_\Omega,\bar\sigma)$. Faßt man dies mit dem Ergebnis von § 6, **4** zusammen, so erhält man:

Aus $(S,\sigma)(S',\sigma')\cong(\bar S,\bar\sigma)$ folgt

$$(\alpha, S_\Omega, \sigma)\times(\alpha, S'_\Omega, \sigma')\sim(\alpha, \bar S_\Omega, \bar\sigma).$$

§ 7. Die Gruppe der Klassen zyklischer Normalringe.

1. Zu zwei zyklischen Normalringen (S,σ) und (S',σ') über demselben Grundkörper P gibt es stets einen zyklischen Normalring $(\bar S,\bar\sigma)$ i. b. a. P so, daß

$$(\alpha, S_\Omega, \sigma)\times(\alpha, S'_\Omega, \sigma')\sim(\alpha, \bar S_\Omega, \bar\sigma)$$

für alle $\Omega\supseteq\mathrm{P}$ und alle $\alpha\neq 0$ in Ω gilt.

Beweis: Wie schon in § 5, **3** bemerkt wurde, gibt es sicher Normalringe (T,τ) und (T',τ') gleichen Ranges n i. b. a. P so, daß $(S,\sigma)\sim(T,\tau)$ und $(S',\sigma')\sim(T',\tau')$. Für n kann man z. B. das kleinste gemeinsame Vielfache der Ränge von S und S' nehmen. Zyklische Normalringe gleichen Ranges über P kann man multiplizieren: es sei $(T,\tau)(T',\tau')\cong(\bar T,\bar\tau)$. Aus § 5, **5** und § 6, **6** folgt dann

$$(\alpha, S_\Omega, \sigma)\times(\alpha, S'_\Omega, \sigma')\sim(\alpha, T_\Omega, \tau)\times(\alpha, T'_\Omega, \tau')\sim(\alpha, \bar T_\Omega, \bar\tau).$$

2. α sei eine Unbestimmte, d. h. $\mathrm{P}(\alpha)$ sei ein transzendenter Oberkörper von P. Wir ordnen dann jedem zyklischen Normalring (S,σ) vom Rang n über P das zyklische verschränkte Produkt $(\alpha, S_{\mathrm{P}(\alpha)}, \sigma)$ zu. Nach § 6, **6** ist diese Zuordnung ein Homomorphismus der Gruppe aller (S,σ) auf eine gewisse Untergruppe der Algebrenklassengruppe über $\mathrm{P}(\alpha)$.

Das Einselement der Gruppe der (S,σ) muß bei diesem Homomorphismus in die Einsklasse der Algebrenklassengruppe übergehen; nach § 6, **5** folgt:

Das Einselement der Gruppe der zyklischen Normalringe vom Rang n ist $\sim(\mathrm{P},1)$.

Wieder nach § 6, **5** ist überhaupt jedes Element der Gruppe der (S,σ), das bei unserem Homomorphismus in 1 übergeht, $\sim(\mathrm{P},1)$, also isomorph dem Einselement der Gruppe aller (S,σ), kurz: nur 1 geht in 1 über, oder: Die oben erklärte Zuordnung ist ein Isomorphismus.

Explizit:

Sind (S, σ) und (S', σ') zwei zyklische Normalringe vom Rang n über P und gilt

$$(\alpha, S_{P(\alpha)}, \sigma) \sim (\alpha, S'_{P(\alpha)}, \sigma')$$

für unbestimmtes α, so gilt

$$(S, \sigma) \cong (S', \sigma').$$

Diesen Satz kann man leicht noch verallgemeinern:

Gilt für zwei zyklische Normalringe (S, σ) und (S', σ') über P

$$(\alpha, S_{P(\alpha)}, \sigma) \sim (\alpha, S'_{P(\alpha)}, \sigma')$$

für unbestimmtes α, so gilt

$$(S, \sigma) \sim (S', \sigma').$$

Beweis: Wie in § 7, 1 wählen wir $(T, \tau) \sim (S, \sigma)$ und $(T', \tau') \sim (S', \sigma')$ so, daß T und T' den gleichen Rang haben. Dann gilt nach § 5, 5

$$(\alpha, T_{P(\alpha)}, \tau) \sim (\alpha, S_{P(\alpha)}, \sigma) \sim (\alpha, S'_{P(\alpha)}, \sigma') \sim (\alpha, T'_{P(\alpha)}, \tau'),$$

nach dem eben Bewiesenen folgt

$$(S, \sigma) \sim (T, \tau) \cong (T', \tau') \sim (S', \sigma').$$

3. Nun ordnen wir — wieder für unbestimmtes α — jedem zyklischen Normalring (S, σ) über P das zyklische verschränkte Produkt $(\alpha, S_{P(\alpha)}, \sigma)$ zu. Nach § 5, 5 entsprechen ähnlichen (S, σ) hierbei ähnliche $(\alpha, S_{P(\alpha)}, \sigma)$, es handelt sich also um eine eindeutige Abbildung der Menge aller Klassen zyklischer Normalringe auf eine Menge G von Algebrenklassen über $P(\alpha)$. Nach § 7, 2 ist diese Abbildung auch in umgekehrter Richtung eindeutig, denn ähnlichen $(\alpha, S_{P(\alpha)}, \sigma)$ entsprechen ähnliche (S, σ). Nach § 7, 1 ist G eine Gruppe: Alle Produkte zweier Elemente von G lassen sich wieder als Elemente von G darstellen; weil alle Algebrenklassen endliche Ordnung haben, genügt diese Feststellung[8]). Eine Gruppe ist also eineindeutig auf eine vorläufig strukturlose Menge abgebildet. Da machen wir selbstverständlich die Menge auch zu einer Gruppe, und zwar so, daß die gegebene eineindeutige Abbildung ein Isomorphismus wird; durch diese Forderung ist ja die Multiplikation in der Menge eindeutig erklärt. Explizit heißt das:

Das Produkt zweier Klassen zyklischer Normalringe, die etwa (S, σ) und (S', σ') enthalten mögen, sei die Klasse der und nur der zyklischen Normalringe $(\bar{S}, \bar{\sigma})$, für die

$$(\alpha, S_{P(\alpha)}, \sigma) \times (\alpha, S'_{P(\alpha)}, \sigma') \sim (\alpha, \bar{S}_{P(\alpha)}, \bar{\sigma})$$

für unbestimmtes α gilt. Mit dieser Verknüpfung bildet die Menge aller Klassen zyklischer Normalringe über P eine Gruppe. Für alle $(\bar{S}, \bar{\sigma})$ der Produktklasse schreiben wir

$$(S, \sigma)(S', \sigma') \sim (\bar{S}, \bar{\sigma}).$$

Man kann das mit anderen Worten so ausdrücken:

$(S, \sigma)(S', \sigma') \sim (\bar{S}, \bar{\sigma})$ gelte dann und nur dann, wenn $(\alpha, S_{P(\alpha)}, \sigma) \times (\alpha, S'_{P(\alpha)}, \sigma') \sim (\alpha, \bar{S}_{P(\alpha)}, \bar{\sigma})$ für unbestimmtes α gilt. Hierdurch ist die Klasse von $(\bar{S}, \bar{\sigma})$ durch

[8]) Die Existenz des Inversen in G folgt natürlich auch aus $(\alpha, S, \sigma) \times (\alpha, S, \sigma^{-1}) \sim 1$.

die Klassen von (S, σ) und von (S', σ') eindeutig bestimmt. Hinsichtlich dieser Multiplikation der Klassen zyklischer Normalringe bilden diese Klassen eine Gruppe.

Nach § 7, **1** gibt es zu (S, σ) und (S', σ') stets ein $(\overline{T}, \overline{\tau})$ so, daß

$$(\alpha, S_\Omega, \sigma) \times (\alpha, S'_\Omega, \sigma') \sim (\alpha, \overline{T}_\Omega, \overline{\tau})$$

für alle $\Omega \supseteq \mathrm{P}$ und alle $\alpha \neq 0$ in Ω gilt. Weil dies insbesondere für $\Omega = \mathrm{P}(\alpha)$ und unbestimmtes α gelten muß, folgt aus $(S, \sigma)(S', \sigma') \sim (\overline{S}, \overline{\sigma})$, daß $(\overline{T}, \overline{\tau}) \sim (\overline{S}, \overline{\sigma})$; hieraus folgt weiter

$$(\alpha, S_\Omega, \sigma) \times (\alpha, S'_\Omega, \sigma') \sim (\alpha, \overline{T}_\Omega, \overline{\tau}) \sim (\alpha, \overline{S}_\Omega, \overline{\sigma}).$$

Damit ist bewiesen:

Aus $(S, \sigma)(S', \sigma') \sim (\overline{S}, \overline{\sigma})$ folgt

$$(\alpha, S_\Omega, \sigma) \times (\alpha, S'_\Omega, \sigma') \sim (\alpha, \overline{S}_\Omega, \overline{\sigma})$$

für alle $\Omega \supseteq \mathrm{P}$ und alle $\alpha \neq 0$ in Ω.

Mit ein paar Worten müssen wir noch bei dem Sinn der Schreibweise

$$(S, \sigma)(S', \sigma') \sim (\overline{S}, \overline{\sigma})$$

verweilen. — Wenn S und S' beide denselben Rang haben, dann ist $(S, \sigma)(S', \sigma')$ nach § 6 ein (bis auf Isomorphie) wohlbestimmter zyklischer Normalring von demselben Rang. Die obige Formel kann dann also nichts anderes bedeuten, als daß $(\overline{S}, \overline{\sigma})$ diesem zyklischen Normalring ähnlich sei. Aus § 6, **6** geht aber ohne weiteres hervor, daß der zyklische Normalring $(S, \sigma)(S', \sigma')$ in derjenigen Klasse liegt, die das Produkt der Klassen von (S, σ) und (S', σ') ist, also in der Klasse von $(\overline{S}, \overline{\sigma})$. Unsere neue Definition widerspricht also der Definition aus § 6, **1** nicht, sondern sie wird vielmehr von jener ergänzt.

Wenn aber S und S' verschiedenen Rang haben, dann ist bisher ein zyklischer Normalring $(S, \sigma)(S', \sigma')$ nicht erklärt worden. Wir wollen einen solchen auch gar nicht erklären. In

$$(S, \sigma)(S', \sigma') \sim (\overline{S}, \overline{\sigma})$$

hat dann also die linke Seite für sich gar keinen Sinn. Sie ist weder ein bestimmter zyklischer Normalring noch auch eine Klasse zyklischer Normalringe (denn $(\overline{S}, \overline{\sigma})$ ist nicht ähnlich der Klasse, in der es liegt), sondern eher ein allgemeines Element der Klasse von $(\overline{S}, \overline{\sigma})$: ähnlich jedem zyklischen Normalring der Klasse, isomorph aber keinem.

4. In $(S, \sigma)(S', \sigma') \sim (\overline{S}, \overline{\sigma})$ seien S, S' und $\overline{S}$ Körper. Das dürfen wir ja immer ohne Beschränkung der Allgemeinheit annehmen.

Dann ist $\overline{S}$ i. b. a. P isomorph einem Unterkörper des (über P gebildeten) Kompositums von S und S'.

Der Grad von $\overline{S}$ geht im kleinsten gemeinsamen Vielfachen der Grade von S und von S' auf.

Beweis: S habe den Grad n, S' den Grad n', und m sei das kleinste gemeinsame Vielfache von n und n'. Wie in § 5, **2** konstruieren wir die zyklischen Normalringe $(T, \tau) \sim (S, \sigma)$ und $(T', \tau') \sim (S', \sigma')$ vom Rang m. Im direkten Produkt $T \times T'$ sei $\overline{T}$ der Ring aller x mit $x^\tau = x^{\tau'}$, und es sei $x^{\overline{\tau}} = x^\tau = x^{\tau'}$ für $x \in \overline{T}$. Nach § 6, **1** ist dann

$$(\overline{T}, \overline{\tau}) \cong (T, \tau)(T', \tau') \sim (S, \sigma)(S', \sigma') \sim (\overline{S}, \overline{\sigma}).$$

$e_1, \ldots, e_h$ seien die primitiven Idempotente von $T \times T'$; $e'_1, \ldots, e'_{h'}$ seien die primitiven Idempotente von $\overline{T}$. e'_1 ist Summe gewisser e_i, wir dürfen annehmen, daß e_1 unter diesen e_i vorkommt. Nach N. I ist $e_1 (T \times T')$ i. b. a. P isomorph dem Kompositum von S und S'; wegen $(\overline{T}, \overline{\tau}) \sim (\overline{S}, \overline{\sigma})$ ist nach § 5, 3 $e'_1 \overline{T} \cong \overline{S}$ i. b. a. P.

Multipliziert man $e'_1 \overline{T}$ elementweise mit e_1, so erhält man einen Isomorphismus von $e'_1 \overline{T}$ auf einen Unterkörper von $e_1 (T \times T')$ i. b. a. P, also einen Isomorphismus i. b. a. P von $\overline{S}$ auf einen Unterkörper des Kompositums von S und S'.

Der Grad von $e'_1 \overline{T} \cong \overline{S}$ ergibt, mit h' multipliziert, den Rang m von $\overline{T}$.

§ 8. Rechenregeln.

1. Aus $(S, \sigma)(S', \sigma') \sim (\overline{S}, \overline{\sigma})$ folgt

$$(S_\Omega, \sigma)(S'_\Omega, \sigma') \sim (\overline{S}_\Omega, \overline{\sigma}).$$

Beweis: Ist α i. b. a. Ω transzendent, so gilt

$$(\alpha, S_{\Omega(\alpha)}, \sigma) \times (\alpha, S'_{\Omega(\alpha)}, \sigma') \sim (\alpha, \overline{S}_{\Omega(\alpha)}, \overline{\sigma}).$$

2. Ist r zum Rang n von S prim, so gilt

$$(S, \sigma) \sim (S, \sigma^r)^r.$$

Beweis: Nach § 4, 2 gilt

$$(\alpha, S_{P(\alpha)}, \sigma) \sim (\alpha, S_{P(\alpha)}, \sigma^r)^r.$$

3. (S, σ) sei ein zyklischer Normalkörper, S_d für d/n der Unterkörper vom Grad $\frac{n}{d}$ über P, so daß S über S_d den Grad d hat. Dann gilt

$$(S, \sigma)^d \sim (S_d, \sigma).$$

Beweis: Nach § 4, 2 gilt

$$(\alpha, S(\alpha), \sigma)^d \sim (\alpha, S_d(\alpha), \sigma).$$

Wir können diesen Satz mit dem von § 8, 2 so zusammenziehen:

Ist (S, σ) ein zyklischer Normalkörper vom Grad n und gilt $ks \equiv (k, n) \pmod{n}$, so gilt

$$(S, \sigma)^k \sim (S_{(k,n)}, \sigma^s).$$

Denn es ist

$$(S, \sigma)^{(k,n)} \sim (S_{(k,n)}, \sigma);$$

$r = \frac{k}{(k,n)}$ ist zum Grad $\frac{n}{(k,n)}$ von $S_{(k,n)}$ prim, und es gilt $rs \equiv 1 \left(\bmod \frac{n}{(k,n)}\right)$, daher

$$(S, \sigma)^k \sim (S_{(k,n)}, \sigma)^r \sim (S_{(k,n)}, \sigma^s)^{rs} \sim (S_{(k,n)}, \sigma^s).$$

Offenbar durchläuft $S_{(k,n)}$ alle Zwischenkörper zwischen P und S, und bei gegebenem $d = (k, n)$ durchläuft σ^s mit $ks \equiv d \pmod{n}$ alle erzeugenden Automorphismen von S_d. Das heißt:

Man erhält genau die zu den Potenzen des zyklischen Normalkörpers (S, σ) ähnlichen zyklischen Normalkörper, wenn man in allen Zwischenkörpern zwischen P und S alle erzeugenden Automorphismen i. b. a. P auszeichnet.

Außerdem erhalten wir eine neue Charakterisierung des Grades der in einer Klasse zyklischer Normalringe enthaltenen Körper als Ordnung der Klasse in der Klassengruppe von § 7, **3.**

4. $n = n' n''$ sei eine Zerlegung des Grades des zyklischen Normalkörpers (S, σ) in zwei teilerfremde Faktoren. Es sei

$$k' n' + k'' n'' = 1 .$$

Dann ist auch

$$n'' \cdot k'' n'' \equiv n'' = (k'' n'', n) \pmod{n},$$

also nach § 8, 3

$$(S, \sigma)^{k'' n''} \sim (S_{n''}, \sigma^{n''}) .$$

Genau so ist

$$(S, \sigma)^{k' n'} \sim (S_{n'}, \sigma^{n'})$$

und

$$(S_{n''}, \sigma^{n''})(S_{n'}, \sigma^{n'}) \sim (S, \sigma) .$$

Nach dieser Formel kann man n' und n'' weiter in teilerfremde Faktoren zerlegen. Ist $n = p_1^{e_1} \cdots p_r^{e_r}$ die Primzerlegung von n und bezeichnet man $S_{n p_i^{-e_i}}$ kurz mit $S^{(i)}$, so erhält man die Formel

$$(S, \sigma) \sim \prod_{i=1}^{r} (S^{(i)}, \sigma^{n p_i^{-e_i}}) .$$

Es ist selbstverständlich, daß die Gruppe der Klassen zyklischer Normalringe das direkte Produkt der Untergruppen aller Elemente mit p-Potenzordnung ist, wo p alle Primzahlen durchläuft. Diese Zerlegung wird nun durch die eben bewiesene Formel konkret gemacht.

5. (S, σ) und (S', σ') seien zwei zyklische Normalringe mit den Rängen n und n' über P, und es gelte n' / n. Es sei etwa $n = k n'$. Ist dann $\bar{S}$ der Ring aller Elemente x von $S \times S'$ mit $x^{\sigma^k} = x^{\sigma'}$, so wird durch $x^{\bar{\sigma}} = x^{\sigma}\ (x \in \bar{S})$ ein Automorphismus von $\bar{S}$ erklärt, und $(\bar{S}, \bar{\sigma})$ ist i. b. a. P zyklischer Normalring mit $(S, \sigma)(S', \sigma') \sim (\bar{S}, \bar{\sigma})$.

Beweis: $S \times S'$ ist hinsichtlich $\mathfrak{G} = (\sigma) \times (\sigma')$ i. b. a. P Normalring. $\bar{S}$ ist der Ring aller bei $(\sigma^k \sigma'^{-1})$ festbleibenden Elemente von $S \times S'$, aber $(\sigma^k \sigma'^{-1})$ ist in $\mathfrak{G}$ Normalteiler vom Index n, und die Restklasse von σ mod $(\sigma^k \sigma'^{-1})$ erzeugt die zyklische Faktorgruppe $\mathfrak{G}/(\sigma^k \sigma'^{-1})$. Nach § 3, **1** ist $(\bar{S}, \bar{\sigma})$ i. b. a. P Normalring vom Rang n. Um nun $(S, \sigma)(S', \sigma') \sim (\bar{S}, \bar{\sigma})$ zu beweisen, rechnen wir analog zu § 6, **4** die Algebrenrelation

$$(\alpha, S_{P(\alpha)}, \sigma) \times (\alpha, S'_{P(\alpha)}, \sigma') \sim (\alpha, \bar{S}_{P(\alpha)}, \bar{\sigma})$$

aus [9]).

Wir bilden das direkte Produkt

$$C = A \times B ,$$

$$A = \sum_{i=0}^{n-1} S_{P(\alpha)} u^i \qquad\qquad B = \sum_{i=0}^{n'-1} S'_{P(\alpha)} u'^i$$

$$u x = x^{\sigma} u \quad (x \in S_{P(\alpha)}) \qquad\qquad u' x' = x'^{\sigma'} u' \quad (x' \in S'_{P(\alpha)})$$

$$u^n = \alpha \qquad\qquad u'^{n'} = \alpha .$$

---

[9]) Man kann aber auch einen zu (S', σ') ähnlichen zyklischen Normalring vom Rang n konstruieren, § 6, 1 anwenden und dann die Isomorphie des erhaltenen zyklischen Normalrings zu $(\bar{S}, \bar{\sigma})$ beweisen.

Wie in § 6, **3** folgt aus $\mathfrak{G} = (\sigma) \times (\sigma^k \sigma'^{-1})$, daß $S \times S' = \bar{S} \times S'$. C ist also nicht nur der von $\mathsf{P}(\alpha), S, S', u$ und u' erzeugte Ring, sondern auch der von $\mathsf{P}(\alpha), \bar{S}, S', u$ und $u' u^{-k}$ erzeugte Ring. Die Unterringe $\bar{S}_{\mathsf{P}(\alpha)}[u]$ und $S'_{\mathsf{P}(\alpha)}[u' u^{-k}]$ sind also miteinander vertauschbar und erzeugen ganz C. Es gilt

in $\bar{S}_{\mathsf{P}(\alpha)}[u]$: in $S'_{\mathsf{P}(\alpha)}[u' u^{-k}]$:

$$u\,\bar{x} = \bar{x}^{\bar{\sigma}} u \quad (\bar{x} \in \bar{S}_{\mathsf{P}(\alpha)}) \qquad u' u^{-k} x' = x'^{\sigma'} u' u^{-k} \quad (x' \in S'_{\mathsf{P}(\alpha)})$$

$$u^n = \alpha \qquad (u' u^{-k})^{n'} = 1.$$

Daher ist C ein ringhomomorphes Bild von $(\alpha, \bar{S}_{\mathsf{P}(\alpha)}, \bar{\sigma}) \times (1, S'_{\mathsf{P}(\alpha)}, \sigma')$, mithin

$$(\alpha, S_{\mathsf{P}(\alpha)}, \sigma) \times (\alpha, S'_{\mathsf{P}(\alpha)}, \sigma') = C \cong (\alpha, \bar{S}_{\mathsf{P}(\alpha)}, \bar{\sigma}) \times (1, S'_{\mathsf{P}(\alpha)}, \sigma') \sim (\alpha, \bar{S}_{\mathsf{P}(\alpha)}, \bar{\sigma}).$$

§ 9. Körpertheoretische Deutung.

1. Bisher haben wir uns immer auf den hyperkomplexen Standpunkt gestellt. Ein zyklischer Normalring war für uns ein halbeinfaches hyperkomplexes System, in dem ein Automorphismus i. b. a. P mit bestimmten Eigenschaften ausgezeichnet werden konnte und auch wirklich ausgezeichnet war. Es darf aber nicht vergessen werden, daß in fast der ganzen bisherigen Literatur die zyklischen Normalkörper, die ja die Bausteine der zyklischen Normalringe sind, in einem ganz anderen Sinne auftreten, nämlich als separable endliche Galoische Oberkörper mit besonders einfacher Galoischer Gruppe. Es ist daher wünschenswert, die in § 7 erklärte Multiplikation, soweit sie sich auf die in den Klassen enthaltenen Körper bezieht, im Rahmen der Galoischen Theorie deuten zu können.

Sei $(S, \sigma)(S', \sigma') \sim (\bar{S}, \bar{\sigma})$, S, S' und $\bar{S}$ Körper. Nach § 7, **4** ist $\bar{S}$ dann Unterkörper des Kompositums K von S und S'. Zu welcher Untergruppe der Galoischen Gruppe von K/P gehört $\bar{S}$, und welcher Restklasse entspricht $\bar{\sigma}$?

Wir können diese Fragestellung gleich ein wenig verallgemeinern. — K sei irgendein Abelscher Oberkörper von P mit der Gruppe $\mathfrak{G}$. S und S' seien zwei zyklische Unterkörper von K, σ bzw. σ' seien erzeugende Automorphismen von S/P bzw. S'/P. Nach § 7, **4** gibt es dann einen zyklischen Unterkörper $\bar{S}$ von K und einen erzeugenden Automorphismus $\bar{\sigma}$ von $\bar{S}/\mathsf{P}$ mit $(S, \sigma)(S', \sigma') \sim (\bar{S}, \bar{\sigma})$. $\bar{S}$ und $\bar{\sigma}$ sind mit Hilfe von $\mathfrak{G}$ zu beschreiben.

2. Jedem zyklischen Unterkörper S von K, in dem ein erzeugender Automorphismus σ ausgezeichnet ist, ordnen wir auf folgende Weise einen Charakter $\chi = \chi_{(S,\sigma)}$ von $\mathfrak{G}$ (also eine homomorphe Abbildung von $\mathfrak{G}$ auf komplexe Einheitswurzeln) zu: Wenn $\tau \in \mathfrak{G}$, auf Elemente von S angewandt, den Automorphismus σ^a liefert, so sei $\chi(\tau) = e^{\frac{2\pi i a}{n}}$ mit $n = (S:\mathsf{P})$.

Diese Zuordnung ist eine eineindeutige Abbildung der Gruppe aller (S, σ) mit $S \subseteq K$ auf die Gruppe aller Charaktere χ von $\mathfrak{G}$. D. h. jeder Charakter χ entsteht aus einem und nur einem (S, σ) auf die angegebene Art. Denn S ist einfach der Körper, der zur Untergruppe aller $\tau \in \mathfrak{G}$ mit $\chi(\tau) = 1$ nach der Galoischen Theorie gehört, und σ entspricht derjenigen Restklasse von $\mathfrak{G}$ nach dieser Untergruppe, in der $\chi(\tau) = e^{\frac{2\pi i}{n}}$ ist.

Diese eineindeutige Zuordnung ist ein Isomorphismus. Wenn dieser Satz bewiesen ist, ist die in § 9, **1** aufgeworfene Frage beantwortet.

3. Zum Beweis betrachten wir erst den Sonderfall, daß K i. b. a. P zyklisch vom Grad n mit dem erzeugenden Automorphismus τ ist. Nach § 8, **3** sind dann alle zu betrachtenden (S, σ) ähnlich zu Potenzen von (K, τ). Es reicht also hin, zu zeigen, daß aus $(S, \sigma) \sim (K, \tau)^k$ folgt $\chi_{(S,\sigma)}(\tau) = e^{\frac{2\pi i k}{n}}$; dann ist nämlich $\chi_{(S,\sigma)}(\tau^b) = e^{\frac{2\pi i k b}{n}}$, und sowohl die Abbildung der $(S, \sigma) \sim (K, \tau)^k$ auf die additiven Restklassen $k \pmod n$ wie die Abbildung dieser Restklassen auf die Charaktere $\chi(\tau^b) = e^{\frac{2\pi i k b}{n}}$ ist ein Isomorphismus.

Nach § 8, **3** gilt nun

$$(K, \tau)^k \sim (K_{(k,n)}, \tau^s)$$

mit $ks \equiv (k, n) \pmod n$. Setzt man wieder $r = \frac{k}{(k,n)}$, so gilt $rs \equiv 1 \left(\bmod \frac{n}{(k,n)}\right)$, der Automorphismus τ von K wirkt also auf Elemente von $K_{(k,n)}$ wie $(\tau^s)^r$. Und $K_{(k,n)}$ hat den Grad $\frac{n}{(k,n)}$. Nach der Definition in § 9, **2** ist

$$\chi_{(K_{(k,n)}, \tau^s)}(\tau) = e^{\frac{\frac{2\pi i r}{n}}{(k,n)}} = e^{\frac{2\pi i k}{n}}, \text{ w. z. b. w.}$$

4. Nun betrachten wir den allgemeinen Fall. Aus $(S, \sigma)(S', \sigma') \sim (\bar{S}, \bar{\sigma})$ sollen wir auf $\chi_{(S,\sigma)}(\tau)\, \chi_{(S',\sigma')}(\tau) = \chi_{(\bar{S},\bar{\sigma})}(\tau)$ schließen. Da sei Λ der zur Untergruppe (τ) gehörige Zwischenkörper zwischen K und P. Z sei das in K gebildete Kompositum von S und Λ. Hat S über P den Grad n und Z über Λ den Grad $\frac{n}{h}$, so ist σ^h die früheste σ-Potenz, die sich zu einem Automorphismus ζ von Z i. b. a. Λ fortsetzen läßt. Offenbar ist $(S_\Lambda, \sigma) \sim (Z, \zeta)$. Wir vergleichen nun die Werte, die der Charakter $\chi_{(S,\sigma)}$ von $\mathfrak{G}$ und der Charakter $\chi_{(Z,\zeta)}$ von (τ) an der Stelle τ annehmen:

τ ergebe, auf Elemente von Z angewandt, den Automorphismus ζ^b von Z/Λ. Dann ergibt τ, auf den Unterkörper S von Z angewandt, denselben Automorphismus σ^{hb} wie ζ^b. Also ist

$$\chi_{(S,\sigma)}(\tau) = e^{\frac{2\pi i h b}{n}} = e^{\frac{2\pi i b}{n h^{-1}}} = \chi_{(Z,\zeta)}(\tau).$$

Wir denken nun (Z', ζ') zu (S', σ') und $(\bar{Z}, \bar{\zeta})$ zu $(\bar{S}, \bar{\sigma})$ genau so konstruiert wie (Z, ζ) zu (S, σ). Aus

$$(S, \sigma)(S', \sigma') \sim (\bar{S}, \bar{\sigma})$$

folgt dann

$$(Z, \zeta)(Z', \zeta') \sim (\bar{Z}, \bar{\zeta}),$$

$$\chi_{(Z,\zeta)}(\tau)\, \chi_{(Z',\zeta')}(\tau) = \chi_{(\bar{Z},\bar{\zeta})}(\tau),$$

$$\chi_{(S,\sigma)}(\tau)\, \chi_{(S',\sigma')}(\tau) = \chi_{(\bar{S},\bar{\sigma})}(\tau).$$

5. Hier kann noch ein für später wichtiger Zusatz gemacht werden.

Der Abelsche Oberkörper K von P sei das Kompositum der i. b. a. P zyklischen Körper $Z_1, \ldots, Z_r$. σ_i sei ein erzeugender Automorphismus von Z_i/P. Jeder zyklische Normalkörper (S, σ) mit $S \subseteqq K$ läßt sich dann in der Form

$$(S, \sigma) \sim \prod_{i=1}^{r} (Z_i, \sigma_i)^{a_i}$$

darstellen.

Beweis: $\mathfrak{H}$ sei die von den Klassen (Z_i, σ_i) $(i = 1, \ldots, r)$ erzeugte Untergruppe der Gruppe aller Klassen zyklischer Normalringe. Es ist klar, daß der in einer Klasse aus $\mathfrak{H}$ enthaltene zyklische Normalkörper stets ein Unterkörper von K sein muß (§ 7, 4). Es ist nur noch nötig, nachzuweisen, daß die Ordnung von $\mathfrak{H}$ gleich der Anzahl aller (S, σ) ist, dazu genügt es, zu beweisen, daß die Ordnung von $\mathfrak{H}$ mindestens gleich der Ordnung der Galoisschen Gruppe $\mathfrak{G}$ von K ist. Das tun wir, indem wir $(\mathfrak{G}:1)$ verschiedene Charaktere von $\mathfrak{H}$ explizit angeben.

Wir fassen dazu die in § 9, 2 eingeführten

$$\chi_{(S,\sigma)}(\tau)$$

nicht, wie vorher, bei festem (S, σ) als Charaktere von τ, sondern bei festem τ als Charaktere von $\mathfrak{H}$ auf ((S, σ) durchläuft eben nur die in den $\mathfrak{H}$-Klassen enthaltenen zyklischen Normalkörper). Den $\tau \in \mathfrak{G}$ sind so homomorph gewisse Charaktere von $\mathfrak{H}$ zugeordnet. Wir haben zu zeigen, daß nur dem einzigen $\tau = 1$ der Charakter 1 zugeordnet ist.

Ist $\chi_{(S,\sigma)}(\tau) = 1$ für alle $(S, \sigma) \in \mathfrak{H}$, so läßt τ nach der Definition von χ alle Z_i elementweise fest; weil K das Kompositum der Z_i sein sollte, folgt $\tau = 1$.

6. Es kann zweckmäßig sein, folgende Ausdrucksweise einzuführen: (S, σ) zerfällt, wenn $(S, \sigma) \sim (\mathsf{P}, 1)$, also wenn (S, σ) in der Einsklasse liegt. (S, σ) zerfällt also dann und nur dann, wenn alle $(\alpha, S_\Omega, \sigma)$ zerfallen. Ein Oberkörper K von P heiße Zerfällungskörper von (S, σ), wenn (S_K, σ) zerfällt; weil der zu (S_K, σ) ähnliche zyklische Normalkörper ähnlich dem Kompositum von S und K ist, in dem eine möglichst niedrige σ-Potenz als erzeugender Automorphismus ausgezeichnet ist, ist K dann und nur dann Zerfällungskörper von (S, σ), wenn S isomorph einem Unterkörper von K i. b. a. P ist, vorausgesetzt, daß S Körper ist. Wir haben also die Gruppe der von einem Abelschen Körper K zerfällten Klassen zyklischer Normalringe isomorph auf die Charakterengruppe der Galoisschen Gruppe von K abgebildet.

Es sei noch bemerkt, daß man das Ergebnis dieses Abschnitts auch in die Krullsche Theorie der unendlichen Galoisschen separablen Oberkörper[10]) einordnen kann, wenn man alle zyklischen Oberkörper von P als Unterkörper des größten Oberkörpers von P mit (evtl. unendlicher) Abelscher Galoisscher Gruppe ansieht.

§ 10. Zyklische Untergruppen des Zentrums der Gruppe eines Normalrings.

1. L sei hinsichtlich $\mathfrak{G}$ i. b. a. P Normalring. τ liege im Zentrum von $\mathfrak{G}$ und habe die Ordnung n. Der Ring K aller bei τ festbleibenden Elemente von L ist dann nach § 3, 1 hinsichtlich der Faktorgruppe $\mathfrak{G}/(\tau)$ i. b. a. P Normalring.

(S, σ) sei nun irgendein zyklischer Normalring vom Rang n über P. Dann ist $L \times S$ hinsichtlich $\mathfrak{G} \times (\sigma)$ i. b. a. P Normalring. $(\tau\sigma^{-1})$ ist in $\mathfrak{G} \times (\sigma)$ Normalteiler von der Ordnung n, der Ring Λ der bei $\tau\sigma^{-1}$ festbleibenden Elemente von $L \times S$ ist nach § 3, 1 hinsichtlich $\mathfrak{G} \times (\sigma)/(\tau\sigma^{-1})$ i. b. a. P Normalring. Wir identifizieren nun die Restklassen von $\mathfrak{G} \times (\sigma)$ mod $(\tau\sigma^{-1})$ mit den in ihnen enthaltenen Elementen von $\mathfrak{G}$, das ist ein Isomorphismus $\mathfrak{G} \times (\sigma)/(\tau\sigma^{-1}) \cong \mathfrak{G}$. Λ ist dann auch hinsichtlich $\mathfrak{G}$ i. b. a. P Normalring.

[10]) W. Krull, Galoissche Theorie der unendlichen algebraischen Erweiterungen, Math. Ann. 100.

Der in $L \times S$ gebildete Durchschnitt von L und Λ ist der Ring K aller bei (σ, τ) festbleibenden Elemente von $L \times S$, Elemente von K erleiden aber bei Anwendung eines aus $\mathfrak{G}$ stammenden Automorphismus dieselbe Änderung, ob sie nun als Elemente von L oder als Elemente von Λ dem Automorphismus unterworfen werden.

Wir haben also ein Verfahren, das aus einem gegebenen L lauter Normalringe Λ hinsichtlich $\mathfrak{G}$ i. b. a. P konstruiert, die K so enthalten, daß für jedes $\varrho \in \mathfrak{G}$ und jedes $x \in K$ das Element x^ϱ denselben Wert hat, einerlei ob x^ϱ in L oder in Λ berechnet wird.

2. Dieses Verfahren liefert alle derartigen Normalringe Λ und jeden nur einmal. Wir haben also eine eineindeutige Zuordnung zwischen allen zyklischen Normalringen vom Rang n über P und allen Λ.

Beweis: Unter den alten Voraussetzungen über $L, \mathfrak{G}, \tau, K$ sei irgendein derartiges Λ gegeben. $\mathfrak{G}$ habe die Ordnung N. Obgleich nun K nicht notwendig Körper sein muß, können wir das direkte Produkt von L und Λ über K bilden, also einen gemeinsamen Oberring von L und Λ, in dem L und Λ den Durchschnitt K haben und der den Rang $N n$ über P hat. Nach § 3, **3** ist nämlich

$$L = K b_1 + \cdots + K b_n$$

und

$$\Lambda = K b'_1 + \cdots + K b'_n,$$

d. h. L und Λ haben eine Basisdarstellung über K, ganz wie wenn K Körper wäre. Jetzt bilden wir einfach

$$M = \sum_{i,j=1}^{n} K b_i b'_j$$

als System mit einer Basis von n^2 Elementen über K, also mit dem Rang $N n$ über P. Daß so wieder ein kommutatives hyperkomplexes System entsteht, braucht wohl nicht ausgeführt zu werden; M ist außerdem als i. b. a. P ringhomomorphes Bild des über P gebildeten Produkts $L \times \Lambda$ halbeinfach.

3. Nun definieren wir einige Automorphismen von M i. b. a. P:

1. Für jedes $\varrho \in \mathfrak{G}$ bezeichnen wir mit ϱ denjenigen Automorphismus von M, der sowohl in L wie auch in Λ den Automorphismus ϱ ergibt. $\mathfrak{G}$ war ja Automorphismengruppe von L und auch von Λ. Auf Grund der Basisdarstellung für M sieht man leicht, daß es genau einen solchen Automorphismus von M gibt, weil nach Voraussetzung der Automorphismus ϱ von L und der Automorphismus ϱ von Λ in K dieselbe Wirkung haben. $\mathfrak{G}$ wird so zu einer Automorphismengruppe von M gemacht.

2. Mit σ bezeichnen wir denjenigen Automorphismus von M, der L festläßt und der in Λ dieselbe Wirkung wie τ hat. Er existiert, weil der Automorphismus τ von Λ doch K elementweise in sich überführt, auf Grund der Basisdarstellung

$$M = \sum_{j=1}^{n} L b'_j.$$

Weil τ im Zentrum von $\mathfrak{G}$ liegt, ist σ mit allen Elementen von $\mathfrak{G}$ vertauschbar und hat die Ordnung n, und σ^n ist auch die früheste Potenz von σ, die in $\mathfrak{G}$ liegt. Das heißt: $(\sigma) \times \mathfrak{G}$ ist eine Gruppe von Automorphismen von M.

M ist sogar hinsichtlich $(\sigma) \times \mathfrak{G}$ i. b. a. P Normalring. Den Beweis holen wir bald nach, um den Gedankengang nicht zu sehr zu unterbrechen.

Der Ring aller bei σ ungeändert bleibenden Elemente von M hat nach § 3, **1** den Rang N über P und enthält L, er ist daher gleich L. Analog ist Λ genau der Ring aller bei $\tau\,\sigma^{-1}$ festbleibenden Elemente von M. Bezeichnen wir den Ring aller Elemente von M, die bei allen $\varrho \in \mathfrak{G}$ festbleiben, mit S, so ist nach § 3 (S, σ) i. b. a. P zyklischer Normalring. Und nach § 3, **4** ist $M = L \times S$. Nun sieht man ohne weiteres, daß Λ aus L und (S, σ) auf die in § 10, **1** angegebene Art entsteht.

Es ist auch leicht einzusehen, daß (S, σ) durch L und Λ eindeutig bestimmt ist, man hat sich dazu nur klarzumachen, daß alle eben durchgeführten Konstruktionsschritte zwangsläufig aus den Vorschriften in § 10, **1** folgen.

4. Es war noch zu beweisen, daß M hinsichtlich $(\sigma) \times \mathfrak{G}$ i. b. a. P Normalring ist. III′ ist trivial: der Rang von M und die Ordnung von $(\sigma) \times \mathfrak{G}$ sind beide $N\,n$. Wir weisen I′ nach.

Die Gruppe $(\sigma) \times \mathfrak{G}$ ist hinsichtlich L und Λ symmetrisch. Denn $\mathfrak{G}$ ist schon symmetrisch als Automorphismengruppe von M erklärt, wenn man aber L und Λ vertauscht, braucht man nur σ durch $\tau\,\sigma^{-1}$ zu ersetzen, um die Symmetrie zu sehen. Es ist ja auch $(\sigma) \times \mathfrak{G} = (\tau\,\sigma^{-1}) \times \mathfrak{G}$. Auch alle übrigen Voraussetzungen und Konstruktionen waren symmetrisch in L und Λ.

Es sei nun irgendein von 1 verschiedener Automorphismus aus $(\sigma) \times \mathfrak{G}$ vorgelegt. Er kann nicht zugleich in L und in Λ alle Elemente festlassen, aus Symmetriegründen können wir ohne Beschränkung der Allgemeinheit annehmen, er ergebe, auf L angewandt, einen von 1 verschiedenen Automorphismus $\varrho \in \mathfrak{G}$.

Nun benutzen wir, daß I′ in dem Normalring L hinsichtlich $\mathfrak{G}$ i. b. a. P gilt. Ist $a_1, \ldots, a_N$ eine Basis von L/P, so hat das Gleichungssystem

$$\left(\sum_{i=1}^{N} \eta_i\, a_i\right)(a_k^{\varrho} - a_k) = 0 \qquad (k = 1, \ldots, N)$$

mit $\eta_1, \ldots, \eta_N$ aus P nur die triviale Lösung $\eta_i = 0$. Setzt man

$$a_i(a_k^{\varrho} - a_k) = \sum_{l=1}^{N} \delta_{ikl\varrho}\, a_l \qquad (\delta \in \mathrm{P}),$$

so heißt das:

$$\sum_{i=1}^{N} \eta_i\, \delta_{ikl\varrho} = 0 \qquad (k, l = 1, \ldots, N)$$

hat nur die triviale Lösung.

Nun ist $a_i\, b'_j$ $(i = 1, \ldots, N;\ j = 1, \ldots, n)$ eine Basis von M/P. Gilt

$$y\,(a_k^{\varrho} - a_k) = 0$$

für ein $y \in M$, so können wir y entwickeln:

$$y = \sum_{i,j} \eta_{ij}\, a_i\, b'_j \qquad (\eta \in \mathrm{P})$$

und einsetzen:

$$\sum_{i,j,l} \eta_{ij}\, \delta_{ikl\varrho}\, a_l\, b'_j = 0,$$

$$\sum_{i} \eta_{ij}\, \delta_{ikl\varrho} = 0;$$

wie oben bemerkt, folgt $\eta_{ij} = 0$, $y = 0$.

5. Ähnlich wie früher können wir auch hier die Beziehung zwischen L, Λ und (S, σ) als Algebrenrelation deuten.

$A = (a_{\varrho,\varrho'}, L, \mathfrak{G})$ sei ein verschränktes Produkt mit L, in dem **alle** $a_{\varrho,\varrho'}$ in K liegen:

$$A = \sum_{\varrho\in\mathfrak{G}} L u_{\varrho'}, \qquad u_\varrho x = x^\varrho u_\varrho, \qquad u_\varrho u_{\varrho'} = a_{\varrho,\varrho'} u_{\varrho\varrho'}.$$

Dann folgt durch Multiplikation von drei Assoziativitätsrelationen

$$\begin{aligned} a_{\varrho,\varrho'} a_{\varrho\varrho',\tau} &= a^{\varrho}_{\varrho',\tau} a_{\varrho,\varrho'\tau} \\ a^{\varrho}_{\tau,\varrho'} a_{\varrho,\tau\varrho'} &= a_{\varrho,\tau} a_{\varrho\tau,\varrho'} \\ a_{\tau,\varrho} a_{\tau\varrho,\varrho'} &= a^{\tau}_{\varrho,\varrho'} a_{\tau,\varrho\varrho'} \\ \hline a_{\varrho\varrho',\tau} a^{\varrho}_{\tau,\varrho'} a_{\tau,\varrho} &= a^{\varrho}_{\varrho',\tau} a_{\varrho,\tau} a_{\tau,\varrho\varrho'}, \end{aligned}$$

indem sich $a_{\varrho,\varrho'} = a^{\tau}_{\varrho,\varrho'}$, $a_{\varrho,\tau\varrho'} = a_{\varrho,\varrho'\tau}$ und $a_{\tau\varrho,\varrho'} = a_{\varrho\tau,\varrho'}$ wegheben. Das Ergebnis kann man auch so schreiben:

$$\frac{a_{\tau,\varrho}}{a_{\varrho,\tau}} \left(\frac{a_{\tau,\varrho'}}{a_{\varrho',\tau}}\right)^{\varrho} = \frac{a_{\tau,\varrho\varrho'}}{a_{\varrho\varrho',\tau}}.$$

Nach einer schon in § 2, **2** gemachten Bemerkung gibt es deshalb ein $z \in L$ mit

$$\frac{a_{\tau,\varrho}}{a_{\varrho,\tau}} = \frac{z^\varrho}{z}.$$

Durch Einsetzen von $\varrho = \tau$ folgt $z \in K$. Nun wird

$$z u_\tau u_\varrho = z a_{\tau,\varrho} u_{\tau\varrho} = z^\varrho a_{\varrho,\tau} u_{\varrho\tau} = u_\varrho z u_\tau,$$

z ist also gerade so gewählt, daß $z u_\tau$ mit allen u_ϱ vertauschbar ist. Schon in § 4, **1** vermerkten wir die Formel

$$u_\tau^n = \prod_{i=0}^{n-1} a_{\tau^i,\tau},$$

wegen $z \in K$ ist nun

$$(z u_\tau)^n = z^n \prod_{i=0}^{n-1} a_{\tau^i,\tau} = \alpha;$$

dies α ist ein mit allen u_ϱ vertauschbares Element von L, liegt also in P. **Mit diesem** α **behaupten** wir nun

$$(a_{\varrho,\varrho'}, L, \mathfrak{G}) \times (\alpha, S, \sigma) \sim (a_{\varrho,\varrho'}, \Lambda, \mathfrak{G}).$$

Beweis: Das direkte Produkt

$$C = A \times B,$$

$$A = (a_{\varrho,\varrho'}, L, \mathfrak{G}) = \sum_{\varrho\in\mathfrak{G}} L u_\varrho \qquad\qquad B = (\alpha, S, \sigma) = \sum_{i=0}^{n-1} S v^i$$

$$u_\varrho x = x^\varrho u_\varrho \quad (x \in L) \qquad\qquad v y = y^\sigma v \quad (y \in S)$$

$$u_\varrho u_{\varrho'} = a_{\varrho,\varrho'} u_{\varrho\varrho'} \qquad\qquad v^n = \alpha$$

wird wegen $L \times S = \Lambda \times S$ nicht nur von L, S, den u_ϱ und v, sondern auch von $\Lambda[u_\varrho]$ und $S\left[\frac{v}{z u_\tau}\right]$ erzeugt. Diese beiden Ringe sind aber elementweise miteinander vertauschbar, und es gilt

in $\Lambda[u_\varrho]$: in $S\left[\frac{v}{z u_\tau}\right]$:

$$u_\varrho \bar{x} = \bar{x}^\varrho u_\varrho \quad (\bar{x} \in \Lambda) \qquad\qquad \frac{v}{z u_\tau} y = y^\sigma \frac{v}{z u_\tau} \quad (y \in S)$$

$$u_\varrho u_{\varrho'} = a_{\varrho,\varrho'} u_{\varrho\varrho'} \qquad\qquad \left(\frac{v}{z u_\tau}\right)^n = 1.$$

Wie in § 6, 4 und in § 8, 5 folgt daraus

$$(a_{\varrho,\varrho'}, L, \mathfrak{G}) \times (\alpha, S, \sigma) = C \cong (a_{\varrho,\varrho'}, \Lambda, \mathfrak{G}) \times (1, S, \sigma) \sim (a_{\varrho,\varrho'}, \Lambda, \mathfrak{G}).$$

6. Bei gegebenem L haben wir uns einen repräsentantenmäßigen Überblick über alle Λ verschafft. Dagegen bleibt natürlich die Frage offen, ob es bei gegebenen $\mathfrak{G}$, τ und K überhaupt ein L gibt, für das die Voraussetzungen dieses Abschnitts erfüllt sind[11]).

Wenn K *Körper* ist, interessiert besonders die Frage, ob *alle* Λ, falls welche existieren, *Körper sind*. Hierfür soll ein einfaches Kriterium hergeleitet werden, das in sehr vielen Fällen brauchbar ist.

Nehmen wir einmal an, ein Λ, ohne Beschränkung der Allgemeinheit sogar L selbst, sei kein Körper:

$$L = \Sigma_1 + \cdots + \Sigma_h, \ h > 1, \ \Sigma_i \text{ Körper}.$$

Das Einselement von

$$\Sigma_1 + \Sigma_1^{\tau} + \Sigma_1^{\tau^2} + \cdots$$

ist dann ein bei τ festes Idempotent, also, weil K Körper ist, gleich 1. D. h. τ vertauscht die Σ_i zyklisch. $\mathfrak{H}$ sei die Untergruppe aller $\varrho \in \mathfrak{G}$ mit $\Sigma_1^{\varrho} = \Sigma_1$. Dann ist (τ) elementweise mit $\mathfrak{H}$ vertauschbar, und die früheste τ-Potenz, die in $\mathfrak{H}$ liegt, ist τ^h. Also ist h/n, und (τ) und $\mathfrak{H}$ haben den Durchschnitt (τ^h). Für die Faktorgruppen gilt

$$\mathfrak{G}/(\tau^h) = \mathfrak{H}/(\tau^h) \times (\tau)/(\tau^h).$$

Hieraus folgt das gesuchte Kriterium:

Wenn K Körper ist und wenn $(\tau)/(\tau^h)$ für kein h mit $h > 1$, h/n direkter Faktor von $\mathfrak{G}/(\tau^h)$ ist, dann sind auch alle Λ (falls welche existieren) Körper.

7. In unseren Überlegungen ist auch der Fall zugelassen, daß $\mathfrak{G}$ eine zyklische Gruppe ist. Z. B. $\mathfrak{G} = (\varrho)$, $\tau = \varrho^{N/n}$. Dann kommt man auf § 8, 5 zurück. Die Algebrenrechnung von § 10, 5 enthält dann auch nichts Neues. An die Stelle von § 10, 6 tritt dann: Ist K Körper und geht jeder Primteiler in N in höherer Potenz als in n auf, so ist auch L Körper.

§ 11. Kummersche zyklische Normalringe.

1. Die Charakteristik des Grundkörpers P gehe nicht in n auf, und P enthalte die primitive n-te Einheitswurzel ζ.

Für jedes $\beta \neq 0$ aus P *wird dann durch*

$$S = \mathrm{P} + v\mathrm{P} + \cdots + v^{n-1}\mathrm{P}, \quad v^n = \beta, \quad v^{\sigma} = \zeta v$$

ein zyklischer Normalring (S, σ) vom Rang n gegeben.

Beweis: S ist isomorph dem Restklassenring $\mathrm{P}[x]/x^n - \beta$, der Isomorphismus entsteht nämlich, wenn man v der Restklasse von x mod $x^n - \beta$ zuordnet. Weil

$$\frac{d}{dx}(x^n - \beta) = n\,x^{n-1}$$

zu $x^n - \beta$ teilerfremd ist, ist S halbeinfach[12]). Der durch

$$x^{\sigma} = \zeta x$$

[11]) Brauer, Über die Konstruktion der Schiefkörper, die von endlichem Rang in bezug auf ein gegebenes Zentrum sind, J. reine angew. Math. 168. — E. Witt, Konstruktion von Galoisschen Körpern der Charakteristik p zu vorgegebener Gruppe der Ordnung p^f, ebenda 174.

[12]) B. L. v. d. Waerden, Moderne Algebra II, S. 174.

gegebene Automorphismus des Polynomrings $P[x]$ i. b. a. P führt $x^n - \beta$ und daher auch das Hauptideal $(x^n - \beta)$ in sich über, nach § 2, **3** kann man also σ durch Übergang zu den Restklassen mod $x^n - \beta$ zu einem Automorphismus des Restklassenrings $P[x]/x^n - \beta \cong S$ machen, d. h. durch $v^\sigma = \zeta v$ wird wirklich ein Automorphismus von S/P definiert. Wegen $v^{\sigma^i} = \zeta^i v$ hat σ die Ordnung n, damit ist III′ bewiesen. Und für $i \not\equiv 0 \pmod n$ ist $v^{\sigma^i} - v = (\zeta^i - 1)\, v$ in S regulär, damit ist auch I″ nachgewiesen.

Ein solcher zyklischer Normalring (S, σ) heiße ein Kummerscher Normalring. Er ist durch β und ζ bis auf Isomorphie eindeutig bestimmt, darum schreiben wir auch

$$(S, \sigma) \cong (\beta, \zeta) \cong (\beta, \zeta)_P .$$

Erweitert man den Grundkörper P zu Ω, so geht $(\beta, \zeta)_P$ in $(S_\Omega, \sigma) \cong (\beta, \zeta)_\Omega$ über.

2. Jeder zyklische Normalring (S, σ) über P vom Rang n ist unter den obigen Voraussetzungen über P ein Kummerscher Normalring (β, ζ).

Beweis: Aus $\zeta^{1+\sigma+\cdots+\sigma^{n-1}} = 1$ folgt nach einer Bemerkung in § **4**, **2** die Existenz eines regulären $v \in S$ mit $\zeta = v^{\sigma-1}$.

Sei nun irgendein derartiges v in S bekannt. Dann ist v^n regulär und liegt wegen

$$(v^n)^{\sigma-1} = (v^{\sigma-1})^n = \zeta^n = 1$$

in P:

$$v^n = \beta \neq 0 \text{ in } P.$$

Der Unterring $P[v]$ von S ist demnach ein ringhomomorphes Bild des Kummerschen Normalrings (β, ζ), und bei diesem Homomorphismus entspricht dem in (β, ζ) ausgezeichneten erzeugenden Automorphismus der Automorphismus σ von $P[v]$. Nach dem Schluß aus § 2, **3** ist jener Homomorphismus sogar ein Isomorphismus, bei dem die in (β, ζ) und (S, σ) ausgezeichneten erzeugenden Automorphismen einander entsprechen, d. h. $(\beta, \zeta) \cong (S, \sigma)$.

3. Wir betrachten solch einen Kummerschen Normalring $(S, \sigma) = (\beta, \zeta)$ genauer. Sei

$$S = \Sigma_1 + \cdots + \Sigma_h,$$

Σ_i Körper mit dem Einselement e_i. Dann ist (Σ_1, σ^h) i. b. a. P ein zyklischer Normalkörper des Grades $m = \frac{n}{h}$, und P enthält die primitive m-te Einheitswurzel ζ^h. (Σ_1, σ^h) ist also ein Kummerscher Normalring vom Rang m. Wegen

$$(e_1 v)^{\sigma^h} = \zeta^h (e_1 v)$$

kann man $e_1 v$ im Beweis von § 11, **2** an die Stelle des dortigen v treten lassen, wenn ζ^h an die Stelle von ζ tritt. Es ist $(e_1 v)^m = e_1 \sqrt[h]{\beta}$, nach dem Beweis von § 11, **2** ist $\sqrt[h]{\beta}$ in P enthalten und

$$(S, \sigma) \sim (\Sigma_1, \sigma^h) \cong \left(\sqrt[h]{\beta}, \zeta^h\right).$$

Aber

$$\Sigma_1 = e_1 P + e_1 v P + \cdots + e_1 v^{m-1} P$$

ist ein Körper, darum ist das Polynom $x^m - \sqrt[h]{\beta}$ irreduzibel. Hierin ist unter $\sqrt[h]{\beta}$ immer die durch $(e_1 v)^m = e_1 \sqrt[h]{\beta}$ definierte Wurzel zu verstehen. Die anderen Wurzeln sind dann

$\zeta^{km} \cdot \sqrt[h]{\beta}$. Mit $x^m - \sqrt[h]{\beta}$ ist aber für alle k auch

$$x^m - \zeta^{km} \cdot \sqrt[h]{\beta} = \zeta^{km}\left(\left(\zeta^{-k}\,x\right)^m - \sqrt[h]{\beta}\right)$$

irreduzibel. Folglich ist

$$x^n - \beta = \left(x^m - \sqrt[h]{\beta}\right)\left(x^m - \zeta^m \cdot \sqrt[h]{\beta}\right) \ldots \left(x^m - \zeta^{(h-1)m} \cdot \sqrt[h]{\beta}\right)$$

die Zerlegung von $x^n - \beta$ in über P irreduzible Faktoren. In bekannter Weise[13]) entspricht der multiplikativen Zerlegung von $x^n - \beta$ die additive Zerlegung des Restklassenrings $\mathrm{P}[x]/x^n - \beta \cong S$, die sämtlichen h h-ten Wurzeln aus β sind in diesem Sinne eineindeutig den h Körpern Σ_i zugeordnet. Man kann $\Sigma_1, \ldots, \Sigma_h$ etwa so ordnen, daß $(e_i\,v)^m = \zeta^{(1-i)m}\,e_i\,\sqrt[h]{\beta}$ $(i = 1, \ldots, h)$ wird. Es ist wohl nicht nötig, das im einzelnen zu verfolgen.

Zusammengefaßt:

Für jedes $\beta \neq 0$ in P hat das Polynom $x^n - \beta$ eine Primzerlegung der Form

$$x^n - \beta = \left(x^m - \sqrt[h]{\beta}\right)\left(x^m - \zeta^m \cdot \sqrt[h]{\beta}\right) \ldots \left(x^m - \zeta^{(h-1)m} \cdot \sqrt[h]{\beta}\right)$$

mit $hm = n$. Mit diesem h ist (β, ζ) direkte Summe von h Körpern, und es gilt

$$(\beta, \zeta) \sim \left(\sqrt[h]{\beta}, \zeta^h\right).$$

4. Ist $(S, \sigma) \cong (\beta, \zeta)_{\mathrm{P}}$, so sei $(\alpha, S, \sigma) \cong (\alpha, \beta, \zeta)_{\mathrm{P}}$. $A = (\alpha, \beta, \zeta)_{\mathrm{P}}$ wird also durch die Rechenregeln

$$A = \sum_{i,k=0}^{n-1} \mathrm{P}\, v^k u^i, \qquad u\,v = \zeta\, v\, u, \qquad u^n = \alpha, \qquad v^n = \beta$$

bestimmt. Man kann diese Regeln auch so schreiben:

$$A = \sum_{i,k=0}^{n-1} \mathrm{P}\, u^k v^i, \qquad v\,u = \zeta^{-1} u\, v, \qquad v^n = \beta, \qquad u^n = \alpha.$$

Es macht also nichts aus, wenn man α durch β, β durch α und ζ durch ζ^{-1} ersetzt:

$$(\alpha, \beta, \zeta)_{\mathrm{P}} \cong (\beta, \alpha, \zeta^{-1})_{\mathrm{P}}.$$

Jetzt folgt

$$(\alpha, \beta, \zeta)_\Omega \times (\alpha, \beta', \zeta)_\Omega \cong (\beta, \alpha, \zeta^{-1})_\Omega \times (\beta', \alpha, \zeta^{-1})_\Omega \sim (\beta\,\beta', \alpha, \zeta^{-1})_\Omega \cong (\alpha, \beta\,\beta', \zeta)_\Omega$$

für jeden Oberkörper Ω von P und jedes $\alpha \neq 0$ aus Ω, d. h.

$$(\beta, \zeta)\,(\beta', \zeta) \cong (\beta\,\beta', \zeta).$$

Durch $\beta \rightarrow (\beta, \zeta)$ wird demnach bei festem ζ die multiplikative Gruppe aller $\beta \neq 0$ in P homomorph auf die Gruppe aller Kummerschen Normalringe (β, ζ) vom Rang n über P abgebildet. Bei diesem Homomorphismus gehen genau diejenigen β in 1 über, für die $(\beta, \zeta) \sim (\mathrm{P}, 1)$, das sind nach § 11, **3** genau die β, deren n-te Wurzeln in P liegen. Wir haben also (bei festem ζ) einen Isomorphismus der Faktorgruppe β/β^n auf die Gruppe aller zyklischen Normalringe vom Rang n über P[14]).

---

[13]) B. L. v. d. Waerden, Moderne Algebra II, S. 47f.

[14]) Diese Beweisanordnung stammt von E. Witt.

5. Ist $(r, n) = 1$, so gilt $(\beta, \zeta) \cong (\beta^r, \zeta^r)$.

Beweis: Aus

$$S = \mathsf{P} + v\,\mathsf{P} + \cdots + v^{n-1}\,\mathsf{P}, \qquad v^n = \beta, \qquad v^\sigma = \zeta\, v$$

folgt

$$S = \mathsf{P} + v^r\,\mathsf{P} + \cdots + v^{(n-1)r}\,\mathsf{P}, \qquad (v^r)^n = \beta^r, \qquad (v^r)^\sigma = \zeta^r\, v^r.$$

6. K sei ein Abelscher Körper über dem Grundkörper P, in dem immer noch die Voraussetzungen von § 11, **1** erfüllt sein sollen, die n-te Potenz jedes Elements der Galoisschen Gruppe $\mathfrak{G}$ von K/P sei 1. Schon in § 9 haben wir einen Isomorphismus der Charakterengruppe von $\mathfrak{G}$ auf die Gruppe aller von K zerfällten Klassen zyklischer Normalringe über P hergestellt. Weil aber die Ordnung jedes Charakters von $\mathfrak{G}$ in n aufgeht, haben die von K zerfällten Klassen zyklischer Normalringe in der Gruppe von § 7 alle in n aufgehende Ordnungen, nach der Schlußbemerkung von § 8, **3** gehen die Grade aller von K zerfällten zyklischen Normalkörper in n auf. Man kann deshalb alle von K zerfällten Klassen durch zyklische Normalringe vom Rang n, also durch Kummersche Normalringe (β, ζ) repräsentieren. Ein (β, ζ) wird aber dann und nur dann von K zerfällt, wenn $\sqrt[n]{\beta} \in K$. Bezeichnen wir mit ω alle Elemente $\neq 0$ von P, deren n-te Wurzeln in K liegen, so zerfällt K also genau die Klassen der Kummerschen Normalringe (ω, ζ). Nach § 11, **4** besteht aber ein Isomorphismus zwischen der Gruppe aller (ω, ζ) und der Faktorgruppe ω/β^n. Im ganzen haben wir daher einen Isomorphismus zwischen der Charakterengruppe von $\mathfrak{G}$ und der Faktorgruppe ω/β^n.

Man beachte, daß die Charakterengruppe von $\mathfrak{G}$ isomorph zu $\mathfrak{G}$ ist und daß ihre Ordnung gleich dem Grad von K ist.

Umgekehrt sei eine multiplikative Untergruppe $\overline{\omega}$ der von 0 verschiedenen Elemente von P gegeben, die die Gruppe β^n als Untergruppe von endlichem Index enthält. Erzeugen etwa $\omega_1, \ldots, \omega_r$ mit den β^n zusammen die Gruppe $\overline{\omega}$, so ist $\mathsf{P}\left(\sqrt[n]{\overline{\omega}}\right) = \mathsf{P}\left(\sqrt[n]{\omega_1}, \ldots, \sqrt[n]{\omega_r}\right)$ ein endlicher Abelscher Oberkörper von P. Ist etwa $(\omega_i, \zeta) \sim (Z_i, \sigma_i)$, Z_i Körper, so ist K das Kompositum der Z_i, nach § 9, **5** wird die Gruppe aller von K zerfällten Klassen zyklischer Normalringe von den $(\omega_i, \zeta) \sim (Z_i, \sigma_i)$ erzeugt. Also ist die Gruppe aller ω, für die (ω, ζ) von K zerfällt wird, genau $\overline{\omega}$. Damit ist der Hauptsatz über Kummersche Körper[15]) bewiesen.

Es liegt nahe, in § 9 $e^{\frac{2\pi i}{n}}$ durch eine n-te Einheitswurzel in P, etwa durch ζ, zu ersetzen. Dann sieht man den Zusammenhang mit dem Wittschen Beweis.

§ 12. Algebraische Zahlkörper.

1. K sei das Kompositum der zyklischen Oberkörper $Z_1, \ldots, Z_r$ von P, es sei $\mathsf{P} \subseteqq \Sigma \subseteqq \mathsf{T} \subseteqq K$, T über Σ zyklisch. Ist $\alpha \in \mathsf{P}$ Norm von Z_i nach P für alle i, dann ist α auch Norm von T nach Σ.

Dieser Satz enthält einen Satz, den zuerst Chevalley[16]), z. T. nur für p-adische Körper, bewiesen hat.

---

[15]) E. Witt, Der Existenzsatz für abelsche Funktionenkörper, I—III, J. reine angew. Math. 173.

[16]) C. Chevalley, Sur la théorie du corps de classes dans les corps finis et les corps locaux, S. 449 bis 453, J. Fac. Sci. II.

Beweis: Nach § 4, **2** ist α genau dann Norm von Z_i nach P, wenn $(\alpha, Z_i, \sigma_i) \sim 1$; hierin ist σ_i irgendein erzeugender Automorphismus von Z_i/P. Ist nun T über P zyklisch mit dem erzeugenden Automorphismus τ, so ist nach § 9, **5** $(\mathsf{T}, \tau) \sim \prod_{i=1}^{r} (Z_i, \sigma_i)^{a_i}$, daher

$$(\alpha, \mathsf{T}, \tau) \sim \prod_{i=1}^{r} (\alpha, Z_i, \sigma_i)^{a_i} \sim 1:$$

α ist Norm von T nach P.

Die etwas allgemeinere Behauptung ergibt sich nun sofort, wenn man bedenkt, daß auch die Komposita S_i von Σ und Z_i i. b. a. Σ zyklisch mit erzeugenden Automorphismen $\sigma_i^{h_i}$ sind und daß α wegen $(\alpha, S_i, \sigma_i^{h_i}) \sim (\alpha, Z_i, \sigma_i)_\Sigma \sim 1$ auch Norm von S_i nach Σ ist.

2. P sei in diesem Abschnitt von nun an ein algebraischer Zahlkörper.

Ist $(S, \sigma)(S', \sigma') \sim (\bar{S}, \bar{\sigma})$, sind S, S' und $\bar{S}$ Körper und ist die Primstelle $\mathfrak{p}$ in S und S' unverzweigt (voll zerlegt), so ist sie es auch in $\bar{S}$.

Denn dann ist $\mathfrak{p}$ auch im Kompositum von S und S' unverzweigt (voll zerlegt), erst recht also in dem Unterkörper $\bar{S}$ dieses Kompositums.

Der Führer $\bar{\mathfrak{f}}$ von $\bar{S}$ geht im kleinsten gemeinschaftlichen Vielfachen der Führer $\mathfrak{f}, \mathfrak{f}'$ von S, S' auf.

3. Wir brauchen im folgenden das Normenrestsymbol $\left(\frac{\alpha, K}{\mathfrak{p}}\right)$[17]), dessen Haupteigenschaften vorher hier kurz angegeben werden sollen:

Für festes K und $\mathfrak{p}$ ist der Wertevorrat von $\left(\frac{\alpha, K}{\mathfrak{p}}\right)$ genau die Zerlegungsgruppe von $\mathfrak{p}$, wenn α alle Zahlen $\neq 0$ aus P durchläuft.

Ist $\mathfrak{p}$ endlich und unverzweigt und geht $\mathfrak{p}$ genau einmal in $\pi \in \mathsf{P}$ auf, dann ist

$$\left(\frac{\pi, K}{\mathfrak{p}}\right) = \left(\frac{K}{\mathfrak{p}}\right)^{-1}.$$

Ist $\mathsf{P} \subseteq K' \subseteq K$, so ergibt $\left(\frac{\alpha, K}{\mathfrak{p}}\right)$, auf K' angewandt, den Automorphismus $\left(\frac{\alpha, K'}{\mathfrak{p}}\right)$.

Ist (S, σ) ein zyklischer Normalkörper vom Grade n, so ordne man σ^k die Restklasse $\frac{k}{n}$ (mod$^+$ 1) zu, dann entsprechen bei diesem multiplikativ-additiven Isomorphismus $\left(\frac{\alpha, S}{\mathfrak{p}}\right)$ und $\left(\frac{\alpha, S, \sigma}{\mathfrak{p}}\right)$ einander. $\left(\frac{\alpha, S, \sigma}{\mathfrak{p}}\right)$ ist dabei die $\mathfrak{p}$-Invariante der Algebrenklasse von (α, S, σ).

4. Ist $(\alpha, S, \sigma) \sim 1$ für alle $\alpha \in \mathsf{P}$, so ist $S = \mathsf{P}$.

Beweis: Dann sind alle $\mathfrak{p}$-Invarianten $\left(\frac{\alpha, S, \sigma}{\mathfrak{p}}\right) \equiv 0$ (mod$^+$ 1), also alle $\left(\frac{\alpha, S}{\mathfrak{p}}\right) = 1$: alle Zerlegungsgruppen sind 1, alle Primstellen sind voll zerlegt. Daraus folgt bekanntlich $S = \mathsf{P}$.

Nach der entwickelten Multiplikationstheorie können wir hieraus sofort schließen:

Sind (S, σ) und (S', σ') zyklische Normalkörper und gilt $(\alpha, S, \sigma) \sim (\alpha, S', \sigma')$ für alle $\alpha \neq 0$ in P, dann ist $(S, \sigma) \cong (S', \sigma')$.

Man braucht ja nur den zu $(S, \sigma)(S', \sigma')^{-1}$ ähnlichen zyklischen Normalkörper zu betrachten. Es gibt aber auch einen direkten Beweis: Wie eben ist $\left(\frac{\alpha, S}{\mathfrak{p}}\right) = 1$ dann und nur

[17]) Hasse, Neue Begründung und Verallgemeinerung der Theorie des Normenrestsymbols, J. reine angew. Math. 162, und: Die Struktur der R. Brauerschen Algebrenklassengruppe über einem algebraischen Zahlkörper, Math. Ann. 107.

15*

dann, wenn $\left(\frac{\alpha, S'}{\mathfrak{p}}\right) = 1$ ist. Darum stimmen S und S' in den voll zerlegten Primstellen überein, nach der Klassenkörpertheorie folgt $S = S'$. Nun gibt es ein träges Primideal $\mathfrak{p}$, geht es genau einmal in π auf, so folgt aus $\left(\frac{\pi, S, \sigma}{\mathfrak{p}}\right) \equiv \left(\frac{\pi, S', \sigma'}{\mathfrak{p}}\right) \pmod{^+ 1}$, daß auch $\sigma = \sigma'$.

5. Nun bringen wir den in der Einleitung versprochenen direkten Beweis. Sei also K ein Klassenkörper über P mit der Gruppe $\mathfrak{G}$, $(S, \sigma), (S', \sigma')$ und $(\bar{S}, \bar{\sigma})$ seien zyklische Normalkörper über P, denen im Sinne von § 9, **2** die Charaktere χ, χ' und $\bar{\chi}$ zugeordnet seien, und es gelte $\chi\chi' = \bar{\chi}$. Dann gilt insbesondere $\chi\left(\left(\frac{\alpha, K}{\mathfrak{p}}\right)\right) \chi'\left(\left(\frac{\alpha, K}{\mathfrak{p}}\right)\right) = \bar{\chi}\left(\left(\frac{\alpha, K}{\mathfrak{p}}\right)\right)$. Haben $S, S', \bar{S}$ die Grade $n, n', \bar{n}$ und wirkt $\left(\frac{\alpha, K}{\mathfrak{p}}\right)$, auf S, S' bzw. $\bar{S}$ angewandt, wie $\sigma^\nu, \sigma'^{\nu'}$ bzw. $\bar{\sigma}^{\bar{\nu}}$, so heißt das $e^{\frac{2\pi i\nu}{n}} e^{\frac{2\pi i\nu'}{n'}} = e^{\frac{2\pi i\bar{\nu}}{\bar{n}}}$ oder $\frac{\nu}{n} + \frac{\nu'}{n'} \equiv \frac{\bar{\nu}}{\bar{n}} \pmod{^+ 1}$. $\frac{\nu}{n}, \frac{\nu'}{n'}$ und $\frac{\bar{\nu}}{\bar{n}}$ sind aber die $\mathfrak{p}$-Invarianten von (α, S, σ), (α, S', σ') und $(\alpha, \bar{S}, \bar{\sigma})$. Für alle Primstellen $\mathfrak{p}$ gilt also $\left(\frac{\alpha, S, \sigma}{\mathfrak{p}}\right) + \left(\frac{\alpha, S', \sigma'}{\mathfrak{p}}\right) \equiv \left(\frac{\alpha, \bar{S}, \bar{\sigma}}{\mathfrak{p}}\right) \pmod{^+ 1}$. Hieraus folgt aber $(\alpha, S, \sigma) \times (\alpha, S', \sigma') \sim (\alpha, \bar{S}, \bar{\sigma})$.

6. Die Restklasse mod$^+$ 1, in die der Artinautomorphismus $\left(\frac{S}{\mathfrak{b}}\right)$ bei der obigen Zuordnung $\sigma^\nu \to \frac{\nu}{n}$ übergeht, bezeichnen wir mit $F(\mathfrak{b}) = F_{(S,\sigma)}(\mathfrak{b})$. Hierin soll natürlich (S, σ) ein zyklischer Normalkörper vom Grad n über P sein, und $\mathfrak{b}$ ist zum Führer von S prim. Daß $F(\mathfrak{b}) + F(\mathfrak{c}) \equiv F(\mathfrak{b}\,\mathfrak{c}) \pmod{^+ 1}$ bei festem (S, σ) gilt, ist trivial. Es gilt aber auch

$$F_{(S,\sigma)}(\mathfrak{b}) + F_{(S',\sigma')}(\mathfrak{b}) \equiv F_{(\bar{S},\bar{\sigma})}(\mathfrak{b}) \pmod{^+ 1},$$

wenn $(S, \sigma)(S', \sigma') \sim (\bar{S}, \bar{\sigma})$ und $\mathfrak{b}$ zu den Führern von S und S' prim ist.

Beweis: Es genügt, das für ein Primideal $\mathfrak{b} = \mathfrak{p}$ zu beweisen. $\mathfrak{p}$ ist in S und in S', darum nach § 12, **2** auch in $\bar{S}$ unverzweigt. $\mathfrak{p}$ gehe genau einmal in π auf. Dann ist $\left(\frac{\pi, S}{\mathfrak{p}}\right) = \left(\frac{S}{\mathfrak{p}}\right)^{-1}$, bei unserer Abbildung $\sigma^\nu \to \frac{\nu}{n}$ geht also $\left(\frac{\pi, S}{\mathfrak{p}}\right)$ sowohl in $-F_{(S,\sigma)}(\mathfrak{p})$ wie in $\left(\frac{\pi, S, \sigma}{\mathfrak{p}}\right)$ über, d. h.

$$-F_{(S,\sigma)}(\mathfrak{p}) \equiv \left(\frac{\pi, S, \sigma}{\mathfrak{p}}\right) \pmod{^+ 1}.$$

Entsprechendes gilt für (S', σ') und $(\bar{S}, \bar{\sigma})$. Aus

$$(S, \sigma)(S', \sigma') \sim (\bar{S}, \bar{\sigma})$$

folgt darum

$$(\pi, S, \sigma) \times (\pi, S', \sigma') \sim (\pi, \bar{S}, \bar{\sigma}),$$

$$\left(\frac{\pi, S, \sigma}{\mathfrak{p}}\right) + \left(\frac{\pi, S', \sigma'}{\mathfrak{p}}\right) \equiv \left(\frac{\pi, \bar{S}, \bar{\sigma}}{\mathfrak{p}}\right) \pmod{^+ 1},$$

$$F_{(S,\sigma)}(\mathfrak{p}) + F_{(S',\sigma')}(\mathfrak{p}) \equiv F_{(\bar{S},\bar{\sigma})}(\mathfrak{p}) \pmod{^+ 1}.$$

Durch diesen Satz wird es möglich, $\bar{S}$ als Klassenkörper zu einer Idealgruppe zu konstruieren und die Nebengruppe anzugeben, die im Sinne des Artinschen Reziprozitätsgesetzes dem $\bar{\sigma}$ entspricht, wenn (S, σ) und (S', σ') in dieser Form gegeben sind.

All diese Bemerkungen ermöglichen es, in algebraischen Zahlkörpern die Gruppe der Klassen zyklischer Normalringe oder vielmehr die Gruppe der in diesen Klassen enthaltenen zyklischen Normalkörper aufzustellen und ihre Haupteigenschaften (soweit sie sich auf algebraische Zahlkörper beziehen) zu beweisen, ohne überhaupt von Normalringen zu reden.

§ 13. Zyklische Normalringe vom Rang p bei Charakteristik p.

1. Im Rest dieser Arbeit habe der Grundkörper immer die Charakteristik $p > 0$. Wir werden statt x^σ jetzt σx schreiben, also die additiven Eigenschaften der Automorphismen in der Schreibweise vor den multiplikativen bevorzugen, Abkürzungen wie $(\sigma - 1)\, x = \sigma x - x$ oder $(1 + \sigma + \cdots + \sigma^{n-1})\, x$ für die Spur sind dann ohne weiteres verständlich. Immer wieder benutzen wir Regeln wie

$$(a \pm b)^{p^n} = a^{p^n} \pm b^{p^n}$$

und

$$(a \pm b)^{p^n - 1} = a^{p^n - 1} + a^{p^n - 2}\, b + \cdots + a\, b^{p^n - 2} + b^{p^n - 1}.$$

Ausdrücklich sei vermerkt, daß solche Regeln nicht nur für Körperelemente, sondern auch z. B. für lineare Operationen gelten, z. B.

$$(\sigma - 1)^p\, x = (\sigma^p - 1)\, x = \sigma^p\, x - x.$$

Nach Witt[18]) führen wir die Abkürzung

$$\wp x = x^p - x = x\,(x - 1)\,(x - 2) \cdots (x - (p - 1))$$

ein. Es gilt

$$\wp (x + y) = \wp x + \wp y$$

und

$$\wp \sigma x = \sigma \wp x$$

für jeden Automorphismus σ. Also z. B. auch

$$\wp (\sigma - 1) = (\sigma - 1)\, \wp.$$

Endlich werden wir oft folgenden Satz anzuwenden haben:

Ist $(1 + \sigma + \cdots + \sigma^{n-1})\, x = 0$ in einem zyklischen Normalring (S, σ) vom Rang n, so gibt es ein $y \in S$ mit $x = (\sigma - 1)\, y$.

Der Wittsche Beweis hierfür[18]) läßt sich wörtlich übertragen. Man hat dabei nur zu beachten, daß es in S wirklich ein c mit $(1 + \sigma + \cdots + \sigma^{n-1})\, c = 1$ gibt. Man kann das auf den entsprechenden bekannten Satz für zyklische Normalkörper zurückführen, man kann es aber auch direkt nach der Methode aus N. I beweisen.

Ist der Rang $n = p^k$, so können wir die Spur $(1 + \sigma + \cdots + \sigma^{p^k - 1})\, x$ auch als $(\sigma - 1)^{p^k - 1}\, x$ schreiben.

2. Für jedes β aus P wird durch

$$S = \mathsf{P} + v\, \mathsf{P} + \cdots + v^{p-1}\, \mathsf{P}, \quad \wp v = \beta, \quad \sigma v = v + 1$$

ein zyklischer Normalring (S, σ) vom Rang p gegeben.

Beweis: S ist isomorph dem Restklassenring $\mathsf{P}[x]/x^p - x - \beta$, der Isomorphismus ordnet $v \in S$ der Restklasse von x mod $\wp x - \beta$ zu. Weil

$$\frac{d}{dx}(x^p - x - \beta) = -1$$

zu $x^p - x - \beta$ teilerfremd ist, ist S halbeinfach[12]). Der durch

$$\sigma x = x + 1$$

[18]) E. Witt, Der Existenzsatz für abelsche Funktionenkörper, I—III, J. reine angew. Math. 173.

gegebene Automorphismus des Polynomrings $\mathsf{P}[x]$ i. b. a. P führt $\wp x - \beta$ und daher auch das Hauptideal $(\wp x - \beta)$ in sich über, darum kann man σ durch Übergang zu den Restklassen mod $\wp x - \beta$ nach § 2, **3** zu einem Automorphismus des Restklassenrings $\mathsf{P}[x]/\wp x - \beta \cong S$ machen, d. h. durch $\sigma v = v + 1$ wird wirklich ein Automorphismus von S i. b. a. P definiert.

Wegen $\sigma^i v = v + i$ hat σ die Ordnung p, damit ist III' bewiesen. Und für $i \not\equiv 0 \pmod p$ ist $(\sigma^i - 1) v = i$ in S regulär, damit ist auch I'' nachgewiesen.

Derartige zyklische Normalringe wurden (natürlich nur als Körper) zuerst von Artin und Schreier [19]) betrachtet. (S, σ) ist bei bekanntem P allein durch β bis auf Isomorphie eindeutig bestimmt, wir schreiben darum

$$(S, \sigma) \cong [\beta]_{\mathsf{P}} \cong [\beta].$$

3. In jedem zyklischen Normalring (S, σ) vom Rang p über P gibt es ein v mit $(\sigma - 1) v = 1$.

(S, σ) ist ein Normalring $[\beta]$ der eben beschriebenen Art; für das v aus § 13, **2** kann man jedes v mit $(\sigma - 1) v = 1$ nehmen.

Die erste Behauptung folgt nach § 13, **1** sofort aus $(\sigma - 1)^{p-1} 1 = 0$. Die zweite Behauptung ergibt sich dann ganz analog zu § 11, **2.** Die Analogie der (einfacheren) Normalringe $[\beta]$ zu den Kummerschen Normalringen liegt ja auf der Hand, so daß es niemandem schwerfallen kann, die in einem Fall durchgeführten Schlüsse auf den anderen zu übertragen.

4. Die Strukturuntersuchung ist hier etwas leichter als § 11, **3**, weil wir jetzt Ringe von Primzahlrang vor uns haben. — Sei wieder $(S, \sigma) = [\beta]$, $S = \Sigma_1 + \cdots + \Sigma_h$, Σ_i Körper mit dem Einselement e_i. h kann als Teiler von p nur gleich 1 oder p sein. Ist $h = 1$, so ist S Körper, das Polynom $\wp x - \beta$ ist irreduzibel. Wir schreiben dann

$$S = \mathsf{P}\left(\frac{\beta}{\wp}\right),$$

mit $\frac{\beta}{\wp}$ die Wurzeln der Gleichung $\wp x - \beta = 0$ bezeichnend, die sich voneinander nur um Elemente des Primkörpers additiv unterscheiden. Bekanntlich ist aber $\mathsf{P}[x]/\wp x - \beta$ direkte Summe von h Körpern, wenn $\wp x - \beta$ Produkt von h irreduziblen Polynomen ist [13]); ist also $h = p$, so zerfällt $\wp x - \beta$ in $\mathsf{P}[x]$ in ein Produkt von p Linearfaktoren. Ist $x - \gamma$ einer dieser Linearfaktoren, so ist $\wp \gamma = \beta$, also

$$\wp x - \beta = \wp (x - \gamma) = (x - \gamma)(x - \gamma - 1) \cdots (x - \gamma - (p - 1)).$$

Also:

Entweder $\wp x - \beta$ ist in $\mathsf{P}[x]$ irreduzibel, dann ist (S, σ) ein zyklischer Normalkörper, oder $\wp x - \beta$ hat eine Nullstelle γ in P, dann ist

$$\wp x - \beta = (x - \gamma)(x - \gamma - 1) \cdots (x - \gamma - (p - 1)),$$

und es ist $(S, \sigma) \sim (\mathsf{P}, 1)$.

5. Ist $(S, \sigma) \cong [\beta]_{\mathsf{P}} \cong [\beta]$, so sei

$$(\alpha, S, \sigma) \cong (\alpha, \beta]_{\mathsf{P}} \cong (\alpha, \beta].$$

Diese Bezeichnung weicht ein wenig von der Schmidschen [20]) ab.

---

[19]) E. Artin u. O. Schreier, Algebraische Konstruktion reeller Körper, Abhandl. Math. Sem. Hamburg 5.

[20]) H. L. Schmid, Über das Reziprozitätsgesetz in relativ-zyklischen algebraischen Funktionenkörpern mit endlichem Konstantenkörper, Math. Z. 40.

Es ist also ausführlich:

$$A = (\alpha, \beta) = \sum_{i,k=0}^{p-1} \mathrm{P}\, v^k u^i, \qquad u\,v = (v+1)\,u, \qquad u^p = \alpha, \qquad \wp\, v = \beta.$$

Wir rechnen jetzt $[\beta][\beta']$ aus. Dazu bilden wir, $[\beta] = (S, \sigma), [\beta'] = (S', \sigma')$ gesetzt, erst das direkte Produkt:

$$S \times S' = \sum_{i,k=0}^{p-1} \mathrm{P}\, v^i v'^k, \qquad \wp\, v = \beta, \qquad \wp\, v' = \beta', \qquad v\, v' = v'\, v,$$

$$\sigma\, v = v + 1, \qquad \sigma\, v' = v', \qquad \sigma'\, v = v, \qquad \sigma'\, v' = v' + 1.$$

In ihm haben wir den Ring $\bar{S}$ aller $\bar{x}$ mit $\sigma\bar{x} = \sigma'\,\bar{x}$ zu bilden und für $\bar{x} \in \bar{S}$ $\bar{\sigma}\bar{x} = \sigma\bar{x} = \sigma'\,\bar{x}$ zu setzen, dann ist $(\bar{S}, \bar{\sigma})$ i. b. a. P der zyklische Normalring $(S, \sigma)(S', \sigma')$ vom Rang p. Nach § 13, **3** ist $(\bar{S}, \bar{\sigma})$ ein zyklischer Normalring der Form $[\bar{\beta}]$; man braucht nur ein $\bar{v}$ in $\bar{S}$ mit $(\bar{\sigma} - 1)\,\bar{v} = 1$ zu finden, dann ist schon $\wp\,\bar{v} = \bar{\beta} \in \mathrm{P}$ und $(\bar{S}, \bar{\sigma}) \cong [\bar{\beta}]$. Ein solches $\bar{v}$ kann man aber leicht angeben: $\bar{v} = v + v'$. Es ist nämlich

$$(\sigma - 1)(v + v') = (\sigma' - 1)(v + v') = 1.$$

Weil nun

$$\wp\,\bar{v} = \wp\,(v + v') = \wp\, v + \wp\, v' = \beta + \beta'$$

ist, müssen wir $\bar{\beta} = \beta + \beta'$ setzen:

$$[\beta][\beta'] \cong [\beta + \beta'].$$

Nach derselben Methode hätten wir natürlich auch in § 11, **4** vorgehen können.

Durch $\beta \to [\beta]$ wird also die additive Gruppe P aller β homomorph auf die Gruppe aller zyklischen Normalringe $[\beta]$ vom Rang p über P abgebildet. Bei diesem Homomorphismus gehen genau diejenigen β in 1 über, für die $[\beta] \sim (\mathrm{P}, 1)$, nach § 13, **4** sind das genau die β von der Form $\wp\gamma$, man kann die Gesamtheit dieser β also mit $\wp\mathrm{P}$ bezeichnen. Wir haben also einen Isomorphismus der additiven Faktorgruppe $\mathrm{P}/\wp\mathrm{P}$ auf die Gruppe aller zyklischen Normalringe vom Rang p über P.

Wie in § 11, **6** kann man jetzt den Satz über die Struktur der Abelschen Körper vom Exponenten p über P [18]) beweisen.

§ 14. Zyklische Normalringe von p-Potenzrang.

1. (Y, τ) sei ein zyklischer Normalring vom Rang p^{n-1} über dem Grundkörper P mit der Charakteristik $p > 0$. Dann gibt es (vgl. § 13, **1**) ein $c \in Y$ mit

$$\left(1 + \tau + \cdots + \tau^{p^{n-1}-1}\right) c = 1.$$

Es folgt

$$\left(1 + \cdots + \tau^{p^{n-1}-1}\right) \wp\, c = \wp\, 1 = 0,$$

nach § 13, **1** gibt es ein $z \in Y$ mit

$$\wp\, c = (\tau - 1)\, z.$$

c und z seien nun irgendwie fest gewählt.

(Z, σ) sei nun ein zyklischer Normalring vom Rang p^n. Z enthalte Y so, daß σ, auf Y angewandt, den Automorphismus τ ergibt.

Weil τ die Ordnung p^{n-1} hat, bleibt dann Y elementweise bei $\sigma^{p^{n-1}}$ fest; aus Ranggründen (vgl. § 3, **1**, **2**) ist Y genau der Ring aller bei $\sigma^{p^{n-1}}$ festbleibenden Elemente von Z.

Dann gibt es ein $v \in Z$ mit $(\sigma - 1)v = c$; für jedes solche v ist $\wp v = z + \beta$, $\beta \in \mathrm{P}$.

Beweis: Die Existenz von v folgt aus

$$\left(1 + \cdots + \sigma^{p^n - 1}\right) c = \left(1 + \sigma^{p^{n-1}} + \cdots + \sigma^{(p-1)p^{n-1}}\right)\left(1 + \sigma + \cdots + \sigma^{p^{n-1}-1}\right) c = p\,1 = 0.$$

Wendet man $\wp$ auf $(\sigma - 1)v = c$ an, so erhält man

$$(\sigma - 1)\wp v = \wp c = (\tau - 1) z,$$

$\wp v - z$ bleibt also bei σ fest und liegt darum in P.

2. In zyklischen Normalringen vom Rang p^n gilt I''.

Beweis durch Induktion: $n = 0$ klar. In (Z, σ) sei wie eben Y der Ring aller bei $\sigma^{p^{n-1}}$ festbleibenden Elemente von Z. Nach Induktionsvoraussetzung gibt es schon in Y ein x mit regulärem $(\sigma^\nu - 1)x$, sobald $\nu \not\equiv 0 \pmod{p^{n-1}}$. Ist aber $\nu \equiv 0 \pmod{p^{n-1}}$ und doch $\sigma^\nu \neq 1$, so ist $\nu = k p^{n-1}$ mit $k \not\equiv 0 \pmod p$, und

$$(\sigma^\nu - 1)v = k$$

ist regulär, wenn v wie in § 14, **1** bestimmt ist.

3. Jeder zyklische Normalring (Z, σ), der (Y, τ) wie oben enthält, hat folgende Form:

$$Z = Y + \cdots + Y v^{p-1}, \qquad \wp v = z + \beta, \qquad \sigma v = v + c.$$

Hierin kann man $\beta \in \mathrm{P}$ noch beliebig vorschreiben.

Zum Beweis zeigen wir erst, daß jene Form für jedes $\beta \in \mathrm{P}$ wirklich einen zyklischen Normalring (Z, σ) liefert. Es sei $Y = \Sigma_1 + \cdots + \Sigma_h$, Σ_i Körper mit dem Einselement e_i. Dann ist

$$Z = (\Sigma_1 + \cdots + \Sigma_1 v^{p-1}) + \cdots + (\Sigma_h + \cdots + \Sigma_h v^{p-1}).$$

Ist $e_i(z + \beta) = \wp\gamma$ $(\gamma \in \Sigma_i)$, so ist $\Sigma_i + \cdots + \Sigma_i v^{p-1}$ direkte Summe von p Körpern, andernfalls ist $\Sigma_i + \cdots + \Sigma_i v^{p-1}$ selbst ein Körper (§ 13, **4**). Jedenfalls ist Z als direkte Summe von Körpern halbeinfach. Es ist

$$Z = Y[x]/\wp x - z - \beta;$$

setzt man den gegebenen Automorphismus τ von Y so zu einem Automorphismus σ des Polynomrings $Y[x]$ fort, daß

$$\sigma x = x + c,$$

so führt σ das Polynom $\wp x - z - \beta$ und darum auch das hiervon erzeugte Hauptideal in sich über, nach § 2, **3** kann man σ auf die Restklassen mod $\wp x - z - \beta$ anwenden, d. h. durch $\sigma v = v + c$ wird der Automorphismus τ von Y zu einem Automorphismus des halbeinfachen Systems Z fortgesetzt. Offenbar ist

$$\sigma^{p^{n-1}} v = v + c + \sigma c + \cdots + \sigma^{p^{n-1}-1} c = v + 1,$$

σ hat darum als Automorphismus von Z die Ordnung p^n. Damit ist III' bewiesen. Statt I' weisen wir gleich I'' nach: Ist $\nu \not\equiv 0 \pmod{p^{n-1}}$, so gibt es nach § 14, **2** in Y ein x mit regulärem $(\sigma^\nu - 1)x$. Ist dagegen $\nu = k p^{n-1}$, $k \not\equiv 0 \pmod p$, so ist $(\sigma^\nu - 1)v = k$ regulär.

Damit ist gezeigt, daß die obige Form wirklich lauter zyklische Normalringe darstellt.

Ist umgekehrt (Z, σ) gegeben, so gibt es nach § 14, **1** ein $v \in Z$ mit

$$(\sigma - 1) v = c, \qquad \wp v = z + \beta.$$

Wir greifen ein solches v heraus. Genau wie in § 11, **2** und in § 13, **3** wird der (soeben konstruierte) abstrakte zyklische Normalring, der zu diesem β gehört, homomorph auf $Y[v]$ so abgebildet, daß dem im abstrakten Ring ausgezeichneten Automorphismus gerade σ entspricht, nach § 2, **3** handelt es sich um einen Isomorphismus des abstrakten Ringes auf $Y[v] = Z$.

4. Die bisherigen Entwicklungen ermöglichen es, eine Übersicht über alle zyklischen Normalringe vom Rang p^n durch Induktion zu gewinnen. Wir haben in den Formeln nur der Deutlichkeit wegen Z durch Z_n, Y durch Z_{n-1}, c und z durch c_{n-1} und z_{n-1}, v durch v_n und β durch β_n zu ersetzen. Um den Anschluß an § 13 zu erhalten, werden wir $c_0 = 1$ und $z_0 = 0$ setzen. Wir haben dann folgenden Aufbau [21]):

$$\begin{array}{lllll} Z_0 = \mathsf{P} & c_0 = 1 & z_0 = 0 & \wp v_1 = \beta_1 & \sigma v_1 = v_1 + 1 \\ Z_1 = \mathsf{P}[v_1] & (1 + \sigma + \cdots + \sigma^{p-1}) c_1 = 1 & (\sigma - 1) z_1 = \wp c_1 & \wp v_2 = z_1 + \beta_2 & \sigma v_2 = v_2 + c_1 \\ Z_2 = \mathsf{P}[v_1, v_2] & (1 + \cdots + \sigma^{p^2-1}) c_2 = 1 & (\sigma - 1) z_2 = \wp c_2 & \wp v_3 = z_2 + \beta_3 & \sigma v_3 = v_3 + c_2 \\ \cdots & \cdots & \cdots & \cdots & \cdots \end{array}$$

5. Wir führen jetzt eine für das folgende zweckmäßige Bezeichnung ein:

Es sei $s_0 = 1$. Wegen $(\sigma - 1)^{p-1} s_0 = 0$ gibt es in Z_1 ein s_1 mit $(\sigma - 1) s_1 = s_0$, man kann z. B. $s_1 = v_1$ setzen. Für $p > 2$ folgt nun aus $(\sigma - 1)^2 s_1 = (\sigma - 1) s_0 = 0$ auch $(\sigma - 1)^{p-1} s_1 = 0$, nach § 13, **1** gibt es ein s_2 in Z_1 mit $(\sigma - 1) s_2 = s_1$ usw. Schließlich haben wir eine Folge $s_0 = 1, s_1, \ldots, s_{p-1}$ in Z_1 mit der Eigenschaft

$$(\sigma - 1) s_i = s_{i-1} \qquad (i = 1, \ldots, p - 1).$$

Es gilt dann natürlich

$$(\sigma - 1)^k s_i = s_{i-k},$$

wenn man formal

$$s_i = 0 \text{ für } i < 0$$

setzt. Betrachten wir aber (immer in den Bezeichnungen von § 14, **4**) s_{p-1} als Element von Z_2, so folgt aus $(\sigma - 1)^p s_{p-1} = 0$, daß auch $(\sigma - 1)^{p^2-1} s_{p-1} = 0$ ist, also $(\sigma - 1) s_p = s_{p-1}$, $s_p \in Z_2$. Man kann die Reihe nach diesem Rezept immer weiter bis s_{p^n-1} fortsetzen und erhält eine Folge $s_0, s_1, \ldots, s_{p^n-1}$ in Z_n mit der Eigenschaft

$$(\sigma - 1) s_i = s_{i-1},$$

$$(\sigma - 1)^k s_i = s_{i-k}.$$

Denn für $i < p^n - 1$ ist $(\sigma - 1)^{i+1} s_i = 0$, erst recht $(\sigma - 1)^{p^n-1} s_i = 0$, nach § 13, **1** existiert s_{i+1}.

Ist $i < p^m$ $(0 \leq m \leq n)$, so liegt s_i in Z_m, denn dann ist

$$(\sigma^{p^m} - 1) s_i = (\sigma - 1)^{p^m} s_i = 0,$$

Z_m ist aber genau der Ring aller bei σ^{p^m} festbleibenden Elemente von Z_n.

---

[21]) E. Witt, Konstruktion von Galoisschen Körpern der Charakteristik p zu vorgegebener Gruppe der Ordnung p^f, J. reine angew. Math. 174.

Ferner ist

$$(1+\sigma+\cdots+\sigma^{p^m-1})\, s_{p^m-1}=(\sigma-1)^{p^m-1}\, s_{p^m-1}=1\,,$$

man kann deshalb in § 14, 4 für c_m speziell unser neues s_{p^m-1} einsetzen. Wir wollen das im folgenden tun. Für v_m $(1\leq m\leq n)$ kann man dann s_{p^m-1} nehmen.

Wir haben so die c_m und die v_m in einer langen Reihe $s_0,\ldots,s_{p^n-1}$ untergebracht. Natürlich bedeutet das eine gewisse Einschränkung für die c_{m-1}, die vorhin nur der einen Bedingung $(\sigma-1)^{p^{m-1}-1}c_{m-1}=1$ unterworfen waren: jetzt wird sogar

$$(\sigma-1)^{p^{m-1}-p^{m-2}-1}\, c_{m-1}=v_{m-1} \qquad (m=2,\ldots,n)$$

verlangt. Das ist aber m. E. kein Nachteil. Denn es genügt, in jedem Falle die c_{m-1} und z_{m-1} überhaupt irgendwie zu wählen; wegen des Zusammenhanges verschiedener Z_n wird man aber eine gewisse Einheitlichkeit in die Wahl der c zu bringen suchen. Solange eine zweckmäßigste Normierung noch nicht gefunden und allgemein anerkannt ist, wird man zwar eine gewisse Allgemeinheit nicht entbehren können; trotzdem sollen spezielle Annahmen über die c und die z, soweit sie in allen Fällen realisiert werden können und die Rechnungen vereinfachen, immer gemacht werden, schon damit man vielleicht durch Kombination solcher Annahmen einmal die zweckmäßigste Normierung finden kann. Im Falle $n=2$ werde ich eine zweckmäßige und m. E. möglichst brauchbare Normierung in § 15 beschreiben.

Der Normalring Z_n ist bekannt, sowie $v_1,\ldots,v_n$ bekannt sind und man σ kennt. Er ist also auch bekannt, wenn nur $s_0,\ldots,s_{p^n-1}$ bekannt sind, denn dann ist für $m=1,\ldots,n$:

$$v_m=s_{p^m-1}\,,\qquad \sigma v_m=s_{p^m-1}+s_{p^{m-1}-1}\,.$$

Erst recht reicht die Reihe $s_0,\ldots,s_{p^n-1}$ zur vollständigen Beschreibung von Z_n aus.

6. Jetzt sollen zwei zyklische Normalringe (Z_n,σ) und (Z_n',σ') vom Rang p^n miteinander multipliziert werden. In Z_n und in Z_n' seien Reihen s_i und s_i' nach § 14, 5 gegeben. Wir bilden nach der Vorschrift in § 6, 1 das direkte Produkt $Z_n\times Z_n'$ und haben in ihm $(\overline{Z_n},\bar\sigma)$ durch eine Reihe $\bar s_k$ zu beschreiben. Die $\bar s_k$ sind also in $Z_n\times Z_n'$ so zu bestimmen, daß erstens

$$\bar s_0=1\,,$$

zweitens

$$\sigma\,\bar s_k=\sigma'\,\bar s_k \quad\text{oder}\quad (\sigma-1)\,\bar s_k=(\sigma'-1)\,\bar s_k$$

(d. h. $\bar s_k\in\overline{Z_n}$) und drittens

$$(\sigma-1)\,\bar s_k=\overline{s_{k-1}}$$

gilt. Es sollen also die Bedingungen

$$(\sigma-1)\,\bar s_k=(\sigma'-1)\,\bar s_k=\overline{s_{k-1}}\,,\qquad \bar s_0=1$$

erfüllt werden.

Dazu setzen wir einfach

$$\bar s_k=\sum_{i=-\infty}^{\infty} s_i\, s_{k-i}'\,.$$

Die Summe läuft eigentlich nur von $i=0$ bis $i=k$, es schadet aber nichts, wenn man sie formal beiderseits bis ins Unendliche erstreckt. $\bar s_0=1$ ist klar, weiter ist

$$(\sigma-1)\,\bar s_k=\sum_{i=-\infty}^{\infty} s_{i-1}\, s_{k-i}'=\sum_{j=-\infty}^{\infty} s_j\, s_{k-1-j}'=\overline{s_{k-1}}$$

und genau so

$$(\sigma'-1)\,\overline{s_k}=\sum_{i=-\infty}^{\infty} s_i\,s'_{k-i-1}=\overline{s_{k-1}}\,.$$

Diese Formel

$$\overline{s_k}=\sum_{i=0}^{k} s_i\,s'_{k-i}$$

war (in Verbindung mit dem Schluß in § 6, 4) der Ausgangspunkt dieser ganzen Arbeit.

Wie eben kann man nach § 8, **5** auch beliebige (Z_n,σ) miteinander multiplizieren. Um etwa $(Z_n,\sigma)(Z'_m,\sigma')$ für $m\leq n$ zu bilden, nehmen wir Reihen s_i und s'_i in Z_n und Z'_m und bilden im direkten Produkt $Z_n\times Z'_m$

$$\overline{s_k}=\sum_{i=-\infty}^{\infty} s_{k-p^{n-m}i}\,s'_i\,,$$

dann sind die Bedingungen

$$(\sigma^{p^{n-m}}-\sigma')\,\overline{s_k}=\{(\sigma-1)^{p^{n-m}}-(\sigma'-1)\}\,\overline{s_k}=0\,,$$

$$\overline{s_0}=1\,,\qquad (\sigma-1)\,\overline{s_k}=\overline{s_{k-1}}$$

erfüllt, nach § 8, **5** kann man diese $\overline{s_k}$ nehmen.

§ 15. Zyklische Normalringe vom Rang p^2.

1. In einer demnächst erscheinenden Arbeit gibt H. L. Schmid [22]) eine andere Formel für die Multiplikation zweier zyklischer Normalringe vom Rang p^n. Er normiert dabei die c_{m-1} und die z_{m-1} als Polynome in $v_1,\ldots,v_n$ mit Koeffizienten aus dem Primkörper Π der Charakteristik p. Es wäre nun interessant, beide Formeln genau zu vergleichen. Hier soll nur gezeigt werden, daß es für c_1 und z_1 eine Normierung als Polynome in v_1 gibt, die die folgenden beiden Eigenschaften vereinigt:

1. Setzt man in Z_1

$$s_k=(\sigma-1)^{p-1-k}\,c_1\qquad (k<p),$$

so ist $s_1=v_1$. Setzt man in der Formel

$$\overline{s_k}=\sum_{i=0}^{k} s_i\,s'_{k-i}\qquad\qquad (k=0,\ldots,p-1)$$

für s_i, s'_i und $\overline{s_k}$ die so berechneten Polynome in v_1, v'_1 und $\overline{v_1}=v_1+v'_1$ ein, so entsteht eine richtige Identität.

Dies ist durchaus nicht trivial. $\overline{s_k}=\sum_{i=0}^{k} s_i s'_{k-i}$ ist zwar, wie bewiesen, ein Polynom in $\overline{v_1}$ mit den Eigenschaften $\overline{s_0}=1$, $(\sigma-1)\,\overline{s_k}=\overline{s_{k-1}}$. Aber es gibt viele derartige Polynome. Wenn s_i und s'_i nach einem bestimmten Rechenverfahren aus v_1 bzw. v'_1 gewonnen sind, ist es durchaus nicht gesagt, daß auch $\overline{s_i}$ aus $v_1+v'_1$ nach demselben Rechenverfahren gewonnen werden kann. Das ist vielmehr eine einschneidende Forderung.

2. c_1 und z_1 genügen auch den Schmidschen Bedingungen.

---

22) H. L. Schmid, Zyklische algebraische Funktionenkörper vom Grade p^n über endlichem Konstantenkörper der Charakteristik p, J. reine angew. Math. 175.

2. Es sei
$$s_k = \binom{v_1}{k} \qquad (k = 0, 1, \ldots, p-1).$$
Die Bedingungen
$$s_0 = 1, s_1 = v_1, (\sigma - 1)\, s_k = \binom{v_1+1}{k} - \binom{v_1}{k} = \binom{v_1}{k-1} = s_{k-1}$$
sind dann erfüllt. Ferner ist bei der Multiplikation zweier zyklischer Normalringe
$$\bar{s}_k = \binom{v_1 + v_1'}{k} = \sum_{i=0}^{k} \binom{v_1}{i}\binom{v_1'}{k-i} = \sum_{i=0}^{k} s_i\, s'_{k-i}$$
wegen des bekannten Additionstheorems der Binomialkoeffizienten, unsere erste Bedingung ist also erfüllt.

Insbesondere ist
$$c_1 = \binom{v_1}{p-1} = \frac{v_1 (v_1 - 1) \cdots (v_1 - p + 2)}{(p-1)!} = -\frac{\beta_1}{v_1 + 1} = 1 - (v_1 + 1)^{p-1}.$$
Wir müssen nun noch ein z_1 mit der Eigenschaft $\wp c_1 = (\sigma - 1)\, z_1$ finden. Es ist
$$\wp c_1 = \binom{v_1}{p-1}^p - \binom{v_1}{p-1} = \binom{v_1^p}{p-1} - \binom{v_1}{p-1} = \binom{v_1 + \beta_1}{p-1} - \binom{v_1}{p-1} = \sum_{i=1}^{p-1} \binom{v_1}{p-1-i}\binom{\beta_1}{i},$$
man kann darum
$$z_1 = \sum_{i=1}^{p-1} \binom{v_1}{p-i}\binom{\beta_1}{i}$$
nehmen.

3. Es sei allgemein
$$\{x, y\} = \sum_{i=1}^{p-1} \binom{x}{i}\binom{y}{p-i}.$$
Offenbar gilt
$$\{x, y\} = \{y, x\}$$
und
$$\{x, y\}^p = \{x^p, y^p\} = \{x + \wp x, y + \wp y\}.$$
Wäre die Charakteristik 0 (oder $> p$), so wäre
$$\{x, y\} = \binom{x+y}{p} - \binom{x}{p} - \binom{y}{p},$$
für das Summandensystem $\{x, y\}$ gälte also die Assoziativitätsrelation
$$\{x, y\} + \{x + y, z\} = \{y, z\} + \{x, y + z\}.$$
Beide Seiten wären ja gleich $\binom{x+y+z}{p} - \binom{x}{p} - \binom{y}{p} - \binom{z}{p}$. Die Charakteristik ist nun zwar p, aber die Assoziativitätsrelation gilt im Polynomring $C_p[x, y]$ (C_p Ring der rationalen mod p ganzen Zahlen), daher auch im Restklassenring $C_p[x, y]/p = \Pi[x, y]$ (Π Primkörper der Charakteristik p), jetzt darf man für x und y Größen aus einem beliebigen kommutativen Ring der Charakteristik p einsetzen.

Man kann die Assoziativitätsrelation natürlich auch direkt mit Hilfe der bekannten Formel
$$\binom{x+y}{k} = \sum_{i=0}^{k} \binom{x}{i}\binom{y}{k-i}$$

ausrechnen: Man summiere in

$$\sum_{\substack{i+k+l=p\\ 0\leqq i,k,l<p}} \binom{x}{i}\binom{y}{k}\binom{z}{l}$$

einmal zuletzt über l, einmal zuletzt über i.

4. Nach § 14, 4 wird (bei gegebener Normierung der c und der z) (Z_n, σ) über P durch n Elemente $\beta_1, \ldots, \beta_n$ aus P eindeutig festgelegt. Wir schreiben

$$(Z_n, \sigma) = [\beta_1, \ldots, \beta_n]_{\mathrm{P}} = [\beta_1, \ldots, \beta_n]$$

und

$$(\alpha, Z_n, \sigma) = (\alpha; \beta_1, \ldots, \beta_n]_{\mathrm{P}} = (\alpha; \beta_1, \ldots, \beta_n].$$

$[\beta_1, \beta_2]$ wäre also so zu verstehen:

$$Z_2 = \sum_{i,k=0}^{p-1} v_1^i v_2^k, \qquad \wp v_1 = \beta_1, \qquad \wp v_2 = \{v_1, \beta_1\} + \beta_2,$$
$$\sigma v_1 = v_1 + 1, \quad \sigma v_2 = v_2 + \binom{v_1}{p-1}.$$

Wir bestimmen jetzt das Produkt $[\beta_1, \beta_2][\beta_1', \beta_2']$. In (Z_2', σ') mögen dieselben Gleichungen, nur mit gestrichenen Größen, gelten. Es sollte dann

$$\bar{s}_k = \sum_{i=0}^{k} s_i s_{k-i}' \qquad (k = 0, \ldots, p)$$

gesetzt werden, also

$$\bar{v}_1 = v_1 + v_1' \qquad (\text{vgl. § 13, 5}),$$
$$\binom{\bar{v}_1}{k} = \sum_{i=0}^{k} \binom{v_1}{i}\binom{v_1'}{k-i},$$
$$\bar{v}_2 = v_2 + \sum_{i=1}^{p-1} \binom{v_1}{i}\binom{v_1'}{p-i} + v_2' = v_2 + v_2' + \{v_1, v_1'\}.$$

Es folgt

$$\wp \bar{v}_2 = \wp v_2 + \wp v_2' + \{v_1, v_1'\}^p - \{v_1, v_1'\},$$
$$\wp \bar{v}_2 = \{v_1, \beta_1\} + \beta_2 + \{v_1', \beta_1'\} + \beta_2' + \{v_1 + \beta_1, v_1' + \beta_1'\} - \{v_1, v_1'\}$$

und

$$\bar{z}_1 = \{v_1 + v_1', \beta_1 + \beta_1'\}.$$

Ferner gelten die Assoziativitätsrelationen

$$\{\beta_1, v_1' + \beta_1'\} + \{v_1, \beta_1 + v_1' + \beta_1'\} = \{v_1, \beta_1\} + \{v_1 + \beta_1, v_1' + \beta_1'\},$$
$$\{v_1, v_1'\} + \{v_1 + v_1', \beta_1 + \beta_1'\} = \{v_1', \beta_1 + \beta_1'\} + \{v_1, v_1' + \beta_1 + \beta_1'\},$$
$$\{\beta_1, \beta_1'\} + \{\beta_1 + \beta_1', v_1'\} = \{\beta_1', v_1'\} + \{\beta_1, \beta_1' + v_1'\}.$$

Durch Subtraktion der letzten vier Gleichungen von der oberen erhält man

$$\wp v_2 = \bar{z}_1 + \{\beta_1, \beta_1'\} + \beta_2 + \beta_2'.$$

In

$$\wp \bar{v}_1 = \bar{\beta}_1, \qquad \wp \bar{v}_2 = \bar{z}_1 + \bar{\beta}_2,$$

ist demnach

$$\bar{\beta}_1 = \beta_1 + \beta_1', \qquad \bar{\beta}_2 = \beta_2 + \beta_2' + \{\beta_1, \beta_1'\}$$

zu setzen.

Also gilt die Multiplikationsformel

$$[\beta_1, \beta_2][\beta_1', \beta_2'] \cong [\beta_1 + \beta_1', \beta_2 + \beta_2' + \{\beta_1, \beta_1'\}].$$

5. Die Menge aller Paare (β_1, β_2) von Elementen aus P wird, wie leicht zu beweisen ist, durch die Festsetzung

$$(\beta_1, \beta_2)(\beta_1', \beta_2') = (\beta_1 + \beta_1', \beta_2 + \beta_2' + \{\beta_1, \beta_1'\})$$

zu einer Abelschen Gruppe gemacht. Die Zuordnung

$$(\beta_1, \beta_2) \to [\beta_1, \beta_2]$$

ist also ein Homomorphismus. Wir werden bald feststellen, wann $[\beta_1, \beta_2] \sim (\mathsf{P}, 1)$ gilt, d. h. wir werden den Normalteiler aller der (β_1, β_2) bestimmen, die bei dem Homomorphismus in das Einselement übergehen.

Das in $[\beta_1, \beta_2]$ enthaltene (Z_1, σ) ist $[\beta_1]$ (s. § 14, **4** und § 13, **2**). $[\beta_1]$ zerfällt dann und nur dann, wenn $\beta_1 = \wp\gamma$ mit $\gamma \in \mathsf{P}$ ist. Dann ist also Z_2 kein Körper, $[\beta_1, \beta_2]$ hat die Ordnung 1 oder p, ist also ähnlich einem $[\beta]$. Wir bestimmen jetzt ein solches β.

Ist $\beta_1 = \wp\gamma$ und $[\beta_1] = (Z_1, \sigma)$, so ist $Z_1 = e_1\mathsf{P} + \cdots + e_p\mathsf{P}$, wo die e_i orthogonale Idempotente sind. Wir dürfen annehmen, es sei $e_1 v_1 = e_1\gamma$. Nach § 5, **4** ist

$$(Z_2, \sigma) \sim (e_1 Z_2, \sigma^p),$$

denn σ vertauscht $e_1, \ldots, e_p$ zyklisch. $(e_1 Z_2, \sigma^p)$ ist aber ein zyklischer Normalring vom Rang p, in dem

$$(\sigma^p - 1)(e_1 v_2) = e_1 1, \qquad \wp(e_1 v_2) = e_1\{\gamma, \wp\gamma\} + e_1\beta_2$$

gilt. Nach § 13, **3** ist

$$[\wp\gamma, \beta_2] \sim [\{\gamma, \wp\gamma\} + \beta_2].$$

Hiernach gilt $[\beta_1, \beta_2] \sim (\mathsf{P}, 1)$ dann und nur dann, wenn erstens $\beta_1 = \wp\gamma$ und zweitens $\{\gamma, \wp\gamma\} + \beta_2 = \wp\delta$ in P lösbar ist:

Der allgemeinste zerfallende (Z_2, σ) ist

$$[\wp\gamma, \wp\delta - \{\gamma, \wp\gamma\}].$$

Durch Multiplikation mit einem beliebigen $[\beta_1, \beta_2]$ folgt:

Der allgemeinste zu $[\beta_1, \beta_2]$ isomorphe zyklische Normalring ist

$$[\beta_1 + \wp\gamma, \beta_2 + \wp\delta - \{\gamma, \wp\gamma\} + \{\beta_1, \wp\gamma\}].$$

5.

Über die Stetigkeit linearer analytischer Funktionale

Deutsche Math. *1*, 350–352 (1936)

Unter einem linearen analytischen Funktional verstehen wir im Anschluß an Fantappiè ein Funktional F mit folgenden Eigenschaften:

I. F ordnet jeder in einem (offenen) Gebiet $\mathfrak{G}$ der t-Ebene regulär analytischen Funktion $y(t)$ (und vielleicht noch anderen Funktionen) eine Zahl $Fy(t)$ zu.

II. $F[\alpha_1 y_1(t) + \alpha_2 y_2(t)] = \alpha_1 F y_1(t) + \alpha_2 F y_2(t)$.

III. Ist Γ ein α-Gebiet und ist $y(t, \alpha)$ für $t \in \mathfrak{G}$, $\alpha \in \Gamma$ regulär analytisch, so ist die Funktion $Fy(t, \alpha)$ von α für $\alpha \in \Gamma$ regulär analytisch.

Fantappiè beweist[1]) unter etwas schärferen Voraussetzungen über den Definitionsbereich von F, daß sich jedes lineare analytische Funktional als funktionentheoretisches Kurvenintegral schreiben läßt:

$$Fy(t) = \frac{1}{2\pi i} \int_C y(\tau)\, v(\tau)\, d\tau,$$

erstreckt über eine passende Kurve C in der Nähe des Randes von $\mathfrak{G}$. Aus dieser expliziten Darstellung folgt dann der

Satz: Konvergiert die Folge $y_n(t)$ gleichmäßig auf jedem abgeschlossenen Teilbereich $\mathfrak{B}$ von $\mathfrak{G}$ gegen $y(t)$, so ist

$$Fy(t) = \lim F y_n(t).$$

Fantappiè bemerkt selbst, daß unter seinen Voraussetzungen auch umgekehrt aus diesem Satz die Integraldarstellung in trivialer Weise folgt[2]). Hier soll gezeigt werden, daß dieser Satz auch leicht direkt aus den vorausgesetzten Eigenschaften der linearen analytischen Funktionale zu beweisen ist. Damit ist dann auch ein sehr kurzer Beweis der so wichtigen Integralformel gegeben.

Ich bemerke ausdrücklich, daß ich nichts Neues bringe: alle wesentlichen Überlegungen macht schon Fantappiè[3]), der Rest beruht auf allgemein bekannten Schlüssen aus der Theorie der Normalfamilien.

Vorbemerkung: Bekanntlich kann man im Gebiet $\mathfrak{G}$ eine Folge $\mathfrak{B}_0, \mathfrak{B}_1, \ldots$ abgeschlossener Mengen so finden, daß jedes $\mathfrak{B}_k$ ganz aus Innenpunkten von $\mathfrak{B}_{k+1}$ besteht und daß jeder Punkt von $\mathfrak{G}$ in einem $\mathfrak{B}_k$ liegt. (Man kann außerdem annehmen, daß das Innere jedes $\mathfrak{B}_k$ zusammenhängend ist und daß $\mathfrak{B}_k$ die abgeschlossene Hülle seines Inneren ist.)

F habe nun die oben angegebenen Eigenschaften, und $y_n(t)$ sei irgendeine Folge in $\mathfrak{G}$ regulär analytischer Funktionen, die auf jedem $\mathfrak{B}_k$ gleichmäßig gegen $y(t)$ strebt. Dann wählen wir $n_0, n_1, \ldots$ mit $n_0 < n_1 < \cdots$ so, daß

$$|y_m(t) - y_{n_k}(t)| \leq \frac{1}{k!} \text{ auf } \mathfrak{B}_k \text{ für alle } m > n_k.$$

---

[1]) I funzionali analitici, Memorie acc. naz. dei Lincei, Vol. 3°, s. 6a, fasc. 11 (1930) und Risposta alla nota „Sui funzionali analitici", Boll. un. mat. Italiana 11, S. 138 (1932). Kürzerer Beweis: Nuova dimostrazione della formula fondamentale per i funzionali analitici lineari, Atti acc. naz. Lincei 15, S. 850 (1932).

[2]) Sull' espressione generale dei funzionali analitici lineari, Atti acc. naz. Lincei 14, S. 248 (1931).

[3]) I funzionali analitici (a. a. O.), Kap. II, 25.

Setzen wir noch

$$z_0 = y_{n_0}, \; z_{k+1} = y_{n_{k+1}} - y_{n_k},$$

so ist

(1)
$$y_{n_k} = \sum_0^k z_\varkappa$$

und

$$|z_{k+1}| \leq \frac{1}{k!} \text{ auf } \mathfrak{B}_k.$$

Darum konvergiert

$$z(t, \alpha) = \sum_0^\infty z_k(t)\,\alpha^k$$

für alle α auf jedem $\mathfrak{B}_k$ gleichmäßig gegen eine für $t \in \mathfrak{G}$ und alle endlichen α reguläre Grenzfunktion. Nach Vor. I sind $F z_k(t)$ und $F z(t, \alpha)$ definiert, nach Vor. III ist

(2)
$$F z(t, \alpha) = F \sum_0^\infty z_k\,\alpha^k = \sum_0^\infty f_k\,\alpha^k$$

eine beständig konvergente Potenzreihe. Durch Einsetzen von $\alpha = 0$ sieht man $F z_0 = f_0$. Es gilt aber sogar für alle k

(3)
$$F z_k = f_k.$$

Denn ist schon

(4)
$$F z_\varkappa = f_\varkappa \qquad (\varkappa = 0, \ldots, k-1),$$

so multipliziere man (4) mit $\alpha^\varkappa$, subtrahiere alles von (2) und dividiere durch α^k; nach Vor. II entsteht dabei

(5)
$$F \sum_k^\infty z_\varkappa\,\alpha^{\varkappa-k} = \sum_k^\infty f_\varkappa\,\alpha^{\varkappa-k}$$

jedenfalls für $\alpha \neq 0$. Weil aber nach Vor. III beide Seiten für alle endlichen α regulär analytisch sind, gilt (5) auch für $\alpha = 0$ und ergibt (3).

Setzt man die Werte (3) in (2) ein und setzt man $\alpha = 1$ ein, so erhält man nach (1) und Vor. II

$$F y(t) = F \sum_0^\infty z_k(t) = \sum_0^\infty F z_k(t) = \lim_{k\to\infty} F y_{n_k}(t).$$

Wir haben also eine Teilfolge $y_{n_0}(t), y_{n_1}(t), \ldots$ der gegebenen Folge gefunden, für die die Behauptung richtig ist. Hieraus folgt aber schon der Satz. Denn konvergierte y_m gleichmäßig auf jedem $\mathfrak{B}_k$ gegen y und gäbe es zu einem $\varepsilon > 0$ unendlich viele Zahlen $m_0, m_1, \ldots$ mit $m_0 < m_1 < \cdots$ und

(6)
$$|F y_{m_\nu}(t) - F y(t)| \geq \varepsilon,$$

so konvergierte auch die Folge $y_{m_\nu}(t)$ auf jedem $\mathfrak{B}_k$ gleichmäßig gegen $y(t)$, wie eben gäbe es eine Teilfolge $y_{m_{\nu_k}}(t)$ davon, für die im Widerspruch mit (6)

$$F y(t) = \lim_{k\to\infty} F y_{m_{\nu_k}}(t)$$

wäre.

Die Methode überträgt sich ohne weiteres auf den Fall mehrerer Argumente und auf gemischte Funktionale.

Anhang.

Übergang von der Stetigkeit zur Integraldarstellung: Fantappiè setzt voraus, daß das Funktional F den oben gemachten Voraussetzungen nicht nur über dem einen Gebiet $\mathfrak{G}$ genügt, sondern über allen Gebieten $\mathfrak{G}'$, die eine gegebene feste abgeschlossene Teilmenge $\mathfrak{A}$ von $\mathfrak{G}$ enthalten. C_1 sei eine stetige einfach geschlossene rektifizierbare Kurve in $\mathfrak{G}$, die $\mathfrak{A}$ im positiven Sinne umläuft. $C_2, \ldots, C_n$ ($n \geq 1$) seien endlich viele in $\mathfrak{G}$ verlaufende stetige einfach geschlossene rektifizierbare getrennt liegende von C_1 eingeschlossene Kurven, die zusammen alle diejenigen Randpunkte von $\mathfrak{G}$ im positiven Sinne umlaufen, die von C_1 umlaufen werden; dagegen sollen $C_2, \ldots, C_n$ keinen Punkt von $\mathfrak{A}$ enthalten oder umlaufen. Das Gebiet $\mathfrak{G}'$ aller von C_1, aber nicht von C_2 oder ... oder C_n umlaufenen Punkte enthält also $\mathfrak{A}$, und sein (im positiven Sinne umlaufener) Rand ist

$$C = C_1 - C_2 - \cdots - C_n .$$

Dann konvergiert das Cauchysche Integral

$$y(t) = \frac{1}{2\pi i} \int\limits_C \frac{y(\tau)}{\tau - t}\, d\tau = \frac{1}{2\pi i} \lim \sum_\nu y(\tau_\nu) \frac{1}{\tau_\nu - t} \Delta \tau_\nu$$

gleichmäßig auf jedem abgeschlossenen Teilbereich von $\mathfrak{G}'$, und aus der bewiesenen Stetigkeit von F folgt

$$F y(t) = \frac{1}{2\pi i} \lim \sum_\nu y(\tau_\nu)\, v(\tau_\nu)\, \Delta \tau_\nu = \frac{1}{2\pi i} \int\limits_C y(\tau)\, v(\tau)\, d\tau ,$$

wo für jedes feste τ (außerhalb von $\mathfrak{A}$)

$$F \frac{1}{\tau - t} = v(\tau)$$

gesetzt ist.

6.
p-Algebren

Deutsche Math. *1*, 362–388 (1936)

Inhalt.

§ 1. Der Hauptsatz.

Satz 1. P sei ein Körper der Charakteristik $p > 0$, A sei ein Schiefkörper vom Rang p^2 über dem Zentrum P. $u \in A$ liege nicht in P, während $u^p = \alpha$ in P liege.

Dann gibt es ein $v \in A$ mit

$$u v u^{-1} = v + 1 .$$

Für jedes solche v ist $v^k u^i$ $(i, k = 0, 1, \ldots, p-1)$ eine P-Basis von A, und die Multiplikationstafel ist durch

$$u^p = \alpha \in \mathsf{P} \qquad \wp v = v^p - v = \beta \in \mathsf{P}$$

$$u v = (v+1) u$$

festgelegt.

Beweis[1]): Für $x \in A$ sei

$$\sigma x = u x u^{-1}, \qquad \Delta = \sigma - 1.$$

σ und Δ sind also lineare Operatoren. $\Delta y = 0$ bedeutet Vertauschbarkeit von y mit u. Wegen Charakteristik p und wegen $u^p = \alpha$ ist

$$(\sigma - 1)^p x = (\sigma^p - 1) x = u^p x u^{-p} - x = 0:$$

$$\Delta^p = 0.$$

u liegt nicht im Zentrum, darum gibt es ein $w \in A$ mit $\Delta w \neq 0$. In der Reihe

$$w_0 = w, w_1 = \Delta w, \ldots, w_i = \Delta^i w, \ldots, w_p = \Delta^p w = 0$$

sei zuletzt $w_i \neq 0$ $(1 \leq i \leq p-1)$. Dann ist w_i mit u vertauschbar $(\Delta w_i = w_{i+1} = 0)$ und darum

$$\Delta (w_i^{-1} w_{i-1}) = w_i^{-1} \Delta w_{i-1} = 1.$$

Man kann also $v = w_i^{-1} w_{i-1}$ setzen, um

$$u v u^{-1} - v = 1$$

zu erhalten.

v sei nun irgendein Element von A mit $\Delta v = 1$. Dann hat $\mathsf{P}(u)$ über P den Rang p, $\mathsf{P}(u, v)$ kann als echter Oberschiefkörper nur den Rang p^2 haben:

$$A = \mathsf{P}(u, v).$$

Führen wir allgemein die Abkürzung

$$\wp x = x^p - x = x(x-1) \ldots (x - p + 1)$$

ein, so vertauscht σ die Linearfaktoren von $\wp v$ zyklisch. $\wp v = \beta$ ist demnach mit u und mit v vertauschbar: $\beta \in \mathsf{P}$.

Jetzt ist ohne weiteres zu sehen, daß man mit Hilfe der Formeln

$$u^p = \alpha \qquad \wp v = \beta$$
$$u v = (v + 1) u$$

alle Produkte nach der Basis $v^k u^i$ $(i, k = 0, \ldots, p-1)$ entwickeln kann.

Dies ist der Hauptsatz der vorliegenden Arbeit. Wir werden ihn im folgenden verschiedentlich verallgemeinern und werden auch viele Folgerungen ziehen.

Definition 1. Unter einer **p-Algebra** verstehen wir ein einfaches normales hyperkomplexes System von einem Rang p^{2n} über einem Grundkörper P der Charakteristik p.

Wir stellen uns die Aufgabe, mit rein algebraischen Methoden Aussagen über die Struktur dieser Algebren herzuleiten.

Die erste p-Algebra scheint bei Köthe[2]) aufzutreten, der bewies, daß jede einfache und normale Algebra einen separablen Zerfällungskörper hat. Dann folgten die Unter-

[1]) Nach Fertigstellung der Arbeit erscheint eine Arbeit von A. A. Albert, Normal division algebras of degree p^e over F of characteristic p, Trans. Amer. Math. Soc. 39 (1936), in der ein anderer Beweis dieses Satzes gegeben wird.

[2]) G. Köthe, Über Schiefkörper mit Unterkörpern zweiter Art über dem Zentrum, J. reine angew. Math. 166 (1932).

suchungen von Albert [1]), der zeigte, daß über einem vollkommenen Körper der Charakteristik p jede p-Algebra zerfällt, und eine Übersicht über alle p-Algebren vom Rang 4, 9 oder 16 gab. Schließlich ist eine Arbeit von H. L. Schmid [2]) zu nennen, der die einfachsten zyklischen p-Algebren von arithmetischen Gesichtspunkten aus behandelte.

Aus dem genannten Satz von Albert ergibt sich leicht, daß jede p-Algebra einen **rein inseparablen Zerfällungskörper** endlichen Ranges hat (einen Zerfällungskörper also, der durch Adjunktion p^e-ter Wurzeln entsteht). Wir werden nun versuchen, die Struktur der allgemeinsten von einem gegebenen rein inseparablen Körper zerfällten Algebren zu bestimmen. Wir gehen also von einer ähnlichen Fragestellung aus wie der, die zu den verschränkten Produkten führt, im einzelnen bestehen natürlich kaum Vergleichsmöglichkeiten.

Wer sich nur für die allgemeinen Struktursätze und nicht für explizite Formeln interessiert, lese nur § 1, § 3, § 5, den zweiten Beweis für Satz 33 und § 7.

§ 2. Das System $(\alpha, \beta]$.

Bereits in § 1 sind wir auf den folgenden einfachsten Typus einer p-Algebra gestoßen:

$$A = \sum_{i,k=0}^{p-1} v^k u^i \mathrm{P},$$

$$u^p = \alpha \qquad \wp v = \beta$$

$$u v = (v+1) u.$$

Satz 2. *Wenn man $\alpha \neq 0$ und β in P beliebig vorgibt, so wird durch diese Formeln stets eine p-Algebra definiert.*

Ein Beweis ist nicht nötig, weil A schon in N. II [3]) § 13 als verschränktes Produkt mit einem zyklischen Normalring $[\beta]$ dargestellt wurde.

A ist über P durch α und β vollständig bestimmt, darum schreiben wir

Definition 2.

$$A = (\alpha, \beta]_{\mathrm{P}} = (\alpha, \beta].$$

Nach Schmid [2]), der diese Algebren zuerst systematisch untersucht hat, gelten die Regeln:

Satz 3.

$$(\alpha, \beta] \times (\alpha', \beta] \sim (\alpha\alpha', \beta].$$

$$(\alpha, \beta] \times (\alpha, \beta'] \sim (\alpha, \beta + \beta'].$$

$$(\alpha, \alpha] \sim 1.$$

Bekanntlich ist $\mathrm{P}[v]$ dann und nur dann Körper, wenn $\beta \neq \wp\gamma$ für alle $\gamma \in \mathrm{P}$ ist, und $\mathrm{P}[u]$ ist dann und nur dann Körper, wenn $\alpha \neq \delta^p$ für alle $\delta \in \mathrm{P}$ ist.

Nach N. II § 2 gilt:

Wenn man einen Ring $\mathrm{P}[v]$ $(\wp v = \beta)$ maximalkommutativ in eine p-Algebra A vom Rang p^2 einbetten kann, dann ist $A \cong (\alpha, \beta]$ mit diesem β für passendes α.

---

[1]) A. A. Albert, Normal Division Algebras over a Modular Field, Trans. Amer. Math. Soc. 36 (1934); Normal Division Algebras of Degree 4 over F of Characteristic 2, Amer. J. Math. 56 (1934).

[2]) H. L. Schmid, Über das Reziprozitätsgesetz in relativzyklischen algebraischen Funktionenkörpern mit endlichem Konstantenkörper, Math. Z. 40 (1935).

[3]) O. Teichmüller, Verschränkte Produkte mit Normalringen, Deutsche Mathematik 1 (1936), S. 92; Multiplikation zyklischer Normalringe, daselbst S. 197. Zitiert mit N. I und N. II.

Satz 1 behauptete die Umkehrung:

Wenn ein Ring $P[u](u^p = \alpha \neq 0)$ maximalkommutativ in eine p-Algebra A vom Rang p^2 eingebettet werden kann, dann ist $A \cong (\alpha, \beta]$ mit diesem α für passendes β.

Beim Beweis beschränkten wir uns in § 1 gleich auf den Fall, daß A ein Schiefkörper ist. Denn sonst ist der Index von A ein echter Teiler von p, daher

$$A \sim 1 \sim (\alpha, 0].$$

Der Rest dieses Abschnitts geht auf Mitteilungen von E. Witt zurück.

Satz 4. Durch $u^p = \alpha \in P$ sei ein echter Oberkörper $P(u)$ von P bestimmt. Für rationale Funktionen f mit Koeffizienten aus P hängt dann die Ableitung $f'(u)$ nur von u und von $f(u)$ ab.

D. h. sind $f(t)$ und $g(t)$ rationale Funktionen, in deren Nenner $t^p - \alpha$ nicht aufgeht, so folgt aus

$$f(t) \equiv g(t) \pmod{t^p - \alpha},$$

daß

$$f'(t) \equiv g'(t) \pmod{t^p - \alpha}.$$

Man kann das leicht nachrechnen.

Wir sind darum berechtigt zu der

Definition 3.

$$f'(u) = \frac{df(u)}{du}.$$

In Worten: Man differenziert ein beliebiges Element y von $P(u)$ nach u, indem man y in die Form $y = f(u)$ bringt und $\frac{dy}{du} = f'(u)$ setzt; der so erhaltene Wert ist von der speziellen Darstellung durch f unabhängig.

Bis zum Schluß dieses Abschnitts sei immer ein System

$$(\alpha, \beta] = \sum_{i,k=0}^{p-1} v^k u^i P,$$

$$u^p = \alpha \qquad \wp v = \beta$$

$$u v = (v+1) u$$

fest gegeben. Es sei vorausgesetzt, daß $P[u]$ Körper sei (also $\alpha \neq \delta^p$), obgleich Satz 6—8 auch ohne diese Voraussetzung gelten.

Satz 5. Für alle $y \in P(u)$ gilt

$$y v = v y + u \frac{dy}{du}.$$

Beweis: Wir schreiben y in der Form

$$y = c_0 + c_1 u + \cdots + c_{p-1} u^{p-1}, \quad c_i \in P.$$

Durch Induktion nach i sieht man

$$u^i v u^{-i} = v + i,$$

$$u^i v = v u^i + i u^i = v u^i + u \frac{du^i}{du}.$$

Multiplikation mit c_i und Summation ergibt die Behauptung.

Satz 6.

$$\wp(u + v) = \alpha + \beta.$$

Beweis[1]): Wir multiplizieren aus:

$$(*) \qquad \wp(u+v) = u^p + (u^{p-1}v + \cdots + v\,u^{p-1}) + \cdots + v^p - u - v.$$

Nun ist

$$u\,(u+v)\,u^{-1} = (u+v)+1,$$

man kann also in Satz 1 das dortige v durch $u+v$ ersetzen und sieht $\wp(u+v) \in \mathrm{P}$. Bringen wir jetzt nach der Regel

$$u\,v = v\,u + u$$

die einzelnen Glieder in (*) auf die Form $\sum a_{ik} v^k u^i$ $(i, k = 0, 1, \ldots, p)$, so müssen sich alle Glieder mit $u, u^2, \ldots, u^{p-1}$ wegheben, sonst könnte $\wp(u+v)$ nicht in P liegen. Bei der Umformung $u\,v = (v+1)\,u$ gehen aber Glieder mit k Faktoren u wieder in ebensolche über. Infolgedessen können in (*) die Glieder, in denen u genau k-mal als Faktor auftritt, für $k = 1, \ldots, p-1$ weggelassen werden. Dann bleibt übrig:

$$\wp(u+v) = u^p + v^p - v = \alpha + \beta.$$

Definition 4. Für $y = c_0 + c_1 u + \cdots + c_{p-1} u^{p-1} \in \mathrm{P}(u)$ $(c_i \in \mathrm{P})$ sei

$$\mathfrak{sp}_u\, y = \wp c_0 + c_1^p \alpha + \cdots + c_{p-1}^p \alpha^{p-1} = y^p - c_0.$$

Dieser Ausdruck ist ein Analogon der Spur aus separablen Oberkörpern. Ohne Beweis sei noch die Darstellung

$$\mathfrak{sp}_u\, y = \left(\left(u\frac{d}{du} + y\right)^{p-1} - 1\right) y$$

erwähnt.

Satz 7. Für $y \in \mathrm{P}(u)$ gilt

$$\wp(y+v) = \mathfrak{sp}_u\, y + \beta.$$

Beweis: Sei $y = c_0 + \cdots + c_k u^k$, $c_i \in \mathrm{P}$, $c_k \neq 0$. Für $k = 0$ ist alles klar, wir machen Induktion nach k. Setzt man

$$\bar{u} = k^{-1} c_k u^k, \qquad \bar{v} = k^{-1}(v + c_0 + \cdots + c_{k-1} u^{k-1}),$$

so gilt nach Induktionsvoraussetzung

$$\bar{u}^p = k^{-1} c_k^p \alpha^k, \qquad \wp\bar{v} = k^{-1}(\beta + \wp c_0 + c_1^p \alpha + \cdots + c_{k-1}^p \alpha^{k-1}),$$
$$\bar{u}\,\bar{v} = (\bar{v}+1)\,\bar{u}.$$

Nach Satz 6, auf $\bar{u}$ und $\bar{v}$ angewandt, folgt

$$\wp(y+v) = k\,\wp(\bar{u}+\bar{v}) = k(\bar{u}^p + \wp\bar{v}) = \mathfrak{sp}_u\, y + \beta.$$

Satz 8. $(\alpha, \beta] \cong (\alpha, \beta']$ dann und nur dann, wenn $\beta' = \beta + \mathfrak{sp}_u\, y$, $y \in \mathrm{P}(u)$.

Das ist ein Gegenstück zu dem bekannten Satz, daß $(\alpha, \beta] \cong (\alpha', \beta]$ dann und nur dann gilt, wenn $\frac{\alpha'}{\alpha}$ Norm aus $\mathrm{P}(v)$ ist (wenn $\beta \neq \wp\gamma$).

Beweis: Wenn $(\alpha, \beta] \cong (\alpha, \beta']$ ist, dann gibt es u' und v' in $(\alpha, \beta]$ mit

$$u'^p = \alpha \qquad \wp v' = \beta'$$
$$u'\,v' = (v'+1)\,u'.$$

Wir dürfen gleich $u' = u$ annehmen, denn der durch $u \longleftrightarrow u'$ gelieferte Isomorphismus $\mathrm{P}(u) \cong \mathrm{P}(u')$ i. d. a. P läßt sich zu einem inneren Automorphismus von $(\alpha, \beta]$ fortsetzen.

[1]) Ein anderer Beweis (mit Matrizen) steht schon bei H. L. Schmid, a. a. O. (vgl. S. 364 Anm. 2).

Dann gilt

$$u(v'-v)=(v'-v)u;$$

weil $\mathsf{P}(u)$ maximalkommutativ in $(\alpha,\beta]$ ist, folgt $v'-v=y\in\mathsf{P}(u)$ und nach Satz 7

$$\beta'=\wp v'=\mathrm{sp}_u\, y+\beta.$$

Die Umkehrung ist klar.

Für zyklische Körper mit einem erzeugenden Automorphismus σ ist bekannt: Ist $Na=1$, so $a=b^{\sigma-1}$ (Hilbert), und: Ist $\mathrm{Sp}\, a=0$, so $a=(\sigma-1)\, b$ [1]. Entsprechend gilt hier:

Satz 9. Dann und nur dann ist $\mathrm{sp}_u\, y=0$, wenn $y=\frac{u}{z}\frac{dz}{du}$.

Wir schreiben natürlich den Ausdruck $\frac{u}{z}\frac{dz}{du}$ formal als logarithmischen Differentialquotienten $\frac{d\ln z}{d\ln u}$.

Beweis: Sei $v'=v+y$, dann gilt nach Satz 7

$$u^p=\alpha \qquad \wp v'=\mathrm{sp}_u\, y+\beta,$$
$$u v'=(v'+1)\, u.$$

Also $\mathrm{sp}_u\, y=0$ dann und nur dann, wenn es einen Automorphismus von $(\alpha,\beta]$ i. b. a. P gibt, der u in sich und v in $v+y$ überführt. Ein solcher Automorphismus kann nur ein innerer, also eine Transformation $x\to z\,x\,z^{-1}$ sein; weil u dabei festbleiben soll, muß $z\neq 0$ in $\mathsf{P}(u)$ liegen. Für $z\in\mathsf{P}(u)$ gilt aber nach Satz 5

$$z\,v\,z^{-1}=v+\frac{d\ln z}{d\ln u}.$$

Dann und nur dann geht also bei passender innerer Transformation von $(\alpha,\beta]$ u in sich und v in $v+y$ über, wenn $y=\frac{d\ln z}{d\ln u}$ mit passendem $z\in\mathsf{P}(u)$.

§ 3. Rein inseparable Oberkörper.

In diesem Abschnitt wird eine Theorie dieser wichtigsten Zerfällungskörper von p-Algebren etwas ausführlicher entwickelt, als sie im folgenden gebraucht wird.

Definition 5. Ein algebraischer Oberkörper I des Körpers P mit der Charakteristik $p\neq 0$ heißt **rein inseparabel,** wenn jedes i. b. a. P separable Element von I in P liegt.

Bekanntlich ist von jedem i. b. a. P algebraischen Element eine p^n-te Potenz i. b. a. P separabel. Aber die p^n-te Wurzel eines P-Elements ist stets i. b. a. P inseparabel, wenn sie nicht schon in P selbst liegt. Hieraus ergibt sich das folgende Kriterium:

Satz 10. Dann und nur dann ist I/P rein inseparabel, wenn von jedem I-Element eine p^n-te Potenz in P liegt.

Ist I/P endlich: $I=\mathsf{P}(u_1,\ldots,u_r)$, so ist I/P dann und nur dann rein inseparabel, wenn $u_i^{p^{n_i}}=\alpha_i\in\mathsf{P}$.

Zum Beweis der zweiten Behauptung beachte man: Ist $I=\mathsf{P}\left(\sqrt[p^{n_1}]{\alpha_1},\ldots,\sqrt[p^{n_r}]{\alpha_r}\right)$ und $e=\mathrm{Max}(n_1,\ldots,n_r)$, so liegt die p^e-te Potenz jedes Elements von I in P.

[1]) E. Witt, Der Existenzsatz für abelsche Funktionenkörper, J. reine angew. Math. 173 (1935).

Definition 6. Ist I/P rein inseparabel, so heißt das kleinste e, für das die p^e-te Potenz jedes Elements aus I in P liegt, der **Exponent** von I/P ($e=0, 1, 2, \ldots, \infty$).

Den Körper aller p-ten Potenzen von Elementen aus P werden wir P^p schreiben.

Auf Grund von Satz 10 sieht man leicht:

Satz 11. Das Kompositum zweier rein inseparabler Oberkörper von P ist i. b. a. P rein inseparabel.

Ist I/P rein inseparabel und Ω ein beliebiger Oberkörper von P, so ist das Kompositum $I\,\Omega$ i. b. a. Ω rein inseparabel.

Schließlich ergibt sich aus Definition 5 unmittelbar der wichtige

Satz 12. Ist I/P zugleich separabel und rein inseparabel, so ist $I=\mathrm{P}$.

Definition 7. Das Element α von P heiße von der Teilmenge $\mathfrak{M}$ von P **p-abhängig**, wenn

$$\alpha \in \mathrm{P}^p(\mathfrak{M}), \quad \sqrt[p]{\alpha} \in \mathrm{P}\left(\sqrt[p]{\mathfrak{M}}\right) \text{ [1]}.$$

Die Elemente $\alpha_1, \ldots, \alpha_r$ von P sollen **p-unabhängig** in P heißen, wenn keins von ihnen von den anderen p-abhängig ist, also wenn $\left(\mathrm{P}\left(\sqrt[p]{\alpha_1}, \ldots, \sqrt[p]{\alpha_r}\right) : \mathrm{P}\right) = p^r$.

Für diesen Abhängigkeitsbegriff sind die formalen Abhängigkeitsaxiome[2]) erfüllt. Der Beweis ist leicht zu führen, der Hauptpunkt ist der Nachweis des folgenden Satzes: Ist α von $\alpha_1, \ldots, \alpha_r$, aber nicht von $\alpha_1, \ldots, \alpha_{r-1}$ in P p-abhängig, so ist α_r von $\alpha, \alpha_1, \ldots, \alpha_{r-1}$ p-abhängig.

Beweis: Wegen

$$(\mathrm{P}^p(\alpha_1, \ldots, \alpha_r) : \mathrm{P}^p(\alpha_1, \ldots, \alpha_{r-1})) = p$$

muß in

$$\mathrm{P}^p(\alpha_1, \ldots, \alpha_{r-1}) \subset \mathrm{P}^p(\alpha, \alpha_1, \ldots, \alpha_{r-1}) \subseteq \mathrm{P}^p(\alpha_1, \ldots, \alpha_r)$$

rechts das Gleichheitszeichen stehen.

Hieraus ergibt sich unmittelbar

Satz 13. Ist $\alpha \notin \mathrm{P}^p$ von $\alpha_1, \ldots, \alpha_r$ p-abhängig, so ist ein α_i von α und den übrigen α_j p-abhängig.

In bekannter Weise ergibt sich daraus der Austauschsatz[3]). Ferner folgt nach den a. a. O.[2]) angegebenen Schlüssen

Satz 14. Es gibt eine Menge $\mathfrak{M} \subset \mathrm{P}$ so, daß $\mathrm{P}^p(\mathfrak{M}) = \mathrm{P}$, während jede endliche Teilmenge von $\mathfrak{M}$ p-unabhängig ist.

Alle derartigen $\mathfrak{M}$ haben die gleiche Mächtigkeit.

Definition 8. Jede solche Menge $\mathfrak{M}$ heiße eine **p-Basis** von P; die gemeinsame Mächtigkeit aller p-Basen von P heiße der **Unvollkommenheitsgrad** von P.

Bekanntlich ist der Durchschnitt

$$\mathrm{P} \frown \mathrm{P}^p \frown \mathrm{P}^{p^2} \frown \cdots = \Omega$$

---

[1]) $\mathrm{P}\left(\sqrt[p]{\mathfrak{M}}\right)$ ist der aus P durch Adjunktion der p-ten Wurzeln aller $\mathfrak{M}$-Elemente entstehende Erweiterungskörper.

[2]) B. L. v. d. Waerden, Moderne Algebra I, Berlin 1930, S. 204ff.

[3]) H. Graßmann, Die Ausdehnungslehre, Berlin 1862, S. 10; B. L. v. d. Waerden, a. a. O. S. 96 (vgl. oben Anm. 2).

der größte vollkommene Unterkörper von P. — Adjungiert man zu einem vollkommenen Körper Φ eine Unbestimmte x und zugleich $\sqrt[p]{x}, \sqrt[p^2]{x}, \ldots$, so erhält man den kleinsten vollkommenen Oberkörper von Φ, der x enthält; er besteht sozusagen aus allen eindeutigen algebraischen Funktionen von x. Jeder vollkommene Körper entsteht aus jedem seiner vollkommenen Unterkörper (z. B. aus dem Primkörper) durch Adjunktion von gewissen Unbestimmten (einer Transzendenzbasis) samt allen p-ten, p^2-ten, ... Wurzeln und nachfolgende algebraische (von selbst separable) Erweiterung.

Genau die vollkommenen Körper haben den Unvollkommenheitsgrad 0.

Satz 15. Der Unvollkommenheitsgrad von P ist nicht größer als der Transzendenzgrad von P über seinem größten vollkommenen Unterkörper Ω.

Beweis: Wir zeigen gleich genauer:

Sind $\alpha_1, \ldots, \alpha_r$ in P p-unabhängig, so sind $\alpha_1, \ldots, \alpha_r$ i. b. a. Ω algebraisch unabhängig.

Andernfalls bestünde ja eine irreduzible Gleichung

$$\Sigma\, c_{i_1, \ldots, i_r}\, \alpha_1^{i_1} \cdots \alpha_r^{i_r} = 0 \quad (c_i \in \Omega).$$

Wir lassen die Glieder mit $c_i = 0$ weg. Wären dann alle vorkommenden $i_1, \ldots, i_r$ durch p teilbar, so wäre auch

$$\Sigma \sqrt[p]{c_{p k_1, \ldots, p k_r}}\, \alpha_1^{k_1} \cdots \alpha_r^{k_r} = 0,$$

die Gleichung wäre reduzibel. Also muß ein $i_\varrho \not\equiv 0 \pmod p$ sein. Dann genügt aber α_ϱ i. b. a. $\Omega(\alpha_1, \ldots, \alpha_{\varrho-1}, \alpha_{\varrho+1}, \ldots, \alpha_r)$ einer separablen Gleichung, erst recht ist α_ϱ i. b. a. $\mathrm{P}^p(\alpha_1, \ldots, \alpha_{\varrho-1}, \alpha_{\varrho+1}, \ldots, \alpha_r)$ separabel. Weil α_ϱ auch der rein inseparablen Gleichung $x^p - \alpha_\varrho^p = 0$ genügt, folgt nach Satz 12 $\alpha_\varrho \in \mathrm{P}^p(\alpha_1, \ldots, \alpha_{\varrho-1}, \alpha_{\varrho+1}, \ldots, \alpha_r)$, α_ϱ wäre gegen die Voraussetzung von den übrigen α_σ in P p-abhängig.

Hiernach sind je endlich viele Elemente einer p-Basis von P i. b. a. Ω algebraisch unabhängig, die p-Basis läßt sich zu einer Transzendenzbasis von P/Ω auffüllen [1]).

Satz 16. Ist Σ/P separabel, so ist jede p-Basis $\mathfrak{M}$ von P auch eine p-Basis von Σ.

Beweis: 1. Σ ist i. b. a. Σ^p, also nach Satz 11 auch i. b. a. $\Sigma^p(\mathfrak{M})$ rein inseparabel. Σ ist i. b. a. $\mathrm{P} = \mathrm{P}^p(\mathfrak{M})$, also auch i. b. a. $\Sigma^p(\mathfrak{M})$ separabel. Nach Satz 12 folgt $\Sigma = \Sigma^p(\mathfrak{M})$.

2. Wäre $\alpha_1 \in \mathfrak{M}$ in Σ von $\alpha_2, \ldots, \alpha_r \in \mathfrak{M}$ p-abhängig, so wäre $\alpha_1 \in \Sigma^p(\alpha_2, \ldots, \alpha_r)$ i. b. a. $\mathrm{P}^p(\alpha_2, \ldots, \alpha_r)$ separabel [2]), während doch α_1 i. b. a. $\mathrm{P}^p(\alpha_2, \ldots, \alpha_r)$ als p-te Wurzel rein inseparabel ist; es folgte $\alpha_1 \in \mathrm{P}^p(\alpha_2, \ldots, \alpha_r)$, α_1 wäre auch schon in P von $\alpha_2, \ldots, \alpha_r$ p-abhängig, was einen Widerspruch bedeutet.

Folgerung: Bei separabler Erweiterung eines Körpers ändert sich der Unvollkommenheitsgrad nicht.

Satz 17. Wenn $\Sigma = \mathrm{P}(x, \sqrt[p]{x}, \sqrt[p^2]{x}, \ldots)$ ist und x eine Unbestimmte ist, dann gilt genau dasselbe.

Beweis: 1.

$$\Sigma^p(\mathfrak{M}) = \mathrm{P}^p(x^p, \sqrt[p]{x^p}, \sqrt[p^2]{x^p}, \ldots, \mathfrak{M}) = \mathrm{P}(x^p, x, \sqrt[p]{x}, \ldots) = \Sigma.$$

[1]) B. L. v. d. Waerden, a. a. O. S. 204ff. (vgl. S. 368 Anm. 2).

[2]) Weil Σ^p/P^p separabel ist, ist $\Sigma^p(\alpha_2, \ldots, \alpha_r)/\mathrm{P}^p(\alpha_2, \ldots, \alpha_r)$ separabel.

2. Wäre $\alpha_1 \in \mathfrak{M}$ in Σ von $\alpha_2, \ldots, \alpha_r \in \mathfrak{M}$ p-abhängig, so bestünde eine Gleichung

$$Q^p \alpha_1 = \sum P^p_{i_2,\ldots,i_r} \alpha_2^{i_2} \cdots \alpha_r^{i_r},$$

in der Q und die P_i von der Form $\sum c_k x^{s_k}$ wären ($c_k \in \mathrm{P}$, s_k Brüche, in deren Nennern nur der Primfaktor p vorkommt). Durch Koeffizientenvergleich würde folgen, daß α_1 schon in P von $\alpha_2, \ldots, \alpha_r$ p-abhängig wäre.

Jetzt folgt leicht: Auch wenn Σ aus P durch Adjunktion irgendwelcher Unbestimmter und all ihrer p-ten, p^2-ten, ... Wurzeln und nachfolgende separable Erweiterung entsteht, bleibt $\mathfrak{M}$ eine p-Basis. Σ hat also denselben Unvollkommenheitsgrad wie P.

Satz 18. Ist $\mathfrak{M}$ eine p-Basis von P und $\Sigma = \mathrm{P}(x)$, x transzendent, so bilden $\mathfrak{M}$ und x zusammen eine p-Basis von Σ.

Beweis: 1.

$$\Sigma^p(\mathfrak{M}, x) = \mathrm{P}^p(x^p, \mathfrak{M}, x) = \mathrm{P}^p(\mathfrak{M})(x) = \mathrm{P}(x) = \Sigma.$$

2. $\alpha_1, \ldots, \alpha_r \in \mathfrak{M}$ sind in Σ p-unabhängig, das zeigt man wie in Satz 17 durch Koeffizientenvergleich. Wäre x von $\alpha_1, \ldots, \alpha_r \in \mathfrak{M}$ p-abhängig, so bestünde eine Gleichung

$$Q^p x = \sum P_i^p \alpha_1^{i_1} \cdots \alpha_r^{i_r},$$

wo Q und die P_i Polynome in x mit Koeffizienten aus P wären, das ist aber wegen des Grades unmöglich.

Hieraus folgt: Ist $\mathfrak{X}$ eine Menge unabhängiger Unbestimmter und ist $\mathfrak{M}$ eine p-Basis von P, so ist $\mathfrak{M} + \mathfrak{X}$ eine p-Basis von $\mathrm{P}(\mathfrak{X})$. Deshalb ist der Unvollkommenheitsgrad eines rein transzendenten Oberkörpers Σ von P gleich der Summe des Unvollkommenheitsgrades von P und des Transzendenzgrades von Σ i. b. a. P. Also:

Satz 19. Ist P eine separable Erweiterung eines i. b. a. Ω rein transzendenten Körpers und Ω vollkommen, so ist der Unvollkommenheitsgrad von P gleich dem Transzendenzgrad von P i. b. a. Ω.

Unter einem algebraischen Funktionenkörper verstehen wir einen Körper P, der aus einem Körper Ω, dem Konstantenkörper, durch Adjunktion einer Unbestimmten und nachfolgende endliche algebraische separable Erweiterung entsteht. Aus Satz 19 folgt

Satz 20. Ein algebraischer Funktionenkörper mit vollkommenem Konstantenkörper hat den Unvollkommenheitsgrad 1 [1]).

Um auch die allgemeinere a. a. O.[1]) gemachte Strukturaussage über algebraische Funktionenkörper in den Kreis dieser Betrachtungen einzubeziehen, kann es zweckmäßig sein, eine relative p-Basis und einen relativen Unvollkommenheitsgrad einzuführen: $\mathfrak{M}$ sei eine relative p-Basis von P über Ω, wenn $\mathrm{P}^p\,\Omega(\mathfrak{M}) = \mathrm{P}$ ist, während für $\alpha_1, \ldots, \alpha_r \in \mathfrak{M}$ stets $(\mathrm{P}^p\,\Omega(\alpha_1, \ldots, \alpha_r) : \mathrm{P}^p\,\Omega) = p^r$ ist; die Mächtigkeit einer relativen p-Basis sei der relative Unvollkommenheitsgrad von P/Ω. Man kann hierfür ähnliche Sätze wie oben beweisen, insbesondere hat ein algebraischer Funktionenkörper über seinem Konstantenkörper stets den relativen Unvollkommenheitsgrad 1. Aber vom Standpunkt der p-Algebren aus ist das uninteressant.

Als p-adische Erweiterungen algebraischer Funktionenkörper beanspruchen auch die Potenzreihenkörper Interesse. Unter einem Potenzreihenkörper $\Omega\{t\}$ verstehen wir die Gesamtheit aller Reihen

$$c_m t^m + c_{m+1} t^{m+1} + \cdots$$

[1]) Siehe hierzu auch O. Teichmüller, Differentialrechnung bei Charakteristik p, J. reine angew. Math. 175 (1936), S. 89—99.

mit Koeffizienten c_r aus einem Körper Ω, mit denen nach den bekannten formalen Regeln gerechnet wird. Hier gilt nun

Satz 21. Ist Ω vollkommen, so ist

$$\Omega\{t\} = (\Omega\{t\})^p(t),$$

jeder Potenzreihenkörper über einem vollkommenen Konstantenkörper hat demnach den Unvollkommenheitsgrad 1.

Beweis: Wir ordnen jede Potenzreihe $\sum\limits_r c_r t^r$ nach Restklassen von r mod p:

$$\sum_r c_r t^r = \sum_{s=0}^{p-1} \sum_h c_{hp+s} t^{hp} t^s = \sum_{s=0}^{p-1} \left(\sum_h \sqrt[p]{c_{hp+s}}\, t^h \right)^p t^s.$$

Die Potenzreihenkörper mit vollkommenem Konstantenkörper sind Beispiele dafür, daß der Unvollkommenheitsgrad kleiner als der Transzendenzgrad i. b. a. den größten vollkommenen Unterkörper sein kann.

Satz 22. P habe den Unvollkommenheitsgrad 1, α sei in P keine p-te Potenz. Dann ist

$$\mathrm{P}^{p^{-e}} = \mathrm{P}\left(\sqrt[p^e]{\alpha}\right)$$

der einzige rein inseparable Oberkörper von P vom Exponenten e.

Beweis: P hat eine eingliedrige p-Basis, daher $(\mathrm{P} : \mathrm{P}^p) = p$. Aus $\alpha \notin \mathrm{P}^p$ folgt demnach $\mathrm{P} = \mathrm{P}^p(\alpha)$, α ist also eine p-Basis von P. Durch Induktion nach e bestätigt man leicht $\mathrm{P} = \mathrm{P}^{p^e}(\alpha)$, also $\mathrm{P}^{p^{-e}} = \mathrm{P}\left(\sqrt[p^e]{\alpha}\right)$. Ist nun I/P rein inseparabel vom Exponenten e, so ist sicher $I \subseteq \mathrm{P}^{p^{-e}}$; wäre $I \subset \mathrm{P}\left(\sqrt[p^e]{\alpha}\right)$, so wäre $(I : \mathrm{P}) < p^e$, was ein Widerspruch wäre.

Die Körper mit dem Unvollkommenheitsgrad 1 sind bekanntlich die einzigen unvollkommenen Körper, über denen der Satz vom primitiven Element gilt, und zugleich die einzigen unvollkommenen Körper, über denen es in jedem endlichen algebraischen Oberkörper nur endlich viele Zwischenkörper gibt.

§ 4. Transformationsformeln.

Wir betrachten ein System $(\alpha, \beta]$:

$$u^p = \alpha \qquad \wp v = \beta$$
$$u\,v = (v+1)\,u.$$

Dabei sei $\mathrm{P}(u)$ als Körper vorausgesetzt. Wir nehmen in $\mathrm{P}(u)$ ein $\bar{u}$, das nicht in P liegt; dann ist $\bar{u}^p = \bar{\alpha} \in \mathrm{P}$, $\mathrm{P}(u) = \mathrm{P}(\bar{u})$. Nach Satz 1 folgt $(\alpha, \beta] \cong (\bar{\alpha}, \bar{\beta}]$ mit passendem $\bar{\beta} \in \mathrm{P}$. Es entsteht nun die Aufgabe, ein solches $\bar{\beta}$ wirklich anzugeben; die Gesamtheit aller zulässigen $\bar{\beta}$ erhält man dann nach Satz 8. — Wir werden zugleich eine allgemeinere Aufgabe lösen.

$\alpha_1, \ldots, \alpha_r$ seien r p-unabhängige Elemente von P. $\mathrm{P}(u_1, \ldots, u_r)$ mit $u_i^p = \alpha_i$ hat also über P den Grad p^r. Wie in Satz 4 und Definition 3 erklären wir die partiellen Differentialquotienten von Elementen aus $\mathrm{P}(u_1, \ldots, u_r)$ nach $u_1, \ldots, u_r$:

Ist F eine rationale Funktion mit Koeffizienten aus P, so hängen die $\frac{\partial F(u_1, \ldots, u_r)}{\partial u_i}$ nur von $F(u_1, \ldots, u_r)$ und $u_1, \ldots, u_r$, nicht aber von der speziellen Wahl von F ab.

Daß für diese partiellen Differentialquotienten die formalen Rechenregeln gelten, bedarf wohl keines ausführlichen Beweises[1]). Wie in Satz 9 werden wir uns im folgenden der Schreibweise der logarithmischen Differentialquotienten bedienen.

Satz 23. $\alpha_1, \ldots, \alpha_r$ seien in P p-unabhängig, und es sei $\mathrm{P}^p(\alpha_1, \ldots, \alpha_r) = \mathrm{P}^p(\bar{\alpha}_1, \ldots, \bar{\alpha}_r)$. Die Elemente $\beta_1, \ldots, \beta_r, \bar{\beta}_1, \ldots, \bar{\beta}_r$ von P seien durch die Transformation

$$\bar{\beta}_k = \sum_{i=1}^{r} \beta_i \frac{\partial \ln \alpha_i}{\partial \ln \bar{\alpha}_k}, \quad \beta_i = \sum_{k=1}^{r} \bar{\beta}_k \frac{\partial \ln \bar{\alpha}_k}{\partial \ln \alpha_i}$$

verbunden. Dann gilt

$$\prod_{i=1}^{r} (\alpha_i, \beta_i] \cong \prod_{k=1}^{r} (\bar{\alpha}_k, \bar{\beta}_k].$$

Man bemerke hierzu, daß $\mathrm{P}^p(\alpha_1, \ldots, \alpha_r)$ dieselbe Struktur über P^p hat wie vorhin $\mathrm{P}(u_1, \ldots, u_r)$ über P, daß darum die hingeschriebenen Ableitungen sinnvoll sind und daß

$$\sum_{k=1}^{r} \frac{\partial \ln \alpha_j}{\partial \ln \bar{\alpha}_k} \frac{\partial \ln \bar{\alpha}_k}{\partial \ln \alpha_i} = \begin{cases} 1, & i = j \\ 0, & i \neq j \end{cases}, \quad \sum_{i=1}^{r} \frac{\partial \ln \bar{\alpha}_l}{\partial \ln \alpha_i} \frac{\partial \ln \alpha_i}{\partial \ln \bar{\alpha}_k} = \begin{cases} 1, & k = l \\ 0, & k \neq l \end{cases}.$$

Beweis: Wir gehen von dem direkten Produkt $\prod_{i=1}^{r} (\alpha_i, \beta_i]$ aus: $(\alpha_i, \beta_i]$ wird durch

$$u_i^p = \alpha_i \qquad \wp v_i = \beta_i$$
$$u_i v_i = (v_i + 1) u_i$$

gegeben. Im direkten Produkt $\prod_{i=1}^{r} (\alpha_i, \beta_i]$ sind natürlich u_i, v_i mit u_j, v_j für $i \neq j$ vertauschbar. Nach Voraussetzung ist $\mathrm{P}(u_1, \ldots, u_r)$ ein Körper.

Wir suchen nun $\bar{u}_1, \ldots, \bar{u}_r$ in $\mathrm{P}(u_1, \ldots, u_r)$ mit $\bar{u}_i^p = \bar{\alpha}_i$, dann ist auch $\mathrm{P}(\bar{u}_1, \ldots, \bar{u}_r) = \mathrm{P}(u_1, \ldots, u_r) = I$. In diesem Körper kann man dann nicht nur nach $u_1, \ldots, u_r$, sondern auch nach $\bar{u}_1, \ldots, \bar{u}_r$ partiell differenzieren.

Ferner setzen wir

$$\bar{v}_k = \sum_{i=1}^{r} v_i \frac{\partial \ln u_i}{\partial \ln \bar{u}_k},$$

so daß auch

$$v_i = \sum_{k=1}^{r} \bar{v}_k \frac{\partial \ln \bar{u}_k}{\partial \ln u_i}$$

wird. Aus Satz 5, auf die Algebra $I[v_i]$ über dem Zentrum $\mathrm{P}(u_1, \ldots, u_{i-1}, u_{i+1}, \ldots, u_r)$ angewandt, folgt

$$\bar{u}_l v_i \bar{u}_l^{-1} = v_i + \frac{\partial \ln \bar{u}_l}{\partial \ln u_i}$$

[1]) Siehe hierzu auch O. Teichmüller, a. a. O. (vgl. S. 370 Anm. 1).

Multipliziert man diese Gleichung von rechts mit $\frac{\partial \ln u_i}{\partial \ln \bar{u}_k}$ und summiert man über i, so entsteht

$$\bar{u}_l \bar{v}_k \bar{u}_l^{-1} - \bar{v}_k = \begin{cases} 1, & k = l \\ 0, & k \neq l \end{cases}.$$

Schließlich sind $\bar{v}_k$ und $\bar{v}_l$ vertauschbar, denn wieder nach Satz 5 ist

$$\begin{aligned} \bar{v}_k \bar{v}_l &= \sum_{i,j=1}^{r} v_i \frac{\partial \ln u_i}{\partial \ln \bar{u}_k} v_j \frac{\partial \ln u_j}{\partial \ln \bar{u}_l} \\ &= \sum_{i,j=1}^{r} v_i v_j \frac{\partial \ln u_i}{\partial \ln \bar{u}_k} \frac{\partial \ln u_j}{\partial \ln \bar{u}_l} + \sum_{i,j=1}^{r} v_i \left(\frac{\partial}{\partial \ln u_j} \frac{\partial \ln u_i}{\partial \ln \bar{u}_k} \right) \frac{\partial \ln u_j}{\partial \ln \bar{u}_l} \\ &= \sum_{i,j=1}^{r} v_i v_j \frac{\partial \ln u_i}{\partial \ln \bar{u}_k} \frac{\partial \ln u_j}{\partial \ln \bar{u}_l} + \sum_{i=1}^{r} v_i \frac{\partial^2 \ln u_i}{\partial \ln \bar{u}_l \partial \ln \bar{u}_k} \end{aligned}$$

symmetrisch in k und l.

Daher ist

$$\prod_{i=1}^{r} (\alpha_i, \beta_i] = \mathsf{P}[u_1, \ldots, u_r, v_1, \ldots, v_r] = \mathsf{P}[\bar{u}_1, \ldots, \bar{u}_r, \bar{v}_1, \ldots, \bar{v}_r] = \prod_{k=1}^{r} \mathsf{P}[\bar{u}_k, \bar{v}_k],$$

indem $\bar{u}_k, \bar{v}_k$ mit $\bar{u}_l, \bar{v}_l$ für $k \neq l$ vertauschbar sind. Aus $\bar{u}_k \bar{v}_k = (\bar{v}_k + 1) \bar{u}_k$ folgt nach Satz 1

$$\wp \bar{v}_k \in \mathsf{P}, \quad \mathsf{P}[\bar{u}_k, \bar{v}_k] \cong (\bar{\alpha}_k, \wp \bar{v}_k].$$

Zum Nachweis der Behauptung ist es also nur noch nötig,

$$\wp \bar{v}_k = \bar{\beta}_k$$

auszurechnen.

$\wp \bar{v}_k$ liegt im Zentrum P. Wenn man daher $\wp \bar{v}_k$ nach der Basis $v_1^{k_1} \cdots v_r^{k_r} u_1^{i_1} \cdots u_r^{i_r}$ entwickelt, müssen alle Glieder außer dem „konstanten" Glied (alle $k_s, i_s = 0$) wegfallen. Wir setzen zur Abkürzung

$$\frac{\partial \ln u_i}{\partial \ln \bar{u}_k} = L_{ik},$$

dann wird

$$\wp \bar{v}_k = (v_1 L_{1k} + \cdots + v_r L_{rk})^p - v_1 L_{1k} - \cdots - v_r L_{rk}.$$

Multipliziert man das aus und bringt man nach Satz 5 alle v_i nach vorn, so erhält man kein von allen v_i freies Glied, aber r Glieder $v_i^p L_{ik}^p$, die wegen

$$L_{ik}^p = \frac{\partial \ln \alpha_i}{\partial \ln \bar{\alpha}_k}$$

gleich $\beta_i \frac{\partial \ln \alpha_i}{\partial \ln \bar{\alpha}_k} + v_i L_{ik}^p$ sind, also das „konstante" Glied $\beta_i \frac{\partial \ln \alpha_i}{\partial \ln \bar{\alpha}_k}$ liefern. Alle übrigen Glieder müssen sich wegheben. Es bleibt also

$$\wp \bar{v}_k = \sum_{i=1}^{r} \beta_i \frac{\partial \ln \alpha_i}{\partial \ln \bar{\alpha}_k} = \bar{\beta}_k.$$

Bemerkung. Die Transformation

$$\bar{\beta}_k = \sum_{i=1}^{r} \beta_i \frac{\partial \ln \alpha_i}{\partial \ln \bar{\alpha}_k}$$

25*

kann man mit dem Symbol des **totalen Differentials** auch so schreiben:

$$\sum_{k=1}^{r} \bar{\beta}_k \, d\ln \bar{\alpha}_k = \sum_{i=1}^{r} \beta_i \, d\ln \alpha_i .$$

Durch Satz 3 und durch das folgende wird es nahegelegt, die Algebren $(\alpha, \beta]$ den totalen Differentialen $\beta \, d\ln \alpha = \frac{\beta \, d\alpha}{\alpha}$ zuzuordnen. Dies ist besonders in Körpern vom Unvollkommenheitsgrad 1 zweckmäßig.

Als Antwort auf die zu Anfang dieses Abschnitts gestellte Frage notieren wir den Fall $r = 1$ noch besonders:

Satz 24. *Ist f eine rationale Funktion mit Koeffizienten aus P^p, für die $f(\alpha) \neq 0$ ist, so gilt*

$$(f(\alpha), \beta] \cong \left(\alpha, \beta \frac{d\ln f(\alpha)}{d\ln \alpha}\right].$$

Nun bringen wir auch Satz 23 auf eine analoge unsymmetrische Form.

Satz 25. *Ist F eine rationale Funktion mit Koeffizienten aus P^p, so gilt*

$$(F(\alpha_1, \ldots, \alpha_r), \beta] \sim \prod_{i=1}^{r} \left(\alpha_i, \beta \frac{\partial \ln F}{\partial \ln \alpha_i}\right].$$

Beweis: Wir nehmen zunächst an, $\alpha_1, \ldots, \alpha_r$ seien in P p-unabhängig. Liegt dann $F(\alpha_1, \ldots, \alpha_r)$ in P^p, so sind alle $\frac{\partial \ln F(\alpha_j)}{\partial \ln \alpha_i} = 0$, die Behauptung ist trivial. Andernfalls dürfen wir nach Satz 13 ohne Beschränkung der Allgemeinheit annehmen, α_1 sei von $F(\alpha_1, \ldots, \alpha_r), \alpha_2, \ldots, \alpha_r$ in P p-abhängig. In Satz 23 können wir dann

$$\bar{\alpha}_1 = F(\alpha_1, \ldots, \alpha_r), \; \bar{\alpha}_2 = \alpha_2, \ldots, \bar{\alpha}_r = \alpha_r$$

setzen. Ist schließlich noch

$$\bar{\beta}_1 = \beta, \; \bar{\beta}_2 = \cdots = \bar{\beta}_r = 0,$$

so müssen wir

$$\beta_i = \beta \frac{\partial \ln F}{\partial \ln \alpha_i}$$

setzen. Die Formel

$$\prod_{i=1}^{r} (\alpha_i, \beta_i] \cong \prod_{k=1}^{r} (\bar{\alpha}_k, \bar{\beta}_k]$$

ergibt dann die Behauptung.

Sind aber $\alpha_1, \ldots, \alpha_r$ in P p-abhängig, so können wir sie so numerieren, daß $\alpha_1, \ldots, \alpha_s$ p-unabhängig sind, während alle α_ϱ von $\alpha_1, \ldots, \alpha_s$ p-abhängig sind. In unmißverständlicher Schreibweise ist dann

$$(F, \beta] \sim \prod_{j=1}^{s} \left(\alpha_j, \sum_{i=1}^{r} \beta \frac{\partial \ln F}{\partial \ln \alpha_i} \frac{\partial \ln \alpha_i}{\partial \ln \alpha_j}\right],$$

$$\left(\alpha_i, \beta \frac{\partial \ln F}{\partial \ln \alpha_i}\right] \sim \prod_{j=1}^{s} \left(\alpha_j, \beta \frac{\partial \ln F}{\partial \ln \alpha_i} \cdot \frac{\partial \ln \alpha_i}{\partial \ln \alpha_j}\right];$$

nach Satz 3 folgt die Behauptung.

Wir wollen uns nun noch mit der Frage beschäftigen, wann ein Produkt $\prod_{i=1}^{r} (\alpha_i, \beta_i] \sim 1$ ist. Es genügt anzunehmen, $\alpha_1, \ldots, \alpha_r$ seien in P p-unabhängig. Trivial ist $(\alpha_i, \wp \gamma_i] \sim 1$.

Ist ferner $\Phi \in P^p(\alpha_1, \ldots, \alpha_r)$, so ist nach Satz 3 (oder Satz 8) und Satz 25

$$\prod_{i=1}^{r}\left(\alpha_i, \frac{\partial \Phi}{\partial \ln \alpha_i}\right] \sim (\Phi, \Phi] \sim 1 .$$

Das sind aber im wesentlichen schon alle Relationen, die zwischen Algebren $(\alpha, \beta]$ bestehen, denn es gilt

Satz 26. Sind $\alpha_1, \ldots, \alpha_r$ in P p-unabhängig und ist

$$\prod_{i=1}^{r}(\alpha_i, \beta_i] \cong \prod_{i=1}^{r}(\alpha_i, \beta_i'],$$

so gibt es $\gamma_1, \ldots, \gamma_r$ in P und Φ in $P^p(\alpha_1, \ldots, \alpha_r)$ mit

$$\beta_i' = \beta_i + \wp\,\gamma_i + \frac{\partial \Phi}{\partial \ln \alpha_i} .$$

Beweis: $\prod_{i=1}^{r}(\alpha_i, \beta_i]$ sei durch

$$u_i^p = \alpha_i \qquad \wp\, v_i = \beta_i$$
$$u_i\, v_i = (v_i + 1)\, u_i$$

gegeben, $\prod_{i=1}^{r}(\alpha_i, \beta_i']$ durch

$$u_i'^p = \alpha_i \qquad \wp\, v_i' = \beta_i'$$
$$u_i'\, v_i' = (v_i' + 1)\, u_i' .$$

Wie in Satz 8 dürfen wir all diese Größen in derselben Algebra realisiert denken und außerdem $u_i' = u_i$ annehmen. Dann ist aber $v_i' - v_i$ mit allen u_j vertauschbar:

$$v_i' - v_i = y_i = \sum_{k_1, \ldots, k_r = 0}^{p-1} \eta_{k_1, \ldots, k_r}^{(i)}\, u_1^{k_1} \cdots u_r^{k_r} \in P(u_1, \ldots, u_r) .$$

Nach Satz 5 ist ferner

$$v_i' v_j' = v_i v_j + v_i y_j + \left(v_j y_i + \frac{\partial y_i}{\partial \ln u_j}\right) + y_i y_j ,$$

$$v_j' v_i' = v_j v_i + v_j y_i + \left(v_i y_j + \frac{\partial y_j}{\partial \ln u_i}\right) + y_j y_i .$$

Weil aber v_i' mit v_j' im direkten Produkt vertauschbar ist, muß

$$\frac{\partial y_i}{\partial \ln u_j} = \frac{\partial y_j}{\partial \ln u_i}$$

gelten. Als Bedingung für die Koeffizienten η heißt das genau: Sind $k_1, \ldots, k_r$ nicht alle 0, so ist

$$\eta_{k_1, \ldots, k_r}^{(i)} = k_i\, \zeta_{k_1, \ldots, k_r} ;$$

$\eta_{0, \ldots, 0}^{(i)} = \gamma_i$ ist beliebig. Setzt man noch $\sum_{k_1, \ldots, k_r} \zeta_{k_1, \ldots, k_r}\, u_1^{k_1} \cdots u_r^{k_r} = \Psi$ und $\Psi^p = \Phi$, so folgt $y_i = \gamma_i + \frac{\partial \psi}{\partial \ln u_i}$; nach Satz 7 ist, wie man leicht nachrechnet,

$$\beta_i' = \beta_i + \mathfrak{Sp}_{u_i}\, y_i = \beta_i + \wp\,\gamma_i + \frac{\partial \Phi}{\partial \ln \alpha_i} .$$

Mit Hilfe der soeben bewiesenen Sätze kann man die Struktur der von allen $(\alpha, \beta]$ erzeugten Untergruppe der Algebrenklassengruppe über P vollständig übersehen. Es hat sich in den behandelten Fällen folgendes herausgestellt:

p-Algebren, die von einem Körper $I = \mathsf{P}\left(\sqrt[p]{\alpha_1}, \ldots, \sqrt[p]{\alpha_r}\right)$ zerfällt wurden, konnten explizit (bis auf Matrizenringe) als Produkte $\prod\limits_{i=1}^{r} (\alpha_i, \beta_i]$ dargestellt werden.

Schon im nächsten Abschnitt werden wir die Möglichkeit solcher Darstellungen als Folge allgemeingültiger Struktursätze über p-Algebren erkennen. Wir werden sogar einsehen, daß jede p-Algebra vom Exponenten (1 oder) p ähnlich einem direkten Produkt $\prod\limits_{i=1}^{r} (\alpha_i, \beta_i]$ ist.

§ 5. Struktursätze.

Das Hauptziel dieses Abschnitts ist der Beweis des Satzes „Jede p-Algebra ist ähnlich einem direkten Produkt zyklischer p-Algebren" mit einigen Zusätzen.

Satz 27. Jede p-Algebra A hat einen rein inseparablen Zerfällungskörper.

Hat A den Exponenten p^e und den Index p^n, so hat A einen rein inseparablen Zerfällungskörper I, dessen Exponent (Def. 6) höchstens e und dessen Rang höchstens $p^{e\cdot p^n!\cdot(p^n!-1)}$ ist.

Beweis: A hat einen separablen Zerfällungskörper $\mathsf{P}(\vartheta)$ vom Grade p^n. Σ sei der von ϑ und seinen Konjugierten $\vartheta', \ldots, \vartheta^{(p^n-1)}$ erzeugte i. b. a. P Galoissche und separable Körper. In bekannter Weise wird die Gruppe $\mathfrak{G}$ von Σ/P treu durch gewisse Permutationen der $\vartheta, \vartheta', \ldots, \vartheta^{(p^n-1)}$ dargestellt, daher

$$m = (\Sigma : \mathsf{P}) = (\mathfrak{G} : 1) \leq p^n!\,.$$

Weil Σ Zerfällungskörper von A ist, ist A ähnlich einem verschränkten Produkt:

$$A \sim (a_{\sigma,\tau}, \Sigma)\,.$$

Ohne Beschränkung der Allgemeinheit darf $a_{1,1} = 1$ vorausgesetzt werden. A sollte nun den Exponenten p^e haben:

$$A^{p^e} \sim (a_{\sigma,\tau}^{p^e}, \Sigma) \sim 1\,.$$

Deshalb gibt es reguläre $d_\sigma \in \Sigma$ mit

$$a_{\sigma,\tau}^{p^e} = \frac{d_\sigma d_\tau^\sigma}{d_{\sigma\tau}}\,.$$

Wegen $a_{1,1} = 1$ ist $d_1 = 1$. Wir setzen nun

$$U = \Sigma\left(\sqrt[p^e]{d_\sigma^\tau}\right).$$

σ und τ durchlaufen hierin unabhängig voneinander ganz $\mathfrak{G}$, wegen $d_1 = 1$ werden also höchstens

$$m\,(m-1) \leq p^n!\,(p^n!-1)$$

p^e-te Wurzeln zu Σ adjungiert. U ist demnach ein rein inseparabler Oberkörper von Σ, dessen Exponent höchstens e und dessen Rang über Σ höchstens

$$p^{e\cdot p^n!\cdot(p^n!-1)}$$

ist. — Alle Automorphismen aus $\mathfrak{G}$ führen offenbar

$$U^{p^e} = \Sigma^{p^e}(d_\sigma^\tau)$$

in sich über, durch

$$\left(\sqrt[p^e]{x}\right)^\sigma = \sqrt[p^e]{x^\sigma} \qquad (x \in U^{p^e})$$

wird daher $\mathfrak{G}$ zu einer Gruppe von Automorphismen von U fortgesetzt.

I sei der Körper aller Elemente von U, die bei allen Automorphismen $\sigma \in \mathfrak{G}$ festbleiben. Dann ist U/I separabel und Galoisch mit der Galoisschen Gruppe $\mathfrak{G}$ [1]). Die p^e-te Potenz eines jeden Elements von I ist ein Element von Σ, das bei $\mathfrak{G}$ festbleibt, und liegt darum in P. Nach Satz 10 ist I/P rein inseparabel, und zwar höchstens vom Exponenten e. Deshalb ist der Durchschnitt von Σ und I auch gleich P, das (in U gebildete) Kompositum von Σ und I ist also direktes Produkt $\Sigma \times I$. Weil aber U über I die Gruppe $\mathfrak{G}$ hat, ist

$$(U:I) = (\mathfrak{G}:1) = (\Sigma:\mathrm{P}).$$

Hieraus folgt erstens

$$(I:\mathrm{P}) = (U:\Sigma),$$

I hat also über P höchstens den Rang $p^{e \cdot p^{n}! \cdot (p^n! - 1)}$. Zweitens folgt

$$(U:\mathrm{P}) = (\Sigma:\mathrm{P})\,(I:\mathrm{P}),$$

das direkte Produkt von I und Σ über dem Grundkörper P ist deshalb gleich U.

Nach einer bekannten Formel für verschränkte Produkte ist nun

$$A_I \sim (a_{\sigma,\tau}, U),$$

wo das verschränkte Produkt rechts natürlich über dem neuen Grundkörper I zu bilden ist. Setzt man aber in U

$$\sqrt[p^e]{d_\sigma} = c_\sigma,$$

so folgt aus der Definition von d_σ, daß

$$a_{\sigma,\tau} = \frac{c_\sigma c_\tau^\sigma}{c_{\sigma\tau}},$$

daher

$$A_I \sim 1.$$

I ist der Zerfällungskörper, dessen Existenz behauptet war.

Satz 28. Hat die p-Algebra A den rein inseparablen Zerfällungskörper I und ist $I = I'(u)$ mit $u^p \in I'$, $u \notin I'$ und ist zuerst $u^{p^n} = \alpha \in \mathrm{P}$, so ist entweder schon I' Zerfällungskörper von A, oder es ist

$$A \sim (\alpha, Z, \sigma) \times B,$$

wo Z/P ein zyklischer Körper vom Grad p^n mit dem erzeugenden Automorphismus σ und B eine schon von I' zerfällte p-Algebra ist.

---

[1]) Denn der Körper U genügt hinsichtlich $\mathfrak{G}$ i. b. a. I den Voraussetzungen I, II, III von N. I und ist nach der dortigen Diskussion i. b. a. I Galoisch und separabel mit der Gruppe $\mathfrak{G}$.

Einen anderen Beweis entnimmt man aus: M. Deuring, Verzweigungstheorie bewerteter Körper, Math. Ann. 105 (1931), Anm. 7 auf S. 290 (Separabilität) und: H. Hasse, Bericht über neuere Untersuchungen und Probleme aus der Theorie der algebraischen Zahlkörper, Teil II (Reziprozitätsgesetz), Leipzig und Berlin 1930, Anm. *) auf S. 24.

Beweis: Wir dürfen ohne Beschränkung der Allgemeinheit annehmen, I sei maximalkommutativ in A eingebettet. $A_{I'}$ ist dann ähnlich dem System aller mit I' vertauschbaren Elemente von A, letzteres hat über seinem Zentrum I' den Rang p^2. Ist I' kein Zerfällungskörper von A, so ist $A_{I'}$ demnach ähnlich einem Schiefkörper vom Rang p^2 über I', in den $I = I'(u)$ maximalkommutativ eingebettet ist. Nach Satz 1 gibt es ein $b \in I'$ mit

$$A_{I'} \sim (u^p, b]_{I'}$$

(s. Def. 2). Hierin darf man b noch additiv um $\wp c$ $(c \in I')$ abändern (z. B. nach Satz 8), also ist auch

$$A_{I'} \sim (u^p, b + \wp b]_{I'} \cong (u^p, b^p]_{I'} \cong (u^p, b^p + \wp b^p]_{I'} \cong (u^p, b^{p^2}]_{I'} \cong \cdots \cong (u^p, b^{p^k}]_{I'}.$$

I' ist rein inseparabel, darum ist eine Potenz $b^{p^k} = \beta \in \mathrm{P}$:

$$A_{I'} \sim (u^p, \beta]_{I'}.$$

$(u^p, \beta]_{I'}$ ist Schiefkörper, deshalb ist $\mathrm{P}(v)$ mit $\wp v = \beta$ ein Körper, und zwar ein i. b. a. P zyklischer Körper mit dem erzeugenden Automorphismus $v \to v + 1$. Bekanntlich[1]) gibt es einen zyklischen Körper Z/P vom Grad p^n, der $\mathrm{P}(v)$ enthält. Wir können einen erzeugenden Automorphismus σ von Z/P so wählen, daß $v^\sigma = v + 1$.

Wir bilden nun, vorläufig ohne irgendwie an A zu denken, das zyklische verschränkte Produkt

$$(\alpha, Z, \sigma) = \sum_{i=0}^{p^n-1} Z u^i,$$
$$u x = x^\sigma u \qquad (x \in Z),$$
$$u^{p^n} = \alpha.$$

Indem wir das hierin auftretende u mit der in I gezogenen $\sqrt[p^n]{\alpha}$ identifizieren, betten wir den Unterkörper $\mathrm{P}(u)$ von I maximalkommutativ in (α, Z, σ) ein. $(\alpha, Z, \sigma)_{\mathrm{P}(u^p)}$ ist ähnlich dem System aller mit u^p vertauschbaren Elemente von (α, Z, σ). $\sum_{i=0}^{p^n-1} x_i u^i$ $(x_i \in Z)$ ist dann und nur dann mit u^p vertauschbar, wenn $x_i^{\sigma^p} = x_i$, d. h. wenn $x_i \in \mathrm{P}(v)$. Demnach ist

$$(\alpha, Z, \sigma)_{\mathrm{P}(u^p)} \sim \mathrm{P}(u^p)[u, v]$$

mit

$$u^p \in \mathrm{P}(u^p), \qquad \wp v = \beta,$$
$$u v = (v + 1) u.$$

Also ist

$$(\alpha, Z, \sigma)_{\mathrm{P}(u^p)} \sim (u^p, \beta]_{\mathrm{P}(u^p)}.$$

Erweiterung des Grundkörpers zu $I' \supseteq \mathrm{P}(u^p)$ liefert

$$(\alpha, Z, \sigma)_{I'} \sim (u^p, \beta]_{I'} \sim A_{I'}.$$

Ist jetzt B ein Schiefkörper von endlichem Rang über dem Zentrum P mit der Eigenschaft

$$A \sim (\alpha, Z, \sigma) \times B,$$

[1]) E. Witt, Konstruktion von Galoisschen Körpern der Charakteristik p zu vorgegebener Gruppe der Ordnung p^f, J. reine angew. Math. 174 (1936). Dasselbe folgt übrigens aus N. II § 14 in Verbindung mit der Schlußbemerkung von N. II § 10.

so folgt

$$B_{I'} \sim 1.$$

Der Exponent, also auch der Index von B ist eine p-Potenz; weil B als Schiefkörper gewählt war, ist B eine p-Algebra.

Satz 29. *Hat die p-Algebra A den rein inseparablen Zerfällungskörper $I = \mathrm{P}\left(\sqrt[p^{n_1}]{\alpha_1}, \ldots, \sqrt[p^{n_r}]{\alpha_r}\right)$, so ist*

$$A \sim \prod_{i=1}^{r} \prod_{\lambda=1}^{k_i} (\alpha_i, Z_i^{(\lambda)}, \sigma_i^{(\lambda)}),$$

wo $Z_i^{(\lambda)}/\mathrm{P}$ zyklisch mit dem erzeugenden Automorphismus $\sigma_i^{(\lambda)}$ und vom Grad $p_i^{\varkappa_i^{(\lambda)}}$, $1 \leq \varkappa_i^{(1)} < \varkappa_i^{(2)} < \cdots < \varkappa_i^{(k_i)} \leq n_i$ ist.

Beweis durch Induktion nach $n_1 + \cdots + n_r$: Sei

$$I' = \mathrm{P}(u_1^p, u_2, \ldots, u_r) \text{ mit } u_i^{p^{n_i}} = \alpha_i,$$

dann ist $I = I'(u_1)$, $u_1^p \in I'$. Ist $I' = I$ oder $A_{I'} \sim 1$, so sind wir nach Induktionsannahme fertig, sonst setzen wir $A \sim (\alpha_1, Z, \sigma) \times B$ nach Satz 28 und wenden die Induktionsvoraussetzung auf B an.

Wir werden bald die zu demselben α_i gehörigen $(\alpha_i, Z_i^{(\lambda)}, \sigma_i^{(\lambda)})$ zu einem einzigen $(\alpha_i, Z_i, \sigma_i)$ zusammenziehen.

Aus Satz 27 und Satz 29 folgt

Satz 30. *Jede p-Algebra A ist ähnlich einem direkten Produkt zyklischer p-Algebren (α, Z, σ).*

Man kann es so einrichten, daß die Ränge der zyklischen Faktoren $\leq p^{2e}$ sind, wenn A den Exponenten p^e hat, und daß die Anzahl der Faktoren unter einer nur vom Index von A abhängigen Schranke liegt.

Ist e der Exponent des rein inseparablen Zerfällungskörpers I der p-Algebra A, so ist der Index jedes direkten Faktors in Satz 29 ein Teiler von p^e, daher $A^{p^e} \sim 1$. Aus $A^{p^e} \sim 1$ haben wir aber in Satz 27 auf einen rein inseparablen Zerfällungskörper von A geschlossen, der höchstens den Exponenten e hat. Jetzt sehen wir, daß in Satz 27 der Exponent von I nicht kleiner als e sein kann, weil sonst schon $A^{p^{e-1}} \sim 1$ wäre. Also:

Satz 31. *Ist p^e der Exponent der p-Algebra A, so ist e der kleinste unter den Exponenten aller rein inseparablen Zerfällungskörper von A.*

§ 6. Zyklische p-Algebren.

Wir erinnern zunächst an Bekanntes über zyklische Normalringe von p-Potenzrang. — Ein kommutatives halbeinfaches System Z über dem Grundkörper P, in dem ein Automorphismus σ von Z/P ausgezeichnet ist, heißt unter gewissen in N. I erklärten Voraussetzungen hinsichtlich der zyklischen Gruppe (σ) i. b. a. P Normalring, kürzer: (Z, σ) ist i. b. a. P ein zyklischer Normalring.

Wenn (Y, τ) i. b. a. P zyklischer Normalring vom Rang p^{n-1} ist, so gilt analog zur entsprechenden Theorie für Körper [1]) folgendes: Es gibt Elemente c und z in Y mit

$$(1 + \tau + \tau^2 + \cdots + \tau^{p^{n-1}-1})\, c = 1, \qquad (\tau - 1)\, z = \wp c.$$

[1]) E. Witt, a. a. O. (vgl. S. 378 Anm. 1).

Ist $Z = Y[v]$ ein kommutativer Oberring von Y (über dessen Rang von vornherein nichts bekannt zu sein braucht), ist $\wp v = z + \beta$ ($\beta \in \mathrm{P}$) und kann man den Automorphismus τ von Y so zu einem Automorphismus σ von Z fortsetzen, daß $(\sigma - 1)v = c$ gilt, dann ist (Z, σ) i. b. a. P ein zyklischer Normalring vom Rang p^n. Wegen des Beweises muß auf N. II § 14 verwiesen werden.

Nun formulieren wir

Satz 32. *Ist* $\mathrm{P}(u)$ *mit* $u^{p^n} = \alpha \in \mathrm{P}$, $u^{p^{n-1}} \notin \mathrm{P}$ *maximalkommutativ in der* p*-Algebra* A, *so gibt es einen zyklischen Normalring* (Z, σ) *i. b. a.* P *mit*

$$A \cong (\alpha, Z, \sigma).$$

Beweis[1]) durch Induktion nach n: Die Behauptung sei für $n - 1$ bewiesen. — Bekanntlich ist der Ring T aller mit $u^{p^{n-1}}$ vertauschbaren Elemente von A einfach und normal vom Rang $p^{2(n-1)}$ über $\mathrm{P}(u^{p^{n-1}})$, und $\mathrm{P}(u)$ ist in T maximalkommutativ mit $u^{p^{n-1}} \in \mathrm{P}(u^{p^{n-1}})$, $u^{p^{n-2}} \notin \mathrm{P}(u^{p^{n-1}})$. Nach Induktionsvoraussetzung ist

$$T \cong (u^{p^{n-1}}, X, \sigma).$$

Hierin ist (X, σ) i. b. a. $\mathrm{P}(u^{p^{n-1}})$ ein zyklischer Normalring vom Rang p^{n-1}. Wir denken X so maximalkommutativ (N. II § 1) in T eingebettet, daß T durch die Relationen

$$T = \sum_{i=0}^{p^{n-1}-1} X u^i,$$

$$u x = (\sigma x) u \qquad (x \in X),$$

$$u^{p^{n-1}} \in \mathrm{P}(u^{p^{n-1}})$$

bestimmt wird.

Der Automorphismus σ von X fällt mit dem inneren Automorphismus $x \to u x u^{-1}$ von A zusammen. Wir definieren daher

$$\sigma x = u x u^{-1} \quad \text{für alle } x \in A.$$

X ist jetzt ein kommutatives halbeinfaches System vom Rang p^n über P, also in A maximalkommutativ. $e_1, \ldots, e_h$ seien die primitiven Idempotente von X. Dann definieren wir ein halbeinfaches System Y über P mit denselben primitiven Idempotenten $e_1, \ldots, e_h$ so: $e_i Y$ *sei der Körper aller i. b. a.* $e_i \mathrm{P}$ *separablen Elemente von* $e_i X$.

Es ist ohne weiteres zu sehen, daß σ den Ring Y in sich überführt. Wir behaupten nun: *(Y, σ) ist i. b. a. P ein zyklischer Normalring vom Rang p^{n-1}, und es ist*

$$X = Y \times \mathrm{P}(u^{p^{n-1}}).$$

Zum Beweis bemerken wir zuerst, daß von jedem X-Element x eine p^e-te Potenz in Y liegt und daß $\sigma x = \sqrt[p^e]{\sigma x^{p^e}}$ gilt. Hieraus entnimmt man, daß σ nicht nur als Automorphismus von X, sondern auch als Automorphismus von Y die Ordnung p^{n-1} hat (während σ als Automorphismus von A selbstverständlich die Ordnung p^n hat), sowie daß eine Potenz von σ, die etwa $e_1 Y$ elementweise festläßt, auch $e_1 X$ elementweise festläßt. Jetzt ist leicht zu sehen, daß (Y, σ) i. b. a. P ein zyklischer Normalring ist, man kann nämlich die in N. I aufgezählten Eigenschaften I, II und III sofort bestätigen.

[1]) Für den Fall, daß A ein Schiefkörper ist, steht ein ähnlicher Beweis bei A. A. Albert, a. a. O. (vgl. S. 363 Anm. 1).

Weil σ in Y die Ordnung p^{n-1} hat, hat Y/P den Rang p^{n-1}. Für jedes i sind nun $e_i Y$ und $e_i\mathsf{P}(u^{p^{n-1}})$ nach Satz 12 fremde Oberkörper von P und $e_i Y$ ist i. b. a. P zyklisch, daher ist das in $e_i X$ gebildete Kompositum von $e_i Y$ und $e_i\mathsf{P}(u^{p^{n-1}})$ direktes Produkt; folglich ist auch das in X gebildete Kompositum von Y und $\mathsf{P}(u^{p^{n-1}})$ direktes Produkt, aus Ranggründen ist $X = Y \times \mathsf{P}(u^{p^{n-1}})$.

In Y wählen wir nun, wie am Anfang dieses Abschnitts angegeben, c und z mit

$$(1+\sigma+\cdots+\sigma^{p^{n-1}-1})\,c = 1\,, \qquad (\sigma-1)\,z = \wp c\,.$$

Dann gibt es ein $v \in A$, das

1. mit allen Elementen von Y vertauschbar ist,
2. die Eigenschaft $(\sigma-1)\,v = c$ hat.

Dieser Nachweis ist die einzige wirkliche Schwierigkeit im ganzen Beweis. Wir holen ihn bald nach. Wenn ein derartiges v bekannt ist, schließen wir so weiter:

Wir setzen $Z = Y[v]$. Wegen $\sigma v = v + c$ führt der innere Automorphismus σ von A den kommutativen Ring Z in sich über. Wenn wir nun zeigen können, daß (Z,σ) i. b. a. P ein zyklischer Normalring vom Rang p^n ist, sind wir fertig. Denn dann haben wir u und (Z,σ) mit

$$u\,x = (\sigma x)\,u \qquad (x \in Z)\,,$$
$$u^{p^n} = \alpha$$

in A realisiert. Dies sind aber gerade die definierenden Relationen des zyklischen verschränkten Produkts (α, Z, σ). Der von u und Z erzeugte Unterring von A ist demnach ein von 0 verschiedenes ringhomomorphes Bild von (α, Z, σ). Weil (α, Z, σ) einfach ist, ist der Ringhomomorphismus ein Isomorphismus, und aus Ranggründen folgt

$$A \cong (\alpha, Z, \sigma)\,.$$

Um aber nachzuweisen, daß (Z,σ) i. b. a. P ein zyklischer Normalring vom Rang p^n ist, genügt es wegen $Z = Y[v]$, $(\sigma-1)\,v = c$ nach dem zu Anfang des Abschnitts Gesagten, $\wp v = z + \beta$ mit $\beta \in \mathsf{P}$ zu beweisen. — Wir definieren ein $\beta \in Z$ durch

$$\wp v = z + \beta\,.$$

Durch Anwenden von $\sigma - 1$ auf diese Gleichung folgt (im kommutativen Ring Z):

$$(\sigma-1)\,z + (\sigma-1)\,\beta = \wp\,(\sigma-1)\,v = \wp c\,,$$
$$(\sigma-1)\,\beta = 0\,.$$

β ist also nicht nur mit den Elementen von Z, sondern auch mit u vertauschbar. Folglich liegt β im Zentrum $\mathsf{P}(u^{p^{n-1}})$ des Ringes

$$T = \sum_{i=0}^{p^{n-1}-1} \bigl(Y \times \mathsf{P}(u^{p^{n-1}})\bigr)\,u^i\,.$$

Läge β nicht in P, so wäre mit β auch $u^{p^{n-1}}$ mit v vertauschbar. Aus

$$(\sigma-1)\,v = c\,, \qquad (1+\sigma+\cdots+\sigma^{p^{n-1}-1})\,c = 1$$

folgt aber

$$(\sigma^{p^{n-1}}-1)\,v = 1\,,$$

v ist nicht mit $u^{p^{n-1}}$ vertauschbar. Deshalb muß β doch in P liegen. —

Nun müssen wir noch den Beweis nachholen, daß es ein $v \in A$ mit $(\sigma - 1)v = c$ gibt, das mit allen Elementen von Y vertauschbar ist. — Es sei D der Ring aller mit Y elementweise vertauschbaren Elemente von A. Weil Y den Rang p^{n-1} hat und weil die e_t durch innere Automorphismen von A ineinander übergeführt werden können, hat D den Rang p^{n+1} (nach N. II § 1).

In D werden nun zwei lineare Operatoren σ und Δ durch

$$\sigma x = u x u^{-1}, \qquad \Delta = \sigma - 1$$

erklärt, denn σ führt Y und darum auch D in sich über. Der P-Modul aller $x \in D$ mit $\Delta x = 0$ ist der Ring aller mit u und allen Y-Elementen vertauschbaren Elemente aus A, also wie oben gleich $\mathsf{P}(u^{p^{n-1}})$.

Wegen Charakteristik p gilt

$$\Delta^{p^k} = (\sigma - 1)^{p^k} = \sigma^{p^k} - 1\,,$$

$$\Delta^{p^n} x = \sigma^{p^n} x - x = 0 \text{ für alle } x \text{ in } D\,.$$

Bezeichnen wir allgemein den Rang eines P-Moduls M kurz mit $\{M\}$, so ist nach einem bekannten Satz der linearen Algebra

$$\{\Delta^i D\} - \{\Delta^{i+1} D\} = \{\Delta^i D \frown \mathsf{P}(u^{p^{n-1}})\} \leq \{\mathsf{P}(u^{p^{n-1}})\} = p\,.$$

Aus $\Delta^{p^n} = 0$ folgt aber

$$\sum_{i=0}^{p^n-1} (\{\Delta^i D\} - \{\Delta^{i+1} D\}) = \{D\} = p^{n+1}\,.$$

Beides verträgt sich nur, wenn für alle $i = 0, 1, \ldots, p^n - 1$

$$\{\Delta^i D\} - \{\Delta^{i+1} D\} = p$$

ist. Summation über $i = k, k+1, \ldots, p^n - 1$ liefert

$$\{\Delta^k D\} = p(p^n - k) \qquad (k = 0, \ldots, p^n)\,.$$

Ist M_k der P-Modul aller $x \in D$, für die $\Delta^k x = 0$ gilt, so ist bekanntlich

$$p^{n+1} = \{D\} = \{\Delta^k D\} + \{M_k\},$$

mithin

$$\{M_k\} = p^{n+1} - p(p^n - k) = p\,k \qquad (k = 0, \ldots, p^n)\,.$$

Wegen $\Delta^{p^n} = 0$ ist nun

$$\Delta^{p^n - k} D \subseteq M_k\,,$$

weil aber beide Moduln denselben Rang $p\,k$ haben, ist sogar

$$\Delta^{p^n - k} D = M_k\,,$$

insbesondere

$$\Delta D = M_{p^n - 1}\,.$$

Weil nun c in Y liegt, ist c mit $u^{p^{n-1}}$ vertauschbar:

$$\Delta^{p^{n-1}} c = 0\,,$$

erst recht

$$\Delta^{p^n - 1} c = 0\,.$$

c liegt demnach in $M_{p^n-1} = \Delta D$, es gibt ein $v \in D$ mit

$$\Delta v = c\,.$$

Dieser Beweis liefert noch etwas mehr, als ursprünglich bewiesen werden sollte. Wir haben Z als Oberring von Y konstruiert. Für (Y, σ) kann man aber jeden i. b. a. P zyklischen Normalring vom Rang p^{n-1} nehmen, der wie angegeben in A eingebettet werden kann. Daraus ergibt sich der

Zusatz. Ist (Y, τ) i. b. a. P ein zyklischer Normalring vom Rang p^{n-1} mit der Eigenschaft

$$A_{\mathrm{P}\left(\sqrt[p]{\alpha}\right)} \sim \left(\sqrt[p]{\alpha}, Y_{\mathrm{P}\left(\sqrt[p]{\alpha}\right)}, \tau\right),$$

so kann Z als Oberring von Y und der erzeugende Automorphismus σ in Z als Fortsetzung des erzeugenden Automorphismus τ von Y bestimmt werden.

Satz 33. Ist $\sqrt[p]{\alpha} \notin \mathrm{P}$ und ist $\mathrm{P}\left(\sqrt[p^n]{\alpha}\right)$ Zerfällungskörper der p-Algebra A, $\mathrm{P}\left(\sqrt[p^{n-1}]{\alpha}\right)$ aber noch nicht, so ist

$$A \sim (\alpha, Z, \sigma),$$

wo Z/P zyklischer Körper vom Rang p^n mit dem erzeugenden Automorphismus σ ist.

Beweis: Nach Satz 32 ist $A \sim (\alpha, Z, \sigma)$, (Z, σ) i. b. a. P zyklischer Normalring vom Rang p^n. Wäre Z kein Körper, so wäre doch in der Ausdrucksweise von N. II § 5

$$(Z, \sigma) \sim (Z', \sigma'),$$

(Z', σ') i. b. a. P zyklischer Normalkörper von kleinerem Rang. Dann wäre aber auch

$$A \sim (\alpha, Z, \sigma) \sim (\alpha, Z', \sigma'),$$

auch $\mathrm{P}\left(\sqrt[p^{n-1}]{\alpha}\right)$ wäre Zerfällungskörper von A.

Durch eine ähnliche Überlegung kann man umgekehrt Satz 32 aus Satz 33 folgern. Es ist nun bemerkenswert, daß man Satz 33 auch direkt nach der Methode von Satz 32 beweisen kann. — Für $n = 1$ ist alles nach Satz 1 klar. Das nach Induktionsvoraussetzung existierende X ist unter den Voraussetzungen von Satz 33 ein Körper. Y ist der Körper aller i. b. a. P separablen Elemente von X; der Nachweis, daß Y/P zyklisch mit dem erzeugenden Automorphismus σ ist und daß $X = Y \times \mathrm{P}(u^{p^{n-1}})$ gilt, wird jetzt natürlich einfacher. v wird wie vorhin konstruiert, nach bekanntem Muster[1]) zeigt man, daß $Z = Y[v]$ mit $\wp v = z + \beta$ $(\beta \in \mathrm{P})$ Körper ist.

Zweiter Beweis für Satz 33.

Weil $\mathrm{P}\left(\sqrt[p^n]{\alpha}\right)$ Zerfällungskörper von A ist, ist nach Satz 29

$$A \sim \prod_{\lambda=1}^{k} (\alpha, Z^{(\lambda)}, \sigma^{(\lambda)}).$$

Im Sinne von N. II § 7 sei

$$\prod_{\lambda=1}^{k} (Z^{(\lambda)}, \sigma^{(\lambda)}) \sim (Z, \sigma),$$

(Z, σ) i. b. a. P zyklischer Normalkörper, dann ist auch

$$A \sim (\alpha, Z, \sigma).$$

[1]) E. Witt, a. a. O. (vgl. S. 378 Anm. 1).

Weil alle $Z^{(\lambda)}$ über P einen in p^n aufgehenden Grad haben, geht nach N. II § 7 oder N. II § 8 auch der Grad von Z in p^n auf. Wäre er kleiner als p^n, so wäre schon $\mathrm{P}\left(\sqrt[p^{n-1}]{\alpha}\right)$ Zerfällungskörper von A.

Trotz der Existenz dieses kurzen Beweises habe ich einen viel längeren an die Spitze gestellt, in dem außerdem die Betrachtung von Normalringen Schwierigkeiten verursacht. Der Grund dafür ist, daß jener lange Beweis ein explizites Konstruktionsverfahren von Z in A liefert, das immer anwendbar ist, sowie A genau bekannt ist. In der Tat: X kann schon als bekannt angesehen werden. Der Übergang zu Y kann mit Hilfe expliziter Formeln über zyklische Normalringe vom Rang p^{n-1} leicht vollzogen werden. In Y hat man dann c und z zu bestimmen, was gleichfalls keine Schwierigkeiten bietet. Die Berechnung von v erfordert dann noch die Auflösung eines linearen Gleichungssystems, dessen Lösbarkeit bereits bekannt ist. Dann ist $Z = Y[v]$, und σ bedeutet Transformation mit u. Man kann also (Z, σ) wirklich berechnen, ohne im Einzelfall nochmals auf die hier gegebenen Beweise zurückgreifen zu müssen.

§ 7. Folgerungen.

Satz 34. Ist

$$I = \mathrm{P}\left(\sqrt[p^{n_1}]{\alpha_1}, \ldots, \sqrt[p^{n_r}]{\alpha_r}\right)$$

Zerfällungskörper der p-Algebra A, so ist

$$A \sim \prod_{i=1}^{r} (\alpha_i, Z_i, \sigma_i),$$

Z_i/P zyklisch vom Grad $p^{m_i} \leq p^{n_i}$, σ_i erzeugender Automorphismus.

Beweis: Nach Satz 29 ist

$$A \sim \prod_{i=1}^{r} \prod_{\lambda=1}^{k_i} (\alpha_i, Z_i^{(\lambda)}, \sigma_i^{(\lambda)}),$$

$Z_i^{(\lambda)}/\mathrm{P}$ zyklisch vom Grad $p_i^{\varkappa_i^{(\lambda)}}$ mit dem erzeugenden Automorphismus $\sigma_i^{(\lambda)}$, $1 \leq \varkappa_i^{(1)} < \varkappa_i^{(2)} < \cdots < \varkappa_i^{(k_i)} \leq n_i$. Für alle $\lambda = 1, \ldots, k_i$ ist $\mathrm{P}\left(\sqrt[p^{n_i}]{\alpha_i}\right)$ Zerfällungskörper von $(\alpha_i, Z_i^{(\lambda)}, \sigma_i^{(\lambda)})$, darum ist derselbe Körper auch Zerfällungskörper des Produkts $\prod_{\lambda=1}^{k_i} (\alpha_i, Z_i^{(\lambda)}, \sigma_i^{(\lambda)})$. Ist zuerst $\mathrm{P}\left(\sqrt[p^{m_i}]{\alpha_i}\right)$ Zerfällungskörper dieses Produkts, so ist $m_i \leq n_i$ und nach Satz 33

$$\prod_{\lambda=1}^{k_i} (\alpha_i, Z_i^{(\lambda)}, \sigma_i^{(\lambda)}) \sim (\alpha_i, Z_i, \sigma_i).$$

Satz 35. Ist das direkte Produkt $I = I_1 \times I_2$ zweier rein inseparabler Körper I_1, I_2 Körper, und zwar ein maximalkommutativer Körper in der p-Algebra A, so ist $A = A_1 \times A_2$, wo I_1 maximalkommutativ in A_1 und I_2 maximalkommutativ in A_2 ist.

Beweis: Nach Satz 29 ist $A \sim A_1 \times A_2$, aus Ranggründen gilt sogar $A \cong A_1 \times A_2$.

Satz 36. P habe den Unvollkommenheitsgrad 1, es sei etwa $\mathrm{P} = \mathrm{P}^p(\alpha)$.

Dann ist jeder Schiefkörper A vom Rang p^n über dem Zentrum P von der Form

$$A = (\alpha, Z, \sigma),$$

Z/P zyklisch vom Grade p^n mit einem erzeugenden Automorphismus σ. Der Exponent jeder p-Algebra über P ist gleich ihrem Index[1]).

Beweis: A hat einen Exponenten p^e/p^n. Nach Satz 27 hat A einen rein inseparablen Zerfällungskörper, dessen Exponent höchstens e ist. Nach Satz 22 ist $P\left(\sqrt[p^e]{\alpha}\right)$ als einziger rein inseparabler Oberkörper von P vom Exponenten e ein Zerfällungskörper von A. Nach Satz 31 ist $P\left(\sqrt[p^{e-1}]{\alpha}\right)$ kein Zerfällungskörper von A. Nach Satz 33 ist

$$A \sim (\alpha, Z, \sigma),$$

Z/P zyklisch vom Grad p^e mit dem erzeugenden Automorphismus σ. (α, Z, σ) hat aber über P nur den Rang p^{2e}, während A den Rang $p^{2n} \geqq p^{2e}$ hat und Schiefkörper ist. Das ist nur möglich, wenn $e = n$.

Es sei nochmals daran erinnert, daß die algebraischen Funktionenkörper und Potenzreihenkörper über vollkommenen Grundkörpern, also gerade die arithmetisch besonders interessanten Körper der Charakteristik p, nach Satz 20 und Satz 21 den Unvollkommenheitsgrad 1 haben.

Für Potenzreihenkörper $P = \Omega\{t\}$ über einem vollkommenen Grundkörper Ω hat H. L. Schmid[2]) eine Formel angegeben, die man nach Witt[3]) folgendermaßen schreiben kann:

$$(\alpha, \beta] \cong (t, \operatorname{Res} \beta \, d\ln\alpha].$$

Unter dem Residuum ist natürlich der Koeffizient von $\frac{dt}{t}$ zu verstehen. Diese Formel ist ein schönes Beispiel für Satz 24. Nach Satz 21 kann man nämlich α als rationale Funktion von t mit Koeffizienten aus P^p darstellen, nach Satz 24 ist

$$(\alpha, \beta] \cong \left(t, \beta \frac{d\ln\alpha}{d\ln t}\right].$$

Die Differentiation im Sinne von Definition 3 fällt nun mit der formalen Potenzreihendifferentiation zusammen[4]). Entwickelt man daher

$$\beta \frac{d\ln\alpha}{d\ln t} = \sum_r b_r t^r \qquad (b_r \in \Omega),$$

so ist

$$\operatorname{Res} \beta \, d\ln\alpha = b_0,$$

die Schmidsche Formel reduziert sich also auf

$$(t, \sum_r b_r t^r] \cong (t, b_0].$$

Nach Satz 3 genügt es hierzu,

$$(t, \sum_{r=1}^{\infty} b_r t^r] \sim 1$$

und

$$(t, b\, t^r] \sim 1 \quad \text{für} \quad r < 0$$

zu beweisen. Beides ist aber auf Grund von Satz 8 verhältnismäßig einfach.

---

[1]) Nachträglich erhalte ich Kenntnis von einer Arbeit von T. Nakayama, Über die Algebren über einem Körper von der Primzahlcharakteristik, Proc. Imp. Acad., Tokyo 11, in der unabhängig der zweite Teil dieses Satzes in der folgenden allgemeineren Form steht: Hat P den Unvollkommenheitsgrad n, so ist die n-te Potenz des Exponenten jeder p-Algebra A über P durch ihren Index teilbar. Der Beweis entspricht meinem Satz 27.

[2]) H. L. Schmid, a. a. O. (vgl. S. 364 Anm. 2).

[3]) E. Witt, Der Existenzsatz für abelsche Funktionenkörper, J. reine angew. Math. 173 (1935), S. 47.

[4]) O. Teichmüller, a. a. O. (vgl. S. 370 Anm. 1).

Satz 24 ist seinerseits nur die Antwort auf den Spezialfall $n = 1$ folgender Frage: (α, Z, σ) sei ein verschränktes Produkt mit dem i.b.a. P zyklischen Normalring (Z, σ) vom Rang p^n, die $\sqrt[p]{\alpha}$ liege nicht in P, und es sei $P^{p^n}(\alpha) = P^{p^n}(\bar{\alpha})$. Man suche einen zyklischen Normalring $(\bar{Z}, \bar{\sigma})$ vom Rang p^n i. b. a. P so, daß

$$(\alpha, Z, \sigma) \cong (\bar{\alpha}, \bar{Z}, \bar{\sigma}).$$

Die Existenz eines solchen $(\bar{Z}, \bar{\sigma})$ wird ja durch Satz 32 sichergestellt. Der Beweis von Satz 32 gibt auch ein Mittel, um für jedes gegebene p^n ein $(\bar{Z}, \bar{\sigma})$ wirklich zu berechnen. Ich habe den einfachsten Fall $p^n = 4$ mit folgendem Ergebnis durchgerechnet:

Man bezeichne bei Charakteristik 2 für $\beta_1, \beta_2 \in P$ den durch

$$Z = P + P v_1 + P v_2 + P v_1 v_2,$$

$$\wp v_1 = \beta_1 \qquad \wp v_2 = v_1 \beta_1 + \beta_2$$

$$\sigma v_1 = v_1 + 1 \qquad \sigma v_2 = v_2 + v_1$$

beschriebenen zyklischen Normalring (Z, σ) mit $[\beta_1, \beta_2]$, für (α, Z, σ) schreibe man $(\alpha \mid \beta_1, \beta_2]$. Dann gilt

$$(\alpha \mid \beta_1, \beta_2] \cong (\bar{\alpha} \mid \bar{\beta}_1, \bar{\beta}_2]$$

mit

$$\bar{\beta}_1 = \beta_1^2 m_1^4, \bar{\beta}_2 = \beta_2 m_1^4 + \beta_1 (m_1^4 + m_2^2 + (m_1 m_2 + m_3) \wp m_1) + \bar{\beta}_1.$$

Hierin haben die m_i $(i = 1, 2, 3)$ folgende Bedeutung: Ist $u^4 = \alpha$, $\bar{u}^4 = \bar{\alpha}$ und ist $u = \sum_{r=0}^{3} \gamma_r \bar{u}^r$ $(\gamma_r \in P)$, so sei

$$m_i = \frac{\bar{u}^i}{u} \sum_{r=0}^{3} \binom{r}{i} \bar{u}^{r-i}.$$

Überhaupt müßte es möglich sein, die Ergebnisse von § 2 und § 4 auf allgemeinere (zunächst zyklische) p-Algebren mit gegebenem rein inseparablem Zerfällungskörper zu übertragen. Die Schwierigkeiten sind rein rechnerischer Natur, denn für jedes gegebene feste p^n lassen sich alle Überlegungen ohne weiteres durchführen.

§ 8. Die einfachste nichtzyklische p-Algebra.

Mit Satz 34 ist noch lange nicht die Struktur der von I zerfällten p-Algebren genau beschrieben. Die gemeinsame Normalform ist

$$\prod_{i=1}^{r} (\alpha_i, Z_i, \sigma_i),$$

Z_i/P hinsichtlich (σ_i) Normalring vom Rang p^{n_i}. Diese Normalform hat den Rang $p^{2(n_1 + \cdots + n_r)}$, der im allgemeinen größer als das Quadrat des Ranges von $I = P\left(\sqrt[p^{n_1}]{\alpha_1}, \ldots, \sqrt[p^{n_r}]{\alpha_r}\right)$ ist. Und weil ein (Z_i, σ_i) von n_i Parametern aus P abhängt, hängt die Normalform von $n_1 + \cdots + n_r$ Parametern ab; es ist aber sehr wahrscheinlich, daß die p-Algebren mit festem rein inseparablem Zerfällungskörper I vom Rang p nur von f Parametern aus P abhängen.

Es ist aber nicht ganz leicht, A auf eine Form zu bringen, in der I maximalkommutativ ist, besonders weil die Struktur des allgemeinsten rein inseparablen Oberkörpers I noch recht unbekannt ist. Wahrscheinlich besteht auch ein Zusammenhang mit dem oben erwähnten Problem der Verallgemeinerung von Satz 24. Immerhin wollen wir eine Normalform für den einfachsten Fall, der mit den bisherigen Methoden nicht behandelt werden kann, aufstellen.

$I = \mathsf{P}(u, u')$ habe über P den Rang p^3, und es sei $u^{p^2} = \alpha \in \mathsf{P}$, $u'^{p^2} = \alpha' \in \mathsf{P}$. $U = \mathsf{P}(u^p) = \mathsf{P}(u'^p)$ habe über P den Rang p, während natürlich u^p und u'^p in U p-unabhängig sind.

A sei eine p-Algebra über P, in der I maximalkommutativ ist. Außerdem sei vorausgesetzt, daß weder $\mathsf{P}(u)$ noch $\mathsf{P}(u')$ Zerfällungskörper von A ist, sonst wäre die Struktur von A schon nach Satz 32 bekannt.

Der Ring aller mit u^p (oder: mit u'^p) vertauschbaren Elemente von A ist eine p-Algebra über U, in der $I = \mathsf{P}(u, u')$ maximalkommutativ ist. Nach Satz 35 und Satz 1 ist sie $\cong (u^p, b] \times (u'^p, b']$ mit $b, b' \in U$. Wie im Beweis von Satz 28 darf man ohne Beschränkung der Allgemeinheit $b = \beta \in \mathsf{P}$, $b' = \beta' \in \mathsf{P}$ annehmen. Es gibt also in A elementweise mit U vertauschbare Elemente v, v' mit

$$\begin{aligned} u\,v &= (v+1)\,u & u\,v' &= v'\,u \\ u'\,v &= v\,u' & u'\,v' &= (v'+1)\,u' \\ \wp\,v &= \beta & \wp\,v' &= \beta'. \end{aligned}$$

$\mathsf{P}(v)$ und $\mathsf{P}(v')$ sind Körper, sonst wäre schon $\mathsf{P}(u')$ bzw. $\mathsf{P}(u)$ Zerfällungskörper von A. Wie zu Anfang von § 6 seien c, z in $\mathsf{P}(v)$ und c', z' in $\mathsf{P}(v')$ mit

$$\begin{aligned} (1+\sigma+\cdots+\sigma^{p-1})\,c &= 1 & (1+\sigma'+\cdots+\sigma'^{p-1})\,c' &= 1 \\ (\sigma-1)\,z &= \wp\,c & (\sigma'-1)\,z' &= \wp\,c' \end{aligned}$$

gewählt. Dabei sei

$$\sigma\,x = u\,x\,u^{-1} \qquad \sigma'\,x = u'\,x\,u'^{-1}$$

für alle $x \in A$ gesetzt.

Im Ring der mit v' vertauschbaren Elemente von A ist der Körper $\mathsf{P}(v', u)$ maximalkommutativ. Nach dem Beweis von Satz 32 gibt es ein mit v' und v vertauschbares $\bar{v}_2 \in A$ mit

$$\sigma\,\bar{v}_2 = \bar{v}_2 + c.$$

$\mathsf{P}(v', v, \bar{v}_2)$ ist dann in A maximalkommutativ. Die Operatoren σ und σ', also auch $\sigma - 1$ und $\sigma' - 1$ sind vertauschbar, aus

$$(\sigma'-1)\,(\sigma-1)\,\bar{v}_2 = 0$$

(wegen $\sigma'\,v = v$) folgt also

$$(\sigma-1)\,(\sigma'-1)\,\bar{v}_2 = 0:$$

$(\sigma'-1)\,\bar{v}_2$ ist mit v' und u vertauschbar,

$$(\sigma'-1)\,\bar{v}_2 \in \mathsf{P}(v', u).$$

Aber auch v ist mit $(\sigma'-1)\,\bar{v}_2$ vertauschbar, das ist nur möglich, wenn das $\mathsf{P}(v', u)$-Element $(\sigma'-1)\,\bar{v}_2$ sogar in $U(v')$ liegt.

Aus $(\sigma-1)\,\bar{v}_2 = c$ folgt aber

$$(\sigma^p - 1)\,\bar{v}_2 = 1,$$

nach Satz 5 folgt

$$(\sigma'^p - 1)\,\bar{v}_2 = L,$$

wo

$$L = \frac{d \ln u'^p}{d \ln u^p} \in U$$

ist. Es ist also

$$(1+\sigma'+\cdots+\sigma'^{p-1})\,((\sigma'-1)\,\bar{v}_2-c'L)=0,$$

bekanntlich folgt daraus die Existenz eines $K\in U(v')$ mit

$$(\sigma'-1)\,\bar{v}_2-c'L=(\sigma'-1)\,K.$$

Wir ersetzen nun $\bar{v}_2$ durch

$$v_2=\bar{v}_2-K.$$

Dann ist nach wie vor v_2 mit v und v' vertauschbar und

$$\sigma v_2=v_2+c,$$

außerdem aber

$$\sigma' v_2=v_2+c'L.$$

Setzt man

$$v_2'=v_2 L^{-1},$$

so ist v_2' mit v_1 und v_2 vertauschbar, und es gilt

$$\sigma v_2'=v_2'+cL^{-1},\qquad \sigma' v_2'=v_2'+c',$$

es besteht also eine Symmetrie zwischen u, v, v_2 einerseits und u', v', v_2' andererseits. Wie im Beweis von Satz 32 ist

$$\wp v_2-z\in \mathrm{P}(v') \text{ und } \wp v_2'-z'\in \mathrm{P}(v),$$

wie im Beweis von Satz 23 besteht aber der Zusammenhang

$$\wp v_2=\wp v_2'\cdot L^p.$$

Daraus folgt

$$\wp v_2=z+z'L^p+\gamma,\qquad \wp v_2'=zL^{-p}+z'+\gamma',$$

wo

$$\gamma=\gamma' L^p;\qquad \gamma,\gamma'\in \mathrm{P}.$$

Damit ist die folgende Normalform für die Algebren A aufgestellt:

$$L=\frac{d\ln u'^p}{d\ln u^p}$$

$\sigma x=uxu^{-1}$	$\sigma' x=u'xu'^{-1}$
$uv=(v+1)\,u$	$u'v'=(v'+1)\,u'$
$u'v=vu'$	$uv'=v'u$
$\wp v=\beta\in \mathrm{P}$	$\wp v'=\beta'\in \mathrm{P}$
$(\sigma-1)^{p-1}c=1$	$(\sigma'-1)^{p-1}c'=1$
$(\sigma-1)\,z=\wp c$	$(\sigma'-1)\,z'=\wp c'$
$\sigma v_2=v_2+c$	$\sigma' v_2'=v_2'+c'$
$\wp v_2=z+z'L^p+\gamma,\ \gamma\in \mathrm{P}$	$\wp v_2'=zL^{-p}+z'+\gamma',\ \gamma'\in \mathrm{P}$

$$v_2=v_2'L$$
$$\gamma=\gamma' L^p.$$

7.
Differentialrechnung bei Charakteristik p

J. reine angew. Math. *175*, 89–99 (1936)

Vor kurzer Zeit hat H. Hasse in einer in diesem Journal erschienenen Arbeit [1]) die Theorie der höheren Ableitungen in algebraischen Funktionenkörpern begründet. Er benutzt dazu die aus der Analysis bekannten Formeln für höhere Differentialquotienten impliziter Funktionen. In Körpern der Charakteristik 0 treten keine Schwierigkeiten auf, weil man dort mit Iteration der gewöhnlichen Differentiation durchkommt. Interessant sind daher hauptsächlich die Verhältnisse in algebraischen Funktionenkörpern der Primzahlcharakteristik p. Es ist mir nun gelungen, auch in diesen Körpern die immerhin komplizierten Formeln der Differentiation impliziter Funktionen zu vermeiden. Ich betrachte den algebraischen Funktionenkörper nämlich als inseparablen Oberkörper eines passend gewählten birational invarianten Unterkörpers und kann bei dieser Betrachtungsweise die sämtlichen höheren Differntialquotienten einführen und ihre Haupteigenschaften ableiten, ohne auf Potenzreihenentwicklungen an den einzelnen Primstellen eingehen zu müssen. Dadurch wird die Theorie nicht nur einfacher, sondern man erhält auch nebenher eine Differentiationstheorie für die einfachsten inseparablen Oberkörper beliebiger Körper von Primzahlcharakteristik auf rein algebraischer Grundlage. In diesem Sinne mag die vorliegende Arbeit zugleich als Vorbereitung auf eine in einiger Zeit zu veröffentlichende Arbeit über „p-Algebren" angesehen werden; denn dort sollen die einfachen und normalen Algebren, die rein inseparable Zerfällungskörper besitzen, studiert werden, und zwar werde ich dort einige spezielle Rechnungen mit Hilfe der hier zuerst eingeführten allgemeinen Differentiation bei Charakteristik p durchführen.

I.

Ω sei irgendein Körper der Charakteristik $p > 0$. Durch Adjunktion einer Unbestimmten x entsteht der rationale Funktionenkörper $\Omega(x)$, der Quotientenkörper des Polynomrings $\Omega[x]$. Durch eine endliche und separable Erweiterung entsteht aus $\Omega(x)$ der algebraische Funktionenkörper K.

Für die meisten Anwendungen genügt es, Ω als vollkommen vorauszusetzen. Dann hat jeder algebraische Funktionenkörper K über Ω von selbst diese Form:

$$K/\Omega(x) \text{ separabel}, \qquad \Omega(x)/\Omega \text{ transzendent}.$$

Wenn Ω unvollkommen sein sollte, muß man sich auf die Körper beschränken, die in diese Form gebracht werden können.

---

[1]) Hasse, Theorie der höheren Differentiale in einem algebraischen Funktionenkörper mit vollkommenem Konstantenkörper bei beliebiger Charakteristik, dieses Journal **175** (1936), S. 50.

Nach dem bekannten Satz vom primitiven Element ist K eine einfache algebraische Erweiterung von $\Omega(x)$:

$$K = \Omega(x, \vartheta),$$

wo ϑ einer separablen algebraischen Gleichung mit Koeffizienten aus $\Omega(x)$ genügt.

Erhebt man jedes Element des Körpers K der Charakteristik $p > 0$ in die p^n-te Potenz, so ist das bekanntlich ein Isomorphismus von K auf den Teilkörper K^{p^n} aller p^n-ten Potenzen in K. Wir bilden nun das Kompositum Σ_n von K^{p^n} und Ω (d. h. den von K^{p^n} und Ω erzeugten Unterkörper von K). Aus $K = \Omega(x, \vartheta)$ folgt

$$K^{p^n} = \Omega^{p^n}(x^{p^n}, \vartheta^{p^n});$$

Σ_n ist also der von Ω^{p^n}, x^{p^n}, ϑ^{p^n} und Ω erzeugte Unterkörper von K:

$$\Sigma_n = \Omega(x^{p^n}, \vartheta^{p^n}).$$

Wir behaupten nun:

$$K = \Sigma_n(x).$$

Beweis. $\Sigma_n(x) \leqq K$ ist trivial. y sei irgendein Element von K. Dann ist einerseits $y^{p^n} \in K^{p^n} \leqq \Sigma_n(x)$, also y eine p^n-te Wurzel aus $\Sigma_n(x)$. Andererseits ist $\Omega(x)(y)/\Omega(x)$ nach Voraussetzung separabel; weil nun $\Sigma_n(x)$ Oberkörper von $\Omega(x)$ ist, muß auch $\Sigma_n(x)(y)/\Sigma_n(x)$ separabel sein [2]). Die p^n-te Wurzel y eines Elements von $\Sigma_n(x)$ kann aber nur dann einer separablen Gleichung mit Koeffizienten aus $\Sigma_n(x)$ genügen, wenn $y \in \Sigma_n(x)$ [3]). Jedes $y \in K$ liegt also in $\Sigma_n(x)$, daher $K = \Sigma_n(x)$.

x genügt der über Σ_n irreduziblen Gleichung

$$t^{p^n} - x^{p^n} = 0.$$

Beweis. Es genügt zu zeigen, daß $x^{p^{n-1}}$ nicht in Σ_n liegt [3]). Weil ϑ über $\Omega(x)$ einer separablen Gleichung genügt, ist ϑ^{p^n} Nullstelle eines über $\Omega^{p^n}(x^{p^n})$ separablen Polynoms. Erst recht wird ϑ^{p^n} über $\Omega(x^{p^n}) \geqq \Omega^{p^n}(x^{p^n})$ einer separablen Gleichung genügen [2]), d. h. $\Sigma_n = \Omega(x^{p^n}, \vartheta^{p^n})$ ist über $\Omega(x^{p^n})$ separabel. Aber $x^{p^{n-1}}$ ist eine wirkliche p-te Wurzel aus $\Omega(x^{p^n})$, also inseparabel [3]). Das inseparabel algebraische Element $x^{p^{n-1}}$ kann nicht in dem separablen Oberkörper Σ_n von $\Omega(x^{p^n})$ liegen.

Wenn Ω vollkommen ist, dann ist $\Omega = \Omega^p$, darum $\Omega = \Omega^{p^n}$, mithin

$$\Sigma_n = \Omega(x^{p^n}, \vartheta^{p^n}) = \Omega^{p^n}(x^{p^n}, \vartheta^{p^n}) = K^{p^n}.$$

Wir haben also einen *Körper K der Charakteristik p, der über einem Körper $\Sigma (= \Sigma_n)$ inseparabel ist, und zwar ist $K = \Sigma(x)$, wo x Nullstelle des über Σ irreduziblen Polynoms $t^{p^n} - \alpha = 0$ ist* ($\alpha = x^{p^n} \in \Sigma$). Wir wollen nun vorläufig alle übrigen Eigenschaften unserer Funktionenkörper vergessen und nur diesen einfachen algebraischen Sachverhalt zugrunde legen. Er genügt nämlich bei Charakteristik $p > 0$, um hinreichend viele höhere Differentialquotienten in K in vernünftiger Weise erklärbar zu machen.

Bekanntlich ist

$$K \cong \Sigma[t]/t^{p^n} - \alpha.$$

Dieser Isomorphismus entsteht, wenn man jeder Restklasse des Polynomrings

$$\Sigma[t] \bmod t^{p^n} - \alpha,$$

---

[2]) Ist T ein Oberkörper von P und liegt y in einem Oberkörper von T und ist P(y)/P separabel, so ist auch T(y)/T separabel.

[3]) Liegt u in einem Oberkörper des Körpers P der Charakteristik $p > 0$ und liegt eine $p^{\overline{m}}$-te Potenz von u in P, so sei zuerst $u^{p^m} = \alpha \in$ P, dann ist das Polynom $t^{p^m} - \alpha$, dessen Nullstelle u ist, in P[t] irreduzibel. u ist demnach nur dann über P separabel, wenn $u \in$ P.

die ein $c \in \Sigma$ enthält, das (schon in Σ enthaltene) Element c von K zuordnet und wenn man der Restklasse mod $t^{p^n} - \alpha$, die das spezielle Polynom t enthält, das Element x von K zuordnet. Dieser Isomorphismus wird ja gerade beim Beweis der Wurzelexistenz jedes nichtkonstanten Polynoms in einem passenden Oberkörper verwendet [4]). Wir werden nun zuerst die höheren Differentialquotienten im Polynomring $\Sigma[t]$ ohne Schwierigkeit einführen und dann versuchen, durch Restklassenbildung mod $t^{p^n} - \alpha$ zur Differentialrechnung in K zu gelangen. Dabei wird die Inseparabilität von $t^{p^n} - \alpha$ wesentlich benutzt werden.

II.

Σ sei jetzt irgendein kommutativer Ring mit Einselement (z. B. der Körper Σ_n von vorhin). Es soll eine Theorie der höheren Differentialquotienten im Polynomring $\Sigma[t]$ entwickelt werden.

Bei Charakteristik 0 definiert man bekanntlich

$$\frac{d}{dt}\, t^r = r t^{r-1}, \quad \frac{d}{dt} \sum_r c_r t^r = \sum_r c_r r t^{r-1}.$$

Hieraus folgt

$$\frac{d^k}{dt^k}\, t^r = r(r-1)\cdots(r-(k-1))\, t^{r-1}.$$

Aber die Koeffizienten $r(r-1)\cdots(r-(k-1)) = \binom{r}{k} k!$ sind für $k \geqq p$ alle durch p teilbar. Deshalb ist es bei Charakteristik $p > 0$ praktisch, nicht die k-te Ableitung $\frac{d^k}{dt^k}$, sondern den Ausdruck $D^k = \frac{1}{k!}\frac{d^k}{dt^k}$ von den Polynomringen mit der Charakteristik 0 zu übertragen. So kommt man zu der

Definition.

$$D_t^k t^r = \binom{r}{k} t^{r-k}, \qquad D_t^k \sum_r c_r t^r = \sum_r c_r \binom{r}{k} t^{r-k}.$$

Wir haben an das D^k einen Index t angehängt, zum Zeichen, daß nach t differenziert wird. D_t^k ist als Operation im Polynomring $\Sigma[t]$ erklärt; wir haben uns zu überzeugen, daß es wirklich im wesentlichen die Eigenschaften hat, die dem $\frac{1}{k!}\frac{d^k}{dt^k}$ bei Charakteristik 0 zukommen.

Trivial sind die Rechenregeln:

(1) $$D_t^k(f+g) = D_t^k f + D_t^k g.$$

(2) $$D_t^k(cf) = c D^k f \qquad (c \in \Sigma).$$

(3) $$D_t^k c = 0 \qquad (c \in \Sigma).$$

Ferner gilt die Leibnizsche Regel:

(4) $$D_t^k(fg) = \sum_{i=0}^{k} D_t^i f \cdot D_t^{k-i} g.$$

---

[4]) S. z. B. Steinitz, Algebraische Theorie der Körper, dieses Journal **137** (1910), § 6.

12*

Beweis. Nach (1) und (2) genügt es, (4) nur für $f = t^r$, $g = t^s$ nachzuweisen. Es ist aber

$$D_t^k(t^r t^s) = \binom{r+s}{k} t^{r+s-k},$$

$$\sum_{i=0}^{k} D_t^i t^r \cdot D_t^{k-i} t^s = \sum_{i=0}^{k} \binom{r}{i} t^{r-i} \binom{s}{k-i} t^{s-k+i},$$

und bekanntlich ist

$$\binom{r+s}{k} = \sum_{i=0}^{k} \binom{r}{i}\binom{s}{k-i}.$$

Hieraus folgt

(5) $$D_t^k(f_1 \cdots f_r) = \sum_{\substack{\varkappa_1 + \cdots + \varkappa_r = k \\ \varkappa \geqq 0}} D_t^{\varkappa_1} f_1 \cdots D_t^{\varkappa_r} f_r$$

sofort durch Induktion nach r.

(6) $$D_t^k f(g(t)) = \sum_{i=1}^{k} D_{g(t)}^i f(g(t)) \sum_{\substack{\lambda_1 + \cdots + \lambda_i = k \\ \lambda > 0}} D_t^{\lambda_1} g \cdots D_t^{\lambda_i} g \qquad (k > 0).$$

Hierin ist $u = g(t)$ in ein Polynom $f(u)$ eingesetzt zu denken, es handelt sich also um die *Kettenregel* für höhere Ableitungen. Unter $D_g^i f$ ist natürlich $D_u^i f(u)|_{u=g(t)}$ zu verstehen.

Beweis. Es genügt, $f(u) = u^r$ anzunehmen. Nach (5) ist dann

$$D_t^k g(t)^r = \sum_{\varkappa_1 + \cdots + \varkappa_r = k} D_t^{\varkappa_1} g \cdots D_t^{\varkappa_r} g.$$

Reohts bezeichnen wir in jedem Summanden, ohne die Reihenfolge zu stören, die positiven unter den $\varkappa_1, \ldots, \varkappa_r$ mit $\lambda_1, \ldots, \lambda_i$. Dann ist $1 \leqq i \leqq k$ und $\lambda_1 + \cdots + \lambda_i = k$ und

$$D_t^{\varkappa_1} g \cdots D_t^{\varkappa_r} g = g^{r-i} D_t^{\lambda_1} g \cdots D_t^{\lambda_i} g.$$

Aber jedes Glied $g^{r-i} D_t^{\lambda_1} g \cdots D_t^{\lambda_i} g$ $(1 \leqq i \leqq k,\ \lambda_1 + \cdots + \lambda_i = k,\ \lambda > 0)$ entsteht aus genau $\binom{r}{i}$ Gliedern $D_t^{\varkappa_1} g \cdots D_t^{\varkappa_r} g$ [5]). Daher ist

$$D_t^k g^r = \sum_{i=1}^{k} \sum_{\substack{\lambda_1 + \cdots + \lambda_i = k \\ \lambda > 0}} \binom{r}{i} g^{r-i} D_t^{\lambda_1} g \cdots D_t^{\lambda_i} g.$$

Es ist aber

$$\binom{r}{i} g^{r-i} = D_g^i g^r.$$

Schließlich sei $F(t, u)$ ein Polynom in zwei Unbestimmten. Dann kann man einerseits F „partiell" nach t und nach u differenzieren, andererseits kann man $u = t$ setzen und das entstehende Polynom differenzieren. Hier gilt nun die *Spaltungsregel* [6])

(7) $$D_t^k F(t, t) = \sum_{i=0}^{k} D_t^i D_u^{k-i} F(t, u)|_{u=t}.$$

---

[5]) Denn auf $\binom{r}{i}$ verschiedene Arten kann man die Reihe $\lambda_1, \ldots, \lambda_i$ durch $r - i$ Nullen zu einer Reihe $\varkappa_1, \ldots, \varkappa_r$ auffüllen.

[6]) Behmann, Zur Technik des Differenzierens, Jahresbericht der Deutschen Mathematikervereinigung **40** (1931), S. 160—162, für $k = 1$.

Beweis. Nach (1) und (2) genügt es, (7) für $F(t, u) = t^r u^s$ zu beweisen. Dann reduziert sich (7) aber auf (4).

Durch Kombination von (6) und (7) erhält man die explizite Formel für die Ableitungen eines zusammengesetzten Polynoms $F(f(t), g(t))$: man braucht nur (7) auf $F(f(t), g(u))$ anzuwenden und die höheren partiellen Ableitungen dieses Polynoms nach (6) zu berechnen.

Damit sind die Hauptrechenregeln für die höheren Ableitungen im Polynomring ohne jede Charakteristikvoraussetzung abgeleitet.

III.

Kehren wir jetzt zu der Fragestellung vom Ende des ersten Teils der Arbeit zurück! Es sei also ein Körper Σ der Charakteristik $p > 0$ vorgelegt, und K sei ein inseparabler Oberkörper $K = \Sigma(x)$ von Σ, x genüge über Σ der irreduziblen Gleichung $t^{p^n} - \alpha = 0$. Wie schon dort ausgeführt wurde, ist $K \cong \Sigma[t]/t^{p^n} - \alpha$ i. b. a. [7]) Σ.

Es ist unser Ziel, die D_t^k aus dem Polynomring $\Sigma[t]$ in den Restklassenring $\Sigma[t]/t^{p^n} - \alpha$ und von dort nach K zu übertragen. Dazu müssen wir erst die $D_t^k(t^{p^n} - \alpha)$ berechnen.

Es ist nach Definition

$$D_t^k(t^{p^n} - \alpha) = \binom{p^n}{k} t^{p^n-k} \quad (k > 0).$$

Für $k > p^n$ ist natürlich $\binom{p^n}{k} = 0$, dagegen ist $\binom{p^n}{p^n} = 1$. Für $1 \leqq k \leqq p^n - 1$ ist schließlich

$$\binom{p^n}{k} = \binom{p^n - 1}{k - 1} \frac{p^n}{k} \equiv 0 \pmod p.$$

Daher ist

$$D_t^k(t^{p^n} - \alpha) = 0 \quad (k = 1, \ldots, p^n - 1 \text{ und } k > p^n),$$

dagegen

$$D_t^{p^n}(t^{p^n} - \alpha) = 1.$$

Hieraus folgt nach (4) für $0 \leqq k \leqq p^n - 1$:

$$D_t^k(t^{p^n} - \alpha) h(t) = \sum_{i=0}^{k} D_t^i(t^{p^n} - \alpha) \cdot D_t^{k-i} h(t) = (t^{p^n} - \alpha) D_t^k h(t),$$

der Operator D_t^k führt also für $k < p^n$ ein durch $t^{p^n} - \alpha$ teilbares Polynom stets wieder in ein ebensolches Polynom über. Man kann dasselbe auch so ausdrücken:

Aus $f(t) \equiv g(t) \pmod{t^{p^n} - \alpha}$ folgt

(8) $$D_t^k f(t) \equiv D_t^k g(t) \pmod{t^{p^n} - \alpha} \quad (k < p^n).$$

Für $k \geqq p^n$ ist dagegen z. B.

$$D_t^k t^{k-p^n}(t^{p^n} - \alpha) = 1,$$

die Einschränkung $k < p^n$ in (8) war also durchaus notwendig.

Nun ordnen wir jedem $f(t) \in \Sigma[t]$ seine Restklasse $\overline{f(t)}$ mod $t^{p^n} - \alpha$ zu, d. i. die Menge aller mod $t^{p^n} - \alpha$ zu $f(t)$ kongruenten Polynome. So entsteht der Restklassenkörper

[7]) In bezug auf.

$\Sigma[t]/t^{p^n} - \alpha$. *Für $k < p^n$ setzen wir*

$$D_{\bar t}^k \overline{f(t)} = \overline{D_t^k f(t)}\,.$$

Diese Definition ist *widerspruchsfrei*, denn aus

$$\overline{f(t)} = \overline{g(t)}$$

folgt nach (8)

$$\overline{D_t^k f(t)} = \overline{D_t^k g(t)} \qquad (k < p^n).$$

Die Rechenregeln (1) bis (5) übertragen sich ohne weiteres in den Restklassenkörper. Auf (6) und (7) müssen wir nachher noch eingehen.

Der Übergang zu K ist nun klar: *Bei dem schon mehrfach erwähnten Isomorphismus $\Sigma[t]/t^{p^n} - \alpha \cong K$ möge dem Operator $D_{\bar t}^k$ in $\Sigma[t]/t^{p^n} - \alpha$ der Operator D_x^k entsprechen* ($k < p^n$). In Formeln sieht das so aus: Für jedes Polynom $f(t) \in \Sigma[t]$ werde definiert:

$$D_x^k f(x) = D_t^k f(t)\big|_{t=x} \qquad (k < p^n).$$

K besteht ja gerade aus allen Ausdrücken $f(x)$ ($f(t) \in \Sigma[t]$), wo es auf $f(t)$ genau nur mod $t^{p^n} - \alpha$ ankommt. Jedem solchen $f(x) \in K$ wird durch unsere Definition ein $D_x^k f(x)$ zugeordnet, und zwar, wie bewiesen, eindeutig zugeordnet. Wieder gelten ohne weiteres (1) — (5), worin jetzt nur t durch x zu ersetzen ist.

Versuchen wir nun, die Kettenregel (6) aus dem Polynomring nach K zu übertragen! Da ist natürlich zu beachten, daß man wohl ein Polynom in ein anderes einsetzen kann, daß man mit Körperelementen jedoch etwas vorsichtiger umgehen muß. Der Sinn der Kettenregel kann also nur der sein:

y und z seien Elemente von K. Dann kann man sicher y in der Form

$$y = g(x), \qquad g(t) \in \Sigma[t]$$

darstellen. Wir wollen annehmen, es sei auch eine Darstellung

$$z = f(y), \qquad f(t) \in \Sigma[t]$$

möglich, d. h. es sei $z \in \Sigma(y)$. Wegen $y^{p^n} \in \Sigma$ genügt dann y einer über Σ irreduziblen Gleichung $y^{p^m} - \beta = 0$ ($0 \leq m \leq n$)[3]). In $\Sigma(y)$ sind dann also die Ableitungen $D_y^0, \ldots, D_y^{p^m-1}$ erklärt. *Aus der Gültigkeit von* (6) *im Polynomring folgt nun durch Übergang zu den Restklassen sofort*

$$D_x^k z = \sum_{i=1}^{k} D_y^i z \sum_{\substack{\lambda_1+\cdots+\lambda_i=k\\ \lambda>0}} D_x^{\lambda_1} y \cdots D_x^{\lambda_i} y \qquad (k = 1, \ldots, p^m - 1)\,.$$

Diese Kettenregel gilt insbesondere dann, wenn $K = \Sigma(x) = \Sigma(y)$ ist[8]), und zwar ist sie dann für $k = 1, \ldots, p^n - 1$ anwendbar. Wir wollen dafür gleich zwei Kriterien aufstellen.

Dann und nur dann ist $\Sigma(x) = \Sigma(y)$, wenn y nicht in $\Sigma(x^p)$ liegt. „Nur dann" ist trivial; wäre $\Sigma(y) < \Sigma(x)$, so hätte $\Sigma(y)$ über Σ einen Grad $p^m < p^n$, es wäre schon $y^{p^{n-1}} \in \Sigma$[3]). Entwickelt man nun y:

$$y = \sum_{r=0}^{p^n-1} c_r x^r\,,$$

so sieht man, daß $y^{p^{n-1}} \in \Sigma$ nur dann gelten kann, wenn alle c_r für $r \not\equiv 0 \pmod p$ verschwinden, wenn also $y \in \Sigma(x^p)$ ist.

---

[8]) Dann hat nämlich $\Sigma(y)$ über Σ den Grad p^n, während y^{p^n} in Σ liegt, deshalb muß in diesem Falle $t^{p^n} - y^{p^n}$ selbst irreduzibel sein.

Dann und nur dann ist $\Sigma(x) = \Sigma(y)$, *wenn* $D_x^1 y \neq 0$ *ist.* Aus

$$y = \sum_{r=0}^{p^n-1} c_r x^r$$

folgt nämlich

$$D_x^1 y = \sum_{r=0}^{p^n-1} c_r r x^r.$$

Dann und nur dann ist $y \in \Sigma(x^p)$, wenn alle $rc_r = 0$ sind.

Es bedarf wohl keiner besonderen Begründung, daß man durch Kombination von (6) und (7) sofort die expliziten Formeln erhält, nach denen man eine algebraische Gleichung $F(x, y) = 0$ mit Koeffizienten aus Σ „k-mal differenziert" ($k < p^n$), und daß man aus diesen Formeln sukzessive $D_x^1 y, \ldots, D_x^{p^n-1} y$ berechnen kann, sofern $D_u^1 F(t, u)|_{\substack{t=x\\u=y}} \neq 0$.

IV.

Nachdem nun die Differentialrechnung in beliebigen rein inseparablen einfach algebraischen Körpererweiterungen[9]) begründet worden ist, wenden wir uns wieder den speziellen zu Anfang betrachteten Körpern, den Funktionenkörpern, zu. Es war K ein separabler endlicher Oberkörper des Körpers $\Omega(x)$, der seinerseits transzendent über Ω war. Wir haben damals eine monoton abnehmende Folge $\Sigma_0 = K, \Sigma_1, \ldots, \Sigma_n, \ldots$ von Unterkörpern in K erklärt: Σ_n war das Kompositum von Ω und K^{p^n}, also birational invariant. Es ist dann $K = \Sigma_n(x)$, wo x der über Σ_n irreduziblen Gleichung

$$t^{p^n} - \alpha = 0 \qquad (\alpha = x^{p^n} \in \Sigma_n)$$

genügt. Wir können also in dem Oberkörper K von Σ_n all die eben angestellten Überlegungen durchführen und gelangen zu Operationen D_x^k ($k = 0, 1, \ldots, p^n - 1$), die die oben aufgezählten Eigenschaften haben. In Formeln lautet die Definition so:

Ist

$$y = \sum_r c_r x^r \qquad (c_r \in \Sigma_n),$$

so sei

$$D_x^k y = \sum_r c_r \binom{r}{k} x^{r-k} \qquad (k < p^n).$$

Dazu müssen noch einige Bemerkungen gemacht werden.

D_x^k wurde eingeführt, indem K als einfach algebraische rein inseparable Erweiterung von Σ_n angesehen wurde. Dabei war nur die eine Bedingung $k < p^n$ gestellt. Für jedes feste k gibt es aber unendlich viele n, die dieser Bedingung genügen. Wir haben uns daher zu überzeugen, daß $D_x^k y$ von dem gewählten n nicht abhängt.

In der Tat: Ist $k < p^n$ und $k < p^m$ und etwa $n < m$, so kann man jedes $y \in K$ in der Form

$$y = g(x), \qquad g(t) \in \Sigma_m[t]$$

darstellen. Von selbst ist dann auch

$$y = g(x), \qquad g(t) \in \Sigma_n[t].$$

[9]) K heißt über Σ rein inseparabel, wenn K/Σ algebraisch ist und jedes in bezug auf Σ separable Element von K in Σ liegt. Eine einfache algebraische Erweiterung $\Sigma(x)$ von Σ ist dann und nur dann ein rein inseparabler Oberkörper von Σ, wenn eine p^n-te Potenz von x in Σ liegt.

Denn für $n < m$ ist ja $\Sigma_n > \Sigma_m$. Dann ist aber

$$D_x^k y = D_t^k g(t)\big|_{t=x},$$

einerlei ob K als Oberkörper von Σ_n oder von Σ_m betrachtet wird.

Obgleich wir lauter körpertheoretische Überlegungen angestellt haben, ergibt sich nachträglich, daß $D_x^k y$ gar nicht von dem Körper K, sondern nur von der zwischen x und y über Ω bestehenden irreduziblen Gleichung $F(x, y) = 0$, die in y separabel sein sollte, abhängt. Man kann dies einsehen, indem man nach (7) und (6) die $D_x^1 y, D_x^2 y, \ldots$ aus $F(x, y) = 0$ berechnet. Besser ist aber folgender Beweis:

Sei $K' = \Omega(x, y)$, dann ist sicher $K'/\Omega(x)$ separabel und $K \geqq K'$. Ferner sei Σ_n' das Kompositum von Ω und K'^{p^n}. Ist dann

$$y = g(x), \quad g(t) \in \Sigma_n'[t],$$

so ist auch

$$y = g(x), \quad g(t) \in \Sigma_n[t].$$

Wie oben folgt, daß $D_x^k y$ in K und in K' denselben Wert

$$D_x^k y = D_t^k g(t)\big|_{t=x}$$

hat.

Im Funktionenkörper K legt man vor allem auf das Verhalten aller Bildungen bei birationalen Transformationen Wert. Neben x haben wir also die Gesamtheit aller $y \in K$ zu betrachten, für die $K/\Omega(y)$ separabel ist. Ist nun $F(x, y) = 0$, $F(t, u)$ in $\Omega[t, u]$ irreduzibel, so ist

$$D_t^1 F(t, u)\Big|_{\substack{t=x\\u=y}} + D_x^1 y \cdot D_u^1 F(t, u)\Big|_{\substack{t=x\\u=y}} = 0.$$

Weil $K/\Omega(x)$ separabel ist, ist $D_u^1 F(t, u)\Big|_{\substack{t=x\\u=y}} \neq 0$. Daß aber $K/\Omega(y)$ separabel sei, besagt genau Separabilität von $\Omega(x, y)/\Omega(y)$ oder $D_t^1 F(t, u)\Big|_{\substack{t=x\\u=y}} \neq 0$. *Dann und nur dann ist also $K/\Omega(y)$ separabel, wenn $D_x^1 y \neq 0$* ist.

$D_x^1 y \neq 0$ war aber genau die Bedingung für $\Sigma_n(y) = K$. Nach den oben im Falle allgemeiner Körper über die Kettenregel gemachten Ausführungen gilt also

$$D_x^k z = \sum_{i=1}^{k} D_y^i z \sum_{\substack{\lambda_1 + \cdots + \lambda_i = k\\ \lambda > 0}} D_x^{\lambda_1} y \cdots D_x^{\lambda_i} y$$

ganz allgemein, sowie $K/\Omega(x)$ und $K/\Omega(y)$ separabel ist.

Durch genauere Betrachtung des Gliedes mit $i = k$ in dieser Formel erhält man ohne weiteres die bekannte Transformationsformel für die Wronskische Determinante, die ein Hauptziel der Arbeit von Hasse war [1]).

Der *genaue Konstantenkörper* Ω^* von K ist als Gesamtheit aller i. b. a. Ω algebraischen Elemente von K definiert. Weil $K/\Omega(x)$ separabel ist, ist offenbar auch Ω^*/Ω separabel. Jedes $y \in \Omega^*$ genügt also einer irreduziblen Gleichung $F(u) = 0$ mit Koeffizienten aus Ω, wo

$$D_u^1 F(u)\big|_{u=y} \neq 0$$

ist; hieraus folgt, daß alle $D_x^k y = 0$ sind.

y liege nun nicht in Ω^*. Es gibt dann einen *kleinsten Exponenten e so, daß $\Omega(y)(x^{p^e})/\Omega(y)$ separabel ist.* Offenbar ist dies e zugleich der kleinste Exponent, für den

$\Sigma_e/\Omega(y)$ separabel ist, denn es ist ja

$$\Sigma_e = \Omega(x^{p^e}, \vartheta^{p^e})/\Omega(x^{p^e}) \text{ separabel.}$$

e ist auch die größte Zahl, für die y in Σ_e liegt.

Beweis. Bekanntlich ist $\Omega(x^{p^e})(y)/\Omega(x^{p^e})$ separabel [10]), erst recht [2]) ist $\Sigma_e(y)/\Sigma_e$ separabel. y ist aber eine p^e-te Wurzel aus Σ_e, darum ist [3]) $y \in \Sigma_e$.

Wäre $y \in \Sigma_{e+1}$, so wäre [2]) Σ_e/Σ_{e+1} separabel. Denn Σ_e ist über $\Omega(y)$ separabel.

Nach (3) *ist* $D_x^k y = 0$ *für* $1 \leqq k \leqq p^e - 1$. *Dagegen ist*

$$D_x^{p^e} y \neq 0.$$

Beweis. Es sei

$$y = \sum_{r=0}^{p-1} c_r x^{rp^e} \qquad (c_r \in \Sigma_{e+1}).$$

Dann ist

$$D_x^{p^e} y = \sum_{r=1}^{p-1} c_r \binom{rp^e}{p^e} x^{(r-1)p^e};$$

weil y nicht in Σ_{e+1} liegt, sind nicht alle $c_1, \ldots, c_{p-1}$ gleich 0, und bekanntlich ist [11])

$$\binom{rp^e}{p^e} \not\equiv 0 \pmod p \qquad (r = 1, \ldots, p-1).$$

Zusammengefaßt:

Liegt y nicht in Ω^*, so gibt es ein e, für das y zwar in Σ_e, nicht aber in Σ_{e+1} liegt. Dies e ist auch das kleinste e, für das $\Sigma_e/\Omega(y)$ separabel ist. p^e ist die kleinste positive Zahl k mit $D_x^k y \neq 0$.

Ω^* ist demnach der Durchschnitt aller Σ_n und zugleich der Körper aller der y, für die $D_x^k y = 0$ für alle $k > 0$ gilt.

Hieraus ergibt sich nun die folgende allgemeinste Form der Kettenregel:

Ist e zu $y \notin \Omega^*$ wie eben bestimmt und liegt z in Σ_e, so gilt

$$D_x^k z = \sum_{i=1}^{k} D_y^i z \sum_{\substack{\lambda_1 + \cdots + \lambda_i = k \\ \lambda > 0}} D_x^{\lambda_1} y \cdots D_x^{\lambda_i} y \qquad (k > 0).$$

V.

Zum Schluß wollen wir noch kurz auf die $\mathfrak{p}$-adischen Erweiterungskörper $K_\mathfrak{p}$ des Funktionenkörpers K eingehen, das sind die perfekten Hüllen von K hinsichtlich der Bewertungen, die den Konstantenkörper trivial bewerten. Wir setzen dabei voraus, daß der *Restklassenkörper* mod $\mathfrak{p}$ *über* Ω *separabel* sei.

$K_\mathfrak{p}$ hat dann folgende Struktur: *π sei eine Ortsuniformisierende an der Primstelle $\mathfrak{p}$, d. h. $\mathfrak{p}$ gehe genau einmal in π auf. $\Omega^\mathfrak{p}$ sei der Körper aller i. b. a. Ω algebraischen Elemente von K, $\Omega^\mathfrak{p}$ ist dann isomorph i. b. a. Ω^* zum Restklassenkörper* mod $\mathfrak{p}$. *Und $K_\mathfrak{p}$ ist dann der Körper aller formalen Potenzreihen* $\sum_{r=\omega}^{\infty} c_r \pi^r$ $(c_r \in \Omega^\mathfrak{p})$ [12]).

---

[10]) Denn weil zuerst x^{p^e} über $\Omega(y)$ separabel sein sollte, besteht zwischen x und y eine Gleichung der Form $G(x^{p^e}, y) = 0$, $G(t^{p^e}, u)$ in $\Omega[t, u]$ irreduzibel; weil $K/\Omega(x)$ separabel ist, ist $D_u^1 G \neq 0$.

[11]) Man entwickle z. B. $(a + b)^{rp^e} \equiv (a^{p^e} + b^{p^e})^r \pmod p$ nach dem binomischen Satz.

[12]) S. Anm. [2]) der unter 1) zitierten Arbeit.

$\Sigma_{n\mathfrak{p}}$ sei der Körper aller formalen Potenzreihen $\sum_{h=v}^{\infty} c_{hp^n}\pi^{hp^n}$ $(c \in \Omega^{\mathfrak{p}})$. Wegen der eindeutigen Zerlegung

$$\sum_r c_r \pi^r = \sum_{s=0}^{p^n-1}\left(\sum_h c_{hp^n+s}\pi^{hp^n}\right)\pi^s$$

ist

$$K = \Sigma_{n\mathfrak{p}} + \Sigma_{n\mathfrak{p}}\pi + \cdots + \Sigma_{n\mathfrak{p}}\pi^{p^n-1},$$

d. h. $K = \Sigma_{n\mathfrak{p}}(\pi)$, wo π Nullstelle des in $\Sigma_{n\mathfrak{p}}[t]$ irreduziblen Polynoms $t^{p^n} - \pi^{p^n}$ ist. Wir können deshalb die bisher für K, Σ_n und x angestellten Überlegungen direkt auf $K_\mathfrak{p}$, $\Sigma_{n\mathfrak{p}}$ und π übertragen und so eine Differentialrechnung in $K_\mathfrak{p}$ begründen.

Wenn Ω vollkommen ist, ist $\Sigma_{n\mathfrak{p}} = K_\mathfrak{p}^{p^n}$. Im allgemeinen Fall ist wenigstens $\Sigma_{n\mathfrak{p}}$ die abgeschlossene Hülle des Kompositums von Ω und $K_\mathfrak{p}^{p^n}$ (und zugleich die abgeschlossene Hülle von Σ_n).

Wir wollen nun die expliziten Differentiationsformeln in $K_\mathfrak{p}$ aufstellen. Aus

$$\sum_r c_r \pi^r = \sum_{s=0}^{p^n-1}\left(\sum_h c_{hp^n+s}\pi^{hp^n}\right)\pi^s$$

folgt für $k < p^n$ nach Definition von D_π^k

$$D_\pi^k \sum_r c_r \pi^r = \sum_{s=0}^{p^n-1}\sum_h c_{hp^n+s}\pi^{hp^n}\binom{s}{k}\pi^{s-k}.$$

Bekanntlich ist aber

$$\binom{hp^n+s}{k} \equiv \binom{s}{k} \pmod p \qquad (k < p^n)\ ^{13)},$$

daher

$$D_\pi^k \sum_r c_r \pi^r = \sum_{s=0}^{p^n-1}\sum_h c_{hp^n+s}\binom{hp^n+s}{k}\pi^{hp^n}\pi^{s-k}$$

oder

$$D_\pi^k \sum_r c_r \pi^r = \sum_r c_r \binom{r}{k}\pi^{r-k}.$$

Das ist die gesuchte Formel.

x sei wie immer in K so gewählt, daß $K/\Omega(x)$ separabel ist. Wir nehmen an, π liege nicht nur in $K_\mathfrak{p}$, sondern auch in K. Dann besteht eine algebraische Gleichung

$$F(x, \pi) = 0, \qquad F(t, u) \text{ in } \Omega[t, u] \text{ irreduzibel.}$$

Wir bezeichnen die partiellen Ableitungen $D_t^1 F(t,u)\big|_{\substack{t=x\\u=\pi}}$ und $D_u^1 F(t,u)\big|_{\substack{t=x\\u=\pi}}$ kurz mit F_x bzw. F_π. Weil $\Omega(x)(\pi)/\Omega(x)$ separabel ist, ist $F_\pi \neq 0$. Es ist aber

$$F_x \cdot D_\pi^1 x + F_\pi = 0,$$

worin $D_\pi^1 x$ in $K_\mathfrak{p}$ zu berechnen ist. Hieraus folgt erstens $F_x \neq 0$, also ist $K/\Omega(\pi)$ separabel. Zweitens folgt aber $D_\pi^1 x \neq 0$, man darf also auch in $K_\mathfrak{p}$ nach x differenzieren. D_x^k und D_π^k sind demnach beide sowohl in K wie in $K_\mathfrak{p}$ erklärte Operationen. Wir behaupten nun:

---

13) Z. B. wegen $(1+\pi)^{hp^n+s} = (1+\pi)^s(1+h\pi^{p^n}+\cdots)$.

Für alle $y \in K$ hat $D_x^k y$ in K und in $K_\mathfrak{p}$ denselben Wert. Das gleiche gilt dann natürlich auch für $D_\pi^k y$, π ist ja selbst ein spezielles x.

Beweis. Wegen $K^{p^n} < K_\mathfrak{p}^{p^n} \leqq \Sigma_{n\mathfrak{p}}$ und $\Omega \leqq \Omega^\mathfrak{p} < \Sigma_{n\mathfrak{p}}$ ist $\Sigma_n \leqq \Sigma_{n\mathfrak{p}}$. Aus

$$y = \sum_r c_r x^r, \qquad c_r \in \Sigma_n$$

folgt daher

$$y = \sum_r c_r x^r, \qquad c_r \in \Sigma_{n\mathfrak{p}},$$

in K und in $K_\mathfrak{p}$ ergibt sich daraus derselbe Wert

$$D_x^k y = \sum_r c_r \binom{r}{k} x^{r-k} \qquad (k < p^n).$$

Zum Schluß beweisen wir noch einen trivialen Satz, der ganz deutlich den tiefen Unterschied zwischen unserer Differentialrechnung bei Charakteristik $p > 0$ und der klassischen Differentialrechnung zeigt.

Ist ein Differential des Funktionenkörpers $K_\mathfrak{p}$ auch nur an einer Stelle $\mathfrak{p}$ integrabel, so ist es auch in K integrabel.

Beweis. Wir schreiben das Differential in der Form $y d\pi$. π sei Ortsuniformisierende an der Stelle $\mathfrak{p}$, wo $y d\pi = d\bar{z}$ ($\bar{z} \in K_\mathfrak{p}$) sei. Ist

$$y = \sum_{r=0}^{p-1} c_r \pi^r, \qquad z = \sum_{r=0}^{p-1} d_r \pi^r \qquad (c_r \in \Sigma_1,\ d_r \in \Sigma_{1\mathfrak{p}}),$$

so ist $y = \sum_{r=0}^{p-1} d_r r \pi^{r-1}$, also $c_{p-1} = 0$. Darum ist $y = D_\pi^1 z$, $y d\pi = dz$ mit

$$z = \sum_{r=0}^{p-2} c_r (r+1)^{-1} \pi^{r+1} \in K.$$

Eingegangen 20. Dezember 1935.

8.

Eine Umkehrung des zweiten Hauptsatzes der Wertverteilungslehre

Deutsche Math. *2*, 96–107 (1937)

$w = f(z)$ sei eine nichtkonstante, in der punktierten z-Ebene meromorphe Funktion. Wir benutzen die bekannten Nevanlinnaschen Bezeichnungen der Wertverteilungslehre[1]). Aus

$$2\,T(r,f) = 2\,m(r,f) + 2\,N(r,f),$$

$$0 = m\left(r,\frac{1}{f'}\right) + N\left(r,\frac{1}{f'}\right) - m(r,f') - N(r,f') + c',$$

$$N\left(r,\frac{1}{f'}\right) + 2\,N(r,f) - N(r,f') = N_1(r)$$

folgt durch Addition

$$(1)\qquad 2\,T(r,f) = N_1(r) + m\left(r,\frac{1}{f'}\right) + 2\,m(r,f) - m(r,f') + c'.$$

---

[1]) R. Nevanlinna, Le théorème de Picard-Borel et la théorie des fonctions méromorphes, Paris 1929; Eindeutige analytische Funktionen, Berlin 1936.

Aus dieser Gleichung gewinnt man bekanntlich den zweiten Hauptsatz der Wertverteilungslehre, indem man

$$2\,m(r,f)-m(r,f')\geq m(r,f)-\text{Restglied},$$

$$m\left(r,\frac{1}{f'}\right)\geq\sum_{\gamma=1}^{q}m\left(r,\frac{1}{f-a_\gamma}\right)-\text{Restglied}$$

beweist; hierin sind $a_1,\ldots,a_q$ voneinander verschiedene endliche Zahlen. Die Restglieder sind im allgemeinen von kleinerer Größenordnung als $T(r,f)$ [2]). So erhält man

$$2\,T(r,f)\geq N_1(r)+\sum_{\gamma=1}^{q}m\left(r,\frac{1}{f-a_\gamma}\right)+m(r,f)-\text{Restglied}.$$

Es liegt nun nahe, nach denjenigen Funktionen $f(z)$ zu fragen, für die diese Beziehung umgekehrt werden kann, für die man also Zahlen $a_1,\ldots,a_q$ so bestimmen kann, daß auch

$$(2)\qquad 2\,T(r,f)\leq N_1(r)+\sum_{\gamma=1}^{q}m\left(r,\frac{1}{f-a_\gamma}\right)+m(r,f)+\text{Restglied}$$

gilt [3]). Nach dem oben Gesagten wird man eine Ungleichung (2) dadurch erhalten können, daß man unter geeigneten Voraussetzungen

$$(3)\qquad m\left(r,\frac{1}{f'}\right)\leq\sum_{\gamma=1}^{q}m\left(r,\frac{1}{f-a_\gamma}\right)+\text{Restglied}$$

und

$$(4)\qquad 2\,m(r,f)-m(r,f')\leq m(r,f)+\text{Restglied}$$

nachweist; dies braucht man ja nur in (1) einzusetzen, um (2) zu erhalten.

Dabei können wir von (4) absehen. Denn bekanntlich gibt es zu jeder meromorphen Funktion $f(z)$ viele Stellen a, für die $m\left(r,\frac{1}{f-a}\right)$ viel langsamer als $T(r,f)$ wächst [4]); durch eine Drehung der w-Kugel, die ja die Wertverteilungsgrößen nicht wesentlich ändert, kann man a in ∞ verwandeln, so daß also $m(r,f)$ von kleinerer Größenordnung als $T(r,f)$ wird: dann hat man (4) mit dem Restglied $m(r,f)$. Es genügt hiernach, für eine Klasse meromorpher Funktionen, welche (Kugeldrehungen oder sogar beliebige) lineare Transformationen $\frac{a\,f(z)+b}{c\,f(z)+d}$ gestattet, eine Ungleichung der Form (3) zu beweisen; dann hat man für die Funktionen dieser Klasse die Ergänzung (2) zum zweiten Hauptsatz.

Eine solche Klasse meromorpher Funktionen soll hier angegeben werden. Zur Beschreibung dieser Funktionen $f(z)$ bedienen wir uns der von $w=f(z)$ über der w-Kugel erzeugten

---

[2]) Mit Ausnahme einer r-Menge von endlicher Gesamtlänge. Wegen dieser Ausnahmemengen ist es zweckmäßig, dem gewöhnlichen $\liminf_{r\to\infty}\varphi(r)$ den folgenden Begriff an die Seite zu stellen: $\liminf_{\int f(r)\,dr\to\infty}\varphi(r)$ sei die obere Grenze aller Zahlen α, für die, über die Menge $\varphi(r)<\alpha$ erstreckt, $\int f(r)\,dr$ endlich ist, also die untere Grenze aller Zahlen β, für die $\int f(r)\,dr$, über die Menge $\varphi(r)<\beta$ erstreckt, divergiert; entspr. $\limsup_{\int f(r)\,dr\to\infty}\varphi(r)$. Jeder Sachverständige bemerkt sofort, welche Möglichkeiten sich hier auftun; z. B. wird man den Defekt durch $\liminf_{\int dr\to\infty}\frac{m(r,a)}{T(r)}$ erklären.

[3]) Auf solche Funktionen kann man z. B. die Schlüsse von § 3 der folgenden Arbeit anwenden: E. Ullrich, Über die Ableitung einer meromorphen Funktion. S.-B. preuß. Akad. Wiss. 1929.

[4]) L. Ahlfors, Ein Satz von Henri Cartan und seine Anwendung auf die Theorie der meromorphen Funktionen. Soc. Sci. fenn., Comment. physic.-math. 5, Nr. 16.

Riemannschen Fläche $\mathfrak{W}$, welche durch die Umkehrfunktion von f eineindeutig und konform auf die punktierte z-Ebene abgebildet wird.

Wir liefern also einen Beitrag zu dem folgenden *Hauptproblem der modernen Funktionentheorie*: Gegeben sei eine einfach zusammenhängende Riemannsche Fläche $\mathfrak{W}$ über der w-Kugel. Man kann sie bekanntlich eineindeutig und konform auf den Einheitskreis $|z|<1$, auf die punktierte Ebene $z \neq \infty$ oder auf die volle z-Kugel abbilden, so daß w eine eindeutige Funktion von z wird: $w=f(z)$. Die Wertverteilung dieser eindeutigen Funktion ist zu untersuchen.

In erster Linie interessieren hier diejenigen Flächen $\mathfrak{W}$, deren *kritische Punkte* (algebraische Windungspunkte und Randpunkte) *nur über endlich viele Stellen* $a_1, \dots, a_q$ *der* w*-Kugel verteilt* sind, so daß die Umkehrfunktion $z(w)$ von f auf der in $a_1, \dots, a_q$ punktierten Kugel unbeschränkt fortgesetzt werden kann. Für alle $f(z)$, die solche Flächen erzeugen, werden wir tatsächlich (3) und damit (2) beweisen[5]), vorausgesetzt natürlich, daß f nicht rational ist. Es ist ja bekannt, wie (2) für rationales f abzuändern ist. Dagegen spielt der Unterschied, ob $\mathfrak{W}$ zum parabolischen oder zum hyperbolischen Typus gehört, ob also $f(z)$ in der Ebene $z \neq \infty$ oder nur im Einheitskreis meromorph ist, für uns keine Rolle. — Der Beweis wird mit Hilfe des Verzerrungssatzes geführt[6]).

Bei genauem Durchgehen des Beweises bemerkt man, daß es hauptsächlich darauf ankommt, daß die kritischen Punkte der Riemannschen Fläche $\mathfrak{W}$ voneinander einen festen Mindestabstand haben. Mißt man den Abstand auf der w-Kugel, die ja kompakt ist, dann ist diese Bedingung nur so zu erfüllen, daß alle kritischen Punkte über endlich vielen Kugelpunkten $w=a_1, \dots, w=a_q$ liegen. Es ist aber sachgemäßer, die Metrik der Kugel auf die „darüber" ausgebreitete Fläche $\mathfrak{W}$ „hinauf"zuprojizieren: der Abstand zweier kritischer Punkte ist dann die untere Grenze der (auf der Kugel gemessenen) Längen sämtlicher auf der Fläche $\mathfrak{W}$ verlaufenden streckbaren Kurven, die jene zwei kritischen Punkte der Fläche verbinden. Diese Erklärung kommt der Anschauung entgegen, daß zwei Singularitäten einander wenig beeinflussen werden, wenn sie ganz verschiedene Blätter der Fläche betreffen. Jetzt ist es sehr wohl möglich, daß die kritischen Punkte einer Riemannschen Fläche $\mathfrak{W}$ einen festen Mindestabstand haben, obwohl über unendlich vielen Stellen der w-Kugel kritische Punkte liegen: die kritischen Punkte dürfen sich wohl auf der *w-Kugel*, nicht aber auf der Fläche $\mathfrak{W}$ häufen.

So kommt man zu der folgenden allgemeineren Flächenklasse, die natürlich bei gebrochenen linearen Transformationen der w-Kugel invariant ist: *Die kritischen Punkte von* $\mathfrak{W}$ *haben auf* $\mathfrak{W}$ *im soeben erläuterten Sinn einen festen Mindestabstand; über endlich vielen Stellen* $a_1, \dots, a_q$ *sind beliebige Singularitäten erlaubt; über den anderen Kugelstellen sollen aber (außer schlichten Blättern) nur algebraische Verzweigungspunkte von beschränkter Windungszahl erlaubt sein.* Man sieht, daß diese Flächen nur algebraische und logarithmische Windungspunkte aufweisen können, aber keine komplizierteren Singularitäten. — Nimmt man ohne Einschränkung $a_1, \dots, a_q$ als endlich an, so werden wir auch für die erzeugenden Funktionen f dieser all-

[5]) D. h. wir werden (3) beweisen, worin aber nur über die endlichen a_ν zu summieren ist; durch eine Kugeldrehung erreicht man, daß $a_1, \dots, a_q$ alle endlich sind und daß $\lim\limits_{r\to\infty} \dfrac{m(r,\infty)}{T(r)} = 0$ ist.

[6]) Ein ähnlicher Satz steht schon bei L. Ahlfors, Zur Theorie der Überlagerungsflächen, Acta math. 65. Dort werden aber gewisse Flächen vom hyperbolischen Typus, z. B. die Modulfläche, ausgenommen, und das Restglied fällt, der Methode entsprechend, zu groß aus.

gemeineren Flächen (3) und damit nach dem oben Bemerkten (2) beweisen [5]) (falls f nicht rational, also $\mathfrak{W}$ keine geschlossene Fläche ist); das Restglied wird die Form $\log r + \text{const}$ haben, kann also für alle in der punktierten Ebene meromorphen Funktionen f und für im Einheitskreis meromorphe Funktionen f jedenfalls dann gegen $T(r, f)$ vernachlässigt werden, wenn f keine beschränktartige Funktion ist [7]).

Zum Beweis dieser allgemeineren Behauptung brauchen wir einen Hilfssatz über konforme Abbildung, der elementar aus dem Verzerrungssatz folgt und den ich voranstelle. Aus ihm ergibt sich ohne weiteres der heute einfachste Beweis eines Satzes von Collingwood; seiner Kürze wegen gebe ich hier auch diesen an, obwohl der Beweisgedanke auch nachher im Hauptteil noch vorkommt. Auf Literatur zu diesem Satze machte Ullrich mich freundlicherweise aufmerksam [8]).

Noch eine Bemerkung: (3) bezieht sich offenbar nicht auf die Kugelmetrik, sondern auf die Euklidische Metrik der w-Ebene. Es ist daher nur natürlich, wenn ich in der obigen Definition der zu untersuchenden Flächenklasse den Kugelabstand durch den Euklidischen Abstand ersetze, also fordere, daß die euklidisch gemessenen Längen der auf $\mathfrak{W}$ verlaufenden Verbindungslinien von zwei kritischen Punkten der Fläche $\mathfrak{W}$ nach unten beschränkt sind. Diese Forderung ist etwas schwächer als die ursprüngliche, weil euklidisch gemessene Abstände größer als Kugelabstände sind; im Unendlichen können jetzt außer algebraischen und logarithmischen Windungspunkten auch Singularitäten von schwierigerer Art auftreten. Das stört nicht die Gültigkeit von (3); erst beim Übergang von (3) zu (2) wird man sich an die oben beschriebene engere Flächenklasse halten.

Hilfssatz: $\zeta = \zeta(\omega)$ sei eine im Einheitskreis $|\omega| < 1$ schlichte und reguläre Funktion, die $|\omega| < 1$ auf ein Gebiet Γ der ζ-Ebene abbildet. Die Strecke $\mathfrak{S}$ von der (endlichen) Länge l sei ein Querschnitt von Γ [9]). Dann ist mit festem c

$$\int_{\mathfrak{S}} \log \frac{1}{|\omega|} \, |d\zeta| \leq c\, l .$$

Beweis: Weil es auf eine ganze lineare Transformation $a\zeta + b$ der ζ-Ebene nicht ankommt, dürfen wir annehmen, es sei $\zeta(0) = 0$, $l = 1$ und $\mathfrak{S}$ sei parallel zur imaginären Achse. Wir haben zu zeigen, daß unter diesen Annahmen $\int_{\mathfrak{S}} \log \frac{1}{|\omega|} |d\zeta|$ nicht beliebig groß

---

[7]) f ist aber nie beschränktartig; denn $\mathfrak{W}$ hat unter unseren Voraussetzungen höchstens eine abzählbare Menge von Randpunkten, während eine beschränktartige Funktion viel mehr Zielwerte hat; s. R. Nevanlinna, Eindeutige analytische Funktionen (Berlin 1936), Nr. 167.

[8]) E.-F. Collingwood, Sur les valeurs exceptionnelles des fonctions entières d'ordre fini, C. R. 179. H. Cartan, Sur les valeurs exceptionnelles d'une fonction méromorphe dans tout le plan, C. R. 190. H. L. Selberg, Beiträge zur Theorie der algebroiden Funktionen, Avh. Norske Vid.-Ak. Oslo, Mat.-nat. Kl. 1931 (9), § 2; Algebroide Funktionen und Umkehrfunktionen Abelscher Integrale, daselbst 1934 (8), § 7. E. Ullrich, Über eine Anwendung des Verzerrungssatzes auf meromorphe Funktionen, J. reine angew. Math. 166; Referat über Selberg, Zbl. Math. 10. An beiden Stellen wird eine Verallgemeinerung ausgesprochen, aber nicht bewiesen. K. Yosida, A Theorem Concerning the Derivatives of Meromorphic Functions, Proc. physic.-math. Soc., Japan III, 17. Sh. Kakutani, On the Exceptional Value of Meromorphic Functions, daselbst. Y. Tumura, Sur quelques propriétés d'une classe des fonctions méromorphes, daselbst 18. Hier wird ein Beweis der Ullrichschen Verallgemeinerung gegeben, der mich mit seinen vagen Andeutungen nicht überzeugt. Aus S. 176 Zeile 9—10 v. o. geht wohl hervor, daß das Auftreten mehrfach zusammenhängender Flächenstücke gar nicht in Betracht gezogen wird.

[9]) D. h. die Innenpunkte des Geradenstücks $\mathfrak{S}$ sind Innenpunkte von Γ, die beiden Enden von $\mathfrak{S}$ sind Randpunkte von Γ.

7*

werden kann. Wir wählen $0 < \vartheta < 1$ (z. B. $\vartheta = 1/2$). Gilt für diejenigen ω, deren $\zeta(\omega)$ auf $\mathfrak{S}$ liegt, stets $|\omega| > \vartheta$, so ist

$$\int_{\mathfrak{S}} \log \frac{1}{|\omega|}\,|d\zeta| < \log\frac{1}{\vartheta}\int_{\mathfrak{S}} |d\zeta| = \log\frac{1}{\vartheta}$$

wegen $l = 1$. Wir nehmen nun an, es gebe ein ω_1 mit $|\omega_1| \leq \vartheta$, für das $\zeta_1 = \zeta(\omega_1)$ auf $\mathfrak{S}$ liegt. Weil $\mathfrak{S}$ die Länge 1 hat, ist ζ_1 von einem Endpunkt von $\mathfrak{S}$, der ja auch Randpunkt des Gebiets Γ ist, um höchstens $1/2$ entfernt. Andererseits wird der Kreis $|\omega - \omega_1| < 1 - \vartheta$ als Teil von $|\omega| < 1$ durch die Funktion $\zeta(\omega)$ schlicht abgebildet; nach Koebe bedeckt das ζ-Bild dieses Teilkreises jedenfalls den Kreis um ζ_1 mit dem Halbmesser $\frac{1}{4}|\zeta'(\omega_1)|(1-\vartheta)$. Beides verträgt sich nur, wenn

$$\frac{1}{4}\,|\zeta'(\omega_1)|(1-\vartheta) \leq \frac{1}{2}$$

oder

$$|\zeta'(\omega_1)| \leq \frac{2}{1-\vartheta}.$$

Nach dem Verzerrungssatz ist aber

$$|\zeta'(\omega_1)| \geq \frac{1-\vartheta}{(1+\vartheta)^3}\,|\zeta'(0)|,$$

folglich

$$|\zeta'(0)| \leq \frac{2(1+\vartheta)^3}{(1-\vartheta)^2}.$$

Nochmals nach dem Verzerrungssatz folgt hieraus

$$|\zeta| \leq \frac{|\zeta'(0)|}{(1-\vartheta)^2}\,|\omega| \leq \frac{2(1+\vartheta)^3}{(1-\vartheta)^4}\,|\omega| \qquad \text{für } |\omega| \leq \vartheta$$

(es war ja $\zeta(0) = 0$) und

$$\log\frac{1}{|\omega|} \leq \gamma + \overset{+}{\log}\frac{1}{|\zeta|} \qquad \text{für } |\omega| \leq \vartheta$$

mit $\gamma = \log\frac{2(1+\vartheta)^3}{(1-\vartheta)^4}$; schließlich gilt für $|\omega| < 1$ stets

$$\log\frac{1}{|\omega|} \leq \operatorname{Max}\left(\log\frac{1}{\vartheta},\ \gamma + \overset{+}{\log}\frac{1}{|\zeta|}\right) \leq \operatorname{Max}\left(\log\frac{1}{\vartheta},\gamma\right) + \overset{+}{\log}\frac{1}{|\zeta|}.$$

Diese Ungleichung integrieren wir über $\mathfrak{S}$:

$$\int_{\mathfrak{S}} \log\frac{1}{|\omega|}\,|d\zeta| \leq \operatorname{Max}\left(\log\frac{1}{\vartheta},\gamma\right) + \int_{\mathfrak{S}} \overset{+}{\log}\frac{1}{|\zeta|}\,|d\zeta|.$$

Der Hilfssatz ist damit bewiesen, wenn wir nur zeigen, daß $\int_{\mathfrak{S}} \overset{+}{\log}\frac{1}{|\zeta|}\,|d\zeta|$ nicht beliebig groß wird. — $\mathfrak{S}$ war eine Strecke der Länge 1 und parallel zur imaginären Achse: $\zeta = \xi + i\eta$, $\xi = \text{const}$, $\alpha \leq \eta \leq \alpha + 1$. Folglich ist

$$\int_{\mathfrak{S}} \overset{+}{\log}\frac{1}{|\zeta|}\,|d\zeta| = \int_{\alpha}^{\alpha+1} \overset{+}{\log}\frac{1}{|\xi + i\eta|}\,d\eta < \int_{-\infty}^{+\infty} \overset{+}{\log}\frac{1}{|\eta|}\,d\eta = 2.$$

Es ist klar, daß man so nicht die kleinstmögliche Schranke c erhält. Man kann vermuten, daß die genaue Schranke für die Funktion $\zeta = \frac{\omega}{1+\omega^2}$ angenommen wird: Γ ist hier die längs der reellen Achse von $-\infty$ bis $-1/2$ und von $+1/2$ bis $+\infty$ aufgeschlitzte ζ-Ebene, $\mathfrak{S}$ wäre die Verbindungsstrecke von $-1/2$ und $+1/2$, für diese Funktion gilt

$$\int_{\mathfrak{S}} \log \frac{1}{|\omega|} |d\zeta| = \frac{\pi}{2} l.$$

Der nun folgende Beweis einer Verschärfung des Satzes von Collingwood ist für das Verständnis der Umkehrung des zweiten Hauptsatzes entbehrlich.

Satz von Collingwood: $w = f(z)$ sei eine in der punktierten Ebene $z \neq \infty$ oder im Einheitskreis $|z| < 1$ meromorphe Funktion, die aber nicht rational ist; sie erzeugt eine Riemannsche Fläche $\mathfrak{W}$ über der w-Ebene. Über dem Kreise $|w-a| < 2\varrho$ mögen nur schlichte Blätter oder solche Flächenstücke liegen, die ausschließlich in ihrem Mittelpunkt $w = a$ einen n-blättrigen Windungspunkt haben, also aus n um $w = a$ herum zyklisch verhefteten Blättern bestehen; n soll hierin beschränkt sein: $n \leq N$. Dann bleibt $m\left(r, \frac{1}{f-a}\right)$ für $r \to \infty$ bzw. $r \to 1$ beschränkt.

Beweis: Durch die Umkehrfunktion von f werden die verschiedenen über $|w-a| < \varrho$ liegenden Flächenstücke auf schlichte, einfach zusammenhängende, punktfremde Gebiete $\mathfrak{G}_\nu$ abgebildet, die mitsamt ihrem Rand dem Innern von $z \neq \infty$ bzw. $|z| < 1$ angehören. Wenn ein $\mathfrak{G}_\nu$ den Ursprung $z = 0$ enthalten sollte, wählen wir r_0 so groß, daß dieses $\mathfrak{G}_\nu$ ganz in dem Kreis $|z| < r_0$ enthalten ist[10]), und betrachten weiter nur die $r \geq r_0$; andernfalls setzen wir $r_0 = 0$. — Es ist keine Einschränkung, $\varrho = 1$ anzunehmen.

Ein Kreis $|z| = r (\geq r_0)$ kann nie in einem einzigen $\mathfrak{G}_\nu$ verlaufen, vielmehr muß er aus jedem $\mathfrak{G}_\nu$, in das er eindringt, beiderseits irgendwo heraustreten. Denn nach Definition von r_0 kann ein $\mathfrak{G}_\nu$, durch das der Kreis $|z| = r$ hindurchgeht, nicht den Punkt $z = 0$ enthalten; andererseits ist es einfach zusammenhängend. Es könnte also einen ganzen Kreisumfang $|z| = r$ höchstens dann enthalten, wenn es unbeschränkt wäre und den Punkt $z = \infty$ als Innenpunkt enthielte; dann wäre aber $f(z)$ auf der ganzen z-Kugel meromorph, also gegen die Voraussetzung eine rationale Funktion[11]).

In jedem der endlichvielblättrigen Flächenstücke über $|w - a| < 1$ führen wir die Ortsuniformisierende

$$\omega_\nu = \sqrt[n_\nu]{w-a} \qquad (n_\nu \leq N)$$

ein; der Index ν entspricht dem zugehörigen $\mathfrak{G}_\nu$ in der z-Ebene. Ferner setzen wir $z = r\,e^{i\varphi}$ und

$$\zeta = \log z = \log r + i\varphi.$$

Jedem Gebiet $\mathfrak{G}_\nu$ (mit Ausnahme des einen, welches $z = 0$ enthalten könnte) entsprechen in der ζ-Ebene unendlich viele punktfremde Gebiete Γ_ν, die aus einem von ihnen durch Verschiebung längs der imaginären Achse um die Vielfachen von 2π hervorgehen. Durch die Abbildungen

$$\omega_\nu \to w \to z \to \zeta$$

wird der Einheitskreis $|\omega_\nu| < 1$ konform auf die Γ_ν abgebildet.

Wir sollen

$$m\left(r, \frac{1}{f-a}\right) = \frac{1}{2\pi} \int_0^{2\pi} \overset{+}{\log} \frac{1}{|f-a|}\, d\varphi$$

[10]) Natürlich $r_0 < \infty$ bzw. $r_0 < 1$.

[11]) Nur hier wird die Voraussetzung benutzt, daß f nicht rational ist.

abschätzen. Rechts braucht bloß über diejenigen Teilstrecken der Strecke

$$\Re\zeta = \log r = \text{const}, \quad 0 \leq \varphi \leq 2\pi$$

integriert zu werden, wo $|f-a| < 1$ ist; d. h. nur die Teilstrecken, die in einem Γ_ν verlaufen, geben einen Beitrag (zu dem Ende war $\varrho = 1$ angenommen). Die Gerade $\Re\zeta = \log r$ schneidet für $r \geq r_0$ jedes Γ_ν nur in endlich vielen Strecken $\mathfrak{S}$ von endlicher Länge $l \leq 2\pi$. Jede dieser Strecken liefert zu $m\left(r, \frac{1}{f-a}\right)$ den Beitrag

$$\frac{1}{2\pi}\int_{\mathfrak{S}} \log\frac{1}{|f-a|}\,d\varphi = \frac{n_\nu}{2\pi}\int_{\mathfrak{S}} \log\frac{1}{|\omega_\nu|}\,|d\zeta| \leq \frac{N}{2\pi}c\,l.$$

Wir haben all diese Beiträge zu addieren; in der Summe tritt natürlich jede Strecke $\mathfrak{S}$ mod $2\pi i$ nur einmal auf, die Summe der verschiedenen Längen l ist daher höchstens 2π:

$$m\left(r, \frac{1}{f-a}\right) \leq \frac{N}{2\pi}c\sum l \leq Nc.$$

Zusatz: Das „principe de continuité topologique“ [12]) legt es nahe, ein ähnliches Ergebnis für solche Flächen $\mathfrak{W}$ zu erwarten, die über dem Kreise $|w-a| < 2\varrho$ lauter n-blättrige Flächenstücke mit beschränktem n tragen, jedenfalls sofern diese Flächenstücke sämtlich einfach zusammenhängend sind, denn nur dann kann man sie durch stetige Abänderung aus der ausschließlich in $w = a$ n-fach gewundenen Kreisscheibe $|w-a| < 2\varrho$ gewinnen [13]). Diese Erwartung wird tatsächlich bestätigt; man kann sogar einige mehrfach zusammenhängende Flächenstücke über $|w-a| < 2\varrho$ zulassen. Ich beschränke mich hier auf einen Fall, der unmittelbar mit unserem Hilfssatz zu erledigen ist.

Wenn die von einer in der punktierten Ebene oder im Einheitskreis meromorphen, nicht rationalen Funktion $f(z)$ erzeugte Riemannsche Fläche $\mathfrak{W}$ über dem Kreise $|w-a| < 2\varrho$ nur n-blättrige Flächenstücke mit beschränktem n trägt, dann entsprechen den Flächenstücken über $|w-a| < \varrho$ in der z-Ebene schlichte Gebiete $\mathfrak{G}_\nu$, die mitsamt ihrem Rand ganz im Innern des Existenzbereichs von f liegen. Aber die $\mathfrak{G}_\nu$ dürfen jetzt mehrfach zusammenhängend sein; $\overline{\mathfrak{G}}_\nu$ sei das kleinste einfach zusammenhängende Gebiet, das $\mathfrak{G}_\nu$ enthält; $\overline{\mathfrak{G}}_\nu$ entsteht also aus $\mathfrak{G}_\nu$ durch Tilgung der „inneren" Ränder. Nun ist es möglich, daß $\overline{\mathfrak{G}}_\nu$ außer $\mathfrak{G}_\nu$ noch andere von unseren Gebieten $\mathfrak{G}_\nu$ enthält; in $\overline{\mathfrak{G}}_\nu$ hat dann $f(z)$ nicht nur n, sondern eine größere Anzahl $\bar{n}$ von a-Stellen. Es kann sein, daß n beschränkt ist, $\bar{n}$ aber nicht, und das für jedes noch so kleine ϱ. Diesen Fall wollen wir ausschließen; wir fordern also, daß auch $\bar{n}$ beschränkt sei: $\bar{n} \leq N$. Dann können wir wieder beweisen, daß $m\left(r, \frac{1}{f-a}\right)$ für $r \to \infty$ bzw. für $r \to 1$ beschränkt bleibt.

$\omega_\nu(z)$ sei die Funktion, die $\overline{\mathfrak{G}}_\nu$ konform auf den Einheitskreis $|\omega_\nu| < 1$ abbildet. Dann ist $w = f(z)$ für $|\omega_\nu| \leq 1$ eine meromorphe Funktion von ω_ν, und auf dem Rande $|\omega_\nu| = 1$ ist $|w-a| = \varrho$. Sind $u_\varkappa$ die a-Stellen und v_λ die Pole dieser Funktion w in $|\omega_\nu| < 1$, so ist nach dem Schwarzschen Spiegelungsprinzip

$$w = a + \varrho\,\frac{\prod\limits_{\varkappa}\dfrac{\omega_\nu - u_\varkappa}{1-\bar{u}_\varkappa\omega_\nu}}{\prod\limits_{\lambda}\dfrac{\omega_\nu - v_\lambda}{1-\bar{v}_\lambda\omega_\nu}}.$$

12) A. Bloch, La conception actuelle de la théorie des fonctions entières et méromorphes, Ens. math. 25.

13) Vgl. die in Anm. 8 aufgeführten Arbeiten.

Die Anzahl der $u_\varkappa$ ist $\bar{n} \leq N$. Setzt man noch

$$\omega_{\nu\varkappa} = \frac{\omega_\nu - u_\varkappa}{1 - \bar{u}_\varkappa \omega_\nu},$$

so bildet auch $\omega_{\nu\varkappa}(z)$ das Gebiet $\overline{\mathfrak{G}}_\nu$ auf den Einheitskreis ab, und es ist

$$\overset{+}{\log} \frac{1}{|f-a|} \leq \overset{+}{\log} \frac{1}{\varrho} + \sum_\varkappa \overset{+}{\log} \frac{1}{|\omega_{\nu\varkappa}|} \qquad (z \text{ in } \overline{\mathfrak{G}}_\nu)$$

wegen $\left|\frac{\omega_\nu - v_\lambda}{1 - \bar{v}_\lambda \omega_\nu}\right| < 1$. Jetzt können wir wie oben schließen, daß ein Kreis $|z| = r$ nie ganz in einem einzigen $\overline{\mathfrak{G}}_\nu$ verlaufen kann, wenn nur r nicht zu klein ist, wir können $\zeta = \log z$ einführen und das Integral

$$\int \log \frac{1}{|\omega_{\nu\varkappa}|} |d\zeta|$$

nach dem Hilfssatz abschätzen; das Endergebnis ist

$$m\left(r, \frac{1}{f-a}\right) < Nc + \overset{+}{\log} \frac{1}{\varrho} \qquad (r \geq r_0).$$

Die Einzelheiten wird sich der Leser nach dem oben ausgeführten Vorbild leicht selbst zurechtlegen können.

Umkehrung des zweiten Hauptsatzes: $w = f(z)$ sei eine in der punktierten Ebene $z \neq \infty$ oder im Einheitskreis $|z| < 1$ meromorphe Funktion, die aber nicht rational ist; sie erzeugt über der w-Ebene eine Riemannsche Fläche $\mathfrak{W}$. Jede auf $\mathfrak{W}$ verlaufende Kurve, die zwei Singularitäten der Umkehrfunktion $z(w)$ (algebraische Windungspunkte oder transzendente Stellen von $\mathfrak{W}$, kurz kritische Punkte) verbindet, habe (in die w-Ebene projiziert) mindestens die Euklidische Länge 2ϱ. Über $w = \infty$ und über den endlichen Stellen $w = a_1, \ldots, w = a_q$ sind beliebige Singularitäten erlaubt; über anderen Stellen der w-Kugel sollen nur schlichte Blätter oder n-blättrige Windungspunkte mit beschränktem n liegen: $n \leq N$. Dann gilt, abgesehen höchstens von der unmittelbaren Umgebung von $r = 0$:

$$m\left(r, \frac{1}{f'}\right) \leq \sum_{\gamma=1}^{q} m\left(r, \frac{1}{f-a_\gamma}\right) + \log r + \text{const}.$$

Beweis: Um diejenige Stelle von $\mathfrak{W}$, die zu $z = 0$ gehört, schlagen wir einen Kreis vom Halbmesser $2\varrho'$, der (außer evtl. dem Mittelpunkt, der ein Windungspunkt sein könnte) keinen weiteren kritischen Punkt auf $\mathfrak{W}$ enthält. Dann verkleinern wir ϱ so lange, bis $\varrho \leq \varrho'$ geworden ist, d. h. wir ersetzen ϱ durch Min (ϱ, ϱ') [14]). Dadurch erreichen wir folgendes: Schlägt man um einen im Endlichen gelegenen kritischen Punkt von $\mathfrak{W}$ einen Kreis vom Halbmesser 2ϱ, so grenzt er eine von weiteren Singularitäten freie Umgebung des kritischen Punktes ab; dieser muß also ein algebraischer oder logarithmischer Windungspunkt sein. Die Umgebungen der im Endlichen gelegenen kritischen Punkte mit dem Halbmesser ϱ sind also lauter fremde Kreise $\mathfrak{K}_\nu$, die endlich oder unendlich oft um ihren Mittelpunkt gewunden sind;

[14]) Der $z = 0$ entsprechende Punkt w_0 von $\mathfrak{W}$ wird also wie ein kritischer Punkt behandelt. Das entspricht dem Übergang zu der durch $f(e^\zeta)$ erzeugten Fläche: diese entsteht nämlich, wenn man $\mathfrak{W}$ von w_0 aus in Richtung Rand aufschneidet und unendlich viele Exemplare um w_0 herum zyklisch verheftet. Aber wir machen von dieser Anschauung weiter keinen Gebrauch.

diese Kreise sind auch fremd zu dem Kreis $\mathfrak{K}_0$ um das $\mathfrak{W}$-Bild von $z = 0$ mit dem Halbmesser ϱ. Nimmt man von $\mathfrak{W}$ die sämtlichen Kreise $\mathfrak{K}_\nu$ und $\mathfrak{K}_0$ weg, so verbleibt ein Rest $\mathfrak{R}_w$.

In der z-Ebene entsprechen den $\mathfrak{K}_\nu$ gewisse einfach zusammenhängende Gebiete $\mathfrak{G}_\nu$, die entweder (wenn $\mathfrak{K}$ sich um einen algebraischen Verzweigungspunkt windet) mitsamt ihrem Rand im Innern von $z \neq \infty$ bzw. von $|z| < 1$ liegen oder sonst aus diesem Definitionsbereich von $f(z)$ durch einen Querschnitt herausgehoben werden. Dem $\mathfrak{K}_0$ entspricht ein Gebiet $\mathfrak{G}_0$, das ganz in einem Kreise $|z| < r_0$ ($r_0 < \infty$ bzw. $r_0 < 1$) liegt. Wir betrachten weiter nur die $r \geqq r_0$.

Nun setzen wir $z = re^{i\varphi}$ und

$$\zeta = \log z = \log r + i\varphi .$$

Einem beliebigen einfach zusammenhängenden Teilgebiet der Fläche $\mathfrak{W}$ entspricht in der z-Ebene ein einfach zusammenhängendes Bildgebiet; wenn dieses den Punkt $z = 0$ nicht im Innern enthält, entsprechen ihm in der ζ-Ebene unendlich viele fremde (einfach zusammenhängende) Bildgebiete, die auseinander durch die Verschiebungen $\zeta \to \zeta + 2\pi i n$ hervorgehen. Eine beliebige Parallele zur imaginären Achse der ζ-Ebene schneidet also ein jedes dieser Gebiete nur in Strecken, deren Längensumme 2π nicht übertrifft. Insbesondere haben die Bildgebiete Γ_ν der Kreise $\mathfrak{K}_\nu$ (mit Ausnahme von $\mathfrak{K}_0$) diese Eigenschaft.

$\mathfrak{R}_z$ sei das Bild des Restes $\mathfrak{R}_w$ in der z-Ebene. Wir zerlegen das Integral

$$m\left(r, \frac{1}{zf'(z)}\right) = \frac{1}{2\pi}\int_0^{2\pi} \overset{+}{\log} \frac{1}{r\,|f'(z)|}\, d\varphi \tag{5}$$

für $r \geqq r_0$ in die Beiträge der verschiedenen Bögen von $|z| = r$, die in den einzelnen $\mathfrak{G}_\nu \neq \mathfrak{G}_0$ bzw. in $\mathfrak{R}_z$ verlaufen.

In $\mathfrak{R}_z$ ist

$$\frac{1}{|z\,f'(z)|} = \left|\frac{d\zeta}{dw}\right|$$

leicht abzuschätzen: Liegt $w = f(z)$ in $\mathfrak{R}_w$, so liegt der um w mit dem Halbmesser ϱ geschlagene Kreis $\mathfrak{K}(w)$ schlicht auf der Fläche $\mathfrak{W}$ und enthält nicht den $z = 0$ entsprechenden Punkt von $\mathfrak{W}$. $\mathfrak{K}(w)$ wird deshalb schlicht und regulär in unendlich viele punktfremde Gebiete der ζ-Ebene abgebildet, deren jedes von jeder Parallelen zur imaginären ζ-Achse nur in Strecken von der Höchstlänge 2π durchsetzt wird. Nach Koebe enthält aber jedes dieser ζ-Bilder von $\mathfrak{K}(w)$ den Kreis um $\zeta = \log z(w)$ mit dem Halbmesser $\frac{1}{4}\left|\frac{d\zeta}{dw}\right|\varrho$, und dieser wird schon von der Geraden $\mathfrak{R}\,\zeta = \log r$ in einer Strecke von der Länge $\frac{1}{2}\left|\frac{d\zeta}{dw}\right|\varrho$ geschnitten. Beide Tatsachen vertragen sich nur, wenn

$$\frac{1}{2}\left|\frac{d\zeta}{dw}\right|\varrho \leqq 2\pi$$

oder

$$\left|\frac{d\zeta}{dw}\right| \leqq \frac{4\pi}{\varrho} \tag{6}$$

ist. Diese letzte Ungleichung gilt also für alle z in $\mathfrak{R}_z$.

Jetzt haben wir $\frac{1}{|zf'(z)|} = \left|\frac{d\zeta}{dw}\right|$ in den $\mathfrak{G}_\nu$ abzuschätzen. Da führen wir, wenn $w = a$ der Mittelpunkt des Kreises $\mathfrak{K}_\nu$ ist, in dem größeren Kreise $|w-a| < 2\varrho$ die neue Veränderliche [15])

$$\digamma = \log(w - a)$$

[15]) $\digamma$ Digamma.

ein und betrachten vermöge der Abbildungen

$$F \to w \to z \to \zeta$$

ζ als reguläre analytische Funktion von F für $\Re F < \log(2\varrho)$. Nach unseren Voraussetzungen ist das $\mathfrak{K}_\nu$ enthaltende Flächenstück $|w-a| < 2\varrho$ ein einfach zusammenhängendes Gebiet auf der Fläche $\mathfrak{W}$, das den $z=0$ entsprechenden Punkt nicht enthält; ihm entsprechen daher in der ζ-Ebene Gebiete, deren jedes von jeder Geraden $\Re\zeta = \text{const}$ in Strecken von der Höchstlänge 2π durchsetzt wird. Wenn $\mathfrak{K}_\nu$ unendlich oft um a herum gewunden ist, ist ζ als Funktion von F regulär und schlicht; wenn aber $\mathfrak{K}_\nu$ ein n-blättriger Kreis ist, geben zwei F-Werte dann und nur dann denselben Wert ζ, wenn ihre Differenz ein Vielfaches von $2\pi i n$ ist.

Liegt nun z in $\mathfrak{G}_\nu$, also $w = f(z)$ in $\mathfrak{K}_\nu$, so ist $\Re F = \log|w-a| < \log\varrho$. Der Kreis um F mit dem Halbmesser $\log 2$ liegt also noch ganz in der Halbebene $\Re F < \log(2\varrho)$ und wird schlicht in die ζ-Ebene abgebildet (denn auch wenn $\mathfrak{K}_\nu$ nur endlich viele Blätter hat, enthält ein Kreis mit dem Halbmesser $\log 2$ nie zwei Punkte, die sich um ein Vielfaches von $2\pi i$ unterscheiden). Das ζ-Bild dieses Kreises um F wird also von der Geraden $\Re\zeta = \log r$ in Strecken von der Höchstlänge 2π durchsetzt. Nach Koebe enthält dies letztere Gebiet aber den Kreis um ζ mit dem Halbmesser $\frac{1}{4}\left|\frac{d\zeta}{dF}\right| \log 2$. Beide Tatsachen vertragen sich nur, wenn

$$\left|\frac{d\zeta}{dF}\right| \leq \frac{4\pi}{\log 2}$$

oder $\left(\text{wegen } dF = \frac{dw}{w-a}\right)$

$$\left|\frac{d\zeta}{dw}\right| \leq \frac{4\pi}{\log 2} \cdot \frac{1}{|w-a|} \tag{7}$$

ist. Diese Abschätzung gilt also, wenn z in $\mathfrak{G}_\nu$ liegt.

Setzen wir (6) und (7) in (5) ein, so erhalten wir

$$\begin{aligned} m\left(r, \frac{1}{z f'(z)}\right) &\leq \frac{1}{2\pi} \int\limits_{z \text{ in } \mathfrak{R}_z} \overset{+}{\log} \frac{4\pi}{\varrho}\, d\varphi + \sum_\nu \frac{1}{2\pi} \int\limits_{z \text{ in } \mathfrak{G}_\nu} \left(\log\frac{4\pi}{\log 2} + \overset{+}{\log} \frac{1}{|w-a|}\right) d\varphi \\ &\leq \operatorname{Max}\left(\overset{+}{\log}\frac{4\pi}{\varrho}, \log\frac{4\pi}{\log 2}\right) + \sum_\nu \frac{1}{2\pi} \int\limits_{z \text{ in } \mathfrak{G}_\nu} \overset{+}{\log}\frac{1}{|w-a|}\, d\varphi. \end{aligned} \tag{8}$$

Hätten wir vorausgesetzt, nur über den Stellen $w = a_1, \ldots, a_q, \infty$ sollten Windungspunkte von $\mathfrak{W}$ liegen, dann wären wir jetzt fertig; denn in der rechts stehenden Summe könnte a dann nur a_1 oder a_2 oder ... oder a_q bedeuten, nach der Definitionsgleichung

$$m\left(r, \frac{1}{f(z) - a_\gamma}\right) = \frac{1}{2\pi} \int_0^{2\pi} \overset{+}{\log} \frac{1}{|f - a_\gamma|}\, d\varphi$$

ginge (8) also über in

$$m\left(r, \frac{1}{z f'(z)}\right) \leq \text{const} + \sum_{\gamma=1}^{q} m\left(r, \frac{1}{f - a_\gamma}\right),$$

$$m\left(r, \frac{1}{f'(z)}\right) \leq \text{const} + \overset{+}{\log} r + \sum_{\gamma=1}^{q} m\left(r, \frac{1}{f - a_\gamma}\right).$$

Es ist ja

$$m\left(r, \frac{1}{f'}\right) = \frac{1}{2\pi} \int_0^{2\pi} \overset{+}{\log} \frac{1}{|f'(z)|}\, d\varphi \leq \frac{1}{2\pi} \int_0^{2\pi} \left(\overset{+}{\log} r + \overset{+}{\log} \frac{1}{r|f'(z)|}\right) d\varphi = \overset{+}{\log} r + m\left(r, \frac{1}{z f'}\right).$$

Wir haben aber noch höchstens N-blättrige Windungspunkte über Stellen $w = a \neq a_1, \ldots, a_q, \infty$ zugelassen; deshalb dürfen wir nur schreiben

$$(9)\qquad m\left(r, \frac{1}{f'(z)}\right) \leq \text{const} + \overset{+}{\log} r + \sum_{\gamma=1}^{q} m\left(r, \frac{1}{f-a_\gamma}\right) + \sum_{a \neq a_\gamma} \frac{1}{2\pi} \int_{z \text{ in } \mathfrak{G}_\nu} \overset{+}{\log} \frac{1}{|f-a|}\, d\varphi.$$

Die Integrale ganz rechts sind dabei über die Teilbögen des Kreises $|z| = r$ zu erstrecken, welche in solchen $\mathfrak{G}_\nu$ verlaufen, deren w-Bildkreis $\mathfrak{K}_\nu$ einen Mittelpunkt $a \neq a_1, \ldots, a_q$ hat. Jeder dieser Kreise hat $n \leq N$ Blätter.

Wir führen in jedem dieser $\mathfrak{K}_\nu$ die Ortsuniformisierende

$$\omega_\nu = \sqrt[n]{\frac{w-a}{\varrho}}$$

ein, die $\mathfrak{K}_\nu$ eineindeutig und konform auf das Innere des Einheitskreises $|\omega_\nu| < 1$ abbildet. ζ wird dann in $|\omega_\nu| < 1$ eine reguläre und schlichte Funktion von ω_ν, und jede Gerade $\Re\,\zeta = \log r = \text{const}$ schneidet jedes der unendlich vielen ζ-Bilder von $\mathfrak{K}_\nu$ in Strecken von der Gesamtlänge $l_\nu \leq 2\pi$. Man sieht sofort, daß sogar bei Summation über alle restlichen $\mathfrak{G}_\nu$

$$\sum_\nu l_\nu \leq 2\pi$$

sein muß; denn auf $\mathfrak{W}$ sind die verschiedenen $\mathfrak{K}_\nu$ fremd. Nach dem Hilfssatz gilt also für die übriggebliebene Summe

$$\sum_{a \neq a_\gamma} \frac{1}{2\pi} \int_{z \text{ in } \mathfrak{G}_\nu} \overset{+}{\log} \frac{1}{|f-a|}\, d\varphi \leq \sum \frac{1}{2\pi} \int \left(\overset{+}{\log} \frac{1}{\varrho} + n \log \frac{1}{|\omega_\nu|}\right) |d\zeta| \leq \sum_\nu \left(\frac{1}{2\pi} \overset{+}{\log} \frac{1}{\varrho} + n c\right) l_\nu$$

$$\leq \left(\frac{1}{2\pi} \overset{+}{\log} \frac{1}{\varrho} + N c\right) \sum l_\nu \leq \text{const}.$$

Statt (9) können wir also auch schreiben

$$m\left(r, \frac{1}{f'(z)}\right) \leq \text{const} + \overset{+}{\log} r + \sum_{\gamma=1}^{q} m\left(r, \frac{1}{f-a_\gamma}\right) \qquad (r \geq r_0),$$

w. z. b. w.

Zusatz: Man kann auf demselben Wege noch bessere Abschätzungen erhalten. Liegt z_1 in einem $\mathfrak{G}_\nu$ — dem Punkte $z = z_1$ mögen $\zeta = \zeta_1$ und $w = w_1$ entsprechen —, so denke man den $\mathfrak{K}_\nu$ enthaltenden gewundenen Kreis $|w-a| < 2\varrho$ auf $\mathfrak{W}$ so konform eineindeutig auf das Innere eines Einheitskreises abgebildet, daß w_1 in 0 übergeht. Das ζ-Bild dieses Einheitskreises enthält keinen Kreis um ζ_1, dessen Halbmesser größer als π wäre; nach Koebe folgt

$$\frac{1}{4} \frac{|d\zeta|_1}{D} \leq \pi.$$

D ist hierin das hyperbolische Linienelement in $\mathfrak{K}_\nu$ an der Stelle $w = w_1$ [16]). Also

$$\left|\frac{d\zeta}{dw}\right|_1 \leq 4\pi \frac{D}{|dw|_1}.$$

Aber durch

$$F = \log(w-a), \quad w = a + e^F$$

wird die Halbebene $\Re F < \log(2\varrho)$ eindeutig in $\mathfrak{K}_\nu$ abgebildet; nach dem Prinzip vom hyperbolischen Maß [16]) wird D durch das hyperbolische Linienelement in dieser Halb-

[16]) R. Nevanlinna, Eindeutige analytische Funktionen III, § 3, Berlin 1936.

ebene abgeschätzt:

$$D \leq \frac{1}{2} \frac{|dF|}{\log(2\varrho) - \Re F} = \frac{|dw|}{2 \cdot |w-a| \cdot \log \frac{2\varrho}{|w-a|}},$$

$$\left|\frac{d\zeta}{dw}\right| \leq 4\pi \frac{D}{|dw|} \leq \frac{2\pi}{|w-a| \log \frac{2\varrho}{|w-a|}},$$

$$\overset{+}{\log} \left|\frac{d\zeta}{dw}\right| \leq \overset{+}{\log} \frac{1}{|w-a|} - \overset{+}{\log} \overset{+}{\log} \frac{1}{|w-a|} + \text{const} \qquad \text{für } z \text{ in } \mathfrak{G}_\nu,\ |w-a| < \varrho.$$

Schließt man jetzt wie oben weiter, so ergibt sich

$$m\left(r, \frac{1}{f'(z)}\right) \leq \text{const} + \overset{+}{\log} r + \sum_{\gamma=1}^{q} \left\{ m\left(r, \frac{1}{f-a_\gamma}\right) - \frac{1}{2\pi} \int_0^{2\pi} \overset{+}{\log} \overset{+}{\log} \frac{1}{|f-a_\gamma|} \, d\varphi \right\}.$$

Es scheint bemerkenswert zu sein, daß dieselben Ausdrücke

$$\frac{1}{2\pi} \int_0^{2\pi} \left\{ \overset{+}{\log} \frac{1}{|f-a|} - \overset{+}{\log} \overset{+}{\log} \frac{1}{|f-a|} \right\} d\varphi$$

auch beim Beweis des zweiten Hauptsatzes auftreten.

9.

Eine Anwendung quasikonformer Abbildungen auf das Typenproblem

Deutsche Math. *2*, 321-327 (1937)

1. Die Aufgabe. Im Anschluß an die neuere Wertverteilungslehre sind öfters einfach zusammenhängende Riemannsche Flächen $\mathfrak{W}$ über der w-Ebene behandelt worden, die nur über endlich vielen Stellen $w = a_1, \ldots, w = a_q$ verzweigt sind. Um solche Flächen übersichtlich darzustellen, legt man auf der w-Kugel durch $a_1, \ldots, a_q$ (in dieser Reihenfolge) eine stetige geschlossene doppelpunktfreie Kurve L, die die Kugel in ein positiv umlaufenes Gebiet $\mathfrak{J}$ und ein negativ umlaufenes Gebiet $\mathfrak{A}$ zerschneidet; L wird durch $a_1, \ldots, a_q$ in q Bögen $s_1, \ldots, s_q$ eingeteilt. Man kann dann die Fläche $\mathfrak{W}$ aus endlich oder unendlich vielen Exemplaren der „Halbebenen" $\mathfrak{J}$ und $\mathfrak{A}$ aufbauen, indem man an jedes Exemplar $\mathfrak{J}$ gewisse Exemplare $\mathfrak{A}$ längs gewissen Bögen $s_\varkappa$ anheftet; hierbei sollen alle Randbögen $s_\varkappa$ von jedem $\mathfrak{J}$ und jedem $\mathfrak{A}$ einmal Verwendung finden. Verschiedene Flächen $\mathfrak{W}$, die über denselben Stellen $a_1, \ldots, a_q$ verzweigt sind, unterscheiden sich also bei festgehaltener Zerschneidungskurve L allein durch die Verheftungsvorschrift; die letztere stellt man bekanntlich graphisch durch einen Streckenkomplex dar. Eine Fläche $\mathfrak{W}$ ist durch $a_1, \ldots, a_q, L$ und ihren Streckenkomplex eindeutig bestimmt.

In der letzten Zeit ist vielfach die Aufgabe behandelt worden, aus dem Streckenkomplex auf die Eigenschaften der schlichten Abbildung von $\mathfrak{W}$ zu schließen. Hier steht bisher das Typenproblem im Vordergrund: Wie kann man bei gegebenem Streckenkomplex erfahren, ob die zugehörige Fläche $\mathfrak{W}$ auf die Vollebene, auf die punktierte Ebene oder auf den Einheitskreis eineindeutig und konform abgebildet werden kann? Von notwendigen und hinreichenden Kriterien ist man aber noch sehr weit entfernt.

Wir wollen hier die Vorfrage beantworten, ob ein derartiges Typenkriterium überhaupt möglich ist. Die Fläche $\mathfrak{W}$ hängt ja nicht nur vom Streckenkomplex, sondern auch von $a_1, \ldots, a_q$ und L ab; kann eine Abänderung dieser letzteren Bestimmungsstücke den Typus von $\mathfrak{W}$ ändern? Dies erscheint recht unwahrscheinlich, weil bisher noch kein Beispiel bekannt ist, wo diese Bestimmungsstücke einen erkennbaren Einfluß auf die schlichte Abbildung von $\mathfrak{W}$ haben. (Über ein derartiges Beispiel wird nachher noch berichtet.) Wir werden tatsächlich beweisen, daß man zwei Flächen $\mathfrak{W}$ mit demselben Streckenkomplex stets gleichzeitig auf die Vollebene, auf die punktierte Ebene bzw. auf den Einheitskreis abbilden kann.

Beim Beweis verlassen wir die reine Funktionentheorie und wenden auch Abbildungen an, die nicht konform, sondern nur quasikonform sind. Dabei wird der Beweis recht einfach. Die Methode dürfte, entsprechend ausgebaut, sich auch bei schwierigeren Fragen bewähren.

Unser Ergebnis ist insofern von praktischer Bedeutung, als sich bei manchen Untersuchungen über das Typenproblem zu allgemeine Voraussetzungen über L störend in den Abschätzungen bemerkbar machen; jetzt darf man immer, wenn nur der Typus von $\mathfrak{W}$ und nicht das genauere Verhalten der Abbildung bestimmt werden soll, z. B. annehmen, es sei $a_\gamma = e^{\frac{2\pi i \gamma}{q}}$ und L sei der Einheitskreis.

2. Der Dilatationsquotient. Ein Gebiet der z-Ebene sei eineindeutig und in beiden Richtungen stetig differenzierbar auf ein Gebiet der w-Ebene abgebildet. Wir setzen $z = x + iy$ und $w = u + iv$. Dann ist in jedem Punkte z jedem Differential $dz = dx + i\,dy$ durch

$$du = u_x\,dx + u_y\,dy,$$
$$dv = v_x\,dx + v_y\,dy$$

ein komplexes Differential $dw = du + i\,dv$ zugeordnet. Der Quotient $\frac{dw}{dz}$ bleibt zwar ungeändert, wenn dz mit einer reellen Zahl multipliziert wird; dagegen hängt er im allgemeinen wesentlich (gebrochen linear) vom Verhältnis $dx : dy$, also von der Richtung von dz, ab. Der veränderliche Quotient $\left|\frac{dw}{dz}\right|$ wird also, wenn dz nacheinander sämtliche möglichen Richtungen einnimmt, ein Maximum und ein Minimum annehmen; wir setzen

$$D_{z/w} = D = \frac{\operatorname{Max}\left|\frac{dw}{dz}\right|}{\operatorname{Min}\left|\frac{dw}{dz}\right|}$$

und nennen D den Dilatationsquotienten für unsere Abbildung $z \to w$. Nach Voraussetzung ist $u_x v_y - v_x u_y \neq 0$ und folglich D eine endliche Zahl: $1 \leq D < \infty$.

Um D zu berechnen, bringen wir die quadratische Form

$$|dw|^2 = (u_x^2 + v_x^2)\,dx^2 + 2\,(u_x u_y + v_x v_y)\,dx\,dy + (u_y^2 + v_y^2)\,dy^2$$

auf Hauptachsenform: der größere der entstehenden Eigenwerte ist $\operatorname{Max}\left|\frac{dw}{dz}\right|^2$, der kleinere $\operatorname{Min}\left|\frac{dw}{dz}\right|^2$. So erhält man

$$D^4 + \left(2 - \left(\frac{u_x^2 + u_y^2 + v_x^2 + v_y^2}{u_x v_y - v_x u_y}\right)^2\right) D^2 + 1 = 0,$$

$$D = |\mathsf{K}| + \sqrt{\mathsf{K}^2 - 1} \quad \text{mit } \mathsf{K} = \frac{1}{2}\,\frac{u_x^2 + u_y^2 + v_x^2 + v_y^2}{u_x v_y - v_x u_y}.$$

Es ist stets $D \geq 1$, und $D = 1$ gilt dann und nur dann, wenn die Abbildung $z \to w$ in dem gerade betrachteten Punkte entweder konform ist oder nach einer Spiegelung konform wird.

Unsere Voraussetzungen sind in z und w symmetrisch; darum kann man außer $D_{z/w}$ auch $D_{w/z}$ betrachten. Es ist aber

$$\operatorname{Max}\left|\frac{dz}{dw}\right| = \frac{1}{\operatorname{Min}\left|\frac{dw}{dz}\right|}, \qquad \operatorname{Min}\left|\frac{dz}{dw}\right| = \frac{1}{\operatorname{Max}\left|\frac{dw}{dz}\right|},$$

daher

$$D_{w/z} = \frac{\operatorname{Max}\left|\frac{dz}{dw}\right|}{\operatorname{Min}\left|\frac{dz}{dw}\right|} = \frac{\operatorname{Max}\left|\frac{dw}{dz}\right|}{\operatorname{Min}\left|\frac{dw}{dz}\right|} = D_{z/w}.$$

Jetzt sei außerdem ein Gebiet einer s-Ebene eineindeutig und in beiden Richtungen stetig differenzierbar auf das z-Gebiet abgebildet. Dann gilt

$$\operatorname{Max}\left|\frac{dw}{ds}\right| \leq \operatorname{Max}\left|\frac{dz}{ds}\right| \cdot \operatorname{Max}\left|\frac{dw}{dz}\right|,$$
$$\operatorname{Min}\left|\frac{dw}{ds}\right| \geq \operatorname{Min}\left|\frac{dz}{ds}\right| \cdot \operatorname{Min}\left|\frac{dw}{dz}\right|,$$

folglich

$$D_{s/w} = \frac{\operatorname{Max}\left|\frac{dw}{ds}\right|}{\operatorname{Min}\left|\frac{dw}{ds}\right|} \leq \frac{\operatorname{Max}\left|\frac{dz}{ds}\right|}{\operatorname{Min}\left|\frac{dz}{ds}\right|} \cdot \frac{\operatorname{Max}\left|\frac{dw}{dz}\right|}{\operatorname{Min}\left|\frac{dw}{dz}\right|} = D_{s/z} \cdot D_{z/w}.$$

Aus dieser Formel folgt, daß sich $D_{z/w}$ nicht ändert, wenn man die z-Ebene einer konformen Abbildung unterwirft. In der Tat: Ist die Abbildung $s \leftrightarrow z$ konform, so ist

$$D_{s/w} \leq D_{s/z} D_{z/w} = D_{z/w} \leq D_{z/s} D_{s/w} = D_{s/w},$$

also $D_{s/w} = D_{z/w}$. Ebenso bleibt $D_{z/w}$ bei konformer Abbildung der w-Ebene invariant.

Einem unendlich kleinen Kreise $|dz|^2 = \text{const}$ entspricht bei der Abbildung $z \to w$ eine unendlich kleine Ellipse mit den Halbachsen $|dz| \cdot \operatorname{Max}\left|\frac{dw}{dz}\right|$ und $|dz| \cdot \operatorname{Min}\left|\frac{dw}{dz}\right|$. Der Kreis mit dem Inhalt $\pi|dz|^2$ geht also in eine Ellipse mit dem Inhalt

$$\pi|dz|^2 \cdot \operatorname{Max}\left|\frac{dw}{dz}\right| \cdot \operatorname{Min}\left|\frac{dw}{dz}\right|$$

über. Bezeichnen wir das Flächenelement mit

$$\boxed{dz} = dx\,dy, \qquad \boxed{dw} = du\,dv,$$

so erhalten wir

$$|u_x v_y - v_x u_y| = \frac{\boxed{dw}}{\boxed{dz}} = \operatorname{Max}\left|\frac{dw}{dz}\right| \cdot \operatorname{Min}\left|\frac{dw}{dz}\right|.$$

Es gilt daher

$$\frac{1}{D}\frac{\boxed{dw}}{\boxed{dz}} = \operatorname{Min}\left|\frac{dw}{dz}\right|^2 \leq \left|\frac{dw}{dz}\right|^2 \leq \operatorname{Max}\left|\frac{dw}{dz}\right|^2 = D\frac{\boxed{dw}}{\boxed{dz}}$$

für jeden der möglichen Werte von $\left|\frac{dw}{dz}\right|$.

Bei dieser Begründung der Theorie des Dilatationsquotienten wurden der beabsichtigten funktionentheoretischen Anwendungen wegen die komplexen Größen gegen ihre reellen Komponenten in den Vordergrund gestellt.

3. Quasikonforme Abbildung. Ist ein Gebiet der z-Ebene eineindeutig und in beiden Richtungen stetig differenzierbar auf ein Gebiet der w-Ebene abgebildet, so nennen wir die Abbildung *quasikonform*, wenn der Dilatationsquotient $D_{z/w}$ *beschränkt* ist. Dies ist offenbar nur eine Einschränkung für das Randverhalten von D. Für die Anwendungen ist eine geringe Verallgemeinerung vorteilhaft: Wir wollen zulassen, daß die stetige Differenzierbarkeit in einzelnen isolierten Punkten aufhört, natürlich bleibt die Abbildung eineindeutig und stetig. In der Umgebung der Unstetigkeitspunkte der partiellen Ableitungen muß natürlich D beschränkt bleiben.

Aus den Regeln

$$D_{w/z} = D_{z/w},$$
$$D_{s/w} \leq D_{s/z} \cdot D_{z/w}$$

folgt, daß die Umkehrung einer quasikonformen Abbildung wieder quasikonform ist, sowie daß durch Zusammensetzen zweier quasikonformen Abbildungen wieder eine quasikonforme Abbildung entsteht. Jede konforme Abbildung ist quasikonform.

Wir können den Begriff sofort auf *Riemannsche Flächen* übertragen. Quasikonform nennen wir jetzt eine eineindeutige und stetige Abbildung zweier Flächen, welche überall, von isolierten Punkten abgesehen, stetig differenzierbar ist und deren Dilatationsquotient beschränkt ist. Die stetige Differenzierbarkeit ist dabei nach Übergang zu den Ortsuniformisierenden zu prüfen; weil aber die Punkte mit nichttrivialem Ortsparameter (unendlich ferne Stellen und Verzweigungspunkte) isoliert liegen, darf man diese ruhig vernachlässigen.

Es kommt oft vor, daß man eine quasikonforme oder überhaupt eine stetig differenzierbare Abbildung zusammenstückeln will. Es seien etwa zwei Gebiete $\mathfrak{G}_1$, $\mathfrak{G}_2$ der z-Ebene durch eine stetig nach der Bogenlänge differenzierbare Kurve $\mathfrak{C}$ getrennt; $\mathfrak{G}_1$ und $\mathfrak{G}_2$ seien stetig differenzierbar auf entsprechend liegende Gebiete der w-Ebene abgebildet. Beide Abbildungen seien noch auf $\mathfrak{C}$ stetig differenzierbar. Wann hat man eine stetig differenzierbare Abbildung des aus $\mathfrak{G}_1$ und $\mathfrak{G}_2$ durch Verheften längs $\mathfrak{C}$ entstehenden Gebiets vor sich? — Da müssen erst einmal jedem Punkt auf $\mathfrak{C}$ beide Abbildungen denselben Bildpunkt zuordnen. Aber außerdem müssen die partiellen Ableitungen auf $\mathfrak{C}$ aus beiden Gebieten denselben Grenzwerten zustreben, und diese Bedingung könnte zu Weitläufigkeiten führen. Diese letzte Bedingung ist aber von selbst erfüllt, wenn die beiden gegebenen Abbildungen auf $\mathfrak{C}$ konform werden.

Zum Beweis dürfen wir offenbar annehmen, in dem betreffenden Punkte habe $\mathfrak{C}$ und auch sein w-Bild eine waagerechte Tangente. Dann ist $v_x = 0$, ob man sich nun unserem $\mathfrak{C}$-Punkt aus $\mathfrak{G}_1$ oder aus $\mathfrak{G}_2$ nähert. Weil ferner beide Abbildungen auf $\mathfrak{C}$ dieselbe Wirkung ausüben, hat u_x aus $\mathfrak{G}_1$ und aus $\mathfrak{G}_2$ denselben Grenzwert. Nun sollten bei Annäherung aus beiden Gebieten in unserem Punkte die Cauchy-Riemannschen Gleichungen

$$u_y = -v_x, \qquad v_y = u_x$$

bestehen; das ergibt die Stetigkeit aller vier partiellen Ableitungen.

Jetzt soll noch eine wichtige spezielle Abbildungsaufgabe gelöst werden. Die Peripherie des Einheitskreises der ζ-Ebene sei eineindeutig, stetig differenzierbar und drehsinntreu auf die Peripherie des Einheitskreises der ω-Ebene abgebildet. Diese Abbildung soll zu einer quasikonformen Abbildung von $|\zeta| \leq 1$ auf $|\omega| \leq 1$ fortgesetzt werden, welche in den Peripheriepunkten konform ist.

Da setzen wir

$$z = x + iy = (1-i)\log\zeta; \qquad w = u + iv = (1-i)\log\omega.$$

Hierdurch wird der punktierte Kreis $0 < |\zeta| < 1$ auf die Halbebene $x < y$ abgebildet, und gleichen Werten ζ entsprechen z-Werte, die sich um ein Vielfaches von $2\pi + 2\pi i$ unterscheiden; entsprechend $\omega \to w$. Bei der vorgegebenen Randzuordnung möge der Randpunkt $x = y$ in den Randpunkt $u = v = f(x) = f(y)$ übergehen; f ist hier stetig differenzierbar und es gilt $f'(x) > 0$ und $f(x + 2\pi) = f(x) + 2\pi$. Dann bilden wir die Halbebene $x < y$ auf die Halbebene $u < v$ durch

$$u = f(x), \qquad v = f(y)$$

ab. Die Abbildung ist (auch am Rande) eineindeutig und stetig differenzierbar; wegen

$$\left|\frac{dw}{dz}\right|^2 = \frac{f'(x)^2\,dx^2 + f'(y)^2\,dy^2}{dx^2 + dy^2}$$

ist der Dilatationsquotient

$$D_{z/w} = \frac{\operatorname{Max}\{f'(x), f'(y)\}}{\operatorname{Min}\{f'(x), f'(y)\}} = \operatorname{Max}\left\{\frac{f'(x)}{f'(y)}, \frac{f'(y)}{f'(x)}\right\}.$$

Er wird tatsächlich in einem endlichen Randpunkt $x = y$ zu 1 und ist wegen $f'(x+2\pi) = f'(x)$ beschränkt. Vermehrt man x und y beide um 2π, so geschieht mit u und v dasselbe; folglich wird durch

$$\zeta \to z \to w \to \omega$$

der Kreis $|\zeta| \leq 1$ eineindeutig, quasikonform und randkonform auf $|\omega| \leq 1$ abgebildet. Als Unstetigkeitspunkt der partiellen Ableitungen kommt nur $\zeta = 0 \leftrightarrow \omega = 0$ in Frage.

4. Flächen mit gleichem Streckenkomplex. Nach diesen Vorbereitungen wenden wir uns wieder unserer Aufgabe zu. Gegeben war eine nur über $a_1, \ldots, a_q$ verzweigte Fläche $\mathfrak{W}$, die durch eine geschlossene doppelpunktfreie durch $a_1, \ldots, a_q$ gelegte stetige Kurve L in Halbblätter $\mathfrak{J}$ und $\mathfrak{A}$ zerteilt wird; durch den Streckenkomplex ist die Verheftungsvorschrift für diese Halbblätter gegeben. Wir wollen zunächst zwei verschiedene derartige Flächen $\mathfrak{W}$ mit gleichem Streckenkomplex quasikonform aufeinander abbilden.

Offenbar ändert sich der Streckenkomplex von $\mathfrak{W}$ nicht, wenn man L durch eine hinreichend benachbarte durch $a_1, \ldots, a_q$ gehende regulärere Kurve ersetzt. Wir wollen deshalb z. B. gleich annehmen, L sei ein Kreisbogenvieleck mit überall stetiger Tangente.

Nun bilden wir $\mathfrak{A}$ konform auf das Äußere eines Einheitskreises ab; die Abbildung ist auch am Rande stetig differenzierbar (zum Beweis werfe man z. B. einen Randpunkt und sein Bild ins Unendliche und spiegele). Wir bilden noch die Peripherie des Einheitskreises so stetig differenzierbar auf sich ab, daß das Bild von a_ν in $e^{\frac{2\pi i\nu}{q}}$ übergeht. Diese Abbildung läßt sich zu einer quasikonformen Abbildung des Äußeren des Einheitskreises fortsetzen; insgesamt wird $\mathfrak{A}$ quasikonform und randkonform so auf das Äußere des Einheitskreises abgebildet, daß a_ν in $e^{\frac{2\pi i\nu}{q}}$ übergeht.

Jetzt bilden wir $\mathfrak{J}$ konform auf einen neuen Einheitskreis ab; die Abbildung ist noch am Rand stetig differenzierbar. Die Peripherie des neuen Einheitskreises ist auf L und L ist auf die Peripherie des vorigen Einheitskreises stetig differenzierbar abgebildet; diese Selbstabbildung der Peripherie setzen wir zu einer quasikonformen und randkonformen Selbstabbildung des Einheitskreises fort. Jetzt haben wir insgesamt $\mathfrak{J}$ und $\mathfrak{A}$ auf das Innere und Äußere des Einheitskreises einer w'-Ebene quasikonform und randkonform abgebildet; die Punkte von L gehen bei beiden Abbildungen in dieselben Peripheriepunkte über, a_ν fällt nach $e^{\frac{2\pi i\nu}{q}}$. Wegen der Stetigkeit und Randkonformität auf L haben wir es mit einer quasikonformen Abbildung der w-Ebene auf die w'-Ebene zu tun.

$\mathfrak{W}$ war nach einer durch den Streckenkomplex bestimmten Vorschrift aus Halbblättern $\mathfrak{J}$ und $\mathfrak{A}$ aufgebaut. Nach *derselben Vorschrift* können wir über der w'-Ebene eine Fläche $\mathfrak{W}'$ aus Inneren $\mathfrak{J}'$ und Äußeren $\mathfrak{A}'$ des Einheitskreises aufbauen. Bilden wir jetzt jedes $\mathfrak{J}$ auf das entsprechende $\mathfrak{J}'$ und jedes $\mathfrak{A}$ auf das entsprechende $\mathfrak{A}'$ nach der oben konstruierten Abbildung $w \to w'$ ab, so erhalten wir eine eineindeutige stetige und (von isolierten Punkten abgesehen) stetig differenzierbare Abbildung von $\mathfrak{W}$ auf $\mathfrak{W}'$. Diese Abbildung ist quasikonform; denn der Dilatationsquotient ist nirgends größer als die obere Schranke des Dilatationsquotienten für die Abbildung der w-Ebene auf die w'-Ebene.

Jede andere Fläche $\mathfrak{W}$ mit topologisch demselben Streckenkomplex läßt sich ebenso quasikonform auf $\mathfrak{W}'$ abbilden. Wir sehen also, *daß man zwei Flächen mit gleichem Streckenkomplex stets quasikonform aufeinander abbilden kann.*

5. Invarianz des Typus. Bekanntlich kann man eine Fläche $\mathfrak{W}$ dann und nur dann eineindeutig und konform auf die volle z-Kugel abbilden, wenn sie aus endlich vielen Halbblättern aufgebaut ist, wenn also der Streckenkomplex endlich ist. Die Schwierigkeit liegt in der Unterscheidung von Grenzpunktfall und Grenzkreisfall bei unendlichem Streckenkomplex.

Wir haben soeben Flächen mit gleichem Streckenkomplex quasikonform aufeinander abgebildet. Unsere Behauptung wird bewiesen sein, wenn gezeigt ist, daß der Typus einfach zusammenhängender offener Flächen bei quasikonformen Abbildungen invariant ist, daß man also von zwei quasikonform aufeinander abgebildeten Flächen $\mathfrak{W}$ nie die eine auf das Innere des Einheitskreises, die andere auf die punktierte Ebene eineindeutig und konform abbilden kann.

Andernfalls könnte man eineindeutig die punktierte Ebene konform auf die eine Fläche, diese quasikonform auf die andere Fläche und die letztere konform auf den Einheitskreis abbilden, es gäbe also eine quasikonforme eineindeutige Abbildung der punktierten z-Ebene auf den Kreis $|w| < 1$. Wir dürfen offenbar annehmen, $z = 0$ gehe hierbei in $w = 0$ über. Hieraus werden wir einen Widerspruch herleiten.

Es sei

$$z = r e^{i\varphi}, \qquad \zeta = \log z = \log r + i\varphi,$$

$$\log w = \omega.$$

Das ω-Bild der Strecke $\log r = \text{const}$, $0 \leq \varphi \leq 2\pi$ hat mindestens die Länge 2π, denn seine Enden haben den Abstand 2π:

$$2\pi \leq \int_0^{2\pi} \left|\frac{d\omega}{d\zeta}\right| d\varphi$$

(hierin ist für $\frac{d\omega}{d\zeta}$ derjenige seiner Werte einzusetzen, der $\arg d\zeta = \frac{\pi}{2}$ entspricht). Nach der Schwarzschen Ungleichung folgt

$$4\pi^2 \leq \int_0^{2\pi} d\varphi \cdot \int_0^{2\pi} \left|\frac{d\omega}{d\zeta}\right|^2 d\varphi,$$

$$2\pi \leq \int_0^{2\pi} \left|\frac{d\omega}{d\zeta}\right|^2 d\varphi.$$

Der Dilatationsquotient $D_{z/w}$ sollte beschränkt sein; weil die Abbildungen $z \longleftrightarrow \zeta$ und $w \longleftrightarrow \omega$ konform sind, ist auch

$$D_{\zeta/\omega} = D_{z/w} \leq K.$$

Nach einer oben abgeleiteten Ungleichung ist

$$\left|\frac{d\omega}{d\zeta}\right|^2 \leq D_{\zeta/\omega} \frac{\boxed{d\omega}}{\boxed{d\zeta}} \leq K \frac{\boxed{d\omega}}{\boxed{d\zeta}};$$

setzt man dies ein und integriert man $\frac{dr}{r}$ von r_0 bis r_1, so entsteht

$$2\pi \int_{r_0}^{r_1} \frac{dr}{r} \leq \int_{r_0}^{r_1} \int_0^{2\pi} K \frac{\boxed{d\omega}}{\boxed{d\zeta}} d\varphi \, d\log r,$$

$$2\pi (\log r_1 - \log r_0) \leq K \iint \boxed{d\omega}.$$

Rechts tritt der Flächeninhalt des ω-Bildes des Rechtecks $\log r_0 < \log r < \log r_1$, $0 < \varphi < 2\pi$ auf. Jenes Bild liegt aber bei festem r_0 zwischen den Geraden $\Re\,\omega = -h$ und $\Re\,\omega = 0$ ($-h = \underset{\Re\zeta = \log r_0}{\text{Min}} \Re\,\omega$) und enthält von jeder Geraden $\Re\,\omega = \text{const}$ höchstens Stücke der Gesamtlänge 2π, denn sonst müßte es zwei Punkte mit einer Differenz $2n\pi i$

enthalten. Folglich

$$\iint \boxed{d\omega} \leq 2\pi h,$$

$$\log r_1 \leq \log r_0 + K h;$$

das ist ein Widerspruch, denn r_1 ist beliebig groß.

Zusatz bei der Korrektur. H. Wittich machte mich auf eine Arbeit von H. Grötzsch aufmerksam: Über die Verzerrung bei schlichten nichtkonformen Abbildungen und über eine damit zusammenhängende Erweiterung des Picardschen Satzes, Leipz. Ber. 80 (1928), deren Schlußteil bis auf die Ausdrucksweise mit dem hier gegebenen Beweis der Invarianz des Typus eng verwandt ist.

6. Einfluß von L auf die Charakteristik. Wir haben eben wieder einen Satz in der Richtung kennengelernt, daß die Lage von $a_1, \ldots, a_q$ und L kaum Einfluß auf die schlichte Abbildung der Fläche $\mathfrak{W}$ hat. Jetzt soll kurz von einem Beispiel für das Gegenteil berichtet werden.

Man fasse die reelle Achse und etwa die Kreisfolge $|z| = n - \frac{1}{2}$ als topologisches Bild eines Streckenkomplexes mit $q = 4$ auf. Jede zugehörige Fläche $\mathfrak{W}$ läßt sich auf die punktierte z-Ebene abbilden; so wird w eine meromorphe Funktion von z. Ihre Charakteristik ist

$$T(r) = A(\log r)^2 + B(r)\log r;$$

hier ist B beschränkt. $a_1, \ldots, a_4$ haben je den Index $1/2$; Defekte fehlen. Aber die reelle Konstante $A > 0$ hängt ganz wesentlich vom Doppelverhältnis von a_1, a_2, a_3, a_4 sowie von der Wahl der Zerschneidungskurve L ab. Der Beweis ist nicht schwer, er soll aber in anderem Zusammenhang ausgeführt werden.

10.
Zerfallende zyklische *p*-Algebren

J. reine angew. Math. *176*, 157-160 (1937)

Diese Arbeit schließt sich unmittelbar an eine vorangehende von E. Witt[1]) an. Erst wird hier der Haupthilfssatz für den Beweis der Residuenformel (Satz 17 jener Arbeit) bewiesen, dann ergibt sich aus dem Beweis ein Kriterium für den Zerfall von Algebren $(\alpha \mid \beta]$.

Es handelt sich um folgenden

Hilfssatz. *Ist* $k = C\{t\}$ *der Potenzreihenkörper über dem vollkommenen Grundkörper* C *und enthalten die Potenzreihen* $\beta_0, \ldots, \beta_{n-1}$ *nur die Glieder mit negativen Potenzen von* t:

$$\beta_\nu = \sum_{i=-w_\nu}^{-1} b_{\nu i} t^i,$$

so gilt über k

$$(t \mid \beta] \sim 1.$$

Statt dessen beweisen wir gleich den etwas allgemeineren

Satz 1. *C sei ein vollkommener Unterkörper eines Körpers k der Charakteristik p. Für* $\alpha \neq 0$ *aus* k *bilden wir den Ring*

$$R = C\alpha + C\alpha^2 + \cdots.$$

Für $\beta_0, \ldots, \beta_{n-1}$ *in* R *gilt dann*

$$(\mathfrak{A}) \qquad (\alpha \mid \beta_0, \ldots, \beta_{n-1}] \sim 1.$$

Dieser Satz enthält offenbar den obigen Hilfssatz, man nehme $\alpha = t^{-1}$.

Satz 1 gelte schon für $n-1$, wir beweisen ihn für n. Nach W. Satz 15 besagt unsere Induktionsvoraussetzung genau, daß $(\mathfrak{A})$ jedenfalls für $\beta_0 = 0$ gilt. Man beachte, daß so auch der Fall $n = 1$ mitgenommen wird.

Wir bemerken noch vorweg, daß für zwei Vektoren x und y aus R auch $x \pm y$ und $\wp x$ Komponenten aus R haben. Denn R ist ein Ring; daß R kein Einselement zu haben braucht, spielt keine Rolle.

Um nun $(\mathfrak{A})$ zu beweisen, zeigen wir zunächst

$$(\alpha \mid \alpha, 0, \ldots, 0] \sim 1;$$

hieraus wird sich später leicht die allgemeine Formel ergeben. Außerdem machen wir noch eine Fallunterscheidung, je nachdem $\alpha = \wp a$, $a \in k$, ist oder nicht.

Ist $\alpha = \wp a$, so sei entsprechend W. (20)

$$(\alpha, 0, \ldots, 0) = \wp(a, 0, \ldots, 0) + (0, \eta_1, \ldots, \eta_{n-1}),$$

---

[1]) E. Witt, Zyklische Körper und Algebren der Charakteristik p vom Grad p^n. Struktur diskret bewerteter perfekter Körper mit vollkommenem Restklassenkörper der Charakteristik p, dieser Band, S. 126, zitiert mit W.

dann sind die $\eta_1, \ldots, \eta_{n-1}$ in

$$R' = Ca + Ca^2 + \cdots,$$

und nach W. (22) und der Induktionsvoraussetzung haben wir

$$(a\,|\,\alpha, 0, \ldots, 0] \cong (a\,|\,0, \eta_1, \ldots, \eta_{n-1}] \sim 1.$$

Weil für alle i des Primkörpers auch $\wp(a+i) = \alpha$ ist, gilt genau so

$$(a + i\,|\,\alpha, 0, \ldots, 0] \sim 1;$$

durch Multiplikation folgt

$$(\alpha\,|\,\alpha, 0, \ldots, 0] \sim 1,$$

weil doch $\prod_{i=0}^{p-1} (a+i) = \wp a = \alpha$ ist.

Wenn aber $\alpha \neq \wp a$ ist, so ist nach W. Satz 13

$$Z_n = k(\Theta_0, \ldots, \Theta_{n-1}) \quad \text{mit} \quad \wp\Theta = (\alpha, 0, \ldots, 0)$$

ein zyklischer Körper mit dem erzeugenden Automorphismus

$$\sigma\Theta = \Theta + 1.$$

Wir betrachten den Zwischenkörper

$$Z_1 = k(\Theta_0)$$

und in ihm den Ring

$$R' = C\Theta_0 + C\Theta_0^2 + \cdots.$$

Wieder sei

$$(\mathfrak{B}) \qquad (\alpha, 0, \ldots, 0) = \wp(\Theta_0, 0, \ldots, 0) + (0, \mathrm{H}_1, \ldots, \mathrm{H}_{n-1}),$$

die $\mathrm{H}_1, \ldots, \mathrm{H}_{n-1}$ liegen dann in R'. Nach Induktionsvoraussetzung gilt

$$(\mathfrak{C}) \qquad (\Theta_0\,|\,\mathrm{H}_1, \ldots, \mathrm{H}_{n-1}] \sim 1.$$

Aus $(\mathfrak{B})$ folgt aber auch

$$Z_n = Z_1\left(\frac{(\alpha, 0, \ldots, 0)}{\wp}\right) = Z_1\left(\frac{(\mathrm{H}_1, \ldots, \mathrm{H}_{n-1})}{\wp}\right),$$

d. h. Z_n ist der kleinste Zerfällungskörper des Vektors $(\mathrm{H}_1, \ldots, \mathrm{H}_{n-1})$ aus Z_1. Indem man gemäß der Bemerkung nach W. Satz 15 die Algebra $(\Theta_0\,|\,\mathrm{H}_1, \ldots, \mathrm{H}_{n-1}]$ als zyklische Algebra auffaßt, sieht man aus $(\mathfrak{C})$, daß $\Theta_0 = N_{Z_n/Z_1}\,\Xi$ Norm eines Elements von Z_n ist. Offenbar ist aber $\alpha = N_{Z_1/Z_0}\Theta_0$, mithin

$$\alpha = N_{Z_n/Z_0}\Xi.$$

Deshalb muß die zyklische Algebra $(\alpha\,|\,\alpha, 0, \ldots, 0]$ zerfallen.

Um nun $(\mathfrak{A})$ zu beweisen, bemerken wir zuerst, daß $(\alpha\,|\,\beta_0, \ldots, \beta_{n-1}]$ für $\beta_\nu \in R$ nach Induktionsvoraussetzung nur von β_0 abhängt und daß aus $\beta_0 + \beta_0' = \bar{\beta}_0$ folgt

$$(\alpha\,|\,\beta_0, \ldots, \beta_{n-1}] \times (\alpha\,|\,\beta_0', \ldots, \beta_{n-1}'] \sim (\alpha\,|\,\bar{\beta}_0, \ldots, \bar{\beta}_{n-1}].$$

Es genügt darum,

$$(\mathfrak{D}) \qquad (\alpha\,|\,c\alpha^r, 0, \ldots, 0] \sim 1 \qquad (c \in C,\ r > 0)$$

zu beweisen. $c = 0$ wäre trivial, es sei $c \neq 0$.

Ist r zu p prim, so ist

$$(\mathfrak{E}) \qquad (\alpha\,|\,c\alpha^r, 0, \ldots, 0]^r \times \left(\sqrt[p^n]{c}\,|\,c\alpha^r, \ldots, 0\right]^{p^n} \sim (c\alpha^r\,|\,c\alpha^r, 0, \ldots, 0] \sim 1;$$

weil die p^n-te Potenz jeder unserer Algebren ~ 1 ist, ergibt sich daraus $(\mathfrak{D})$.

Ist aber $r = ps$, so kann ($\mathfrak{D}$) für s statt r schon als richtig angesehen werden, und ($\mathfrak{D}$) folgt dann aus

$$(c\alpha^{ps}, 0, 0, \ldots, 0) = \left(\sqrt[p]{c}\,\alpha^s, 0, \ldots, 0\right) + \wp\left(\sqrt[p]{c}\,\alpha^s, 0, \ldots, 0\right) + (0, \delta_1, \ldots, \delta_{n-1}), \quad \delta_\nu \in R.$$

Damit ist Satz 1 bewiesen. Nun soll für jedes feste $\alpha \neq 0$ aus einem beliebigen Körper k der Charakteristik p die additive Gruppe aller Vektoren β mit $(\alpha|\beta_0, \ldots, \beta_{n-1}] \sim 1$ bestimmt werden.

Natürlich ist $(\alpha|\wp\gamma] \sim 1$. Ferner gilt nach dem soeben bewiesenen Satze $(\alpha|\alpha, 0, \ldots, 0] \sim 1$. (Für das oben auftretende C kann man z. B. den Primkörper nehmen.) Wie bei ($\mathfrak{E}$) folgt daraus für $(r, p) = 1$

$$(\alpha|c^{p^n}\alpha^r, 0, \ldots, 0]^r (c|c^{p^n}\alpha^r, 0, \ldots, 0]^{p^n} \sim (c^{p^n}\alpha^r|c^{p^n}\alpha^r, 0, \ldots, 0] \sim 1,$$

$$(\alpha|c^{p^n}\alpha^r, 0, \ldots, 0] \sim 1.$$

Wir behaupten nun, daß damit schon im wesentlichen die gesuchte additive Gruppe aufgefunden ist:

Satz 2. *Ist $(\alpha|\beta] \sim 1$, so ist β von der Form*

$$(\mathfrak{F}) \quad \beta = \wp\gamma + \sum_{r=1}^{p-1} V^{n-1}(c^p_{n-1,r}\alpha^r) + \sum_{\substack{r=1\\ p\nmid r}}^{p^2-1} V^{n-2}(c^{p^2}_{n-2,r}\alpha^r, 0) + \cdots + \sum_{\substack{r=1\\ p\nmid r}}^{p^n-1} (c^{p^n}_{0,r}\alpha^r, 0, \ldots, 0).$$

Ist dieser Satz schon für Vektoren mit $n-1$ Komponenten richtig, so genügt es offenbar, aus $(\alpha|\beta] \sim 1$ eine Darstellung

$$\beta_0 = \wp c_0 + \sum_{\substack{r=1\\ p\nmid r}}^{p^n-1} c_r^{p^n}\alpha^r$$

zu folgern, dann wird nämlich durch

$$(\beta_0, \ldots, \beta_{n-1}) = \wp(c_0, 0, \ldots, 0) + \sum_{\substack{r=1\\ p\nmid r}}^{p^n-1} (c_r^{p^n}\alpha^r, 0, \ldots, 0) + (0, \beta'_1, \ldots, \beta'_{n-1})$$

ein Vektor $(\beta'_1, \ldots, \beta'_{n-1})$ mit $n-1$ Komponenten definiert, für den auch $(\alpha|\beta'] \sim 1$ gilt und der darum schon die Struktur ($\mathfrak{F}$) haben muß.

Wenn α in k eine p-te Potenz sein sollte: $\alpha = \delta^p$, so gilt

$$(\alpha|\beta] \sim (\delta|\beta]^p \sim (\delta|p\beta] \sim (\delta|V\beta^p] \sim (\delta|V\beta^p - \wp V\beta] \sim (\delta|V\beta];$$

aus $(\alpha|\beta_0, \ldots, \beta_{n-1}] \sim 1$ folgt also $(\delta|\beta_0, \ldots, \beta_{n-2}] \sim 1$; weil hier nur eine Algebra vom Grad p^{n-1} auftritt, gilt schon eine Darstellung

$$\beta_0 = \wp c' + \sum_{\substack{r=1\\ p\nmid r}}^{p^{n-1}-1} c_r^{p^{n-1}}\delta^r,$$

aus ihr folgt

$$\beta_0 = \beta_0^p - \wp\beta_0 = \wp(c'^p - \beta_0) + \sum_{\substack{r=1\\ p\nmid r}}^{p^{n-1}-1} c_r^{p^n}\alpha^r.$$

Dies gilt für $n > 1$; ist $n = 1$ und $\alpha = \delta^p$, so ist einfach

$$\beta_0 = \wp(-\beta_0) + \left(\frac{\beta_0}{\delta}\right)^p \alpha.$$

Nun sei α keine p-te Potenz. Wir betrachten die beiden Algebren

$$A = (\alpha|\beta] = k[u, \Theta_\nu], \quad u^{p^n} = \alpha, \quad \wp\Theta = \beta, \quad u\Theta u^{-1} = \Theta + 1$$

und

$$A^{(0)} = (\alpha|0] = k[u, \Theta_\nu^{(0)}], \quad u^{p^n} = \alpha, \quad \wp\Theta^{(0)} = 0, \quad u\Theta^{(0)}u^{-1} = \Theta^{(0)} + 1.$$

Sie sollen ähnlich sein, also müssen sie durch einen Isomorphismus i. b. a. k ineinander übergehen; dieser Isomorphismus kann sogar so gewählt werden, daß die kommutativen Unterkörper $k(u)$ von $A^{(0)}$ und von A einander entsprechen. Wir denken uns also A und $A^{(0)}$ als dieselbe Algebra mit demselben u darin.

Aus $u\Theta_0 u^{-1} = \Theta_0 + 1$ und $u\Theta_0^{(0)}u^{-1} = \Theta_0^{(0)} + 1$ folgt

$$\Theta_0 - \Theta_0^{(0)} = y \in k(u),$$

denn y ist mit u vertauschbar und $k(u)$ ist maximalkommutativ. Es sei

$$y = \sum_{r=0}^{p^n-1} c_r u^r = \sum_{s=0}^{p-1} \left(\sum_{h=0}^{p^{n-1}-1} c_{hp+s} (u^p)^h \right) u^s, \quad c_r \in k.$$

Betrachten wir nun die Subalgebra $k[u, \Theta_0^{(0)}]$ als einfache und normale Algebra über ihrem Zentrum $k(u^p)$, so ist nach einem früheren Ergebnis von Witt [2])

$$(\mathfrak{G}) \qquad \beta_0 = \wp(\Theta_0^{(0)} + y) = \wp\Theta_0^{(0)} + \mathfrak{Sp}_u y = \sum_{r=0}^{p^n-1} c_r^p u^{pr} - \sum_{h=0}^{p^{n-1}-1} c_{hp} u^{hp}.$$

Um den rechtsstehenden Ausdruck auszuwerten, zerspalten wir y folgendermaßen:

$$y = \sum_{\nu=0}^{n} s_\nu; \quad s_\nu = \sum_{\substack{t=1 \\ p \nmid t}}^{p^{n-\nu}-1} c_{tp^\nu} u^{tp^\nu} \quad (\nu = 0, \ldots, n-1), \quad s_n = c_0.$$

Wir fassen also die $c_r u^r$ nach der in r steckenden p-Potenz zusammen. Dann geht $(\mathfrak{G})$ über in

$$(\mathfrak{H}) \qquad \beta_0 = (s_0 + \cdots + s_{n-1} + s_n)^p - s_1 - \cdots - s_n = (s_0^p - s_1) + (s_1^p - s_2) + \cdots$$
$$+ (s_{n-2}^p - s_{n-1}) + (s_{n-1}^p + s_n^p - s_n).$$

β_0 liegt aber in k. Wir sehen also, daß man y nicht ganz beliebig vorschreiben darf, sondern daß wir darauf achten müssen, daß bei Entwicklung der rechten Seite von $(\mathfrak{H})$ nach Potenzen von u ein Element von k erscheint. $s_{n-1}^p + s_n^p - s_n = \wp c_0 + s_{n-1}^p$ liegt schon in k, aber die übrigen Glieder $s_\nu^p - s_{\nu+1}$ $(\nu = 0, 1, \ldots, n-2)$ enthalten u-Potenzen mit genau durch $p^{\nu+1}$ teilbarem Exponenten, sie müssen also alle verschwinden. Das heißt

$$s_0^p = s_1, \quad s_1^p = s_2, \ldots, \quad s_{n-2}^p = s_{n-1},$$
$$\beta_0 = \wp c_0 + s_{n-1}^p$$

oder

$$\beta_0 = \wp c_0 + s_0^{p^n} = \wp c_0 + \sum_{\substack{t=1 \\ p \nmid t}}^{p^n-1} c_t^{p^n} \alpha^t, \qquad \text{w. z. b. w.}$$

Wir haben damit T. Satz 8 auf zyklische p-Algebren vom Grad p^n übertragen. Dagegen macht die Übertragung des (mehr besagenden) Satzes 7 noch Schwierigkeiten. Ich hoffe, sie durch eine Verallgemeinerung meiner Normierung [3]) für p^2 auf p^n beheben zu können.

---

[2]) Veröffentlicht in: O. Teichmüller, p-Algebren, Deutsche Mathematik 1 (1936), Satz 7. Zitiert mit T.

[3]) O. Teichmüller, Multiplikation zyklischer Normalringe, Deutsche Mathematik 1 (1936), § 15: Zyklische Normalringe vom Rang p^2.

Eingegangen 29. August 1936

11.
Diskret bewertete perfekte Körper mit unvollkommenem Restklassenkörper

J. reine angew. Math. *176*, 141–152 (1937)

H. Hasse und F. K. Schmidt haben zuerst allgemeine Sätze über die Mannigfaltigkeit der verschiedenen Typen diskret bewerteter perfekter Körper aufgestellt [1]). Sie fanden als wichtigstes Bestimmungsstück dieser Körper den Restklassenkörper. Auf Grund des neuen Formalismus, den E. Witt veröffentlicht [2]) und dessen Zusammenhang mit der gewöhnlichen p-adischen Addition er auch selbst bemerkte, gelang es mir, die Ergebnisse von Hasse und F. K. Schmidt nicht nur auf übersichtlicherem Wege zu beweisen, sondern auch die Struktur von dort als vorhanden nachgewiesenen Körpern durch explizite Formeln festzulegen. Eine Skizze dieser Untersuchungen veröffentlichte ich bereits [3]); eine ausführlichere Darstellung an dieser Stelle sollte folgen.

Inzwischen hat aber Witt selbst die Hauptergebnisse (nämlich die Strukturuntersuchung der diskret bewerteten perfekten Körper mit vollkommenem Restklassenkörper von Primzahlcharakteristik) in seine eben zitierte Arbeit ohne wesentliche Abänderung aufgenommen. Deshalb kann ich mich darauf beschränken, hier den Fall eines unvollkommenen Restklassenkörpers auf jenen schon erledigten Fall zurückzuführen.

Der Vollständigkeit wegen werden gelegentlich auch wohlbekannte Hilfssätze bewiesen.

Ein *diskret bewerteter Körper* ist ein Körper K, in dem jedem Element α eine Zahl $w(\alpha)$ folgendermaßen zugeordnet ist:

$$(1)\quad \begin{cases} w(0) = \infty, \quad w(\alpha) \text{ ganzrational für } \alpha \neq 0; \\ w(\alpha + \beta) \geqq \text{Min}\,(w(\alpha),\ w(\beta)); \\ w(\alpha\beta) = w(\alpha) + w(\beta). \end{cases}$$

Wir dürfen, ohne interessante Fälle zu verlieren, annehmen, daß K ein Element π mit

$$w(\pi) = 1$$

enthält; jedes solche π heißt *Primelement*. Die Menge I aller $\alpha \in K$ mit $w(\alpha) \geqq 0$ ist ein Integritätsbereich, dessen Quotientenkörper K ist; I heißt der *Bewertungsring*. Die *Ideale* von I sind:

$$I = (1),\quad (\pi),\quad (\pi^2), \ldots, (0).$$

---

[1]) H. Hasse und F. K. Schmidt, Die Struktur diskret bewerteter Körper, dieses Journal **170** (1934).

[2]) E. Witt, Zyklische Körper und Algebren der Charakteristik p vom Grad p^n. Struktur diskret bewerteter perfekter Körper mit vollkommenem Restklassenkörper der Charakteristik p, dieser Band, S. 126.

[3]) O. Teichmüller, Über die Struktur diskret bewerteter perfekter Körper, Gött. Nachrichten N. F. 1 (1936).

$\alpha \equiv \beta \pmod{\pi^n}$ ist gleichbedeutend mit $w(\alpha - \beta) \geqq n$. Der *Restklassenring* $I/(\pi^n)$ heiße $\mathfrak{R}_n$, die Elemente von $\mathfrak{R}_n$ sind also als Restklassen spezielle Teilmengen von I. Für $m < n$ ist jede Restklasse aus $\mathfrak{R}_n$ in einer Restklasse aus $\mathfrak{R}_m$ enthalten, und es gilt

$$\mathfrak{R}_n/(\pi^m) \cong \mathfrak{R}_m.$$

Besonders wichtig ist $\mathfrak{R}_1$; dieser Restklassenring ist sogar ein Körper $\mathfrak{K}$:

$$\mathfrak{K} = \mathfrak{R}_1 = I/(\pi).$$

$\mathfrak{K}$ heißt der *Restklassenkörper* von K. All diese Bezeichnungen werden in der ganzen Arbeit angewandt.

K heißt *perfekt*, wenn es zu jeder Folge α_n aus K, für die $\lim w(\alpha_n - \alpha_m) = \infty$ gilt, ein $\alpha \in K$ mit $\lim w(\alpha_n - \alpha) = \infty$ gibt; dies α heißt dann $\lim \alpha_n$. Wir formen diese Bedingung um.

Hilfssatz 1. *K ist dann und nur dann perfekt, wenn I perfekt ist.*

Beweis. K sei perfekt, α_n sei eine Folge aus I mit $\lim w(\alpha_n - \alpha_m) = \infty$. Dann gibt es ein $\alpha \in K$ mit $\lim w(\alpha_n - \alpha) = \infty$. Nach (1) gilt

$$w(\alpha) \geqq \text{Min}\,(w(\alpha - \alpha_n), w(\alpha_n));$$

aber $w(\alpha_n)$ ist $\geqq 0$ und $w(\alpha - \alpha_n)$ strebt gegen ∞, darum $w(\alpha) \geqq 0$, $\alpha \in I$.

Nun sei I perfekt, α_n sei eine Folge aus K mit $\lim w(\alpha_n - \alpha_m) = \infty$. Ist $w(\alpha_n - \alpha_N) \geqq 0$ für $n > N$, so ist

$$w(\alpha_n) \geqq \text{Min}\,(0, w(\alpha_N)) \quad \text{für } n > N.$$

Daher gibt es ein M mit

$$w(\alpha_n) \geqq -M \quad \text{für alle } n.$$

$\pi^M \alpha_n$ ist dann eine Folge in I mit

$$w(\pi^M \alpha_n - \pi^M \alpha_m) = M + w(\alpha_n - \alpha_m) \to \infty,$$

also gibt es ein $\beta \in I$ mit $\lim w(\pi^M \alpha_n - \beta) = \infty$; setzt man $\alpha = \beta \pi^{-M}$, so strebt

$$w(\alpha_n - \alpha) = w(\pi^M \alpha_n - \beta) - M \to \infty.$$

Unter einer *Restklassenschachtelung* verstehen wir eine Folge von Restklassen $\mathfrak{r}_1 \in \mathfrak{R}_1$, $\mathfrak{r}_2 \in \mathfrak{R}_2, \ldots$, für die

$$\mathfrak{r}_1 > \mathfrak{r}_2 > \mathfrak{r}_3 > \cdots$$

gilt.

Hilfssatz 2. *Dann und nur dann ist I (also K) perfekt, wenn jede Restklassenschachtelung sich auf ein Element von I zusammenzieht, also einen nichtleeren Durchschnitt hat.*

Beweis. I sei perfekt, $\mathfrak{r}_1 > \mathfrak{r}_2 > \cdots$ sei eine Restklassenschachtelung. α_n sei irgendein Element von $\mathfrak{r}_n$. Für $m < n$ gilt dann $\alpha_m \in \mathfrak{r}_m$ und auch $\alpha_n \in \mathfrak{r}_n < \mathfrak{r}_m$, also $\alpha_m \equiv \alpha_n \pmod{\pi^m}$ oder $w(\alpha_n - \alpha_m) \geqq m$. Daher strebt $w(\alpha_n - \alpha_m) \to \infty$; es gibt einen $\lim \alpha_n = \alpha \in I$. Zu jedem n gibt es ein $N \geqq n$ mit $w(\alpha_N - \alpha) \geqq n$; aus $\alpha_N \in \mathfrak{r}_N \leqq \mathfrak{r}_n$ und $\alpha \equiv \alpha_N \pmod{\pi^n}$ folgt $\alpha \in \mathfrak{r}_n$. Unser α liegt also in allen $\mathfrak{r}_n$.

α ist das einzige Element von I mit dieser Eigenschaft; denn liegen α und β in allen $\mathfrak{r}_n$, so gilt für alle n

$$\alpha \equiv \beta \pmod{\pi^n}$$

oder $w(\alpha - \beta) \geqq n$, $w(\alpha - \beta) = \infty$, $\alpha = \beta$.

Nun werde vorausgesetzt, jede Restklassenschachtelung ziehe sich auf ein Element von I zusammen, und α_n sei eine Folge in I mit $\lim w(\alpha_m - \alpha_n) = \infty$. Dann gilt für jedes k zuletzt $w(\alpha_n - \alpha_m) \geqq k$, zuletzt sind also alle α_n kongruent mod π^k, die letzten α_n liegen in einer einzigen Restklasse $\mathfrak{r}_k$ mod π^k. Diese $\mathfrak{r}_k$ bilden offenbar eine Restklassenschachtelung, sie mögen sich auf α zusammenziehen. Dann liegt α für jedes k mit den letzten α_n in derselben Restklasse $\mathfrak{r}_k \pmod{\pi^k}$, zuletzt ist $w(\alpha_n - \alpha) \geqq k$. Das heißt aber $\lim w(\alpha_n - \alpha) = \infty$.

Von jetzt an ist K immer perfekt.

Unter einem *Repräsentantensystem* (genauer: Repräsentantensystem von I mod (π)) versteht man eine Teilmenge von I, die mit jeder Restklasse aus $\mathfrak{R}_1 = \mathfrak{R}$ genau ein Element, den „*Repräsentanten*" dieser Restklasse, gemein hat. Bekannt ist

Hilfssatz 3. *Ist π_n eine Folge mit $w(\pi_n) = n$ (z. B. $\pi_n = \pi^n$) und R ein Repräsentantensystem in K, so läßt sich jedes Element von K eindeutig in der Form*

$$\alpha = \sum_{n=w(\pi_n)}^{\infty} a_n \pi_n \qquad (a_n \in R)$$

darstellen. Insbesondere lassen sich die Elemente von I eindeutig in der Form

$$\alpha = \sum_{n=0}^{\infty} a_n \pi^n \qquad (a_n \in R)$$

darstellen.

Wir werden später gelegentlich einen Oberkörper $\overline{K}$ endlichen Grades n von K zu betrachten haben. Die „Bewertung" $w(\alpha)$ von K läßt sich auf eine und nur eine Weise zu einer Bewertung $\overline{w}(\mathsf{A})$ fortsetzen, die den Elementen A von $\overline{K}$ Zahlen so zuordnet, daß (1) gilt. Nur sind die Werte $\overline{w}(\mathsf{A})$ nicht mehr notwendig ganze Zahlen, sondern es können Brüche auftreten, die aber jedenfalls Vielfache von $\frac{1}{n}$ sind. Ist $\overline{w}(\Pi) = \frac{1}{e}$ der kleinste positive Wert von w, so ist e eine natürliche Zahl, die *Verzweigungsordnung* von $\overline{K}/K$. Man kann $\overline{w}(\mathsf{A})$ durch das stets ganzzahlige $e\overline{w}(\mathsf{A})$ ersetzen und alle vorigen Schlüsse durchführen. Der Restklassenkörper $\overline{\mathfrak{R}}$ von $\overline{K}$ ist ein endlicher Oberkörper von $\mathfrak{R}$, der Grad $(\overline{\mathfrak{R}} : \mathfrak{R})$ heißt *Restklassengrad.* Es gilt

Hilfssatz 4. *Der Grad von $\overline{K}$ über K ist das Produkt aus Restklassengrad und Verzweigungsordnung.*

Wir interessieren uns hier für den Fall, daß der Restklassenkörper $\mathfrak{R}$ des diskret bewerteten Körpers K die *Primzahlcharakteristik* p hat. K hat dann entweder auch die Charakteristik p (*charakteristikgleicher Fall*) oder die Charakteristik 0 (*charakteristikungleicher Fall*). Im letzteren Fall liegt p selbst, als Element von I angesehen, in (π) und hat daher eine positive Ordnungszahl

$$w(p) = s \geqq 1;$$

ist $s = 1$, d. h. ist p ein Primelement, so heißt K *unverzweigt.*

$\mathfrak{R}$ heißt bekanntlich *vollkommen*, wenn man in $\mathfrak{R}$ aus jedem Element von $\mathfrak{R}$ die p-te Wurzel ziehen kann. Die Bestimmung der Struktur von K bei vollkommenem $\mathfrak{R}$ ist bei Witt a. a. O. veröffentlicht. Ich gebe nur die für uns wichtigen Hauptergebnisse an.

Hilfssatz 5. *K enthält ein ausgezeichnetes Repräsentantensystem R, das multiplikative Repräsentantensystem, das durch jede einzelne der folgenden Eigenschaften eindeutig bestimmt ist:*

1) *Liegt α_n in der Restklasse $\mathfrak{a}^{p^{-n}}$ $(\mathfrak{a} \in \mathfrak{R})$, so strebt $\alpha_n^{p^n}$ für $n \to \infty$ gegen den Repräsentanten a von $\mathfrak{a}$ in R.*

2) *Ist $a_{\overline{n}|}$ der Repräsentant von $\mathfrak{a}^{p^{-n}}$ in R, so gilt $a_{\overline{n+1}|}^{p} = a_{\overline{n}|}$.*

3) *Sind a, b, c die Repräsentanten von $\mathfrak{a}, \mathfrak{b}, \mathfrak{c}$ in R und gilt $\mathfrak{a}\mathfrak{b} = \mathfrak{c}$, dann gilt auch $ab = c$.*

Hat K die Charakteristik p, so ist R ein Unterkörper von K, und K ist der Potenzreihenkörper mit dem Konstantenkörper R: $K = R\{\pi\}$.

Hat K die Charakteristik 0 und ist K unverzweigt, so kann man nach Hilfssatz 3 die Elemente von I in „p-adische Reihen"

$$\alpha = \sum_{n=0}^{\infty} a_n p^n, \qquad a_n \in R,$$

nach dem multiplikativen Repräsentantensystem R entwickeln. Wir setzen

$$a_n^{p^n} = x_n \in R$$

und schreiben auch

$$a_n = x_n^{p^{-n}};$$

die p^n-te Wurzel ist zwar nicht notwendig eindeutig, aber *in* R gibt es nur eine p^n-te Wurzel aus einem Repräsentanten x_n, weil sich die p^n-te Wurzel im Restklassenkörper eindeutig ziehen läßt. Wir haben also eine Darstellung

$$\alpha = \sum_{n=0}^{\infty} x_n^{p^{-n}} p^n \qquad (x_n \in R). \tag{2}$$

Wenn man nun mehrere solche p-adische Reihen addiert, subtrahiert oder multipliziert und das Ergebnis wieder in eine p-adische Reihe (2) entwickelt, so hängen die Restklassen $\mathfrak{x}_n \pmod p$ der Koeffizienten x_n des Ergebnisses *ganzrational* von den Restklassen der Koeffizienten der ursprünglichen Reihen ab. Wir notieren den Fall, daß die algebraische Summe mehrerer Repräsentanten aus R gebildet wird:

Hilfssatz 6. *Ist K unverzweigt und $\mathfrak{K}$ vollkommen und R das multiplikative Repräsentantensystem in K, so kann man die algebraische Summe mehrerer Repräsentanten in eine p-adische Reihe entwickeln:*

$$a + a' + \cdots - b - b' - \cdots = \sum_{n=0}^{\infty} c_n p^n \qquad (a, b, c \in R),$$

und die Restklassen $\mathfrak{c}_n^{p^n}$ der $c_n^{p^n}$ drücken sich im Restklassenkörper $\mathfrak{K}$ ganzrational durch die Restklassen $\mathfrak{a}, \mathfrak{a}', \ldots, \mathfrak{b}, \mathfrak{b}', \ldots$ der $a, \ldots$ aus.

Ferner gilt

Hilfssatz 7. *Ist K charakteristikungleich bewertet und $\mathfrak{K}$ vollkommen, so enthält K einen einzigen unverzweigten Unterkörper K', der hinsichtlich derselben Bewertung perfekt ist und denselben Restklassenkörper $\mathfrak{K}$ wie K hat.*

„Denselben Restklassenkörper", das heißt natürlich nicht nur, die Restklassenkörper von K und K' seien isomorph. Der Ausdruck ist vielmehr so zu verstehen: jedes Element des Restklassenkörpers $\mathfrak{K}'$ von K' liegt in einer und nur einer Restklasse aus $\mathfrak{K}$, und jede Restklasse aus $\mathfrak{K}$ enthält auch höchstens eine Restklasse aus $\mathfrak{K}'$. Man identifiziert die Restklassen aus $\mathfrak{K}'$ mit den sie enthaltenden Restklassen aus $\mathfrak{K}$ und macht so in eindeutig bestimmter Weise $\mathfrak{K}'$ zu einem Unterkörper von $\mathfrak{K}$. Dieser Unterkörper $\mathfrak{K}'$ von $\mathfrak{K}$ soll im vorliegenden Fall mit $\mathfrak{K}$ zusammenfallen.

Bevor wir in die eigentliche Strukturuntersuchung eintreten, noch ein Hilfssatz über das Rechnen mod p:

Hilfssatz 8. *Der Restklassenkörper $\mathfrak{K}$ habe die Charakteristik p. Für Elemente a, b aus I folgt aus $a \equiv b \pmod{\pi^n}$, daß $a^{p^r} \equiv b^{p^r} \pmod{\pi^{n+r}}$.*

Beweis. Ist $b = a + \pi^n c$, so ist

$$b^p = a^p + \binom{p}{1} a^{p-1} \pi^n c + \cdots + \binom{p}{p-1} a (\pi^n c)^{p-1} + (\pi^n c)^p.$$

Hierin sind die Binomialkoeffizienten durch p, also erst recht durch π teilbar (wegen $p \equiv 0 \pmod{\pi}$), die mittleren Glieder sind also durch π^{n+1} teilbar, während das letzte sogar durch π^{pn} teilbar ist. Es bleibt

$$a^p \equiv b^p \pmod{\pi^{n+1}}.$$

Man mache Induktion nach r.

Durch die Hilfssätze 5 bis 7 wird die Struktur der diskret bewerteten perfekten Körper mit vollkommenem Restklassenkörper beschrieben. Wir nehmen nun an, K sei ein *diskret bewerteter perfekter Körper mit dem unvollkommenen Restklassenkörper* $\mathfrak{K}$ *der Charakteristik* p.

In einer anderen Arbeit [4]) skizzierte ich einen Beweis für

Hilfssatz 9. *$\mathfrak{K}$ hat eine p-Basis $\mathfrak{M}$, d. h. eine Teilmenge $\mathfrak{M}$ mit folgenden Eigenschaften:*

a) *Sind* $\mathfrak{a}_1, \ldots, \mathfrak{a}_r$ *r verschiedene Elemente von $\mathfrak{M}$, so hat*

$$\mathfrak{K}\left(\sqrt[p]{\mathfrak{a}_1}, \ldots, \sqrt[p]{\mathfrak{a}_r}\right)$$

über $\mathfrak{K}$ den Grad p^r.

b) $\mathfrak{K}^p(\mathfrak{M}) = \mathfrak{K}$.

Wir wählen ein für alle Mal *eine feste p-Basis* $\mathfrak{M}$ von $\mathfrak{K}$ aus. Zwei Eigenschaften der p-Basis sollen gleich festgestellt werden:

Hilfssatz 10. *Sind m und n ganze Zahlen mit $m < n$, so gilt*

$$\mathfrak{K}^{p^n}(\mathfrak{M}^{p^m}) = \mathfrak{K}^{p^m}.$$

Beweis. Aus $\mathfrak{K}^p(\mathfrak{M}) = \mathfrak{K}$ folgt

$$\mathfrak{K}^{p^2}(\mathfrak{M}) = \mathfrak{K}^{p^2}(\mathfrak{M}^p)(\mathfrak{M}) = (\mathfrak{K}^p(\mathfrak{M}))^p(\mathfrak{M}) = \mathfrak{K}^p(\mathfrak{M}) = \mathfrak{K}$$

und genau so allgemein

$$\mathfrak{K}^{p^k}(\mathfrak{M}) = \mathfrak{K}.$$

Hieraus folgt

$$\mathfrak{K}^{p^{k+m}}(\mathfrak{M}^{p^m}) = \mathfrak{K}^{p^m} \qquad (k > 0).$$

Man muß nur beachten, daß bei Charakteristik p das Erheben eines Körpers in die p-te Potenz ein Isomorphismus ist.

Hilfssatz 11. *Die Ausdrücke*

$$\mathfrak{A} = \mathfrak{a}_1^{e_1} \cdots \mathfrak{a}_r^{e_r}, \tag{3}$$

worin $r \geqq 0$, $\mathfrak{a}_1, \ldots, \mathfrak{a}_r$ *verschiedene Elemente von* $\mathfrak{M}$, $0 < e_i \leqq p^n - 1$, *bilden eine (lineare) Basis von* $\mathfrak{K}$ *über* $\mathfrak{K}^{p^n}$.

Beweis. Nach Hilfssatz 10 ist $\mathfrak{K} = \mathfrak{K}^{p^n}(\mathfrak{M})$, jedes Element von $\mathfrak{K}$ liegt also in einem Körper $\mathfrak{K}^{p^n}(\mathfrak{a}_1, \ldots, \mathfrak{a}_r)$ ($\mathfrak{a}_i \in \mathfrak{M}$). Weil aber jedes $\mathfrak{a}_i$ einer Gleichung p^n-ten Grades über $\mathfrak{K}^{p^n}$ genügt, sind alle Elemente von $\mathfrak{K}^{p^n}(\mathfrak{a}_i)$ i. b. a. $\mathfrak{K}^{p^n}$ linear von den

$$\mathfrak{A} = \mathfrak{a}_1^{e_1} \cdots \mathfrak{a}_r^{e_r} \quad (0 \leqq e_i \leqq p^n - 1) \tag{4}$$

abhängig. Es bleibt zu zeigen, daß je endlich viele Ausdrücke (3) i. b. a. $\mathfrak{K}^{p^n}$ linear unabhängig sind; das tun wir, indem wir zeigen, daß die Ausdrücke (4) stets i. b. a. $\mathfrak{K}^{p^n}$

---

[4]) O. Teichmüller, p-Algebren, Deutsche Mathematik 1 (1936).

linear unabhängig sind, nämlich indem wir

$$(\mathfrak{K}^{p^n}(\mathfrak{a}_1, \ldots, \mathfrak{a}_r) : \mathfrak{K}) = p^{nr}$$

beweisen.

Selbstverständlich ist $(\mathfrak{K}^{p^n}(\mathfrak{a}_1, \ldots, \mathfrak{a}_r) : \mathfrak{K}) \leqq p^{nr}$, wir haben die umgekehrte Ungleichung zu beweisen. — Für $\nu = 1, \ldots, n$ wird sich der Grad

$$(\mathfrak{K}^{p^n}(\mathfrak{a}_i^{p^\nu}) : \mathfrak{K}^{p^n}(\mathfrak{a}_i^{p^{\nu-1}}))$$

nicht vergrößern, wenn man mit $\mathfrak{K}^{p^\nu}$ erweitert:

$$(\mathfrak{K}^{p^n}(\mathfrak{a}_i^{p^\nu}) : \mathfrak{K}^{p^n}(\mathfrak{a}_i^{p^{\nu-1}})) \geqq (\mathfrak{K}^{p^\nu} : \mathfrak{K}^{p^\nu}(\mathfrak{a}_i^{p^{\nu-1}})) = p^r$$

nach der Eigenschaft a) der p-Basis $\mathfrak{M}$. Durch Multiplikation über ν folgt die Behauptung.

Nun greifen wir aus jeder Restklasse $\mathfrak{a} \in \mathfrak{M}$ *einen Vertreter* a *beliebig heraus; diese* a *bilden eine Menge* M. Die Auswahl von M ist wie die einer p-Basis $\mathfrak{M}$ von $\mathfrak{K}$ recht willkürlich, wir halten aber in der ganzen folgenden Untersuchung an dem einmal gewählten M fest.

Hilfssatz 12. $w(a) = 0$ *für* $a \in M$.

Beweis. a liegt als Element einer Restklasse mod π in I, also $w(a) \geqq 0$. Wäre $w(a) > 0$, so wäre $a \equiv 0 \pmod{\pi}$, die Restklasse $\mathfrak{a}$ von a wäre 0. Die Restklasse 0 kann aber in einer p-Basis von $\mathfrak{K}$ (wegen a)) nicht vorkommen.

Hilfssatz 13. $\overline{K}$ *sei ein Oberkörper endlichen Grades von* K *von der Form*

$$\overline{K} = K(a_{1\overline{1}|}, \ldots, a_{r\overline{1}|}) \quad mit \quad a_{i\overline{1}|}^p = a_i,$$

wo die a_i r *verschiedene Elemente von* M *sind. Dann hat* $\overline{K}$ *über* K *den Grad* p^r, *und wenn man die Bewertung* w *von* K *auf* $\overline{K}$ *überträgt, wird der Restklassengrad* p^r *und die Verzweigungsordnung* 1. *Das auf* $\overline{K}$ *fortgesetzte* w *nimmt also auch in* $\overline{K}$ *von selbst (ohne vorherige Multiplikation mit einer Zahl* e*) ganzzahlige Werte an.*

Beweis. Selbstverständlich ist $(\overline{K} : K) \leqq p^r$. Nach Hilfssatz 4 ist also alles bewiesen, wenn gezeigt ist, daß der Restklassengrad von $\overline{K}$ über K mindestens p^r ist.

Nach Hilfssatz 12 ist

$$w(a_{i\overline{1}|}) = \frac{1}{p}\, w(a_i) = 0.$$

Im Restklassenkörper $\overline{\mathfrak{K}}$ von $\overline{K}$ sei $\mathfrak{a}_{i\overline{1}|}$ die Restklasse von $a_{i\overline{1}|}$ mod π. Dann ist $\mathfrak{a}_{i\overline{1}|}^p = \mathfrak{a}_i$, $\overline{\mathfrak{K}}$ enthält also den Körper

$$\mathfrak{K}(\mathfrak{a}_{1\overline{1}|}, \ldots, \mathfrak{a}_{r\overline{1}|}) = \mathfrak{K}\left(\sqrt[p]{\mathfrak{a}_1}, \ldots, \sqrt[p]{\mathfrak{a}_r}\right).$$

Dieser hat aber nach der Eigenschaft a) der p-Basis den Grad p^r über $\mathfrak{K}$.

Wir sehen gleichzeitig, daß der Restklassenkörper $\overline{\mathfrak{K}}$ von $\overline{K}$ genau $\mathfrak{K}\left(\sqrt[p]{\mathfrak{a}_1}, \ldots, \sqrt[p]{\mathfrak{a}_r}\right)$ ist.

Außerdem folgt, daß $\overline{K}$ durch die definierenden Relationen $a_{i\overline{1}|}^p = a_i$ schon eindeutig festgelegt ist.

Wir bilden jetzt *das Kompositum* $\widetilde{K}$ *aller der Körper* $\overline{K}$ *des Hilfssatzes* 13. $\widetilde{K}$ entsteht also aus K durch Adjunktion je eines $a_{\overline{1}|}$ mit $a_{\overline{1}|}^p = a$ für alle $a \in M$. Die Elemente von $\widetilde{K}$ sind endliche Summen $\Sigma \alpha_{i_1, \ldots, i_r}\, a_{1\overline{1}|}^{i_1} \cdots a_{r\overline{1}|}^{i_r}$ $(\alpha \in K)$ und als solche Elemente von jeweils passenden Körpern $\overline{K}$, hierdurch ist das Rechnen in $\widetilde{K}$ beschrieben. w läßt sich in jedes $\overline{K}$, also auch in $\widetilde{K}$ als ganzzahlige diskrete Bewertung mit den Eigenschaften (1) fortsetzen. Aber wenn $\mathfrak{M}$ unendlich sein sollte, ist $\widetilde{K}$ nicht perfekt.

Wir schließen $\widetilde{K}$ ab: Der kleinste perfekte Oberkörper von $\widetilde{K}$ heiße $K_{\overline{1}|}$. Der Restklassenkörper von $K_{\overline{1}|}$ heiße $\mathfrak{K}_{\overline{1}|}$. Jede Restklasse aus $\mathfrak{K}_{\overline{1}|}$ enthält ein Element eines $\widetilde{K}$, läßt sich also auch als (auf $K_{\overline{1}|}$ fortgesetzte) Restklasse aus $\widetilde{\mathfrak{K}}$ deuten und liegt als solche in einem $\mathfrak{K}\left(\sqrt[p]{\mathfrak{a}_1}, \ldots, \sqrt[p]{\mathfrak{a}_r}\right)$; darum ist nach b)

$$\mathfrak{K}_{\overline{1}|} = \mathfrak{K}\left(\sqrt[p]{\mathfrak{M}}\right) = \sqrt[p]{\mathfrak{K}}.$$

Weil $\mathfrak{M}$ eine p-Basis von $\mathfrak{K}$ ist, ist $\sqrt[p]{\mathfrak{M}}$ eine p-Basis von $\mathfrak{K}_{\overline{1}|} = \sqrt[p]{\mathfrak{K}}$. Die Menge aller $a_{\overline{1}|}$, die ja der Menge M aller a durch $a_{\overline{1}|}^p = a$ eineindeutig zugeordnet ist, heiße $M_{\overline{1}|}$. Dann kann man $M_{\overline{1}|}$ als Repräsentantensystem für die Restklassen aus $\mathfrak{M}_{\overline{1}|} = \sqrt[p]{\mathfrak{M}}$ auffassen. Die Überlegungen und Konstruktionen, die wir eben mit K und M ausgeführt haben, können wir also auch mit $K_{\overline{1}|}$ und $M_{\overline{1}|}$ ausführen. Wir erhalten so einen Körper $K_{\overline{2}|}$, der aus $K_{\overline{1}|}$ durch Adjunktion von je einer Lösung $a_{\overline{2}|}$ der Gleichung $a_{\overline{2}|}^p = a_{\overline{1}|}$ für jedes $a_{\overline{1}|}$ und nachfolgendes Abschließen entsteht und auf den sich die Bewertung w ganzzahlig fortsetzt und der den Restklassenkörper $\mathfrak{K}_{\overline{2}|} = \sqrt[p^2]{\mathfrak{K}}$ hat. In ihm sei $M_{\overline{2}|}$ die Menge der $a_{\overline{2}|}$ $(a \in M)$ usw.

Wir haben schließlich eine *Folge ineinandergeschachtelter perfekter Körper*

$$K < K_{\overline{1}|} < K_{\overline{2}|} < \cdots < K_{\overline{n}|} < \cdots,$$

die durch ein und dieselbe Funktion w diskret und ganzzahlig bewertet sind, so daß ein Primelement π von K zugleich in allen $K_{\overline{n}|}$ Primelement ist. Jedem $a \in M$ ist eine Folge $a_{\overline{n}|} \in K_{\overline{n}|}$ mit $a_{\overline{n+1}|}^p = a_{\overline{n}|}$ zugeordnet, für jedes n sei $M_{\overline{n}|}$ die Menge der $a_{\overline{n}|}$, $a \in M$. Der Restklassenkörper von $K_{\overline{n}|}$ ist $\mathfrak{K}_{\overline{n}|} = \sqrt[p^n]{\mathfrak{K}}$.

Nun bilden wir *die Vereinigungsmenge $\widetilde{L}$ der Körperfolge $K_{\overline{n}|}$*. Auch $\widetilde{L}$ ist offenbar ein Körper: Je zwei Elemente von $\widetilde{L}$ sind in irgendeinem $K_{\overline{n}|}$ enthalten, in diesem berechnet man Summe, Produkt usw. $\widetilde{L}$ ist auch durch w diskret bewertet. Jetzt schließen wir noch $\widetilde{L}$ ab: der kleinste perfekte Oberkörper von $\widetilde{L}$ heiße L, sein Restklassenkörper $\mathfrak{L}$. Es ist ohne weiteres zu sehen, daß $\mathfrak{L}$ die Vereinigung der Restklassenkörper $\mathfrak{K}_{\overline{n}|} = \sqrt[p^n]{\mathfrak{K}}$ von K_n ist. $\mathfrak{L}$ entsteht also aus $\mathfrak{K}$ durch Adjunktion sämtlicher Restklassen $\mathfrak{a}_{\overline{n}|}$ mit $\mathfrak{a}_{\overline{n}|}^{p^n} = \mathfrak{a}$ für alle n und alle $\mathfrak{a} \in \mathfrak{M}$.

Hilfssatz 14. *$\mathfrak{L}$ ist der kleinste vollkommene Oberkörper von $\mathfrak{K}$.*

Beweis. Jeder vollkommene Oberkörper von $\mathfrak{K}$ muß offenbar $\mathfrak{L}$ enthalten; wir müssen zeigen, daß $\mathfrak{L}$ vollkommen ist. Jedes Element von $\mathfrak{L}$ liegt in einem $\mathfrak{K}_{\overline{n}|}$, nach Hilfssatz 10 $(\mathfrak{K}^{p^{-n}}(\mathfrak{M}^{p^{-n-1}}) = \mathfrak{K}^{p^{-n-1}})$ liegt seine p-te Wurzel in $\mathfrak{K}_{\overline{n+1}|}$, also gleichfalls in $\mathfrak{L}$.

Wir werden jetzt unsere Kenntnisse über die Struktur des diskret bewerteten perfekten Körpers L mit dem vollkommenen Restklassenkörper $\mathfrak{L}$ der Charakteristik p anwenden und daraus Folgerungen in bezug auf K ziehen.

Zuerst habe K die Charakteristik p. Dann hat auch L die Charakteristik p. Das multiplikative Repräsentantensystem R für die Restklassen aus $\mathfrak{L}$ in L ist in diesem

Falle ein Körper. T sei das Teilsystem derjenigen Repräsentanten aus R, welche die Restklassen aus $\mathfrak{K}$ vertreten.

Hilfssatz 15. *T ist ein Körper.*

Beweis. Summen, Differenzen, Produkte und Quotienten von T-Elementen liegen im Körper R und ihre Restklassen mod π liegen in $\mathfrak{K}$.

Hilfssatz 16. $T \subset K$.

Beweis. $\mathfrak{a}$ sei ein Element von $\mathfrak{K}$. Dann liegt $\sqrt[p^n]{\mathfrak{a}}$ in $\sqrt[p^n]{\mathfrak{K}} = \mathfrak{K}_{\overline{n|}}$, enthält also ein Element α_n aus $K_{\overline{n|}}$. Weil $K_{\overline{n|}}$ aus K durch Adjunktion gewisser p^n-ter Wurzeln und nachfolgendes Abschließen entstanden ist, kann man die p^n-te Potenz eines jeden Elements von $\mathfrak{K}_{\overline{n|}}$, auch $\alpha_n^{p^n}$, durch Elemente von K approximieren; weil K perfekt ist, folgt $\alpha_n^{p^n} \in K$. Nach Hilfssatz 5 strebt aber $\alpha_n^{p^n}$ für $n \to \infty$ gegen den R-Repräsentanten der Restklasse $\mathfrak{a}$, auch dieser liegt also in K.

Wir haben also innerhalb des Ausgangskörpers K ein Repräsentantensystem T gefunden, das ein Körper ist. Nach Hilfssatz 3 lassen sich die Elemente von K eindeutig in die Form

$$\alpha = \Sigma a_n \pi^n \qquad (a \in T) \tag{5}$$

bringen. Wenn man zwei derartige Reihen nach den gewöhnlichen Potenzreihenrechenregeln addiert oder multipliziert, erhält man immer wieder eine Potenzreihe der gleichen Form (5). Mit dieser Feststellung ist die Struktur von K genau beschrieben:

K ist der (in üblicher Weise bewertete) Potenzreihenkörper über einem zu $\mathfrak{K}$ isomorphen Teilkörper T.

Als Entwicklungsgröße kann man ein beliebiges Primelement π nehmen.

Wir kommen jetzt zum *charakteristikungleichen Fall* und untersuchen erst *unverzweigte Körper*. K sei also ein diskret bewerteter perfekter Körper der Charakteristik 0 mit dem unvollkommenen Restklassenkörper $\mathfrak{K}$ der Charakteristik p, und p sei ein Primelement von K.

Wir werden für alle $n = 0, 1, 2, \ldots$ den *Restklassenring*

$$\mathfrak{R}_{n+1} = I/(p^{n+1}),$$

wo I der Bewertungsring von K ist, als Unterring des entsprechenden Restklassenringes, den man für L bilden kann, beschreiben. Wir geben also diejenigen Restklassen aus $J/(p^{n+1})$ an, die ein Element aus I enthalten und die darum, wenn man in nun schon geläufiger Weise $I/(p^{n+1})$ als Unterring von $J/(p^{n+1})$ auffaßt, Elemente von $\mathfrak{R}_{n+1}$ werden; J bezeichnet natürlich den Bewertungsring von L.

Wir bemerken vorweg: aus $\alpha \equiv \beta \pmod p$ folgt nach Hilfssatz 8

$$\alpha^{p^{n-\nu}} \equiv \beta^{p^{n-\nu}} \pmod{p^{n-\nu+1}},$$

also

$$p^\nu \alpha^{p^{n-\nu}} \equiv p^\nu \beta^{p^{n-\nu}} \pmod{p^{n+1}}.$$

Eine Restklasse α mod p legt also eindeutig eine Restklasse $p^\nu \alpha^{p^{n-\nu}}$ mod p^{n+1} fest. Das gilt für $\nu = 0, 1, \ldots, n$.

Hilfssatz 17. *B sei* (*vgl.* (3)) *die Menge aller Ausdrücke*

$$A = a_1^{e_1} \cdots a_r^{e_r}, \tag{6}$$

worin $a_1, \ldots, a_r$ verschiedene Elemente von M und die $e_i \geqq 0$ sind.

Dann besteht $\mathfrak{R}_{n+1}$ genau aus allen Restklassen

$$\sum_i A_{i,0} x_{i,0}^{p^n} + p \sum_i A_{i,1} x_{i,1}^{p^{n-1}} + \cdots + p^\nu \sum_i A_{i,\nu} x_{i,\nu}^{p^{n-\nu}} + \cdots + p^n \sum_i A_{i,n} x_{i,n} \pmod{p^{n+1}}, \tag{7}$$

wo die $A_{i,\nu}$ aus B und die $x_{i,\nu} \in J$ Vertreter von Restklassen aus $\mathfrak{K}$ (z. B. die multiplikativen Repräsentanten dieser Restklassen mod p) *sind.*

Beweis. Wie schon oben bemerkt wurde, macht es nichts aus, wenn man die $x_{i,\nu}$ durch Elemente von I, die ihnen mod p kongruent sind, ersetzt. Dann stellt aber (7) ein Element von I dar. Wir müssen noch zeigen, daß jedes Element von I einem Ausdruck (7) mod p^{n+1} kongruent ist.

Nach Hilfssatz 11 ist jedes Element α von I einer Summe $\sum_i A_{i,0} x_{i,0}^{p^n}$ mod p kongruent, indem die Ausdrücke (6) mod p eine Basis von $\mathfrak{K}$ über $\mathfrak{K}^{p^n}$ enthalten. Die $x_{i,0}$ sollen Elemente von I sein. Aber

$$(8) \qquad \beta = \frac{\alpha - \sum_i A_{i,0} x_{i,0}^{p^n}}{p}$$

liegt wieder in I, wir dürfen annehmen, β habe schon eine Darstellung

$$(9) \quad \beta \equiv \sum_i A_{i,1} x_{i,1}^{p^{n-1}} + \cdots + p^{\nu-1} \sum_i A_{i,\nu} x_{i,\nu}^{p^{n-\nu}} + \cdots + p^{n-1} \sum_i A_{i,n} x_{i,n} \pmod{p^n}.$$

Denn dieser Ausdruck geht aus (7) hervor, wenn man n durch $n-1$ ersetzt. Nun setzt man (9) in (8) ein und erhält (7).

Damit haben wir $\mathfrak{R}_{n+1}$ als Unterring von $J/(p^{n+1})$ ausgedrückt. In die Beschreibung (7) ging (außer L) nur der Restklassenkörper $\mathfrak{K}$ von K und die Menge M ein. M kann aber in L durch die p-Basis $\mathfrak{M}$ von $\mathfrak{K}$ charakterisiert werden:

Hilfssatz 18. *Die $a \in M$ sind in L die multiplikativen Repräsentanten ihrer Restklassen $\mathfrak{a} \in \mathfrak{M}$.*

Beweis. Wie schon bei der Konstruktion von L bemerkt wurde, gibt es zu jedem $a \in M$ eine Folge $a_{\overline{n}|}$ mit $a_{\overline{n+1}|}^p = a_{\overline{n}|}$. $a_{\overline{n}|}$ liegt also in der Restklasse $\mathfrak{a}^{p^{-n}}$, und es gilt $\lim_{n\to\infty} a_{\overline{n}|}^{p^n} = a$. Nach Hilfssatz 5 folgt die Behauptung.

Die $\mathfrak{R}_{n+1}$ sind also in $J/(p^{n+1})$ durch $\mathfrak{K}$ und durch $\mathfrak{M}$ eindeutig bestimmt.

Aber K ist durch die Gesamtheit der $\mathfrak{R}_{n+1}$ eindeutig als Unterkörper von L bestimmt. Denn K ist der Quotientenkörper von I, I ist aber, weil K perfekt ist, nach Hilfssatz 2 genau die Menge derjenigen $\alpha \in J$, die für jedes n in einer Restklasse aus $\mathfrak{R}_{n+1}$ liegen.

Hieraus folgt: *K ist durch $\mathfrak{K}$ bis auf Isomorphie eindeutig bestimmt.*

Denn ist auch K^* ein diskret bewerteter perfekter unverzweigter Körper der Charakteristik 0 mit dem Restklassenkörper $\mathfrak{K}^* \cong \mathfrak{K}$, so sei $\mathfrak{M}^*$ diejenige p-Basis von $\mathfrak{K}^*$, die $\mathfrak{M}$ bei dem gegebenen Isomorphismus $\mathfrak{K}^* \cong \mathfrak{K}$ entspricht, und M^* in K^* ein Repräsentantensystem für diese Restklassen. Wir konstruieren L^* wie vorher L; wegen $\mathfrak{L}^* \cong \mathfrak{L}$ besteht ein zugehöriger Isomorphismus $L^* \cong L$, denn das Rechnen in L ist durch das Rechnen in $\mathfrak{L}$ bestimmt. Dieser Isomorphismus läßt $\mathfrak{K}^*$ und $\mathfrak{K}$ sowie $\mathfrak{M}^*$ und $\mathfrak{M}$, mithin auch $\mathfrak{R}_{n+1}^*$ und $\mathfrak{R}_{n+1}$ sowie K^* und K einander entsprechen.

Wir haben auch eine Methode kennengelernt, um den unverzweigten Körper K zum Restklassenkörper $\mathfrak{K}$ zu konstruieren: Man bildet den kleinsten vollkommenen Oberkörper $\mathfrak{L}$ von $\mathfrak{K}$, konstruiert dazu den diskret bewerteten perfekten unverzweigten Körper L mit dem Restklassenkörper $\mathfrak{L}$, setzt für M die Menge der multiplikativen Repräsentanten einer p-Basis $\mathfrak{M}$ von $\mathfrak{K}$, bildet die Mengen $\mathfrak{R}_{n+1}$ nach der Formel (7), setzt I gleich der Menge aller α, die für jedes n in einer Restklasse aus $\mathfrak{R}_{n+1}$ mod p^{n+1} liegen und bildet K als Quotientenkörper von I. Wir werden bald noch genauer auf diese Konstruktion eingehen und werden beweisen, daß sie tatsächlich zu jedem $\mathfrak{K}$ einen diskret bewerteten perfekten unverzweigten Körper K der Charakteristik 0 mit dem vorgegebenen Restklassenkörper $\mathfrak{K}$ der Charakteristik p liefert.

Nehmen wir das einmal als richtig an. Dann können wir Hilfssatz 7 zum Teil auf unvollkommene Restklassenkörper übertragen:

In jedem diskret bewerteten perfekten Körper K der Charakteristik 0 mit dem unvollkommenen Restklassenkörper $\mathfrak{K}$ der Charakteristik p gibt es einen diskret bewerteten perfekten unverzweigten Teilkörper K' mit demselben Restklassenkörper $\mathfrak{K}$.

Wir bilden nämlich einfach zu K den Körper L, in diesem gibt es nach Hilfssatz 7 einen unverzweigten Unterkörper L' mit dem Restklassenkörper $\mathfrak{L}$. Wir wollten annehmen, es gebe zum Restklassenkörper $\mathfrak{K}$ schon einen diskret bewerteten perfekten unverzweigten Körper K'. Wir betten dann, von derselben p-Basis $\mathfrak{M}$ ausgehend wie bei der Konstruktion von L, K' in einen diskret bewerteten perfekten Körper mit dem Restklassenkörper $\mathfrak{L}$ ein; dieser muß zu L' (analytisch) isomorph sein, wir dürfen K' also gleich als Unterkörper von L' annehmen. Innerhalb L fallen dann natürlich die Restklassen mod π von K und von K' zusammen, und die Menge M der multiplikativen Repräsentanten der p-Basis $\mathfrak{M}$ von $\mathfrak{K}$ liegt schon in K'. Wir haben zu zeigen, daß K' ein Unterkörper von K ist.

Dazu stellen wir eine Erweiterung von Hilfssatz 17 auf. Es genügt nämlich zu zeigen, daß jedes Element α von K' mit $w(\alpha) \geqq 0$ stets mod $p^n\pi$ einem K-Element kongruent ist.

Wir wenden Hilfssatz 11 an, in dem wir aber n durch ns ersetzen ($s = w(p)$). Dann erhalten wir für α eine Darstellung

$$\alpha \equiv \sum_i A_{i,0} x_{i,0}^{p^{ns}} \pmod p,$$

worin die A dieselbe Bedeutung wie in (6) haben und auch die x beliebige Repräsentanten von $\mathfrak{K}$-Restklassen in K' sind. Nun schreiben wir

$$\alpha = \sum_i A_{i,0} x_{i,0}^{p^{ns}} + p\beta$$

und wenden auf β denselben Schluß an usw. Ähnlich wie in Hilfssatz 17 entsteht

$$\alpha \equiv \sum_i A_{i,0} x_{i,0}^{p^{ns}} + p \sum_i A_{i,1} x_{i,1}^{p^{(n-1)s}} + \cdots + p^\nu \sum_i A_{i,\nu} x_{i,\nu}^{p^{(n-\nu)s}} + \cdots + p^n \sum_i A_{i,n} x_{i,n} \pmod{p^{n+1}},$$

erst recht mod $p^n\pi$. Die A liegen aber nicht nur in K', sondern auch in K, und die x vertreten Restklassen mod π aus $\mathfrak{K}$, dürfen also durch Vertreter derselben Restklassen, welche in K liegen, ersetzt werden. Denn ändert man x mod π ab, so ändert man $p^\nu x^{p^{(n-\nu)s}}$ höchstens mod $p^n\pi$ ab (nach Hilfssatz 8; vgl. die Bemerkung vor Hilfssatz 17). α ist also für alle n kongruent einem K-Element mod $p^n\pi$, eine Folge von Restklassen aus den Restklassenringen $\mathfrak{R}_{ns+1} = I/(p^n\pi)$ zieht sich auf α zusammen, darum muß α in K liegen. Jedes Element von K' ist aber der Quotient zweier α mit $w(\alpha) \geqq 0$, daher $K' \leqq K$, w. z. b. w.

Jetzt wenden wir uns endgültig wieder den unverzweigten Körpern zu und *beweisen, daß man wirklich nach der oben angegebenen Vorschrift zu jedem gegebenen unvollkommenen Restklassenkörper $\mathfrak{K}$ einen diskret bewerteten perfekten unverzweigten Körper der Charakteristik 0 mit dem vorgegebenen Restklassenkörper finden kann.*

$\mathfrak{K}$ sei also ein unvollkommener Körper der Charakteristik p. $\mathfrak{M}$ sei eine p-Basis von $\mathfrak{K}$, $\mathfrak{L}$ sei der kleinste vollkommene Oberkörper von $\mathfrak{K}$. L sei *der* diskret bewertete perfekte unverzweigte Körper mit dem Restklassenkörper $\mathfrak{L}$. R sei das multiplikative Repräsentantensystem in L, M sei die Menge der R-Repräsentanten der Elemente von $\mathfrak{M}$. J sei der Bewertungsring von L.

Für alle $n = 0, 1, 2, \ldots$ bilden wir als Teilmenge von $J/(p^{n+1})$ die Menge $\mathfrak{R}_{n+1}$ aller Restklassen

$$(10)\quad \sum_i \pm A_{i,0} x_{i,0}^{p^n} + \cdots + p^\nu \sum_i \pm A_{i,\nu} x_{i,\nu}^{p^{n-\nu}} + \cdots + p^n \sum_i \pm A_{i,n} x_{i,n} \pmod{p^{n+1}}.$$

Die A haben dieselbe Bedeutung wie in (6):

$$A = \prod_k a_k^{e_k}, \quad a_k \in M.$$

Die x sollen auch wie in (7) Vertreter von Restklassen aus $\mathfrak{K}$ sein, auf die Auswahl dieser Vertreter kommt es, wie schon vor Hilfssatz 17 bemerkt wurde, nicht weiter an, denn wir betrachten (10) ja nur mod p^{n+1}. Der einzige Unterschied zwischen (7) und (10) besteht darin, daß in (10) auch abwechselnde Vorzeichen zugelassen sind, das vereinfacht die nachfolgenden Überlegungen.

Man sieht ohne weiteres:

Hilfssatz 19. $\mathfrak{R}_{n+1}$ *ist ein Ring, und zwar derjenige Unterring von* $J/(p^{n+1})$, *der von den Restklassen* a (mod p^{n+1}) *und* $p^\nu x^{p^{n-\nu}}$ (mod p^{n+1}) *erzeugt wird. a durchläuft hierin M, ν läuft von 0 bis n und x durchläuft ein Repräsentantensystem der Restklassen aus* $\mathfrak{K}$.

Zum Beweis hat man sich nur klar zu machen, daß auch ein Produkt $p^\nu x^{p^{n-\nu}} \cdot p^\mu y^{p^{n-\mu}}$ wieder in der Form (10) geschrieben werden kann: Für $\nu + \mu \leqq n$ ist

$$p^\nu x^{p^{n-\nu}} \cdot p^\mu y^{p^{n-\mu}} = p^{\nu+\mu} (x^{p^\mu} y^{p^\nu})^{p^{n-\nu-\mu}},$$

für $\nu + \mu > n$ ist

$$p^\nu x^{p^{n-\nu}} \cdot p^\mu y^{p^{n-\mu}} \equiv 0 \pmod{p^{n+1}}.$$

Noch trivialer ist

Hilfssatz 20. $\mathfrak{R}_1 = \mathfrak{K}$.

Hilfssatz 21. *Jede Restklasse aus* $\mathfrak{R}_{n+1}$ *enthält mindestens eine Restklasse aus* $\mathfrak{R}_{n+2}$.

Beweis. Nach Hilfssatz 19 braucht bloß bewiesen zu werden, daß jedes $p^\nu x^{p^{n-\nu}}$ mod p^{n+1} kongruent ist einem Ausdruck der Form (10), in dem n durch $n+1$ ersetzt ist.

Nach Hilfssatz 11 ist

$$x \equiv \sum_{k=1}^{g} A_k\, y_k^{p^{n+1}} \pmod{p},$$

worin A wie in (6) und die y Repräsentanten von $\mathfrak{K}$-Restklassen sind. Wir erheben die Kongruenz in die $p^{n-\nu}$-te Potenz und erhalten nach Hilfssatz 8

$$p^\nu x^{p^{n-\nu}} \equiv p^\nu \sum_{i_1+\cdots+i_g = p^{n-\nu}} \frac{p^{n-\nu}!}{i_1!\cdots i_g!} (A_1 y_1^{p^{n+1}})^{i_1} \cdots (A_g y_g^{p^{n+1}})^{i_g} \pmod{p^{n+1}}.$$

Hier liegt tatsächlich auf der rechten Seite jeder Summand, mod p^{n+2} betrachtet, in dem von den Restklassen $a \in M$ und den Restklassen $p^\nu y^{p^{n-\nu+1}}$ (y mod p Repräsentant einer $\mathfrak{K}$-Restklasse) mod p^{n+2} erzeugten Ring $\mathfrak{R}_{n+2}$.

Nun kommt ein schwererer Hilfssatz, der ein eigentümliches Licht auf den Mechanismus der p-adischen Addition wirft. Er nützt die Eigenschaft a) der p-Basis $\mathfrak{M}$ aus, während in Hilfssatz 21 die Eigenschaft b) benützt wurde.

Hilfssatz 22. *Jede durch p teilbare Restklasse aus* $\mathfrak{R}_{n+1}$ *entsteht durch Multiplikation von p mit einer Restklasse aus* $\mathfrak{R}_n$.

Beweis. In (10) liegen offenbar alle Ausdrücke in $p\,\mathfrak{R}_n$ außer $\sum_i \pm A_i x_i^{p^n}$ (ich lasse den Index 0 jetzt weg). Hierin können wir die

$$A_i = a_1^{e_{1,i}} \cdots a_r^{e_{r,i}} \qquad (a \in M)$$

offenbar auf

$$0 \leqq e_{\varrho,i} \leqq p^n - 1$$

normieren, weil man die p^n-te Potenz eines a mit in das $x_i^{p^n}$ stecken kann. Nehmen wir nun an, es sei

$$\sum_i \pm A_i x_i^{p^n} \equiv 0 \pmod{p}.$$

20*

Weil die normierten A nach Hilfssatz 11 mod p eine Basis von $\mathfrak{K}^{p^n}$ über $\mathfrak{K}$ bilden, muß für jedes einzelne A die über die zugehörigen x_i erstreckte algebraische Summe $\sum_i \pm x_i^{p^n}$ für sich $\equiv 0 \pmod p$ sein. Wir zeigen, daß dann $\sum_i \pm x_i^{p^n}$ mod p^{n+1} in $p\mathfrak{R}_n$ liegt.

Die x_i waren ursprünglich beliebige Repräsentanten ihrer in $\mathfrak{K}$ liegenden Restklassen, wir ersetzen sie jetzt durch Repräsentanten aus dem multiplikativen Repräsentantensystem R (das ist erlaubt). Nach Hilfssatz 6 ist

$$(11) \qquad \sum_i \pm x_i^{p^n} = \sum_{\nu=0}^{\infty} c_\nu p^\nu, \qquad c_\nu \in R,$$

wo die Restklassen $\mathfrak{c}_\nu^{p^\nu}$ mod p der $c_\nu^{p^\nu}$ sich ganzrational aus den Restklassen $\mathfrak{x}_i^{p^n}$ der $x_i^{p^n}$ berechnen lassen. Die $\mathfrak{x}_i$ lagen in $\mathfrak{K}$, die $\mathfrak{x}_i^{p^n}$ demnach in $\mathfrak{K}^{p^n}$; darum müssen auch die $\mathfrak{c}_\nu^{p^\nu}$ in $\mathfrak{K}^{p^n}$ liegn, d. h. $\mathfrak{c}_\nu \in \mathfrak{K}^{p^{n-\nu}}$.

Nach Voraussetzung ist $\sum_i \pm x_i^{p^n} \equiv c_0 \equiv 0 \pmod p$, also wegen $c_\nu \in R$

$$c_0 = 0.$$

Setzt man noch

$$c_\nu = y_\nu^{p^{n-\nu}}, \qquad y_\nu \in R \qquad (\nu = 1, \ldots, n),$$

so sind die y_ν Vertreter von Restklassen aus $\mathfrak{K}$, und (11) geht über in

$$\sum_i \pm x_i^{p^n} \equiv p y_1^{p^{n-1}} + \cdots + p^n y_n \pmod{p^{n+1}}.$$

Damit ist gezeigt, daß $\sum_i \pm x_i^{p^n}$ mod p^{n+1} in einer mit p multiplizierten $\mathfrak{R}_n$-Restklasse liegt.

Diese Hilfssätze ermöglichen uns nun die Konstruktion des gesuchten Unterkörpers K von L.

Jede Restklassenschachtelung

$$\mathfrak{r}_1 > \mathfrak{r}_2 > \cdots, \quad \mathfrak{r}_n \in \mathfrak{R}_n,$$

zieht sich nach Hilfssatz 2 auf ein Element von J zusammen, die Gesamtheit der so erhaltenen Elemente heiße I. Weil nach Hilfssatz 19 alle $\mathfrak{R}_n$ Ringe sind, ist offenbar auch I ein Ring. Ist $\mathfrak{a}$ eine beliebige Restklasse aus $\mathfrak{K}$, so liegt sie nach Hilfssatz 20 in $\mathfrak{R}_1$, nach Hilfssatz 21 enthält sie eine Restklasse aus $\mathfrak{R}_2$, diese enthält wieder eine Restklasse aus $\mathfrak{R}_3$ usf.; diese Folge zieht sich auf ein Element von I zusammen. Jede Restklasse aus $\mathfrak{K}$ enthält also ein Element aus I. Umgekehrt ist nach Hilfssatz 20 klar, daß jedes Element aus I mod p in einer Restklasse aus $\mathfrak{K}$ liegt. Wie in Hilfssatz 2 sieht man, daß I perfekt ist.

K sei der Quotientenkörper von I. K ist als Unterkörper von L selbstverständlich ein diskret bewerteter Körper der Charakteristik 0, in dem p ein Primelement ist. Wir werden gleich zeigen, *daß jedes Element* $\vartheta \in K$ *mit* $w(\vartheta) \geqq 0$ *in* I *liegt*. Nach Hilfssatz 1 ist dann K perfekt, und wie soeben festgestellt wurde ist der Restklassenkörper dann $\mathfrak{K}$.

Jedes Element ϑ von K hat die Form $\frac{\alpha}{\beta}$; $\alpha, \beta \in I$. Ist $w(\alpha) = a$, $w(\beta) = b$, so ist nach Hilfssatz 22 $\alpha = p^a \alpha'$, $\beta = p^b \beta'$; $\alpha', \beta' \in I$. Es sei $w\left(\frac{\alpha}{\beta}\right) \geqq 0$, dann ist $a \geqq b$. Die Restklasse β' mod p, also auch ihr Reziprokes liegen in $\mathfrak{K}$, darum gibt es ein $\gamma \in I$ mit $\beta'\gamma \equiv 1 \pmod p$. Es sei

$$\beta'\gamma = 1 - \delta, \qquad \delta \in I, \qquad w(\delta) > 0.$$

Dann ist

$$\frac{\alpha}{\beta} = p^{a-b} \alpha' \gamma (1 + \delta + \delta^2 + \cdots) \in I.$$

Eingegangen 5. September 1936.

12.
Der Elementarteilsatz für nichtkommutative Ringe

Sitzungsber. Preuß. Akad. Wiss., phys.-math. Kl. 169-177 (1937)

Unter dem Elementarteilersatz versteht man bekanntlich die folgende Aussage:

Gegeben sei eine Matrix $A = (a_{ik})$ $(i = 1 \cdots m, k = 1 \cdots n)$ mit Elementen a_{ik} ans einem Ring R, der ein Einselement 1 besitzt und keine Nullteiler enthält. Unter gewissen noch näher anzugebenden Voraussetzungen über R gibt es zu A stets eine quadratische m-reihige invertierbare Matrix B und eine quadratische n-reihige invertierbare Matrix C derart, daß BAC die Form

$$BAC = \begin{pmatrix} k_1 & 0 & \cdots & & 0 \\ 0 & k_2 & & & \\ \vdots & & \ddots & & \\ & & & k_r & \\ 0 & & & & 0 \end{pmatrix}$$

erhält; hier ist jedes k_i ein Teiler (und zwar zugleich Links- und Rechtsteiler) vor k_{i+1}.

Die Teilbarkeit von k_{i+1} durch k_i werden wir am Schluß noch genauer präzisieren.

B. L. van der Waerden beweist[1] diesen Satz unter zwei verschiedenen Voraussetzungen über R:

1. Jedem Element $a \neq 0$ von R soll eine natürliche Zahl $|a|$ zugeordnet sein, ferner soll $|0| = 0$ gesetzt werden, und es soll links und rechts ein Divisionsverfahren möglich sein: Zu a und $b \neq 0$ aus R gibt es q, r, q', r' mit
$$a = bq + r, \ |r| < |b|; \qquad a = q'b + r', \ |r'| < |b|.$$

2. R ist kommutativ, und in R ist jedes Ideal Hauptideal.

Wenn eine dieser beiden Voraussetzungen über R gilt, dann besteht über R der Elementarteilersatz. Es gelang aber a. a. O. nicht, allgemeinere Voraussetzungen zu finden, die beide oben getrennten Fälle umfassen.

Hier soll nun der Elementarteilersatz unter der Voraussetzung bewiesen werden, daß in R jedes Linksideal Hauptlinksideal und jedes Rechtsideal

[1] In seinem Lehrbuch: B. L. van der Waerden, Moderne Algebra. Teil I und Teil II. 1. Aufl. Berlin 1930, 1931. Zitiert mit MA. Der Elementarteilersatz steht in MA. II S. 122—124.

Hauptrechtsideal ist. Hierin sind offenbar beide oben genannten Fälle enthalten. Der genaue Gültigkeitsbereich des Elementarteilersatzes ist damit schon recht gut angenähert, denn aus dem Elementarteilersatz folgt ja leicht, daß in R je zwei Elemente links und rechts einen größten gemeinsamen Teiler haben, daß also jedes einseitige Ideal mit endlicher Idealbasis Hauptideal ist; in Ringen R mit Maximalbedingung (Teilerkettensatz[1]) für Links- und Rechtsideale ist unsere Bedingung also notwendig und hinreichend.

Beim Beweis müssen wir zu Anfang die einfachsten zahlentheoretischen Eigenschaften der hier betrachteten Klasse nichtkommutativer Ringe ableiten[2].

1.

R sei ein Ring ohne Nullteiler mit von 0 verschiedenem Einselement. a heißt Linksteiler von b, b von links durch a teilbar, wenn es ein (also nur ein) x mit $ax = b$ in R gibt; entsprechend Rechtsteiler. e heißt Einheit, wenn e ein Linksteiler der 1 ist, also $ef = 1$; dann ist auch $fe = 1$, also e auch Rechtsteiler der 1 (es ist nämlich $e(fe-1) = (ef-1)e = 0$ und $e \neq 0$).

Ein Rechtsideal ist eine Teilmenge von R, die mit a und b stets auch $a+b$ und $a-b$ enthält und die mit a stets auch alle ax (x beliebig aus R) enthält. Ein Hauptrechtsideal ist das von einem festen Element a erzeugte Rechtsideal, also die Menge aR aller ax (a fest, x in R beliebig); entsprechend Linksideal und Hauptlinksideal. Wir setzen von jetzt an voraus:

In R ist jedes Linksideal Hauptlinksideal und jedes Rechtsideal Hauptrechtsideal.

Dann gilt in R für einseitige Ideale die Maximalbedingung: In jeder nichtleeren Menge von Rechtsidealen gibt es ein maximales, d. h. eins, das von keinem andern Rechtsideal der Menge ein echter Teil ist. Zum Beweis[1] geht man von irgendeinem Rechtsideal $\mathfrak{a}_1$ der Menge aus, bestimmt dann, wenn vorhanden, ein $\mathfrak{a}_1$ umfassendes Rechtsideal $\mathfrak{a}_2$ der Menge, ein noch umfassenderes $\mathfrak{a}_3$ usf. Nach endlich vielen Schritten gelangt man zu einem maximalen $\mathfrak{a}_n$; sonst könnte man ja die Vereinigungsmenge all der unendlich vielen $\mathfrak{a}_\nu$ betrachten, sie wäre ein Rechtsideal aR; liegt a in $\mathfrak{a}_N$, dann hat man $\mathfrak{a}_{N+1} \subseteqq aR \subseteqq \mathfrak{a}_N$ im Widerspruch mit $\mathfrak{a}_N \subset \mathfrak{a}_{N+1}$. — Entsprechend schließt man für Linksideale.

In R gilt aber auch die eingeschränkte Minimalbedingung: In jeder nichtleeren Menge von Rechtsidealen, die alle ein festes Element $a \neq 0$ enthalten, gibt es ein minimales, d. h. eins, das kein anderes Rechtsideal der Menge als echten Teil enthält. Denn die Rechtsideale, die a enthalten, haben alle die Form bR, wo b Linksteiler von a ist: $bc = a$; die Rechtsideale bR und $b'R$ sind dann und nur dann

[1] MA. II S. 25—27 überträgt sich sofort in nichtkommutative Ringe.

[2] Vgl. hierzu H. Fitting, Über den Zusammenhang zwischen dem Begriff der Gleichartigkeit zweier Ideale und dem Äquivalenzbegriff der Elementarteilertheorie, Anm. 1.

gleich, wenn $b' = be$ (e Einheit). Ordnet man nun dem Rechtsideal bR das Linksideal Rc zu ($bc = a$), so ergibt das eine eineindeutige Abbildung der a enthaltenden Rechtsideale auf die a enthaltenden Linksideale. Diese Abbildung kehrt die Anordnung um, denn aus $bR \subset b'R$ und $a = bc = b'c'$ folgt $b = b'k$ (k nicht Einheit), $kc = c'$ und hieraus $Rc \supset Rc'$. Ist nun eine Menge a enthaltender Rechtsideale vorgelegt, so bildet sie sich auf eine Menge von Linksidealen ab, in dieser gibt es ein maximales; macht man die Abbildung wieder rückgängig, dann wird jenes maximale Linksideal in ein minimales Rechtsideal übergehen. — Entsprechend führt man die eingeschränkte Minimalbedingung für Linksideale auf die Maximalbedingung für Rechtsideale zurück.

Aus beidem folgt die Existenz einer Kompositionsreihe für R/aR ($a \neq 0$). R wird dabei als additiv geschriebene Abelsche Gruppe angesehen, in der noch die Multiplikationen mit beliebigen R-Elementen von rechts als Operatoren berücksichtigt werden. Eine Kompositionsreihe ist eine Kette von Rechtsidealen

$$R \supset d_1R \supset d_2R \supset \cdots \supset d_{r-1}R \supset aR,$$

in der zwischen zwei aufeinanderfolgenden Rechtsidealen kein weiteres mehr eingeschoben werden kann. Man erhält sie etwa so: d_1R sei (falls überhaupt $aR \subset R$, also a keine Einheit ist) ein maximales a enthaltendes Rechtsideal $\subset R$, d_2R ein maximales a enthaltendes Rechtsideal $\subset d_1R$ usf., diese Kette muß wegen der eingeschränkten Minimalbedingung abbrechen.

Nach dem Satz von Jordan-Hölder[1] stimmen für je zwei Kompositionsreihen für $R \mid aR$ die Anzahl r sowie (bis auf die Reihenfolge) die Restklassenmoduln $d_{i-1}R \mid d_iR$, als R-Rechtsmoduln betrachtet, bis auf Isomorphie überein ($d_0 = 1$, $d_r = a$). Die Zahl r nennen wir

$$r = \psi(a).$$

$\psi(a) = 0$ gilt genau für die Einheiten. Wir müssen jetzt diese Erkenntnis in eine verständlichere Ausdrucksweise übersetzen.

Ein Element a, das weder 0 noch Einheit ist, heißt unzerlegbar, wenn in jeder Zerlegung $a = bc$ der eine Faktor eine Einheit ist. In diesem Begriff steckt noch keine Bevorzugung von links oder rechts. Es gilt aber:

Dann und nur dann ist a unzerlegbar, wenn $R \mid aR$ einfach ist, d. h. wenn der Restklassenmodul $R \mid aR$, als R-Rechtsmodul angesehen, keinen von 0 und $R \mid aR$ selbst verschiedenen R-Rechts-Untermodul enthält. Zwischen R und aR soll also kein Rechtsideal mehr eingeschoben werden können.

Ist nämlich a zerlegbar: $a = bc$, weder b noch c Einheit, dann ist $R \supset bR \supset aR$. Kann man umgekehrt zwischen R und aR noch ein Rechtsideal einschieben, dann ist dies letztere ein Hauptrechtsideal bR: $R \supset bR \supset aR$. Aus $a \in bR$ folgt $a = bc$;

[1] MA. I S. 137—140.

(2*)

wäre b Einheit, dann wäre $R = bR$, wäre aber c Einheit, dann wäre $bR = aR$. — Ebenso zeigt man, daß $R \mid Ra$ als R-Linksmodul dann und nur dann einfach ist, wenn a unzerlegbar ist. $R \mid aR$ und $R \mid Ra$ sind also immer gleichzeitig einfach oder nicht.

Zwei R-Rechtsmoduln heißen operatorisomorph, wenn man den einen so ein-eindeutig auf den andern abbilden kann, daß eine Summe in die Summe der Bilder übergeht und daß das Produkt eines Modulelements mit einem rechtsstehenden R-Element in das Produkt des Bildes mit demselben rechtsstehenden R-Element übergeht. In diesem Sinne gilt

$$R \mid bR \cong dR \mid dbR \qquad (d \neq 0).$$

Um einen Operatorisomorphismus dieser zwei Restklassenmoduln herzustellen, hat man nur jede Restklasse (mod bR) von links mit d zu multiplizieren.

Nun kehren wir zu der Kompositionsreihe

$$R \supset d_1 R \supset d_2 R \supset \cdots \supset d_{r-1} R \supset aR$$

zurück, in der a nicht 0 und keine Einheit ist. Wir setzen natürlich

$$d_0 = 1, \qquad d_r = a.$$

Aus $d_i \in d_{i-1} R$ folgt

$$d_i = d_{i-1} b_i; \qquad d_i = b_1 b_2 \cdots b_i;$$

$$a = b_1 b_2 \cdots b_r.$$

Zwischen $d_{i-1} R$ und $d_i R$ sollte man kein Rechtsideal mehr einschieben können, d. h. $d_{i-1} R \mid d_i R$ sollte einfach sein. Wegen

$$d_{i-1} R \mid d_i R \cong R \mid b_i R$$

ist auch $R \mid b_i R$ einfach, d. h. b_i ist unzerlegbar. Wir haben also a als Produkt von $r = \psi(a)$ unzerlegbaren Faktoren dargestellt.

Während r ursprünglich die Länge einer Kompositionsreihe für $R \mid aR$ bezeichnete, sehen wir jetzt, daß r auch als Anzahl der unzerlegbaren Faktoren in einer Darstellung $a = b_1 \cdots b_r$ angesehen werden kann. Jeder Zerlegung von a in unzerlegbare Faktoren entspricht eine Kompositionsreihe für $R \mid aR$:

$$R \supset b_1 R \supset b_1 b_2 R \supset \cdots \supset b_1 \cdots b_{r-1} R \supset aR$$

und eine Kompositionsreihe für $R \mid Ra$:

$$R \supset R b_r \supset R b_{r-1} b_r \supset \cdots \supset R b_2 \cdots b_r \supset Ra,$$

und umgekehrt. Von Linksidealen ausgehend wäre man also auf dieselbe Zahl $r = \psi(a)$ gekommen. Nach dem Satz von Jordan und Hölder hängt $r = \psi(a)$ nicht von der speziellen Wahl der Zerlegung $a = b_1 \cdots b_r$ ab. $\psi(a) = 0$ kennzeichnet die Einheiten, $\psi(a) = 1$ die unzerlegbaren Elemente; $\psi(0)$ ist nicht definiert.

Auf Grund der Deutung von $\psi(a)$ als Faktorenzahl in einer Zerlegung von a in unzerlegbare Faktoren sieht man: Ist a ein Linksteiler (Rechtsteiler) von b, dann ist $\psi(a) \leqq \psi(b)$; das Gleichheitszeichen steht nur dann, wenn der Quotient eine Einheit ist, wenn also auch umgekehrt a von links (rechts) durch b teilbar ist.

2.

a und b seien nicht beide 0. Dann bilden wir den »größten gemeinsamen Teiler«, die »Summe« (aR, bR) von aR und bR, das ist die Menge aller $au + bx$ (u, x beliebig aus R). Diese Menge ist wieder ein Rechtsideal, also ein Hauptrechtsideal:

$$(aR, bR) = dR.$$

d ist bis auf eine rechtsstehende Einheit als Faktor eindeutig durch a und b bestimmt und heißt ein linksseitiger größter gemeinsamer Teiler von a und b. Es gibt u, x, p, q mit

$$d = au + bx, \qquad a = dp, b = dq.$$

Sind ferner a und b beide nicht 0, dann ist auch der Durchschnitt $aR \cap bR$ von aR und bR ein Rechtsideal:

$$aR \cap bR = mR.$$

m ist bis auf eine rechtsstehende Einheit als Faktor eindeutig durch a und b bestimmt und heißt ein rechtsseitiges kleinstes gemeinsames Vielfaches von a und b. Allerdings müssen wir vorläufig noch die Möglichkeit in Betracht ziehen, daß $m = 0$ ist; in ganz allgemeinen Ringen könnte derartiges tatsächlich vorkommen, aber wir werden sehen, daß unsere weitgehenden Voraussetzungen diese Möglichkeit ausschließen.

Wir gehen jetzt zur Untersuchung von Matrizen über. Eine quadratische Matrix A mit Elementen aus R heißt bekanntlich invertierbar, wenn es eine Matrix B mit Elementen aus R derart gibt, daß

$$AB = BA = E = \begin{pmatrix} 1 & & 0 \\ & \ddots & \\ 0 & & 1 \end{pmatrix}.$$

Zur Vorbereitung auf den Elementarteilersatz beweisen wir jetzt:

a und b seien nicht beide 0, d sei ein linksseitiger größter gemeinsamer Teiler von a und b. Dann kann man die Matrix $(a\ b)$ (mit einer Zeile und zwei Spalten), indem man sie von rechts mit einer quadratischen zweireihigen invertierbaren Matrix multipliziert, in die Matrix $(d\ 0)$ überführen.

Wenn $b = 0$ ist, dann ist $d = ae$, e Einheit, und man hat

$$(a\ b)\begin{pmatrix} e & 0 \\ 0 & 1 \end{pmatrix} = (d\ 0).$$

Die Matrix $\begin{pmatrix} e & 0 \\ 0 & 1 \end{pmatrix}$ ist offenbar invertierbar.

Wenn $a = 0$ ist, dann kommt man durch Multiplikation mit der Matrix $\begin{pmatrix} 0 & 1 \\ 1 & 0 \end{pmatrix}$ auf den vorigen Fall zurück.

Nun sei $a \neq 0$ und $b \neq 0$. Wir dürfen noch ohne Beschränkung der Allgemeinheit annehmen, ein linksseitiger größter gemeinsamer Teiler sei $d = 1$. Wenn wir nämlich erst diesen Fall erledigt haben, brauchen wir $(a\ b)$ nur von links mit einem beliebigen Element $d \neq 0$ zu multiplizieren und haben den allgemeinsten Fall.

Es sei also $a \neq 0$ und $b \neq 0$ und $(aR, bR) = R$. Dann gibt es u und x mit

$$au + bx = 1. \tag{1}$$

Wir multiplizieren (1) von rechts mit a und mit b:

$$bxa = a - aua; \tag{2}$$

$$-aub = bxb - b. \tag{3}$$

In beiden Gleichungen liegt die eine Seite in aR, die andere in bR. Setzen wir wie oben

$$aR \cap bR = mR,$$

dann liegen also in (2) und in (3) beide Seiten in mR. Deshalb kann auch m nicht gleich 0 sein: weil R keine Nullteiler hat, würde aus $m = 0$ ja folgen, daß in (2) und (3) beide Seiten $= 0$, also $x = 0$ und $u = 0$ wären, im Widerspruch mit (1). Wie oben kann man sich hier natürlich leicht von der vereinfachenden Annahme $(aR, bR) = R$ befreien, und wir haben das

Nebenergebnis: Das rechtsseitige kleinste gemeinsame Vielfache zweier von 0 verschiedener Elemente ist von 0 verschieden[1].

Nach Definition von m gibt es c und d mit

$$mc = bxa = a - aua, \tag{4}$$

$$md = -aub = bxb - b. \tag{5}$$

Ferner gibt es v und y mit

$$m = av = -by. \tag{6}$$

---

[1] Wie Wedderburn bemerkt (Non-commutative domains of integrity, Journal f. d. r. u. a. Math. 167, S. 138), folgt hieraus die Existenz des Quotientenschiefkörpers von R.

Jetzt kann man leicht bestätigen, daß

$$\begin{pmatrix} a & b \\ c & d \end{pmatrix}\begin{pmatrix} u & v \\ x & y \end{pmatrix}=\begin{pmatrix} u & v \\ x & y \end{pmatrix}\begin{pmatrix} a & b \\ c & d \end{pmatrix}=\begin{pmatrix} 1 & 0 \\ 0 & 1 \end{pmatrix}$$

gilt. Man wird nur diejenigen unter den behaupteten acht Gleichungen, in denen c oder d vorkommt, von vorn mit m bzw. a bzw. b multiplizieren, um (4) und (5) anwenden zu können, dann folgen die Gleichungen ganz einfach aus (1) und (6). $\begin{pmatrix} u & v \\ x & y \end{pmatrix}$ ist die gesuchte invertierbare Matrix mit der Eigenschaft

$$(a\ b)\begin{pmatrix} u & v \\ x & y \end{pmatrix}=(1\ 0).[1]$$

Durch Vertauschen von links und rechts erhält man:

Ist $(Ra, Rb)=Rd'$, dann kann man die Matrix $\begin{pmatrix} a \\ b \end{pmatrix}$, indem man sie von links mit einer quadratischen zweireihigen invertierbaren Matrix multipliziert, in $\begin{pmatrix} d' \\ 0 \end{pmatrix}$ überführen.

Auf eine beliebige Matrix

$$A=\begin{pmatrix} a_{11} & \cdots & a_{1n} \\ \vdots & & \vdots \\ \vdots & & \vdots \\ a_{m1} & \cdots & a_{mn} \end{pmatrix}$$

angewandt, besagt unser Ergebnis folgendes:

Es sei $(aR, bR)=dR$ und $(Ra, Rb)=Rd'$. Stehen a und b in A nebeneinander: $a=a_{ik}$, $b=a_{il}$, dann kann man A von rechts mit einer solchen invertierbaren Matrix multiplizieren, daß im Produkt d als Element vorkommt. Stehen aber a und b in A übereinander: $a=a_{ik}$, $b=a_{jk}$, dann kann man A von links mit einer solchen invertierbaren Matrix multiplizieren, daß im Produkt d' als Element vorkommt. In beiden Fällen werden nur diejenigen beiden Spalten bzw. Zeilen, die a und b enthalten, abgeändert.

3.

Wir beweisen nun den Elementarteilersatz nach der zweiten a. a. O.[2] angegebenen Methode. Die Matrix $A=(a_{ik})$ soll immer wieder so von links und von rechts mit invertierbaren Matrizen multipliziert werden, daß sie sich immer mehr der zu Anfang behaupteten Normalform nähert. Da bemerken wir vorweg, daß man auf

[1] Die einfacher aussehende Matrix, die van der Waerden a.a.O. angibt, ist nur in kommutativen Ringen brauchbar.

[2] Siehe Anmerkung 1 S. 169.

A durch Multiplikation mit invertierbaren Matrizen jedenfalls folgende Transformationen ausüben kann:

1. Vertauschung zweier Zeilen oder zweier Spalten.
2. Vermehrung einer Spalte um ein Rechtsvielfaches einer anderen Spalte ($a_{ik} \to a_{ik} + a_{il}\, q$).
3. Vermehrung einer Zeile um ein Linksvielfaches einer anderen Zeile ($a_{ik} \to a_{ik} + q\, a_{jk}$).

Außerdem behalten wir das Endergebnis des vorigen Abschnitts im Auge.

Es sei $A \neq 0$. Wir multiplizieren zuerst A von links und rechts so mit invertierbaren Matrizen, daß das Minimum der Funktion $\psi(a)$, für a alle von 0 verschiedenen Elemente der abgeänderten Matrix eingesetzt, möglichst klein wird. Wir nennen die abgeänderte Matrix gleich wieder $A = (a_{ik})$. Durch Vertauschen von Zeilen und Spalten können wir erreichen, daß dies Element mit möglichst kleinem $\psi(a)$ links oben in der Ecke steht:

$$a_{11} \neq 0, \ \psi(a_{11}) = \text{Min.}$$

Dies a_{11} wird jetzt ein Linksteiler sämtlicher a_{1k} sein. d sei nämlich ein linksseitiger größter gemeinsamer Teiler von a_{11} und a_{1k}. Dann kann man A von rechts mit einer invertierbaren Matrix so multiplizieren, daß d als Element erscheint. Wegen der Minimaleigenschaft von a_{11} muß

$$\psi(d) \geqq \psi(a_{11})$$

gelten, d ist aber Linksteiler von a_{11}. Beides verträgt sich nur, wenn auch umgekehrt a_{11} ein Linksteiler von d ist. Dann ist aber a_{11}, wie behauptet, auch Linksteiler von a_{1k}: $a_{1k} = a_{11} q$. Subtrahiert man die von rechts mit q multiplizierte erste Spalte von der k-ten Spalte, dann erreicht man $a_{1k} = 0$. So kann man alle Elemente der ersten Zeile außer a_{11} zum Verschwinden bringen. Entsprechend ersetzt man alle Elemente der ersten Spalte außer a_{11} durch 0. A hat jetzt diese Gestalt:

$$A = \begin{pmatrix} a_{11} & 0 \cdots 0 \\ 0 & \\ \cdot & A' \\ \cdot & \\ \cdot & \\ 0 & \end{pmatrix}.$$

Wir untersuchen die Teilbarkeit der Elemente a_{ik} ($i = 2 \cdots m$, $k = 2 \cdots n$) von A' durch a_{11}. Wenn man die i-te Zeile, mit q von links multipliziert, zur ersten addiert, stehen a_{11} und $q\, a_{ik}$ in einer Zeile nebeneinander. Wegen der Minimaleigenschaft von a_{11} folgt daraus wie oben $q\, a_{ik} \in a_{11} R$. Das gilt für jedes q, also $R a_{ik} \subseteqq a_{11} R$.

Entsprechend zeigt man $a_{ik}R \subseteqq Ra_{11}$, indem man die mit q von rechts multiplizierte k-te Spalte zur ersten addiert. Also

$$Ra_{ik}R \subseteqq Ra_{11} \cap a_{11}R.$$

Wenn für irgend zwei Elemente a und b die Beziehung $RbR \subseteqq Ra \cap aR$ besteht, dann soll a ein Totalteiler von b, b durch a total teilbar heißen. Die durch ein festes a total teilbaren b bilden offenbar ein zweiseitiges Ideal.

Oben liegen also alle Elemente von A' in dem zweiseitigen Ideal der durch a_{11} total teilbaren Elemente. Jetzt kann man für A', falls $A' \neq 0$ ist, dieselben Überlegungen durchführen wie vorhin für A, bei Multiplikation von A' von links oder rechts mit invertierbaren Matrizen kommt man nie aus dem zweiseitigen Ideal aller durch a_{11} total teilbaren Elemente heraus. Die erste Zeile und die erste Spalte von A werden jetzt natürlich nicht mehr abgeändert. So kommt man schließlich, indem A immer wieder links und rechts mit invertierbaren Matrizen multipliziert wird, zu der

Normalform:

$$A = \begin{pmatrix} k_1 & 0 & \cdots & 0 \\ 0 & k_2 & & \cdot \\ \cdot & & \ddots & \cdot \\ \cdot & & k_r & \cdot \\ 0 & \cdots & & 0 \end{pmatrix}.$$

Hier ist immer k_i ein Totalteiler von k_{i+1}.

Ausgegeben am 22. Juni.

13.

Untersuchungen über konforme und quasikonforme Abbildung

Deutsche Math. *3*, 621–678 (1938)

Einleitung.

Als im Sommer 1936 H. Wittich und ich über eine von E. Ullrich[1]) eingeführte Klasse von Riemannschen Flächen nachdachten, schien mir ein Beweis des folgenden Hilfssatzes wünschenswert:

Die punktierte z-Ebene sei eineindeutig und quasikonform auf die punktierte w-Ebene abgebildet. Für den Dilatationsquotienten gelte eine Abschätzung $D \leq C(|z|)$, wo $C(r)$ für $r \to \infty$ so schnell gegen 1 strebt, daß

$$\int^{\infty} (C(r)-1)\frac{dr}{r}$$

konvergiert. Dann ist bei Annäherung an den unendlich fernen Punkt

$$|w| \sim \mathrm{const} \cdot |z|.$$

Zuerst schien diese Aufgabe mit den analytischen Methoden angreifbar, mit denen Ahlfors[2]) die schlichte Abbildung einiger von R. Nevanlinna behandelter Flächen untersucht hat. Aber so einfach war die Sache nicht.

In der eben genannten Arbeit zeigt Ahlfors, daß das schlichte konforme Bild gewisser einfach zusammenhängender Flächen nicht beschränkt sein kann; dann wird mit Hilfe einer Differentialungleichung geschlossen, daß dies schlichte Bild die punktierte Ebene ist. Dies letztere ist doch selbstverständlich: andernfalls ließe es sich ja konform auf ein beschränktes Gebiet abbilden. Diese einfache Bemerkung führte mich auf den Gedanken, es sei wohl immer angebracht, die Ahlforsschen Abschätzungen erst nach geeigneten konformen Hilfsabbildungen vorzunehmen. Weil man bei unserem obigen Problem nur die Nähe von $z=\infty$, $w=\infty$ zu betrachten hat, diese Punkte aber ausschließen muß, liegt es nahe, mit Kreisringen oder allgemeineren Ringgebieten und deren konformer Abbildung zu arbeiten.

Auf Ringgebiete führt auch die folgende Fragestellung: Man betrachtet ein von n analytischen Kurven berandetes Gebiet, in dem h Innenpunkte und k Randpunkte markiert sind,

---

[1]) E. Ullrich, Zum Umkehrproblem der Wertverteilungslehre (vorläufige Mitteilung). Gött. Nachr. N. F. 1.

[2]) L. Ahlfors, Über eine in der neueren Wertverteilungslehre betrachtete Klasse transzendenter Funktionen. Acta math. 58.

1*

und bildet konform ab. In welchen Fällen gibt es eine genau einparametrige Schar konform inäquivalenter Konfigurationen? Antwort:

I. Eine Randkurve, zwei Innenpunkte.

II. Eine Randkurve, ein Innenpunkt, zwei Randpunkte.

III. Eine Randkurve, vier Randpunkte.

IV. Zwei Randkurven.

V. Zwei Randkurven, ein Randpunkt.

In den Fällen I. und II. sind die Greensche Funktion bzw. das harmonische Maß charakteristische konforme Invarianten. V. bringt gegenüber IV. nichts Neues. Wir werden also in den Fällen III. und IV. die konforme Invariante und ihre Eigenschaften suchen. Dabei tritt in dieser Arbeit der Fall IV., das Ringgebiet, mehr hervor, weil man oft III. auf IV. zurückführen kann, aber nicht umgekehrt.

Zuerst untersuchte ich Verzerrungssätze, von der Analogie mit dem E. Schmidtschen Beweis des Verzerrungssatzes[3]) ausgehend, der in einem Berliner mathematischen Seminar vorgetragen worden war. Aber dann stellte sich heraus, daß der eingangs genannte Satz auf einem ganz eigenartigen neuen Wege gedanklich viel einfacher zu beweisen ist. Der entscheidende Hilfssatz enthält eine hinreichende Bedingung dafür, daß die zwischen zwei Gebieten der Kugel liegende Punktmenge nahezu kreisförmig ist.

Bei diesen Untersuchungen ergab sich auch die Möglichkeit, die Ahlforsschen Verzerrungssätze ohne Differentialungleichungen, sogar noch in etwas schärferer Form zu beweisen. Ferner erhalten wir fast von selbst ein neues hinreichendes Kriterium für hyperbolischen Typus Riemannscher Flächen. Bekanntlich gibt es bisher hinreichende Kriterien für hyperbolischen Typus nur in qualitativer Form, wie die Scheibensätze[4]) und ihre Sonderfälle; hinreichende Kriterien von quantitativer (z. B. die Verzweigtheit messender) Art dagegen nur für parabolischen Typus[5]).

Wir gehen also jetzt von Ringgebiet und Viereck und ihren konformen Invarianten aus und folgen zunächst den Untersuchungen von Grötzsch[6]) über Extremalprobleme der konformen Abbildung, behalten aber immer das Ziel im Auge, durch Grenzübergänge Aussagen über das asymptotische Verhalten konformer und quasikonformer Abbildungen zu gewinnen; das wird gegen den Schluß der Arbeit immer deutlicher werden. Man kann schon von einer Kombination der Methoden von Grötzsch und Ahlfors reden.

Wegen des Umfanges dieser Arbeit werde noch der kürzeste Weg zu einigen Hauptergebnissen angegeben. Um den neuen Beweis des Ahlforsschen Verzerrungssatzes[7]) kennenzulernen, braucht man nur § 1, § 2. **1, 2, 6, 7** und § 3. **4—7** zu lesen. Die Abänderung eines Teils des Beweises der Arbeit über die Flächen mit endlich vielen logarithmischen Enden[2]) ergibt sich aus § 1, § 2. **5,** § 4. **1—3** und § 5. **1—3.** Um den an den Anfang gestellten Satz

---

[3]) R. Nevanlinna, Eindeutige analytische Funktionen, Berlin 1936, Kap. IV, § 3.

[4]) L. Ahlfors, Zur Theorie der Überlagerungsflächen. Acta math. 65.

[5]) Nach einem Referat im Zbl. Math. Grenzgebiete hat Sh. Kakutani im Japan. J. Math. 13 eine Arbeit: Applications of the theory of pseudo-regular functions to the type-problem of Riemann surfaces geschrieben, in der auch mit Hilfe von quasikonformen Abbildungen ein hinreichendes Kriterium für hyperbolischen Typus bewiesen wird. Diese Arbeit ist mir noch nicht zugänglich. S. Anm. 30a Seite 55.

[6]) Leipz. Ber. 80—84.

[7]) L. Ahlfors, Untersuchungen zur Theorie der konformen Abbildung und der ganzen Funktionen. Acta Soc. Sci. fenn. N. S. 1.

über quasikonforme Abbildung zu beweisen, hat man nur § 6. 1, 3, 6 hinzuzunehmen. Das hinreichende Kriterium für hyperbolischen Typus, das in § 7 abgeleitet wird, stützt sich nur auf § 1. 1—4 und § 6. 1, 3, 5.

Es sei noch ausdrücklich betont, daß § 1, § 2. 1—5 und § 3. 1, 2 nur schon bekannte Tatsachen in z. T. neuer Bezeichnung und Anordnung enthalten; ich habe diese Teile nur der Einheitlichkeit und Verständlichkeit des Ganzen wegen an den Anfang gestellt.

Herrn A. Dinghas habe ich dafür zu danken, daß er sich die Mühe gemacht hat, nach meinen Vorlagen die druckfertigen Zeichnungen herzustellen.

Inhaltsverzeichnis.

§ 1. Der Modul des Ringgebiets.

1. Begriff des Ringgebiets. Wir betrachten zunächst ein schlichtes zweifach zusammenhängendes Gebiet $\mathfrak{G}$ der z-Ebene. Sein Rand besteht bekanntlich aus zwei zusammenhängenden abgeschlossenen Mengen $\mathfrak{R}_1$ und $\mathfrak{R}_2$, die voneinander durch das Gebiet $\mathfrak{G}$ getrennt werden; $\mathfrak{R}_i$ ist demnach entweder ein Punkt oder ein Kontinuum. Auch die Menge aller nicht zu $\mathfrak{G}$ gehörenden Punkte der z-Ebene zerfällt in zwei durch $\mathfrak{G}$ getrennte abgeschlossene zusammenhängende Mengen $\mathfrak{K}_1$ und $\mathfrak{K}_2$; $\mathfrak{R}_i$ ist der Rand von $\mathfrak{K}_i$; $\mathfrak{K}_i$ ist dann und nur dann ein Punkt, wenn $\mathfrak{R}_i$ einer ist, sonst ein Kontinuum.

Wir sagen: $\mathfrak{G}$ trennt die Punkte (oder Kontinuen) P_1 und P_2, wenn P_1 auf $\mathfrak{K}_1$ und P_2 auf $\mathfrak{K}_2$ liegt.

Die Natur des Randes von $\mathfrak{G}$ bedingt eine dreifache Fallunterscheidung:

I. $\mathfrak{K}_1$ und $\mathfrak{K}_2$ sind Punkte.

II. $\mathfrak{K}_1$ ist ein Kontinuum, $\mathfrak{K}_2$ ist ein Punkt.

III. $\mathfrak{K}_1$ und $\mathfrak{K}_2$ sind Kontinuen.

Diese drei Typen sind bei schlichter konformer Abbildung invariant, denn nach dem sog. Satz über hebbare Singularitäten entspricht einem isolierten Randpunkt bei schlichter konformer Abbildung nie ein Randkontinuum, sondern stets wieder ein isolierter Randpunkt.

Im Fall I. kann man $\mathfrak{G}$ normieren, indem man die Punkte $\mathfrak{K}_1$ und $\mathfrak{K}_2$ durch eine lineare Transformation nach 0 und ∞ bringt.

Im Fall II. wirft eine lineare Transformation $\mathfrak{K}_2$ nach ∞. Nimmt man jetzt vorübergehend ∞ mit zum Gebiet hinzu, dann wird es einfach zusammenhängend. Weil es noch ein Randkontinuum $\mathfrak{R}_1$ hat, kann man es konform [8]) auf das Äußere des Einheitskreises abbilden; hierbei möge ∞ in ∞ übergehen. Läßt man jetzt den Punkt ∞ wieder fort, so hat man eine konforme Abbildung von $\mathfrak{G}$ auf das normierte Gebiet $1 < |w| < \infty$. (Natürlich hätte man auch $0 < |w| < 1$ als normiertes Gebiet nehmen können.)

Der Fall III. wird uns im folgenden interessieren.

Unter einem **Ringgebiet** verstehen wir ein zweifach zusammenhängendes Gebiet, das von zwei Kontinuen begrenzt wird.

$\mathfrak{K}_1$ und $\mathfrak{K}_2$ sollen **die Komplementärkontinuen,** $\mathfrak{R}_1$ und $\mathfrak{R}_2$ die **Randkomponenten** von $\mathfrak{G}$ heißen.

2. Abbildung auf einen Kreisring; Modul. Nach bekannten Methoden der Uniformisierungstheorie [9]) beweisen wir:

Man kann jedes Ringgebiet $\mathfrak{G}$ konform auf einen konzentrischen Kreisring $r < |w| < R$ abbilden.

Beweis: Wir dürfen annehmen, $z = 0$ gehöre dem einen, $z = \infty$ dem anderen Komplementärkontinuum von $\mathfrak{G}$ an. Durch $\zeta = \log z$ wird die relativ unverzweigte einfach zusammenhängende Überlagerungsfläche von $\mathfrak{G}$ konform auf ein einfach zusammenhängendes Gebiet Γ der ζ-Ebene abgebildet. Einer einfach geschlossenen Kurve $\mathfrak{C}_z$ in $\mathfrak{G}$, welche $z = 0$ von $z = \infty$ trennt, entspricht dabei eine sich mod $2\pi i$ periodisch wiederholende Kurve $\mathfrak{C}_\zeta$, deren Enden für $\mathfrak{I}\zeta \to \pm\infty$ zwei erreichbare Randpunkte [10]) $\zeta = \infty$ definieren; diese sind voneinander verschieden, weil ein hinreichend großer Kreis der ζ-Ebene Teile der Bilder von $\mathfrak{K}_1$ und $\mathfrak{K}_2$ enthält und Γ einfach zusammenhängend ist. Nun bilden wir Γ konform auf $|\omega| < 1$ ab; der Translation $\zeta \to \zeta + 2\pi i$, die Γ in sich überführt, entspricht eine lineare Transformation S des Einheitskreises in sich, welche keine Fixpunkte im Innern von $|\omega| < 1$ hat. Liegt der Punkt ω_0 auf dem ω-Bild von $\mathfrak{C}_\zeta$, dann konvergiert $S^n\omega_0$ für $n \to +\infty$ bzw. $n \to -\infty$ einerseits gegen die Fixpunkte von S auf dem Einheitskreis, andererseits gegen die ω-Bilder der durch die beiden Enden von $\mathfrak{C}_\zeta$ definierten erreichbaren Randpunkte über $\zeta = \infty$. Die letzteren sind aber voneinander verschieden, darum hat S zwei verschiedene Fixpunkte auf $|\omega| = 1$ und ist hyperbolisch. Nun bilden wir $|\omega| < 1$ so konform auf einen Parallelstreifen einer F-Ebene ab, daß die beiden Fixpunkte von S in die (über $F = \infty$ liegenden) Enden des Streifens übergehen; durch eine Ähnlichkeitstransformation kann man noch erreichen, daß S gerade in die Translation $F \to F + 2\pi i$ übergeht. Es handelt sich dann um einen Streifen $t_1 < \mathfrak{R} F < t_2$, der durch S bis auf eine Translation eindeutig bestimmt ist, so daß $t_2 - t_1$ durch das Gebiet $\mathfrak{G}$ eindeutig festgelegt ist. (Denn auch wenn man S durch S^{-1} ersetzt, ändert sich die positive Zahl $t_2 - t_1$ nicht.) Einem einmaligen Umlauf in positiver Richtung um $z = 0$ in $\mathfrak{G}$ entspricht jetzt eine Vermehrung von F um $2\pi i$; bildet man $w = e^F$, dann geht der F-Streifen in einen konzentrischen Kreisring mit dem Mittelpunkt 0 über, und die Abbildung $z \to w$ ist eineindeutig.

$\mathfrak{G}$ ist also auf ein normiertes Ringgebiet $0 < r < |w| < R < \infty$ konform abgebildet. Man entnimmt dem Beweis sofort, daß es nur auf den Quotienten $\frac{R}{r}$ ankommt, daß dieser

---

8) Unter einer konformen Abbildung verstehen wir immer nur eine Abbildung, die auch eineindeutig ist.

9) P. Koebe, Abhandlungen zur Theorie der konformen Abbildung I. Die Kreisabbildung des allgemeinsten einfach und zweifach zusammenhängenden schlichten Bereichs und die Ränderzuordnung bei konformer Abbildung. J. reine angew. Math. 145.

10) Vgl. z. B. L. Bieberbach, Lehrbuch der Funktionentheorie II, Berlin 1927, 1931, Kap. I, § 5.

aber durch $\mathfrak{G}$ eindeutig bestimmt ist. Den Logarithmus dieses Radienquotienten, also die Größe $t_2 - t_1$ des obigen Beweises, bezeichnen wir als Modul von $\mathfrak{G}$:

$$M = \log R - \log r.$$

Man bilde das Ringgebiet $\mathfrak{G}$ konform auf einen konzentrischen Kreisring $r < |w| < R$ ab. Dann heißt $M = \log R - \log r$ der **Modul** von $\mathfrak{G}$. Er ist **die konforme Invariante** von $\mathfrak{G}$.

Für die Invarianz des Moduls werden wir noch einen Beweis kennenlernen.

3. Abschätzung des Moduls durch den logarithmischen Flächeninhalt. Wir beginnen jetzt damit, den Modul eines Ringgebiets mit geometrischen Eigenschaften dieses Gebiets in Verbindung zu bringen.

Dabei ist es angebracht, in der in 0 und ∞ punktierten z-Ebene eine **logarithmische Metrik** einzuführen: die logarithmische Länge einer Kurve sei $\int |d \log z| = \int \frac{|dz|}{|z|}$, der logarithmische Flächeninhalt sei $\iint \boxed{d \log z} = \iint \frac{\boxed{dz}}{|z|^2}$. In der letzten Formel bedeuten $\boxed{dz}$ und $\boxed{d \log z}$ das Flächenelement der z- bzw. $\log z$-Ebene: $\boxed{dz} = dx\,dy = r\,dr\,d\varphi$ $(z = x + i y = r e^{i\varphi})$. Man kann das auch so deuten, daß man Längen und Bereiche vor dem Messen erst in die $\log z$-Ebene überträgt, wobei natürlich $\log z \bmod 2\pi i$ zu nehmen ist[11]). Die logarithmische Länge eines Kreises $|z| = r$ ist z. B. 2π, der logarithmische Flächeninhalt von $r < |z| < R$ ist $2\pi(\log R - \log r)$.

Ein Ringgebiet $\mathfrak{G}$ trenne 0 und ∞; F sei sein logarithmischer Flächeninhalt, M sein Modul. Dann gilt $2\pi M \leq F$. Gleichheit gilt nur für einen Kreisring $r < |z| < R$.

Beweis: Nach § 1. 2 kann man $\mathfrak{G}$ konform auf $r < |w| < R$ abbilden, hier ist $\log R - \log r = M$. Wir setzen $w = \varrho e^{i\vartheta}$. Einem Kreise $|w| = \varrho = \text{const}$ entspricht in $\mathfrak{G}$ eine einfach geschlossene Kurve, die die beiden Randkomponenten voneinander trennt; auf ihr muß sich deshalb $\log z$ bei einem Umlauf um $2\pi i$ ändern, es folgt

$$2\pi \leq \int_0^{2\pi} \left| \frac{d \log z}{dw} \right| \varrho\, d\vartheta .$$

Nach der Schwarzschen Ungleichung folgt

$$4\pi^2 \leq \int_0^{2\pi} d\vartheta \cdot \int_0^{2\pi} \left| \frac{d \log z}{dw} \right|^2 \varrho^2\, d\vartheta ;$$

$$\frac{2\pi}{\varrho} \leq \int_0^{2\pi} \left| \frac{d \log z}{dw} \right|^2 \varrho\, d\vartheta .$$

Integration nach ϱ von r bis R liefert

$$2\pi \int_r^R \frac{d\varrho}{\varrho} \leq \int_r^R \int_0^{2\pi} \left| \frac{d \log z}{dw} \right|^2 \varrho\, d\varrho\, d\vartheta = \iint_{\mathfrak{G}} \boxed{d \log z} ;$$

$$2\pi M = 2\pi (\log R - \log r) \leq F .$$

[11]) Die logarithmische Metrik kann nach Koebe auch als gewöhnliche Metrik auf einem unendlich langen geraden Kreiszylinder mit dem Halbmesser 1 gedeutet werden, auf den man die in 0 und ∞ punktierte z-Ebene konform abbildet.

Wenn in dieser Abschätzung das Gleichheitszeichen stehen soll, dann muß in der Herleitung überall das Gleichheitszeichen stehen. Dann muß also erstens bei Integration über das z-Bild des Kreises $|w| = \varrho = \text{const}$ stets $\int |d \log z| = 2\pi$ sein, d. h. es muß $\arg \frac{d \log z}{d \log w} = 0$ oder π sein, damit dies Bild ein Kreis $|z| = \text{const}$ wird. Zweitens steht in der Schwarzschen Ungleichung das Gleichheitszeichen nur, wenn $\left|\frac{d \log z}{dw}\right| \varrho = \left|\frac{d \log z}{d \log w}\right|$ eine Funktion von ϱ allein ist. Es muß also $\frac{d \log z}{d \log w} = \pm 1$, $z = \text{const} \cdot w$ oder $z = \frac{\text{const}}{w}$ sein.

Das war ein einfaches Beispiel einer von Grötzsch und Ahlfors oft angewandten Methode, die uns noch länger beschäftigen wird.

Der Beweis zeigt zugleich, daß man einen konzentrischen Kreisring nicht konform auf einen anderen mit kleinerem Radienquotienten abbilden kann. Wir haben also einen neuen Beweis für die Invarianz des Moduls.

4. Monotonie des Moduls. Aus der soeben bewiesenen wichtigen Ungleichung ziehen wir gleich zwei Folgerungen, die immer wieder gebraucht werden; andere Folgerungen werden in § 2 abgeleitet.

Wenn ein Ringgebiet $\mathfrak{G}'$ mit dem Modul M' Teil eines Ringgebiets $\mathfrak{G}$ mit dem Modul M ist und dessen Komplementärkontinuen voneinander trennt, dann ist

$$M' \leq M.$$

Gleichheit gilt nur im Falle $\mathfrak{G}' = \mathfrak{G}$.

Die topologische Zusatzvoraussetzung ist nicht überflüssig, denn in jedem Ringgebiet $\mathfrak{G}$ kann man in jeder Kreisscheibe Kreisringe beliebig großen Moduls unterbringen; die letzteren trennen aber keine Randpunkte von $\mathfrak{G}$ voneinander.

Beweis: Wir bilden $\mathfrak{G}$ auf $r < |w| < R$ ab: $\log R - \log r = M$. $\mathfrak{G}'$ geht dabei in ein Teilringgebiet dieses Kreisringes über, welches wieder dessen beide Randkomponenten $|w| = r$ und $|w| = R$ trennt; erst recht trennt es $w = 0$ von $w = \infty$. Ist F' sein logarithmischer Flächeninhalt, dann gilt nach § 1. 3

$$2\pi M' \leq F' \leq 2\pi(\log R - \log r) = 2\pi M.$$

Gleichheit kann nur gelten, wenn das w-Bild von $\mathfrak{G}'$ ein Kreisring mit dem Mittelpunkt 0 und dem logarithmischen Flächeninhalt $2\pi(\log R - \log r)$ ist, also mit dem Kreisring $r < |z| < R$ identisch ist; dann ist $\mathfrak{G}' = \mathfrak{G}$.

5. Wenn ein Ringgebiet $\mathfrak{G}$ mit dem Modul M zwei punktfremde Ringgebiete $\mathfrak{G}', \mathfrak{G}''$ mit den Moduln M', M'' enthält, von denen jedes die beiden Komplementärkontinuen von $\mathfrak{G}$ trennt, dann gilt

$$M' + M'' \leq M \text{ [12]}.$$

Beweis: Wir dürfen wieder sofort annehmen, $\mathfrak{G}$ sei das Gebiet $r < |z| < R$. Sind dann F' und F'' die logarithmischen Flächeninhalte von $\mathfrak{G}'$ und $\mathfrak{G}''$, dann gilt nach § 1. 3

$$2\pi(M' + M'') \leq F' + F'' \leq 2\pi(\log R - \log r) = 2\pi M.$$

Unter der Annahme, daß $\mathfrak{G}$: $r < |z| < R$ ist, kann offenbar nur dann das Gleichheitszeichen stehen, wenn $\mathfrak{G}'$: $r < |z| < \varrho$ und $\mathfrak{G}''$: $\varrho < |z| < R$ ist oder umgekehrt.

[12]) H. Grötzsch, Über einige Extremalprobleme der konformen Abbildung. Leipz. Ber. 80, Anm. auf S. 370.

6. Der reduzierte Modul. $\mathfrak{G}$ sei ein einfach zusammenhängendes Gebiet, das $z=0$, nicht aber $z=\infty$ enthält. Für hinreichend kleines ϱ verläuft der Kreis $|z|=\varrho$ ganz in $\mathfrak{G}$; der Durchschnitt von $\mathfrak{G}$ mit $|z|>\varrho$ ist ein Ringgebiet $\mathfrak{G}_\varrho$, es sei denn, $\mathfrak{G}$ sei die punktierte Ebene; den Fall schließen wir aus. Für spätere Untersuchungen brauchen wir Kenntnisse über das Verhalten des Moduls M_ϱ von $\mathfrak{G}_\varrho$ für $\varrho \to 0$.

Wir bilden $\mathfrak{G}$ konform so auf $|w|<1$ ab, daß $z=0$ in $w=0$ übergeht, und setzen $\left|\frac{dz}{dw}\right|_0 = R$. R ist der Halbmesser desjenigen Kreises um 0, auf den man $\mathfrak{G}$ konform so abbilden kann, daß 0 in 0 übergeht und die Ableitung im Nullpunkt gleich 1 wird; man nennt R wohl auch den **Abbildungsradius** von $\mathfrak{G}$.

Bei unserer Abbildung von $\mathfrak{G}$ auf $|w|<1$ geht $|z|=\varrho$ nach dem Verzerrungssatz in eine einfach geschlossene Kurve über, die zwischen $|w|=\varrho_1$ und $|w|=\varrho_2$ verläuft; hier sind ϱ_1 und ϱ_2 aus den Gleichungen

$$R\frac{\varrho_1}{(1-\varrho_1)^2} = R\frac{\varrho_2}{(1+\varrho_2)^2} = \varrho$$

zu bestimmen. Die zweite Gleichung hat nur für $\varrho < \frac{R}{4}$ eine Lösung im Intervall $0<\varrho_2<1$; für $\varrho \geq \frac{R}{4}$ muß man $\varrho_2 = 1$ setzen. Man erhält für $\varrho < \frac{R}{4}$

$$\varrho_1 = 1 + \frac{R}{2\varrho} - \frac{R}{2\varrho}\sqrt{1+\frac{4\varrho}{R}} > \frac{\varrho}{R} - 2\frac{\varrho^2}{R^2},$$

$$\varrho_2 = \frac{R}{2\varrho} - 1 - \frac{R}{2\varrho}\sqrt{1-\frac{4\varrho}{R}} < \frac{\varrho}{R} + 2\frac{\varrho^2}{R(R-4\varrho)}.$$

(Die Abschätzungen erhält man vielleicht am einfachsten durch Entwickeln nach Potenzen von $\frac{\varrho}{R}$.) Wir sehen, daß ϱ_1 und ϱ_2 in erster Näherung gleich $\frac{\varrho}{R}$ sind. $\mathfrak{G}_\varrho$ ist also auf ein Ringgebiet konform abgebildet, das in dem Kreisring $\varrho_1<|w|<1$ enthalten ist und selbst den Kreisring $\varrho_2<|w|<1$ enthält; nach § 1. 4 gilt

$$\log\frac{1}{\varrho_2} < M_\varrho < \log\frac{1}{\varrho_1}$$

oder

$$-\frac{2\varrho}{R-4\varrho} < \log\frac{1}{1+\frac{2\varrho}{R-4\varrho}} < \log\frac{\varrho}{R\varrho_2} < M_\varrho + \log\frac{\varrho}{R}$$

$$< \log\frac{\varrho}{R\varrho_1} < \log\frac{1}{1-\frac{2\varrho}{R}} < \frac{2\varrho}{R-2\varrho} < \frac{2\varrho}{R-4\varrho}$$

oder

$$|M_\varrho + \log\varrho - \log R| < \frac{2\varrho}{R-4\varrho}.$$

Wir ziehen eine erste Folgerung:

Für $\varrho\to 0$ konvergiert $M_\varrho + \log\varrho$ gegen $\log R$.

Dies Ergebnis gibt Anlaß zu der folgenden Definition:

Der Logarithmus des Abbildungsradius von $\mathfrak{G}$ heiße der **reduzierte Modul** $\tilde{M}$ von $\mathfrak{G}$.

Also $\tilde{M} = \log R = \lim\limits_{\varrho\to 0}(M_\varrho + \log\varrho)$. Von Invarianz dieses reduzierten Moduls ist natürlich keine Rede, trotzdem wird er sich als wertvolles Hilfsmittel erweisen. Erst später, z. B. gegen Schluß von § 4, werden wir sehen, warum es zweckmäßig ist, den Logarithmus von Radienquotient und Abbildungsradius als Modul bzw. reduzierten Modul zu definieren; hier genüge der Hinweis auf die Verknüpfung mit der logarithmischen Metrik in § 1. 3.

$M_\varrho + \log \varrho$ wächst bei fallendem ϱ. Denn für $\varrho' < \varrho$ zerschneidet der Kreis $|z| = \varrho$ das Ringgebiet $\mathfrak{G}_{\varrho'}$ mit dem Modul $M_{\varrho'}$ in zwei Teile: den Kreisring $\varrho' < |z| < \varrho$ mit dem Modul $\log \varrho - \log \varrho'$ und das Ringgebiet $\mathfrak{G}_\varrho$ mit dem Modul M_ϱ. Nach § 1. 5 gilt

$$(\log \varrho - \log \varrho') + M_\varrho \leq M_{\varrho'},$$

$$M_\varrho + \log \varrho \leq M_{\varrho'} + \log \varrho'.$$

Hieraus folgt zusammen mit der oben hergeleiteten Abschätzung:

Hat $\mathfrak{G}$ den reduzierten Modul $\tilde{M}$ und der Teil $|z| > \varrho$ von $\mathfrak{G}$ den Modul M_ϱ, dann gilt für $\varrho < \frac{e^{\tilde{M}}}{4}$

$$\tilde{M} - \frac{2\varrho}{e^{\tilde{M}} - 4\varrho} < M_\varrho + \log \varrho \leq \tilde{M}.$$

Man bemerke hierzu, daß nach dem Satz von Koebe erst für $\varrho < \frac{R}{4}$ der Kreis $|z| = \varrho$ bestimmt ganz in $\mathfrak{G}$ liegt, das erklärt das Auftreten des Nenners $R - 4\varrho = e^{\tilde{M}} - 4\varrho$. Vermutlich gibt es eine viel bessere Abschätzung.

Durch die Transformation $z \to \frac{1}{z}$ erhält man ohne weiteres:

$\mathfrak{G}$ sei ein einfach zusammenhängendes, nicht 0 aber ∞ enthaltendes Gebiet (und nicht die in 0 punktierte Ebene). Der **reziproke Abbildungsradius** R von $\mathfrak{G}$ ist der Halbmesser desjenigen Kreises um 0, auf dessen Äußeres man $\mathfrak{G}$ konform so abbilden kann, daß ∞ in ∞ übergeht und die Ableitung im Unendlichen gleich 1 ist. Wir nennen

$$\tilde{M} = -\log R$$

den **reduzierten Modul** von $\mathfrak{G}$. Ist M_P für $P > 4R$ der Modul des Durchschnitts von $\mathfrak{G}$ mit $|z| < P$ (der ein Ringgebiet ist), dann strebt $M_P - \log P$ für $P \to \infty$ monoton wachsend gegen $\tilde{M}$; genauer ist

$$\tilde{M} - \frac{2}{P e^{\tilde{M}} - 4} < M_P - \log P \leq \tilde{M}.$$

7. Reduzierter Modul und reduzierter logarithmischer Flächeninhalt. $\mathfrak{G}$ sei wieder ein nicht ∞ aber 0 enthaltendes einfach zusammenhängendes Gebiet und von der in ∞ punktierten Ebene verschieden. Wie wir einen reduzierten Modul $\tilde{M} = \lim_{\varrho \to 0} (M_\varrho + \log \varrho)$ eingeführt haben, so soll jetzt auch ein reduzierter logarithmischer Flächeninhalt definiert und dann § 1. 3 übertragen werden.

ϱ sei so klein, daß der Kreis $|z| = \varrho$ ganz in $\mathfrak{G}$ verläuft, $\mathfrak{G}_\varrho$ der Teil $|z| > \varrho$ von $\mathfrak{G}$ und F_ϱ der logarithmische Flächeninhalt von $\mathfrak{G}_\varrho$ $(0 < F_\varrho \leq \infty)$. Dann ist

$$F_\varrho + 2\pi \log \varrho$$

von ϱ unabhängig, denn für $\varrho' < \varrho$ ist offenbar

$$F_{\varrho'} = 2\pi (\log \varrho - \log \varrho') + F_\varrho.$$

Diese von ϱ unabhängige Größe nennen wir den **reduzierten logarithmischen Flächeninhalt** $\tilde{F}$ von $\mathfrak{G}$:

$$\tilde{F} = F_\varrho + 2\pi \log \varrho .$$

Zwischen dem reduzierten Modul $\tilde{M}$ und dem reduzierten logarithmischen Flächeninhalt $\tilde{F}$ besteht die Ungleichung

$$2\pi \tilde{M} \leq \tilde{F} .$$

Gleichheit gilt nur, wenn $\mathfrak{G}$ ein Kreis $|z| < R$ ist.

Denn bezeichnen wir wieder mit M_ϱ den Modul von $\mathfrak{G}_\varrho$, dann gilt nach § 1. 3

$$2\pi M_\varrho \leq F_\varrho ,$$

$$2\pi (M_\varrho + \log \varrho) \leq F_\varrho + 2\pi \log \varrho ;$$

Grenzübergang $\varrho \to 0$ liefert die behauptete Ungleichung.

Dieser Beweis gibt keinen Aufschluß darüber, wann das Gleichheitszeichen steht. Weil wir aber wegen Anwendungen in § 4 darauf Gewicht legen müssen, beweisen wir den Satz nochmals direkt nach der Methode von § 1. 3.

Wir bilden $\mathfrak{G}$ konform so auf $|w| < 1$ ab, daß 0 in 0 übergeht; dabei wird $\left|\frac{dz}{dw}\right|_0 = e^{\tilde{M}}$. Es werde $w = \varrho e^{i\vartheta}$ gesetzt. Die logarithmische Länge des z-Bildes des Kreises $|w| = \varrho = \text{const}$ ist mindestens 2π und ist größer als 2π, wenn dies z-Bild von $|w| = \varrho$ kein Kreis um 0 ist:

$$2\pi \leq \int_0^{2\pi} \left|\frac{d \log z}{d \log w}\right| d\vartheta .$$

Steht hier für ein ϱ-Intervall das Gleichheitszeichen, dann ist $\frac{d \log z}{d \log w}$ reell und folglich konstant und gleich 1, es ist $z = \text{const} \cdot w$. — Nach der Schwarzschen Ungleichung folgt

$$4\pi^2 \leq \int_0^{2\pi} d\vartheta \cdot \int_0^{2\pi} \left|\frac{d \log z}{d \log w}\right|^2 d\vartheta ,$$

$$2\pi \leq \int_0^{2\pi} \left|\frac{d \log z}{d \log w}\right|^2 d\vartheta .$$

Bezüglich des Gleichheitszeichens gilt dasselbe wie oben. Nun ist

$$\int_{\varrho_1}^{1} \left\{ \int_0^{2\pi} \left|\frac{d \log z}{d \log w}\right|^2 d\vartheta - 2\pi \right\} \frac{d\varrho}{\varrho} = \iint_{|w| > \varrho_1} \boxed{d \log z} + 2\pi \log \varrho_1 .$$

Rechts tritt der Flächeninhalt desjenigen Teils von $\mathfrak{G}$ auf, der von $z = 0$ durch das z-Bild von $|w| = \varrho_1$ getrennt wird. Die letztere Kurve unterscheidet sich aber $\left(\text{wegen } \left|\frac{dz}{dw}\right|_0 = e^{\tilde{M}}\right)$ bei hinreichend kleinem ϱ_1 in logarithmischer Metrik beliebig wenig von dem Kreise $|z| = \varrho_1 e^{\tilde{M}}$. Der Teil $|z| > \varrho_1 e^{\tilde{M}}$ von $\mathfrak{G}$ hat aber den logarithmischen Flächeninhalt

$$F_{\varrho_1 e^{\tilde{M}}} = \tilde{F} - 2\pi \log(\varrho_1 e^{\tilde{M}}) = \tilde{F} - 2\pi \tilde{M} - 2\pi \log \varrho_1 .$$

Hiervon unterscheidet sich also $\iint\limits_{|w|>\varrho_1} \boxed{d\log z}$ für $\varrho_1 \to 0$ beliebig wenig, d. h. unsere rechte Seite strebt für $\varrho_1 \to 0$ gegen $\tilde{F} - 2\pi\tilde{M}$:

$$\int_0^1 \left\{ \int_0^{2\pi} \left| \frac{d\log z}{d\log w} \right|^2 d\vartheta - 2\pi \right\} \frac{d\varrho}{\varrho} = \tilde{F} - 2\pi\tilde{M}.$$

Links ist aber der Integrand $\geqq 0$ und nur dann 0, wenn $z = w \cdot \text{const}$, also $\mathfrak{G}$ ein Kreis $|z| < R$ ist. —

Viel einfacher ist hier die Bieberbachsche Methode: Man setzt

$$z = w\, e^{\mathfrak{P}(w)}$$

und drückt

$$\tilde{M} = \log \left| \frac{dz}{dw} \right|_0 \quad \text{und} \quad \tilde{F} = \lim_{\varrho \to 1} \oint\limits_{|w|=\varrho} \log|z|\, d\arg z$$

durch die Koeffizienten der Potenzreihe $\mathfrak{P}(w)$ aus; dann sieht man mit einem Blick, daß $2\pi\tilde{M} \leqq \tilde{F}$ ist und daß Gleichheit nur bestehen kann, wenn $\mathfrak{P}(w) = \text{const}$ ist. Das ist natürlich längst bekannt, aber weil wir in der ganzen Arbeit sonst nur geometrische Methoden anwenden, glaubte ich, auch hier die Grötzsch-Ahlforssche Methode bevorzugen zu sollen [13]).

8. Folgerungen. Wir stellen hier die einfachen Folgerungen zusammen, die § 1. 4 und § 1. 5 entsprechen.

Analog zu § 1. 4 erhalten wir das Ergebnis, daß für ein 0 enthaltendes Teilgebiet $\mathfrak{G}'$ eines Gebiets $\mathfrak{G}$ der reduzierte Modul (also auch der Abbildungsradius) kleiner als für $\mathfrak{G}$ ist; dieser Satz ist zu bekannt, als daß es sich verlohnte, näher darauf einzugehen.

Enthält ein 0, aber nicht ∞ enthaltendes einfach zusammenhängendes von der punktierten Ebene verschiedenes Gebiet $\mathfrak{G}$ mit dem reduzierten Modul M ein 0 enthaltendes einfach zusammenhängendes Gebiet $\mathfrak{G}'$ mit dem reduzierten Modul M' sowie ein dazu punktfremdes Ringgebiet $\mathfrak{G}''$ mit dem Modul M'', welches $\mathfrak{G}'$ von dem Rande von $\mathfrak{G}$ trennt, dann gilt

$$M' + M'' \leqq M.$$

Zum Beweis dürfen wir o. B. d. A. annehmen, $\mathfrak{G}$ sei der Kreis $\log|z| < M$. Dieser hat den reduzierten logarithmischen Flächeninhalt $2\pi M$. Ist F' der reduzierte logarithmische Flächeninhalt von $\mathfrak{G}'$ und F'' der logarithmische Flächeninhalt von $\mathfrak{G}''$, so gilt offenbar

$$2\pi(M' + M'') \leqq F' + F'' \leqq 2\pi M.$$

Das Gleichheitszeichen kann (immer unter der Voraussetzung, daß $\mathfrak{G}$ ein Kreis $|z| < e^M$ ist) nur stehen, wenn $\mathfrak{G}'$ der Kreis $\log|z| < M'$ und $\mathfrak{G}''$ der Kreisring $M' < \log|z| < M$ ist.

Die Übertragung auf nicht 0, aber ∞ enthaltende Gebiete ist selbstverständlich. Besonders wichtig ist aber der folgende Satz, auf den wir noch in § 4 zurückkommen werden:

[13]) Nach einer wieder anderen, aber doch verwandten Methode beweist unsern Satz H. Grunsky, Neue Abschätzungen zur konformen Abbildung ein- und mehrfach zusammenhängender Bereiche. Schriften des Mathematischen Instituts und des Instituts für angewandte Mathematik der Universität Berlin, Band 1, Heft 3 (1932).

$\mathfrak{G}'$ und $\mathfrak{G}''$ seien punktfremde einfach zusammenhängende Gebiete; $\mathfrak{G}'$ enthalte $z=0$ und $\mathfrak{G}''$ enthalte $z=\infty$; M' und M'' seien die reduzierten Moduln von $\mathfrak{G}'$ und $\mathfrak{G}''$. Dann gilt

$$M'+M''\leq 0.$$

Gleichheit gilt nur, wenn $\mathfrak{G}'$: $|z|<R$ und $\mathfrak{G}''$: $|z|>R$ ist.

Beweis: $|z|=\varrho$ liege ganz in $\mathfrak{G}'$ und $|z|=\mathrm{P}$ in $\mathfrak{G}''$. F'_ϱ sei der logarithmische Flächeninhalt des Teils $|z|>\varrho$ von $\mathfrak{G}'$ und F''_P der des Teils $|z|<\mathrm{P}$ von $\mathfrak{G}''$. Dann sind $F'_\varrho+2\pi\log\varrho$ und $F''_\mathrm{P}-2\pi\log\mathrm{P}$ die reduzierten logarithmischen Flächeninhalte von $\mathfrak{G}'$ und $\mathfrak{G}''$; nach § 1. 7 gilt

$$\begin{aligned} M' &\leq F'_\varrho+2\pi\log\varrho \\ M'' &\leq F''_\mathrm{P}-2\pi\log\mathrm{P} \\ \hline M'+M'' &\leq F'_\varrho+F''_\mathrm{P}-2\pi(\log\mathrm{P}-\log\varrho)\leq 0, \end{aligned}$$

denn F'_ϱ und F''_P sind die logarithmischen Flächeninhalte von fremden Teilen des Kreisrings $\varrho<|z|<\mathrm{P}$.

Wenn das Gleichheitszeichen stehen soll, dann muß erstens in $M'\leq F'_\varrho+2\pi\log\varrho$ das Gleichheitszeichen stehen, also $\mathfrak{G}'$ ein Kreis $|z|<R'$ sein; zweitens muß ebenso $\mathfrak{G}''$ ein Kreis $|z|>R''$ sein; drittens muß in der Ungleichung $F'_\varrho+F''_\mathrm{P}\leq 2\pi(\log\mathrm{P}-\log\varrho)$ das Gleichheitszeichen stehen, d. h. es muß $R'=R''$ sein.

§ 2. Verzerrungssätze.

1. Das Grötzschsche Extremalgebiet. Wir werden zunächst einiges über solche Ringgebiete beweisen, deren eine Randkomponente ein Kreis ist. Eine lineare Transformation führt diesen Kreis in den Einheitskreis und einen Punkt des von der anderen Randkomponente begrenzten Komplementärkontinuums in ∞ über. Die Komplementärmenge von $\mathfrak{G}$ soll also nach dieser vorbereitenden Normierung aus $|z|\leq 1$ sowie einem hierzu fremden ∞ enthaltenden seine Komplementärmenge nicht zerlegenden Kontinuum bestehen.

Wir folgen dabei Grötzsch[14]). An die Stelle des Koebeschen Extremalgebiets tritt dabei das von $z=\mathrm{P}>1$ bis $z=\infty$ längs der reellen Achse aufgeschlitzte Äußere des Einheitskreises $\mathfrak{G}_\mathrm{P}$. Der Modul dieses Ringgebiets sei $\log\Phi(\mathrm{P})$ $(1<\Phi(\mathrm{P})<\infty)$. Für $\mathrm{P}<\mathrm{P}'$ ist $\mathfrak{G}_\mathrm{P}$ ein echtes Teilringgebiet von $\mathfrak{G}_{\mathrm{P}'}$, also nach § 1. 4 $\Phi(\mathrm{P})<\Phi(\mathrm{P}')$: Φ ist eine stark monoton wachsende Funktion. $\mathfrak{G}_\mathrm{P}$ enthält den Kreisring $1<|z|<\mathrm{P}$, ebenfalls nach § 1. 4 folgt die sehr schlechte Abschätzung $\Phi(\mathrm{P})>\mathrm{P}$. Um $\Phi(\mathrm{P})$ als stetige Funktion zu erkennen, genügt es zu zeigen, daß ein beliebiger Kreisring $1<|w|<R$ sich konform auf ein passendes $\mathfrak{G}_\mathrm{P}$ abbilden läßt: dann nimmt die monotone Funktion $\Phi(\mathrm{P})$ alle Werte zwischen 1 und ∞ an und muß stetig sein. Tatsächlich kann man den Halbkreisring $1<|w|<R$, $\Im w>0$ konform auf das Zweieck $|z|>1$, $\Im z>0$ abbilden, wobei die Randpunkte $w=-R,-1,+1$ in $z=\infty,-1,+1$ übergehen sollen; fällt das Bild von $w=+R$ dabei nach $z=\mathrm{P}$, dann erhält man durch Spiegelung an den Stücken

[14]) Vgl. die in Anm. 12 zitierte Arbeit.

$w = -R \cdots -1, 1 \cdots R$ und $z = -\infty \cdots -1, 1 \cdots \mathsf{P}$ der reellen Achse die gewünschte Abbildung von $1 < |w| < R$ auf $\mathfrak{G}_{\mathsf{P}}$ (s. Abb. 1). Die explizite Durchführung führt auf elliptische Funktionen, man sieht also einen Zusammenhang der Funktion $\Phi(\mathsf{P})$ mit den Werten der elliptischen Modulfunktion für rein imaginäres Periodenverhältnis. Aber im Interesse der Reinheit der Methode und um aller mühsamen Rechnerei zu entgehen wollen wir von diesem Zusammenhang gar keinen Gebrauch machen; vielmehr leiten wir alles, was uns an der Funktion $\Phi(\mathsf{P})$ interessiert, aus ihrer geometrischen Definition ab.

Für $\mathsf{P} \to \infty$ ist $\Phi(\mathsf{P}) \sim 4\,\mathsf{P}$. Diese Formel muß sich aus einer bekannten Entwicklung der Modulfunktion ausrechnen lassen; wir beweisen sie aber folgendermaßen: $\log \Phi(\mathsf{P})$ ist

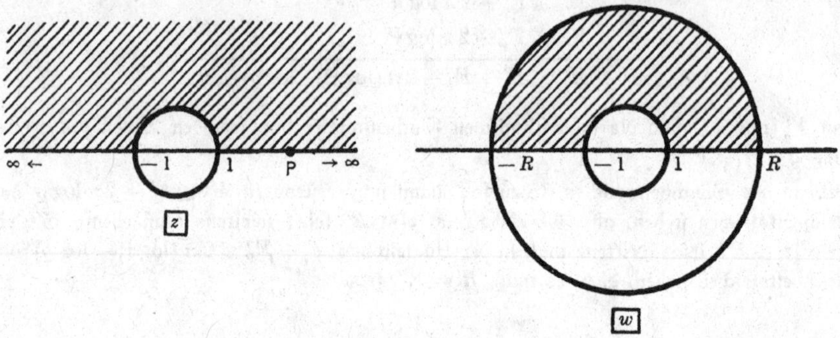

Abbildung 1.

der Modul des Teils $|z| > \frac{1}{\mathsf{P}}$ der von $z = 1$ bis ∞ längs der reellen Achse aufgeschlitzten z-Ebene. Nach § 1. 6 strebt $\log \Phi(\mathsf{P}) + \log \frac{1}{\mathsf{P}}$ für $\mathsf{P} \to \infty$ gegen den reduzierten Modul der von $z = 1$ bis ∞ längs der reellen Achse aufgeschlitzten z-Ebene. Dieser reduzierte Modul ist aber gleich $\log 4$, denn das zuletzt erwähnte Gebiet ist bekanntlich das von der Funktion $z = \frac{4w}{(1+w)^2}$ entworfene Bild des Einheitskreises $|w| < 1$: $\left|\frac{dz}{dw}\right|_0 = 4$. Also

$$\lim_{\mathsf{P}\to\infty} (\log \Phi(\mathsf{P}) - \log \mathsf{P}) = \log 4\,;$$

$$\lim_{\mathsf{P}\to\infty} \frac{\Phi(\mathsf{P})}{\mathsf{P}} = 4\,.$$

Aus dem in § 1. 6 gegebenen Beweis folgt sogar genauer

$$\log 4 - \log\left(1 + \frac{2}{4\mathsf{P}-4}\right) < \log \Phi(\mathsf{P}) - \log \mathsf{P} < \log 4$$

oder

$$\frac{4\,\mathsf{P}}{1 + \frac{1}{2(\mathsf{P}-1)}} < \Phi(\mathsf{P}) < 4\,\mathsf{P}\,.$$

Wir merken uns nur, daß $\frac{\Phi(\mathsf{P})}{\mathsf{P}}$ wachsend gegen 4 strebt.

2. Das Problem des nächsten Randpunkts. Analog zu einem bekannten Satz von Koebe gilt hier der folgende Satz von Grötzsch·

$\mathfrak{G}$ sei ein Ringgebiet, das seine eine Randkomponente $|z|=1$ von $z=\infty$ trennt. Es gebe einen nicht zu $\mathfrak{G}$ gehörenden Punkt mit dem Abstand $\mathsf{P}>1$ von $z=0$. Dann gilt für den Modul M von $\mathfrak{G}$ die Abschätzung

$$M \leq \log \Phi(\mathsf{P}).$$

Gleichheit gilt nur, wenn $\mathfrak{G}$ aus $\mathfrak{G}_{\mathsf{P}}$ durch eine Drehung um $z=0$ hervorgeht.

Beweis: Wir dürfen annehmen, $z=\mathsf{P}$ selbst gehöre nicht zu $\mathfrak{G}$. Dann bilden wir das Extremalgebiet $\mathfrak{G}_{\mathsf{P}}$ konform auf $1<|w|<R=\Phi(\mathsf{P})$ ab (s. Abb. 1). Durch Spiegelung am Schlitz $z=\mathsf{P}\cdots\infty$ und an dem ihm entsprechenden Kreis $|w|=R$ erhält man eine konforme Abbildung desselben $\mathfrak{G}_{\mathsf{P}}$ auf den Kreisring $R<|w|<R^2$, die sich an die frühere Abbildung analytisch anschließt; insgesamt ist die Riemannsche Fläche $\mathfrak{F}_{\mathsf{P}}$, die aus zwei Exemplaren $\mathfrak{G}_{\mathsf{P}}$ durch kreuzweises Verheften längs des Schlitzes $\mathsf{P}\cdots\infty$ entsteht und bei $z=\mathsf{P}$ und $z=\infty$ quadratische Windungspunkte aufweist, konform [8]) auf $1<|w|<R^2$ abgebildet, wobei dem doppelt durchlaufenen Schlitz $z=\mathsf{P}\cdots\infty$ der Kreis $|w|=R$ entspricht. w ist nun für $|z|>1$ eine zweideutige Funktion von z, die aber bei Umlauf um einen Kreis $|z|=1+\varepsilon$ $(\varepsilon<\mathsf{P}-1)$ ihren Wert nicht ändert. Nach dem Monodromiesatz ist jeder Zweig von w in unserem abzuschätzenden Gebiet $\mathfrak{G}$ eindeutig: die beiden Zweige von $w(z)$ bilden $\mathfrak{G}$ auf zwei punktfremde Ringgebiete im Kreisring $1<|w|<R^2$ ab, von denen jedes einen der Kreise $|w|=1$, $|w|=R^2$ als Randkontinuum hat. Beide haben den Modul M, und nach § 1. **5** ist die Summe $2M$ ihrer Moduln höchstens gleich dem Modul $2\log\Phi(\mathsf{P})$ des Kreisrings $1<|w|<R^2$ und nur gleich, wenn die w-Bilder von $\mathfrak{G}$ Kreisringe mit dem Modul $\log\Phi(\mathsf{P})$ sind, also $\mathfrak{G}=\mathfrak{G}_{\mathsf{P}}$ ist, w. z. b. w.

Genau ebenso (höchstens in Einzelheiten noch einfacher) beweist man den Satz von Koebe mit der genauen Konstante $\frac{1}{4}$, indem man von einem einfach zusammenhängenden weder P noch ∞, aber 0 enthaltenden einfach zusammenhängenden Gebiet $\mathfrak{G}$ ausgeht, das Koebesche Extremalgebiet zum Vergleich heranzieht und am Schluß des Beweises nicht § 1. **5**, sondern das Schlußergebnis von § 1. **8** über reduzierte Moduln heranzieht. Das letztere folgt ja aus § 1. **7**; beweist man den Satz von § 1. **7**, ohne überhaupt von Moduln zu reden, nach der dort zum Schluß angegebenen Methode, dann hat man einen äußerst einfachen Zugang zum Verzerrungssatz.

3. Anderer Beweis. Der oben durchgeführte Beweis für $M \leq \Phi(\mathsf{P})$ benutzt an wesentlicher Stelle eine Art geometrische Monodromie: Ein geschlossener Weg in $\mathfrak{G}$ kann auf der Fläche $\mathfrak{F}_{\mathsf{P}}$ nie von einem Blatt ins andere führen, vielmehr ist er auch auf $\mathfrak{F}_{\mathsf{P}}$ geschlossen. Deshalb kann man zwei Exemplare von $\mathfrak{G}$ punktfremd auf der Fläche unterbringen, die bei der Abbildung $z\to w$ in die oben genannten zwei Ringgebiete mit dem Modul M in $1<|w|<R^2$ übergehen. Der Schluß ist zwar ohne Zweifel streng, aber bei Anwendung derselben Methode auf schwierigere Probleme kommt man doch leicht in die Brüche, z. B. in § 4 oder bei dem von Grötzsch [15]) behandelten Problem des maximalen reduzierten Moduls für 0 enthaltende einfach zusammenhängende Gebiete, die gegebene Punkte nicht enthalten. Wir geben deshalb einen zweiten Beweis, der auf demselben Grundgedanken (Abschätzung von M mit Hilfe eines logarithmischen Flächeninhalts in der w-Ebene) beruht, der aber ohne die Riemannsche Fläche $\mathfrak{F}_{\mathsf{P}}$ auskommt und nur mit Abbildungen schlichter Bereiche arbeitet.

[15]) H. Grötzsch, Über ein Variationsproblem der konformen Abbildung. Leipz. Ber. 82.

Wieder sei $\mathfrak{G}$ ein Ringgebiet mit dem Modul M, das seine eine Randkomponente $|z|=1$ von $z=\infty$ trennt und das $z=\mathsf{P}$ nicht enthält. Wir bilden wie vorhin $\mathfrak{G}_{\mathsf{P}}$ konform auf $1<|w|<R=\Phi(\mathsf{P})$ ab, dabei möge $z=\mathsf{P}$ in $w=R$ übergehen. $\mathfrak{G}_{\mathsf{P}}$ ist zur reellen Achse symmetrisch, darum muß das w-Bild von $\Re z=0$ eine Symmetrielinie von $1<|w|<R$ sein; dafür kommt nur die reelle Achse in Frage, denn jede Spiegelung eines Kreisrings, die nicht die beiden Randkreise vertauscht, ist die Spiegelung an einer

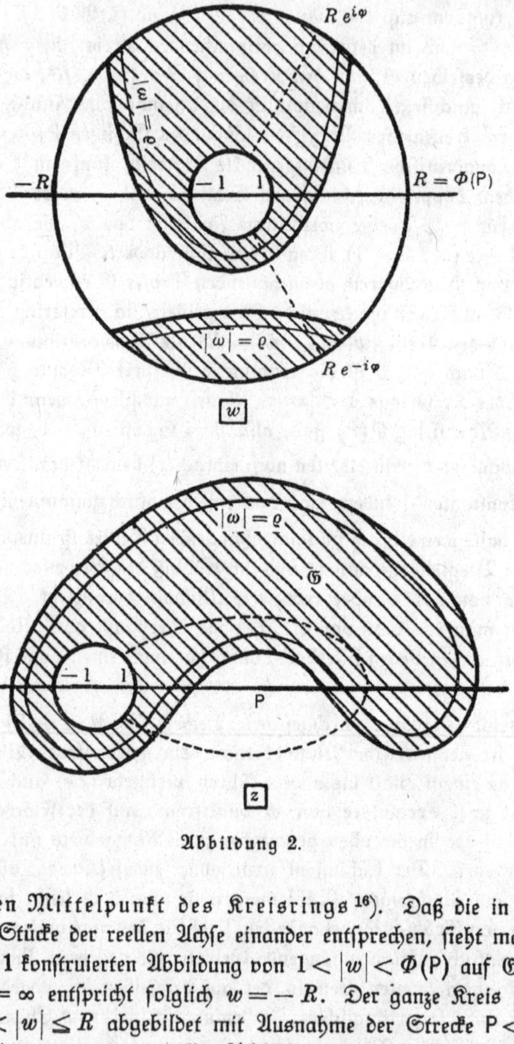

Abbildung 2.

Geraden durch den Mittelpunkt des Kreisrings[16]). Daß die in $\mathfrak{G}_{\mathsf{P}}$ und die im Kreisring liegenden Stücke der reellen Achse einander entsprechen, sieht man übrigens einfacher an der in § 2. 1 konstruierten Abbildung von $1<|w|<\Phi(\mathsf{P})$ auf $\mathfrak{G}_{\mathsf{P}}$ (vgl. Abb. 1). Dem Randpunkt $z=\infty$ entspricht folglich $w=-R$. Der ganze Kreis $|z|>1$ erscheint eineindeutig auf $1<|w|\leq R$ abgebildet mit Ausnahme der Strecke $\mathsf{P}<z<\infty$: diesen Punkten entsprechen immer zwei zur reellen Achse spiegelbildliche Punkte von $|w|=R$.

[16]) Das beweist man z. B., indem man nach § 1. 3 die konformen Abbildungen eines Kreisrings auf sich bestimmt; vgl. auch Anm. 9.

𝔊 geht bei dieser Abbildung in eine nicht notwendig zusammenhängende Punktmenge von $1<|w|\leq R$ über, die erst ideal zusammenhängend wird, wenn man konjugierte Stellen $R\,e^{i\varphi}$ und $R\,e^{-i\varphi}$ identifiziert $(0<\varphi<\pi)$ (s. Abb. 2). Diese Punktmenge hat sicher einen logarithmischen Flächeninhalt $\leq 2\pi\log\Phi(\mathsf{P})$. Ähnlich wie in § 1. 3 werden wir daraus $M\leq\log\Phi(\mathsf{P})$ schließen.

Wir bilden 𝔊 konform auf einen Kreisring $1<|\omega|<e^M$ ab und setzen $\omega=\varrho\,e^{i\vartheta}$. Dem Kreise $|\omega|=\varrho=\mathrm{const}$ entspricht in der w-Ebene eine gewisse Kurve $\mathfrak{C}_\varrho$, die nicht notwendig geschlossen ist, sondern erst nach dem Identifizieren von $R\,e^{i\varphi}$ und $R\,e^{-i\varphi}$ ideal geschlossen wird. Dem Gedankengang von § 1. 3 folgend, wollen wir zunächst zeigen, daß die logarithmische Länge von $\mathfrak{C}_\varrho$ mindestens 2π beträgt.

$n(\varphi)$ sei die Anzahl der Schnittpunkte der Strecke $1<|w|<R$, $\arg w=\varphi$ mit $\mathfrak{C}_\varrho$. Den zwei Strecken

$$1<|w|<R,\quad \arg w=\pm\varphi \qquad (0<\varphi<\pi)$$

entspricht in der z-Ebene eine stetige Kurve, die auf $|z|=1$ beginnt und endet, aber $\mathsf{P}<z<\infty$ überschreitet und mit dem Einheitskreis zusammen die Punkte $z=\mathsf{P}$ und $z=\infty$ voneinander trennt. Eine solche Kurve kann nicht im Ringgebiet 𝔊 verlaufen, weil doch P und ∞ zu demselben Komplementärkontinuum von 𝔊 gehören; sie muß daher den Teil $|\omega|<\varrho$ von 𝔊 irgendwo verlassen und anderswo wieder betreten, hat also mit dem z-Bild von $|w|=\varrho$ mindestens zwei Schnittpunkte. Es folgt

$$n(\varphi)+n(-\varphi)\geq 2 \qquad (0<\varphi<\pi).$$

Integration von 0 bis π liefert

$$\int_{-\pi}^{+\pi} n(\varphi)\,d\varphi=\int_0^{\pi}\{n(\varphi)+n(-\varphi)\}\,d\varphi\geq 2\pi.$$

Nun ist aber

$$\oint_{|\omega|=\varrho}|d\log w|\geq\oint_{|\omega|=\varrho}|d\arg w|=\int_{-\pi}^{+\pi}n(\varphi)\,d\varphi\geq 2\pi.$$

Gleichheit gilt nur, wenn $\mathfrak{C}_\varrho$ ein Kreis $|w|=\mathrm{const}$ ist.

Nachdem wir so durch einen typischen topologischen Schluß gezeigt haben, daß $\mathfrak{C}_\varrho$ mindestens die Länge 2π hat, tritt der schon in § 1. 3 angewandte Formalismus in Kraft:

$$\int_0^{2\pi}\left|\frac{d\log w}{d\log\omega}\right|d\vartheta=\oint_{|\omega|=\varrho}|d\log w|\geq 2\pi;$$

$$4\pi^2\leq\int_0^{2\pi}d\vartheta\cdot\int_0^{2\pi}\left|\frac{d\log w}{d\log\omega}\right|^2 d\vartheta;$$

$$2\pi\leq\int_0^{2\pi}\left|\frac{d\log w}{d\log\omega}\right|^2 d\vartheta;$$

$$2\pi M=2\pi\int_1^{e^M}\frac{d\varrho}{\varrho}\leq\int_1^{e^M}\int_0^{2\pi}\left|\frac{d\log w}{d\log\omega}\right|^2 d\vartheta\,\frac{d\varrho}{\varrho}=\iint\boxed{d\log w}\leq 2\pi\log\Phi(\mathsf{P});$$

$$M\leq\log\Phi(\mathsf{P}).$$

Gleichheit gilt nur im Falle $w=\mathrm{const}\cdot\omega$; dann ist $\mathfrak{G}=\mathfrak{G}_{\mathsf{P}}$.

4. Verschärfung. $\mathfrak{G}$ sei wieder ein Ringgebiet mit dem Modul M, das seine eine Randkomponente $|z| = 1$ von $z = \infty$ trennt. Wenn der nächste nicht zu $|z| = 1$ gehörende Randpunkt den Abstand P_1 von $z = 0$ hat, dann ist $M \leq \log \Phi(P_1)$; wenn aber der weiteste Randpunkt den Abstand P_2 von 0 hat, dann liegt $\mathfrak{G}$ in dem Kreisring $1 < |z| < P_2$, und nach § 1. 4 ist $M \leq \log P_2$. Was gilt aber, wenn für den nächsten und den weitesten Randpunkt Abschätzungen bekannt sind?

Man wird sofort das Extremalgebiet erraten: es ist der von $z = P_1$ bis $z = P_2$ geradlinig aufgeschlitzte Kreisring $1 < |z| < P_2$. Wir haben nur seinen Modul $X(P_1, P_2)$ als Funktion von P_1 und P_2 zu berechnen und haben die obere Grenze der Moduln aller Ringgebiete, die ihre eine Randkomponente $|z| = 1$ von $|z| \geq P_2$ trennen und $z = P_1$ nicht enthalten. Das kann man genau so wie eben beweisen.

Die Berechnung von $X(P_1, P_2)$ geschieht wohl am einfachsten so, daß man $1 < |z| < P_2$ auf ein $\mathfrak{G}_{P'}$ so abbildet, daß $z = P_2$ in das Schlitzende P' übergeht: unser Extremalgebiet geht dabei von selbst in ein $\mathfrak{G}_{P''}$ über, dessen Modul man als bekannt ansehen kann. Diese Hilfsabbildung führt übrigens unser Problem auf das schon oben gelöste zurück.

Nach § 1. 4 ist $\log P_1 \leq X(P_1, P_2) \leq \log P_2$, und bei festem P_2 ist X eine stark monoton wachsende Funktion von P_1. Aus der letzteren Eigenschaft folgt:

Zu jedem $\varepsilon > 0$ gibt es bei festem P_2 ein $\delta > 0$ mit der Eigenschaft, daß jedes Ringgebiet, welches seine eine Randkomponente $|z| = 1$ von $|z| \geq P_2$ trennt und dessen Modul $\geq \log P_2 - \delta$ ist, den Kreisring $0 < \log |z| < \log P_2 - \varepsilon$ ganz enthält.

Man hat nur $X(P_2 e^{-\varepsilon}, P_2) = \log P_2 - \delta$ zu setzen.

5. Eine Normalfamilie. Wir betrachten schlichte konforme Abbildungen eines zunächst festen Kreisrings $1 < |w| < R$ auf Ringgebiete der z-Ebene, die auch $|z| = 1$ als Randkomponente haben und diese von ∞ trennen: $z = f(w)$. Hierbei sollen die Randkomponenten $|w| = 1$ und $|z| = 1$ einander entsprechen. Nach dem Spiegelungsprinzip läßt sich $f(w)$ analytisch zu einer schlichten Abbildung von $\frac{1}{R} < |w| < R$ auf ein leicht ersichtliches Ringgebiet der z-Ebene fortsetzen, f ist also noch auf $|w| = 1$ regulär.

Wir könnten nun analog zur gewöhnlichen Theorie der schlichten Abbildungen des Einheitskreises manche Eigenschaften dieser Abbildungen erforschen, oft wird dabei die Abbildung aus § 2. 1 die Rolle der Extremalabbildung übernehmen. Aber wir wollen uns nicht in Einzelheiten verlieren, verweisen vielmehr auf die Arbeiten von Grötzsch [6]). Wir wollen hier nur ganz kurz darauf zu sprechen kommen, daß unsere Funktionen $f(w)$ in $1 < |w| < R$ eine Normalfamilie bilden. Das ist wegen $|f| > 1$ klar.

Diese Normalfamilie ist in dem Sinne abgeschlossen, daß die Grenzfunktion $f(w)$ jeder innerhalb $1 < |w| < R$ (d. h. auf jeder abgeschlossenen Teilmenge dieses Gebiets) gleichmäßig konvergenten Folge f_n der Familie wieder zur Familie gehört. Denn zunächst nimmt jedes $f_n(w)$ auf jedem Kreise $|w| = r$ $(1 < r < R)$ irgendwo einen Wert vom Betrage r an; andernfalls würde das durch $z = f_n(w)$ entworfene Bild von $1 < |w| < r$ ja entweder in $1 < |z| < r$ als echter Teil enthalten sein oder diesen Kreisring $1 < |z| < r$ als echten Teil enthalten, in beiden Fällen wäre nach § 1. 4 sein Modul nicht $\log r$. Also muß auch die Grenzfunktion $f(w)$ auf jedem $|w| = r$ irgendwo einen Wert vom Betrag $|f(w)| = r$ annehmen. f ist darum nicht konstant und somit als Grenzfunktion schlichter Funktionen schlicht. Sie läßt auch wie alle f_n den Wert ∞ aus. Das folgt alles in bekannter

Weise aus dem Satz von Rouché. Nun müssen wir f noch in der Umgegend des Einheitskreises untersuchen.

Die Folge $f_n(w)$ konvergiert auf $|w| = \sqrt{R}$ gleichmäßig und ist deshalb auf diesem Kreise beschränkt. Durch Spiegelung am Einheitskreis erhält man eine in $\frac{1}{R} < |w| < R$ reguläre Funktionenfolge f_n, die in $\frac{1}{R} < |w| \leq \sqrt{R}$ beschränkt ist und in $1 < |w| < \sqrt{R}$ gegen f konvergiert; nach dem Satz von Vitali konvergiert f_n innerhalb $\frac{1}{R} < |w| < \sqrt{R}$ gleichmäßig gegen f; die schlichte reguläre Funktion $f(w)$ hat also insbesondere auf dem Einheitskreis analytische Randwerte vom Betrag 1 und gehört deshalb wieder zu unserer Normalfamilie.

$z = f_n(w)$ bilde $1 < |w| < R_n$ konform so auf ein Ringgebiet ab, welches seine eine Randkomponente $|z| = 1$ von $z = \infty$ trennt, daß $w = 1$ in $z = 1$ übergeht. Es strebe $R_n \to \infty$. Dann strebt $f_n(w)$ auf jedem Kreisring $1 \leq |w| \leq R$ gleichmäßig gegen w.

Beweis: Nach der Methode der Diagonalfolge gibt es eine Teilfolge der f_n, die in jedem Kreisring $1 < |w| < R$ gleichmäßig konvergiert. Die Grenzfunktion einer jeden solchen Teilfolge gehört in jedem $1 < |w| < R$ zu der oben besprochenen Normalfamilie und bildet deshalb $1 < |w| < \infty$ konform so auf ein zweifach zusammenhängendes Gebiet ab, welches seine eine Randkomponente $|z| = 1$ von $z = \infty$ trennt, daß $w = 1$ in $z = 1$ übergeht. Diese Grenzfunktion kann nur w sein. Weil nun $|f_n| > 1$ ist und jede in jedem $1 < |w| < R$ gleichmäßig konvergente Teilfolge der f_n gegen w konvergiert, muß die Folge f_n selbst innerhalb $1 < |w| < \infty$ gleichmäßig gegen w konvergieren.

Man muß diesen Satz auch aus den Verzerrungssätzen von Grötzsch [14]) ableiten können. Wir werden ihn nur in § 5. 2 einmal anwenden.

6. Das Problem des nächsten und weitesten Randpunkts. Damit verlassen wir die Untersuchung der Ringgebiete mit einer kreisförmigen Randkomponente und wenden uns einem Problem zu, das wir später in Beziehung zu dem Ahlforsschen Beweis der Denjoyschen Vermutung bringen werden: Übertragung des Ergebnisses von § 2. 2 auf beliebige Ringgebiete. Wir betrachten ein Ringgebiet $\mathfrak{G}$, welches das Punktepaar $z = 0$, $z = \infty$ trennt; der weiteste Randpunkt des $z = 0$ enthaltenden Komplementärkontinuums habe von $z = 0$ den Abstand ϱ, der nächste Randpunkt des anderen, $z = \infty$ enthaltenden Komplementärkontinuums habe von $z = 0$ den Abstand P. Bei gegebenem $\frac{\mathrm{P}}{\varrho}$ soll der Modul M von $\mathfrak{G}$ nach oben abgeschätzt werden.

Zu dem Zweck nehmen wir vorübergehend das ∞ enthaltende Komplementärkontinuum mit zu $\mathfrak{G}$ hinzu: es entsteht ein einfach zusammenhängendes Gebiet, nämlich einfach die Komplementärmenge des $z=0$ enthaltenden Komplementärkontinuums von $\mathfrak{G}$. Dieses einfach zusammenhängende Gebiet bilden wir so konform auf $|s| > 1$ ab, daß ∞ in ∞ übergeht. $\mathfrak{G}$ geht dabei in ein Bildgebiet über, das seine eine Randkomponente $|s| = 1$ von $s = \infty$ trennt; dieses Ringgebiet mit einer kreisförmigen Randkomponente kann man sich nun seinerseits auf den Kreisring $0 < \log |w| < M$ konform abgebildet denken. So setzt sich die Abbildung von $\mathfrak{G}$ auf einen Kreisring aus zwei Abbildungen zusammen, über die schon manches bekannt ist.

Es sei $\left|\frac{ds}{dz}\right|_\infty = p$. Nach dem Satz von Koebe kann man p bei bekanntem ϱ nach oben abschätzen [17]); die Schranke wird nur erreicht, wenn das 0 enthaltende Komplementär-

[17]) $p \leq \frac{4}{\varrho}$.

2*

kontinuum die Strecke von 0 bis $\varrho e^{i\varphi}$ ist. Nach dem Verzerrungssatz kann man ferner das s-Bild des nächsten Randpunktes $z = \mathrm{P} e^{i\vartheta}$ des ∞ enthaltenden Komplementärkontinuums von $\mathfrak{G}$ absolut nach oben abschätzen [18]); diese Schranke wird am ungünstigsten, wenn p möglichst groß ist, also in dem Extremfall von soeben, und wird auch dann nur erreicht, wenn außerdem $e^{i\vartheta} = -e^{i\varphi}$ gilt. Jetzt kann man nach § 2. 2 den Modul M von $\mathfrak{G}$ nach Übergang zur s-Ebene nach oben abschätzen; die Schranke wird am ungünstigsten, wenn das s-Bild von $\mathrm{P} e^{i\vartheta}$ möglichst weit von $s = 0$ entfernt ist, also in dem Extremfall von soeben, und wird auch dann nur erreicht, wenn außerdem das s-Bild von $\mathfrak{G}$ der vom s-Bild von $\mathrm{P} e^{i\vartheta}$ bis $s = \infty$ radial aufgeschlitzte Kreis $|s| > 1$ ist. Insgesamt sehen wir, daß der Modul M von $\mathfrak{G}$ bei gegebenem ϱ und P dann und nur dann am größten wird, wenn $\mathfrak{G}$ bis auf eine Drehung die von $-\varrho$ bis 0 und von P bis ∞ längs der reellen Achse aufgeschlitzte z-Ebene ist.

Enthält von den beiden Komplementärkontinuen eines Ringgebiets das eine 0 und $\varrho e^{i\varphi}$, das andere ∞ und $\mathrm{P} e^{i\vartheta}$, so ist der Modul höchstens gleich $\log \Psi\left(\frac{\mathrm{P}}{\varrho}\right)$. Hier ist $\log \Psi\left(\frac{\mathrm{P}}{\varrho}\right)$ der Modul der von $-\varrho$ bis 0 und von P bis $+\infty$ längs der reellen Achse aufgeschlitzten Ebene.

Gleichheit gilt nur im Falle $e^{i\varphi} = -e^{i\vartheta}$, wenn das Gebiet die auf einer Geraden längs $\varrho e^{i\varphi} \ldots 0$ und $\mathrm{P} e^{i\vartheta} \ldots \infty$ aufgeschlitzte Ebene ist.

Es wäre eine schöne Aufgabe, das Extremum für feste $\varrho, \mathrm{P}, \varphi$ und ϑ zu suchen. Man scheint auf elliptische Funktionen mit nicht mehr rein imaginärem Periodenverhältnis geführt zu werden. Wir wollen aber darauf, wie auf viele andere Fragen der konformen Geometrie, nicht eingehen und beschließen den Abschnitt mit einigen Bemerkungen über die bewiesene Ungleichung.

7. Berechnung von $\Psi\left(\frac{\mathrm{P}}{\varrho}\right)$. Wir können die Funktion Ψ leicht durch die in § 2.1 eingeführte Funktion Φ ausdrücken. Wir brauchen nur dem Gedankengang des soeben beendeten Beweises zu folgen: Die nur von $-\varrho$ bis 0 geradlinig aufgeschlitzte z-Ebene wird auf $|s| > 1$ durch

$$z = \frac{\varrho(s-1)^2}{4s}, \qquad s = 1 + \frac{2z}{\varrho}\left(1 + \sqrt{1 + \frac{\varrho}{z}}\right)$$

so konform abgebildet, daß ∞ in ∞ übergeht; $z = \mathrm{P}$ geht dabei in

$$s = 1 + \frac{2\mathrm{P}}{\varrho}\left(1 + \sqrt{1 + \frac{\varrho}{\mathrm{P}}}\right)$$

und $\mathfrak{G}$ in das von dort bis ∞ längs der reellen Achse aufgeschlitzte Äußere des Einheitskreises über. Es folgt

$$\Psi\left(\frac{\mathrm{P}}{\varrho}\right) = \Phi\left(1 + \frac{2\mathrm{P}}{\varrho}\left(1 + \sqrt{1 + \frac{\varrho}{\mathrm{P}}}\right)\right).$$

Man kann $\Psi\left(\frac{\mathrm{P}}{\varrho}\right)$ aber auch anders ausrechnen: Man verschiebt das Extremalgebiet mit der Translation $z + \varrho$ in die von 0 bis ϱ und von $\varrho + \mathrm{P}$ bis ∞ längs der reellen Achse aufgeschlitzte Ebene. Diese ist zu dem Kreise um 0 mit dem Halbmesser $\sqrt{\varrho(\varrho + \mathrm{P})}$

---

[18]) Die Schranke ist $1 + \frac{\mathrm{P}_p}{2}\left(1 + \sqrt{1 + \frac{4}{\mathrm{P}_p}}\right)$.

symmetrisch, läßt sich also auf einen Kreisring mit dem Modul $2\log\Phi\left(\frac{\varrho+P}{\sqrt{\varrho(\varrho+P)}}\right)$ $=2\log\Phi\left(\sqrt{\frac{\varrho+P}{\varrho}}\right)$ abbilden:

$$\Psi\left(\frac{P}{\varrho}\right)=\Phi\left(\sqrt{\frac{\varrho+P}{\varrho}}\right)^2.$$

Die beiden Ausdrücke für Ψ müssen gleich sein, das liefert eine natürlich längst bekannte Formel zur Berechnung der elliptischen Modulfunktion bei Verdopplung des Periodenverhältnisses.

Nach § 2. 1 ist $\Phi(P)\sim 4P$; aus jeder unserer beiden Darstellungen von Ψ ergibt sich

$$\Psi\left(\frac{P}{\varrho}\right)\sim 16\frac{P}{\varrho}\quad\text{für}\quad\frac{P}{\varrho}\to\infty.$$

Man wird noch eine obere Abschätzung von Ψ wünschen: $\frac{\Phi(P)}{P}$ strebt wachsend gegen 4, also $\Phi(P)<4P$; aus der ersten Formel für Ψ erhalten wir die recht gute Abschätzung

$$\Psi\left(\frac{P}{\varrho}\right)<4+\frac{8P}{\varrho}\left(1+\sqrt{1+\frac{\varrho}{P}}\right)<16\frac{P}{\varrho}+8.$$

Die zweite Formel für Ψ würde nur

$$\Psi\left(\frac{P}{\varrho}\right)<16\left(\frac{P}{\varrho}+1\right)$$

ergeben.

8. Ein Sonderfall. Besonders interessant ist der Fall $\varrho=P$. Dann können wir nämlich den Modul des Extremalgebiets ausrechnen: er ist $\log\Psi(1)=\pi$. Zum Beweis bilden wir das Quadrat $0<\Re\,\omega<\pi$, $0<\Im\,\omega<\pi$ auf die Halbebene $\Im\,z>0$ ab: die Bilder der Ecken müssen aus Symmetriegründen harmonisch sein. Man kann sie also durch eine lineare Transformation nach $\infty, -1, 0, +1$ bringen. Andererseits bildet $w=e^{\omega}$ dasselbe Quadrat auf den Halbkreisring $1<|w|<e^{\pi}$, $\Im\,w>0$ ab, die Ecken fliegen nach $-e^{\pi}$, $-1, +1, +e^{\pi}$. Durch Spiegelung an der reellen Achse erhält man eine konforme Abbildung des Kreisrings $1<|w|<e^{\pi}$ auf die von -1 bis 0 und von $+1$ bis $+\infty$ längs der reellen Achse aufgeschlitzte Ebene, diese hat also den Modul π.

In § 2. 6 bedeutete ϱ das Maximum der Entfernungen der Punkte des 0 enthaltenden Komplementärkontinuums von 0 und P das Minimum der Entfernungen der Punkte des ∞ enthaltenden Komplementärkontinuums von 0 für irgendein Ringgebiet $\mathfrak{G}$, das $z=0$ von $z=\infty$ trennt. Die Voraussetzung $\frac{P}{\varrho}\leq 1$ besagt offenbar genau, daß es keinen Kreis $|z|=\text{const}$ gibt, der ganz in $\mathfrak{G}$ verliefe. Weil Ψ monoton ist, folgt aus dieser Voraussetzung für den Modul M von $\mathfrak{G}$ die Ungleichung

$$M\leq\log\Psi\left(\frac{P}{\varrho}\right)\leq\log\Psi(1)=\pi.$$

Durch Umkehrung erhält man:

Im Innern eines schlichten konformen Bildes eines konzentrischen Kreisringes mit einem Radienquotienten $>e^{\pi}$, das 0 und ∞ trennt, verläuft stets eine Kreisperipherie mit dem Mittelpunkt 0. Die transzendente Konstante e^{π} darf hier durch keine kleinere ersetzt werden.

§ 3. Das Viereck.

1. Die Moduln des Vierecks. Wir befinden uns in der konformen Geometrie, haben also konform aufeinander abbildbare Gebiete als nicht wesentlich verschieden anzusehen. Wir definieren aber:

Unter einem **Viereck** verstehen wir ein einfach zusammenhängendes Gebiet, in dem vier verschiedene erreichbare Randpunkte als **„Ecken"** ausgezeichnet sind. Die Ecken teilen den Rand in vier Teile, die **Seiten.**

Statt „erreichbarer Randpunkt" müßte man eigentlich „Primende" sagen, um vollständige konforme Invarianz zu erreichen; aber den Begriff werden wir nicht brauchen.

Man kann ein Viereck konform auf einen Kreis abbilden; die Ecken werden dabei vier Peripheriepunkte, deren Doppelverhältnis offenbar die einzige konforme Invariante des Vierecks ist und insofern als dessen Modul bezeichnet werden kann. Mit diesem Modul arbeitet Paatero[19]).

Man kann auch in dem Kreis die vier Ecken kreuzweise durch Orthogonalkreisbögen verbinden, diese schneiden sich unter einem Winkel 2α. Eine lineare Transformation führt den Kreis in den Einheitskreis über, den Schnittpunkt der Orthogonalkreisbögen in 0 und die Ecken in

$$e^{i\alpha}, \quad e^{i(\pi-\alpha)}, \quad e^{i(\pi+\alpha)}, \quad e^{-i\alpha}.$$

Jetzt kann man $\frac{2\alpha}{\pi}$ als Modul des Vierecks ansehen.

Diese Definition stimmt offenbar mit der folgenden von R. Nevanlinna angegebenen überein: Man bestimme auf jeder stetigen Kurve $\mathfrak{l}$, die im Viereck $\mathfrak{V}$ zwei gegenüberliegende Seiten $\mathfrak{a}$ und $\mathfrak{c}$ verbindet, das Minimum des harmonischen Maßes der Randmenge $\mathfrak{a}+\mathfrak{c}$, gemessen im Viereck $\mathfrak{V}$; als Modul nehme man die obere Grenze all dieser Minima bei veränderlichem $\mathfrak{l}$. Denn diese Konstruktion ist konforminvariant und ergibt bei der obigen Einheitskreisnormierung offenbar den Modulwert $\frac{2\alpha}{\pi}$.

Der funktionale Zusammenhang mit dem zuerst angegebenen Modul ist elementar. Auf diese Weise ordnet sich der Satz von Paatero dem Nevanlinnaschen Prinzip von der Vergrößerung des harmonischen Maßes unter.

Für unsere Zwecke eignet sich am besten eine dritte Normierung: man bildet den Kreis durch ein elliptisches Integral erster Gattung auf ein Rechteck ab, die schon bisher „Ecken" genannten Peripheriepunkte sollen dabei in die wirklichen geometrischen Ecken des Rechtecks übergehen. Das Seitenlängenverhältnis dieses Rechtecks kann auch als Modul des Vierecks angesehen werden. Weil man auch jedes Rechteck auf einen Kreis konform abbilden kann, besteht jedenfalls zwischen diesem Modul und jedem der beiden vorhergehenden eine eineindeutige funktionale Beziehung.

Diese Beziehung ist stetig und monoton, jede dieser beiden Eigenschaften folgt aus der anderen. Zum Beweis könnte man sich auf die Stetigkeit der elliptischen Modulfunktion berufen. Man kann aber auch von zwei Rechtecken mit verschiedenem Seitenverhältnis das eine möglichst aufgeblasen in das andere hineinlegen, beide Rechtecke auf Kreise abbilden und auf die so entstehende Abbildung eines Kreises auf einen Teil eines anderen den Satz von Paatero oder Nevanlinna anwenden. Schließlich kann man durch leicht ersichtliche Abbildungen und Spiegelungen ähnlich wie in § 2. 8 die Abbildung Kreis-Rechteck auf die

[19]) V. Paatero, Zur Theorie der beschränkten Funktionen. Ann. Acad. Sci. fenn. 46.

Abbildung Doppelschlitzebene-Kreisring zurückführen, deren Modulstetigkeit uns schon bekannt ist.

2. Abschätzung des Moduls durch geometrische Größen. Wir kommen nun zu einer einfachen Ungleichung, die § 1. 3 entspricht und eigentlich die Grundlage der Grötzsch-Ahlforsschen Methode ist, aber explizit zuerst bei Rengel [20]) aufzutreten scheint.

Ein im Endlichen liegendes Viereck $\mathfrak{V}$ mit den Seiten a, b, c, d sei konform auf ein Rechteck $0<u<a$, $0<v<b$ der $w=u+iv$-Ebene abgebildet, a entspreche der Seite $v=0$, b — $u=a$, c — $v=b$, d — $u=0$. Die untere Grenze der Längen aller a mit c in $\mathfrak{V}$ verbindenden Kurven sei β, F sei der Flächeninhalt von $\mathfrak{V}$. Dann ist

$$\frac{a}{b}\leq\frac{F}{\beta^2}.$$

Gleichheit gilt nur, wenn $\mathfrak{V}$ selbst ein Rechteck mit den Seiten a, b, c, d ist.

Beweis: Die Bildkurve einer Strecke $u=\text{const}$ in der $\mathfrak{V}$ enthaltenden z-Ebene hat n. V. mindestens die Länge β:

$$\beta\leq\int\limits_0^b\left|\frac{dz}{dw}\right|dv.$$

Nach der Schwarzschen Ungleichung folgt

$$\beta^2\leq b\int\limits_0^b\left|\frac{dz}{dw}\right|^2dv.$$

Integration über u von 0 bis a liefert

$$\beta^2 a\leq b\int\limits_0^a\int\limits_0^b\left|\frac{dz}{dw}\right|^2dv\,du=b\iint\limits_{\mathfrak{V}}\boxed{dz}=bF.$$

Gleichheit kann nur gelten, wenn die Kurven $u=\text{const}$ in $\mathfrak{V}$ Strecken sind und wenn außerdem $\left|\frac{dz}{dw}\right|$ eine Funktion von u allein ist. Dann ist aber $\left|\frac{dz}{dw}\right|=\text{const}$, die Abbildung ist ganz linear.

3. Bemerkungen.

I. Bezeichnet man noch mit α die untere Grenze der Längen aller b mit d in $\mathfrak{V}$ verbindenden Kurven, dann gilt neben

$$\frac{a}{b}\leq\frac{F}{\beta^2}$$

auch

$$\frac{b}{a}\leq\frac{F}{\alpha^2}.$$

Durch Multiplikation entsteht

$$1\leq\frac{F^2}{\alpha^2\beta^2},$$

$$\alpha\beta\leq F.$$

Das Gleichheitszeichen steht nur, wenn $\mathfrak{V}$ ein Rechteck mit den Seiten a, b, c, d ist. Eine recht merkwürdige Extremaleigenschaft des Rechtecks!

[20]) E. Rengel, Über einige Schlitztheoreme der konformen Abbildung. Schriften des Mathematischen Instituts und des Instituts für angewandte Mathematik der Universität Berlin, Band 1, Heft 4 (1933).

II. Dieselbe Ungleichung bleibt auch noch dann gültig, wenn das Viereck $\mathfrak{V}$ auf irgendeiner differentialgeometrischen Fläche mit analytischer Metrik liegt. Dann kann man nämlich in der Umgebung jeder Stelle isotherme Parameter einführen, also die Umgebung jeder Stelle konform auf ein Stück einer Ebene abbilden; so wird die Fläche eine Riemannsche Mannigfaltigkeit, und nach den allgemeinen Uniformisierungssätzen kann man $\mathfrak{V}$ konform auf ein (ebenes) Rechteck abbilden und dann dieselben Schlüsse wie oben durchführen. Gleichheit kommt nur in Frage, wenn die Kurven $u = \text{const}$ in $\mathfrak{V}$ geodätische Linien sind und wenn außerdem auf jeder dieser Linien das lineare Vergrößerungsverhältnis beim Übergang von der w-Ebene auf die Fläche konstant ist, also nur von u abhängt; außerdem müssen u, v isotherme Parameter sein. Dann ist die Abbildung aber nach den Sätzen der Differentialgeometrie (bis auf einen konstanten Faktor) isometrisch.

Ein Viereck $\mathfrak{V}$ mit den Seiten a, b, c, d liege auf einer Fläche mit analytischer Metrik. F sei der Flächeninhalt von $\mathfrak{V}$, α die untere Grenze der Längen aller b mit d in $\mathfrak{V}$ verbindenden Kurven, β die untere Grenze der Längen aller a mit c in $\mathfrak{V}$ verbindenden Kurven. Dann ist

$$\alpha \cdot \beta \leqq F .$$

Gleichheit gilt nur, wenn man $\mathfrak{V}$ isometrisch auf ein (ebenes) Rechteck mit Erhaltung der Ecken abbilden kann.

Man könnte noch bemerken, daß auch die Ungleichung

$$\operatorname{Min}(\alpha, \beta)^2 \leqq F$$

gilt und daß Gleichheit hier die isometrischen Bilder von Quadraten auszeichnet. $\operatorname{Min}(\alpha, \beta)$ ist die untere Grenze der Längen aller gegenüberliegende Seiten im Viereck verbindenden Kurven.

Es muß immer $\alpha\beta < F$ gelten, wenn auch nur an einer Stelle in $\mathfrak{V}$ die Gaußsche Krümmung nicht verschwindet. Man sollte denken, daß sich die Ungleichung in der Weise verschärfen ließe, daß noch ein mit der Gaußschen Krümmung in Zusammenhang stehendes Integral hinzuträte, dessen Verschwinden für $\alpha\beta = F$ notwendig wäre.

III. Es sei auch an die Verwandtschaft der Fragestellung mit Problemen von Beurling [21]) erinnert. Beurling betrachtet in einfach zusammenhängenden Gebieten die untere Grenze der Längen aller zwei gegebene Innenpunkte miteinander bzw. einen Innenpunkt mit einem Randbogen verbindenden Kurven, dividiert durch die Wurzel aus dem Flächeninhalt und fragt nach dem Maximum dieser Größe, wenn die Konfiguration (Gebiet mit zwei Innenpunkten bzw. mit Innenpunkt und Randbogen) konformen Abbildungen unterworfen wird. Ersetzt man hier das Innenpunktepaar bzw. den Innenpunkt und den Randbogen durch ein Paar getrennter Randbögen, dann erhält man genau das in § 3. 2 gelöste Problem. Denn man kann ja in § 3. 2 auch schreiben

$$\frac{\beta}{\sqrt{F}} \leq \frac{b}{\sqrt{ab}} .$$

Das Extremalgebiet ist also das Rechteck.

4. Streifengebiete. Um den Zielwertsatz zu beweisen, betrachtet L. Ahlfors [7]) sog. Streifengebiete. Unter einem Streifengebiet wollen wir hier mit Nevanlinna [22]) ganz allgemein ein einfach zusammenhängendes Gebiet verstehen, in dem zwei erreichbare

[21]) A. Beurling, Études sur un problème de Majoration, Upsala 1933.

[22]) R. Nevanlinna, Eindeutige analytische Funktionen, Berlin 1936, Kap. IV, § 4.

Randpunkte $\mathfrak{r}_1$ und $\mathfrak{r}_2$ definitorisch ausgezeichnet sind, und zwar wollen wir $\Re\,\mathfrak{r}_1 < \Re\,\mathfrak{r}_2$ annehmen (der Realteil bezieht sich natürlich auf den Ort des Randpunkts in der z-Ebene). Statt „erreichbarer Randpunkt" könnte man übrigens auch hier „Primende" sagen. Es sind nun einige topologische Vorbemerkungen zu machen, die aber hier gegenüber den Darstellungen von Ahlfors und Nevanlinna etwas vereinfacht sind.

Für jedes x des offenen Intervalls $\Re\,\mathfrak{r}_1 < x < \Re\,\mathfrak{r}_2$ zerlegt die Gerade $\Re z = x$ das Gebiet $\mathfrak{G}$ in eine abzählbare Menge von Teilgebieten; von diesen hat genau eines $\mathfrak{r}_1$ zum Randpunkt; dieses heiße $\mathfrak{G}_x$. $\mathfrak{G}_x$ ist also dadurch ausgezeichnet, daß eine und somit jede in $\mathfrak{r}_1$ endende Kurve von $\mathfrak{G}$ zuletzt in $\mathfrak{G}_x$ verläuft. Die Innenpunkte von $\mathfrak{G}$, die Randpunkte von $\mathfrak{G}_x$ sind, liegen auf $\Re z = x$ und sind auf eine abzählbare Menge von Querschnitten $\mathfrak{S}_i$ von $\mathfrak{G}$ aufgeteilt. Jeder einzelne dieser Querschnitte $\mathfrak{S}_i$ teilt $\mathfrak{G}$ in zwei Teilgebiete: eins, das $\mathfrak{G}_x$ enthält, und ein anderes, das für den Augenblick $\mathfrak{G}_i$ genannt werde. $\mathfrak{G}$ setzt sich aus $\mathfrak{G}_x$, den $\mathfrak{S}_i$ und den $\mathfrak{G}_i$ zusammen, und diese Mengen sind punktfremd (denn jedes $\mathfrak{S}_i$ teilt $\mathfrak{G}$ in $\mathfrak{G}_i$ und ein Gebiet, das $\mathfrak{G}_x$ und alle übrigen $\mathfrak{G}_k$ enthält). Man beachte, daß alle Querschnitte $\Re z = x$ von $\mathfrak{G}$, die $\mathfrak{G}_x$ nicht begrenzen, gelöscht sind, so daß die $\mathfrak{G}_i$ auch Punkte mit $\Re z < x$ enthalten können.

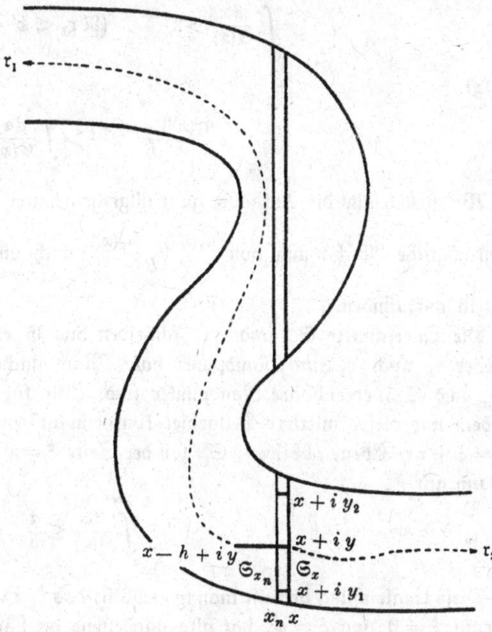

Abbildung 3.

Dasjenige $\mathfrak{G}_i$, das $\mathfrak{r}_2$ zum Randpunkt hat, das also das Ende einer und somit jeder in $\mathfrak{G}$ verlaufenden und in $\mathfrak{r}_2$ endenden Kurve enthält, werde von $\mathfrak{G}_x$ durch den Querschnitt $\mathfrak{S}_i = \mathfrak{S}_x$ getrennt; $\Theta(x)$ sei die Länge von $\mathfrak{S}_x$.

Um zu beweisen, daß $\Theta(x)$ eine meßbare Funktion ist, zeigen wir, daß $\Theta(x)$ von links nach unten halbstetig ist. Aus $x_n < x$, $\lim\limits_{n\to\infty} x_n = x$ soll also $\liminf\limits_{n\to\infty} \Theta(x_n) \geq \Theta(x)$ folgen. — $x + i\,y$ sei ein Punkt von $\mathfrak{S}_x$ (s. Abb. 3). Es gibt ein $h > 0$, für das die Strecke von $z = x - h + i\,y$ bis $z = x + i\,y$ zu $\mathfrak{G}$ und folglich mit Ausnahme ihres rechten Endpunkts zu $\mathfrak{G}_x$ gehört. Man kann also $\mathfrak{r}_1$ mit $x - h + i\,y$ durch eine stetige Kurve in $\mathfrak{G}_x$ verbinden, auf der etwa $\Re z \leq x - \eta$ bleiben möge $(\eta > 0)$; ist n so groß, daß $x_n > x - \eta$ ist, dann wird $x - h + i\,y$ zu $\mathfrak{G}_{x_n}$ gehören, $x + i\,y$ aber nicht; im Gegenteil kann man $x + i\,y$ mit $\mathfrak{r}_2$ durch eine stetige Kurve verbinden, die nicht in $\mathfrak{G}_x$ eindringt und folglich von $\mathfrak{G}_{x_n}$ einen positiven Abstand hat. Hieraus ersieht man, daß dasjenige Stück von $\Re z = x_n$, das in $\mathfrak{G}$ verläuft und die Strecke $x - h + i\,y \cdots x + i\,y$ schneidet, $\mathfrak{S}_{x_n}$ ist. Zu jeder abgeschlossenen Teilstrecke $y_1 \leq \Im z \leq y_2$ von $\mathfrak{S}_x$ gibt es aber ein δ $(0 < \delta \leq \eta)$, so daß auch $\mathfrak{S}_{x_n}$ für $x_n > x - \delta$ das Stück $y_1 \leq \mathfrak{J} z \leq y_2$ der Geraden $\mathfrak{R} z = x_n$ enthält, folglich $\Theta(x_n) \geq y_2 - y_1$ und $\liminf_{n \to \infty} \Theta(x_n) \geq \Theta(x)$, w. z. b. w.

5. Der Ahlforssche Randverzerrungssatz. Wir bilden unser Streifengebiet $\mathfrak{G}$ auf den Parallelstreifen $0 < v < B$ der $w = u + i\,v$-Ebene konform so ab, daß $\mathfrak{r}_1$ und $\mathfrak{r}_2$ in die Randpunkte $-\infty$ und $+\infty$ des Parallelstreifens übergehen. Für $\mathfrak{R}\,\mathfrak{r}_1 < x < \mathfrak{R}\,\mathfrak{r}_2$ bezeichne $u_1(x)$ die untere und $u_2(x)$ die obere Grenze von $u = \mathfrak{R} w$, wenn z den Querschnitt $\mathfrak{S}_x$ durchläuft. Alle nicht auf $\mathfrak{S}_x$ liegenden Punkte mit $\mathfrak{R} z = x$ bleiben also unberücksichtigt. Dann besagt der Ahlforssche Randverzerrungssatz:

Aus

$$\int_{x'}^{x''} \frac{dx}{\Theta(x)} > 2 \qquad (\mathfrak{R}\,\mathfrak{r}_1 < x' < x'' < \mathfrak{R}\,\mathfrak{r}_2)$$

folgt

$$\frac{u_1(x'') - u_2(x')}{B} > \int_{x'}^{x''} \frac{dx}{\Theta(x)} - 4\,.$$

Wir stellen uns die Aufgabe, ganz allgemein unter den angegebenen Voraussetzungen die bestmögliche Abschätzung von $\frac{u_1(x'') - u_2(x')}{B}$ nach unten durch eine Funktion von $\int_{x'}^{x''} \frac{dx}{\Theta(x)}$ allein aufzufinden.

Die Querschnitte $\mathfrak{S}_{x'}$ und $\mathfrak{S}_{x''}$ schneiden aus $\mathfrak{G}$ ein „mittleres" Teilgebiet heraus, das weder $\mathfrak{r}_1$ noch $\mathfrak{r}_2$ zum Randpunkt hat. Man macht sich leicht klar, daß die Enden von $\mathfrak{S}_{x'}$ und $\mathfrak{S}_{x''}$ erreichbare Randpunkte sind. Wir führen nun eine Hilfsabbildung aus, indem wir dieses mittlere Teilgebiet konform auf ein Rechteck $0 < \xi < a$, $0 < \eta < b$ der $\zeta = \xi + i\,\eta$-Ebene abbilden; $\mathfrak{S}_{x'}$ soll der Seite $\xi = 0$ und $\mathfrak{S}_{x''}$ der Seite $\xi = a$ entsprechen. Dann gilt

$$\int_{x'}^{x''} \frac{dx}{\Theta(x)} \leq \frac{a}{b}.$$

Diese Ungleichung beweist man wie üblich: das ζ-Bild jedes Querschnitts $\mathfrak{S}_x$ $(x' < x < x'')$ trennt $\xi = 0$ von $\xi = a$, hat also mindestens die Länge b:

$$b \leq \int_{\mathfrak{S}_x} \left|\frac{d\zeta}{dz}\right| dy.$$

Nach der Schwarzschen Ungleichung folgt

$$b^2 \leq \int_{\mathfrak{S}_x} dy \cdot \int_{\mathfrak{S}_x} \left|\frac{d\zeta}{dz}\right|^2 dy\,,$$

$$\frac{b^2}{\Theta(x)} \leq \int_{\mathfrak{S}_x} \left|\frac{d\zeta}{dz}\right|^2 dy\,.$$

Wir integrieren von $x = x'$ bis x'':

$$b^2 \int_{x'}^{x''} \frac{dx}{\Theta(x)} \leq \int_{x'}^{x''} \int_{\mathfrak{S}_x} \left|\frac{d\zeta}{dz}\right|^2 dy\,dx \leq a\,b\,,$$

denn der von den ζ-Bildern der $\mathfrak{S}_x$ überstrichene Bereich im Rechteck $0<\xi<a, 0<\eta<b$ hat höchstens den Flächeninhalt ab. Das Doppelintegral darf als Flächeninhalt gedeutet werden, weil nach § 3. 4 mit jedem $\mathfrak{S}_{x_0}$ auch die links unmittelbar anschließenden parallelen Strecken ein Stück weit zu den $\mathfrak{S}_x$ gehören. Jetzt folgt durch Division durch b^2 die Behauptung

$$\int_{x'}^{x''} \frac{dx}{\Theta(x)} \leq \frac{a}{b}.$$

Gleichheit steht nur für ein Rechteck, in dem $\Theta_{x'}$ und $\Theta_{x''}$ gegenüberliegende Seiten sind. — Wir müssen jetzt noch $\frac{u_1(x'')-u_2(x')}{B}$ nach unten abschätzen, und da wollen wir eine allein von $\frac{a}{b}$ abhängende Schranke finden. Diese Schranke wird dann eine monotone Funktion von $\frac{a}{b}$ sein, die zu findende Abschätzung wird also erst recht gelten, wenn man in ihr $\frac{a}{b}$ durch das nicht größere $\int_{x'}^{x''} \frac{dx}{\Theta(x)}$ ersetzt.

6. Zurückführung auf ein Problem über Ringgebiete. Jetzt ist also das Rechteck $0<\xi<a$, $0<\eta<b$ der ζ-Ebene auf den von den w-Bildern von $\mathfrak{S}_{x'}$ und $\mathfrak{S}_{x''}$ begrenzten Teil des Streifens $0<v<B$ der w-Ebene abgebildet, und $\frac{u_1(x'')-u_2(x')}{B}$ soll nach unten abgeschätzt werden. Es ist zu beachten, daß die Seiten $\xi=0$, $\xi=a$ des Rechtecks den w-Bildern von $\mathfrak{S}_{x'}$ und $\mathfrak{S}_{x''}$ entsprechen, die ganz im Endlichen liegen, wenn $\Re\, \mathfrak{r}_1 < x' < x'' < \Re\, \mathfrak{r}_2$ ist, und daß deshalb die Seiten $\eta=0$, $\eta=b$ des Rechtecks den Seiten $v=0$, $v=B$ des Vierecks der w-Ebene zugeordnet sind (s. Abb. 4).

Die Funktionen

$$e^{\frac{\pi}{b}\zeta} \quad \text{und} \quad e^{\frac{\pi}{B}w}$$

bilden Rechteck und Streifenteil auf einen Halbkreisring $1<\left|e^{\frac{\pi}{b}\zeta}\right|<e^{\frac{\pi a}{b}}$, $\Im\, e^{\frac{\pi}{b}\zeta}>0$ mit dem Radienquotienten $e^{\frac{\pi a}{b}}$ bzw. auf den in der oberen Halbebene liegenden Teil eines Ringgebiets ab; nach Spiegelung an der reellen Achse haben wir einen Kreisring mit dem Modul $\pi\frac{a}{b}=M$, der konform auf ein Ringgebiet der $e^{\frac{\pi w}{B}}$-Ebene abgebildet ist. Dieses Ringgebiet (s. Abb. 4) trennt 0 und ∞; 0 und ∞ sind sogar äußere Punkte. Der weiteste Randpunkt des 0 enthaltenden Komplementärkontinuums zu diesem Gebiet hat von 0 die Entfernung $e^{\frac{\pi}{B}u_2(x')}=\varrho$, der nächste Randpunkt des ∞ enthaltenden Komplementärkontinuums hat von 0 die Entfernung $e^{\frac{\pi}{B}u_1(x'')}=\mathrm{P}$. Nach § 2. 6 besteht aber zwischen dem Modul und dem nächsten und dem weitesten Randpunkt eine Ungleichung:

$$M \leq \log \Psi\left(\frac{\mathrm{P}}{\varrho}\right); \quad \pi\frac{a}{b} < \log \Psi\left(e^{\pi\frac{u_1(x'')-u_2(x')}{B}}\right).$$

Gleichheit kommt nicht in Frage, weil 0 und ∞ keine Randpunkte unseres Ringgebiets sind. Wenn man noch beachtet, daß die linke Seite $\geq \pi\int_{x'}^{x''}\frac{dx}{\Theta(x)}$ ist, dann ist unsere Aufgabe bereits grundsätzlich gelöst.

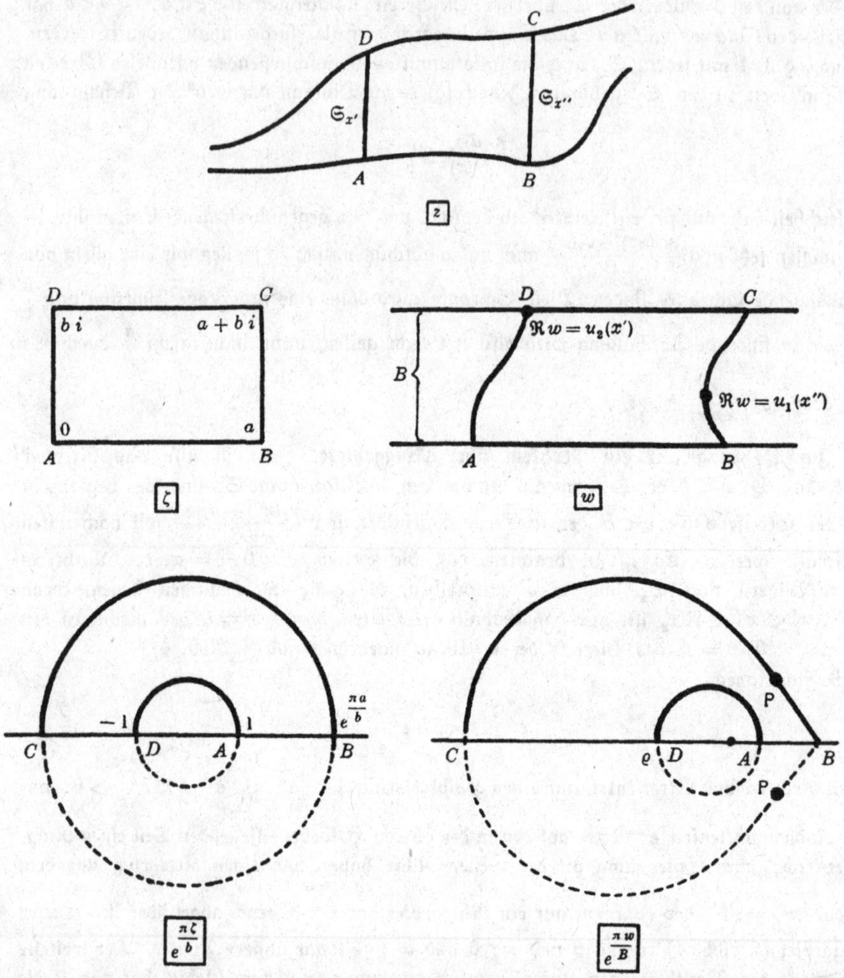

Abbildung 4.

Die in § 2. 6 definierte und in § 2. 7 näher untersuchte Funktion Ψ bildet ihren Definitionsbereich, das Intervall von 0 bis ∞, eineindeutig, monoton und stetig auf ihren Wertebereich, das Intervall von 1 bis ∞, ab. Folglich wird die Funktion

$$y = \frac{1}{\pi} \log \Psi(e^{\pi x})$$

das Intervall $-\infty < x < \infty$ gleichfalls eineindeutig, monoton und stetig auf das Intervall $0 < y < \infty$ abbilden. Die Umkehrfunktion

$$x = \Delta(y)$$

der zuletzt angeschriebenen Funktion muß also ihren Definitionsbereich $0 < y < \infty$ eineindeutig, monoton und stetig auf das Intervall $-\infty < x < \infty$ abbilden. Aus

$$\int_{x'}^{x''} \frac{dx}{\Theta(x)} \leq \frac{a}{b} < \frac{1}{\pi} \log \Psi\left(e^{\pi \frac{u_1(x'') - u_2(x')}{B}}\right)$$

folgt jetzt

$$\varDelta\left(\int_{x'}^{x''} \frac{dx}{\Theta(x)}\right) \leq \varDelta\left(\frac{a}{b}\right) < \frac{u_1(x'') - u_2(x')}{B}.$$

Diese Ungleichung löst das in § 3. 5 gestellte Problem.

7. Auswertung des Ergebnisses. Die zuletzt erhaltene Ungleichung ist insofern noch unbefriedigend, als die Funktion $\varDelta$ etwas umständlich definiert ist. Wir geben jetzt erst eine geometrische Deutung der Funktion $\varDelta$ und dann brauchbare Abschätzungen.

Wir suchen den Grenzfall, wo das Gleichheitszeichen gilt. Damit $\int_{x'}^{x''} \frac{dx}{\Theta(x)} = \frac{a}{b}$ wird, muß das von $\mathfrak{S}_{x'}$ und $\mathfrak{S}_{x''}$ begrenzte Mittelstück des Streifengebiets $\mathfrak{G}$ ein achsenparalleles Rechteck sein. Dann darf man $\zeta = z - \text{const}$ setzen. Damit ferner $\varDelta\left(\frac{a}{b}\right) = \frac{u_1(x'') - u_2(x')}{B}$ wird, muß das aus dem w-Streifenteil durch die Abbildung $e^{\frac{\pi w}{B}}$ und Spiegelung an der reellen Achse entstehende Ringgebiet die Extremalgestalt von § 2. 6 haben; weil es zur reellen Achse symmetrisch ist, kommen in Frage: 1. die längs der reellen Achse von $-\varrho$ bis 0 und von P bis ∞ aufgeschlitzte Ebene, 2. die längs der reellen Achse von $-\infty$ bis $-$P und von 0 bis ϱ aufgeschlitzte Ebene. Die Schlitze entsprechen $\Theta_{x'}$ und $\Theta_{x''}$ (s. Abb. 5). Wir behandeln o. B. d. A. den ersten Fall weiter. Geht man in die w-Ebene zurück, dann erscheint dort der ganze Parallelstreifen als Bild des von $\Theta_{x'}$ und $\Theta_{x''}$ begrenzten Mittelstücks von $\mathfrak{G}$; dies Mittelstück ist also $\mathfrak{G}$, und $\Theta_{x'}$ und $\Theta_{x''}$ sind Randstrecken. $\Theta_{x'}$ entspricht in der w-Ebene die Strecke $v = B$, $-\infty < u < \frac{B}{\pi} \log \varrho = u_2(x')$, $\Theta_{x''}$ entspricht der Strahl $v = 0$, $u_1(x'') = \frac{B}{\pi} \log \mathrm{P} < u < +\infty$. In diesem Grenzfall ist also $\frac{u_1(x'') - u_2(x')}{B}$ $= \frac{\log \mathrm{P} - \log \varrho}{\pi} = \varDelta\left(\frac{a}{b}\right)$.

Man bilde das Rechteck $0 < \Re\,\zeta < a$, $0 < \Im\,\zeta < b$ so auf den Parallelstreifen $0 < \Im\,w < 1$ ab, daß $\zeta = 0$ in $w = -\infty$, $\zeta = a + bi$ in $w = +\infty$ und $\zeta = bi$ in $w = i$ übergeht; $\zeta = a$ geht dabei in $w = \varDelta\left(\frac{a}{b}\right)$ über $\left(-\infty < \varDelta\left(\frac{a}{b}\right) < +\infty\right)$.

Mit dieser Funktion $\varDelta$ gilt unter den Voraussetzungen von § 3. 5

$$\frac{u_1(x'') - u_2(x')}{B} > \varDelta\left(\int_{x'}^{x''} \frac{dx}{\Theta(x)}\right).$$

Gleichheit gilt nur in dem eben genannten Grenzfall, der aber unzulässig ist, weil $\Re\,\mathfrak{r}_1 < x' < x'' < \Re\,\mathfrak{r}_2$ vorausgesetzt war. Man sieht aber leicht, daß man dem Grenzfall beliebig nahekommen kann. Die Ungleichung läßt sich also nicht verschärfen.

In § 2. 1 fanden wir

$$\Phi(\mathrm{P}) \sim 4\,\mathrm{P}; \quad \Phi(\mathrm{P}) < 4\,\mathrm{P}.$$

Daraus schlossen wir in § 2. 7

$$\Psi\left(\frac{\mathsf{P}}{\varrho}\right) \sim 16\,\frac{\mathsf{P}}{\varrho}; \quad \Psi\left(\frac{\mathsf{P}}{\varrho}\right) < 16\left(\frac{\mathsf{P}}{\varrho}+\frac{1}{2}\right).$$

Für die Funktion

$$y = \frac{1}{\pi}\log\Psi(e^{\pi x})$$

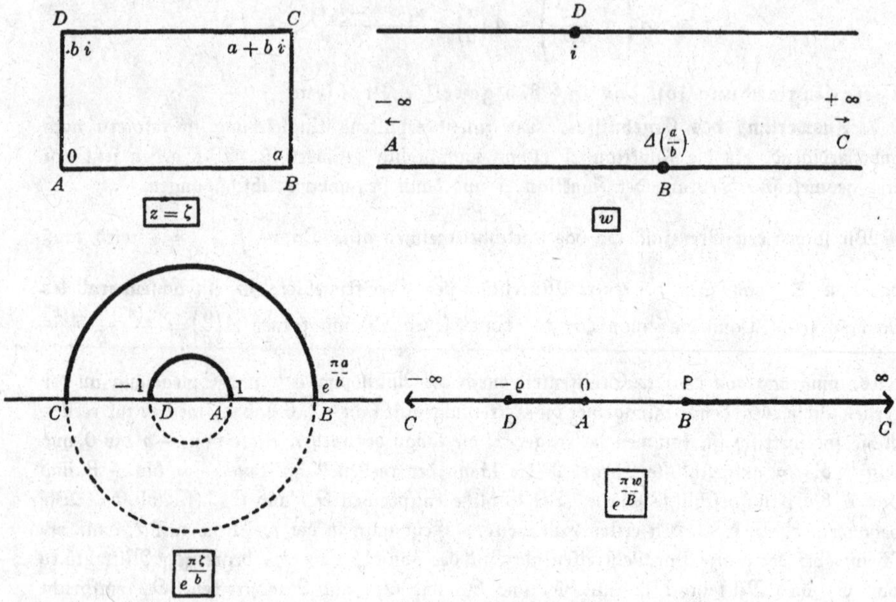

Abbildung 5.

ergibt sich daraus

$$y = x + \frac{\log 16}{\pi} + \varepsilon\,(\lim_{x\to\infty}\varepsilon = 0); \qquad y < \frac{1}{\pi}\log 16\left(e^{\pi x}+\frac{1}{2}\right)$$

und für die Umkehrfunktion $x = \Delta(y)$

$$x = \Delta(y) = y - \frac{4\log 2}{\pi} - \varepsilon\,(\lim_{y\to\infty}\varepsilon = 0);$$

$$\Delta(y) > \frac{1}{\pi}\log\left(\frac{e^{\pi y}}{16}-\frac{1}{2}\right) = y - \frac{4\log 2}{\pi} - \frac{1}{\pi}\log\frac{1}{1-8\,e^{-\pi y}}.$$

Hier strebt das letzte Glied schon recht schnell gegen 0.

Der Satz von Ahlfors, den wir am Anfang von § 3. 5 sahen, besagt nur, daß

$$\Delta(y) > y - 4 \quad \text{für} \quad y > 2.$$

Dies Ergebnis ist natürlich in unserer letzten Abschätzung reichlich enthalten.

Zum Schluß sei nochmals auf den engen Zusammenhang zwischen Δ und der elliptischen Modulfunktion hingewiesen.

§ 4. Der Modulsatz.

1. Qualitative Fassung des Modulsatzes. In dem Kreisring $\mathfrak{G}$: $r < |z| < R$ mit dem Modul

$$M = \log R - \log r$$

mögen zwei fremde Ringgebiete $\mathfrak{G}'$ und $\mathfrak{G}''$ liegen, die beide 0 von ∞ trennen. Für ihre Moduln M' und M'' fanden wir in § 1. 5 die Ungleichung

$$M' + M'' \leq M.$$

Das Gleichheitszeichen kann nur stehen, wenn $\mathfrak{G}'$ und $\mathfrak{G}''$ aus $\mathfrak{G}$: $r < |z| < R$ durch Zerschneiden längs $|z| = \varrho$ $(r < \varrho < R)$ entstehen. Man sollte annehmen, daß schon dann, wenn $M' + M''$ sich wenig von $M = \log R - \log r$ unterscheidet, $\mathfrak{G}'$ und $\mathfrak{G}''$ sich wenig von Kreisringen unterscheiden. Das ist der Hauptinhalt des Modulsatzes.

Setzt man voraus, $\mathfrak{G}'$ trenne 0 von $\mathfrak{G}''$, und nimmt man zu $\mathfrak{G}''$ noch seine 0 (also $\mathfrak{G}'$) enthaltende Komplementärkomponente hinzu, soweit sie zum Kreisring $r < |z| < R$ gehört, dann entsteht ein Ringgebiet, dessen Modul nach § 1. 5 mindestens $M' + M''$ ist. Wenn sich also schon $M' + M''$ wenig von M unterscheidet, wird nach § 2. 4 das ∞ enthaltende Komplementärkontinuum dieses Ringgebiets, also auch das ∞ enthaltende Komplementärkontinuum von $\mathfrak{G}''$, ganz zu $\log |z| \geq \log R - \varepsilon$ gehören, und hier ist ε beliebig klein, wenn nur $M - (M' + M'')$ hinreichend klein ist. Entsprechend gehört das 0 enthaltende Komplementärkontinuum von $\mathfrak{G}'$ ganz zu $\log |z| \leq \log r + \varepsilon$, wo man ε beliebig klein machen kann, indem man $M - (M' + M'')$ klein macht. Die Schwierigkeit liegt in der Abschätzung der Lage derjenigen Punkte, die zwischen $\mathfrak{G}'$ und $\mathfrak{G}''$ liegen.

Der **Modulsatz** besagt:

Zu jedem $\varepsilon > 0$ gibt es ein $\delta > 0$, so daß unter den oben aufgezählten Voraussetzungen aus

$$M' + M'' \geq M - \delta$$

folgt, daß jeder durch $\mathfrak{G}'$ von 0 und durch $\mathfrak{G}''$ von ∞ getrennte Punkt dem Kreisring

$$\log r + M' - \varepsilon \leq \log |z| \leq \log R - M'' + \varepsilon$$

angehört.

Der zuletzt genannte Kreisring zieht sich für $\delta \to 0$, $\varepsilon \to 0$ richtig auf den Kreis

$$\log |z| = \log r + M' = \log R - M''$$

zusammen.

Es wäre leicht, den Modulsatz jetzt sofort zu beweisen, wenn er nicht eine Gleichmäßigkeitsaussage enthielte: δ hängt nur von ε ab, nicht aber von r und R. Je größer der Quotient $\frac{R}{r}$ ist, um so ungünstiger (d. h. kleiner) wird $\delta(\varepsilon)$. Wir werden deshalb beim Beweis des Modulsatzes erst den Grenzfall $r = 0$, $R = \infty$ behandeln und alles übrige auf diesen Grenzfall zurückführen.

Es ist offenbar erlaubt, anzunehmen, $|z| = r$ sei die eine Randkomponente von $\mathfrak{G}'$ und $|z| = R$ sei die eine Randkomponente von $\mathfrak{G}''$, und den Modulsatz unter dieser Voraussetzung zu beweisen. Denn andernfalls braucht man ja nur zu $\mathfrak{G}'$ alle Punkte seines 0 enthaltenden Komplementärkontinuums und zu $\mathfrak{G}''$ alle Punkte seines ∞ enthaltenden Komplementärkontinuums hinzuzunehmen, soweit sie zum Kreisring $\mathfrak{G}$ gehören; hierdurch wird

$M-(M'+M'')$ nur verkleinert, die Menge der abzuschätzenden Punkte ändert sich aber nicht.

Es sei jetzt schon erwähnt, daß der Modulsatz die Grundlage des Beweises sehr wichtiger Sätze sein wird.

2. Der spezielle Modulsatz. In § 1. **6—8** haben wir gesehen, wie an die Stelle des Moduls eines Ringgebiets, das seine eine Randkomponente $|z|=r$ von ∞ bzw. seine eine Randkomponente $|z|=R$ von 0 trennt, im Grenzfall $r\to 0$ bzw. $R\to\infty$ der reduzierte Modul tritt. Es seien jetzt $\mathfrak{G}'$ und $\mathfrak{G}''$ fremde einfach zusammenhängende Gebiete, $\mathfrak{G}'$ enthalte 0 und $\mathfrak{G}''$ enthalte ∞, ihre reduzierten Moduln seien M' und M''. Das Endergebnis von § 1. **8** war die Ungleichung

$$M'+M''\leqq 0;$$

das Gleichheitszeichen kann nur stehen, wenn $\mathfrak{G}'$ und $\mathfrak{G}''$ Inneres und Äußeres eines Kreises $|z|=R$ sind.

Ähnlich wie oben wird man hier auf die folgende Vermutung geführt, die wir den **speziellen Modulsatz** nennen:

Zu jedem $\varepsilon>0$ gibt es ein $\delta=\delta(\varepsilon)>0$ mit folgender Eigenschaft:

Sind $\mathfrak{G}'$ und $\mathfrak{G}''$ zwei fremde einfach zusammenhängende Gebiete, von denen $\mathfrak{G}'$ 0 und $\mathfrak{G}''$ ∞ enthält, und sind M' und M'' ihre reduzierten Moduln, dann folgt aus

$$M'+M''\geqq-\delta,$$

daß alle Punkte, die weder in $\mathfrak{G}'$ noch in $\mathfrak{G}''$ liegen, dem Kreisring

$$M'-\varepsilon\leqq\log|z|\leqq-M''+\varepsilon$$

angehören.

Beweis: Es kommt offenbar nicht auf eine Transformation $z\to a\,z$ an, darum wollen wir

$$M''=0$$

annehmen. Wäre die Behauptung falsch, dann gäbe es eine Folge von Paaren $\mathfrak{G}'_n$, $\mathfrak{G}''_n$ einfach zusammenhängender Gebiete, wo $\mathfrak{G}'_n$ 0 und $\mathfrak{G}''_n$ ∞ enthielte, mit Moduln M'_n und $M''_n=0$, wo $\lim\limits_{n\to\infty} M'_n=0$ wäre und trotzdem entweder alle $\mathfrak{G}'_n$ den Kreis $\log|z|<M'_n-\varepsilon$ $(\leqq-\varepsilon)$ oder alle $\mathfrak{G}''_n$ den Kreis $\log|z|>\varepsilon$ nicht ganz enthielten; ε ist hier eine von n unabhängige positive Zahl. $z=f'_n(w)$ bilde $\log|w|<M'_n$ konform so auf $\mathfrak{G}'_n$ ab, daß 0 in 0 übergeht; $z=f''_n(w)$ bilde $|w|>1$ konform so auf $\mathfrak{G}''_n$ ab, daß ∞ in ∞ übergeht. Nach dem Verzerrungssatz bilden die $f'_n(w)$ und die $f''_n(w)$ je eine Normalfamilie: Durch Auswahl einer Teilfolge kann man erreichen, daß $\lim\limits_{n\to\infty} f'_n(w)=f'(w)$ und $\lim\limits_{n\to\infty} f''_n(w)=f''(w)$ auf jedem Kreise $\log|w|\leqq-\eta$ bzw. $\log|w|\geqq\eta$ gleichmäßig konvergiert, wie klein auch $\eta>0$ sei. $f'(w)$ und $f''(w)$ haben bei $w=0$ bzw. $=\infty$ eine Ableitung vom Betrag 1; man schließt leicht aus dem Satz von Rouché, daß $f'(w)$ und $f''(w)$ das Innere bzw. das Äußere des Einheitskreises schlicht auf Gebiete $\mathfrak{G}'$, $\mathfrak{G}''$ mit den reduzierten Moduln $M'=M''=0$ abbilden und daß $\mathfrak{G}'$ und $\mathfrak{G}''$ fremd sind. Nach dem, was wir aus § 1. **8** über die Gültigkeit des Gleichheitszeichens in der Ungleichung $M'+M''\leqq 0$ wissen, muß $\mathfrak{G}'$ das Innere und $\mathfrak{G}''$ das Äußere des Einheitskreises sein. Jetzt nimmt $f'(w)$ auf jedem Kreise $\log|w|=-\eta$ nur Werte vom Betrag $e^{-\eta}$ an, also müssen auch die $f_n(w)$ für hinreichend großes n auf $|w|=e^{-\eta}$ Werte annehmen, deren Betrag $\geqq e^{-2\eta}$ ist, $\mathfrak{G}'_n$ enthält also für hinreichend großes n den Kreis $\log|z|<-2\eta$ für jedes $\eta>0$. Ebenso muß $\mathfrak{G}''_n$ für hinreichend großes n den Kreis $\log|z|>2\eta$ enthalten, wie klein auch $\eta>0$ sei. Das widerspricht der Wahl der Folge $\mathfrak{G}'_n$, $\mathfrak{G}''_n$.

3. Beweis des Modulsatzes. Wir wollen nun aus diesem speziellen Modulsatz den Modulsatz in der in § 4. 1 angegebenen Fassung herleiten. Es stellt sich dabei heraus, daß man das $\delta(\varepsilon)$, dessen Existenz in § 4. 2 bewiesen wurde, zugleich auch in § 4. 1 verwenden kann.

Es sei also $\varepsilon>0$ und $\delta(\varepsilon)$ wie in § 4. 2 bestimmt. In einem Kreisring $r<|z|<R$ mit dem Modul $M=\log R-\log r$ seien zwei fremde Ringgebiete $\mathfrak{G}'$, $\mathfrak{G}''$ mit den Moduln M', M'' so untergebracht, daß $\mathfrak{G}'$ 0 von $\mathfrak{G}''$ und ∞, $\mathfrak{G}''$ ∞ von $\mathfrak{G}'$ und 0 trennt. Es sei

$$M'+M''\geq\log R-\log r-\delta(\varepsilon).$$

Daraus sollen wir schließen, daß alle Punkte, die durch $\mathfrak{G}'$ von 0 und durch $\mathfrak{G}''$ von ∞ getrennt werden, dem Kreisring

$$\log r+M'-\varepsilon\leq\log|z|\leq\log R-M''+\varepsilon$$

angehören.

$\tilde{\mathfrak{G}}'$ sei das Gebiet, das aus $\mathfrak{G}'$ durch Hinzunehmen seines 0 enthaltenden Komplementärkontinuums entsteht; $\tilde{\mathfrak{G}}''$ sei das Gebiet, das aus $\mathfrak{G}''$ durch Hinzunehmen seines ∞ enthaltenden Komplementärkontinuums entsteht. $\tilde{\mathfrak{G}}'$ enthält das Ringgebiet $\mathfrak{G}'$ mit dem Modul M' und den dazu fremden Kreis $|z|<r$ mit dem reduzierten Modul $\log r$; nach § 1. 8 gilt für den reduzierten Modul $\tilde{M}'$ von $\tilde{\mathfrak{G}}'$

$$\tilde{M}'\geq M'+\log r.$$

$\tilde{\mathfrak{G}}''$ enthält $\mathfrak{G}''$ und den dazu fremden Kreis $|z|>R$ mit dem reduzierten Modul $-\log R$, nach § 1. 8 gilt für den reduzierten Modul $\tilde{M}''$ von $\tilde{\mathfrak{G}}''$

$$\tilde{M}''\geq M''-\log R.$$

Es folgt

$$\tilde{M}'+\tilde{M}''\geq M'+M''-(\log R-\log r)\geq-\delta(\varepsilon).$$

Nach dem speziellen Modulsatz (§ 4. 2) liegen die Punkte, die durch $\mathfrak{G}'$ von 0 und durch $\mathfrak{G}''$ von ∞ getrennt werden, als die weder zu $\tilde{\mathfrak{G}}'$ noch zu $\tilde{\mathfrak{G}}''$ gehörenden Punkte im Kreisring

$$\tilde{M}'-\varepsilon\leq\log|z|\leq-\tilde{M}''+\varepsilon.$$

Dieser ist aber in dem Kreisring

$$M'+\log r-\varepsilon\leq\log|z|\leq-M''+\log R+\varepsilon$$

enthalten.

4. Die Extremalgebiete des speziellen Modulsatzes. Der soeben durchgeführte Beweis ist ein reiner Existenzbeweis: zu jedem ε gibt es ein δ, über dessen Größe wir nichts erfahren. Wir wollen nun wirklich zu jedem ε das günstigste (also größte) δ bestimmen, indem wir den speziellen Modulsatz nochmals auf anderem Wege beweisen; dabei werden wir auch die Extremalgebiete kennenlernen. Auf diesem anderen Wege habe ich den Modulsatz zuerst gefunden.

$\mathfrak{G}'$ und $\mathfrak{G}''$ seien also fremde einfach zusammenhängende Gebiete, von denen $\mathfrak{G}'$ 0 und $\mathfrak{G}''$ ∞ enthält; ihre reduzierten Moduln seien M' und M''; z_0 sei ein Punkt, der weder zu $\mathfrak{G}'$ noch zu $\mathfrak{G}''$ gehört. Der spezielle Modulsatz schränkt die Lage von z_0 bei gegebenen M', M'' ein; man darf für beliebiges komplexes $a \neq 0$ stets M' durch $M' + \log|a|$, M'' durch $M'' - \log|a|$ und z_0 durch $z_0\, a$ ersetzen, denn das entspricht der zulässigen Transformation $z \to a\,z$. Damals normierten wir $M'' = 0$; jetzt wollen wir hingegen $z_0 = -1$ annehmen. Wir fragen also, was aus der Voraussetzung, weder $\mathfrak{G}'$ noch $\mathfrak{G}''$ enthalte $z = -1$, in bezug auf M' und M'' folgt. — Aus § 1.8 wissen wir schon $M' + M'' \leq 0$; aus dem Satz von Koebe folgt weiter $M' \leq \log 4$, $M'' \leq \log 4$. Jetzt soll darüber hinaus genau festgestellt werden, welche Paare (M', M'') in Frage kommen.

Wir geben erst eine Schar von Extremalgebieten an, beweisen dann eine Reihe von Ungleichungen über M' und M'', die die Extremalität jener Gebiete zeigen, bestimmen dann daraus die Menge der zulässigen (M', M'') und berechnen daraus das günstigste $\delta(\varepsilon)$.

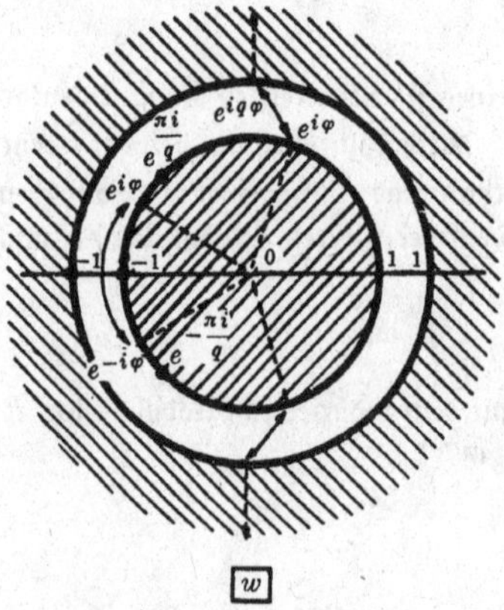

In Wirklichkeit haben beide Kreise den Halbmesser 1.

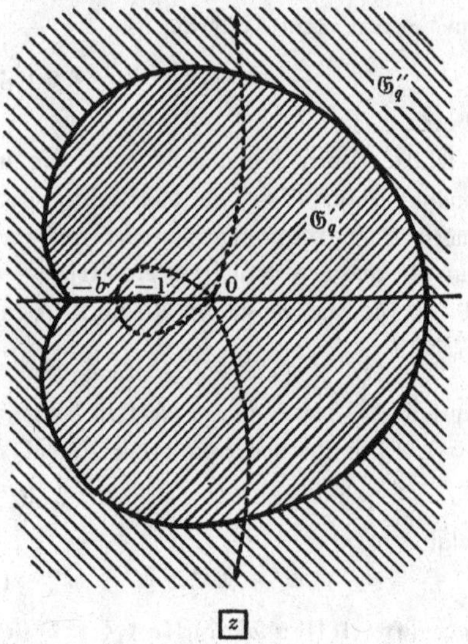

Abbildung 6.

Um die Extremalgebiete zu konstruieren, betrachten wir erst in der w-Ebene das Innere $\mathfrak{J}$ und das Äußere $\mathfrak{A}$ des Einheitskreises. Wir wollen beide durch nichttriviale Randzuordnung zu einer ideal geschlossenen Fläche zusammenheften. $q > 1$ sei ein Parameter; wir bilden den Randbogen $w = e^{i\varphi}$, $|\varphi| \leq \frac{\pi}{q}$ von $\mathfrak{J}$ auf den Rand $w = e^{i\psi}$, $|\psi| \leq \pi$ von $\mathfrak{A}$ durch

$$\psi = q\,\varphi \qquad \left(|\varphi| \leq \frac{\pi}{q}\right)$$

ab; aber den Rest des Randes von $\mathfrak{J}$: $w = e^{i\varphi}$, $\frac{\pi}{q} \leq |\varphi| \leq \pi$ heften wir so zusammen, daß für $\frac{\pi}{q} \leq \varphi \leq \pi$ immer $e^{i\varphi}$ und $e^{-i\varphi}$ einander entsprechen sollen. Der Randpunkt $w = -1$ von $\mathfrak{J}$ ist also nur sich selbst zugeordnet, während die drei Randpunkte: $w = e^{\pm i \frac{\pi}{q}}$ von $\mathfrak{J}$, $w = -1$ von $\mathfrak{A}$ einander entsprechen (s. Abb. 6).

Hierdurch erhalten wir eine geschlossene Fläche vom Geschlecht 0. Es ist leicht, in der Umgebung jeder Stelle einen uniformisierenden Parameter anzugeben. Für w_0 in $\mathfrak{J}$ kann man $w - w_0$ nehmen, für w_0 in $\mathfrak{A}$ z. B. $\frac{1}{w} - \frac{1}{w_0}$. Liegt w_0 auf dem Einheitskreis, dann kann w_0 erstens ein Punkt $e^{i\varphi_0}$ von $\mathfrak{J}$ $\left(|\varphi_0| < \frac{\pi}{q}\right)$ sein, der $w_0 = e^{iq\varphi_0}$ in $\mathfrak{A}$ entspricht; Ortsuniformisierende ist die Funktion

$$\begin{cases} q(\log w - i\varphi_0) & \text{in } \mathfrak{J} \\ \log w - iq\varphi_0 & \text{in } \mathfrak{A}. \end{cases}$$

Zweitens kann w_0 durch Identifizieren von $e^{i\varphi_0}$ und $e^{-i\varphi_0}$ entstehen $\left(\frac{\pi}{q} < \varphi_0 < \pi\right)$, dann ist

$$\begin{cases} \log w - i\varphi_0 & \text{in der Umgebung von } w = e^{i\varphi_0},\ |w| \leq 1 \\ -\log w - i\varphi_0 & \text{in der Umgebung von } w = e^{-i\varphi_0},\ |w| \leq 1 \end{cases}$$

eine Ortsuniformisierende. Es bleiben noch die beiden singulären Stellen übrig. In der Umgebung des Randpunkts $w_0 = -1$ von $\mathfrak{J}$ ist

$$(\log(-w))^2$$

eine Ortsuniformisierende. In der Umgebung des Randpunkts $w_0 = e^{\pm i\frac{\pi}{q}}$ von $\mathfrak{J}$, $w_0 = -1$ von $\mathfrak{A}$ ist schließlich

$$\left(-qi\log\frac{w}{e^{i\frac{\pi}{q}}}\right)^{\frac{2}{3}} \qquad \text{in der Umgebung von } w = e^{i\frac{\pi}{q}},\ |w| \leq 1$$

$$\left(iq\log\frac{w}{e^{-i\frac{\pi}{q}}}\right)^{\frac{2}{3}} \qquad \text{in der Umgebung von } w = e^{-i\frac{\pi}{q}},\ |w| \leq 1$$

$$-(\log(-w))^{\frac{2}{3}} \qquad \text{in der Umgebung von } w = -1,\ |w| \geq 1$$

Ortsuniformisierende. — Wir werden diese Angaben nicht weiter brauchen; wir merken uns nur, daß bei schlichter Abbildung der Umgebungen der beiden singulären Stellen $(\log w - \log w_0)^2$ bzw. $(\log w - \log w_0)^{\frac{2}{3}}$ eine von erster Ordnung verschwindende eindeutige Funktion wird und daß im übrigen alles regulär ist.

Nach der Uniformisierungstheorie kann man unsere ideal geschlossene Fläche konform auf die volle z-Ebene abbilden; hierbei soll der Punkt $w = 0$ von $\mathfrak{J}$ in $z = 0$, der Punkt $w = \infty$ von $\mathfrak{A}$ in $z = \infty$ und der Randpunkt $w = -1$ von $\mathfrak{J}$ in $z = -1$ übergehen. Aus Symmetriegründen gehen die reelle Achse der w-Ebene und der Randbogen $w = e^{\pm i\varphi}$, $\frac{\pi}{q} \leq \varphi \leq \pi$ von $\mathfrak{J}$ in die reelle Achse der z-Ebene über; dem Randpunkt $w = e^{\pm i\frac{\pi}{q}}$ von $\mathfrak{J}$, $w = -1$ von $\mathfrak{A}$ entspricht ein Punkt $w = -b$ der reellen Achse (s. Abb. 6). Später werden wir $b = q^2$ beweisen.

$\mathfrak{J}$ geht in ein Gebiet $\mathfrak{G}'_q$ über, $\mathfrak{A}$ in ein Gebiet $\mathfrak{G}''_q$. $\mathfrak{G}'_q$ und $\mathfrak{G}''_q$ werden voneinander durch das z-Bild der Randteile $w = e^{i\varphi}$, $|\varphi| \leq \frac{\pi}{q}$ von $\mathfrak{J}$; $w = e^{i\psi}$, $|\psi| \leq \pi$ von $\mathfrak{A}$

getrennt. Dem Randteil $w = e^{i\varphi}$, $\frac{\pi}{q} \leq |\varphi| \leq \pi$ entspricht ein Schlitz von $\mathfrak{G}'$ längs des Stücks $-b \cdots -1$ der reellen Achse. $\mathfrak{G}'_q$ und $\mathfrak{G}''_q$ mögen die reduzierten Moduln M'_q und M''_q haben [23]).

5. Beweis der Extremaleigenschaft. Wir wollen nun zeigen, daß und inwiefern durch diese einparametrige Schar von Extremalgebieten $\mathfrak{G}'_q$, $\mathfrak{G}''_q$ unser Extremalproblem gelöst wird. Dazu beweisen wir nach der Methode von § 2. 3:

$\mathfrak{G}'$ und $\mathfrak{G}''$ seien fremde 0 bzw. ∞ enthaltende einfach zusammenhängende Gebiete mit den reduzierten Moduln M', M'', die beide $z = -1$ nicht enthalten. Dann gilt für alle $q > 1$

$$q^2 M' + M'' \leq q^2 M'_q + M''_q .$$

Gleichheit gilt nur, wenn $\mathfrak{G}' = \mathfrak{G}'_q$ und $\mathfrak{G}'' = \mathfrak{G}''_q$ ist.

Beweis: Wir legen die soeben konstruierte Abbildung von $\mathfrak{G}'_q$ bzw. $\mathfrak{G}''_q$ auf das Innere $\mathfrak{J}$ bzw. das Äußere $\mathfrak{A}$ des Einheitskreises der w-Ebene zugrunde und setzen

$$\begin{cases} \omega = q \log w & w \text{ in } \mathfrak{J},\ z \text{ in } \mathfrak{G}'_q ; \\ \omega = \log w & w \text{ in } \mathfrak{A},\ z \text{ in } \mathfrak{G}''_q . \end{cases}$$

Wir verwenden hauptsächlich das Differential $d\omega$, es kommt also nicht auf den Zweig des Logarithmus an; man kann z. B. den Hauptzweig in der längs der negativ reellen Achse aufgeschlitzten Ebene nehmen.

Nun bilden wir $\mathfrak{G}'$ auf $|\zeta| < 1$ und $\mathfrak{G}''$ auf $|\zeta| > 1$ konform so ab, daß 0 in 0 bzw. ∞ in ∞ übergeht, und setzen

$$\zeta = \varrho e^{i\vartheta} .$$

Nach § 1. 6 ist

$$M' = \log \left|\frac{dz}{d\zeta}\right|_0 , \quad M'' = -\log \left|\frac{dz}{d\zeta}\right|_\infty .$$

Nun fassen wir eine Kurve $|\zeta| = \varrho = \text{const}$ in der z-Ebene ins Auge und bezeichnen mit $n_i(\varphi)$ die Anzahl ihrer Schnittpunkte mit dem z-Bild der Strecke $|w| \leq 1$, $\arg w = \varphi$ und mit $n_a(\psi)$ die Anzahl ihrer Schnittpunkte mit dem z-Bild von $|w| \geq 1$, $\arg w = \psi$.

Für $|\varphi| < \frac{\pi}{q}$ setzen sich die z-Bilder von

$$|w| \leq 1,\ \arg w = \varphi \quad \text{und} \quad |w| \geq 1,\ \arg w = q\varphi$$

zu einem Kurvenbogen zusammen, der stetig von $z = 0$ nach $z = \infty$ läuft. $|\zeta| = \varrho$ ist aber eine geschlossene Kurve, die $z = 0$ von $z = \infty$ trennt. Sie muß darum mindestens einen Schnittpunkt mit unserem Kurvenbogen haben:

$$n_i(\varphi) + n_a(q\varphi) \geq 1 \qquad \left(|\varphi| < \frac{\pi}{q}\right).$$

Für $\frac{\pi}{q} < \varphi < \pi$ setzen sich die z-Bilder von

$$|w| \leq 1,\ \arg w = \pm\varphi$$

zu einer geschlossenen Kurve zusammen, die in $z = 0$ beginnt und endet, aber $z = -1$ von $z = \infty$ trennt. Wegen der letzteren Eigenschaft kann sie nicht innerhalb $\mathfrak{G}'$ verlaufen, sie

---

[23]) Man kann auch das von $-1 \leq w \leq +\infty$ und $|w| = 1$, $\frac{\pi}{q} \leq \arg w \leq \pi$ und $\arg w = \frac{\pi}{q}$, $1 \leq |w| \leq \infty$ begrenzte Kreisbogendreieck so auf die obere z-Halbebene abbilden, daß $-1, 0, \infty$ in $-1, 0, \infty$ übergehen, in $|w| > 1$ dann w durch w^q ersetzen und spiegeln, das ergibt dieselbe Abbildung der aufgeschlitzten w-Ebene auf die z-Ebene.

muß also für $0<\varrho<1$ den Teil $|\zeta|\leq\varrho$ von $\mathfrak{G}'$ irgendwo verlassen und anderswo wieder betreten, hat also mit dem z-Bild von $|\zeta|=\varrho$ mindestens zwei Schnittpunkte:

$$n_i(\varphi)+n_i(-\varphi)\geq 2 \qquad \left(\frac{\pi}{q}<\varphi<\pi\right) \qquad (\varrho<1).$$

Integration der letzten zwei Ungleichungen liefert

$$q\int_{-\pi}^{\pi} n_i(\varphi)\,d\varphi+\int_{-\pi}^{\pi} n_a(\psi)\,d\psi=q\int_{-\frac{\pi}{q}}^{\frac{\pi}{q}}\{n_i(\varphi)+n_a(q\,\varphi)\}\,d\varphi+q\int_{\frac{\pi}{q}}^{\pi}\{n_i(\varphi)+n_i(-\varphi)\}\,d\varphi$$

$$\geq q\int_{-\frac{\pi}{q}}^{\frac{\pi}{q}} d\varphi\left(+q\int_{\frac{\pi}{q}}^{\pi} 2\,d\varphi \quad \text{für} \quad \varrho<1\right)$$

$$=\begin{cases}2\pi q & \text{für} \quad \varrho<1\\ 2\pi & \text{für} \quad \varrho>1.\end{cases}$$

Nun ist aber

$$\oint_{|\zeta|=\varrho}|d\omega|\geq\oint_{|\zeta|=\varrho}|d\mathfrak{I}\,\omega|=q\int_{-\pi}^{\pi} n_i(\varphi)\,d\varphi+\int_{-\pi}^{\pi} n_a(\psi)\,d\psi\geq\begin{cases}2\pi q & \text{für} \quad \varrho<1,\\ 2\pi & \text{für} \quad \varrho>1.\end{cases}$$

Nun können wir wie in § 1. 7 weiterschließen:

$$\left.\begin{matrix}2\pi q\\ 2\pi\end{matrix}\right\}\leq\oint_{|\zeta|=\varrho}|d\omega|=\int_0^{2\pi}\left|\frac{d\omega}{d\log\zeta}\right|d\vartheta;$$

$$\left.\begin{matrix}4\pi^2q^2\\ 4\pi^2\end{matrix}\right\}\leq\int_0^{2\pi}d\vartheta\cdot\int_0^{2\pi}\left|\frac{d\omega}{d\log\zeta}\right|^2 d\vartheta;$$

$$\left.\begin{matrix}2\pi q^2\\ 2\pi\end{matrix}\right\}\leq\int_0^{2\pi}\left|\frac{d\omega}{d\log\zeta}\right|^2 d\vartheta \quad \text{für} \begin{cases}\varrho<1\\ \varrho>1.\end{cases}$$

Gleichheit kann nur gelten, wenn $\omega=\text{const}\cdot\log\zeta$ ist, wenn also $\mathfrak{G}'=\mathfrak{G}'_q$ bzw. $\mathfrak{G}''=\mathfrak{G}''_q$ ist. Nun ist

$$\int_{\varrho_1}^{1}\left\{\int_0^{2\pi}\left|\frac{d\omega}{d\log\zeta}\right|^2 d\vartheta-2\pi q^2\right\}\frac{d\varrho}{\varrho}+\int_1^{\mathrm{P}_2}\left\{\int_0^{2\pi}\left|\frac{d\omega}{d\log\zeta}\right|^2 d\vartheta-2\pi\right\}\frac{d\varrho}{\varrho}$$

$$=\iint_{\varrho_1<|\zeta|<\mathrm{P}_2}\boxed{d\omega}+2\pi q^2\log\varrho_1-2\pi\log\mathrm{P}_2.$$

Das rechts auftretende $\iint\boxed{d\omega}$ ist über einen Teil eines w-Ringgebiets zu erstrecken, dessen Randkomponenten sich für $\varrho_1\to 0$, $\mathrm{P}_2\to\infty$ beliebig wenig von den Kreisen

$$\log|w|=\log\varrho_1+M'-M'_q \quad \text{bzw.} \quad \log|w|=\log\mathrm{P}_2-M''+M''_q$$

unterscheiden, denn es ist ja

$$\log\left|\frac{dw}{d\zeta}\right|_0=M'-M'_q, \quad \log\left|\frac{dw}{d\zeta}\right|_\infty=-M''+M''_q.$$

Das rechts auftretende $\iint\boxed{d\omega}$ unterscheidet sich also nach Definition von ω für $\varrho_1\to 0$, $\mathrm{P}_2\to\infty$ beliebig wenig von einer Größe, die höchstens gleich

$$2\pi q^2(M'_q-M'-\log\varrho_1)+2\pi(M''_q-M''+\log\mathrm{P}_2)$$

ist; der Grenzwert der rechten Seite ist daher

$$\leq 2\pi\{q^2(M'_q - M') + M''_q - M''\}.$$

Der Grenzwert der linken Seite für $\varrho_1 \to 0$, $\mathsf{P}_2 \to \infty$ ist aber ≥ 0 und nur 0, wenn $\mathfrak{G}' = \mathfrak{G}'_q$ und $\mathfrak{G}'' = \mathfrak{G}''_q$ ist.

6. Deutung in einer Diagrammebene. Um aus der soeben bewiesenen Ungleichung Folgerungen zu ziehen, deuten wir in einer Hilfsebene M' und M'' als rechtwinklige Koordinaten. Wenn M' und M'' die reduzierten Moduln fremder 0 bzw. ∞ enthaltender einfach zusammenhängender Gebiete $\mathfrak{G}'$, $\mathfrak{G}''$ sein sollen, dann hat man es nach § 1.8 nur mit der Halbebene

$$M' + M'' \leq 0$$

zu tun. Durch die zusätzliche Forderung, daß $\mathfrak{G}'$ und $\mathfrak{G}''$ beide den Punkt $z = -1$ nicht enthalten sollen, wird aus dieser Halbebene ein Teilbereich $\mathfrak{B}$ herausgegriffen, dessen Gestalt wir untersuchen sollen (s. Abb. 7).

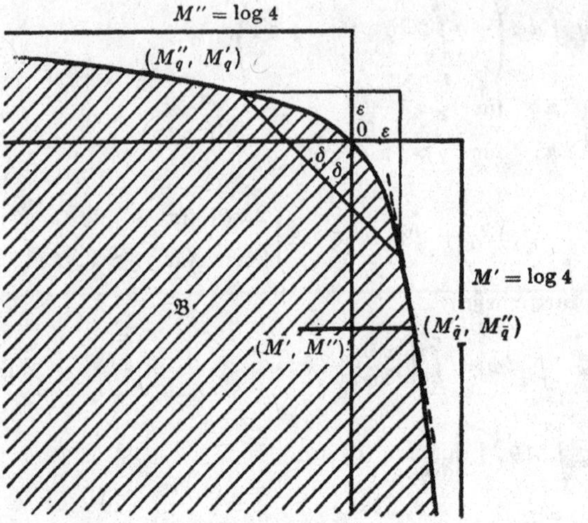

Abbildung 7.

Nach § 1.8 hat $\mathfrak{B}$ mit der Geraden $M' + M'' = 0$ nur den Punkt (0, 0) gemein. Nach dem Satz von Koebe über den nächsten Randpunkt ist $\mathfrak{B}$ ganz in dem Teil $M' < \log 4$, $M'' < \log 4$ der Halbebene enthalten. Den Normalfamilienschluß von § 4.2 kann man deuten, indem man sagt, $\mathfrak{B}$ sei abgeschlossen. Aber das wollen wir nicht benutzen.

Wir wollen einmal annehmen, M'_q und M''_q seien stetige Funktionen von q, die für $q \to 1$ beide gegen 0 streben, während für $q \to \infty$ M'_q gegen $\log 4$ und M''_q gegen $-\infty$ strebt. Dies werden wir bald beweisen.

Dann geben wir die Gestalt von $\mathfrak{B}$ dadurch an, daß wir die Gleichheit folgender drei Bereiche beweisen:

1. $\mathfrak{B}$, soeben definiert;

2. $\mathfrak{B}_2$: die Menge aller (M', M'') mit $M' + M'' \leq 0$, $q^2 M' + M'' \leq q^2 M'_q + M''_q$, $q^2 M'' + M' \leq q^2 M'_q + M''_q$;

3. $\mathfrak{B}_3$: die Menge aller (M', M''), für die $M' \leq 0$, $M'' \leq 0$ ist, oder für die es ein q mit $M' \leq M'_q$, $M'' \leq M''_q$ oder $M'' \leq M'_q$, $M' \leq M''_q$ gibt.

Die Punkte (M''_q, M'_q), (0, 0), (M'_q, M''_q) schließen sich nach Voraussetzung zu einer stetigen Kurve zusammen, die von $(-\infty, \log 4)$ über (0, 0) nach $(\log 4, -\infty)$ läuft. Für ihre Punkte, die ja alle zu $\mathfrak{B}$ gehören, gilt für jedes $\bar{q}$ die Ungleichung

$$\bar{q}^2 M' + M'' \leq \bar{q}^2 M'_{\bar{q}} + M''_{\bar{q}},$$

d. h. die Kurve liegt ganz links von einer gewissen Geraden mit der Steigung $-\bar{q}^2$ durch einen Kurvenpunkt $(M'_{\bar{q}}, M''_{\bar{q}})$. Es ist klar, daß alles zu der Geraden $M' = M''$ symmetrisch ist und daß die Kurve in $M' + M'' \leq 0$ verläuft; durch jeden Punkt der Kurve gibt es demnach eine Stützgerade, die die Kurve nicht durchsetzt: es handelt sich um eine konvexe Kurve. Es wird behauptet, $\mathfrak{B}$ sei der von dieser Kurve begrenzte konvexe Bereich.

Nun muß die Gleichheit von $\mathfrak{B}$, $\mathfrak{B}_2$, $\mathfrak{B}_3$ gezeigt werden. Daß $\mathfrak{B}$ in $\mathfrak{B}_2$ enthalten ist, folgt aus § 1. **8** und § 4. **5.** — Nun sei (M', M'') ein Punkt von $\mathfrak{B}_2$. Wegen $M' + M'' \leq 0$ ist $M' \leq 0$ oder $M'' \leq 0$, wir nehmen etwa das Zweite an. Aus $\lim_{q \to 1} M''_q = 0$, $\lim_{q \to \infty} M''_q = -\infty$ und der Stetigkeit von M''_q (Vor.) folgt die Existenz eines q mit $M'' = M''_q$. Aus $q^2 M' + M'' \leq q^2 M'_q + M''_q$ folgt dann $M' \leq M'_q$, d. h. (M', M'') liegt in $\mathfrak{B}_3$. — Liegt (M', M'') in $\mathfrak{B}_3$, dann gebe es z. B. ein q mit $M' \leq M'_q$, $M'' \leq M''_q$ (die anderen Fälle erledigen sich ebenso). Man braucht dann nur irgendein Teilgebiet $\mathfrak{G}'$ von $\mathfrak{G}'_q$ mit dem reduzierten Modul M' und ein Teilgebiet $\mathfrak{G}''$ von $\mathfrak{G}''_q$ mit dem reduzierten Modul M'' zu nehmen, um zu sehen, daß (M', M'') in $\mathfrak{B}$ liegt. — Nun ist $\mathfrak{B}$ in $\mathfrak{B}_2$, $\mathfrak{B}_2$ in $\mathfrak{B}_3$, $\mathfrak{B}_3$ in $\mathfrak{B}$ enthalten, also sind alle drei Bereiche gleich.

$\mathfrak{B}$ hat mit jeder Stützgeraden

$$q^2 M'' + M' = q^2 M'_q + M''_q; \quad M' + M'' = 0; \quad q^2 M' + M'' = q^2 M'_q + M''_q$$

nur den einen Punkt

$$(M''_q, M'_q); \quad (0, 0); \quad (M'_q, M''_q)$$

gemein, darum enthält die konvexe Randkurve von $\mathfrak{B}$ keine Geradenstücke. — Die Randkurve von $\mathfrak{B}$ ist zweimal stetig differenzierbar, aber bei $(0, 0)$ nicht dreimal; in $(0, 0)$ hat sie die Steigung -1 und die Krümmung 0; mit Ausnahme von $(0, 0)$ ist sie analytisch. Das sieht man aus den bald aufzustellenden expliziten Ausdrücken der Funktionen M'_q, M''_q von q.

Endlich kommen wir wieder auf den speziellen Modulsatz zu sprechen. Man soll $\delta(\varepsilon)$ so bestimmen, daß für Punkte (M', M'') von $\mathfrak{B}$ aus $M' + M'' \geq -\delta$ folgt $M' - \varepsilon \leq 0 \leq -M'' + \varepsilon$. Der Abschnitt $M' + M'' \geq -\delta$ von $\mathfrak{B}$ soll also ganz dem Quadranten $M' \leq \varepsilon$, $M'' \leq \varepsilon$ angehören. Wir können die günstigste Funktion $\delta(\varepsilon)$ sofort in Parameterdarstellung angeben:

$$\begin{cases} \varepsilon = M'_q, \\ \delta = -M'_q - M''_q. \end{cases}$$

Aus der Konvexität von $\mathfrak{B}$ folgt sofort, daß $\varepsilon(q)$ monoton von 0 bis $\log 4$ und $\delta(q)$ monoton von 0 bis ∞ wächst, wenn q das Intervall von 1 bis ∞ durchläuft.

Wir brauchen uns von allem soeben Ausgeführten nur die Parameterdarstellung der Funktion $\delta(\varepsilon)$ zu merken.

7. Berechnung der Extremalabbildungen. Um M'_q und M''_q als Funktionen von q wirklich zu berechnen, bestimmen wir jetzt die Abbildung der aufgeschnittenen und ideal zusammengehefteten w-Ebene auf die z-Ebene. Die Funktion

$$s = \frac{d\omega}{d \log z} = \begin{cases} q \dfrac{d \log w}{d \log z} & \text{für } |w| \leq 1 \\[2ex] \dfrac{d \log w}{d \log z} & \text{für } |w| \geq 1 \end{cases}$$

ist jedenfalls in $\mathfrak{G}'_q$ und in $\mathfrak{G}''_q$ regulär analytisch und von 0 verschieden; für $z = 0$ ist $s = q$ und für $z = \infty$ ist $s = 1$. Aus unserer Verheftungsvorschrift folgt, daß s an der Grenze von $\mathfrak{G}'_q$ und $\mathfrak{G}''_q$ nicht springt, sondern stetig ist, sowie daß s auf den beiden Ufern des Schlitzes $-b \cdots -1$ von $\mathfrak{G}'_q$ entgegengesetzte Werte hat. s^2 ist also mit Ausnahme der Stellen $z=-1$ und $z=-b$ in der ganzen z-Ebene eindeutig, regulär analytisch und von 0 verschieden. Aber aus den Angaben, die in § 4. 4 über den Charakter der schlichten Abbildung dieser beiden singulären Stellen der w-Fläche gemacht wurden, sieht man, daß s^2 bei $z=-1$ einen einfachen Pol und bei $z=-b$ eine einfache Nullstelle hat. Also

$$s^2 = \frac{z+b}{z+1}.$$

Die multiplikative Konstante ist hierin dadurch festgelegt, daß s^2 für $z=\infty$ gleich 1 ist. Berücksichtigt man auch, daß s^2 für $z=0$ gleich q^2 wird, dann erhält man

$$b = q^2.$$

Das Integral

$$\omega = \int s\frac{dz}{z} = \int\sqrt{\frac{z+q^2}{z+1}}\,\frac{dz}{z} = \begin{cases} q\log w, & |w|<1 \\ \log w, & |w|>1 \end{cases}$$

berechnen wir mit Hilfe der rationalisierenden Substitution

$$s = \sqrt{\frac{z+q^2}{z+1}}.$$

s soll für positive z positiv sein; die von $-q^2$ bis -1 geradlinig aufgeschlitzte z-Ebene wird so auf die rechte Halbebene der s-Ebene abgebildet, daß

$$z = -q^2,\ -1,\ 0,\ \infty \quad \text{in} \quad s = 0,\ \infty,\ q,\ 1$$

übergeht. Der andere Zweig von s entsteht durch die Transformation $s \to -s$. $\frac{d\log z}{d\log s}$ hat bei $s=-q, +q, -1, +1$ einfache Pole mit den Residuen $-q, +q, +1, -1$, verschwindet bei $s=0, \infty$ und ist im übrigen regulär, also

$$\frac{d\log z}{d\log s} = \frac{-q}{s+q} + \frac{q}{s-q} + \frac{1}{s+1} - \frac{1}{s-1},$$

$$\omega = \int s\frac{d\log z}{ds}\,ds = \int \frac{d\log z}{d\log s}\,ds = q\log\frac{q-s}{q+s} + \log\frac{s+1}{s-1} + \text{const},$$

$$\begin{cases} w = \dfrac{q-s}{q+s}\cdot\left(\dfrac{s+1}{s-1}\right)^{1/q} & (|w|<1) \\ w = \left(\dfrac{q-s}{q+s}\right)^{q}\cdot\dfrac{s+1}{s-1} & (|w|>1). \end{cases}$$

Der additiven Konstante in ω entspricht eine multiplikative Konstante in w; diese ist so bestimmt, daß für $z=-1$, $s=\infty$ bzw. für $z=-q^2$, $s=0$ für w der Wert -1 herauskommt, je nachdem, ob man $|w|<1$ oder $|w|>1$ betrachtet. Für die Potenz ist an beiden Stellen der Hauptwert zu nehmen, der auf der positiv reellen Achse positiv ist.

8. Berechnung von $\delta(\varepsilon)$. Jetzt können wir auch M'_q und M''_q berechnen. Es ist nämlich

$$M'_q = -\log\left|\frac{ds}{dz}\right|_{z=0} - \log\left|\frac{dw}{ds}\right|_{s=q} = \log\frac{2q}{q^2-1} + \left(\log 2q - \frac{1}{q}\log\frac{q+1}{q-1}\right)$$

$$= 2\log 2q - \left(1-\frac{1}{q}\right)\log(q-1) - \left(1+\frac{1}{q}\right)\log(q+1);$$

$$M''_q = -\log\left|\frac{ds}{dz^{-1}}\right|_{z=\infty} - \log\left|\frac{dw^{-1}}{ds}\right|_{s=1} = \log\frac{2}{q^2-1} + \left(\log 2 - q\log\frac{q+1}{q-1}\right)$$

$$= 2\log 2 + (q-1)\log(q-1) - (q+1)\log(q+1).$$

Man sieht, daß M'_q und M''_q für $1 < q < \infty$ stetig sind und für $q \to 1$ gegen 0, für $q \to \infty$ gegen $\log 4$ bzw. $-\infty$ streben. Man muß an unseren analytischen Ausdrücken die Schlüsse von § 4. 6 betr. Konvexität usw. nachprüfen können; ich habe die Rechnung nie durchgeführt, denn die Überlegungen von § 4. 6 lassen keinen Zweifel aufkommen. Ich hielt es auch nicht für nötig, im einzelnen nachzurechnen, daß die am Schluß von § 4. 7 angegebenen Funktionen wirklich die in § 4. 4 geforderte Abbildung leisten.

Wir müssen noch $\delta(\varepsilon)$ berechnen. Es ist

$$\begin{cases} \varepsilon = M'_q = 2\log(2q) - \left(1 - \frac{1}{q}\right)\log(q-1) - \left(1 + \frac{1}{q}\right)\log(q+1), \\ \delta = -M'_q - M''_q = -2\log(4q) - \frac{(q-1)^2}{q}\log(q-1) + \frac{(q+1)^2}{q}\log(q+1) \end{cases}$$

eine Parameterdarstellung $\varepsilon = \varepsilon(q)$, $\delta = \delta(q)$ der Funktion $\delta(\varepsilon)$. Das können wir § 4. 6 entnehmen oder auch direkt so einsehen: Es läßt sich elementar durch Differenzieren bestätigen, daß $\varepsilon = M'_q$ und $\delta = -M'_q - M''_q$ stark monoton wachsende Funktionen sind, die für $q \to 1$ gegen 0 streben, während ε für $q \to \infty$ gegen $\log 4$, δ aber gegen ∞ strebt. Die Parameterdarstellung gibt also δ als stark monoton wachsende Funktion von ε, die von 0 bis ∞ wächst, wenn ε von 0 bis $\log 4$ läuft. — Wir müssen zeigen, daß man dieses $\delta(\varepsilon)$ in den speziellen Modulsatz von § 4. 2 einsetzen darf. $\mathfrak{G}'$ und $\mathfrak{G}''$ seien also fremde einfach zusammenhängende 0 bzw. ∞ enthaltende Gebiete mit den reduzierten Moduln M', M'', die beide $z = -1$ nicht enthalten; es sei $M' + M'' \geq -\delta(q)$; daraus sollen wir schließen, daß $z = -1$ dem Kreisring $M' - \varepsilon(q) \leq \log|z| \leq -M'' + \varepsilon(q)$ angehört; mit anderen Worten, es soll $M' \leq \varepsilon(q)$, $M'' \leq \varepsilon(q)$ gezeigt werden. — Aus Symmetriegründen dürfen wir $M' \geq M''$ annehmen; dann ist $M'' \leq 0$, es gibt ein $\bar{q}$ mit $M'' = M''_{\bar{q}}$; nach § 4. 5 gilt aber

$$\bar{q}^2 M' + M'' \leq \bar{q}^2 M'_{\bar{q}} + M''_{\bar{q}},$$

also auch

$$M' \leq M'_{\bar{q}}, \quad -\delta(q) \leq M' + M'' \leq M'_{\bar{q}} + M''_{\bar{q}} = -\delta(\bar{q}),$$

wegen der Monotonie von $\delta(q)$, $\varepsilon(q)$ folgt $\bar{q} \leq q$, $\varepsilon(\bar{q}) \leq \varepsilon(q)$; das letztere besagt aber

$$M'' \leq M' \leq M'_{\bar{q}} = \varepsilon(\bar{q}) \leq \varepsilon(q).$$

Wir sehen zugleich, daß und inwiefern $\mathfrak{G}'_q$, $\mathfrak{G}''_q$ Extremalgebietspaare des speziellen Modulsatzes sind.

Um endlich das asymptotische Verhalten der in Parameterdarstellung gegebenen Funktion $\delta(\varepsilon)$ für $q \to 1$ kennenzulernen, entwickeln wir nach

$$h = q - 1:$$

$$\varepsilon \sim h \log\frac{1}{h}, \quad \delta \sim h^2 \log\frac{1}{h}.$$

Daraus folgt

$$h \sim \frac{\varepsilon}{\log\frac{1}{\varepsilon}},$$

$$\delta \sim \frac{\varepsilon^2}{\log\frac{1}{\varepsilon}}.$$

9. Bemerkung. Nach § 4. 3 muß man das soeben gefundene $\delta(\varepsilon)$ noch verbessern (also vergrößern) können, wenn man sich von vornherein auf einen festen Kreisring beschränkt. Es handelt sich dann im wesentlichen um das folgende Problem:

In einem Kreisring $r<|z|<R$ mit $0<r<1<R<\infty$ werden Paare von fremden Ringgebieten betrachtet, wo 0 durch $\mathfrak{G}'$ von -1 und ∞ und ∞ durch $\mathfrak{G}''$ von -1 und 0 getrennt wird. Welche Wertepaare kann das Paar (M', M'') der Moduln von $\mathfrak{G}', \mathfrak{G}''$ annehmen?

Es handelt sich um die Abgrenzung eines Teilbereichs aus dem Dreieck

$$M' \geq 0, \quad M'' \geq 0, \quad M' + M'' \leq \log R - \log r.$$

§ 4. 4—6 überträgt sich fast unmittelbar. Um die Extremalgebiete zu konstruieren, nimmt man drei Parameter $\varrho<1$, $\mathrm{P}>1$, $q>1$ und verheftet die beiden Einheitskreisperipherien der Kreisringe $\varrho<|w|<1$, $1<|w|<\mathrm{P}$ genau wie in § 4. 4 mit Benutzung des Parameters q; so entsteht eine schlichtartige zweifach zusammenhängende Riemannsche Mannigfaltigkeit, die man auf einen Kreisring mit einem Modul $M(\varrho, \mathrm{P}, q)$ konform abbilden kann. Man wird ϱ und P so zu bestimmen suchen, daß $M(\varrho, \mathrm{P}, q)$ gerade gleich $\log R - \log r$ wird, daß man also das ideale Ringgebiet konform auf $r<|z|<R$ abbilden kann, wobei $|w|=\varrho$ in $|z|=r$, $|w|=\mathrm{P}$ in $|z|=R$ übergehen möge, und daß dabei der Randpunkt $w=-1$ von $\varrho<|w|<1$ gerade in einen Punkt z vom Betrage 1, etwa in $z=-1$, übergeht. Das ergibt dann wieder eine vom Parameter q abhängende Schar von Extremalringgebietpaaren $\mathfrak{G}_q'$, $\mathfrak{G}_q''$. Wenn man aber § 4. 7 übertragen will, bekommt man es mit elliptischen Funktionen zu tun; darum habe ich die Rechnung nicht durchgeführt.

Es ist wohl klar, was entsteht, wenn man hier R endlich läßt und nur $r \to 0$ streben läßt.

§ 5. Grenzübergang.

1. Bezeichnungen. Wir stellen die Voraussetzungen zusammen, die den Untersuchungen dieses Abschnitts zugrunde liegen.

$\mathfrak{M}$ sei eine Menge reeller Zahlen, die sich u. a. gegen $+\infty$ häuft. Ihre Elemente heißen meist $\varkappa, \lambda, \mu, \nu$. $\mathfrak{M}$ kann z. B. ein Intervall $\Lambda<\lambda<\infty$ oder auch die Folge der natürlichen Zahlen sein.

Jedem Parameterwert λ aus $\mathfrak{M}$ sei in der z-Ebene eine einfach geschlossene ganz im Endlichen verlaufende stetige Kurve $\mathfrak{C}_\lambda$ zugeordnet, die $z=0$ umschließt. Für $\lambda<\mu$ soll $\mathfrak{C}_\mu$ stets $\mathfrak{C}_\lambda$ von ∞ trennen, insbesondere sollen $\mathfrak{C}_\lambda$ und $\mathfrak{C}_\mu$ fremd sein.

Mit $M(\lambda, \mu)$ bezeichnen wir für $\lambda<\mu$ den Modul des von $\mathfrak{C}_\lambda$ und $\mathfrak{C}_\mu$ begrenzten Ringgebiets. $M(\lambda, \mu)$ ist eine stark monoton fallende Funktion von λ und eine stark monoton wachsende Funktion von μ; nach § 1. 5 genügt sie für $\varkappa<\lambda<\mu$ der Ungleichung

$$M(\varkappa, \mu) \geq M(\varkappa, \lambda) + M(\lambda, \mu).$$

Wenn wir die Voraussetzung, λ und μ seien einander nicht zu nahe, von der Parameterwahl unabhängig formulieren wollen, brauchen wir nur eine untere Schranke für $M(\lambda, \mu)$ anzugeben.

Schließlich setzen wir voraus, daß sich $\mathfrak{C}_\lambda$ für $\lambda \to \infty$ auf den Punkt $z=\infty$ zusammenzieht. Zu jedem R soll es also ein solches M geben, daß $\mathfrak{C}_\lambda$ für $\lambda>M$ ganz in $|z|>R$ verläuft, also $|z| \leq R$ von $z=\infty$ trennt.

Hieraus folgt $\lim\limits_{\mu\to\infty} M(\lambda, \mu)=\infty$ für jedes λ. Denn wenn man das Äußere von $\mathfrak{C}_\lambda$ konform so auf $|w|>1$ abbildet, daß ∞ in ∞ übergeht, dann liegt das w-Bild von $\mathfrak{C}_\mu$

für hinreichend großes μ ganz in $|w| > P$. Das w-Bild des von $\mathfrak{C}_\lambda$ und $\mathfrak{C}_\mu$ begrenzten Ringgebiets enthält also den Kreisring $1 < |w| < P$, nach § 1.4 folgt $M(\lambda, \mu) > \log P$. Das gilt für jedes $P > 1$, daher $\lim_{\mu\to\infty} M(\lambda, \mu) = \infty$.

Wir stellen uns nun folgende Frage:

Unter welchen Voraussetzungen über $M(\lambda, \mu)$ kann man schließen, daß die $\mathfrak{C}_\lambda$ für $\lambda \to \infty$ nahezu kreisförmig werden?

Wir setzen

$$r_1(\lambda) = \operatorname*{Min}_{\mathfrak{C}_\lambda} |z|, \quad r_2(\lambda) = \operatorname*{Max}_{\mathfrak{C}_\lambda} |z|$$

und

$$\omega(\lambda) = \log r_2(\lambda) - \log r_1(\lambda).$$

Es wird also gefragt, was man über $M(\lambda, \mu)$ vorauszusetzen hat, um $\lim_{\lambda\to\infty} \omega(\lambda) = 0$ schließen zu können.

Die Fragestellung erscheint vielleicht etwas unerwartet; mancher Leser möchte vielleicht eher erwarten, daß die geometrische Lage der $\mathfrak{C}_\lambda$ ohne weiteres als gegeben angesehen wird und aus ihr Abschätzungen für die Invariante $M(\lambda, \mu)$ hergeleitet werden.

Es erscheint demgegenüber notwendig, zu betonen, daß ich den Modulbegriff für Ringgebiete nicht nur um seiner selbst willen untersuche, sondern daß Probleme der konformen Abbildung und der Uniformisierung im Vordergrund stehen. Man denke z. B. an die Aufgabe, eine geometrisch explizit gegebene einfach zusammenhängende Riemannsche Fläche $\mathfrak{W}$ konform auf die punktierte z-Ebene abzubilden (es sei bereits bewiesen, daß $\mathfrak{W}$ zum parabolischen Typus gehört). Um die Wertverteilungseigenschaften dieser Abbildung zu untersuchen, empfiehlt es sich oft, (etwa mit Hilfe vorläufiger Uniformisierungen) eine Kurvenschar auf der Fläche $\mathfrak{W}$ so anzugeben, daß ihre Bilder bei der zu untersuchenden Abbildung in die z-Ebene solche Kurven wie die obigen $\mathfrak{C}_\lambda$ sind. Wenn man nun schließen kann, daß diese z-Bilder der Schar auf $\mathfrak{W}$ verlaufender Kurven wirklich nahezu kreisförmig sind, dann ist das eine recht nützliche Information über die zu untersuchende Abbildung; es wird auch erwünscht sein, den Halbmesser dieser Fastkreise zu kennen: neben $\lim_{\lambda\to\infty} \omega(\lambda) = 0$ interessiert auch das asymptotische Verhalten von $r_1(\lambda)$ und $r_2(\lambda)$ für $\lambda \to \infty$. — Eine Beantwortung unserer obigen Frage würde den Nachweis der approximativen Kreisförmigkeit der z-Bilder auf gewisse Abschätzungen der Moduln der von zwei Kurven der Schar begrenzten auf der Fläche $\mathfrak{W}$ verlaufenden Ringgebiete zurückführen. Diese Ringgebiete können aber als geometrisch bekannt gelten, und es gibt ja genug Methoden, den Modul eines gegebenen Ringgebiets nach oben und nach unten abzuschätzen. An erster Stelle stehen hier die Integrationsmethoden. Eine andere Methode werden wir in § 6.3 kennenlernen.

So tut z. B. Ahlfors[2]) in seiner Arbeit über die Flächen mit endlich vielen periodischen Enden nichts anderes, als die Moduln gewisser ideal zusammenhängender Ringgebiete nach oben und nach unten abzuschätzen, und zu keinem anderen Zweck, als um zu zeigen, daß die Bilder gewisser Kurven nahezu kreisförmig sind. Aber er schleppt in den Abschätzungen immer noch eine Größe ω mit und erschließt die approximative Kreisförmigkeit in bemerkenswerter kunstvoller Weise aus einer Differentialungleichung, der dieses ω genügt. Aus den Sätzen, die in diesem Abschnitt bewiesen werden sollen, folgt aber, daß in Ahlfors' Abschätzungen die Größe ω durchaus entbehrlich wäre: Läßt man ω weg, dann erhält man für die dort betrachteten Ringgebiete so gute Modulabschätzungen, daß man alles, worauf es in der Arbeit von Ahlfors ankommt, sofort aus unserem § 5.3 entnehmen kann.

Man kann natürlich einwenden, der Weg zu den Ergebnissen von § 5. 3 sei langwieriger als die Zwischenrechnung mit der Differentialungleichung. Das ist, wenn man den Modulbegriff schon kennt und alles Überflüssige wegläßt, nicht sehr bedeutend. Ich habe diesen Weg aufgesucht, weil ich hauptsächlich in dem Problem von § 6. **6** mit der Ahlforsschen Methode nicht durchkam, aber die Zukunft muß entscheiden, welche Methode die weittragendere ist. Jedenfalls hat die hier durchgeführte den Vorzug, daß sie rein geometrisch ist und daß alle Hilfssätze für sich Interesse beanspruchen.

2. Eine Bedingung für Kreisähnlichkeit. Es sei $\varkappa<\lambda<\mu$. Dann enthält das von $\mathfrak{C}_\varkappa$ und $\mathfrak{C}_\lambda$ begrenzte Ringgebiet den Kreisring $r_2(\varkappa)<|z|<r_1(\lambda)$ (wenn überhaupt $r_2(\varkappa)<r_1(\lambda)$ ist), das von $\mathfrak{C}_\lambda$ und $\mathfrak{C}_\mu$ begrenzte Ringgebiet enthält den Kreisring $r_2(\lambda)<|z|<r_1(\mu)$ (wenn überhaupt $r_2(\lambda)<r_1(\mu)$ ist); das von $\mathfrak{C}_\varkappa$ und $\mathfrak{C}_\mu$ begrenzte Ringgebiet ist in dem Kreisring $r_1(\varkappa)<|z|<r_2(\mu)$ enthalten. Nach § 1. **4** folgt für die Moduln

$$\begin{array}{r|l} M(\varkappa,\mu)\leq\log r_2(\mu)-\log r_1(\varkappa) & + \\ M(\varkappa,\lambda)\geq\log r_1(\lambda)-\log r_2(\varkappa) & - \\ M(\lambda,\mu)\geq\log r_1(\mu)-\log r_2(\lambda) & - \\ \hline M(\varkappa,\mu)-M(\varkappa,\lambda)-M(\lambda,\mu)\leq\omega(\varkappa)+\omega(\lambda)+\omega(\mu) & \end{array}$$

nach Definition von ω. Wenn also $\lim_{\lambda\to\infty}\omega(\lambda)=0$ ist, dann ist auch

$$\lim_{\substack{\varkappa\to\infty\\ \varkappa<\lambda<\mu}}\{M(\varkappa,\mu)-M(\varkappa,\lambda)-M(\lambda,\mu)\}=0.$$

Die letzte Grenzbeziehung ist also notwendig, damit die $\mathfrak{C}_\lambda$ für $\lambda\to\infty$ nahezu kreisförmig werden können. Mit Hilfe des Modulsatzes von § 4 soll jetzt gezeigt werden, daß die Bedingung auch hinreichend ist.

Wenn es zu jedem $\delta>0$ ein X gibt, so daß aus

$$\varkappa<\lambda<\mu,\ \varkappa\geq X,\ M(\varkappa,\lambda)\geq X,\ M(\lambda,\mu)\geq X$$

folgt

$$M(\varkappa,\mu)\leq M(\varkappa,\lambda)+M(\lambda,\mu)+\delta,$$

dann ist $\lim_{\lambda\to\infty}\omega(\lambda)=0.$

Beweis: $\delta(\varepsilon)$ sei die Funktion aus dem Modulsatz. $\varkappa$ sei so groß, daß

$$M(\varkappa,\mu)\leq M(\varkappa,\lambda)+M(\lambda,\mu)+\delta(\varepsilon)$$

gilt, wenn nur $M(\varkappa,\lambda)$ und $M(\lambda,\mu)$ hinreichend groß sind. Es sei λ mit $M(\varkappa,\lambda)\geq X$ vorläufig fest gewählt und μ eine wachsende Zahl. Wir bilden das von $\mathfrak{C}_\varkappa$ und $\mathfrak{C}_\mu$ begrenzte Ringgebiet durch $w=w_\mu(z)$ konform auf den Kreisring $0<\log|w|<M(\varkappa,\mu)$ ab und bilden das Äußere von $\mathfrak{C}_\varkappa$ durch $w=w_\infty(z)$ so auf $|w|>1$ ab, daß ∞ in ∞ übergeht; diese Abbildungen sollen alle so normiert sein, daß ein bestimmter Punkt von $\mathfrak{C}_\varkappa$ in $w=1$ übergeht. Nach dem Modulsatz geht $\mathfrak{C}_\lambda$ bei der Abbildung $z\to w_\mu$ in eine Kurve über, die dem Kreisring

$$M(\varkappa,\lambda)-\varepsilon\leq\log|w|\leq M(\varkappa,\mu)-M(\lambda,\mu)+\varepsilon\leq M(\varkappa,\lambda)+\delta(\varepsilon)+\varepsilon$$

angehört. Nach § 2. **5** konvergiert aber $w_\mu(z)$ gegen $w_\infty(z)$ [24]), folglich liegt auch bei der Abbildung $z\to w_\infty$ das Bild von $\mathfrak{C}_\lambda$ im Kreisring

$$M(\varkappa,\lambda)-\varepsilon\leq\log|w|\leq M(\varkappa,\lambda)+\delta(\varepsilon)+\varepsilon.$$

[24]) Denn w_μ bildet mit wachsendem μ immer größere Kreisringe $1<|w_\infty|<R$ schlicht konform so auf Ringgebiete ab, welche ihre eine Randkomponente $|w_\mu|=1$ von ∞ trennen, daß $w_\infty=1$ in $w_\mu=1$ übergeht.

Setzen wir noch

$$\left|\frac{dz}{dw_\infty}\right|_\infty = k\,,$$

dann liegt $\mathfrak{C}_\lambda$ selbst nach dem Verzerrungssatz in dem Kreisring

$$k\,\frac{(e^{M(\varkappa,\lambda)-\varepsilon}-1)^2}{e^{M(\varkappa,\lambda)-\varepsilon}} \leq |z| \leq k\,\frac{(e^{M(\varkappa,\lambda)+\delta(\varepsilon)+\varepsilon}+1)^2}{e^{M(\varkappa,\lambda)+\delta(\varepsilon)+\varepsilon}}\,.$$

Der Logarithmus des Radienquotienten dieses Kreisrings ist eine obere Schranke für $\omega(\lambda)$:

$$\omega(\lambda) \leq \delta(\varepsilon) + 2\,\varepsilon + 2\log\frac{1+e^{-M(\varkappa,\lambda)-\delta(\zeta)-\varepsilon}}{1-e^{-M(\varkappa,\lambda)+\varepsilon}}\,.$$

Wenn man nun ε hinreichend klein macht, so daß auch $\delta(\varepsilon)$ hinreichend klein wird, wenn man dazu, wie oben angegeben, ein hinreichend großes $\varkappa$ bestimmt und wenn man danach $\lambda > \varkappa$ noch so groß macht, daß $M(\varkappa,\lambda)$ hinreichend groß wird, dann wird $\omega(\lambda)$ beliebig klein.

3. Schätzung des Halbmessers. Wie schon in § 5. 1 erwähnt wurde, ist neben $\lim\limits_{\lambda\to\infty}\omega(\lambda)=0$ auch das asymptotische Verhalten von $r_1(\lambda)\sim r_2(\lambda)$ von Interesse. Wir wollen uns darauf beschränken, zu untersuchen, unter welchen Voraussetzungen $r_1(\lambda)\sim r_2(\lambda)\sim\gamma\,e^\lambda\ (0<\gamma<\infty)$ ist.

Nehmen wir einmal an,

$$\lim_{\lambda\to\infty}(\log r_1(\lambda)-\lambda) = \lim_{\lambda\to\infty}(\log r_2(\lambda)-\lambda) = \alpha$$

sei konvergent. Das von $\mathfrak{C}_\lambda$ und $\mathfrak{C}_\mu$ begrenzte Ringgebiet ist für $\lambda<\mu$ in dem Kreisring $r_1(\lambda)<|z|<r_2(\mu)$ enthalten und enthält den Kreisring $r_2(\lambda)<|z|<r_1(\mu)$ (wenn überhaupt $r_2(\lambda)<r_1(\mu)$ ist); nach § 1. 4 folgt für die Moduln

$$\log r_1(\mu)-\log r_2(\lambda) \leq M(\lambda,\mu) \leq \log r_2(\mu)-\log r_1(\lambda)\,,$$

$$(\log r_1(\mu)-\mu)-(\log r_2(\lambda)-\lambda) \leq M(\lambda,\mu)-(\mu-\lambda) \leq (\log r_2(\mu)-\mu)-(\log r_1(\lambda)-\lambda)\,.$$

Unter unserer Annahme ist also $|M(\lambda,\mu)-(\mu-\lambda)|$ beliebig klein, wenn nur λ und μ hinreichend groß sind. Wir können jetzt auch umgekehrt zeigen:

Es sei

$$|M(\lambda,\mu)-(\mu-\lambda)| \leq \varphi(\lambda) \quad \textbf{für} \quad \lambda<\mu,\ M(\lambda,\mu)\geq \mathrm{K}\,,$$

wo $\lim\limits_{\lambda\to\infty}\varphi(\lambda)=0$ **ist. Dann konvergiert**

$$\lim_{\lambda\to\infty}(\log r_1(\lambda)-\lambda) = \lim_{\lambda\to\infty}(\log r_2(\lambda)-\lambda) = \alpha\,.$$

Beweis: Es sei $\varkappa<\lambda<\nu$, $M(\varkappa,\lambda)\geq\mathrm{K}$ und $M(\lambda,\nu)\geq\mathrm{K}$. Nach Voraussetzung gilt

$$\begin{aligned} M(\varkappa,\nu)-(\nu-\varkappa) &\leq \varphi(\varkappa)\\ (\lambda-\varkappa)-M(\varkappa,\lambda) &\leq \varphi(\varkappa)\\ (\nu-\lambda)-M(\lambda,\nu) &\leq \varphi(\lambda)\\ \hline M(\varkappa,\nu)-M(\varkappa,\lambda)-M(\lambda,\nu) &\leq 2\,\varphi(\varkappa)+\varphi(\lambda)\,. \end{aligned}$$

Wenn nur $\varkappa$ hinreichend groß ist, ist die rechte Seite beliebig klein. Nach § 4. 2 folgt daraus $\lim\limits_{\lambda\to\infty}\omega(\lambda)=0$. Nun ist das von $\mathfrak{C}_\varkappa$ und $\mathfrak{C}_\lambda$ begrenzte Ringgebiet in dem Kreisring $r_1(\varkappa)<|z|<r_2(\lambda)$ enthalten, und es enthält den Kreisring $r_2(\varkappa)<|z|<r_1(\lambda)$ (wenn

überhaupt $r_2(\varkappa) < r_1(\lambda)$ ist); nach § 1. 4 folgt

$$\log r_1(\lambda) - \log r_1(\varkappa) - \omega(\varkappa) \leq M(\varkappa, \lambda) \leq \log r_1(\lambda) + \omega(\lambda) - \log r_1(\varkappa);$$

$$|M(\varkappa, \lambda) - (\log r_1(\lambda) - \log r_1(\varkappa))| \leq \operatorname{Max}\{\omega(\varkappa), \omega(\lambda)\};$$

$$|M(\varkappa, \lambda) - (\lambda - \varkappa)| \leq \varphi(\varkappa) \text{ nach Voraussetzung}$$

$$\overline{|(\log r_1(\lambda) - \lambda) - (\log r_1(\varkappa) - \varkappa)| \leq \varphi(\varkappa) + \operatorname{Max}\{\omega(\varkappa), \omega(\lambda)\}.}$$

Für $\varkappa < \mu$, $M(\varkappa, \mu) \geq \mathsf{K}$ folgt genau so

$$|(\log r_1(\mu) - \mu) - (\log r_1(\varkappa) - \varkappa)| \leq \varphi(\varkappa) + \operatorname{Max}\{\omega(\varkappa), \omega(\mu)\}$$

$$\overline{|(\log r_1(\mu) - \mu) - (\log r_1(\lambda) - \lambda)| \leq 2\varphi(\varkappa) + 2\operatorname{Max}\{\omega(\varkappa), \omega(\lambda), \omega(\mu)\}.}$$

Wählt man $\varkappa$ so groß, daß $\varphi(\varkappa) \leq \frac{\varepsilon}{4}$ und $\omega(\lambda) \leq \frac{\varepsilon}{4}$ für $\lambda \geq \varkappa$, und macht man noch λ und μ so groß, daß $M(\varkappa, \lambda) \geq \mathsf{K}$ und $M(\varkappa, \mu) \geq \mathsf{K}$ wird, dann ist

$$|(\log r_1(\mu) - \mu) - (\log r_1(\lambda) - \lambda)| \leq \varepsilon.$$

Daraus ergibt sich die Konvergenz von

$$\lim_{\lambda \to \infty} (\log r_1(\lambda) - \lambda) = \alpha.$$

Jetzt ist auch

$$\lim_{\lambda \to \infty} (\log r_2(\lambda) - \lambda) = \lim_{\lambda \to \infty} \omega(\lambda) + \lim_{\lambda \to \infty} (\log r_1(\lambda) - \lambda) = \alpha.$$

4. Fehlerabschätzung. Am Schluß von § 4 haben wir die Funktion $\delta(\varepsilon)$ ausgerechnet; es war

$$\delta(\varepsilon) \sim \frac{\varepsilon^2}{\log \frac{1}{\varepsilon}}.$$

Man kann dies in § 5. **2. 3** einführen und erhält Fehlerabschätzungen, welche die soeben bewiesenen Konvergenzsätze ergänzen. Wir wollen aber nicht auf zu viele Einzelheiten eingehen und geben darum nur ein typisches Beispiel, das auch für die Anwendungen wichtig ist:

Unter den Voraussetzungen von § 5. 3 sei

$\mathfrak{M}$ ein Intervall $\Lambda < \lambda < \infty$;

$$\varphi(\lambda) = C e^{-c\lambda}; \quad c > 0; \quad C > 0; \quad \mathsf{K} = 0.$$

Wir haben nur dem Gang der Beweise oben zu folgen: Zuerst war

$$M(\varkappa, \nu) - M(\varkappa, \lambda) - M(\lambda, \nu) \leq 2\varphi(\varkappa) + \varphi(\lambda) < 3 C e^{-c\varkappa}.$$

Um nach § 5. 2 zu kommen, setzen wir

$$3 C e^{-c\varkappa} = \delta(\varepsilon) \sim \frac{\varepsilon^2}{\log \frac{1}{\varepsilon}},$$

so wird $\varkappa$ eine Funktion von ε. Wenn wir noch λ als Funktion von ε durch

$$\lambda = \varkappa + \log \frac{1}{\varepsilon}$$

definieren, dann wird wegen $\left| M(\varkappa, \lambda) - \log \frac{1}{\varepsilon} \right| \leq C e^{-c\varkappa}$

$$\omega(\lambda) \leq \delta(\varepsilon) + 2\varepsilon + \log \frac{1 + e^{-M(\varkappa, \lambda) - \delta(\varepsilon) - \varepsilon}}{1 - e^{-M(\varkappa, \lambda) + \varepsilon}} \sim 4\varepsilon.$$

Wenn man aber ε als Funktion von λ ausdrückt, erhält man

$$\varepsilon \sim \text{const} \cdot e^{-\frac{c\lambda - \log\lambda}{c+2}}.$$

Für große λ ist demnach

$$\omega(\lambda) < \text{const} \cdot e^{-\frac{c\lambda - \log\lambda}{c+2}}.$$

Aus

$$\left|(\log r_1(\mu) - \mu) - (\log r_1(\lambda) - \lambda)\right| \leq 2\,\varphi(\varkappa) + 2\,\text{Max}\,\{\omega(\varkappa),\, \omega(\lambda),\, \omega(\mu)\},$$

wo nur $\lambda > \varkappa$, $\mu > \varkappa$ vorausgesetzt ist (dies $\varkappa$ hat nichts mit dem vorigen zu tun), folgt durch den Grenzübergang $\mu \to \infty$ die endgültige Formel

$$\left|\log r_1(\lambda) - \lambda - \alpha\right| \leq \text{const} \cdot e^{-\frac{c\lambda - \log\lambda}{c+2}};$$

entsprechend gilt

$$\left|\log r_2(\lambda) - \lambda - \alpha\right| \leq \text{const} \cdot e^{-\frac{c\lambda - \log\lambda}{c+2}}.$$

Bei Ahlfors[2]) ist (vgl. § 5. 1) $\left|M(\varrho_1, \varrho_2) - \frac{2}{\mathsf{P}}(\log\varrho_2 - \log\varrho_1)\right| \leq \frac{\text{const}}{\varrho}$; um § 5. 3 anwenden zu können, müssen wir

$$\lambda = \frac{2}{\mathsf{P}} \log \varrho$$

setzen, dann wird $c = \frac{\mathsf{P}}{2}$. Wir erhalten also

$$\left|\log r_i(\lambda) - \lambda - \alpha\right| \leq \text{const} \cdot e^{-\frac{\mathsf{P}\lambda - 2\log\lambda}{\mathsf{P}+4}} \qquad (i = 1, 2).$$

Ahlfors erhielt mit der Methode der Differentialungleichung nur

$$\left|\log r_i(\lambda) - \lambda - \alpha\right| \leq \frac{\text{const}}{\sqrt[3]{\lambda}} \qquad (i = 1, 2).$$

Ich vermute aber, daß meine Abschätzung auch noch nicht die bestmögliche ist. Derartige Fragen könnten z. B. bei der Untersuchung der von meromorphen Funktionen unendlicher Ordnung erzeugten Riemannschen Flächen Bedeutung gewinnen.

§ 6. Quasikonforme Abbildungen.

1. Der Dilatationsquotient. Schon in einer früheren kurzen Arbeit [25]) erklärte ich den Begriff des Dilatationsquotienten und seine Haupteigenschaften. Es handelt sich um eineindeutige Abbildungen eines $z = x + iy$-Gebiets auf ein $w = u + iv$-Gebiet. An einer Stelle seien u und v differenzierbare Funktionen von x und y und x, y differenzierbare Funktionen von u, v. Setzt man fest, daß die Abbildung nicht nur z in w, sondern auch $z + dz$ in $w + dw$ überführen soll, so wird dadurch jedem $dz = dx + i\,dy$ linear homogen ein $dw = du + i\,dv$ zugeordnet. Bei konformen Abbildungen ist $\frac{dw}{dz}$ von dz unabhängig,

[25]) O. Teichmüller, Eine Anwendung quasikonformer Abbildungen auf das Typenproblem. Deutsche Mathematik 2.

im allgemeinen Fall wird aber $\frac{dw}{dz}$ eine Funktion von arg dz sein. Der **Dilatationsquotient** wird durch

$$D_{z|w} = D = \frac{\operatorname{Max}\left|\frac{dw}{dz}\right|}{\operatorname{Min}\left|\frac{dw}{dz}\right|}$$

erklärt. Ein unendlich kleiner Kreis der z-Ebene geht in eine unendlich kleine Ellipse der w-Ebene über, D ist deren Achsenquotient. Wenn $D = 1$ ist, dann ist die Abbildung an der betreffenden Stelle im Kleinen streckentreu und folglich konform oder nach einer Spiegelung konform; sonst ist $D > 1$.

Bildet man das z-Gebiet konform auf ein ζ-Gebiet und das w-Gebiet konform auf ein ω-Gebiet ab, dann ist

$$|dz| = p\,|d\zeta|, \quad |d\omega| = q\,|dw|$$

und folglich für die zusammengesetzte Abbildung $\zeta \to z \to w \to \omega$ der Dilatationsquotient

$$D_{\zeta|\omega} = \frac{\operatorname{Max}\left|\frac{d\omega}{dw}\right|\left|\frac{dw}{dz}\right|\left|\frac{dz}{d\zeta}\right|}{\operatorname{Min}\left|\frac{d\omega}{dw}\right|\left|\frac{dw}{dz}\right|\left|\frac{dz}{d\zeta}\right|} = \frac{p\,q\operatorname{Max}\left|\frac{dw}{dz}\right|}{p\,q\operatorname{Min}\left|\frac{dw}{dz}\right|} = D_{z|w}$$

derselbe wie für die ursprüngliche Abbildung $z \to w$: Der Dilatationsquotient ist eine konforme Differentialinvariante erster Ordnung der Abbildung, übrigens neben dem Vorzeichen der Funktionaldeterminante die einzige. An die Stelle der für konforme Abbildungen gültigen Gleichung

$$\left|\frac{dw}{dz}\right|^2 = \frac{\boxed{dw}}{\boxed{dz}},$$

wo wie früher $\boxed{dz} = dx\,dy$ und $\boxed{dw} = du\,dv$ die Flächenelemente bedeuten, tritt hier die wichtige Ungleichung

$$\left|\frac{dw}{dz}\right|^2 \leq D\,\frac{\boxed{dw}}{\boxed{dz}},$$

gültig für jeden Wert des veränderlichen Differentialquotienten $\frac{dw}{dz}$.

Eine Abbildung wurde a. a. O.[26]) quasikonform genannt, wenn der Dilatationsquotient beschränkt war. Mit diesem Begriff kommt man aber bei den beabsichtigten funktionentheoretischen Anwendungen nicht aus. Wir erklären allgemeiner: Eine **quasikonforme Abbildung** ist eine differentialgeometrische Abbildung, bei der in einer der beiden Ebenen der Dilatationsquotient nach oben abgeschätzt ist. Z. B. kann vorgeschrieben sein, daß der Dilatationsquotient am Rande nicht zu schnell wachsen darf oder hinreichend schnell gegen 1 streben soll. Eine Abbildung ist also nicht als solche quasikonform, sondern es kommt darauf an, wie sie verwendet wird, ob aus einer Abschätzung des Dilatationsquotienten Schlüsse gezogen werden oder nicht. Es ist zu beachten, daß eine Abschätzung von D nur in der z-Ebene, aber nicht in der w-Ebene gegeben ist und daß schon daraus Schlüsse über den Verlauf der Abbildung gezogen werden sollen.

Wir müssen noch die Differenzierbarkeitsvoraussetzungen präzisieren: Selbstverständlich werden nur eineindeutige in beiden Richtungen stetige Abbildungen betrachtet. Ferner sollen

---

[26]) S. Anm. 25; auch Anm. 5 und R. Nevanlinna, Eindeutige analytische Funktionen, Berlin 1936, Kap. XIII, § 8.

die partiellen Ableitungen u_x, u_y, v_x, v_y stetig sein und die Funktionaldeterminante $u_x v_y - v_x u_y$ soll $\neq 0$ sein, so daß auch die partiellen Ableitungen von x, y nach u, v stetig sind. Isolierte Ausnahmepunkte sind aber zugelassen. Schließlich soll es auch erlaubt sein, daß die partiellen Ableitungen auf analytischen Kurven, die sich im Innern des zu betrachtenden Gebiets nicht häufen, springen.

2. Beispiele. Die einfachsten Beispiele quasikonformer Abbildungen sind natürlich die konformen Abbildungen.

Wir besprechen jetzt noch eine wichtige Klasse von Orientierungsbeispielen: die $z = r e^{i\varphi}$-Ebene wird auf die $w = \varrho e^{i\vartheta}$-Ebene durch

$$\varrho = \varrho(r), \quad \vartheta = \varphi$$

abgebildet. $\varrho(r)$ ist hier monoton, stetig und stückweise stetig differenzierbar, dasselbe gilt von der Umkehrfunktion $r(\varrho)$. Natürlich kann man so auch z. B. den Einheitskreis auf die punktierte Ebene abbilden.

Den Dilatationsquotienten berechnet man am besten durch Übergang zu den Logarithmen: $\left|\frac{d\log w}{d\log z}\right|$ schwankt zwischen 1 und $\frac{d\log\varrho}{d\log r}$, also

$$D_{z|w} = D_{\log z|\log w} = \operatorname{Max}\left\{\frac{d\log\varrho}{d\log r}, \frac{d\log r}{d\log\varrho}\right\}.$$

Hieraus folgt

$$\frac{1}{D} \leq \frac{d\log\varrho}{d\log r} \leq D$$

und integriert

$$\int_{r_1}^{r_2} \frac{1}{D}\frac{dr}{r} \leq \log\varrho_2 - \log\varrho_1 \leq \int_{r_1}^{r_2} D\frac{dr}{r}.$$

Wenn eine solche Abbildung die punktierte Ebene $z \neq \infty$ $(-\infty \leq \log r < \infty)$ auf den Einheitskreis $|w| < 1$ $(-\infty \leq \log\varrho < 0)$ abbildet, dann folgt aus

$$0 \geq \log\varrho_2 \geq \log\varrho_1 + \int_{r_1}^{r_2} \frac{1}{D}\frac{dr}{r},$$

daß $\int^{\infty} \frac{1}{D}\frac{dr}{r}$ konvergieren muß. Wenn also aus einer Abschätzung von D nach oben folgt, daß dieses Integral divergiert, dann ist eine Abbildung der punktierten z-Ebene auf den Einheitskreis unmöglich. — Wenn umgekehrt $|z| < 1$ auf $w \neq \infty$ abgebildet werden soll, dann folgt aus

$$\log\varrho_2 \leq \log\varrho_1 + \int_{r_1}^{r_2} D\frac{dr}{r},$$

daß $\int^{1} D\frac{dr}{r}$ divergiert, was bei hinreichend langsamem Anwachsen von D unmöglich ist.

Wenn schließlich $z \neq \infty$ auf $w \neq \infty$ abgebildet wird, dann kann man schreiben

$$-\int_{r_1}^{r_2} (D-1)\frac{dr}{r} \leq -\int_{r_1}^{r_2}\left(1 - \frac{1}{D}\right)\frac{dr}{r} \leq \log\varrho_2 - \log r_2 - \log\varrho_1 + \log r_1 \leq \int_{r_1}^{r_2}(D-1)\frac{dr}{r};$$

falls also $\int^{\infty} (D-1)\frac{dr}{r}$ konvergiert, dann konvergiert auch

$$\lim_{r\to\infty} (\log\varrho - \log r) = \alpha,$$

es ist also für $r \to \infty$

$$\varrho \sim e^{\alpha} \cdot r.$$

Dies alles gilt nur für unsere Beispiele, wir werden aber ähnliche Sätze für beliebige quasikonforme Abbildungen beweisen.

3. Verhalten des Moduls bei quasikonformen Abbildungen.

Ein Kreisring $r_1 < |z| < r_2$ sei quasikonform auf einen Kreisring $\varrho_1 < |w| < \varrho_2$ abgebildet, für den Dilatationsquotienten gelte eine Abschätzung

$$D \leq C(|z|).$$

Dann ist

$$\int_{r_1}^{r_2} \frac{1}{C(r)} \frac{dr}{r} \leq \log \varrho_2 - \log \varrho_1 \leq \int_{r_1}^{r_2} C(r) \frac{dr}{r}.$$

Dieser Satz geht im Grenzfalle $C = 1$, also für konforme Abbildungen, in den alten Satz von der Invarianz des Moduls aus § 1 über. Aus dem Beweis wird sich ergeben, daß die Grenzen im wesentlichen nur bei den Beispielen aus § 6. 2 erreicht werden.

Beweis: Es sei $z = r e^{i\varphi}$. Dem Kreis $|z| = r = \text{const}$ entspricht in der w-Ebene eine geschlossene Kurve, die $|w| = \varrho_1$ von $|w| = \varrho_2$ trennt, die also mindestens die logarithmische Länge 2π hat:

$$2\pi \leq \int_0^{2\pi} \left|\frac{d \log w}{d \log z}\right| d\varphi.$$

Hier ist für $\frac{d \log w}{d \log z}$ derjenige seiner Werte einzusetzen, der einem rein imaginären $d \log z$ entspricht. Nach der Schwarzschen Ungleichung folgt

$$4\pi^2 \leq 2\pi \int_0^{2\pi} \left|\frac{d \log w}{d \log z}\right|^2 d\varphi \leq 2\pi\, C(r) \int_0^{2\pi} \frac{\boxed{d \log w}}{\boxed{d \log z}} d\varphi,$$

letzteres nach der schon in § 6. 1 erwähnten Ungleichung

$$\left|\frac{d \log w}{d \log z}\right|^2 \leq D \frac{\boxed{d \log w}}{\boxed{d \log z}}$$

und $D \leq C(r)$. Division durch $2\pi C(r)$, Multiplikation mit $\frac{dr}{r}$ und Integration ergibt

$$2\pi \int_{r_1}^{r_2} \frac{1}{C(r)} \frac{dr}{r} \leq \int_{r_1}^{r_2} \int_0^{2\pi} \frac{\boxed{d \log w}}{\boxed{d \log z}} d\varphi \frac{dr}{r} = \iint \boxed{d \log w} = 2\pi (\log \varrho_2 - \log \varrho_1),$$

$$\int_{r_1}^{r_2} \frac{1}{C(r)} \frac{dr}{r} \leq \log \varrho_2 - \log \varrho_1.$$

Der Strecke $r_1 < |z| < r_2$, $\arg z = \varphi = \text{const}$ entspricht in der w-Ebene eine Kurve, die $|w| = \varrho_1$ mit $|w| = \varrho_2$ verbindet, die also mindestens die logarithmische Länge $\log \varrho_2 - \log \varrho_1$ hat:

$$\log \varrho_2 - \log \varrho_1 \leq \int_{r_1}^{r_2} \left|\frac{d \log w}{d \log z}\right| \frac{dr}{r} \leq \int_{r_1}^{r_2} \sqrt{C(r) \frac{\boxed{d \log w}}{\boxed{d \log z}}}\, \frac{dr}{r}.$$

Hier ist für $\frac{d \log w}{d \log z}$ derjenige seiner Werte einzusetzen, der einem reellen $d \log z$ entspricht. Nach der Schwarzschen Ungleichung folgt

$$(\log \varrho_2 - \log \varrho_1)^2 \leq \int_{r_1}^{r_2} C(r) \frac{dr}{r} \cdot \int_{r_1}^{r_2} \frac{\boxed{d \log w}}{\boxed{d \log z}} \frac{dr}{r}.$$

Integration nach φ ergibt

$$2\pi(\log\varrho_2-\log\varrho_1)^2 \leq \int_{r_1}^{r_2} C(r)\frac{dr}{r}\cdot\iint\boxed{d\log w} = \int_{r_1}^{r_2} C(r)\frac{dr}{r}\cdot 2\pi(\log\varrho_2-\log\varrho_1),$$

$$\log\varrho_2-\log\varrho_1 \leq \int_{r_1}^{r_2} C(r)\frac{dr}{r}.$$

Es wäre leicht, entsprechende Formeln auch für den allgemeineren Fall herzuleiten, daß D durch eine nicht nur von r, sondern auch von φ abhängende Funktion nach oben abgeschätzt ist.

Wir werden jetzt auf Grund der früher festgestellten Eigenschaften des Moduls aus den beiden soeben bewiesenen Ungleichungen Schlüsse ziehen, die das Verhalten quasikonformer Abbildungen betreffen, ohne nochmals ähnliche Integralabschätzungen vorzunehmen.

4. Ist die punktierte Ebene $z \neq \infty$ quasikonform auf den Einheitskreis $|w|<1$ abgebildet und gilt $D \leq C(|z|)$, dann ist $\int^{\infty}\frac{1}{C(r)}\frac{dr}{r}$ konvergent.

Beweis: Der Modul des w-Bildes eines Kreisrings $r_1<|z|<r_2$ ist nach § 6. 3 mindestens gleich $\int_{r_1}^{r_2}\frac{1}{C(r)}\frac{dr}{r}$, andererseits ist er nach § 1. 4 höchstens gleich dem Modul des vom w-Bild von $|z|=r_1$ sowie von $|w|=1$ begrenzten Ringgebiets, also für $r_2\to\infty$ beschränkt. Darum ist auch $\int_{r_1}^{r_2}\frac{1}{C(r)}\frac{dr}{r}$ für $r_2\to\infty$ beschränkt.

§ 6. 2 zeigt, daß man mehr über $C(r)$ nicht schließen kann. Der Satz ist ziemlich trivial [27]).

5. Ist der Einheitskreis $|z|<1$ quasikonform auf die punktierte Ebene $w\neq\infty$ abgebildet und gilt $D\leq C(|z|)$, dann ist $\int^{1} C(r)\frac{dr}{r}$ divergent.

Beweis: $r_1>0$ sei so groß, daß das w-Bild von $|z|\leq r_1$ den Punkt $w=0$ enthält; es sei $\operatorname{Max}_{|z|=r_1}|w|=\varrho$. Zu jedem X gibt es ein r_2 mit

$$\operatorname{Min}_{|z|=r_2}|w|\geq\varrho\, e^X.$$

Nach § 1. 4 ist der Modul des von den w-Bildern von $|z|=r_1$ und $|z|=r_2$ begrenzten Ringgebiets, welches ja den Kreisring $\varrho<|w|<\varrho\, e^X$ enthält, mindestens X; nach § 6. 3 ist dieser Modul höchstens $\int_{r_1}^{r_2} C(r)\frac{dr}{r}$. Zu jedem X gibt es also ein r_2 mit $\int_{r_1}^{r_2} C(r)\frac{dr}{r}\geq X$, w. z. b. w.

Wieder zeigt § 6. 2, daß der Satz nicht direkt verschärft werden kann. Wir haben die Integralabschätzungsmethode von § 6. 3 nicht direkt auf die gegebene Abbildung $z\to w$ angewandt, sondern wir haben erst das w-Bild des Kreisrings $r_1<|z|<r_2$ konform auf einen Kreisring abgebildet. Sonst hätten wir nämlich nur $\frac{2\pi d^2}{F}\leq\int_{r_1}^{r_2} C(r)\frac{dr}{r}$ erhalten, wo d der logarithmische Abstand der w-Bilder von $|z|=r_1$ und $|z|=r_2$, F der logarithmische Flächeninhalt des w-Bildes von $r_1<|z|<r_2$ ist. Aber $\lim_{r_2\to 1}\frac{d^2}{F}=\infty$ ist durchaus nicht einzusehen; vielleicht gelingt es, dies (indirekt) aus der Voraussetzung der Konvergenz

[27]) Er findet sich schon bei M. Lavrentieff, Sur une classe de représentations continues. C. R. 200, Rec. math. Moscou 42.

4*

von $\int\limits^1 C(r)\,\frac{dr}{r}$ zu erschließen, aber ein solcher Beweis wäre sicher viel zu kompliziert. Ob die Methode der Differentialungleichung anwendbar ist, habe ich nicht untersucht. M. E. ist der hier gegebene Beweis, der ja nur auf § 1. 4 und § 6. 3 beruht, (bis auf unwesentliche Abänderungen) der einfachste.

6. Ist die punktierte Ebene $z \neq \infty$ quasikonform auf die punktierte Ebene $w \neq \infty$ abgebildet, gilt $D \leq C(|z|)$ und ist $\int\limits^\infty (C(r)-1)\,\frac{dr}{r}$ konvergent, dann gibt es eine Konstante $\gamma > 0$ mit $|w| \sim \gamma |z|$.

Man beachte, daß die Behauptung für Abbildungen, die in einer Umgebung von ∞ konform sind, nach dem Satz über hebbare Singularitäten zutrifft, sowie daß die Beispiele von § 6. 2 zeigen, daß die Bedingung $\int\limits^\infty (C(r)-1)\,\frac{dr}{r}$ durch keine schwächere ersetzt werden darf.

Beweis: $\mathfrak{C}_\lambda$ sei das w-Bild von $|z| = e^\lambda$; für hinreichend großes λ trennt $\mathfrak{C}_\lambda$ $w=0$ von $w=\infty$, die Voraussetzungen von § 5. 1 sind dann alle erfüllt. $M(\lambda,\mu)$ bezeichne wie dort den Modul des von $\mathfrak{C}_\lambda$ und $\mathfrak{C}_\mu$ begrenzten Ringgebiets. Nach § 6. 3 ist für $\lambda < \mu$

$$\int\limits_{e^\lambda}^{e^\mu} \frac{1}{C(r)}\,\frac{dr}{r} \leq M(\lambda,\mu) \leq \int\limits_{e^\lambda}^{e^\mu} C(r)\,\frac{dr}{r};$$

$$-\int\limits_{e^\lambda}^{e^\mu} (C(r)-1)\,\frac{dr}{r} \leq -\int\limits_{e^\lambda}^{e^\mu}\left(1-\frac{1}{C(r)}\right)\frac{dr}{r} \leq M(\lambda,\mu)-(\mu-\lambda) \leq \int\limits_{e^\lambda}^{e^\mu} (C(r)-1)\,\frac{dr}{r};$$

$$|M(\lambda,\mu)-(\mu-\lambda)| \leq \varphi(\lambda), \text{ wo } \varphi(\lambda) = \int\limits_{e^\lambda}^{\infty} (C(r)-1)\,\frac{dr}{r}.$$

Hier ist $\lim\limits_{\lambda\to\infty} \varphi(\lambda) = 0$. Nach § 5. 3 gibt es eine reelle Konstante α derart, daß

$$|\log|w| - \lambda - \alpha| < \varepsilon \text{ für alle } w \text{ auf } \mathfrak{C}_\lambda,$$

wo $\varepsilon \to 0$ für $\lambda \to \infty$. D. h. aber

$$\log\left|\frac{w}{e^\alpha z}\right| \to 0 \quad \text{für} \quad |z| = e^\lambda \to \infty$$

oder, wenn man $e^\alpha = \gamma$ setzt,

$$|w| \sim \gamma |z|.$$

Wittich und ich haben vergebens versucht, diesen Satz nach der Methode der Differentialungleichung zu beweisen. Das gelang immer nur, wenn wir schon irgend etwas über den Verlauf der $\mathfrak{C}_\lambda$ voraussetzten. Allerdings scheint man den Modulsatz entbehren zu können, wenn man die Verzerrungssätze von § 2 verallgemeinert. Aber wir kamen nicht ohne jede konforme Hilfsabbildung der w-Ebene allein mit den analytischen Methoden von Ahlfors [2]) durch.

Man könnte übrigens die Voraussetzung $D \leq C(|z|)$, $\int\limits^\infty (C(r)-1)\,\frac{dr}{r} < \infty$ durch die schwächere Voraussetzung $\iint\limits_{|z|>M} (D-1)\,\boxed{d\log z} < \infty$ ersetzen, indem man schon in § 6. 3 genauer abschätzte.

Wenn $C(r) \leq 1 + \frac{\text{const}}{r^c}$ $(c > 0)$ vorausgesetzt wird, dann ist offenbar $\int\limits^\infty (C(r)-1)\,\frac{dr}{r}$ konvergent; es ist dann

$$\varphi(\lambda) = \int\limits_{e^\lambda}^{\infty} (C(r)-1)\,\frac{dr}{r} \leq \text{const}\cdot e^{-c\lambda}.$$

Nach § 5. 4 gilt dann

$$|\log|w| - \log|z| - \alpha| \leq \frac{\text{const} \cdot \sqrt[c+2]{\log|z|}}{|z|^{\frac{c}{c+2}}}.$$

7. Anwendung auf quasikonforme Abbildungen von Streifen. Man kann natürlich in diesen Untersuchungen die Ringgebiete durch Vierecke ersetzen. Die Ergebnisse lassen sich aber auch aus den schon bewiesenen Sätzen herleiten. Als Beispiel übertragen wir das Ergebnis von § 6. 6.

Der Streifen $0 \leq \Im \zeta \leq b$ *sei quasikonform (und randstetig) auf den eben so breiten Streifen* $0 \leq \Im \omega \leq b$ *abgebildet; es gehe* $\zeta = +\infty$ *in* $\omega = +\infty$ *und* $\zeta = -\infty$ *in* $\omega = -\infty$ *über. Dabei sei* $D \leq G(\Re \zeta)$ *und* $\int^{\infty} (G(\xi) - 1)\, d\xi < \infty$. *Dann konvergiert* $\lim\limits_{+\infty} (\Re \omega - \Re \zeta)$.

Zum Beweis dürfen wir o. B. d. A. $b = \pi$ annehmen. Wir setzen $z = e^{\zeta}$, $w = e^{\omega}$ und setzen die entstehende quasikonforme Abbildung von $\Im z \geq 0$ auf $\Im w \geq 0$ durch die Spiegelung $w(\bar{z}) = \overline{w(z)}$ auch auf die untere Halbebene fort. Es ist $D \leq G(\log|z|)$ und $\int^{\infty} (G(\log r) - 1)\frac{dr}{r} < \infty$, nach § 6. 6 folgt hieraus $|w| \sim \gamma |z|$ oder $\lim\limits_{+\infty} (\Re \omega - \Re \zeta) = \log \gamma$.

§ 7. Ein Typenkriterium.

1. Definition einer Flächenklasse. Es handelt sich hier um Riemannsche Flächen $\mathfrak{W}$, die über der w-Ebene nur über den q Punkten $w = a_1, \ldots, w = a_q$ Verzweigungen aufweisen, sich aber über allen anderen Stellen der w-Ebene in allen Blättern regulär verhalten. Zieht man durch $a_1, \ldots, a_q$ eine stetige geschlossene doppelpunktfreie Kurve L, die die w-Kugel in zwei Gebiete $\mathfrak{J}$, $\mathfrak{A}$ zerteilt, und zerschneidet man die Fläche $\mathfrak{W}$ über L in allen Blättern, dann zerfällt sie in eine Menge von Halbblättern, die teils über $\mathfrak{J}$, teils über $\mathfrak{A}$ liegen. Jedes Halbblatt der einen Sorte ist mit gewissen Halbblättern der anderen Sorte über gewisse Teilbögen $a_1 a_2, \ldots, a_{q-1} a_q, a_q a_1$ hinweg verheftet. Es werde als bekannt vorausgesetzt, wie man nach Elfving [28]) an dieser Verheftungsvorschrift erkennt, ob $\mathfrak{W}$ einfach zusammenhängend ist, und wie man dann die Verheftungsvorschrift durch einen *Streckenkomplex* graphisch darstellt. Wir werden es in der Folge nur mit einfach zusammenhängenden unendlichvielblättrigen Flächen $\mathfrak{W}$ und ihren Streckenkomplexen zu tun haben.

Wir wollen den Typus von einigen derartigen Flächen bestimmen. Es ist schon bewiesen [25]), daß es dabei auf die Lage von $a_1, \ldots, a_q$ und L nicht ankommt; es ist keine Beschränkung der Allgemeinheit, wenn wir $a_\gamma = e^{\frac{2\pi i \gamma}{q}}$ setzen und für L den Einheitskreis nehmen.

Wir fassen nun die folgende Unterklasse von Flächen $\mathfrak{W}$ ins Auge:

I. *Es gibt keine algebraischen Windungspunkte.*

II. *Es gibt keine logarithmischen Enden, d. h. man findet im Streckenkomplex keine unendliche Kette benachbarter Knoten, unter denen sich kein Verzweigungsknoten befände.*

III. *Jeder Verzweigungsknoten ist vollständig verzweigt, d. h. von jedem Knoten gehen 2 oder q Bündel aus.*

[28]) G. Elfving, Über eine Klasse von Riemannschen Flächen und ihre Uniformisierung. Acta Soc. Sci. fenn. N. S. 2.

Wegen I. kann man den Speiserschen Baum konstruieren, der aus dem Streckenkomplex entsteht, indem man alle unverzweigten Ketten aneinandergereihter Bündel durch Strecken ersetzt. II. besagt, daß dieser Baum der Modulbaum der Ordnung q sei. Die Modulfläche, die einfach zusammenhängende universelle Überlagerungsfläche der in $a_1, \ldots, a_q$ punktierten w-Ebene, gehört bekanntlich zum hyperbolischen Typus; dagegen gibt es nach Nevanlinna und Ullrich [29]) Flächen, die den Bedingungen I. und II. genügen und trotzdem parabolischen Typus haben. Die Bedingung III. ist im Falle $q = 3$ von selbst erfüllt.

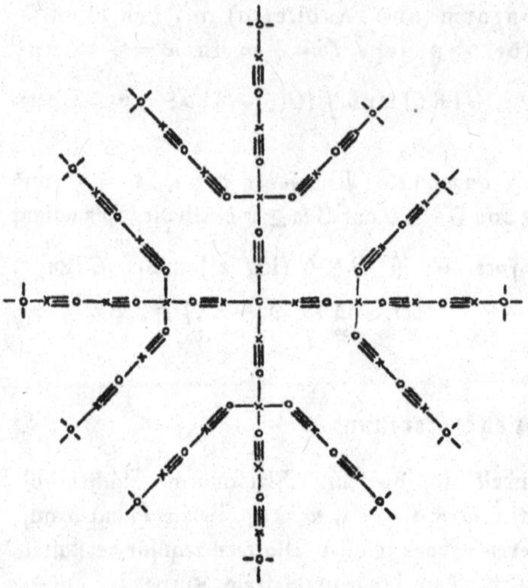

$q = 4$; $\varphi(1) = 3$; $\varphi(2) = 5$.

Abbildung 8.

2. Die Behauptung. Wir wollen zeigen, daß die Flächen der soeben definierten Klasse, wenn sie hinreichend stark verzweigt sind, hyperbolischen Typus haben. Da müssen wir uns erst ein Maß der Verzweigtheit besorgen.

Wir gehen von einem fest gewählten Verzweigungsknoten $\mathfrak{V}_0$ aus. Von ihm laufen q Strecken nach III. ungebündelt aus. Wenn das Ende einer dieser Strecken kein Verzweigungsknoten ist, dann geht von dort ein Bündel von $q-1$ Strecken aus, an das sich wieder eine einzelne Strecke anschließt usw.; nach endlich vielen Schritten kommt man nach II. zu einem Verzweigungsknoten. So erhält man q Verzweigungsknoten $\mathfrak{V}_1$. Von jedem davon laufen nach III. wieder $q-1$ neue Strecken ungebündelt aus, an sie schließt sich je eine Kette von Bündeln mit abwechselnd $q-1$ und 1 Gliedern; schließlich kommt man zu $q(q-1)$ Verzweigungsknoten $\mathfrak{V}_2$; von hier gelangt man ebenso zu $q(q-1)^2$ Verzweigungsknoten $\mathfrak{V}_3$ usf. Nach I. schöpft man so den ganzen Streckenkomplex ohne Wiederholungen genau einmal aus (s. Abb. 8).

Von den $\mathfrak{V}_{k-1}$ zu den $\mathfrak{V}_k$ führen also $q(q-1)^{k-1}$ Ketten, von denen jede aus einer Anzahl l von aneinandergereihten Bündeln von abwechselnd 1 und $q-1$ Strecken besteht; das erste und das letzte Bündel einer Kette bestehen nur aus einer Strecke. Die stets ungerade Bündelzahl l heißt die Länge der Kette. Wir bezeichnen mit $\varphi(k)$ das Maximum der Längen aller ein $\mathfrak{V}_{k-1}$ mit einem $\mathfrak{V}_k$ verbindenden Ketten und mit

$$\psi(k) = \operatorname*{Max}_{\varkappa=1,\ldots,k} \varphi(\varkappa)$$

die Höchstlänge aller unverzweigten Ketten, die in dem von den $\mathfrak{V}_k$ begrenzten endlichen Teil des Streckenkomplexes verlaufen. Man wird eine Fläche $\mathfrak{W}$ um so stärker verzweigt nennen, je kleiner $\varphi(k)$ und $\psi(k)$ sind. Jetzt behaupten wir:

Wenn $\sum_{k=1}^{\infty} \frac{\psi(k)}{k^2}$ konvergiert, dann gehört $\mathfrak{W}$ zum hyperbolischen Typus.

---

[29]) R. Nevanlinna, Ein Satz über die konforme Abbildung Riemannscher Flächen. Comm. Math. Helv. 5; E. Ullrich, Über ein Problem von Herrn Speiser. Comm. Math. Helv. 7.

3. Beispiele. Man erhält lehrreiche Beispiele der hier betrachteten Flächenklasse folgendermaßen: $\varphi(k)$ sei für alle $k = 1, 2, \ldots$ eine positive ungerade Zahl. Man hängt an den Verzweigungsknoten $\mathfrak{B}_0$ q-mal genau $\varphi(1)$ Bündel von abwechselnd 1 und $q-1$ Strecken, an jeden der q Endpunkte $\mathfrak{B}_1$ hängt man $(q-1)$-mal genau $\varphi(2)$ Bündel von abwechselnd 1 und $q-1$ Strecken, an jeden der $q(q-1)$ neuen Endpunkte $\mathfrak{B}_2$ hängt man $q-1$ Ketten der genauen Länge $\varphi(3)$ usw. Dem Knoten $\mathfrak{B}_0$ möge etwa ein Halbblatt $|w| < 1$ auf der Fläche entsprechen, dann entspricht jedem $\mathfrak{B}_k$ für ungerades k ein Halbblatt $|w| > 1$, für gerades k ein Halbblatt $|w| < 1$ (s. Abb. 8).

Wird in der Konstruktionsvorschrift „genau" durch „höchstens" ersetzt, dann entstehen die oben beschriebenen allgemeinen Flächen.

Man kann anscheinend an diesen regelmäßig gebauten Beispielflächen sehr gut die verschiedenen Typenkriterien miteinander vergleichen, solange algebraische Windungspunkte nicht ins Gewicht fallen. Die Konvergenz von $\sum \frac{\psi(k)}{k^2}$ mit $\psi(k) = \underset{\varkappa=1,\ldots,k}{\operatorname{Max}} \varphi(\varkappa)$ ist also ein hinreichendes Kriterium für hyperbolischen Typus. Das Nevanlinna-Wittichsche Kriterium [30]) besagt dagegen, daß $\mathfrak{W}$ parabolisch ist, wenn

$$\sum_{k=1}^{\infty} \frac{1}{(q-1)^k} \sum_{n=\varphi(1)+\cdots+\varphi(k-1)+1}^{\varphi(1)+\cdots+\varphi(k)} \frac{1}{n}$$

divergiert, oder, was dasselbe bedeutet, wenn

$$\sum_{k=1}^{\infty} \frac{\log \varphi(k) - \log \varphi(k-1)}{(q-1)^k}$$

divergiert, oder, was wiederum dasselbe bedeutet, wenn

$$\sum_{k=1}^{\infty} \frac{\log \varphi(k)}{(q-1)^k}$$

divergiert. Zwischen beiden Ergebnissen klafft eine sehr große Lücke; hoffentlich wird sie einmal geschlossen [30a]).

R. Nevanlinna [31]) definiert die Verzweigtheit V einer Fläche $\mathfrak{W}$ durch einen gewissen Grenzprozeß und fragt, ob $V = 2$ für den parabolischen und zugleich $V > 2$ für den hyperbolischen Fall hinreichend sei. Wir können die Frage sofort verneinend beantworten. Denn für unsere Beispielflächen ist, wie man leicht sieht, sicher dann $V = 2$, wenn $\lim\limits_{k\to\infty} \varphi(k) = \infty$ ist; trotzdem kann natürlich $\sum \frac{\psi(k)}{k^2}$ konvergieren und die Fläche somit hyperbolisch sein (z. B. für $\varphi(k) = \psi(k) = 2[\sqrt{k}] + 1$).

[30]) R. Nevanlinna, Ein Satz über die konforme Abbildung Riemannscher Flächen. Comm. Math. Helv. 5; E. Ullrich, Flächenbau und Wachstumsordnung bei gebrochenen Funktionen. Jber. dtsch. Math.-Ver. 46, S. 269 oben.

[30a]) Zusatz b. d. Korr.: Inzwischen ist das in Anm. 5 erwähnte Heft erschienen. Es ist vom März 1937 datiert, enthält einen Korrekturzusatz vom April 1937 und war Ende Januar 1938 in Berlin zugänglich. Kakutani beweist für die Beispielflächen meines § 7. 3 ein hinreichendes Kriterium für hyperbolischen Typus, das meines nicht enthält, aber eine bessere Größenordnung liefert. Würde er mit nicht beschränktem Dilatationsquotienten gearbeitet und meinen § 6. 5 angewandt haben, dann hätte er für die Flächen von § 7. 3 ein viel besseres Kriterium erhalten als das hier bewiesene. Seine quasikonforme Abbildung ist also geeigneter als meine; sie ist nur (vorläufig) auf die speziellen Flächen von § 7. 3 beschränkt.

[31]) R. Nevanlinna, Eindeutige analytische Funktionen, Berlin 1936, Kap. XII, § 1.

4. Quasikonforme Abbildung auf die Modulfläche. Wir gehen zum Beweis der obigen Behauptung über. Neben der zu untersuchenden Fläche $\mathfrak{W}$ betrachten wir eine Modulfläche $\mathfrak{W}'$ über der w'-Ebene, das sei die universelle einfach zusammenhängende Überlagerungsfläche der an den q Stellen $w' = a_\gamma = e^{\frac{2\pi i\gamma}{q}}$ punktierten w'-Kugel. Schneidet man auch $\mathfrak{W}'$ über dem Einheitskreis durch und konstruiert man den Streckenkomplex, dann hat dieser die in § 7. 3 angegebene Bauart mit $\varphi(k) = 1$. Um die offensichtliche Ähnlichkeit der Streckenkomplexe von $\mathfrak{W}$ und $\mathfrak{W}'$ auszunützen, versuchen wir $\mathfrak{W}$ auf $\mathfrak{W}'$ abzubilden und den Dilatationsquotienten abzuschätzen.

Dazu sehen wir uns eine Kette von der Länge l im Streckenkomplex von $\mathfrak{W}$, die ein $\mathfrak{V}_{k-1}$ mit einem $\mathfrak{V}_k$ verbindet, näher an. Sie beginnt bei einem Verzweigungsknoten, dem etwa ein Halbblatt $|w| < 1$ entsprechen möge, dessen Ecken $a_\gamma = e^{\frac{2\pi i\gamma}{q}}$ alle logarithmische Windungspunkte sind. Dem nächsten Knoten entspricht ein Halbblatt $|w| > 1$, mit dem vorigen Halbblatt nur über einen Teilbogen $a_\gamma a_{\gamma+1}$ des Einheitskreises hinweg verheftet. Dann kommt ein Knoten, der mit seinem Vorgänger durch $q - 1$ Strecken verbunden ist; ihm entspricht ein Halbblatt $|w| < 1$, das über alle Bögen $a_{\gamma+1} a_{\gamma+2}, a_{\gamma+2} a_{\gamma+3}, \ldots, a_{\gamma-1} a_\gamma$ hinweg mit dem vorigen Halbblatt $|w| > 1$ verheftet ist, wobei also die Punkte $a_{\gamma+2}, \ldots, a_{\gamma-1}$ gar keine Hindernisse darstellen (Indizes mod q). Dann wird wieder ein $|w| > 1$ über $a_\gamma a_{\gamma+1}$ mit dem letzten $|w| < 1$ verheftet, daran hängt ein neues Halbblatt $|w| < 1$ längs $a_{\gamma+1} a_{\gamma+2}, \ldots, a_{\gamma-1} a_\gamma$ usw.; schließlich wird an ein $|w| < 1$ einmal längs $a_\gamma a_{\gamma+1}$ ein $|w| > 1$ angeheftet, welches einem Verzweigungsknoten entspricht, dessen Ecken a_λ also sämtlich logarithmische Windungspunkte von $\mathfrak{W}$ sind. Nun ziehen wir in dem Anfangshalbblatt die geraden Linien $0 a_\gamma$ und $0 a_{\gamma+1}$, sowie im Endhalbblatt die geraden Linien $a_\gamma \infty$ und $a_{\gamma+1} \infty$ radial, weil doch die Verzweigungsknoten nur zum q-ten Teil zu unserer Kette gehören. Diese vier geraden Linien begrenzen ein Teilgebiet der Riemannschen Fläche, das sich endlich oft um a_γ und $a_{\gamma+1}$ windet; die Funktion

$$z = \log \frac{w - a_{\gamma+1}}{w - a_\gamma} + i c$$

bildet es auf ein einfach zusammenhängendes Gebiet $\mathfrak{G}$ einer $z = x + i y$-Ebene ab. Wenn wir mit der Fläche $\mathfrak{W}'$ dieselbe Konstruktion durchführen wollen, müssen wir nur beachten, daß hier $l = 1$ ist; wir erhalten einfach einen von den Geraden $0 a_\gamma \infty$ und $0 a_{\gamma+1} \infty$ begrenzten Winkelraum $\frac{2\pi\gamma}{q} < \arg w' < \frac{2\pi(\gamma+1)}{q}$, der gleichfalls durch

$$z' = \log \frac{w' - a_{\gamma+1}}{w' - a_\gamma} + i c'$$

auf ein Gebiet $\mathfrak{G}'$ der z'-Ebene abgebildet wird. Der Verlauf beider Abbildungen ist aus Abb. 9 ersichtlich. Wählen wir die noch frei bleibende additive Konstante so, daß die reelle Achse Asymptote des unteren Randes von $\mathfrak{G}$ und $\mathfrak{G}'$ wird, dann können wir $\mathfrak{G}$ und $\mathfrak{G}'$ durch folgende Ungleichungen charakterisieren:

$$\mathfrak{G}\colon -f(x) < y < l\pi + f(x).$$
$$\mathfrak{G}'\colon -f(x') < y' < \pi + f(x').$$

Nun baut sich die Fläche $\mathfrak{W}$ offenbar in einer durch den Streckenkomplex bestimmten Weise aus den unendlich vielen soeben auf Gebiete $\mathfrak{G}$ abgebildeten, den einzelnen Ketten eindeutig zugeordneten Teilen auf und $\mathfrak{W}'$ ebenso aus den Sektoren, deren Bilder $\mathfrak{G}'$ heißen.

Wir erhalten eine quasikonforme Abbildung von 𝔚 auf 𝔚′, wenn wir die einzelnen 𝔊 quasikonform auf die 𝔊′ abbilden. Dabei müssen wir aber aufpassen, daß die zusammengestückelte Abbildung von 𝔚 auf 𝔚′ auch an den Grenzen der verschiedenen Flächenteile noch stetig ist. Das erreichen wir durch die Vorschrift, daß der Rand von 𝔊 auf den von 𝔊′ durch

$$\Re z = \Re z'$$

abgebildet werden soll. Damit ist dann die Randabbildung zwischen 𝔊 und 𝔊′ schon festgelegt; wir haben die Abbildung der Ränder von 𝔊 und 𝔊′ aufeinander in geeigneter Weise ins Innere fortzusetzen und den Dilatationsquotienten abzuschätzen.

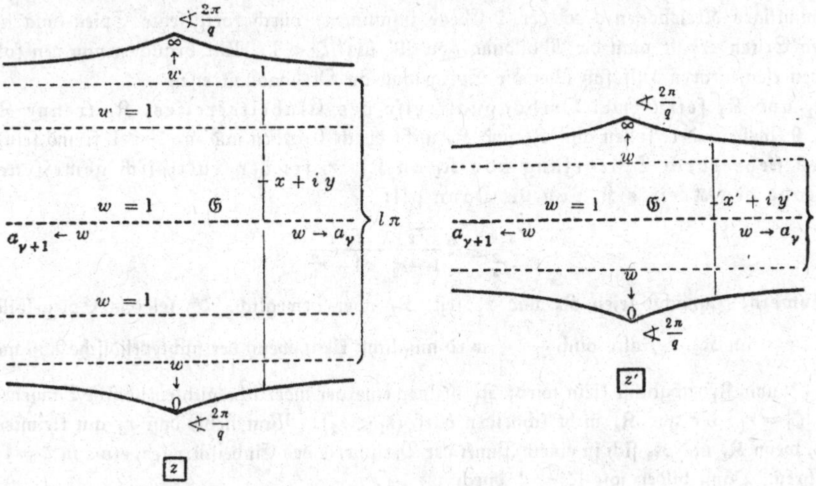

Abbildung 9.

Wir bilden einfach den Teil $\Im z \leq 0$ von 𝔊 auf den Teil $\Im z' \leq 0$ von 𝔊′ durch $z = z'$ ab; den Teil $\Im z \geq l\pi$ von 𝔊 bilden wir auf den Teil $\Im z' \geq \pi$ von 𝔊′ durch $z = (l-1)\pi + z'$ ab. Das Mittelstück $0 \leq \Im z \leq l\pi$ dagegen bilden wir auf $0 \leq \Im z' \leq \pi$ durch

$$x = x'; \quad y = l y'$$

ab. Für den Dilatationsquotienten gilt offenbar

$$D \leq l \leq \varphi(k) \leq \psi(k)\ ^{31a)}.$$

5. Abschätzung des Dilatationsquotienten im Einheitskreis. Wir haben nun eine quasikonforme Abbildung der zu untersuchenden Fläche 𝔚 auf die Modulfläche und wissen, daß in dem oben beschriebenen Flächenteil, der zu einer Kette gehört, die ein $\mathfrak{B}_{k-1}$ mit einem $\mathfrak{B}_k$ verbindet, der Dilatationsquotient höchstens $\psi(k)$ ist. Wenn $\varphi(k)$, also auch $\psi(k)$ beschränkt ist, dann können wir hieraus sofort schließen, daß 𝔚 zum hyperbolischen Typus

[31a]) Zuerst benutzte ich eine kompliziertere Abbildung von 𝔊 auf 𝔊′, die aber dasselbe Typenkriterium ergab; diese einfache Abbildung stammt von A. Speiser, Riemannsche Flächen vom hyperbolischen Typus, Comm. math. Helv. 10.

gehört. Denn $\mathfrak{W}'$ läßt sich bekanntlich konform auf den Einheitskreis abbilden; könnte man $\mathfrak{W}$ konform auf die punktierte Ebene abbilden, dann gäbe es auch eine Abbildung Einheitskreis — punktierte Ebene mit beschränktem Dilatationsquotienten im Widerspruch mit § 6. 4 oder § 6. 5 [31b]).

Im allgemeinen Fall müssen wir noch einige Rechnungen durchführen. Man erhält bekanntlich die konforme Abbildung von $\mathfrak{W}'$ auf den Einheitskreis $|\zeta| < 1$ folgendermaßen: Man bildet den Kreisausschnitt $\frac{2\pi\gamma}{q} < \arg w < \frac{2\pi(\gamma+1)}{q}$, $|w| < 1$ auf das Kreisbogendreieck $0\, a_\gamma\, a_{\gamma+1}$ der ζ-Ebene, das von den Radien $0\, a_\gamma$, $0\, a_{\gamma+1}$ und dem Orthogonalkreisbogen $a_\gamma\, a_{\gamma+1}$ begrenzt wird, konform so ab, daß $0, a_\gamma, a_{\gamma+1}$ in sich übergehen; diese q Abbildungen setzen sich zu einer konformen Abbildung von $|w| < 1$ auf ein regelmäßiges nullwinkliges Kreisbogen-q-eck der ζ-Ebene zusammen; durch fortgesetzte Spiegelung an dessen Seiten erhält man die Abbildung von $\mathfrak{W}'$ auf $|\zeta| < 1$. Wir brauchen nun den folgenden elementaren Hilfssatz über die Spiegelung an Orthogonalkreisen:

$\mathfrak{K}_1$ und $\mathfrak{K}_2$ seien zwei Orthogonalkreise des Einheitskreises, $\mathfrak{K}_1$ trenne $\mathfrak{K}_2$ von 0 (insbesondere sollen also $\mathfrak{K}_1$ und $\mathfrak{K}_2$ nicht durch 0 gehen und in $|\zeta| < 1$ fremd sein). $\mathfrak{K}_3$ entstehe durch Spiegelung von $\mathfrak{K}_1$ an $\mathfrak{K}_2$. r_i sei der (euklidisch gemessene) Abstand des Kreises $\mathfrak{K}_i$ von 0. Dann gilt

$$\frac{r_3}{1-r_3^2} \geq 2\,\frac{r_2}{1-r_2^2} - \frac{r_1}{1-r_1^2}\,.$$

Beweis: Zunächst seien $\mathfrak{K}_2$ und r_1 fest, $\mathfrak{K}_1$ aber beweglich. ζ^* sei das Spiegelbild von $\zeta = 0$ an $\mathfrak{K}_2$. r_3, also auch $\frac{r_3}{1-r_3^2}$ wird möglichst klein, wenn der nichteuklidische Abstand von ζ^* und $\mathfrak{K}_1$ möglichst klein wird; $\mathfrak{K}_1$ ist hier eine veränderliche nichteuklidische Tangente von $|\zeta| = r_1$, die nur $\mathfrak{K}_2$ nicht schneiden darf $(r_1 < r_2)$. Man sieht, daß r_3 am kleinsten wird, wenn $\mathfrak{K}_1$ und $\mathfrak{K}_2$ sich in einem Punkt der Peripherie des Einheitskreises, etwa in $\zeta = 1$, berühren. Dann bilden wir $|\zeta| < 1$ durch

$$\omega = \frac{1+\zeta}{1-\zeta}$$

auf die rechte Halbebene ab; $\zeta = 0$ geht in $\omega = 1$, $\zeta = 1$ in $\omega = \infty$ über. $\mathfrak{K}_1, \mathfrak{K}_2, \mathfrak{K}_3$ gehen dabei in drei äquidistante Parallelen zur reellen Achse über, die alle in der oberen oder alle in der unteren Halbebene verlaufen; ist d_i der Abstand des ω-Bildes von $\mathfrak{K}_i$ von der reellen Achse, dann gilt

$$d_3 = 2\,d_2 - d_1$$

und

$$d_i = \frac{2\,r_i}{1-r_i^2},$$

denn das ω-Bild von $\mathfrak{K}_i$ ist eine waagerechte Tangente an das ω-Bild des Kreises $|\zeta| = r_i$ und dies ist ein zur reellen Achse symmetrischer Kreis, der durch $\omega = \frac{1+r_i}{1-r_i}$ und $\omega = \frac{1-r_i}{1+r_i}$ geht, also den Halbmesser $\frac{2\,r_i}{1-r_i^2}$ hat [32]).

[31b]) Dies Typenkriterium gibt mit demselben Beweis A. Speiser, vgl. Anm. 31a.

[32]) Übrigens ist $\frac{1-r_i^2}{2\,r_i}$ der Halbmesser von $\mathfrak{K}_i$.

Nun sei $\mathfrak{R}_k (k=1, 2, \ldots)$ der Rand des ζ-Bildes des den Knoten $\mathfrak{V}_0, \mathfrak{V}_1, \ldots, \mathfrak{V}_{k-1}$ entsprechenden Teils der Fläche $\mathfrak{W}'$. $\mathfrak{R}_1$ ist also das oben erwähnte regelmäßige nullwinklige Kreisbogen-q-eck; $\mathfrak{R}_2$ besteht aus den $q(q-1)$ Spiegelbildern der Randbögen von $\mathfrak{R}_1$ aneinander. Auch für $k>2$ ist $\mathfrak{R}_k$ ein nullwinkliges Orthogonalkreispolygon; es entsteht, wenn man an jedem Bogen von $\mathfrak{R}_{k-1}$ das angrenzende von $\mathfrak{R}_{k-1}$ und $\mathfrak{R}_{k-2}$ berandete q-Eck spiegelt. R_k sei der Abstand von $\mathfrak{R}_k$ und $\zeta=0$. Zu jedem Randbogen von $\mathfrak{R}_{k-1}$ (er habe von 0 einen Abstand r_2) gehört ein Randbogen von $\mathfrak{R}_{k-2}$, der ihn von 0 trennt und von 0 den Abstand r_1 haben möge; die kleinste der Zahlen $\frac{r_2}{1-r_2^2}-\frac{r_1}{1-r_1^2}$ bei festem k nennen wir Δ_{k-1}. Aus dem Hilfssatz folgt nun durch einfache Überlegungen

$$\Delta_k \geq \Delta_{k-1}, \qquad \frac{R_k}{1-R_k^2} \geq \frac{R_{k-1}}{1-R_{k-1}^2}+\Delta_k,$$

also durch Induktion

$$\Delta_k \geq \Delta_2, \qquad \frac{R_k}{1-R_k^2} \geq \frac{R_1}{1-R_1^2}+(k-1)\,\Delta_2 .$$

Daß hier sogar Gleichheit gilt, brauchen wir nicht. Aus

$$\frac{R_k}{(1+R_k)(1-R_k)} \geq \text{const} + \text{const}\cdot k$$

folgt jedenfalls

$$1-R_k \leq \frac{S}{k},$$

wo die Konstante S nur von q abhängt.

Die in § 7.4 konstruierte quasikonforme Abbildung von $\mathfrak{W}$ auf $\mathfrak{W}'$ ergibt mit der konformen Abbildung von $\mathfrak{W}'$ auf $|\zeta|<1$ zusammen eine quasikonforme Abbildung von $\mathfrak{W}$ auf $|\zeta|<1$. Für $k>S$ liegen in dem Kreise $|\zeta|<1-\frac{S}{k}\,(\leq R_k)$ nur Teile der ζ-Bilder von Halbblättern von $\mathfrak{W}'$, welche Knoten $\mathfrak{V}_0, \ldots, \mathfrak{V}_{k-1}$ entsprechen. Hier ist aber der Dilatationsquotient höchstens $\psi(k)$, weil in den eben genannten Teil von $\mathfrak{W}'$ nur die Bilder von solchen $\mathfrak{G}$ hineinragen, welche Ketten des Streckenkomplexes von $\mathfrak{W}$ entsprechen, die in dem von den $\mathfrak{V}_k$ begrenzten endlichen Teil dieses Streckenkomplexes verlaufen. Setzen wir

$$C(r)=\psi(k) \quad \text{für} \quad 1-\frac{S}{k-1} \leq r < 1-\frac{S}{k},$$

dann erhalten wir die Abschätzung

$$D \leq C(|\zeta|).$$

Wäre $\mathfrak{W}$ von parabolischem Typus, dann gäbe es eine quasikonforme Abbildung von $|\zeta|<1$ über $\mathfrak{W}'$ und $\mathfrak{W}$ auf die punktierte Ebene, für die dieselbe Abschätzung $D \leq C(|\zeta|)$ gälte. Nach § 6.5 müßte $\int^1 C(r)\frac{dr}{r}$ divergieren. Divergenz von $\int^1 C(r)\frac{dr}{r}$ ist aber gleichbedeutend mit Divergenz von

$$\int^1 C(r)\,dr = \sum^\infty \psi(k)\left(\frac{S}{k-1}-\frac{S}{k}\right) = S\sum^\infty \frac{\psi(k)}{k(k-1)}$$

und mit Divergenz von

$$\sum_{k=1}^{\infty} \frac{\psi(k)}{k^2}.$$

Wenn wir also Konvergenz dieser letzten Reihe voraussetzen, dann führt die Annahme, $\mathfrak{W}$ gehöre zum parabolischen Typus, auf einen Widerspruch.

6. Bemerkung. Wenn man außer der Konvergenz von $\sum_{1}^{\infty} \frac{\psi(k)}{k^2}$ noch eine genauere Abschätzung nach oben zur Verfügung hat, dann ergibt sich auch eine bessere Abschätzung des Dilatationsquotienten. Man bilde $\mathfrak{W}$ konform auf $|\boldsymbol{\zeta}| < 1$ ab, dann kann man aus einer Abschätzung des Dilatationsquotienten vermutlich schließen, daß die Kreise $|\zeta| = \text{const}$ dem Rande $|\boldsymbol{\zeta}| = 1$ nicht zu langsam nahe kommen. Dem Kreise $|\boldsymbol{\zeta}| \leq \varrho$ entspricht dann ein abschätzbarer Teil von $|\zeta| < 1$, diesem wegen $R_k \geq 1 - \frac{S}{k}$ ein abschätzbarer Teil von $\mathfrak{W}'$ und diesem auf $\mathfrak{W}$ ein Flächenstück, das in einer abschätzbaren Anzahl von Halbblättern enthalten ist. Man setze nun $t(\varrho)$ gleich dem sphärisch gemessenen Flächeninhalt des w-Bildes von $|\boldsymbol{\zeta}| \leq \varrho$, wenn $\mathfrak{W}$ als Überlagerungsfläche der Kugel mit der Oberfläche 1 aufgefaßt wird, und $T(\varrho) = \int_0^{\varrho} \frac{t(\varrho)}{\varrho}\, d\varrho$; dies $T(\varrho)$ ist bekanntlich die Charakteristik der meromorphen Funktion, die $|\boldsymbol{\zeta}| < 1$ konform auf $\mathfrak{W}$ abbildet. Wer die Anzahl der Halbblätter, in die das Bild von $|\boldsymbol{\zeta}| \leq \varrho$ auf $\mathfrak{W}$ eindringt, abschätzt, der schätzt auch $t(\varrho)$ und $T(\varrho)$ nach oben ab. Die Schranke wird um so ungünstiger, je stärker $\psi(k)$ wächst.

Das Wachstum der Charakteristik hängt ja nicht nur von der Verzweigtheit des Streckenkomplexes ab, sondern noch von heute kaum faßbaren Eigenschaften wie Asymmetrie usw., nur in einfachen Fällen wird die Verzweigtheit ausschlaggebend sein. Immerhin scheint auch die eben durchgeführte Überlegung das folgende heuristische Prinzip zu stützen:

Bei parabolischem Typus wird bei stärker verzweigtem Streckenkomplex die Charakteristik schneller wachsen, aber bei hyperbolischem Typus wird bei stärker verzweigtem Streckenkomplex die Charakteristik langsamer wachsen.

14.
Ungleichungen zwischen den Koeffizienten schlichter Funktionen

Sitzungsber. Preuß. Akad. Wiss., phys.-math. Kl. 363-375 (1938)

Hier soll eine Reihe von Ungleichungen für die Koeffizienten schlichter Funktionen bewiesen werden, in deren jeder das Gleichheitszeichen nur für eine bestimmte Extremalfunktion steht. Jede dieser Ungleichungen hat den folgenden Typus: wenn die $n-1$ ersten Koeffizienten bestimmte Werte haben, dann liegt der n-te in einer bestimmten Halbebene. Ich vermute, die Gesamtheit dieser Ungleichungen liefere eine vollständige Lösung des Bieberbachschen Koeffizientenproblems: bei gegebenen $n-1$ ersten Koeffizienten alle Werte des n-ten zu bestimmen, die zu einer schlichten Funktion gehören.

Wir behandeln hauptsächlich schlichte Funktionen $w = \sum_{1}^{\infty} \frac{\beta_k}{s^k}$ in $|s| > 1$; den Fall der regulären schlichten Funktionen $w = s + B_2 s^2 + \ldots$ in $|s| < 1$ führen wir zum Schluß kurz auf jenen zurück.

Seitdem Bieberbach aus seinem Flächensatz für schlichte meromorphe Funktionen die Folgerung

$$|\beta_{-1}\beta_1| \leqq 1$$

zog, entstand eine umfangreiche Literatur zum Koeffizientenproblem; aber die meisten dieser Arbeiten lieferten ungenaue Abschätzungen oder machten Voraussetzungen, die über die Schlichtheit hinausgingen.

So sind Abschätzungen der Anfangskoeffizienten bekannt; man hat die beschränkten schlichten Funktionen untersucht, ebenso die schlichten Funktionen, die den Einheitskreis auf konvexe Gebiete oder Sterngebiete abbilden, sowie die auf der reellen Achse reellen schlichten Funktionen. Das Hauptinteresse galt meist der Vermutung $|B_n| \leqq n$, und in dieser Richtung sind viele bemerkenswerte Teilergebnisse erzielt worden.

Erst Peschl[1] nahm das allgemeine Koeffizientenproblem wieder systematisch in Angriff.

---

[1] E. Peschl, Zur Theorie der schlichten Funktionen. Journal für die reine und angewandte Mathematik 176.

(1*)

Durch das heuristische Verfahren der Variation des Randes eines Extremalgebiets findet man leicht, daß die Extremalfunktionen $w = z(s)$ einer algebraischen Differentialgleichung

$$P(z)\,dz^2 = R(s)\frac{ds^2}{s^2}$$

genügen; hier ist P ein Polynom in z und $R(s)$ ein auf $|s| = 1$ definites Polynom in $s + \frac{1}{s}$. $z(s)$ bildet $|s| > 1$ auf die längs Linien mit $P(z)\,dz^2 > 0$ aufgeschlitzte z-Ebene ab[1]. Aber diese heuristische Überlegung liefert keinen Beweisansatz für die Extremaleigenschaft der so gefundenen Funktionen.

Im folgenden wird gezeigt, daß bzw. mit welchen Ausgestaltungen die Methoden, die Grötzsch[2] mit so großem Erfolge auf andere Extremalprobleme der konformen Abbildung angewandt hat, auch hier anwendbar sind. Auf einem langen Wege über die Theorie der quasikonformen Abbildung kam ich zu einem allgemeinen Prinzip, das zu einer bestimmten Klasse von Extremalproblemen, zu der auch das Koeffizientenproblem der schlichten Funktionen gehört, automatisch nicht nur die Extremalgebiete liefert, sondern zugleich auch diejenige parabolische Maßbestimmung, in der man die Längen- und Flächeninhaltsabschätzungen vorzunehmen hat, die zum Beweise der Extremaleigenschaft dienen. Hier beschränken wir uns auf das Koeffizientenproblem; ausführliche allgemeinere Erörterungen sollen später in der Deutschen Mathematik veröffentlicht werden.

H. Grunsky[3] gibt eine Reihe von in ihrer Gesamtheit notwendigen und hinreichenden Ungleichungen zwischen den Koeffizienten schlichter meromorpher Funktionen an, deren jede nur endlich viele Koeffizienten enthält; seine Extremalgebiete sind unter meinen enthalten, nämlich wenn das $P(z)$ dieser Arbeit Quadrat eines anderen Polynoms ist.

$P(z)$ sei ein Polynom vom Grade $k-1 \geqq 0$. Wir führen in der endlichen z-Ebene die neue Metrik

$$ds^2 = |P(z)|\,|dz|^2$$

ein. Durch

$$\zeta = \int \sqrt{P(z)}\,dz$$

---

[1] Diese Methode zum Auffinden der Extremalgebiete wurde zu einem exakten Verfahren gemacht von M. Schiffer, A Method of Variation within the Family of Simple Functions. On the Coefficients of Simple Functions. Proceedings of the London Mathematical Society 44.

[2] Berichte über die Verhandlungen der sächsischen Akademie der Wissenschaften zu Leipzig 80—84.

[3] H. Grunsky, Koeffizientenbedingungen für schlicht abbildende meromorphe Funktionen, erscheint demnächst in der Mathematischen Zeitschrift.

wird die z-Ebene oder eine Überlagerungsfläche auf eine Riemannsche Fläche über der ζ-Ebene abgebildet, ds ist das Linienelement $|d\zeta|$ dieser Fläche.

In einem schlichten Dreieck auf der ζ-Fläche, das höchstens mit den Ecken an Windungspunkte heranreicht, ist die Winkelsumme π. Wollen wir das in die z-Ebene übertragen, so müssen wir auf die Nullstellen von $P(z)$ achten, die **Kreuzungspunkte** heißen sollen. In einem ν-fachen Kreuzungspunkt werden nämlich bei $\zeta \to z$ alle Winkel mit $\frac{2}{\nu+2}$ multipliziert. Für ein von Geodätischen ($\arg P(z)\,dz^2 = \text{const}$) gebildetes Dreieck der z-Ebene ist also

$$(1) \qquad \sum \frac{\nu+2}{2}\alpha = \pi; \qquad \sum\left(\pi - \frac{\nu+2}{2}\alpha\right) = 2\pi.$$

Hier ist angenommen, daß das Dreieck, abgesehen von den Ecken, keinen Kreuzungspunkt im Innern oder am Rande enthält; α ist ein Winkel, der in einen ν-fachen ($\nu \geqq 0$) Kreuzungspunkt fällt, und es ist über die drei Ecken zu summieren. $\pi - \frac{\nu+2}{2}\alpha$ mag **geodätischer Außenwinkel** heißen.

Wir triangulieren ein beliebiges einfach zusammenhängendes Polygon, das von Geodätischen begrenzt wird, bis alle Kreuzungspunkte des Innern oder des Randes Dreieckseckpunkte geworden sind, wenden (1) auf jedes Dreieck an und erhalten

$$(2) \qquad \sum\left(\pi - \frac{\nu+2}{2}\alpha\right) - \sum \nu\pi = 2\pi.$$

Die erste Summe links ist die Summe der geodätischen Außenwinkel des Polygons, die zweite ist die mit π multiplizierte Summe der Vielfachheiten aller im Innern liegenden Kreuzungspunkte. Natürlich muß jeder Kreuzungspunkt am Rande des geodätischen Polygons als Ecke mitgezählt werden. (2) ist offenbar die **Gauß-Bonnetsche Formel** für unsere parabolische, stellenweise singuläre Metrik.

Eine Geodätische ist nach Definition eine Kurve, die für je zwei auf ihr hinreichend benachbarte Punkte die kürzeste Verbindung im Sinne des Linienelements ds ist. Eine solche ist durch $\arg P(z)\,dz^2 = 2 \arg d\zeta = \text{const}$ gekennzeichnet, ihr ζ-Bild ist geradlinig, wenigstens abgesehen von den Kreuzungspunkten. In einem ν-fachen Kreuzungspunkt besteht die Bedingung, daß die beiden Äste der Kurve mindestens den Winkel $\frac{2\pi}{\nu+2}$ einschließen oder, anders ausgedrückt, daß die beiden geodätischen Außenwinkel $\leqq 0$ sind.

Man kann je zwei Punkte durch eine Geodätische verbinden, die zugleich kürzeste Verbindung der beiden Punkte ist[1]. Man kann zwei Punkte auch nur durch eine Geodätische verbinden. Sonst gäbe es ja ein von zwei Geodätischen begrenztes einfach zusammenhängendes Polygon, für das (2) gelten müßte. Hier wären aber links höchstens zwei Posten positiv, nämlich die geodätischen Außenwinkel in den beiden Treffpunkten unserer Geodätischen, und beide wären $< \pi$, Widerspruch. Dies liegt natürlich daran, daß unsere Metrik sich im großen wie eine hyperbolische verhält; dasselbe gilt für den folgenden Beweis.

Wenn zwei Geodätische s und t eine Geodätische g in den regulären Punkten A, B senkrecht schneiden, dann ist der Abstand eines Punktes von s von einem Punkte von t mindestens AB. Man kann also den Abstand zweier Punkte durch den Abstand ihrer Projektionen auf g nach unten abschätzen. Zum Beweis betrachten wir zwei abgeschlossene A bzw. B enthaltende Teilbögen $\bar{s}$ und $\bar{t}$ von s und t und wählen C auf $\bar{s}$, D auf $\bar{t}$ so, daß $\overline{CD}$ möglichst klein ist. Im Falle $C \neq A$ gehört zu $\measuredangle\, ACD$ ein geodätischer Außenwinkel $\leqq \frac{\pi}{2}$, denn sonst hätte ein Punkt zwischen A und C eine noch kleinere Entfernung von D als C. — Im Falle $A = C$, $B = D$ ist nichts mehr zu beweisen. Im Falle $A \neq C$, $B = D$ wendet man auf das Dreieck ABC[2] (2) an und erhält einen Widerspruch. Im Falle $A \neq C, B \neq D$ hat das Viereck $ABDC$ lauter Außenwinkel $\leqq \frac{\pi}{2}$. Würden sich gegenüberliegende Seiten schneiden, so ergäbe (2), auf eins der entstehenden Dreiecke angewandt, einen Widerspruch. Nun wenden wir (2) auf das Viereck an und sehen: $ABDC$ ist ein Rechteck ohne Kreuzungspunkte im Innern oder am Rande. Dann ist aber $\overline{CD} = \overline{AB}$.

Die Linien $P(z)\,dz^2 > 0$ (oder $\mathfrak{J}\,d\zeta = 0$) schneiden einander nicht; in einem ν-fachen Kreuzungspunkt treffen sich $\nu + 2$ dieser Linien unter gleichen Winkeln. Es braucht wohl kaum noch erwähnt zu werden, daß aus (2) folgt, daß man aus Linien $P(z)\,dz^2 > 0$ keine geschlossene Jordankurve zusammensetzen kann.

K sei ein beschränktes aus Bögen mit $P(z)\,dz^2 > 0$ zusammengesetztes Kontinuum der z-Ebene. Das ∞ enthaltende Komplementärgebiet $\mathfrak{G}_K$ ist einfach zusammenhängend; es werde auf $|s| > 1$ konform so abgebildet, daß ∞ in ∞ übergeht:

$$z = \alpha_{-1}\, s + \alpha_0 + \frac{\alpha_1}{s} + \cdots.$$

[1] H. Hopf und W. Rinow, Über den Begriff der vollständigen differentialgeometrischen Fläche, Commentarii Mathematici Helvetici 3.

[2] Oder ein passendes Teildreieck.

$\mathfrak{G}$ sei ein einfach zusammenhängendes Gebiet, das ∞ enthält, und $|s| > 1$ sei durch

$$w = \beta_{-1} s + \beta_0 + \frac{\beta_1}{s} + \cdots$$

auf $\mathfrak{G}$ abgebildet. Wir setzen voraus:

$$\alpha_{-1} = \beta_{-1}, \alpha_0 = \beta_0, \cdots, \alpha_{k-1} = \beta_{k-1}.$$

Die Behauptung lautet

$$\text{(3)} \qquad \Re a \beta_k \beta_{-1}^k \leqq \Re a \alpha_k \alpha_{-1}^k;$$

Gleichheit gilt nur im Falle $w = z$. Dabei ist

$$\text{(4)} \qquad P(z) = a z^{k-1} + \cdots \qquad (a \neq 0)$$

vorausgesetzt.

R sei eine feste Zahl, die so groß ist, daß $|z| = R$ ganz in $\mathfrak{G}_K$ liegt und alle Nullstellen von $P(z)$ in $|z| < R$ liegen und auch das $w =$ Bild von $|z| = R$ bei der Abbildung $z \leftrightarrow s \leftrightarrow w$ noch alle Nullstellen von $P(w)$ umschließt. L sei eine von der Peripherie $|z| = R$ nach $z = \infty$ laufende Linie $P(z)\,dz^2 > 0$. Nachdem man $|z| > R$ längs L aufgeschnitten hat, kann man einen eindeutigen Zweig von $\zeta = \int \sqrt{P(z)}\,dz$ herausgreifen: aus (4) folgt

$$\text{(5)} \qquad \zeta = \frac{2}{k+1} \sqrt{a}\, z^{\frac{k+1}{2}} + \cdots = \frac{2}{k+1} \sqrt{a}\, \alpha_{-1}^{\frac{k+1}{2}} s^{\frac{k+1}{2}} + \cdots.$$

Es wird nach fallenden Potenzen von s bzw. $\sqrt{s}$ entwickelt, je nachdem k ungerade oder gerade ist; dazu kommt noch ein Vielfaches von $\log s$.

Wir werden w und z in derselben Ebene deuten: es ist ja

$$\text{(6)} \quad w = z + (\beta_k - \alpha_k) s^{-k} + \cdots = z + (\beta_k \beta_{-1}^k - \alpha_k \alpha_{-1}^k) z^{-k} + \cdots,$$

w entsteht aus z durch eine kleine Verschiebung. Wir setzen auch

$$\omega = \int \sqrt{P(w)}\,dw$$

und legen die Integrationskonstante in ω genau so fest wie in ζ: ω soll aus ζ entstehen, wenn man ζ als Funktion von z auffaßt und dann z durch w ersetzt. $\zeta - \omega$ ist ja in $|z| > R$ eine eindeutige Funktion von s bzw. $\sqrt{s}$: diese soll bei $s = \infty$

verschwinden. Auf diese Weise ist im längs L aufgeschnittenen Kreis $|z| > R$ ein eindeutiger Zweig der Funktion $\omega(z)$ bestimmt. Dann ist in der Nähe von ∞

$$\omega = \zeta + \frac{d\zeta}{dz}(w - z) + \cdots$$

$$= \zeta + \left(\sqrt{a}\, z^{\frac{k-1}{2}} + \cdots\right)\left((\beta_k \beta^k_{-1} - \alpha_k \alpha^k_{-1}) z^{-k} + \cdots\right) + \cdots,$$

$$\omega = \zeta + \sqrt{a}\,(\beta_k \beta^k_{-1} - \alpha_k \alpha^k_{-1})\, z^{-\frac{k+1}{2}} + \cdots; \tag{7}$$

$$\frac{d\omega}{d\zeta} = 1 - \frac{\frac{k+1}{2}\sqrt{a}\,(\beta_k \beta^k_{-1} - \alpha_k \alpha^k_{-1})\, z^{-\frac{k+3}{2}} + \cdots}{\sqrt{a}\, z^{\frac{k-1}{2}} + \cdots},$$

$$\frac{d\omega}{d\zeta} = 1 - \frac{k+1}{2}(\beta_k \beta^k_{-1} - \alpha_k \alpha^k_{-1})\, z^{-(k+1)} + \cdots. \tag{8}$$

Bezeichnen wir allgemein eine im Unendlichen beschränkte Größe mit B, so folgt aus (5)

$$\zeta = \frac{2}{k+1}\sqrt{a}\, z^{\frac{k+1}{2}} + B|\zeta|^{1-\kappa}; \tag{9}$$

hierin ist

$$\kappa = \frac{1}{k+1} \text{ für gerades } k,$$

$$\kappa = \frac{2}{k+1} \text{ für ungerades } k.$$

Mit Hilfe von (9) folgt aus (7) und (8)

$$\omega = \zeta + \frac{\gamma}{\zeta} + \frac{B}{|\zeta|^{1+\kappa}}; \tag{10}$$

$$\frac{d\omega}{d\zeta} = 1 - \frac{\gamma}{\zeta^2} + \frac{B}{|\zeta|^{2+\kappa}}; \tag{11}$$

hierin ist zur Abkürzung

$$\gamma = \frac{2}{k+1} a (\beta_k \beta^k_{-1} - \alpha_k \alpha^k_{-1})$$

gesetzt. Unsere Behauptung (3) lautet jetzt

$$\Re\gamma \leqq 0.$$

Wir zerlegen die Gesamtheit der Linien $P(z)\,dz^2 > 0$ in endlich viele Felder. Zwei Felder werden entweder durch die Zerschneidungslinie L und ihre Verlängerung oder durch eine in einen Kreuzungspunkt laufende Linie $P(z)\,dz^2 > 0$ oder durch eine $|z| = R$ berührende Linie $P(z)\,dz^2 > 0$ voneinander getrennt. Wir erhalten $k+1$ Endfelder, die $k+1$ ζ-Halbebenen entsprechen und mit $|z| = R$ nur endlich viele Randpunkte gemein haben, und außerdem endlich viele Streifenfelder, die von ∞ durch $|z| < R$ hindurch nach ∞ laufen.

Die geschlossene Kurve C_ϱ der z-Ebene bestehe aus der Kurve $|\zeta| = \varrho$, wo für ζ der ein für allemal gewählte Hauptwert in dem längs L aufgeschnittenen Kreise $|z| > R$ zu nehmen ist, und dem die beiden Endpunkte dieser Kurve verbindenden Stück von L. ϱ ist eine hinreichend große Zahl, die schließlich gegen ∞ streben wird (während R fest bleibt). Eine Linie Λ: $P(z)\,dz^2 > 0$, die nicht gerade zwei Felder voneinander trennen soll, tritt an einer Stelle z_1 in das Innere von C_ϱ ein und tritt an einer anderen Stelle z_2 wieder heraus. l_ζ sei die Entfernung $\int_{z_1}^{z_2} |d\zeta|$ von z_1 und z_2. Wir wollen zunächst $l_\omega = \int_{z_1}^{z_2} |d\omega|$ nach unten abschätzen.

Nach (6) unterscheiden sich w_1 und z_1 sowie w_2 und z_2 für hinreichend großes ϱ beliebig wenig. Man kann durch w_i $(i = 1, 2)$ eine zu Λ senkrechte Geodätische $P(z)\,dz^2 < 0$ ziehen, die Λ in einem Punkte z_i' schneidet, und dann ist

$$\zeta_i' - \zeta_i = \Re(\omega_i - \zeta_i). \tag{12}$$

Nun ist $l_\omega = \int_{w_1}^{w_2} |d\omega|$ bei Integration über ein auf Λ laufendes z mindestens gleich dem Abstand von w_1 und w_2 in unserer Metrik, und nach einem am Anfang bewiesenen Hilfssatz ist dieser Abstand mindestens gleich dem längs Λ gemessenen Abstand von z_1' und z_2'. Diesen kann man aber aus l_ζ berechnen, wenn man die beiden Größen (12) kennt.

Λ gehöre zu einem Streifenfeld. Wir nehmen o. B. d. A. an, es sei $\Re\zeta_i < 0$. Wenn ϱ wächst, bleibt $\Im\zeta_i$ konstant, und nach (10) ist

$$\Re(\omega_i - \zeta_i) = \Re\frac{\gamma}{\zeta_i} + \frac{B}{|\zeta_i|^{1+\varkappa}} = -\frac{\Re\gamma}{\varrho} + \frac{B}{\varrho^{1+\varkappa}}.$$

Wegen $l_\zeta = 2\varrho + B$ dürfen wir auch schreiben

$$\Re(\omega_i - \zeta_i) = -l_\zeta \cdot \left(\frac{\Re\gamma}{2\varrho^2} + \frac{B}{\varrho^{2+\varkappa}}\right).$$

Diese Größe ist also von l_ζ abzuziehen. Wäre $\Re\zeta_i > 0$, so hätte man

$$\Re(\omega_i - \zeta_i) = + l_\zeta \cdot \left(\frac{\Re\gamma}{2\varrho^2} + \frac{B}{\varrho^{2+\kappa}}\right)$$

zu l_ζ zu addieren, um $\int_{z_1'}^{z_2'} |d\zeta|$ zu erhalten. Faßt man diese die beiden Enden z_1 und z_2 betreffenden Zusatzglieder zusammen, so erhält man

$$(13) \qquad l_\omega = \int |d\omega| \geqq l_\zeta \cdot \left(1 + \frac{\Re\gamma}{\varrho^2} + \frac{B}{\varrho^{2+\kappa}}\right).$$

Nun gehöre Λ zu einem Endfeld. Wir dürfen o. B. d. A. annehmen, $z \to \zeta$ bilde das Endfeld auf eine obere Halbebene ab. Λ wird dann eine waagerechte Sehne des Kreises $|\zeta| = \varrho$; ζ_1 sei ihr linker und ζ_2 ihr rechter Endpunkt. Dann gilt

$$l_\omega \geqq \Re(\omega_2 - \omega_1) = \zeta_2 - \zeta_1 + \Re\gamma\left(\frac{1}{\zeta_2} - \frac{1}{\zeta_1}\right) + \Re\int_{\zeta_1}^{\zeta_2}\left\{\frac{d\omega}{d\zeta} - 1 + \frac{\gamma}{\zeta^2}\right\} d\zeta.$$

Wegen $\Im\zeta_1 = \Im\zeta_2$ ist aber $\zeta_2 - \zeta_1 = l_\zeta$ und

$$\frac{1}{\zeta_2} - \frac{1}{\zeta_1} = \frac{l_\zeta}{\varrho^2};$$

das Integral ganz rechts erstrecken wir über den Kreisbogen $|\zeta| = \varrho$ und benutzen (11) sowie die Tatsache, daß die Länge dieses Integrationsweges $\leqq \mathrm{const} \cdot l_\zeta$ ist. So erhalten wir

$$(13) \qquad l_\omega \geqq l_\zeta \cdot \left(1 + \frac{\Re\gamma}{\varrho^2} + \frac{B}{\varrho^{2+\kappa}}\right).$$

Diese Formel gilt also sowohl im Streifenfeld wie im Endfeld.

Aus (13) folgt

$$(14) \qquad \left(1 + \frac{\Re\gamma}{\varrho^2} + \frac{B}{\varrho^{2+\kappa}}\right)^2 l_\zeta \leqq \frac{l_\omega^2}{l_\zeta} \leqq \int_{z_1}^{z_2} \left|\frac{d\omega}{d\zeta}\right|^2 |d\zeta|,$$

letzteres nach der Schwarzschen Ungleichung

$$\left(\int \left|\frac{d\omega}{d\zeta}\right| |d\zeta|\right)^2 \leqq \int |d\zeta| \cdot \int \left|\frac{d\omega}{d\zeta}\right|^2 |d\zeta|.$$

Nun führen wir in jedem Feld einen Scharparameter η so ein, daß $|\eta_2-\eta_1|$ der (konstante) Abstand der zu den Parametern η_1 und η_2 gehörenden Linien $P(z)\,dz^2>0$ ist, und integrieren (14) nach η:

$$\left(1+\frac{\Re\gamma}{\varrho^2}+\frac{B}{\varrho^{2+\kappa}}\right)^2\int l_\zeta\,d\eta \leqq \int d\eta\int\left|\frac{d\omega}{d\zeta}\right|^2|d\zeta|.$$

Die Integrale können als Flächeninhalte in unserer Metrik gedeutet werden, wir schreiben kurz

$$(15)\qquad \left(1+\frac{\Re\gamma}{\varrho^2}+\frac{B}{\varrho^{2+\kappa}}\right)^2 F_\zeta \leqq F_\omega.$$

F_ζ und F_ω sind die Flächeninhalte der von C_ρ bzw. dem w-Bild von C_ρ begrenzten Teile von $\mathfrak{G}_K$ und $\mathfrak{G}$.

Nun wollen wir F_ω nach oben abschätzen. Bezeichnen wir mit F'_ζ bzw. F'_ω den in unserer Metrik gemessenen Flächeninhalt des von der Kurve C_ρ bzw. ihrem w-Bild eingeschlossenen Teils der Ebene, so ist

$$F_\zeta = F'_\zeta,\ F_\omega \leqq F'_\omega\,{}^1$$

und

$$F'_\omega - F'_\zeta = \tfrac{1}{2}\,\Im\int\limits_{C_\rho}(\omega-\zeta)\,\overline{d(\omega+\zeta)},$$

also

$$F_\omega \leqq F_\zeta + \tfrac{1}{2}\,\Im\int\limits_{C_\rho}(\omega-\zeta)\,\overline{d(\omega+\zeta)} = F_\zeta + \tfrac{1}{2}\,\Im\int\limits_{C_\rho}\left(\frac{\gamma}{\zeta}+\frac{B}{\varrho^{1+\kappa}}\right)\left(2-\overline{\left(\frac{\gamma}{\zeta^2}\right)}+\frac{B}{\varrho^{2+\kappa}}\right)\overline{d\zeta}$$

nach (10) und (11) oder

$$F_\omega \leqq F_\zeta + \Im\int\limits_{C_\rho}\frac{\gamma}{\zeta}\,\overline{d\zeta}+\frac{B}{\varrho^\kappa},$$

weil $\int\limits_{C_\rho}|d\zeta| = B\varrho$ ist. Nun ist bei Integration über einen Halbkreis $|\zeta| = \varrho$ der ζ-Ebene $\int\frac{\gamma}{\zeta}\,\overline{d\zeta} = 0$, und C_ρ unterscheidet sich von $k+1$ solchen Halbkreisen nur um einen Weg mit beschränktem $\int|d\zeta|$, folglich

$$F_\omega \leqq F_\zeta + \frac{B}{\varrho^\kappa}.$$

---

[1] Hier wird benutzt, daß die Funktion $w(s)$ schlicht abbildet.

Setzen wir diese Abschätzung in (15) ein, so erhalten wir

$$\left(1+\frac{\Re\gamma}{\varrho^2}+\frac{B}{\varrho^{2+\kappa}}\right)^2 F_\zeta \leqq F_\zeta+\frac{B}{\varrho^\kappa}. \tag{16}$$

Offenbar ist aber

$$F_\zeta=\frac{k+1}{2}\pi\varrho^2+B\varrho;$$

setzt man das in (16) ein, nachdem man auf beiden Seiten von (16) F_ζ abgezogen hat, so entsteht

$$(k+1)\pi\,\Re\gamma+\frac{B}{\varrho^\kappa}\leqq\frac{B}{\varrho^\kappa}, \tag{17}$$

und daraus folgt die Behauptung

$$\Re\gamma\leqq 0.$$

Um zu beweisen, daß $\Re\,\gamma=0$ nur im Falle $w=z$ möglich ist, brauchen wir eine einfache Verschärfung der Schwarzschen Ungleichung. $f(x)$ sei in $a\leqq x\leqq b$ stetig, es sei

$$a\leqq c<c+h<d<d+h\leqq b$$

und

$$\left.\begin{aligned} f(x)&\leqq m \text{ in } c\leqq x\leqq c+h\\ f(x)&\geqq M \text{ in } d\leqq x\leqq d+h\end{aligned}\right\}\; m<M. \tag{18}$$

Dann ist

$$(b-a)\int_a^b f(x)^2\,dx-\left(\int_a^b f(x)\,dx\right)^2=\tfrac{1}{2}\int_a^b\int_a^b\big(f(x)-f(y)\big)^2\,dx\,dy$$

$$>\tfrac{1}{2}\int_a^b dy\int_0^h\left\{(f(c+t)-f(y))^2+(f(d+t)-f(y))^2\right\}dt.$$

Aus (18) folgt aber

$$(f(c+t)-f(y))^2+(f(d+t)-f(y))^2\geqq\frac{(M-m)^2}{2}(0\leqq t\leqq h),$$

also

$$(b-a)\int_a^b f(x)^2\,dx-\left(\int_a^b f(x)\,dx\right)^2>\frac{(M-m)^2}{4}h(b-a)$$

oder

$$\int_a^b f(x)^2\,dx>\frac{1}{b-a}\left(\int_a^b f(x)\,dx\right)^2+\frac{(M-m)^2}{4}h. \tag{19}$$

Wenn nun $\left|\frac{d\omega}{d\zeta}\right|$ längs einer Linie $\Lambda : P(z)\,dz^2 > 0$ nicht konstant ist, dann gibt es auf ihr zwei Punkte P und Q derart, daß $\left|\frac{d\omega}{d\zeta}\right|$ in allen Punkten A mit $\overline{AP} < \frac{h}{\sqrt{2}}$ kleiner als m und in allen Punkten B mit $\overline{BQ} < \frac{h}{\sqrt{2}}$ größer als M ist, wo $m < M$. Wir dürfen auch annehmen, daß diese beiden Kreise nicht aus dem Feld, zu dem Λ gehört, heraustreten. Es gibt dann ein η-Intervall (η ist Scharparameter des Feldes) der Länge h, in dem die Voraussetzungen zur Anwendung von (19) erfüllt sind, so daß man in (14) auf der rechten Seite $\frac{(M-m)^2}{4}h$ abziehen darf. In (15) darf man dann rechts $\frac{(M-m)^2}{4}h^2$ abziehen; dasselbe gilt für (16) und (17). Es ist also

$$(k+1)\pi\,\Re\gamma < -\frac{(M-m)^2}{4}h^2.$$

Wenn umgekehrt $\Re\gamma = 0$ ist, dann muß $\left|\frac{d\omega}{d\zeta}\right|$ auf jeder Linie $\Im\zeta = \text{const}$ konstant sein, die Potentialfunktion $\log\left|\frac{d\omega}{d\zeta}\right|$ muß eine Funktion von $\Im\zeta$ allein sein:

$$\log\frac{d\omega}{d\zeta} = ai\zeta + b \quad (a \text{ reell}),$$

$$\frac{d\omega}{d\zeta} = e^{ai\zeta+b}.$$

Das verträgt sich mit (11) nur, wenn

$$\frac{d\omega}{d\zeta} = 1$$

ist; dann ist aber wegen (10) $\omega = \zeta$ und wegen

$$\omega = \zeta + \frac{d\zeta}{dz}(w-z) + \frac{1}{2}\frac{d^2\zeta}{dz^2}(w-z)^2 + \ldots$$

auch $w = z$.

Durch eine sehr rohe Konstantenzählung soll nun noch wahrscheinlich gemacht werden, daß die bewiesene Ungleichung das Koeffizientenproblem löst. Wenn man die Koeffizienten $\beta_{-1}, \beta_0, \ldots, \beta_{k-1}$ von $w(s)$ vorgibt, sind das $2k+2$ reelle

Konstanten; β_k wird dann im allgemeinen auf einen zweidimensionalen Bereich beschränkt sein, der einen eindimensionalen Rand hat. Man braucht also eine Extremalfunktion, in die $2k+3$ reelle Konstanten eingehen. Dies trifft für unser $z(s)$ aber zu. K enthalte r Kreuzungspunkte, K wird dann im allgemeinen $r+2$ freie Enden haben. Eins dieser Enden wird durch zwei Koordinaten bestimmt. $P(z)$ hängt von $2k$ Parametern ab, aber ein positiver konstanter Faktor bleibt frei, und damit K das gegebene Ende und r Kreuzungspunkte enthalten kann, müssen r Bedingungen erfüllt sein. Jetzt haben wir zusammen $2k-r+1$ freie Konstanten. Die $r+1$ anderen freien Enden liefern je eine Konstante; die letzte noch fehlende Konstante kommt daher, daß die Abbildung $\mathfrak{G}_K \leftrightarrow |s|>1$ nur bis auf eine Drehung der s-Ebene eindeutig bestimmt ist.

Vielleicht kann man nach einer Kontinuitätsmethode beweisen, daß es zu gegebenem a und gegebenen zulässigen $\alpha_{-1}, \ldots, \alpha_{k-1}$ stets ein $z(s)$ gibt; mehr als eins kann es nach unserem Beweis nicht geben. Allerdings wären diejenigen $\alpha_{-1}, \ldots, \alpha_{k-1}$, die zu einer schon für ein kleineres k extremalen Funktion gehören, im allgemeinen auszunehmen.

$\left(\frac{d\zeta}{dz}\right)^2$ ist ein Polynom in z; aber nach dem Spiegelungsprinzip schließt man leicht, daß auch

$$\left(\frac{d\zeta}{d\log s}\right)^2 = R(s)$$

eine rationale Funktion von s ist. $R(s)$ hat bei 0 und ∞ Pole $(k+1)$-ter Ordnung, läßt sich als Polynom in $s+\frac{1}{s}$ $\left(\text{oder als trigonometrisches Polynom in } \frac{1}{i}\log s\right)$ schreiben und ist auf $|s|=1$ nichtpositiv; die Nullstellen und ihre Vielfachkeiten sind leicht zu bestimmen. $z(s)$ genügt also der algebraischen Differentialgleichung

$$P(z)\,dz^2 = R(s)\frac{ds^2}{s^2} = d\zeta^2 .$$

Schließlich betrachten wir kurz das Koeffizientenproblem der schlichten regulären Funktionen

$$w = s + B_2 s^2 + B_3 s^3 + \ldots \qquad \text{in } |s| < 1 .$$

$Q(z)$ sei eine rationale Funktion von z, die bei $z=0$ einen Pol $(n+1)$-ter Ordnung hat $(n \geqq 2)$, sonst regulär ist und bei $z=\infty$ mindestens eine dreifache Nullstelle hat: $Q(z) = \frac{a}{z^{n+1}} + \cdots$. K sei ein $z=\infty$ enthaltendes, aus Bögen mit $Q(z)dz^2 > 0$ zusammengesetztes $z=0$ nicht enthaltendes Kontinuum; wenn $Q(z)$ bei ∞ nicht mindestens von vierter Ordnung verschwindet, ist $z = \infty$ ein Ende von K. $\mathfrak{G}_K$, das Komplementärgebiet, wird auf $|s| < 1$ abgebildet; es sei

$$z = s + A_2 s^2 + \cdots.$$

Aus der weiteren Voraussetzung

$$A_2 = B_2, \ldots, A_{n-1} = B_{n-1}$$

folgt dann

$$\Re a B_n \geqq \Re a A_n.$$

Man beweist das wohl am einfachsten, indem man die Behauptung durch die Transformation

$$s' = \frac{1}{\sqrt{s}}, \; z' = \frac{1}{\sqrt{z}}, \; w' = \frac{1}{\sqrt{w}}$$

auf den schon bewiesenen Satz über schlichte meromorphe Funktionen mit

$$k = 2n - 3$$

zurückführt.

Ausgegeben am 30. Juni 1939.

15.
Eine Verschärfung des Dreikreisesatzes

Deutsche Math. *4*, 16-22 (1939)

Der sog. Dreikreisesatz von Faber, Hadamard und Blumenthal lautet bekanntlich:

Die Funktion $f(z)$ sei auf dem Kreisring $1 \leq |z| \leq R$ eindeutig und regulär analytisch. Auf $|z|=1$ sei $|f(z)| \leq 1$, auf $|z|=R$ sei $|f(z)| \leq M$. Dann gilt im ganzen Kreisring

$$\log|f(z)| \leq \frac{\log M}{\log R} \log|z|.$$

Denn die Potentialfunktion

$$U(z) = \frac{\log M}{\log R} \log|z| - \log|f(z)|$$

ist in $1 < |z| < R$ regulär bis auf die Nullstellen von $f(z)$, wo sie positiv unendlich wird, und hat nichtnegative Randwerte, folglich ist sie nirgends negativ.

In dieser Abschätzung wird das Gleichheitszeichen nur erreicht, wenn identisch $U(z) = 0$ ist, also bei den Funktionen $f(z) = \varepsilon z^\alpha$, wo $|\varepsilon| = 1$ und $\alpha = \frac{\log M}{\log R}$ ist. Aber wenn das so bestimmte α keine ganze Zahl ist, ist die Extremalfunktion nicht in $1 < |z| < R$ eindeutig. Man hilft sich hier meist dadurch, daß man den Dreikreisesatz nicht nur für eindeutige Funktionen ausspricht, sondern für alle in $1 < |z| < R$ unbeschränkt analytisch fortsetzbaren Funktionen mit eindeutigem Betrag.

Damit schafft man jedoch die Frage nicht aus der Welt, welche eindeutige Funktion $f(z)$ unter unseren Voraussetzungen an einer bestimmten Stelle z einen möglichst großen Betrag $|f(z)|$ hat. Nach der elementaren Theorie der Normalfamilien gibt es stets dann, wenn $\alpha = \frac{\log M}{\log R}$ keine ganze Zahl ist, für $\log|f(z)|$ eine bessere Schranke als $\alpha \log|z|$, und diese bessere Schranke wird wirklich erreicht bei einer Funktion, die jedenfalls in $1 < |z| < R$ regulär ist und in der Nähe von $|z| = 1$ absolut $\leq 1 + \varepsilon$, in der Nähe von $|z| = R$ aber $\leq M + \varepsilon$ bleibt.

Als Student hielt ich die Frage nach dieser genauen Schranke für ein typisches mit den gewöhnlichen Mitteln der Funktionentheorie unangreifbares Problem. Ich freue mich, diese Ansicht berichtigen zu können: im folgenden sollen auf Grund der Formel von Jensen-Nevanlinna die Extremalfunktionen bestimmt werden. Sie haben auf $|z| = 1$ bzw. $|z| = R$ analytische Randwerte vom Betrag 1 bzw. M und im Innern des Kreisrings, falls $\frac{\log M}{\log R}$ nicht ganz ist, eine Nullstelle und sind dadurch im wesentlichen bestimmt.

Zusatz b. d. Korr.: Inzwischen ist eine Arbeit von F. Carlson, Sur le module maximum d'une fonction analytique uniforme (Note I), Arkiv för Matematik, Astronomi och Fysik 26 erschienen, in der eine schwächere Abschätzung in derselben Richtung bewiesen wird.

Im Kreisring $1 < |z| < R$ sei

$$z = r e^{i\varphi}, \quad 1 < r < R, \quad \varphi \bmod 2\pi.$$

Wir untersuchen zuerst die Greensche Funktion $g(z, \zeta)$ des Kreisrings.

Hilfssatz 1. Es sei $1<\varrho<R$. Dann hat $g(z,\varrho)=g(re^{i\varphi},\varrho)$ bei festem r als Funktion von φ sein Maximum auf der positiv reellen Achse (also $\varphi\equiv 0 \pmod{2\pi}$), sein Minimum auf der negativ reellen Achse (also $\varphi\equiv\pi \pmod{2\pi}$). Dasselbe gilt bei $r=1$, $r=R$ für die Ableitung g_n von g nach der inneren Normalen. Die Funktion

$$\gamma(\log r)=g(-r,\varrho)$$

ist eine konkave Funktion von $\log r$.

Beweis: Wegen

$$\frac{\partial}{\partial\log r}\frac{\partial g(z,\varrho)}{\partial\log r}=-\frac{\partial}{\partial\varphi}\frac{\partial g(z,\varrho)}{\partial\varphi},\quad \frac{\partial}{\partial\varphi}\frac{\partial g(z,\varrho)}{\partial\log r}=\frac{\partial}{\partial\log r}\frac{\partial g(z,\varrho)}{\partial\varphi}$$

ist

$$w=\frac{\partial g(z,\varrho)}{\partial\log r}-i\frac{\partial g(z,\varrho)}{\partial\varphi}$$

eine in $1\leq|z|\leq R$ analytische eindeutige Funktion, die bis auf den Pol erster Ordnung mit dem Residuum ϱ bei $z=\varrho$ regulär ist. Weil $g(z,\varrho)$ für $r=1$ und $r=R$ verschwindet und der Gleichung $g(z,\varrho)=g(\bar z,\varrho)$ genügt, hat w für $r=1$, für $r=R$ und auf der reellen Achse reelle Werte. Diese Eigenschaften kennzeichnen aber eine Funktion, die den oberen Halbkreisring $1<|z|<R$, $\Im z>0$ so auf die obere Halbebene $\Im w>0$ abbildet, daß $z=\varrho$ in $w=\infty$ übergeht. Unser $w=\frac{\partial g(z,\varrho)}{\partial\log r}-i\frac{\partial g(z,\varrho)}{\partial\varphi}$ nimmt demnach in dem oberen Halbkreisring nur Werte mit positivem Imaginärteil an, es ist

$$\frac{\partial g(z,\varrho)}{\partial\varphi}<0 \text{ für } 1<r<R,\ 0<\varphi<\pi;$$

$$\frac{\partial g(z,\varrho)}{\partial\varphi}>0 \text{ für } 1<r<R,\ \pi<\varphi<2\pi.$$

Hieraus ergibt sich die Behauptung über die Extremwerte von $g(z,\varrho)$ bei festem r. Weil die innere Normalableitung

$$g_n(e^{i\varphi},\varrho)=\lim_{h\to 0}\frac{g((1+h)e^{i\varphi},\varrho)}{h},\quad g_n(Re^{i\varphi},\varrho)=\lim_{h\to 0}\frac{g((R-h)e^{i\varphi},\varrho)}{h}$$

ist, erhalten wir daraus sofort durch Grenzübergang die Behauptung über die Extremwerte von g_n am Rande. Schließlich ist

$$\frac{\partial^2 g(z,\varrho)}{\partial\varphi^2}\geq 0 \text{ für } z=-r,$$

weil g dort bei festem r ein Minimum hat; nach der Potentialgleichung folgt

$$\frac{\partial^2 g(-r,\varrho)}{(\partial\log r)^2}\leq 0,$$

d. h. $\gamma(\log r)=g(-r,\varrho)$ ist eine konkave Funktion von $\log r$.

Für diese konkave Funktion brauchen wir später den

Hilfssatz 2. $\gamma(t)$ sei in $0\leq t\leq L$ konkav, und es gelte $\gamma(0)=\gamma(L)=0$. Es sei $0\leq t_\nu\leq L$ $(\nu=1,\ldots,n)$ und $\tau_0\geq 0$, $\tau_1\geq 0$. Dann ist

$$\tau_0\gamma'(0)-\tau_1\gamma'(L)+\sum_{\nu=1}^{n}\gamma(t_\nu)\geq\gamma(T),$$

wo T durch

$$0 \leq T < L, \quad T \equiv \tau_0 - \tau_1 + \sum_{\nu=1}^{n} t_\nu \pmod{L}$$

bestimmt ist.

Beweis: Wir betrachten erst den einfachsten Fall $\tau_0 = \tau_1 = 0$, $n = 2$. Es soll also $\gamma(t_1) + \gamma(t_2) \geq \gamma(T)$ bewiesen werden. — Ist $t_1 + t_2 < L$, dann ist $T = t_1 + t_2$, und man schließt $\gamma(t_1) + \gamma(t_2) \geq \gamma(0) + \gamma(t_1 + t_2) = \gamma(T)$ leicht aus der Konkavität von γ:

$$\gamma(t_1) \geq \frac{t_2}{t_1 + t_2}\gamma(0) + \frac{t_1}{t_1 + t_2}\gamma(t_1 + t_2)$$

$$\gamma(t_2) \geq \frac{t_1}{t_1 + t_2}\gamma(0) + \frac{t_2}{t_1 + t_2}\gamma(t_1 + t_2)$$

$$\overline{\gamma(t_1) + \gamma(t_2) \geq \gamma(0) \qquad + \gamma(t_1 + t_2).}$$

Ist aber $t_1 + t_2 \geq L$, dann ist $T = t_1 + t_2 - L$, und man schließt ganz entsprechend

$$\gamma(t_1) + \gamma(t_2) \geq \gamma(t_1 + t_2 - L) + \gamma(L) = \gamma(T).$$

Damit ist der Fall $n = 2$, $\tau_0 = \tau_1 = 0$ erledigt. Durch Induktion beweist man die Ungleichung jetzt für beliebiges n und $\tau_0 = \tau_1 = 0$. Aber hierauf kann man den allgemeinsten Fall zurückführen, denn es ist

$$\tau_0 \gamma'(0) = \lim_{k \to \infty} k \gamma\left(\frac{\tau_0}{k}\right),$$

$$-\tau_1 \gamma'(L) = \lim_{k \to \infty} k \gamma\left(L - \frac{\tau_1}{k}\right).$$

Nach diesen Vorbereitungen gehen wir an die Lösung des zu Anfang gestellten Problems. Es sei also $f(z)$ auf $1 \leq |z| \leq R$ eindeutig und regulär analytisch; auf $|z| = 1$ sei $|f(z)| \leq 1$, und auf $|z| = R$ sei $|f(z)| \leq M$. Ferner sei ϱ im Intervall $1 < \varrho < R$ gegeben, und es soll eine möglichst genaue nur von R, M und ϱ abhängige Schranke für $|f(\varrho)|$ gefunden werden.

(Wenn wir das Lebesguesche Integral sowie die Theorie der Randwerte beschränkter Funktionen voraussetzen wollten, ließen sich die Voraussetzungen folgendermaßen abschwächen: $f(z)$ sei in $1 < |z| < R$ eindeutig und regulär analytisch, und zu jedem $\varepsilon > 0$ gebe es ein $\delta > 0$ so, daß $|f(z)| \leq 1 + \varepsilon$ in $1 < |z| < 1 + \delta$ und $|f(z)| < M + \varepsilon$ in $R - \delta < |z| < R$. Auch dann lassen sich alle folgenden Schlüsse rechtfertigen. Aber das ist unnötig. Denn unter diesen allgemeineren Voraussetzungen wende man das Ergebnis der folgenden Untersuchungen auf einen Teilkreisring an und gehe zur Grenze über. Die gesuchte Schranke wird nämlich eine stetige Funktion von R, M und ϱ sein.)

Wir betrachten die Potentialfunktion

(1) $$U(z) = \frac{\log M}{\log R} \log|z| - \log|f(z)|.$$

Sie wird in einer λ-fachen Nullstelle von $f(z)$ positiv unendlich wie $\lambda \log \frac{1}{|z-a|}$ und ist im übrigen in $1 \leq |z| \leq R$ regulär; ihre Randwerte sind nichtnegativ. Sind $a_1, \ldots, a_n$ die Nullstellen von $f(z)$ im Innern des Kreisrings $1 < |z| < R$, jede mit der richtigen Vielfachheit, dann drückt die Formel von Jensen-Nevanlinna $U(z)$ durch die a_ν und die

Randwerte aus:

(2) $$U(\zeta)=\frac{1}{2\pi}\int_0^{2\pi} U(R e^{i\varphi}) g_n(R e^{i\varphi},\zeta) R\, d\varphi+\frac{1}{2\pi}\int_0^{2\pi} U(e^{i\varphi}) g_n(e^{i\varphi},\zeta)\, d\varphi+\sum_{\nu=1}^{n} g(a_\nu,\zeta).$$

Diese Formel gilt auch noch dann, wenn zufällig eine Nullstelle von $f(z)$ auf dem Rande liegen sollte.

Nun müssen wir die Voraussetzung der Eindeutigkeit von $f(z)$ ausnutzen. Wenn $U(z)$ irgendeine durch (2) dargestellte Potentialfunktion ist, wird durch (1) eine Funktion $|f(z)|$ definiert, die Betrag einer in $1<|z|<R$ im Kleinen eindeutigen analytischen Funktion ist. Die verschiedenen Zweige von $f(z)$ haben denselben absoluten Betrag, können sich also nur um eine multiplikative Konstante vom Betrag 1 unterscheiden. Die Voraussetzung, daß $f(z)$ eindeutig ist, besagt also genau, daß $\arg f(z)$ bei einmaligem Umlauf um $z=0$ auf einer geschlossenen Kurve, die durch kein a_ν geht, um ein Vielfaches von 2π zunimmt. Bei Integration über solch eine Kurve des Kreisrings soll also

(3) $$\oint d \arg f(z)=-\oint \frac{\partial \log|f(z)|}{\partial n}\, ds \equiv 0 \pmod{2\pi}$$

sein. Hier ist $ds=|dz|$ und $\frac{\partial}{\partial n}$ bedeutet Differentiation nach der nach links zeigenden Normalen. Jetzt ist die Bedingung der Eindeutigkeit von $f(z)$ in eine Bedingung für $|f(z)|$ übersetzt.

Offenbar ist

$$\oint \frac{\partial \log|z|}{\partial n}\, ds=-2\pi$$

bei Integration über eine $z=0$ einmal im positiven Sinne umlaufende Kurve. Setzt man also (1) in (3) ein, dann entsteht für $U(z)$ die zu (2) hinzutretende Nebenbedingung

(4) $$\oint \frac{\partial U(z)}{\partial n}\, ds \equiv -2\pi \frac{\log M}{\log R} \pmod{2\pi}.$$

Wir sollen also die $a_1,\ldots,a_n$ und die Randwerte $U(Re^{i\varphi})$, $U(e^{i\varphi})$ so bestimmen, daß $U(\varrho)$ in (2) unter der Nebenbedingung (4) möglichst klein wird. Die Lösung wird von ϱ nicht abhängen.

Zunächst setzen wir (2) in (4) ein, um (4) in eine Bedingung für $a_1,\ldots,a_n$, $U(Re^{i\varphi})$, $U(e^{i\varphi})$ zu verwandeln. — Ist allgemein eine Potentialfunktion $P(z)$ durch ihre Randwerte ausgedrückt:

(5) $$P(\zeta)=-\left[\frac{1}{2\pi}\int_0^{2\pi} P(r e^{i\varphi}) \frac{\partial g(re^{i\varphi},\zeta)}{\partial \log r}\, d\varphi\right]_{r=1}^{r=R},$$

dann ist bei Integration über eine beliebige geschlossene Kurve des Kreisrings, die $\zeta=0$ einmal in positivem Sinne umläuft,

(6) $$\oint \frac{\partial P(\zeta)}{\partial n}\, ds=\alpha \int_0^{2\pi} P(R e^{i\varphi})\, d\varphi+\beta \int_0^{2\pi} P(e^{i\varphi})\, d\varphi.$$

Denn das Integral links bleibt bei Verformung des Integrationsweges ungeändert, man darf etwa den Kreis $|\zeta|=\varrho$ betrachten. Setzt man jetzt (5) in $-\oint \frac{\partial P(\varrho e^{i\vartheta})}{\partial \varrho}\varrho\, d\vartheta$ ein, dann entsteht ein Ausdruck der Form (6) wegen der Rotationssymmetrie

$$g(z e^{i\psi}, \zeta e^{i\psi})=g(z,\zeta).$$

2*

Um die nur von R abhängigen Konstanten α und β zu bestimmen, setzen wir in (6) die speziellen Potentialfunktionen $P(z)=1$ und $P(z)=\log|z|$ ein:

$$0=\alpha\cdot 2\pi+\beta\cdot 2\pi,$$

$$-2\pi=\alpha\cdot 2\pi\log R+\beta\cdot 0.$$

Wir setzen diese Werte

$$\alpha=-\frac{1}{\log R},\quad \beta=\frac{1}{\log R}$$

in (6) ein:

$$\oint\frac{\partial P(\zeta)}{\partial n}ds=-\frac{1}{\log R}\cdot\int_0^{2\pi}P(Re^{i\varphi})\,d\varphi+\frac{1}{\log R}\cdot\int_0^{2\pi}P(e^{i\varphi})\,d\varphi. \tag{7}$$

Dies gilt also insbesondere auch für die in $1<|z|<R$ reguläre Potentialfunktion, die dieselben Randwerte wie $U(z)$ hat.

Nun ist noch $\oint\frac{\partial g(z,a)}{\partial n}ds$ zu berechnen. Hier ist der Integrationsweg nicht mehr so gleichgültig: er darf nicht über a hinweggezogen werden. — Wir drücken den Wert der speziellen Potentialfunktion $\log|z|$ an der Stelle a durch die Randwerte aus:

$$\log|a|=-\left[\frac{1}{2\pi}\int_0^{2\pi}\frac{\partial g(re^{i\varphi},a)}{\partial\log r}d\varphi\right]^{r=R}\cdot\log R.$$

Es folgt

$$\oint_{|z|=R}\frac{\partial g(z,a)}{\partial n}ds=2\pi\frac{\log|a|}{\log R}.$$

Allgemein ist

$$\oint\frac{\partial g(z,a)}{\partial n}ds=2\pi\frac{\log|a|}{\log R}+2(k-1)\pi,$$

wenn die Kurve 0 einmal, a aber k-mal in positivem Sinne umläuft. Wir brauchen das Integral aber nur mod 2π:

$$\oint\frac{\partial g(z,a)}{\partial n}ds\equiv 2\pi\frac{\log|a|}{\log R}\pmod{2\pi}. \tag{8}$$

Setzt man (7) und (8) in (4) ein, so entsteht

$$-\frac{1}{\log R}\cdot 2\pi\tau_1+\frac{1}{\log R}\cdot 2\pi\tau_0+\sum_{\nu=1}^{n}2\pi\frac{\log|a_\nu|}{\log R}\equiv-2\pi\frac{\log M}{\log R}\pmod{2\pi}$$

oder

$$\tau_0-\tau_1+\sum_{\nu=1}^{n}\log|a_\nu|\equiv-\log M\pmod{\log R}; \tag{9}$$

hier ist zur Abkürzung

$$\tau_0=\frac{1}{2\pi}\int_0^{2\pi}U(e^{i\varphi}),\quad \tau_1=\frac{1}{2\pi}\int_0^{2\pi}U(Re^{i\varphi})\,d\varphi \tag{10}$$

gesetzt.

Wir sollen $a_1, \ldots, a_n$ und die nichtnegativen Randwerte $U(R\,e^{i\varphi})$, $U(e^{i\varphi})$ unter der Nebenbedingung (9) so bestimmen, daß

$$U(\varrho) = \frac{1}{2\pi}\int_0^{2\pi} U(R\,e^{i\varphi})\, g_n(R\,e^{i\varphi}, \varrho)\, R\, d\varphi + \frac{1}{2\pi}\int_0^{2\pi} U(e^{i\varphi})\, g_n(e^{i\varphi}, \varrho)\, d\varphi + \sum_{\nu=1}^{n} g(a_\nu, \varrho)$$

möglichst klein wird. — Nach Hilfssatz 1 kann man rechts folgendermaßen abschätzen:

$$U(\varrho) \geq R\, g_n(-R, \varrho) \cdot \frac{1}{2\pi}\int_0^{2\pi} U(R\,e^{i\varphi})\, d\varphi + g_n(-1, \varrho) \cdot \frac{1}{2\pi}\int_0^{2\pi} U(e^{i\varphi})\, d\varphi + \sum_{\nu=1}^{n} g(-|a_\nu|, \varrho)$$

$$= -\tau_1 \gamma'(\log R) + \tau_0 \gamma'(0) + \sum_{\nu=1}^{n} \gamma(\log|a_\nu|),$$

worin wieder (10) und

$$\gamma(\log r) = g(-r, \varrho)$$

eingesetzt worden ist. Nach Hilfssatz 2 folgt weiter

$$U(\varrho) \geq \gamma(T) = g(-a, \varrho), \tag{11}$$

wo T durch

$$0 \leq T < \log R, \quad T \equiv \tau_0 - \tau_1 + \sum_{\nu=1}^{n} \log|a_\nu| \equiv -\log M \pmod{\log R}$$

bestimmt ist und

$$a = e^T$$

gesetzt ist. Man sieht leicht, daß in (11) das Gleichheitszeichen nur stehen kann, wenn

$$U(z) = g(z, -a)$$

mit dem eben bestimmten a gilt. Es soll also

$$\log a \equiv -\log M \pmod{\log R}$$

oder

$$a = \frac{R^m}{M} \tag{12}$$

sein, wobei m so zu bestimmen ist, daß $1 \leq a < R$ gilt:

$$m = -\left[-\frac{\log M}{\log R}\right]. \tag{13}$$

Gehen wir schließlich nach (1) von $U(z)$ auf $f(z)$ zurück, so erhalten wir:

$$\log|f(z)| \leq \frac{\log M}{\log R} \log|z| - g(-a, |z|), \tag{14}$$

wo a durch (12), (13) bestimmt ist. Sowie $\frac{\log M}{\log R}$ eine ganze Zahl wird, verschwindet $g(-a, \varrho)$, und man erhält nur die Abschätzung des Dreikreisesatzes. In allen anderen Fällen ist die genaue Abschätzung (14) besser.

Für welche Funktionen wird nun die Schranke (14) für ein reelles positives z erreicht? — Wir sahen schon, daß da

$$U(z) = g(z, -a),$$

also

$$\log|f(z)| = \frac{\log M}{\log R} \log|z| - g(z, -a)$$

für alle z des Kreisrings gelten muß. Die Extremalfunktion hat eine einfache Nullstelle bei $z=-a$ und hat auf $|z|=1$ Randwerte vom Betrag 1, auf $|z|=R$ Randwerte vom Betrag M. Durch Spiegelung setzt man $f(z)$ zu einer eindeutigen Funktion fort, die nur bei $z=0$ und $z=\infty$ wesentlich singuläre Stellen hat; ihre Nullstellen liegen bei $-R^{2k}a$, ihre Pole bei $-\frac{R^{2k}}{a}$; sie genügt der Funktionalgleichung $f(R^2 z)=M^2 f(z)$. $f(z)$ ist also eine elliptische Funktion zweiter Art von $\log z$.

Man kann die folgende allgemeinere Frage stellen: $f(z)$ sei in $1\leq|z|\leq R$ eindeutig und regulär analytisch; für die Randwerte seien Abschätzungen

$$\log f(e^{i\varphi})|\leq p_0(\varphi),\ \log|f(R\,e^{i\varphi})|\leq p_1(\varphi)$$

bekannt. Wie läßt sich $|f(\varrho\,e^{i\vartheta})|$ abschätzen?

Dieses Problem kann man leicht auf das schon gelöste zurückführen. Man setze

$$\frac{1}{2\pi}\int_0^{2\pi} p_1(\varphi)\,d\varphi-\frac{1}{2\pi}\int_0^{2\pi} p_0(\varphi)\,d\varphi=\log M \tag{15}$$

und bilde die im Kreisring reguläre Potentialfunktion $P(z)$ mit den Randwerten $p_0(\varphi)$ und $p_1(\varphi)-\log M$:

$$P(\zeta)=\frac{1}{2\pi}\int_0^{2\pi} g_n(e^{i\varphi},\zeta)\,p_0(\varphi)\,d\varphi+\frac{1}{2\pi}\int_0^{2\pi} g_n(R\,e^{i\varphi},\zeta)\,(p_1(\varphi)-\log M)\,R\,d\varphi.$$

Nach (7) gilt für diese Funktion bei Integration über eine geschlossene Kurve, die 0 einmal in positivem Sinne umläuft,

$$\oint\frac{\partial P}{\partial n}\,ds=0.$$

P ist deshalb der Realteil einer im Kreisring eindeutigen analytischen Funktion:

$$P(z)=\Re\,g(z)=\log|e^{g(z)}|.$$

Die Funktion $f(z)\,e^{-g(z)}$ hat jetzt auf $|z|=1$ bzw. $|z|=R$ Randwerte, deren Betrag ≤ 1 bzw. $\leq M$ ist, folglich

$$\log|f(z)\,e^{-g(z)}|\leq\frac{\log M}{\log R}\log|z|-g(|z|,-a)$$

oder nach leichter Umrechnung

$$\log|f(\zeta)|\leq\frac{1}{2\pi}\int_0^{2\pi} g_n(e^{i\varphi},\zeta)\,p_0(\varphi)\,d\varphi+\frac{1}{2\pi}\int_0^{2\pi} g_n(R\,e^{i\varphi},\zeta)\,p_1(\varphi)\,R\,d\varphi-g(|\zeta|,-a); \tag{16}$$

hier ist a durch (15), (13), (12) bestimmt.

16.
Über den Begriff des partiellen Differentialquotienten und die Operationen der Vektoranalysis

Deutsche Math. 4, 131-133 (1939)

O. Teichmüller (Berlin): Über den Begriff des partiellen Differentialquotienten und die Operationen der Vektoranalysis.

Man erklärt bekanntlich die Ableitung einer Funktion $f(x)$ an der Stelle x_0 durch

$$f'(x_0) = p = \lim_{x \to x_0} \frac{f(x) - f(x_0)}{x - x_0}.$$

Ersetzt man das Zeichen lim durch seine Bedeutung, so heißt das: $f'(x_0)$ ist diejenige (wenn vorhanden, eindeutig bestimmte) Zahl p, für die es zu jedem ε ein δ mit

$$\left| \frac{f(x) - f(x_0)}{x - x_0} - p \right| \leq \varepsilon \quad \text{für} \quad |x - x_0| \leq \delta$$

oder

$$|f(x) - f(x_0) - p(x - x_0)| \leq \varepsilon |x - x_0| \quad \text{für} \quad |x - x_0| \leq \delta$$

gibt. $f(x)$ soll also durch eine lineare Funktion approximiert werden:

$$f(x) = px + q + R(x) \quad \text{mit} \quad \frac{R(x)}{x - x_0} \to 0,$$

dann heißt der Koeffizient p von x Ableitung $f'(x_0)$.

Bei einer Funktion von zwei Veränderlichen $f(x, y)$ erklärte man bisher entsprechend

$$\left. \frac{\partial f}{\partial x} \right|_{\substack{x = x_0 \\ y = y_0}} = p = \lim_{x \to x_0} \frac{f(x, y_0) - f(x_0, y_0)}{x - x_0}$$

oder: $\left. \frac{\partial f}{\partial x} \right|_{\substack{x = x_0 \\ y = y_0}}$ ist diejenige Zahl p, für die es zu jedem ε ein δ mit

$$|f(x, y_0) - f(x_0, y_0) - p(x - x_0)| \leq \varepsilon |x - x_0| \quad \text{für} \quad |x - x_0| \leq \delta$$

gibt. Von der Vorstellung, (x, y) bedeute eine extensive Größe (Punkt, Vektor, ...), ausgehend, ändere ich diese Definition ab, indem auch das y veränderlich gemacht wird. $\left. \frac{\partial f}{\partial x} \right|_{\substack{x = x_0 \\ y = y_0}}$ soll die (wenn vorhanden, eindeutig bestimmte) Zahl p sein, für die es zu jedem ε ein δ mit

$$|f(x, y) - f(x_0, y) - p(x - x_0)|$$
$$\leq \varepsilon \sqrt{(x - x_0)^2 + (y - y_0)^2} \quad \text{für} \quad \sqrt{(x - x_0)^2 + (y - y_0)^2} \leq \delta$$

gibt. Gleichwertig sind folgende Formulierungen, in denen $\sqrt{(x - x_0)^2 + (y - y_0)^2} = r$ gesetzt ist:

$$f(x, y) = p(x - x_0) + f(x_0, y) + R(x, y) \quad \text{mit} \quad \frac{R(x, y)}{r} \to 0;$$

9*

oder: Zu jedem ε soll es ein δ und eine Funktion $\varphi(y)$ geben, so daß

$$|f(x, y) - p(x - x_0) - \varphi(y)| \leq \varepsilon r \quad \text{für} \quad r \leq \delta$$

gilt; oder: Zu jedem ε soll es ein δ mit

$$|f(x_1, y) - f(x_2, y) - p(x_1 - x_2)| \leq \varepsilon \operatorname{Max}(r_1, r_2) \quad \text{für} \quad r_1, r_2 \leq \delta$$

geben.

Wenn $\frac{\partial f}{\partial x}$ nach der neuen Definition existiert, dann auch nach der alten, aber nicht umgekehrt. $f(x, y)$ hat dann und nur dann ein totales Differential, wenn $\frac{\partial f}{\partial x}$ und $\frac{\partial f}{\partial y}$ nach der neuen Definition existieren. Es werden einige Eigenschaften des neuen Begriffs bewiesen, insbesondere daß $\frac{\partial}{\partial x}\frac{\partial f}{\partial y} = \frac{\partial}{\partial y}\frac{\partial f}{\partial x}$ jetzt ohne Ausnahme gilt, wenn beide Seiten existieren. Sind im einfach zusammenhängenden Gebiet u und v stetig und $\frac{\partial u(x, y)}{\partial y}$ und $\frac{\partial v(x, y)}{\partial x}$ überall vorhanden und gleich, so hängt $\int (u\,dx + v\,dy)$ nicht vom Wege ab.

Analog wird nun versucht, eine befriedigende Definition der vektoriellen Differentialoperationen zu erhalten. $\mathfrak{x} = \begin{pmatrix} x \\ y \\ z \end{pmatrix}$ sei der unabhängig veränderliche Ortsvektor, φ eine skalare und $\mathfrak{u} = \begin{pmatrix} u \\ v \\ w \end{pmatrix}$ eine vektorielle Funktion von $\mathfrak{x}$. $\operatorname{grad} \varphi|_{\mathfrak{x}=\mathfrak{x}_0}$ ist der Vektor $\mathfrak{a}$, für den es zu jedem ε ein δ mit

$$|\mathfrak{u}(\mathfrak{x}) - \mathfrak{u}(\mathfrak{x}_0) - \mathfrak{a} \cdot (\mathfrak{x} - \mathfrak{x}_0)| \leq \varepsilon |\mathfrak{x} - \mathfrak{x}_0| \quad \text{für} \quad |\mathfrak{x} - \mathfrak{x}_0| \leq \delta$$

gibt. Er existiert offenbar dann und nur dann, wenn φ ein totales Differential hat.

Durch $\operatorname{rot} \mathfrak{u}$ wird die Abweichung des Vektorfeldes $\mathfrak{u}$ von einem Potentialfeld $\operatorname{grad} \Phi$ gemessen. Wir definieren: $\operatorname{rot} \mathfrak{u}|_{\mathfrak{x}=\mathfrak{x}_0}$ sei der Vektor $\mathfrak{a}$, für den es zu jedem ε ein δ und eine stetig differenzierbare Funktion $\Phi(\mathfrak{x})$ mit

$$\left|\mathfrak{u}(\mathfrak{x}) - \frac{1}{2}\mathfrak{a} \times (\mathfrak{x} - \mathfrak{x}_0) - \operatorname{grad} \Phi\right| \leq \varepsilon |\mathfrak{x} - \mathfrak{x}_0| \quad \text{für} \quad |\mathfrak{x} - \mathfrak{x}_0| \leq \delta$$

gibt. Hierdurch ist $\mathfrak{a}$ eindeutig bestimmt; es gilt der Stokessche Satz; wenn $\mathfrak{u}$ ein totales Differential hat, ist $\operatorname{rot} \mathfrak{u} = \mathfrak{a} = \begin{pmatrix} w_y - v_z \\ u_z - w_x \\ v_x - u_y \end{pmatrix}$.

Entsprechend mißt $\operatorname{div} \mathfrak{u}$ die Abweichung des Feldes $\mathfrak{u}(\mathfrak{x})$ von einem Felde der Form $\operatorname{rot} \mathfrak{U}(\mathfrak{x})$: es sei $\operatorname{div} \mathfrak{u}|_{\mathfrak{x}=\mathfrak{x}_0} = \alpha$, wenn es zu jedem ε ein δ und ein Vektorfeld $\mathfrak{U}(\mathfrak{x})$, dessen Rotation existiert und stetig ist, mit

$$\left|\mathfrak{u}(\mathfrak{x}) - \frac{1}{3}\alpha (\mathfrak{x} - \mathfrak{x}_0) - \operatorname{rot} \mathfrak{U}(\mathfrak{x})\right| \leq \varepsilon |\mathfrak{x} - \mathfrak{x}_0| \quad \text{für} \quad |\mathfrak{x} - \mathfrak{x}_0| \leq \delta$$

gibt.

Genaueres hierüber soll später in der Abteilung „Forschung“ dieser Zeitschrift mitgeteilt werden.

Der Sinn dieser Einengungen und Verallgemeinerungen der Definitionen ist nicht, die Voraussetzungen gewisser Sätze möglichst einzuschränken. Oft ist eine Theorie nach skrupellosen Verallgemeinerungen nicht wiederzuerkennen und für Anfänger unverständlich. Die Beschäftigung mit den nur mathematisch bedeutsamen, in den Anwendungen kaum vorkommenden Grenzfällen kann aber auch dem Forscher zur Erkenntnis des wahren Kerns altbekannter Beziehungen verhelfen, diese Erkenntnis wird eine leichter verständliche Einführung in die Elemente nach sich ziehen, und hierdurch werden die Kräfte der nachfolgenden Generationen für wichtigere Aufgaben frei.

Der Gedanke, den Differentiationsgrenzprozeß nicht geradlinig, sondern allseitig zu vollziehen, ist in gewissem Sinne schon bei Klose (Deutsche Mathematik 1) zu finden und eigentlich auch schon im Stolzschen Begriff des totalen Differentials enthalten.

Wir sind mit solchen Untersuchungen noch längst nicht am Ende. Wodurch sind die Operationen grad, rot, div vor allen anderen ausgezeichnet? Eine Antwort gibt zwar die Tensoralgebra, die ist aber recht unbefriedigend. Überhaupt: wie kommt unter allen Operationen $\lim_{x \to x_0} L(x_0, f(x_0), x, f(x))$ gerade der spezielle Ausdruck $L(x_0, y_0, x, y) = \frac{y - y_0}{x - x_0}$ zu seiner überragenden Bedeutung?

Man könnte auch daran denken, von einer Funktion $f(x)$ auszugehen, diese durch eine Wahrscheinlichkeitsverteilung zu ersetzen, diese Wahrscheinlichkeitsverteilung wieder als nur wahrscheinlichste unter anderen aufzufassen usw. und schließlich einen Grenzübergang zu versuchen, um sich dem physikalischen Funktionsbegriff zu nähern. Dort werden natürlich andere Schlüsse als in der Analysis durchzuführen sein, die gleichwohl nie unlogisch sein werden. Und Endergebnis einer solchen Untersuchung ist vielleicht der Satz: Jede Funktion ist differenzierbar.

In der Diskussion wies Prof. Klose darauf hin, daß die neuen Definitionen nicht konstruktiv sind und durch eine Berechnungsvorschrift ergänzt werden müssen. Prof. Wegner schnitt die Frage nach Anwendungen auf partielle Differentialgleichungen an.

*

17.

Vermutungen und Sätze über die Wertverteilung gebrochener Funktionen endlicher Ordnung

Deutsche Math. *4*, 161–190 (1939)

Der erste und der zweite Hauptsatz der Wertverteilungslehre ergeben bekannte Ungleichungen für die Defekte und Verzweigungsindizes einer gebrochenen (d. h. in der punktierten z-Ebene meromorphen) Funktion. Diesen Ungleichungen lassen sich weitere hinzufügen, wenn man nur Funktionen einer gegebenen endlichen Ordnung μ betrachtet. So hat R. Nevanlinna [1]) gezeigt, wie bei nichtganzzahliger Ordnung die Summe von zwei Defekten wesentlich kleiner als 2 ist. Hier soll zunächst eine Vermutung aufgestellt und begründet werden, die es erlauben würde, bei gegebenen Defektverteilungen die Ordnung μ nach unten abzuschätzen.

Dann wird der Satz bewiesen, daß eine gebrochene Funktion der Ordnung $\mu < 1$, die auf einer durch $z = 0$ gehenden Geraden beschränkt ist, bei ∞ höchstens den Defekt $1 - \cos\frac{\pi\mu}{2}$ hat, während eine gebrochene Funktion der Ordnung $\mu < \frac{1}{2}$, die auf einem von $z = 0$ ausgehenden Strahl beschränkt ist, bei ∞ höchstens den Defekt $1 - \cos\pi\mu$ hat. Das sind Verschärfungen der Tatsache, daß solche Funktionen nach dem Satz von Phragmén und Lindelöf nicht ganz sein können, sondern Pole haben müssen. Die Schranken $1 - \cos\frac{\pi\mu}{2}$ bzw. $1 - \cos\pi\mu$ sind genau. Es wird noch klar werden, inwiefern dieser Satz die oben angedeutete Vermutung stützt.

Schließlich wird eine Klasse kanonischer Produkte, die mit dem Beweis des obigen Satzes in Zusammenhang stehen, ausführlich diskutiert; dabei ergeben sich Beispiele gebrochener Funktionen, die bei ∞ einen positiven Defekt haben, obwohl in der Riemannschen Fläche, auf welche die punktierte z-Ebene durch die Funktion abgebildet wird, über $w = \infty$ nur schlichte Blätter und eine indirekte Randstelle liegen. Ferner wird an einem Beispiel gezeigt, daß ein defekter Wert nicht Zielwert zu sein braucht. —

R. Nevanlinna vermutete, für jede gebrochene Funktion $f(z)$ sei jeder Wert mit positivem Defekt Zielwert. E. Ullrich [2]) hat vor längerer Zeit sogar die Vermutung ausgesprochen, im allgemeinen entsprächen die defekten Werte von $f(z)$ den direkten Randstellen der Riemannschen Fläche $\mathfrak{W}$, auf welche $w = f(z)$ die punktierte z-Ebene abbildet. Allerdings zeigt das Beispiel $f(z) = \int_0^z e^{e^\zeta}\, d\zeta$, daß bei Funktionen unendlicher Ordnung direkte Randstellen nicht nur über defekten Werten zu liegen brauchen; es gibt sogar ein Beispiel

[1]) R. Nevanlinna, Le théorème de Picard-Borel et la théorie des fonctions méromorphes. Paris 1929, S. 51.

[2]) E. Ullrich, Über die Ableitung einer meromorphen Funktion. S.-B. preuß. Akad. Wiss. 1929, S. 592—608.

mit endlicher Ordnung[3]). Immerhin könnte man meinen, ein Defekt könne nur durch eine direkte (oder wenigstens eine nicht indirekte) Randstelle hervorgerufen werden.

Nach dem Randstellensatz, einer unmittelbaren Verallgemeinerung des Zielwertsatzes von Denjoy-Carleman-Ahlfors, hat eine gebrochene Funktion, deren Riemannsche Fläche $\mathfrak{W}$ $n>1$ direkte Randstellen aufweist, mindestens die Ordnung $\frac{n}{2}$. Auf Grund der obigen Vermutung von Ullrich nahm ich an, eine Funktion mit $n>1$ defekten Werten habe auch mindestens die Ordnung $\frac{n}{2}$. Ein Beweis gelang mir nicht, aber das Mißlingen des Beweisversuches zeigte, in welcher Art die Vermutung abzuändern war. Tatsächlich sind ja längst gebrochene Funktionen bekannt, die bei 0 und ∞ positive Defekte haben und deren Ordnung kleiner als 1 ist[4]). Hier können also nicht über 0 und ∞ direkte Randstellen liegen. Wie schon erwähnt, wird am Schluß dieser Arbeit gezeigt, daß auch indirekte Randstellen oder algebraische Verzweigungen wachsender Ordnung zu Defekten Anlaß geben können.

Wir machen jetzt einen Ansatz, um bei gegebenen Defekten $\delta(a_k)=\liminf\limits_{r\to\infty}\dfrac{m\left(r,\frac{1}{f-a_k}\right)}{T(r,f)}$ an $q>1$ verschiedenen Stellen $a_1,\ldots,a_q$ die Ordnung μ der Funktion $f(z)$ nach unten abzuschätzen.

Wir umgeben $a_1,\ldots,a_q$ durch punktfremde Kreise $K_1,\ldots,K_q$; die gebrochene lineare Funktion $l_k(w)$ führe K_k in das Äußere des Einheitskreises und a_k in ∞ über. $\mathfrak{G}_k$ sei die Menge aller Punkte der z-Ebene, wo $f(z)$ in K_k liegt, d. h. wo $|l_k(f(z))|>1$ ist. $\mathfrak{G}_k$ besteht aus punktfremden analytisch berandeten Gebieten; die beschränkten Gebiete heißen Inseln, die unbeschränkten Zungen. Liegt p in $\mathfrak{G}_k$, so verstehen wir unter $g(z,p)$ die Greensche Funktion des p enthaltenden Teilgebiets von $\mathfrak{G}_k$, falls z in diesem liegt; liegt aber z in einem anderen Teilgebiet von $\mathfrak{G}_k$, so sei $g(z,p)=0$.

$\log|l_k(f(z))|$ ist in $\mathfrak{G}_k$ eine positive Potentialfunktion mit den Randwerten 0. Sind $p_1^{(k)}, p_2^{(k)},\ldots$ die a_k-Stellen von $f(z)$, also die Pole von $l_k(f(z))$, mehrfache mehrfach gezählt, so wird $\log|l_k(f(z))|$ in den $p_\nu^{(k)}$ logarithmisch unendlich, sonst verhält es sich regulär. Wir behaupten, daß $\sum\limits_\nu g(z,p_\nu^{(k)})$ konvergiert. Ist $\sum\limits_1^n g(z,p_\nu^{(k)})$ eine endliche Teilsumme, so ist $\log|l_k(f(z))|-\sum\limits_1^n g(z,p_\nu^{(k)})$ eine in dem Teil $|z|<R$ von $\mathfrak{G}_k$ bis auf einige übrig gebliebene $p_\nu^{(k)}$, wo sie positiv unendlich wird, reguläre Potentialfunktion, die auf dem Rande des Teils $|z|<R$ von $\mathfrak{G}_k$ teils (in $|z|<R$) die Randwerte 0, teils (auf $|z|=R$) Randwerte $\geq -\sum\limits_1^n g(Re^{i\varphi},p_\nu^{(k)})$ hat; weil sie ihr Minimum am Rande annimmt und $\operatorname*{Max}\limits_{|z|=R} g(z,p)$ bei festem p für $R\to\infty$ gegen 0 strebt, ist sie überall nichtnegativ:

$$\log|l_k(f(z))|\geq\sum_1^n g(z,p_\nu^{(k)}).$$

Hiernach konvergiert $\sum\limits_\nu g(z,p_\nu^{(k)})$ für jedes von den $p_\nu^{(k)}$ verschiedene z; nach dem Prinzip von Harnack konvergiert der Rest der Reihe auf $|z|\leq R$ gleichmäßig gegen 0.

---

[3]) Es steht in Zusammenhang mit Anm. 9.

[4]) R. Nevanlinna, Le théorème de Picard-Borel et la théorie des fonctions méromorphes. Paris 1929, S. 54.

Es ist also

(1) $$\log |l_k(f(z))| = \sum_\nu g(z, p_\nu^{(k)}) + U_k(z),$$

wo $U_k(z)$ in $\mathfrak{G}_k$ eine reguläre nichtnegative Potentialfunktion mit den Randwerten 0 ist. In den Inseln ist natürlich $U_k(z) = 0$.

Was die Wertverteilungsgrößen anbetrifft, ist

$$N\left(r, \frac{1}{f-a_k}\right) = N(r, l_k(f)) = \sum_\nu \overset{+}{\log} \frac{r}{|p_\nu^{(k)}|};$$

falls $p_\nu^{(k)} = 0$ sein sollte, ist hierin $\overset{+}{\log} \frac{r}{|p_\nu^{(k)}|}$ durch $\log r$ zu ersetzen. Verstehen wir ferner unter B eine für $r \to \infty$ beschränkte Größe, so ist

$$m\left(r, \frac{1}{f-a_k}\right) = m(r, l_k(f)) + B = \sum_\nu \frac{1}{2\pi} \int g(r e^{i\varphi}, p_\nu^{(k)})\, d\varphi + \frac{1}{2\pi} \int U_k(r e^{i\varphi})\, d\varphi + B$$

und

$$T(r, f) = N(r, l_k(f)) + m(r, l_k(f)) + B.$$

Ähnlich wie der Zielwertsatz zuerst von Denjoy für den Fall geradliniger Zielwege bewiesen wurde, wollen wir fürs erste so tun, als wären die $\mathfrak{G}_k$ lauter Winkelräume von der Form

(2) $$\beta_k < \arg z < \beta_k + \alpha_k \qquad \left(\sum_1^q \alpha_k \leq 2\pi\right).$$

Obwohl das nur in Sonderfällen zutrifft, werden wir hoffen, daß die erhaltenen Abschätzungen auch im Falle anders berandeter $\mathfrak{G}_k$ gültig bleiben, ähnlich wie es sich beim Zielwertsatze verhielt.

Unter dieser vereinfachenden und schematisierenden Annahme dachte ich mir einen Beweis der falschen Vermutung, eine Funktion mit q positiven Defekten $\delta(a_1) > 0, \ldots, \delta(a_q) > 0$ hätte mindestens die Ordnung $\frac{q}{2}$, etwa folgendermaßen: Wenn ein $U_k(z)$ positiv ist, dann hat $f(z)$ nach dem Satz von Phragmén und Lindelöf mindestens die Ordnung $\frac{\pi}{\alpha_k}$. Aus $\sum_1^q \alpha_k \leq 2\pi$ folgt aber, daß mindestens ein $\alpha_k \leq \frac{2\pi}{q}$ sein muß; ist außerdem die Ordnung $\mu < \frac{q}{2}$, so ist für dies k bestimmt $\mu < \frac{\pi}{\alpha_k}$ und folglich $U_k(z) = 0$. Nun brauchte man „nur" noch

(3) $$\liminf_{r\to\infty} \frac{\sum_\nu \frac{1}{2\pi} \int g(r e^{i\varphi}, p_\nu^{(k)})\, d\varphi}{N(r, l_k(f))} \overset{?}{=} 0$$

unter der Voraussetzung, daß $N(r, l_k(f))$ höchstens die Ordnung $\mu < \frac{\pi}{\alpha_k}$ hat, zu zeigen, um

$$\delta(a_k) = \liminf_{r\to\infty} \frac{m(r, l_k(f))}{m(r, l_k(f)) + N(r, l_k(f))} \overset{?}{=} 0$$

zu beweisen; dann hätte man das Ergebnis, daß bei einer Ordnung $\mu < \frac{q}{2}$ nicht q Defekte $\delta(a_1), \ldots, \delta(a_q)$ positiv sein könnten.

Die Beziehung (3) brauchte man wieder nur für den Fall $\alpha_k = \pi$ zu beweisen, weil ein einfacher Übergang $z \to z^{\text{const}}$ sie dann allgemein liefern würde. Gerade im Falle $\alpha_k = \pi$ erwies sie sich aber schon als falsch, und zwar nicht etwa in komplizierten Ausnahmefällen, sondern gerade in den einfachsten typischen Fällen. Tatsächlich handelte es sich ja auch um eine falsche Vermutung.

Dagegen zeigte es sich, und das wird unten bewiesen werden, daß die untere Grenze in (3) bei gegebener Ordnung $\mu < \frac{\pi}{\alpha_k}$ nicht beliebig groß sein kann; vielmehr ist sie höchstens gleich $\frac{1}{\cos\frac{\alpha_k\mu}{2}} - 1$. (Diese Schranke ist 0 für $\mu = 0$ und wächst für $\mu \to \frac{\pi}{\alpha_k}$ ins Unendliche.)

Setzen wir wieder der Einfachheit halber $\alpha_k = \pi$ und nehmen wir für $\mathfrak{G}_k$ die rechte Halbebene, so bedeutet das:

Ist $p_1, p_2, \ldots$ eine Folge mit $\Re p_\nu > 0$ und $p_\nu \to \infty$ und bedeutet $g(z, p)$ die Greensche Funktion der rechten Halbebene und hat $\sum_\nu \overset{+}{\log} \frac{r}{|p_\nu|}$ höchstens die Ordnung $\mu < 1$, so ist

$$\liminf_{r\to\infty} \frac{\frac{1}{2\pi}\sum_\nu \int_{-\frac{\pi}{2}}^{+\frac{\pi}{2}} g(r e^{i\varphi}, p_\nu)\, d\varphi}{\sum_\nu \overset{+}{\log} \frac{r}{|p_\nu|}} \leq \frac{1}{\cos\frac{\pi\mu}{2}} - 1 .$$

Diese Ungleichung wird sich unten aus dem Beweis des in der Einleitung genannten Satzes ergeben.

Für unsere gebrochene Funktion $f(z)$ ergibt sich jetzt unter der Annahme, die $\mathfrak{G}_k$ seien Winkel (2), in jedem $\mathfrak{G}_k$ die Alternative: entweder ist in (1) $U_k(z) > 0$, dann ist $\mu \geq \frac{\pi}{\alpha_k}$; oder es ist $U_k(z) = 0$, dann ist, falls $\mu < \frac{\pi}{\alpha_k}$ sein sollte, wenigstens

$$\liminf_{r\to\infty} \frac{m(r, l_k(f))}{N(r, l_k(f))} \leq \frac{1}{\cos\frac{\alpha_k\mu}{2}} - 1$$

oder

$$\delta(a_k) = \liminf_{r\to\infty} \frac{m(r, l_k(f))}{T(r, l_k(f))} = \liminf_{r\to\infty} \frac{\frac{m(r, l_k(f))}{N(r, l_k(f))}}{1 + \frac{m(r, l_k(f))}{N(r, l_k(f))}} \leq 1 - \cos\frac{\alpha_k\mu}{2}$$

oder schließlich

$$\frac{\alpha_k\mu}{2} \geq \arccos(1 - \delta(a_k)) ; \tag{4}$$

hier ist für den arc cos der zwischen 0 und $\frac{\pi}{2}$ liegende Hauptwert zu nehmen. Aus der Ungleichung $\frac{\alpha_k\mu}{2} \geq \frac{\pi}{2}$, die im Falle $U_k(z) > 0$ gilt, folgt aber auch (4); das gilt also allgemein. Wir summieren von $k = 1$ bis q und beachten $\Sigma\,\alpha_k \leq 2\pi$:

$$\mu \geq \frac{1}{\pi} \sum_{k=1}^{q} \arccos(1 - \delta(a_k)) . \tag{5}$$

Diese Ungleichung ist nur bewiesen, wenn die $\mathfrak{G}_k$ Winkelräume (2) sind; sie gilt erst recht, wenn die $\mathfrak{G}_k$ in solchen einander nicht überdeckenden Winkelräumen enthalten sind. Aber das kommt nur in wenigen Ausnahmefällen vor. Ich *vermute*, daß (5) für jede gebrochene Funktion gilt, mit der Einschränkung, daß die Komplementärmenge keines $\mathfrak{G}_k$ ganz aus Inseln bestehen darf, wenn nur die K_k hinreichend klein sind. Gleichbedeutend ist die Voraussetzung, daß es in der z-Ebene einen ins Unendliche ziehenden Weg gibt, auf dem $f(z)$ keinem a_k beliebig nahe kommt[5]).

Nach R. Nevanlinnas Defektrelation ist für eine gebrochene Funktion mit unendlich vielen Defekten $\sum \delta(a_k)$ konvergent; aus unserer Vermutung würde folgen, daß bei Funktionen endlicher Ordnung sogar $\sum \sqrt{\delta(a_k)}$ bei Summation über alle a_k, zu denen es eine stetige Kurve $z(t)$ $(0 \leq t < \infty)$ mit $\lim_{t\to\infty} z(t) = \infty$ und $\liminf_{t\to\infty} |f(z(t)) - a_k| > 0$ gibt, konvergierte.

Hat die Riemannsche Fläche n direkte Randstellen über a_k, so kann man in (5) den Summanden $\frac{1}{\pi} \arccos(1 - \delta(a_k))$ vermutlich durch $\frac{n}{2}$ ersetzen.

Aus der Konkavität des arc cos folgt leicht[6]), daß

$$\frac{1}{\pi} \sum_{k=1}^{q} \arccos(1 - \delta(a_k)) \geq \frac{1}{2}[\Delta] + \frac{1}{\pi} \arccos(1 - \Delta + [\Delta])$$

gilt; hier ist $\Delta = \sum_{k=1}^{q} \delta(a_k)$ und $[\Delta]$ die ganze Zahl mit $[\Delta] \leq \Delta < [\Delta] + 1$. Ist also Δ die Summe der Defekte aller Werte, denen $f(z)$ nicht auf jedem ins Unendliche ziehenden Weg beliebig nahe kommt, so folgt aus unserer Vermutung

$$\text{für } 0 \leq \Delta \leq 1: \quad \mu \geq \frac{1}{\pi} \arccos(1 - \Delta);$$

$$\text{für } 1 \leq \Delta \leq 2: \quad \mu \geq \frac{1}{2} + \frac{1}{\pi} \arccos(2 - \Delta).$$

Es wäre also

$$\text{für } 0 \leq \mu \leq \frac{1}{2}: \quad \Delta \leq 1 - \cos \pi\mu;$$

$$\text{für } \frac{1}{2} \leq \mu \leq 1: \quad \Delta \leq 2 - \sin \pi\mu.$$

Endlich soll kurz gezeigt werden, wie unsere Vermutung sich in allgemeinere Gedankengänge einordnet; denn von diesen aus bin ich erst zu den Fragestellungen der vorliegenden Arbeit gekommen.

Für eine gebrochene Funktion $w = f(z)$ sei $\mathring{t}(r, f)$ der durch π geteilte Flächeninhalt des Bildes von $|z| \leq r$ auf der w-Kugel vom Durchmesser 1, und es sei

$$\mathring{m}(r, f) = \frac{1}{2\pi} \int_0^{2\pi} \log \sqrt{1 + |f(r e^{i\varphi})|^2}\, d\varphi.$$

Dann ist

$$\mathring{T}(r, f) = \int_0^r \mathring{t}(\varrho, f) \frac{d\varrho}{\varrho} = N(r, f) + \mathring{m}(r, f) + \text{const}, \tag{6}$$

[5]) Der Sinn dieser Einschränkung ergibt sich aus E. Ullrich, Flächenbau und Wachstumsordnung bei gebrochenen Funktionen. Jber. dtsch. Math.-Ver. 46 (1936), S. 232—274.

[6]) Man wende z. B. auf die konkave Funktion $\arccos(1 - x) - \frac{\pi}{2} x$ den Hilfssatz 2 von O. Teichmüller, Eine Verschärfung des Dreikreisesatzes. Deutsche Mathematik 4 (1939), S. 16—22 an.

und $\mathring{T}$, $\mathring{m}$ unterscheiden sich von T, m nur um ein beschränktes Zusatzglied. Ferner gilt

(7) $$N(r, f') - N\left(r, \frac{1}{f'}\right) = \frac{1}{2\pi}\int_0^{2\pi} \log \frac{1}{|f'(r e^{i\varphi})|} d\varphi + \text{const}.$$

Wenn man (6) mit 2 multipliziert und (7) addiert, erhält man

(8) $$2\mathring{T}(r, f) - N_1(r) = \frac{1}{2\pi}\int_0^{2\pi} \log \frac{1 + |f(r e^{i\varphi})|^2}{|f'(r e^{i\varphi})|} d\varphi + \text{const}.$$

Hier ist $N_1(r) = N\left(r, \frac{1}{f'}\right) + 2N(r, f) - N(r, f')$ die bekannte Kreuzungsfunktion. Rechts ist $\frac{|f'|}{1 + |f|^2}$ das lineare Vergrößerungsverhältnis beim Übergang von der z-Ebene auf die w-Kugel.

Man kann (8) auch anders beweisen: Aus dem Flächenstück, das über der w-Kugel als Bild von $|z| \leq r$ entsteht, entferne man die Windungspunkte durch klein werdende Kreise, verbinde jeden dieser Kreise mit dem Rand und wende auf das entstehende einfach zusammenhängende Restgebiet die Gauß-Bonnetsche Integralformel an. Die Gaußsche Krümmung ist konstant $= 4$, der von den kleinen Kreisen und den Hilfslinien herrührende Anteil des Integrals der geodätischen Krümmung läßt sich leicht angeben, und nach einiger Rechnung entsteht

$$4\pi \mathring{t}(r, f) = 2\pi + 2\pi n_1(r) - \int_0^{2\pi} \frac{\partial \log \frac{r|f'|}{1+|f|^2}}{\partial \log r} d\varphi.$$

Ganz rechts tritt die geodätische Krümmung des Bildes von $|z| = r$ auf der w-Kugel auf; es ist $n_1(r) = \frac{d N_1(r)}{d \log r}$. An den Sprungstellen von $n_1(r)$ hat man $n_1(r)$ durch $\lim\limits_{h\to 0} \frac{n_1(r+h) + n_1(r-h)}{2}$ zu ersetzen. Durch Integration erhält man (8).

Der Integrand rechts in (8) ist gegen Kugeldrehungen invariant. Wenn man nur über die $z = r e^{i\varphi}$ integriert, wo $w = f(z)$ in einer offenen ∞ enthaltenen Menge $\mathfrak{O}$ der Kugel liegt, dann ist nach dem Hilfssatz über die logarithmische Ableitung

$$\frac{1}{2\pi}\int_{w \text{ in } \mathfrak{O}} \log \frac{1+|f|^2}{|f'|} \geq 2m(r, f) - m(r, f') - \text{const} \geq m(r, f) - \text{Restglied};$$

das Restglied läßt sich in bekannter Weise abschätzen. Wir nehmen gleich an, f habe endliche Ordnung; dann ist für $r \to \infty$

$$\frac{1}{2\pi}\int_{w \text{ in } \mathfrak{O}} \log \frac{1+|f|^2}{|f'|} \geq m(r, f) - \text{const} \cdot \log r \geq -\text{const} \cdot \log r.$$

Man setze nun für jede offene Menge $\mathfrak{O}$ der Kugel

$$\bar{\delta}(\mathfrak{O}) = \liminf_{r\to\infty} \frac{1}{T(r, f)} \cdot \frac{1}{2\pi}\int_{w \text{ in } \mathfrak{O}} \log \frac{1+|f|^2}{|f'|} d\varphi;$$

für fremde Mengen $\mathfrak{O}$, $\mathfrak{O}'$ gilt dann

$$\bar{\delta}(\mathfrak{O} + \mathfrak{O}') \geq \bar{\delta}(\mathfrak{O}) + \bar{\delta}(\mathfrak{O}'),$$

und für jeden Punkt a von $\mathfrak{O}$ ist, falls f nicht rational ist,

$$\bar{\delta}(\mathfrak{O}) \geq \delta(a) \geq 0.$$

Für abgeschlossene Mengen $\mathfrak{A}$ (z. B. für Punkte) setze man dagegen

$$\bar{\delta}(\mathfrak{A}) = \liminf_{\mathfrak{A} \subset \mathfrak{D}} \bar{\delta}(\mathfrak{D}).$$

Dann gilt auch

$$\bar{\delta}(a) \geq \delta(a) \geq 0$$

und

$$\sum \bar{\delta}(a_k) + \varepsilon \leq 2$$

mit $\varepsilon = \liminf_{r \to \infty} \frac{N_1(r)}{T(r, f)}$.

Dies ist eine leichte Verallgemeinerung der Defektrelation [7]). Es ist zu beachten, daß nur $0 \leq \bar{\delta}(a) \leq 2$, nicht aber $\bar{\delta} \leq 1$ bewiesen ist.

Unter diesem Gesichtswinkel erscheint der kugelsymmetrisch bewiesene zweite Hauptsatz fast selbstverständlich; was uns dagegen in Erstaunen setzen muß, das ist die Beobachtung, daß bei so vielen wichtigen Funktionen der Analysis die subadditive Mengenfunktion $\bar{\delta}(\mathfrak{A})$ durchaus keine Stetigkeitseigenschaften zeigen will, sondern in einzelnen Punkten einen endlichen Wert hat und daneben in ganzen Bereichen verschwindet. Es könnte doch sein, daß für Funktionen der endlichen Ordnung μ eine Ungleichung

$$\mu \overset{?}{\geq} \sum_{k=1}^{q} f(\bar{\delta}(\mathfrak{D}_k)), \qquad f(\Delta) = \begin{cases} \frac{1}{\pi} \arccos(1-\Delta) & \text{für } 0 \leq \Delta \leq 1 \\ \frac{1}{2} + \frac{1}{\pi} \arccos(2-\Delta) & \text{für } 1 \leq \Delta \leq 2 \end{cases}$$

oder so ähnlich für fremde Gebiete $\mathfrak{D}_k$ der Kugel bestünde, wo wieder vorauszusetzen wäre, daß über der Komplementärmenge eines $\mathfrak{D}_k$ auf der Riemannschen Fläche nicht nur Inseln liegen dürfen. Eine solche Ungleichung würde nach sich ziehen, daß z. B. bei einer Funktion endlicher Ordnung unter gewissen Voraussetzungen über die Riemannsche Fläche nie $\bar{\delta}(\mathfrak{D})$ das Integral einer totalstetigen Funktion über $\mathfrak{D}$ sein kann. Man begänne damit die auffallende Unstetigkeit des $\bar{\delta}(\mathfrak{A})$ zu verstehen und würde sich auch der Umkehrung des zweiten Hauptsatzes nähern.

$f(z)$ sei eine gebrochene Funktion der Ordnung $\mu < 1$; auf der imaginären Achse sei $|f(z)| \leq 1$.

Wir behaupten: $f(z)$ hat bei $w = \infty$ höchstens den Defekt $1 - \cos\frac{\pi\mu}{2}$.

Beweis: Die Charakteristik ist

$$T(r, f) \equiv m(r, f) + N(r, f) \equiv \frac{1}{2\pi}\int_0^{2\pi} \overset{+}{\log} |f(re^{i\varphi})|\, d\varphi + \int_0^r n(\varrho, f)\frac{d\varrho}{\varrho}, \tag{9}$$

wo $n(\varrho, f)$ die Anzahl der Pole von $f(z)$ in $|z| \leq \varrho$ ist. Zunächst beschäftigen wir uns mit dem Anteil, den die rechte Halbebene zu $T(r, f)$ liefert. Es sei

$$m(r) = \frac{1}{2\pi}\int_{-\frac{\pi}{2}}^{+\frac{\pi}{2}} \overset{+}{\log} |f(re^{i\varphi})|\, d\varphi; \tag{10}$$

$$N(r) = \int_0^r n(\varrho)\frac{d\varrho}{\varrho} = \sum_{\Re p_\nu > 0} \overset{+}{\log} \frac{r}{|p_\nu|}; \tag{11}$$

[7]) Diese Rechnungen führte ich durch, als in Göttingen bekannt geworden war, Ahlfors habe den zweiten Hauptsatz mit Hilfe der Gauß-Bonnetschen Integralformel bewiesen. L. Ahlfors, Über die Anwendung differentialgeometrischer Methoden zur Untersuchung von Überlagerungsflächen. Acta Soc. Sci. fenn. N. S. 2.

hier bedeuten $p_1, p_2, \ldots$ die Pole von $f(z)$ in $\Re z > 0$, mehrfache mehrfach gezählt, und $n(\varrho)$ deren Anzahl in $|z| \le \varrho$. Wir wählen eine feste Zahl λ mit

$$0 \le \mu < \lambda < 1;$$

weil $T(r, f)$ nach Voraussetzung die Wachstumsordnung μ hat, ist

$$\lim_{r\to\infty} \frac{m(r)}{r} = 0 \tag{12}$$

und

$$\int_0^\infty \frac{N(r)}{r^\lambda} \frac{dr}{r} < \infty. \tag{13}$$

Wir werden jetzt eine Zeit lang keine anderen Eigenschaften von $f(z)$ benutzen, als daß es in der rechten Halbebene bis auf Pole regulär ist, daß es zu jedem Punkt iy der imaginären Achse und zu jedem $\varepsilon > 0$ ein solches $\varrho > 0$ gibt, daß in $\Re z > 0$, $|z - iy| < \varrho$ stets $|f(z)| < 1 + \varepsilon$ gilt, sowie daß für ein gegebenes λ mit $0 < \lambda < 1$ mit den Bezeichnungen (10), (11) die Beziehungen (12), (13) gelten. Bekanntlich konvergieren

$$\int_0^\infty \frac{N(r)}{r^\lambda} \frac{dr}{r}, \quad \int_0^\infty \frac{n(r)}{r^\lambda} \frac{dr}{r}, \quad \sum_\nu \frac{1}{|p_\nu|^\lambda} \tag{14}$$

gleichzeitig, und es gilt

$$\int_0^\infty \frac{N(r)}{r^\lambda} \frac{dr}{r} = \frac{1}{\lambda} \int_0^\infty \frac{n(r)}{r^\lambda} \frac{dr}{r} = \frac{1}{\lambda^2} \sum_\nu \frac{1}{|p_\nu|^\lambda}.$$

Die Greensche Funktion der rechten Halbebene mit dem Aufpunkt p ($\Re p > 0$) ist

$$g(z, p) = \log \left| \frac{z + \bar{p}}{z - p} \right|.$$

Bei Summation über alle Pole p_ν von $f(z)$ in $\Re z > 0$ konvergiert

$$\sum_\nu g(z, p_\nu)$$

auf jedem Halbkreis $\Re z \ge 0$, $|z| \le R$ gleichmäßig (d. h. der Rest strebt gleichmäßig gegen 0); denn für fast alle p_ν gilt

$$|p_\nu| \ge 2R, \quad \log \left| \frac{z + \bar{p}_\nu}{z - p_\nu} \right| \le \log \frac{|p_\nu| + R}{|p_\nu| - R} < \frac{2R}{|p_\nu| - R} \le \frac{4R}{|p_\nu|},$$

und $\sum \frac{1}{|p_\nu|}$ konvergiert.

$$U(z) = \log |f(z)| - \sum_\nu g(z, p_\nu)$$

ist jetzt eine Potentialfunktion mit nichtpositiven Randwerten auf $\Re z = 0$, die in den Nullstellen von $f(z)$ negativ unendlich wird und sich sonst regulär verhält. Wäre $U(z)$ an irgendeiner Stelle positiv, so müßte nach einem bekannten Schluß von Phragmén-Lindelöf-Nevanlinna

$$\liminf_{r\to\infty} \frac{1}{r} \int_{-\frac{\pi}{2}}^{+\frac{\pi}{2}} \overset{+}{U}(r e^{i\varphi}) \cos\varphi \, d\varphi > 0$$

sein, wo

$$\overset{+}{U} = \text{Max}\,\{U, 0\} \leq \overset{+}{\log}\,|f|;$$

das widerspräche aber (12). Folglich ist überall $U \leq 0$ und

$$\log|f(z)| \leq \sum_{\nu} g(z, p_\nu). \tag{15}$$

Hieraus folgt

$$m(r) = \frac{1}{2\pi}\int_{-\frac{\pi}{2}}^{+\frac{\pi}{2}} \overset{+}{\log}\,|f(r e^{i\varphi})|\, d\varphi \leq \sum_{\nu} \frac{1}{2\pi}\int_{-\frac{\pi}{2}}^{+\frac{\pi}{2}} g(r e^{i\varphi}, p_\nu)\, d\varphi. \tag{16}$$

Wir betrachten den einzelnen Summanden

$$\mathfrak{J}(r) = \frac{1}{2\pi}\int_{-\frac{\pi}{2}}^{+\frac{\pi}{2}} g(r e^{i\varphi}, p)\, d\varphi$$

mit festem p. In

$$\frac{d\mathfrak{J}(r)}{d\log r} = \frac{1}{2\pi}\int_{-\frac{\pi}{2}}^{+\frac{\pi}{2}} \frac{\partial g(r e^{i\varphi}, p)}{\partial r}\, r\, d\varphi = \frac{1}{2\pi}\int_{z=-ir}^{z=+ir} \frac{\partial g}{\partial n}\, ds$$

darf man den Integrationsweg beliebig verformen, wenn man ihn nur über keine Singularität hinwegzieht. — Für $r < |p|$ dürfen wir $\frac{1}{2\pi}\int \frac{\partial g}{\partial n}\, ds$ statt über den Halbkreis $|z| = r$ auch längs der imaginären Achse von $-ir$ bis $+ir$ integrieren: $\frac{d\mathfrak{J}(r)}{d\log r}$ ist demnach das harmonische Maß der Strecke $z = -ir \cdots + ir$ im Aufpunkt p, gemessen in $\mathfrak{R}z > 0$, also $\frac{1}{\pi} \cdot \sphericalangle(ir, p, -ir)$. Bei festem r und festem $|p| > r$ ist der Winkel, unter dem die Strecke $-ir \cdots ir$ von p aus erscheint, möglichst groß, wenn p auf der reellen Achse liegt: da ist er $2 \operatorname{arc\,tg} \frac{r}{|p|}$. Also

$$\frac{d\mathfrak{J}(r)}{d\log r} \leq \frac{2}{\pi} \operatorname{arc\,tg} \frac{r}{|p|}, \quad r < |p|. \tag{17}$$

Gleichheit gilt genau für reelles p. — Für $r > |p|$ verschieben wir den Integrationsweg dagegen auf die imaginäre Achse von $-ir$ nach $-i\infty$ und weiter von $+i\infty$ bis $+ir$: $\frac{d\mathfrak{J}(r)}{d\log r}$ ist das harmonische Maß des Komplements der Strecke $-ir \cdots + ir$ im Aufpunkt p mit entgegengesetztem Vorzeichen, also gleich dem harmonischen Maß der Strecke $-ir \cdots + ir$ weniger 1. Bei festem r und festem $|p| < r$ wird aber der Winkel, unter dem die Strecke $-ir \cdots + ir$ von p aus erscheint, möglichst klein, wenn p reell wird. Also

$$\frac{d\mathfrak{J}(r)}{d\log r} \geq \frac{2}{\pi} \operatorname{arc\,tg} \frac{r}{|p|} - 1, \quad r > |p|. \tag{18}$$

Gleichheit gilt genau für reelles p.

Um $\mathfrak{J}(r)$ selbst abschätzen zu können, führen wir die Funktion

$$\chi(x) = \frac{2}{\pi}\int_0^x \operatorname{arc\,tg} x \frac{dx}{x}$$

ein. Für $x \to 0$ strebt $\frac{\chi(x)}{x}$ gegen $\frac{2}{\pi}$. Aus

$$\frac{2}{\pi} \operatorname{arc\,tg} x + \frac{2}{\pi} \operatorname{arc\,tg} \frac{1}{x} = 1$$

folgt

$$\frac{2}{\pi} \int_0^1 \operatorname{arc\,tg} x \frac{dx}{x} + \int_1^\infty \left(\frac{2}{\pi} \operatorname{arc\,tg} x - 1\right) \frac{dx}{x} = 0 \tag{19}$$

oder

$$\lim_{y \to \infty} (\chi(y) - \log y) = 0.$$

Aus (17), (18) folgt jetzt

$$\text{für } r \leq |p|: \; \mathfrak{J}(r) = \int_0^r \frac{d\mathfrak{J}(\varrho)}{d \log \varrho} \frac{d\varrho}{\varrho} \leq \frac{2}{\pi} \int_0^r \operatorname{arc\,tg} \frac{\varrho}{|p|} \frac{d\varrho}{\varrho} = \chi\left(\frac{r}{|p|}\right);$$

$$\text{für } r \geq |p|: \; \mathfrak{J}(r) = -\int_r^\infty \frac{d\mathfrak{J}(\varrho)}{d \log \varrho} \frac{d\varrho}{\varrho} \leq \int_r^\infty \left(1 - \frac{2}{\pi} \operatorname{arc\,tg} \frac{\varrho}{|p|}\right) \frac{d\varrho}{\varrho} = \chi\left(\frac{r}{|p|}\right) - \log \frac{r}{|p|},$$

letzteres wegen (19). Wir können beide Formeln zusammenfassen:

$$\mathfrak{J}(r) \leq \chi\left(\frac{r}{|p|}\right) - \overset{+}{\log} \frac{r}{|p|}. \tag{20}$$

Gleichheit gilt dann und nur dann, wenn p reell ist.

Setzen wir die gefundene Abschätzung von $\mathfrak{J}(r) = \frac{1}{2\pi} \int_{-\frac{\pi}{2}}^{+\frac{\pi}{2}} g(r e^{i\varphi}, p)\, d\varphi$ in (16) ein, dann ergibt sich

$$m(r) \leq \sum_\nu \left\{\chi\left(\frac{r}{|p_\nu|}\right) - \overset{+}{\log} \frac{r}{|p_\nu|}\right\}$$

oder wegen (11)

$$m(r) + N(r) \leq \sum_\nu \chi\left(\frac{r}{|p_\nu|}\right). \tag{21}$$

Wir sollen aus der Konvergenz von (14) schließen, daß $m(r) + N(r)$ für große r im Mittel kleiner als das mit einer nur von λ abhängenden Konstanten multiplizierte $N(r)$ sei.

Zur Vorbereitung betrachten wir einige vom Parameter λ $(0 < \lambda < 1)$ abhängende bestimmte Integrale. — Durch partielle Integration erhält man

$$\int_0^\infty \frac{\overset{+}{\log} x}{x^\lambda} \frac{dx}{x} = -\frac{1}{\lambda} \left[\frac{\log x}{x^\lambda}\right]_1^\infty + \frac{1}{\lambda} \int_1^\infty \frac{dx}{x^{\lambda+1}} = \frac{1}{\lambda^2}. \tag{22}$$

Das Integral $\int_0^\infty \frac{\chi(x)}{x^\lambda} \frac{dx}{x}$ formen wir durch zweimalige partielle Integration um, wobei $\lim_{x \to 0} \frac{\chi(x)}{x} = \frac{2}{\pi}$, $\lim_{x \to \infty} (\chi(x) - \log x) = 0$ zu beachten ist: die ausintegrierten Größen sind 0, und es bleibt

$$\int_0^\infty \frac{\chi(x)}{x^\lambda} \frac{dx}{x} = \frac{2}{\pi} \frac{1}{\lambda} \int_0^\infty \frac{\operatorname{arc\,tg} x}{x^\lambda} \frac{dx}{x} = \frac{2}{\pi} \frac{1}{\lambda^2} \int_0^\infty \frac{x}{1+x^2} \frac{1}{x^\lambda} \frac{dx}{x}. \tag{23}$$

Das letzte Integral läßt sich nach der Residuenmethode auswerten: bedeutet z^λ in der oberen Halbebene den Hauptwert dieser mehrdeutigen Funktion, so folgt aus der Residuenformel durch einfachen Grenzübergang:

$$\int_{-\infty}^{+\infty} \frac{z}{1+z^2}\frac{1}{z^\lambda}\frac{dz}{z} = 2\pi i \operatorname{Res}_{z=i}\left\{\frac{1}{1+z^2}\frac{1}{z^\lambda}\right\},$$

wo das Integral über die reelle Achse zu erstrecken ist. Also

$$(1+e^{-i\lambda\pi})\int_0^\infty \frac{x}{1+x^2}\frac{1}{x^\lambda}\frac{dx}{x} = \pi e^{-\frac{i\lambda\pi}{2}}$$

oder

$$\text{(24)}\qquad \int_0^\infty \frac{x}{1+x^2}\frac{1}{x^\lambda}\frac{dx}{x} = \frac{\pi}{2}\cdot\frac{1}{\cos\frac{\pi\lambda}{2}}.$$

Das setzen wir in (23) ein, vergleichen mit (22) und erhalten

$$\text{(25)}\qquad \int_0^\infty \frac{\chi(x)}{x^\lambda}\frac{dx}{x} = \frac{1}{\cos\frac{\pi\lambda}{2}}\int_0^\infty \frac{\overset{+}{\log}\, x}{x^\lambda}\frac{dx}{x}.$$

Wir behaupten nun, für alle positiven a gelte

$$\text{(26)}\qquad \int_a^\infty \frac{\chi(x)}{x^\lambda}\frac{dx}{x} < \frac{1}{\cos\frac{\pi\lambda}{2}}\int_a^\infty \frac{\overset{+}{\log}\, x}{x^\lambda}\frac{dx}{x}.$$

Für $x > 1$ nimmt nämlich $\frac{1}{\cos\frac{\pi\lambda}{2}}\overset{+}{\log}\, x - \chi(x)$ monoton zu, und zwar von $-\chi(1) < 0$ bis $+\infty$ $\left(\text{die Ableitung nach } \log x \text{ ist ja } \frac{1}{\cos\frac{\pi\lambda}{2}} - \frac{2}{\pi}\operatorname{arc\,tg} x > 0\right)$. Darum gibt es ein bestimmtes $A > 1$ mit

$$\frac{1}{\cos\frac{\pi\lambda}{2}}\overset{+}{\log}\, x - \chi(x)\begin{cases} < 0 & \text{für } x < A, \\ > 0 & \text{für } x > A. \end{cases}$$

Jetzt ist

$$\text{für } a \geq A:\quad \int_a^\infty \frac{\frac{1}{\cos\frac{\pi\lambda}{2}}\overset{+}{\log}\, x - \chi(x)}{x^\lambda}\frac{dx}{x} > 0;$$

$$\text{für } a \leq A:\quad \int_a^\infty \frac{\frac{1}{\cos\frac{\pi\lambda}{2}}\overset{+}{\log}\, x - \chi(x)}{x^\lambda}\frac{dx}{x} = -\int_0^a \frac{\frac{1}{\cos\frac{\pi\lambda}{2}}\overset{+}{\log}\, x - \chi(x)}{x^\lambda}\frac{dx}{x} > 0$$

wegen (25); damit ist (26) allgemein bewiesen.

Ersetzt man in (26) x durch $\frac{r}{|p|}$ und zugleich a durch $\frac{a}{|p|}$, so erhält man

$$\text{(27)}\qquad \int_a^\infty \frac{\chi\left(\frac{r}{|p|}\right)}{r^\lambda}\frac{dr}{r} < \frac{1}{\cos\frac{\pi\lambda}{2}}\int_a^\infty \frac{\overset{+}{\log}\,\frac{r}{|p|}}{r^\lambda}\frac{dr}{r};$$

hier ist auf beiden Seiten ein Faktor $|p|^\lambda$ weggehoben worden. Das gilt um so mehr, wenn links nur von a bis $R>a$ integriert wird. Aus (21) und (27) folgt

$$\int_a^R \frac{m(r)+N(r)}{r^\lambda}\frac{dr}{r} \leq \sum_\nu \int_a^R \frac{\chi\left(\frac{r}{|p_\nu|}\right)}{r^\lambda}\frac{dr}{r} \leq \sum_\nu \frac{1}{\cos\frac{\pi\lambda}{2}} \int_a^\infty \frac{\overset{+}{\log}\frac{r}{|p_\nu|}}{r^\lambda}\frac{dr}{r} = \frac{1}{\cos\frac{\pi\lambda}{2}} \int_a^\infty \frac{N(r)}{r^\lambda}\frac{dr}{r}.$$

Die Vertauschung von Summe und Integral ist berechtigt, weil alle auftretenden Größen nichtnegativ sind und in jedem endlichen Intervall gleichmäßige Konvergenz stattfindet. Wir sehen, daß $\int_a^\infty \frac{m(r)}{r^\lambda}\frac{dr}{r}$ konvergiert und daß

$$\int_a^\infty \frac{m(r)+N(r)}{r^\lambda}\frac{dr}{r} \leq \frac{1}{\cos\frac{\pi\lambda}{2}} \int_a^\infty \frac{N(r)}{r^\lambda}\frac{dr}{r} \tag{28}$$

für alle $a \geq 0$ gilt.

Bisher haben wir $f(z)$ nur in der rechten Halbebene betrachtet. $f(z)$ war aber in der punktierten Ebene bis auf Pole analytisch. Ebenso wie (28) oder ausführlicher

$$\int_a^\infty \frac{\frac{1}{2\pi}\int_{-\frac{\pi}{2}}^{+\frac{\pi}{2}} \overset{+}{\log}|f(re^{i\varphi})|\,d\varphi + \sum_{\Re p_\nu>0} \overset{+}{\log}\frac{r}{|p_\nu|}}{r^\lambda}\frac{dr}{r} \leq \frac{1}{\cos\frac{\pi\lambda}{2}} \int_a^\infty \frac{\sum_{\Re p_\nu>0} \overset{+}{\log}\frac{r}{|p_\nu|}}{r^\lambda}\frac{dr}{r}$$

muß auch

$$\int_a^\infty \frac{\frac{1}{2\pi}\int_{+\frac{\pi}{2}}^{+\frac{3\pi}{2}} \overset{+}{\log}|f(re^{i\varphi})|\,d\varphi + \sum_{\Re p_\nu<0} \overset{+}{\log}\frac{r}{|p_\nu|}}{r^\lambda}\frac{dr}{r} \leq \frac{1}{\cos\frac{\pi\lambda}{2}} \int_a^\infty \frac{\sum_{\Re p_\nu<0} \overset{+}{\log}\frac{r}{|p_\nu|}}{r^\lambda}\frac{dr}{r}$$

gelten; Addition ergibt nach (9)

$$\int_a^\infty \frac{T(r,f)}{r^\lambda}\frac{dr}{r} \leq \frac{1}{\cos\frac{\pi\lambda}{2}} \int_a^\infty \frac{N(r,f)}{r^\lambda}\frac{dr}{r}.$$

Das ist nur möglich, wenn es zu jedem a ein $r>a$ mit

$$T(r,f) \leq \frac{1}{\cos\frac{\pi\lambda}{2}} N(r,f)$$

oder

$$N(r,f) \geq \cos\frac{\pi\lambda}{2}\, T(r,f)$$

oder

$$m(r,f) = T(r,f) - N(r,f) \leq \left(1-\cos\frac{\pi\lambda}{2}\right) T(r) \tag{29}$$

gibt. (29) gilt also für beliebig große r immer wieder, darum ist

$$\delta(\infty) = \liminf_{r\to\infty} \frac{m(r,f)}{T(r,f)} \leq 1 - \cos\frac{\pi\lambda}{2}.$$

Das gilt für jedes λ mit $\mu < \lambda < 1$, folglich

$$\delta(\infty) = \liminf_{r\to\infty} \frac{m(r,f)}{T(r,f)} \leq 1 - \cos\frac{\pi\mu}{2},$$

w. z. b. w. —

Ganz entsprechend folgt aus (28) auch die oben auf S. 166 ausgesprochene Behauptung.

Nun soll an einem Beispiel gezeigt werden, daß die Defektschranke $1 - \cos\frac{\pi\mu}{2}$ wirklich erreicht wird:

$$f(z) = \prod_{\nu=1}^{\infty} \frac{\nu^{\frac{1}{\mu}} + z}{\nu^{\frac{1}{\mu}} - z} \qquad (0 < \mu < 1).$$

Diese Funktion gehört zum Mitteltypus der Ordnung μ; ihre Pole liegen bei $z = \nu^{\frac{1}{\mu}}$, ihre Nullstellen bei $z = -\nu^{\frac{1}{\mu}}$. $|f(z)|$ ist auf der imaginären Achse $= 1$, in der rechten Halbebene > 1 und in der linken < 1.

Offenbar geht (15) für diese Funktion in eine Gleichung über, und weil die Polstellen alle reell sind, steht auch in (20) und folglich in (21) das Gleichheitszeichen. Wir berechnen die Anzahlfunktion $N(r,f) = N(r)$: die Anzahl $n(r,f)$ der Zahlen $\nu^{\frac{1}{\mu}}$ in $|z| \leq r$ ist offenbar $[r^\mu]$, also

$$r^\mu - 1 < n(r,f) \leq r^\mu.$$

Multiplikation mit $\frac{dr}{r}$ und Integration von 1 bis r ergibt

$$\frac{r^\mu}{\mu} - \frac{1}{\mu} - \log r < N(r,f) < \frac{r^\mu}{\mu} - \frac{1}{\mu} \qquad (r > 1).$$

Zu jedem η mit $0 < \eta < \mu$ gibt es folglich ein c mit

(30) $$\frac{r^\mu}{\mu} - c\,r^\eta < N(r,f) < \frac{r^\mu}{\mu}.$$

Um nun die Schmiegungsfunktion $m(r,f) = m(r)$ zu berechnen, formen wir (21) durch zweimalige partielle Integration um:

(31) $$\begin{aligned} m(r,f) + N(r,f) &= \sum_\nu \chi\left(\frac{r}{|p_\nu|}\right) = \int_0^\infty \chi\left(\frac{r}{\varrho}\right) dn(\varrho) \\ &= \frac{2}{\pi}\int_0^\infty \operatorname{arc\,tg}\frac{r}{\varrho}\, n(\varrho)\frac{d\varrho}{\varrho} = \frac{2}{\pi}\int_0^\infty \frac{r\varrho}{r^2+\varrho^2} N(\varrho)\frac{d\varrho}{\varrho}. \end{aligned}$$

An dieser Formel machen wir uns noch einmal den Sinn der obigen Abschätzungen klar: $m + N$ entsteht aus N durch Anwenden eines bestimmten Integraloperators; wir haben diesem Operator eine Schranke $\frac{1}{\cos\frac{\pi\mu}{2}}$ (sogar die genaue Schranke) zugeordnet, mit welcher er eine Funktion im Mittel höchstens multiplizieren kann. Es ist bekannt, daß eine solche Schranke nicht nur von dem Integralkern abhängt, sondern auch von dem Funktionenraum, auf den er angewandt wird (hier konvexe Funktionen der Ordnung μ); das wird hier besonders deutlich, wo die Schranke stetig von μ abhängt. — In (31) setzen wir (30) ein:

$$\frac{2}{\pi}\frac{1}{\mu}\int_0^\infty \frac{r\varrho}{r^2+\varrho^2}\varrho^\mu\frac{d\varrho}{\varrho}-\frac{2}{\pi}c\int_0^\infty \frac{r\varrho}{r^2+\varrho^2}\varrho^\eta\frac{d\varrho}{\varrho}<m(r,f)+N(r,f)<\frac{2}{\pi}\frac{1}{\mu}\int_0^\infty \frac{r\varrho}{r^2+\varrho^2}\varrho^\mu\frac{d\varrho}{\varrho}.$$

In den Integralen machen wir die Substitution $\varrho=\frac{r}{x}, \frac{d\varrho}{\varrho}=-\frac{dx}{x}$:

$$\frac{r^\mu}{\mu}\frac{2}{\pi}\int_0^\infty \frac{x}{1+x^2}\frac{1}{x^\mu}\frac{dx}{x}-c\,r^\eta\frac{2}{\pi}\int_0^\infty \frac{x}{1+x^2}\frac{1}{x^\eta}\frac{dx}{x}<m(r,f)+N(r,f)<\frac{r^\mu}{\mu}\frac{2}{\pi}\int_0^\infty \frac{x}{1+x^2}\frac{1}{x^\mu}\frac{dx}{x}.$$

Also nach (24):

$$\frac{r^\mu}{\mu}\frac{1}{\cos\frac{\pi\mu}{2}}-c\,r^\eta\frac{1}{\cos\frac{\pi\eta}{2}}<m(r,f)+N(r,f)<\frac{r^\mu}{\mu}\frac{1}{\cos\frac{\pi\mu}{2}}.$$

Vergleich mit (30) ergibt

$$\delta(\infty)=\lim_{r\to\infty}\frac{m(r,f)}{m(r,f)+N(r,f)}=1-\cos\frac{\pi\mu}{2}.$$

Die gebrochene Funktion $f(\zeta)$ sei auf der negativ reellen Achse beschränkt und habe die endliche Ordnung μ. Dann hat

$$f^*(z)=f(z^2)$$

die Ordnung 2μ und ist auf der imaginären Achse beschränkt. Man sieht leicht

$$m(r,f^*)=m(r^2,f);$$
$$N(r,f^*)=N(r^2,f);$$
$$T(r,f^*)=T(r^2,f).$$

Nach unserem Satz ist, falls die Ordnung 2μ von f^* kleiner als 1 ist,

$$\delta^*(\infty)=\liminf_{r\to\infty}\frac{m(r,f^*)}{T(r,f^*)}\leq 1-\cos\pi\mu,$$

folglich

$$\delta(\infty)=\liminf_{\varrho\to\infty}\frac{m(\varrho,f)}{T(\varrho,f)}\leq 1-\cos\pi\mu.$$

Ist eine gebrochene Funktion $f(\zeta)$ der Ordnung $\mu<\frac{1}{2}$ auf einem Strahl $\arg\zeta=\text{const}$ beschränkt, so hat sie bei $w=\infty$ höchstens den Defekt $1-\cos\pi\mu$.

Wer möchte daran zweifeln, daß die Voraussetzung, der Beschränktheitsweg sei geradlinig, überflüssig ist?

Wir können den Schluß noch verallgemeinern. — $f(\zeta)$ sei eine gebrochene Funktion der endlichen Ordnung μ, die auf endlich vielen von 0 ausgehenden Strahlen beschränkt sei. Die zwischen den Strahlen liegenden Winkelräume sollen R_k heißen, die Winkel α_k, also $\Sigma\alpha_k=2\pi$. Wir zerlegen $m(\varrho,f)$ und $N(\varrho,f)$:

$$m(\varrho,f)=\sum_k m_k(\varrho),\quad m_k(\varrho)=\frac{1}{2\pi}\int_{R_k}\overset{+}{\log}\left|f(\varrho e^{i\vartheta})\right|d\vartheta;$$

$$N(\varrho,f)=\sum_k N_k(\varrho),\quad N_k(\varrho)=\int_0^\varrho n_k(\varrho)\frac{d\varrho}{\varrho}=\sum_{R_k}\overset{+}{\log}\frac{\varrho}{|p_\nu|}.$$

Durch

$$\zeta = e^{i\beta} z^{\frac{\alpha_k}{\pi}}$$

werde $\Re z > 0$ auf R_k abgebildet. Dann ist für $\varrho = r^{\frac{\alpha_k}{\pi}}$:

$$m_k(\varrho) = \frac{1}{2\pi} \int_{-\frac{\pi}{2}}^{+\frac{\pi}{2}} \overset{+}{\log} |f^*(r e^{i\varphi})| \frac{\alpha_k d\varphi}{\pi} = \frac{\alpha_k}{\pi} m^*(r),$$

$$N_k(\varrho) = \int_0^\varrho n_k(\varrho) \frac{d\varrho}{\varrho} = \int_0^r n^*(r) \frac{\alpha_k dr}{\pi r} = \frac{\alpha_k}{\pi} N^*(r);$$

hier bezeichnen $m^*(r), n^*(r), N^*(r)$ die Größen, die zu der in der rechten Halbebene erklärten Funktion $f^*(z) = f(\zeta)$ gehören und früher mit m, n, N bezeichnet worden waren. — $m^*(r)$ und $N^*(r)$ haben höchstens die Wachstumsordnung $\frac{\alpha_k}{\pi}\mu$; ist also

$$\frac{\alpha_k}{\pi}\mu < 1,$$

dann gilt für $\frac{\alpha_k}{\pi}\mu < \frac{\alpha_k}{\pi}\lambda < 1$ stets nach (28)

$$\int_a^\infty \frac{m_k(\varrho) + N_k(\varrho)}{\varrho^\lambda} \frac{d\varrho}{\varrho} \leq \frac{1}{\cos\frac{\alpha_k \lambda}{2}} \int_a^\infty \frac{N_k(\varrho)}{\varrho^\lambda} \frac{d\varrho}{\varrho}.$$

Ist nun α der größte unter den Winkeln α_k und gilt $\frac{\alpha}{\pi}\mu < 1$, dann gilt für $\mu < \lambda < \frac{\pi}{\alpha}$ stets

$$\int_a^\infty \frac{m_k(\varrho) + N_k(\varrho)}{\varrho^\lambda} \frac{d\varrho}{\varrho} \leq \frac{1}{\cos\frac{\alpha \lambda}{2}} \int_a^\infty \frac{N_k(\varrho)}{\varrho^\lambda} \frac{d\varrho}{\varrho}.$$

Wir summieren über alle k:

$$\int_a^\infty \frac{T(\varrho, f)}{\varrho^\lambda} \frac{d\varrho}{\varrho} \leq \frac{1}{\cos\frac{\alpha \lambda}{2}} \int_a^\infty \frac{N(\varrho, f)}{\varrho^\lambda} \frac{d\varrho}{\varrho}.$$

Es gibt demnach beliebig große ϱ mit

$$T(\varrho, f) \leq \frac{1}{\cos\frac{\alpha\lambda}{2}} N(\varrho, f)$$

oder

$$m(\varrho, f) \leq \left(1 - \cos\frac{\alpha\lambda}{2}\right) T(\varrho, f),$$

darum

$$\delta(\infty) = \liminf_{\varrho \to \infty} \frac{m(\varrho, f)}{T(\varrho, f)} \leq 1 - \cos\frac{\alpha\mu}{2}.$$

Die gebrochene Funktion $f(\zeta)$ der Ordnung μ sei auf endlich vielen von $\zeta = 0$ ausgehenden Strahlen $\arg\zeta = \text{const}$ beschränkt; der größte Winkel zwischen benachbarten Strahlen sei α. Ist $\mu < \frac{\pi}{\alpha}$, so hat $f(\zeta)$ bei $w=\infty$ höchstens den Defekt $1-\cos\frac{\alpha\mu}{2}$.

Für $\mu < \frac{1}{2}$ sei

$$g(z) = \prod_{\nu=1}^{\infty} \frac{\nu^{\frac{1}{2\mu}} + z}{\nu^{\frac{1}{2\mu}} - z}$$

und

$$f^*(z) = g(z) + \frac{1}{g(z)} = g(z) + g(-z).$$

Dann ist

$$N(r, f^*) = 2N(r, g);$$

$$|m(r, f^*) - 2m(r, g)| \leq \log 2.$$

g ist aber eine Funktion der Ordnung 2μ mit

$$\lim_{r\to\infty} \frac{m(r,g)}{T(r,g)} = 1 - \cos\pi\mu,$$

dasselbe gilt also auch für f^*. Setzt man

$$f^*(z) = f(z^2),$$

so ist $f(\zeta)$ eine auf der negativ reellen Achse beschränkte gebrochene Funktion der Ordnung μ mit

$$\lim_{\varrho\to\infty} \frac{m(\varrho,f)}{T(\varrho,f)} = 1 - \cos\pi\mu.$$

Vermutlich hat jede gebrochene Funktion der Ordnung $\mu < \frac{1}{2}$, die auf einem ins Unendliche ziehenden Weg beschränkt ist, bei ∞ höchstens den Defekt $1-\cos\pi\mu$. Wir wollen mit Hilfe des Verzerrungssatzes wenigstens zeigen, daß der Defekt höchstens $\frac{1-\cos\pi\mu}{1-\varepsilon\cos\pi\mu}$ mit festem ε $(0 \leq \varepsilon < 1)$ ist.

$\mathfrak{C}$ sei eine einfache stetige Kurve, die ins Unendliche läuft und auf der die gebrochene Funktion $f(z)$ der Ordnung $\mu < \frac{1}{2}$ beschränkt ist. Wir dürfen annehmen, $\mathfrak{C}$ gehe von $z=0$ aus (oder, wenn dort gerade ein Pol liegt, von einem kleinen Kreise $|z| = \varrho$, der dann mit zu $\mathfrak{C}$ gezählt werden soll). Ferner dürfen wir annehmen, auf $\mathfrak{C}$ sei $|f(z)| < 1$.

$\mathfrak{G}$ sei die längs $\mathfrak{C}$ aufgeschlitzte z-Ebene (oder das längs $\mathfrak{C}$ aufgeschlitzte Kreisäußere $|z| > \varrho$), $g(z,p)$ die Greensche Funktion von $\mathfrak{G}$. Bei festem p bilden wir $\mathfrak{G}$ so auf den Einheitskreis $|\omega| < 1$ ab, daß $z=p$ in $\omega=0$ übergeht. Dann ist

$$g(z,p) = \log\frac{1}{|\omega|}.$$

Wir wollen

$$\mathfrak{J}(r) = \frac{1}{2\pi}\int g(re^{i\varphi}, p)\, d\varphi$$

abschätzen. — Setzt man $\zeta = \log z$, so wird

$$\mathfrak{J}(r) = \frac{1}{2\pi}\int_{\Re\zeta=\log r} \log\frac{1}{|\omega|}\,|d\zeta|,$$

und das Integral ist über einige Querschnitte des ζ-Bildes von $\mathfrak{G}$ zu erstrecken, deren Gesamtlänge höchstens 2π ist. Nach einem früher bewiesenen Hilfssatz [8]) ist

$$\mathfrak{J}(r) \leq c$$

mit festem c.

Für $r \geq 8|p|$ schätzen wir $\mathfrak{J}(r)$ durch $\operatorname*{Max}_{|z|=r} g(z, p)$ ab. Jeder nicht zu $\mathfrak{G}$ gehörende Punkt der z-Ebene hat von p mindestens den Abstand $\frac{1}{4}\left|\frac{dz}{d\omega}\right|_{\omega=0}$; das gilt auch für den nicht zu $\mathfrak{G}$ gehörenden Punkt $z = 0$, also

$$\left|\frac{dz}{d\omega}\right|_{\omega=0} \leq 4|p|.$$

Jetzt ist

$$|z-p| \leq \frac{|\omega|}{(1-|\omega|)^2}\left|\frac{dz}{d\omega}\right|_{\omega=0} \leq \frac{4|p|}{(1-|\omega|)^2}$$

oder

$$(1-|\omega|)^2 \leq \frac{4|p|}{|z-p|}.$$

Für $|z| = r \geq 8|p|$ folgt

$$(1-|\omega|)^2 \leq \frac{4|p|}{r-|p|} < \frac{5|p|}{r};$$

$$g(z, p) = \log\frac{1}{|\omega|} = \log\frac{1}{1-(1-|\omega|)} < \log\frac{1}{1-\sqrt{\frac{5|p|}{r}}} \leq \sqrt{\frac{5|p|}{r}} \cdot \frac{\log\frac{1}{1-\sqrt{\frac{5}{8}}}}{\sqrt{\frac{5}{8}}} = a\cdot\sqrt{\frac{|p|}{r}}.$$

Wenn man z und $\frac{1}{z}$ vertauscht, erhält man ebenso

$$g(z, p) \leq a\cdot\sqrt{\frac{r}{|p|}} \quad \text{für } r \leq \frac{1}{8}|p|.$$

Also allgemein

$$\mathfrak{J}(r) \leq \psi\left(\frac{r}{|p|}\right),$$

wo

$$\psi(x) = \begin{cases} a\sqrt{x} & \text{für } x \leq \frac{1}{8}, \\ c & \text{für } \frac{1}{8} < x < 8, \\ \frac{a}{\sqrt{x}} & \text{für } x \geq 8. \end{cases}$$

Wegen

$$\lim_{x\to 0}\frac{\chi(x)}{x} = \frac{2}{\pi} \quad \text{und} \quad \lim_{x\to\infty} x\cdot(\chi(x) - \log x) = \frac{2}{\pi}$$

$\left(\text{letzteres wegen } \chi(x) - \chi\left(\frac{1}{x}\right) = \log x\right)$ gibt es ein festes α mit

$$\psi(x) \leq \alpha\left(\chi(\sqrt{x}) - \overset{+}{\log}\sqrt{x}\right),$$

also

$$\mathfrak{J}(r) \leq \alpha\left(\chi\left(\sqrt{\frac{r}{|p|}}\right) - \overset{+}{\log}\sqrt{\frac{r}{|p|}}\right). \tag{32}$$

[8]) O. Teichmüller, Eine Umkehrung des zweiten Hauptsatzes der Wertverteilungslehre. Deutsche Mathematik 2 (1937), S. 96—107.

Wenn $\mathfrak{C}$ ein Strahl $\arg z = \text{const}$ ist, gilt diese Ungleichung gerade mit $\alpha = 2$. Vielleicht gilt sie sogar stets für $\alpha = 2$.

Der Ahlforssche Beweis des Zielwertsatzes ergibt jetzt

$$\overset{+}{\log} |f(z)| \leq \sum_\nu g(z, p_\nu),$$

wo p_ν die Pole von f sind;

$$m(r, f) \leq \sum_\nu \frac{1}{2\pi} \int g(r e^{i\varphi}, p_\nu)\, d\varphi;$$

aus (32) und (26) folgt für $\mu < \lambda < \frac{1}{2}$

$$\int_a^\infty \frac{\mathfrak{Z}(r)}{r^\lambda} \frac{dr}{r} \leq \frac{\alpha}{2}\left(\frac{1}{\cos \pi \lambda} - 1\right) \int_a^\infty \frac{\overset{+}{\log} \frac{r}{|p|}}{r^\lambda} \frac{dr}{r};$$

$$\int_a^\infty \frac{m(r, f)}{r^\lambda} \frac{dr}{r} \leq \frac{\alpha}{2}\left(\frac{1}{\cos \pi \lambda} - 1\right) \int_a^\infty \frac{N(r, f)}{r^\lambda} \frac{dr}{r};$$

$$\delta(\infty) = \liminf_{r \to \infty} \frac{m(r, f)}{m(r, f) + N(r, f)} \leq \frac{\frac{\alpha}{2}\left(\frac{1}{\cos \pi \lambda} - 1\right)}{1 + \frac{\alpha}{2}\left(\frac{1}{\cos \pi \lambda} - 1\right)};$$

$$\delta(\infty) \leq \frac{1 - \cos \pi \mu}{1 - \varepsilon \cos \pi \mu} \quad \text{mit} \quad \varepsilon = 1 - \frac{2}{\alpha} < 1.$$

Hat eine gebrochene Funktion der Ordnung 0 einen Zielwert, so hat sie keinen von diesem verschiedenen defekten Wert.

Wir untersuchen nun das Wertverteilungsverhalten der Funktionen $f(z) = \prod_{\nu=1}^{\infty} \frac{\frac{1}{\nu^\mu} + z}{\frac{1}{\nu^\mu} - z}$ $(0 < \mu < 1)$, die uns schon oben als Beispiele dienten, genauer. Der größte Teil der Schlüsse gilt ebenso für die allgemeineren Funktionen

$$f(z) = \prod_\nu \frac{p_\nu + z}{p_\nu - z},$$

wo die p_ν reelle Zahlen mit

$$0 < p_1 < p_2 < \cdots \to \infty$$

sind.

Dieses Produkt konvergiert nur, wenn $\sum_\nu \frac{1}{p_\nu}$ konvergiert, und ist dann eine gebrochene Funktion, deren Ordnung mit den Konvergenzexponenten der Folge p_ν übereinstimmt. Ihre Pole liegen bei p_ν, ihre Nullstellen bei $-p_\nu$; $|f(z)|$ ist auf der imaginären Achse $= 1$, in der rechten Halbebene > 1 und in der linken < 1; es gilt

$$f(-z) = \frac{1}{f(z)}; \quad f(\bar{z}) = \overline{f(z)}; \quad f(-\bar{z}) = \frac{1}{\overline{f(z)}}.$$

Die Anzahlfunktion ist

$$N(r, f) = N\left(r, \frac{1}{f}\right) = \sum_\nu \overset{+}{\log} \frac{r}{p_\nu};$$

gemäß der Herleitung von (21) ist

$$T(r,f)=m(r,f)+N(r,f)=m\left(r,\frac{1}{f}\right)+N\left(r,\frac{1}{f}\right)=\sum_\nu \chi\left(\frac{r}{p_\nu}\right).$$

Jeder Faktor $\left|\frac{p_\nu+z}{p_\nu-z}\right|$ von $|f(z)|$ wird, wenn z in positivem Sinne einen Kreis $|z|=r=\text{const}$ durchläuft, kleiner, solange z in der oberen Halbebene von der positiven zur negativen reellen Achse läuft, und in demselben Maße wieder größer, sowie z in der unteren Halbebene von der negativen zur positiven reellen Achse läuft; dasselbe gilt somit auch von $|f(z)|$ selbst. Die Potentialfunktion $\log|f(r\,e^{i\varphi})|$ hat also bei festem r für $\varphi=0$ ein Maximum, folglich muß $\log|f(r)|$ für $r>0$ eine konvexe Funktion von $\log r$ sein (abgesehen von $r=p_\nu$). Analytisch ausgedrückt heißt das so:

$$\frac{d\log f(z)}{d\log z}=\sum_\nu \frac{2p_\nu z}{p_\nu^2-z^2}$$

hat in der oberen Halbebene positiven, in der unteren negativen Imaginärteil; denn setzt man

$$z=r\,e^{i\varphi};\qquad w=f(z)=\varrho\,e^{i\vartheta},$$

so hat

$$-\frac{\partial\log\varrho}{\partial\varphi}=\mathfrak{J}\,\frac{d\log f(z)}{d\log z}=\sum_\nu \frac{2p_\nu r\sin\varphi\cdot(p_\nu^2+r^2)}{p_\nu^4-2p_\nu^2r^2\cos 2\varphi+r^4}$$

dasselbe Vorzeichen wie $\sin\varphi$. Bei $\varphi=0$ nimmt dies $-\frac{\partial\log\varrho}{\partial\varphi}$ mit φ zu, also $-\frac{\partial^2\log\varrho}{\partial\varphi^2}>0$ und zufolge der Potentialgleichung $\Delta\log\varrho=0$:

$$\frac{\partial^2\log\varrho}{(\partial\log r)^2}>0.$$

Wo liegen die Kreuzungspunkte von $f(z)$, d. h. die Stellen, wo $f(z)$ einen Wert mehrfach annimmt? — Es treten nur einfache Pole und Nullstellen auf, darum genügt es, die Nullstellen von $\frac{f'(z)}{f(z)}$ zu suchen. Aber der Imaginärteil von $\frac{zf'(z)}{f(z)}$ ist in der oberen Halbebene positiv, in der unteren negativ, alle Kreuzungspunkte liegen auf der reellen Achse.

Zwischen p_ν und $p_{\nu+1}$ steigt $\frac{zf'(z)}{f(z)}$ monoton von $-\infty$ bis $+\infty$, denn für $(0<)\,p_\nu<z<p_{\nu+1}$ ist, wie wir schon wissen,

$$z\frac{d}{dz}\frac{zf'(z)}{f(z)}=\frac{d^2\log f(z)}{(d\log z)^2}=\sum_\nu \frac{2p_\nu z\,(p_\nu^2+z^2)}{(p_\nu^2-z^2)^2}>0.$$

$\frac{zf'(z)}{f(z)}$ hat dabei genau eine einfache Nullstelle q_ν $(p_\nu<q_\nu<p_{\nu+1})$: Zwischen zwei benachbarten Polen liegt genau ein Kreuzungspunkt erster Ordnung. Entsprechend liegt natürlich zwischen zwei benachbarten Nullstellen $-p_{\nu+1}$, $-p_\nu$ genau ein Kreuzungspunkt erster Ordnung, nämlich $-q_\nu$.

Zwischen $-p_1$ und $+p_1$ liegt kein Kreuzungspunkt. $\frac{f'(z)}{f(z)}$ wird, wenn z im Intervall $-p_1<z<p_1$ bleibt, bei Annäherung an $-p_1$ und an p_1 positiv unendlich; bei wachsendem z fällt es in $-p_1<z<0$, steigt es in $0<z<p_1$; $\frac{f'(z)}{f(z)}$ hat demnach sein Minimum bei $z=0$, und dort ist es $\sum_\nu \frac{2}{p_\nu}>0$.

Wir setzen

$$f(q_\nu) = r_\nu .$$

Hier ist, um nochmals daran zu erinnern,

$$f'(q_\nu) = 0, \quad p_\nu < q_\nu < p_{\nu+1} .$$

Stets ist $|r_\nu| > 1$; r_ν ist für gerades ν positiv, für ungerades ν negativ.

$f(z)$ nimmt für reelles z vom Werte 1 bei $z = 0$ mit wachsendem z zunächst zu, bis es bei p_1 unendlich wird; wächst z weiter, so nimmt $f(z)$ von $-\infty$ aus noch zu, um bei q_1 ein Maximum $r_1 < -1$ zu erreichen, und fällt dann bis $z = p_2$ wieder nach $-\infty$ zurück. Weiter nimmt $f(z)$ von $+\infty$ aus ab, erreicht bei $z = q_2$ ein Minimum $r_2 > 1$, wird bis $z = p_3$ wieder unendlich groß und so fort. Läuft aber das reelle z von 0 bis $-\infty$, dann schwankt $f(z)$ immer hin und her, indem es bei $-p_1$ verschwindet, bei $-q_1$ ein Minimum $\frac{1}{r_1}$ annimmt, bei $-p_2$ wieder durch 0 geht, bei $-q_2$ ein Maximum $\frac{1}{r_2}$ hat und so weiter.

Auf dem Kreise $|z| = q_\nu$ ist in der linken Halbebene $|f(z)| \leq 1$, in der rechten $|f(z)| \leq |f(q_\nu)| = |r_\nu|$, folglich

$$m(q_\nu, f) = \frac{1}{2\pi} \int_0^{2\pi} \overset{+}{\log} |f(q_\nu e^{i\varphi})| \, d\varphi \leq \frac{1}{2} \log |r_\nu| .$$

Wenn also $m(r, f)$ für wachsendes r gegen ∞ strebt (z. B. immer wenn $f(z)$ bei $z = \infty$ einen positiven Defekt hat), dann muß auch r_ν gegen ∞ streben; dann strebt $f(z)$ längs der positiv reellen Achse gegen ∞, längs der negativ reellen Achse gegen 0. Wenn dagegen r_ν nicht gegen ∞ strebt, dann sind 0 und ∞ keine Zielwerte von $f(z)$, weil doch auf dem Kreise $|z| = q_\nu$ stets $\frac{1}{|r_\nu|} \leq |f(z)| \leq |r_\nu|$ gilt. Im Falle $p_\nu = \nu^{\frac{1}{\mu}}$ $(0 < \mu < 1)$, der uns besonders interessiert, strebt jedenfalls r_ν gegen ∞, weil der Defekt $1 - \cos \frac{\pi \mu}{2} > 0$ ist.

Wie üblich bedeute $n_1(r)$ die Anzahl der Kreuzungspunkte von $f(z)$ auf $|z| \leq r$, und es sei $N_1(r) = \int_0^r n_1(\varrho) \frac{d\varrho}{\varrho}$. Offenbar ist

$$n_1(r) = n(r, f) + n\left(r, \frac{1}{f}\right) \qquad \text{für } r < p_1 \text{ und } q_\nu \leq r < p_{\nu+1};$$

$$n_1(r) = n(r, f) + n\left(r, \frac{1}{f}\right) - 2 \qquad \text{für } p_\nu \leq r < q_\nu .$$

Integriert:

$$N(r, f) + N\left(r, \frac{1}{f}\right) - 2 \overset{+}{\log} \frac{r}{p_1} \leq N_1(r) \leq N(r, f) + N\left(r, \frac{1}{f}\right).$$

Addiert man $m(r, f) + m\left(r, \frac{1}{f}\right)$, so entsteht

$$2\,T(r, f) - 2 \overset{+}{\log} \frac{r}{p_1} \leq N_1(r) + m(r, f) + m\left(r, \frac{1}{f}\right) \leq 2\,T(r, f) . \tag{33}$$

Der zweite Hauptsatz der Wertverteilungslehre geht also in eine asymptotische Gleichheit über. Ist a von 0 und ∞ verschieden, so gilt nach dem zweiten Hauptsatz für große r

$$N_1(r) + m(r, f) + m\left(r, \frac{1}{f}\right) + m\left(r, \frac{1}{f-a}\right) \leq 2\,T(r) + \text{const} \cdot \log r ;$$

Vergleich mit (33) ergibt

$$m\left(r, \frac{1}{f-a}\right) \leq \text{const} \cdot \log r \qquad \text{für große } r.$$

Im Falle $p_\nu = \nu^{\frac{1}{\mu}}$ ist, wie wir gesehen haben,

$$\delta(\infty) = \lim_{r\to\infty} \frac{m(r,f)}{T(r,f)} = \delta(0) = \lim_{r\to\infty} \frac{m\left(r,\frac{1}{f}\right)}{T(r,f)} = 1 - \cos\frac{\pi\mu}{2};$$

zusammen mit (33) ergibt das für den Index der gesamten algebraischen Verzweigtheit den Wert

$$\varepsilon = \lim_{r\to\infty} \frac{N_1(r)}{T(r,f)} = 2\cos\frac{\pi\mu}{2}.$$

Allgemeiner gilt das natürlich immer, wenn eine Ungleichung (30) besteht.

Nun soll die Riemannsche Fläche $\mathfrak{W}$ über der w-Ebene untersucht werden, auf welche $w = f(z) = \prod_\nu \frac{p_\nu + z}{p_\nu - z}$ die punktierte z-Ebene eineindeutig und konform abbildet. In allen Kreuzungspunkten q_ν, $-q_\nu$ nimmt $f(z)$ reelle Werte r_ν, $\frac{1}{r_\nu}$ mit abwechselnden Vorzeichen an: alle algebraischen Windungspunkte von $\mathfrak{W}$ liegen über der reellen Achse der w-Ebene. Ferner kommen außer den reellen Werten 0 und ∞ keine Ausnahmewerte in Frage. Das legt die Vermutung nahe, daß es außer 0 und ∞ keine Zielwerte geben kann. Dann läßt sich aber die Umkehrfunktion von f im Innern der oberen und der unteren w-Halbebene unbeschränkt fortsetzen, $\mathfrak{W}$ muß aus je unendlich vielen Exemplaren der oberen und der unteren Halbebene durch Verheften längs geeigneter Strecken der reellen Achse aufgebaut werden können. Diese Vermutung bestätigt sich tatsächlich. Um sie zu beweisen und die Struktur der Fläche, d. h. die Zusammenheftungsvorschrift für die Halbebenen, zu bestimmen, untersuchen wir erst den Verlauf der Kurven $\arg w = \text{const}$ in der z-Ebene.

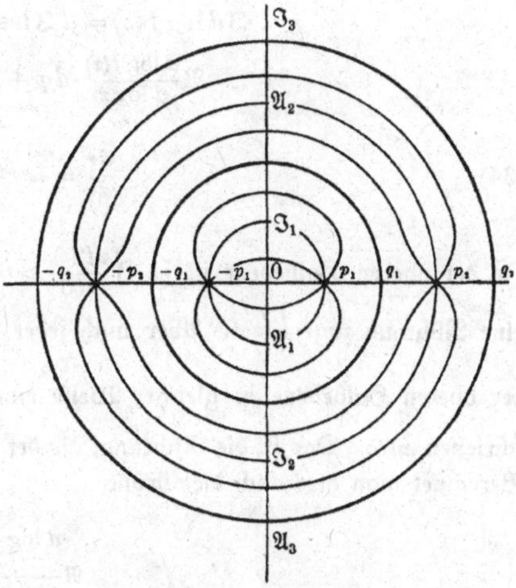

Abbildung 1 (schematisch).

Die Kurven, auf denen $f(z)$ reell ist, sind stärker ausgezogen.

Wir behaupten: Für $\vartheta \not\equiv 0 \pmod{\pi}$ läuft jede Kurve $\arg f(z) = \vartheta = \text{const}$ in der oberen oder unteren Halbebene von einem Pol zu einer Nullstelle von $f(z)$, und zwar natürlich symmetrisch zur imaginären Achse, also von p_ν nach $-p_\nu$. Dagegen setzen sich die Kurven, wo $f(z)$ reell ist, aus der reellen Achse und aus unendlich vielen zur reellen und zur imaginären Achse symmetrischen geschlossenen Kurven zusammen, welche je ein q_ν mit $-q_\nu$ verbinden. Diese Kurven bedecken zusammen die ganze Ebene und haben außer den Knotenpunkten p_ν, $-p_\nu$ und den Sattelpunkten q_ν, $-q_\nu$ keine Singularitäten (s. Abb. 1).

Es ist leicht einzusehen, daß unsere Kurven in der unmittelbaren Umgebung der reellen Achse das eben geschilderte Verhalten zeigen. Denn die Abbildung der Strecke $z = -p_1 \cdots + p_1$ auf die Strecke $w = 0 \cdots \infty$ ist auch noch in einer Nachbarschaft dieser Strecken eineindeutig, darum schließen sich einige Kurven $\arg f(z) = \text{const}$ an die Strecke $-p_1 \cdots + p_1$ unmittelbar oben und unten an. Ebenso macht man sich leicht klar, wie z. B. unter den vom Pol p_ν ausgehenden Kurven $\arg w = \text{const}$ einige die reelle Achse bis q_ν begleiten, hier sich aber nicht mit entsprechenden von $p_{\nu+1}$ kommenden Kurven vereinigen können (dazu müßten sie ja die reelle Achse überschreiten), sondern rechtwinklig ausbiegen, derart daß in dem einfachen Kreuzungspunkt q_ν ein Sattelpunkt der Kurvenschar entsteht, und wie von q_ν aus eine Kurve, auf der $f(z)$ reell ist, senkrecht nach oben und unten zu laufen beginnt.

Es kommt jetzt nur darauf an, alle Kurven, die so von der positiv reellen Achse in den ersten Quadranten hineinlaufen, durch denselben hindurch zu verfolgen, bis sie — natürlich mit waagerechter Tangente — auf der imaginären Achse ankommen, und zu zeigen, daß sie in ihrer Gesamtheit den ersten Quadranten lückenlos überdecken; weil die Kurvenschar $\arg f(z) = \text{const}$ offenbar zur reellen und imaginären Achse symmetrisch ist, sind dann all unsere Behauptungen klar.

Wir setzen wieder $z = r e^{i\varphi}$ und schreiben die Bedingung $\arg f(z) = \text{const}$ als gewöhnliche Differentialgleichung erster Ordnung:

$$\Im\, d \log f(z) = d\, \Im \log f(z) = d \arg f(z) = 0;$$

$$\Re \frac{d \log f(z)}{d \log z} \cdot d\varphi + \Im \frac{d \log f(z)}{d \log z} \cdot \frac{dr}{r} = 0;$$

$$\frac{dr}{d\varphi} = -r \frac{\Re \dfrac{z f'(z)}{f(z)}}{\Im \dfrac{z f'(z)}{f(z)}}. \tag{34}$$

In der oberen Halbebene ist ja $\Im \frac{z f'(z)}{f(z)} > 0$. So ist jedem Punkt der oberen Halbebene eine Richtung zugeordnet. Aber auch jeder Faktor $\frac{p_\nu + z}{p_\nu - z}$ von $f(z)$ ordnet jedem Punkt der oberen Halbebene in gleicher Weise eine Richtung zu, die durch $d \arg \frac{p_\nu + z}{p_\nu - z} = 0$ beschrieben wird. Das ist die Richtung, die der durch p_ν, $-p_\nu$ und z gehende Kreis in z hat. Berechnet man hier auch die Größe

$$\frac{dr}{d\varphi} = -r \frac{\Re \dfrac{d \log \frac{p_\nu + z}{p_\nu - z}}{d \log z}}{\Im \dfrac{d \log \frac{p_\nu + z}{p_\nu - z}}{d \log z}} = F(z, p_\nu),$$

so ist diese bei festem z im ersten Quadranten eine monoton abnehmende Funktion des p_ν. Das ist auf Grund der gegebenen elementargeometrischen Deutung klar und braucht deshalb nicht erst ausgerechnet zu werden. Für $p_\nu \to \infty$ wird

$$\lim_{p_\nu \to \infty} F(z, p_\nu) = F(z, \infty) = -r \operatorname{ctg} \varphi,$$

denn der Kreis durch p_ν, $-p_\nu$ und z geht bei festem z für $p_\nu \to \infty$ in eine waagerechte Gerade durch z über und für eine solche ist $\frac{dr}{d\varphi} = -r \operatorname{ctg} \varphi$.

Das durch (34) gegebene $\frac{dr}{d\varphi}$ ist ein gewisser Mittelwert der $F(z, p_\nu)$ und liegt darum zwischen $F(z, p_1)$ und $F(z, \infty)$. In der Tat:

$$r\,\Re\,\frac{d\log\frac{p_\nu+z}{p_\nu-z}}{d\log z}+F(z,p_\nu)\,\Im\,\frac{d\log\frac{p_\nu+z}{p_\nu-z}}{d\log z}=0,$$

$$F(z,\infty)<F(z,p_\nu)\leq F(z,p_1),$$

$$r\,\Re\,\frac{d\log\frac{p_\nu+z}{p_\nu-z}}{d\log z}+F(z,\infty)\,\Im\,\frac{d\log\frac{p_\nu+z}{p_\nu-z}}{d\log z}<0\leq r\,\Re\,\frac{d\log\frac{p_\nu+z}{p_\nu-z}}{d\log z}+F(z,p_1)\,\Im\,\frac{d\log\frac{p_\nu+z}{p_\nu-z}}{d\log z};$$

Summation über ν ergibt die Behauptung

$$r\,\Re\,\frac{zf'(z)}{f(z)}+F(z,\infty)\,\Im\,\frac{zf'(z)}{f(z)}<0<r\,\Re\,\frac{zf'(z)}{f(z)}+F(z,p_1)\,\Im\,\frac{zf'(z)}{f(z)}.$$

Nach einem bekannten Satz über gewöhnliche Differentialgleichungen folgt hieraus: Legt man durch einen Punkt $z_0=r_0 e^{i\varphi_0}$ des ersten Quadranten Lösungen der drei Differentialgleichungen

$$\frac{dr}{d\varphi}=F(z,\infty);\quad \frac{dr}{d\varphi}=-r\,\frac{\Re\frac{zf'(z)}{f(z)}}{\Im\frac{zf'(z)}{f(z)}};\quad \frac{dr}{d\varphi}=F(z,p_1),$$

so wird im ersten Quadranten immer die Lösung der mittleren Gleichung zwischen den Lösungen der beiden anderen Gleichungen verlaufen. Verfolgen wir also die Kurve $\arg f(z)=\arg f(z_0)$ in Richtung wachsender φ von z_0 aus, so wird sie immer in dem Kreisabschnitt bleiben, der von der Geraden $\Im z=\Im z_0$ und dem Kreise durch p_1, $-p_1$, z_0 begrenzt wird, solange nur $\varphi<\frac{\pi}{2}$ bleibt, also z den ersten Quadranten nicht verläßt.

Wir betrachten nun eine Kurve $\arg f(z)=\mathrm{const}$, die sich soeben von der positiv reellen Achse abgelöst hat und in einem Punkt z_0 der oberen Halbebene angekommen ist. $\Psi\leq\frac{\pi}{2}$ sei die obere Grenze aller $\Phi\left(\varphi_0=\arg z_0<\Phi<\frac{\pi}{2}\right)$ mit der Eigenschaft, daß die Strahlen $\arg z=\varphi_0$ und $\arg z=\Phi$ durch eine Lösung von (34), die in z_0 beginnt, also durch eine durch z_0 gehende Kurve $\arg f(z)=\arg f(z_0)$, verbunden werden. Falls Ψ selbst kein Φ ist, gibt es doch eine Folge $\Phi_1<\Phi_2<\cdots\to\Psi$; die zugehörigen Kurvenbögen $\arg f(z)=\arg f(z_0)$ sind Verlängerungen voneinander (weil in der oberen Halbebene keine Verzweigung stattfinden kann, oder weil die Gleichung (34) nicht mehrere Lösungen durch einen Punkt haben kann); die Kurve $\arg f(z)=\arg f(z_0)$ läßt sich also für alle $\varphi<\Psi$ zeichnen (natürlich $\varphi\geq\varphi_0$). Was tut r, wenn φ gegen Ψ strebt? — r kann sich weder 0 noch ∞ nähern, weil die Kurve in dem oben erwähnten Kreisabschnitt verlaufen muß. r kann auch nicht zwischen verschiedenen Grenzen oszillieren, weil $\frac{dr}{d\varphi}$ sonst in der Nähe einer Strecke des Strahls $\arg z=\Psi$ im Widerspruch mit (34) beliebig groß würde. Folglich konvergiert $\lim_{\varphi\to\Psi} r=R$. Dann muß aber unser Kurvenbogen zuletzt mit der durch $Re^{i\Psi}$ gehenden Kurve $\arg f(z)=\arg f(Re^{i\Psi})$ übereinstimmen. Durch diese wird er also noch über $\varphi=\Psi$ hinaus verlängert. Das widerspricht nur dann nicht der Definition von Ψ, wenn $\Psi=\frac{\pi}{2}$ ist. Wir sehen also, daß jede von der positiv reellen Achse in den ersten Quadranten hineintretende Kurve $\arg f(z) = \text{const}$ wohlbehalten auf der imaginären Achse eintrifft.

Die Kurven $\arg f(z) = \text{const}$, die von der reellen Achse aus in den ersten Quadranten hineingetreten sind, folgen durchaus stetig aufeinander, sobald nur die reelle Achse selbst einmal hinter ihnen liegt. Wenn man ein kleines Stück über der reellen Achse nach $z = +\infty$ läuft und dabei die Kurven immer in der einen Richtung überschreitet, wächst $\arg f(z)$ stetig monoton ins Unendliche. Nun betrachten wir die Kurvenschar, wie sie auf einem Strahl $\arg z = \Phi \left(0 < \Phi \leq \frac{\pi}{2}\right)$ ankommt: Weil zwei Kurven einander nicht treffen und weil die Lösung von (34) stetig vom Anfangspunkt abhängt, überschreiten die Kurven ebenso, wie sie sich von der reellen Achse entfernt haben, in stetigem Aufeinanderfolgen den Strahl $\arg z = \Phi$, und längs dieses Strahls wächst $\arg f(z)$ monoton und stetig ins Unendliche. Der Stetigkeit wegen überdecken die Kurven ein zusammenhängendes Stück des Strahls, etwa $0 \leq |z| \leq R \leq \infty$; aber weil $\arg f(z)$, wenn man alle Kurven der Schar überschreitet, stetig unendlich wird, muß $R = \infty$ sein, denn sonst wäre $f(z)$ bei $z = R e^{i\Phi}$ nicht analytisch. Damit ist gezeigt, daß die Kurvenschar den ersten Quadranten ganz überdeckt.

Man hätte diese Ergebnisse wohl auch schneller beweisen können und das Wort Differentialgleichung vermeiden können. Ich habe versucht, meinen ursprünglichen Gedankengang mit möglichst wenig Abänderungen zu einem Beweis zu machen. Dieser Gedankengang ist einfach; wenn der Beweis trotzdem länger geworden ist als vielleicht ein weniger naheliegender, dann scheint dies ein Anlaß zu sein, einmal unsere mathematische Ausdrucksweise zu überprüfen.

Wir fassen besonders die Kurven ins Auge, auf denen $f(z)$ reell ist: das ist die reelle Achse und die Folge geschlossener zur reellen und zur imaginären Achse symmetrischer Kurven $\mathfrak{C}_1$ durch $\pm q_1$, $\mathfrak{C}_2$ durch $\pm q_2, \ldots$ Wir bezeichnen das Innere von $\mathfrak{C}_1$ mit $\mathfrak{J}'_1 + \mathfrak{A}'_1$ und für $\nu > 1$ das von $\mathfrak{C}_{\nu-1}$ und $\mathfrak{C}_\nu$ begrenzte $\pm p_\nu$ enthaltende Ringgebiet mit $\mathfrak{J}'_\nu + \mathfrak{A}'_\nu$; $\mathfrak{J}'_\nu$ soll immer derjenige Teil sein, wo $\mathfrak{J} f(z) > 0$ ist, $\mathfrak{A}'_\nu$ aber derjenige, wo $\mathfrak{J} f(z) < 0$ ist. $\mathfrak{J}'_\nu$ und $\mathfrak{A}'_\nu$ werden also durch die reelle Achse voneinander getrennt. In der oberen Halbebene folgen von innen nach außen, durch die $\mathfrak{C}_\nu$ voneinander getrennt, $\mathfrak{J}'_1, \mathfrak{A}'_2, \mathfrak{J}'_3, \mathfrak{A}'_4, \ldots$ aufeinander, in der unteren dagegen $\mathfrak{A}'_1, \mathfrak{J}'_2, \mathfrak{A}'_3, \mathfrak{J}'_4, \ldots$ (s. Abb. 1).

Nach dem sog. Satz von der Charakteristik des Randes bildet $w = f(z)$ jedes $\mathfrak{J}'_\nu$ auf die obere und jedes $\mathfrak{A}'_\nu$ auf die untere Halbebene der w-Ebene eineindeutig, konform und randstetig ab. Bei der eineindeutigen konformen Abbildung der punktierten z-Ebene auf eine Riemannsche Fläche $\mathfrak{W}$ durch $w = f(z)$ sind also die Bilder der $\mathfrak{J}'_\nu$ und $\mathfrak{A}'_\nu$ bekannt und auch die Bilder der Trennlinien: das Verhalten von $f(z)$ für reelle z wurde oben ausführlich diskutiert, und wir wissen auch, daß $\mathfrak{C}_\nu$ durch $f(z)$ auf die doppelt durchlaufene endliche Strecke zwischen $\frac{1}{r_\nu}$ und r_ν abgebildet wird (denn längs $\mathfrak{C}_\nu$ ist $f(z)$ außer bei $z = \pm q_\nu$ monoton). Wir wissen also, wie die oberen und unteren Halbebenen $\mathfrak{J}_\nu$, $\mathfrak{A}_\nu$, worauf $\mathfrak{J}'_\nu$ und $\mathfrak{A}'_\nu$ abgebildet werden, zu der Riemannschen Fläche zusammenzuheften sind.

Man nehme unendlich viele Exemplare $\mathfrak{J}_1, \mathfrak{J}_2, \ldots$ der oberen w-Halbebene und unendlich viele Exemplare $\mathfrak{A}_1, \mathfrak{A}_2, \ldots$ der unteren w-Halbebene. Man verhefte $\mathfrak{J}_1$ mit $\mathfrak{A}_1$ von $\frac{1}{r_1}$ über 0 und ∞ hinweg bis r_1 (r_ν hat das Vorzeichen $(-1)^\nu$); für $\nu > 1$ verhefte man $\mathfrak{J}_\nu$ mit $\mathfrak{A}_\nu$ längs der beiden getrennten Stücke der reellen Achse von $r_{\nu-1}$ über ∞ bis r_ν und von $\frac{1}{r_{\nu-1}}$ über 0 bis $\frac{1}{r_\nu}$. Dann verhefte man für $\nu = 1, 2, \ldots$ längs der endlichen Strecke von $\frac{1}{r_\nu}$ bis r_ν $\mathfrak{J}_\nu$ mit $\mathfrak{A}_{\nu+1}$ sowie $\mathfrak{A}_\nu$ mit $\mathfrak{J}_{\nu+1}$. So entsteht die Riemannsche Fläche $\mathfrak{W}$.

Diese Konstruktionsvorschrift ergibt für jede Folge $r_1 < -1$, $r_2 > 1$, $r_3 < -1$, $r_4 > 1, \ldots$ eine bestimmte offene einfach zusammenhängende Fläche $\mathfrak{W}$. Man kann sich ihre Blätter sogar räumlich übereinander geschichtet vorstellen. Wenn die Fläche zum parabolischen Typus gehört und wenn für die erzeugende Funktion $w = f(z)$ die Charakteristik $T(r, f)$ höchstens zum Minimaltypus der Ordnung 1 gehört, dann gehört $\mathfrak{W}$, wie man leicht sieht, zu den oben konstruierten Flächen, denn wegen der Symmetrien ist dann $f(az+b) = \prod_\nu \frac{p_\nu + z}{p_\nu - z}$. Unter welchen Voraussetzungen über die r_ν ist das der Fall?

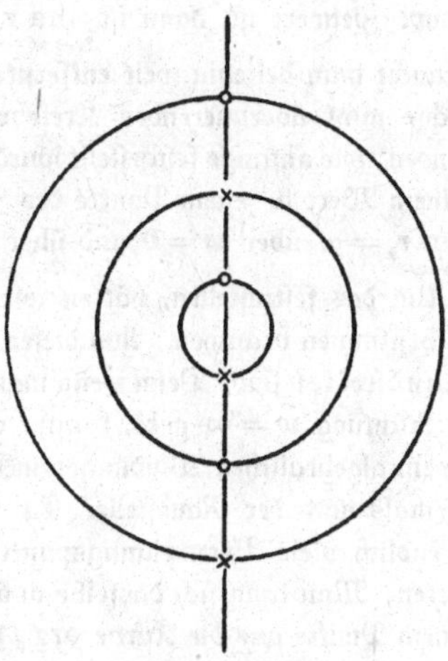

Abbildung 2.

Wir setzen z. B. $r_\nu = (-1)^\nu r$, $r > 1$ fest (z. B. $r = 1 + \sqrt{2}$). Es läßt sich zeigen, daß die zugehörige Fläche $\mathfrak{W}$ auf die punktierte Ebene abgebildet werden kann und daß die Charakteristik der erzeugenden Funktion nur wie $\mathrm{const} \cdot (\log r)^2$ wächst. Aber darauf kommt es hier nicht an [9]).

Auf einer beliebigen unserer durch $f(z) = \prod_\nu \frac{p_\nu + z}{p_\nu - z}$ erzeugten Flächen $\mathfrak{W}$ markieren wir in allen Blättern die Punkte $w = \pm i$ und verbinden sie längs der imaginären Achse und des Einheitskreises. Dieses Netz überträgt sich in die z-Ebene und bildet hier den nur bis auf Deformation bestimmten Streckenkomplex (s. Abb. 2). Wie üblich werden die z-Bilder von $w = i$ durch Kreise, die von $w = -i$ durch Kreuze kenntlich gemacht. Dieser Streckenkomplex kennzeichnet das Verzweigungsverhalten der Fläche $\mathfrak{W}$ vollständig; man muß nur in die Vierecke des Komplexes, die ja den quadratischen Verzweigungspunkten entsprechen, die Lage des Windungspunktes eintragen.

Im Falle $r_\nu = (-1)^\nu r$ handelt es sich um den Speiser-Elfvingschen Streckenkomplex. Die allgemeine Fläche $\mathfrak{W}$ kann aus dieser besonderen hergestellt werden, indem man das ν-te algebraische Windungspunktepaar von $(-1)^\nu r$, $\frac{(-1)^\nu}{r}$ nach r_ν, $\frac{1}{r_\nu}$ schiebt. —

Wir suchen jetzt die Zielwege von $f(z)$, also die ins Unendliche ziehenden Kurven der z-Ebene, auf denen $f(z)$ einen Grenzwert hat. Für jedes φ bilden die Kurven $\arg f(z) = \pm\varphi$ ein System geschlossener Kurven, das ein Zielweg immer wieder überschreiten muß; jeder Zielwert muß also auf $\arg w = \pm\varphi$ liegen. Das gilt für jedes φ, folglich kommen nur $w = 0$ und $w = \infty$ als Zielwerte in Frage. Wir wissen schon, daß beide dann und nur dann Zielwerte sind, wenn $\lim_{\nu\to\infty} r_\nu = \infty$ ist: dann strebt $f(z)$ längs der positiv reellen Achse gegen ∞, längs der negativ reellen Achse gegen 0.

[9]) Vgl. E. Ullrich (s. Anm. 5) und die Schlußbemerkung von O. Teichmüller, Eine Anwendung quasikonformer Abbildungen auf das Typenproblem. Deutsche Mathematik 2 (1937), S. 321—327.

Die Randstellen der Riemannschen Fläche $\mathfrak{W}$ entsprechen eineindeutig den Klassen äquivalenter Zielwege. Dabei heißen zwei Zielwege äquivalent, wenn man sie außerhalb eines beliebig großen Kreises der z-Ebene noch durch stetige Kurven verbinden kann, auf denen sich $f(z)$ beliebig wenig vom Zielwert unterscheidet. In diesem Sinne ist jeder Zielweg von $f(z)$ mit dem Zielwert ∞ zur positiv reellen Achse äquivalent. Denn wenn ∞ überhaupt Zielwert ist, dann ist $\lim\limits_{\nu\to\infty} r_\nu = \infty$; die positiv reelle Achse ist also Zielweg. Ferner braucht man beliebig weit entfernte Punkte des Zielwegs nur durch einen die negativ reelle Achse nicht überquerenden Kreisbogen $|z| = \mathrm{const}$ mit der positiv reellen Achse zu verbinden: wie anfangs festgestellt wurde, ist $|f(z)|$ auf diesem Kreisbogen monoton und darum $\geq$ seinem Wert in jenem Punkte des Zielwegs, folglich beliebig groß. $\mathfrak{W}$ hat mithin im Falle $\lim\limits_{\nu\to\infty} r_\nu = \infty$ über $w = 0$ und über $w = \infty$ je eine Randstelle.

Um das festzustellen, hätten wir die genaue Bauart der Riemannschen Fläche $\mathfrak{W}$ nicht zu bestimmen brauchen. Aus dieser erkennen wir aber, daß die beiden Randstellen indirekte Randstellen sind. Denn wenn man von einem beliebigen inneren Punkt der Fläche geradeaus in Richtung $w = \infty$ geht, kommt man, ohne Rücksicht darauf, in welchem Blatt man von einem algebraischen Windungspunkt aus weitergeht, immer zu einem inneren Punkt $w = \infty$, niemals nach der Randstelle. Ein Weg, der auf der Fläche in den Randpunkt läuft, muß unendlich viele Verzweigungspunkte umwinden und immer wieder in andere Blätter eintreten. Man kann sich dasselbe auch in der z-Ebene klarmachen: Verfolgt man von irgendeinem Punkte aus die Kurve $\arg f(z) = \mathrm{const}$ in Richtung wachsender $|f|$, so gelangt man immer in einen Pol p_ν, nie nach $z = \infty$; hierbei ist es einerlei, wie man in einem Kreuzungspunkt weitergeht.

Wir fassen einige Hauptergebnisse, die sich auf den Fall $p_\nu = \nu^{\frac{1}{\mu}}$ beziehen, zusammen:

$$f(z) = \prod_{\nu=1}^{\infty} \frac{\nu^{\frac{1}{\mu}} + z}{\nu^{\frac{1}{\mu}} - z}$$

ist für $0 < \mu < 1$ eine gebrochene Funktion mit einer Charakteristik

$$T(r, f) \sim \frac{1}{\mu \cos \frac{\pi\mu}{2}} r^\mu .$$

Sie hat bei 0 und ∞ je den Defekt $1 - \cos\frac{\pi\mu}{2}$; der Gesamtindex der algebraischen Verzweigtheit ist $2\cos\frac{\pi\mu}{2}$. Die von ihr erzeugte Riemannsche Fläche hat die oben beschriebene Bauart. Über $w = 0$ und über $w = \infty$ liegen nur schlichte Blätter und je eine indirekte Randstelle.

Wir geben nun ein Beispiel einer gebrochenen Funktion endlicher Ordnung an, für die ∞ defekter Wert, aber nicht Zielwert ist:

$$f(z) = \sum_{k=0}^{\infty} \left(\frac{3 \cdot 4^k}{z - 5 \cdot 4^k}\right)^{2^k} + \sum_{k=0}^{\infty} \left(\frac{6 \cdot 4^k}{z + 10 \cdot 4^k}\right)^{2^k} .$$

Der allgemeine Summand ist für $k \to \infty$ asymptotisch gleich $\left(\frac{3}{5}\right)^{2^k}$, und zwar gleichmäßig für $|z| \leq R$; es findet also äußerst schnelle Konvergenz statt. Der einzelne Partialbruch ist in dem Kreise $|z-5\cdot 4^k|<3\cdot 4^k$ bzw. $|z+10\cdot 4^k|<6\cdot 4^k$ absolut >1; außerhalb desselben strebt er gegen 0, und diese Kreise sind längs der positiv bzw. negativ reellen Achse lückenlos nebeneinander gelegt. Die Kreise sind so auf die positive und die negative reelle Achse verteilt, daß jeder Kreis $|z|=r\geq 3$ beträchtlich in einen eindringen muß.

Alle weiteren Überlegungen fußen auf der folgenden Tatsache:

Die Summe aller Summanden von $f(z)$, die absolut ≤ 1 sind, ist beschränkt, $\leq R$. Das heißt

(35)
$$\begin{aligned} \left|f(z)-\left(\frac{3\cdot 4^k}{z-5\cdot 4^k}\right)^{2^k}\right| &\leq R \quad \text{für } |z-5\cdot 4^k|\leq 3\cdot 4^k;\\ \left|f(z)-\left(\frac{6\cdot 4^k}{z+10\cdot 4^k}\right)^{2^k}\right| &\leq R \quad \text{für } |z+10\cdot 4^k|\leq 6\cdot 4^k;\\ |f(z)| &\leq R \quad \text{außerhalb dieser Kreise.}\end{aligned}$$

Denn wir bemerkten schon, daß diese Kreise nicht übereinander greifen.

Auch wenn man die Kreise $^4/_3$-mal so groß macht, also die Kreise

$$|z-5\cdot 4^k|\leq 4\cdot 4^k \quad \text{und} \quad |z+10\cdot 4^k|\leq 8\cdot 4^k$$

betrachtet, liegt jedes z höchstens in zwei von diesen Kreisen. Höchstens zwei Summanden von $f(z)$ haben also einen Betrag $>\left(\frac{3}{4}\right)^{2^k}$. Die Summe der Summanden von $f(z)$, die absolut ≤ 1 sind, ist also $\leq 2+2\sum\limits_{k=0}^{\infty}\left(\frac{3}{4}\right)^{2^k}=R=\text{const.}$ —

Es ist

$$\begin{aligned} n(r,f) &= \sum_{k=0}^{\left[\frac{\log r-\log 5}{\log 4}\right]} 2^k+\sum_{k=0}^{\left[\frac{\log r-\log 10}{\log 4}\right]} 2^k \leq 2^{\frac{\log r-\log 5}{\log 4}+1}+2^{\frac{\log r-\log 10}{\log 4}+1}-2\\ &= 2\sqrt{\frac{r}{5}}+2\sqrt{\frac{r}{10}}-2\leq \text{const}\cdot\sqrt{r},\end{aligned}$$

folglich auch

(36)
$$N(r,f)\leq \text{const}\cdot\sqrt{r}.$$

Nun muß $m(r,f)$ abgeschätzt werden. Es ist

$$m(r,f)\geq 2^k\cdot\frac{1}{2\pi}\int\limits_{|re^{i\varphi}-5\cdot 4^k|<3\cdot 4^k}\log\frac{3\cdot 4^k}{|re^{i\varphi}-5\cdot 4^k|}\,d\varphi-\log 2R \qquad \text{für } 3\cdot 4^k\leq r\leq 6\cdot 4^k;$$

$$m(r,f)\geq 2^k\cdot\frac{1}{2\pi}\int\limits_{|re^{i\varphi}+10\cdot 4^k|<6\cdot 4^k}\log\frac{6\cdot 4^k}{|re^{i\varphi}+10\cdot 4^k|}\,d\varphi-\log 2R \qquad \text{für } 6\cdot 4^k\leq r\leq 12\cdot 4^k.$$

Die Integrale rechts hängen aber nur von $\frac{r}{4^k}$ ab und sind unter den angegebenen Voraussetzungen über r nach unten beschränkt:

$$m(r,f)\geq \text{const}\cdot 2^k-\log 2R \qquad \text{für } 3\cdot 4^k\leq r\leq 12\cdot 4^k.$$

Aber jedes $r\geq 3$ liegt in einem Intervall $3\cdot 4^k\leq r\leq 12\cdot 4^k$, und es ist $2^k\geq\sqrt{\frac{r}{12}}$, folglich

$$m(r,f)\geq \text{const}\cdot\sqrt{\frac{r}{12}}-\log 2R$$

oder

(37)
$$m(r,f)\geq \text{const}\cdot\sqrt{r} \quad \text{für } r\geq 3.$$

Ganz ähnlich zeigt man

$$m(r,f) \leq \text{const} \cdot \sqrt{r} \quad \text{für } r \geq 3.$$

$f(z)$ hat also die Ordnung $\frac{1}{2}$. Aus (36) und (37) folgt

$$\delta(\infty) = \liminf_{r\to\infty} \frac{m(r,f)}{N(r,f)} > 0.$$

Dagegen ist nach (35) $|f(z)| \leq R$ auf der imaginären Achse sowie auf den Halbkreisen

$$|z| = 2 \cdot 4^k, \ \Re z \geq 0 \quad \text{und} \quad |z| = 4^k, \ \Re z \leq 0.$$

Jede in der z-Ebene nach ∞ laufende stetige Kurve $\mathfrak{C}$ muß dies Kurvensystem immer wieder überschreiten, $f(z)$ kann also längs $\mathfrak{C}$ nicht gegen ∞ streben: ∞ ist kein Zielwert von $f(z)$. Auf der Riemannschen Fläche, die $f(z)$ erzeugt, liegen über dem Kreise $|w| > R$ nur Inseln und keine Zungen. Man sieht auch leicht ein, daß die über $|w| > 2R$ liegenden Inseln einfach zusammenhängend sind und darum außer ∞ keine Windungspunkte enthalten. In Ullrichs Bezeichnungsweise [10]) ist ∞ eine algebraische Sorte wachsender Ordnung.

[10]) E. Ullrich, Über eine Anwendung des Verzerrungssatzes auf meromorphe Funktionen. J. reine angew. Math. 166 (1932), S. 220—234.

18.
Erreichbare Randpunkte

Deutsche Math. *4*, 455–461 (1939)

Hier soll gezeigt werden, daß man die erreichbaren Randpunkte eines Gebiets (oder einer Riemannschen Fläche) auch durch Abschließen des Gebiets nach Einführung einer gewissen neuen Metrik *) erhalten kann. Im Anschluß daran gehen wir kurz auf die Randzuordnung bei konformer Abbildung ein.

Die einzige vollständige und allgemeine Darstellung dieses Gegenstandes findet sich bei Bieberbach[1]). Weil aber bekannt geworden ist[2]), daß sich darin Fehler befinden, habe ich die in Frage kommenden Stellen dieses Lehrbuchs wiederholt kritisch durchgelesen und gebe am Schluß im Einvernehmen mit dem Verf. einige Berichtigungen. Am Beweis des Hauptergebnisses, der eineindeutigen Beziehung zwischen den erreichbaren Randpunkten der Überlagerungsfläche und gewissen Randpunkten des Einheitskreises, ist allerdings nichts auszusetzen gewesen.

$\mathfrak{F}$ sei eine Riemannsche Fläche über der z-Ebene; natürlich kann $\mathfrak{F}$ auch ein schlichtes Gebiet sein. Wir werden meist die Punkte von $\mathfrak{F}$ mit kleinen deutschen Buchstaben wie $\mathfrak{z}$ und die Punkte der Ebene, über denen sie liegen, mit den entsprechenden kleinen lateinischen Buchstaben wie z bezeichnen.

Man führt die erreichbaren Randpunkte von $\mathfrak{F}$ allgemein folgendermaßen ein: eine stetige Kurve $\mathfrak{c}(t)$ $(\alpha \leq t < \beta)$ auf $\mathfrak{F}$ „konvergiert für $t \to \beta$ gegen den Rand", wenn es zu jeder kompakten Teilmenge $\mathfrak{A}$ von $\mathfrak{F}$ ein $\delta > 0$ so gibt, daß $\mathfrak{c}(t)$ für $t > \beta - \delta$ nicht mehr auf $\mathfrak{A}$ liegt. ($\mathfrak{A}$ heißt kompakt, wenn jede unendliche Folge von Punkten von $\mathfrak{A}$ eine Teilfolge hat, die gegen einen Punkt von $\mathfrak{A}$ konvergiert.) Eine stetige Kurve $c(t)$ der Ebene $(\alpha \leq t < \beta)$ konvergiert für $t \to \beta$ gegen r, wenn es zu jedem $\varepsilon > 0$ ein $\delta > 0$ so gibt, daß $c(t)$ von r für $t > \beta - \delta$ eine Entfernung $< \varepsilon$ hat. (Unter „Entfernung" hat man den gewöhnlichen Euklidischen Abstand oder, wenn das Unendliche gleichberechtigt erscheinen soll, den Kugelabstand zu verstehen.) Wenn eine stetige Kurve $\mathfrak{c}(t)$ auf $\mathfrak{F}$ gegen den Rand konvergiert und wenn ihre Spur $c(t)$ in der z-Ebene gegen einen Punkt r konvergiert, dann wird der Kurve $\mathfrak{c}(t)$ ein „erreichbarer Randpunkt" $\mathfrak{r}$ von $\mathfrak{F}$ zugeordnet, und man sagt, $\mathfrak{c}(t)$ konvergiere für $t \to \beta$ gegen $\mathfrak{r}$. Die ε-Nachbarschaft $\mathfrak{N}_\varepsilon(\mathfrak{r})$ von $\mathfrak{r}$ ist die Menge aller Punkte von $\mathfrak{F}$, die man durch eine auf $\mathfrak{F}$ und über dem Kreise um r mit dem Halbmesser ε ver-

*) Zus. b. d. Korr. Durch Zufall erfahre ich, daß eine solche Metrik schon von St. Mazurkiewicz eingeführt, aber in ganz anderem Sinne angewandt wurde: St. Mazurkiewicz, Sur les lignes de Jordan. Fund. Math. 1. S. auch G. T. Whyburn, A certain transformation on metric spaces. Amer. J. Math. 54.

[1]) L. Bieberbach, Lehrbuch der Funktionentheorie II. Band: Moderne Funktionentheorie, 1. Aufl., Leipzig und Berlin 1927.

[2]) Z. B. R. Nevanlinna, Das harmonische Maß von Punktmengen und seine Anwendung in der Funktionentheorie, 8. Skand. Mathematikerkongreß (Stockholm 1934), Anm. 1 auf S. 126. Dort steht allerdings, Bieberbach habe den Begriff der Umgebung eines erreichbaren Randpunktes unrichtig aufgefaßt: Der Ansicht schließe ich mich nicht an; hoffentlich trägt die vorliegende Darstellung zur Klärung bei.

Inzwischen erscheint R. Nevanlinna, Über die Lösbarkeit des Dirichletschen Problems für eine Riemannsche Fläche, Göttinger Nachrichten N. F. 1, S. 181—193; es geht daraus hervor, daß Nevanlinna einen anderen Begriff des erreichbaren Randpunkts hat als wir im Anschluß an L. Bieberbach, Lehrbuch der Funktionentheorie I. Band: Elemente der Funktionentheorie, 3. Aufl., Leipzig und Berlin 1930, Abschnitt VIII, § 4.

laufende Kurve mit dem Ende von $c(t)$ $(\beta-\delta<t<\beta)$, das ganz über dem Kreise um r mit dem Halbmesser ε liegt, verbinden kann. Zwei stetige Kurven $c_1(t)$ und $c_2(t)$ mögen die erreichbaren Randpunkte $\mathfrak{r}_1$, $\mathfrak{r}_2$ bestimmen; diese heißen dann und nur dann gleich, wenn zwei Nachbarschaften $\mathfrak{N}_{\varepsilon_1}(\mathfrak{r}_1)$, $\mathfrak{N}_{\varepsilon_2}(\mathfrak{r}_2)$ nie fremd sind: dann stimmen die Spurpunkte r_1, r_2 von $\mathfrak{r}_1$, $\mathfrak{r}_2$ überein, und es ist $\mathfrak{N}_\varepsilon(\mathfrak{r}_1)=\mathfrak{N}_\varepsilon(\mathfrak{r}_2)$. Es empfiehlt sich, als Umgebung $\mathfrak{U}_\varepsilon(\mathfrak{r})$ die Menge zu bezeichnen, die aus $\mathfrak{N}_\varepsilon(\mathfrak{r})$ und allen erreichbaren Randpunkten aller $\mathfrak{N}_{\varepsilon'}(\mathfrak{r})$ für $\varepsilon'<\varepsilon$ zusammengesetzt ist. Für Punkte von $\mathfrak{F}$ ist ein Umgebungsbegriff schon erklärt; man sieht sofort, daß die Umgebungsaxiome erfüllt sind. Übrigens sind die Umgebungsaxiome auch schon dann erfüllt, wenn man nur die Nachbarschaften $\mathfrak{N}_\varepsilon(\mathfrak{r})$ als Umgebungen von $\mathfrak{r}$ bezeichnet; aber dann verzichtet man auf den Begriff einer konvergenten Folge erreichbarer Randpunkte.

Wir wollen hier auf eine andere Art die erreichbaren Randpunkte einführen und werden dann zeigen, daß beide Definitionen gleichbedeutend sind.

$\mathfrak{z}_1$ und $\mathfrak{z}_2$ seien zwei Punkte auf $\mathfrak{F}$. Wir verbinden sie durch eine stetige Kurve $c(t)$ $(\alpha\leq t\leq\beta;\ c(\alpha)=\mathfrak{z}_1,\ c(\beta)=\mathfrak{z}_2)$; der Durchmesser dieser Kurve ist das Maximum des Abstandes von zwei Punkten $c(t_1)$, $c(t_2)$ ihrer Spur. Unter der $\mathfrak{F}$-Entfernung $d(\mathfrak{z}_1,\mathfrak{z}_2)$ von $\mathfrak{z}_1$, $\mathfrak{z}_2$ verstehen wir die untere Grenze der Durchmesser aller $\mathfrak{z}_1$ und $\mathfrak{z}_2$ auf $\mathfrak{F}$ verbindenden stetigen Kurven. Offenbar ist $d(\mathfrak{z}_1,\mathfrak{z}_2)=d(\mathfrak{z}_2,\mathfrak{z}_1)$. Ferner ist $d(\mathfrak{z}_1,\mathfrak{z}_2)+d(\mathfrak{z}_2,\mathfrak{z}_3)\geq d(\mathfrak{z}_1,\mathfrak{z}_3)$; denn verbindet man $\mathfrak{z}_1$ mit $\mathfrak{z}_2$ durch eine stetige Kurve mit einem Durchmesser $<d(\mathfrak{z}_1,\mathfrak{z}_2)+\varepsilon$ und $\mathfrak{z}_2$ mit $\mathfrak{z}_3$ durch eine stetige Kurve mit einem Durchmesser $<d(\mathfrak{z}_2,\mathfrak{z}_3)+\varepsilon$, so verbinden beide zusammen $\mathfrak{z}_1$ und $\mathfrak{z}_3$, und zwei Punkte derselben Kurve haben eine Entfernung $<d(\mathfrak{z}_1,\mathfrak{z}_2)+\varepsilon$ bzw. $<d(\mathfrak{z}_2,\mathfrak{z}_3)+\varepsilon$, während von zwei Punkten auf verschiedenen Kurven der eine eine Entfernung $<d(\mathfrak{z}_1,\mathfrak{z}_2)+\varepsilon$, der andere eine Entfernung $<d(\mathfrak{z}_2,\mathfrak{z}_3)+\varepsilon$ von $\mathfrak{z}_2$ hat, so daß ihre Entfernung voneinander $<d(\mathfrak{z}_1,\mathfrak{z}_2)+d(\mathfrak{z}_2,\mathfrak{z}_3)+2\varepsilon$ ist; wir haben also $\mathfrak{z}_1$ und $\mathfrak{z}_3$ durch eine stetige Kurve mit einem Durchmesser $<d(\mathfrak{z}_1,\mathfrak{z}_2)+d(\mathfrak{z}_2,\mathfrak{z}_3)+2\varepsilon$ verbunden. Schließlich gibt es zu jedem $\mathfrak{z}_1$ auf $\mathfrak{F}$ ein $\varepsilon>0$ so, daß $\mathfrak{F}$ einen schlichten oder endlich oft gewundenen Kreis über dem Kreise um z_1 mit dem Halbmesser ε als Umgebung von $\mathfrak{z}_1$ enthält; wenn $d(\mathfrak{z}_1,\mathfrak{z}_2)<\varepsilon$ ist, liegt $\mathfrak{z}_2$ in diesem Kreis, und hier ist $d(\mathfrak{z}_1,\mathfrak{z}_2)$ gleich der Entfernung von z_1 und z_2. Aus $d(\mathfrak{z}_1,\mathfrak{z}_2)=0$ folgt insbesondere $\mathfrak{z}_1=\mathfrak{z}_2$. Wir sehen, daß die Abstandsaxiome erfüllt sind und daß man ein mit dem ursprünglich auf $\mathfrak{F}$ gegebenen äquivalentes Umgebungssystem erhält, wenn man jedem $\mathfrak{z}_1$ für alle ϱ die Menge der $\mathfrak{z}_2$ mit $d(\mathfrak{z}_1,\mathfrak{z}_2)<\varrho$ als Umgebung zuordnet.

Nun schließen wir $\mathfrak{F}$ einfach hinsichtlich dieses neuen Entfernungsbegriffs ab. Eine Folge $\mathfrak{z}_n$ heißt Fundamentalfolge, wenn $\lim\limits_{m,n\to\infty} d(\mathfrak{z}_m,\mathfrak{z}_n)=0$ ist; zwei Fundamentalfolgen $\mathfrak{z}_n$, $\mathfrak{z}_n'$ heißen äquivalent, wenn $\lim\limits_{n\to\infty} d(\mathfrak{z}_n,\mathfrak{z}_n')=0$ ist. Die Fundamentalfolgen zerfallen in Klassen äquivalenter. Eine Fundamentalfolge, die mit der Folge $\mathfrak{z}_n=\mathfrak{z}$ äquivalent ist, konvergiert gegen $\mathfrak{z}$; den Klassen äquivalenter Fundamentalfolgen, die nicht gegen ein $\mathfrak{z}$ konvergieren, werden eineindeutig „erreichbare Randpunkte" $\mathfrak{r}$ zugeordnet. Bestimmen die Fundamentalfolgen $\mathfrak{z}_n$, $\mathfrak{z}_n'$ die Punkte $\mathfrak{p}$, $\mathfrak{p}'$ (Innenpunkte oder erreichbare Randpunkte von $\mathfrak{F}$), so ist $d(\mathfrak{p},\mathfrak{p}')=\lim\limits_{n\to\infty} d(\mathfrak{z}_n,\mathfrak{z}_n')$. Die Umgebung $\mathfrak{U}_\varepsilon(\mathfrak{p})$ ist jetzt die Menge aller $\mathfrak{p}'$ mit $d(\mathfrak{p},\mathfrak{p}')<\varepsilon$.

Nun soll gezeigt werden, daß beide Definitionen der erreichbaren Randpunkte auf dasselbe herauskommen. Wenn die Kurve $c(t)$ $(\alpha\leq t<\beta)$ nach der alten Definition den erreichbaren Randpunkt $\mathfrak{r}$ bestimmt, dann sind $c(t_1)$ und $c(t_2)$, sofern nur t_1 und t_2 hinreichend nahe an β sind, durch einen Bogen von $c(t)$ verbunden, der ganz über dem Kreise um r mit dem Halbmesser ε liegt; folglich $d(c(t_1),c(t_2))<2\varepsilon$: $c(t)$ konvergiert im Sinne unserer Metrik für $t \to \beta$ gegen einen „erreichbaren Randpunkt" nach der neuen Definition, der etwa durch die Folge $\mathfrak{z}_n = \mathfrak{c}\left(\beta - \frac{1}{n}\right)$ bestimmt wird und den wir wieder $\mathfrak{r}$ nennen. ($\mathfrak{c}(t)$ konvergiert für $t \to \beta$ nicht etwa gegen einen Innenpunkt der Fläche $\mathfrak{F}$, denn $\mathfrak{c}(t)$ konvergiert gegen den Rand.) Wenn zwei Kurven $\mathfrak{c}(t)$ $(\alpha \leq t < \beta)$ und $\mathfrak{c}'(t)$ $(\alpha' \leq t < \beta')$ denselben erreichbaren Randpunkt $\mathfrak{r}$ bestimmen, kann man $\mathfrak{c}\left(\beta - \frac{1}{n}\right)$ und $\mathfrak{c}'\left(\beta' - \frac{1}{n}\right)$ für hinreichend großes n in der Nachbarschaft $\mathfrak{N}_\varepsilon(\mathfrak{r})$ durch eine Kurve mit einem Durchmesser $< 2\,\varepsilon$ verbinden; darum ist $d\left(\mathfrak{c}\left(\beta - \frac{1}{n}\right), \mathfrak{c}'\left(\beta' - \frac{1}{n}\right)\right) < 2\,\varepsilon$: die beiden Fundamentalfolgen sind äquivalent und bestimmen auch nach der neuen Definition denselben erreichbaren Randpunkt. Wenn umgekehrt zwei Kurven $\mathfrak{c}(t)$, $\mathfrak{c}'(t)$ zwei erreichbare Randpunkte $\mathfrak{r}$, $\mathfrak{r}'$ bestimmen, die nach der neuen Definition gleich sind, dann gibt es zu jedem $\varepsilon > 0$ ein so großes n, daß $\mathfrak{c}(t)$ für $t \geq \beta - \frac{1}{n}$ in $\mathfrak{N}_\varepsilon(\mathfrak{r})$ und $\mathfrak{c}'(t)$ für $t \geq \beta' - \frac{1}{n}$ in $\mathfrak{N}_\varepsilon(\mathfrak{r}')$ bleibt und $\mathfrak{c}\left(\beta - \frac{1}{n}\right)$ sich mit $\mathfrak{c}'\left(\beta' - \frac{1}{n}\right)$ durch eine Kurve mit einem Durchmesser $< \varepsilon$ verbinden läßt: dann sind aber die 2ε-Nachbarschaften $\mathfrak{N}_{2\varepsilon}(\mathfrak{r})$ und $\mathfrak{N}_{2\varepsilon}(\mathfrak{r}')$ nicht fremd, auch nach der alten Definition ist $\mathfrak{r} = \mathfrak{r}'$. Nun müssen wir nur noch zeigen, daß jeder erreichbare Randpunkt nach der neuen Definition auch durch eine Kurve $\mathfrak{c}(t)$ bestimmt wird. $\mathfrak{z}_n$ konvergiere gegen $\mathfrak{r}$; für $m, n \geq n_i$ sei $d(\mathfrak{z}_m, \mathfrak{z}_n) < \frac{1}{2^i}$. Wir verbinden $\mathfrak{z}_n$ mit $\mathfrak{z}_{n+1}$ durch eine stetige Kurve, die im Falle $n > n_i$ einen Durchmesser $< \frac{1}{2^i}$ hat; diese Kurven setzen sich zu der gesuchten Kurve $\mathfrak{c}(t)$ $(\alpha \leq t < \beta)$ zusammen. Denn $\mathfrak{c}(t)$ bleibt, nachdem sie $\mathfrak{z}_n$ passiert hat, über dem Kreise um r mit dem Halbmesser $\frac{2}{2^i}$ und konvergiert gegen den Rand, weil keine Teilfolge $\mathfrak{c}(t_\nu)$ mit $t_\nu \to \beta$ gegen einen Innenpunkt von $\mathfrak{F}$ streben kann; $\mathfrak{c}(t)$ bestimmt also einen erreichbaren Randpunkt, und zwar gerade $\mathfrak{r}$, weil die $\mathfrak{z}_n$ längs $\mathfrak{c}(t)$ aufgereiht sind.

Die alten Umgebungen $\mathfrak{U}_\varepsilon^{(a)}(\mathfrak{r})$ und die neuen Umgebungen $\mathfrak{U}_\varepsilon^{(n)}(\mathfrak{r})$ brauchen allerdings nicht übereinzustimmen; es gilt nur

$$\mathfrak{U}_\varepsilon^{(n)}(\mathfrak{r}) \leq \mathfrak{U}_\varepsilon^{(a)}(\mathfrak{r}) \leq \mathfrak{U}_{2\varepsilon}^{(n)}(\mathfrak{r}).$$

Denn $\mathfrak{U}^{(a)}$ war, kurz gesagt, die Menge der $\mathfrak{p}$, die man über den offenen Kreis um r mit dem Halbmesser ε mit $\mathfrak{r}$ verbinden kann, während $\mathfrak{U}^{(n)}$ die Menge der $\mathfrak{p}$ war, die man mit $\mathfrak{r}$ durch eine Kurve mit einem Durchmesser $< \varepsilon$ verbinden kann.

Nun nehmen wir anstatt der beliebigen Fläche $\mathfrak{F}$ insbesondere ein schlichtes Gebiet $\mathfrak{G}$. Da haben wir zwei Randpunktbegriffe: einmal den allgemeinen Randpunktbegriff (Häufungspunkt von Punkten von $\mathfrak{G}$, der selbst nicht zu $\mathfrak{G}$ gehört) und außerdem den Begriff des erreichbaren Randpunkts. Das Verhältnis der beiden wird am besten durch eine allgemeine Überlegung klar.

$\mathfrak{R}$ sei ein Raum, in dem zwei verschiedene Entfernungsbegriffe $d_1(P, Q)$ und $d_2(P, Q)$ gegeben sind; d_1 und d_2 sollen beide die Abstandsaxiome erfüllen. Die Metrik d_2 heißt stärker als die Metrik d_1, wenn es zu jedem $\varepsilon > 0$ ein $\delta > 0$ so gibt, daß aus $d_2(P, Q) < \delta$ folgt $d_1(P, Q) < \varepsilon$. Man kann dasselbe so ausdrücken: der Raum $\mathfrak{R}$ mit der Metrik d_2 ist eineindeutig durch die Identität $P \to P$ auf den Raum $\mathfrak{R}$ mit der Metrik d_1 (der sich als metrischer Raum von jenem unterscheidet) abgebildet; d_2 ist stärker als d_1, wenn diese Abbildung $(\mathfrak{R}, d_2) \to (\mathfrak{R}, d_1)$ gleichmäßig stetig ist. (Daß diese Abbildung in beiden Richtungen stetig ist, ist gleichbedeutend damit, daß die von d_1 und von d_2 erzeugten Umgebungssysteme in $\mathfrak{R}$ äquivalent sind.)

Wie oben schließen wir nun den Raum $\mathfrak{R}$ mit Hilfe der Fundamentalfolgen ab: bei Benutzung der Metrik d_i möge so $\mathfrak{R}_i \geq \mathfrak{R}$ entstehen ($i = 1, 2$). Wir wollen das Verhältnis von $\mathfrak{R}_1$ und $\mathfrak{R}_2$ untersuchen. — Weil d_2 stärker als d_1 ist, ist jede d_2-Fundamentalfolge auch eine d_1-Fundamentalfolge, und äquivalente d_2-Fundamentalfolgen sind auch d_1-äquivalent. Die oben betrachtete gleichmäßig stetige Abbildung von $(\mathfrak{R}, d_2)$ auf $(\mathfrak{R}, d_1)$ setzt sich so zu einer (ebenfalls gleichmäßig stetigen) Abbildung von $(\mathfrak{R}_2, d_2)$ auf eine Teilmenge von $(\mathfrak{R}_1, d_1)$ fort, die aber nicht eineindeutig zu sein braucht. Zwischen $\mathfrak{R}_1$ und $\mathfrak{R}_2$ bestehen also zwei Unterschiede: erstens kann es d_1-Fundamentalfolgen geben, die keine d_2-Fundamentalfolgen sind; ihnen entsprechen Punkte von $\mathfrak{R}_1$, denen keine Punkte von $\mathfrak{R}_2$ entsprechen; und zweitens kann es nichtäquivalente d_2-Fundamentalfolgen geben, die d_1-äquivalent sind: dann entsprechen verschiedenen Punkten von $\mathfrak{R}_2$ gleiche von $\mathfrak{R}_1$. Dazu kommt noch die dritte Möglichkeit, daß eine d_2-Fundamentalfolge zwar nicht konvergiert, wohl aber als d_1-Fundamentalfolge konvergiert: dann entspricht einem nicht zu $\mathfrak{R}$ gehörenden Punkt von $\mathfrak{R}_2$ ein zu $\mathfrak{R}$ gehörender Punkt von $\mathfrak{R}_1$. Aber diese Möglichkeit ist für uns belanglos: sie tritt bestimmt nicht ein, wenn auch die durch die Identität vermittelte Abbildung $(\mathfrak{R}, d_1) \to (\mathfrak{R}, d_2)$ wenigstens stetig ist.

Nun nehmen wir für den Raum $\mathfrak{R}$ das Gebiet $\mathfrak{G}$ und für d_1 den Abstand in der z-Ebene, für d_2 den oben definierten Abstandsbegriff $d(z_1, z_2)$. Dann gilt allgemein $d_2 \geq d_1$, d_2 ist also stärker als d_1; in einer Umgebung jedes Punktes von $\mathfrak{G}$ ist aber $d_2 = d_1$. Durch Abschließen mit der Metrik d_1 erhält man die gewöhnlichen Randpunkte r von $\mathfrak{G}$, d. h. die nicht zu $\mathfrak{G}$ gehörenden Häufungspunkte von $\mathfrak{G}$; durch Abschließen mit der Metrik d_2 entstehen, wie oben ausgeführt wurde, die erreichbaren Randpunkte $\mathfrak{r}$ von $\mathfrak{G}$. Nach den allgemeinen Ausführungen „liegt" jedes $\mathfrak{r}$ „über" einem r, wie uns schon bekannt ist; aber wir müssen damit rechnen, daß erstens über gewissen r keine $\mathfrak{r}$ liegen (nichterreichbare Randpunkte) und daß zweitens verschiedene $\mathfrak{r}$ über demselben r liegen können (von mehreren Seiten erreichbare Randpunkte). Beides kommt vor.

Zum Vergleich ziehen wir noch einen dritten Abstandsbegriff heran: $d_3(z_1, z_2)$ sei die untere Grenze der Längen aller z_1 mit z_2 in $\mathfrak{G}$ verbindenden streckbaren Kurven. Offenbar sind die Abstandsaxiome erfüllt; in einer Umgebung jedes Punktes gilt $d_1 = d_2 = d_3$. Wir können $\mathfrak{G}$ auch mit Hilfe des noch stärkeren d_3 abschließen: man wird wieder damit rechnen, daß so nicht alle erreichbaren Randpunkte erfaßt zu werden brauchen und daß ein erreichbarer Randpunkt vielleicht durch nichtäquivalente d_3-Fundamentalfolgen angenähert werden kann. Beides kommt vor, aber die zweite Möglichkeit tritt nur bei unendlich vielfach zusammenhängenden Gebieten ein. Wir wollen darauf nicht weiter eingehen; wir sehen jedenfalls, daß der Abstandsbegriff d_3 zur Untersuchung erreichbarer Randpunkte ungeeignet ist.

(Ein schönes elementares Beispiel für die Veränderung der abgeschlossenen Hülle $\mathfrak{R}_i$ eines Raumes $\mathfrak{R}$ mit der Metrik d_i ist übrigens die Ebene, in der d_1 der Kugelabstand (Abstand der stereographischen Projektionen auf eine Kugel), d_2 der Winkel $\left(\text{zwischen } 0 \text{ und } \frac{\pi}{2}\right)$ der Geraden durch einen festen Punkt außerhalb der Ebene und d_3 der Euklidische Abstand ist. d_2 ist stärker als d_1, und d_3 ist stärker als d_2. $\mathfrak{R}_3$ ist gleich $\mathfrak{R}$; $\mathfrak{R}_2$ ist die elliptische Ebene, wo also die Punkte der unendlich fernen Gerade hinzugekommen sind, und $\mathfrak{R}_1$ ist die Kugel, wo all diese Randpunkte in einen einzigen unendlich fernen Punkt zusammenfallen.)

$\mathfrak{F}$ sei die unverzweigte einfach zusammenhängende Überlagerungsfläche des schlichten Gebiets $\mathfrak{G}$. Es gibt eine bestimmte (zur Fundamentalgruppe von $\mathfrak{G}$ isomorphe) Gruppe Γ konformer Abbildungen von $\mathfrak{F}$ auf sich, bei denen die Spur z jedes Punktes $\mathfrak{z}$

von $\mathfrak{F}$ unverändert bleibt; zwei Punkte von $\mathfrak{F}$ mit gleicher Spur gehen stets auseinander durch eine Abbildung aus dieser Gruppe Γ hervor. Sowohl $\mathfrak{G}$ wie $\mathfrak{F}$ haben erreichbare Randpunkte; jeder stetigen Kurve $\mathfrak{c}(t)$ auf $\mathfrak{F}$, die einen erreichbaren Randpunkt bestimmt, entspricht eine ebensolche Kurve $c(t)$ in $\mathfrak{G}$, und jeder stetigen Kurve $c(t)$ in $\mathfrak{G}$, die einen erreichbaren Randpunkt von $\mathfrak{G}$ bestimmt, entsprechen derartige Kurven auf $\mathfrak{F}$, die auseinander durch die Abbildungen von Γ hervorgehen. Jeder erreichbare Randpunkt von $\mathfrak{F}$ liegt demnach über einem erreichbaren Randpunkt von $\mathfrak{G}$, über jedem erreichbaren Randpunkt von $\mathfrak{G}$ liegen solche von $\mathfrak{F}$, und Γ bleibt auch nach Hinzunehmen der erreichbaren Randpunkte von $\mathfrak{F}$ eine Gruppe gleichmäßig stetiger Abbildungen.

Es wäre aber ein Irrtum, wenn man annähme, zwei erreichbare Randpunkte von $\mathfrak{F}$, die über demselben erreichbaren Randpunkt von $\mathfrak{G}$ liegen, müßten stets durch eine Abbildung aus Γ ineinander übergeführt werden können [3]). Das ist schon darum unmöglich, weil Γ endlich oder abzählbar ist, während es unendlich vielfach zusammenhängende Gebiete $\mathfrak{G}$ gibt, wo über einem erreichbaren Randpunkt von $\mathfrak{G}$ eine Menge erreichbarer Randpunkte von $\mathfrak{F}$ von der Mächtigkeit des Kontinuums liegt. Aus $\mathfrak{z}_n \to \mathfrak{r}$, $\mathfrak{z}'_n \to \mathfrak{r}'$, $z_n = z'_n$ folgt $\mathfrak{z}'_n = A_n \mathfrak{z}_n$, $A_n \in \Gamma$; aber A_n braucht nicht für große n von n unabhängig zu sein; letzteres kann man dann und nur dann schließen, wenn die Nachbarschaft $\mathfrak{N}_\varepsilon(\mathfrak{r}_{\mathfrak{G}})$ des erreichbaren Randpunkts $\mathfrak{r}_{\mathfrak{G}}$, gegen den $z_n = z'_n$ in $\mathfrak{G}$ strebt, für hinreichend kleines ε einfach zusammenhängend ist. Man kann zeigen, daß dann und nur dann alle über einem erreichbaren Randpunkt $\mathfrak{r}_{\mathfrak{G}}$ von $\mathfrak{G}$ liegenden erreichbaren Randpunkte $\mathfrak{r}_{\mathfrak{F}}$ von $\mathfrak{F}$ bei Γ äquivalent sind, wenn entweder ein $\mathfrak{N}_\varepsilon(\mathfrak{r}_{\mathfrak{G}})$ einfach zusammenhängend ist oder $\mathfrak{r}_{\mathfrak{G}}$ ein isolierter Randpunkt ist; in allen anderen Fällen hat die Menge aller $\mathfrak{r}_{\mathfrak{F}}$ über $\mathfrak{r}_{\mathfrak{G}}$ die Mächtigkeit des Kontinuums. —

Von jetzt an sei das Gebiet $\mathfrak{G}$ beschränkt. Die unverzweigte einfach zusammenhängende Überlagerungsfläche $\mathfrak{F}$ läßt sich eineindeutig konform auf den Einheitskreis $|w| < 1$ abbilden; der Punkt $\mathfrak{z}_0$ von $\mathfrak{F}$ möge dabei in $w = 0$ übergehen. Bei der Untersuchung der Randzuordnung dieser Abbildung können wir uns kurz fassen, indem wir auf die Darstellung bei Bieberbach [1]) verweisen.

Die Abbildung $\mathfrak{F} \to |w| < 1$ ist hinsichtlich der Metrik $d(\mathfrak{z}_1, \mathfrak{z}_2)$ gleichmäßig stetig. D. h. zu jedem $\varepsilon > 0$ gibt es ein $\delta > 0$ so, daß aus $d(\mathfrak{z}_1, \mathfrak{z}_2) < \delta$ folgt $|w_1 - w_2| < \varepsilon$. Denn andernfalls gäbe es zwei Folgen $\mathfrak{z}_1^{(n)}$ und $\mathfrak{z}_2^{(n)}$ auf $\mathfrak{F}$ mit $\lim\limits_{n\to\infty} d(\mathfrak{z}_1^{(n)}, \mathfrak{z}_2^{(n)}) = 0$ so, daß für die in $|w| < 1$ entsprechenden Punkte $|w_1^{(n)} - w_2^{(n)}| > \varepsilon > 0$ bliebe. Wir dürfen gleich annehmen, $\lim\limits_{n\to\infty} z_1^{(n)}$ konvergiere, etwa gegen 0; dann konvergiert auch $\lim\limits_{n\to\infty} z_2^{(n)} = 0$. Die Punkte $w_1^{(n)}$ und $w_2^{(n)}$ mit einem Abstand $> \varepsilon$ ließen sich dann in $|w| < 1$ durch stetige Kurven verbinden, auf denen die beschränkte analytische Funktion $z(w)$ für hinreichend großes n absolut beliebig klein würde. Das würde, wie man leicht sieht, dem a. a. O. [1]) angeführten ersten Hilfssatz widersprechen.

Ist nun $\mathfrak{z}_n$ eine Fundamentalfolge auf $\mathfrak{F}$, so entspricht ihr wegen der gleichmäßigen Stetigkeit eine konvergente Folge w_n, und äquivalenten Fundamentalfolgen $\mathfrak{z}_n$, $\mathfrak{z}'_n$ entsprechen Folgen w_n, w'_n, die denselben Grenzwert haben. Dem erreichbaren Randpunkt $\mathfrak{r} = \lim \mathfrak{z}_n$ entspricht eindeutig ein Randpunkt $\omega = \lim w_n$ von $|w| < 1$. Die gleichmäßig stetige Abbildung $\mathfrak{F} \to |w| < 1$ setzt sich ohne weiteres zu einer gleichmäßig stetigen Abbildung der durch Hinzunehmen der erreichbaren Randpunkte abgeschlossenen Fläche $\mathfrak{F}$ auf eine

[3]) Hier macht sich der Unterschied zwischen Nevanlinnas und unserer Definition des erreichbaren Randpunkts bemerkbar; vgl. Anm. 2.

Teilmenge von $|w| \leq 1$ fort. Aus dem zweiten a. a. O.[1]) angeführten Hilfssatz folgt, daß auch diese erweiterte Abbildung noch eineindeutig ist.

Wir fragen nun, wann die umgekehrte Abbildung $|w| < 1 \to \mathfrak{F}$ an einer Peripheriestelle ω von $|w| < 1$, der ein erreichbarer Randpunkt $\mathfrak{r}_{\mathfrak{F}}$ von $\mathfrak{F}$ entspricht, stetig ist. Erst sollen notwendige Bedingungen aufgestellt werden. Wenn die Abbildung stetig ist, gibt es zu jeder Nachbarschaft $\mathfrak{N}_\varepsilon(\mathfrak{r}_{\mathfrak{F}})$ ein $\delta > 0$ so, daß das w-Bild von $\mathfrak{N}_\varepsilon(\mathfrak{r}_{\mathfrak{F}})$ die Sichel $|w-\omega| < \delta$, $|w| < 1$ ganz enthält. Diese Sichel enthält aber ihrerseits das w-Bild einer Nachbarschaft $\mathfrak{N}_{\varepsilon'}(\mathfrak{r}_{\mathfrak{F}})$. Wir dürfen annehmen, die Spur z_0 des Punktes $\mathfrak{z}_0$, der $w = 0$ entspricht, gehöre nicht zu der Spur von $\mathfrak{N}_\varepsilon(\mathfrak{r}_{\mathfrak{F}})$. Ferner dürfen wir annehmen, der Kreis $|z-r| = \varepsilon'$ gehöre nicht ganz zu $\mathfrak{G}$; das kann man durch Verkleinerung von ε' bestimmt erreichen. Sonst wäre ja der erreichbare Randpunkt $\mathfrak{r}_{\mathfrak{G}}$ von $\mathfrak{G}$, über dem $\mathfrak{r}_{\mathfrak{F}}$ liegt, ein isolierter Randpunkt, und in einem solchen Falle wäre die Abbildung $|w| < 1 \to \mathfrak{F}$ an der Stelle ω bestimmt unstetig. $\mathfrak{b}$ sei der Randbogen von $\mathfrak{N}_{\varepsilon'}(\mathfrak{r}_{\mathfrak{F}})$ über $|z-r| = \varepsilon'$, der $\mathfrak{r}_{\mathfrak{F}}$ von $\mathfrak{z}_0$ trennt, b sei seine Spur in der z-Ebene, und β sei sein Bild in der w-Ebene. β beginnt und endet auf $|w| = 1$ in zwei von ω und voneinander verschiedenen Punkten; in dem Teil von $|w| < 1$, der durch β von $w = 0$ getrennt wird und der also ganz in der Sichel $|w-\omega| < \delta$, $|w| < 1$ liegt, darf $z(w)$ nur Werte aus dem Kreise $|z-r| < \varepsilon$ annehmen. Darum muß erstens die ε'-Nachbarschaft $\mathfrak{N}_{\varepsilon'}(\mathfrak{r}_{\mathfrak{G}})$ von $\mathfrak{r}_{\mathfrak{G}}$, das ist die Spur von $\mathfrak{N}_{\varepsilon'}(\mathfrak{r}_{\mathfrak{F}})$, einfach zusammenhängend sein. Andernfalls gäbe es ja eine Abbildung $A \neq 1$ in der Gruppe Γ, die $\mathfrak{N}_{\varepsilon'}(\mathfrak{r}_{\mathfrak{F}})$ in sich überführte, man könnte von $\mathfrak{r}$ aus über $A\,\mathfrak{b}$ hinweg $A\,\mathfrak{z}_0$ erreichen, ohne $\mathfrak{b}$ zu überschreiten, und das w-Bild von $A\,\mathfrak{z}_0$ würde durch β von $w = 0$ getrennt, obwohl die Spur z_0 von $A\,\mathfrak{z}_0$ nicht in $\mathfrak{N}_\varepsilon(\mathfrak{r}_{\mathfrak{G}})$ liegt; Widerspruch. Ferner muß der durch $\mathfrak{b}$ von $\mathfrak{z}_0$ getrennte Teil von $\mathfrak{F}$ ganz über $|z-r| < \varepsilon$ liegen, also muß b $\mathfrak{G}$ zerlegen, und der durch b von z_0 getrennte Teil von $\mathfrak{G}$ muß ganz in $|z-r| < \varepsilon$ enthalten sein.

Wir haben also folgende notwendigen Bedingungen für Stetigkeit an der Stelle ω:

> $\mathfrak{N}_\varepsilon(\mathfrak{r}_{\mathfrak{G}})$ ist für hinreichend kleines ε einfach zusammenhängend. Zu jedem $\varepsilon > 0$ gibt es ein ε' $(0 < \varepsilon' \leq \varepsilon)$ derart, daß ein Bogen b von $|z-r| = \varepsilon'$ von $\mathfrak{G}$ einen ganz in $|z-r| < \varepsilon$ enthaltenen Teil mit dem erreichbaren Randpunkt $\mathfrak{r}_{\mathfrak{G}}$ abschneidet.

Diese Bedingungen sind auch hinreichend. Denn wenn sie erfüllt sind, sei ε so klein, daß $\mathfrak{N}_\varepsilon(\mathfrak{r}_{\mathfrak{G}})$ und folglich auch $\mathfrak{N}_{\varepsilon'}(\mathfrak{r}_{\mathfrak{G}})$ für $0 < \varepsilon' \leq \varepsilon$ einfach zusammenhängend ist, und ε' und b zu ε wie angegeben bestimmt; $\mathfrak{b}$ sei der über b liegende Randbogen von $\mathfrak{N}_{\varepsilon'}(\mathfrak{r}_{\mathfrak{F}})$ und β sein w-Bild; δ sei der Abstand von ω und β. Dann liegt $\mathfrak{z}$ für $|w| < 1$, $|w-\omega| < \delta$ in $\mathfrak{N}_\varepsilon(\mathfrak{r}_{\mathfrak{F}})$.

Unter einem Gebiet mit erreichbarem Rand verstehen wir ein Gebiet $\mathfrak{G}$, das durch Hinzunehmen der erreichbaren Randpunkte hinsichtlich der Metrik d kompakt wird. $\mathfrak{G}$ hat also dann und nur dann erreichbaren Rand, wenn es zu jeder Folge $\mathfrak{z}_n$ von Punkten von $\mathfrak{G}$, die gegen den Rand konvergiert (d. h. die von endlich vielen Gliedern abgesehen außerhalb jeder kompakten Teilmenge von $\mathfrak{G}$ ist), einen erreichbaren Randpunkt $\mathfrak{r}$ mit $\lim\limits_{\nu\to\infty} d(\mathfrak{z}_{n_\nu}, \mathfrak{r}) = 0$ für eine passende Teilfolge $\mathfrak{z}_{n_\nu}$ gibt.

$\mathfrak{G}$ sei ein einfach zusammenhängendes Gebiet mit erreichbarem Rand. Dann entspricht jedem Randpunkt ω von $|w| < 1$ ein erreichbarer Randpunkt $\mathfrak{r}$ von $\mathfrak{G}$. Denn es strebe $w_n \to \omega$; unter den zugehörigen $\mathfrak{z}_n$ gibt es eine Teilfolge, die gegen ein $\mathfrak{r}$ konvergiert; wegen der Stetigkeit geht $\mathfrak{r}$ in ω über.

Die Abbildung von $|w| \leq 1$ auf $\mathfrak{G}$ und seinen Rand ist unter dieser Voraussetzung gleichmäßig stetig. Das beweist man indirekt nach derselben Methode.

Nun soll die versprochene Berichtigung einiger Stellen des Lehrbuchs von Bieberbach [1]) folgen.

Zunächst ein kleiner Schönheitsfehler: auf S. 26, Zeile 18—21 werden außer der Nachbarschaft $\mathfrak{N}_\varepsilon(\mathfrak{r})$ eines erreichbaren Randpunktes noch diejenigen erreichbaren Randpunkte von $\mathfrak{G}$, die auch erreichbare Randpunkte von $\mathfrak{N}_\varepsilon(\mathfrak{r})$ sind, in die Umgebung $\mathfrak{U}_\varepsilon(\mathfrak{r})$ aufgenommen. Damit $\mathfrak{U}_\varepsilon(\mathfrak{r})$ eine offene Umgebung wird, darf man aber nur diejenigen erreichbaren Randpunkte von $\mathfrak{G}$ hinzunehmen, die auch erreichbare Randpunkte eines passenden $\mathfrak{N}_{\varepsilon'}(\mathfrak{r})$ mit $\varepsilon' < \varepsilon$ sind.

S. 29 steht ganz unten: „Die Sichel ist das umkehrbar eindeutige Bild der Umgebung von P." Statt „ist" muß es heißen „enthält". Das hat aber gar keinen Einfluß auf den Fortgang des Beweises. Dagegen ist der Absatz S. 54/55 von S. 54, Zeile 4 v. u. ab zu streichen. Auch ein Randpunkt ω von $|w| < 1$, der einem nichtisolierten erreichbaren Randpunkt $\mathfrak{r}_{\mathfrak{F}}$ von $\mathfrak{F}$ entspricht, kann „singulär" sein: er ist es dann und nur dann, wenn $\mathfrak{N}_\varepsilon(\mathfrak{r}_{\mathfrak{G}})$ für beliebig kleines ε mehrfach zusammenhängend ist. Es braucht keine „regulären" Randpunkte zu geben. An der Grenze eines Normalbereichs brauchen keine Peripheriebögen beteiligt zu sein.

Auf S. 31 oben sollte nicht eine Folge sich zusammenziehender Kreise betrachtet werden, sondern vielmehr so geschlossen werden: Nach dem 1. Hilfssatz approximiert der Rand von U' keinen Peripheriebogen (weil $\log\{\psi(w) - P\}$ in ganz $|w| < 1$ nur Werte einer Halbebene annimmt), vielmehr mündet er in zwei Peripheriepunkten. Nach dem 2. Hilfssatz, auf die Abbildung $\log(z - P) \to w$ in U angewandt, fallen diese richtig zusammen.

Der mittlere Absatz auf S. 31 gilt offenbar nur für einfach zusammenhängende Gebiete. Im allgemeinen Fall schließe man so: zu ω mit $|\omega| = 1$ gibt es $w_k \to \omega$, deren zugehörige z_k gegen einen Randpunkt ζ (im gewöhnlichen Sinne) von $\mathfrak{G}$ streben. Man gehe von $\mathfrak{z}_k$ so weit wie möglich geradlinig in Richtung ζ. Die w-Bilder dieser Strecken häufen sich gegen ω (1. Hilfssatz), und ihre Enden ω_k sind Bilder erreichbarer Randpunkte, die also gegen ω streben.

Auf S. 32 ist die Behandlung des Falles eines Jordankurvenstücks im Gebietsrand unvollständig. Es genügt nicht, daß man weiß, daß jeder Randpunkt eines von einer Jordankurve begrenzten Gebiets $\mathfrak{G}$ erreichbar ist; man muß auch wissen, daß über jedem Punkt r der Jordankurve nur ein erreichbarer Randpunkt $\mathfrak{r}$ liegt und daß jede Folge z_n in $\mathfrak{G}$, die gegen r strebt ($|z_n - r| \to 0$), auch gegen $\mathfrak{r}$ strebt ($d(z_n, \mathfrak{r}) \to 0$), so daß $\mathfrak{G}$ erreichbaren Rand hat. Beides folgt aus dem folgenden topologischen Hilfssatz:

$\mathfrak{C}$ sei eine geschlossene Jordankurve, $\mathfrak{G}$ das von ihr begrenzte Gebiet. $c(t)$ $(\alpha \leq t < \beta)$ sei eine Kurve in $\mathfrak{G}$ mit $\lim\limits_{t \to \infty} c(t) = r$ auf $\mathfrak{C}$. Dann gibt es zu jedem $\varepsilon > 0$ ein ε' mit $0 < \varepsilon' \leq \varepsilon$ so, daß man jeden Punkt von $\mathfrak{G}$, der in $|z - r| < \varepsilon'$ liegt, innerhalb $|z - r| < \varepsilon$ mit dem Ende von $c(t)$ verbinden kann.

Für ε' nehme man den Abstand von r und dem Komplementärbogen des größten r enthaltenden in $|z - r| < \varepsilon$ enthaltenen Teilbogens von $\mathfrak{C}$.

Auf S. 34 gilt die Differenzierbarkeit am Rande, über die nur kurz berichtet wird, nur unter etwas stärkeren Voraussetzungen.

Auf S. 62 ist der letzte Absatz zu streichen.

19.
Braucht der Algebraiker das Auswahlaxiom?

Deutsche Math. 4, 567–577 (1939)

Das Auswahlaxiom lautet:

Prinzip A (Auswahlaxiom). Zu jeder Menge $\mathfrak{M}$ gibt es eine Funktion, die jeder nichtleeren Teilmenge $\mathfrak{N}$ von $\mathfrak{M}$ ein Element von $\mathfrak{N}$ zuordnet.

Hierin kommen die Begriffe „Menge" und „Funktion" vor. Auf eine Diskussion des Mengenbegriffs lassen wir uns nicht ein; vielmehr stellen wir uns in dieser Arbeit auf den sog. naiven An-sich-Standpunkt, wie das bei Anwendungen der Mengenlehre auf andere Gebiete der Mathematik meist geschieht, so z. B. bei van der Waerden[1]), auf dessen Darstellung die vorliegenden Untersuchungen aufbauen. Auch das „es gibt" soll den Charakter einer bloßen Existenzaussage haben; das ist weniger als Angebbarkeit. So gilt z. B. Prinzip A für jede abzählbare Menge $\mathfrak{M}$, denn zu einer solchen gibt es eine eineindeutige Abbildung auf die Menge der natürlichen Zahlen, für die Prinzip A gilt.

Der Funktionsbegriff läßt sich bekanntlich mengentheoretisch deuten: Sind $\mathfrak{A}$ und $\mathfrak{B}$ zwei Mengen, so ordnet man jeder Funktion f, die jedem $x \in \mathfrak{A}$ ein $y = f(x) \in \mathfrak{B}$ zuordnet, eine Teilmenge der Produktmenge $\mathfrak{A} \times \mathfrak{B}$ aller Paare $\{x, y\}$ $(x \in \mathfrak{A},\ y \in \mathfrak{B})$ zu, nämlich die Menge aller $\{x, f(x)\}$ $(x \in \mathfrak{A})$; das ist eine eineindeutige Abbildung der Menge aller betrachteten Funktionen f auf die Menge aller derjenigen Teilmengen von $\mathfrak{A} \times \mathfrak{B}$, die zu jedem $x \in \mathfrak{A}$ ein und nur ein Paar $\{x, y\}$ enthalten. Allerdings enthält der Begriff der Produktmenge ähnliche logische Schwierigkeiten wie der Funktionsbegriff.

Mit Prinzip A gleichwertig ist

Prinzip B (Wohlordnungssatz). In jeder Menge $\mathfrak{M}$ gibt es eine Relation $a < b$ (das ist eine Aussagefunktion, die für $a \in \mathfrak{M}$, $b \in \mathfrak{M}$ stets sinnvoll, also entweder richtig oder falsch ist) mit folgenden Eigenschaften:

$a < b$, $a = b$, $b < a$ sind eine vollständige Disjunktion.

Aus $a < b$ und $b < c$ folgt $a < c$.

In jeder nichtleeren Teilmenge $\mathfrak{N}$ von $\mathfrak{M}$ gibt es ein a, für welches $b < a$ und $b \in \mathfrak{N}$ unverträglich sind.

Jede solche Relation heißt eine Wohlordnung von $\mathfrak{M}$.

Die „Relationen" zwischen Elementen einer Menge $\mathfrak{A}$ und Elementen einer Menge $\mathfrak{B}$ lassen sich eineindeutig auf die Teilmengen der Produktmenge $\mathfrak{A} \times \mathfrak{B}$ abbilden.

Wir wollen hier das Auswahlaxiom nicht auf seine logische Berechtigung, sondern auf seine praktische Anwendbarkeit in der Mathematik prüfen. Dabei berücksichtigen wir in erster Linie die abstrakte Algebra, denn diese eignet sich, was die höheren Mächtigkeiten angeht, mindestens ebensogut wie die Punktmengenlehre als Anwendungsgebiet der Mengenlehre, wahrscheinlich sogar besser. Natürlich wird hier nicht wie bei van der Waerden[1]) ein lücken-

[1]) B. L. van der Waerden, Moderne Algebra, Bd. I, 1. Aufl., Berlin 1930.

loser deduktiver Aufbau angestrebt, sondern wir setzen Mengenlehre und Algebra in ihren Grundzügen als bekannt voraus und untersuchen, inwieweit die Mengenlehre in die Algebra eingreift, insbesondere, wo man das Auswahlaxiom braucht, ob es sich umgehen läßt, ob man mit einer schwächeren Teilaussage des Prinzips A auskommt. Hin und wieder werden auch andere Gebiete der Mathematik herangezogen. Die ganze Untersuchung wird nicht beweistheoretisch vor sich gehen, sondern empirisch, denn in bezug auf mathematische Beweise bin ich nicht Theoretiker, sondern Praktiker. Die Ergebnisse machen deshalb, soweit es sich nicht um durchgeführte Beweise handelt, denselben Anspruch auf Gültigkeit wie die Ergebnisse einer anderen Erfahrungswissenschaft.

1. Beispiel. R sei ein kommutativer Ring, in dem der Teilerkettensatz gilt: Es gibt keine unendliche Folge $\mathfrak{a}_1 \subset \mathfrak{a}_2 \subset \mathfrak{a}_3 \subset \cdots$ von Idealen in R, von denen jedes ein echter Teil des folgenden ist. Dann gilt in R die Maximalbedingung: In jeder nichtleeren Menge $\mathfrak{M}$ von Idealen von R gibt es ein „maximales" Ideal $\mathfrak{a}$, das nicht echter Teil eines anderen Ideals der Menge $\mathfrak{M}$ ist [2]).

Beweis: f sei eine Funktion, die jeder nichtleeren Teilmenge $\mathfrak{N}$ von $\mathfrak{M}$ ein Element $\mathfrak{a} = f(\mathfrak{N})$ von $\mathfrak{N}$ zuordnet (Prinzip A). Wir nehmen an, $\mathfrak{M}$ enthielte kein maximales Ideal. Dann sei $\mathfrak{N}_0 = \mathfrak{M}$; wir definieren für jede natürliche Zahl n ein Ideal $\mathfrak{a}_n \in \mathfrak{N}$ und eine nichtleere Teilmenge $\mathfrak{N}_n$ von $\mathfrak{M}$ durch Induktion: $\mathfrak{a}_n = f(\mathfrak{N}_{n-1})$; $\mathfrak{N}_n$ sei die Menge aller Ideale in $\mathfrak{M}$, die $\mathfrak{a}_n$ als echten Teil enthalten. Dann ist $\mathfrak{a}_1 \subset \mathfrak{a}_2 \subset \mathfrak{a}_3 \subset \cdots$, Widerspruch.

Ohne Prinzip A können wir zwar sagen, daß es ein $\mathfrak{a}_1 \in \mathfrak{M}$ gibt und daß es in $\mathfrak{M}$ ein $\mathfrak{a}_2 \supset \mathfrak{a}_1$ gibt usw.; für jedes n gibt es $\mathfrak{a}_1 \subset \cdots \subset \mathfrak{a}_n$, wo man die ersten $\mathfrak{a}_1, \ldots, \mathfrak{a}_\nu$ noch beliebig mit $\mathfrak{a}_1 \subset \cdots \subset \mathfrak{a}_\nu$ vorschreiben darf; aber daraus allein folgt nicht die Existenz einer unendlichen Teilerkette $\mathfrak{a}_1 \subset \mathfrak{a}_2 \subset \cdots$. Das ist eine reine Existenzfrage, die mit der Frage nach der Angebbarkeit einer solchen Folge nicht verwechselt werden darf. Wir brauchen für unser Beispiel irgendein Existenzaxiom. An Stelle von Prinzip A genügt hier allerdings das viel schwächere

Prinzip C. $\mathfrak{M}$ sei eine Menge. Jedem $x \in \mathfrak{M}$ und jeder natürlichen Zahl n sei eine nichtleere Teilmenge $\mathfrak{N}_n(x)$ von $\mathfrak{M}$ zugeordnet. $x_1 \in \mathfrak{M}$ sei gegeben. Dann gibt es eine Folge $x_1, x_2, \ldots$ mit $x_{n+1} \in \mathfrak{N}_n(x_n)$.

Prinzip C folgt aus Prinzip A; denn ist f die Funktion aus Prinzip A, so kann man x_n durch Induktion durch $x_{n+1} = f(\mathfrak{N}_n(x_n))$ definieren.

Man könnte den Einwand machen, daß man ja statt vom Teilerkettensatz gleich von der Maximalbedingung ausgehen kann; man könnte auch versuchen, die Anwendung von Prinzip A oder C zu umgehen. Aber man braucht Prinzip C auch in der Analysis.

2. Beispiel. $\mathfrak{M}$ sei eine nichtleere beschränkte Menge reeller Zahlen mit der unteren Grenze $\operatorname{Inf} \mathfrak{M} = \alpha$. Dann gibt es eine Folge $x_n \in \mathfrak{M}$ mit $\lim_{n\to\infty} x_n = \alpha$.

Beweis: Für jedes $x \in \mathfrak{M}$ sei $\mathfrak{N}_n(x)$ die nichtleere Teilmenge aller $y \in \mathfrak{M}$ mit $|y - \alpha| < \frac{1}{n}$. $x_1 \in \mathfrak{M}$ sei beliebig. Nach Prinzip C gibt es eine Folge $x_n \in \mathfrak{M}$ mit $x_{n+1} \in \mathfrak{N}_n(x_n)$; für diese gilt $\lim_{n\to\infty} x_n = \alpha$.

Es ist wohl nicht nötig, weitere Beispiele zu geben. Die (nichtintuitionistische) Analysis ist ohne Prinzip C undenkbar. Nur macht man sich selten klar, daß hinter so vielen selbstverständlich angewandten Schlüssen das Auswahlaxiom steckt; ich war a. a. O. [2]) durch diese Bemerkung recht überrascht. Man kann wohl sagen, daß der Mathematiker Prinzip C braucht. Das soll nicht heißen, daß er es nicht vermeiden könnte; sondern damit soll gesagt sein, daß es

[2]) B. L. van der Waerden, Moderne Algebra, Bd. II, Berlin 1931, S. 26.

sich bei seiner Arbeit notwendig einstellt, daß er es nicht umgehen kann und daß er bei Verzicht auf seine Anwendung schöne und abrundende Ergebnisse und sogar ganze Theorien aufgeben müßte. In diesem Sinne wird das Wort „brauchen" in der vorliegenden Arbeit angewandt.

Aber Prinzip C ist nur eine sehr schwache Teilaussage von Prinzip A. Wir wenden uns nun anderen Anwendungen des Auswahlaxioms zu, wo Prinzip C nicht mehr genügt und wo man sich allgemein der Anwendung des Auswahlprinzips klar bewußt wird. Erst hier beginnt die Beschränkung auf die Algebra sinnvoll zu werden.

3. Beispiel. In einer Menge $\mathfrak{M}$ sei eine Abhängigkeitsrelation[3]) gegeben, das ist eine Aussagefunktion „a ist von $\mathfrak{B}$ abhängig", die für ein Element a von $\mathfrak{M}$ und eine Teilmenge $\mathfrak{B}$ von $\mathfrak{M}$ stets sinnvoll (entweder richtig oder falsch) ist, mit folgenden Eigenschaften:

Ist $a \in \mathfrak{B}$, so ist a von $\mathfrak{B}$ abhängig.

Ist a von $\mathfrak{B}$ abhängig und ist jedes Element von $\mathfrak{B}$ von $\mathfrak{C}$ abhängig, so ist a von $\mathfrak{C}$ abhängig.

Ist a von $\mathfrak{B}$ abhängig, so ist a auch von einer endlichen Teilmenge von $\mathfrak{B}$ abhängig.

Ist a von der Menge $(b_1, \ldots, b_r)$, aber nicht von der Menge $(b_2, \ldots, b_r)$ abhängig, so ist b_1 von der Menge $(a, b_2, \ldots, b_r)$ abhängig.

Man betrachtet hauptsächlich folgende drei Beispiele von Abhängigkeitsrelationen:

1. Die lineare Abhängigkeit: M sei ein Rechtsmodul in bezug auf einen Schiefkörper P; $a \in M$ heißt von $\mathfrak{B} \subseteqq M$ linear abhängig, wenn es $b_1, \ldots, b_r$ in $\mathfrak{B}$ und $\lambda_1, \ldots, \lambda_r$ in P mit

$$a = b_1 \lambda_1 + \cdots + b_r \lambda_r$$

gibt.

2. Die algebraische Abhängigkeit: Ω sei ein Unterkörper eines Körpers P (z. B. der Primkörper); $a \in \mathrm{P}$ heißt von $\mathfrak{B} \subseteqq \mathrm{P}$ algebraisch abhängig, wenn $\Omega(\mathfrak{B}, a)$ i. b. a. $\Omega(\mathfrak{B})$ algebraisch ist (die Klammern bedeuten Adjunktion innerhalb P).

3. Die p-Abhängigkeit: Ω sei ein Unterkörper eines Körpers P der Primzahlcharakteristik p (z. B. ein vollkommener Unterkörper); $a \in \mathrm{P}$ heißt von $\mathfrak{B} \subseteqq \mathrm{P}$ p-abhängig, wenn

$$a \in \mathrm{P}^p(\Omega, \mathfrak{B}).$$

Nebenbei sei ein merkwürdiger Zusammenhang zwischen diesen drei Abhängigkeitsbegriffen erwähnt. (Beweise werden nicht ausgeführt, weil kein Zusammenhang mit dem Thema dieser Arbeit besteht.) P sei ein Körper und Ω ein Unterkörper (z. B. der Primkörper). Man konstruiert einen P-Modul M, indem man jedem $a \in \mathrm{P}$ ein „Differential" da zuordnet und M aus allen endlichen Summen $\sum_i c_i \, d a_i (c_i, a_i \in \mathrm{P})$ bestehen läßt. Dabei sollen nur die Relationen

$$d(a+b) = da + db\,,$$
$$d(ab) = b\,da + a\,db\,,$$
$$da = 0 \quad \text{für} \quad a \in \Omega$$

und ihre Folgerelationen bestehen. Wenn dann P die Charakteristik 0 hat, ist $a \in \mathrm{P}$ dann und nur dann von $\mathfrak{B} \subseteqq \mathrm{P}$ algebraisch abhängig, wenn da von $d\mathfrak{B}$ (der Menge aller db, $b \in \mathfrak{B}$) linear abhängig ist. Wenn aber P die Primzahlcharakteristik p hat, ist $a \in \mathrm{P}$ dann und nur dann von $\mathfrak{B} \subseteqq \mathrm{P}$ p-abhängig, wenn da von $d\mathfrak{B}$ linear abhängig ist. Wir bemerken, daß algebraische Abhängigkeit bei Charakteristik 0 und p-Abhängigkeit bei Charakteristik p

[3]) A. a. O., Anm. 1 und B. L. van der Waerden, Moderne Algebra, Bd. I, 2. Aufl., Berlin 1937, Kap. IX.

(sowie die Transzendenzbasis bei Charakteristik 0 und die p-Basis bei Charakteristik p) einander entsprechen. Auf diese Analogie führt von ganz anderer Seite auch die neuere Strukturtheorie der diskret bewerteten Körper. —

Ist in der Menge $\mathfrak{M}$ eine Abhängigkeitsrelation erklärt, so enthält $\mathfrak{M}$ eine Basis $\mathfrak{T}$ von $\mathfrak{M}$, das ist eine Teilmenge, von der jedes $\mathfrak{M}$-Element abhängig ist, während jedes Element von $\mathfrak{T}$ von der Menge aller übrigen Elemente von $\mathfrak{T}$ unabhängig ist[3]).

Beweis: In $\mathfrak{M}$ sei eine Wohlordnung gegeben. Wir definieren $\mathfrak{T}$ durch transfinite Induktion: Ein Element von $\mathfrak{M}$ werde dann und nur dann in $\mathfrak{T}$ aufgenommen, wenn es von der Menge seiner in $\mathfrak{T}$ aufgenommenen Vorgänger unabhängig ist. Dann ist jedes Element von $\mathfrak{M}$ von $\mathfrak{T}$ abhängig, denn es ist entweder in $\mathfrak{T}$ aufgenommen worden oder von der Menge seiner in $\mathfrak{T}$ liegenden Vorgänger abhängig. Wäre ein $a \in \mathfrak{T}$ von der Menge aller übrigen $\mathfrak{T}$-Elemente abhängig, so wäre es auch von einer endlichen Teilmenge $(b_1, \ldots, b_r)$ $(r \geq 0)$ abhängig. r sei möglichst klein. Dann wäre das in der Wohlordnung letzte der Elemente $a, b_1, \ldots, b_r$ von den übrigen abhängig, also erst recht von der Menge seiner in $\mathfrak{T}$ enthaltenen Vorgänger abhängig und hätte nicht in $\mathfrak{T}$ aufgenommen werden dürfen.

Die Basis heißt im Falle der linearen Abhängigkeit lineare Basis oder auch Basis schlechthin, im Falle der algebraischen Abhängigkeit Transzendenzbasis und im Falle der p-Abhängigkeit p-Basis. Die Mächtigkeit der Basis hängt nur von $\mathfrak{M}$ und dem zugrunde gelegten Abhängigkeitsbegriff ab und heißt in den drei Hauptfällen Rang, Transzendenzgrad und Unvollkommenheitsgrad. Aber das hat schon nichts mehr mit dem Auswahlaxiom zu tun.

Wir haben oben die Existenz einer maximalen unabhängigen Teilmenge $\mathfrak{T}$ von $\mathfrak{M}$ erschlossen. (Eine Teilmenge von $\mathfrak{M}$ heißt unabhängig, wenn darin kein Element von den übrigen abhängig ist.) Allgemeiner folgt aus Prinzip B

Prinzip D, erste Fassung. In einer Menge $\mathfrak{M}$ sei irgendeine Menge von Aussagefunktionen $\mathfrak{A}(x_1, \ldots, x_n)$ gegeben, deren jede nach Einsetzen einer Anzahl $n \geq 1$ von $\mathfrak{M}$-Elementen für $x_1, \ldots, x_n$ sinnvoll (entweder richtig oder falsch) ist. Dann gibt es eine maximale Teilmenge $\mathfrak{T}$ von $\mathfrak{M}$ von der Art, daß sämtliche $\mathfrak{A}(x_1, \ldots, x_n)$ für $x_1, \ldots, x_n \in \mathfrak{T}$ stets richtig sind.

Die Anzahl n der Argumente von $\mathfrak{A}$ darf von $\mathfrak{A}$ abhängen. Natürlich darf nie $n = 0$ sein und eine falsche Aussage $\mathfrak{A}$ dastehen; dagegen ist es erlaubt, daß ein $\mathfrak{A}(x_1, \ldots, x_n)$ für alle x falsch ist: dann ist $\mathfrak{T}$ die leere Menge. Über die Anzahl der Aussagen $\mathfrak{A}$ ist nichts vorausgesetzt. n braucht nicht beschränkt zu sein, muß aber für jedes einzelne $\mathfrak{A}$ endlich sein. Das 3. Beispiel fällt unter Prinzip D: für $\mathfrak{A}(x_1, \ldots, x_n)$ nehme man für jedes n die Aussage: „Die Menge $(x_1, \ldots, x_n)$ ist unabhängig."

Beweis von Prinzip D aus Prinzip B: $\mathfrak{M}$ sei wohlgeordnet. Wir definieren $\mathfrak{T}$ durch transfinite Induktion: ein Element a von $\mathfrak{M}$ werde dann und nur dann in $\mathfrak{T}$ aufgenommen, wenn alle Aussagen $\mathfrak{A}(x_1, \ldots, x_n)$ stets richtig sind, wenn für $x_1, \ldots, x_n$ Elemente aus derjenigen Menge eingesetzt werden, die aus a und den in $\mathfrak{T}$ aufgenommenen Vorgängern von a besteht. $\mathfrak{T}$ ist die gesuchte Menge. Denn $\mathfrak{A}(x_1, \ldots, x_n)$ ist für $x_1, \ldots, x_n \in \mathfrak{T}$ richtig, weil sonst das letzte unter den $x_1, \ldots, x_n$ nicht in $\mathfrak{T}$ hätte aufgenommen werden dürfen; $\mathfrak{T}$ ist maximal, denn wenn es ein $\mathfrak{T}' \supset \mathfrak{T}$ mit derselben Eigenschaft gäbe, hätte ein in $\mathfrak{T}'$, aber nicht in $\mathfrak{T}$ liegendes Element doch in $\mathfrak{T}$ aufgenommen werden müssen.

Wir bringen Prinzip D noch auf eine andere Form, die viel einfacher gebaut ist, aber sich zur Anwendung in der Algebra m. E. nicht so gut eignet wie die erste.

Prinzip D, zweite Fassung. X sei eine Menge endlicher Teilmengen der Menge $\mathfrak{M}$, die die leere Menge enthält. Dann gibt es eine maximale Teilmenge $\mathfrak{T}$ von $\mathfrak{M}$ von der Art, daß jede endliche Teilmenge von $\mathfrak{T}$ in X liegt [4]).

Die zweite Fassung folgt aus der ersten: Ist X gegeben, so ordne man jeder natürlichen Zahl n die Aussage $\mathfrak{A}(x_1, \ldots, x_n)$: „Die Menge $(x_1, \ldots, x_n)$ liegt in X" zu.

Die erste Fassung folgt aus der zweiten: Sind die $\mathfrak{A}(x_1, \ldots, x_n)$ gegeben, so sei X die Menge aller endlichen Teilmengen $\mathfrak{N}$ von $\mathfrak{M}$ mit der Eigenschaft, daß jedes $\mathfrak{A}(x_1, \ldots, x_n)$ für $x_1, \ldots, x_n \in \mathfrak{N}$ stets richtig ist.

Im letzten Beweis enthielt X mit jeder Menge auch alle Teilmengen davon. Man braucht allgemein von X nur diejenigen endlichen Teilmengen von $\mathfrak{M}$ zu berücksichtigen, deren Teilmengen auch in X liegen.

Prinzip D, dritte Fassung. Y sei eine nichtleere Menge von Teilmengen der Menge $\mathfrak{M}$. Y enthalte mit einer Menge auch sämtliche Teilmengen davon. Y enthalte jede Menge, deren endliche Teilmengen alle zu Y gehören. Dann gibt es in Y eine maximale Menge $\mathfrak{T}$.

Die dritte Fassung folgt aus der zweiten: Ist Y gegeben, so sei X die Menge aller endlichen Mengen von Y.

Die zweite Fassung folgt aus der dritten: Ist X gegeben, so sei Y die Menge aller Teilmengen von $\mathfrak{M}$, deren endliche Teilmengen alle in X liegen.

An einem Beispiel soll gezeigt werden, daß man in der ersten Fassung nur solche Aussagefunktionen zulassen darf, die von endlich vielen x_ν abhängen. $\mathfrak{M}$ sei die Menge der natürlichen Zahlen; $\mathfrak{A}(x_1, x_2, \ldots)$ sei die Aussage: „Die Folge $x_1, x_2, \ldots$ ist beschränkt". Die Teilmengen von $\mathfrak{M}$, in denen $\mathfrak{A}$ stets gilt, sind genau die endlichen Teilmengen; unter ihnen gibt es keine maximale.

Wir beobachten, daß man die in der Algebra vorkommenden Wohlordnungsschlüsse stets auf Prinzip D zurückführen kann. Diese Behauptung soll jetzt durch weitere Beispiele belegt werden.

4. Beispiel. Wieder sei in einer Menge eine Abhängigkeitsrelation gegeben. $\mathfrak{K}$ sei eine unabhängige Teilmenge von $\mathfrak{M}$. Dann gibt es eine Basis $\mathfrak{T}$, die $\mathfrak{K}$ enthält.

Beweis: $\mathfrak{M}'$ sei die Komplementärmenge von $\mathfrak{K}$ in $\mathfrak{M}$. $\mathfrak{A}'(x_1, \ldots, x_n)$ bedeute für $x_1, \ldots, x_n \in \mathfrak{M}'$, daß $x_1, \ldots, x_n$ und endlich viele Elemente von $\mathfrak{K}$ stets eine unabhängige Menge bilden. $\mathfrak{T}'$ sei eine maximale Teilmenge von $\mathfrak{M}'$, in der $\mathfrak{A}'$ stets gilt. Dann ist die Vereinigungsmenge $\mathfrak{K} + \mathfrak{T}'$ die gesuchte Basis.

5. Beispiel. R sei ein formalreeller Körper (in dem also -1 keine Quadratsumme ist), Ω ein algebraisch abgeschlossener Oberkörper von R. Dann gibt es zwischen R und Ω einen reell abgeschlossenen Körper P mit $\Omega = \mathsf{P}(\sqrt{-1})$ [5]).

Beweis: Für jedes n sei $\mathfrak{A}(x_1, \ldots, x_n)$ die Aussage: „$R(x_1, \ldots, x_n)$ ist formalreell". Nach Prinzip D gibt es eine maximale Teilmenge $(\mathfrak{T} =)\,\mathsf{P}$, für die $R(x_1, \ldots, x_n)$ für $x_\nu \in \mathsf{P}$ stets formalreell ist. Weil P maximal ist, ist P ein R enthaltender Körper; wäre in ihm $-1 = x_1^2 + \cdots + x_n^2$, so wäre $R(x_1, \ldots, x_n)$ nicht formalreell, folglich ist P formalreell. P ist reell abgeschlossen, denn jede endliche algebraische Erweiterung von P läßt sich in Ω realisieren und ist nicht formalreell, weil P maximal ist. Darum ist $\mathsf{P}(i)$ mit $i \in \Omega$, $i^2 = -1$ algebraisch abgeschlossen. Wäre $\mathsf{P}(i) \subset \Omega$, so gäbe es ein x in Ω,

[4]) Diese Umformung von Prinzip D stammt im wesentlichen von E. Schmidt.

[5]) A. a. O., Anm. 1, S. 231—232.

das nicht in P(i) läge und folglich transzendent i. d. a. P wäre; P(x) wäre ein größerer formalreeller Körper.

Nimmt man an, daß jeder Körper einen algebraisch abgeschlossenen Oberkörper hat (10. Beispiel), dann folgt, daß man jeden formalreellen Körper anordnen kann. Unter einer Anordnung eines Körpers versteht man eine Relation $a<b$ mit folgenden Eigenschaften:

$a<b$, $a=b$, $b<a$ sind eine vollständige Disjunktion.

Aus $a<b$ und $c<d$ folgt $a+c<b+d$.

Aus $a<b$ und $0<c$ folgt $ac<bc$.

Denn man kann den formalreellen Körper in einen reell abgeschlossenen Körper einbetten, einen reell abgeschlossenen Körper kann man aber auf eine und nur eine Weise anordnen. Wir wollen diesen Satz aber jetzt auf eine andere Art ohne Benutzung des algebraisch abgeschlossenen Oberkörpers beweisen.

6. Beispiel. Ein formalreeller Körper R läßt sich stets anordnen.

Beweis: Unter einem Halbring $\mathfrak{H} \subseteq R$ verstehen wir eine Teilmenge von R, die mit a und b stets auch $a+b$ und ab enthält. Unter einem vollständigen Halbring $\mathfrak{H}$ in R verstehen wir einen Halbring, der alle a^2 ($a \neq 0$ in R) enthält. Eine Teilmenge von R heiße $\mathfrak{P}$-Menge, wenn der kleinste sie enthaltende vollständige Halbring 0 nicht enthält. Weil R formalreell ist, ist die leere Menge eine $\mathfrak{P}$-Menge. Die Voraussetzungen der dritten Fassung von Prinzip D sind erfüllt: es gibt eine maximale $\mathfrak{P}$-Menge $\mathfrak{T}$. $\mathfrak{T}$ ist ein maximaler vollständiger Halbring in R, der 0 nicht enthält. Für $a \neq 0$ liegt entweder a oder $-a$ in $\mathfrak{T}$. Denn andernfalls würde sowohl der durch Adjunktion von a wie der durch Adjunktion von $-a$ aus $\mathfrak{T}$ entstehende Halbring 0 enthalten; es wäre

$$\left.\begin{array}{r} p_1 + a p_2 = 0 \\ p_3 - a p_4 = 0 \end{array}\right\} (p \in \mathfrak{T})$$
$$\overline{\qquad p_1 p_4 + p_2 p_3 = 0\text{: Widerspruch.}\qquad}$$

Durch die Definition

$a<b$ dann und nur dann, wenn $b-a \in \mathfrak{T}$

wird jetzt eine Anordnung von R bestimmt.

Bemerkung: Wie im 4. Beispiel zeigt man, daß die Anordnung noch so gewählt werden kann, daß alle Elemente einer vorgegebenen $\mathfrak{P}$-Menge >0 werden.

Diese Bemerkung wenden wir gleich an:

Σ sei ein Schiefkörper (der natürlich auch kommutativ sein darf); R sei ein Unterkörper des Zentrums von Σ. $a \to \bar{a}$ sei ein inverser Automorphismus von Σ, also eine eineindeutige Abbildung von Σ auf sich mit $\overline{a+b} = \bar{a} + \bar{b}$ und $\overline{ab} = \bar{b}\,\bar{a}$, mit folgenden Eigenschaften:

$\bar{\bar{a}} = a$.

$\bar{a} = a$ dann und nur dann, wenn $a \in R$.

Aus $\bar{a}a + \bar{b}b + \cdots + \bar{d}d = 0$ folgt $a = b = \cdots = d = 0$.

Dann bilden in R die Ausdrücke $\bar{a}a + \bar{b}b + \cdots (a, b, \ldots$ in Σ nicht alle 0) einen Halbring, der eine $\mathfrak{P}$-Menge ist. Es gibt also eine Anordnung von R mit $\bar{a}a \geq 0$. Übrigens genügt jedes $a \in \Sigma$ der Gleichung $a^2 - (a+\bar{a})a + (\bar{a}a) = 0$ mit Koeffizienten in R, folglich[6])

[6]) Dickson-Speiser, Algebren und ihre Zahlentheorie, Zürich und Leipzig 1927, S. 43ff.

gibt es nur drei Möglichkeiten: Σ ist gleich R oder ein Oberkörper zweiten Grades von R oder eine verallgemeinerte Quaternionenalgebra über R.

7. Beispiel. $\mathfrak{H}$ sei ein Hilbertscher Raum [7]) mit beliebiger Dimensionskardinalzahl. Man soll also die Elemente von $\mathfrak{H}$ addieren und mit komplexen Zahlen multiplizieren können, es soll ein inneres Produkt erklärt sein, die gewöhnlichen Rechenregeln sollen gelten, und $\mathfrak{H}$ soll hinsichtlich der Metrik $|x-y| = \sqrt{(x-y,\, x-y)}$ abgeschlossen sein; dagegen wird über die Dimension nichts vorausgesetzt. Viele Wohlordnungsschlüsse im Hilbertschen Raum lassen sich auf folgenden Satz [8]) zurückführen:

Jedem $f \neq 0$ aus $\mathfrak{H}$ sei eine Teilmenge $\mathfrak{M}(f)$ von $\mathfrak{H}$ zugeordnet; aus $\mathfrak{M}(f) \perp g$ folge $\mathfrak{M}(f) \perp \mathfrak{M}(g)$. Dann gibt es eine Menge $\mathfrak{F}$ aus von 0 verschiedenen Elementen von $\mathfrak{H}$ so, daß die $\mathfrak{M}(f)$, $f \in \mathfrak{F}$, paarweise orthogonal sind und der kleinste alle $\mathfrak{M}(f)$ enthaltende Unterraum (abgeschlossene Linearmannigfaltigkeit) gleich $\mathfrak{H}$ ist.

Beweis: Nach Prinzip D gibt es eine maximale Teilmenge ($\mathfrak{T} =$) $\mathfrak{F}$ mit der Eigenschaft, daß die $\mathfrak{M}(f)$, $f \in \mathfrak{F}$, paarweise orthogonal sind. Dies $\mathfrak{F}$ hat die verlangten Eigenschaften, denn sonst gäbe es ein $g \neq 0$ in $\mathfrak{H}$ mit $\mathfrak{M}(f) \perp g$ für alle $f \in \mathfrak{F}$, also auch $\mathfrak{M}(f) \perp \mathfrak{M}(g)$ für alle $f \in \mathfrak{F}$; man könnte $\mathfrak{F}$ durch Hinzunehmen von g vergrößern.

8. Beispiel. Z sei eine Menge von Unterräumen des Hilbertschen Raums [7]) $\mathfrak{H}$, von denen jeder mit dem kleinsten alle übrigen Unterräume aus Z enthaltenden Unterraum nur 0 gemein hat. Dann ist die Dimension des von allen Unterräumen aus Z erzeugten Unterraums gleich der Summe der Dimensionen aller Unterräume aus Z [9]).

Diesen Satz kann ich heute wie 1935 nur mit Hilfe einer Wohlordnung von Z beweisen, ich kann den Beweis nicht mit Hilfe von Prinzip D vereinfachen. Aber das wird daran liegen, daß der Hilbertsche Raum trotz aller Axiomatisierung eben doch kein eigentliches Objekt der Algebra werden kann. Das Beispiel deutet darauf hin, daß man in der Punktmengenlehre vermutlich mit Prinzip D nicht so gute Erfahrungen machen wird wie in der Algebra.

9. Beispiel. R sei ein kommutativer Ring mit Einselement. Ein Ideal $\mathfrak{a}$ von R heißt teilerlos, wenn es von R verschieden ist und wenn es zwischen $\mathfrak{a}$ und R kein weiteres Ideal gibt. Ein Ideal $\mathfrak{a}$ von R ist dann und nur dann teilerlos, wenn der Restklassenring $R/\mathfrak{a}$ ein Körper ist.

Jedes Ideal $\mathfrak{a} \neq R$ von R ist in einem teilerlosen Ideal $\mathfrak{b}$ enthalten.

Beweis: Nach der dritten Fassung von Prinzip D gibt es eine maximale Teilmenge ($\mathfrak{T} =$) $\mathfrak{b}$ von R derart, daß das kleinste $\mathfrak{a}$ und $\mathfrak{b}$ enthaltende Ideal von R von R verschieden ist. $\mathfrak{b}$ ist das gesuchte teilerlose Ideal.

Wir werden jetzt den Begriff des Polynomrings brauchen; wir setzen als bekannt voraus, daß und wie man durch Adjunktion beliebig vieler Unbestimmter zu einem Ring einen Polynomring konstruiert. Auf die dabei auftretenden mengentheoretischen Schwierigkeiten gehen wir nicht ein, weil sie nichts mit dem Auswahlaxiom zu tun haben.

10. Beispiel. Zu jedem Körper K gibt es einen Oberkörper Ω, in dem eine beliebige Menge von nichtkonstanten Polynomen $f(x)$ mit Koeffizienten aus K und mit höchstem Koeffizienten 1 je (mindestens) eine Nullstelle ξ_f hat und der von diesen Nullstellen ξ_f erzeugt wird.

Insbesondere hat jeder Körper einen algebraischen Oberkörper, der algebraisch abgeschlossen ist.

---

[7]) Dasselbe gilt für den reellen Hilbertschen Raum und den Wachsschen Raum.

[8]) O. Teichmüller, Operatoren im Wachsschen Raum. J. reine angew. Math. 174. S. 78.

[9]) A. a. O., Anm. 8, S. 91—92.

Vorbemerkung: Wir setzen den Satz für endlich viele Polynome $f(x)$ als bekannt voraus.

Beweis: Wir ordnen jedem der gegebenen Polynome f eine Unbestimmte x_f zu und adjungieren all diese Unbestimmten zu K, so daß ein Polynomring $R = \mathsf{K}[x_f]$ entsteht. $\mathfrak{a}$ sei das von allen $f(x_f)$ erzeugte Ideal (f durchläuft die Menge der gegebenen Polynome, in jedes f wird die zugehörige Unbestimmte x_f eingesetzt). Um zu zeigen, daß $\mathfrak{a}$ nicht 1 enthält, haben wir $1 = \sum_{\varrho=1}^{r} P_\varrho f_\varrho(x_{f_\varrho})$ $(P_\varrho \in R)$ zu widerlegen: $x_{f_{r+1}}, \ldots, x_{f_n}$ seien die außer $x_{f_1}, \ldots, x_{f_r}$ in den P_ϱ etwa noch vorkommenden Unbestimmten. Es gibt einen Oberkörper $\Sigma = \mathsf{K}(\xi_1, \ldots, \xi_n)$ mit $f_\nu(\xi_\nu) = 0$ $(\nu = 1, \ldots, n)$. Man kann den Unterring $\mathsf{K}[x_{f_1}, \ldots, x_{f_n}]$ von R homomorph durch $x_{f_\nu} \to \xi_\nu$ auf Σ abbilden; aus $1 = \sum_{\varrho=1}^{r} P_\varrho f_\varrho(x_{f_\varrho})$ entsteht bei dieser Abbildung der Widerspruch $1 = 0$.

$\mathfrak{a}$ ist also ein von R verschiedenes Ideal. Nach dem 9. Beispiel ist $\mathfrak{a}$ in einem teilerlosen Ideal $\mathfrak{b}$ enthalten. $R/\mathfrak{b}$ ist der gesuchte Körper Ω.

11. Beispiel. Wenn unter denselben Voraussetzungen alle $\mathsf{K}[x]/f(x)$ i. b. a. K Galoissche Körper sind, dann ist Ω bis auf Isomorphie i. b. a. K eindeutig bestimmt.

Insbesondere ist der relativ algebraische algebraisch abgeschlossene Oberkörper Ω von K bis auf Isomorphie i. b. a. K eindeutig bestimmt.

Beweis: Ω sei ein Oberkörper von K, der zu jedem f eine Nullstelle ξ_f enthält und von diesen erzeugt wird; Ω' sei auch ein derartiger Körper. Wir betrachten die Menge $\mathfrak{M}$ aller Nullstellen ξ' aller f in Ω' und die Menge X aller derjenigen endlichen Teilmengen $(\xi'_1, \ldots, \xi'_n)$ von $\mathfrak{M}$, für welche, wenn f_i das Polynom mit der Nullstelle ξ'_i ist, durch $\xi_{f_i} \longleftrightarrow \xi'_i$ ein Isomorphismus $\mathsf{K}(\xi_{f_1}, \ldots, \xi_{f_n}) \cong \mathsf{K}(\xi'_1, \ldots, \xi'_n)$ i. b. a. K bestimmt wird. Nach der zweiten Fassung von Prinzip D gibt es eine maximale Teilmenge $\mathfrak{T}$ von $\mathfrak{M}$, deren endliche Teilmengen alle in X liegen; es sei $\overline{\Omega}' = \mathsf{K}(\mathfrak{T})$, $\mathfrak{F}$ die Menge der f, die eine Nullstelle in $\mathfrak{T}$ haben, und $\overline{\Omega}$ der durch Adjunktion der $\xi_f (f \in \mathfrak{F})$ zu K entstehende Unterkörper von Ω. Offenbar ist $\overline{\Omega}' \cong \overline{\Omega}'$ i. b. a. K; der Isomorphismus ordnet für $f \in \mathfrak{F}$ stets ξ_f und die (einzige) Nullstelle von f in $\mathfrak{T}$ einander zu. Wäre nicht $\mathfrak{F}$ die Menge aller gegebenen f und darum $\overline{\Omega} = \Omega$, $\overline{\Omega}' = \Omega'$, $\Omega \cong \Omega'$ i. b. a. K, so gäbe es ein nicht in $\mathfrak{F}$ enthaltenes f; $f(x)$ hat einen irreduziblen Faktor in $\overline{\Omega}[x]$, dessen Nullstelle ξ_f ist; diesem entspricht bei unserem Isomorphismus ein irreduzibler Faktor von f in $\overline{\Omega}'[x]$; ξ' sei eine seiner Nullstellen in Ω' (eine solche existiert, weil f Galoissch ist); man kann $\mathfrak{T}$ durch Hinzunehmen von ξ' vergrößern, Widerspruch.

Es ist bei diesem Beweis gelungen, zu jedem f eine Nullstelle in Ω' so auszuwählen, daß noch gewisse Nebenbedingungen erfüllt waren. Wir kommen also in die Nähe des Auswahlaxioms zurück.

Überraschung: Aus Prinzip D folgt Prinzip A, das Auswahlaxiom.

Beweis: Zu der Menge $\mathfrak{M}$ bilden wir die Menge M aller Paare $(\mathfrak{N}, x)$, wo $\mathfrak{N}$ eine nichtleere Teilmenge von $\mathfrak{M}$ und x ein Element von $\mathfrak{N}$ ist. Nach Prinzip D gibt es eine maximale Teilmenge T von M von der Art, daß für zwei in T liegende Paare $(\mathfrak{N}_1, x_1)$, $(\mathfrak{N}_2, x_2)$ stets die Aussage „$x_1 = x_2$ oder $\mathfrak{N}_1 \neq \mathfrak{N}_2$" gilt. T enthält also zu jedem $\mathfrak{N}$ höchstens ein $(\mathfrak{N}, x)$; es enthält aber auch wirklich zu jedem $\mathfrak{N}$ ein $(\mathfrak{N}, x)$, sonst könnte man zu einem $\mathfrak{N}$, für das kein $(\mathfrak{N}, x)$ in T liegt, irgendein $(\mathfrak{N}, x)$ bilden und zu T hinzufügen, T wäre nicht maximal. Jetzt definieren wir die Auswahlfunktion f so: f soll jedem $\mathfrak{N}$ dasjenige x zuordnen, für das $(\mathfrak{N}, x)$ in T liegt.

Wir haben gesehen, daß der Algebraiker es nicht nötig hat, Prinzip A anzuwenden, sondern daß er nur Prinzip D braucht. Nach diesem Ergebnis sind aber beide in ihrer Allgemeinheit gleichwertig, so daß der Algebraiker doch nicht mit einer wirklich schwächeren Teilaussage des Auswahlaxioms auskommt.

Das wird jedoch anders, sowie man die Mächtigkeiten berücksichtigt. Wenn Prinzip A für eine Menge $\mathfrak{M}$ gilt, gilt für dieselbe Menge auch Prinzip D. Um aber Prinzip A für $\mathfrak{M}$ zu beweisen, brauchten wir Prinzip D für die Menge M der $(\mathfrak{N}, x)$, die, wenn $\mathfrak{M}$ mindestens zwei Elemente enthält, eine größere Mächtigkeit als $\mathfrak{M}$ hat.

So folgt der Wohlordnungssatz für das Kontinuum erst aus Prinzip D für die Menge aller reellen Funktionen einer reellen Veränderlichen; mit Hilfe von Prinzip D für das Kontinuum kann ich das Auswahlaxiom für das Kontinuum nicht beweisen. Aber der Satz von Hamel, daß es eine lineare Basis für die reellen Zahlen in bezug auf die rationalen Zahlen gibt, folgt, wie das 3. Beispiel zeigt, aus Prinzip D für das Kontinuum; letzteres ist also nicht elementar.

Wir entnehmen jetzt also unseren Beispielen, daß der Algebraiker bloß Prinzip D auf Mengen, mit denen er es sowieso zu tun hat, anzuwenden braucht, daß er dagegen weder Prinzip A für diese braucht noch Prinzip D auf irgendwelche künstlich hereingetragenen Potenzmengenbildungen anzuwenden braucht. Wann allerdings das Betrachten einer Menge natürlich ist und wann sie künstlich hereingebracht ist, dafür kann ich kein allgemeines Kriterium angeben. Da müssen die Beispiele sprechen.

Der Algebraiker kann das Anwenden von Prinzip A auf eine Menge $\mathfrak{M}$ umgehen, indem er Prinzip C oder Prinzip D auf eine gleichmächtige Menge anwendet. —

Die Möglichkeit mengentheoretischer Untersuchungen eröffnet sich. So kann man Prinzip B, den Wohlordnungssatz, auch ohne den Umweg über Prinzip A aus Prinzip D herleiten: M sei die Menge aller Wohlordnungen von Teilmengen der Menge $\mathfrak{M}$. Nach Prinzip D gibt es eine maximale Teilmenge $\mathfrak{T}$ von M von der Art, daß von je zwei Elementen von $\mathfrak{T}$ die eine wohlgeordnete Teilmenge ein Anfangsabschnitt der anderen ist. In der Vereinigungsmenge aller durch die Elemente von $\mathfrak{T}$ wohlgeordneten Teilmengen hat man eine Wohlordnung, die zu $\mathfrak{T}$ gehören muß; dies ist schon eine Wohlordnung von ganz $\mathfrak{M}$, denn sonst könnte man ein neues Element a dahintersetzen und hätte $\mathfrak{T}$ erweitert.

Um zu beweisen, daß von zwei Mengen $\mathfrak{X}$ und $\mathfrak{Y}$ stets die eine mit einer Teilmenge der anderen gleichmächtig ist, wenden wir Prinzip D auf die Produktmenge $\mathfrak{X} \times \mathfrak{Y}$ aller Paare (x, y), $x \in \mathfrak{X}$, $y \in \mathfrak{Y}$, an. $\mathfrak{T}$ sei eine maximale Teilmenge von $\mathfrak{X} \times \mathfrak{Y}$ von der Art, daß in $\mathfrak{T}$ aus $(x_1, y_1) \neq (x_2, y_2)$ folgt: $x_1 \neq x_2$, $y_1 \neq y_2$. Dann enthält $\mathfrak{T}$ entweder zu jedem x in $\mathfrak{X}$ oder zu jedem y in $\mathfrak{Y}$ ein (und nur ein) (x, y), entsprechend ist entweder $\mathfrak{X}$ auf eine Teilmenge von $\mathfrak{Y}$ oder $\mathfrak{Y}$ auf eine Teilmenge von $\mathfrak{X}$ eineindeutig abgebildet. Dieser Beweis benutzt weniger als die Wohlordnung von $\mathfrak{X}$ und $\mathfrak{Y}$.

Man kann auch Prinzip C aus Prinzip D herleiten. —

Wenn aus einer Behauptung die Vieldeutigkeit verschwindet, kann man, soviel mir bekannt ist, in der Algebra die Anwendung des Auswahlaxioms oder von Prinzip C oder D stets wieder eliminieren. Dafür sollen nur wenige Beispiele gegeben werden, weil es sich um eine sehr bekannte Erscheinung handelt.

12. Beispiel. $\mathfrak{F}$ sei eine einfach zusammenhängende Riemannsche Fläche, $\mathfrak{G}_1 \subset \mathfrak{G}_2 \subset \cdots$ eine Folge von einfach zusammenhängenden Gebieten auf F, die $\mathfrak{F}$ ausschöpft. $z = f_n(w)$ bilde $|w| < R_n$ so konform auf $\mathfrak{G}_n$ ab, daß $f_n(0) = z_0$ in $\mathfrak{G}_1$ und $f'_n(0) = 1$

ist, so daß $R_1 < R_2 < \cdots \to R \leq \infty$. Dann konvergiert $\lim_{n\to\infty} f_n(w) = f(w)$ auf jedem Kreise $|w| \leq \varrho < R$ gleichmäßig gegen $f(w)$, und $f(w)$ bildet $|w| < R$ konform auf $\mathfrak{F}$ ab.

Das beweist man meist, indem man aus der Folge $f_n(w)$ eine auf jedem Kreise $|w| \leq \varrho < R$ gleichmäßig konvergente Teilfolge herausgreift (das ist wegen des Verzerrungssatzes auch im Falle $R = \infty$ möglich), beweist, daß die Grenzfunktion $|w| < R$ so auf $\mathfrak{F}$ abbildet, daß $f(0) = z_0$ und $f'(0) = 1$ ist, und daraus, daß die Grenzfunktion durch diese Eigenschaft eindeutig bestimmt ist, so daß eine andere konvergente Teilfolge dieselbe Grenzfunktion ergeben hätte, schließt, daß schon die ursprüngliche Folge konvergierte.

Beim Herausgreifen der Teilfolge wird Prinzip C benutzt. Aber die Grenzfunktion ist eindeutig bestimmt, und so läßt sich der Schluß auch ohne Auswahl von Teilfolgen direkt durchführen. Vielleicht nicht am einfachsten, wohl aber am geradesten ist die Anwendung des Verschiebungssatzes[10]):

$\omega = g(w)$ bilde $|w| < R'$ $(R' < R)$ so schlicht auf ein Teilgebiet von $|\omega| < R$ ab, daß $g(0) = 0$ und $g'(0) = 1$ ist. Dann liegt $g(w_0)$ $\left(\text{und sogar } \log \frac{g(w_0)}{w_0}\right)$ in einem angebbaren Bereich, der sich für $R' \to R$ bei festem w_0 stetig auf w_0 (bzw. 0) zusammenzieht, und zwar gleichmäßig für $|w_0| \leq \varrho < R$.

Dann bedecken nämlich erstens die $\omega = f_n^{-1}(f_N(w))$-Bilder $(n \geq N)$ von $|w| < R_N$ für hinreichend großes N den Kreis $|\omega| \leq \varrho + \varepsilon < R$. Zweitens unterscheiden sich w und $f_n^{-1}(f_m(w))$ für hinreichend große m, n mit $m \leq n$ beliebig wenig, und zwar auf $|w| \leq \varrho$ gleichmäßig; weil $f_N^{-1}(f_n(w))$ für $|w| \leq \varrho + \varepsilon'$, $n \geq N$ gleichmäßig stetig ist, unterscheiden sich auch $f_N^{-1}(f_n(w))$ und $f_N^{-1}(f_m(w))$ für $|w| \leq \varrho$ und hinreichend große m, n mit $m \leq n$ beliebig wenig, so daß $\lim_{n\to\infty} f_N^{-1}(f_n(w))$ und darum auch $\lim_{n\to\infty} f_n(w)$ auf $|w| \leq \varrho$ gleichmäßig konvergiert.

Das war nur ein Beispiel unter vielen für die Vermeidbarkeit von Prinzip C, und zwar ein Beispiel aus der Analysis, weil Prinzip C in der Algebra nur eine untergeordnete Rolle spielt.

13. Beispiel. Σ sei ein Schiefkörper, in dem ein inverser Automorphismus $a \to \bar{a}$ i. b. a. R wie nach dem 6. Beispiel vorliegt. $\mathfrak{R}(= m_1\Sigma + \cdots + m_n\Sigma)$ sei ein Σ-Rechtsmodul vom Rang n, in dem ein inneres Produkt (x, y) erklärt ist: $(\Sigma m_k \lambda_k, \Sigma m_i \mu_i) = \Sigma \bar{\mu}_i g_{ik} \lambda_k$ mit $g_{ik} = \overline{g_{ki}}$[11]). Schließlich soll die Menge aller (x, x) mit $x \neq 0$ (also die Menge aller $\Sigma \bar{\lambda}_i g_{ik} \lambda_k$, wo nicht alle $\lambda_i = 0$ sind) eine $\mathfrak{P}$-Menge in R sein. A sei ein Hermitescher Operator, also eine lineare Abbildung von $\mathfrak{R}$ auf sich mit $(Ax, y) = (x, Ay)$; für die Koeffizienten $\left(A m_k = \sum m_i a_{ik}\right)$ heißt das $\sum_j g_{ij} a_{jk} = \sum_j \overline{a_{ji}} g_{jk}$. Durch Übergang zu einer anderen Basis kann man erreichen, daß alle g_{ik} und a_{ik} in R liegen: man wählt $p_1 \neq 0$ in $\mathfrak{R}$, nimmt $p_1, A p_1, A^2 p_1, \ldots$, soweit linear unabhängig, in die Basis auf, bildet das orthogonale Komplement des von ihnen erzeugten Unterraums, wählt in ihm ein $p_2 \neq 0$ usw. Man kann nach Übergang zu einer solchen Basis das Polynom $f(x) = |\delta_{ik} x - a_{ik}|$ bilden.

Ist R^* der durch Adjunktion einer Nullstelle λ eines über R irreduziblen Faktors von $f(x)$ entstehende Oberkörper von R, so ist auch $\Sigma^* = \Sigma \times R^*$ noch ein Schiefkörper, in den man den inversen Automorphismus $a \to \bar{a}$ so fortsetzt, daß R^* elementweise festbleibt;

[10]) Für $R = \infty$: H. Grötzsch, Über zwei Verschiebungsprobleme der konformen Abbildung. S.-B. preuß. Akad. Wiss. 1933. Qualitativ folgt der Satz auch aus dem Verzerrungssatz. Für endliches R ist das Extremalproblem bisher noch nicht behandelt worden; qualitativ folgt der Satz aus den Ausführungen z. B. bei P. Koebe, Abhandlungen zur Theorie der konformen Abbildung I. J. reine angew. Math. 145, S. 188ff.

[11]) A. a. O., Anm. 2, S. 142ff.

erweitert man auch $\mathfrak{R}$ entsprechend zu $\mathfrak{R}^*$ und setzt man $(\Sigma m_k \lambda_k, \Sigma m_i \lambda_i) = \Sigma \bar{\lambda}_i g_{ik} \mu_k$ auch für $\lambda_i, \mu_k \in \Sigma^*$, so gelten für R^*, Σ^* und $\mathfrak{R}^*$ alle Voraussetzungen, die wir über $R, \Sigma, \mathfrak{R}$ gemacht haben. Natürlich wird man A durch $A \Sigma m_k \lambda_k = \Sigma m_i a_{ik} \lambda_k (\lambda_k \in \Sigma^*)$ zu einem Hermiteschen Operator in $\mathfrak{R}^*$ machen, und zu diesem wird es in $\mathfrak{R}^*$ ein $x \neq 0$ mit $A x = x \lambda$ geben. Dies ist in abstrakter Form der Satz, daß die Eigenwerte eines Hermiteschen Operators „reell" sind.

Zum Beweis kann man zu R die Quadratwurzeln aller (x, x) $(x \neq 0$ in $\mathfrak{R})$ adjungieren, zeigen, daß ein formalreeller Körper entsteht, diesen nach dem 5. Beispiel zu einem reell abgeschlossenen Körper erweitern und zeigen, daß bei Erweiterung mit diesem alles beim alten bleibt; dieser enthält λ [11]), und jetzt ist die Behauptung einfach einzusehen.

Aber man kann die Anwendung von Prinzip D auch umgehen. A ist in $\mathfrak{R}$ vollständig reduzibel, und λ gehört zu einem irreduziblen Bestandteil von A: diesen kann man statt λ zu R adjungieren (ähnlich wie bei der sog. symbolischen Adjunktion), und die Behauptung verwandelt sich in eine Aussage über einen gewissen Ring von Operatoren. (Durch eine Erweiterung, die nichts wesentliches ändert, und eine nachfolgende Basisänderung kann man $g_{ik} = \delta_{ik}$ erreichen.)

14. Beispiel. Um eine ausgezeichnete treue Darstellung eines Lieschen Ringes, der einen Grundkörper hat, zu konstruieren, benutzt Witt [12]) eine Basis des Lieschen Ringes i. b. a. diesen Grundkörper, deren Existenz mit Hilfe von Prinzip D bewiesen wird. Seine Konstruktion ist aber eindeutig, und so läßt sich der Beweis auch ohne Benutzung einer Basis führen. Der folgende Schluß war Witt übrigens bei Abfassung seiner Arbeit selbstverständlich bekannt; er ließ derartige Überlegungen fort, weil ganz andere Interessen im Vordergrund standen. Ich bringe sie hier als typisches Beispiel für das Umgehen von Prinzip D.

Für einen Lieschen Ring, für den eine endliche oder abzählbare Basis bekannt ist, liegt der Beweis vor; insbesondere also auch für den von endlich vielen Elementen erzeugten Unterring des Lieschen Rings. Nun werden direkt die Klammern $(a_1, \ldots, a_n)$ definiert, die man mit Koeffizienten aus dem Grundkörper linear kombinieren können soll. Zwischen ihnen sollen die folgenden linearen Relationen gelten:

$$(\ldots, a, \ldots)\lambda + (\ldots, b, \ldots)\mu = (\ldots, a\lambda + b\mu, \ldots);$$
$$(\ldots, a, b, \ldots) - (\ldots, b, a, \ldots) = (\ldots, ab, \ldots).$$

Ferner sollen die Klammern durch

$$(a_1, \ldots, a_r) \cdot (b_1, \ldots, b_s) = (a_1, \ldots, a_r, b_1, \ldots, b_s)$$

multipliziert werden, und diese Multiplikation soll distributiv sein. Das bedingt zusammen schon eine ganze Menge linearer Relationen zwischen den Klammern. Es kommt nun einzig und allein darauf an, nachzuweisen, daß eine eingliedrige Klammer (a) nur dann auf Grund jener Relationen $= 0$ ist, wenn $a = 0$ ist. Wäre es anders, so würde $(a) = 0$ mit $a \neq 0$ aus endlich vielen Grundrelationen durch lineare Kombination mit Koeffizienten aus dem Grundkörper folgen, in diesen endlich vielen Grundrelationen kämen endlich viele $a_1, \ldots, a_m$ vor, und wir hätten einen Widerspruch gegen die Tatsache, daß für den von $a, a_1, \ldots, a_m$ erzeugten Lieschen Unterring die Konstruktion durchgeführt werden kann.

[12]) E. Witt, Treue Darstellung Liescher Ringe. J. reine angew. Math. 177.

20.
Extremale quasikonforme Abbildungen und quadratische Differentiale

Abh. Preuß. Akad. Wiss., math.-naturw. Kl. 22, 197 (1939)

Einleitung.

1. In der vorliegenden Abhandlung soll das Verhalten konformer Invarianten bei quasikonformen Abbildungen untersucht werden. Das läuft auf die Aufgabe hinaus, die Abbildungen zu suchen, die sich unter gewissen Nebenbedingungen möglichst wenig von der Konformität entfernen. Wir werden die Lösung dieser Aufgabe angeben, ohne allerdings einen strengen Beweis geben zu können; die Lösung beruht auf dem Begriff des quadratischen Differentials (Funktion mal Quadrat eines Differentials) aus der Theorie der algebraischen Funktionen. Wie bisher untersuche ich auch hier die quasikonformen Abbildungen nicht ausschließlich um ihrer selbst willen, sondern in erster Linie wegen ihres Zusammenhangs mit Begriffen und Fragen, die den Funktionentheoretiker interessieren (s. auch **164** ff.). Zwar werden erst seit sehr wenigen Jahren die quasikonformen Abbildungen systematisch auf rein funktionentheoretische Fragen angewandt, und so hat sich diese Methode bisher nur eine beschränkte Zahl von Freunden erwerben können. Da mag immerhin erwähnt werden, daß der Beitrag, den ich vor einiger Zeit an dieser Stelle zum Bieberbachschen Koeffizientenproblem geben konnte[1], durchaus auf den Gedanken beruht, die hier entwickelt werden sollen.

Neben den Grundbegriffen und Methoden der Funktionentheorie benutzen wir oft auch die der Differentialgeometrie; daneben werden algebraische Funktionen und Topologie herangezogen. Vom Rechnen mit unendlich kleinen Größen bis zur Uniformisierungstheorie, von Längen- und Flächeninhaltsabschätzungen bis zum Satz von der Gebietstreue, von der Integration einer partiellen Differentialgleichung bis zur Galoisschen Theorie benutzen wir die verschiedensten Methoden und Hilfsmittel; die Anzahl konformer Invarianten berechnen wir mit dem Riemann-Rochschen Satz. Da darf selbstverständlich nicht allzuvieles gleichzeitig als bekannt vorausgesetzt werden; vielmehr wird auch manches, was schon seit langer Zeit bekannt ist, hier noch einmal zusammengestellt und zum Teil begründet.

Wie gesagt, werden die Hauptergebnisse nicht exakt bewiesen. Ich hoffe nur, sie in einer Art zu begründen, daß ernsthafte Zweifel praktisch ausgeschlossen sind, und zu Beweisversuchen anzuregen. So werden nach Möglichkeit in unmittelbarem Aufeinanderfolgen die Gedanken wiedergegeben, die zum Auffinden der Lösung führten. Soviel ich jetzt sehe, können

---

[1] O. Teichmüller, Ungleichungen zwischen den Koeffizienten schlichter Funktionen, diese Sitzungsberichte 1938.

1*

Versuche exakter Beweise wohl nur da ansetzen, wo dieser Gedankengang endet, entsprechend dem Paradoxon: »Beweisen heißt, den Gedankengang auf den Kopf stellen.« So ist zu vermuten, daß eine systematisch zu exakten Beweisen fortschreitende Theorie vorläufig dem Verständnis größere Schwierigkeiten bereiten würde als die vorliegende heuristische Einführung.

Schließlich sei kurz auf topologische und algebraische Nebenergebnisse und Probleme hingewiesen, die in **123** und in **141** ff. enthalten sind.

Beispiele konformer Invarianten.

2. Als einfachstes Beispiel betrachten wir ein schlichtes zweifach zusammenhängendes Gebiet, dessen beide Randkomponenten nicht zu Punkten zusammengeschrumpft sind. Jedes solche Ringgebiet läßt sich konform[1] auf einen Kreisring $1 < |w| < R$ $(1 < R < \infty)$ abbilden, und derartige Kreisringe mit verschiedenem R lassen sich nicht konform aufeinander abbilden. Zwei Ringgebiete lassen sich also dann und nur dann konform aufeinander abbilden, wenn sie nach Abbildung auf einen konzentrischen Kreisring zu demselben Radienquotienten R Anlaß geben. R ist in diesem Sinne die charakteristische konforme Invariante des Ringgebiets.

Die einzigen konformen Abbildungen von $1 < |w| < R$ auf sich sind

$$w' = e^{i\vartheta} w \text{ und } w' = \frac{Re^{i\vartheta}}{w}.$$

Dementsprechend zerfallen die konformen Abbildungen eines Ringgebiets auf sich in zwei zusammenhängende Klassen. Von diesen bleibt nur die Hauptklasse (die die Identität enthält) übrig, wenn man in dem Ringgebiet einen Umlaufssinn auszeichnet und fordert, daß dieser nicht umgekehrt wird. Statt dessen kann man auch fordern, daß die Abbildung die beiden Randkomponenten des Ringgebiets nicht vertauscht.

3. Ein einfach zusammenhängendes Gebiet hat keine entsprechende konforme Invariante, denn man kann je zwei schlichte von einem Kontinuum begrenzte Gebiete konform aufeinander abbilden. Dabei darf man auch noch das Bild eines beliebigen Innenpunktes beliebig vorschreiben. Wenn man aber in einem einfach zusammenhängenden Gebiet zwei verschiedene Innenpunkte auszeichnet, gibt es eine konforme Invariante: die Greensche Funktion. Bildet man das Gebiet so auf den Einheitskreis ab, daß der eine ausgezeichnete Punkt nach 0 und der andere nach r fällt $(0 < r < 1)$, so ist die Greensche Funktion gleich $\log \frac{1}{r}$. Man kann das Gebiet dann und

[1] Unter einer konformen Abbildung verstehen wir immer nur eine Abbildung, die auch eineindeutig ist. Später betrachten wir auch indirekt konforme Abbildungen.

nur dann so auf ein anderes einfach zusammenhängendes Gebiet mit nichtausgearteter Berandung abbilden, daß die beiden Punkte in zwei vorgeschriebene Innenpunkte des anderen Gebiets übergehen, wenn die Greensche Funktion übereinstimmt. Die Greensche Funktion ist also die charakteristische konforme Invariante eines einfach zusammenhängenden Gebiets mit zwei ausgezeichneten Innenpunkten.

4. Man kann zwei einfach zusammenhängende Gebiete mit etwa stückweise analytischer Randkurve so aufeinander konform abbilden, daß drei Randpunkte des einen in drei gegebene in derselben Anordnung aufeinanderfolgende Randpunkte des anderen Gebiets übergehen. Aber vier Randpunkte eines einfach zusammenhängenden Gebiets besitzen eine charakteristische konforme Invariante. Wir numerieren die vier Randpunkte so, wie sie bei positivem Umlauf um das Gebiet aufeinanderfolgen, und bilden das Gebiet so auf die obere Halbebene ab, daß die vier Randpunkte in $0, 1, \lambda, \infty$ übergehen $(1 < \lambda < \infty)$: dies Doppelverhältnis λ ist dann die charakteristische konforme Invariante. λ ist allerdings erst bestimmt, wenn jene Randpunkte numeriert worden sind. Ändert man die Nummernfolge $1, 2, 3, 4$ der Randpunkte in $3, 4, 1, 2$ ab, so bleibt zwar λ unverändert; Übergang zu $2, 3, 4, 1$ oder $4, 1, 2, 3$ verwandelt dagegen λ in $\dfrac{\lambda}{\lambda-1}$. Wir können also entweder statt λ die Invariante

$$\lambda + \frac{\lambda}{\lambda-1} = \lambda \cdot \frac{\lambda}{\lambda-1} = \frac{\lambda^2}{\lambda-1}$$

einführen, die auch von der Numerierung der ausgezeichneten Randpunkte unabhängig ist, oder wir sehen die Numerierung der Randpunkte als wesentlich an und können bei λ stehenbleiben. Diese zweite Möglichkeit ist für uns zweckmäßiger. Übereinstimmen des λ ist also die notwendige und hinreichende Bedingung dafür, daß zwei stückweise analytisch berandete einfach zusammenhängende Gebiete sich so aufeinander abbilden lassen, daß vier gegebene Randpunkte des einen in je einen vorgeschriebenen des anderen Gebiets übergehen (wobei natürlich die vorgeschriebenen Bildrandpunkte die richtige Reihenfolge haben müssen).

Ähnlich erhält man zwei Doppelverhältnisse λ_1, λ_2 als charakteristisches Paar konformer Invarianten für ein einfach zusammenhängendes stückweise analytisch berandetes Gebiet mit fünf ausgezeichneten Randpunkten.

5. Für die konformen Invarianten der geschlossenen Fläche vom Geschlecht 1, der Ringfläche, ist eine eigene Theorie entwickelt worden. Man kann die relativ unverzweigte einfach zusammenhängende Überlagerungsfläche einer Ringfläche konform auf die punktierte u-Ebene abbilden; dabei gibt es ein primitives Periodenpaar (ω_1, ω_2) derart, daß

zwei Punkten u, u' der u-Ebene dann und nur dann, wenn $u' = u + m\,\omega_1 + n\,\omega_2$ (m, n ganzrational), derselbe Punkt der Ringfläche entspricht. Wir dürfen $\mathfrak{J}\,\omega_2\overline{\omega}_1 > 0$ oder $\mathfrak{J}\,\frac{\omega_2}{\omega_1} > 0$ annehmen. Durch die Fläche sind allerdings ω_1, ω_2 nicht eindeutig bestimmt, sondern nur bis auf Substitutionen $\omega_1' = \varrho\,(a\,\omega_1 + b\omega_2)$, $\omega_2' = \varrho\,(c\,\omega_1 + d\,\omega_2)$, wo a, b, c, d ganzrationale Zahlen mit der Determinante $ad - bc = 1$ sind und ϱ ein von 0 verschiedener komplexer Faktor ist. Der Periodenquotient $\omega = \frac{\omega_2}{\omega_1}$ mit $\mathfrak{J}\,\omega > 0$ ist also nur bis auf die Modulsubstitutionen $\omega' = \frac{c + d\omega}{a + b\omega}$ bestimmt. Aber die »absolute Invariante« $J(\omega)$ ist eine in der oberen Halbebene $\mathfrak{J}\,\omega > 0$ reguläre Funktion, für die dann und nur dann $J(\omega') = J(\omega)$ gilt, wenn ω' und ω durch eine Modulsubstitution $\omega' = \frac{c + d\omega}{a + b\omega}$ verbunden sind; $J\left(\frac{\omega_2}{\omega_1}\right)$ ist also die charakteristische konforme Invariante der Ringfläche.

Trotzdem werden unsere späteren Überlegungen einfacher, wenn wir nicht J, sondern ω als konforme Invariante benutzen. Wir ziehen in der u-Ebene die Strecken von 0 nach ω_1 und ω_2: ihnen entsprechen geschlossene gerichtete Kurven $\mathfrak{C}_1$ und $\mathfrak{C}_2$ auf der Ringfläche, die wir nur bis auf stetige Verformung bestimmt denken. Wenn jetzt auf einer anderen Ringfläche ebenso ein Kurvenpaar $\mathfrak{C}_1'$, $\mathfrak{C}_2'$ gegeben ist, dann kann man die eine auf die andere dann und nur dann konform so abbilden, daß das Bild von $\mathfrak{C}_1$ in $\mathfrak{C}_1'$ und das Bild von $\mathfrak{C}_2$ in $\mathfrak{C}_2'$ deformierbar ist, wenn $\omega = \omega'$ ist; hier ist nach Abbildung der Überlagerungsfläche der ersten Ringfläche auf eine u-Ebene ω der Quotient der Zuwächse des u bei Umlauf um $\mathfrak{C}_2$ bzw. $\mathfrak{C}_1$, und ω' hat dieselbe Bedeutung für die andere Ringfläche.

Wir haben also durch topologische Zusätze eine transzendente Bestimmung der konformen Invariante erreicht.

6. Nun betrachten wir ein etwa stückweise analytisch berandetes Ringgebiet, wo zwei Randpunkte ausgezeichnet sind. Man kann das Ringgebiet konform so auf $1 < |w| < R$ abbilden, daß der eine Randpunkt in $w = 1$ übergeht. R sowie das Bild des anderen Randpunkts sind ein charakteristisches Paar konformer Invarianten. Wir müssen aber unterscheiden, ob die beiden Randpunkte auf derselben Randkurve oder auf verschiedenen Randkurven des Ringgebiets liegen.

Im ersten Falle sind $w = 1$ und $w = e^{i\vartheta}$ die beiden Randpunktbilder von $1 < |w| < R$, und R, ϑ $(1 < R < \infty,\ 0 < \vartheta < 2\pi)$ sind die Invarianten. Im zweiten Fall sind in $1 < |w| < R$ die Randpunkte $w = 1$ und $w = Re^{i\vartheta}$ ausgezeichnet, jetzt ist ϑ aber nur mod 2π bestimmt. Aber durch eine stetige Kurve, die $w = 1$ mit $w = Re^{i\vartheta}$ verbindet und die nur bis auf stetige Verformung bestimmt ist, kann ein eindeutiges ϑ $(-\infty < \vartheta < +\infty)$ bestimmt werden. Im ersten Fall hätte ein solches Vorgehen keinen Zweck gehabt: dann wäre ja der Raum der (R, ϑ) nicht mehr zusammenhängend gewesen, weil im ersten Fall ϑ kein Vielfaches von 2π sein darf. Aber im zweiten Fall erhalten wir nach zusätzlicher Auszeichnung einer die beiden Randpunkte im Ringgebiet verbindenden nur bis auf Verformung bestimmten Kurve das charakteristische Paar konformer Invarianten $R, \vartheta\,(1 < R < \infty, -\infty < \vartheta < \infty)$.

Nichtorientierbare Bereiche.

7. Bisher betrachteten wir nur direkt konforme Abbildungen, aber nicht indirekt konforme, die erst nach einer Spiegelung konform werden. Es wäre leicht, bei den bisher behandelten Beispielen zu entscheiden, ob indirekt konforme Abbildungen in Frage kommen, und diese dann durch Vorschreiben einer bestimmten Orientierung wieder auszuschließen. Wir kommen jetzt der Vollständigkeit und Allgemeinheit wegen auch auf die Fälle zu sprechen, wo die Auszeichnung einer bestimmten Orientierung unmöglich ist.

Das bekannteste Beispiel eines nichtorientierbaren Bereichs ist das Möbiusband. Ein solches entsteht aus dem Kreisring $1 < |w| < R$, wenn man immer

$$w \text{ und } -R\overline{w}^{-1}$$

identifiziert, oder auch wenn man ihn längs der reellen Achse zerschneidet und bei einem Teil jeweils die Randpunkte t und $-\frac{R}{t}$ $(t = 1, \ldots, R)$ identifiziert. Auf diese Normalform des Möbiusbandes kann man jedes (etwa singularitätenfrei im dreidimensionalen Raum gegebene) Möbiusband konform abbilden, wobei natürlich von einem Unterschied zwischen direkt und indirekt konformer Abbildung keine Rede mehr ist. Die Abbildung ist konform, indem die Größe aller Winkel ungeändert bleibt und das lineare Vergrößerungsverhältnis von der Richtung unabhängig ist. Man kann nämlich jedes Möbiusband mit einem zweiblättrigen relativ unverzweigten orientierbaren Überlagerungsband überdecken und letzteres als Ringgebiet konform auf $1 < |w| < R$ abbilden; diese Abbildung führt das gegebene Möbiusband ohne weiteres in das spezielle oben konstruierte über. R ist also die charakteristische konforme Invariante des Möbiusbandes.

8. Eine andere nichtorientierbare Mannigfaltigkeit ist die elliptische Ebene. Sie entsteht aus der Kugel, wenn man Diametralpunkte (d. s. die

beiden Enden eines Durchmessers) identifiziert, und ist topologisch mit der projektiven Ebene äquivalent. Nehmen wir den Halbmesser der Kugel gleich 1 an, so erklärt man die Entfernung von zwei Punkten der elliptischen Ebene als die kleinste Länge eines beide verbindenden Großkreisbogens der Kugel; diese ist also $\leqq \frac{\pi}{2}$, denn von zwei Diametralpunkten hat mindestens einer von einem gegebenen Punkt auf der Kugeloberfläche eine Entfernung $\leqq \frac{\pi}{2}$. Die einzigen konformen Abbildungen der elliptischen Ebene auf sich entstehen aus den Kugeldrehungen. Für zwei Punkte der elliptischen Ebene ist daher ihre Entfernung die charakteristische konforme Invariante.

Diese Entfernung wächst von 0 bis $\frac{\pi}{2}$, und die Punktepaare mit der Entfernung $\frac{\pi}{2}$, die einem Paar senkrechter Durchmesser der Kugel entsprechen oder die vier auf der Kugel harmonisch liegenden Punkten entsprechen, erscheinen als Grenzfälle. Nun kann man aber zwei Punkte der elliptischen Ebene durch genau zwei nicht ineinander deformierbare Wege verbinden. Zeichnet man einen solchen Weg aus und ersetzt man die bisher betrachtete Entfernung durch die kleinste Länge eines die Punkte verbindenden Kreisbogens, in den sich der ausgezeichnete Weg stetig verformen läßt, so hat man jetzt das offene Intervall von 0 bis π zur Verfügung, und die Ausnahmestellung der Punktepaare mit der Entfernung $\frac{\pi}{2}$ ist beseitigt.

$n \geqq 3$ Punkte der elliptischen Ebene haben $2n-3$ Invarianten.

Die endliche Riemannsche Mannigfaltigkeit.

9. Wir wollen nun das allen Beispielen Gemeinsame in allgemeiner Form herausziehen. Zunächst hatten wir es immer mit einer Riemannschen Mannigfaltigkeit zu tun; diese konnte einfach zusammenhängend sein oder nicht, berandet oder nicht, schlichtartig oder nicht, orientierbar oder nicht. Eine Riemannsche Mannigfaltigkeit ist ein zusammenhängender Umgebungsraum, in dem es zu jedem Punkt P eine Umgebung gibt, die eineindeutig und in beiden Richtungen stetig (homöomorph) auf eine offene Menge einer z-Ebene abgebildet ist; z heißt dann Ortsuniformisierende. Enthält die soeben genannte Umgebung von P einen Punkt Q, von dem eine Umgebung auf eine offene Menge der z'-Ebene abgebildet ist, so muß die Abbildung $z \longleftrightarrow z'$, die ja in der Umgebung von Q eineindeutig und stetig ist, direkt oder indirekt konform sein. Indem wir auch indirekt konforme Parametertransformation zulassen, erfassen wir auch die nichtorientierbaren Mannigfaltigkeiten mit. Eine Abbildung heißt konform, wenn sie nach Übergang zur Ortsuniformisierenden konform wird. Auf einer orientierbaren Riemannschen Mannigfaltigkeit gibt es zwei Klassen von Ortsuniformisierenden, die je untereinander durch direkt konforme Abbildungen zusammenhängen; man zeichnet meist eine Klasse aus und benutzt die anderen Ortsuniformisierenden gar nicht.

In einigen unserer Beispiele war die Mannigfaltigkeit berandet. Unter einem Randelement der Riemannschen Mannigfaltigkeit verstehen wir eine offene Teilmenge, die konform auf ein Gebiet der oberen Halbebene $\mathfrak{J}\, z > 0$ abgebildet ist, an dessen Rand eine Strecke der reellen Achse teil hat; aber diese Strecke soll insofern dem Rande der Mannigfaltigkeit entsprechen, als jeder Folge von z-Werten, die gegen die Strecke strebt, eine Punktfolge entspricht, die aus jeder kompakten[1] Teilmenge der Mannigfaltigkeit schließlich heraustritt. Den Punkten unserer Strecke entsprechen dann lauter (ideale) Randpunkte der Mannigfaltigkeit; z heißt auch Ortsuniformisierende für jeden dieser Randpunkte. Man beweist, daß dieser Randpunktbegriff von der besonderen Wahl der Uniformisierenden z unabhängig ist: Statt z kann man auch jedes z' nehmen, das (im kleinen) für reelle z reell ist und $\frac{dz'}{dz} > 0$ erfüllt. Durch Hinzunehmen dieser Randpunkte und Einführen des Umgebungs- und Ortsuniformisierendenbegriffs erhalten wir die berandete Riemannsche Mannigfaltigkeit.

Beim Ringgebiet $1 < |w| < R$ z.B. ist $z = i \log w$ für jeden Randpunkt $w = e^{i\vartheta}$, $z = i \log \frac{R}{w}$ für jeden Randpunkt $w = Re^{i\vartheta}$ Ortsuniformisierende.

Es braucht wohl kaum erwähnt zu werden, daß unser Randelementbegriff von vornherein konform invariant ist und nicht mit dem Begriff des erreichbaren Randpunkts schlichter Gebiete verwechselt werden darf, der der Untersuchung des metrischen Verhaltens einer konformen Abbildung dient.

10. Unter einer endlichen Riemannschen Mannigfaltigkeit verstehen wir eine (ev. berandete) Riemannsche Mannigfaltigkeit, die im Sinne der Topologie als endlicher Dreieckskomplex angesehen werden kann. D. h. sie soll durch einige Jordanbögen in endlich viele Teile zerlegt werden können, von denen jeder einfach zusammenhängend ist und drei Randpunkte, die Ecken, hat, welche seine Randkurve in drei Seiten teilen, und je zwei dieser Teile sollen höchstens eine Ecke oder eine Seite

[1] Eine Menge heißt kompakt, wenn sie zu jeder Folge von Punkten der Menge einen Häufungspunkt enthält.

miteinander gemein haben können. Diese Voraussetzung ist für jede geschlossene Fläche erfüllt, aber auch z. B. für ein schlichtes von n Jordankurven begrenztes Gebiet. Jede endliche Riemannsche Mannigfaltigkeit ist kompakt[1]; sie ist von $n \geqq 0$ (ideal) geschlossenen Kurven berandet.

In der Topologie beweist man, daß man alle endlichen Riemannschen Mannigfaltigkeiten auf folgende Art entstanden denken kann: Man geht von der Kugel aus, schneidet $n \geqq 0$ Löcher aus und setzt außerdem $g \geqq 0$ Henkel[2] und $\gamma \geqq 0$ Kreuzhauben[2] auf. Natürlich sollen die Henkel und Kreuzhauben nichts mit den n Löchern zu tun haben, die fertige Mannigfaltigkeit soll vielmehr immer noch n Randkurven haben. Sie ist orientierbar oder nichtorientierbar, je nachdem $\gamma = 0$ oder $\gamma > 0$ ist. Bei einer orientierbaren Mannigfaltigkeit heißt g das Geschlecht (auch im Falle $n > 0$). Bei einer nichtorientierbaren Mannigfaltigkeit heißt $2g + \gamma$ das Geschlecht; weil man im Falle $\gamma > 0$ aber einen Henkel durch zwei Kreuzhauben ersetzen darf (und umgekehrt, solange $\gamma > 0$ bleibt), dürfen wir uns hier auf den Fall $g = 0$, $\gamma > 0$ beschränken: das Geschlecht ist dann γ.

Die endliche Riemannsche Mannigfaltigkeit hat also drei topologische Invarianten: Orientierbarkeit oder Nichtorientierbarkeit, das Geschlecht g bzw. γ und die Zahl n der Randkurven. Das sind auch die einzigen.

Es werden also alle unendlich vielfach zusammenhängenden Gebiete ausgeschlossen, und es werden nur Mannigfaltigkeiten betrachtet, die durch endlich viele Rückkehrschnitte schlichtartig gemacht werden können. Auch punktförmige Öffnungen sind verboten: der Einheitskreis ist eine endliche Riemannsche Mannigfaltigkeit, nicht aber die punktierte Ebene. Die letztere hat ja keine idealen Randkurven im oben erklärten Sinne und ist, bevor man sie im Unendlichen schließen kann, nicht kompakt.

Die folgende Einteilung ist für unsere Untersuchungen besonders zweckmäßig:

I.	Geschlossene orientierbare Mannigfaltigkeiten	$(\gamma = 0,\ n = 0)$.
II.	Berandete orientierbare Mannigfaltigkeiten	$(\gamma = 0,\ n > 0)$.
III.	Nichtorientierbare Mannigfaltigkeiten	$(\gamma > 0)$.

Begriff des Hauptbereichs.

11. Zwei endliche Riemannsche Mannigfaltigkeiten mit gleichem g, γ, n lassen sich wohl topologisch aufeinander abbilden, aber im allgemeinen nicht konform; vielmehr werden im allgemeinen endlich viele konforme Invarianten existieren, deren Übereinstimmen für die konforme Äquivalenz

---

[1] Siehe Seite 9, Anm. 1.

[2] Siehe z. B. Seifert-Threlfall, Lehrbuch der Topologie, Leipzig und Berlin 1934.

notwendig und hinreichend ist. Man denke etwa an die oben behandelten Beispiele des Ringgebiets, der Ringfläche und des Möbiusbandes. Aber oben traten auch andere Beispiele konformer Invarianten auf, die sich auf eine Anzahl von Punkten der Mannigfaltigkeit bezogen, z. B. auf zwei Innenpunkte oder vier Randpunkte des einfach zusammenhängenden Gebiets. Da erweist sich die folgende Definition als zweckmäßig:

Ein Hauptbereich ist eine endliche Riemannsche Mannigfaltigkeit, in der $h \geqq 0$ Innenpunkte und $k \geqq 0$ Randpunkte ausgezeichnet sind. Jene Mannigfaltigkeit selbst heißt der Träger des Hauptbereichs. Eine Abbildung eines Hauptbereichs auf einen andern ist eine Abbildung des Trägers des einen Hauptbereichs auf den des andern, bei der ausgezeichnete Punkte in ausgezeichnete Punkte übergehen.

In diesem Sinne ist z. B. das einfach zusammenhängende Gebiet mit zwei ausgezeichneten Innenpunkten ein Hauptbereich, dessen charakteristische konforme Invariante die Greensche Funktion ist.

Natürlich kann die Anzahl k der ausgezeichneten Randpunkte nur dann positiv sein, wenn die Anzahl n der Randkurven unserer Mannigfaltigkeit positiv ist.

Oben mußten wir den endlichen Riemannschen Mannigfaltigkeiten verbieten, punktförmige Öffnungen zu haben. Wenn nun z. B. eine geschlossene Riemannsche Fläche mit einer punktförmigen Öffnung gegeben ist, werden wir die letztere wieder schließen, um eine endliche Riemannsche Mannigfaltigkeit zu erhalten, und danach den Punkt, wo die Öffnung gewesen ist, auszeichnen: so entsteht ein Hauptbereich, dessen konforme Invarianten offenbar mit denen der Ausgangsfläche übereinstimmen. So könnte man allgemein punktförmige Öffnungen durch ausgezeichnete Innenpunkte ersetzen und umgekehrt; es wäre aber nicht zweckmäßig, durch Zulassen punktförmiger Öffnungen auf die Auszeichnung von Innenpunkten zu verzichten, weil es etwas Entsprechendes für die ausgezeichneten Randpunkte nicht gibt. Darum verzichten wir lieber umgekehrt auf die punktförmigen Öffnungen.

12. Diese Definition des Hauptbereichs ist nur eine vorläufige. In einer späteren Arbeit sollen auch die Fälle betrachtet werden, wo z. B. zwei ausgezeichnete Innenpunkte unendlich nahe zusammengerückt sind; in der vorliegenden Arbeit muß derartiges ausgeschlossen werden. Aber eine Abänderung des Begriffs soll doch jetzt schon erwähnt werden.

Wir haben beim einfach zusammenhängenden Gebiet mit vier ausgezeichneten Randpunkten die letzteren in einer in gewissem Ausmaße willkürlichen, dann aber unabänderlichen Weise numeriert; bei der Ringfläche haben wir eine kanonische Zerschneidung durch Kurven $\mathfrak{C}_1$, $\mathfrak{C}_2$, die nur bis auf Deformation bestimmt war, fest ausgewählt, usw. So wollen wir allgemein zulassen, daß ein Hauptbereich erst nach gewissen zusätzlichen topologischen Bestimmungen festgelegt ist. Wir wollen das hier nicht präzisieren, verweisen vielmehr auf die Beispiele und auf **49**, wo wir noch einmal auf diesen Gegenstand zurückkommen. In der vorliegenden Arbeit, die ja in erster Linie den Zweck verfolgt, eine vorläufige Orientierung zu ermöglichen, müssen topologische Fragen weit zurücktreten.

13. In den behandelten einfachen Beispielen ließ sich der Hauptbereich immer auf einen normierten Hauptbereich derselben Art konform abbilden, der nur von endlich vielen Parametern abhing; diese ergaben dann die konformen Invarianten.

Wir nehmen ohne Beweis folgendes an: Wenn man konform äquivalente Hauptbereiche identifiziert, bilden die Hauptbereiche eines festen topologischen Typus eine topologische Mannigfaltigkeit, die im Kleinen homöomorph dem ($\sigma \geqq 0$)-dimensionalen Euklidischen Raum ist und darum als Raum $\mathfrak{R}^\sigma$ bezeichnet werden kann.

Die konformen Invarianten des Hauptbereichs sind dann genau die Funktionen im $\mathfrak{R}^\sigma$. Es gibt also im Kleinen genau σ unabhängige konforme Invarianten.

Hinsichtlich welches Umgebungsbegriffs die Klassen konform aufeinander abbildbarer Hauptbereiche einen solchen Raum bilden, das präzisieren wir nicht. Man wird natürlich mit der Abbildung auf normierte Bereiche arbeiten.

Beim Beispiel der elliptischen Ebene mit zwei ausgezeichneten Punkten (oder besser der geschlossenen nichtorientierbaren Mannigfaltigkeit vom Geschlecht $\gamma = 1$ mit zwei ausgezeichneten Innenpunkten, denn diese läßt sich stets konform auf jene abbilden) war die Gesamtheit der Klassen konform äquivalenter Hauptbereiche zuerst eineindeutig auf die Entfernungen $A\left(0 < A \leqq \frac{\pi}{2}\right)$ abgebildet. Zu $A = \frac{\pi}{2}$, also der elliptischen Ebene mit zwei ausgezeichneten Punkten, zwischen denen es zwei kürzeste Verbindungen gibt, gehört also im $\mathfrak{R}^\sigma$ ($\sigma = 1$!) nur eine Halbumgebung, obwohl man dem Hauptbereich auf den ersten Blick keinen singulären Charakter ansieht. Wir konnten in **8** aber durch Auszeichnung einer der beiden topologisch möglichen Verbindungen der beiden ausgezeichneten Punkte die Regularität wieder herstellen. Es ist damit zu rechnen, daß auch bei höheren Hauptbereichen solche und schlimmere Ereignisse eintreten.

Charakteristische Anzahlen.

14. Wir stellen gleich einige ganze Zahlen $\geqq 0$ zusammen, die für einen Hauptbereich charakteristisch sind und für die wir ein für allemal feste Buchstaben einführen. Es ist

g die Anzahl der Henkel,

γ die Anzahl der Kreuzhauben,

n die Anzahl der Randkurven,

h die Anzahl der ausgezeichneten Innenpunkte,

k die Anzahl der ausgezeichneten Randpunkte.

Im Falle $\gamma > 0$ darf man g und γ gleichzeitig durch $g-1$ und $\gamma+2$, $g-2$ und $\gamma+4, \ldots$, 0 und $\gamma+2g$ ersetzen. Aus $n=0$ folgt $k=0$, sonst kann man g, γ, n, h, k beliebig vorschreiben.

Ferner sei

ϱ die Parameterzahl der kontinuierlichen Gruppe der konformen Abbildungen des Hauptbereichs auf sich,

σ die Dimension des Raumes aller Klassen konform äquivalenter Hauptbereiche, die mit dem gegebenen Hauptbereich topologisch äquivalent sind.

Wenn es also nur endlich viele konforme Abbildungen eines Hauptbereichs auf sich gibt, dann soll $\varrho = 0$ sein. Für das Ringgebiet ist $\varrho = 1$ und $\sigma = 1$, für die Ringfläche ist $\varrho = 2$ und $\sigma = 2$, für das einfach zusammenhängende Gebiet ist $\varrho = 3$ und $\sigma = 0$, für das einfach zusammenhängende Gebiet mit einem ausgezeichneten Innenpunkt und zwei ausgezeichneten Randpunkten ist $\varrho = 0$ und $\sigma = 1$, usw. Wir werden später sehen, daß ϱ und σ eindeutige Funktionen von g, γ, n, h und k sind. ϱ ist nur für wenige Sonderfälle, die sich vollständig aufzählen lassen, positiv. Es gilt die

Dimensionsformel:

$$\sigma - \varrho = -6 + 6g + 3\gamma + 3n + 2h + k.$$

Man bemerkt eine formale Analogie mit dem Riemann-Rochschen Satz, der auch die Differenz von zwei Parameterzahlen durch einen geschlossenen Ausdruck darstellt. Wir werden später die Dimensionsformel begründen und in direkten Zusammenhang mit dem Riemann-Rochschen Satz bringen.

Endlich werden wir später zwei Größen betrachten, die für den Träger eines Hauptbereichs bzw. für diesen selbst eine ähnlich fundamentale Bedeutung haben wie das Geschlecht für eine geschlossene orientierbare Fläche:

das algebraische Geschlecht

$$G \begin{cases} = g & \text{für geschlossene orientierbare Mannigfaltigkeiten,} \\ = 2g+\gamma+n-1 & \text{für berandete oder nichtorientierbare Mannigfaltigkeiten} \end{cases}$$

und die reduzierte Dimension

$$\tau \begin{cases} = \frac{\sigma}{2} & \text{bei geschlossenen orientierbaren Mannigfaltigkeiten,} \\ = \sigma & \text{bei berandeten oder nichtorientierbaren Mannigfaltigkeiten.} \end{cases}$$

Auch τ ist stets eine ganze Zahl.

Problemstellung.

15. Für eine im Kleinen eineindeutige und in beiden Richtungen stetig differenzierbare Abbildung eines $z = x+iy$-Gebiets auf ein $w = u+iv$-Gebiet setze man

$$K = \frac{1}{2}\,\frac{u_x^2+u_y^2+v_x^2+v_y^2}{u_x v_y - v_x u_y};$$

$$D = |K| + \sqrt{K^2-1} = e^{\mathfrak{Ar}\,\mathfrak{Cof}\,|K|}.$$

Diese Zahl $D \geqq 1$ ist das Achsenverhältnis einer unendlich kleinen Ellipse der w-Ebene, die vermöge der Abbildung einem unendlich kleinen Kreise der z-Ebene entspricht, und heißt Dilatationsquotient. Für konforme Abbildungen ist $D = 1$, sonst ist $D > 1$; $\log D$ ist also ein Maß für die Abweichung einer Abbildung von der Konformität. Wenn man die z-Ebene oder die w-Ebene konform abbildet, ändert der Dilatationsquotient $D = D_{z|w}$ sich nicht.

Für eine Abbildung eines Hauptbereichs auf einen anderen wird man den Dilatationsquotienten überall nach Übergang zur Ortsuniformisierenden berechnen, das ist wegen der Konforminvarianz erlaubt. Eine eineindeutige Abbildung mit gewissen Differenzierbarkeitseigenschaften, für die der Dilatationsquotient beschränkt ist, heißt quasikonform[1].

[1] Nach L. Ahlfors, Zur Theorie der Überlagerungsflächen, Acta Math. 65. Für eine andere Definition der quasikonformen Abbildung s. S. 187, Anm. 1.

16. Wie eine konforme Invariante J eines Hauptbereichs, also eine Größe, die als Funktion des den Hauptbereich darstellenden Punktes im $\mathfrak{R}^\sigma$ angesehen werden kann, bei konformer Abbildung überhaupt ungeändert bleibt, so wird man erwarten, daß sie sich bei quasikonformer Abbildung wenig verändert, wenn nur die obere Grenze des Dilatationsquotienten sich hinreichend wenig von 1 unterscheidet. Wir kommen also zu folgendem

Problem: Gegeben sind eine konforme Invariante J als Funktion im $\mathfrak{R}^\sigma$, ein bestimmter Hauptbereich und eine Zahl $C > 1$. Welche Werte nimmt J für diejenigen Hauptbereiche an, auf die man den gegebenen Hauptbereich so quasikonform abbilden kann, daß der Dilatationsquotient überall $\leqq C$ ist?

Auf die Bedeutung dieses Problems für die Funktionentheorie soll hier nicht eingegangen werden[1].

Man muß dies Problem dahin verallgemeinern, daß nicht eine einzige Schranke C für den Dilatationsquotienten vorgegeben ist, sondern eine Schranke, die noch vom Ort im Hauptbereich abhängig ist. Dann ist allerdings eine genaue Abschätzung des J schwer. Wir haben es hier nur mit einer konstanten Schranke zu tun.

17. Man kann dies Problem auf zwei Arten in einen größeren Zusammenhang bringen. Einmal kann es möglich sein, die Invariante J nach einer übereinstimmenden Vorschrift für viele Arten von Hauptbereichen zu bilden (z. B. bei schlichtartigen Hauptbereichen als obere Grenze aller Werte einer geometrisch definierten Größe für alle Realisierungen des nur bis auf konforme Abbildung bestimmten Hauptbereichs in der Ebene) und das Problem für all die verschiedenen Hauptbereicharten zugleich in Angriff zu nehmen; man wird dann auch an den Grenzübergang zu nicht mehr endlichen Riemannschen Mannigfaltigkeiten denken.

Wir wollen hier umgekehrt die Art des Hauptbereichs (d. h. seine topologische Natur und insbesondere die in **14** zusammengestellten Zahlen), also auch den $\mathfrak{R}^\sigma$ als fest gegeben annehmen, stellen aber dafür das Problem für alle Invarianten J zugleich. Gegeben ist also ein Hauptbereich, dargestellt durch einen Punkt P im $\mathfrak{R}^\sigma$, sowie eine Zahl $C > 1$; für jede im $\mathfrak{R}^\sigma$ erklärte Funktion J wird nach ihrem Wertebereich für diejenigen Punkte Q gefragt, für die es eine quasikonforme Abbildung des zu P gehörenden Hauptbereichs auf den zu Q gehörenden Hauptbereich mit einem Dilatationsquotienten $\leqq C$ gibt. Diese Frage ist in ihrer Allgemeinheit offenbar gleichbedeutend mit folgendem

[1] S. 164ff. und S. 187, Anm. 1.

Problem: Gegeben sind ein Punkt P des $\mathfrak{R}^\sigma$ und eine Zahl $C > 1$. Man bildet auf alle möglichen Weisen den durch P dargestellten Hauptbereich quasikonform auf andere Hauptbereiche derselben Art so ab, daß die obere Grenze des Dilatationsquotienten $\leqq C$ bzw. $< C$ ist, und stellt die so erhaltenen Hauptbereiche wieder durch Punkte Q des $\mathfrak{R}^\sigma$ dar. Es wird nach der Menge $\overline{\mathfrak{U}}_C(P)$ bzw. $\mathfrak{U}_C(P)$ der so erhaltenen Punkte Q gefragt.

Durch die Schreibweise wird schon angedeutet, daß man sich die $\mathfrak{U}_C(P)$ als offene und die $\overline{\mathfrak{U}}_C(P)$ als abgeschlossene Umgebungen von P im $\mathfrak{R}^\sigma$ denken soll. Daß das berechtigt ist, soll durch die folgenden Ausführungen wahrscheinlich gemacht werden.

18. Gegeben seien zwei gleichartige Hauptbereiche, dargestellt durch die Punkte P und Q des $\mathfrak{R}^\sigma$. Für irgendeine quasikonforme Abbildung dieser Hauptbereiche aufeinander sei C die obere Grenze des Dilatationsquotienten. Den Logarithmus der unteren Grenze all dieser C bezeichnen wir als Entfernung $[PQ]$ der beiden Punkte oder auch der beiden Hauptbereiche.

Wir haben zu prüfen, ob die Abstandsaxiome erfüllt sind. Sicher ist $[PQ] \geqq 0$. $[PQ] = [QP]$ folgt aus der Tatsache, daß der Dilatationsquotient für eine Abbildung und für ihre Umkehrung an jeder Stelle gleich groß ist. Die Dreiecksungleichung $[PQ] + [QR] \geqq [PR]$ folgt aus dem Satz, daß bei Zusammensetzung zweier Abbildungen an jeder Stelle der Dilatationsquotient für die zusammengesetzte Abbildung höchstens gleich dem Produkt der Dilatationsquotienten für die beiden zusammensetzenden Abbildungen ist[1]. Aber darf aus $[PQ] = 0$ auf $P = Q$ geschlossen werden? Wenn man zwei Hauptbereiche quasikonform mit beliebig wenig von 1 verschiedenem Dilatationsquotienten aufeinander abbilden kann, gibt es dann notwendig auch eine (direkt oder indirekt) konforme Abbildung? Das ist nicht sicher, weil wir nicht wissen, ob es zu zwei Hauptbereichen immer eine quasikonforme Abbildung mit möglichst kleinem Maximum des Dilatationsquotienten gibt. Es ist aber doch wahrscheinlich, denn nach der schon in **16** herangezogenen Grundvorstellung wird man erwarten, daß man zwei Hauptbereiche, die sich nicht konform aufeinander abbilden lassen, auch nicht quasikonform mit beliebig wenig von 1 verschiedener oberer Schranke des Dilatationsquotienten aufeinander wird abbilden können.

---

[1] O. Teichmüller, Eine Anwendung quasikonformer Abbildungen auf das Typenproblem. Deutsche Math. 2.

Wir wollen das ohne Beweis annehmen, ja wir nehmen sogar an: Es gibt zu jeder Umgebung $\mathfrak{U}$ eines Punktes P im $\mathfrak{R}^\sigma$ ein $C > 1$ mit $\mathfrak{U}_C(P) \subset \mathfrak{U}$. Es muß aber ausdrücklich betont werden, daß damit das Ergebnis einer noch gar nicht durchgeführten Untersuchung vorweggenommen wird.

Ferner nehmen wir ohne Beweis an, zu jedem P im $\mathfrak{R}^\sigma$ und jedem $C > 1$ gebe es eine Umgebung $\mathfrak{U}$ von P, die ganz in $\mathfrak{U}_C(P)$ enthalten ist. Diese Annahme liegt sehr nahe: denken wir alle Hauptbereiche einer bestimmten Art konform auf normierte Hauptbereiche abgebildet, die nur endlich viele Parameter enthalten, so wird man einer kleinen Änderung dieser Parameter doch wohl mit einer Abbildung nachkommen können, die nur wenig von der Identität abweicht und für die sich der Dilatationsquotient wenig von 1 unterscheidet.

Beide Annahmen zusammen besagen, daß $[PQ]$ wirklich den Abstandsaxiomen genügt und daß die Mengen $[PQ] <$ const ein mit dem ursprünglichen äquivalentes Umgebungssystem im $\mathfrak{R}^\sigma$ bilden.

19. Damit sind also die Räume $\mathfrak{R}^\sigma$, die bisher (von einigen niederen Ausnahmen abgesehen) nur als topologische Räume erschienen, in einheitlicher Weise mit einer Metrik versehen. Es wird unsere Aufgabe sein, diese Metrik zu untersuchen und insbesondere Geodätische zu suchen. Wir werden später zu der begründeten Vermutung geführt werden, $\mathfrak{R}^\sigma$ sei hinsichtlich unserer Metrik ein Finslerscher Raum.

Unser Problem aber geht nun in das folgende über:

Gegeben seien zwei gleichartige Hauptbereiche, dargestellt durch die Punkte P und Q des $\mathfrak{R}^\sigma$. Es wird nach der Entfernung $[PQ]$ gefragt. Insbesondere soll die Gesamtheit der extremalen quasikonformen Abbildungen bestimmt werden, für die der Dilatationsquotient überall $\leqq e^{[PQ]}$ ist.

Man wird nämlich erwarten, daß es eine extremale quasikonforme Abbildung stets gibt und daß diese bis auf konforme Abbildung der gegebenen Hauptbereiche auf sich eindeutig bestimmt ist.

Wenn das Problem in dieser Fassung für einen $\mathfrak{R}^\sigma$ gelöst ist, sind damit bis auf Eliminationen auch die Probleme in **16** und **17** gelöst.

Unser Extremalproblem sieht vielleicht zuerst etwas ungewohnt aus. Man möchte vielleicht eher erwarten, daß eine Abbildung eines gegebenen Hauptbereichs auf einen gegebenen anderen gesucht wird, die ein mit dem Dilatationsquotienten in Zusammenhang stehendes Integral möglichst klein macht. Statt dessen soll hier das Maximum des Dilatationsquotienten möglichst klein werden. Indessen zeigt sich auch diese Aufgabe durchaus der Analysis zugänglich.

Bevor wir aber mit allgemeinen Erörterungen fortfahren, sollen einige Beispiele behandelt werden, wo eine vollständige Lösung unseres Problems möglich ist. Wir stellen diese Beispiele hier bloß wie einfache Fälle nebeneinander; später werden wir erkennen, daß das Charakteristische, ihnen allen Gemeinsame die reduzierte Dimension $\tau = 1$ ist.

Beispiele berandeter orientierbarer Hauptbereiche[1].

20. Wir beginnen mit dem Viereck, d. h. mit dem einfach zusammenhängenden Gebiet mit vier ausgezeichneten Randpunkten. In **4** bildeten wir das Viereck, dessen ausgezeichnete Randpunkte in positivem Umlaufssinne numeriert zu denken sind, auf die obere Halbebene $\mathfrak{J} z > 0$ mit den ausgezeichneten Randpunkten $0, 1, \lambda, \infty$ konform ab und nahmen $\lambda (1 < \lambda < \infty)$ als charakteristische konforme Invariante; jetzt wollen wir dagegen das Viereck konform auf ein Rechteck $0 < \mathfrak{R}\zeta < a$, $0 < \mathfrak{J}\zeta < b$ so abbilden, daß die vier ausgezeichneten Randpunkte in die vier Ecken des Rechtecks übergehen[2]; dann ist $\frac{b}{a}$ die konforme Invariante, die übrigens mit λ durch die elliptische Modulfunktion zusammenhängt.

Wenn man das Rechteck $0 < \mathfrak{R}\zeta < a$, $0 < \mathfrak{J}\zeta < b$ so auf das Rechteck $0 < \mathfrak{R}\zeta' < a'$, $0 < \mathfrak{J}\zeta' < b'$ abbildet, daß die Ecken $\zeta = 0, a, a + ib, ib$ in $\zeta' = 0, a', a' + ib', ib'$ übergehen und der Dilatationsquotient überall $\leqq C$ ist, dann ist $\frac{b}{a} \leqq C \frac{b'}{a'}$. Gleichheit gilt nur für eine affine Abbildung.

Wir haben hier wie überall auf die Präzisierung der Voraussetzungen über die Abbildung verzichtet. Der Beweis gilt, wenn die Abbildung durchweg (auch am Rande) in beiden Richtungen stetig und stetig differenzierbar ist. Allerdings dürfen die vier partiellen Ableitungen in endlich vielen Punkten beliebige Unstetigkeiten haben und auf endlich vielen analytischen Kurven, die bei der Abbildung wieder in analytische Kurven übergehen, zwar springen, wenn sie nur von beiderseits stetige Grenzwerte haben. Von der Forderung der Stetigkeit der Abbildung darf man dagegen nicht abgehen (höchstens in gewissem Umfang am Rande). Entsprechende Bemerkungen gelten auch im folgenden.

---

[1] H. Grötzsch, Über möglichst konforme Abbildungen von schlichten Bereichen, Sächs. Ber. 84.

[2] Durch das elliptische Integral erster Gattung $\zeta = \int \frac{dz}{\sqrt{z(z-1)(z-\lambda)}}$.

Beweis: Das ζ'-Bild der Strecke $\Im\zeta = \eta = \text{const}$, $0 < \Re\zeta < a$ hat mindestens die Länge a':

$$a' \leqq \int |d\zeta'| = \int_0^a \left|\frac{\partial\zeta'}{\partial\xi}\right| d\xi.$$

Hierin ist $\zeta = \xi + i\eta$ gesetzt. Nun gilt aber, wenn D der Dilatationsquotient ist, die wichtige Ungleichung[1]

$$\left|\frac{\partial\zeta'}{\partial\xi}\right|^2 \leqq D\,\frac{\boxed{d\zeta'}}{\boxed{d\zeta}} \leqq C\,\frac{\boxed{d\zeta'}}{\boxed{d\zeta}},$$

worin $\boxed{d\zeta}$ bzw. $\boxed{d\zeta'}$ das Flächenelement in der ζ- bzw. ζ'-Ebene ist. Folglich ist nach der Schwarzschen Ungleichung

$$a'^2 \leqq \left(\int_0^a \left|\frac{\partial\zeta'}{\partial\xi}\right| d\xi\right)^2 \leqq a \int_0^a \left|\frac{\partial\zeta'}{\partial\xi}\right|^2 d\xi \leqq aC \int_0^a \frac{\boxed{d\zeta'}}{\boxed{d\zeta}}\, d\xi.$$

Integration nach η von 0 bis b ergibt

$$a'^2 b \leqq aC \int_0^a\!\!\int_0^b \frac{\boxed{d\zeta'}}{\boxed{d\zeta}}\, d\xi\, d\eta = aC \iint \boxed{d\zeta'} = aC\cdot a'b'$$

oder

$$\frac{b}{a} \leqq C\,\frac{b'}{a'}.$$

Gleichheit gilt nur, wenn oben in allen Abschätzungen das Gleichheitszeichen gilt: dann muß die Strecke $\Im\zeta = \eta = \text{const}$ wieder in eine Strecke $\Im\zeta' = \eta' = \text{const}$ übergehen, und $\left|\frac{\partial\zeta'}{\partial\xi}\right| = \frac{\partial\xi'}{\partial\xi}$ muß eine Funktion von η allein sein $\left(\text{also gleich } \frac{a'}{a} \text{ sein}\right)$, und es muß $\left|\frac{\partial\zeta'}{\partial\xi}\right|^2 = C\,\frac{\boxed{d\zeta'}}{\boxed{d\zeta}}$ sein, obwohl der Dilatationsquotient $\leqq C$ ist, d. h. es muß $\frac{\partial\eta'}{\partial\eta} = \frac{1}{C}\frac{a'}{a} = \text{const}\left(= \frac{b'}{b}\right)$ sein. Gleichheit gilt also nur, wenn die Abbildung die Form

$$\xi' = \frac{a'}{a}\,\xi, \quad \eta' = \frac{b'}{b}\,\eta$$

hat.

---

[1] Siehe S. 16, Anm. 1.

2*

Wenn wir also die Klassen konform äquivalenter Vierecke durch die zugehörigen $P = \frac{b}{a}$ repräsentieren, dann erhalten wir als $\mathfrak{R}^1$ den Strahl $0 < P < \infty$, und die Menge $\overline{\mathfrak{U}}_C(P)$ aller Q, für die es eine quasikonforme Abbildung des Rechtecks mit dem Seitenverhältnis P auf das mit dem Seitenverhältnis Q gibt, deren Dilatationsquotient $\leqq C$ ist, ist genau das Intervall $\frac{1}{C} P \leqq Q \leqq CP$. Die Entfernung ist also hier

$$[PQ] = \left|\log \frac{P}{Q}\right| = |\log P - \log Q|.$$

Die Entfernung wird unendlich, wenn P fest bleibt und Q gegen 0 oder ∞ strebt (d. h. wenn das zu Q gehörende Viereck ausartet).

21. Beim Ringgebiet können wir uns schon kürzer fassen. Das Ringgebiet ist eine orientierbare schlichtartige endliche Riemannsche Mannigfaltigkeit mit zwei Randkurven ohne ausgezeichnete Punkte, wird also in den Bezeichnungen von **14** durch

$$g = 0,\ \gamma = 0,\ n = 2,\ h = 0,\ k = 0$$

vollständig beschrieben. Jedes Ringgebiet läßt sich konform auf einen Kreisring $1 < |w| < R$ abbilden; wir nennen $M = \log R$ den Modul des Ringgebiets; M ist charakteristische konforme Invariante.

Bei quasikonformer Abbildung eines Ringgebiets mit dem Modul M auf ein Ringgebiet mit dem Modul M' ist $M' \leqq CM$.

Zum Beweis dürfen wir die beiden Ringgebiete in der Form $0 < \log |w| < M$ bzw. $0 < \log |w'| < M'$ annehmen. Wir setzen $\log w = \zeta = \xi + i\eta$ und $\log w' = \zeta'$. Dann gilt wie oben

$$M' = \log R' \leqq \int_0^M \left|\frac{\partial \zeta'}{\partial \xi}\right| d\xi;$$

$$M'^2 \leqq M \int_0^M \left|\frac{\partial \zeta'}{\partial \xi}\right|^2 d\xi \leqq MC \int_0^M \frac{\boxed{d\zeta'}}{\boxed{d\zeta}} d\xi;$$

$$2\pi M'^2 \leqq MC \int_0^M \int_0^{2\pi} \frac{\boxed{d\zeta'}}{\boxed{d\zeta}} d\xi d\eta = MC \iint \boxed{d\zeta'} = MC \cdot 2\pi M';$$

$$M' \leqq CM.$$

Gleichheit gilt nur für die Abbildungen

$$\xi' = \frac{M'}{M}\,\xi,\ \eta' = \pm\,\eta + \text{const} \quad \text{oder} \quad \xi' = M' - \frac{M'}{M}\,\xi,\ \eta' = \pm\,\eta + \text{const},$$

d. h.

$$|w'| = |w|^C,\ \arg w' = \pm \arg w + \text{const}$$

$$\text{oder } |w'| = \frac{e^{M'}}{|w|^C},\ \arg w' = \pm \arg w + \text{const}.$$

Die Abschätzung geht also nach genau demselben Schema vor sich; sowie einem nur die Funktion ζ gegeben ist, braucht man nur noch die Längen der Bilder von $\mathfrak{J}\zeta = \text{const}$ nach unten abzuschätzen und erhält die gesuchte genaue Abschätzung. Man kann auf den Gedanken kommen, systematisch zu einem Problem, wie es in **19** gestellt wurde, eine Funktion ζ zu suchen. Aber wir wissen ja noch nicht, ob es nicht nur zu ganz speziellen derartigen Problemen eine Funktion ζ gibt.

Bezeichnet man den Punkt des $\mathfrak{R}^1$, der die Klasse aller Ringgebiete mit dem Modul P darstellt $(0 < P < \infty)$, kurz mit P, so wird die in **18** definierte Entfernung

$$[PQ] = |\log P - \log Q|.$$

Man hätte übrigens auch über die Kreise $|w| = \text{const}$ statt über die Strecken $\arg w = \text{const}$ integrieren können und ζ nicht gleich $\log w$, sondern gleich $i \log w$ setzen können: dann hätte man $M \leqq CM'$ erhalten. Aber diese Ungleichung ist mit $M' \leqq CM$ gleichbedeutend, weil mit jeder Abbildung auch ihre Umkehrung einen Dilatationsquotienten $\leqq C$ hat.

22. Ist nun wieder eine Abbildung des Rechtecks $0 < \mathfrak{R}\zeta < a$, $0 < \mathfrak{J}\zeta < b$ auf das Rechteck $0 < \mathfrak{R}\zeta' < a'$, $0 < \mathfrak{J}\zeta' < b'$ gegeben, die die Ecken einander richtig zuordnet und deren Dilatationsquotient $\leqq C$ ist, so setze man

$$w = e^{\frac{\pi}{b}\zeta},\ w' = e^{\frac{\pi}{b'}\zeta'}.$$

Dann hat man eine Abbildung des Halbkreisrings $0 < \log|w| < \dfrac{\pi a}{b}$, $\mathfrak{J}w > 0$ auf den Halbkreisring $0 < \log|w'| < \dfrac{\pi a'}{b'}$, $\mathfrak{J}w' > 0$, die sich durch Spiegelung an der reellen Achse zu einer Abbildung des Kreisrings mit dem Modul $M = \dfrac{\pi a}{b}$ auf den Kreisring mit dem Modul $M' = \dfrac{\pi a'}{b'}$ fortsetzen läßt, deren Dilatationsquotient $\leqq C$ ist. Aus der soeben bewiesenen

Ungleichung $M' \leqq CM$ folgt nun $\frac{\pi a'}{b'} \leqq C\frac{\pi a}{b}$ oder $\frac{b}{a} \leqq C\frac{b'}{a'}$, das Ergebnis von **20**. Die beiden Abschätzungen sind also nicht nur analog gebaut, sondern die erste läßt sich direkt auf die zweite zurückführen.

Hiervon gilt auch die Umkehrung, wenn man einen Satz über konforme Abbildung heranziehen will. Ist der Kreisring $0 < \log|w| < M$ auf den Kreisring $0 < \log|w'| < M'$ mit einem Dilatationsquotienten $\leqq C$ abgebildet, so geht das aus $0 < \log|w| < M$ durch Aufschneiden längs der positiv reellen Achse entstehende Viereck, das durch $\zeta = \log w$ auf ein Rechteck mit dem Seitenverhältnis $\frac{2\pi}{M}$ abgebildet wird, in ein Viereck der w'-Ebene über, das schlicht im Kreisring $1 < \log|w'| < M'$ liegt und dessen $|w| = 1$ bzw. $|w| = e^M$ entsprechende Seiten[1] ganz auf $|w'| = 1$ bzw. $|w'| = e^{M'}$ liegen. Ein solches Viereck hat aber bekanntlich[2] nach Abbildung auf ein Rechteck ein Seitenverhältnis $\leqq \frac{2\pi}{M'}$. Nach **20** muß also erst recht $\frac{2\pi}{M} \leqq C \cdot \frac{2\pi}{M'}$ gelten; damit haben wir das Ergebnis von **21** wieder.

Es ist zu beachten, daß bei der ersten Zurückführung kein derartiger Satz über konforme Abbildung benutzt wurde.

23. Wir kommen nun zum einfach zusammenhängenden Gebiet mit zwei ausgezeichneten Innenpunkten. Es läßt sich konform so auf den Einheitskreis $|z| < 1$ abbilden, daß die ausgezeichneten Punkte in 0 und $r\,(0 < r < 1)$ übergehen; r ist die charakteristische konforme Invariante.

Wir heften zwei längs der Strecke $0 \cdots r$ aufgeschnittene Exemplare des Einheitskreises kreuzweise über den Schlitz $0 \cdots r$ hinweg zusammen, so entsteht ein zweiblättriges Riemannsches Flächenstück, das nach der Definition in **21** ein Ringgebiet ist (es wird durch $\sqrt{\frac{z}{z-r}}$ auf ein schlichtes Ringgebiet abgebildet); sein Modul sei $\mu(r)$, d. h. es lasse sich konform auf $0 < \log|w| < \mu(r)$ abbilden. Die doppelt durchlaufene Strecke $z = 0 \cdots r$ geht als geschlossene Symmetrielinie des Ringgebiets bei dieser Abbildung in den Kreis $\log|w| = \frac{\mu(r)}{2}$ über. Die Windungspunkte $z = 0, r$ gehen als Fixpunkte einer konformen Abbildung des Ringgebiets auf sich (nämlich der Blättervertauschung) in gegenüberliegende Punkte dieses Kreises, etwa in $w = \pm e^{\frac{\mu(r)}{2}}$, über.

[1] Die vier ausgezeichneten Randpunkte des Vierecks teilen seinen Rand in die vier Seiten ein.
[2] Der Beweis wird in **167** ausgeführt.

Aus **21** folgt nun sofort, daß bei quasikonformer Abbildung eines derartigen Hauptbereichs mit der Invariante r auf einen anderen mit der Invariante r' die Ungleichung

$$|\log \mu(r) - \log \mu(r')| \leqq \log C$$

gelten muß, wo wieder C eine obere Schranke des Dilatationsquotienten ist. Wenn r von 0 bis 1 wächst, fällt $\mu(r)$ monoton und stetig von ∞ bis 0. Aber läßt sich diese Abschätzung nicht verbessern? Beim Viereck und beim Kreisring war es ohne weiteres klar, daß die dort gefundenen Abschätzungen genau waren. Aus $|\log \mu(r) - \log \mu(r')| \leqq \log C$ folgt also die Existenz einer Abbildung von $0 < \log |w| < \mu(r)$ auf $0 < \log |w'| < \mu(r')$, deren Dilatationsquotient $\leqq C$ ist. Aber eine solche Abbildung ergibt nur dann die gesuchte quasikonforme Abbildung von $|z| < 1$ auf $|z'| < 1$, die 0 in 0 und r in r' überführt, wenn sie ein w-Punktepaar mit dem Produkt $e^{\mu(r)}$ stets in ein w'-Punktepaar mit dem Produkt $e^{\mu(r')}$ überführt, denn derartigen Punktepaaren entsprechen übereinanderliegende Punktepaare der zweiblättrigen z- bzw. z'-Fläche. Diese Zusatzbedingung ist nun aber für die extremale quasikonforme Abbildung

$$|w'| = |w|^{\frac{\mu(r')}{\mu(r)}}, \quad \arg w' = \arg w$$

gerade erfüllt. Die Ungleichung läßt sich also nicht verbessern. Damit ist auch die Metrik des $\mathfrak{R}^1$ im Sinne von **18** bestimmt.

Wir können auch hier die Integrationsmethode von **20** und **21** direkt anwenden. Dabei ist natürlich $\zeta = \log w$ zu setzen. Hier wäre erst w als Funktion von z zu bestimmen. Einfacher ist es, zu benutzen, daß $\left(\frac{d\zeta}{dz}\right)^2$ eine in $|z| < 1$ eindeutige und bis auf einfache Pole bei 0 und r reguläre Funktion ist, die auf $|z| = 1$ mit z^2 multipliziert reelle Werte annimmt. Es folgt

$$\left(\frac{d\zeta}{dz}\right)^2 = \frac{\text{const}}{z(z-r)(1-rz)}.$$

Die Kurven $\mathfrak{R}\zeta = \text{const}$ und $\mathfrak{J}\zeta = \text{const}$ sind also Integralkurven algebraischer Differentialgleichungen. Es ist für das Verständnis späterer Ausführungen sehr nützlich, sich den Verlauf dieser Kurven und den direkten zu **20** und **21** analogen Beweis unserer Abschätzung genau zu überlegen.

Man kann auch so schließen: Der längs der Strecke $0 \cdots r$ aufgeschlitzte $|z| < 1$ hat als Ringgebiet den Modul $\frac{\mu(r)}{2}$. Nach quasikonformer Abbildung mit der Schranke C geht er in ein Ringgebiet über, dessen eine Randkomponente $|z'| = 1$ und dessen andere Randkomponente ein 0 und r'

verbindender Schlitz ist. Dieses Ringgebiet hat mindestens den Modul $\frac{1}{C}\cdot\frac{\mu(r)}{2}$, andererseits nach einem Satz über konforme Abbildung höchstens den Modul $\frac{\mu(r')}{2}$; es folgt $\mu(r) \leqq C\,\mu(r')$.

Eine ähnliche Überlegung kann man auf das Viereck anwenden, das durch Aufschneiden des Einheitskreises längs der reellen Achse von -1 bis 0 und von r bis 1 entsteht und dessen ausgezeichnete Randpunkte die vier erreichbaren Randpunkte bei $z = \pm 1$ sind.

24. Schließlich kommen wir zu dem einfach zusammenhängenden Gebiet, in dem ein Innenpunkt $\mathfrak{i}$ und zwei Randpunkte $\mathfrak{r}_1$, $\mathfrak{r}_2$ ausgezeichnet sind. Man kann das Gebiet so auf den Einheitskreis konform abbilden, daß $\mathfrak{i}$ in 0 und $\mathfrak{r}_1$ in 1 übergeht; $\mathfrak{r}_2$ geht dann in $e^{2\pi i\omega}$ über, wo ω als harmonisches Maß des Randbogens $\mathfrak{r}_1\,\mathfrak{r}_2$ im Punkte $\mathfrak{i}$ die charakteristische konforme Invariante des Hauptbereichs ist. Man kann ω und $1-\omega$ $(0<\omega<1)$ erst unterscheiden, nachdem man das Gebiet orientiert und die beiden Randpunkte numeriert hat.

Die in $\mathfrak{i}$ quadratisch gewundene zweiblättrige Überlagerungsfläche des Gebiets ist wieder einfach zusammenhängend und hat über $\mathfrak{r}_1$ und $\mathfrak{r}_2$ je zwei Randpunkte, ist also ein Viereck. Wie schon im vorigen Beispiel geben wir also auf $\mathfrak{i}$, nachdem dort ein Windungspunkt angebracht wurde, gar nicht mehr acht. Das Seitenverhältnis des Rechtecks, auf das man unser Überlagerungsviereck konform so abbilden kann, daß die vier ausgezeichneten Randpunkte über $\mathfrak{r}_1$, $\mathfrak{r}_2$ in die Ecken übergehen, ist eine monotone stetige Funktion von ω und multipliziert sich bei quasikonformer Abbildung mit einer Zahl zwischen $\frac{1}{C}$ und C; damit ist die Metrik im Raume $\mathfrak{R}^1$ der Hauptbereiche dieser Art bestimmt. Die (affine) extremale quasikonforme Abbildung eines Rechtecks auf ein anderes ist in bezug auf den Rechtecksmittelpunkt symmetrisch und liefert darum wirklich die extremale quasikonforme Abbildung eines unserer Hauptbereiche auf einen anderen.

Denkt man den Hauptbereich auf den Einheitskreis der z-Ebene mit den ausgezeichneten Punkten $0, 1, e^{2\pi i\omega}$ konform abgebildet und das Überlagerungsviereck auf ein achsenparalleles Rechteck der ζ-Ebene konform abgebildet, so ist $\left(\frac{d\zeta}{dz}\right)^2$ eine eindeutige in $|z| \leqq 1$ bis auf einfache Pole bei $0, 1, e^{2\pi i\omega}$ reguläre Funktion, die mit z^2 multipliziert auf $|z| = 1$ reell ist; es folgt

$$\left(\frac{d\zeta}{dz}\right)^2 = \frac{\text{const}}{z(z-1)(e^{-\pi i\omega}z - e^{\pi i\omega})}.$$

Bemerkenswert ist der Verlauf der Linien $\mathfrak{J}\zeta = \text{const}$, $\mathfrak{R}\zeta = \text{const}$ im Einheitskreis. Man kann natürlich wieder, ohne überhaupt eine Überlagerungsfläche einzuführen, mit Hilfe dieses Linienelements $|d\zeta|$ durch Integration über die Linien $\mathfrak{J}d\zeta = 0$ ähnlich wie in **20** und **21** zum Ziele kommen.

Wir haben soeben das einfach zusammenhängende Gebiet mit einem Innenpunkt und zwei Randpunkten auf das Viereck zurückgeführt; man kann es aber auch auf das einfach zusammenhängende Gebiet mit zwei Innenpunkten zurückführen: dazu bildet man es etwa auf einen Halbkreis so ab, daß $\mathfrak{r}_1$ und $\mathfrak{r}_2$ in dessen Ecken übergehen, und spiegelt am Durchmesser: so erhält man einen Vollkreis, in dem i und sein Spiegelbild ausgezeichnete Innenpunkte sind.

Wenn man $|z| < 1$ längs des Radius $\arg z = \pi\omega$ aufschneidet, erhält man ein Viereck mit den ausgezeichneten Randpunkten $1, e^{2\pi i\omega}$, zweimal $e^{\pi i\omega}$. Um hieraus etwas über das Verhalten der Invariante ω zu schließen, braucht man wieder einen Hilfssatz über konforme Abbildung.

Es würde viel zu weit führen, wenn wir auf alle Zusammenhänge der vier eben behandelten Extremalprobleme der quasikonformen Abbildung untereinander eingehen wollten.

Die Ringfläche.

25. Wir denken auf der Ringfläche sofort nach **5** eine kanonische Zerschneidung durch ein Kurvenpaar $\mathfrak{C}_1, \mathfrak{C}_2$, das nur bis auf Deformation bestimmt ist, ausgezeichnet; damit ist zugleich eine Orientierung festgelegt. Nach Abbildung der einfach zusammenhängenden relativ unverzweigten Überlagerungsfläche auf die punktierte $z = x + iy$-Ebene (die in **5**, wie gewöhnlich, u-Ebene hieß) ist dann sofort ein primitives Periodenpaar ω_1, ω_2 bestimmt, und der Quotient $\omega = \dfrac{\omega_2}{\omega_1}$ mit $\mathfrak{J}\,\omega > 0$ ist die charakteristische konforme Invariante. Wir haben zu untersuchen, wie sich ω bei quasikonformer Abbildung ändert.

Durch eine Drehung der z-Ebene können wir erreichen, daß $\omega_1 > 0$, also $\mathfrak{J}\,\omega_2 > 0$ wird. Ist nun eine zweite Ringfläche gegeben, der die z'-Ebene mit dem primitiven Periodenpaar ω'_1, ω'_2 entspricht, so nehmen wir ebenso $\omega'_1 > 0$ an, so daß $\mathfrak{J}\,\omega'_2 > 0$ wird. Einer Abbildung der ersten Ringfläche auf die zweite, die die auf der ersten ausgezeichneten $\mathfrak{C}_1, \mathfrak{C}_2$ in Kurven überführt, die in die ausgezeichneten $\mathfrak{C}'_1$, $\mathfrak{C}'_2$ stetig übergeführt werden können, entspricht eine Abbildung der z-Ebene auf die z'-Ebene mit demselben Dilatationsquotienten, für die

$$z'(z + \omega_1) = z'(z) + \omega'_1, \quad z'(z + \omega_2) = z'(z) + \omega'_2$$

gilt.

Einer zur reellen Achse parallelen Strecke $a \cdots a + \omega_1$ entspricht in der z'-Ebene eine Kurve, deren Endpunkte den Abstand ω_1' haben und die daher mindestens die Länge ω_1' hat:

$$\omega_1' \leqq \int_a^{a+\omega_1} \left| \frac{\partial z'}{\partial x} \right| dx;$$

$$\omega_1'^2 \leqq \omega_1 \int_a^{a+\omega_1} \left| \frac{\partial z'}{\partial x} \right|^2 dx \leqq \omega_1 C \int_a^{a+\omega_1} \frac{\boxed{dz'}}{\boxed{dz}} dx.$$

C ist wieder eine obere Schranke des Dilatationsquotienten. Nun lassen wir a von 0 bis ω_2 laufen und integrieren über $y = \Im a$, das von 0 bis $\Im \omega_2$ läuft:

$$\omega_1'^2 \Im \omega_2 \leqq \omega_1 C \iint \boxed{dz'} = \omega_1 C \cdot \omega_1' \Im \omega_2',$$

denn das $\iint \boxed{dz'}$ ist über das z'-Bild des Periodenparallelogramms zu erstrecken, und dieses Bild enthält (vom Rand abgesehen) zu jedem Punkt der z'-Ebene genau einen mod (ω_1', ω_2') kongruenten und hat deshalb denselben Flächeninhalt $\Im \omega_2' \overline{\omega_1'}$ wie ein Periodenparallelogramm der z'-Ebene. Es folgt

$$\frac{\Im \omega_2}{\omega_1} \leqq C \frac{\Im \omega_2'}{\omega_1'}$$

oder

$$\Im \omega \leqq C \Im \omega'.$$

Genau so gilt natürlich

$$\Im \omega' \leqq C \Im \omega.$$

Gleichheit gilt dann und nur dann, wenn die Abbildung die Form

$$x' = \frac{\omega_1'}{\omega_1} x + a, \quad y' = \frac{\Im \omega_2'}{\Im \omega_2} y + b$$

hat ($z' = x' + iy'$); dann ist $\Re \omega = \Re \omega'$.

26. Die Abschätzung

$$\frac{1}{C} \Im \omega \leqq \Im \omega' \leqq C \Im \omega$$

ist also nicht die einzig mögliche, denn ω' kann nicht alle Werte dieses Streifens annehmen: ω' kann vom Rande dieses Streifens nur die beiden

Werte $\Re\omega + i\frac{1}{C}\Im\omega$ und $\Re\omega + iC\Im\omega$ annehmen. Da setzen wir

$$\tilde{\omega}_1 = a\omega_1 + b\omega_2, \quad \tilde{\omega}_2 = c\omega_1 + d\omega_2$$

und

$$\tilde{\omega}_1' = a\omega_1' + b\omega_2', \quad \tilde{\omega}_2' = c\omega_1' + d\omega_2',$$

wo a, b, c, d ganze Zahlen mit $ad - bc > 0$ sind. Dann genügen auch

$$\tilde{\omega} = \frac{\tilde{\omega}_2}{\tilde{\omega}_1} = \frac{c + d\omega}{a + b\omega} \quad \text{und} \quad \tilde{\omega}' = \frac{\tilde{\omega}_2'}{\tilde{\omega}_1'} = \frac{c + d\omega'}{a + b\omega'}$$

der Bedingung

$$\Im\omega > 0, \quad \Im\tilde{\omega} > 0,$$

und die Abbildung $z \to z'$ hat die Eigenschaft

$$z'(z + \tilde{\omega}_1) = z'(z) + \tilde{\omega}_1', \quad z'(z + \tilde{\omega}_2) = z'(z) + \tilde{\omega}_2'.$$

Folglich gilt genau wie in **25** auch allgemein

$$\frac{1}{C}\Im\tilde{\omega} \leqq \Im\tilde{\omega}' \leqq C\Im\tilde{\omega}.$$

Gleichheit gilt nur für eine affine Abbildung, die sich aus einer Translation, einer Dilatation in der Richtung von $\tilde{\omega}_1$ und einer Drehstreckung zusammensetzt. Im Falle $b = 0$ ist diese Ungleichung nichts Neues, aber für $b \neq 0$ besagt sie, daß ω' dem nullwinkligen Kreisbogenzweieck der ω-Ebene angehört, das durch die Transformation $\tilde{\omega} = \dfrac{c + d\omega}{a + b\omega}$ in den Streifen $\frac{1}{C}\Im\tilde{\omega} \leqq \Im\tilde{\omega}' \leqq C\Im\tilde{\omega}$ übergeht. Es ist angebracht, in der Halbebene $\Im\omega > 0$ die nichteuklidische Metrik mit dem Krümmungsmaß -1 einzuführen, deren Linienelement durch

$$ds = \frac{|d\omega|}{\Im\omega}$$

gegeben wird. Dann sind die Parallelen im euklidischen Abstande $\frac{1}{C}\Im\tilde{\omega}$ und $C\Im\tilde{\omega}$ zur reellen $\tilde{\omega}$-Achse einfach die beiden Kreise, die den Grenzkreis $\Im\tilde{\omega} = 0$ in $\tilde{\omega} = \infty$ berühren und die vom Punkt $\tilde{\omega}$ den nichteuklidischen Abstand $\log C$ haben. Gehen wir durch $\omega = \dfrac{-c + a\tilde{\omega}}{d - b\tilde{\omega}}$ wieder zu ω zurück, so sehen wir, daß ω' zwischen den beiden Kreisen liegt, die die reelle Achse in dem rationalen Punkte $\omega = -\frac{a}{b}$ berühren und von ω den nichteuklidischen Abstand $\log C$ haben.

Schon wenn wir statt $ad-bc>0$ sogar $ad-bc=1$ gefordert hätten, wären wir übrigens auf dasselbe Ungleichungssystem gekommen, denn auch dann durchläuft $-\frac{a}{b}$ alle rationalen Zahlen einschl. ∞.

Der Wertebereich, den ω' bei gegebenen ω, C annehmen kann, liegt also im Durchschnitt unendlich vieler nullwinkliger Kreisbogenzweiecke. Wir behaupten nun, dieser Durchschnitt sei der Kreis mit dem nichteuklidischen Mittelpunkt ω und dem nichteuklidischen Halbmesser $\log C$, d. h. die Menge aller ω' mit einer nichteuklidischen Entfernung $\leqq \log C$ von ω. Das liegt daran, daß die rationalen Zahlen $-\frac{a}{b}$ auf der reellen Achse überall dicht liegen. Ist η ein Schnittpunkt des durch ω und ω' gehenden zur reellen Achse symmetrischen Kreises mit der reellen Achse, dann kann man η durch eine Folge $-\frac{a_n}{b_n}$ approximieren; ω' muß auch zwischen den beiden Kreisen liegen, die die reelle Achse in η berühren und von ω den nichteuklidischen Abstand $\log C$ haben; diese schneiden aber von unserem Orthogonalkreis gerade die Strecke derjenigen Punkte ab, die von ω höchstens die nichteuklidische Entfernung $\log C$ haben. Man kann den Schluß analytisch so fassen: jede Transformation $\frac{\gamma+\delta\omega}{\alpha+\beta\omega}$ mit reellen Koeffizienten mit $\alpha\delta-\beta\gamma>0$ läßt sich durch ebensolche Transformationen mit ganzen Koeffizienten approximieren, darum gilt allgemein

$$\frac{1}{C}\mathfrak{J}\,\frac{\gamma+\delta\omega}{\alpha+\beta\omega}\leqq\mathfrak{J}\,\frac{\gamma+\delta\omega'}{\alpha+\beta\omega'}\leqq C\mathfrak{J}\,\frac{\gamma+\delta\omega}{\alpha+\beta\omega};$$

und man kann α, β, γ, δ so wählen, daß $\frac{\gamma+\delta\omega}{\alpha+\beta\omega}$ und $\frac{\gamma+\delta\omega'}{\alpha+\beta\omega'}$ denselben Realteil haben.

Dieser Kreis ist aber auch der genaue Wertebereich für ω'. Denn die Abbildung

$$z'=T_K\,\frac{z}{\alpha\omega_1+\beta\omega_2}=K\mathfrak{R}\,\frac{z}{\alpha\omega_1+\beta\omega_2}+i\mathfrak{J}\,\frac{z}{\alpha\omega_1+\beta\omega_2},$$

die bis auf eine Drehstreckung der z'-Ebene eine Dilatation in der Richtung $\alpha\omega_1+\beta\omega_2$ ist (α, β reell), hat den Dilatationsquotienten K und führt ω_1, ω_2 in Perioden ω_1', ω_2' über, deren Quotient $\omega'=\frac{\omega_2'}{\omega_1'}$ auf der von $-\frac{\alpha}{\beta}$ abgewandten Seite auf dem Orthogonalkreis durch ω und $-\frac{\alpha}{\beta}$ liegt und von ω

den nichteuklidischen Abstand $\log K$ hat. Das ist nach dem Vorangegangenen klar, wenn α und β ganze Zahlen sind, und folgt durch Grenzübergang auch für reelle nicht gleichzeitig verschwindende α, β.

Die untere Grenze der Logarithmen aller oberen Schranken für den Dilatationsquotienten der Abbildungen einer Ringfläche mit dem Periodenverhältnis ω auf eine Ringfläche mit dem Periodenverhältnis ω' ist also gleich der nichteuklidischen Entfernung von ω und ω' in der oberen Halbebene. Dieses Ergebnis hat eine große prinzipielle Bedeutung: für den Fall der Ringfläche hätte das in **19** gestellte Problem, wie man auch die konformen Invarianten der Ringfläche normiert hätte, zwangsläufig zu der einen nichteuklidischen Metrik der ω-Halbebene geführt, die sich ja bereits in der Theorie der Modulfunktionen so gut bewährt hat. Die Modulfunktionen erscheinen im Sinne von Klein[1] als analytische Funktionen auf der Mannigfaltigkeit $\mathfrak{R}^2$ der Klassen konform inäquivalenter Ringflächen. Wir werden darum hoffen, daß das allgemeine in **19** gestellte Problem die Theorie der Moduln (d. h. konformen Invarianten) der algebraischen Funktionenkörper höheren Geschlechts, die ja bisher kaum in Angriff genommen ist, fördern möge.

Bisher haben wir durch eine bestimmte kanonische Zerschneidung der Ringfläche einen eindeutigen Wert ω zugeordnet. Hebt man diese Normierung auf, so ist ω nur bis auf Modulsubstitutionen $\dfrac{c+d\omega}{a+b\omega}$ bestimmt, wo a, b, c, d ganze Zahlen mit $ad-bc=1$ sind; denkt man noch nicht einmal die Orientierung der Ringfläche bestimmt, so kommen noch die Substitutionen $\dfrac{c-d\bar{\omega}}{a-b\bar{\omega}}$ hinzu. Man wird dann um alle bezüglich dieser Gruppe zu ω konjugierten Punkte die nichteuklidischen Kreise mit dem nichteuklidischen Halbmesser $\log C$ schlagen und den Durchschnitt all dieser Kreise mit dem Fundamentalbereich der Gruppe aufsuchen müssen; er entsteht, wenn man alle Punkte des Kreises um ω durch Substitutionen der Gruppe in den Fundamentalbereich überführt.

27. Als Anwendung des Ergebnisses behandeln wir die geschlossene Fläche vom Geschlecht 0 mit vier ausgezeichneten Punkten. Sie läßt sich konform so auf die Kugel abbilden, daß drei ausgezeichnete Punkte in $0, 1, \infty$ übergehen; der vierte fällt dann nach λ, und dies λ ist die charakteristische konforme Invariante. Wir denken also die ausgezeichneten Punkte numeriert und auch eine Orientierung der Fläche ausgezeichnet; ohne letzteres könnte man ja λ und $\bar{\lambda}$ nicht voneinander unterscheiden, und die Hauptbereiche mit reellem Doppelverhältnis λ hätten im $\mathfrak{R}^2$ nur eine Halbumgebung (vgl. den Schluß von **13**).

[1] F. Klein, Riemannsche Flächen I und II, Vorlesungen Göttingen W.-S. 1891/92 und S.-S. 1892.

Jetzt betrachten wir die zweiblättrige Überlagerungsfläche der Kugel vom Geschlecht 1, deren Verzweigungspunkte bei 0, 1, λ, ∞ liegen; sie hat ein Periodenverhältnis ω, das durch λ nur bis auf Modulsubstitutionen $\frac{c+d\omega}{a+b\omega}$ bestimmt ist, aber analytisch von λ abhängt, und λ ist eine sechsdeutige Funktion von ω, die aber in sechs eindeutige Zweige zerfällt, von denen jeder genau bei den Modulsubstitutionen $\frac{c+d\omega}{a+b\omega}$ mit geraden b und c ungeändert bleibt. Durch einen topologischen Zusatz wählen wir nun einen bestimmten Wert ω aus: wir ziehen eine stetige doppelpunktfreie Kurve von 0 durch 1 nach λ, die nur bis auf stetige Verformung bestimmt ist; es muß darauf geachtet werden, daß auch bei der Verformung keine Doppelpunkte der Kurve erlaubt sind. Im Sinne von **5** wählen wir auf der überlagernden Ringfläche als $\mathfrak{C}_1$ den doppelt durchlaufenen 0 und 1 verbindenden Teil unserer Kurve und als $\mathfrak{C}_2$ den doppelt durchlaufenen 1 und λ verbindenden Teil der Kurve (das ist wirklich eine kanonische Zerschneidung); dadurch sind ω_1 und ω_2 bis auf einen gemeinsamen Faktor und bis aufs Vorzeichen bestimmt, und $\omega = \frac{\omega_2}{\omega_1}$ mit $\mathfrak{J}\omega > 0$ ist eindeutig bestimmt. λ ist eine eindeutige Funktion dieses ω, die die obere Halbebene $\mathfrak{J}\omega > 0$ konform auf die bekannte einfach zusammenhängende Überlagerungsfläche der in 0, 1, ∞ punktierten λ-Ebene, die sog. Modulfläche, abbildet. Die verschiedenen Blätter dieser Fläche werden voneinander durch die verschiedenen topologischen Typen der doppelpunktfreien Kurve von 0 über 1 nach λ unterschieden.

Nun sei eine quasikonforme Abbildung der Kugel auf sich gegeben, die 0, 1, ∞ in sich und λ in λ' überführt; der Dilatationsquotient sei $\leqq C$. Legen wir durch eine Kurve 0 1 λ einen bestimmten Punkt λ der unendlich vielblättrigen Modulfläche fest, so geht diese bei der Abbildung in eine bestimmte Kurve 0 1 λ' über, die auch über λ' einen bestimmten Punkt der Modulfläche festlegt. Nach **26** haben die zugehörigen eindeutigen Werte $\omega(\lambda)$ und $\omega(\lambda')$ eine nichteuklidische Entfernung $\leqq \log C$. Dies ist auch die einzige Einschränkung, der die über λ und λ' liegenden Punkte unterworfen sind; denn eine affine Extremalabbildung von **26** besitzt die erforderliche Symmetrieeigenschaft, um nach Übergang zur zweiblättrigen Überlagerungsfläche der Kugel auch eine quasikonforme Abbildung der Kugel selbst auf sich zu liefern. Das Problem von **19** führt also zur hyperbolischen Metrik der in 0, 1, ∞ punktierten Ebene mit dem Krümmungsmaß -1.

Das λ-Bild des nichteuklidischen Kreises um $\omega(\lambda)$ mit dem nichteuklidischen Halbmesser $\log C$ ist bei festem λ für kleine $\log C$ schlicht, für große

C überdeckt es Teile der λ-Kugel mehrfach. Wenn wir nur auf λ, aber nicht auf das Blatt der Modulfläche achten wollen, empfiehlt es sich, in der ω-Halbebene um das feste $\omega(\lambda)$ den Normalbereich all der Punkte zu konstruieren, die von $\omega(\lambda)$ eine kleinere (evtl. auch gleiche) nichteuklidische Entfernung haben als von den $\frac{c+d\omega(\lambda)}{a+b\omega(\lambda)}$ mit geraden b und c, ungeraden a und d. Jeder Punkt ω', der von einem der zuletzt genannten Punkte eine nichteuklidische Entfernung $\leqq \log C$ hat, liegt, falls er dem Normalbereich angehört, sicher auch in dem nichteuklidischen Kreis um $\omega(\lambda)$ mit dem nichteuklidischen Halbmesser $\log C$. Man hat also bei festem λ nur den Durchschnitt dieses Kreises mit dem Normalbereich auf die λ-Kugel zu übertragen, um den genauen Wertebereich des λ' zu erhalten.

Wenn der Hauptbereich ausarten soll, d. h. wenn λ' gegen 0, 1 oder ∞ streben soll, dann muß bei festem λ erst die obere Schranke C des Dilatationsquotienten unendlich groß werden. Der $\mathfrak{R}^2$ ist also ein vollständiger differentialgeometrischer Raum. Entsprechendes ist auch bei allen anderen Beispielen zu beobachten gewesen.

28. In **26** fanden wir bei festen ω und C als Wertebereich des ω' einen bestimmten abgeschlossenen Kreis. Falls ω' auf dem Rande dieses Kreises liegt und der Orthogonalkreis durch ω und ω' die reelle Achse in wenigstens einem rationalen Punkte trifft, kann man diesen durch eine Modulsubstitution nach ∞ bringen und sieht aus dem in **25** gegebenen Beweis, daß die zugehörige quasikonforme Abbildung der z-Ebene auf die z'-Ebene affin ist. Wenn dagegen jener Orthogonalkreis die reelle Achse in zwei irrationalen Punkten schneidet, haben wir zwar auch eine extremale affine Abbildung, wir wissen aber noch nicht, ob es in diesem Fall nicht außerdem nichtaffine extremale quasikonforme Abbildungen gibt. Diese Denkmöglichkeit soll jetzt widerlegt werden. — Weil es auf eine Drehung der z-Ebene und der z'-Ebene nicht ankommt, genügt es, folgendes zu zeigen:

Es sei

$$T_K z = K\mathfrak{R} z + i\mathfrak{J} z \qquad (K \geqq 1).$$

Ferner sei $\mathfrak{J}\,\frac{\omega_2}{\omega_1} > 0$ und

$$\omega_1' = T_K\omega_1, \quad \omega_2' = T_K\omega_2 .$$

Die $z = x + iy$-Ebene sei quasikonform mit der Schranke C auf die z'-Ebene abgebildet, und dabei sei

$$z'(z+\omega_1) = z'(z) + \omega_1', \quad z'(z+\omega_2) = z'(z) + \omega_2' .$$

Dann ist $C \geqq K$, und $C = K$ gilt nur für die affine Abbildung

$$z' = T_K z + \text{const}.$$

Daß $C \geqq K$ ist, kann man schon aus **26** entnehmen; es kommt auf die Bedingung für $C = K$ an.

Beweis: Q_L sei das Quadrat $0 \leqq x \leqq L, 0 \leqq y \leqq L$; L ist eine wachsende Zahl. $z' - T_K z$ ist beschränkt, es sei etwa

$$|z' - T_K z| \leqq M.$$

Das z'-Bild der Strecke $\mathfrak{J} z = y = \text{const}$, $0 \leqq x \leqq L$ hat mindestens die Länge $KL - 2M$, weil seine Endpunkte mindestens diesen Abstand haben:

$$KL - 2M \leqq \int_0^L \left|\frac{\partial z'}{\partial x}\right| dx.$$

Integration nach y von 0 bis L gibt

$$KL^2 - 2LM \leqq \iint_{Q_L} \left|\frac{\partial z'}{\partial x}\right| dx\, dy.$$

Nun sei P das zu ω_1, ω_2 gehörige Periodenparallelogramm, dessen Flächeninhalt $\mathfrak{J}\,\omega_2\overline{\omega}_1$ ist, und Ω sein Durchmesser ($\Omega = \operatorname{Max}\{|\omega_1 + \omega_2|, |\omega_1 - \omega_2|\}$). Die Gesamtheit der Q_L überdeckenden Periodenparallelogramme hat einen Gesamtflächeninhalt $\leqq (L + 2\Omega)^2$, ihre Anzahl ist daher $\leqq \dfrac{(L+2\Omega)^2}{\mathfrak{J}\,\omega_2\overline{\omega}_1}$. Das Integral über Q_L ist mithin höchstens gleich $\dfrac{(L+2\Omega)^2}{\mathfrak{J}\,\omega_2\overline{\omega}_1}$ mal dem Integral über ein Periodenparallelogramm:

$$KL^2 - 2ML \leqq \iint_{Q_L} \left|\frac{\partial z'}{\partial x}\right| \boxed{dz} \leqq \frac{(L+2\Omega)^2}{\mathfrak{J}\,\omega_2\overline{\omega}_1} \iint_P \left|\frac{\partial z'}{\partial x}\right| \boxed{dz}.$$

Grenzübergang $L \to \infty$ ergibt

$$K\,\mathfrak{J}\,\omega_2\overline{\omega}_1 \leqq \iint_P \left|\frac{\partial z'}{\partial x}\right| \boxed{dz}.$$

Nun ist

$$\left(\iint_P \left|\frac{\partial z'}{\partial x}\right| \boxed{dz}\right)^2 \leqq \iint_P \boxed{dz} \cdot \iint_P \left|\frac{\partial z'}{\partial x}\right|^2 \boxed{dz} \leqq \mathfrak{J}\,\omega_2\overline{\omega}_1 \cdot C \iint_P \boxed{dz'}.$$

Gleichheit kann jedenfalls nur gelten, wenn $\left|\dfrac{\partial z'}{\partial x}\right|^2 = C \dfrac{\boxed{dz'}}{\boxed{dz}}$ ist. Setzt man hier die oben gefundene Abschätzung von $\displaystyle\iint_P \left|\frac{\partial z'}{\partial x}\right| \boxed{dz}$ nach unten ein, so entsteht

$$K^2 \mathfrak{J}\, \omega_2 \overline{\omega}_1 \leqq C \iint\limits_P \boxed{dz'} = C \mathfrak{J}\, \omega_2' \overline{\omega_1'} = C \cdot K \mathfrak{J}\, \omega_2 \overline{\omega}_1$$

oder

$$K \leqq C.$$

Gleichheit gilt nur, wenn identisch $\left|\frac{\partial z'}{\partial x}\right|^2 = C \frac{\boxed{dz'}}{\boxed{dz}}$ gilt, während der Dilatationsquotient $\leqq C = K$ ist. Beides verträgt sich nur, wenn jeder unendlich kleine Kreis der z-Ebene in eine unendlich kleine Ellipse der z'-Ebene mit dem Achsenquotienten K übergeht und wenn außerdem der großen Achse dieser Ellipse eine Parallele zur reellen Achse in der z-Ebene entspricht. Dann ist aber z' eine analytische Funktion von $T_K z$, also $z' = a T_K z + b$, und hier muß noch $a = 1$ sein.

29. Wir können alle Ergebnisse über die berandeten orientierbaren Hauptbereiche auf unser neues auf die Ringfläche bezügliches Ergebnis zurückführen. Jene ließen sich ja alle (und zwar ohne Verwendung von Hilfssätzen über konforme Abbildung) auf das Ringgebiet zurückführen. Ist nun das Ringgebiet $0 < \log |w| < M$ quasikonform mit der Schranke C auf das Ringgebiet $0 < \log |w'| < M'$ abgebildet, so setzen wir die Abbildung durch Spiegeln an den Kreisen $\log |w| = M$, $\log |w'| = M'$ zu einer quasikonformen Abbildung von $0 < \log |w| < 2M$ auf $0 < \log |w'| < 2M'$ fort und identifizieren dann $w = e^{i\vartheta}$ mit $w = e^{2M + i\vartheta}$ sowie $w' = e^{i\vartheta'}$ mit $w' = e^{2M' + i\vartheta'}$: so entstehen zwei Ringflächen, die durch $z = \log w$ bzw. $z' = \log w'$ auf die punktierte Ebene mit dem Periodenpaar $2M$, $2\pi i$ bzw. $2M'$, $2\pi i$ abgebildet werden und die quasikonform mit einem Dilatationsquotienten $\leqq C$ aufeinander bezogen sind. $\omega = \frac{\pi i}{M}$ und $\omega' = \frac{\pi i}{M'}$ dürfen also höchstens die nichteuklidische Entfernung $\log C$ haben, d. h. $|\log M - \log M'| \leqq \log C$, wie wir schon in **21** fanden.

Die anderen damals behandelten Beispiele ließen sich auf das Ringgebiet zurückführen; man kann sie aber auch direkt auf die Ringfläche oder die Kugel mit vier ausgezeichneten Innenpunkten zurückführen. So wird man das Viereck entweder auf ein Rechteck abbilden und fortgesetzt an dessen Seiten spiegeln, oder man wird es auf einen Kreis mit vier ausgezeichneten Randpunkten abbilden und durch eine Spiegelung die Kugel mit vier ausgezeichneten Punkten erhalten. Das einfach zusammenhängende Gebiet mit zwei ausgezeichneten Innenpunkten geht durch Abbildung auf einen Kreis und Spiegelung in die Kugel mit vier Punkten über. Auch das einfach zusammenhängende Gebiet mit einem Innenpunkt und zwei Randpunkten geht in die Kugel mit vier ausgezeichneten Punkten über, wenn man es entweder auf einen Kreis abbildet und spiegelt oder auf einen Halbkreis so abbildet, daß die ausgezeichneten Randpunkte in die Ecken übergehen, zweimal spiegelt und die Ecken des Halbkreises nun nicht mehr als ausgezeichnete Punkte mitzählt. Jetzt wird auch verständlich, warum in **23** und **24** das $d\zeta$ als elliptisches Differential erster Gattung erschien. Ähnliche Bemerkungen gelten auch für die drei folgenden Beispiele, so daß das Ergebnis von **26** mit dem Zusatz von **28** alle Abschätzungen enthält, zu denen wir auf dieser Stufe überhaupt schon gelangen können.

Beispiele nichtorientierbarer Hauptbereiche.

30*. Ein Möbiusband ist eine nichtorientierbare endliche Riemannsche Mannigfaltigkeit vom Geschlecht 1 mit einer Randkurve ohne ausgezeichnete Punkte, wird also im Sinne von **14** durch

$$g=0,\ \gamma=1,\ n=1,\ h=0,\ k=0$$

beschrieben. Jedes Möbiusband läßt sich konform auf den Kreisring $0<\log|w|<M$, der durch Identifizieren von w und $-e^M\bar{w}^{-1}$ zu einem Möbiusband gemacht worden ist, abbilden; M ist die charakteristische konforme Invariante (also $\sigma=1$; übrigens ist auch $\varrho=1$) (vgl. 7). Jeder Abbildung eines Möbiusbandes mit der Invariante M auf eins mit der Invariante M' entspricht eine Abbildung des Kreisrings mit dem Modul M auf den mit dem Modul M', für die der Dilatationsquotient dieselbe obere Grenze hat, und der extremalen quasikonformen Abbildung des Kreisrings entspricht die extremale quasikonforme Abbildung des Möbiusbandes. Es gilt also die genaue Abschätzung

$$|\log M-\log M'|\leqq\log C.$$

31*. Nun betrachten wir wie in **8** die elliptische Ebene $\mathfrak{E}$ mit zwei ausgezeichneten Punkten A, B:

$$g=0,\ \gamma=1,\ n=0,\ h=2,\ k=0.$$

$\mathfrak{E}$ entsteht aus der Kugel $\mathfrak{K}$ durch Identifizieren von Diametralpunkten. Den Punkten A und B entsprechen auf $\mathfrak{K}$ Punktepaare A_1, A_2 und B_1, B_2. Ein nur bis auf Deformation bestimmter Weg von A nach B soll in $\mathfrak{E}$ ausgezeichnet sein; ihm mögen auf $\mathfrak{K}$ Wege A_1B_1 und A_2B_2 entsprechen. A_1, B_1, A_2, B_2 liegen in dieser Reihenfolge auf einem gerichteten Großkreis $\varkappa$ von $\mathfrak{K}$. Im Sinne von **27** ziehen wir nun auf der orientierten Kugel $\mathfrak{K}$ mit den vier ausgezeichneten Punkten A_1, B_1, A_2, B_2 eine stetige doppelpunktfreie Kurve $A_1B_1A_2$: das soll einfach die eine Hälfte von $\varkappa$ sein. Dadurch ist nach **27** ein Periodenverhältnis ω eindeutig festgelegt, und zwar ist in unserem Falle $\omega=iv$, $v>0$. v ändert sich nicht, wenn man A_1 mit A_2

und gleichzeitig B_1 mit B_2 vertauscht, und ist das Seitenverhältnis des Rechtecks, auf das man das von $\varkappa$ begrenzte Viereck $A_1\,B_1\,A_2\,B_2$ konform abbilden kann. v und die Kugelentfernung $\overline{A_1B_1} = \overline{A_2B_2}$ (die gleich der nach **8** bestimmten Entfernung $\overline{AB}$ ist) hängen monoton miteinander zusammen.

Nach **27** ist bei quasikonformer Abbildung in der alten Bezeichnungsweise die nichteuklidische Entfernung von ω und ω' höchstens gleich $\log C$, oder

$$|\log v' - \log v| \leqq \log C.$$

Die Abschätzung ist genau; Gleichheit gilt nur für eine leicht anzugebende extremale Abbildung. Um das zu beweisen, braucht man eigentlich nur noch folgendes zu zeigen: Wenn man $\mathfrak{E}$ topologisch (quasikonform) auf eine zweite elliptische Ebene $\mathfrak{E}'$ mit der Überlagerungskugel $\mathfrak{K}'$ abbildet oder wenn man $\mathfrak{K}$ so auf $\mathfrak{K}'$ abbildet, daß Diametralpunkte in Diametralpunkte übergehen — man darf annehmen, die Orientierung bleibe erhalten —, und wenn A_1, B_1, A_2, B_2 dabei in A_1', B_1', A_2', B_2' übergehen, dann geht der Bogen $A_1\,B_1\,A_2$ von $\varkappa$ in eine stetige doppelpunktfreie Kurve $\mathfrak{k}'$ von A_1' über B_1' nach A_2' über; es ist zu zeigen, daß $\mathfrak{k}'$ sich in den Halbgroßkreis $\varkappa'$ von A_1' über B_1' nach A_2' im Sinne von **27** deformieren läßt, damit überhaupt $\omega = iv$ und $\omega' = iv'$ sich nach **27** vergleichen lassen. Das folgt nun leicht, wie hier nicht ausgeführt werden soll, aus dem topologischen Hilfssatz[1]:

Jede topologische Abbildung der elliptischen Ebene auf sich läßt sich in die Identität deformieren.

32*. Als letztes Beispiel betrachten wir den Stülpschlauch. Das ist eine geschlossene nichtorientierbare Riemannsche Mannigfaltigkeit vom Geschlecht 2:

$$g = 0,\ \gamma = 2,\ n = 0,\ h = 0,\ k = 0.$$

Man erhält einen Stülpschlauch, wenn man in der punktierten u-Ebene die Gruppe der Transformationen

$$u \to u + m + niv,\quad u \to (\bar{u} + \tfrac{1}{2}) + m + niv$$

mit beliebig gewähltem festem $v > 0$ betrachtet und Punkte, die vermöge dieser Gruppe äquivalent sind (d. h. die durch eine Transformation der Gruppe auseinander hervorgehen), identifiziert. Man kann auch jeden Stülpschlauch (bis auf konforme Abbildung) in dieser Weise erhalten; das schließt man daraus, daß der Stülpschlauch eine zweiblättrige orientierbare relativ unverzweigte Überlagerungsfläche hat, die eine Ringfläche ist und sich wie in **5** in die Ebene abwickeln läßt.

---

[1] Ausgesprochen bei W. Mangler, Die Klassen von topologischen Abbildungen einer geschlossenen Fläche auf sich, M. Z. 44.

v ist die charakteristische konforme Invariante des Stülpschlauchs. Bei quasikonformer Abbildung ist

$$|\log v' - \log v| \leqq \log C.$$

Wir haben wieder nur nachzuprüfen, ob bei topologischer Abbildung eines Stülpschlauchs auf einen anderen und nachfolgender Abwicklung in die u- bzw. u'-Ebene dem Periodenpaar $1, iv$ wirklich das Periodenpaar $1, iv'$ für die überlagernden Ringflächen entspricht. In dieser Form stimmt das zwar gar nicht; aber wir zeigen, daß die Abbildungspaare $u \to u \pm 1$ und $u \to u \pm iv$ in die entsprechenden $u' \to u' \pm 1$ und $u' \to u' \pm iv'$ übergehen; das genügt, damit man die Periodenverhältnisse iv und iv' nach **26** (oder gar **25**) vergleichen kann.

$u \to u \pm 1$ ist nämlich dadurch ausgezeichnet, daß es das Zentrum der oben genannten Transformationsgruppe erzeugt; $u \to u \pm iv'$ erzeugt die (ebenfalls zyklische) Gruppe der Transformationen, die bei Transformation mit einem die Orientierung der u-Ebene umkehrenden Gruppenelement in die Reziproke übergehen. —

Man kann die elliptische Ebene $\mathfrak{E}$ mit zwei Punkten A, B längs einer stetigen doppelpunktfreien Kurve von B nach A aufschneiden und zwei Exemplare von $\mathfrak{E}$ längs dieses Schnittes kreuzweise verheften; dann entsteht ein Stülpschlauch. So könnte man das Ergebnis von **31** auf den eben bewiesenen Satz zurückführen und damit den in **31** angewandten topologischen Hilfssatz umgehen.

Ein Irrweg.

33. Diese Methode läßt sich nicht ohne weiteres auf höhere Hauptbereiche anwenden. Als einfaches Beispiel betrachten wir wie in **6** das Ringgebiet mit zwei ausgezeichneten Randpunkten (also $g = 0$, $\gamma = 0$, $n = 2$, $h = 0$, $k = 2$), und zwar sollen die beiden Randpunkte auf verschiedenen Randkomponenten ausgezeichnet sein. Man könnte zunächst vermuten: Man bilde einen solchen Hauptbereich konform auf $1 < |z| < R$ mit den ausgezeichneten Punkten 1 und $Re^{i\vartheta}$ ab, einen zweiten aber auf $1 < |z'| < R'$ mit 1 und $R'e^{i\vartheta'}$. Die extremale quasikonforme Abbildung der beiden Hauptbereiche aufeinander (also die, wofür das Maximum des Dilatationsquotienten möglichst klein ist) könnte $\log z$ affin so in $\log z'$ überführen, daß $\log R + i\vartheta$ in $\log R' + i\vartheta'$ und $2\pi i$ in $2\pi i$ übergeht:

$$\log z' = \frac{\log R' + i(\vartheta' - \vartheta)}{\log R} \Re \log z + i\Im \log z.$$

Wenn man allerdings versucht, dies nach den bisher angewandten Methoden zu beweisen, sieht man, daß es gar nicht gelingt, die Nebenbedingung, daß die Abbildung 1 in 1 und $Re^{i\vartheta}$ in $R'e^{i\vartheta'}$ überführt, zu erfassen. Wir werden später sehen, daß dies auch gar nicht die Schar der extremalen quasikonformen Abbildungen ist.

Versuchen wir nun, aus den bisher durchgeführten Beispielen zu lernen, wie extremale quasikonforme Abbildungen aussehen! Da bildeten wir regelmäßig den gegebenen Hauptbereich auf einen normierten Hauptbereich konform ab, an dem wir die konformen Invarianten maßen, und bildeten darauf diesen oder eine Überlagerungsfläche davon konform auf eine ζ-Ebene oder einen Teil davon ab. Die extremalen quasikonformen Abbildungen bedeuteten regelmäßig in der ζ-Ebene affine Transformationen. Wenn Randkurven auftraten, wie etwa in **21** beim Ringgebiet, gingen diese in Geraden der ζ-Ebene über, an denen gespiegelt wurde (vgl. **29**). Wenn auf diesen Randpunkte ausgezeichnet waren, wie etwa in **20** beim Viereck, dann entsprachen diesen rechtwinklige Ecken in der ζ-Ebene. Wenn aber ein Innenpunkt ausgezeichnet war, wie etwa in **27** bei der Kugel mit vier ausgezeichneten Innenpunkten, dann war dort für die Abbildung auf die ζ-Ebene ein zweiblättriger Windungspunkt; entsprach ihm $\zeta = \zeta_0$, so gehörten immer ζ und $2\zeta_0 - \zeta$ zu demselben Punkt des Hauptbereichs. Wir können sagen: ist z eine Ortsuniformisierende für den ausgezeichneten Punkt, so wird nicht ζ, sondern $\left(\frac{d\zeta}{dz}\right)^2$ eine lokal eindeutige Funktion von z, die im ausgezeichneten Punkt einen Pol erster Ordnung hat. Das gilt für ausgezeichnete Innenpunkte und ebenso für ausgezeichnete Randpunkte. Unter diesen Gesichtspunkten werden alle bisher behandelten Beispiele verständlich; es ist nützlich, sie sich alle noch einmal ins Gedächtnis zurückzurufen.

34*. Was sollen wir nun mit dem Ringgebiet mit zwei ausgezeichneten Randpunkten machen? Weil keine Innenpunkte ausgezeichnet sind, soll ζ eine im Kleinen eindeutige Funktion ohne zweiblättrige Windungspunkte sein; die Randkomponenten sollen geradlinig werden und bei den ausgezeichneten Randpunkten rechtwinklige Ecken erhalten. Das ist zu viel verlangt.

Der Gedanke liegt nahe, die euklidische ζ-Ebene in den höheren Fällen durch die nichteuklidische Ebene, den Einheitskreis $|\eta| < 1$, zu ersetzen. Man kann die einfach zusammenhängende relativ unverzweigte Überlagerungsfläche des Ringgebiets ohne weiteres auf ein Gebiet in $|\eta| < 1$ abbilden, das von lauter einander rechtwinklig treffenden Orthogonalkreisbögen berandet ist, wobei die Ecken den ausgezeichneten Randpunkten entsprechen. Man bilde nämlich das Ringgebiet konform auf $1 < |w| < R$ ab, spiegele an $|w| = R$ und identifiziere $e^{i\vartheta}$ mit $R^2 e^{i\vartheta}$ wie in **29**: man erhält eine Ringfläche, auf der unsere ausgezeichneten Randpunkte nun zu ausgezeichneten Innenpunkten geworden sind; η bildet die einfach zusammenhängende über den ausgezeichneten Innenpunkten in allen Blättern quadratisch verzweigte Überlagerungsfläche konform auf $|\eta| < 1$ ab. So ähnlich hätte man in allen Fällen vorzugehen. Bei der geschlossenen orientierbaren Fläche ohne ausgezeichnete Punkte hätte man nur die relativ unverzweigte einfach zusammenhängende Überlagerungsfläche auf $|\eta| < 1$ konform abzubilden.

Danach wäre der Hauptbereich durch eine Gruppe konformer Abbildungen von $|\eta| < 1$ auf sich gekennzeichnet. Diese Gruppe enthält auch indirekt konforme Abbildungen, wenn der Hauptbereich berandet oder nichtorientierbar ist.

Einer quasikonformen Abbildung eines Hauptbereichs auf einen anderen entspricht eine quasikonforme Abbildung von $|\eta| < 1$ auf sich, die jene Gruppe in eine isomorphe Gruppe konformer Abbildungen von $|\eta| < 1$ auf sich transformiert.

35*. Wir fragen nun: wenn A eine quasikonforme und S eine konforme Abbildung von $|\eta| < 1$ auf sich ist und wenn man weiß, daß $S' = ASA^{-1}$ konform ist: was kann man dann bei gegebenem S und bei gegebener Schranke C für den Dilatationsquotienten von A in bezug auf S' schließen? — Man kann sich elementar überlegen, daß man sich auf den Fall eines direkt konformen hyperbolischen S beschränken darf. Weil es auf eine konforme Abbildung nicht ankommt, ersetzen wir $|\eta| < 1$ durch die obere Halbebene $\Im\xi > 0$ und nehmen gleich

$$S\xi = F\xi, \quad S'\xi = F'\xi$$

an; hier sind F und F' Faktoren > 1. Aus $S' = ASA^{-1}$ und der Voraussetzung, daß bei A der Dilatationsquotient $\leqq C$ sei, soll also geschlossen werden, daß sich F und F' nicht allzusehr unterscheiden können (im Falle $C = 1$ wäre ja $F = F'$).

Wenn man in $\Im\xi > 0$ stets ξ mit $F\xi$ identifiziert, entsteht ein ideal zusammenhängendes Ringgebiet, das durch

$$w = e^{i\frac{2\pi}{\log F}\log\xi}$$

konform auf einen Kreisring mit dem Modul

$$M = \frac{2\pi^2}{\log F}$$

abgebildet wird. Dieses Ringgebiet geht durch A in ein ebenfalls ideal zusammenhängendes Ringgebiet über, das durch Identifizieren von ξ und $F'\xi\,(\Im\xi > 0)$ entsteht und den Modul $M' = \dfrac{2\pi^2}{\log F'}$ hat. Nach der in **21** bewiesenen Ungleichung $|\log M - \log M'| \leqq \log C$ erhalten wir

$$|\log\log F - \log\log F'| \leqq \log C\,. \text{ —}$$

Diese Ungleichung kann man nun für alle in der Gruppe auftretenden direkt konformen hyperbolischen Substitutionen S aufstellen. Jede dieser Ungleichungen schränkt bei gegebenem Hauptbereich und bei gegebener Schranke C des Dilatationsquotienten die Menge der in Frage kommenden Bildhauptbereiche ein. Man kann fragen, ob etwa durch die Gesamtheit aller auf diese Weise erhaltenen Ungleichungen schon die Umgebungen $\overline{\mathfrak{U}}_C(P)$ von **17** charakterisiert sind.

Diese Frage kann ich nicht beantworten. Aber zweierlei spricht gegen ein Weiterverfolgen dieses Weges:

Man erhält so keine extremalen quasikonformen Abbildungen. Wenn für eine quasikonforme Abbildung A und für eine direkt konforme hyperbolische Abbildung S von $|\eta| < 1$ auf sich in $|\log\log F - \log\log F'| \leqq \log C$ das Gleichheitszeichen steht, dann transformiert A nur solche konformen Abbildungen von $|\eta| < 1$ auf sich in ebensolche Abbildungen, die mit S vertauschbar sind. Im allgemeinen wird aber nicht die ganze Gruppe mit S vertauschbar sein. Für die wirklich extremalen quasikonformen Abbildungen des Hauptbereichs wird dann immer $|\log\log F - \log\log F'| < \log C$ sein.

Ferner führt die orientierbare geschlossene Fläche vom Geschlecht 1 mit einem ausgezeichneten Punkt nach dieser Methode nicht auf die punktierte ζ-Ebene, sondern schon auf $|\eta| < 1$, obwohl die konformen Invarianten dieses Hauptbereichs mit denen ihres Trägers übereinstimmen und deren Verhalten bei quasikonformer Abbildung schon in **25—28** erschöpfend behandelt wurde. Diese Methode der Überlagerungsuniformisierung wäre in diesem Falle also unnötig kompliziert. Dasselbe gilt für das Ringgebiet und das Möbiusband mit je einem ausgezeichneten Randpunkt.

Extremale quasikonforme Abbildungen.

36. Wir verlassen also den in **34** eingeschlagenen Weg und versuchen, Eigenschaften extremaler quasikonformer Abbildungen aufzufinden; dabei werden wir uns auch an die in **33** zusammengestellten Erfahrungen halten.

Ein Hauptbereich $\mathfrak{H}$ sei extremal quasikonform auf einen Hauptbereich $\mathfrak{H}'$ abgebildet, d. h. das Maximum K des Dilatationsquotienten D sei möglichst klein. Es ist anzunehmen, daß dies Maximum K nicht nur in einzelnen Punkten oder Linien, sondern überall angenommen wird, d. h. daß der Dilatationsquotient konstant $= K$ ist.

Denn wäre D nur an einer einzigen Stelle $= K$, sonst $< K$, so führe man noch eine geeignete Abbildung von $\mathfrak{H}'$ auf sich aus, die nur in der Umgebung dieser einzigen Stelle von der Identität verschieden ist und hier nach Zusammensetzen mit der gegebenen Abbildung von $\mathfrak{H}$ auf $\mathfrak{H}'$ den Dilatationsquotienten verkleinert; für diese zusammengesetzte Abbildung wäre das Maximum des Dilatationsquotienten $< K$. So ähnlich müßte man vorgehen (ev. schrittweise), wenn der Dilatationsquotient nur auf einzelnen Linien oder Flächenstücken $= K$ wäre. Das soll natürlich kein Beweis sein, sondern nur eine heuristische Überlegung.

Wir nehmen ohne Beweis an, daß bei einer extremalen quasikonformen Abbildung der Dilatationsquotient konstant ist.

37. Wir dürfen aber nicht umgekehrt erwarten, daß jede Abbildung mit konstantem Dilatationsquotienten extremal quasikonform sei. Eine nach Übergang zur Ortsuniformisierenden in beiden Richtungen stetig differenzierbare eineindeutige Abbildung führt einen unendlich kleinen Kreis in eine unendlich kleine Ellipse über, deren Achsenverhältnis $D \geqq 1$ Dilatationsquotient heißt. Im Falle $D > 1$ betrachten wir auch noch denjenigen Durchmesser des Kreises, der bei der Abbildung in die große Achse der Ellipse übergeht, oder vielmehr seine Richtung in dem Punkt, dessen Umgebung untersucht wird. So ist jedem Punkt eine Richtung, noch genauer ein Paar entgegengesetzter Richtungen, ein Linienelement, zugeordnet: man hat ein Richtungsfeld und kann daran gehen, die Schar der Kurven zu integrieren, die in jedem Punkte die vorgeschriebene Richtung (maximaler Dilatation) haben.

Wenn man auf $\mathfrak{H}$ nicht nur an jeder Stelle den Dilatationsquotienten, sondern auch noch dieses Richtungsfeld vorgibt, dann ist damit $\mathfrak{H}'$ bis auf konforme Abbildung bestimmt. Man kann das Richtungsfeld ziemlich willkürlich vorgeben[1].

Wir fragen jetzt: welche Richtungsfelder gehören zu extremalen quasikonformen Abbildungen?

Die Eigenschaft eines Richtungs- oder Kurvenfeldes, zu einer extremalen quasikonformen Abbildung zu gehören, wird sich in Bedingungen im Kleinen und Bedingungen im Großen zerlegen.

38. Es sei immer noch eine extremale quasikonforme Abbildung eines Hauptbereichs $\mathfrak{H}$ auf einen Hauptbereich $\mathfrak{H}'$ gegeben. Ihr Dilatationsquotient ist konstant $= K$. Wir grenzen um einen Punkt $\mathfrak{p}$ von $\mathfrak{H}$ eine einfach zusammenhängende Umgebung ab; falls $\mathfrak{p}$ ein Randpunkt ist,

[1] Näheres in 53ff. Der Gedanke scheint zuerst von Lawrentieff ausgesprochen worden zu sein.

natürlich eine Halbumgebung; ob $\mathfrak{p}$ ein ausgezeichneter Punkt des Hauptbereichs ist, spielt keine Rolle. Es ist dann unmöglich, die Abbildung in dieser Umgebung so abzuändern, daß für die neue Abbildung der Dilatationsquotient $\leqq K$, aber an einer Stelle $< K$ ist, denn sonst gäbe es eine extremale quasikonforme Abbildung von $\mathfrak{H}$ auf $\mathfrak{H}'$ mit nichtkonstantem Dilatationsquotienten. Wir definieren nun:

Eine quasikonforme Abbildung heißt im Kleinen extremal, wenn ihr Dilatationsquotient konstant $= K$ ist und wenn es zu jedem Punkt $\mathfrak{p}$, in dessen Umgebung die Abbildung erklärt ist, eine einfach zusammenhängende Umgebung $\mathfrak{U}$ mit folgenden Eigenschaften gibt: Die Abbildung ist in $\mathfrak{U}$ und am Rande von $\mathfrak{U}$ erklärt, und jede Abbildung, die außerhalb $\mathfrak{U}$ mit der gegebenen übereinstimmt und deren Dilatationsquotient $\leqq K$ ist, hat den konstanten Dilatationsquotienten K.

Selbstverständlich muß hierbei die abgeänderte Abbildung, wenn $\mathfrak{p}$ ein Randpunkt ist, das $\mathfrak{p}$ enthaltende Randstück von $\mathfrak{U}$ als Ganzes auf dieselbe Kurve abbilden wie die ursprüngliche Abbildung; wenn $\mathfrak{p}$ ein ausgezeichneter Punkt ist, darf das Bild von $\mathfrak{p}$ nicht verändert werden.

Dann ist jede extremale quasikonforme Abbildung auch im Kleinen extremal. Beim Beweis dieser Tatsache wurde allerdings von der Annahme von **36** Gebrauch gemacht, daß jede extremale quasikonforme Abbildung einen konstanten Dilatationsquotienten habe. Man kann jetzt aber die Gesamtheit der im Kleinen extremalen quasikonformen Abbildungen zu bestimmen suchen und dann in ihr als Teilmenge die Gesamtheit der im Großen extremalen quasikonformen Abbildungen aufsuchen. Wir wollen auch diesen Ansatz noch abändern.

39. Eine Abbildung von $\mathfrak{H}$ auf $\mathfrak{H}'$ sei extremal quasikonform mit dem konstanten Dilatationsquotienten K. Ist $1 < K^* < K$, so konstruiere man eine Abbildung von $\mathfrak{H}$ auf einen gleichartigen Hauptbereich $\mathfrak{H}^*$, wofür der Dilatationsquotient überall K^* ist und zu der im Sinne von **37** dasselbe Richtungsfeld gehört wie zu der gegebenen Abbildung; wie schon in **37** erwähnt wurde und wie wir noch genauer sehen werden, ist das stets möglich. Die Abbildung $\mathfrak{H}^* \to \mathfrak{H} \to \mathfrak{H}'$ hat dann nur den Dilatationsquotienten $\frac{K}{K^*}$. Wir behaupten, die Abbildung $\mathfrak{H} \to \mathfrak{H}^*$ sei extremal quasikonform. Sonst gäbe es ja eine Abbildung von $\mathfrak{H}$ auf $\mathfrak{H}^*$, für die das Maximum des Dilatationsquotienten $< K^*$ wäre, und diese ergäbe mit der Abbildung $\mathfrak{H}^* \to \mathfrak{H}'$ mit dem Dilatationsquotienten $\frac{K}{K^*}$ zusammen eine Abbildung von $\mathfrak{H}$ auf $\mathfrak{H}'$, für die das Maximum des Dilatationsquotienten $< K$ wäre: Widerspruch. Ebenso ist die Abbildung $\mathfrak{H}^* \to \mathfrak{H}'$ extremal quasikonform. Wenn

K^* von 1 bis K wächst, durchläuft der $\mathfrak{H}^*$ repräsentierende Punkt des Raumes $\mathfrak{R}^\sigma$ aller Klassen konform äquivalenter Hauptbereiche eine Kurve im $\mathfrak{R}^\sigma$, die wir später eine Geodätische hinsichtlich der in **18** eingeführten Metrik nennen werden.

Hier ziehen wir nur die Folgerung: wenn die quasikonforme Abbildung, die zu einem Richtungsfeld und dem konstanten Dilatationsquotienten K gehört, extremal ist, dann bleibt sie auch extremal, wenn man K verkleinert. Dasselbe gilt offenbar für im Kleinen extremale quasikonforme Abbildungen. Wir werden also Richtungsfelder von der Art suchen, daß die zu ihnen und einem Dilatationsquotienten, der sich hinreichend wenig von 1 unterscheidet, gehörende quasikonforme Abbildung extremal bzw. im Kleinen extremal ist. Und bald werden wir diese Fragestellung dahin abändern, daß der Dilatationsquotient sich nur um eine unendlich kleine Größe von 1 unterscheidet. Dazu sind allerdings noch Umformungen notwendig.

Der Riemann-Rochsche Satz.

40. Um das Wesentliche besser hervortreten zu lassen und die Grundgedanken nicht hinter vielen Fallunterscheidungen zurücktreten zu lassen, beschränken wir uns nun eine Zeitlang auf die geschlossenen orientierbaren Flächen ohne ausgezeichnete Punkte, also auf Hauptbereiche mit den charakteristischen Anzahlen

$$g = 0, 1, 2, \ldots; \ \gamma = 0, \ n = 0, \ h = 0, \ k = 0.$$

Nur der Vollständigkeit wegen nehmen wir den uninteressanten Fall $g = 0$ und den schon erledigten Fall $g = 1$ mit. In den Bezeichnungen von **14** ist nach der Riemannschen Theorie

$$\begin{aligned} &\text{für } g = 0: \quad \varrho = 6, \quad \sigma = 0; \\ &\text{für } g = 1: \quad \varrho = 2, \quad \sigma = 2; \\ &\text{für } g > 1: \quad \varrho = 0, \quad \sigma = 6(g-1). \end{aligned}$$

In allen Fällen gilt also die in **14** angegebene Dimensionsformel

$$\sigma - \varrho = 6(g-1).$$

41. Es gibt auf der geschlossenen orientierten Fläche $\mathfrak{F}$ nichtkonstante Funktionen, die in der Umgebung jedes Punktes, als Funktion der Ortsuniformisierenden betrachtet, von rationalem Charakter sind; sie heißen kurz Funktionen, der Fläche $\mathfrak{F}$. Für jede Funktion der Fläche ist die Summe der Vielfachheiten ihrer a-Stellen von a unabhängig und heißt Grad der Funktion.

Wir ordnen jedem Punkt der Fläche einen »Primdivisor« $\mathfrak{p}$ eineindeutig zu und nehmen all diese $\mathfrak{p}$ als Erzeugende einer freien Abelschen Gruppe, der Gruppe der **Divisoren**. Ein Divisor ist also ein Ausdruck $\prod\limits_{\mathfrak{p}} \mathfrak{p}^{\alpha_{\mathfrak{p}}}$, wo jedem $\mathfrak{p}$ (oder jedem Punkt der Fläche) eine ganze Zahl $\alpha_{\mathfrak{p}}$ zugeordnet ist, die nur für endlich viele $\mathfrak{p}$ von 0 verschieden ist. Ist insbesondere z eine Funktion der Fläche, so setze man $\alpha_{\mathfrak{p}}$ in einer Nullstelle von z gleich der Vielfachheit dieser Nullstelle, in einem Pol entgegengesetzt gleich der Vielfachheit des Pols und sonst gleich 0: der so entstehende Divisor $\prod \mathfrak{p}^{\alpha_{\mathfrak{p}}}$ heißt **Hauptdivisor** (z). Auch das Einselement der Divisorengruppe heißt Hauptdivisor; es gehört zu den Konstanten $\neq 0, \infty$. Die Hauptdivisoren bilden eine Untergruppe; die Restklassen der Gruppe aller Divisoren nach dem Normalteiler aller Hauptdivisoren heißen **Divisorenklassen** und bilden die Divisorenklassengruppe.

42. Unter einem **Differential** n-**ter Dimension** $d\zeta^n$ verstehen wir eine Vorschrift, die jeder Ortsuniformisierenden t einer Umgebung eines beliebigen Punktes der Fläche eine in dieser Umgebung meromorphe Funktion $g(t)$ zuordnet; wenn t' Ortsuniformisierende zu einem Punkt dieser Umgebung ist und das Differential ihr die Funktion $g'(t')$ zuordnet, dann soll

$$g(t) = g'(t')\left(\frac{dt'}{dt}\right)^n$$

gelten. $g(t)\,dt^n$ soll also bei Parameteränderung invariant und auf der ganzen Fläche bis auf Pole regulär analytisch sein; wir schreiben $g(t)\,dt^n = d\zeta^n$ und $g(t) = \dfrac{d\zeta^n}{dt^n}$, obwohl $g(t)$ im allgemeinen keine n-te Potenz sein wird. n ist natürlich eine ganze Zahl. Ist z eine Funktion der Fläche, so darf man z. B. $g(t) = \left(\dfrac{dz}{dt}\right)^n$ setzen und sieht, daß dz^n ein Differential n-ter Dimension ist. Ist $d\zeta^n$ ein beliebiges Differential n-ter Dimension, so ist $\dfrac{d\zeta^n}{dz^n} = \dfrac{g(t)}{\left(\frac{dz}{dt}\right)^n}$ eine (evtl. auch konstante) Funktion φ der Fläche; jedes $d\zeta^n$ hat also die Form $\varphi\,dz^n$.

Wir ordnen auch jedem $d\zeta^n \not\equiv 0$ einen Divisor $(d\zeta^n)$ zu: $(d\zeta^n) = \prod \mathfrak{p}^{\alpha_{\mathfrak{p}}}$, wo $\alpha_{\mathfrak{p}}$ die Vielfachheit der Nullstelle bzw. die negative Vielfachheit des Pols von $g(t) = \dfrac{d\zeta^n}{dt^n}$ bzw. 0 ist, je nachdem $g(t)$ an der zu $\mathfrak{p}$ gehörenden Stelle der Fläche eine Nullstelle oder einen Pol oder keins von beiden hat; t ist eine Ortsuniformisierende. (Nur endlich viele $\alpha_{\mathfrak{p}}$ sind von 0 verschieden, weil sich in keinem Punkte Pole oder Nullstellen häufen dürfen.) $\dfrac{(d\zeta^n)}{(dz)^n}$ ist ein Hauptdivisor: alle $(d\zeta^n)$ liegen in derselben Divisorenklasse, die die n-te

Potenz der Divisorenklasse aller Differentiale erster Dimension ist; die letztere heißt die Differentialklasse $\mathfrak{W}$ und enthält u. a. (dz).

43. Für jeden Divisor $\mathfrak{d} = \prod_{\mathfrak{p}} \mathfrak{p}^{a_\mathfrak{p}}$ heißt grad $\mathfrak{d} = \sum_{\mathfrak{p}} a_\mathfrak{p}$ der Grad von $\mathfrak{d}$. Der Grad eines Hauptdivisors ist 0; in jeder Divisorenklasse $\mathfrak{D}$ haben alle Divisoren denselben Grad, und dieser heißt der Grad grad $\mathfrak{D}$ der Klasse.

Ein Divisor $\mathfrak{d} = \prod \mathfrak{p}^{a_\mathfrak{p}}$ heißt ganz, wenn alle $a_\mathfrak{p} \geqq 0$ sind.

Ist $\mathfrak{d}$ ein Divisor, so bilden alle (evtl. auch konstanten) Funktionen z der Fläche, für die $(z)\,\mathfrak{d}$ ein ganzer Divisor ist, mit der 0 zusammen einen Modul i. b. a. die komplexen Zahlen; der Rang dieses Moduls, also die Höchstzahl i. b. a. den Körper der komplexen Zahlen linear unabhängiger solcher z, hängt nur von der Divisorenklasse $\mathfrak{D}$ von $\mathfrak{d}$ ab und heißt Dimension von $\mathfrak{D}$, $\dim \mathfrak{D}$. Aus grad $\mathfrak{D} < 0$ folgt $\dim \mathfrak{D} = 0$.

Der Riemann-Rochsche Satz lautet:

$\dim \mathfrak{D}$ ist stets endlich, und es gilt

$$\dim \mathfrak{D} - \dim \frac{\mathfrak{W}}{\mathfrak{D}} = \operatorname{grad} \mathfrak{D} - g + 1 .$$

Hier ist g das Geschlecht der Fläche und $\mathfrak{W}$ die Differentialklasse. Insbesondere ist grad $\mathfrak{W} = 2(g-1)$, $\dim \mathfrak{W} = g$.

Ist $\mathfrak{d}$ ein Divisor der Divisorenklasse $\mathfrak{D}$, so ist $\dim \mathfrak{D}\mathfrak{W}^n$ gleich dem Rang des Moduls aller Differentiale n-ter Dimension $d\zeta^n$, für die $\mathfrak{d}(d\zeta^n)$ ein ganzer Divisor ist; natürlich ist 0 mit zu diesem Modul zu rechnen. Der Riemann-Rochsche Satz ergibt, wenn wir $\mathfrak{D}$ durch $\mathfrak{D}\mathfrak{W}^n$ ersetzen:

$$\dim \mathfrak{D}\mathfrak{W}^n - \dim \frac{\mathfrak{W}^{1-n}}{\mathfrak{D}} = \operatorname{grad} \mathfrak{D} + (2n-1)(g-1) .$$

44. Insbesondere ist nach dem Riemann-Rochschen Satz

$$\dim \mathfrak{W}^2 - \dim \frac{1}{\mathfrak{W}} = 3(g-1) .$$

Wie die Differentiale 0-ter Dimension Funktionen und die erster Dimension Differentiale im gewöhnlichen Sinne des Wortes sind, so nennen wir die Differentiale zweiter Dimension quadratische Differentiale und die Differentiale (-1)-ter Dimension reziproke Differentiale. Wir nennen ein Differential n-ter Ordnung $d\zeta^n$ überall endlich, wenn es $= 0$ ist oder wenn der zugehörige Divisor $(d\zeta^n)$ ganz ist. In diesem Sinne ist also die Differenz der Höchstzahl $\dim \mathfrak{W}^2$ linear unabhängiger überall endlicher quadratischer Differentiale und der Höchstzahl $\dim \frac{1}{\mathfrak{W}}$ linear unabhängiger überall endlicher reziproker Differentiale gleich $3(g-1)$.

Im Falle $g = 0$ ist grad $\mathfrak{W}^2 = -4 < 0$, folglich

$$\dim \mathfrak{W}^2 = 0, \quad \dim \frac{1}{\mathfrak{W}} = 3 \qquad (g = 0).$$

Im Falle $g = 1$ ist $\mathfrak{W}$ die Hauptklasse, das Einselement der Divisorenklassengruppe, folglich

$$\dim \mathfrak{W}^2 = 1, \quad \dim \frac{1}{\mathfrak{W}} = 1 \qquad (g = 1).$$

Im Falle $g > 1$ ist schließlich grad $\frac{1}{\mathfrak{W}} = 2(1-g) < 0$ und darum $\dim \frac{1}{\mathfrak{W}} = 0$:

$$\dim \mathfrak{W}^2 = 3(g-1), \quad \dim \frac{1}{\mathfrak{W}} = 0 \qquad (g > 1).$$

Wir beobachten: für alle geschlossenen orientierten Flächen $\mathfrak{F}$ ohne ausgezeichnete Punkte gilt

$$2 \dim \mathfrak{W}^2 = \sigma, \quad 2 \dim \frac{1}{\mathfrak{W}} = \varrho$$

(vgl. **40**). Hierin fällt noch auf, daß σ und ϱ reelle Parameter zählen, $\dim \mathfrak{W}^2$ und $\dim \frac{1}{\mathfrak{W}}$ aber komplexe: die Höchstzahl linear unabhängiger überall endlicher quadratischer bzw. reziproker Differentiale wird gleich $2 \dim \mathfrak{W}^2$ bzw. $2 \dim \frac{1}{\mathfrak{W}}$, sowie man der linearen Abhängigkeit den Körper der reellen Zahlen zugrunde legt. Sowie ich den in **40** angegebenen Wert von σ kennenlernte, fiel mir auf, daß er auch für kleines Geschlecht gleich $2 \dim \mathfrak{W}^2$ war, und ich vermutete einen Zusammenhang. Von diesem soll im folgenden die Rede sein.

Eine Vermutung.

45. Die Annahme, daß die Gleichung $\sigma = 2 \dim \mathfrak{W}^2$ kein Zufall sei, wird noch wahrscheinlicher dadurch, daß wir der Gleichung $\varrho = 2 \dim \frac{1}{\mathfrak{W}}$ einen guten Sinn beilegen können.

ϱ war die Parameterzahl der kontinuierlichen Gruppe aller konformen Abbildungen unserer Fläche $\mathfrak{F}$ auf sich. Nach der Lieschen Theorie wird man annehmen, ϱ sei auch die Höchstzahl (reell) linear unabhängiger infinitesimaler konformer Abbildungen von $\mathfrak{F}$ auf sich; durch Fallunterscheidung nach dem Geschlecht läßt sich das verifizieren.

Eine infinitesimale konforme Abbildung von $\mathfrak{F}$ auf sich verschiebt jeden Punkt nur unendlich wenig: ist z Ortsuniformisierende der Umgebung eines Punktes der Fläche, so geht der Punkt mit dem Parameterwert z in den Punkt mit dem Parameterwert $z + \varepsilon g(z)$ über; hier ist ε eine konstante unendlich kleine Größe[1]. Weil die infinitesimale Abbildung konform ist, ist $g(z)$ regulär analytisch. Bei Übergang zu einer anderen Ortsuniformisierenden $z'(z)$ ist, wenn $g'(z')$ die zu $g(z)$ analoge Bedeutung hat,

$$z' + \varepsilon g'(z') = z'(z + \varepsilon g(z)) = z' + \varepsilon \frac{dz'}{dz} g(z)$$

oder

$$g'(z') = \frac{dz'}{dz} g(z);$$

nach der Definition in **42** ist $d\zeta^{-1} = \frac{g(z)}{dz}$ ein Differential (-1)-ter Dimension oder ein reziprokes Differential, natürlich ein überall endliches. Die infinitesimalen konformen Abbildungen von $\mathfrak{F}$ auf sich entsprechen eineindeutig den überall endlichen reziproken Differentialen. Die Höchstzahl reell linear unabhängiger überall endlicher reziproker Differentiale ist aber $2 \dim \frac{1}{\mathfrak{W}}$.

46. Wir vermuten jetzt also, daß ein Zusammenhang zwischen den überall endlichen quadratischen Differentialen und den extremalen quasikonformen Abbildungen besteht. Nach **37** wird eine extremale quasikonforme Abbildung durch ihren konstanten Dilatationsquotienten K sowie durch ein Richtungsfeld beschrieben. Wie hängen die Richtungsfelder, die zu extremalen quasikonformen Abbildungen führen, mit überall endlichen quadratischen Differentialen $d\zeta^2$ zusammen?

Hier kam ich 1938 eines Nachts auf die folgende Vermutung:

$d\zeta^2$ sei ein von 0 verschiedenes überall endliches quadratisches Differential auf $\mathfrak{F}$. Man ordne jedem Punkt von $\mathfrak{F}$ die Richtung zu, in der $d\zeta^2$ positiv ist. Durch die so entstehenden Richtungsfelder und beliebige konstante Dilatationsquotienten $K \geqq 1$ werden alle extremalen quasikonformen Abbildungen beschrieben.

---

[1] Das Rechnen mit unendlich kleinen Größen ist allerdings nie so weit, wie wir es brauchen, streng begründet worden. Aber jeder Mathematiker weiß, was gemeint ist. Durch Grenzübergänge werden sich unsere Rechnungen nicht rechtfertigen lassen. Darum haben sie vorläufig nur heuristischen Wert.

Wenn also in der Umgebung eines Punktes z eine Ortsuniformisierende ist, so setze man $d\zeta^2 = g(z)\,dz^2$: die Bedingung $d\zeta^2 > 0$ bedeutet

$$\arg g(z) + 2\arg dz = \arg d\zeta^2 \equiv 0 \pmod{2\pi}$$

oder

$$\arg dz \equiv -\tfrac{1}{2}\arg g(z) \pmod{\pi}.$$

In der Parameterebene bildet die durch $d\zeta^2 > 0$ bestimmte Richtung also den Winkel $-\frac{1}{2}\arg g(z)$ mit der Richtung der positiven z-Achse, und dadurch ist ein Linienelement, ein Paar entgegengesetzter Richtungen, bestimmt. Diese Berechnung versagt in den Nullstellen von $d\zeta^2$. Die Summe der Vielfachheiten dieser Nullstellen ist grad $\mathfrak{W}^2 = 4(g-1)$.

Die Definition einer quasikonformen Abbildung durch Dilatationsquotient und Richtungsfeld erscheint bisher wohl noch etwas unklar; man möchte doch die Bildfläche vor Augen haben. Darum drücken wir die Vermutung gleich noch mit anderen Worten aus.

$d\zeta^2 \neq 0$ sei ein überall endliches quadratisches Differential auf $\mathfrak{F}$. Wir setzen

$$\zeta = \int \sqrt{d\zeta^2} = \int \sqrt{\frac{d\zeta^2}{dz^2}}\,dz.$$

Dies ζ ist im allgemeinen eine mehrdeutige Funktion; die verschiedenen Zweige von ζ, die zu demselben Punkt von $\mathfrak{F}$ gehören, gehen auseinander durch Substitutionen der Form

$$\zeta \to \pm\zeta + \text{const}$$

hervor. ζ bildet eine gewisse Überlagerungsfläche $\hat{\mathfrak{F}}$ von $\mathfrak{F}$ eineindeutig und konform auf eine gewisse Riemannsche Fläche $\mathfrak{Z}$ über der ζ-Ebene ab. G sei die Gruppe aller Decktransformationen von $\hat{\mathfrak{F}}$ über $\mathfrak{F}$; wenn man Punkte von $\hat{\mathfrak{F}}$, die bei G äquivalent sind, identifiziert, entsteht wieder die alte Fläche $\mathfrak{F}$. (Das liegt daran, daß bei einem Umlauf, bei dem ein Zweig von ζ sich nicht ändert, auch die anderen Zweige sich nicht ändern.) Bei der Abbildung von $\hat{\mathfrak{F}}$ auf $\mathfrak{Z}$ transformiert sich G in eine Gruppe G_ζ von konformen Abbildungen von $\mathfrak{Z}$ auf sich, die alle eine analytische Form $\zeta \to \pm\zeta + \text{const}$ haben; wenn man Punkte von $\mathfrak{Z}$, die bei G_ζ äquivalent sind, identifiziert, entsteht wieder die geschlossene Fläche $\mathfrak{F}$, die ja nur bis auf konforme Abbildung bestimmt ist.

Die Abbildung

$$\zeta' = T_K\zeta = K\Re\zeta + i\Im\zeta \qquad (K \geqq 1)$$

führt $\mathfrak{Z}$ in eine Riemannsche Fläche $\mathfrak{Z}'$ über der ζ'-Ebene über und transformiert G_ζ in eine Gruppe $G_{\zeta'}$ von konformen Abbildungen $\zeta' \to \pm\zeta' + \text{const}$ von $\mathfrak{Z}'$ auf sich. Wenn man Punkte von $\mathfrak{Z}'$, die bei $G_{\zeta'}$ äquivalent sind, identifiziert, erhält man eine geschlossene Fläche $\mathfrak{F}'$. $\mathfrak{F}$ ist durch $\zeta' = T_K \zeta$ quasikonform mit dem konstanten Dilatationsquotienten K auf $\mathfrak{F}'$ abgebildet; das in **37** eingeführte Richtungsfeld ist offenbar für diese Abbildung überall parallel zur reellen Achse der ζ-Ebene und wird also durch $d\zeta^2 > 0$ beschrieben.

Es wird also vermutet, daß die soeben konstruierten Abbildungen $\mathfrak{F} \to \mathfrak{F}'$ mit beliebigem $d\zeta^2$ und beliebigem K die extremalen quasikonformen Abbildungen seien. Erstens sollen diese Abbildungen also extremal sein[1], und zweitens soll $\mathfrak{F}'$ bei festem $\mathfrak{F}$ alle Flächen desselben Geschlechts g durchlaufen. Wir zählen die Parameter ab: in $d\zeta^2$ stecken 2 dim $\mathfrak{W}^2$ reelle Parameter und in K noch einer, aber auf einen positiven Faktor des $d\zeta^2$ kommt es nicht an; $\mathfrak{F}'$ hängt also von 2 dim $\mathfrak{W}^2$ Parametern ab. Die allgemeine nur bis auf konforme Abbildung bestimmte geschlossene orientierbare Fläche vom Geschlecht g hängt aber von σ Parametern ab, und wir haben schon oben $\sigma = 2 \dim \mathfrak{W}^2$ festgestellt.

Im Falle $g = 1$ bilde man wie in **25** bis **28** die Überlagerungsfläche von $\mathfrak{F}$ auf die z-Ebene ab: die einzigen überall endlichen quadratischen Differentiale sind dann $d\zeta^2 = a\,dz^2$, und wir kommen genau auf die in **28** konstruierten Abbildungen.

47*. Wir werden nun die bisher noch ganz unbegründete Vermutung prüfen. Warum man gerade quadratische Differentiale nimmt, ist ja wohl klar: durch eine quasikonforme Abbildung wird jedem Punkt wohl ein Linienelement zugeordnet, aber dies hat keine bestimmte Richtung; darum ist nicht $d\zeta$, sondern nur $d\zeta^2$ eindeutig. Hier macht sich der Tensorcharakter der Dilatation geltend.

Wir zeigen jetzt, daß die in **46** konstruierten Abbildungen im Sinne von **38** im Kleinen extremal quasikonform sind. Dabei ist besonders auf die Nullstellen von $d\zeta^2$ zu achten.

Zunächst betrachten wir die Umgebung eines Punktes, wo $d\zeta^2$ nicht verschwindet. Dort kann man $\zeta = \int \sqrt{d\zeta^2}$ als Ortsuniformisierende wählen. Als Umgebung $\mathfrak{U}$ des betrachteten Punktes nehmen wir in der ζ-Ebene ein achsenparalleles Rechteck; dies erscheint affin mit dem konstanten Dilatationsquotienten K auf ein achsenparalleles Rechteck einer ζ'-Ebene mit K-mal so kleinem Seitenverhältnis abgebildet. Wir sollen zeigen, daß jede Abbildung der beiden Rechtecke aufeinander, die am Rande mit dieser gegebenen affinen Abbildung übereinstimmt und deren Dilatationsquotient überall $\leqq K$ ist, mit der gegebenen Abbildung übereinstimmt und folglich den konstanten Dilatationsquotienten K hat. Das folgt aber aus dem, was in **20** über die Gültigkeit der Gleichheit in der dortigen Abschätzung gesagt wurde.

[1] Das wird in **49** ff. präzisiert und in **132** ff. bewiesen.

Jetzt betrachten wir eine ν-fache Nullstelle von $d\zeta^2$. Setzt man wieder

$$\zeta = \int \sqrt{d\zeta^2} = \int \sqrt{\frac{d\zeta^2}{dz^2}}\, dz$$

und bestimmt man die Integrationskonstante so, daß ζ an der singulären Stelle verschwindet, so ist

$$z = \zeta^{\frac{2}{\nu+2}}$$

eine Ortsuniformisierende. Bei geradem ν wird ein $\frac{\nu+2}{2}$-fach überdecktes o enthaltendes achsenparalleles Rechteck $\mathfrak{R}$ über der ζ-Ebene konform auf eine Umgebung $\mathfrak{U}$ von $z = 0$ abgebildet; bei ungeradem ν wird ein $(\nu + 2)$-fach überdecktes o enthaltendes achsenparalleles Rechteck $\mathfrak{R}$ über der ζ-Ebene konform auf die zweiblättrige in $z = 0$ gewundene Überlagerungsfläche einer Umgebung $\mathfrak{U}$ von $z = 0$ abgebildet. Bei der in **46** konstruierten Abbildung von $\mathfrak{F}$ auf eine Fläche $\mathfrak{F}'$ erscheint $\mathfrak{U}$ auf eine entsprechend liegende Umgebung $\mathfrak{U}'$ und $\mathfrak{R}$ auf ein mehrfach überdecktes Rechteck $\mathfrak{R}'$ abgebildet; die Abbildung von $\mathfrak{R}$ auf $\mathfrak{R}'$ ist affin. Um zu zeigen, daß jede Abbildung von $\mathfrak{U}$ auf $\mathfrak{U}'$, die mit der konstruierten am Rande übereinstimmt und einen Dilatationsquotienten $\leqq K$ hat, mit jener auch im Innern übereinstimmt und darum den konstanten Dilatationsquotienten K hat, beweisen wir das Entsprechende für die (nicht notwendig eineindeutige) Abbildung $\mathfrak{R} \to \mathfrak{R}'$.

Der Beweis stimmt mit dem in **20** gegebenen überein. Damals war die Abbildung nur als eckpunkttreu vorausgesetzt, während jetzt das Randverhalten genauer vorgeschrieben ist. Damals waren die Rechtecke schlicht, während sie jetzt $\frac{\nu+2}{2}$-fach bzw. $(\nu + 2)$-fach gewunden sind; bei den zum Vergleich herangezogenen Abbildungen braucht der Windungspunkt nicht in den Windungspunkt überzugehen. Aber das stört nicht. Das Bild einer achsenparallelen Strecke in einem Blatte von $\mathfrak{R}$ hat in $\mathfrak{R}'$ eine nach unten abschätzbare Länge; man hat natürlich über alle Blätter zu integrieren.

Es ist nützlich, sich eine deutliche Vorstellung vom Verlauf der Kurven $d\zeta^2 > 0$ in der Umgebung einer einfachen Nullstelle von $d\zeta^2$ zu machen.

48*. Wenn $d\zeta^2$ Nullstellen haben darf, warum soll es dann keine Pole haben? Wir betrachten versuchsweise einen einfachen Pol von $d\zeta^2$: hier konvergiert noch $\zeta = \int \sqrt{d\zeta^2}$. Wenn ζ im Pol verschwindet, ist

$$z = \zeta^2$$

eine Ortsuniformisierende. Eine zweiblättrige Überlagerungsfläche einer Umgebung $\mathfrak{U}$ von $z = 0$ ist konform auf ein Rechteck der ζ-Ebene abgebildet; das letztere ist affin auf ein Rechteck der ζ'-Ebene und dies durch

$z' = \zeta'^2$ wieder konform auf eine zweiblättrige Überlagerungsfläche einer Umgebung $\mathfrak{U}'$ von $z' = 0$ abgebildet. Aber wenn man wie in **47** eine Extremaleigenschaft dieser Abbildung $\mathfrak{U} \to \mathfrak{U}'$ beweisen will, mißlingt das an einer Stelle: man kann die Längen der ζ'-Bilder der Kurven $d\zeta^2 > 0$ bei den zum Vergleich herangezogenen Abbildungen nicht mehr wie damals nach unten abschätzen. Man kann das nur, wenn man nur solche Abbildungen $\mathfrak{U} \to \mathfrak{U}'$ zum Vergleich heranzieht, die $z = 0$ in $z' = 0$ überführen. Unsere Abbildung ist also in der Nähe eines Pols von $d\zeta^2$ nur dann im Kleinen extremal quasikonform, wenn man den Pol als ausgezeichneten Punkt des Hauptbereichs ansieht. Das stimmt auch mit unseren in **33** zusammengestellten Erfahrungen überein.

Topologische Festlegung des Hauptbereichs.

49. Es geht natürlich nicht an, mathematische Probleme, so wie es zuletzt geschah, durch Raten lösen zu wollen. Wir suchen jetzt einen — wenn auch heuristischen — Weg, auf dem wir systematisch die extremalen quasikonformen Abbildungen suchen können. Nach wie vor gilt unser Interesse vorläufig nur den orientierbaren geschlossenen Flächen ohne ausgezeichnete Punkte; aber die nächsten Betrachtungen gelten unverändert auch für beliebige Hauptbereiche; darum führen wir sie gleich allgemein durch.

Zwei Hauptbereiche heißen gleichartig oder von gleicher Art, wenn man sie topologisch (homöomorph) aufeinander abbilden kann, d. h. wenn man ihre Träger so eineindeutig und in beiden Richtungen stetig aufeinander abbilden kann, daß ausgezeichnete Punkte in ausgezeichnete Punkte übergehen. $\mathfrak{H}_0$ sei ein Hauptbereich, $\mathfrak{H}$ ein Hauptbereich derselben Art und H eine topologische Abbildung von $\mathfrak{H}_0$ auf $\mathfrak{H}$. Wir tun alle diejenigen topologischen Abbildungen H' von $\mathfrak{H}_0$ auf $\mathfrak{H}$ mit H in dieselbe Klasse, die aus H durch Deformation entstehen, d. h. für die die Abbildung $H'^{-1}H$ von $\mathfrak{H}_0$ auf sich sich in die Identität deformieren läßt (s. **139**). Die verschiedenen Klassen von Abbildungen von $\mathfrak{H}_0$ auf $\mathfrak{H}$ entsprechen also eineindeutig den Restklassen der Gruppe aller topologischen Abbildungen von $\mathfrak{H}_0$ auf sich nach dem Normalteiler der in die Identität deformierbaren.

$\mathfrak{H}$ war nur bis auf konforme Abbildung bestimmt. Ist K eine konforme Abbildung von $\mathfrak{H}$ auf $\bar{\mathfrak{H}}$, so ist $\bar{H} = KH$ eine topologische Abbildung von $\mathfrak{H}_0$ auf $\bar{\mathfrak{H}}$. Wir setzen fest, daß H nur bis auf Deformation und bis auf zusätzliche konforme Abbildung bestimmt sein soll.

Die Klassen konform äquivalenter Hauptbereiche $\mathfrak{H}$ bilden einen Raum $\mathfrak{R}^\sigma$, in dem zwei »benachbarte« Hauptbereiche durch eine »kleine« Deformation auseinander hervorgehen; der Sinn dieser Aussage soll nicht präzisiert werden, wir verweisen vielmehr auf die Beispiele in **2** bis **8**. Setzt man H mit solch einer kleinen Deformation D von $\mathfrak{H}$ in den benachbarten Hauptbereich $\mathfrak{H}^\star$ zusammen, so entsteht eine topologische Abbildung $H^\star = DH$ von $\mathfrak{H}_0$ auf $\mathfrak{H}^\star$. Man wird ohne Beweis annehmen, daß zwei kleine Deformationen D und D' von $\mathfrak{H}$ in $\mathfrak{H}^\star$ sich stets ineinander deformieren lassen; dann entspricht vermöge $H^\star = DH$ der Klasse von H eineindeutig die Klasse von $H^\star$.

Auf diese Weise bilden die Klassen der H einen Raum R^σ. R^σ erscheint auf $\mathfrak{R}^\sigma$ eindeutig abgebildet, indem jedem H das zugehörige $\mathfrak{H} = H\mathfrak{H}_0$ zugeordnet wird. Wir werden es im folgenden mit diesem Raum R^σ zu tun haben.

Den Übergang vom Raum $\mathfrak{R}^\sigma$ zum Überlagerungsraum R^σ können wir auch folgendermaßen beschreiben: Mit jedem Hauptbereich $\mathfrak{H}$ zugleich geben wir auch eine topologische Abbildung H von $\mathfrak{H}_0$ auf $\mathfrak{H}$, die nur bis auf Deformation bestimmt ist. Auf eine nachträgliche konforme Abbildung von $\mathfrak{H}$ soll es dabei nicht ankommen. Dann erhalten wir die Punkte des R^σ. Dem Hauptbereich $\mathfrak{H}$, dem nur ein Punkt im $\mathfrak{R}^\sigma$ entspricht, entsprechen also im allgemeinen mehrere Punkte des R^σ, und zwar so viele, wie der Index der Gruppe der in konforme Abbildungen deformierbaren topologischen Selbstabbildungen von $\mathfrak{H}$ in der Gruppe aller topologischen Abbildungen von $\mathfrak{H}$ auf sich angibt (s. **143**).

50. Als Beispiel nehmen wir die schon in **5** betrachteten Ringflächen. Auf einer festen Ringfläche $\mathfrak{H}_0$ wählen wir eine Orientierung und ein Paar geschlossener Kurven $\mathfrak{C}_{10}$, $\mathfrak{C}_{20}$ (kanonische Zerschneidung) wie in **5**. Wenn dann eine beliebige Ringfläche $\mathfrak{H}$ sowie eine topologische Abbildung von $\mathfrak{H}_0$ auf $\mathfrak{H}$ gegeben sind, dann legt die letztere auf $\mathfrak{H}$ sofort eine Orientierung sowie ein Kurvenpaar $\mathfrak{C}_1$, $\mathfrak{C}_2$ fest ($\mathfrak{C}_i$ ist einfach das $\mathfrak{H}$-Bild von $\mathfrak{C}_{i0}$), und damit haben wir einen bestimmten Wert des Periodenverhältnisses ω, das durch $\mathfrak{H}$ allein ja noch nicht eindeutig bestimmt ist. Nicht $\mathfrak{R}^2$ ($\sigma = 2$!), sondern erst der Überlagerungsraum R^2 erscheint also eineindeutig auf die obere ω-Halbebene abgebildet.

Anstatt also wie früher ω durch Auszeichnen einer Orientierung und eines Kurvenpaars auf $\mathfrak{H}$ eindeutig zu bestimmen, können wir ω auch durch Auszeichnen einer nur bis auf Deformation bestimmten topologischen Abbildung von $\mathfrak{H}$ auf $\mathfrak{H}_0$ eindeutig bestimmen. Dies letztere ist aber eher verallgemeinerungsfähig.

Auch bei den anderen in **2** bis **8** genannten Beispielen läßt sich die topologische Festlegung stets durch Vorgeben einer nur bis auf Deformation bestimmten topologischen Abbildung auf einen festen Hauptbereich der betreffenden Art durchführen. Wir beobachten, daß R^σ in den Beispielen stets dem euklidischen σ-dimensionalen Raum homöomorph ist. Wir werden Grund haben, dies allgemein zu vermuten.

4*

51. Wir interessieren uns von jetzt ab nur noch für die Punkte des R^σ oder für die topologisch festgelegten Hauptbereiche, wie wir kurz sagen wollen. Ein topologisch festgelegter Hauptbereich ist also genau genommen ein Paar, bestehend aus einem Hauptbereich und einer nur bis auf Deformation bestimmten topologischen Abbildung dieses Hauptbereichs auf einen festen Hauptbereich derselben Art.

Die Überlegungen in **15** bis **19** erhalten erst ihren rechten Sinn, wenn man sie auf topologisch festgelegte Hauptbereiche und ihren Raum R^σ anwendet. Wir müssen nur definieren, wie die quasikonformen Abbildungen von zwei topologisch festgelegten Hauptbereichen aufeinander aussehen sollen. $\mathfrak{H}_1$ und $\mathfrak{H}_2$ seien zwei gleichartige Hauptbereiche, die durch die Abbildungen H_1, H_2 eines festen Hauptbereichs $\mathfrak{H}_0$ der gleichen Art auf $\mathfrak{H}_1$, $\mathfrak{H}_2$ topologisch festgelegt seien. $H_2 H_1^{-1}$ ist dann eine topologische Abbildung von $\mathfrak{H}_1$ auf $\mathfrak{H}_2$; wir werden nur solche Abbildungen von $\mathfrak{H}_1$ auf $\mathfrak{H}_2$ berücksichtigen, die aus diesem $H_2 H_1^{-1}$ durch Deformation hervorgehen: nur solche Abbildungen sollen als Abbildungen der topologisch festgelegten Hauptbereiche aufeinander angesehen und beim Problem der extremalen quasikonformen Abbildungen der beiden topologisch festgelegten Hauptbereiche aufeinander zum Vergleich herangezogen werden.

52. Das in **19** gestellte Problem hat nun die folgende Gestalt angenommen:

Gegeben ist eine Art von Hauptbereichen. Man soll eine Menge von quasikonformen Abbildungen solcher Hauptbereiche aufeinander angeben, deren jede einen konstanten Dilatationsquotienten hat. Man soll beweisen: jede Abbildung dieser Menge ist in dem Sinne extremal quasikonform, daß für jede daraus durch Deformation entstehende Abbildung derselben Hauptbereiche aufeinander das Maximum des Dilatationsquotienten größer ist oder nur in dem Falle ebenso groß, wenn die neue Vergleichsabbildung aus der alten Abbildung aus der Menge durch Zusetzen einer konformen Abbildung entsteht. Schließlich soll man beweisen, daß man jede topologische Abbildung zweier Hauptbereiche der betreffenden Art aufeinander in eine Abbildung der Menge deformieren kann.

Um dann die in **18** erklärte Entfernung zweier Punkte des R^σ, die ja Klassen konform äquivalenter topologisch festgelegter Hauptbereiche bedeuten, zu berechnen, wird man eine topologische Abbildung der beiden topologisch festgelegten Hauptbereiche aufeinander in eine Abbildung jener Menge deformieren: diese wird dann extremal quasikonform sein, und der Logarithmus ihres konstanten Dilatationsquotienten ist die gesuchte Entfernung.

Insbesondere wird — zunächst noch mit sehr großer Ungewißheit — vermutet, im Fall der orientierbaren geschlossenen Flächen ohne ausgezeichnete Punkte sei die Menge der in **46** konstruierten Abbildungen die Lösung des hier formulierten Problems.

Definition von Hauptbereichen durch Metriken.

53. Wieder sei $\mathfrak{H}_0$ ein fester Hauptbereich und $\mathfrak{H}$ ein beliebiger Hauptbereich derselben Art, und es sei eine topologische Abbildung von $\mathfrak{H}_0$ auf $\mathfrak{H}$ gegeben. Wir nehmen an, diese Abbildung sei hinreichend regulär.

Ist $z = x+iy$ eine Ortsuniformisierende für einen Punkt von $\mathfrak{H}_0$ und $z' = x'+iy'$ eine Ortsuniformisierende für den entsprechenden Punkt von $\mathfrak{H}$, so wird z' im Kleinen eine Funktion von z sein, die zwar im allgemeinen nicht den Cauchy-Riemannschen Differentialgleichungen genügen wird, aber sich sonst hinreichend regulär verhält. Es ist

$$|dz'|^2 = dx'^2 + dy'^2 = E dx^2 + 2 F dx dy + G dy^2$$

mit

$$E = \left(\frac{\partial x'}{\partial x}\right)^2 + \left(\frac{\partial y'}{\partial x}\right)^2; \quad F = \frac{\partial x'}{\partial x}\frac{\partial x'}{\partial y} + \frac{\partial y'}{\partial x}\frac{\partial y'}{\partial y}; \quad G = \left(\frac{\partial x'}{\partial y}\right)^2 + \left(\frac{\partial y'}{\partial y}\right)^2.$$

Durch

$$ds^2 = \lambda |dz'|^2 = \lambda (E dx^2 + 2F dx dy + G dy^2) \qquad (\lambda > 0)$$

wird auf $\mathfrak{H}_0$ eine neue Metrik ds^2 definiert, die nur bis auf einen positiven veränderlichen Faktor bestimmt ist. Bei Übergang zu einer neuen Ortsuniformisierenden z auf $\mathfrak{H}_0$ bleibt ds^2 invariant; bei Abänderung der Ortsuniformisierenden z' auf $\mathfrak{H}$ ändert sich bloß der unerhebliche Faktor des ds^2.

Durch die nur bis auf einen Faktor bestimmte Metrik ds^2 auf $\mathfrak{H}_0$ ist der topologisch festgelegte Hauptbereich $\mathfrak{H}$ eindeutig bestimmt. Ist nämlich $\tilde{\mathfrak{H}}$ ein zweiter gleichartiger Hauptbereich, der nach Abbildung auf $\mathfrak{H}_0$ zu einer Metrik $\tilde{\lambda}\,|d\tilde{z}'|^2$ Anlaß gibt ($\tilde{z}'$ ist Ortsuniformisierende auf $\tilde{\mathfrak{H}}$), die sich von $ds^2 = \lambda\,|dz'|^2$ nur um einen Faktor unterscheidet, so ist $|d\tilde{z}'|^2 = \mu |dz'|^2$: die Abbildung $z' \longleftrightarrow \tilde{z}'$ von $\mathfrak{H}$ auf $\tilde{\mathfrak{H}}$ ist im Kleinen streckentreu und folglich direkt oder indirekt konform. Ein (topologisch festgelegter) Hauptbereich ist aber nur bis auf konforme Abbildung bestimmt.

Wenn man die nur bis auf einen Faktor bestimmte positiv definite Metrik

$$ds^2 = E dx^2 + 2F dx dy + G dy^2$$

auf $\mathfrak{H}_0$ »beliebig« vorschreibt, gehört dazu immer ein Hauptbereich $\mathfrak{H}$ und eine Abbildung von $\mathfrak{H}_0$ auf $\mathfrak{H}$. Zum Beweis gehen wir auf den Begriff der Riemannschen Mannigfaltigkeit aus **9** zurück. Dort war verlangt, daß man in jeder Umgebung auf einer Mannigfaltigkeit eine bis auf konforme Abbildung bestimmte Ortsuniformisierende hat. Eine und dieselbe zweidimensionale Mannigfaltigkeit kann also in ganz verschiedenen Arten zu einer Riemannschen Mannigfaltigkeit gemacht werden, indem man verschiedene Ortsuniformisierendensysteme auszeichnet. $\mathfrak{H}_0$ ist schon an sich eine Riemannsche Mannigfaltigkeit; nun aber bestimmen wir Funktionen $\lambda > 0$, x', y' von x, y durch

$$E = \lambda\left\{\left(\frac{\partial x'}{\partial x}\right)^2 + \left(\frac{\partial y'}{\partial x}\right)^2\right\}; \quad F = \lambda\left\{\frac{\partial x'}{\partial x}\frac{\partial x'}{\partial y} + \frac{\partial y'}{\partial x}\frac{\partial y'}{\partial y}\right\};$$

$$G = \lambda\left\{\left(\frac{\partial x'}{\partial y}\right)^2 + \left(\frac{\partial y'}{\partial y}\right)^2\right\}.$$

Dann ist wegen

$$EG - F^2 = \lambda^2\left\{\frac{\partial x'}{\partial x}\frac{\partial y'}{\partial y} - \frac{\partial x'}{\partial y}\frac{\partial y'}{\partial x}\right\}^2$$

die Funktionaldeterminante von x', y' nach x, y von 0 verschieden; die Umgebung des Punktes, wo $z = x + iy$ Ortsuniformisierende ist, wird eineindeutig auf ein Stück $z' = x' + iy'$-Ebene abgebildet, und es ist

$$ds^2 = \lambda |dz'|^2.$$

Aus dieser letzten Formel sieht man, daß z' genau bis auf konforme Abbildung bestimmt ist; wir führen z' durch Definition als Ortsuniformisierende neuer Art ein und haben dadurch $\mathfrak{H}_0$ mit Hilfe unserer Metrik ds^2 auf neue Art zu einer Riemannschen Mannigfaltigkeit gemacht. Daß man diese letztere als Hauptbereich ansehen kann, ist klar: sie wird wie $\mathfrak{H}_0$ trianguliert und hat dieselben ausgezeichneten Punkte wie $\mathfrak{H}_0$; man wird auch ohne Beweis annehmen, daß die Randelemente erhalten bleiben, weil kein Grund vorliegt, warum z' am Rande notwendig singulär werden sollte; man kann sich dies aber auch mit der in **92**ff. auseinandergesetzten Methode der Verdoppelung klarmachen.

Eine und dieselbe Punktmenge $\mathfrak{H}_0$ ist jetzt in zwei Arten zu einer Riemannschen Mannigfaltigkeit gemacht worden und stellt infolgedessen zwei begrifflich wohl zu unterscheidende Hauptbereiche vor: einmal das alte $\mathfrak{H}_0$, dann aber auch, wenn man die $z' = x' + iy'$ als Ortsuniformisierende benutzt, einen Hauptbereich, den wir $\mathfrak{H}$ nennen wollen. Beide sind eineindeutig aufeinander abgebildet: einfach durch die Identität; $\mathfrak{H}_0$ und $\mathfrak{H}$ sind ja, als Punktmengen (nicht als Hauptbereiche) angesehen, identisch, und wir ordnen jedem Punkt von $\mathfrak{H}_0$ ihn selbst als $\mathfrak{H}$-Punkt zu. Das ist eine Abbildung von $\mathfrak{H}_0$ auf $\mathfrak{H}$, die offenbar auf $\mathfrak{H}_0$ gerade die nur bis auf einen

Faktor bestimmte vorgegebene Metrik ds^2 definiert. Natürlich kann man auch der Übersichtlichkeit wegen $\mathfrak{H}$ konform auf einen zu $\mathfrak{H}_0$ fremden Hauptbereich abbilden.

Hier ist stillschweigend angenommen worden, daß man jede topologische Abbildung zweier Hauptbereiche aufeinander in eine hinreichend reguläre Abbildung deformieren kann. Ferner haben wir nicht die Voraussetzungen angegeben, unter denen man von E, F, G aus zu λ, x', y' gelangen kann.

54. Nun haben wir plötzlich alle Hauptbereiche einer bestimmten Art auf einer einzigen Punktmenge $\mathfrak{H}_0$ durch verschiedene Metriken realisiert. Damit ist auf einmal eine Schwierigkeit fortgefallen, die uns seit **13** immer wieder belästigt hat: der nie scharf gefaßte Begriff einer Umgebung im $\mathfrak{R}^\sigma$ bzw. R^σ. Wir werden jetzt sagen, zwei Hauptbereiche seien im $\mathfrak{R}^\sigma$ bzw. im R^σ benachbart, wenn sie zu Metriken auf $\mathfrak{H}_0$ gehören, die sich wenig voneinander unterscheiden.

Dabei ist aber noch eins zu berücksichtigen. Der Hauptbereich $\mathfrak{H}$ legt ja als solcher auf $\mathfrak{H}_0$ noch keine Metrik fest; diese ist vielmehr erst dann bis auf einen Faktor bestimmt, wenn man eine bestimmte Abbildung H von $\mathfrak{H}_0$ auf $\mathfrak{H}$ zugrunde legt. Ersetzt man diese durch eine andere Abbildung H', so ist $H' = HA$, wo A eine Abbildung von $\mathfrak{H}_0$ auf sich ist. Wenn zu H also $ds^2(\mathfrak{p})$ gehört (ds^2 ist eine »Funktion« des Punktes $\mathfrak{p}$ von $\mathfrak{H}_0$), so gehört $ds^2(A\mathfrak{p})$, als »Funktion« von $\mathfrak{p}$ angesehen, zu H'. Wenn wir also die Hauptbereiche $\mathfrak{H}$ durch Metriken ds^2 auf $\mathfrak{H}_0$, die natürlich nur bis auf einen Faktor bestimmt sind, beschreiben wollen, müssen wir zwei Metriken dann und nur dann in dieselbe Klasse tun, wenn sie auseinander durch einen Übergang $ds^2(\mathfrak{p}) \to ds^2(A\mathfrak{p})$ hervorgehen; hier ist A eine (hinreichend reguläre) topologische Selbstabbildung von $\mathfrak{H}_0$.

Wir interessieren uns besonders für die topologisch festgelegten Hauptbereiche $\mathfrak{H}$, wo also neben der Abbildung H von $\mathfrak{H}_0$ auf $\mathfrak{H}$ nur solche Abbildungen H' berücksichtigt werden, die aus H durch Deformation hervorgehen. Schreiben wir $H' = HA$, so sind also nur solche A zu berücksichtigen, die sich in die Identität deformieren lassen. Wir tun jetzt also zwei Metriken ds^2, ds'^2 auf $\mathfrak{H}_0$ dann und nur dann in dieselbe Klasse, wenn

$$ds'^2(\mathfrak{p}) = \lambda(\mathfrak{p})\, ds^2(A\mathfrak{p})$$

mit einer positiven Funktion λ und einer in die Identität deformierbaren Abbildung A von $\mathfrak{H}_0$ auf sich gilt. Diese Klassen auf $\mathfrak{H}_0$ erklärter Metriken ds^2 entsprechen eineindeutig den Klassen konform äquivalenter topologisch festgelegter Hauptbereiche oder den Punkten des R^σ.

55. $\mathfrak{H}_1$ und $\mathfrak{H}_2$ seien zwei topologisch festgelegte Hauptbereiche, die durch die Metriken ds_1^2, ds_2^2 auf $\mathfrak{H}_0$ bestimmt seien. Was entspricht den quasikonformen Abbildungen von $\mathfrak{H}_1$ auf $\mathfrak{H}_2$?

Indem $\mathfrak{H}_1$ und $\mathfrak{H}_2$ auf $\mathfrak{H}_0$ abgebildet sind, entspricht jeder Abbildung von $\mathfrak{H}_1$ auf $\mathfrak{H}_2$ eine Abbildung A von $\mathfrak{H}_0$ auf sich. Weil wir es mit topologisch festgelegten Hauptbereichen zu tun haben, kommen nach **51** nur Abbildungen A in Frage, die sich in die Identität deformieren lassen. Wir dürfen aber $ds_2^2(\mathfrak{p})$ durch $ds_2^2(A\mathfrak{p})$ ersetzen: dann sind also die beiden Metriken $ds_1^2(\mathfrak{p})$ und $ds_2^2(A\mathfrak{p})$, die beide als auf dieselben Stellen $\mathfrak{p}$ von $\mathfrak{H}_0$ bezüglich zu denken sind, miteinander zu vergleichen.

Wenn sie proportional sind (d. h. $ds_1^2(\mathfrak{p}) = \mu(\mathfrak{p})\, ds_2^2(A\mathfrak{p})$), dann ist die Abbildung konform. Im allgemeinen Fall denke man wie in **53** Ortsuniformisierende $z_1'(\mathfrak{p})$, $z_2'(\mathfrak{p})$ von $\mathfrak{H}_1$, $\mathfrak{H}_2$ durch

$$ds_1^2(\mathfrak{p}) = \lambda_1 |dz_1'|^2; \quad ds_2^2(A\mathfrak{p}) = \lambda_2 |dz_2'|^2$$

bestimmt: der Dilatationsquotient D der im Kleinen eineindeutigen Abbildung $z_1' \leftrightarrow z_2'$ hängt als Funktion von $\mathfrak{p}$ nur von den Metriken $ds_1^2(\mathfrak{p})$ und $ds_2^2(A\mathfrak{p})$ ab, aber nicht von der besonderen Wahl der Ortsuniformisierenden z_1', z_2'. Man muß ihn algebraisch aus den Koeffizienten E, F, G der beiden Metriken berechnen können, wie wir das in einem Sonderfall gleich tun werden.

A n die Stelle des Problems der extremalen quasikonformen Abbildung von $\mathfrak{H}_1$ auf $\mathfrak{H}_2$ tritt jetzt das folgende Problem:

Gegeben sind zwei »beliebige« Metriken ds_1^2, ds_2^2 auf dem Hauptbereich $\mathfrak{H}_0$. Man soll eine Abbildung A von $\mathfrak{H}_0$ auf sich, die sich in die Identität deformieren läßt, so bestimmen, daß das Maximum des Dilatationsquotienten D für das Metrikenpaar $ds_1^2(\mathfrak{p})$, $ds_2^2(A\mathfrak{p})$ möglichst klein wird.

Der Dilatationsquotient ist hier eine algebraische Funktion der Koeffizienten E, F, G der beiden Metriken, die nur von den Verhältnissen $E:F:G$ abhängt und unverändert bleibt, wenn die unabhängigen Veränderlichen x, y in beiden quadratischen Formen $ds_1^2(\mathfrak{p})$, $ds_2^2(A\mathfrak{p})$ zugleich durch andere ersetzt werden, und $= 1$ ist, wenn diese Metriken proportional sind, sonst aber > 1 ist und die die Abweichung von der Proportionalität mißt und deren Logarithmus einer Dreiecksungleichung genügt.

Selbstverständlich wird man das Problem in Gedanken in die **52** entsprechende Form bringen.

56. Wir wollen eine Vereinfachung eintreten lassen. Wir vergleichen nicht zwei beliebige Metriken auf $\mathfrak{H}_0$, sondern vergleichen die ursprüngliche Metrik $ds^2 = \lambda |dz|^2 = \lambda(dx^2 + dy^2)$ von $\mathfrak{H}_0$, wo also z eine Ortsuniformisierende von $\mathfrak{H}_0$ ist, mit einer anderen, d. h. wir identifizieren $\mathfrak{H}_0$

mit $\mathfrak{H}_1$. Das geschieht entweder, indem wir das an sich ja willkürliche $\mathfrak{H}_0$ einfach gleich $\mathfrak{H}_1$, gleich dem einen der zu vergleichenden Hauptbereiche setzen, oder aber indem wir auf $\mathfrak{H}_0$ mit z eine nicht zu $\mathfrak{H}_0$, sondern zu $\mathfrak{H}_1$ gehörige Ortsuniformisierende bezeichnen.

Jetzt ist also auf dem Hauptbereich, der bisher $\mathfrak{H}_0 = \mathfrak{H}_1$ hieß und jetzt $\mathfrak{H}$ genannt werden soll, einmal die Metrik

$$\lambda |dz|^2 = \lambda(dx^2 + dy^2)$$

gegeben, daneben aber eine zweite Metrik

$$ds^2 = E dx^2 + 2F dx dy + G dy^2,$$

welche einen Hauptbereich festlegt, der früher $\mathfrak{H}_2$ hieß und jetzt $\mathfrak{H}'$ genannt werden soll. Wir wollen den Dilatationsquotienten berechnen.

Wir denken $\lambda > 0$ und $z' = x' + iy'$ durch

$$\lambda |dz'|^2 = ds^2 = E dx^2 + 2F dx dy + G dy^2$$

bestimmt. Wenn Λ_1 und Λ_2 mit $\Lambda_1 \geqq \Lambda_2$ die (positiven) Eigenwerte der Form ds^2 sind, dann ist

$$\Lambda_2 |dz|^2 \leqq \lambda |dz'|^2 \leqq \Lambda_1 |dz|^2,$$

und die Grenzen werden erreicht. Es ist also

$$\operatorname{Max}\left|\frac{dz'}{dz}\right| = \sqrt{\frac{\Lambda_1}{\lambda}}\,; \quad \operatorname{Min}\left|\frac{dz'}{dz}\right| = \sqrt{\frac{\Lambda_2}{\lambda}}$$

und der Dilatationsquotient

$$D = \frac{\operatorname{Max}\left|\frac{dz'}{dz}\right|}{\operatorname{Min}\left|\frac{dz'}{dz}\right|} = \sqrt{\frac{\Lambda_1}{\Lambda_2}}\,.$$

Zur bequemeren Berechnung führen wir ein $K \geqq 1$ durch

$$K = \frac{1}{2}\left(D + \frac{1}{D}\right); \; D = K + \sqrt{K^2 - 1} = e^{\mathfrak{Ar}\,\mathfrak{Cof}\,K}$$

ein: dann ist

$$K = \frac{1}{2}\left(\sqrt{\frac{\Lambda_1}{\Lambda_2}} + \sqrt{\frac{\Lambda_2}{\Lambda_1}}\right) = \frac{\Lambda_1 + \Lambda_2}{2\sqrt{\Lambda_1 \Lambda_2}}\,.$$

Bekanntlich ist aber

$$\Lambda_1+\Lambda_2 = E+G;\ \Lambda_1\Lambda_2 = \Delta^2 = EG-F^2;$$

also

$$\Delta = \sqrt{EG-F^2}\ ;\ K = \frac{E+G}{2\Delta};\ D = K+\sqrt{K^2-1}\,.$$

Auf diesem Wege kommt man auch zu der in **15** an die Spitze gestellten Formel.

57. Fassen wir nun **52**, **55** und die Endformeln von **56** zusammen, so erhalten wir die folgende Problemstellung:

Gegeben sei ein Hauptbereich $\mathfrak{H}$. Auf ihm soll man eine Menge von Metriken

$$ds^2 = E\,dx^2 + 2F\,dx\,dy + G\,dy^2 \quad (z = x+iy \text{ Ortsunif. auf } \mathfrak{H})$$

ausfindig machen, die folgende Eigenschaften hat:

1. Berechnet man für eine beliebige Metrik $ds^2 = E\,dx^2 + 2F\,dx\,dy + G\,dy^2$ einen »Dilatationsquotienten« D nach den Formeln

$$\Delta = \sqrt{EG-F^2};\ K = \frac{E+G}{2\Delta};\ D = K+\sqrt{K^2-1},$$

so haben die Metriken der Menge einen konstanten Dilatationsquotienten: $D = K =$ const.

2. Wenn es zu einer Metrik ds^2 eine Abbildung A von $\mathfrak{H}$ auf sich gibt, die sich in die Identität deformieren läßt und für welche $ds^2(A\mathfrak{p})$ zur Menge gehört und den konstanten Dilatationsquotienten K hat, dann ist das Maximum des Dilatationsquotienten von ds^2 selber $\geqq K$ und nur dann gleich, wenn $ds^2(\mathfrak{p}) = ds^2(A\mathfrak{p})$ gilt.

3. Zu einer »beliebigen« Metrik ds^2 gibt es stets solch ein A.

Wenn insbesondere $\mathfrak{H}$ eine geschlossene orientierbare Fläche ohne ausgezeichnete Punkte ist, dann geht die in **46** aufgestellte Vermutung in die folgende über: Man nehme ein von 0 verschiedenes überall endliches quadratisches Differential $d\zeta^2$ sowie ein $K \geqq 1$ und setze

$$ds^2 = |K\,\Re\,d\zeta + i\,\Im\,d\zeta|^2 = K^2\frac{|d\zeta^2| + \Re\,d\zeta^2}{2} + \frac{|d\zeta^2| - \Re\,d\zeta^2}{2}.$$

Die Vermutung besagt, diese Metriken seien die gesuchte Menge.

58. Wir verbinden mit jeder auf einem Hauptbereich $\mathfrak{H}$ gegebenen Metrik ds^2 die Vorstellung einer Abbildung von $\mathfrak{H}$ auf einen anderen Hauptbereich $\mathfrak{H}'$ derart, daß ds^2 proportional $|dz'|^2$ wird, wenn z' eine Ortsuniformisierende von $\mathfrak{H}'$ ist. Den zu dieser Abbildung gehörigen Dilatationsquotienten haben wir schon in **56** berechnet. Aber im Sinne von **37** gehört zu derselben Abbildung auch ein Richtungsfeld: jedem Punkte, wo die Abbildung nicht konform oder singulär ist, ist die Richtung arg dz (mod π) zugeordnet, in der $\left|\frac{dz'}{dz}\right|$ sein Maximum erreicht oder wo $\frac{ds^2}{|dz|^2}$ möglichst groß ist. Wir wollen dieses Richtungsfeld berechnen.

Dazu formen wir

$$ds^2 = E dx^2 + 2F dx dy + G dy^2$$

etwas um[1]. Es ist

$$|dz|^2 = dx^2 + dy^2; \; dz^2 = dx^2 - dy^2 + 2i dx dy;$$

folglich

$$dx^2 = \frac{|dz|^2 + \Re dz^2}{2}; \; 2dx dy = \Im dz^2; \; dy^2 = \frac{|dz|^2 - \Re dz^2}{2};$$

$$ds^2 = \frac{E+G}{2}|dz|^2 + \frac{E-G}{2}\Re dz^2 + F\Im dz^2.$$

Setzen wir nun

$$\frac{E+G}{2} = \Lambda; \; \frac{E-G}{2} - iF = H,$$

wo also Λ eine reelle und H eine komplexe Funktion von z ist, so wird

$$ds^2 = \Lambda |dz|^2 + \Re H dz^2.$$

Aus Λ und H kann man auch wieder E, F, G berechnen:

$$E = \Lambda + \Re H; \; F = -\Im H; \; G = \Lambda - \Re H.$$

Die Bedingung, daß ds^2 positiv definit sein muß, läßt sich durch die eine Ungleichung

$$|H| < \Lambda$$

ausdrücken.

Nun ist offenbar

$$(\Lambda - |H|)|dz|^2 \leqq ds^2 \leqq (\Lambda + |H|)|dz|^2,$$

und die Grenzen werden erreicht. Es ist $ds^2 = (\Lambda - |H|)|dz|^2$, wenn

---

[1] Natürlich entdeckte ich diese zweckmäßige Umformung erst nach langen Rechnungen mit den E, F, G; trotzdem wird sie hier gleich so früh wie möglich eingeführt.

$H\,dz^2$ negativ ist, und $ds^2 = (\Lambda + |H|)\,|dz|^2$, wenn $H\,dz^2$ positiv ist. Hieraus ergibt sich einmal eine neue Formel für den Dilatationsquotienten: es ist

$$D = \sqrt{\frac{\Lambda + |H|}{\Lambda - |H|}}.$$

Dann sehen wir, daß ds^2 im Verhältnis zu $|dz|^2$ am größten wird, wenn

$$H\,dz^2 > 0$$

ist: Hierdurch ist also das gesuchte Richtungsfeld beschrieben. Es soll

$$\arg H + 2 \arg dz \equiv \arg H\,dz^2 \equiv 0 \pmod{2\pi}$$

oder

$$\arg dz \equiv -\tfrac{1}{2} \arg H \pmod{\pi}$$

sein; hierdurch ist jedem Punkt ein Linienelement, ein Paar entgegengesetzter Richtungen zugeordnet. Dieses auf $\mathfrak{H}$ liegende Richtungsfeld ist seiner Entstehung wegen von der Wahl der Ortsuniformisierenden unabhängig.

Wir bemerkten schon in **37**, daß $\mathfrak{H}'$ schon durch den Dilatationsquotienten und das Richtungsfeld bis auf konforme Abbildung bestimmt sei, daß man diese beiden aber »beliebig« vorschreiben könne. Damit verbinden wir jetzt folgenden Sinn: Die Metrik ds^2 ist durch Dilatationsquotient und Richtungsfeld bis auf einen Faktor bestimmt, und zu »beliebig« vorgegebenem Dilatationsquotienten und »beliebig« vorgeschriebenem Richtungsfeld gibt es eine Metrik ds^2. Dies ist nun leicht einzusehen: Das Richtungsfeld kann in der Form $H_0\,dz^2 > 0$ gegeben werden. Dann muß $H = \lambda H_0$ mit einem positiven Faktor λ sein. Λ bestimmt sich aus

$$D = \sqrt{\frac{\Lambda + |H|}{\Lambda - |H|}}$$

zu

$$\Lambda = \frac{D^2+1}{D^2-1}\,|H| = \frac{D^2+1}{D^2-1}\,\lambda\,|H_0|.$$

Λ und H sind also bis auf den Faktor λ bestimmt.

Hier ist immer der Fall $H = 0$ unberücksichtigt geblieben.

59. Das Richtungsfeld $H\,dz^2 > 0$ ist von der Wahl der Ortsuniformisierenden z unabhängig. Aber wir wollen auch das Verhalten von Λ und H bei Ortsparametertransformationen untersuchen.

In

$$ds^2 = \Lambda\,|dz|^2 + \Re\,H\,dz^2$$

führen wir statt z die neue Ortsuniformisierende $\tilde{z}$ ein. Die Abbildung $z \leftrightarrow \tilde{z}$ sei direkt konform, so daß der Differentialquotient $\frac{dz}{d\tilde{z}}$ von der Richtung unabhängig existiert. Es ist dann

$$ds^2 = \Lambda \left| \frac{dz}{d\tilde{z}} \right|^2 |d\tilde{z}|^2 + \Re H \left(\frac{dz}{d\tilde{z}} \right)^2 d\tilde{z}^2,$$

also

$$ds^2 = \tilde{\Lambda} |d\tilde{z}|^2 + \Re \tilde{H} d\tilde{z}^2$$

mit

$$\tilde{\Lambda} = \Lambda \left| \frac{dz}{d\tilde{z}} \right|^2; \; \tilde{H} = H \left(\frac{dz}{d\tilde{z}} \right)^2.$$

Dies sind also die Transformationsformeln für Λ und H:

$$\Lambda |dz|^2 \text{ und } H dz^2$$

sind invariant. Die Zerlegung von ds^2 in diese beiden Summanden hat invariante Bedeutung.

Aber mit ds^2 sind auch Λ und H nur bis auf einen gemeinsamen positiven Faktor bestimmt. Wirklich von aller Willkür unabhängig ist darum erst der Quotient

$$q = \frac{H dz^2}{\Lambda |dz|^2}.$$

Es ist $|q| < 1$. Der Dilatationsquotient ist

$$D = \sqrt{\frac{1 + |q|}{1 - |q|}}$$

(unabhängig von dz), und das Richtungsfeld wird durch

$$q > 0$$

beschrieben. $\frac{H}{\Lambda}$ transformiert sich also beim Übergang zu einer neuen Ortsuniformisierenden so, daß $q = \frac{H}{\Lambda} \frac{dz^2}{|dz|^2}$ invariant bleibt.

Mit q ist auch

$$\bar{q} = \frac{\bar{H}}{\Lambda} \frac{d\bar{z}^2}{|dz|^2} = \frac{\bar{H}}{\Lambda} \frac{|dz|^2}{dz^2}$$

invariant. Wegen

$$\frac{\boxed{dz}}{\boxed{d\tilde{z}}} = \left| \frac{dz}{d\tilde{z}} \right|^2$$

ist auch der an sich bedeutungslose Ausdruck $\frac{\boxed{dz}}{|dz|^2}$ formal invariant. Mithin ist auch das Produkt

$$\bar{q}\frac{\boxed{dz}}{|dz|^2} = \frac{1}{dz^2}\frac{\overline{H}}{\Lambda}\boxed{dz}$$

invariant. Diese Umformung werden wir später brauchen.

Damit ist das Verhalten von Λ und H bei direkt konformer Parametertransformation $z \leftarrow\rightarrow \tilde{z}$ festgestellt. Wenn $z \leftarrow\rightarrow \tilde{z}$ indirekt konform ist, dann hat $\frac{d\bar{z}}{d\tilde{z}}$ einen von der Richtung $\arg d\tilde{z}$ unabhängigen Wert, und es ist

$$ds^2 = \Lambda\left|\frac{d\bar{z}}{d\tilde{z}}\right|^2 |d\tilde{z}|^2 + \Re\overline{H}\left(\frac{d\bar{z}}{d\tilde{z}}\right)^2 d\tilde{z}^2,$$

also $ds^2 = \tilde{\Lambda}|d\tilde{z}|^2 + \Re\tilde{H}d\tilde{z}^2$ mit

$$\tilde{\Lambda} = \Lambda\left|\frac{d\bar{z}}{d\tilde{z}}\right|^2; \quad \tilde{H} = \overline{H}\left(\frac{d\bar{z}}{d\tilde{z}}\right)^2.$$

$\Lambda|dz|^2$ ist also nach wie vor invariant, während Hdz^2 nur bis auf Übergang zum Konjugiert-Komplexen invariant ist. Jetzt ist also auch

$$q = \frac{H}{\Lambda}\frac{dz^2}{|dz|^2}$$

nur bis auf Übergang zu $\bar{q}$ bestimmt. Wir können uns aber bei den orientierbaren Hauptbereichen, denen unser Hauptinteresse gilt, immer auf direkt konforme Parametertransformationen beschränken.

60. Wenn $\mathfrak{H}$ eine geschlossene orientierbare Fläche ohne ausgezeichnete Punkte ist, dann sind, wie schon in 57 angegeben wurde, für uns die Metriken

$$ds^2 = |K\Re d\zeta + i\Im d\zeta|^2 = K^2\frac{|d\zeta^2| + \Re d\zeta^2}{2} + \frac{|d\zeta^2| - \Re d\zeta^2}{2}$$

von besonderem Interesse, wo $d\zeta^2$ ein von 0 verschiedenes überall endliches quadratisches Differential und K eine Konstante $\geqq 1$ ist. Hier ist

$$ds^2 = \frac{K^2+1}{2}|d\zeta^2| + \frac{K^2-1}{2}\Re d\zeta^2,$$

also

$$\Lambda = \frac{K^2+1}{2}\left|\frac{d\zeta^2}{dz^2}\right|; \quad H = \frac{K^2-1}{2}\frac{d\zeta^2}{dz^2}$$

und

$$q = \frac{H\,dz^2}{\Lambda\,|dz|^2} = \frac{K^2-1}{K^2+1}\,\frac{d\zeta^2}{|d\zeta^2|}$$

sowie

$$\bar{q}\,\frac{\boxed{dz}}{dz^2} = \frac{\bar{H}}{\Lambda}\,\frac{\boxed{dz}}{dz^2} = \frac{1}{d\zeta^2}\,\frac{K^2-1}{K^2+1}\,\boxed{d\zeta},$$

wo $\left|\frac{d\zeta^2}{dz^2}\right|\boxed{dz} = \boxed{d\zeta}$ gesetzt wurde. q wird nur in den Nullstellen von $d\zeta^2$ singulär.

Infinitesimale quasikonforme Abbildungen.

61. Bereits am Ende von **39** nahmen wir es in Aussicht, unter den infinitesimalen[1] Abbildungen eines Hauptbereichs $\mathfrak{H}$ auf einen im $\mathfrak{R}^\sigma$ bzw. R^σ unendlich benachbarten die extremalen quasikonformen Abbildungen zu suchen, deren nur unendlich wenig von 1 verschiedener Dilatationsquotient ein möglichst kleines Maximum hat. Es ist erst jetzt möglich, diesen Plan weiterzuverfolgen. Denn erschien damals der Gedanke einer infinitesimalen Abbildung des Hauptbereichs $\mathfrak{H}$ auf einen durch infinitesimale Abänderung daraus hervorgehenden Hauptbereich $\mathfrak{H}'$ reichlich nebelhaft, so können wir jetzt die Hauptbereiche durch Metriken definieren und verstehen unter einer infinitesimalen Abbildung eines Hauptbereichs auf einen benachbarten einfach eine unendlich kleine Abänderung der Metrik. Es soll also

$$ds^2 = E\,dx^2 + 2F\,dx\,dy + G\,dy^2$$

durch

$$ds^2 + \delta ds^2 = (E+\delta E)\,dx^2 + 2(F+\delta F)\,dx\,dy + (G+\delta G)\,dy^2$$

ersetzt werden. Wir rechnen nur mit unendlich kleinen Größen erster Ordnung. Nur zu diesem Zweck sind die Metriken eingeführt worden.

62. Wir gehen von einem Hauptbereich $\mathfrak{H}$ aus. Ist z eine Ortsuniformisierende von $\mathfrak{H}$, so ist

$$\lambda\,|dz|^2 = \lambda\,dx^2 + \lambda\,dy^2 \qquad (\lambda(z) > 0)$$

die zu $\mathfrak{H}$ selbst gehörige Metrik. Eine infinitesimale quasikonforme Abbildung von $\mathfrak{H}$ auf einen benachbarten Hauptbereich $\mathfrak{H}'$ bedeutet eine unendlich geringe Abänderung dieser Metrik, also Übergang zu

$$ds^2 = (\lambda+\delta E)\,dx^2 + 2\,\delta F\,dx\,dy + (\lambda+\delta G)\,dy^2 .$$

Für diese neue zu $\mathfrak{H}'$ gehörige Metrik ist also

$$\underset{\smile}{E} = \lambda+\delta E; \quad F = \delta F; \quad G = \lambda+\delta G .$$

[1] Siehe Anmerkung S. 46.

δE, δF, δG transformieren sich bei Einführung einer neuen Ortsuniformisierenden so, daß

$$\delta E dx^2 + 2\delta F dx dy + \delta G dy^2$$

invariant ist. — Wir gehen sofort zu der in **58** eingeführten Schreibweise über. Es ist

$$\Lambda \equiv \frac{E+G}{2} = \lambda + \frac{\delta E + \delta G}{2}; \quad H \equiv \frac{E-G}{2} - iF = \frac{\delta E - \delta G}{2} - i\delta F.$$

Wir verstehen unter ε eine konstante positive unendlich kleine Größe und setzen

$$\frac{\delta E + \delta G}{2} = \varepsilon L; \quad \frac{\delta E - \delta G}{2\lambda} - i\frac{\delta F}{\lambda} = \varepsilon B,$$

wo nun L eine reelle und B eine komplexe endliche Ortsfunktion sind, die noch von der Wahl der Ortsuniformisierenden abhängen. Dann ist

$$\Lambda = \lambda + \varepsilon L; \qquad H = \varepsilon\lambda B$$

und

$$ds^2 = (\lambda + \varepsilon L)|dz|^2 + \varepsilon\lambda \Re B dz^2$$

oder auch

$$ds^2 = (\lambda + \varepsilon L)(|dz|^2 + \varepsilon \Re B dz^2),$$

indem man ε^2 vernachlässigt. Die in **59** eingeführte Invariante q wird

$$q \equiv \frac{H dz^2}{\Lambda |dz|^2} = \varepsilon B \frac{dz^2}{|dz|^2}.$$

Weil es auf einen Faktor des ds^2 nicht ankommt, beschreibt B allein die infinitesimale quasikonforme Abbildung. B ist eine komplexwertige Ortsfunktion, die noch von der Wahl der Ortsuniformisierenden z so abhängt, daß

$$B \frac{dz^2}{|dz|^2}$$

(bis auf den Übergang zum Konjugiert-Komplexen bei indirekt konformer Parametertransformation) invariant ist. Dagegen ist $L|dz|^2$ invariant, aber für die infinitesimale Abbildung bedeutungslos. Man darf B natürlich »beliebig« vorschreiben.

Aus B berechnen wir auch den Dilatationsquotienten und das Richtungsfeld. Es ist

$$D \equiv \sqrt{\frac{\Lambda+|H|}{\Lambda-|H|}} = \sqrt{\frac{\lambda+\varepsilon L+\varepsilon\lambda|B|}{\lambda+\varepsilon L-\varepsilon\lambda|B|}} = 1+\varepsilon|B|$$

(kürzere Rechnung:

$$D \equiv \sqrt{\frac{1+|q|}{1-|q|}} = \sqrt{\frac{1+\varepsilon|B|}{1-\varepsilon|B|}} = 1+\varepsilon|B|\Bigg),$$

und das Richtungsfeld wird durch

$$H dz^2 = \varepsilon\lambda B dz^2 > 0 \text{ oder } B dz^2 > 0$$

beschrieben.

63. Wir müssen jetzt immer diejenigen (durch ein $B\dfrac{dz^2}{|dz|^2}$ analytisch beschriebenen) infinitesimalen quasikonformen Abbildungen in eine Klasse zusammenfassen, die $\mathfrak{H}$ in einen und denselben benachbarten Hauptbereich $\mathfrak{H}'$ überführen, und in jeder dieser Klassen diejenigen suchen, deren Dilatationsquotient

$$D = 1+\varepsilon|B|$$

ein möglichst kleines Maximum hat, oder für die das Maximum von $|B|$ möglichst klein ist.

Insbesondere vergleichen wir die Metrik

$$ds^2 = (\lambda+\varepsilon L)(|dz|^2+\varepsilon\Re B dz^2)$$

mit einer Metrik $ds^2(A\mathfrak{p})$, wo A eine unendlich wenig von der Identität verschiedene Abbildung von $\mathfrak{H}$ auf sich ist und $ds^2(A\mathfrak{p})$ aus $ds^2 = ds^2(\mathfrak{p})$ durch Übertragung der Metrik vom Punkte $\mathfrak{p}$ in den Punkt $A^{-1}\mathfrak{p}$ entsteht (vgl. **54**). Wir brauchen nur das Verhalten von $|dz|^2+\varepsilon\Re B dz^2$ bei der Verrückung A zu beachten, denn auf den Faktor $\lambda+\varepsilon L$ kommt es nicht an.

A führt, wenn z eine Ortsuniformisierende ist, den Punkt $\mathfrak{p}$ mit der Koordinate z in den Punkt $A\mathfrak{p}$ mit einer Koordinate $z+\varepsilon w$ über; hier ist w eine komplexwertige Funktion von z, die dann und auch nur dann analytisch ist, wenn die infinitesimale Abbildung A konform ist. (Vgl. **45**.) Bei direkt konformem Übergang zu einem anderen Ortsparameter $\tilde{z}$ hat $A\mathfrak{p}$ die $\tilde{z}$-Koordinate $\tilde{z}+\varepsilon\tilde{w}$, die gleich dem Wert der Funktion $\tilde{z}(z)$ an der Stelle $z+\varepsilon w$ sein muß, also

$$\tilde{z}+\varepsilon\tilde{w} = \tilde{z}(z+\varepsilon w) = \tilde{z}+\varepsilon\frac{d\tilde{z}}{dz}w$$

oder

$$\tilde{w} = \frac{d\tilde{z}}{dz} w,$$

so daß

$$\frac{w}{dz}$$

invariant ist. Bei indirekt konformer Parametertransformation $z \leftrightarrow \tilde{z}$ ist nach gleichartiger Rechnung

$$\tilde{w} = \frac{d\tilde{z}}{d\bar{z}} \bar{w},$$

so daß $\frac{w}{dz}$ auf nichtorientierbaren Hauptbereichen bis auf Übergang zum Konjugiert-Komplexen invariant ist.

Wenn $\mathfrak{H}$ eine geschlossene Fläche ist, dann kann man die Ortsfunktion w, die noch so von der Parameterwahl abhängt, daß $\frac{w}{dz}$ (evtl. bis auf Übergang zum Konjugiert-Komplexen) invariant ist, beliebig vorschreiben und hat immer eine infinitesimale Abbildung A von $\mathfrak{H}$ auf sich vor sich, die z in $z + \varepsilon w$ überführt. Aber bei allgemeineren Hauptbereichen sind Einschränkungen zu machen. A muß die ausgezeichneten Innen- und Randpunkte von $\mathfrak{H}$ fest lassen; für einen ausgezeichneten Punkt muß also $z + \varepsilon w = z$ oder $w = 0$ oder invariant geschrieben

$$\frac{w}{dz} = 0$$

sein. Ferner besteht eine Bedingung am Rand: Bildet man wie in **9** ein Stück des Randes von $\mathfrak{H}$ auf ein Stück der reellen z-Achse ab, so daß das angrenzende Stück von $\mathfrak{H}$ in ein Stück der oberen z-Halbebene übergeht, dann muß auf dem Rande, also für reelles z, auch $z + \varepsilon w$ wieder reell sein, damit A den Rand als solchen fest lasse; es muß also w reell sein. Aber bei Fortschreiten längs des Randes ist auch dz reell; wir können also sagen, am Rande müsse

$$\frac{w}{dz} \text{ reell}$$

sein, wenn das dz längs der Randkurve genommen wird. Dies ist ein invarianter, bei beliebiger Parameterwahl gültiger Ausdruck der Randbedingung.

Wir erhalten also die allgemeinste infinitesimale Abbildung von $\mathfrak{H}$ auf sich mit Hilfe einer Ortsfunktion w, die noch so von der Parameterwahl abhängt, daß $\frac{w}{dz}$ (bis auf Übergang zum Konjugiert-Komplexen) invariant ist, und die nur den Bedingungen genügt, daß $\frac{w}{dz}$ in den ausgezeichneten Innen- und Randpunkten verschwindet und längs der Randkurven reell ist. Die Abbildung ist dann und nur dann konform, wenn w analytisch von z abhängt.

64. Mit Hilfe einer solchen infinitesimalen Abbildung A übertragen wir nun unsere Metrik

$$ds^2 = (\lambda + \delta E)\,dx^2 + 2\,\delta F\,dx\,dy + (\lambda + \delta G)\,dy^2 = (\lambda + \varepsilon L)\,(|dz|^2 + \varepsilon \Re B\,dz^2)$$

vom Punkte $A\mathfrak{p}$ in den Punkt $\mathfrak{p}$, d. h. wir berechnen ds^2 nicht an der Stelle z, sondern an der Stelle $z + \varepsilon w$. Die so entstehende neue Metrik sei ds^{*2}, also

$$ds^{*2}(\mathfrak{p}) = ds^2(A\mathfrak{p}).$$

Setzen wir kurz $\lambda(z + \varepsilon w) = \lambda + \varepsilon l$, so geht der Faktor $\lambda + \varepsilon L$ in $\lambda + \varepsilon(l + L)$ über, denn die Änderung des schon unendlich kleinen εL brauchen wir nicht zu berücksichtigen. Ebenso kann man die Änderung von $\varepsilon \Re B\,dz^2$ vernachlässigen. Es kommt auf $|dz|^2$ an. Dieser Ausdruck geht in

$$|dz + \varepsilon dw|^2 = |dz|^2 + 2\varepsilon \Re \overline{dw}\,dz$$

über. Setzen wir

$$2\,dw = 2(w_x dx + w_y dy) = (w_x - i w_y)(dx + i dy) + (w_x + i w_y)(dx - i dy)^1,$$

so ist

$$2\Re \overline{dw}\,dz = \Re (w_x - i w_y)\,|dz|^2 + \Re\,\overline{(w_x + i w_y)}\,dz^2$$

und

$$|dz|^2 + 2\varepsilon \Re \overline{dw}\,dz = \bigl(1 + \varepsilon \Re (w_x - i w_y)\bigr)\bigl(|dz|^2 + \varepsilon \Re \overline{(w_x + i w_y)}\,dz^2\bigr).$$

Insgesamt geht unser

$$ds^2 = (\lambda + \varepsilon L)(|dz|^2 + \varepsilon \Re B\,dz^2)$$

über in

$$ds^{*2} = \bigl(\lambda + \varepsilon\,(l + L + \Re (w_x - i w_y))\bigr)\bigl(|dz|^2 + \varepsilon \Re\,(B + \overline{w_x + i w_y})\,dz^2\bigr).$$

[1] Diese Formel veranlaßt zu der Schreibweise $\frac{\partial}{\partial z} = \frac{1}{2}\left(\frac{\partial}{\partial x} - i\frac{\partial}{\partial y}\right)$; $\frac{\partial}{\partial \bar z} = \frac{1}{2}\left(\frac{\partial}{\partial x} + i\frac{\partial}{\partial y}\right)$. Ich führe sie im Text nicht ein, weil sie so formal ist.

5*

Auf den Faktor kommt es nicht an: es ist

$$ds^{\star 2} = (\lambda + \varepsilon L^\star)(|dz|^2 + \varepsilon \Re B^\star dz^2)$$

mit

$$B^\star = B + \overline{w_x + i w_y}.$$

Die durch $B\frac{dz^2}{|dz|^2}$ beschriebene infinitesimale Abbildung H von $\mathfrak{H}$ auf einen benachbarten Hauptbereich $\mathfrak{H}'$ geht also mit Hilfe des durch $\frac{w}{dz}$ beschriebenen A in die Abbildung $H^\star = HA$ von $\mathfrak{H}$ auf dasselbe $\mathfrak{H}'$ über, wobei die infinitesimale Abbildung $H^\star$ durch

$$B^\star \frac{dz^2}{|dz|^2} = (B + \overline{w_x + i w_y})\frac{dz^2}{|dz|^2}$$

beschrieben wird.

Daraufhin tun wir alle $B\frac{dz^2}{|dz|^2}$ auf $\mathfrak{H}$ in dieselbe Klasse, die auseinander durch Abänderungen

$$B^\star = B + \overline{w_x + i w_y}$$

hervorgehen, wo $\frac{w}{dz}$ den am Schluß von **63** zusammengestellten Bedingungen genügen muß. Es entsteht das Problem, in jeder dieser Klassen ein $B\frac{dz^2}{|dz|^2}$ mit möglichst kleinem Maximum von $|B|$ zu suchen.

Diese Klassen entsprechen nämlich eineindeutig den infinitesimalen Verrückungen des $\mathfrak{H}$ repräsentierenden Punktes im R^σ (das ist nicht bewiesen!). Man beachte, daß die Gesamtheit der $B\frac{dz^2}{|dz|^2}$ schon durch den Träger des Hauptbereichs bestimmt ist, daß aber das Auszeichnen von Innen- oder Randpunkten die Mannigfaltigkeit der bei der Abänderung zulässigen $\frac{w}{dz}$ einschränkt und so zu einer Aufspaltung der Klassen Anlaß geben kann.

Wir nehmen ohne weiteren Beweis an, daß die Linearmannigfaltigkeit der $B\frac{dz^2}{|dz|^2}$ mod den zulässigen $(\overline{w_x + i w_y})\frac{dz^2}{|dz|^2}$ in bezug auf reelle Koeffizienten gerade den Rang σ habe.

65. Aus der Herleitung geht hervor, daß

$$\overline{(w_x + i w_y)} \frac{dz^2}{|dz|^2}$$

(bis auf Übergang zum Konjugiert-Komplexen) invariant ist, wenn $\frac{w}{dz}$ invariant ist. Wir wollen das auch rechnerisch bestätigen, nehmen aber an, daß die Parameteränderung $z \longleftrightarrow \tilde{z}$ direkt konform sei. Wir gehen aus von den Formeln

$$2dw = (w_x - i w_y)\, dz + (w_x + i w_y)\, \overline{dz}\,[1];$$

$$2d\tilde{w} = (\tilde{w}_{\tilde{x}} - i \tilde{w}_{\tilde{y}})\, d\tilde{z} + (\tilde{w}_{\tilde{x}} + i \tilde{w}_{\tilde{y}})\, \overline{d\tilde{z}}.$$

Es ist

$$\tilde{w} = \frac{d\tilde{z}}{dz} w,$$

folglich

$$2d\tilde{w} = 2 \frac{d \frac{d\tilde{z}}{dz}}{dz} w\, dz + \frac{d\tilde{z}}{dz} \left\{ (w_x - i w_y)\, dz + (w_x + i w_y)\, \overline{dz} \right\}$$

$$= (\cdots)\, dz + \frac{d\tilde{z}}{dz} (w_x + i w_y)\, \overline{dz}$$

$$= (\cdots) \frac{dz}{d\tilde{z}}\, d\tilde{z} + \frac{d\tilde{z}}{dz} (w_x + i w_y) \left(\overline{\frac{dz}{d\tilde{z}}} \right) \overline{d\tilde{z}}.$$

Aus dieser Zerlegung entnehmen wir

$$\tilde{w}_{\tilde{x}} + i \tilde{w}_{\tilde{y}} = (w_x + i w_y) \frac{d\tilde{z}}{dz} \left(\overline{\frac{dz}{d\tilde{z}}} \right),$$

so daß

$$(w_x + i w_y) \frac{\overline{dz}}{dz}$$

und auch das konjugiert-komplexe

$$\overline{(w_x + i w_y)} \frac{dz}{\overline{dz}} = \overline{(w_x + i w_y)} \frac{dz^2}{|dz|^2}$$

invariant ist.

66. Während wir den Raum R^{σ} aller topologisch festgelegten Hauptbereiche $\mathfrak{H}$ einer festen Art nicht als linearen Raum ansprechen werden, hat die unmittelbare Umgebung eines jeden seiner Punkte linearen Charakter. Die infinitesimalen Verrückungen des $\mathfrak{H}$ repräsentierenden Punktes

[1] Siehe S. 67, Anm. 1.

von R^τ entsprechen eineindeutig den invarianten $B\dfrac{dz^2}{|dz|^2}$ auf $\mathfrak{H}$ mod den $\overline{(w_x+iw_y)}\dfrac{dz^2}{|dz|^2}$ mit invariantem $\dfrac{w}{dz}$; an w werden dabei die am Schluß von **63** zusammengestellten Nebenbedingungen gestellt. In jeder Klasse

$$B\frac{dz^2}{|dz|^2}\left(\operatorname{mod}\overline{(w_x+iw_y)}\frac{dz^2}{|dz|^2}\right)$$

sollen wir das $B\dfrac{dz^2}{|dz|^2}$ mit möglichst kleinem Max $|B|$ suchen; ihm entspricht die extremale quasikonforme Abbildung auf den der Klasse entsprechenden unendlich zu $\mathfrak{H}$ benachbarten Hauptbereich $\mathfrak{H}'$. Wir vermuten, für dieses extremale $B\dfrac{dz^2}{|dz|^2}$ sei $|B|$ konstant, wie für jede extremale quasikonforme Abbildung der Dilatationsquotient konstant ist. Jedenfalls ist der Dilatationsquotient $D = 1+\varepsilon|B|$, wo ε die in **62** eingeführte unendlich kleine Größe bedeutet; die Entfernung von $\mathfrak{H}$ und $\mathfrak{H}'$ im Sinne von **18** ist also gleich

$$\operatorname{Inf}\log\operatorname{Max} D = \varepsilon\operatorname{Inf}\operatorname{Max}|B|,$$

oder, weil es im linearen Raum auf den Faktor ε nicht ankommt: Als Entfernung der Klasse $B\dfrac{dz^2}{|dz|^2}$ von 0 erklären wir die untere Grenze aller Max $|B|$, wo für B alle der Klasse angehörenden Möglichkeiten einzusetzen sind. Die Entfernung von $B_1\dfrac{dz^2}{|dz|^2}$ und $B_2\dfrac{dz^2}{|dz|^2}$ setzen wir gleich der Entfernung von $(B_2-B_1)\dfrac{dz^2}{|dz|^2}$ und 0. So wird die Mannigfaltigkeit der Klassen $B\dfrac{dz^2}{|dz|^2}\left(\operatorname{mod}\overline{(w_x+iw_y)}\dfrac{dz^2}{|dz|^2}\right)$ ein σ-dimensionaler linearer metrischer Raum. Denn wenn wir für

$$B^\star\frac{dz^2}{|dz|^2} = B\frac{dz^2}{|dz|^2} + \overline{(w_x+iw_y)}\frac{dz^2}{|dz|^2}$$

kurz

$$B^\star\frac{dz^2}{|dz|^2}\sim B\frac{dz^2}{|dz|^2}$$

schreiben, können wir jedem invarianten $B\dfrac{dz^2}{|dz|^2}$ einen »Betrag« $\left\|B\dfrac{dz^2}{|dz|^2}\right\|$

zuordnen, der gleich der unteren Grenze aller Max $|B^\star|$ mit $B^\star \frac{dz^2}{|dz|^2}$ $\sim B \frac{dz^2}{|dz|^2}$ ist. Man sieht leicht

$$\left\| cB \frac{dz^2}{|dz|^2} \right\| = |c| \left\| B \frac{dz^2}{|dz|^2} \right\| \qquad (c \text{ reell})$$

und ähnlich wie in **18**

$$\left\| (B_1 + B_2) \frac{dz^2}{|dz|^2} \right\| \leqq \left\| B_1 \frac{dz^2}{|dz|^2} \right\| + \left\| B_2 \frac{dz^2}{|dz|^2} \right\| .$$

Wie in **18** werden wir auch ohne Beweis annehmen, daß

$$\text{aus } \left\| B \frac{dz^2}{|dz|^2} \right\| = 0 \text{ folgt } B \frac{dz^2}{|dz|^2} \sim 0 .$$

Wir können nun das in **57** formulierte Problem sinngemäß ins Infinitesimale übertragen und erhalten das folgende Problem:

Gegeben sei ein Hauptbereich $\mathfrak{H}$. Auf ihm soll man eine Menge invarianter $B \frac{dz^2}{|dz|^2}$ ausfindig machen, die folgende Eigenschaften hat:

1. Für alle $B \frac{dz^2}{|dz|^2}$ der Menge ist $|B|$ konstant.
2. Ist $B^\star \frac{dz^2}{|dz|^2} \sim B \frac{dz^2}{|dz|^2}$ und gehört $B \frac{dz^2}{|dz|^2}$ zur Menge, so ist
$$\text{Max } |B^\star| \geqq |B| ;$$
Gleichheit gilt nur im Falle $B^\star \frac{dz^2}{|dz|^2} = B \frac{dz^2}{|dz|^2}$.
3. Zu jedem invarianten $B^\star \frac{dz^2}{|dz|^2}$ gibt es ein $B \frac{dz^2}{|dz|^2}$ der Menge mit $B^\star \frac{dz^2}{|dz|^2} \sim B \frac{dz^2}{|dz|^2}$.

Diese Menge ist, wenn vorhanden, eindeutig bestimmt, gestattet es, $\left\| B^\star \frac{dz^2}{|dz|^2} \right\|$ zu berechnen, und löst das Problem der extremalen infinitesimalen quasikonformen Abbildung.

Wenn insbesondere $\mathfrak{H}$ eine geschlossene orientierte Fläche ohne ausgezeichnete Punkte ist, dann geht, wie man leicht aus **60** entnimmt, die in **46** aufgestellte Vermutung in die Vermutung über, daß die oben gesuchte Menge außer der 0 einfach die Menge aller

$$B\frac{dz^2}{|dz|^2}=c\frac{d\zeta^2}{|d\zeta|^2}$$

sei, wo c eine positive Konstante und $d\zeta^2$ ein von 0 verschiedenes überall endliches quadratisches Differential ist.

Extremale infinitesimale quasikonforme Abbildungen.

67. Nun beschränken wir uns zunächst wieder auf die geschlossene orientierte Riemannsche Fläche $\mathfrak{H}=\mathfrak{F}$ vom Geschlecht g ohne ausgezeichnete Punkte. Das hat den Vorteil, daß wir nur direkt konforme Parametertransformationen zu berücksichtigen brauchen, daß die Singularitäten in ausgezeichneten Innen- und Randpunkten wegfallen und daß keine Randbedingungen zu beachten sind. Trotzdem treten gerade hier schon die wesentlichen Züge der Lösung scharf hervor.

Wir gehen zuerst von einem $B\frac{dz^2}{|dz|^2}$ aus und fragen, ob es etwa ~ 0 sei, ob es zu ihm also ein $\frac{w}{dz}$ mit $B=\overline{w_x+iw_y}$ gebe. Nun läßt sich die Gleichung

$$\overline{B}=w_x+iw_y$$

stets auflösen. Aus ihr folgt nämlich

$$\overline{B}_x-i\overline{B}_y=w_{xx}+w_{yy}.$$

w_0 sei eine Lösung der Poissonschen Gleichung

$$\overline{B}_x-i\overline{B}_y=w_{0xx}+w_{0yy}.$$

Dann setzen wir

$$w=w_0+v$$

und erhalten

$$v_x+iv_y=\overline{B}-w_{0x}-iw_{0y}=\overline{\Psi}.$$

Die rechte Seite $\overline{\Psi}$ genügt aber der Gleichung

$$\overline{\Psi}_x-i\overline{\Psi}_y=0$$

oder

$$\Psi_x+i\Psi_y=0;$$

Ψ ist demnach eine analytische Funktion von z. Jetzt ist

$$v=\tfrac{1}{2}\overline{\int\Psi(z)\,dz}+\Phi(z)$$

oder

$$w = w_0 + \tfrac{1}{2}\overline{\int \Psi(z)\,dz} + \Phi(z),$$

wo Φ eine beliebige analytische Funktion ist, die allgemeine Lösung.

Aber das kann uns gar nichts nützen. Denn wir sollen ja $\Phi(z)$ so bestimmen, daß $\frac{w}{dz}$ auf der ganzen Fläche $\mathfrak{F}$ hinreichend regulär ist. Aus unserer Rechnung dürfen wir aber noch nicht einmal den Schluß ziehen, $B\frac{dz^2}{|dz|^2}$ sei im Kleinen ~ 0. Denn wir müßten, um das behaupten zu können, gezeigt haben, daß man in einer kleinen einfach zusammenhängenden Umgebung jedes Punktes eine Lösung w von $\overline{B} = w_x + i w_y$ angeben kann, die am Rande der Umgebung verschwindet; davon kann aber keine Rede sein, denn man darf die Randwerte der analytischen Funktion $\Phi(z)$ nicht beliebig vorschreiben. Die oben durchgeführte Rechnung ist für unser Problem also vollständig bedeutungslos.

68. Nun wollen wir zunächst im Kleinen extremale $B\frac{dz^2}{|dz|^2}$ suchen. Analog zu **38** definieren wir nämlich:

$B\frac{dz^2}{|dz|^2}$ heißt im Kleinen extremal, wenn $|B|$ konstant ist und wenn es zu jedem Punkt $\mathfrak{p}$, wo $B\frac{dz^2}{|dz|^2}$ erklärt ist, eine einfach zusammenhängende durch z schlicht abgebildete (uniformisierte) Umgebung $\mathfrak{U}$ mit folgenden Eigenschaften gibt: $B(z)$ ist im Innern und am Rande von $\mathfrak{U}$ erklärt, und wenn w außerhalb $\mathfrak{U}$ verschwindet und in $\mathfrak{U}$ überall $|B + \overline{w_x + i w_y}| \leqq |B|$ gilt, dann ist $|B + \overline{w_x + i w_y}| = |B|$.

Übrigens folgt aus $|B + \overline{w_x + i w_y}| \leqq |B|$ auch $|B + t\,\overline{(w_x + i w_y)}| \leqq |B|$ für $0 \leqq t \leqq 1$, also soll $|B + t\,\overline{(w_x + i w_y)}| = |B|$ $(0 \leqq t \leqq 1)$ sein: dann muß $w_x + i w_y = 0$ sein, w also analytisch von z abhängen und, weil es am Rande von $\mathfrak{U}$ verschwindet, identisch $= 0$ sein. Für ein im Kleinen extremales $B\frac{dz^2}{|dz|^2}$ folgt aus $|B + \overline{w_x + i w_y}| \leqq |B|$ also schon $w = 0$.

Daß unsere Definition wirklich genau der in **38** gegebenen entspricht, muß man sich an Hand des oben auseinandergesetzten Zusammenhangs der infinitesimalen Abbildungen mit den invarianten $B\frac{dz^2}{|dz|^2}$ und $\frac{w}{dz}$ überlegen.

Aus der Annahme, daß jedes extremale $B\frac{dz^2}{|dz|^2}$ ein konstantes $|B|$ habe, folgt wie in **38**, daß jedes nach **64** extremale $B\frac{dz^2}{|dz|^2}$ auch im Kleinen extremal ist.

69. Ein im Kleinen extremales $B\frac{dz^2}{|dz|^2}$ können wir sofort angeben:

$$B\frac{dz^2}{|dz|^2}=\frac{dz^2}{|dz|^2},\text{ d.h. } B=1.$$

Ihm entspricht eine infinitesimale Dilatation der z-Ebene in Richtung der reellen Achse, denn nach **62** gehört dazu die Metrik

$$ds^2=(\lambda+\varepsilon L)\left((1+\varepsilon)\,dx^2+(1-\varepsilon)\,dy^2\right)=\mu\cdot\left((d((1+\varepsilon)x))^2+dy^2\right).$$

Um zu zeigen, daß $\frac{dz^2}{|dz|^2}$ wirklich im Kleinen extremal ist, beweisen wir:

$\mathfrak{G}$ sei ein schlichtes hinreichend regulär berandetes Gebiet der z-Ebene. $w(z)$ verschwinde am Rande von $\mathfrak{G}$. Wenn dann in ganz $\mathfrak{G}$

$$|1+\overline{w_x+iw_y}|\leqq 1$$

gilt, ist $w=0$.

Beweis: Weil w am Rande verschwindet, ist

$$\iint\limits_{\mathfrak{G}}(1+t(w_x+iw_y))\,\boxed{dz}=\iint\limits_{\mathfrak{G}}\boxed{dz}\qquad(0\leqq t\leqq 1).$$

Das verträgt sich mit

$$|1+t(w_x+iw_y)|\leqq 1\qquad(0\leqq t\leqq 1)$$

nur, wenn überall

$$w_x+iw_y=0$$

ist: w ist eine analytische Funktion von z mit den Randwerten 0, also $w=0$.

Wie in der ganzen Arbeit haben wir in diesem Beweis auf das Präzisieren der Voraussetzungen verzichtet. Offenbar ist die Stetigkeit von w wesentlich.

70. Aus diesem speziellen $\frac{dz^2}{|dz|^2}$ können wir durch Parameteränderung weitere im Kleinen extremale $B\frac{dz^2}{|dz|^2}$ gewinnen. $\tilde{z}$ sei neben z eine zweite Ortsuniformisierende; dann ist

$$\frac{d\tilde{z}^2}{|d\tilde{z}|^2}=\frac{f(z)}{|f(z)|}\frac{dz^2}{|dz|^2}\quad\text{mit}\quad\left(\frac{d\tilde{z}}{dz}\right)^2=f(z).$$

$f(z)$ ist im Kleinen nur an die Bedingung gebunden, analytisch und von 0 und ∞ verschieden zu sein. Durch Zurückgehen in die $\tilde{z} = \int \sqrt{f(z)}\,dz$-Ebene erhalten wir also:

Ist $f(z)$ analytisch und von 0 und ∞ verschieden, so ist

$$\frac{f(z)}{|f(z)|}\,\frac{dz^2}{|dz|^2}$$

im Kleinen extremal.

Aber es ist nützlich, das auch direkt zu beweisen, obwohl der Beweis natürlich nichts anderes als eine Übertragung von **69** aus der $\tilde{z}$-Ebene in die z-Ebene ist. — Es sei

$$\left|\frac{f(z)}{|f(z)|} + \overline{w_x + i w_y}\right| \leqq 1 .$$

Dann ist auch

$$\left|\frac{\overline{f(z)}}{|f(z)|} + t(w_x + i w_y)\right| \leqq 1 \qquad (0 \leqq t \leqq 1).$$

Nun erhält man aber durch partielle Integration, weil w am Rande verschwindet:

$$\iint_{\mathfrak{G}} \left(\frac{\overline{f(z)}}{|f(z)|} + t(w_x + i w_y)\right) f(z)\,\boxed{dz}$$

$$= \iint_{\mathfrak{G}} |f(z)|\,\boxed{dz} - t \iint_{\mathfrak{G}} w(f_x + i f_y)\,\boxed{dz} = \iint_{\mathfrak{G}} |f(z)|\,\boxed{dz} .$$

Beides verträgt sich nur, wenn

$$w_x + i w_y = 0$$

und folglich wie oben $w = 0$ ist.

71. Im Hinblick auf die Schlußbemerkung von **66** werden wir erwarten, daß für ein von 0 verschiedenes überall endliches quadratisches Differential $d\zeta^2$ auch

$$\frac{d\zeta^2}{|d\zeta^2|} = \frac{f(z)}{|f(z)|}\,\frac{dz^2}{|dz|^2} \text{ mit } \frac{d\zeta^2}{dz^2} = f(z)$$

im Kleinen extremal sei, obwohl $f(z)$ in den Nullstellen von $d\zeta^2$ verschwindet; nach **48** werden wir das nicht mehr erwarten, wenn $f(z)$ auch Pole hat. Das mag zuerst seltsam erscheinen, weil $B = \dfrac{f}{|f|}$ in einem Pol und in einer Nullstelle gleich stark singulär zu werden scheint: nur am Verlauf der Linien $f dz^2 > 0$ kann man Pole und Nullstellen unterscheiden. Wir können aber tatsächlich den in **70** gegebenen Beweis ungeändert übernehmen, wenn die analytische Funktion $f(z)$ Nullstellen hat. Dagegen macht bei einem Pol erster Ordnung die partielle Integration Schwierigkeiten, und bei Polen höherer Ordnung divergieren sogar alle Integrale. Wir haben also nur das Ergebnis:

Ist $f(z)$ regulär analytisch, so ist $\frac{f(z)}{|f(z)|}\frac{dz^2}{|dz|^2}$ im Kleinen extremal. Insbesondere ist für ein von 0 verschiedenes überall endliches quadratisches Differential $d\zeta^2$ und eine Konstante $c > 0$ stets

$$c\frac{d\zeta^2}{|d\zeta^2|}$$

im Kleinen extremal.

72. Nun nehmen wir an, $B\frac{dz^2}{|dz|^2}$ sei im Kleinen extremal, und wollen auf heuristischem Wege daraus Folgerungen ziehen. Wir vermuten schon längst, daß $|B|$ konstant sein muß: es sei etwa

$$|B| = 1.$$

Nach Voraussetzung muß für jedes am Rande einer Umgebung $\mathfrak{U}$ verschwindende von 0 verschiedene $w(z)$ an irgendeiner Stelle

$$|B + \overline{w_x + iw_y}| > 1$$

sein. Ja, zu jedem t mit $0 < t \leqq 1$ gibt es einen Punkt der Umgebung, wo

$$|B + t(\overline{w_x + iw_y})| > 1$$

ist. Aus $|B| = 1$ folgt aber

$$\frac{d}{dt}\left|B + t(\overline{w_x + iw_y})\right|_{t=0} = \Re B(w_x + iw_y).$$

Wir werden also annehmen, es müsse in der Umgebung $\mathfrak{U}$ auch eine Stelle geben, wo

$$\Re B(w_x + iw_y) \geqq 0$$

ist. Diese Annahme ist durchaus heuristischer Natur; bewiesen ist nichts.

$\Re B(w_x + iw_y)$ ist, wenn man $w = u + iv$ setzt, ein linearer Ausdruck in u_x, u_y, v_x, v_y; wenn u und v am Rande verschwinden, soll dieser Ausdruck nicht im Innern der Umgebung $\mathfrak{U}$ überall negativ sein können. Diese Eigentümlichkeit des linearen Ausdrucks erklären wir durch die Annahme, es gebe eine Funktion $\varrho(z) > 0$, mit der

$$\iint_{\mathfrak{U}} \varrho \Re B(w_x + iw_y)\,\boxed{dz} = 0$$

identisch für alle am Rande von $\mathfrak{U}$ verschwindenden w gilt. Daß aus dieser Annahme folgt, daß $\Re B(w_x + iw_y)$ in $\mathfrak{U}$ nicht einerlei Vorzeichen haben kann, liegt auf der Hand; wir brauchen hier aber die Umkehrung: daraus, daß $\Re B(w_x + iw_y)$ in $\mathfrak{U}$ nicht einerlei Vorzeichen haben kann, soll auf die Existenz eines ϱ geschlossen werden. Dieser Schluß ist der schwächste Punkt der ganzen Deduktion.

Wir nehmen also die Existenz eines solchen $\varrho > 0$ mit

$$\iint_{\mathfrak{U}} \varrho \Re B(w_x + iw_y) \boxed{dz} = 0$$

an. Weil w am Rande verschwindet, ergibt partielle Integration

$$\iint_{\mathfrak{U}} \varrho B(w_x + iw_y) \boxed{dz} = -\iint_{\mathfrak{U}} \left\{ (\varrho B)_x + i(\varrho B)_y \right\} w \boxed{dz},$$

folglich

$$\Re \iint_{\mathfrak{U}} \left\{ (\varrho B)_x + i(\varrho B)_y \right\} w \boxed{dz} = 0$$

für jedes am Rande verschwindende w. In der Variationsrechnung zieht man daraus den Schluß

$$(\varrho B)_x + i(\varrho B)_y = 0.$$

$$\varrho B = f(z)$$

hängt also analytisch von z ab, und wegen $|B| = 1$ haben wir

$$\varrho = |f(z)|; \; B = \frac{f(z)}{|f(z)|}.$$

Die Bedingung, daß $B \frac{dz^2}{|dz|^2}$ im Kleinen extremal ist, hat also zur Folge, daß $|B| = \text{const}$ ist und daß B bis auf einen reellen Faktor analytisch von z abhängt oder daß $\arg B$ eine Potentialfunktion ist. Die letztere Bedingung legt also fest, welche Richtungsfelder zu im Kleinen extremalen infinitesimalen quasikonformen Abbildungen gehören.

Wie in **71** werden wir der Funktion $\varrho B = f(z)$ wohl Nullstellen, aber keine Pole gestatten.

Bei Parametertransformation ist $f(z)\,dz^2$ bis auf einen positiven und darum konstanten Faktor invariant. f ist überhaupt nur bis auf einen positiven Faktor bestimmt.

73. Welche im Kleinen extremalen $B \frac{dz^2}{|dz|^2}$ kommen nach dieser lückenhaften Herleitung auf der Fläche $\mathfrak{F}$ in Frage? Da muß $|B|$ konstant sein, etwa $= c > 0$, und es muß $B = c\dfrac{f(z)}{|f(z)|}$ oder

$$B\frac{dz^2}{|dz|^2} = c\frac{f\,dz^2}{|f\,dz^2|}$$

sein, also

$$B\frac{dz^2}{|dz|^2} = c\frac{d\zeta^2}{|d\zeta^2|},$$

wenn man

$$f\,dz^2 = d\zeta^2$$

setzt. Dies $d\zeta^2$ ist jedoch nicht notwendig ein überall endliches quadratisches Differential, denn es ist auf $\mathfrak{F}$ nicht eindeutig, sondern nur bis auf einen positiven Faktor eindeutig bestimmt: bei Umlauf auf einem geschlossenen Wege der Fläche multipliziert sich $d\zeta^2$ mit einer positiven Konstanten; dabei bleibt $c\dfrac{d\zeta^2}{|d\zeta^2|}$ natürlich unverändert.

Indem wir also dem überall endlichen $d\zeta^2$ erlauben, nur bis auf einen positiven konstanten Faktor auf $\mathfrak{F}$ eindeutig zu sein, erhalten wir in der Gestalt

$$c\frac{d\zeta^2}{|d\zeta^2|}$$

eine größere Menge von $B\dfrac{dz^2}{|dz|^2}$, die als Teilmenge diejenigen $c\dfrac{d\zeta^2}{|d\zeta^2|}$ enthält, die zu einem im Großen eindeutigen quadratischen Differential $d\zeta^2$ gehören. Wir vermuten, daß die $B\dfrac{dz^2}{|dz|^2}$ der größeren Menge im Kleinen, die der kleineren Teilmenge aber auch im Großen extremal sind.

74. Wir gehen jetzt von der Menge aller $c\dfrac{d\zeta^2}{|d\zeta^2|}$ aus, wo c eine positive Konstante und $d\zeta^2$ ein eindeutiges überall endliches quadratisches Differential der Fläche $\mathfrak{F}$ ist und zu der wir noch die 0 hinzunehmen, und versuchen zu zeigen, daß diese Menge alle in **66** geforderten Eigenschaften hat und somit das Problem der extremalen infinitesimalen quasikonformen Abbildungen löst.

Zuerst beweisen wir den

Hilfssatz: Ist $\dfrac{w}{dz}$ auf $\mathfrak{F}$ invariant und hinreichend regulär und ist $d\zeta^2$ ein (eindeutiges) überall endliches quadratisches Differential, so ist

$$\iint_{\mathfrak{F}} (w_x + i w_y) \frac{\boxed{dz}}{dz^2} d\zeta^2 = 0 .$$

Mit $\frac{w}{dz}$ ist nach **65** auch $\overline{(w_x + i w_y)} \frac{dz^2}{|dz|^2}$ und darum wie in **59** auch $(w_x + i w_y) \frac{\boxed{dz}}{dz^2}$ invariant, der Integrand $(w_x + i w_y) \frac{d\zeta^2}{dz^2} \boxed{dz}$ hat also invariante Bedeutung.

Beweis: Wir teilen $\mathfrak{F}$ in einfach zusammenhängende Teile $\mathfrak{G}_\nu$ mit dem hinreichend regulären Rand C_ν ein. In jedem $\mathfrak{G}_\nu$ sei eine noch über den Rand hinaus reguläre Ortsuniformisierende z vorhanden. Partielle Integration ergibt

$$\iint_{\mathfrak{G}_\nu} (w_x + i w_y) \frac{d\zeta^2}{dz^2} \boxed{dz} = \frac{1}{i} \int_{C_\nu} w \frac{d\zeta^2}{dz^2} dz - \iint_{\mathfrak{G}_\nu} w \left(\frac{\partial}{\partial x} + i \frac{\partial}{\partial y} \right) \frac{d\zeta^2}{dz^2} \boxed{dz} .$$

Nun ist aber $\left(\frac{\partial}{\partial x} + i \frac{\partial}{\partial y} \right) \frac{d\zeta^2}{dz^2} = 0$, und bei Summation über alle ν fallen die Integrale $\frac{1}{i} \int_{C_\nu} d\zeta^2 \frac{w}{dz}$ weg, weil der Integrand invariant ist und jede Randkurve in beiden Richtungen durchlaufen wird. Darum ist

$$\iint_{\mathfrak{F}} (w_x + i w_y) \frac{d\zeta^2}{dz^2} \boxed{dz} = 0 .$$

75. Nun beweisen wir die Extremaleigenschaft unserer $c \frac{d\zeta^2}{|d\zeta^2|}$ nach der Methode von **70**. Es ist zu zeigen:

Aus $\left| \frac{d\zeta^2}{|d\zeta^2|} + \overline{(w_x + i w_y)} \frac{dz^2}{|dz|^2} \right| \leq 1$ folgt $w_x + i w_y = 0$.

Es ist also o. B. d. A. $c = 1$ gesetzt worden.

Beweis: Die Voraussetzung besagt

$$\left| \frac{|d\zeta^2|}{d\zeta^2} + t (w_x + i w_y) \frac{|dz|^2}{dz^2} \right| \leq 1 \qquad \text{für } 0 \leq t \leq 1 .$$

Nun folgt aus dem in **74** bewiesenen Hilfssatz

$$\iint_{\mathfrak{F}} \left\{ \frac{|d\zeta^2|}{d\zeta^2} + t(w_x + i w_y) \frac{|dz|^2}{dz^2} \right\} \frac{d\zeta^2}{|dz|^2} \boxed{dz} = \iint_{\mathfrak{F}} \left| \frac{d\zeta^2}{dz^2} \right| \boxed{dz}.$$

Beides verträgt sich nur, wenn $w_x + i w_y = 0$.

76. Jetzt ist für unsere Menge von $B \frac{dz^2}{|dz|^2}$, die aus 0 und den $c \frac{d\zeta^2}{|d\zeta^2|}$ besteht, bekannt, daß die erste und die zweite in **66** geforderte Bedingung erfüllt sind; es kommt jetzt auf die dritte an: zu jedem $B^\star \frac{dz^2}{|dz|^2}$ soll ein $B \frac{dz^2}{|dz|^2}$ unserer Menge und ein invariantes $\frac{w}{dz}$ mit

$$B^\star = B + \overline{w_x + i w_y}$$

gesucht werden. Um hier weiterzukommen, brauchen wir eine Umkehrung des Hilfssatzes von **74**. Dort wurde gezeigt: Aus $B \frac{dz^2}{|dz|^2} \sim 0$, d. h. aus $B \frac{dz^2}{|dz|^2} = (\overline{w_x + i w_y}) \frac{dz^2}{|dz|^2}$, folgt $\iint \overline{B} \frac{\boxed{dz}}{dz^2} d\zeta^2 = 0$ für jedes überall endliche quadratische Differential $d\zeta^2$. Jetzt aber brauchen wir den Satz:

Ist $B \frac{dz^2}{|dz|^2}$ invariant und gilt

$$\iint_{\mathfrak{F}} \overline{B} \frac{\boxed{dz}}{dz^2} d\zeta^2 = 0$$

für jedes auf $\mathfrak{F}$ überall endliche quadratische Differential $d\zeta^2$, so gibt es ein invariantes $\frac{w}{dz}$ mit

$$B = \overline{w_x + i w_y}.$$

Man sieht wohl eine gewisse formale Analogie der letzteren Differentialgleichung mit der Poissonschen Gleichung, die auf einer geschlossenen Fläche auch nur lösbar ist, wenn eine Integralbedingung erfüllt ist. Man wird w aus B durch einen Integrationsprozeß zu gewinnen versuchen.

Wir beweisen unseren Satz mit Hilfe der Uniformisierung von $\mathfrak{F}$; dabei ist eine Fallunterscheidung nach dem Geschlecht nötig, je nachdem $g = 0$, $= 1$ oder > 1 ist.

Selbstverständlich ist $\frac{w}{dz}$ bei gegebenem $B\frac{dz^2}{|dz|^2}$ nur bis auf ein additiv hinzutretendes überall endliches reziprokes Differential bestimmt, das nach **63** und **45** eine infinitesimale konforme Abbildung von $\mathfrak{F}$ auf sich bedeutet. Die überall endlichen reziproken Differentiale sind in allen drei Fällen $g = 0, = 1, > 1$ genau bekannt.

Erst nach dem Beweis unseres Satzes kommen wir wieder auf die extremalen infinitesimalen quasikonformen Abbildungen zurück.

Ich habe ursprünglich diesen Satz erst als Postulat angenommen, auf ihm weitergebaut und erst viel später einen Beweis für den Satz gesucht. Man kann darum den folgenden langen Beweis auch überschlagen und gleich bei **88** weiterlesen.

Die Gleichung $\overline{w_x + iw_y} = B$.

77. $\mathfrak{F}$ sei eine geschlossene orientierte Fläche vom Geschlecht 0. $\mathfrak{F}$ läßt sich dann direkt konform auf die volle z-Kugel abbilden. Es sei eine komplexwertige Funktion $B(z)$ gegeben. Weil es außer 0 kein überall endliches quadratisches Differential gibt, wird behauptet, B lasse sich stets in die Form $\overline{w_x + iw_y}$ bringen.

Natürlich sollen B und w sich im Endlichen überall hinreichend regulär verhalten. Im Unendlichen ist $\tilde{z} = \frac{1}{z}$ eine Ortsuniformisierende, und aus

$$B\frac{dz^2}{|dz|^2} = \tilde{B}\frac{d\tilde{z}^2}{|d\tilde{z}|^2}; \qquad \frac{w}{dz} = \frac{\tilde{w}}{d\tilde{z}}$$

folgt, daß die Ausdrücke

$$\tilde{B} = \frac{z^4}{|z|^4}B \text{ und } \tilde{w} = -\frac{w}{z^2}$$

sich bei $z = \infty$ hinreichend regulär verhalten müssen.

$\frac{w}{dz}$ ist durch die Forderung $\overline{w_x + iw_y} = B$ bis auf ein überall endliches reziprokes Differential bestimmt. Das allgemeinste überall endliche reziproke Differential ist

$$\frac{a + bz + cz^2}{dz};$$

a, b, c sind willkürliche komplexe Konstanten. Das stimmt mit der in **44** aufgestellten Formel $\dim\frac{1}{\mathfrak{W}} = 3$ überein.

78. Wir interessieren uns vorläufig nur für das Endliche der z-Ebene und rechnen so, wie wenn $B(z)$ in einer Umgebung von ∞ verschwände. Dann führt der Ansatz

$$w(z) = \frac{1}{2\pi} \iint\limits_{\mathfrak{F}} W(z, z_0)\, \overline{B(z_0)}\, \boxed{dz_0}$$

zum Ziel. W soll bei festem z_0 eine im Endlichen überall analytische Funktion von z sein, die bei $z = z_0$ einen Pol erster Ordnung mit dem Residuum 1 hat und sonst überall regulär ist:

$$W(z, z_0) = \frac{1}{z - z_0} + r(z, z_0),$$

wo r bei festem z_0 eine ganze Funktion von z ist. Natürlich soll r, also W, auch von z_0 hinreichend regulär abhängen.

Wir brauchen tatsächlich an W keine weiteren Bedingungen zu stellen. C sei nämlich eine hinreichend reguläre einfache Kurve, die ein beschränktes Gebiet $\mathfrak{G}$ begrenzt. Dann ist

$$\iint\limits_{\mathfrak{G}} (w_x + i w_y)\, \boxed{dz} = \int\limits_C w(dy - i dx) = \frac{1}{i} \int\limits_C w\, dz.$$

Auf der rechten Seite setzen wir

$$w(z) = \frac{1}{2\pi} \iint\limits_{\mathfrak{F}} W(z, z_0)\, \overline{B(z_0)}\, \boxed{dz_0}$$

ein und vertauschen die Integrationsreihenfolge:

$$\iint\limits_{\mathfrak{G}} (w_x + i w_y)\, \boxed{dz} = \iint\limits_{\mathfrak{F}} \left\{ \frac{1}{2\pi i} \int\limits_C W(z, z_0)\, dz \right\} \overline{B(z_0)}\, \boxed{dz_0}.$$

Aber $\frac{1}{2\pi i} \int\limits_C W(z, z_0)\, dz$ ist $= 1$ für z_0 in $\mathfrak{G}$, $= 0$ für z_0 außerhalb $\mathfrak{G}$, folglich

$$\iint\limits_{\mathfrak{G}} (w_x + i w_y)\, \boxed{dz} = \iint\limits_{\mathfrak{G}} \overline{B(z_0)}\, \boxed{dz_0}.$$

Weil das für jedes hinreichend regulär berandete Gebiet gilt, ist

$$w_x + i w_y = \overline{B}.$$

Bei diesem »Beweis« haben wir stillschweigend angenommen, daß w nach x und y stetig differenzierbar sei; auch die Vertauschung der Reihenfolge der Integrationen hätte gerechtfertigt werden müssen.

79. Diese Rechnung soll nun auch dann gelten, wenn B nicht in einer Umgebung von ∞ verschwindet, vorausgesetzt, daß $\frac{z^4}{|z|^4} B$ bei ∞ hinreichend regulär ist. Ferner soll $\frac{w}{z^2}$ bei ∞ hinreichend regulär sein. (Vgl. 77.) Dadurch wird in

$$W(z, z_0) = \frac{1}{z - z_0} + r(z, z_0)$$

auch das r Bedingungen unterworfen.

Damit $\frac{w}{z^2}$ bei ∞ endlich bleibe, werden wir fordern, daß $\frac{W(z, z_0)}{z^2}$ bei festem z_0 für $z \to \infty$ beschränkt sei. Dann ist aber r ein Polynom höchstens zweiten Grades in z:

$$W(z, z_0) = \frac{1}{z - z_0} + a(z_0) + b(z_0) z + c(z_0) z^2 .$$

Um die Konvergenz des uneigentlichen Integrals $w(z)$ zu sichern, werden wir weiter fordern, daß

$$\iint_{\mathfrak{F}} |W(z, z_0)| \boxed{dz_0}$$

konvergiert. Bei festem z ist aber

$$\frac{1}{z - z_0} = -\frac{1}{z_0} - \frac{z}{z_0^2} + \varrho ,$$

wo $\iint |\varrho| \boxed{dz_0}$ bei $z_0 = \infty$ konvergiert. Wir fordern darum, daß

$$\iint \left| \left(a(z_0) - \frac{1}{z_0} \right) + \left(b(z_0) - \frac{1}{z_0^2} \right) z + c(z_0) z^2 \right| \boxed{dz_0}$$

oder daß

$$\iint \left| a(z) - \frac{1}{z} \right| \boxed{dz}, \quad \iint \left| b(z) - \frac{1}{z^2} \right| \boxed{dz} \quad \text{und} \quad \iint |c(z)| \boxed{dz}$$

bei ∞ konvergieren.

Im übrigen sind $a(z_0)$, $b(z_0)$ und $c(z_0)$ willkürlich wählbar; das hängt damit zusammen, daß $\frac{w}{dz}$ nur bis auf ein überall endliches reziprokes Differential bestimmt ist.

6*

80. Nachdem wir uns jetzt von der Existenz eines Kerns $W(z, z_0)$ überzeugt haben, stellen wir fest: Ist $W^\star(z, z_0)$ ein anderer Kern mit der Eigenschaft, daß

$$w(z) = \frac{1}{2\pi} \iint_{\mathfrak{F}} W^\star(z, z_0) \overline{B(z_0)} \boxed{dz_0}$$

eine Lösung von $\overline{w_x + i w_y} = B$ auf der Kugel ist, so ist

$$\frac{1}{2\pi} \iint_{\mathfrak{F}} (W^\star(z, z_0) - W(z, z_0)) \overline{B(z_0)} \boxed{dz_0}$$

für beliebiges B ein Polynom höchstens zweiten Grades in z, folglich

$$W^\star(z, z_0) = W(z, z_0) + \alpha(z_0) + \beta(z_0) z + \gamma(z_0) z^2.$$

Hier müssen

$$\iint_{\mathfrak{F}} |\alpha(z_0)| \boxed{dz_0}, \quad \iint_{\mathfrak{F}} |\beta(z_0)| \boxed{dz_0}, \quad \iint_{\mathfrak{F}} |\gamma(z_0)| \boxed{dz_0}$$

konvergieren.

Wenn man in der Umgebung der Stellen $\mathfrak{p}_0$, $\mathfrak{p}$ von $\mathfrak{F}$ statt z_0, z neue Ortsuniformisierende einführt, dann zeigt die Formel

$$\frac{w(z)}{dz} = \frac{1}{2\pi} \iint_{\mathfrak{F}} \frac{W(z, z_0)}{dz} dz_0^2 \cdot \frac{1}{dz_0^2} \overline{B(z_0)} \boxed{dz_0},$$

in der $\frac{w}{dz}$ und $\frac{1}{dz^2} \bar{B} \boxed{dz}$ invariant sind, daß

$$\frac{W(z, z_0)}{dz} dz_0^2$$

sich invariant verhält.

Insbesondere nehmen wir eine lineare gebrochene Transformation L und setzen

$$\frac{W^\star(z, z_0)}{dz} dz_0^2 = \frac{W(Lz, Lz_0)}{dLz} (dLz_0)^2.$$

Dann ist offenbar auch $W^\star$ ein mit W gleichberechtigter Kern, der sich von W also nur um ein Polynom zweiten Grades in z unterscheidet.

Wir versuchen, $W(z, z_0)$ so zu bestimmen, daß $\frac{W(z, z_0)}{dz} dz_0^2$ bei Kugeldrehungen invariant ist. Die allgemeinste Kugeldrehung, die z_0 in 0 überführt, ist

$$L(z) = e^{i\vartheta} \frac{z - z_0}{1 + \bar{z}_0 z}.$$

Wir setzen

$$W(z, 0) = \frac{1}{z}$$

und

$$W(z, z_0) = W(Lz, 0) \frac{L'(z_0)^2}{L'(z)},$$

wo L die eben angegebene Bedeutung hat und $L'(z) = \frac{dL(z)}{dz}$ ist. Es ergibt sich

$$W(z, z_0) = \frac{(1 + \bar{z}_0 z)^3}{(z - z_0)(1 + |z_0|^2)^3}$$

unabhängig von ϑ. Dieses W genügt offenbar den Bedingungen von **78** und **79**, und $\frac{W(z, z_0)}{dz} dz_0^2$ ist bei Kugeldrehungen invariant.

Man kann $W(z, z_0)$ auch eindeutig so bestimmen, daß $\frac{w(z)}{dz}$ bei $z = 0, 1, \infty$ verschwindet (s. **102** und **105**):

$$W(z, z_0) = \frac{1}{z - z_0} + \frac{1 - z}{z_0} + \frac{z}{z_0 - 1} = \frac{z(z-1)}{z_0(z_0 - 1)\cdot(z - z_0)}.$$

81. $\mathfrak{F}$ sei jetzt eine topologisch festgelegte (also a fortiori orientierte) Ringfläche, also eine geschlossene Fläche vom Geschlecht 1. Die relativ unverzweigte einfach zusammenhängende Überlagerungsfläche von $\mathfrak{F}$ läßt sich konform auf die u-Ebene abbilden, und es gibt ein primitives Periodenpaar (ω_1, ω_2) mit $\Im \frac{\omega_2}{\omega_1} > 0$ derart, daß zwei Punkten u, u' der u-Ebene dann und nur dann, wenn $u' = u + m\omega_1 + n\omega_2$ (m, n ganzrational), derselbe Punkt von $\mathfrak{F}$ entspricht. Weil $\mathfrak{F}$ topologisch festgelegt ist, ist $\omega = \frac{\omega_2}{\omega_1}$ eindeutig bestimmt (vgl. **5** und **50**).

Wir führen überall u als Ortsuniformisierende ein. $a\,du^2$ (a komplex) ist das allgemeine überall endliche quadratische Differential auf $\mathfrak{F}$, und $\frac{a}{du}$ (a komplex) ist das allgemeine überall endliche reziproke Differential, im Einklang mit den in **44** festgestellten Formeln $\dim \mathfrak{W}^2 = 1$, $\dim \frac{1}{\mathfrak{W}} = 1$.

Gegeben ist nun ein $B(u)\frac{du^2}{|du|^2}$ mit der Eigenschaft, daß

$$\iint_{\mathfrak{F}} \bar{B}(u)\,\frac{\boxed{du}}{du^2}\cdot a\,du^2 = 0$$

für jedes überall endliche quadratische Differential $a\,du^2$ gilt. D. h. es ist eine Funktion $B(u)$ mit den Eigenschaften

$$B(u+\omega_i) = B(u) \qquad (i = 1, 2);$$

$$\iint_P B(u)\,\boxed{du} = 0$$

gegeben, wo über ein Periodenparallelogramm P der u-Ebene zu integrieren ist. Gesucht wird ein $\frac{w(u)}{du}$, d. h. eine Funktion $w(u)$ mit

$$w(u+\omega_i) = w(u) \qquad (i = 1, 2),$$

mit

$$\overline{w_x + i w_y} = B \qquad (u = x + iy).$$

Wir erwarten eine Lösung der Form

$$w(u) = \frac{1}{2\pi}\iint_P W(u, u_0)\,\overline{B(u_0)}\,\boxed{du_0}.$$

Einen solchen Integralkern W werden wir auch finden; er wird aber nur in der u-Ebene, nicht auf der Fläche $\mathfrak{F}$ eindeutig sein.

82. $\zeta(u)$ sei die zum Periodenpaar (ω_1, ω_2) gehörende Weierstraßsche ζ-Funktion. $\zeta(u)$ ist eine gebrochene Funktion, die an den Stellen $u = m\omega_1 + n\omega_2$ (m, n ganzrational) Pole erster Ordnung mit dem Residuum 1 hat und sonst regulär ist, und es gilt

$$\zeta(u+\omega_i) = \zeta(u) + \eta_i \qquad (i = 1, 2)$$

mit Konstanten η_1, η_2. Weitere Eigenschaften dieser Funktion werden wir nicht benutzen; ihre Existenz setzen wir als bekannt voraus.

Jetzt setzen wir

$$w(u) = \frac{1}{2\pi}\iint_P \zeta(u-u_0)\,\overline{B(u_0)}\,\boxed{du_0}.$$

Der Integralkern ist also

$$W(u, u_0) = \zeta(u - u_0).$$

Zuerst müssen wir uns überzeugen, daß w doppeltperiodisch ist: es ist

$$w(u + \omega_i) - w(u) = \frac{1}{2\pi} \iint\limits_P [\zeta(u + \omega_i - u_0) - \zeta(u - u_0)] \overline{B(u_0)} \boxed{du_0}$$

$$= \frac{1}{2\pi} \eta_i \iint\limits_P \overline{B(u_0)} \boxed{du_0} = 0$$

wegen der Voraussetzung

$$\iint\limits_P B(u) \boxed{du} = 0.$$

Ferner sei $\mathfrak{G}$ ein von der hinreichend regulären Kurve C berandetes Gebiet, das ganz im Periodenparallelogramm P enthalten ist. Dann hat $\zeta(u - u_0)$, wenn u_0 in P fest ist, als Funktion von u in P genau den einen Pol u_0 mit dem Residuum 1. Genau wie in 78 ist

$$\iint\limits_{\mathfrak{G}} (w_x + i w_y) \boxed{du} = \frac{1}{i} \int\limits_C w\, du = \iint\limits_P \left\{ \frac{1}{2\pi i} \int\limits_C \zeta(u - u_0)\, du \right\} \overline{B(u_0)} \boxed{du_0}$$

$$= \iint\limits_{\mathfrak{G}} \overline{B(u_0)} \boxed{du_0};$$

$$w_x + i w_y = \overline{B}.$$

$\dfrac{w}{du}$ ist durch $\overline{w_x + i w_y} = B$ nur bis auf ein überall endliches reziprokes Differential bestimmt, d. h. w ist nur bis auf eine additiv hinzutretende komplexe Konstante bestimmt.

In

$$w(u) = \frac{1}{2\pi} \iint\limits_P \zeta(u - u_0) \overline{B(u_0)} \boxed{du_0}$$

hängt $w(u)$ noch von der Wahl des Periodenparallelogramms P ab. Aber wenn man P durch ein anderes Periodenparallelogramm oder allgemeiner durch irgendeinen Fundamentalbereich F der von $u \to u + \omega_1$, $u \to u + \omega_2$ erzeugten Gruppe ersetzt, ändert sich w nur um eine Konstante. Wir stellen den Fundamentalbereich F aus P her, indem wir P in Teile T_ν zerlegen und auf T_ν die Transformation $u \to m_\nu \omega_1 + n_\nu \omega_2$ ausüben. Dann ist, weil B doppeltperiodisch ist,

$$\frac{1}{2\pi}\iint\limits_F \zeta(u-u_0)\overline{B(u_0)}\,\boxed{du_0} - \frac{1}{2\pi}\iint\limits_P \zeta(u-u_0)\overline{B(u_0)}\,\boxed{du_0}$$

$$= \sum_\nu \frac{1}{2\pi}\iint\limits_{T_\nu}\{\zeta(u-u_0-m_\nu\omega_1-n_\nu\omega_2)-\zeta(u-u_0)\}\overline{B(u_0)}\,\boxed{du_0}$$

$$= -\sum_\nu \frac{1}{2\pi}(m_\nu\eta_1+n_\nu\eta_2)\iint\limits_{T_\nu}\overline{B(u_0)}\,\boxed{du_0} = \text{const.}$$

83. Welches ist nun das allgemeinste $W(u,u_0)$, das als Integralkern jedem doppeltperiodischen $B(u)$ mit $\iint\limits_P B(u)\boxed{du} = 0$ eine doppeltperiodische Lösung

$$w(u) = \frac{1}{2\pi}\iint\limits_P W(u,u_0)\overline{B(u_0)}\,\boxed{du_0}$$

von $\overline{w_x + i w_y} = B$ zuordnet? Da muß

$$\frac{1}{2\pi}\iint\limits_P \{W(u,u_0)-\zeta(u-u_0)\}\overline{B(u_0)}\,\boxed{du_0}$$

für jedes B mit $\iint\limits_P B(u_0)\boxed{du_0} = 0$ konstant sein. Es folgt

$$W(u,u_0) = \zeta(u-u_0) + \varphi(u) + \psi(u_0).$$

Insbesondere darf man hierin $\varphi(u) = au + b$, $\psi(u_0) = -au_0$ setzen, so daß

$$W(u,u_0) = \zeta(u-u_0) + a(u-u_0) + b$$

wird. Statt von $\zeta(u)$ hätten wir also ebensogut von einem $\zeta(u) + au + b$ ausgehen können. Ferner darf man $W(u, u_0) = \zeta(u-u_0) + \zeta(u_0)$ setzen. Dann verschwindet stets $w(0)$. Bei festem u ist dies W als Funktion von u_0 doppeltperiodisch.

84. Nun sei $\mathfrak{F}$ eine geschlossene orientierte Fläche vom Geschlecht $g > 1$. Wir bilden die relativ unverzweigte einfach zusammenhängende Überlagerungsfläche von $\mathfrak{F}$ direkt konform auf den Einheitskreis $|\eta| < 1$ ab. Zu $\mathfrak{F}$ gehört eine Gruppe $\mathfrak{G}$ von (linearen) direkt konformen Abbildungen S von $|\eta| < 1$ auf sich, derart, daß zwei Punkte η, η' im Innern des Einheitskreises dann und nur dann zu demselben Punkt der Fläche $\mathfrak{F}$ gehören, wenn es eine Substitution S in $\mathfrak{G}$ mit $\eta' = S\eta$ gibt.

Nach **44** gibt es hier außer 0 keine überall endlichen reziproken Differentiale; w ist demnach durch $\overline{w_x + i w_y} = B$ eindeutig bestimmt. Setzen wir dagegen in Übereinstimmung mit **14** und **44**

$$\tau = \frac{\sigma}{2} = \dim \mathfrak{W}^2 = 3(g-1),$$

so gibt es auf $\mathfrak{F}$ genau τ (komplex) linear unabhängige überall endliche quadratische Differentiale

$$d\zeta_1^2, \ldots, d\zeta_\tau^2,$$

aus denen jedes andere sich linear mit komplexen Koeffizienten zusammensetzt. Die Funktionen

$$\frac{d\zeta_\mu^2}{d\eta^2} = f_\mu(\eta) \qquad (\mu = 1, \ldots, \tau)$$

sind in $|\eta| < 1$ regulär und haben die Eigenschaft

$$f_\mu(S\eta)\left(\frac{dS\eta}{d\eta}\right)^2 = f_\mu(\eta) \qquad (S \text{ in } \mathfrak{G}).$$

Einem auf $\mathfrak{F}$ invarianten $B(z)\dfrac{dz^2}{|dz|^2}$ entspricht bei Einführung der Uniformisierenden η eine Funktion $B(\eta)$ mit der Eigenschaft, daß $B\dfrac{d\eta^2}{|d\eta|^2}$ bei $\mathfrak{G}$ invariant ist:

$$B(S\eta)\frac{(dS\eta)^2}{|dS\eta|^2} = B(\eta)\frac{d\eta^2}{|d\eta|^2} \qquad (S \text{ in } \mathfrak{G}).$$

Die Bedingung $\iint\limits_{\mathfrak{F}} \overline{B}\dfrac{d\zeta^2}{dz^2}\boxed{dz} = 0$ für alle überall endlichen quadratischen Differentiale $d\zeta^2$, die man nur für $d\zeta_1^2, \ldots, d\zeta_\tau^2$ aufzustellen braucht, geht über in

$$\iint\limits_{F} \overline{B(\eta)} f_\mu(\eta)\boxed{d\eta} = 0,$$

wo F ein Fundamentalbereich von $\mathfrak{G}$ ist. Weil der Integrand bei $\mathfrak{G}$ invariant ist, ist diese Bedingung von der Wahl des Fundamentalbereichs F unabhängig.

Wir haben jetzt also in $|\eta| < 1$ eine Funktion $B(\eta)$ mit

$$B(S\eta)\frac{(dS\eta)^2}{|dS\eta|^2} = B(\eta)\frac{d\eta^2}{|d\eta|^2} \qquad (S \in \mathfrak{G}),$$

für die

$$\iint_F \overline{B(\eta)} f_\mu(\eta) \boxed{d\eta} = 0 \qquad (\mu = 1, \ldots, \tau)$$

gilt. Wir sollen eine Funktion $w(\eta)$ mit bei $\mathfrak{G}$ invariantem $\frac{w(\eta)}{d\eta}$, also mit

$$w(S\eta) = \frac{dS\eta}{d\eta} w(\eta),$$

so bestimmen, daß

$$\overline{w_x + i w_y} = B \qquad (\eta = x + iy)$$

ist.

Natürlich machen wir wieder einen Ansatz

$$w(\eta) = \frac{1}{2\pi} \iint_F W(\eta, \eta_0) \overline{B(\eta_0)} \boxed{d\eta_0}.$$

85. Nach Poincaré konvergiert

$$W(\eta, \eta_0) = \sum_{S \text{ in } \mathfrak{G}} \frac{1}{\eta - S\eta_0} \left(\frac{dS\eta_0}{d\eta_0}\right)^2$$

innerhalb $|\eta| < 1$, $|\eta_0| < 1$ in folgendem Sinne gleichmäßig: zu jedem r mit $0 < r < 1$ gibt es nur endlich viele S in $\mathfrak{G}$, zu denen es η, η_0 mit

$$|\eta| \leqq r, \quad |\eta_0| \leqq r, \quad \eta = S\eta_0$$

gibt, und bei Summation über die anderen S konvergiert

$$\sum_S{}' \frac{1}{\eta - S\eta_0} \left(\frac{dS\eta_0}{d\eta_0}\right)^2$$

auf $|\eta| \leqq r$, $|\eta_0| \leqq r$ gleichmäßig. Das liegt daran, daß $\mathfrak{G}$ in $|\eta| < 1$ eigentlich diskontinuierlich ist und daß darum

$$\sum_{S \text{ in } \mathfrak{G}} \left|\frac{dS\eta_0}{d\eta_0}\right|^2$$

auf jedem $|\eta_0| \leqq r < 1$ gleichmäßig konvergiert.

Bei festem η ist offenbar

$$W(\eta, \eta_0)\, d\eta_0^2 = \sum_{S \text{ in } \mathfrak{G}} \frac{(dS\eta_0)^2}{\eta - S\eta_0}$$

bei $\eta_0 \to T\eta_0$ (T in $\mathfrak{G}$) invariant, folglich in seiner Abhängigkeit von η_0 ein quadratisches Differential der Fläche $\mathfrak{F}$, das in dem η entsprechenden Punkte einen Pol erster Ordnung hat und sonst überall regulär ist.

Aber für jedes T in $\mathfrak{G}$ ist $W(T\eta, \eta_0)\, d\eta_0^2$ (immer bei festem η) ein ebensolches quadratisches Differential. Für $\eta_0 \to \eta$ ist

$$\lim_{\eta_0 \to \eta} (\eta - \eta_0)\, W(\eta, \eta_0) = 1; \quad \lim_{\eta_0 \to \eta} (\eta - \eta_0)\, W(T\eta, \eta_0) = \frac{dT\eta}{d\eta};$$

folglich ist

$$\left\{ W(T\eta, \eta_0) - \frac{dT\eta}{d\eta} W(\eta, \eta_0) \right\} d\eta_0^2$$

ein **überall** endliches quadratisches Differential:

$$W(T\eta, \eta_0) = \frac{dT\eta}{d\eta} \left(W(\eta, \eta_0) + \sum_{\mu=1}^{\tau} b_\mu^{(T)}(\eta) f_\mu(\eta_0) \right).$$

Weil die f_μ linear unabhängig sind, werden hierin die $b_\mu^{(T)}(\eta)$ regulär analytische Funktionen von η sein.

(S sei eine zweite Substitution aus $\mathfrak{G}$. Aus

$$W(T\eta, \eta_0) = \frac{dT\eta}{d\eta} \left(W(\eta, \eta_0) + \sum_{\mu=1}^{\tau} b_\mu^{(T)}(\eta) f_\mu(\eta_0) \right);$$

$$W(ST\eta, \eta_0) = \frac{dST\eta}{dT\eta} \left(W(T\eta, \eta_0) + \sum_{\mu=1}^{\tau} b_\mu^{(S)}(T\eta) f_\mu(\eta_0) \right);$$

$$W(ST\eta, \eta_0) = \frac{dST\eta}{d\eta} \left(W(\eta, \eta_0) + \sum_{\mu=1}^{\tau} b_\mu^{(ST)}(\eta) f_\mu(\eta_0) \right)$$

folgt

$$b_\mu^{(ST)}(\eta) = \frac{d\eta}{dT\eta} b_\mu^{(S)}(T\eta) + b_\mu^{(T)}(\eta)$$

oder

$$\frac{b_\mu^{(ST)}(\eta)}{d\eta} = \frac{b_\mu^{(S)}(T\eta)}{dT\eta} + \frac{b_\mu^{(T)}(\eta)}{d\eta}.)$$

86. Gegeben sei $B(\eta)$ mit

$$B(S\eta) \frac{(dS\eta)^2}{|dS\eta|^2} = B(\eta) \frac{d\eta^2}{|d\eta|^2} \qquad (S \text{ in } \mathfrak{G})$$

und

$$\iint_F \overline{B(\eta)} f_\mu(\eta) \boxed{d\eta} = 0 \qquad (\mu = 1, \ldots, \tau).$$

Wir setzen

$$w(\eta) = \frac{1}{2\pi} \iint_F W(\eta, \eta_0) \overline{B(\eta_0)} \boxed{d\eta_0}.$$

Der Integrand ist bei $\mathfrak{G}$ invariant, darum ist $w(\eta)$ von der Wahl des Fundamentalbereichs F unabhängig. $\frac{w(\eta)}{d\eta}$ ist bei $\mathfrak{G}$ invariant, denn für jedes T in $\mathfrak{G}$ ist

$$w(T\eta) - \frac{dT\eta}{d\eta} w(\eta) = \frac{1}{2\pi} \iint_F \left\{ W(T\eta, \eta_0) - \frac{dT\eta}{d\eta} W(\eta, \eta_0) \right\} \overline{B(\eta_0)} \boxed{d\eta_0}$$

$$= \frac{1}{2\pi} \iint_F \frac{dT\eta}{d\eta} \sum_{\mu=1}^{\tau} b_\mu^{(T)}(\eta) f_\mu(\eta_0) \overline{B(\eta_0)} \boxed{d\eta_0} = 0$$

wegen der Voraussetzung über B. $\mathfrak{G}$ sei ein von der Kurve C berandetes Gebiet, das ganz in F liege. Weil $W(\eta, \eta_0)$ bei festem η_0 in F als Funktion von η in F nur den einen Pol bei η_0 mit dem Residuum 1 hat, ist wie in **78** und **82**

$$\iint_{\mathfrak{G}} (w_x + i w_y) \boxed{d\eta} = \frac{1}{i} \int_C w\, d\eta = \iint_F \left\{ \frac{1}{2\pi i} \int_C W(\eta, \eta_0)\, d\eta \right\} \overline{B(\eta_0)} \boxed{d\eta_0}$$

$$= \iint_{\mathfrak{G}} \overline{B(\eta_0)} \boxed{d\eta_0};$$

$$w_x + i w_y = \overline{B}.$$

87. Soll auch

$$w(\eta) = \frac{1}{2\pi} \iint_F W^*(\eta, \eta_0) \overline{B(\eta_0)} \boxed{d\eta_0}$$

eine Lösung unserer Aufgabe sein, so muß

$$\frac{1}{2\pi} \iint_F \{W^*(\eta, \eta_0) - W(\eta, \eta_0)\} \overline{B(\eta_0)} \boxed{d\eta_0} = 0$$

für alle B $\left(\text{mit bei } \mathfrak{G} \text{ invariantem } B(\eta) \frac{d\eta^2}{|d\eta|^2}\right)$ mit

$$\iint_F f_\mu(\eta_0) \overline{B(\eta_0)} \boxed{d\eta_0} = 0$$

gelten. D. h. es muß

$$W^*(\eta, \eta_0) = W(\eta, \eta_0) + \sum_{\mu=1}^{\tau} a_\mu(\eta) f_\mu(\eta_0)$$

sein. (Dann ist

$$W^\star(T\eta,\eta_0)=\frac{dT\eta}{d\eta}\left(W^\star(\eta,\eta_0)+\sum_{\mu=1}^{\tau} b_\mu^{\star(T)}(\eta)f_\mu(\eta_0)\right)$$

mit

$$b_\mu^{\star(T)}(\eta)=b_\mu^{(T)}(\eta)+a_\mu(T\eta)\frac{d\eta}{dT\eta}-a_\mu(\eta)$$

oder

$$\frac{b_\mu^{\star(T)}(\eta)}{d\eta}=\frac{b_\mu^{(T)}(\eta)}{d\eta}+\frac{a_\mu(T\eta)}{dT\eta}-\frac{a_\mu(\eta)}{d\eta}.\Big)$$

Insbesondere sei $H(\eta,\eta_0)$ eine Funktion, für die $H(\eta,\eta_0)-\dfrac{1}{\eta-\eta_0}$ in $|\eta|<1, |\eta_0|<1$ regulär analytisch und auf jedem $|\eta|\leqq r<1$ beschränkt ist. Dann kann man für

$$W^\star(\eta,\eta_0)=\sum_{S \text{ in } \mathfrak{G}} H(\eta,S\eta_0)\left(\frac{dS\eta_0}{d\eta_0}\right)^2$$

dieselben Überlegungen wie für $W(\eta,\eta_0)$ durchführen.

Es ist

$$w(\eta)=\frac{1}{2\pi}\iint\limits_F\left\{\sum_{S \text{ in } \mathfrak{G}} H(\eta,S\eta_0)\left(\frac{dS\eta_0}{d\eta_0}\right)^2\right\}\overline{B(\eta_0)}\,\boxed{d\eta_0}$$

$$=\frac{1}{2\pi}\sum_{S \text{ in } \mathfrak{G}}\iint\limits_F H(\eta,S\eta_0)\,dS\eta_0^2\cdot\overline{B(\eta_0)}\,\frac{\boxed{d\eta_0}}{d\eta_0^2}$$

$$=\frac{1}{2\pi}\sum_{S \text{ in } \mathfrak{G}}\iint\limits_{SF} H(\eta,\eta_0)\,d\eta_0^2\cdot\overline{B(\eta_0)}\,\frac{\boxed{d\eta_0}}{d\eta_0^2}$$

$$=\frac{1}{2\pi}\iint\limits_{|\eta_0|<1} H(\eta,\eta_0)\overline{B(\eta_0)}\,\boxed{d\eta_0},$$

also insbesondere auch

$$w(\eta)=\frac{1}{2\pi}\iint\limits_{|\eta_0|<1}\frac{1}{\eta-\eta_0}\overline{B(\eta_0)}\,\boxed{d\eta_0}.$$

Der lineare metrische Raum L^σ der Klassen infinitesimaler quasikonformer Abbildungen.

88. Wir stellen die infinitesimalen quasikonformen Abbildungen der geschlossenen orientierten Fläche $\mathfrak{F}$ vom Geschlecht g durch invariante $B\frac{dz^2}{|dz|^2}$ dar. Wir schreiben $B^\star\frac{dz^2}{|dz|^2}\sim B\frac{dz^2}{|dz|^2}$ und tun beide in dieselbe Klasse, wenn es ein invariantes $\frac{w}{dz}$ mit $B^\star = B + \overline{w_x + i w_y}$ gibt; das ist die Bedingung dafür, daß die beiden zugehörigen infinitesimalen Abbildungen $\mathfrak{F}$ in dieselbe topologisch festgelegte Nachbarfläche überführen.

Wir wissen jetzt: dann und nur dann gilt $B\frac{dz^2}{|dz|^2}\sim 0$, wenn

$$\iint_{\mathfrak{F}} \overline{B(z)}\,\frac{d\zeta_\mu^2}{dz^2}\,\boxed{dz} = 0 \qquad (\mu = 1, \ldots, \tau)$$

ist; hier sind

$$d\zeta_1^2, \ldots, d\zeta_\tau^2$$

eine lineare Basis der überall endlichen quadratischen Differentiale. Es ist

$$\tau = \frac{\sigma}{2} = \dim \mathfrak{W}^2 = \begin{cases} 0, & g = 0 \\ 1, & g = 1 \\ 3(g-1), & g > 1. \end{cases}$$

Hieraus folgt: dann und nur dann ist $B^\star\frac{dz^2}{|dz|^2}\sim B\frac{dz^2}{|dz|^2}$, wenn

$$\iint_{\mathfrak{F}} \overline{B^\star(z)}\,\frac{d\zeta_\mu^2}{dz^2}\,\boxed{dz} = \iint_{\mathfrak{F}} \overline{B(z)}\,\frac{d\zeta_\mu^2}{dz^2}\,\boxed{dz} \qquad (\mu = 1, \ldots, \tau)$$

ist. Die Klasse von $B\frac{dz^2}{|dz|^2}$ wird durch die τ komplexen Zahlen

$$k_\mu = \iint_{\mathfrak{F}} \overline{B(z)}\,\frac{d\zeta_\mu^2}{dz^2}\,\boxed{dz}$$

eindeutig beschrieben. Zu τ komplexen Zahlen $k_1, \ldots, k_\tau$ gibt es stets eine und nur eine Klasse invarianter $B\frac{dz^2}{|dz|^2}$ mit

$$k_\mu = \iint_{\mathfrak{F}} \overline{B(z)}\,\frac{d\zeta_\mu^2}{dz^2}\,\boxed{dz}.$$

Daß man $k_1, \ldots, k_\tau$ beliebig vorschreiben darf, ist wegen der Unabhängigkeit von $d\zeta_1^2, \ldots, d\zeta_\tau^2$ eigentlich selbstverständlich; wir können es auch folgendermaßen beweisen: andernfalls gäbe es $a_1, \ldots, a_\tau$, für die identisch $a_1 k_1 + \cdots + a_\tau k_\tau = 0$ oder

$$\iint_{\mathfrak{F}} \overline{B(z)} \frac{d\zeta^2}{dz^2} \boxed{dz} = 0 \text{ mit } d\zeta^2 = a_1 d\zeta_1^2 + \cdots + a_\tau d\zeta_\tau^2 \neq 0$$

gelten würde. Hier setzen wir speziell

$$B \frac{dz^2}{|dz|^2} = \frac{d\zeta^2}{|d\zeta^2|}; \; \overline{B} \frac{\boxed{dz}}{dz^2} = \frac{|d\zeta^2|}{d\zeta^2} \frac{\boxed{dz}}{|dz|^2}$$

und erhalten den Widerspruch

$$\iint_{\mathfrak{F}} \left| \frac{d\zeta^2}{dz^2} \right| \boxed{dz} = 0.$$

Wir sehen hier also unsere alte Vermutung bestätigt: die Klassen der $B \dfrac{dz^2}{|dz|^2}$ bilden einen linearen Raum L^σ von σ reellen oder $\tau = \dfrac{\sigma}{2}$ komplexen Dimensionen. In diesem linearen Raum sind $k_1, \ldots, k_\tau$ komplexe affine Koordinaten. Wir fassen $k_1, \ldots, k_\tau$ zu einem Vektor $\mathfrak{k}$ zusammen, der also zugleich die Klasse repräsentiert. Addition solcher Vektoren $\mathfrak{k}$ bedeutet Nacheinanderausführen der zugehörigen infinitesimalen quasikonformen Abbildungen.

89. Wir haben früher eine bestimmte Menge invarianter $B \dfrac{dz^2}{|dz|^2}$ eingeführt, nämlich

$$0 \text{ und alle } c \frac{d\zeta^2}{|d\zeta^2|} \qquad (c > 0,\; d\zeta^2 = a_1 d\zeta_1^2 + \cdots + a_\tau d\zeta_\tau^2 \neq 0).$$

Jedem $B \dfrac{dz^2}{|dz|^2}$ dieser Menge entspricht ein Vektor $\mathfrak{k}$, der seine Klasse repräsentiert. Wir müssen jetzt zeigen, daß es auch umgekehrt in jeder (durch einen Vektor $\mathfrak{k}$ repräsentierten) Klasse ein $B \dfrac{dz^2}{|dz|^2}$ unserer Menge gibt: dann löst diese Menge die in **66** gestellte Aufgabe.

Zuerst sehen wir leicht, daß zu verschiedenen $B \dfrac{dz^2}{|dz|^2}$ unserer Menge stets verschiedene $\mathfrak{k}$ gehören. Denn erstens gehört zu

$$c \frac{d\zeta^2}{|d\zeta^2|} \qquad \left(c > 0,\; d\zeta^2 = \sum_{\mu=1}^{\tau} a_\mu d\zeta_\mu^2\right)$$

stets ein Vektor $\mathfrak{k} = (k_1, \ldots, k_\tau) \neq 0$: es ist ja

$$k_\mu = c \iint\limits_{\mathfrak{F}} \left| \frac{d\zeta^2}{dz^2} \right| \frac{d\zeta_\mu^2}{d\zeta^2} \boxed{dz}$$

und darum

$$a_1 k_1 + \cdots + a_\tau k_\tau = c \iint\limits_{\mathfrak{F}} \left| \frac{d\zeta^2}{dz^2} \right| \boxed{dz} > 0.$$

Wenn zweitens zu $c \frac{d\zeta^2}{|d\zeta^2|}$ und $c' \frac{d\zeta'^2}{|d\zeta'^2|}$ gleiche Vektoren gehören und sie somit in derselben Klasse liegen:

$$c' \frac{d\zeta'^2}{|d\zeta'^2|} = c \frac{d\zeta^2}{|d\zeta^2|} + \overline{(w_x + i w_y)} \frac{dz^2}{|dz|^2},$$

dann sei etwa $c' \leqq c$: aus

$$c' = \left| c \frac{d\zeta^2}{|d\zeta^2|} + \overline{(w_x + i w_y)} \frac{dz^2}{|dz|^2} \right| \leqq c$$

folgt dann nach **75**

$$w_x + i w_y = 0,$$

d. h.

$$c' \frac{d\zeta'^2}{|d\zeta'|^2} = c \frac{d\zeta^2}{|d\zeta|^2}.$$

90. Jetzt definieren wir eine Abbildung der $(2\tau - 1)$-dimensionalen Kugeloberfläche

$$\mathfrak{A}: |a_1|^2 + \cdots + |a_\tau|^2 = 1$$

auf einen Teil der $(2\tau - 1)$-dimensionalen Kugeloberfläche

$$\mathfrak{B}: |b_1|^2 + \cdots + |b_\tau|^2 = 1$$

folgendermaßen: Sind $a_1, \ldots, a_\tau$ mit $|a_1|^2 + \cdots + |a_\tau|^2 = 1$ gegeben, so setzen wir

$$d\zeta^2 = a_1 d\zeta_1^2 + \cdots + a_\tau d\zeta_\tau^2;$$

$$k_\mu = \iint\limits_{\mathfrak{F}} \left| \frac{d\zeta^2}{dz^2} \right| \frac{d\zeta_\mu^2}{d\zeta^2} \boxed{dz};$$

$$b_\mu = \frac{k_\mu}{\sqrt{|k_1|^2 + \cdots + |k_\tau|^2}}.$$

$\mathfrak{k} = (k_1, \ldots, k_\tau)$ ist also einfach der zu $\frac{d\zeta^2}{|d\zeta^2|}$ gehörige Vektor $\neq 0$, und es ist $\mathfrak{b} = (b_1, \ldots, b_\tau) = \frac{\mathfrak{k}}{|\mathfrak{k}|}$. Diese Abbildung von $\mathfrak{A}$ auf $\mathfrak{B}$ ist offenbar eindeutig und stetig. (Beim Beweis der Stetigkeit machen nur die Nullstellen von $d\zeta^2$ Schwierigkeiten; aber diese ändern sich mit $\mathfrak{a} = (a_1, \ldots, a_\tau)$ stetig, und in ihrer Umgebung ist der Integrand beschränkt.) Sie ist auch eineindeutig; denn gehört zu $d\zeta^2$ und $d\zeta'^2$ derselbe Vektor $\mathfrak{b} = \mathfrak{b}'$, so ist $\mathfrak{k} = \gamma \mathfrak{k}' \; (\gamma > 0)$, und

$$\frac{d\zeta^2}{|d\zeta^2|} \text{ und } \gamma \frac{d\zeta'^2}{|d\zeta'^2|}$$

liegen in derselben Klasse und sind darum nach **89** gleich: dann ist $\frac{d\zeta'^2}{d\zeta^2}$ positiv und darum konstant, und wegen der Normierung $|\mathfrak{a}|^2 = |a_1|^2 + \cdots + |a_\tau|^2 = 1$ ist sogar $d\zeta^2 = d\zeta'^2$.

Nun gilt aber der topologische Hilfssatz:

Bei einer eineindeutigen stetigen Abbildung einer $(2\tau-1)$-dimensionalen Kugeloberfläche $\mathfrak{A}$ auf einen Teil einer $(2\tau-1)$-dimensionalen Kugeloberfläche $\mathfrak{B}$ ist jeder Punkt von $\mathfrak{B}$ Bildpunkt eines Punktes von $\mathfrak{A}$; $\mathfrak{A}$ und $\mathfrak{B}$ sind also homöomorph aufeinander abgebildet.

(Andernfalls gäbe es ja einen Punkt von $\mathfrak{A}$, der auf einen Punkt von $\mathfrak{B}$ abgebildet würde, dessen Umgebung vom Bild von $\mathfrak{A}$ nicht voll überdeckt würde; das widerspräche dem Satz von der Gebietstreue.)

Folglich gibt es zu jedem Punkt $\mathfrak{b} = (b_1, \ldots, b_\tau)$ von $\mathfrak{B}$ einen Punkt $\mathfrak{a}$ von $\mathfrak{A}$, und die Abbildung $\mathfrak{b} \to \mathfrak{a}$ ist stetig.

Jetzt können wir auch beweisen, daß es zu jedem Vektor $\mathfrak{k}$ (d. h. in jeder Klasse) ein $B \frac{dz^2}{|dz|^2}$ unserer Menge gibt. — Zu $\mathfrak{k} = 0$ gehört $B \frac{dz^2}{|dz|^2} = 0$. Ist $\mathfrak{k} \neq 0$, so setzen wir $\mathfrak{b} = \frac{\mathfrak{k}}{|\mathfrak{k}|}$; wie soeben bewiesen wurde, gibt es dazu einen Vektor $\mathfrak{a} = (a_1, \ldots, a_\tau)$, d. h. ein $d\zeta^2 = a_1 d\zeta_1^2 + \cdots + a_\tau d\zeta_\tau^2$, so daß der zu $\frac{d\zeta^2}{|d\zeta^2|}$ gehörende Vektor

$$\dot{\mathfrak{k}} = (\dot{k}_1, \ldots, \dot{k}_\tau); \; \dot{k}_\mu = \iint\limits_{\mathfrak{F}} \left| \frac{d\zeta^2}{dz^2} \right| \frac{d\zeta_\mu^2}{d\zeta^2} \boxed{dz}$$

die Richtung $\frac{\dot{\mathfrak{k}}}{|\dot{\mathfrak{k}}|} = \mathfrak{b}$ hat: also $c\dot{\mathfrak{k}} = \mathfrak{k} \; (c > 0)$, und zu $c \frac{d\zeta^2}{|d\zeta^2|}$ gehört der Vektor $\mathfrak{k}$.

91. Schon in **66** nahmen wir es in Aussicht, jeder jetzt durch einen Vektor $\mathfrak{k}$ dargestellten Klasse als Betrag $\|\mathfrak{k}\|$ die untere Grenze aller $\operatorname{Max}\left|B\frac{dz^2}{|dz|^2}\right|$ zuzuordnen, wo $B\frac{dz^2}{|dz|^2}$ die Klasse durchläuft. Wenn $\mathfrak{k}=0$ ist, liegt $B\frac{dz^2}{|dz|^2}=0$ in der Klasse, folglich

$$\|0\|=0.$$

Wenn $\mathfrak{k}\neq 0$ ist, enthält die Klasse nach **90** ein $c\frac{d\zeta^2}{|d\zeta|^2}$ mit dem konstanten Betrag c, und nach **75** gilt für jedes andere $B\frac{dz^2}{|dz|^2}$ der Klasse $\operatorname{Max}\left|B\frac{dz^2}{|dz|^2}\right|>c$; folglich haben wir

$$\|\mathfrak{k}\|=c$$

zu setzen. Wir wollen, von dieser Definition des Betrages $\|\mathfrak{k}\|$ ausgehend, einige Eigenschaften beweisen, ohne auf den Zusammenhang mit den infinitesimalen quasikonformen Abbildungen zurückgreifen zu müssen.

Aus $\mathfrak{k}^\star=\mathfrak{k}+\mathfrak{k}'$ folgt $\|\mathfrak{k}^\star\|\leqq\|\mathfrak{k}\|+\|\mathfrak{k}'\|$.

Gleichheit gilt nur, falls $\mathfrak{k}'=\gamma\mathfrak{k}$ $(\gamma\geqq 0)$ oder $\mathfrak{k}=0$.

Beweis dieser Dreiecksungleichung: Wir dürfen $\mathfrak{k}\neq 0$, $\mathfrak{k}'\neq 0$, $\mathfrak{k}^\star\neq 0$ voraussetzen. Die durch $\mathfrak{k}$, $\mathfrak{k}'$, $\mathfrak{k}^\star$ dargestellten Klassen mögen $c\frac{d\zeta^2}{|d\zeta^2|}$, $c'\frac{d\zeta'^2}{|d\zeta'^2|}$, $c^\star\frac{d\zeta^{\star 2}}{|d\zeta^{\star 2}|}$ enthalten. Dann ist

$$c^\star\frac{d\zeta^{\star 2}}{|d\zeta^{\star 2}|}\sim c\frac{d\zeta^2}{|d\zeta^2|}+c'\frac{d\zeta'^2}{|d\zeta'^2|};$$

nach **75** folgt

$$\|\mathfrak{k}^\star\|=c^\star=\left|c^\star\frac{d\zeta^{\star 2}}{|d\zeta^{\star 2}|}\right|\leqq\operatorname{Max}\left|c\frac{d\zeta^2}{|d\zeta^2|}+c'\frac{d\zeta'^2}{|d\zeta'^2|}\right|\leqq c+c'=\|\mathfrak{k}\|+\|\mathfrak{k}'\|$$

Wenn Gleichheit gelten soll, muß

$$c^\star\frac{d\zeta^{\star 2}}{|d\zeta^{\star 2}|}=c\frac{d\zeta^2}{|d\zeta^2|}+c'\frac{d\zeta'^2}{|d\zeta'^2|}$$

gelten, und $\frac{d\zeta'^2}{d\zeta^2}$ muß überall positiv (und darum konstant) sein; dann ist aber

$$\frac{d\zeta^2}{|d\zeta^2|}=\frac{d\zeta'^2}{|d\zeta'^2|}$$

und

$$\mathfrak{k}' = \frac{c'}{c}\,\mathfrak{k}.$$

Für komplexes a gilt $\|a\mathfrak{k}\| = |a|\,\|\mathfrak{k}\|$.

Beweis: Wir nehmen gleich $a \neq 0$ und $\mathfrak{k} \neq 0$ an.

Erstens sei $a > 0$. Wenn $c\,\frac{d\zeta^2}{|d\zeta^2|}$ zu $\mathfrak{k}$ gehört, gehört $ac\,\frac{d\zeta^2}{|d\zeta^2|}$ zu $a\mathfrak{k}$, folglich $\|a\mathfrak{k}\| = ac = a\,\|\mathfrak{k}\|$.

Zweitens sei $a = e^{i\vartheta}$, ϑ reell. Wenn $c\,\frac{d\zeta^2}{|d\zeta^2|}$ zu $\mathfrak{k}$ gehört, gehört $c\,\frac{e^{-i\vartheta}d\zeta^2}{|e^{-i\vartheta}d\zeta^2|}$, wo also das überall endliche quadratische Differential $e^{-i\vartheta}d\zeta^2$ benutzt wird, wegen

$$e^{i\vartheta}k_\mu = c\iint\limits_{\mathfrak{F}}\left|\frac{e^{-i\vartheta}d\zeta^2}{dz^2}\right|\frac{d\zeta_\mu^2}{e^{-i\vartheta}d\zeta^2}\,\boxed{dz}$$

zu $e^{i\vartheta}\mathfrak{k}$; folglich $\|e^{i\vartheta}\mathfrak{k}\| = c = \|\mathfrak{k}\|$.

Selbstverständlich ist $\|\mathfrak{k}\| \geqq 0$ und nur $= 0$ für $\mathfrak{k} = 0$. Wir haben also einen $(2\tau = \sigma)$-dimensionalen linearen metrischen Raum L^σ vor uns, dessen Vektoren $\mathfrak{k}$ die Beträge $\|\mathfrak{k}\|$ haben. Seine Metrik ist durch die konvexe Eichfläche $\|\mathfrak{k}\| = 1$ bestimmt, die aus den zu den $\frac{d\zeta^2}{|d\zeta^2|}$ gehörigen Vektoren besteht und die Drehungsgruppe $\mathfrak{k} \to e^{i\vartheta}\mathfrak{k}$ gestattet. Abgesehen von den elementaren Fällen $g = 0$, $\tau = 0$ und $g = 1$, $\tau = 1$ weiß ich von diesem linearen metrischen Raum weiter nichts. Insbesondere ist es völlig unsicher, ob es etwa eine Hermitesche Matrix $(h_{\mu\nu}) = (\overline{h_{\nu\mu}})$ mit

$$\|\mathfrak{k}\| \overset{?}{=} \sqrt{\sum_{\mu,\nu}\bar{k}_\mu h_{\mu\nu} k_\nu}$$

gibt.

Die Verdoppelung[1].

92. Damit ist das Problem der extremalen infinitesimalen quasikonformen Abbildungen der geschlossenen orientierbaren Flächen ohne ausgezeichnete Punkte soweit gelöst. Wir werden nun das entsprechende Problem für beliebige Hauptbereiche in Angriff nehmen und werden danach zu den endlichen extremalen quasikonformen Abbildungen übergehen. Davor müssen wir uns jedoch mit den Trägern allgemeiner Hauptbereiche beschäftigen, insbesondere mit den berandeten oder nichtorientierbaren endlichen Riemannschen Mannigfaltigkeiten.

[1] Siehe S. 29, Anm. 1.

$\mathfrak{M}$ sei zunächst eine orientierte berandete endliche Riemannsche Mannigfaltigkeit. Es ist also eine Klasse von Ortsuniformisierenden ausgezeichnet, die miteinander durch direkt konforme Transformationen zusammenhängen. Wir nehmen ein zweites Exemplar $\overline{\mathfrak{M}}$ von $\mathfrak{M}$ und orientieren $\overline{\mathfrak{M}}$ entgegengesetzt wie $\mathfrak{M}$: wenn z eine erlaubte Ortsuniformisierende in $\mathfrak{M}$ ist, soll $\bar{z}$ eine von $\overline{\mathfrak{M}}$ sein. $\mathfrak{M}$ und $\overline{\mathfrak{M}}$ sind also eineindeutig und indirekt konform aufeinander abgebildet. Nun verheften wir $\mathfrak{M}$ und $\overline{\mathfrak{M}}$ längs der einander entsprechenden Randkurven zu einer geschlossenen Fläche $\mathfrak{F}$. Das geschieht folgendermaßen: Ein Randelement von $\mathfrak{M}$ sei nach 9 direkt konform auf einen Teil der oberen z-Halbebene abgebildet, der von einer Strecke der reellen Achse begrenzt wird; das entsprechende Randelement von $\overline{\mathfrak{M}}$ wird dann durch $\bar{z}$ direkt konform auf einen entsprechend liegenden Teil der unteren z-Halbebene abgebildet, und entsprechende Randpunkte von $\mathfrak{M}$ und $\overline{\mathfrak{M}}$ gehen in denselben Punkt der reellen Achse über; um $\mathfrak{F}$ zu erhalten, identifizieren wir entsprechende Randpunkte von $\mathfrak{M}$ und $\overline{\mathfrak{M}}$ und führen $t = \begin{cases} z \text{ in } \mathfrak{M} \\ \bar{z} \text{ in } \overline{\mathfrak{M}} \end{cases}$ in ihrer Umgebung als Ortsuniformisierende ein. Die so entstehende geschlossene orientierte Riemannsche Mannigfaltigkeit $\mathfrak{F}$ heiße kurz die Verdoppelung von $\mathfrak{M}$. ($\mathfrak{F}$ ist zusammenhängend, weil $\mathfrak{M}$ zusammenhängend ist und auch $\mathfrak{M}$ mit $\overline{\mathfrak{M}}$ über die Randkurven hinweg zusammenhängt.)

Nun sei $\mathfrak{M}$ eine nichtorientierbare endliche Riemannsche Mannigfaltigkeit. Dann bilden wir die relativ unverzweigte zweiblättrige orientierte Überlagerungsfläche $\mathfrak{O}$ von $\mathfrak{M}$: zu jedem Punkt von $\mathfrak{M}$ gibt es ja zwei Klassen von Ortsuniformisierenden, die je untereinander durch direkt konforme Transformationen zusammenhängen; jedem Punkt von $\mathfrak{M}$ sollen zwei Punkte von $\mathfrak{O}$ entsprechen, und für den einen dieser Punkte soll die eine, für den andern die andere Klasse von Ortsuniformisierenden als zulässig gelten. Es ist klar, wie $\mathfrak{O}$ ein Umgebungsraum und sogar eine orientierte endliche Riemannsche Mannigfaltigkeit wird; $\mathfrak{O}$ ist zusammenhängend, weil $\mathfrak{M}$ zusammenhängend ist und weil, indem $\mathfrak{M}$ nichtorientierbar ist, ein Umlauf von einem Blatt von $\mathfrak{O}$ ins andere führt.

Wenn $\mathfrak{M}$ geschlossen ist, dann ist $\mathfrak{F} = \mathfrak{O}$ eine geschlossene orientierte Riemannsche Mannigfaltigkeit, welche die Verdoppelung von $\mathfrak{M}$ heißt. Wenn $\mathfrak{M}$ aber berandet ist, dann hat $\mathfrak{O}$ doppelt so viele Randkurven wie $\mathfrak{M}$: schreibt man jeder Randkurve $\mathfrak{C}$ von $\mathfrak{M}$ einen Umlaufssinn zu, so entsprechen $\mathfrak{C}$ zwei Randkurven von $\mathfrak{O}$, und $\mathfrak{O}$ liegt links von der einen, rechts von der anderen dieser gerichteten Randkurven. Wir verheften jetzt genau wie oben diese beiden über $\mathfrak{C}$ liegenden Randkurven von $\mathfrak{O}$ für alle $\mathfrak{C}$ miteinander und machen $\mathfrak{O}$ damit zu einer geschlossenen orientierten Riemannschen Mannigfaltigkeit $\mathfrak{F}$, die die Verdoppelung von $\mathfrak{M}$ heißt.

Wir können auch die folgende einheitliche Beschreibung des Verdoppelungsprozesses geben: Jedem Innenpunkt der endlichen Riemannschen Mannigfaltigkeit $\mathfrak{M}$ seien zwei Punkte von $\mathfrak{F}$ zugeordnet, jedem Randpunkt aber nur einer. Jeder einfach zusammenhängenden Umgebung eines Innenpunktes von $\mathfrak{M}$ sollen dabei zwei fremde Umgebungen auf $\mathfrak{O}$ entsprechen. Als Umgebung eines Punktes von $\mathfrak{F}$, der einem Randpunkt von $\mathfrak{M}$ entspricht, nehme man alle Punkte von $\mathfrak{F}$, die über einer Umgebung dieses Randpunktes von $\mathfrak{M}$ liegen. Ist z eine Ortsuniformisierende für die Umgebung eines Innenpunkts von $\mathfrak{M}$, so soll in der einen der beiden zugehörigen $\mathfrak{F}$-Umgebungen z, in der andern $\bar{z}$ eine Ortsuniformisierende sein, und auf $\mathfrak{F}$ sollen nur direkt konforme Parametertransformationen erlaubt sein. Ist z eine Ortsuniformisierende eines Randelements von $\mathfrak{M}$ im Sinne von **9**, so soll die Funktion, die im einen Blatt von $\mathfrak{F}$ gleich z und im anderen gleich $\bar{z}$ ist, eine Ortsuniformisierende auf $\mathfrak{F}$ sein. Wenn $\mathfrak{M}$ berandet oder nichtorientierbar ist, erhält man so die Verdoppelung $\mathfrak{F}$ von $\mathfrak{M}$; wäre aber $\mathfrak{M}$ geschlossen und orientierbar, dann zerfiele $\mathfrak{F}$ in zwei zusammenhängende Flächen.

93. Auf der Verdoppelung $\mathfrak{F}$ der berandeten oder nichtorientierbaren endlichen Riemannschen Mannigfaltigkeit $\mathfrak{M}$ ordne man immer die beiden Punkte, die über demselben Punkt von $\mathfrak{M}$ liegen, einander zu. Die Punkte von $\mathfrak{F}$, die über Randpunkten von $\mathfrak{M}$ liegen, werden sich selbst zugeordnet. Das ist eine eineindeutige involutorische[1] indirekt konforme Abbildung von $\mathfrak{F}$ auf sich; man spricht von einer Symmetrie von $\mathfrak{F}$. Einander so zugeordnete Punkte von $\mathfrak{F}$ heißen auch konjugiert.

Nun gehen wir umgekehrt von einer geschlossenen orientierten Riemannschen Mannigfaltigkeit $\mathfrak{F}$ aus, auf der eine Symmetrie, also eine eineindeutige involutorische indirekt konforme Abbildung von $\mathfrak{F}$ auf sich, gegeben ist. Durch Identifizieren einander zugeordneter (»konjugierter«) Punkte von $\mathfrak{F}$ erhält man, wie hier nicht näher ausgeführt werden soll, die berandete oder nichtorientierbare endliche Riemannsche Mannigfaltigkeit $\mathfrak{M}$, als deren Verdoppelung die symmetrische Fläche $\mathfrak{F}$ erscheint[2]. —

Man kann das Geschlecht G von $\mathfrak{F}$ aus den charakteristischen Anzahlen g, γ, n von $\mathfrak{M}$ berechnen (s. **14**). $\mathfrak{M}$ konnte aus der Vollkugel topologisch durch Aufsetzen von g Henkeln und γ Kreuzhauben und Fortschneiden von n einfach zusammenhängenden fremden Bereichen hergestellt werden; weil $\mathfrak{M}$ berandet oder nichtorientierbar ist, muß

$$\gamma + n > 0$$

[1] Eine Abbildung heißt involutorisch, wenn sie mit sich selbst multipliziert 1 ergibt.
[2] Dies ist bei F. Klein (s. S. 29, Anm. 1) der Ausgangspunkt.

sein. Das Geschlecht der Verdoppelung $\mathfrak{F}$ ist nun

$$G = 2g + \gamma + n - 1.$$

Diese Zahl soll auch das algebraische Geschlecht von $\mathfrak{M}$ genannt werden (s. **14**). Unter dem algebraischen Geschlecht einer geschlossenen orientierbaren Mannigfaltigkeit wollen wir dagegen ihr Geschlecht verstehen:

$$G = g.$$

Man muß die angegebene Formel für G mit Hilfe der Eulerschen Charakteristik beweisen können. Wir wollen statt dessen eine mehr anschauliche Überlegung durchführen. Auf jedem Henkel und jeder Kreuzhaube ziehen wir eine geschlossene Kurve, die auf einem Henkel zwei und auf einer Kreuzhaube ein Ufer hat, und zerschneiden dadurch $\mathfrak{M}$ in eine schlichtartige Mannigfaltigkeit mit $2g + \gamma + n$ Randkurven. $\mathfrak{F}$ ist aus zwei Exemplaren dieses zerschnittenen $\mathfrak{M}$ durch Randzuordnungen aufgebaut zu denken und wird daher durch $2g + \gamma + n$ Rückkehrschnitte in zwei schlichtartige Bereiche zerlegt. Ein Rückkehrschnitt weniger macht also $\mathfrak{F}$ schlichtartig und zusammenhängend. G ist aber die Zahl der Rückkehrschnitte von $\mathfrak{F}$, die aus $\mathfrak{F}$ einen zusammenhängenden schlichtartigen Bereich machen.

94. Ähnlich wie in **41** ordnen wir jedem Punkt von $\mathfrak{M}$ einen Primdivisor $\mathfrak{P}$ eineindeutig zu und nehmen all diese $\mathfrak{P}$ als Erzeugende einer freien Abelschen Gruppe, der Gruppe der Divisoren $\mathfrak{D} = \prod \mathfrak{P}^{a_\mathfrak{P}}$. $a_\mathfrak{P}$ ist für jedes $\mathfrak{P}$ ganzrational und nur für endlich viele $\mathfrak{P}$ von 0 verschieden. $\mathfrak{D}$ heißt ganz, wenn alle $a_\mathfrak{P} \geqq 0$ sind. Wir setzen grad $\mathfrak{P} = 1$ oder $= 2$, je nachdem $\mathfrak{P}$ zu einem Randpunkt oder einem Innenpunkt gehört, und setzen grad $\prod \mathfrak{P}^{a_\mathfrak{P}} = \sum a_\mathfrak{P}$ grad $\mathfrak{P}$.

Auch auf der Verdoppelung $\mathfrak{F}$ gibt es nach **41** einen Divisorbegriff. Wenn der Primdivisor $\mathfrak{P}$ von $\mathfrak{M}$ zu einem Randpunkt gehört und zu diesem, wenn man ihn als Punkt von $\mathfrak{F}$ ansieht, der Primdivisor $\mathfrak{p}$ gehört, dann setzen wir

$$\mathfrak{P} = \mathfrak{p}.$$

Wenn der Primdivisor $\mathfrak{P}$ von $\mathfrak{M}$ aber zu einem Innenpunkt von $\mathfrak{M}$ gehört und über diesem die beiden konjugierten $\mathfrak{F}$-Punkte mit den Primdivisoren $\mathfrak{p}_1$, $\mathfrak{p}_2$ von $\mathfrak{F}$ liegen, dann setzen wir

$$\mathfrak{P} = \mathfrak{p}_1 \mathfrak{p}_2.$$

So wird die Divisorengruppe von $\mathfrak{M}$ isomorph in die Divisorengruppe von $\mathfrak{F}$ eingebettet. Der Grad eines Divisors von $\mathfrak{M}$ ist gleich dem Grad »desselben« Divisors als Divisor von $\mathfrak{F}$.

Die Symmetrie von $\mathfrak{F}$ (**93**) ordnet nicht nur jedem Punkt, sondern auch jedem Divisor von $\mathfrak{F}$ involutorisch einen ebensolchen »konjugierten« zu. Ein Divisor von $\mathfrak{F}$ ist dann und nur dann auch als Divisor von $\mathfrak{M}$ aufzufassen, wenn er bei dieser involutorischen Abbildung ungeändert bleibt.

95. Jeder Funktion f der Fläche $\mathfrak{F}$ (**41**) können wir involutorisch eine andere Funktion $f^\star$ als »konjugierte« zuordnen: diejenige, deren Wert in jedem Punkt konjugiert komplex zu dem Wert ist, den f im konjugierten Punkt annimmt. Ist z eine Ortsuniformisierende eines Punktes von $\mathfrak{F}$ und $\tilde{z}$ eine Ortsuniformisierende des konjugierten Punktes, so ist die durch unsere Symmetrie vermittelte Abbildung $z \leftarrow\!\rightarrow \tilde{z}$ indirekt konform, und man hat

$$f^\star(z) = \overline{f(\tilde{z})}$$

zu setzen. So entsteht aus f in der Tat wieder eine Funktion $f^\star$ der Fläche $\mathfrak{F}$.

Die Funktionen f von $\mathfrak{F}$, die gleich ihren konjugierten sind: $f = f^\star$, bilden einen Körper; sie sollen Funktionen der Mannigfaltigkeit $\mathfrak{M}$ heißen. Das sind also kurz gesagt die Funktionen von $\mathfrak{F}$, die an konjugierten Stellen konjugiert komplexe Werte haben. Dabei sind natürlich die reellen, aber nicht die imaginären Konstanten im Funktionenkörper einbegriffen. Man spricht darum von einem reellen algebraischen Funktionenkörper. —

Falls $\mathfrak{M}$ eine orientierte und berandete Mannigfaltigkeit ist, braucht man f nur auf $\mathfrak{M}$ zu kennen, um f auf $\mathfrak{F}$ berechnen zu können. f muß dann auf den Randkurven von $\mathfrak{M}$, die ja zu sich selbst punktweise konjugiert sind, reelle Werte haben. Umgekehrt ist eine Funktion der Fläche, die in unendlich vielen Randpunkten von $\mathfrak{M}$ reell ist, eine Funktion von $\mathfrak{M}$, denn sie stimmt mit der konjugierten in unendlich vielen Punkten überein und ist darum gleich ihrer konjugierten Funktion. Ja, wir können die Funktionen f von $\mathfrak{M}$ sogar ganz auf $\mathfrak{M}$ charakterisieren:

Die Funktionen der orientierten berandeten endlichen Riemannschen Mannigfaltigkeit $\mathfrak{M}$ sind genau die Funktionen f, die in $\mathfrak{M}$ bis auf Pole regulär analytisch sind und die am Rande von $\mathfrak{M}$ reell werden. D. h. die Punkte, wo die Funktion Werte eines abgeschlossenen Kreises der oberen oder der unteren Halbebene annimmt, sollen eine kompakte Menge im Innern von $\mathfrak{M}$ bilden. In der Tat lassen sich diese Funktionen durch Spiegelung zu Funktionen von $\mathfrak{F}$ machen, insbesondere sind sie auf den Randkurven von $\mathfrak{M}$ stetig. (Zum Beweis kann man etwa auf die Potentialfunktion $\log\left|\frac{f+i}{f-i}\right|$ mit den Randwerten 0 das gewöhnliche Spiegelungsprinzip anwenden.)

Aber auch auf einer nichtorientierbaren endlichen Riemannschen Mannigfaltigkeit $\mathfrak{M}$ lassen sich die Funktionen von $\mathfrak{M}$ deuten. Da hat man in jedem Innenpunkt zwei Klassen von Ortsuniformisierenden, z und $\bar{z}$, die konjugierten Punkten auf $\mathfrak{F}$ entsprechen, und f nimmt im einen Punkt Werte f an, die analytisch von z abhängen, im andern aber die Werte $\bar{f}$, die analytisch von $\bar{z}$ abhängen. Deshalb werden wir sagen, im Innern von $\mathfrak{M}$ hänge der Wert von f noch von der Wahl der Ortsuniformisierenden ab, und zwar so, daß f sich bei direkt konformer Parametertransformation nicht ändert, bei indirekt konformer aber in den konjugiert komplexen Wert $\bar{f}$ übergeht. f ist also als Funktion auf $\mathfrak{M}$ nur bis auf Übergang zum Konjugiert-Komplexen bestimmt.

Die auf der nichtorientierbaren endlichen Mannigfaltigkeit $\mathfrak{M}$ erklärten Funktionen f, die noch so von der Parameterwahl abhängen, daß f bei direkt konformer Parametertransformation invariant ist, bei indirekt konformer aber in $\bar{f}$ übergeht, und die bis auf Pole analytisch vom Ortsparameter abhängen und die am Rande von $\mathfrak{M}$ reell werden, sind genau die Funktionen von $\mathfrak{M}$.

Wir sagen kürzer: f ist nur bis auf Übergang zum Konjugiert-Komplexen bestimmt. Es kann nämlich nie ein Zweifel bestehen, ob f zu z und $\bar{f}$ zu $\bar{z}$ gehört oder umgekehrt. Dabei ist nochmals daran zu erinnern, daß nur reelle Konstanten in Betracht kommen.

Beispiel: Es sei $r > 1$. Die z-Kugel wird von $-r$ über ∞ hinweg bis r sowie von $-\frac{1}{r}$ über 0 hinweg bis $\frac{1}{r}$ längs der reellen Achse aufgeschnitten. So entsteht ein Ringgebiet $\mathfrak{M}$ (**2**). z ist eine Funktion dieses Ringgebiets. Die Verdoppelung $\mathfrak{F}$ wird (nach Spiegelung von $\overline{\mathfrak{M}}$ an der reellen Achse) die zweiblättrig über der z-Ebene liegende Riemannsche Fläche mit den Windungspunkten $-r$, $-\frac{1}{r}$, $\frac{1}{r}$, r. Auch $w = \sqrt{(r^2 - z^2)(1 - r^2 z^2)}$ ist eine Funktion von $\mathfrak{M}$. Die Funktionen von $\mathfrak{F}$ haben die Form $A(z) + B(z)w$, wo A und B rationale Funktionen sind; sie gehören zu $\mathfrak{M}$, wenn A und B reell sind.

Wenn in diesem Ringgebiet immer z und $-\frac{1}{\bar{z}}$ identifiziert werden, entsteht wie in 7 ein Möbiusband $\mathfrak{M}_1$. Seine relativ unverzweigte zweiblättrige orientierte Überlagerungsfläche $\mathfrak{O}_1$ ist unser altes Ringgebiet $\mathfrak{M}$. Die Verdoppelung $\mathfrak{F}_1$ von $\mathfrak{M}_1$ entsteht aus $\mathfrak{O}_1 = \mathfrak{M}$ durch Identifizieren zugeordneter Randpunkte: man muß immer den von der oberen Halbebene aus erreichten Randpunkt z und den von der unteren Halbebene aus erreichten Randpunkt $-\frac{1}{\bar{z}}$ von $\mathfrak{M}$ einander zuordnen. $\mathfrak{F}$ läßt sich als zweiblättrige unverzweigte Überlagerungsfläche von $\mathfrak{F}_1$ auffassen. Funktionen von $\mathfrak{F}_1$ werden diejenigen Funktionen von $\mathfrak{F}$, die bei der automorphen Zuordnung

$$z \to -\frac{1}{\bar{z}}\,;\quad w \to \frac{\bar{w}}{\bar{z}^2}$$

ungeändert bleiben: das sind genau die rationalen Funktionen von $z-\frac{1}{z}$ und $\frac{w}{z^2+1}$; diese bilden wieder einen (komplexen) algebraischen Funktionenkörper vom Geschlecht 1. Die Funktionen von $\mathfrak{M}_1$ haben die Form

$$f = A\left(z-\frac{1}{z}\right) + B\left(z-\frac{1}{z}\right)\frac{w}{z^2+1},$$

wo A und B reelle rationale Funktionen sind. Wie man etwa am Beispiel $f = z - \frac{1}{z}$ sieht, sind diese f in $\mathfrak{M}$ bis auf Pole analytisch und am Rande reell und gehen bei $z \to -\frac{1}{\bar{z}}$ in $\bar{f}$ über.

96. Nun sei auf der berandeten oder nichtorientierbaren endlichen Riemannschen Mannigfaltigkeit $\mathfrak{M}$ überall eine bis auf Pole analytische Funktion $g(t)$ des Ortsparameters t gegeben, die sich folgendermaßen transformiert: gehört $\tilde{g}(\tilde{t})$ zu der anderen Ortsuniformisierenden $\tilde{t}$ und ist die Transformation $t \longleftrightarrow \tilde{t}$ direkt konform, so gilt

$$g(t)\,dt^n = \tilde{g}(\tilde{t})\,d\tilde{t}^n\,;$$

ist aber die Transformation $t \longleftrightarrow \tilde{t}$ indirekt konform, so gilt

$$g(t)\,dt^n = \overline{\tilde{g}(\tilde{t})\,d\tilde{t}^n}\,.$$

n ist eine ganze Zahl. Für eine Randortsuniformisierende t im Sinne von **9** (d. h. wenn t auf einem Randkurvenstück reell ist) soll $g(t)$ am Rande reell sein.

$$d\zeta^n = g(t)\,dt^n$$

ist also bei konformer Parametertransformation invariant und geht bei indirekt konformer in $\overline{d\zeta^n}$ über und ist längs der Randkurven reell. Wir nennen $d\zeta^n$ ein Differential n-ter Dimension von $\mathfrak{M}$. Ein solches ist also, kurz gesagt, bis auf Übergang zum Konjugiert-Komplexen invariant; falls $\mathfrak{M}$ orientiert ist, ist $d\zeta^n$ sogar schlechthin invariant, weil in diesem hauptsächlich interessierenden Falle nur direkt konforme Parametertransformationen in Betracht zu ziehen sind. Überhaupt ist in derartigen Überlegungen alles, was bis auf Übergang zum Konjugiert-Komplexen invariant ist, bei Beschränkung auf orientierte Mannigfaltigkeiten schlechthin invariant, auch wo wir das nicht mehr ausdrücklich betonen (s. auch **59**).

Für $n = 0$ erhalten wir als Differentiale 0-ter Dimension die Funktionen von $\mathfrak{M}$. Die Differentiale 1-ter, 2-ter, (-1)-ter Dimension werden wieder gewöhnliche, quadratische, reziproke Differentiale genannt. Ist z eine (nichtkonstante) Funktion von $\mathfrak{M}$, so ist $f\,dz^n$, wo f die Funktionen von $\mathfrak{M}$ durchläuft, das allgemeinste Differential n-ter Dimension von $\mathfrak{M}$.

(Beispiel: Im Kreisring $1 < |w| < R$ ist $\frac{1}{i}\frac{dw}{w}$ ein gewöhnliches Differential, denn es ist längs der Randkurven reell. Identifiziert man in diesem Kreisring immer w und $-\frac{R}{\overline{w}}$, so entsteht ein Möbiusband, in dem dasselbe $\frac{1}{i}\frac{dw}{w}$ bis auf Übergang zum Konjugiert-Komplexen eindeutig bestimmt ist, also auch ein gewöhnliches Differential des Möbiusbandes ist.)

Wir ordnen jedem Differential $d\zeta^n \not\equiv 0$ von $\mathfrak{M}$ einen Divisor $(d\zeta^n) = \prod \mathfrak{P}^{\alpha_{\mathfrak{P}}}$ zu: $\alpha_{\mathfrak{P}}$ ist für den Primdivisor $\mathfrak{P}$ von $\mathfrak{M}$ gleich der Vielfachheit der Nullstelle bzw. der negativen Vielfachheit des Pols bzw. 0, je nachdem $g(t) = \frac{d\zeta^n}{dt^n}$ an der zu $\mathfrak{P}$ gehörenden Stelle von $\mathfrak{M}$ eine Nullstelle oder einen Pol oder keins von beiden hat; t ist eine Ortsuniformisierende. Insbesondere sind den Funktionen von $\mathfrak{M}$ gewisse Divisoren zugeordnet, die (natürlich zusammen mit dem Divisor 1, der den reellen Konstanten $\neq 0$ entspricht) die Gruppe der Hauptdivisoren bilden. Die Restklassen der Gruppe aller Divisoren nach der Gruppe der Hauptdivisoren heißen Divisorenklassen. Die Divisoren der gewöhnlichen Differentiale $\not\equiv 0$ von $\mathfrak{M}$ bilden die Differentialklasse $\mathfrak{W}$, die der Divisoren n-ter Dimension $\not\equiv 0$ die n-te Potenz $\mathfrak{W}^n$.

Auch auf der Verdoppelung $\mathfrak{F}$ haben wir nach **42** Differentiale n-ter Dimension $d\zeta^n$. Jedem $d\zeta^n$ von $\mathfrak{F}$ können wir ein »konjugiertes« $d\zeta^{n\star}$ zuordnen: ist t eine Ortsuniformisierende und $\bar{t}$ eine Ortsuniformisierende für die konjugierten Punkte auf $\mathfrak{F}$, so ist die durch die Symmetrie von $\mathfrak{F}$ vermittelte Abbildung $t \longleftrightarrow \bar{t}$ indirekt konform, und wir setzen

$$\frac{d\zeta^{n\star}(t)}{dt^n} = \overline{\left(\frac{d\zeta^n(\bar{t})}{d\bar{t}^n}\right)} \cdot \left(\frac{d\bar{t}}{dt}\right)^n.$$

Diejenigen $d\zeta^n$, die gleich ihren konjugierten $d\zeta^{n\star}$ sind, heißen Differentiale n-ter Dimension von $\mathfrak{M}$. Diese Definition stimmt offenbar mit der oben gegebenen überein; die Verhältnisse liegen wie bei den Funktionen in **95**.

Einem Differential $d\zeta^n$ von $\mathfrak{M}$ können wir auf zwei Arten einen Divisor $(d\zeta^n)$ von $\mathfrak{F}$ zuordnen: einmal ordnen wir dem $d\zeta^n$ einen Divisor $(d\zeta^n)$ von $\mathfrak{M}$ zu und fassen diesen nach **94** als Divisor von $\mathfrak{F}$ auf, das andere Mal fassen wir $d\zeta^n$ als Differential von $\mathfrak{F}$ auf und ordnen diesem nach **42** einen Divisor $(d\zeta^n)$ von $\mathfrak{F}$ zu. Man erhält beide Male denselben Divisor; diese wichtige Tatsache folgt bei Zurückgehen auf die einzelnen Primstellen sofort aus der speziellen in **94** erklärten Einbettung der Divisorengruppe von $\mathfrak{M}$ in die Divisorengruppe von $\mathfrak{F}$.

Wir ziehen daraus die Folgerung: Der Grad eines Hauptdivisors von $\mathfrak{M}$ ist 0; die Divisoren einer Divisorenklasse haben alle denselben Grad, den Grad dieser Klasse. Denn ist f eine Funktion von $\mathfrak{M}$, so hat der zugehörige Divisor (f) von $\mathfrak{M}$ nach **94** denselben Grad wie »derselbe« Divisor von $\mathfrak{F}$; dieser ist aber ein Hauptdivisor, weil er zu der Funktion f von $\mathfrak{F}$ gehört, und hat als solcher nach **43** den Grad 0.

Ebenso sieht man: Der Grad der Differentialklasse von $\mathfrak{M}$ ist

$$\operatorname{grad} \mathfrak{W} = 2(G-1).$$

G ist das in **93** berechnete Geschlecht von $\mathfrak{F}$. Aus dieser Formel wird verständlich, warum wir G algebraisches Geschlecht von $\mathfrak{M}$ nennen.

Um die gruppentheoretischen Verhältnisse ganz klar zu stellen, beweisen wir noch, daß die Gruppe der Hauptdivisoren von $\mathfrak{M}$ gleich dem Durchschnitt der Gruppe der Hauptdivisoren von $\mathfrak{F}$ mit der Gruppe der Divisoren von $\mathfrak{M}$ ist. — Es sei $\mathfrak{d}$ ein Divisor von $\mathfrak{M}$, der auf $\mathfrak{F}$ Hauptdivisor ist: $\mathfrak{d} = (f)$, wo f eine Funktion von $\mathfrak{F}$ ist. Dann hat die konjugierte Funktion $f^\star$ denselben Divisor $(f^\star) = \mathfrak{d}^\star = \mathfrak{d}$; $\dfrac{f^\star}{f}$ ist konstant: $f^\star = af$. Durch Übergang zu den konjugierten Funktionen folgt aus dieser Gleichung $f = \bar{a} f^\star$, also $\bar{a} a = 1$. Nun ist $f_1 = \sqrt{a} f$ eine Funktion, die gleich ihrer konjugierten ist, also eine Funktion von $\mathfrak{M}$, mit dem Divisor $(f_1) = \mathfrak{d}$; $\mathfrak{d}$ ist also auch als Divisor von $\mathfrak{M}$ Hauptdivisor.

97. Ist $\mathfrak{d}$ ein Divisor von $\mathfrak{M}$, so bilden alle (evtl. auch konstanten) Funktionen z von $\mathfrak{M}$, für die $(z)\,\mathfrak{d}$ ein ganzer Divisor ist, mit der 0 zusammen einen Modul i. b. a. die reellen Zahlen; der Rang dieses Moduls, also die Höchstzahl i. b. a. den Körper der reellen Zahlen linear unabhängiger solcher z, hängt nur von der Divisorenklasse $\mathfrak{D}$ von $\mathfrak{d}$ ab und heißt Dimension von $\mathfrak{D}$, $\dim \mathfrak{D}$.

Die Divisorenklassen von $\mathfrak{M}$ können mit den Divisorenklassen von $\mathfrak{F}$, in denen sie enthalten sind, identifiziert werden. (Daß das widerspruchsfrei möglich ist, liegt am Schlußergebnis von **96**.) Eine Divisorenklasse $\mathfrak{D}$ von $\mathfrak{M}$

hat dann sowohl nach der eben gegebenen Definition wie auch als Divisorenklasse von $\mathfrak{F}$ nach der Definition von **43** eine Dimension dim $\mathfrak{D}$. Beide stimmen überein.

Beweis: $\mathfrak{d}$ sei ein Divisor von $\mathfrak{M}$. $z_1, \ldots, z_\pi$ seien reell linear unabhängige Funktionen von $\mathfrak{M}$ derart, daß $z = a_1 z_1 + \cdots + a_\pi z_\pi$, a_ν reell, die allgemeinste Funktion z von $\mathfrak{M}$ mit ganzem $(z)\,\mathfrak{d}$ ist. Auf $\mathfrak{M}$ ist dann $\dim \mathfrak{D} = \pi$, wo $\mathfrak{D}$ die Divisorenklasse von $\mathfrak{d}$ ist. Um zu zeigen, daß $\dim \mathfrak{D} = \pi$ auch auf $\mathfrak{F}$ gilt, genügt es zu beweisen, daß $z = c_1 z_1 + \cdots + c_\pi z_\pi$, c_ν komplex, die allgemeinste Funktion z von $\mathfrak{F}$ mit ganzem $(z)\,\mathfrak{d}$ ist. — Daß $(c_1 z_1 + \cdots + c_\pi z_\pi)\,\mathfrak{d}$ stets ganz ist, ist selbstverständlich. Es sei $(z)\,\mathfrak{d}$ ganz und $z^\star$ die konjugierte Funktion. Dann sind $x = \frac{z + z^\star}{2}$ und $y = \frac{z - z^\star}{2i}$ zwei Funktionen von $\mathfrak{F}$, die gleich ihren konjugierten sind und darum Funktionen von $\mathfrak{M}$ sind und für die $(x)\,\mathfrak{d}$ und $(y)\,\mathfrak{d}$ ganz sind, folglich $x = a_1 z_1 + \cdots + a_\pi z_\pi$ und $y = b_1 z_1 + \cdots + b_\pi z_\pi$ (a_ν, b_ν reell) und $z = x + iy = (a_1 + ib_1) z_1 + \cdots + (a_\pi + ib_\pi) z_\pi$, w. z. b. w.

Der Riemann-Rochsche Satz lautet:

dim $\mathfrak{D}$ ist stets endlich, und es gilt

$$\dim \mathfrak{D} - \dim \frac{\mathfrak{W}}{\mathfrak{D}} = \operatorname{grad} \mathfrak{D} - G + 1 .$$

Hier ist $\mathfrak{D}$ eine Divisorenklasse von $\mathfrak{M}$, $\mathfrak{W}$ die Differentialklasse und G das algebraische Geschlecht. Der Satz folgt ohne weiteres aus dem in **43** angegebenen komplexen Riemann-Rochschen Satz, wenn man von den zu $\mathfrak{M}$ gehörenden Begriffen zu denen auf $\mathfrak{F}$ übergeht.

98. Wir brauchen den Riemann-Rochschen Satz in dem folgenden Sonderfall: $\mathfrak{J}_1, \ldots, \mathfrak{J}_h$ seien die Primdivisoren von h verschiedenen Innenpunkten, $\mathfrak{R}_1, \ldots, \mathfrak{R}_k$ die von k verschiedenen Randpunkten von $\mathfrak{M}$. (Wir werden die ausgezeichneten Punkte eines Hauptbereichs $\mathfrak{H}$ mit dem Träger $\mathfrak{M}$ nehmen.) Dann ist, wenn $\mathfrak{D}$ die Divisorenklasse von $\mathfrak{J}_1 \cdots \mathfrak{J}_h\, \mathfrak{R}_1 \cdots \mathfrak{R}_k$ ist,

$$\dim \mathfrak{D}\mathfrak{W}^2 - \dim \frac{1}{\mathfrak{D}\mathfrak{W}} = \operatorname{grad} \mathfrak{D} + 2 \operatorname{grad} \mathfrak{W} - G + 1 = \operatorname{grad} \mathfrak{D} + 3(G-1).$$

Hier setzen wir $\operatorname{grad} \mathfrak{D} = 2h + k$ und $G = 2g + \gamma + n - 1$ ein:

$$\dim \mathfrak{D}\mathfrak{W}^2 - \dim \frac{1}{\mathfrak{D}\mathfrak{W}} = -6 + 6g + 3\gamma + 3n + 2h + k .$$

Man vergleiche das mit der in **14** ohne Beweis angegebenen Dimensionsformel!

dim $\mathfrak{D}\mathfrak{W}^2$ ist die Höchstzahl reell linear unabhängiger quadratischer Differentiale von $\mathfrak{M}$, die höchstens in den zu $\mathfrak{J}_1, \ldots, \mathfrak{J}_h$, $\mathfrak{R}_1, \ldots, \mathfrak{R}_k$ gehörenden Punkten Pole höchstens erster Ordnung haben. dim $\frac{1}{\mathfrak{D}\mathfrak{W}}$ ist die Höchstzahl reell linear unabhängiger reziproker Differentiale von $\mathfrak{M}$, die überall endlich sind und in den zu $\mathfrak{J}_1, \ldots, \mathfrak{J}_h$, $\mathfrak{R}_1, \ldots, \mathfrak{R}_k$ gehörenden Punkten verschwinden.

Eine ähnliche Formel gilt auch, wenn h verschiedene Punkte mit den Primdivisoren $\mathfrak{J}_1, \ldots, \mathfrak{J}_h$ auf einer geschlossenen orientierten Fläche $\mathfrak{F}$ vom Geschlecht g ausgezeichnet sind. Ist $\mathfrak{D}$ die Divisorenklasse von $\mathfrak{J}_1 \cdots \mathfrak{J}_h$ und $\mathfrak{W}$ die Differentialklasse von $\mathfrak{F}$, so gilt nach **43**

$$\dim \mathfrak{D}\mathfrak{W}^2 - \dim \frac{1}{\mathfrak{D}\mathfrak{W}} = \dim \mathfrak{D} + 2 \dim \mathfrak{W} - g + 1 = -3 + 3g + h .$$

Auch hier kann man einen Zusammenhang mit der Dimensionsformel von **14** bemerken, wenn man $\gamma = n = k = 0$ setzt und beachtet, daß dim $\mathfrak{D}\mathfrak{W}^2$ und dim $\frac{1}{\mathfrak{D}\mathfrak{W}}$ hier nicht reelle, sondern komplexe Dimensionen zählen. dim $\mathfrak{D}\mathfrak{W}^2$ ist hier die Höchstzahl komplex linear unabhängiger quadratischer Differentiale von $\mathfrak{F}$, die höchstens in $\mathfrak{J}_1 \cdots \mathfrak{J}_h$ Pole höchstens erster Ordnung haben, während dim $\frac{1}{\mathfrak{D}\mathfrak{W}}$ die Höchstzahl komplex linear unabhängiger überall endlicher in $\mathfrak{J}_1, \ldots, \mathfrak{J}_h$ verschwindender reziproker Differentiale ist.

Die Differenz der Höchstzahl reell linear unabhängiger quadratischer Differentiale, die höchstens in den ausgezeichneten Punkten Pole erster Ordnung haben, und der Höchstzahl reell linear unabhängiger überall endlicher reziproker Differentiale, die in den ausgezeichneten Punkten verschwinden, ist stets gleich

$$-6 + 6g + 3\gamma + 3n + 2h + k .$$

Die regulären quadratischen und reziproken Differentiale eines Hauptbereichs.

99. $\mathfrak{H}$ sei ein beliebiger Hauptbereich mit dem Träger $\mathfrak{M}$. Wenn $\mathfrak{M}$ geschlossen und orientierbar ist, sei $\mathfrak{F} = \mathfrak{M}$; sonst sei $\mathfrak{F}$ die Verdoppelung von $\mathfrak{M}$. $\mathfrak{D}$ sei wie in **98** die Klasse des Produkts der Primdivisoren aller ausgezeichneten Innen- und Randpunkte von $\mathfrak{H}$; $\mathfrak{W}$ sei die Differentialklasse von $\mathfrak{M}$.

Wir wollen zunächst **45** auf unseren allgemeinen Hauptbereich übertragen. ϱ ist die Parameterzahl der kontinuierlichen Gruppe aller konformen Abbildungen auf sich. Wir nehmen ohne Beweis an, ϱ sei auch die

Höchstzahl reell linear unabhängiger infinitesimaler konformer Abbildungen von $\mathfrak{H}$ auf sich. Nach **63** entsprechen die infinitesimalen Abbildungen von $\mathfrak{H}$ auf sich eineindeutig den invarianten (auf nichtorientierten Hauptbereichen nur bis auf Übergang zum Konjugiert-Komplexen invarianten) $\frac{w}{dz}$, die in den ausgezeichneten Punkten verschwinden und längs der Randkurven reell sind; soll die infinitesimale Abbildung konform sein, so muß w analytisch sein. Nach der Definition in **96** haben wir es also genau mit den überall endlichen in den ausgezeichneten Punkten verschwindenden reziproken Differentialen zu tun. Die Höchstzahl reell linear unabhängiger solcher Differentiale ist aber

$$\varrho = \begin{cases} 2\dim \frac{1}{\mathfrak{D}\mathfrak{W}} & \text{bei geschlossenen orientierbaren Mannigfaltigkeiten} \\ \dim \frac{1}{\mathfrak{D}\mathfrak{W}} & \text{bei berandeten oder nichtorientierbaren Mannigfaltigkeiten.} \end{cases}$$

Die überall endlichen in den ausgezeichneten Punkten verschwindenden reziproken Differentiale von $\mathfrak{M}$ sollen kurz die **regulären reziproken Differentiale des Hauptbereichs** $\mathfrak{H}$ heißen.

100. Wir suchen jetzt die extremalen quasikonformen Abbildungen und insbesondere die extremalen infinitesimalen quasikonformen Abbildungen unseres Hauptbereichs $\mathfrak{H}$ auf gleichartige Hauptbereiche $\mathfrak{H}'$. Die infinitesimalen Abbildungen von $\mathfrak{H}$ auf benachbarte Hauptbereiche werden nach **62** durch die (bis auf Übergang zum Konjugiert-Komplexen) invarianten $B\frac{dz^2}{|dz|^2}$ beschrieben. Nach **63** bis **66** tun wir $B\frac{dz^2}{|dz|^2}$ und $B^\star\frac{dz^2}{|dz|^2}$ in dieselbe Klasse und schreiben

$$B^\star\frac{dz^2}{|dz|^2} \sim B\frac{dz^2}{|dz|^2},$$

wenn es ein (bis auf Übergang zum Konjugiert-Komplexen) invariantes $\frac{w}{dz}$ gibt, das längs der Randkurven reell ist und in den ausgezeichneten Punkten verschwindet und für das

$$B^\star = B + \overline{w_x + i w_y}$$

gilt. In jeder Klasse soll ein $B\frac{dz^2}{|dz|^2}$ gefunden werden, dessen Betrag ein möglichst kleines Maximum hat.

Wir erinnern uns zunächst an den in **21** behandelten Fall des **Ringgebiets**. Ein solches wurde konform auf den Kreisring $1 < |w| < R$

abgebildet; setzt man $w = re^{i\varphi}$, so waren

$$r' = r^K, \ \varphi' = \varphi \text{ und } r' = r^{\frac{1}{K}}, \ \varphi' = \varphi \qquad (K \geqq 1)$$

die extremalen quasikonformen Abbildungen von $1 < |w| < R$ auf Kreisringe $1 < |w'| < R'$ ($w' = r'e^{i\varphi'}$); dazu kamen noch die hieraus durch nachträgliche konforme Abbildung von $1 < |w'| < R'$ auf sich entstehenden ebenfalls extremalen quasikonformen Abbildungen. Das Richtungsfeld maximaler Dilatation (**37**, **58**) ist

$$\frac{dw^2}{w^2} > 0 \text{ bzw. } -\frac{dw^2}{w^2} > 0 .$$

Nun ist aber für das Ringgebiet das algebraische Geschlecht $G = 2g + \gamma + n - 1 = 1$ und darum

$$\dim \mathfrak{W}^2 = 1 .$$

$\frac{dw^2}{w^2}$ ist ein überall endliches quadratisches Differential des Kreisrings, denn es ist am Rande reell; wenn $\dim \mathfrak{W}^2 = 1$ ist, muß $d\zeta^2 = a\frac{dw^2}{w^2}$ (a reell) das allgemeinste überall endliche quadratische Differential sein. Die Richtungsfelder maximaler Dilatation für die extremalen quasikonformen Abbildungen sind also durch $d\zeta^2 > 0$ beschrieben, wo $d\zeta^2$ das allgemeinste überall endliche quadratische Differential $\neq 0$ ist. Das gilt für beliebige Dilatationsquotienten; wir werden dieselben Richtungsfelder also auch für die extremalen infinitesimalen quasikonformen Abbildungen erwarten, wo der Dilatationsquotient nur unendlich wenig von 1 verschieden ist. Dann sind die extremalen infinitesimalen quasikonformen Abbildungen durch

$$B\frac{dz^2}{|dz|^2} = 0 \text{ und } B\frac{dz^2}{|dz|^2} = c\frac{d\zeta^2}{|d\zeta^2|} = \pm c\frac{|w|^2}{w^2}\frac{dw^2}{|dw|^2} \qquad (c > 0)$$

gegeben, weil $|B|$ konstant und $B\frac{dz^2}{|dz|^2} > 0$ eins der obengenannten Richtungsfelder sein soll. D a s R i c h t u n g s f e l d i s t a l s o e n t w e d e r z u m R a n d p a r a l l e l o d e r s t e h t a u f d e m R a n d s e n k r e c h t.

Das gilt für den Sonderfall des Ringgebiets. Im Falle eines allgemeinen Hauptbereichs $\mathfrak{H}$ wird man wie in **68** zunächst nach den Bedingungen für ein im K l e i n e n e x t r e m a l e s $B\frac{dz^2}{|dz|^2}$ suchen. Das werden in der Umgebung eines nichtausgezeichneten Innenpunkts genau die in **72** heuristisch abgeleiteten Bedingungen sein:

$$B\frac{dz^2}{|dz|^2} = c\frac{d\zeta^2}{|d\zeta^2|},$$

wo $c > 0$ und $d\zeta^2$ ein nur in der Umgebung des betrachteten Punktes eindeutig erklärtes quadratisches Differential ist, dem Nullstellen, aber keine Pole gestattet sind und das bei Parametertransformation invariant bzw. bei nichtorientierten Mannigfaltigkeiten bis auf Übergang zum Konjugiert-Komplexen invariant ist. Wir müssen wohl annehmen, jedes überall auf $\mathfrak{H}$ im Kleinen extremale $B\frac{dz^2}{|dz|^2}$ habe die Form

$$B\frac{dz^2}{|dz|^2} = c\frac{d\zeta^2}{|d\zeta^2|};$$

hier ist $d\zeta^2$ bis auf einen positiven Faktor eindeutig und bis auf Übergang zum Konjugiert-Komplexen invariant, und abgesehen vom Rand und den ausgezeichneten Punkten ist $\frac{d\zeta^2}{dz^2}$ eine regulär analytische Funktion der Ortsuniformisierenden z.

Wir haben zu untersuchen, wie sich $d\zeta^2$ am Rand und in den ausgezeichneten Punkten verhält und welche Bedingungen dadurch hinzukommen, daß $c\frac{d\zeta^2}{|d\zeta^2|}$ nicht nur im Kleinen, sondern auch im Großen extremal sein soll. Wie in **73** erraten wir: Damit $c\frac{d\zeta^2}{|d\zeta^2|}$ nicht nur im Kleinen, sondern auch im Großen extremal wird, muß $d\zeta^2$ im Großen eindeutig sein (nicht nur bis auf einen positiven Faktor eindeutig). Das ist nachher durch Rechnung zu bestätigen. Um die Bedingungen am Rande und in den ausgezeichneten Punkten zu erhalten, gehen wir auf die früher durchgerechneten Beispiele zurück.

Beim Ringgebiet bestand, wie wir gesehen haben, die Bedingung, daß $d\zeta^2$ am Rande reell ist, daß also das Richtungsfeld entweder zum Rand parallel ist oder auf dem Rand senkrecht steht. Jetzt betrachten wir das Viereck (**4**, **20**). Bildet man es konform so auf ein Rechteck $0 < \Re u < a$, $0 < \Re u < b$ der u-Ebene ab, daß die vier ausgezeichneten Randpunkte der schlichtartigen orientierten endlichen Riemannschen Mannigfaltigkeit mit einer Randkurve in die vier Ecken des Rechtecks übergehen, so sind nach **20**

$$du^2 > 0 \text{ und } -du^2 > 0$$

die Richtungsfelder, die zu den extremalen quasikonformen Abbildungen gehören. Wir werden also

$$d\zeta^2 = a\,du^2 \qquad (a \text{ reell})$$

zu setzen haben. $d\zeta^2$ ist wiederum am Rande reell. Es ist aber in den Ecken des Rechtecks nur scheinbar regulär. In der Ecke $u = 0$ z. B. muß man doch erst etwa durch

$$z = u^2$$

eine Randortsuniformisierende im Sinne von **9** einführen; aus $d\zeta^2 = a du^2$ und $z = u^2$ folgt aber

$$\frac{d\zeta^2}{dz^2} = \frac{a}{4z}.$$

Folglich hat $d\zeta^2$ einen Pol erster Ordnung. Dasselbe gilt in den anderen Ecken. Auch wenn man das Viereck konform so auf die obere Halbebene $\Im z > 0$ abbildet, daß die ausgezeichneten Punkte in $z = 0, 1, \lambda, \infty$ übergehen, wird

$$d\zeta^2 = \frac{\text{const} \cdot dz^2}{z(z-1)(z-\lambda)};$$

$d\zeta^2$ hat demnach in $0, 1, \lambda, \infty$ je einen Pol erster Ordnung.

Beim einfach zusammenhängenden schlichtartigen Gebiet mit zwei ausgezeichneten Innenpunkten ist $d\zeta^2$ nach **23** am Rande reell und hat in den ausgezeichneten Innenpunkten Pole erster Ordnung. Beim einfach zusammenhängenden Gebiet mit einem ausgezeichneten Innenpunkt und zwei ausgezeichneten Randpunkten ist $d\zeta^2$ nach **24** am Rande reell und hat in den ausgezeichneten Innen- und Randpunkten je einen einfachen Pol. In den drei zuletzt genannten Fällen ist übrigens das algebraische Geschlecht $G = 0$ und, wenn $\mathfrak{D}$ die Bedeutung aus **98** und **99** hat, dim $\mathfrak{D}\mathfrak{W}^2 = 1$; $d\zeta^2$ ist also als quadratisches Differential der Mannigfaltigkeit mit den angegebenen Polen bis auf einen reellen Faktor bestimmt.

Diese Erfahrungen führen uns zu der Vermutung, allgemein seien genau die

$$B\frac{dz^2}{|dz|^2} = 0 \quad \text{und} \quad B\frac{dz^2}{|dz|^2} = c\frac{d\zeta^2}{|d\zeta^2|}$$

extremal, wenn $c > 0$ ist und $d\zeta^2$ ein nicht identisch verschwindendes quadratisches Differential der Mannigfaltigkeit ist, das höchstens in den ausgezeichneten Innen- und Randpunkten Pole höchstens erster Ordnung hat, sonst aber endlich bleibt.

Beim Beispiel der Kugel mit vier ausgezeichneten Punkten wird diese Vermutung bestätigt: sind $0, 1, \lambda, \infty$ auf der z-Kugel ausgezeichnet, so wird nach **27** bei den extremalen quasikonformen Abbildungen

$$u = \int \frac{dz}{\sqrt{z(z-1)(z-\lambda)}}$$

affin transformiert; das Richtungsfeld hat also die Form

$$d\zeta^2 = a du^2 = \frac{a dz^2}{z(z-1)(z-\lambda)} > 0 \qquad (a \text{ komplex}),$$

und tatsächlich ist $\frac{a\,dz^2}{z(z-1)(z-\lambda)}$ (a komplex) das allgemeine quadratische Differential der Kugel, das bis auf Pole erster Ordnung höchstens in $0, 1, \lambda, \infty$ überall endlich ist. Auch die Ringfläche und die in **30** bis **32** behandelten Beispiele nichtorientierbarer Hauptbereiche bestätigen unsere Vermutung.

In **71** wurde begründet, warum $d\zeta^2$ wohl Nullstellen, aber keine Pole haben durfte; damals waren noch keine ausgezeichneten Punkte zu berücksichtigen. Wenn das dortige $f(z) = \frac{d\zeta^2}{dz^2}$ einen Pol von höherer als erster Ordnung hat, divergieren die in **70** betrachteten Integrale. Wenn $f(z)$ aber einen Pol von erster Ordnung hat, muß man in **70** diesen bei der partiellen Integration durch einen kleinen Kreis umgeben; es tritt dann ein ausintegrierter Teil

$$\frac{1}{i}\oint w f\,dz$$

auf, wo der Integrationsweg auf den Pol von f zusammengezogen werden muß. Diese Größe strebt aber jedenfalls dann noch, wie es sein soll, gegen 0, wenn w in dem Pol von f stetig verschwindet. Das ist der Fall, wenn f nur in ausgezeichneten Punkten Pole hat, denn in ausgezeichneten Punkten verschwindet nach **63** jedes zulässige w. Auch nach dieser Überlegung sind also in ausgezeichneten Innenpunkten Pole erster Ordnung zuzulassen. — Eine entsprechende Begründung für das Verhalten am Rand und in den ausgezeichneten Randpunkten geben wir nicht.

Gegenüber den Beispielen von **20** bis **32** kommt in erster Linie die Möglichkeit neu hinzu, daß $d\zeta^2$ Nullstellen hat; aber daran sind wir ja von den geschlossenen orientierten Flächen ohne ausgezeichnete Punkte her bereits gewöhnt.

Wir formulieren noch einmal die Vermutung:

Unter einem regulären quadratischen Differential des Hauptbereichs $\mathfrak{H}$ verstehen wir ein quadratisches Differential des Trägers $\mathfrak{M}$ von $\mathfrak{H}$ (**96**), *das mit Ausnahme von Polen erster Ordnung höchstens in den ausgezeichneten Punkten von $\mathfrak{H}$ überall endlich ist.*

Wir vermuten, daß die aus 0 und allen $c\frac{d\zeta^2}{|d\zeta^2|}$ bestehende Menge, wo $c>0$ und $d\zeta^2$ ein nicht identisch verschwindendes reguläres quadratisches Differential von $\mathfrak{H}$ ist, im Sinne von **66** *das Problem der extremalen infinitesimalen quasikonformen Abbildungen löst.*

101. Diese äußerst mangelhaft begründete Vermutung soll nun bewiesen werden. Wir werden dabei immer das Vorbild des schon durchgeführten

Beweises für die geschlossenen orientierten Flächen ohne ausgezeichnete Punkte beachten.

Zunächst beweisen wir wie in **74**:

Ist $d\zeta^2$ ein reguläres quadratisches Differential von $\mathfrak{H}$ und ist $\frac{w}{dz}$ bis auf Übergang zum Konjugiert-Komplexen invariant und am Rande reell und in den ausgezeichneten Punkten gleich 0, so ist

$$\iint_{\mathfrak{M}} \Re\left\{\frac{d\zeta^2}{dz^2}(w_x + i w_y)\right\} \boxed{dz} = 0.$$

Beweis: Wenn $\frac{w}{dz}$ bis auf Übergang zum Konjugiert-Komplexen invariant ist, ist nach **65** auch $\overline{(w_x + i w_y)}\,\frac{dz^2}{|dz|^2}$ und damit auch $(w_x + i w_y)\,\frac{\boxed{dz}}{dz^2}$ bis auf Übergang zum Konjugiert-Komplexen invariant; folglich ist der Realteil des Produktes $d\zeta^2(w_x + i w_y)\,\frac{\boxed{dz}}{dz^2}$ schlechthin invariant. Wir umgeben die ausgezeichneten Punkte durch kleine Kreise bzw. Halbkreise und teilen den Rest von $\mathfrak{F}$ in Gebiete $\mathfrak{G}_\nu$ mit den Rändern C_ν ein. In jedem $\mathfrak{G}_\nu$ soll eine noch über den Rand hinaus reguläre Uniformisierende z vorhanden sein. Wie in **74** ist

$$\iint_{\mathfrak{G}_\nu} (w_x + i w_y)\,\frac{d\zeta^2}{dz^2}\,\boxed{dz} = \frac{1}{i}\int_{C_\nu} w\,\frac{d\zeta^2}{dz^2}\,dz.$$

Auch rechts ist der Integrand $\frac{w}{dz}\,d\zeta^2$ bis auf Übergang zum Konjugiert-Komplexen invariant; der Imaginärteil ist bis aufs Vorzeichen invariant:

$$\sum_\nu \iint_{\mathfrak{G}_\nu} \Re\left\{(w_x + i w_y)\,\frac{d\zeta^2}{dz^2}\right\}\boxed{dz} = \sum_\nu \int_{C_\nu} \Im\left\{w\,\frac{d\zeta^2}{dz^2}\,dz\right\}.$$

Bei indirekt konformer Parametertransformation muß der Umlaufssinn von C_ν geändert und dem Imaginärteil das entgegengesetzte Vorzeichen gegeben werden, die Integrale rechts sind also invariant. Bei der Summation heben sich die Integrale der inneren Zerschneidungslinien heraus. Längs der Randkurven sind $\frac{w}{dz}$ und $d\zeta^2$ reell, der Integrand verschwindet.

8*

Wenn man schließlich die kleinen Kreise und Halbkreise um die ausgezeichneten Punkte zusammenzieht, ist $\int \left|\frac{d\zeta^2}{dz^2}\right| |dz|$ beschränkt, weil $d\zeta^2$ höchstens Pole erster Ordnung hat, und w strebt gegen o; darum fallen auch diese Beiträge in der Grenze fort, und es bleibt

$$\iint_{\mathfrak{M}} \Re\left\{(w_x + i w_y)\frac{d\zeta^2}{dz^2}\right\} \boxed{dz} = 0. —$$

o und $c\frac{d\zeta^2}{|d\zeta^2|}$ ($c > 0$, $d\zeta^2$ regulär) genügen jetzt den ersten beiden Bedingungen von **66**: der Betrag ist o bzw. c, also konstant, und es gilt

$$\mathrm{Max}\left| c\frac{d\zeta^2}{|d\zeta^2|} + \overline{(w_x + i w_y)}\frac{dz^2}{|dz|^2}\right| \geqq c,$$

= nur wenn $w_x + i w_y = 0$. Die letztere Tatsache beweist man genau wie in **75**; selbstverständlich muß $\frac{w}{dz}$ den Bedingungen von **63** genügen[1].

Nun ist noch zu zeigen, daß in jeder Klasse ein $B\frac{dz^2}{|dz|^2} = 0$ oder $= c\frac{d\zeta^2}{|d\zeta^2|}$ liegt oder daß jedes $B^\star\frac{dz^2}{|dz|^2}$ (eindeutig) in der Form

$$B^\star\frac{dz^2}{|dz|^2} = \overline{(w_x + i w_y)}\frac{dz^2}{|dz|^2} \text{ bzw. } B^\star\frac{dz^2}{|dz|^2} = c\frac{d\zeta^2}{|d\zeta^2|} + \overline{(w_x + i w_y)}\frac{dz^2}{|dz|^2}$$

geschrieben werden kann.

---

[1] Aus

$$\left| c\frac{d\zeta^2}{|d\zeta^2|} + \overline{(w_x + i w_y)}\frac{dz^2}{|dz|^2}\right| \leqq c$$

folgt

$$\left| c\frac{|d\zeta^2|}{d\zeta^2} + t\,(w_x + i w_y)\frac{|dz|^2}{dz^2}\right| \leqq c \qquad (0 \leqq t \leqq 1);$$

andererseits ist nach der eben bewiesenen Formel

$$\Re\iint_{\mathfrak{H}}\left\{c\frac{|d\zeta^2|}{d\zeta^2} + t\,(w_x + i w_y)\frac{|dz|^2}{dz^2}\right\}\frac{d\zeta^2}{|dz|^2}\boxed{dz} = c\iint_{\mathfrak{H}}\frac{|d\zeta^2|}{|dz|^2}\boxed{dz}.$$

Beides verträgt sich nur, wenn $w_x + i w_y = 0$, also $\frac{w}{dz}$ ein reguläres reziprokes Differential des Hauptbereichs $\mathfrak{H}$ ist.

Die Gleichung $\overline{w_x + i w_y} = B$ für beliebige Hauptbereiche.

102. Zu dem Zweck beweisen wir zunächst wieder:

Ist $B \frac{dz^2}{|dz|^2}$ bis auf Übergang zum Konjugiert-Komplexen invariant und ist

$$\iint_{\mathfrak{M}} \Re\left\{\bar{B}\frac{d\zeta^2}{dz^2}\right\} \boxed{dz} = 0$$

für alle regulären quadratischen Differentiale $d\zeta^2$ des Hauptbereichs $\mathfrak{H}$, so gibt es ein $\frac{w}{dz}$, das den Bedingungen aus **63** genügt, mit

$$B = \overline{w_x + i w_y}\,.$$

Beim Beweis nehmen wir zunächst an, der Träger $\mathfrak{M}$ von $\mathfrak{H}$ sei geschlossen und orientiert. Aus $\iint_{\mathfrak{M}} \Re\left\{\bar{B}\frac{d\zeta^2}{dz^2}\right\} \boxed{dz} = 0$ folgt dann auch $\iint_{\mathfrak{M}} \bar{B}\,\frac{d\zeta^2}{dz^2} \boxed{dz} = 0$ für alle regulären $d\zeta^2$, weil man $d\zeta^2$ mit i multiplizieren darf. Wir haben also dasselbe Problem wie in **76**, nur daß $d\zeta^2$ jetzt in den ausgezeichneten Punkten Pole erster Ordnung haben darf und $\frac{w}{dz}$ dort verschwinden soll. Wenn keine Innenpunkte ausgezeichnet sind, ist der Satz schon in **77** bis **87** bewiesen. Wenn $\mathfrak{M}$ das Geschlecht 0 hat und ein, zwei oder drei Punkte ausgezeichnet sind, gibt es außer 0 keine regulären quadratischen Differentiale (denn ein solches hat wegen grad $\mathfrak{W}^2 = -4$ mindestens 4 Pole). Dann soll die Gleichung $B = \overline{w_x + i w_y}$ also stets lösbar sein. Wir haben schon eine Lösung kennen gelernt, in der noch ein von drei Konstanten abhängendes überall endliches reziprokes Differential willkürlich blieb; diese drei Konstanten lassen sich stets so bestimmen, daß $\frac{w}{dz}$ in den höchstens drei ausgezeichneten Punkten verschwindet (vgl. den Schluß von **80**).

Ähnliches gilt, wenn $\mathfrak{M}$ eine Ringfläche ($g = 1$) ist und nur ein Punkt ausgezeichnet ist. Ein quadratisches Differential, dem nur der eine Pol erster Ordnung erlaubt ist, ist von selbst überall endlich. Dem $B \frac{dz^2}{|dz|^2}$ ist also nur die eine Bedingung gestellt, aus der nach **81**—**83** folgt, daß es ein invariantes $\frac{w}{dz}$ mit $B = \overline{w_x + i w_y}$ gibt; hier bleibt noch ein von einer Konstanten abhängendes überall endliches reziprokes Differential willkürlich, und diese Konstante läßt sich so bestimmen, daß $\frac{w}{dz}$ in dem ausgezeichneten Punkt verschwindet. — Übrigens läßt sich dieser Fall auch schon mit der bald folgenden Uniformisierungsmethode behandeln.

103. Nun sei $\mathfrak{H}$ die z-Kugel mit vier ausgezeichneten Punkten, etwa $0, 1, \lambda, \infty$. $\hat{\mathfrak{F}}$ sei die zweiblättrige Überlagerungsfläche der z-Kugel mit den Verzweigungspunkten $0, 1, \lambda, \infty$. Ihr überall endliches Differential ist

$$du = \frac{dz}{\sqrt{z(z-1)(z-\lambda)}};$$

du^2 ist (ebenfalls bis auf einen komplexen Faktor) das reguläre quadratische Differential von $\mathfrak{H}$. Auf der z-Kugel $\mathfrak{M}$ ist ein $B\frac{dz^2}{|dz|^2}$ mit

$$\iint_{\mathfrak{M}} \overline{B}\,\frac{du^2}{dz^2}\,\boxed{dz} = 0$$

gegeben. Wenn man dasselbe $B\frac{dz^2}{|dz|^2}$ auf der Fläche $\hat{\mathfrak{F}}$ betrachtet (wo höchstens in den Verzweigungspunkten $0, 1, \lambda, \infty$ harmlose Unstetigkeiten entstehen), dann ist auch

$$\iint_{\hat{\mathfrak{F}}} \overline{B}\,\frac{du^2}{dz^2}\,\boxed{dz} = 0.$$

Folglich gibt es auf $\hat{\mathfrak{F}}$ ein invariantes $\frac{w}{dz}$ mit $B = \overline{w_x + i w_y}$. Wenn man die Werte, die $\frac{w}{dz}$ in den beiden Blättern von $\hat{\mathfrak{F}}$ hat, miteinander vertauscht, erhält man eine Lösung derselben Gleichung; die Differenz ist also ein überall endliches reziprokes Differential von $\hat{\mathfrak{F}}$:

$$\frac{w}{dz}(\mathfrak{p}_2) = \frac{w}{dz}(\mathfrak{p}_1) + \frac{c}{du}(\mathfrak{p}_1),$$

wo $\mathfrak{p}_1$, $\mathfrak{p}_2$ zwei übereinanderliegende Punkte von $\hat{\mathfrak{F}}$ sind. Nun ist aber

$$du(\mathfrak{p}_2) = -du(\mathfrak{p}_1),$$

folglich

$$\left(\frac{w}{dz}+\frac{c}{2du}\right)(\mathfrak{p}_2)=\left(\frac{w}{dz}+\frac{c}{2du}\right)(\mathfrak{p}_1).$$

$\frac{w_1}{dz}=\frac{w}{dz}+\frac{c}{2du}$ ist in beiden Blättern gleich, also schon auf der z-Kugel eindeutig und natürlich eine Lösung von $B=\overline{w_{1x}+iw_{1y}}$; es muß noch gezeigt werden, daß $\frac{w_1}{dz}$ in $0, 1, \lambda, \infty$ verschwindet. Z. B. bei $z=0$ ist $\tilde{z}=\sqrt{z}$ eine Ortsuniformisierende; aus

$$\frac{w_1}{dz}=\frac{\tilde{w}_1}{d\tilde{z}}$$

folgt

$$w_1=2\tilde{z}\,\tilde{w}_1,$$

und weil $\tilde{w}_1$ bei $\tilde{z}=0$ endlich bleibt, verschwindet w_1. (Übrigens verschwindet sogar $\tilde{w}_1$.)

104. In allen anderen Fällen ist die einfach zusammenhängende Überlagerungsfläche des (geschlossenen, orientierten) Trägers $\mathfrak{M}$ von $\mathfrak{H}$, die nur über den ausgezeichneten Punkten von $\mathfrak{H}$ in allen Blättern quadratische (einfache) Windungspunkte hat[1], vom hyperbolischen Typus; sie läßt sich konform auf den Einheitskreis $|\eta|<1$ abbilden. Dabei hat man wieder eine Gruppe $\mathfrak{G}$ von linearen Abbildungen S von $|\eta|<1$ auf sich, und wenn man stets η und $\eta'=S\eta$ identifiziert, erhält man (bis auf konforme Abbildung) wieder $\mathfrak{M}$. Die Gruppe enthält jetzt auch elliptische Substitutionen der Ordnung 2, deren Fixpunkte den ausgezeichneten Punkten von $\mathfrak{H}$ entsprechen.

Genau wie in **84** bis **87** setzen wir

$$W(\eta,\eta_0)\,d\eta_0^2=\sum_{\mathfrak{G}}\frac{(dS\eta_0)^2}{\eta-S\eta_0};$$

$$w(\eta)=\frac{1}{2\pi}\iint_F W(\eta,\eta_0)\,\overline{B(\eta_0)}\,\overline{\boxed{d\eta_0}}=\frac{1}{2\pi}\iint_{|\eta_0|<1}\frac{1}{\eta-\eta_0}\,\overline{B(\eta_0)}\,\overline{\boxed{d\eta_0}}.$$

$\frac{w(\eta)}{d\eta}$ ist dann die gesuchte Lösung. Wir müssen nur zeigen, daß $\frac{w(\eta)}{d\eta}$ in den ausgezeichneten Punkten verschwindet. Ist η_1 Fixpunkt eines S_1 in $\mathfrak{G}$, so ist $\frac{w(\eta)}{d\eta}$ bei S_1 (wie bei allen S) invariant; an der Stelle $\eta=\eta_1$

[1] Vgl. **34**.

führt S_1 aber $w(\eta)$ in sich und $d\eta$ in $-d\eta$ über; folglich $w(\eta_1) = 0$. Ferner ist $\tilde{z} = \left(\frac{\eta - \eta_1}{1 - \overline{\eta}_1 \eta}\right)^2$ dort Ortsuniformisierende; setzt man $\frac{\tilde{w}}{d\tilde{z}} = \frac{w(\eta)}{d\eta}$, so wird $\tilde{w}$ gleich dem schon verschwindenden $w(\eta_1)$ mal einem ebenfalls verschwindenden Faktor $\frac{d\tilde{z}}{d\eta}$, also gewiß Null.

105. Man hätte in den in **103** und **104** behandelten Fällen auch anders vorgehen können. Man hätte zunächst alle ausgezeichneten Punkte (bis auf drei beim Geschlecht 0 und bis auf einen beim Geschlecht 1) fortlassen können[1], hätte nach **77** bis **87** ein $\frac{w}{dz}$ eindeutig in Integralform erhalten, das beim Geschlecht 0 oder 1 in den stehengebliebenen ausgezeichneten Punkten $= 0$ ist, und hätte dann leicht ausgerechnet: daraus, daß $\iint_{\mathfrak{F}} \overline{B} \frac{d\zeta^2}{dz^2} \boxed{dz} = 0$ nicht nur für diejenigen quadratischen Differentiale gilt, die für den durch Weglassen dieser ausgezeichneten Punkte entstehenden Hauptbereich regulär sind, sondern außerdem auch für diejenigen, die in ausgezeichneten Punkten Pole erster Ordnung haben, folgt, daß $\frac{w}{dz}$ auch in diesen erst weggelassenen Punkten verschwindet.

Andererseits hätte man auch die Kugel mit zwei oder drei ausgezeichneten Punkten ähnlich wie in **104** uniformisieren können: man hätte die zwei- bzw. vierblättrige regulär über den ausgezeichneten Punkten einfach verzweigte Überlagerungsfläche auf eine Kugel abbilden können, hätte die entstehende Gruppe als Gruppe von Kugeldrehungen annehmen dürfen und mit dem in **80** berechneten kugelinvarianten $\frac{W(z, z_0)\, dz_0^2}{dz}$ arbeiten können.

106. Soviel über die geschlossenen orientierbaren Hauptbereiche. Nun sei $\mathfrak{H}$ ein berandeter oder nichtorientierbarer Hauptbereich. Wir wollen den in **102** zu Anfang ausgesprochenen Satz nach einer Methode, die an **103** erinnert, jetzt auch für einen solchen Hauptbereich beweisen.

Wir haben schon die Verdoppelung $\mathfrak{F}$ des Trägers $\mathfrak{M}$ von $\mathfrak{H}$ erklärt. Auf der geschlossenen orientierten Fläche $\mathfrak{F}$ zeichnen wir alle Punkte aus, die über ausgezeichneten Punkten von $\mathfrak{H}$ liegen: so entsteht ein Haupt-

[1] Es bleiben also $\frac{\varrho}{2} = \dim \frac{1}{\mathfrak{W}}$ Punkte stehen.

bereich $\hat{\mathfrak{H}}$, den wir die Verdoppelung von $\mathfrak{H}$ nennen. Wenn $\mathfrak{H}$ aus $\mathfrak{M}$ durch Auszeichnen von h Innenpunkten und k Randpunkten entsteht, hat $\hat{\mathfrak{H}}$ also $2h+k$ ausgezeichnete Punkte.

Es ist jetzt ohne weiteres möglich, die $B\dfrac{dz^2}{|dz|^2}$, $d\zeta^2$, $\dfrac{w}{dz}$, die in unserer Behauptung vorkommen, von $\mathfrak{H}$ nach $\hat{\mathfrak{H}}$ zu übertragen. $\hat{\mathfrak{H}}$ überlagert ja $\mathfrak{H}$, und wenn diese Überlagerungsbeziehung direkt konform ist, kann man $B\dfrac{dz^2}{|dz|^2}$, $d\zeta^2$, $\dfrac{w}{dz}$ ohne weiteres übernehmen, sonst muß man zu den konjugiert-komplexen Werten übergehen.

$\mathfrak{F}$ ist symmetrisch. Wie in **95** und **96** kann man von irgendeiner auf $\mathfrak{F}$ erklärten Größe g (Funktion, Differential oder was sonst) zur »konjugierten« $g^\star$ übergehen: sind $\mathfrak{p}_1$ und $\mathfrak{p}_2$ konjugierte Punkte von $\mathfrak{F}$, so sei

$$g^\star(\mathfrak{p}_1) = \overline{g(\mathfrak{p}_2)}.$$

In diesem Sinne entspricht dem auf $\mathfrak{M}$ erklärten $B\dfrac{dz^2}{|dz|^2}$ ein auf $\mathfrak{F}$ erklärtes $B\dfrac{dz^2}{|dz|^2}$, das seinem »Konjugierten« gleich ist. Den regulären quadratischen Differentialen $d\zeta^2$ von $\mathfrak{H}$ entsprechen reguläre quadratische Differentiale $d\zeta^2$ von $\hat{\mathfrak{H}}$, die ihren konjugierten $d\zeta^{2\star}$ gleich sind. Ganz entsprechend wie in **97** sieht man: sind $d\zeta_1^2, \ldots, d\zeta_\sigma^2$ eine Basis der regulären quadratischen Differentiale von $\mathfrak{H}$ mit reellen Koeffizienten, so bilden dieselben $d\zeta_1^2, \ldots, d\zeta_\sigma^2$, wenn komplexe Koeffizienten zugelassen werden, eine Basis der regulären quadratischen Differentiale von $\hat{\mathfrak{H}}$. (Daß der Rang hier schon σ genannt wird, greift eigentlich der weiteren Untersuchung vor.)

Gegeben ist ein $B\dfrac{dz^2}{|dz|^2}$ auf $\mathfrak{M}$ mit

$$\iint_{\mathfrak{M}} \Re\left\{\bar{B}\,\frac{d\zeta^2}{dz^2}\right\} \boxed{dz} = 0$$

für alle regulären $d\zeta^2$ von $\mathfrak{H}$. Überträgt man $B\dfrac{dz^2}{|dz|^2}$ und $d\zeta^2$ auf die Verdoppelung, so ist

$$\iint_{\mathfrak{F}} d\zeta^2\cdot\frac{\bar{B}\boxed{dz}}{dz^2} = \overline{\iint_{\mathfrak{F}} d\zeta^{2\star}\cdot\left(\frac{\bar{B}\boxed{dz}}{dz^2}\right)^\star} = \overline{\iint_{\mathfrak{F}} d\zeta^2\cdot\frac{\bar{B}\boxed{dz}}{dz^2}}.$$

Dieses Integral, das von konjugierten Elementen konjugiert-komplexe Beiträge erhält, ist also reell:

$$\iint\limits_{\mathfrak{F}} \overline{B}\,\frac{d\zeta^2}{dz^2}\,\boxed{dz} = 2\iint\limits_{\mathfrak{M}} \Re\left\{\overline{B}\,\frac{d\zeta^2}{dz^2}\right\}\boxed{dz} = 0.$$

Wenn das für alle regulären $d\zeta^2$ von $\mathfrak{H}$ gilt, muß es auch für alle regulären $d\zeta^2$ von $\hat{\mathfrak{H}}$ gelten, denn diese setzen sich aus jenen linear mit komplexen Koeffizienten zusammen. Es gilt also

$$\iint\limits_{\mathfrak{F}} \overline{B}\,\frac{d\zeta^2}{dz^2}\,\boxed{dz} = 0$$

für alle regulären $d\zeta^2$ von $\hat{\mathfrak{H}}$.

Hieraus folgt aber nach **102** bis **104**, daß auf $\mathfrak{F}$ ein invariantes in den ausgezeichneten Punkten von $\hat{\mathfrak{H}}$ verschwindendes $\frac{w}{dz}$ mit

$$B = \overline{w_x + i w_y}$$

existiert. Offenbar ist $\left(\frac{w}{dz}\right)^{\star}$ eine zweite Lösung ebenderselben Aufgabe. Die Differenz beider muß folglich ein reguläres reziprokes Differential $\frac{1}{du}$ von $\hat{\mathfrak{H}}$ (**99**) sein:

$$\left(\frac{w}{dz}\right)^{\star} = \frac{w}{dz} + \frac{1}{du}.$$

Übergang zum Konjugierten ergibt

$$\frac{w}{dz} = \left(\frac{w}{dz}\right)^{\star} + \left(\frac{1}{du}\right)^{\star},$$

folglich

$$\left(\frac{1}{du}\right)^{\star} = -\frac{1}{du}.$$

Setzt man jetzt

$$\frac{w_1}{dz} = \frac{w}{dz} + \frac{1}{2}\,\frac{1}{du},$$

so ist auch $\frac{w_1}{dz}$ eine in den ausgezeichneten Punkten von $\mathfrak{H}$ verschwindende Lösung von

$$B = \overline{w_{1x} + i w_{1y}},$$

und es gilt

$$\left(\frac{w_1}{dz}\right)^{\star} = \frac{w_1}{dz}.$$

Wegen der letzten Beziehung ergibt $\frac{w_1}{dz}$ auch auf $\mathfrak{M}$ ein (bis auf Übergang zum Konjugiert-Komplexen) eindeutiges und invariantes, auf dem Rand reelles und in den ausgezeichneten Punkten von $\mathfrak{H}$ verschwindendes $\frac{w_1}{dz}$ mit

$$B = \overline{w_{1x} + i w_{1y}}.$$

107. Wir wollen doch am einfachsten Beispiel diesen Beweis illustrieren und zugleich Aufschluß über die analytische Herstellung von $\frac{w}{dz}$ aus $B \frac{dz^2}{|dz|^2}$ gewinnen. $\mathfrak{H} = \mathfrak{M}$ sei das einfach zusammenhängende Gebiet:

$$g = 0; \quad \gamma = 0; \quad n = 1; \quad h = 0; \quad k = 0.$$

Wir dürfen $\mathfrak{M}$ als die obere Halbebene $\mathfrak{J} z > 0$ annehmen. Es gibt keine regulären quadratischen Differentiale außer 0. $\mathfrak{M}$ ist mit einem zweiten Exemplar $\overline{\mathfrak{M}}$ längs der reellen Achse zu verheften; wir spiegeln aber $\overline{\mathfrak{M}}$ an der reellen Achse, so wird die Verdoppelung $\mathfrak{F} = \hat{\mathfrak{H}}$ zur vollen z-Kugel mit der Symmetrie $z \leftrightarrow \bar{z}$. Aus einem $B \frac{dz^2}{|dz|^2}$ in $\mathfrak{M}$: $\mathfrak{J} z > 0$ wird durch die Vorschrift $B(\bar{z}) = \overline{B(z)}$ eine auf der z-Kugel erklärte Funktion; daß diese unstetig sein kann, besonders auf der reellen Achse, stört nicht; B muß nur beschränkt sein. Jetzt nehmen wir nach **80**

$$W(z, z_0) = \frac{(1 + \bar{z}_0 z)^3}{(z - z_0)(1 + |z_0|^2)^3} \quad \text{oder} \quad W(z, z_0) = \frac{z(z-1)}{z_0(z_0 - 1)\cdot(z - z_0)}$$

und setzen

$$w(z) = \frac{1}{2\pi} \iint_{\mathfrak{F}} W(z, z_0)\, \overline{B(z_0)}\, \boxed{dz_0}.$$

Hier verwandeln wir das Integral über die untere Halbebene ($\overline{\mathfrak{M}}$) in eins über die obere Halbebene $\mathfrak{M}$:

$$w(z) = \frac{1}{2\pi} \iint_{\mathfrak{M}} \{W(z, z_0)\, \overline{B(z_0)} + W(z, \bar{z}_0)\, B(z_0)\}\, \boxed{dz_0}.$$

Der zweite Summand hängt für $\mathfrak{J} z > 0$ analytisch von z ab, bewirkt aber, daß $w(z)$ für reelles z reell wird.

Es ist wohl nicht nötig, Entsprechendes allgemein durchzuführen.

Die Dimension des linearen metrischen Raumes L^σ.

108. $d\zeta_1^2, \ldots, d\zeta_\sigma^2$ seien $\sigma (\geqq 0)$ reell linear unabhängige reguläre quadratische Differentiale des Hauptbereichs $\mathfrak{H}$, aus denen jedes andere sich linear mit reellen Koeffizienten zusammensetzt. Jedem auf dem Träger $\mathfrak{M}$ von $\mathfrak{H}$ erklärten $B \frac{dz^2}{|dz|^2}$ ordnen wir einen reellen σ-dimensionalen Vektor $\mathfrak{k} = (k_1, \ldots, k_\sigma)$ folgendermaßen zu:

$$k_\mu = \iint\limits_{\mathfrak{M}} \Re\left\{\bar{B}\,\frac{d\zeta_\mu^2}{dz^2}\right\} \boxed{dz} \qquad (\mu = 1, \ldots, \sigma).$$

Aus **101** und dem soeben durchgeführten Beweis folgt: dann und nur dann ist $B \frac{dz^2}{|dz|^2} \sim 0$, wenn $\mathfrak{k} = 0$ ist. Deshalb ist dann und nur dann $B^\star \frac{dz^2}{|dz|^2} \sim B \frac{dz^2}{|dz|^2}$, wenn beiden derselbe Vektor zugeordnet ist: $\mathfrak{k}^\star = \mathfrak{k}$. Die Vektoren $\mathfrak{k}$ sind Vertreter der Klassen der $B \frac{dz^2}{|dz|^2}$. Wie in **88** sehen wir auch, daß es zu jedem Vektor $\mathfrak{k}$ eine Klasse von $B \frac{dz^2}{|dz|^2}$ gibt. Das heißt:

Die Klassen der $B \frac{dz^2}{|dz|^2}$ bilden einen reellen linearen σ-dimensionalen Raum. σ ist hierin nach Definition die Höchstzahl reell linear unabhängiger regulärer quadratischer Differentiale von $\mathfrak{H}$. Bedeutet wieder $\mathfrak{D}$ die Klasse des Produkts der Primdivisoren aller ausgezeichneten Punkte von $\mathfrak{H}$ und $\mathfrak{W}$ die Differentialklasse von $\mathfrak{M}$, so ist also

$$\sigma = \begin{cases} 2 \dim \mathfrak{D}\mathfrak{W}^2 & \text{für geschlossene orientierbare Hauptbereiche} \\ \dim \mathfrak{D}\mathfrak{W}^2 & \text{für berandete oder nichtorientierbare Hauptbereiche.} \end{cases}$$

Andererseits stellten die $B \frac{dz^2}{|dz|^2}$ die infinitesimalen quasikonformen Abbildungen des Hauptbereichs $\mathfrak{H}$ auf einen benachbarten Hauptbereich $\mathfrak{H}'$ dar. Es wurden immer diejenigen $B \frac{dz^2}{|dz|^2}$ zu einer Klasse zusammengefaßt, die $\mathfrak{H}$ auf dasselbe $\mathfrak{H}'$ abbilden. Die Vektoren $\mathfrak{k}$ entsprechen demnach auch eineindeutig den zu $\mathfrak{H}$ unendlich benachbarten $\mathfrak{H}'$. Diese $\mathfrak{H}'$ werden aber einen reellen linearen σ-dimensionalen Raum bilden, wenn die topologisch festgelegten Hauptbereiche von derselben Art wie $\mathfrak{H}$ einen σ-dimensionalen Raum R^σ bilden.

Damit ist gezeigt: die Zahl $\sigma = \begin{cases} 2 \dim \mathfrak{D}\mathfrak{W}^2 \\ \dim \mathfrak{D}\mathfrak{W}^2 \end{cases}$ stimmt überein mit der Dimension σ des Raums R^σ aller topologisch festgelegten Hauptbereiche von derselben Art wie $\mathfrak{H}$.

Wir fassen dies Ergebnis als Anleitung zu einfacher Berechnung der Dimension von R^σ auf.

109. Nun betrachten wir diejenige Menge von $B \frac{dz^2}{|dz|^2}$, die aus o und allen $c \frac{d\zeta^2}{|d\zeta^2|}$ besteht ($c > 0$, $d\zeta^2 \neq 0$ regulär), und die ihnen zugeordneten Vektoren $\mathfrak{k}$. Jedem $c \frac{d\zeta^2}{|d\zeta^2|}$ ist ein Vektor $\mathfrak{k} \neq 0$ zugeordnet, denn ist

$$d\zeta^2 = a_1 d\zeta_1^2 + \cdots + a_\sigma d\zeta_\sigma^2 \neq 0 \qquad (a_\sigma \text{ reell}),$$

so ist

$$k_\mu = c \iint\limits_{\mathfrak{F}} \left| \frac{d\zeta^2}{dz^2} \right| \Re \frac{d\zeta_\mu^2}{d\zeta^2} \boxed{dz}$$

und darum

$$a_1 k_1 + \cdots + a_\sigma k_\sigma = c \iint\limits_{\mathfrak{M}} \left| \frac{d\zeta^2}{dz^2} \right| \boxed{dz} > 0.$$

Genau wie in **89** sieht man, daß auch verschiedenen $c \frac{d\zeta^2}{|d\zeta^2|}$ verschiedene $\mathfrak{k}$ zugeordnet sind: durch $\mathfrak{k}$ ist c eindeutig und $d\zeta^2$ bis auf einen positiven Faktor eindeutig bestimmt. D. h. die Zuordnung

$$0, c \frac{d\zeta^2}{|d\zeta^2|} \to \mathfrak{k}$$

ist eineindeutig.

Jedem nur bis auf einen positiven Faktor bestimmten $d\zeta^2 \neq 0$ wird bei dieser Zuordnung ein nur bis auf einen positiven Faktor bestimmtes $\mathfrak{k} \neq 0$ zugeordnet. Setzt man wieder $d\zeta^2 = a_1 d\zeta_1^2 + \cdots + a_\sigma d\zeta_\sigma^2$, so wird also jedem $\lambda(a_1, \ldots, a_\sigma)$ ein $\mu(k_1, \ldots, k_\sigma)$ zugeordnet (λ und μ sind die willkürlichen positiven Faktoren). Die $\lambda(a_1, \ldots, a_\sigma)$ bzw. $\mu(k_1, \ldots, k_\sigma)$ sind aber die vom Nullpunkt des reellen linearen σ-dimensionalen Raumes ausgehenden Strahlen. Jedem Strahl im $(a_1, \ldots, a_\sigma)$-Raum ist also ein Strahl im $(k_1, \ldots, k_\sigma)$-Raum zugeordnet; wie in **90** ist auch diese Zuordnung eineindeutig. (Dort wurden die Strahlen durch ihre Schnittpunkte mit der ganz willkürlich hereingebrachten Einheitskugel beschrieben.) Nach dem in **90** genannten topologischen Hilfssatz ist bei dieser Zuordnung jeder Strahl des k-Raumes wirklich einem Strahl des a-Raumes zugeordnet. Wie in **90** folgt daraus:

Jeder Vektor $\mathfrak{k} \neq 0$ gehört zu einem passenden $c\,\frac{d\zeta^2}{|d\zeta^2|}$ ($d\zeta^2 = a_1\,d\zeta_1^2 + \cdots + a_\sigma\,d\zeta_\sigma^2$), und durch $\mathfrak{k}$ ist c eindeutig und $(a_1, \ldots, a_\sigma)$ bis auf einen positiven Faktor bestimmt.

Das heißt: in jeder Klasse von $B\,\frac{dz^2}{|dz|^2}$ liegt 0 oder ein $c\,\frac{d\zeta^2}{|d\zeta^2|}$. Dies ist nach **101** extremal: sein Betrag ist konstant gleich 0 bzw. c, und jedes davon verschiedene $B\,\frac{dz^2}{|dz|^2}$ derselben Klasse hat ein größeres Maximum des Betrages.

Wir setzen $\|\mathfrak{k}\| = 0$ bzw. $\|\mathfrak{k}\| = c$, wenn $\mathfrak{k} = 0$ ist bzw. zu $c\,\frac{d\zeta^2}{|d\zeta^2|}$ gehört. Wenn hier $\mathfrak{k}$ die Klasse von $B\,\frac{dz^2}{|dz|^2}$ vertritt, setzen wir nach **66** auch

$$\left\| B\,\frac{dz^2}{|dz|^2} \right\| = \|\mathfrak{k}\| = \begin{cases} 0 \\ c \end{cases}.$$

Wie in **91** gilt für diese Metrik

$$\|a\mathfrak{k}\| = |a|\,\|\mathfrak{k}\| \qquad (a \text{ reell!})$$

und die Dreiecksungleichung

$$\|\mathfrak{k}+\mathfrak{k}'\| \leqq \|\mathfrak{k}\|+\|\mathfrak{k}'\|,$$

in der Gleichheit nur im Falle $\mathfrak{k}' = \gamma\mathfrak{k}$ ($\gamma \geqq 0$) oder $\mathfrak{k} = 0$ gilt. Die Vektoren $\mathfrak{k}$ bilden demnach einen σ-dimensionalen linearen metrischen Raum L^σ. Seine Metrik ist durch die Eichfläche $\|\mathfrak{k}\| = 1$ bestimmt.

A sei der Raum aller Vektoren $\mathfrak{a} = (a_1, \ldots, a_\sigma)$; wir setzen $d\zeta^2 = a_1\,d\zeta_1^2 + \cdots + a_\sigma\,d\zeta_\sigma^2$ und $\mathfrak{a}\cdot\mathfrak{k} = a_1 k_1 + \cdots + a_\sigma k_\sigma$. Jedem Punkt $\mathfrak{a}$ von A werde die Hyperebene $\mathfrak{a}\cdot\mathfrak{k} = 1$ von L^σ, jedem Punkt $\mathfrak{k}$ von L^σ die Hyperebene $\mathfrak{a}\cdot\mathfrak{k} = 1$ von A zugeordnet. Diese Berührungstransformation (Polarität) führt die Eichfläche $\|\mathfrak{k}\| = 1$ in die konvexe Fläche $\iint\limits_{\mathfrak{M}} \left|\frac{d\zeta^2}{dz^2}\right| \boxed{dz} = 1$ über: dem Punkt $\mathfrak{a}$ von A mit $\iint\limits_{\mathfrak{M}} \left|\frac{d\zeta^2}{dz^2}\right| \boxed{dz} = 1$ entspricht die Tangentialhyperebene von $\| \mathfrak{k} \| = 1$ in dem zu $\dfrac{d\zeta^2}{|d\zeta^2|}$ gehörigen Punkte $\mathfrak{k}$.[1] Die Eichfläche ist dann und nur dann ein Ellipsoid, wenn $\iint\limits_{\mathfrak{M}} \left| \dfrac{d\zeta^2}{dz^2} \right| \boxed{dz} = 1$ ein Ellipsoid in A ist.

110. Wenn der Träger $\mathfrak{M}$ des Hauptbereichs $\mathfrak{H}$ geschlossen und orientierbar ist, sei $d\zeta_1^2, \ldots, d\zeta_\tau^2$ eine Basis der regulären quadratischen Differentiale von $\mathfrak{H}$ in bezug auf komplexe Koeffizienten. Man braucht nur

$$d\zeta_{\mu+\tau}^2 = \frac{1}{i}\, d\zeta_\mu^2 \qquad (\mu = 1, \ldots, \tau)$$

zu setzen, um eine Basis $d\zeta_1^2, \ldots, d\zeta_{2\tau}^2$ in bezug auf reelle Koeffizienten zu erhalten. Es ist also

$$\sigma = 2\tau;$$

σ ist eine gerade Zahl. Ferner gilt hier

$$k_\mu + i k_{\mu+\tau} = \iint\limits_{\mathfrak{M}} \Re\left\{\bar{B}\,\frac{d\zeta_\mu^2}{dz^2}\right\}\boxed{dz} + i \iint\limits_{\mathfrak{M}} \Re\left\{\frac{1}{i}\,\bar{B}\,\frac{d\zeta_\mu^2}{dz^2}\right\}\boxed{dz} = \iint\limits_{\mathfrak{M}} \bar{B}\,\frac{d\zeta_\mu^2}{dz^2}\boxed{dz}.$$

Wir können also dann für $\mu = 1, \ldots, \tau$ die $k_\mu + i k_{\mu+\tau}$ als komplexe Koordinaten im $L^\sigma = L^{2\tau}$ einführen; dieser wird so ein Raum von τ komplexen Dimensionen. Alles wird dann wie in **88** bis **91**, wo der Sonderfall, daß keine ausgezeichneten Punkte auftreten, besprochen wurde. Insbesondere gestattet die Eichfläche wie dort eine bestimmte einparametrige Drehungsgruppe.

Wir nennen diese ganze Zahl $\tau = \dfrac{\sigma}{2} \geqq 0$ die r e d u z i e r t e D i m e n s i o n. Für berandete oder nichtorientierbare Hauptbereiche setzen wir dagegen die reduzierte Dimension τ gleich σ. In allen Fällen gilt dann

$$\tau = \dim \mathfrak{D}\mathfrak{W}^2.$$

Nach **106** hat ein berandeter oder nichtorientierbarer Bereich dieselbe reduzierte Dimension wie seine Verdoppelung.

---

[1] Denn ist $d\zeta'^2 = a_1'\, d\zeta_1^2 + \cdots + a_\sigma'\, d\zeta_\sigma^2 \neq 0$ ein anderes reguläres quadratisches Differential, so gilt

$$\mathfrak{a} \cdot \mathfrak{k}' = \iint\limits_{\mathfrak{M}} \left|\frac{d\zeta'^2}{dz^2}\right| \Re\,\frac{d\zeta^2}{d\zeta'^2}\boxed{dz} \leqq \iint\limits_{\mathfrak{M}} \left|\frac{d\zeta^2}{dz^2}\right|\boxed{dz} = \mathfrak{a} \cdot \mathfrak{k} = 1:$$

für alle Randpunkte $\mathfrak{k}'$ des Eichkörpers gilt $\mathfrak{a} \cdot \mathfrak{k}' \leqq 1$, $=$ nur für $\mathfrak{k}' = \mathfrak{k}$.

111. Wenn $\mathfrak{H}$ ein geschlossener und orientierbarer Hauptbereich ist, der also durch Auszeichnen von $h \geqq 0$ Punkten einer geschlossenen orientierten Riemannschen Fläche vom Geschlecht $g \geqq 0$ entsteht, so ist nach **108** und **99**

$$\sigma = 2 \dim \mathfrak{D}\mathfrak{W}^2; \quad \varrho = 2 \dim \frac{1}{\mathfrak{D}\mathfrak{W}}$$

und, wie schon in **98** festgestellt wurde, nach **43**

$$\dim \mathfrak{D}\mathfrak{W}^2 - \dim \frac{1}{\mathfrak{D}\mathfrak{W}} = -3 + 3g + h.$$

Es folgt

$$\sigma - \varrho = -6 + 6g + 2h.$$

Wenn aber $\mathfrak{H}$ ein berandeter oder nichtorientierbarer Hauptbereich mit den charakteristischen Anzahlen g, γ, n, h, k ist (s. **14**), dann gilt nach **108** und **99**

$$\sigma = \dim \mathfrak{D}\mathfrak{W}^2; \quad \varrho = \dim \frac{1}{\mathfrak{D}\mathfrak{W}}$$

und nach **98**

$$\dim \mathfrak{D}\mathfrak{W}^2 - \dim \frac{1}{\mathfrak{D}\mathfrak{W}} = -6 + 6g + 3\gamma + 3n + 2h + k.$$

Es folgt

$$\sigma - \varrho = -6 + 6g + 3\gamma + 3n + 2h + k.$$

Diese Formel gilt also im Falle $\gamma + n > 0$. Aber wenn man in ihr $\gamma = n = k = 0$ setzt, bleibt sie richtig: dann geht sie in die für geschlossene orientierbare Hauptbereiche gültige Formel $\sigma - \varrho = -6 + 6g + 2h$ über. In allen Fällen gilt also die

Dimensionsformel:

$$\sigma - \varrho = -6 + 6g + 3\gamma + 3n + 2h + k.$$

Hierzu ist zu bemerken, daß aus $\operatorname{grad} \mathfrak{D}\mathfrak{W} > 0$ folgt $\dim \frac{1}{\mathfrak{D}\mathfrak{W}} = 0$, also $\varrho = 0$. ϱ ist folglich höchstens dann positiv, wenn $\operatorname{grad} \mathfrak{D}\mathfrak{W} \leqq 0$ ist. Das sind nur endlich viele Fälle, die wir später vollständig aufzählen werden. Die Dimensionsformel ermöglicht in jedem Falle eine Berechnung von σ aus g, γ, n, h, k.

112. Wir wollen jetzt noch eine zweite, vom Riemann-Rochschen Satz und der Theorie der infinitesimalen quasikonformen Abbildungen unabhängige heuristische Begründung der Dimensionsformel geben. — Schon Klein[1] war bekannt, daß, wenn $\mathfrak{H}$ eine Mannigfaltigkeit vom algebraischen Geschlecht G ohne ausgezeichnete Punkte ist,

$$\sigma - \varrho = \begin{cases} 6\,(G-1) & \text{für } \gamma + n = 0 \\ 3\,(G-1) & \text{für } \gamma + n > 0 \end{cases}$$

ist. Setzt man hier den Wert

$$G = \begin{cases} g & \text{für } \gamma + n = 0 \\ 2g + \gamma + n - 1 & \text{für } \gamma + n > 0 \end{cases}$$

ein, so erhält man

$$\sigma - \varrho = -6 + 6g + 3\gamma + 3n.$$

Jetzt ist nur noch zu zeigen, daß $\sigma - \varrho$ jedesmal beim Auszeichnen eines Innenpunktes um 2, beim Auszeichnen eines Randpunktes um 1 zunimmt.

Der Hauptbereich $\mathfrak{H}^\star$ entstehe aus dem Hauptbereich $\mathfrak{H}$ durch Auszeichnen des auf $\mathfrak{H}$ bislang noch nicht ausgezeichneten Innen- oder Randpunkts $\mathfrak{p}$. Die Menge der Punkte, in die $\mathfrak{p}$ bei konformen Abbildungen des topologisch festgelegten Hauptbereichs $\mathfrak{H}$ auf sich (d. h. bei konformen Abbildungen von $\mathfrak{H}$ auf sich, die sich, als topologische Abbildungen angesehen, in die Identität deformieren lassen) übergehen kann, sei a-dimensional ($a = 0, 1$ oder 2). $\sigma^\star$ und $\varrho^\star$ mögen für $\mathfrak{H}^\star$ dieselbe Bedeutung haben wie σ und ϱ für $\mathfrak{H}$.

Die konformen Abbildungen des topologisch festgelegten Hauptbereichs $\mathfrak{H}^\star$ auf sich sind diejenigen von $\mathfrak{H}$ auf sich, die $\mathfrak{p}$ innerhalb jener a-dimensionalen Menge fest lassen, folglich

$$\varrho^\star = \varrho - a.$$

$\mathfrak{H}^\star$ entsteht, indem man erst über die σ Parameter von $\mathfrak{H}$ verfügt und dann noch die $\mathfrak{p}$ enthaltende a-dimensionale Menge bestimmt; letzteres erfordert die Verfügung über $2-a$ bzw. $1-a$ Parameter, folglich

$$\sigma^\star = \begin{cases} \sigma + 2 - a & (\mathfrak{p} \text{ Innenpunkt}) \\ \sigma + 1 - a & (\mathfrak{p} \text{ Randpunkt}). \end{cases}$$

Bei Subtraktion fällt a heraus:

$$\sigma^\star - \varrho^\star = \sigma - \varrho + \begin{cases} 2 & (\mathfrak{p} \text{ Innenpunkt}) \\ 1 & (\mathfrak{p} \text{ Randpunkt}), \end{cases}$$

w. z. b. w.

---

[1] Siehe S. 29, Anm. 1.

Übergang zu endlichen Abbildungen. Der R^σ als Finslerscher Raum.

113. Nachdem wir uns seit **61** nur mit den infinitesimalen quasikonformen Abbildungen beschäftigt haben und in **109** das Problem der extremalen infinitesimalen quasikonformen Abbildungen gelöst haben, gehen wir nun wieder zu den endlichen quasikonformen Abbildungen von zwei gleichartigen topologisch festgelegten Hauptbereichen aufeinander über.

Gegeben sei eine extremale quasikonforme Abbildung des Hauptbereichs $\mathfrak{H}$ auf den Hauptbereich $\mathfrak{H}'$ mit dem konstanten Dilatationsquotienten $K > 1$. Nach **39** erhalten wir eine einparametrige Schar von Hauptbereichen $\mathfrak{H}(K^\star)$ $(1 \leqq K^\star \leqq K)$ mit $\mathfrak{H}(1) = \mathfrak{H}$, $\mathfrak{H}(K) = \mathfrak{H}'$ und bestimmte extremale quasikonforme Abbildungen von $\mathfrak{H}$ auf $\mathfrak{H}(K^\star)$, wenn wir fordern, daß die Abbildung $\mathfrak{H} \to \mathfrak{H}(K^\star)$ den Dilatationsquotienten $K^\star$ und dasselbe Richtungsfeld wie die Abbildung $\mathfrak{H} \to \mathfrak{H}'$ hat.

Das können wir jetzt auch durch Metriken beschreiben. Im Sinne von **53** und **58** gehöre zu der gegebenen extremalen quasikonformen Abbildung $\mathfrak{H} \to \mathfrak{H}'$ die auf $\mathfrak{H}$ erklärte Metrik

$$ds^2 = E dx^2 + 2F dx dy + G dy^2 = \Lambda |dz|^2 + \Re H dz^2,$$

wo z eine Ortsuniformisierende auf $\mathfrak{H}$, z' eine auf $\mathfrak{H}'$ und $ds^2 = \lambda |dz'|^2$ ist. Der konstante Dilatationsquotient ist dann

$$K = \sqrt{\frac{\Lambda + |H|}{\Lambda - |H|}},$$

so daß auch

$$\frac{|H|}{\Lambda} = \frac{K^2 - 1}{K^2 + 1}$$

gilt, und das Richtungsfeld, das zu der Abbildung gehört, wird durch

$$H dz^2 > 0$$

beschrieben.

Nun betrachten wir die vom Parameter t $(0 \leqq t \leqq 1)$ abhängende Schar von Metriken

$$\Lambda |dz|^2 + t \Re H dz^2 \qquad (0 \leqq t \leqq 1).$$

Das Richtungsfeld bleibt

$$H dz^2 > 0$$

(natürlich mit Ausnahme von $t = 0$), aber der Dilatationsquotient $K^\star$ berechnet sich aus

$$\frac{K^{\star 2} - 1}{K^{\star 2} + 1} = \frac{t|H|}{\Lambda} = t \frac{K^2 - 1}{K^2 + 1}.$$

Wenn t von 0 bis 1 steigt, steigt $K^\star$ stetig von 1 bis K. Unsere von **39** her bekannte Abbildung $\mathfrak{H} \to \mathfrak{H}(K^\star)$ wird also durch die Metrik

$$\Lambda |dz|^2 + \frac{K^{\star 2}-1}{K^{\star 2}+1}\frac{K^2+1}{K^2-1}\,\Re H dz^2 \qquad (1 \leqq K^\star \leqq K)$$

beschrieben.

Die Abbildung $\mathfrak{H} \to \mathfrak{H}(K^\star)$ ist extremal quasikonform. Die Vermutung liegt nahe, daß man hier einen Grenzübergang $K^\star \to 1$ vollziehen darf: man erhält nach **62** die infinitesimale quasikonforme Abbildung, die durch

$$B\frac{dz^2}{|dz|^2} = \text{const}\cdot\frac{H dz^2}{\Lambda |dz|^2}$$

beschrieben wird, und vermutet, daß dies auch eine extremale infinitesimale quasikonforme Abbildung sei. Diese Vermutung ist durch nichts begründet.

Nach der Vermutung müßte

$$\frac{H dz^2}{\Lambda |dz|^2} = c\,\frac{d\zeta^2}{|d\zeta^2|}$$

sein, wo $c > 0$ konstant und $d\zeta^2$ ein reguläres quadratisches Differential von $\mathfrak{H}$ ist, denn dies sind die extremalen infinitesimalen quasikonformen Abbildungen. Demnach wäre die Metrik ds^2 der extremalen quasikonformen Abbildung $\mathfrak{H} \to \mathfrak{H}'$, von der wir ausgingen,

$$ds^2 = \Lambda |dz|^2 + \Re H dz^2 = \Lambda |dz|^2 \cdot \left(1 + c\,\Re\frac{d\zeta^2}{|d\zeta^2|}\right) = \lambda(|d\zeta^2| + c\,\Re d\zeta^2),$$

wo $\lambda = \Lambda\dfrac{|dz|^2}{|d\zeta^2|}$ ein unwesentlicher positiver Faktor ist.

114. So kommen wir zu der

Vermutung: Jede extremale quasikonforme Abbildung eines topologisch festgelegten Hauptbereichs $\mathfrak{H}$ auf einen gleichartigen topologisch festgelegten Hauptbereich $\mathfrak{H}'$ gehört zu einer Metrik der Form

$$ds^2 = \lambda(|d\zeta^2| + c\,\Re d\zeta^2).$$

Hier ist $d\zeta^2$ ein reguläres quadratisches Differential des Hauptbereichs $\mathfrak{H}$ (**100**), c eine positive Konstante, die übrigens < 1 angenommen werden muß, und λ ein veränderlicher positiver Faktor.

Das Richtungsfeld ist

$$d\zeta^2 > 0,$$

also wie bei den extremalen infinitesimalen quasikonformen Abbildungen; der konstante Dilatationsquotient ist

$$K = \sqrt{\frac{1+c}{1-c}}\,;$$

er wächst stetig von 1 bis ∞, wenn c von 0 bis 1 wächst. Es ist also

$$c = \frac{K^2-1}{K^2+1}$$

und

$$ds^2 = \lambda\left(|d\zeta^2| + \frac{K^2-1}{K^2+1}\,\Re d\zeta^2\right) = \mu\left(\frac{K^2+1}{2}\,|d\zeta^2| + \frac{K^2-1}{2}\,\Re d\zeta^2\right)$$

$$= \mu\left(K^2\,\frac{|d\zeta^2| + \Re d\zeta^2}{2} + \frac{|d\zeta^2| - \Re d\zeta^2}{2}\right)$$

mit $\mu = \dfrac{2\lambda}{K^2+1}$. Jetzt steht aber rechts

$$\mu\,|K\,\Re d\zeta + i\,\Im d\zeta|^2,$$

wo $d\zeta = \sqrt{d\zeta^2}$ zu setzen ist: die Doppeldeutigkeit der Quadratwurzel hebt sich bei der weiteren Rechnung wieder heraus. Eben diese Rechnung haben wir in **60** und **57** schon in umgekehrter Richtung für den Sonderfall einer geschlossenen orientierbaren Mannigfaltigkeit ohne ausgezeichnete Punkte durchgeführt. Es ist ja ohne weiteres klar, wie unsere Vermutung eine unmittelbare Verallgemeinerung der Vermutung von **46** ist: an die Stelle der überall endlichen quadratischen Differentiale treten für beliebige Hauptbereiche einfach die zugehörigen regulären quadratischen Differentiale.

Genau wie in **46** können wir auch jetzt $\mathfrak{H}'$ und die Abbildung von $\mathfrak{H}$ auf $\mathfrak{H}'$ bei gegebenen $\mathfrak{H}$, $d\zeta^2$, K beschreiben, ohne die Bestimmung einer quasikonformen Abbildung durch Dilatationsquotient und Richtungsfeld oder, was nach **58** dasselbe bedeutet, durch eine Metrik heranzuziehen. Durch

$$\zeta = \int \sqrt{d\zeta^2}$$

wird eine (evtl. berandete) Überlagerungsfläche $\hat{\mathfrak{M}}$ des Trägers $\mathfrak{M}$ unseres Hauptbereichs $\mathfrak{H}$ konform auf eine Fläche $\mathfrak{F}$ über der ζ-Ebene abgebildet; $\mathfrak{F}$ überdeckt $\zeta = \infty$ nicht, und die evtl. Randlinien von $\mathfrak{F}$ sind parallel der reellen oder imaginären Achse. Es gibt eine Gruppe G_ζ von konformen Abbildungen von $\mathfrak{F}$ auf sich, deren analytische Gestalt

$$\zeta \to \pm\zeta + \text{const}$$

(bzw., wenn $\mathfrak{M}$ nichtorientierbar ist, auch

$$\zeta \to \pm\bar{\zeta} + \text{const})$$

ist; wenn man bei G_ζ äquivalente Punkte von $\mathfrak{Z}$ identifiziert, erhält man (bis auf konforme Abbildung) wieder $\mathfrak{M}$. G_ζ besteht aus den Substitutionen, die ein bestimmter Zweig von ζ bei Umläufen auf $\mathfrak{M}$ erfährt. Nun wende man auf $\mathfrak{Z}$ die Dilatation

$$\zeta' = K\Re\zeta + i\Im\zeta$$

an: diese führt $\mathfrak{Z}$ in eine Fläche $\mathfrak{Z}'$ über der ζ'-Ebene über und transformiert G_ζ in eine Gruppe $G_{\zeta'}$ von Abbildungen von $\mathfrak{Z}'$ auf sich. Wenn man bei $G_{\zeta'}$ äquivalente Punkte von $\mathfrak{Z}'$ identifiziert, erhält man eine endliche Riemannsche Mannigfaltigkeit $\mathfrak{M}'$, die punktweise eineindeutig auf $\mathfrak{M}$ bezogen ist; diese Beziehung führt $\mathfrak{H}$ in $\mathfrak{H}'$ über. Die Beziehung zwischen $\mathfrak{M}$ und $\mathfrak{M}'$ wird durch

$$\zeta' = K\Re\zeta + i\Im\zeta$$

gegeben, es ist also

$$|d\zeta'|^2 = |K\Re d\zeta + i\Im d\zeta|^2,$$

was mit den oben gemachten Angaben übereinstimmt (ζ' ist ja, abgesehen von den Windungspunkten von $\mathfrak{Z}'$, eine Ortsuniformisierende von $\mathfrak{M}'$).

Übrigens ist $d\zeta'^2$ ein reguläres quadratisches Differential von $\mathfrak{H}'$. Für die extremale quasikonforme Abbildung $\mathfrak{H}' \to \mathfrak{H}$ ist der Dilatationsquotient konstant gleich K, und $d\zeta'^2 < 0$ oder

$$-d\zeta'^2 > 0$$

ist das Richtungsfeld maximaler Dilatation. Auf $\mathfrak{M}$ sowie auf $\mathfrak{M}'$ stehen die Richtungsfelder $d\zeta^2 > 0$ und $-d\zeta'^2 > 0$ aufeinander senkrecht. Es ist

$$d\zeta'^2 = (K\Re d\zeta + i\Im d\zeta)^2 = K^2\frac{|d\zeta^2| + \Re d\zeta^2}{2} + iK\Im d\zeta^2 - \frac{|d\zeta^2| - \Re d\zeta^2}{2};$$

$d\zeta'^2$ läßt sich (wie $|d\zeta'^2|$) ohne Wurzelzeichen aus $d\zeta^2$ berechnen. —

Die extremalen quasikonformen Abbildungen entstehen also aus den extremalen infinitesimalen quasikonformen Abbildungen, indem man die Richtungsfelder beibehält und dem Dilatationsquotienten endliche konstante Werte > 1 gibt. Diese Vermutung stimmt für die Beispiele in **20** bis **32** und stimmt mit der in **46** ausgesprochenen Vermutung überein.

Bisher haben wir uns nur überlegt, welche Gestalt eine gegebene extremale quasikonforme Abbildung haben wird. Ist es wohl anzunehmen, daß die soeben betrachteten speziellen Abbildungen auch alle extremal quasikonform sind? Wir zählen die Konstanten. Die oben konstruierte Abbildung hängt bei festem $\mathfrak{H}$ nur von $d\zeta^2$ und von K ab. In $d\zeta^2$ stecken σ reelle Parameter, aber auf einen konstanten positiven Faktor kommt es nicht an.

Eine weitere Konstante steckt in K. Unsere Abbildung hängt demnach von σ reellen Konstanten ab. Aber der Bildhauptbereich $\mathfrak{H}'$ ist Punkt eines Raumes von σ reellen Dimensionen.

Wir vermuten deshalb:

Die oben angegebenen Abbildungen sind alle extremal quasikonform.

Das gilt nur unter der Einschränkung, daß man topologisch festgelegte Hauptbereiche betrachtet. Wir werden später sehen, daß diese Einschränkung eigentlich schon beim Problem der extremalen infinitesimalen quasikonformen Abbildungen hätte gemacht werden müssen.

Ferner ist die Extremalität eigentlich nur für hinreichend kleines $\log K$, also in einer Umgebung von $\mathfrak{H}$ im R^σ zu erwarten. Wir werden sehen, daß eine solche Einschränkung unnötig ist.

115. Wir vermuten jetzt, daß die Menge der in **114** beschriebenen quasikonformen Abbildungen die Lösung des in **52** gestellten Problems sei oder, was dasselbe bedeutet, daß für jeden Hauptbereich $\mathfrak{H}$ die Menge der Metriken

$$|d\zeta^2| + c\,\Re\, d\zeta^2 \qquad (0 < c < 1;\ d\zeta^2 \text{ regulär})$$

das in **57** gestellte Problem löse. Diese Vermutung ist jedoch noch sehr mangelhaft begründet. Wir bringen darum einen Beweisversuch.

Daß die Abbildungen unserer Menge (in die natürlich auch die Identität, durch die Metrik $\lambda|dz|^2$ beschrieben, aufzunehmen ist) einen konstanten Dilatationsquotienten K haben, ist klar.

Ferner ist zu zeigen, daß die Abbildungen unserer Menge bei Deformation in Abbildungen mit größerem Maximum des Dilatationsquotienten übergehen und daß nur in ganz bestimmten Fällen das Maximum des Dilatationsquotienten seinen Wert beibehält. Um den Gedankengang nicht zu stören, verschieben wir diesen Nachweis auf **132** bis **140**. Ähnliches ist ja schon in **20** bis **32** bewiesen worden; der Beweis ging damals immer in derselben Art vor sich, wenn nur eine Funktion ζ bekannt war. Für ζ werden wir jetzt natürlich $\int \sqrt{d\zeta^2}$ nehmen. Bei der Durchführung stößt man jedoch auf einige technische Schwierigkeiten, weil der Hauptbereich $\mathfrak{H}$ jetzt ganz beliebig ist. Wegen dieser Notwendigkeit metrisch-topologischer Hilfsüberlegungen verschieben wir den Beweis.

Schließlich ist zu zeigen, daß jede topologische Abbildung eines Hauptbereichs $\mathfrak{H}$ auf einen Hauptbereich $\mathfrak{H}'$ sich in eine Abbildung der Menge deformieren läßt, oder daß man von einem topologisch festgelegten Hauptbereich $\mathfrak{H}$ aus durch Abbildungen unserer Menge jeden topologisch festgelegten Hauptbereich $\mathfrak{H}'$ der gleichen Art erreicht. Hierauf wollen wir jetzt näher eingehen.

116. Im Raum R^σ aller topologisch festgelegten Hauptbereiche einer gegebenen Art (**49**, **51**) sei eine stetige hinreichend reguläre Kurve $P(t)$ $(0 \leqq t \leqq 1)$ gegeben. Jeder Zahl $t\,(0 \leqq t \leqq 1)$ entspricht also ein Punkt P des R^σ oder eine Klasse konform äquivalenter topologisch festgelegter Hauptbereiche $\mathfrak{H}$. Wir wollen der Kurve eine Bogenlänge l zuordnen. l soll natürlich die Integralgestalt

$$l = \int_0^1 c(t)\,dt$$

haben, also additiv aus den Längen ihrer Teilbögen aufgebaut sein, und soll von der Parameterwahl unabhängig sein. Wir denken die Kurve aus unendlich vielen unendlich kurzen Strecken von $P(t)$ bis $P(t+dt)$ aufgebaut und wollen jeder dieser Strecken eine Länge $c(t)\,dt$ zuordnen.

Das geschieht nun in vollständiger Analogie mit **18**. $P(t)$ stellt einen topologisch festgelegten Hauptbereich $\mathfrak{H}$ dar, $P(t+dt)$ einen unendlich wenig davon verschiedenen $\mathfrak{H}'$. Ist z eine Ortsuniformisierende von $\mathfrak{H}$, so kann man eine Abbildung von $\mathfrak{H}$ auf $\mathfrak{H}'$ durch eine Metrik der Form

$$ds^2 = (\lambda + dt\cdot L)(|dz|^2 + dt\cdot \Re B\,dz^2)$$

beschreiben. Das ist genau wie in **62**, nur daß die dort mit ε bezeichnete konstante positive unendlich kleine Größe jetzt dt heißt. $B\,\dfrac{dz^2}{|dz|^2}$ ist invariant, aber mit B sind auch alle $B^\star = B + \overline{w_x + i w_y}$ gleichberechtigt, wo das invariante $\dfrac{w}{dz}$ den Bedingungen von **63** genügt. Der Dilatationsquotient ist

$$D = 1 + |B|\,dt.$$

Wir suchen unter den $B^\star \dfrac{dz^2}{|dz|^2}$, die mit unserem $B\,\dfrac{dz^2}{|dz|^2}$ gleichberechtigt sind, das mit möglichst kleinem $\operatorname{Max}|B^\star|$, denn für dieses hat auch der Dilatationsquotient $1 + |B^\star|\,dt$ ein möglichst kleines Maximum. Nach **109** ist

$$B^\star \frac{dz^2}{|dz|^2} = c\,\frac{d\zeta^2}{|d\zeta^2|} \qquad (c \geqq 0,\ d\zeta^2 \text{ regulär}).$$

Der Dilatationsquotient ist also $D = 1 + |B^\star|\,dt = 1 + c\,dt$, sein Logarithmus ist

$$\log D = c\,dt.$$

c hängt natürlich von t ab. Wie in **18** setzen wir die »Länge« der Strecke $P(t)\cdots P(t+dt)$ gleich dem Logarithmus des (konstanten) Dilatationsquotienten der extremalen (infinitesimalen) quasikonformen Abbildung von $\mathfrak{H}$ auf $\mathfrak{H}'$, setzen also

$$l = \int_0^1 c\,dt.$$

Wie in **66** und **108** bestimmen wir also die Entfernung zweier unendlich benachbarter Punkte des R^σ, indem wir die Umgebung eines Punktes des R^σ in erster Näherung durch den zugehörigen linearen metrischen Raum L^σ ersetzen.

Nachdem wir nun die Entfernung zweier unendlich benachbarter Punkte des R^σ auf Grund der schon durchgeführten Theorie der extremalen infinitesimalen quasikonformen Abbildungen berechnen können und daraufhin die Länge einer Kurve im R^σ definiert haben, führen wir einen neuen Entfernungsbegriff im R^σ ein:

$\{P, Q\}$ sei die untere Grenze der Längen aller P mit Q verbindenden Kurven.

Hinsichtlich dieser neuen Metrik ist der R^σ ein Finslerscher Raum. Das bedeutet weiter nichts, als daß die Kurvenlänge durch ein parameterinvariantes Integral $\int_0^1 c(t)\,dt$ ausgedrückt wird, wo die Länge $c(t)\,dt$ der Strecke von $P(t)$ bis $P(t+dt)$ nur von $P(t)$ und $P(t+dt)$, also nur von den Ableitungen erster Ordnung, abhängt und einer Dreiecksungleichung genügt, die für den L^σ nach **109** gilt.

117. In **18** haben wir im R^σ einen anderen Entfernungsbegriff $[P, Q]$ eingeführt, der bei Beachtung von **51** folgendermaßen erklärt ist:

$[P, Q]$ sei der Logarithmus der unteren Grenze der Maxima des Dilatationsquotienten D für alle Abbildungen des durch P dargestellten topologisch festgelegten Hauptbereichs auf den durch Q dargestellten:

$$[P, Q] = \log \operatorname{Inf} \operatorname{Max} D.$$

Wir zeigen jetzt, daß die beiden Entfernungsbegriffe übereinstimmen:

$$[P, Q] = \{P, Q\}.$$

Zu dem Zweck zeigen wir:

1. Gegeben sei eine quasikonforme Abbildung des topologisch festgelegten Hauptbereichs $\mathfrak{H}$ auf $\mathfrak{H}'$ mit dem Dilatationsquotienten D. Dann gibt es eine die $\mathfrak{H}$ und $\mathfrak{H}'$ vertretenden Punkte P, Q des R^σ verbindende Kurve mit

$$\int_0^1 c(t)\,dt \leq \log \operatorname{Max} D.$$

2. Gegeben sei eine Kurve $P(t)$ $(0 \leqq t \leqq 1)$ im R^σ mit der Länge $l = \int_0^1 c(t)\,dt$. Dann gibt es eine Abbildung des zu $P(0)$ gehörigen topologisch festgelegten nur bis auf konforme Abbildung bestimmten Hauptbereichs $\mathfrak{H}$ auf den zu $P(1)$ gehörigen $\mathfrak{H}'$, deren Dilatationsquotient überall $\leqq e^l$ ist.

1. Zu einer Abbildung von $\mathfrak{H}$ auf $\mathfrak{H}'$ gehöre die Metrik

$$ds^2 = \Lambda\,|dz|^2 + \Re H dz^2.$$

Wir betrachten wie in **113** die Schar von Metriken

$$ds^2 = \Lambda\,|dz|^2 + t\,\Re H dz^2 \qquad (0 \leqq t \leqq 1).$$

Zu jedem t gehört eine Metrik, also eine Abbildung von $\mathfrak{H}$ auf einen Hauptbereich $\mathfrak{H}(t)$, der durch den Punkt $P(t)$ des R^σ dargestellt werde; es ist $\mathfrak{H}(0) = \mathfrak{H}$ und $\mathfrak{H}(1) = \mathfrak{H}'$. Ist D der Dilatationsquotient der Abbildung $\mathfrak{H} \to \mathfrak{H}'$ und $D^\star(t)$ der Dilatationsquotient der Abbildung $\mathfrak{H} \to \mathfrak{H}(t)$, so gilt

$$\frac{D^\star(t)^2 - 1}{D^\star(t)^2 + 1} = t\,\frac{D^2 - 1}{D^2 + 1}.$$

Das folgt genau wie in **113**, nur daß jetzt D und damit $D^\star$ nicht notwendig auf $\mathfrak{H}$ konstant ist. Wenn t von 0 bis 1 steigt, steigt $D^\star(t)$ stetig von 1 bis D.

Für $0 \leqq t_1 \leqq t_2 \leqq 1$ hat die zusammengesetzte Abbildung $\mathfrak{H}(t_1) \to \mathfrak{H} \to \mathfrak{H}(t_2)$ den Dilatationsquotienten $\dfrac{D^\star(t_2)}{D^\star(t_1)}$. Beim Beweis geht man am besten auf die ursprüngliche Bedeutung des Dilatationsquotienten zurück. $z = x + iy$ sei eine Ortsuniformisierende von $\mathfrak{H}$, $z_1 = x_1 + iy_1$ eine von $\mathfrak{H}(t_1)$ und $z_2 = x_2 + iy_2$ eine von $\mathfrak{H}(t_2)$. Wir dürfen annehmen, daß $z = 0$, $z_1 = 0$ und $z_2 = 0$ einander entsprechen und daß das Richtungsfeld $Hdz^2 > 0$ an dieser Stelle parallel der reellen Achse sei. Dann ist bis auf Größen von höherer als erster Ordnung

$$z_1 = \lambda_1 (D^\star(t_1)\,x + iy) + \cdots,\quad z_2 = \lambda_2 (D^\star(t_2)\,x + iy) + \cdots \quad (\lambda_1, \lambda_2 \neq 0 \text{ reell}),$$

also

$$z_2 = \frac{\lambda_2}{\lambda_1}\left(\frac{D^\star(t_2)}{D^\star(t_1)}\,x_1 + iy_1\right) + \cdots;$$

weil $D^\star(t_1) \leqq D^\star(t_2)$ ist, sieht man, daß der Dilatationsquotient für die Abbildung $z_1 \leftrightarrow z_2$ gleich $\dfrac{D^\star(t_2)}{D^\star(t_1)}$ ist.

Man wird ohne weiteres annehmen, daß dies so bleibt, wenn t_1 und t_2 sich nur unendlich wenig unterscheiden. Der Logarithmus des Dilatationsquotienten für die Abbildung $\mathfrak{H}(t) \to \mathfrak{H}(t+dt)$ ist dann überall gleich

$$d \log D^*(t).$$

Aus dem Zusammenhang zwischen D^* und t folgt aber: Ist überall $D \leqq C$, C konstant, und berechnet man $C^*(t)$ aus

$$\frac{C^*(t)^2 - 1}{C^*(t)^2 + 1} = t\,\frac{C^2 - 1}{C^2 + 1},$$

so ist (für $dt \geqq 0$)

$$d \log D^*(t) \leqq d \log C^*(t).$$

Wir haben also eine infinitesimale quasikonforme Abbildung von $\mathfrak{H}(t)$ auf $\mathfrak{H}(t+dt)$, für die der Logarithmus des Dilatationsquotienten $\leqq d \log C^*(t)$ ist. Für die extremale infinitesimale quasikonforme Abbildung von $\mathfrak{H}(t)$ auf $\mathfrak{H}(t+dt)$ ist dann der Logarithmus des Dilatationsquotienten, $c(t)\,dt$, bestimmt nicht größer:

$$c(t)\,dt \leqq d \log C^*(t).$$

Integration ergibt

$$\int_0^1 c(t)\,dt \leqq \log C.$$

Links steht die Länge einer die $\mathfrak{H}$ und $\mathfrak{H}'$ vertretenden Punkte im R^σ verbindenden Kurve, rechts der Logarithmus des Maximums des Dilatationsquotienten.

2. $P(t)$ $(0 \leqq t \leqq 1)$ sei eine Kurve im R^σ, $\mathfrak{H}(t)$ der zu $P(t)$ gehörige Hauptbereich. Es gibt eine extremale infinitesimale quasikonforme Abbildung von $\mathfrak{H}(t)$ auf $\mathfrak{H}(t+dt)$ mit dem konstanten Dilatationsquotientenlogarithmus $c(t)\,dt$, und $l = \int_0^1 c(t)\,dt$ ist die Länge der Kurve. Wir setzen all diese unendlich vielen infinitesimalen Abbildungen zu einer Abbildung von $\mathfrak{H}(0)$ auf $\mathfrak{H}(1)$ zusammen. Bei Zusammensetzung von Abbildungen gilt für den Logarithmus des Dilatationsquotienten die Dreiecksungleichung (vgl. **18**), darum ist für die zusammengesetzte Abbildung von $\mathfrak{H}(0)$ auf $\mathfrak{H}(1)$ der Logarithmus des Dilatationsquotienten höchstens gleich $\int_0^1 c(t)\,dt$, der »Summe« der Logarithmen der Dilatationsquotienten der einzelnen infinitesimalen Abbildungen.

In diesem Beweis ist das Zusammensetzen der unendlich vielen infinitesimalen Abbildungen eigentlich noch zu präzisieren. Wenn man alle $\mathfrak{H}(t)$ durch verschiedene Metriken auf einem festen Hauptbereich $\mathfrak{H}_0$ realisiert (**53**), mag die infinitesimale Abbildung von $\mathfrak{H}(t)$ auf $\mathfrak{H}(t+dt)$ die Form

$$z \to z + w(z, t)\,dt$$

haben, wo z eine Ortsuniformisierende für $\mathfrak{H}_0$ ist; es handelt sich dann um die Integration des Systems

$$\frac{dz(t, z_0)}{dt} = w(z, t)$$

mit gegebenem $z(0, z_0) = z_0$ und gesuchtem $z(1, z_0)$. Im Falle $\varrho > 0$ ist zudem $w(z, t)$ durch die Forderung, daß die Abbildung $\mathfrak{H}(t) \to \mathfrak{H}(t+dt)$ extremal sein soll, noch nicht eindeutig bestimmt, und man muß es normieren. Ferner ist die Ungleichung $\log D \leqq \int_0^1 c(t)\,dt$ natürlich mit Hilfe einer Differentialungleichung zu beweisen.

118. Durch diese Überlegung, die (mit geringen Änderungen der Ausdrucksweise) schon viel früher hätte durchgeführt werden können, haben wir erkannt, daß der R^σ hinsichtlich der in **18** eingeführten Metrik ein Finslerscher Raum ist oder daß jene Metrik sich durch Kurvenlängen definieren läßt. Unter gewissen Regularitätsvoraussetzungen, um die wir uns nicht weiter kümmern wollen, können wir im R^σ geodätische Linien bestimmen, das sind Kurven, von denen jeder hinreichend kleine Teilbogen die kürzeste Verbindung seiner Endpunkte ist. Und wir haben dann den schönen Satz[1]:

Entweder es gibt eine Geodätische endlicher Länge, die man in einer Richtung nicht mehr weiter fortsetzen kann, oder man kann je zwei Punkte des R^σ durch einen geodätischen Bogen verbinden, der zugleich die kürzeste Verbindung ist.

Es wird sich zeigen, daß dieser Satz die vollständige Lösung des Problems der extremalen quasikonformen Abbildung enthält. Um das einzusehen, stellen wir jetzt einen Zusammenhang zwischen den regulären quadratischen Differentialen eines Hauptbereichs und den durch den zugehörigen Punkt des R^σ gehenden Geodätischen auf.

---

[1] H. Hopf und W. Rinow, Über den Begriff der vollständigen differentialgeometrischen Fläche, Comm. Math. Helv. 3.

119. $\mathfrak{H}$ sei ein Hauptbereich und $d\zeta^2$ ein nichtverschwindendes reguläres quadratisches Differential. Wie schon in **114** betrachten wir für $K \geqq 1$ die Metriken

$$|d\zeta^2| + \frac{K^2-1}{K^2+1}\,\Re\, d\zeta^2$$

oder

$$|K\Re\, d\zeta + i\Im\, d\zeta|^2.$$

Sie definieren eine Schar $\mathfrak{H}(K)$ von Hauptbereichen und bestimmte Abbildungen von $\mathfrak{H}$ auf diese Hauptbereiche. $\mathfrak{H}(K)$ entspreche $P(K)$ im R^σ.

$P(K)$ ist also eine von $P(1) = P$ ausgehende Kurve $(1 \leqq K < \infty)$. Diese Kurve ist geodätisch und liefert sogar die kürzeste Verbindung von je zweien ihrer Punkte. Denn für $1 \leqq K_1 < K_2 < \infty$ haben wir eine Abbildung von $\mathfrak{H}(K_1)$ auf $\mathfrak{H}(K_2)$ mit dem Dilatationsquotienten $\frac{K_2}{K_1}$.

Es ist also $[P(K_1), P(K_2)] \leqq \log \frac{K_2}{K_1}$, und die Kurve $P(K)\,(K_1 \leqq K \leqq K_2)$ hat wie in **117** eine Länge $\leqq \log \frac{K_2}{K_1}$. Gäbe es eine $P(K_1)$ mit $P(K_2)$ verbindende Kurve von kleinerer Länge als $\log \frac{K_2}{K_1}$, so wäre $[P(K_1), P(K_2)] < \log \frac{K_2}{K_1}$; zusammen mit $[P(1), P(K_1)] \leqq \log K_1$ erhielte man $[P(1), P(K_2)] < \log K_2$. Das wäre aber ein Widerspruch gegen die Extremaleigenschaft der wie in **114** konstruierten Extremalabbildung von $\mathfrak{H}(1)$ auf $\mathfrak{H}(K_2)$ mit dem Dilatationsquotienten K_2; wie schon in **115** gesagt wurde, wollen wir die Extremaleigenschaft dieser Abbildungen schon als bewiesen annehmen. Folglich hat die Kurve $P(K)\,(K_1 \leqq K \leqq K_2)$ genau die minimale Länge $\log \frac{K_2}{K_1}$, und $P(K)$ ist eine Geodätische.

Nun geht vom Punkt P in jeder Richtung des R^σ (bzw. des L^σ) genau eine Geodätische aus. Die soeben konstruierte Geodätische enthält aber noch das willkürliche $d\zeta^2$, und durch Verfügen über $d\zeta^2$ kann man ihr jede beliebige Anfangsrichtung geben. (Das liegt daran, daß nach **109** die Zuordnung $c\,\frac{d\zeta^2}{|d\zeta^2|} \to \mathfrak{k}$ umkehrbar ist, denn ein nur bis auf einen positiven Faktor bestimmtes $\mathfrak{k} \neq 0$ im L^σ bedeutet eine Richtung im R^σ.) Es folgt:

Jeder von P ausgehende geodätische Bogen oder Strahl entsteht auf die angegebene Art aus einem $d\zeta^2$. Die Bogenlänge ist $\log K$.

120*. Man wird sich auch für die rückwärtige Verlängerung unseres geodätischen Strahls $P(K)$ über $P = P(1)$ hinaus interessieren. Man erhält diese, indem man ein beliebiges $K_0 > 1$ wählt, den Bogen $P(K)$ $(1 \leqq K \leqq K_0)$ von K_0 ausgehend rückwärts durchläuft und ihn dann über P hinaus fortsetzt. Wie schon in **114** bemerkt wurde, gibt es auf $\mathfrak{H}(K_0)$ ein reguläres quadratisches Differential

$$d\zeta_0^2 = -(K_0 \Re d\zeta + i \Im d\zeta)^2,$$

und wenn man von $P(K_0)$ und $d\zeta_0^2$ ausgehend einen geodätischen Strahl $P_0(L)$ durch die Metrikenschar

$$|L \Re d\zeta_0 + i \Im d\zeta_0|^2$$

definiert, ist nicht nur $P_0(K_0) = P$, sondern allgemein

$$P_0(L) = P\left(\frac{K_0}{L}\right) \qquad (1 \leqq L \leqq K_0).$$

Denn aus $d\zeta_0 = \pm i(K_0 \Re d\zeta + i \Im d\zeta)$ folgt

$$L \Re d\zeta_0 + i \Im d\zeta_0 = \pm i(K_0 \Re d\zeta + iL \Im d\zeta) = \pm iL\left(\frac{K_0}{L} \Re d\zeta + i \Im d\zeta\right)$$

und

$$|L \Re d\zeta_0 + i \Im d\zeta_0|^2 = L^2 \left|\frac{K_0}{L} \Re d\zeta + i \Im d\zeta\right|^2;$$

die Metrik links definiert $P_0(L)$ und die Metrik rechts $P\left(\frac{K_0}{L}\right)$.

Hier brauchen wir, um die rückwärtige Verlängerung des geodätischen Strahls $P(K)$ über P hinaus zu erhalten, nur $L \geqq K_0$ zu setzen. Dann entsteht die Metrik

$$|L \Re d\zeta_0 + i \Im d\zeta_0|^2 = K_0^2 \left|\frac{L}{K_0} \Im d\zeta - i \Re d\zeta\right|^2.$$

Rechts steht aber bis auf den Faktor K_0^2 die Metrik, die zu dem Dilatationsquotienten $\frac{L}{K_0} \geqq 1$ und dem quadratischen Differential $-d\zeta^2$ von $\mathfrak{H}$ gehört.

Folglich setzen sich die zu $d\zeta^2$ und $-d\zeta^2$ gehörenden von P ausgehenden geodätischen Strahlen zu einer geodätischen Linie zusammen.

Dasselbe Ergebnis erhält man viel einfacher aus der Bemerkung, daß $d\zeta^2$ und $-d\zeta^2$ im L^σ entgegengesetzte Richtungen bestimmen.

Man kann auch eine einheitliche analytische Darstellung der ganzen geodätischen Linie erhalten, indem man zu der in **114** eingeführten Fläche $\mathfrak{F}$ über der ζ-Ebene übergeht. Man mußte dort die Dilatation

$$\zeta' = K\Re\zeta + i\Im\zeta \qquad (K \geqq 1)$$

ausführen, um den geodätischen Strahl $P(K)$ zu erhalten; die rückwärtige Verlängerung entsteht, indem man für K auch Werte zwischen 0 und 1 zuläßt. $\log K$ ist die Bogenlänge auf der Geodätischen.

121*. Wenn der Träger von $\mathfrak{H}$ geschlossen und orientierbar ist, dann darf man ein reguläres quadratisches Differential $d\zeta^2$ auch mit komplexen Konstanten multiplizieren. Wir bezeichnen den Punkt des R^σ, der auf dem von P ausgehenden geodätischen Strahl liegt, dessen Richtung durch $e^{-i\varphi}d\zeta^2$ beschrieben wird, und der von P den Abstand $\log K$ hat, mit $P(K, \varphi)$; der zugehörige Hauptbereich $\mathfrak{H}(K, \varphi)$ wird also durch die Metrik

$$|d\zeta^2| + \frac{K^2-1}{K^2+1}\Re e^{-i\varphi}d\zeta^2$$

beschrieben. $\log K$ und φ sind »geodätische Polarkoordinaten« in der Fläche aller $P(K, \varphi)$; diese Fläche mag kurz eine komplexe Geodätische genannt werden. Der Punkt P, von dem wir ausgingen, ist auf ihr in keiner Weise ausgezeichnet. Der Abstand von $P(K_1, \varphi_1)$ und $P(K_2, \varphi_2)$ ist offenbar eine Funktion von $K_1, K_2, \varphi_2 - \varphi_1$ allein, die von $\mathfrak{H}$ und $d\zeta^2$ gar nicht abhängt. Wir brauchen sie nur in einem besonders einfachen Fall zu berechnen und haben sie dann allgemein.

Wir nehmen für $\mathfrak{H}$ die in **25** bis **28** besprochene topologisch festgelegte Ringfläche ohne ausgezeichnete Punkte. In diesem Sonderfall ist der ganze R^2 eine einzige »komplexe Geodätische« und hinsichtlich unserer Metrik die nichteuklidische Ebene mit dem Krümmungsmaß -1. Nun haben aber alle komplexen Geodätischen aller verschiedenen $R^{2\tau}$ dieselbe Metrik. Also:

Jede komplexe Geodätische läßt sich längentreu auf die nichteuklidische Ebene mit dem Krümmungsmaß -1 abbilden.

122. Wir setzen die Untersuchung des R^σ fort. Nach **119** hat jeder von einem Punkte P begrenzte Bogen einer Geodätischen die Form $P(K)$, wie sie dort beschrieben wurde. Man kann den Bogen demnach, indem man K ins Unendliche wachsen läßt, zu beliebiger Länge $\log K$ fortsetzen.

Damit ist die erste in **118** offengelassene Möglichkeit, daß es eine Geodätische endlicher Länge gäbe, die man in einer Richtung nicht weiter fortsetzen kann, widerlegt. Nun besteht nur noch die zweite Möglichkeit:

Zwischen je zwei Punkten des R^σ besteht eine kürzeste Verbindung, und diese ist eine Geodätische.

Sind P und Q die beiden Punkte und $\mathfrak{H}$, $\mathfrak{H}'$ die zugehörigen Hauptbereiche, so muß demnach Q auf einem von P ausgehenden geodätischen Strahl liegen, d.h. $\mathfrak{H}'$ muß sich durch eine auf $\mathfrak{H}$ erklärte Metrik der Form

$$ds^2 = |d\zeta^2| + \frac{K^2-1}{K^2+1}\Re d\zeta^2 \qquad (K \geqq 1,\ d\zeta^2 \text{ regulär})$$

beschreiben lassen. Das heißt aber nichts anderes als:

Jeder topologisch festgelegte Hauptbereich $\mathfrak{H}'$ entsteht aus jedem gleichartigen topologisch festgelegten Hauptbereich $\mathfrak{H}$ durch eine der in **114** beschriebenen extremalen quasikonformen Abbildungen.

Aus dem später zu erbringenden Nachweis der Extremaleigenschaft ergibt sich noch, daß in dieser Abbildung K eindeutig und $d\zeta^2$ bis auf einen positiven Faktor eindeutig bestimmt sind. Das heißt:

Man kann zwei Punkte des R^σ nur durch einen Geodätischenbogen verbinden.

123. Aus diesem Ergebnis ziehen wir eine topologische Folgerung. Mit Φ bezeichnen wir in einem Punkte P des R^σ kurz eine Richtung. Φ kann also durch einen nur bis auf einen positiven Faktor bestimmten Vektor $\mathfrak{k}$ des L^σ beschrieben werden. Die Φ lassen sich homöomorph den Punkten der Einheitskugeloberfläche im σ-dimensionalen Raum zuordnen. Nun bezeichnen wir mit $P(K, \Phi)$ den Punkt des R^σ, der auf dem von P in der Richtung Φ ausgehenden geodätischen Strahl liegt und von P den Abstand $\log K$ hat. $\log K$ und Φ sind also geodätische Polarkoordinaten. Nun haben wir gesehen, daß es zu jedem $Q \neq P$ ein und nur ein Paar K, Φ mit $Q = P\,(K, \Phi)$ gibt. Die Darstellung des R^σ durch das geodätische Polarkoordinatensystem ist also nicht nur in einer Umgebung von P, sondern im Großen eindeutig. Dann kann man den R^σ aber homöomorph auf den σ-dimensionalen Euklidischen Raum abbilden, der ebenfalls eine im Großen eindeutige Polarkoordinatendarstellung hat.

Der Raum R^σ aller Klassen konform äquivalenter topologisch festgelegter Hauptbereiche einer gegebenen Art ist homöomorph dem σ-dimensionalen Euklidischen Raum.

Der Zusatz »topologisch festgelegt« ist wesentlich. Alle früher betrachteten Beispiele bestätigen unser Ergebnis.

Einfache Fälle.

124. Nun wollen wir uns aber endlich ansehen, wie all diese allgemeinen Möglichkeiten realisiert werden. Wir wollen Mittel kennenlernen, um die Hauptbereiche zu klassifizieren und für jedes Vorkommnis die einfachsten Beispiele zu finden, und wir wollen die Arten von Hauptbereichen aufzählen, für die gewisse Ausnahmen gelten.

Zunächst betrachten wir nur den Träger des Hauptbereichs. Schon Klein unterschied die endlichen Riemannschen Mannigfaltigkeiten hauptsächlich nach ihrem algebraischen Geschlecht (**93**)

$$G = \begin{cases} g & , \ \gamma + n = 0 \\ 2g + \gamma + n - 1, & \gamma + n > 0 . \end{cases}$$

Daneben läuft natürlich die schon in **10** angegebene Einteilung in

I. geschlossene orientierbare Mannigfaltigkeiten ($\gamma = 0$, $n = 0$),
II. berandete orientierbare Mannigfaltigkeiten ($\gamma = 0$, $n > 0$),
III. nichtorientierbare Mannigfaltigkeiten ($\gamma > 0$).

Beim algebraischen Geschlecht $G = 0$ haben wir drei Typen:

a. die Kugel: $g = 0$, $\gamma = 0$, $n = 0$.
b. der Kreis: $g = 0$, $\gamma = 0$, $n = 1$.
c. die elliptische Ebene: $g = 0$, $\gamma = 1$, $n = 0$.

Beim algebraischen Geschlecht 1 haben wir schon vier Typen:

I. a. $g = 1$, $\gamma = 0$, $n = 0$: die Ringfläche.
II. b. $g = 0$, $\gamma = 0$, $n = 2$: das Ringgebiet.
III. { c. $g = 0$, $\gamma = 1$, $n = 1$: das Möbiusband.
d. $g = 0$, $\gamma = 2$, $n = 0$: der Stülpschlauch. }

Beim algebraischen Geschlecht 2 gibt es sechs Typen:

I. a. $g = 2$, $\gamma = 0$, $n = 0$.
II. { b. $g = 0$, $\gamma = 0$, $n = 3$.
c. $g = 1$, $\gamma = 0$, $n = 1$. }
III. { d. $g = 0$, $\gamma = 1$, $n = 2$.
e. $g = 0$, $\gamma = 2$, $n = 1$.
f. $g = 0$, $\gamma = 3$, $n = 0$ (oder $g = 2$, $\gamma = 1$, $n = 0$). }

Auch hier sieht man leicht die geometrische Bedeutung der sechs Fälle. — Es ist klar, wie die Reihe fortzusetzen ist: für jedes algebraische Geschlecht $G \geqq 0$ gibt es I. nur eine Art geschlossener orientierbarer Mannigfaltigkeiten, nämlich die vom Geschlecht G; II. $\left[\frac{G+2}{2}\right]$ Arten berandeter orientierbarer Mannigfaltigkeiten, entsprechend den $\left[\frac{G+2}{2}\right]$ Lösungen von $2g+n-1 = G$ mit $g \geqq 0$, $n > 0$; schließlich $G+1$ Arten nichtorientierbarer Mannigfaltigkeiten (darunter eine unberandete), entsprechend den $G+1$ Lösungen von $\gamma+n-1 = G$ mit $\gamma > 0$, $n \geqq 0$.

125. Es erweist sich als angebracht, die Hauptbereiche nach ihrer reduzierten Dimension

$$\tau = \begin{cases} \frac{\sigma}{2}, & \gamma+n=0 \\ \sigma, & \gamma+n>0 \end{cases}$$

zu ordnen. Zunächst müssen wir aber für alle Hauptbereiche die Zahlen ϱ und σ kennen. Wenn man ϱ kennt, kann man σ nach der in **111** bewiesenen Dimensionsformel

$$\sigma - \varrho = -6+6g+3\gamma+3n+2h+k$$

berechnen. Aber schon in **111** bemerkten wir, daß die Zahl

$$\varrho = \begin{cases} 2\dim\frac{1}{\mathfrak{D}\mathfrak{W}}, & \gamma+n=0 \\ \dim\frac{1}{\mathfrak{D}\mathfrak{W}}, & \gamma+n>0 \end{cases}$$

meist gleich 0 ist; ϱ ist höchstens dann positiv, wenn

$$\operatorname{grad}\mathfrak{D}\mathfrak{W} \leqq 0$$

ist. Hierin war $\mathfrak{W}$ die Differentialklasse und $\mathfrak{D}$ die Divisorenklasse des Produkts der zu den ausgezeichneten Punkten gehörigen Primdivisoren. Es ist

$$\operatorname{grad}\mathfrak{D}\mathfrak{W} = \begin{cases} 2(G-1)+h = -2+2g+h, & \gamma+n=0 \\ 2(G-1)+2h+k = -4+4g+2\gamma+2n+2h+k, & \gamma+n>0. \end{cases}$$

Hiernach lassen sich elementar die Fälle aufzählen, wo $\operatorname{grad}\mathfrak{D}\mathfrak{W} \leqq 0$ ist; die Berechnung von $\dim\frac{1}{\mathfrak{D}\mathfrak{W}}$ macht keine Schwierigkeiten, weil in diesen Fällen das algebraische Geschlecht G stets 0 oder 1 ist; es zeigt sich, daß in allen Fällen grad $\mathfrak{DW} \leqq 0$ auch wirklich dim $\frac{1}{\mathfrak{DW}}$ und damit ϱ positiv ist. Das Ergebnis ist:

Es gibt dreizehn Arten von Hauptbereichen mit $\varrho > 0$.

Wir stellen sie in einer Tabelle zusammen:

		g	γ	n	h	k	G	ϱ	σ	τ	
I.	𝔞.	0	0	0	0	0	0	6	0	0	Kugel
	𝔟.	0	0	0	1	0	0	4	0	0	Kugel mit einem Innenpunkt
	𝔠.	0	0	0	2	0	0	2	0	0	Kugel mit zwei Innenpunkten
	𝔡.	1	0	0	0	0	1	2	2	1	Ringfläche
II.	𝔢.	0	0	1	0	0	0	3	0	0	Kreis
	𝔣.	0	0	1	1	0	0	1	0	0	Kreis mit einem Innenpunkt
	𝔤.	0	0	1	0	1	0	2	0	0	Kreis mit einem Randpunkt
	𝔥.	0	0	1	0	2	0	1	0	0	Kreis mit zwei Randpunkten
	𝔦.	0	0	2	0	0	1	1	1	1	Ringgebiet
III.	𝔨.	0	1	0	0	0	0	3	0	0	Elliptische Ebene
	𝔩.	0	1	0	1	0	0	1	0	0	Elliptische Ebene mit einem Innenpunkt
	𝔪.	0	1	1	0	0	1	1	1	1	Möbiusband
	𝔫.	0	2	0	0	0	1	1	1	1	Stülpschlauch

Es zeigt sich, daß in diesen Fällen die reduzierte Dimension τ immer gleich 0 oder 1 ist.

In allen anderen Fällen ist

$$\varrho = 0; \quad \sigma = -6 + 6g + 3\gamma + 3n + 2h + k.$$

126. Nun wollen wir die Hauptbereiche mit $\sigma = 0$ (oder $\tau = 0$) aufzählen, also diejenigen, die keine konformen Invarianten haben und für die all unsere Überlegungen darum gegenstandslos sind. Nach der Dimensionsformel muß da

$$-6 + 6g + 3\gamma + 3n + 2h + k \leqq 0$$

sein. Hiermit erfassen wir nämlich alle Hauptbereiche mit $\sigma \leqq \varrho$ und können diejenigen mit $\sigma = 0$ aussuchen. Das Ergebnis der elementaren Diskussion ist:

Es gibt zwölf Arten von Hauptbereichen mit $\sigma = 0$.

		g	γ	n	h	k	G	ϱ	
I.	a.	0	0	0	0	0	0	6	Kugel
	b.	0	0	0	1	0	0	4	Kugel mit einem Innenpunkt
	c.	0	0	0	2	0	0	2	Kugel mit zwei Innenpunkten
	d.	0	0	0	3	0	0	0	Kugel mit drei Innenpunkten
II.	e.	0	0	1	0	0	0	3	Kreis
	f.	0	0	1	1	0	0	1	Kreis mit einem Innenpunkt
	g.	0	0	1	0	1	0	2	Kreis mit einem Randpunkt
	h.	0	0	1	1	1	0	0	Kreis mit einem Innenpunkt und einem Randpunkt
	i.	0	0	1	0	2	0	1	Kreis mit zwei Randpunkten
	k.	0	0	1	0	3	0	0	Kreis mit drei Randpunkten
III.	l.	0	1	0	0	0	0	3	Elliptische Ebene
	m.	0	1	0	1	0	0	1	Elliptische Ebene mit einem Innenpunkt

Wir haben $\sigma = 0$ und $\tau = 0$ gar nicht erst in die Tabelle aufgenommen. Auch g und G sind in diesen Fällen stets gleich 0.

127. Nun bestimmen wir die Arten von Hauptbereichen mit der reduzierten Dimension $\tau = 1$. Das sind erstens alle, die in **126** wegen $\varrho \geqq \sigma > 0$ nicht mitgezählt werden durften, zusammen vier aus **125** ersichtliche Fälle, und außerdem alle Fälle

$$-6+6g+3\gamma+3n+2h+k = \begin{cases} 2, & \gamma+n=0 \\ 1, & \gamma+n>0. \end{cases}$$

Denn wir haben schon gesehen, daß in den Fällen mit $\varrho > 0$ stets $\tau = 0$ oder 1 ist. — Das Ergebnis ist:

Es gibt zwölf Arten von Hauptbereichen mit $\tau = 1$.

		g	γ	n	h	k	G	ϱ	σ	
I.	a.	0	0	0	4	0	0	0	2	Kugel mit vier Innenpunkten
	b.	1	0	0	0	0	1	2	2	Ringfläche
	c.	1	0	0	1	0	1	0	2	Ringfläche mit einem Innenpunkt
II.	d.	0	0	1	2	0	0	0	1	Kreis mit zwei Innenpunkten
	e.	0	0	1	1	2	0	0	1	Kreis mit einem Innenpunkt und zwei Randpunkten
	f.	0	0	1	0	4	0	0	1	Kreis mit vier Randpunkten
	g.	0	0	2	0	0	1	1	1	Ringgebiet
	h.	0	0	2	0	1	1	0	1	Ringgebiet mit einem Randpunkt
III.	i.	0	1	0	2	0	0	0	1	Elliptische Ebene mit zwei Innenpunkten
	k.	0	1	1	0	0	1	1	1	Möbiusband
	l.	0	1	1	0	1	1	0	1	Möbiusband mit einem Randpunkt
	m.	0	2	0	0	0	1	1	1	Stülpschlauch

Das sind genau diejenigen Arten von Hauptbereichen, für die wir das Problem der extremalen quasikonformen Abbildung schon in **20—32** gelöst haben. Nur die Ringfläche mit einem Innenpunkt, das Ringgebiet mit einem Randpunkt und das Möbiusband mit einem Randpunkt kommen scheinbar neu hinzu. Aber deren konforme Invarianten stimmen mit denen der Ringfläche, des Ringgebiets bzw. des Möbiusbandes überein, sie bilden denselben Raum $\mathfrak{R}^\sigma$ bzw. R^σ wie die nicht punktierten Hauptbereiche: das Auszeichnen des Punktes hat nicht σ vergrößert, sondern nur ϱ verkleinert (s. **112**). Auch für diese drei Arten von Hauptbereichen ist das Problem also in **20—32** schon mitgelöst worden.

Es ist kein Zufall, daß wir gerade diese zwölf Fälle vorweg erledigen konnten. Wenn man von den uninteressanten Fällen mit $\sigma = 0$ $(\tau = 0)$ absieht, haben wir hier genau die Fälle vor uns, wo das reguläre quadratische Differential $d\zeta^2$ bis auf einen (komplexen bzw. reellen) Faktor eindeutig bestimmt ist. Man braucht also nur einmal das Integral $\zeta = \int \sqrt{d\zeta^2}$ auszuführen und weiß, daß die extremalen quasikonformen Abbildungen in Dilatationen der ζ-Ebene bestehen; die Richtung maximaler Dilatation ist im Falle $\gamma + n = 0$, $\sigma = 2$ beliebig, im Falle $\gamma + n > 0$, $\sigma = 1$ jedoch parallel der reellen oder imaginären Achse der ζ-Ebene.

Dagegen hängen für $\tau > 1$ die verschiedenen $\zeta = \int \sqrt{d\zeta^2}$-Ebenen in unübersichtlicher Weise zusammen. Es wird dann schwer, die verschiedenen extremalen quasikonformen Abbildungen eines Hauptbereichs mit einem Blick zu übersehen. Noch nicht einmal die Struktur des linearen metrischen Raumes L^σ ist mir für $\tau > 1$ bekannt.

Im Falle $\tau = 1$ ist der ganze R^σ eine einzige Geodätische $(\sigma = 1)$ bzw. eine einzige komplexe Geodätische $(\sigma = 2)$.

Es zeigt sich, daß in den aufgezählten Fällen mit $\tau = 1$ die regulären quadratischen Differentiale $d\zeta^2$ keine Nullstellen haben. Auch bei $\tau > 1$ kommt es vor, daß ein $d\zeta^2$ keine Nullstellen hat, z. B. $\frac{dz^2}{(z - a_1) \cdots (z - a_4)}$ auf der in $a_1, \ldots, a_4, \infty$ punktierten z-Kugel. Aber für jeden Hauptbereich $\mathfrak{H}$ mit $\tau > 1$ gibt es reguläre quadratische Differentiale mit Nullstellen im Innern oder auf dem Rande von $\mathfrak{H}$, und $d\zeta^2$ hat »im allgemeinen« Nullstellen. Das kann man mit dem Riemann-Rochschen Satz beweisen, dabei müssen noch einige Möglichkeiten besonders diskutiert werden; wir wollen darauf nicht weiter eingehen.

128. Schließlich stellen wir noch die Hauptbereiche mit der reduzierten Dimension $\tau = 2$ zusammen. Weil nach **125** für $\tau \geqq 2$ stets $\varrho = 0$ ist, haben wir nur die Lösungen von

$$\sigma = -6 + 6g + 3\gamma + 3n + 2h + k = \begin{cases} 4, & \gamma + n = 0 \\ 2, & \gamma + n > 0 \end{cases}$$

zu suchen. Wir erhalten folgende elf Arten von Hauptbereichen:

		g	γ	n	h	k	G	σ	
I.	a.	0	0	0	5	0	0	4	Kugel mit fünf Innenpunkten
	b.	1	0	0	2	0	1	4	Ringfläche mit zwei Innenpunkten
II.	c.	0	0	1	2	1	0	2	Kreis mit zwei Innenpunkten und einem Randpunkt
	d.	0	0	1	1	3	0	2	Kreis mit einem Innenpunkt und drei Randpunkten
	e.	0	0	1	0	5	0	2	Kreis mit fünf Randpunkten
	f.	0	0	2	1	0	1	2	Ringgebiet mit einem Innenpunkt
	g.	0	0	2	0	2	1	2	Ringgebiet mit zwei Randpunkten auf derselben Randkurve
	h.	0	0	2	0	2	1	2	Ringgebiet mit zwei Randpunkten auf verschiedenen Randkurven
III.	i.	0	1	1	1	0	1	2	Möbiusband mit einem Innenpunkt
	k.	0	1	1	0	2	1	2	Möbiusband mit zwei Randpunkten
	l.	0	2	0	1	0	1	2	Stülpschlauch mit einem Innenpunkt.

Hier tritt das schon in **6** besprochene Vorkommnis auf, daß das Ringgebiet mit zwei ausgezeichneten Randpunkten zwei Arten von Hauptbereichen abgibt, je nachdem die beiden Punkte auf derselben Randkurve oder auf verschiedenen Randkurven ausgezeichnet sind. Diese beiden Arten von Hauptbereichen stimmen in den charakteristischen Anzahlen von **14** überein. Ähnliches tritt auch für $\tau > 2$ auf, aber, wie wir gesehen haben, nicht für $\tau = 0$ oder $\tau = 1$.

Ähnlich wie man nach **29** alle Fälle mit $\tau = 1$ auf die Ringfläche zurückführen kann, kann man alle Fälle mit $\tau = 2$ auf den Fall b., die Ringfläche mit zwei Innenpunkten, zurückführen. In den Fällen f.—l. geschieht das einfach durch Verdoppelung (**106**). In den Fällen c.—e. führt die Verdoppelung auf den Fall a., die Kugel mit fünf ausgezeichneten Punkten. Da nehme man die zweiblättrige Überlagerungsfläche der Kugel, deren Windungspunkte vier von den ausgezeichneten Punkten sind, und zeichne auf der entstehenden Ringfläche die beiden Punkte aus, die über dem fünften ausgezeichneten Punkt der Kugel liegen. So kann man auch den Fall a. auf den Fall b. zurückführen.

In welchem Sinne kann man hier von »zurückführen« sprechen? Bisher haben wir doch nur nachgemacht, was sich bei $\tau = 1$ früher bewährt hat. Aber kann man auch das Problem der extremalen quasikonformen Abbildung in allen Fällen mit $\tau = 2$ als gelöst ansehen, wenn es für den Fall b.

gelöst ist? Welche Zusammenhänge bestehen da? Das hängt wieder mit der Frage zusammen, warum man die Hauptbereiche gerade nach der reduzierten Dimension ordnet. Wir kommen später (**153** bis **155**) darauf zurück.

$\tau = 2$ ist der einfachste Fall, der sich nicht vorweg erledigen läßt, sondern wo man wirklich die ganze Theorie der quadratischen Differentiale braucht. Er hat auch den Vorteil, daß das algebraische Geschlecht 0 oder 1 ist. Man sollte versuchen, für irgendeinen Hauptbereich mit $\tau = 2$ wenigstens die Metrik des L^τ zu bestimmen und insbesondere zu entscheiden, ob sie zu einer quadratischen Form gehört oder nicht (vgl. **91** und **109**).

Entsprechend kann man die Fälle mit $\tau = 3$, $\tau = 4, \ldots$ aufzählen.

129. Wir betrachten den Fall $\mathfrak{e}$., die obere Halbebene $\mathfrak{I} z > 0$ mit fünf ausgezeichneten Randpunkten $r_1, r_2, r_3, r_4, \infty$. Das allgemeinste reguläre quadratische Differential dieses Hauptbereichs ist

$$d\zeta^2 = \frac{(az+b)\,dz^2}{(z-r_1)\cdots(z-r_4)}.$$

a und b sind reelle Konstanten. $d\zeta^2$ hat eine reelle Nullstelle $z = -\frac{b}{a}$, die sich aber in fünf Sonderfällen mit einem der fünf Pole $r_1, \ldots, r_4, \infty$ von $d\zeta^2$ wegheben kann. $\zeta = \int \sqrt{d\zeta^2}$ bildet die obere Halbebene $\mathfrak{I} z > 0$ konform auf ein schlichtes Sechseck mit achsenparallelen Seiten ab; die fünf ausspringenden Ecken dieses Sechsecks mit dem Winkel $\frac{\pi}{2}$ entsprechen $r_1, \ldots, r_4, \infty$; die einspringende Ecke mit dem Winkel $\frac{3\pi}{2}$ entspricht der Nullstelle von $d\zeta^2$. Falls diese mit $r_1, \ldots, r_4$ oder ∞ zusammenfällt, entartet das Sechseck in ein achsenparalleles Rechteck, dessen Ecken den übrigen vier ausgezeichneten Punkten entsprechen.

Auf dieses Sechseck (bzw. Viereck) soll nun die Dilatation

$$\zeta' = K\xi + i\eta \qquad (\zeta = \xi + i\eta)\ (K \geq 1)$$

angewandt werden, und das entstehende Sechseck (bzw. Viereck) soll wieder auf die obere Halbebene abgebildet werden, wobei $r_1, \ldots, r_4, \infty$ natürlich in andere Randpunkte übergehen werden: es wird behauptet, diese Abbildungen seien extremal quasikonform. Das läßt sich in diesem einfachen Fall noch leicht zeigen.

Wir nehmen etwa an, das Sechseck habe die folgende Gestalt: es sei $0 < a_1 < a$, $0 < b_1 < b$; das Sechseck $\mathfrak{S}$ entstehe durch Vereinigung der beiden Rechtecke $0 < \xi < a$, $0 < \eta < b_1$ und $0 < \xi < a_1$, $0 < \eta < b$. Die

Ecken sind also 0, a, $a+ib_1$, a_1+ib_1, a_1+ib, ib; a_1+ib_1 ist die einspringende Ecke. Daneben haben wir in der ζ'-Ebene das Rechteck $\mathfrak{S}'$, das aus $\mathfrak{S}$ durch die Dilatation $\zeta' = K\xi + i\eta$ $(K \geqq 1)$ entsteht und in dem a_1, a, b_1, b durch $a_1' = Ka_1$, $a' = Ka$, $b_1' = b_1$, $b' = b$ zu ersetzen sind.

Es sei eine eineindeutige, stetige und (abgesehen vom Rand) in beiden Richtungen stetig differenzierbare Abbildung von $\mathfrak{S}$ auf $\mathfrak{S}'$ gegeben, deren Dilatationsquotient $\leqq C$ ist. Die Abbildung führe die fünf ausspringenden Ecken von $\mathfrak{S}$ in die entsprechend liegenden Ecken von $\mathfrak{S}'$ über; es ist zu beachten, daß gleiches für die einspringende Ecke nicht vorausgesetzt werden darf, weil sie keinem ausgezeichneten Punkt des Hauptbereichs entspricht. Es wird behauptet, es sei $C \geqq K$ und Gleichheit gelte nur für die Abbildung $\zeta' = K\xi + i\eta$.

B e w e i s: Das ζ'-Bild der Strecke $\mathfrak{J}\zeta = \eta = \text{const}$ $(0 < \eta < b_1)$, $\xi = 0 \cdots a$ verbindet die Strecke $\zeta' = 0 \cdots ib'$ mit der Strecke $\zeta' = a' \cdots a' + ib_1'$ und hat darum mindestens die Länge $a' = Ka$:

$$Ka \leqq \int_0^a \left| \frac{\partial \zeta'}{\partial \xi} \right| d\xi \qquad (0 < \eta < b_1).$$

Nach der Schwarzschen Ungleichung und wegen $\left| \frac{\partial \zeta'}{\partial \xi} \right|^2 \leqq C \frac{\boxed{d\zeta'}}{\boxed{d\zeta}}$ folgt wie in **20**

$$K^2 a^2 \leqq aC \int_0^a \frac{\boxed{d\zeta'}}{\boxed{d\zeta}}\, d\xi.$$

Wir dividieren durch a und integrieren von $\eta = 0$ bis b_1:

$$K^2 a b_1 \leqq C \int_0^a \int_0^{b_1} \frac{\boxed{d\zeta'}}{\boxed{d\zeta}}\, d\xi\, d\eta.$$

Das ζ'-Bild der Strecke $\mathfrak{J}\eta = \text{const}$ $(b_1 < \eta < b)$, $\xi = 0 \cdots a_1$ verbindet die Strecke $\zeta' = 0 \cdots ib'$ mit dem Streckenzug $\zeta' = a' + ib_1' \cdots a_1' + ib_1' \cdots a_1' + ib'$ und hat darum mindestens die Länge $a_1' = Ka_1$:

$$Ka_1 \leqq \int_0^{a_1} \left| \frac{\partial \zeta'}{\partial \xi} \right| d\xi \qquad (b_1 < \eta < b).$$

Wie oben folgt

$$K^2 a_1 (b - b_1) \leqq C \int_0^{a_1} \int_{b_1}^{b} \frac{\boxed{d\zeta'}}{\boxed{d\zeta}}\, d\xi\, d\eta.$$

Zusammen

$$K^2\{ab_1 + a_1\,(b-b_1)\} \leqq C \iint\limits_{\mathfrak{S}} \frac{\boxed{d\zeta'}}{\boxed{d\zeta}}\, d\xi\, d\eta = C \iint\limits_{\mathfrak{S}'} \boxed{d\zeta'}\,.$$

Nun ist aber

$$\iint\limits_{\mathfrak{S}'} \boxed{d\zeta'} = K \iint\limits_{\mathfrak{S}} \boxed{d\zeta} = K\{ab_1 + a_1\,(b-b_1)\}\,.$$

Folglich

$$K \leqq C.$$

Die Diskussion des Gleichheitszeichens verläuft wie in **20**.

Wir sehen an diesem Beispiel, wie der in **20**ff. verwendete Beweismechanismus durch eine Nullstelle des $d\zeta^2$ am Rande nicht aufgehalten wird. Ähnliches überlegten wir uns schon in **47** für eine Nullstelle von $d\zeta^2$ im Innern. Es empfiehlt sich, mehrere derartige einfache Beispiele vor dem allgemeingültigen Beweis in **132** bis **140** durchzuführen.

130. In dem Sechseck $\mathfrak{S}$ stecken vier Konstanten: a_1, a, b_1 und b, also, weil es auf einen gemeinsamen Faktor nicht ankommt, drei Parameter. Der nur bis auf konforme Abbildung bestimmte Hauptbereich hängt aber nur von zwei Parametern ab. Die Gesamtheit der nur bis auf Transformationen $\alpha\zeta + \beta$ mit reellem oder rein imaginärem $\alpha \neq 0$ bestimmten Sechsecke zerfällt also in lauter einparametrige Scharen konform äquivalenter. Zwei solche Scharen werden genau ein Paar von Sechsecken enthalten, von denen eins aus dem andern durch affine Dilatation hervorgeht. Im dreidimensionalen Raum der Sechsecke mit achsenparallelen Seiten, die nur bis auf affine Abbildung bestimmt sind, liegt eine zweiparametrige Kurvenschar: zwei Punkte liegen dann und nur dann auf derselben Kurve, wenn die Sechsecke durch Dilatation auseinander hervorgehen; und eine zweite Kurvenschar, wo zwei Punkte dann und nur dann auf derselben Kurve liegen, wenn man die Sechsecke konform mit Erhaltung der ausspringenden Ecken aufeinander abbilden kann. Und aus unserer Lösung des Problems der extremalen quasikonformen Abbildung müssen wir den Schluß ziehen: Z w e i v e r s c h i e d e n e K u r v e n d e r z w e i t e n S c h a r w e r d e n v o n g e n a u e i n e r K u r v e d e r e r s t e n S c h a r g e s c h n i t t e n. Auf jeder Kurve der ersten Schar kann man Längen messen: die Entfernung zweier Punkte ist gleich dem Logarithmus des Dilatationsquotienten der affinen Abbildung, welche die beiden Sechsecke ineinander überführt. Die Kurven der zweiten Schar entsprechen den Punkten des R^2; der Abstand zweier Punkte des R^2 kann auf der Kurve der ersten Schar, welche die beiden jenen Punkten entsprechenden Kurven der zweiten Schar schneidet, gemessen werden.

Wenn man Punkte, die auf derselben Kurve der zweiten Schar liegen, stets identifiziert, erhält man den R^2. Wenn man aber zwei Punkte stets dann identifiziert, wenn sie auf derselben Kurve der ersten Schar liegen, dann erhält man einen neuen Raum S^2. Den Kurven der zweiten Schar entspricht eine zweiparametrige Kurvenschar im S^2, und zwei Kurven dieser Schar schneiden sich in einem und nur einem Punkte. Indem jedem Punkt des R^2 eine Kurve im S^2 zugeordnet ist, haben wir eine Berührungstransformation zwischen dem R^2 und dem S^2; jedem Linienelement des R^2 ist ein Linienelement des S^2 zugeordnet. Die Punkte des S^2 entsprechen dabei den Geodätischen des R^2. Den Linienelementen einer Geodätischen des R^2 entspricht ein »Intervall« von Linienelementen, die durch einen und denselben Punkt des S^2 gehen. Dies Intervall wird von zwei »Grenzlinienelementen« begrenzt; so sind jedem Punkt des S^2 zwei Grenzlinienelemente zugeordnet. Die stetig differenzierbaren Kurven des S^2, die aus solchen Grenzlinienelementen aufgebaut sind, entsprechen den »unendlich fernen Punkten« des R^2. Wir sagen nämlich, die beiden Enden einer Geodätischen des R^2 bestimmen je einen unendlich fernen Punkt, und zwei Enden von zwei Geodätischen bestimmen dann und nur dann denselben unendlich fernen Punkt, wenn sie sich zwar nicht schneiden, aber durch (im Endlichen) beliebig kleine Abänderung zum Schneiden gebracht werden können. Eine Punktfolge P_n des R^2 konvergiert gegen den von einem Ende E einer Geodätischen (d. h. einem geodätischen Strahl) bestimmten unendlich fernen Punkt, wenn P_n auf dem geodätischen Strahl E_n liegt und E_n gegen E strebt.

131. Wir betrachten auch noch kurz den Fall $\mathfrak{h}$., das Ringgebiet mit je einem ausgezeichneten Randpunkt auf den beiden Randkurven, von dem schon in **6** und **33** die Rede war. Es ist jetzt sofort ersichtlich, daß die in **33** angegebenen Abbildungen nicht extremal quasikonform sind, weil das Richtungsfeld schräg auf den Rand trifft.

Wie in **6** nehmen wir an, das Ringgebiet sei $1 < |w| < R$ und die ausgezeichneten Randpunkte seien $w = 1$ und $w = Re^{i\vartheta}$. Ein reguläres quadratisches Differential hat die Form

$$d\zeta^2 = f(w)\left(\frac{dw}{w}\right)^2,$$

wo $f(w)$ auf $|w| = 1$ und $|w| = R$ reell ist und nur in $w = 1$ und $w = Re^{i\vartheta}$ Pole erster Ordnung erlaubt sind. $f(w)$ läßt sich nach dem Schwarzschen Spiegelungsprinzip fortsetzen und wird eine elliptische Funktion von $\log w$ mit dem Periodenpaar $2 \log R$, $2\pi i$, entsprechend dem algebraischen Geschlecht $G = 1$. f muß im Periodenparallelogramm zwei Nullstellen haben (wenn nicht $f = \text{const}$ ist). Läge eine Nullstelle im Innern des Kreisrings, so ergäbe sich die Lage der anderen durch Spiegelung, und man erhielte einen Widerspruch gegen den klassischen Liouvilleschen Satz von der Nullstellen- und Polverteilung einer elliptischen Funktion. Vielmehr liegt die eine Nullstelle bei $w = e^{i\varphi}$ und die andere bei $w = Re^{i(\vartheta-\varphi)}$. Durch $\zeta = \int \sqrt{f(w)}\,\frac{dw}{w}$ wird die einfach zusammenhängende unverzweigte Überlagerungsfläche des Kreisrings auf ein Treppengebiet abgebildet; dessen ausspringende Ecken entsprechen den ausgezeichneten Punkten, während die einspringenden Ecken den Nullstellen von $d\zeta^2$ entsprechen. Grenzfälle dieses Treppengebiets sind der senkrechte oder waagerechte Parallelstreifen. Wieder besteht die extremale quasikonforme Abbildung in einer achsenparallelen Dilatation des Treppengebiets; wie in **129** kann man auch hier leicht die Extremaleigenschaft dieser Abbildung beweisen.

Beweis der Extremaleigenschaft.

132. Wie schon in **115** angekündigt wurde, soll jetzt bewiesen werden, daß die in **114** betrachteten Abbildungen wirklich im Sinne von **52** extremal quasikonform sind. Das wurde ja schon in **119** wesentlich benutzt. Wir haben jetzt also zwei Hauptbereiche $\mathfrak{H}$ und $\mathfrak{H}'$ und auf $\mathfrak{H}$ ein reguläres quadratisches Differential $d\zeta^2$, auf $\mathfrak{H}'$ ein ebensolches $d\zeta'^2$, und zwischen $\mathfrak{H}$ und $\mathfrak{H}'$ besteht eine eineindeutige Abbildung H, bei der

$$d\zeta' = \pm(K\Re\, d\zeta + i\Im\, d\zeta)$$

ist; $K > 1$ ist eine Konstante. (Es soll also

$$|d\zeta'^2| = \frac{K^2+1}{2}\,|d\zeta^2| + \frac{K^2-1}{2}\,\Re\, d\zeta^2$$

und

$$d\zeta'^2 = \frac{K^2-1}{2}\,|d\zeta^2| + \frac{K^2+1}{2}\,\Re\, d\zeta^2 + Ki\,\Im\, d\zeta^2$$

sein.) Grundlegend sind die folgenden beiden Eigenschaften dieser Abbildung H:

1. Den Linien $d\zeta^2 > 0$ entsprechen die Linien $d\zeta'^2 > 0$, und bei Integration längs eines Stücks einer solchen Linie ist

$$\int |d\zeta'| = K \int |d\zeta|.$$

Hier ist zur Abkürzung

$$|d\zeta| = \sqrt{\left|\frac{d\zeta^2}{dz^2}\right|}\,|dz|; \quad |d\zeta'| = \sqrt{\left|\frac{d\zeta'^2}{dz'^2}\right|}\,|dz'|$$

gesetzt; z und z' sind Ortsuniformisierende von $\mathfrak{H}$ bzw. $\mathfrak{H}'$.

2. Ebenso setzen wir

$$\boxed{d\zeta} = \left|\frac{d\zeta^2}{dz^2}\right| \boxed{dz}\,; \quad \boxed{d\zeta'} = \left|\frac{d\zeta'^2}{dz'^2}\right| \boxed{dz'}.$$

Dann ist

$$\boxed{d\zeta'} = K \boxed{d\zeta}.$$

Wir führen auf $\mathfrak{H}$ die Metrik $|d\zeta^2|$ und auf $\mathfrak{H}'$ die Metrik $|d\zeta'^2|$ ein. Diese besondere Abbildung H von $\mathfrak{H}$ auf $\mathfrak{H}'$ soll jetzt mit anderen verglichen werden. Weil wir es aber mit topologisch festgelegten Hauptbereichen zu tun haben, dürfen wir nur solche Abbildungen $\bar{H}$ zum Vergleich heranziehen, die aus der gegebenen Abbildung H durch Deformation hervorgehen. Wir behaupten also:

Für jede quasikonforme Abbildung $\bar{H}$ von $\mathfrak{H}$ auf $\mathfrak{H}'$, die aus der gegebenen Abbildung H durch Deformation entsteht, ist das Maximum des Dilatationsquotienten $\geqq K$; ist es $= K$, so entsteht die Abbildung $\bar{H}$ aus der gegebenen Abbildung H durch Hinzufügen einer konformen Abbildung A' von $\mathfrak{H}'$ auf sich: $\bar{H} = A'H$.

Als Vorbild dient uns der in **28** für den Fall der Ringfläche gegebene Beweis, dessen erster Teil allerdings stark umgearbeitet werden muß.

133. Wir nehmen zunächst an, $\mathfrak{H}$ sei geschlossen. (Wenn man will, darf man $\mathfrak{H}$ hier sogar orientierbar annehmen.) Ferner ist eine Abbildung $\bar{H}$ von $\mathfrak{H}$ auf $\mathfrak{H}'$, die sich in die oben gegebene Abbildung H deformieren läßt, vorgelegt.

Zu Anfang brauchen wir eine Abschätzung der »Länge« $\int |d\zeta'|$ des $\mathfrak{H}'$-Bildes einer Kurve $d\zeta^2 > 0$ bei unserer Abbildung $\bar{H}$ nach unten. Ein Kurvenstück Λ auf $\mathfrak{H}$ mit $d\zeta^2 > 0$, dessen» Länge« $\int |d\zeta| = L$ ist, geht bei der »extremalen« Abbildung H in ein Kurvenstück Λ' auf $\mathfrak{H}'$ mit $d\zeta'^2 > 0$ von der Länge KL über. Es kann nun zwar vorkommen, daß Λ bei $\bar{H}$ in ein Kurvenstück auf $\mathfrak{H}'$ mit einer kleineren Länge als KL übergeht. Es gilt aber der metrisch-topologische Hilfssatz:

Zu jeder topologischen Abbildung Y von $\mathfrak{H}'$ auf sich, die sich stetig in die Identität verformen läßt, gibt es eine Zahl M derart, daß jedes Kurvenstück Λ' mit $d\zeta'^2 > 0$ von der »Länge« $\int |d\zeta'| = L'$ bei Y in eine Bildkurve $Y\Lambda'$ mit der »Länge«

$$\int |d\zeta'| \geqq L' - 2M$$

übergeht.

M soll also von L' unabhängig gewählt werden können. Beim Beweis dieses Hilfssatzes und auch nur hier brauchen wir die Voraussetzung, daß Y sich in die Identität deformieren läßt.

Wir beweisen den Hilfssatz in **137—140**. —

Diesen metrisch-topologischen Hilfssatz wenden wir auf die Abbildung

$$Y = \overline{H} H^{-1}$$

von $\mathfrak{H}'$ auf sich an. Weil man H in $\overline{H}$ deformieren kann, kann man Y in die Identität deformieren. Das Kurvenstück Λ der Länge L mit $d\zeta^2 > 0$ geht bei H in ein Kurvenstück $\Lambda' = H\Lambda$ mit $d\zeta'^2 > 0$ von der Länge $L' = KL$ über; bei $\overline{H}$ geht es in ein Kurvenstück $\overline{H}\Lambda = Y\Lambda'$ auf $\mathfrak{H}'$ über, und die Länge des letzteren ist nach dem metrisch-topologischen Hilfssatz

$$\int_{\Lambda} \left|\frac{d\zeta'}{d\zeta}\right| |d\zeta| = \int_{\overline{H}\Lambda} |d\zeta'| \geqq KL - 2M.$$

Hier ist ganz links mit $\left|\frac{d\zeta'}{d\zeta}\right|$ einfach das lineare Vergrößerungsverhältnis der Abbildung $\overline{H}$ bezeichnet, das noch von der Richtung abhängt; es ist natürlich für die Richtung $d\zeta^2 > 0$ zu berechnen. (Man beachte die ähnliche Formel in **28**!)

134. Nun gehen wir von jedem Punkte $\mathfrak{p}$ von $\mathfrak{H}$ aus auf der durch ihn gehenden Linie $d\zeta^2 > 0$ in beiden Richtungen je so weit, bis die »Entfernung« $\int |d\zeta|$ vom Ausgangspunkt $\frac{L}{2}$ beträgt; L ist eine wachsende Zahl. D. h. man soll durch $\mathfrak{p}$ eine Kurve

$$\mathfrak{q}(t, \mathfrak{p}) \qquad \left(-\frac{L}{2} \leqq t \leqq \frac{L}{2}\right)$$

legen, wo jedem $\mathfrak{p}$ und jedem t ein Punkt $\mathfrak{q}(t, \mathfrak{p})$ von $\mathfrak{H}$ zugeordnet ist und $\mathfrak{q}(0, \mathfrak{p}) = \mathfrak{p}$ ist und $\mathfrak{q}(t, \mathfrak{p})$ bei festem $\mathfrak{p}$ eine Linie $d\zeta^2 > 0$ mit t als Bogenlänge beschreibt:

$$\int_{\mathfrak{q}(t_1, \mathfrak{p})}^{\mathfrak{q}(t_2, \mathfrak{p})} |d\zeta| = t_2 - t_1 \qquad \left(-\frac{L}{2} \leqq t_1 \leqq t_2 \leqq \frac{L}{2}\right).$$

Die Punkte $\mathfrak{p}$, für die das nicht eindeutig möglich ist, sondern für die man in eine Nullstelle oder einen Pol gerät, liegen auf endlich vielen analytischen Kurvenstücken und können vernachlässigt werden.

Der Durchlaufungssinn der Kurve $\mathfrak{q}(t, \mathfrak{p})$ muß noch willkürlich festgesetzt werden, denn an sich sind t und $-t$ gleichberechtigt. Wir wollen den Durchlaufungssinn so wählen, daß er nur an endlich vielen analytischen Linien unstetig ist.

Bei unserer Abbildung $\bar{H}$ gilt nach **133**

$$KL - 2M \leqq \int_{-\frac{L}{2}}^{+\frac{L}{2}} \left|\frac{d\zeta'}{d\zeta}\right| (\mathfrak{q})\, dt.$$

Durch die Schreibweise deuten wir an, daß wir $\left|\frac{d\zeta'}{d\zeta}\right|$ als eine Funktion des Punktes $\mathfrak{q}(t, \mathfrak{p})$ ansehen müssen; im übrigen ist längs der Kurve ja $|d\zeta| = dt$. Wir integrieren diese Ungleichung nun über die ganze Mannigfaltigkeit, d. h. wir multiplizieren mit $\boxed{d\zeta}(\mathfrak{p})$, dem Flächenelement beim Punkte $\mathfrak{p}$ in unserer Metrik $|d\zeta^2|$, und integrieren über den geschlossenen Träger $\mathfrak{M}$ von $\mathfrak{H}$:

$$(KL - 2M) \iint_{\mathfrak{M}} \boxed{d\zeta}(\mathfrak{p}) \leqq \iint_{\mathfrak{M}} \int_{-\frac{L}{2}}^{+\frac{L}{2}} \left|\frac{d\zeta'}{d\zeta}\right| (\mathfrak{q})\, dt\, \boxed{d\zeta}(\mathfrak{p}).$$

Rechts formen wir das Integral um, indem wir $|t|$ und $\mathfrak{q}$ an Stelle von t und $\mathfrak{p}$ als unabhängige Veränderliche nehmen; es ist

$$dt\, \boxed{d\zeta}(\mathfrak{p}) = d|t|\, \boxed{d\zeta}(\mathfrak{q}),$$

und zu jedem $|t|$, $\mathfrak{q}$ gibt es zwei t, $\mathfrak{p}$ und umgekehrt, also

$$(KL - 2M) \iint_{\mathfrak{M}} \boxed{d\zeta}(\mathfrak{p}) \leqq 2 \iint_{\mathfrak{M}} \left|\frac{d\zeta'}{d\zeta}\right| (\mathfrak{q})\, \boxed{d\zeta}(\mathfrak{q}) \int_{0}^{+\frac{L}{2}} d|t|$$

oder

$$(KL - 2M) \iint_{\mathfrak{M}} \boxed{d\zeta} \leqq L \iint_{\mathfrak{M}} \left|\frac{d\zeta'}{d\zeta}\right| \boxed{d\zeta}.$$

Dividiert man durch L und läßt man L gegen ∞ streben, so erhält man

$$K \iint_{\mathfrak{M}} \boxed{d\zeta} \leqq \iint_{\mathfrak{M}} \left|\frac{d\zeta'}{d\zeta}\right| \boxed{d\zeta}.$$

135. Nun geht der Beweis wie in **28** weiter. Nach der Schwarzschen Ungleichung ist

$$K^2 \iint_{\mathfrak{M}} \boxed{d\zeta} \leqq \iint_{\mathfrak{M}} \left|\frac{d\zeta'}{d\zeta}\right|^2 \boxed{d\zeta}.$$

Ist C eine obere Schranke für den Dilatationsquotienten der Abbildung $\overline{H}$, so gilt

$$\left|\frac{d\zeta'}{d\zeta}\right|^2 \leqq C \frac{\boxed{d\zeta'}}{\boxed{d\zeta}},$$

folglich

$$K^2 \iint\limits_{\mathfrak{M}} \boxed{d\zeta} \leqq C \iint\limits_{\mathfrak{M}'} \boxed{d\zeta'}.$$

Nun ist aber

$$\iint\limits_{\mathfrak{M}'} \boxed{d\zeta'} = K \iint\limits_{\mathfrak{M}} \boxed{d\zeta},$$

folglich

$$K \leqq C.$$

Gleichheit gilt nur, wenn $\left|\frac{d\zeta'}{d\zeta}\right|$ (für $d\zeta^2 > 0$ zu berechnen!) konstant gleich K ist und wenn identisch $\left|\frac{d\zeta'}{d\zeta}\right|^2 = K \frac{\boxed{d\zeta'}}{\boxed{d\zeta}}$ ist, während der Dilatationsquotient $\leqq K$ ist. Dann ist der Dilatationsquotient konstant $= K$, und das Richtungsfeld maximaler Dilatation ist $d\zeta^2 > 0$, und die Abbildung $\overline{H}$ geht aus H durch Hinzufügen einer konformen Abbildung A' hervor ($\overline{H} = A'H$), bei der $|d\zeta'^2|$ invariant ist und die darum $d\zeta'^2$ nur mit einer Konstanten vom Betrag 1 multipliziert.

Wir haben also das Nebenergebnis:

Eine konforme Abbildung von $\mathfrak{H}'$ auf sich, die sich in die Identität deformieren läßt, multipliziert jedes quadratische Differential nur mit einer Konstanten vom Betrag 1.

136. Damit ist die Extremaleigenschaft unserer Abbildungen für geschlossene Hauptbereiche bewiesen. Wir müssen sie (und damit auch das Nebenergebnis) nun auf berandete Hauptbereiche übertragen.

Zwei berandete Hauptbereiche $\mathfrak{H}$ und $\mathfrak{H}'$ mögen in der in **132** beschriebenen Beziehung zueinander stehen; insbesondere sollen $H, d\zeta^2, d\zeta'^2, K$ die dort erklärte Bedeutung haben. Eine Abbildung $\overline{H}$ von $\mathfrak{H}$ auf $\mathfrak{H}'$, die sich stetig in H verformen läßt, sei gegeben. (Der folgende Beweis gilt übrigens auch für geschlossene nichtorientierbare Hauptbereiche.)

Wie in **106** gehen wir von den Hauptbereichen $\mathfrak{H}$ und $\mathfrak{H}'$ zu ihren Verdoppelungen $\hat{\mathfrak{H}}$ bzw. $\hat{\mathfrak{H}}'$ über. $d\zeta^2$ und $d\zeta'^2$ werden reguläre quadratische Differentiale von $\hat{\mathfrak{H}}$ bzw. $\hat{\mathfrak{H}}'$, und H liefert eine Abbildung von $\hat{\mathfrak{H}}$ auf $\hat{\mathfrak{H}}'$, die wir $\hat{H}$ nennen, und die ebenso (nach **132**) aus $d\zeta^2$, $d\zeta'^2, K$ entsteht wie die

Abbildung H von $\mathfrak{H}$ auf $\mathfrak{H}'$. Auch dem $\overline{H}$ entspricht eine Abbildung $\hat{H}$ von $\hat{\mathfrak{H}}$ auf $\hat{\mathfrak{H}}'$, die sich stetig in $\hat{H}$ verformen läßt und dasselbe Maximum C des Dilatationsquotienten hat wie $\overline{H}$. Von $\hat{H}$ wissen wir aber schon, daß es extremal ist. Es ist $C \geqq K$, und Gleichheit gilt nur, wenn $\hat{H} = \hat{A}'\hat{H}$ ist, wo $\hat{A}'$ eine konforme Abbildung von $\hat{\mathfrak{H}}'$ auf sich ist, die $|d\zeta'^2|$ invariant läßt. Aber $\hat{A}' = \hat{H}\hat{H}^{-1}$ führt auf $\hat{\mathfrak{H}}'$ konjugierte Punkte in konjugierte Punkte über und liefert darum eine konforme Abbildung von $\mathfrak{H}'$ auf sich, die $|d\zeta'^2|$ invariant läßt.

137. Metrisch-topologischer Hilfssatz:

Zu jeder topologischen Abbildung Y eines geschlossenen Hauptbereichs $\mathfrak{H}$ auf sich, die sich stetig in die Identität verformen läßt, und jedem regulären quadratischen Differential $d\zeta^2 \not\equiv 0$ von $\mathfrak{H}$ gibt es eine Zahl M mit folgender Eigenschaft: Ist Λ ein Kurvenstück auf $\mathfrak{H}$ mit $d\zeta^2 > 0$ und $Y\Lambda$ sein Bild bei der Abbildung Y, so ist

$$\int_{Y\Lambda} |d\zeta| \geqq \int_{\Lambda} |d\zeta| - 2M.$$

Zum Beweis führen wir natürlich wieder auf dem Träger $\mathfrak{M}$ von $\mathfrak{H}$ die Metrik

$$ds^2 = |d\zeta^2|$$

ein. Jedem Punkt $\mathfrak{p}$ von $\mathfrak{M}$ lassen sich für hinreichend kleines ϱ die Umgebungen $\mathfrak{U}(\mathfrak{p}, \varrho)$ zuordnen: $\mathfrak{U}(\mathfrak{p}, \varrho)$ ist die Menge aller Punkte, die sich mit $\mathfrak{p}$ durch eine Kurve mit einer »Länge« $\int |d\zeta| < \varrho$ verbinden lassen; ϱ soll stets so klein gewählt werden, daß diese Umgebung schlicht und einfach zusammenhängend auf $\mathfrak{M}$ liegt und (außer höchstens $\mathfrak{p}$ selbst) weiter keine ausgezeichneten Punkte von $\mathfrak{H}$ oder Nullstellen von $d\zeta^2$ enthält. In $\mathfrak{U}(\mathfrak{p}, \varrho)$ setze man

$$\zeta = \int_{\mathfrak{p}} \sqrt{d\zeta^2},$$

dann ist

$$z = \begin{cases} \zeta & \text{im allgemeinen} \\ \zeta^2 & \text{in (einfachen) Polen von } d\zeta^2 \\ \zeta^{\frac{2}{\nu+2}} & \text{in } \nu\text{-fachen Nullstellen von } d\zeta^2 \end{cases}$$

eine Ortsuniformisierende, die $\mathfrak{U}(\mathfrak{p}, \varrho)$ auf einen Kreis

$$|z| < \begin{cases} \varrho \\ \varrho^2 \\ \varrho^{\frac{2}{\nu+2}} \end{cases}$$

konform abbildet (vgl. auch **47** und **48**).

Man kann $\mathfrak{M}$ mit endlich vielen Umgebungen $\mathfrak{U}(\mathfrak{p}_n, \varrho_n)$ $(n=1,\ldots,N)$ überdecken. Dabei können die ϱ_n so klein gewählt werden, daß auch noch die Umgebungen $\mathfrak{U}(\mathfrak{p}_n, 2\varrho_n)$ unseren Bedingungen genügen.

Unter den $\mathfrak{p}_n$ sind natürlich alle ausgezeichneten Punkte von $\mathfrak{H}$ und alle Nullstellen von $d\zeta^2$ enthalten. Wir greifen ein bestimmtes derartiges Umgebungssystem heraus und setzen $\varrho = \mathrm{Min}(\varrho_1, \ldots, \varrho_N)$.

Nun müssen erst noch zwei Hilfssätze bewiesen werden.

138. Erster Hilfssatz: Λ sei ein Kurvenstück mit $d\zeta^2 > 0$; P und Q seien seine Endpunkte. Die Kurve $\tilde{\Lambda}$ entstehe aus Λ durch eine stetige Verformung, bei der die Endpunkte P und Q festgehalten werden und die Kurve über keinen ausgezeichneten Punkt hinweggezogen wird. Dann ist

$$\int_{\tilde{\Lambda}} |d\zeta| \geqq \int_{\Lambda} |d\zeta|.$$

Beweis: $\mathfrak{E}$ sei die orientierbare einfach zusammenhängende nur über den ausgezeichneten Punkten von $\mathfrak{H}$ in jedem Blatt genau zweiblättrig gewundene[1] Überlagerungsfläche von $\mathfrak{M}$. Auf sie übertragen wir die Metrik $|d\zeta^2|$. Auf $\mathfrak{E}$ hat $d\zeta^2$ keine Pole mehr, denn in einem ausgezeichneten Punkt $\mathfrak{p}$ ist

$$t = \sqrt{z} = \begin{cases} \zeta^{\frac{1}{2}}, & \text{wenn } d\zeta^2 \text{ in } \mathfrak{p} \text{ weder } 0 \text{ noch } \infty \text{ ist} \\ \zeta, & \text{wenn } d\zeta^2 \text{ in } \mathfrak{p} \text{ einen Pol hat} \\ \zeta^{\frac{1}{\nu+2}}, & \text{wenn } d\zeta^2 \text{ in } \mathfrak{p} \text{ eine } \nu\text{-fache Nullstelle hat} \end{cases}$$

Ortsuniformisierende, und $\frac{d\zeta^2}{dt^2} = \frac{d\zeta^2}{dz^2} \cdot 4z$ bleibt regulär. Wir suchen auf $\mathfrak{E}$ die Geodätischen, also die Linien, von denen jeder hinreichend kleine Teilbogen die kürzeste Verbindung seiner Endpunkte ist. Das sind die Linien

$$\arg d\zeta^2 = \text{const},$$

wenigstens abgesehen von den Nullstellen des $d\zeta^2$ auf $\mathfrak{E}$; in einer μ-fachen Nullstelle von $d\zeta^2$ auf $\mathfrak{E}$ besteht die Bedingung, daß zwei Kurven $\arg d\zeta^2 = \text{const}$ dort einen Winkel $\geqq \frac{2\pi}{\mu+2}$ miteinander einschließen müssen, damit sie zusammen eine Geodätische sind. Die Vielfachheit μ ist auf $\mathfrak{E}$ zu zählen; meist stimmt sie mit der Vielfachheit ν der Nullstelle von $d\zeta^2$ auf $\mathfrak{M}$ überein, nur über einem ausgezeichneten Punkt, wo ja $\mathfrak{E}$ zweiblättrig verzweigt ist, ist

$$\mu = 2\nu + 2.$$

---

[1] Es genügt, wenn $\mathfrak{E}$ über allen Polen von $d\zeta^2$ lauter algebraische Windungspunkte hat.

Diese Formel gilt entsprechend auch für $\nu = 0$ und $\nu = -1$.

Man kann jedes Stück einer Geodätischen auf $\mathfrak{E}$ noch um die Länge ϱ verlängern. Denn das Ende des Geodätischenstücks liegt in einer Umgebung $\mathfrak{U}(\mathfrak{p}_n, \varrho_n)$, und nach Definition ist $\varrho \leqq \varrho_n$. Man kann die Geodätische also innerhalb $\mathfrak{U}(\mathfrak{p}_n, 2\varrho_n)$ um das Stück ϱ verlängern. Wenn man dabei in eine Nullstelle von $d\zeta^2$ auf $\mathfrak{E}$ gerät, darf man entweder geradeaus weitergehen oder auch innerhalb gewisser Schranken die Richtung ändern. — Eine Geodätische, die in einen ausgezeichneten Punkt läuft, der auf $\mathfrak{M}$ Pol von $d\zeta^2$ ist, kehrt dort einfach im anderen Blatt zurück. Um diese Fortsetzungsmöglichkeit zu erhalten, haben wir die quadratischen Windungspunkte des $\mathfrak{E}$ eingeführt.

Nun wenden wir den allgemeinen Satz von Hopf und Rinow, den wir in **118** für den Raum R^σ aussprachen, auf unsere metrische Überlagerungsfläche $\mathfrak{E}$ an. Wir haben soeben gesehen, daß man auf $\mathfrak{E}$ jedes Geodätischenstück bis zu beliebig großer Länge fortsetzen kann. Daraus folgt:

Zwischen je zwei Punkten von $\mathfrak{E}$ gibt es eine kürzeste Verbindung, und diese ist eine Geodätische.

Nun zurück zu unserer Linie Λ mit $d\zeta^2 > 0$ und der verformten Verbindungslinie $\tilde{\Lambda}$ ihrer Endpunkte P, Q! Man kann Λ auch als Linie auf $\mathfrak{E}$ mit $d\zeta^2 > 0$ und mit Enden P, Q auf $\mathfrak{E}$ deuten. Weil bei der Verformung von Λ in $\tilde{\Lambda}$ die ausgezeichneten Punkte nach Voraussetzung gemieden wurden, kann man Λ auf $\mathfrak{E}$ ebenso wie auf $\mathfrak{M}$ in eine Linie über $\tilde{\Lambda}$, die wir gleich wieder $\tilde{\Lambda}$ nennen, deformieren, welche die Enden P, Q von Λ verbindet. Wäre nun

$$\int_{\tilde{\Lambda}} |d\zeta| < \int_{\Lambda} |d\zeta|,$$

so konstruiere man die kürzeste geodätische Verbindungslinie von P und Q auf $\mathfrak{E}$: ihre Länge wäre erst recht kleiner als die Länge von Λ. Aber auch Λ ist eine Geodätische. Die Punkte P und Q auf $\mathfrak{E}$ hätten also zwei verschiedene geodätische Verbindungslinien.

Dann gäbe es auf der einfach zusammenhängenden Fläche $\mathfrak{E}$ auch ein geodätisches Zweieck, d. h. ein einfach zusammenhängendes Gebiet, dessen Rand aus zwei Geodätischenbogen mit gemeinsamen Enden R, S besteht. Wir werden das zum Widerspruch führen.

$T_1, \ldots, T_i$ seien die von R und S verschiedenen Randpunkte und $U_1, \ldots, U_l$ die Innenpunkte des geodätischen Zweiecks, die Nullstellen von $d\zeta^2$ sind (hinsichtlich der Ortsuniformisierenden von $\mathfrak{E}$! Pole treten also nicht auf). Die Vielfachheit dieser Nullstellen bezeichnen wir kurz mit μ, ohne Index, obwohl sie kaum immer denselben Wert hat. Wir umgeben R, S, $T_1, \ldots, T_i$, $U_1, \ldots, U_l$ durch kleine Kreise $|\zeta| = \text{const}$ ($\zeta = \int\limits_{\mathfrak{p}} \sqrt{d\zeta^2}$, vgl. **137**) und verbinden die Kreise um $U_1, \ldots, U_l$ durch Kurven mit dem Rande des Zweiecks. Für das verbleibende einfach zusammenhängende Gebiet gilt die Formel von Gauß-Bonnet:

$$\int\limits_{\mathfrak{z}} d \arg d\zeta + \sum \alpha = 2\pi.$$

$\sum \alpha$ ist die Summe der Außenwinkel. Nun verschwindet $\int d \arg d\zeta$ bei Integration über die Geodätischen $\arg d\zeta^2 = \text{const}$ und über die doppelt durchlaufenen Verbindungslinien der Kreise um $U_1, \ldots, U_l$ mit dem Rand des Zweiecks. Der Winkel des Zweiecks sei bei R gleich β, bei S gleich γ und bei T_ι gleich δ_ι. Eine leichte Berechnung der $\int\limits_{\mathfrak{z}} d \arg d\zeta$ über die Kreisbögen und der Außenwinkelsumme ergibt

$$\left(\pi - \frac{\mu+2}{2}\beta\right) + \left(\pi - \frac{\mu+2}{2}\gamma\right) + \sum_{\iota=1}^{i}\left(\pi - \frac{\mu+2}{2}\delta_\iota\right) + \sum_{\lambda=1}^{l}\left(2\pi - \frac{\mu+2}{2}2\pi\right) = 2\pi.$$

μ hat natürlich einen vom Punkt abhängigen Wert. Es ist $\beta > 0$ und $\gamma > 0$, die beiden ersten Summanden sind also zusammen kleiner als 2π. Ferner ist stets $\delta_\iota \geqq \frac{2\pi}{\mu+2}$, weil es sich um Geodätischenbogen handelt (s. o.), folglich enthält die dritte Summe lauter nichtpositive Summanden. Die vierte Summe enthält nur negative Summanden. Dann kann die linke Seite aber nicht gleich 2π sein, Widerspruch.

139. In **137** kommt in der Voraussetzung eine Abbildung Y des Hauptbereichs $\mathfrak{H}$ auf sich vor, die man aus der Identität durch Deformation gewinnen kann. Das heißt: es gibt eine vom Parameter τ $(0 \leqq \tau \leqq 1)$ stetig abhängende Schar topologischer Abbildungen

$$\mathfrak{p} \to \mathfrak{q}(\mathfrak{p}, \tau)$$

von $\mathfrak{H}$ auf sich, die für $\tau = 0$ die Identität ist und für $\tau = 1$ gleich Y ist. Jedem Punkte $\mathfrak{p}$ von $\mathfrak{H}$ und jedem τ $(0 \leqq \tau \leqq 1)$ ist also ein Punkt $\mathfrak{q}(\mathfrak{p}, \tau)$ zugeordnet. Diese Zuordnung ist stetig und ist bei festem τ eine homöomorphe Abbildung des Trägers $\mathfrak{M}$ von $\mathfrak{H}$ auf sich. Die ausgezeichneten Punkte bleiben fest: $\mathfrak{q}(\mathfrak{p}_s, \tau) = \mathfrak{p}_s$ für die h ausgezeichneten Punkte $\mathfrak{p}_s$. Schließlich ist

$$\mathfrak{q}(\mathfrak{p}, 0) = \mathfrak{p}; \quad \mathfrak{q}(\mathfrak{p}, 1) = Y\mathfrak{p}.$$

Bei festem $\mathfrak{p}$ durchläuft $\mathfrak{q}(\mathfrak{p}, \tau)$, wenn τ von 0 bis 1 läuft, eine stetige Kurve, die $\mathfrak{p}$ mit $Y\mathfrak{p}$ verbindet; sie heiße die Bahnkurve von $\mathfrak{p}$.

Zweiter Hilfssatz: Es gibt eine positive Zahl M mit der Eigenschaft, daß jede Bahnkurve sich bei festgehaltenen Endpunkten in eine Kurve mit einer Länge $\leqq M$ deformieren läßt, ohne daß ein ausgezeichneter Punkt überstrichen würde.

Beweis: Wegen der gleichmäßigen Stetigkeit der Funktion $\mathfrak{q}(\mathfrak{p}, \tau)$ gibt es ein $\delta > 0$ mit folgender Eigenschaft:

Ist $|\tau_2 - \tau_1| \leqq \delta$ und liegt $\mathfrak{q}(\mathfrak{p}, \tau_1)$ in einem $\mathfrak{U}(\mathfrak{p}_n, \varrho_n)$, so liegt $\mathfrak{q}(\mathfrak{p}, \tau_2)$ in $\mathfrak{U}(\mathfrak{p}_n, 2\varrho_n)$.

Wir teilen das Intervall $0 \leqq \tau \leqq 1$ in v Intervalle $\tau_\nu \leqq \tau \leqq \tau_{\nu+1}$ ein, deren Länge $\leqq \delta$ ist. $\mathfrak{p}$ sei auf $\mathfrak{H}$ fest. $\mathfrak{q}(\mathfrak{p}, \tau_\nu)$ liege in $\mathfrak{U}(\mathfrak{p}_{n_\nu}, \varrho_{n_\nu})$. Dann liegt das Stück $\tau_\nu \leqq \tau \leqq \tau_{\nu+1}$ der Bahnkurve $\mathfrak{q}(\mathfrak{p}, \tau)$ in $\mathfrak{U}(\mathfrak{p}_{n_\nu}, 2\varrho_{n_\nu})$ und kann dort in eine Kurve mit einer Länge $< 3\varrho_{n_\nu} \leqq 3 \operatorname{Max}(\varrho_1, \ldots, \varrho_N)$ deformiert werden. Auch wenn $\mathfrak{p}_{n_\nu}$ ein ausgezeichneter Punkt von $\mathfrak{H}$ ist, kann dies geschehen, ohne daß $\mathfrak{p}_{n_\nu}$ überstrichen würde. So verfahren wir mit allen v Stücken. Man kann also $M = 3\,v \operatorname{Max}(\varrho_1, \ldots, \varrho_N)$ nehmen.

140. Beweis des metrisch-topologischen Hilfssatzes (**137**): Die Linie Λ mit der Länge L habe die Parameterdarstellung $\mathfrak{p}(t)$ $(0 \leqq t \leqq 1)$. Wir setzen

$$\mathfrak{q}(\mathfrak{p}(t), \tau) = \mathfrak{r}(t, \tau) \quad (0 \leqq t \leqq 1,\ 0 \leqq \tau \leqq 1).$$

Die deformierte Linie $\tilde{\Lambda}$ mit der Länge $\tilde{L}$ hat also die Parameterdarstellung $\mathfrak{r}(t, 1)$ $(0 \leqq t \leqq 1)$. Nun kann man auf dem Quadrat $0 \leqq t \leqq 1$, $0 \leqq \tau \leqq 1$ offenbar die Strecke $\tau = 0$ in den Streckenzug $t = 0$, $\tau = 1$, $t = 1$ deformieren. Wendet man auf diesen Deformationsvorgang die stetige Abbildung $(t, \tau) \rightarrow \mathfrak{r}(t, \tau)$ an, so sieht man, daß man Λ in eine Kurve deformieren kann, die aus der Bahnkurve von $\mathfrak{p}(0) = P$, aus $\tilde{\Lambda}$ und aus der rückwärts durchlaufenen Bahnkurve von $\mathfrak{p}(1) = Q$ besteht. Nach dem zweiten Hilfssatz läßt sich jede der beiden Bahnkurven weiter in eine Verbindungslinie ihrer Endpunkte mit einer Länge $\leqq M$ deformieren. Dann ist Λ in eine Kurve mit einer Länge $\leqq 2M + \tilde{L}$ deformiert, ohne daß ein ausgezeichneter Punkt überstrichen worden wäre. Nach dem ersten Hilfssatz ist

$$2M + \tilde{L} \geqq L$$

oder

$$\tilde{L} \geqq L - 2M,$$

w. z. b. w.

Konforme Abbildungen des Hauptbereichs auf sich.

141. Wir haben unseren Untersuchungen zuletzt immer den Raum R^σ aller Klassen konform äquivalenter topologisch festgelegter Hauptbereiche einer bestimmten Art zugrunde gelegt. Aus ihm entsteht der früher in **13** eingeführte Raum $\mathfrak{R}^\sigma$, wenn man die topologische Festlegung fallen läßt. Aus **112** ergibt sich, daß R^σ und $\mathfrak{R}^\sigma$ dieselbe Dimension σ haben. Wir wollen auf diese Verhältnisse von hauptsächlich topologischer Natur jetzt näher eingehen.

In den dreizehn in **125** aufgezählten Fällen mit $\varrho > 0$ gibt es stets eine bestimmte zusammenhängende ϱ-parametrige kontinuierliche Gruppe $\mathfrak{C}$ von konformen Abbildungen des topologisch festgelegten Hauptbereichs $\mathfrak{H}$ auf sich, und diese ist ein Normalteiler der Gruppe $\mathfrak{K}$ aller konformen Abbildungen von $\mathfrak{H}$ auf sich. In $\mathfrak{K}$ nehmen wir ausdrücklich auch die Abbildungen auf, die sich nicht in die Identität deformieren lassen, obwohl diese eigentlich nach **51** $\mathfrak{H}$ in einen anderen topologisch festgelegten Hauptbereich überführen, dem nur im $\mathfrak{R}^\sigma$ derselbe Punkt entspricht. $\mathfrak{C}$ besteht aus denjenigen konformen Abbildungen von $\mathfrak{H}$ auf sich, die sich als konforme Abbildungen in die Identität deformieren lassen, oder die man in $\mathfrak{K}$ mit 1 verbinden kann. In allen anderen Fällen, wo $\varrho = 0$ ist, setzen wir $\mathfrak{C} = 1$.

$\mathfrak{K}$ ist eine Untergruppe der Gruppe $\mathfrak{G}$ aller topologischen Abbildungen von $\mathfrak{H}$ auf sich. Auch die Abbildungen aus $\mathfrak{G}$ brauchen $\mathfrak{H}$ nur als Hauptbereich, aber nicht als topologisch festgelegten Hauptbereich auf sich abzubilden, d. h. sie brauchen sich nicht in die Identität deformieren zu lassen. $\mathfrak{G}$ enthält als Normalteiler die Gruppe $\mathfrak{A}$ aller derjenigen topologischen Abbildungen von $\mathfrak{H}$ auf sich, die sich in die Identität deformieren lassen. Offenbar ist $\mathfrak{C} \subset \mathfrak{A}$, folglich $\mathfrak{C} \subseteqq \mathfrak{K} \frown \mathfrak{A}$ ($\frown$ bedeutet Durchschnittsbildung). Wir behaupten nun:

$$\mathfrak{C} = \mathfrak{K} \frown \mathfrak{A}.$$

In Worten:

Jede konforme Abbildung von $\mathfrak{H}$ auf sich, die sich, als topologische Abbildung betrachtet, in die Identität deformieren läßt, läßt sich auch mit Aufrechterhaltung der Konformitätseigenschaft in die Identität deformieren.

Beweis: In **125** wurden alle Fälle mit

$$\operatorname{grad} \mathfrak{D}\mathfrak{W} \leqq 0$$

zusammengestellt; ϱ war in diesen Fällen stets positiv. Man kann die Behauptung in diesen dreizehn Fällen elementar nachprüfen. (Vorsicht beim Stülpschlauch!)

In den Fällen mit

$$\operatorname{grad} \mathfrak{D}\mathfrak{W} > 0$$

lautet die Behauptung

$$\mathfrak{K} \frown \mathfrak{A} = 1.$$

Wenn der Träger des Hauptbereichs nicht geschlossen und orientierbar ist, kann man leicht zur Verdoppelung übergehen. Es genügt also, folgendes zu beweisen:

$\mathfrak{H}$ sei eine geschlossene orientierbare Fläche vom Geschlecht g mit h ausgezeichneten Punkten; es sei

$$\operatorname{grad} \mathfrak{D}\,\mathfrak{W} = 2(g-1)+h > 0.$$

Dann ist eine direkt konforme Abbildung von $\mathfrak{H}$ auf sich, die sich als topologische Abbildung in die Identität deformieren läßt, notwendig die Identität.

Das beweisen wir durch Fallunterscheidung nach dem Geschlecht. Die Bedingung

$$2(g-1)+h>0$$

zerfällt nämlich in

$$1.\ g=0,\ h \geqq 3;$$
$$2.\ g=1,\ h \geqq 1;$$
$$3.\ g>1.$$

1. $g=0$, $h \geqq 3$. Eine direkt konforme Abbildung der Kugel auf sich, die mindestens drei verschiedene Punkte fest läßt, ist die Identität.

2. $g=1$, $h \geqq 1$. Die Ringfläche sei wie in **6** in die punktierte u-Ebene konform abgewickelt; ein primitives Periodenpaar sei ω_1, ω_2. Jeder direkt konformen Abbildung der Ringfläche auf sich entspricht eine direkt konforme Abbildung $u'(u)$ der u-Ebene auf sich, also $u' = au+b$. Soll die Abbildung sich in die Identität deformieren lassen, so muß $u'(u+\omega_i) = u'(u)+\omega_i$ $(i=1,2)$ sein; also $a=1$, $u'=u+b$. Soll noch mindestens ein Punkt fest bleiben, so muß $b = m\omega_1 + n\omega_2$ sein, und die Abbildung der Ringfläche auf sich ist die Identität.

3. $g>1$. Eine konforme Abbildung einer geschlossenen orientierten Fläche $\mathfrak{F}$ auf sich, die als topologische Abbildung in die Identität deformiert werden kann, führt jedes überall endliche Differential erster Dimension du in ein ebensolches über und führt auch jeden Rückkehrschnitt der Fläche in einen topologisch äquivalenten (homologen, ja sogar homotopen) Rückkehrschnitt über. Weil das Differential aber durch seine Perioden an den nur bis auf Deformation bestimmten Rückkehrschnitten eindeutig bestimmt ist, geht jedes überall endliche Differential erster Dimension du in sich über. Also sind auch die Quotienten $\frac{du_1}{du_2}$ von zwei solchen Differentialen invariant. Diese Quotienten erzeugen aber den Körper aller Funktionen der Fläche; nur im hyperelliptischen Fall erzeugen sie den invarianten Unterkörper vom Relativgrad 2. Aber auch im hyperelliptischen Fall sind alle Funktionen der Fläche invariant; das liegt daran, daß nicht nur die

Quotienten $\frac{du_1}{du_2}$, sondern auch die du selbst invariant sind. Eine konforme Abbildung einer geschlossenen orientierten Fläche auf sich, bei der alle Funktionen der Fläche invariant sind, ist aber die Identität.

142. Aus unserem Ergebnis

$$\mathfrak{C} = \mathfrak{K} \cap \mathfrak{A}$$

folgt, daß die Faktorgruppe $\mathfrak{K}\,|\,\mathfrak{C}$, die übrigens immer endlich ist, in eindeutig bestimmter Weise isomorph auf eine Untergruppe der Faktorgruppe $\mathfrak{G}\,|\,\mathfrak{A}$ abgebildet werden kann:

$$\mathfrak{K}\,|\,\mathfrak{C} \cong \mathfrak{K}\mathfrak{A}\,|\,\mathfrak{A} \subseteq \mathfrak{G}\,|\,\mathfrak{A}.$$

$\mathfrak{K}\mathfrak{A}$ ist die Gruppe aller topologischen Abbildungen des Hauptbereichs $\mathfrak{H}$ auf sich, die sich in konforme Abbildungen deformieren lassen, und $\mathfrak{A}$ ist Normalteiler von $\mathfrak{K}\mathfrak{A}$.

Für den topologisch festgelegten Hauptbereich $\mathfrak{H}'$ mögen $\mathfrak{G}'$ und $\mathfrak{A}'$ dieselbe Bedeutung haben wie $\mathfrak{G}$ und $\mathfrak{A}$ für den topologisch festgelegten Hauptbereich $\mathfrak{H}$. Dann ist

$$\mathfrak{G}'\,|\,\mathfrak{A}' \cong \mathfrak{G}\,|\,\mathfrak{A},$$

und dieser Isomorphismus ist eindeutig bestimmt. Denn ist H eine topologische Abbildung von $\mathfrak{H}$ auf $\mathfrak{H}'$, so ist einfach

$$\mathfrak{G}' = H\mathfrak{G}H^{-1}, \quad \mathfrak{A}' = H\mathfrak{A}H^{-1}:$$

$\mathfrak{G}'\,|\,\mathfrak{A}'$ entsteht aus $\mathfrak{G}\,|\,\mathfrak{A}$ einfach durch Transformation mit H. Aber man darf H noch durch HA ersetzen, wo A eine Abbildung von $\mathfrak{H}$ auf sich ist, die, weil wir es mit topologisch festgelegten Hauptbereichen zu tun haben, in $\mathfrak{A}$ liegt. Der Isomorphismus

$$G' = HGH^{-1} \qquad (G \text{ in } \mathfrak{G},\ G' \text{ in } \mathfrak{G}')$$

von $\mathfrak{G}$ und $\mathfrak{G}'$, der $\mathfrak{A}$ in $\mathfrak{A}'$ überführt, darf also durch den Isomorphismus

$$G' = HAGA^{-1}H^{-1}$$

ersetzt werden. Dieser ist nun zwar i. a. von dem vorigen verschieden, aber weil A in $\mathfrak{A}$ liegt, liefert er denselben Isomorphismus $\mathfrak{G}\,|\,\mathfrak{A} \leftrightarrow \mathfrak{G}'\,|\,\mathfrak{A}'$ der Faktorgruppen wie der vorige.

Die Elemente der Faktorgruppe $\mathfrak{G}\,|\,\mathfrak{A}$, die Abbildungsklassen, haben also eine von dem speziellen Hauptbereich unabhängige Bedeutung. Wir setzen

$$\mathfrak{G}\,|\,\mathfrak{A} = \mathfrak{F}$$

und nennen $\mathfrak{F}$ die Abbildungsklassengruppe unserer Art topologisch festgelegter Hauptbereiche. Für jeden topologisch festgelegten Hauptbereich der gegebenen Art ist also $\mathfrak{G}|\mathfrak{A}$ in eindeutig bestimmter Weise isomorph auf die ein für allemal feste Abbildungsklassengruppe $\mathfrak{F}$ abgebildet. Auch $\mathfrak{K}|\mathfrak{C}$ ist in eindeutig bestimmter Weise isomorph auf eine Untergruppe von $\mathfrak{F}$ abgebildet. Wir werden im folgenden stillschweigend immer $\mathfrak{G}|\mathfrak{A}$ mit $\mathfrak{F}$ identifizieren und auch $\mathfrak{K}|\mathfrak{C}$ als Untergruppe von $\mathfrak{F}$ ansehen.

143. Ein topologisch festgelegter Hauptbereich $\mathfrak{H}$ wird nun durch ein Element G der zugehörigen Gruppe $\mathfrak{G}$ in einen Hauptbereich $G\mathfrak{H}$ übergeführt, der sich von $\mathfrak{H}$ nur durch die topologische Festlegung unterscheidet: Ist $\mathfrak{H}_0$ ein fester mit $\mathfrak{H}$ gleichartiger Hauptbereich und ist $\mathfrak{H}$ nach **49** durch eine nur bis auf Deformation bestimmte topologische Abbildung H von $\mathfrak{H}_0$ auf $\mathfrak{H}$ topologisch festgelegt, so ist $G\mathfrak{H}$ derselbe Hauptbereich, der nur durch die Abbildung GH von $\mathfrak{H}_0$ auf $\mathfrak{H}$ topologisch festgelegt ist. Dabei kommt es offenbar nur auf die Restklasse von G mod $\mathfrak{A}$, also auf das Element von $\mathfrak{G}|\mathfrak{A} = \mathfrak{F}$ an. Jedes Element $G\mathfrak{A}$ von $\mathfrak{F}$ führt jeden topologisch festgelegten Hauptbereich $\mathfrak{H}$ in einen topologisch festgelegten Hauptbereich $G\mathfrak{H}$ über, der sich von $\mathfrak{H}$ nur durch die topologische Festlegung unterscheidet. Hierbei gehen natürlich konform äquivalente topologisch festgelegte Hauptbereiche in konform äquivalente über.

Wir haben also eine Darstellung von $\mathfrak{F}$ durch Abbildungen des Raums R^σ der Klassen konform äquivalenter topologisch festgelegter Hauptbereiche auf sich.

D. h. den Elementen von $\mathfrak{F}$ sind homomorph solche Abbildungen zugeordnet.

Bei diesen Abbildungen ist die Metrik des R^σ invariant.

Denn E sei eine extremale quasikonforme Abbildung des topologisch festgelegten Hauptbereichs $\mathfrak{H}$ auf den topologisch festgelegten Hauptbereich $\mathfrak{H}'$, F sei ein Element von $\mathfrak{F}$ und G, G' seien Abbildungen von $\mathfrak{H}$, $\mathfrak{H}'$, die F entsprechen ($F = G\mathfrak{A}$, $F = G'\mathfrak{A}'$); dann ist E zugleich eine extremale quasikonforme Abbildung von $G\mathfrak{H}$ auf $G'\mathfrak{H}'$, also

$$[\mathfrak{H}, \mathfrak{H}'] = [G\mathfrak{H}, G'\mathfrak{H}'].$$

Ein topologisch festgelegter Hauptbereich $\mathfrak{H}$ geht genau bei den Abbildungen aus $\mathfrak{K}\mathfrak{A}$ in einen konform äquivalenten über. Dem nicht topologisch festgelegten Hauptbereich $\mathfrak{H}$ entsprechen also so viele Punkte des R^σ, wie der Index $(\mathfrak{G} : \mathfrak{K}\mathfrak{A})$ angibt (vgl. **49**).

$\mathfrak{N}'$ sei die Gruppe aller Elemente von $\mathfrak{F}$, die jeden Punkt des R^σ fest lassen; $\mathfrak{N}$ sei die $\mathfrak{C}$ enthaltende Untergruppe von $\mathfrak{K}$ mit

$$\mathfrak{N}|\mathfrak{C} = \mathfrak{N}'.$$

$\mathfrak{N}'$ ist Normalteiler in $\mathfrak{F}$, und $\mathfrak{N}$ ist Normalteiler in $\mathfrak{K}$. Für jedes $\mathfrak{H}$ kann man $\mathfrak{K}|\mathfrak{C}$ als Untergruppe von $\mathfrak{F}$ deuten; $\mathfrak{N}'$ ist der Durchschnitt all dieser Untergruppen.

Der $\mathfrak{R}^\sigma$ entsteht aus dem R^σ, wenn man bei $\mathfrak{F}$ (oder bei $\mathfrak{F}|\mathfrak{N}'$) äquivalente Punkte von R^σ identifiziert. Wir vermuten natürlich, $\mathfrak{F}|\mathfrak{N}'$ sei auf R^σ eigentlich diskontinuierlich.

144. Mit $\mathfrak{K}|\mathfrak{C}$ ist erst recht $\mathfrak{N}'$ immer endlich. Aber $\mathfrak{N}'$ kann außer 1 auch noch andere Elemente enthalten. Z. B. nehme man für $\mathfrak{H}$ eine Ringfläche, die in die u-Ebene mit dem primitiven Periodenpaar ω_1, ω_2 $\left(\mathfrak{J}\,\frac{\omega_2}{\omega_1} > 0\right)$ abgewickelt ist. Zu jeder topologischen Abbildung G von $\mathfrak{H}$ auf sich gehört eine ganzzahlige lineare Periodensubstitution

$$\omega_1' = a\omega_1 + b\omega_2, \quad \omega_2' = c\omega_1 + d\omega_2$$

mit einer Determinante

$$ad - bc = \pm 1 .$$

Diese ist folgendermaßen definiert: G führt einen (also jeden) Weg auf $\mathfrak{H}$, auf dem u um ω_i zunimmt, in einen Weg über, auf dem u um ω_i' zunimmt. G erhält die Orientierung oder kehrt sie um, je nachdem die Determinante $+1$ oder -1 ist. G läßt sich dann und nur dann in die Identität deformieren, wenn $\begin{pmatrix} a & b \\ c & d \end{pmatrix} = \begin{pmatrix} 1 & 0 \\ 0 & 1 \end{pmatrix}$ $(= 1)$ ist. $\mathfrak{G}|\mathfrak{A} = \mathfrak{F}$ ist also isomorph zur Gruppe aller ganzzahligen Matrizen mit der Determinante ± 1.

Jede konforme Abbildung von $\mathfrak{H}$ auf sich ergibt nach Übergang zur u-Ebene eine Abbildung

$$u' = \lambda u + \mu \quad \text{oder} \quad u' = \lambda \bar{u} + \mu,$$

die nur der einen Bedingung unterworfen ist: es muß

$$\left.\begin{aligned} \lambda\omega_1 &= a\omega_1 + b\omega_2 \\ \lambda\omega_2 &= c\omega_1 + d\omega_2 \end{aligned}\right\} \text{ oder } \left\{\begin{aligned} \lambda\overline{\omega_1} &= a\omega_1 + b\omega_2 \\ \lambda\overline{\omega_2} &= c\omega_1 + d\omega_2 \end{aligned}\right.$$

sein, wo a, b, c, d ganze Zahlen der Determinante $ad - bc = \pm 1$ sind. $\mathfrak{C}$ besteht aus den Abbildungen

$$u' = u + \mu .$$

$\mathfrak{K}|\mathfrak{C}$ besteht darum aus 2, 4, 8 oder 12 Elementen: aus 8 Elementen, wenn ein quadratisches Gitter vorliegt; aus 12 Elementen, wenn ein zum gleichseitigen Dreieck gehöriges Gitter vorliegt; aus 4 Elementen bei symmetrischem Gitter (Rechteck oder Rhombus) und aus 2 Elementen im allgemeinen Fall. Denn stets ist die Abbildung

$$u' = -u$$

vorhanden, die in $\mathfrak{K}$, aber nicht in $\mathfrak{C}$ liegt und zu der die Matrix $\begin{pmatrix} -1 & 0 \\ 0 & -1 \end{pmatrix}$ gehört. Diese Matrix bildet mit der Eins $\begin{pmatrix} 1 & 0 \\ 0 & 1 \end{pmatrix}$ zusammen die $\mathfrak{N}'$ entsprechende Untergruppe der Matrizengruppe. Die Faktorgruppe $\mathfrak{F} \mid \mathfrak{N}'$ ist isomorph einer Bewegungsgruppe des R^2, der die obere Halbebene $\mathfrak{J}\omega > 0$ ist: der Matrix $\begin{pmatrix} a & b \\ c & d \end{pmatrix}$ entspricht die nichteuklidische Bewegung

$$\omega' = \frac{c + d\,\omega}{a + b\,\omega} \text{ bzw. } \omega' = \frac{c + d\,\bar{\omega}}{a + b\,\bar{\omega}},$$

je nachdem $ad - bc = \pm 1$ ist.

145. Ein anderes Beispiel: Jede g*eschlossene orientierbare Fläche* $\mathfrak{H}$ vom Geschlecht 2 ist hyperelliptisch und hat als solche eine ausgezeichnete konforme Abbildung der Ordnung 2 auf sich, für die, wenn man jeden Punkt mit seinem Bildpunkt identifiziert, eine geschlossene Fläche vom Geschlecht 0 entsteht, und dieser Abbildung entspricht ein Element der Ordnung 2 in $\mathfrak{F}$. Aber wir müssen erst zeigen, daß hier immer dasselbe Element von $\mathfrak{F}$ entsteht, gleich von welcher topologisch festgelegten Fläche vom Geschlecht 2 man ausgeht; dann gehört dieses zu der Gruppe $\mathfrak{N}'$. Es ist also zu zeigen:

$\mathfrak{H}$ und $\mathfrak{H}'$ seien zwei geschlossene orientierbare Flächen vom Geschlecht 2, N und N' ihre wie oben ausgezeichneten Abbildungen auf sich und H eine topologische Abbildung von $\mathfrak{H}$ auf $\mathfrak{H}'$. Dann kann man HNH^{-1} in N' deformieren:

$$HNH^{-1} = N'A', \; A' \text{ in } \mathfrak{A}'.$$

Die Behauptung ändert sich nicht, wenn man H deformiert. Wir deformieren H in die extremale quasikonforme Abbildung und behaupten:

Ist H extremal quasikonform, so gilt

$$HNH^{-1} = N'.$$

Beweis: $\mathfrak{H}$ läßt sich als zweiblättrige Überlagerungsfläche der vollen z-Kugel mit sechs Windungspunkten $r_1, \ldots, r_6$ deuten. Das allgemeinste überall endliche quadratische Differential ist

$$d\zeta^2 = \frac{(az^2 + bz + c)\,dz^2}{(z - r_1)\cdots(z - r_6)}.$$

Dies ist aber zugleich das allgemeinste reguläre quadratische Differential der z-Kugel mit den sechs ausgezeichneten Punkten $r_1, \ldots, r_6$. Wenn man also die allgemeinste extremale quasikonforme Abbildung der z-Kugel mit den ausgezeichneten Punkten $r_1, \ldots, r_6$ auf eine z'-Kugel mit den ausgezeichneten Punkten $r'_1, \ldots, r'_6$ konstruiert, wobei noch die topologische Festlegung zu beachten ist, so entsteht diese in der in **114** angegebenen Art aus $d\zeta^2$, und wenn man vermöge dieser Abbildung die zweiblättrige Überlagerungsfläche der z-Ebene mit den Windungspunkten $r_1, \ldots, r_6$ auf die zweiblättrige Überlagerungsfläche der z'-Ebene mit den Windungspunkten $r'_1, \ldots, r'_6$ abbildet, so ist das die allgemeinste extremale quasikonforme Abbildung H von $\mathfrak{H}$ auf eine andere topologisch festgelegte geschlossene orientierte Fläche $\mathfrak{H}'$ vom Geschlecht 2. Hier bedeuten N und N' aber einfach Blättervertauschung, und $HNH^{-1} = N'$ ist für diese Abbildungen H sofort einzusehen.

Ohne die Theorie der extremalen quasikonformen Abbildung wäre dasselbe wohl nicht so schnell zu beweisen. —

Ein schlichtes Gebiet mit drei Randkurven besitzt bekanntlich genau eine indirekt konforme Abbildung auf sich, welche jede Randkurve als Ganzes in sich überführt. Auch hier ist das zugehörige Element von $\mathfrak{F}$ von dem gerade gewählten Gebiet unabhängig und liegt darum in $\mathfrak{N}'$.

146. *K und K' seien konforme Abbildungen der Hauptbereiche $\mathfrak{H}$ bzw. $\mathfrak{H}'$ auf sich (also K in $\mathfrak{K}$, K' in $\mathfrak{K}'$). Die Restklasse von K mod $\mathfrak{C}$ stimme, als Element von $\mathfrak{F}$ angesehen, mit der Restklasse von K' mod $\mathfrak{C}'$ überein.*

Die extremale quasikonforme Abbildung E des topologisch festgelegten Hauptbereichs $\mathfrak{H}$ auf $\mathfrak{H}'$ entstehe nach **114** aus dem regulären quadratischen Differential $d\zeta^2$ und dem konstanten Dilatationsquotienten K. Dann ist aber

$$K'^{-1}EK$$

eine in E deformierbare Abbildung von $\mathfrak{H}$ auf $\mathfrak{H}'$ mit demselben Dilatationsquotienten, folglich

$$K'^{-1}EK = C'E$$

oder

$$EK = (K'C')E,$$

wo C' ein Element von $\mathfrak{C}'$ ist: eine in die Identität deformierbare konforme Abbildung von $\mathfrak{H}'$ auf sich. Insbesondere haben E und EK dasselbe Richtungsfeld $d\zeta^2 > 0$ auf $\mathfrak{H}$, d. h. $d\zeta^2$ multipliziert sich bei K mit einem positiven Faktor. Dieser Faktor muß gleich 1 sein, denn das konvergente $\iint_{\mathfrak{H}} |d\zeta|$ ist bei K invariant. Wenn $\mathfrak{H}$ orientierbar und K indirekt konform ist, muß man nach Anwenden von K auf $d\zeta^2$ natürlich sofort zum Konjugiert-Komplexen übergehen. Das ist selbstverständlich und wird nicht weiter erwähnt. Wir sehen also:

$d\zeta^2$ ist bei K invariant.

(Dies gilt insbesondere für alle K in $\mathfrak{C}$, weil man da $K' = 1$ nehmen darf; in **135** und **136** sahen wir nur, daß $d\zeta^2$ sich bei einem K aus $\mathfrak{C}$ mit einer Konstanten vom Betrag 1 multipliziert.)

Nun sei K in $\mathfrak{K}$ und $d\zeta^2$ ein reguläres quadratisches Differential $\neq 0$, das bei K invariant bleibt.

E sei die extremale quasikonforme Abbildung von $\mathfrak{H}$ auf ein $\mathfrak{H}'$, die nach **114** zu $d\zeta^2$ und dem Dilatationsquotienten K gehört. Dann ist

$$K' = EKE^{-1}$$

eine Abbildung von $\mathfrak{H}'$ auf sich, die, wie man leicht sieht, konform ist; die Restklasse von K mod $\mathfrak{C}$ ist als Element von $\mathfrak{F}$ gleich der Restklasse von K' mod $\mathfrak{C}'$. Das ist eine Umkehrung des obigen Ergebnisses. Wir müssen aber beachten, daß der Schluß für jeden Dilatationsquotienten $K \geqq 1$ gilt.

$d\zeta^2$ ist dann und nur dann bei K invariant, wenn es in der durch K bestimmten Abbildungsklasse aus $\mathfrak{F}$ eine konforme Abbildung K' von $\mathfrak{H}' = E\mathfrak{H}$ auf sich gibt.

Liegt ein Element von $\mathfrak{F}$ für zwei verschiedene topologisch festgelegte Hauptbereiche $\mathfrak{H}$, $\mathfrak{H}'$ in $\mathfrak{K}|\mathfrak{C}$, dann auch für alle Hauptbereiche der durch die $\mathfrak{H}$ und $\mathfrak{H}'$ vertretenden Punkte im R^σ gehenden Geodätischen.

Das kann man auch direkt einsehen: nach **143** ist jedem Element von $\mathfrak{F}$ eine isometrische Abbildung des R^σ auf sich zugeordnet, bei der Geodätische in Geodätische übergehen müssen; läßt diese Abbildung zwei verschiedene Punkte des R^σ fest, so auch die durch beide gehende eindeutig bestimmte Geodätische, und weil die Längen erhalten bleiben, geht diese Geodätische sogar Punkt für Punkt in sich über.

Ebenso kann man im Falle geschlossener orientierbarer Hauptbereiche für die komplexen Geodätischen schließen: eine solche geht Punkt für Punkt in sich über, wenn K direkt konform ist, und erleidet eine Spiegelung, wenn K indirekt konform ist.

147. Unter einer geodätischen Mannigfaltigkeit im R^σ verstehen wir eine nichtleere Teilmenge des R^σ, die mit je zwei verschiedenen Punkten stets auch die ganze durch die beiden Punkte gehende Geodätische enthält.

Wenn ein Element F von $\mathfrak{F}$ Punkte des R^σ fest läßt, bilden diese eine geodätische Mannigfaltigkeit. Diesen Punkten entsprechen diejenigen topologisch festgelegten Hauptbereiche $\mathfrak{H}$, für die die Faktorgruppe $\mathfrak{K}|\mathfrak{C}$, als Untergruppe von $\mathfrak{F}$ angesehen, das gegebene Element F von $\mathfrak{F}$ enthält.

Der Durchschnitt geodätischer Mannigfaltigkeiten ist wieder eine geodätische Mannigfaltigkeit. Darum bilden die Punkte des R^σ, die bei einer Untergruppe $\mathfrak{U}$ von $\mathfrak{F}$ invariant bleiben, stets eine geodätische Mannigfaltigkeit (oder die leere Menge). Ihnen entsprechen die topologisch festgelegten Hauptbereiche, für die $\mathfrak{K}|\mathfrak{C}$ die gegebene Untergruppe $\mathfrak{U}$ enthält.

Wenn man einen Punkt dieser geodätischen Mannigfaltigkeit kennt, kann man alle anderen angeben und insbesondere die Dimension dieser Mannigfaltigkeit berechnen. Für den Hauptbereich $\mathfrak{H}$ sei nämlich $\mathfrak{U}$ in $\mathfrak{K}|\mathfrak{C}$ enthalten: dann braucht man nach **146** nur alle regulären quadratischen Differentiale von $\mathfrak{H}$ zu bestimmen, die bei $\mathfrak{U}$ invariant sind; aus diesen und beliebigen Dilatationsquotienten $K \geqq 1$ ergibt dann die Konstruktion von **114** alle topologisch festgelegten Hauptbereiche $\mathfrak{H}'$ der gesuchten Mannigfaltigkeit. Insbesondere ist die Dimension dieser Mannigfaltigkeit gleich der Höchstzahl reell linear unabhängiger regulärer bei $\mathfrak{U}$ invarianter quadratischer Differentiale von $\mathfrak{H}$. Man sollte nach einem algebraischen Beweis für diese Vorschrift zur Dimensionsberechnung suchen.

Eine konforme Abbildung eines Hauptbereichs $\mathfrak{H}$ auf sich läßt dann und nur dann alle regulären quadratischen Differentiale von $\mathfrak{H}$ fest, wenn sie in $\mathfrak{N}$ liegt (d. h. wenn ihre Restklasse mod $\mathfrak{C}$ in $\mathfrak{N}'$ liegt). Denn nur dann ist jene geodätische Mannigfaltigkeit der ganze R^σ. Dies ist ein einfacherer (allerdings abstrakterer) Zugang zum Ergebnis von **145**. Es ist dabei wie überhaupt zu beachten, daß wir sagen müssen, ein quadratisches Differential eines orientierten Hauptbereichs sei bei einer indirekt konformen Abbildung invariant, wenn es dabei ins konjugiert-komplexe übergeht. Auch früher war ja immer nur von »Invarianz bis auf Übergang zum Konjugiert-Komplexen« die Rede; damals bezog sich das allerdings auf die nichtorientierten Hauptbereiche. Das Wesentliche ist immer das Richtungsfeld $d\zeta^2 > 0$.

148*. Wir wollen nun fragen, ob es zu einer endlichen Untergruppe $\mathfrak{U}$ von $\mathfrak{F}$ wirklich Hauptbereiche $\mathfrak{H}$ gibt, für die $\mathfrak{U}$ in $\mathfrak{K}|\mathfrak{C}$ enthalten ist. (Wir erwähnten schon oben, daß $\mathfrak{K}|\mathfrak{C}$ stets endlich ist; darum kommen nur endliche Untergruppen $\mathfrak{U}$ in Frage.) Wir setzen voraus, für den Hauptbereich $\mathfrak{H}_0$ der gegebenen Art gebe es Vertreter der Restklassen in $\mathfrak{U}$ von $\mathfrak{G}$ mod $\mathfrak{A}$, die eine Untergruppe $\mathfrak{U}^\star$ von $\mathfrak{G}$ bilden. $\mathfrak{U}^\star$ soll also eine Untergruppe von $\mathfrak{G}$ mit

$$\mathfrak{U}^\star \frown \mathfrak{A} = 1; \quad \mathfrak{U}^\star\mathfrak{A}|\mathfrak{A} = \mathfrak{U} \qquad (\text{also } \mathfrak{U}^\star \cong \mathfrak{U})$$

sein. Ferner sollen die Elemente von $\mathfrak{U}^\star$ hinreichend regulär sein. Dann nehmen wir den Träger $\mathfrak{M}_0$ von $\mathfrak{H}_0$ und identifizieren Punkte von $\mathfrak{M}_0$, die vermöge $\mathfrak{U}^\star$ äquivalent sind (die durch $\mathfrak{U}^\star$-Elemente ineinander übergeführt werden können); so entsteht wieder eine Mannigfaltigkeit, die sich auf eine endliche Riemannsche Mannigfaltigkeit $\mathfrak{M}^\star$ topologisch abbilden läßt. (Das beweisen wir nicht!) $\mathfrak{H}_0$ wird topologisch auf einen Hauptbereich $\mathfrak{H}$ abgebildet, dessen Träger endlichvielblättrig über $\mathfrak{M}^\star$ liegt, und bei dieser Abbildung geht, wie es gefordert wurde, $\mathfrak{U}^\star$ in eine Gruppe konformer Abbildungen von $\mathfrak{H}$ auf sich über.

Die Voraussetzung, daß $\mathfrak{U}^\star$ existiert, ist notwendig. Das folgt aus dem folgenden Satze:

Zu jedem Hauptbereich $\mathfrak{H}$ gibt es eine Untergruppe $\mathfrak{K}^\star$ von $\mathfrak{K}$ mit

$$\mathfrak{K}^\star \frown \mathfrak{C} = 1; \quad \mathfrak{K}^\star \mathfrak{C} = \mathfrak{K} \qquad (\text{also } \mathfrak{K}^\star \cong \mathfrak{K} | \mathfrak{C}).$$

(Man kann das auch so aussprechen: $\mathfrak{K}$ ist ein zerfallendes verschränktes Produkt von $\mathfrak{C}$ mit $\mathfrak{K} | \mathfrak{C}$.)

Beweis: Wenn $\varrho = 0$ ist, ist $\mathfrak{C} = 1$ und $\mathfrak{K}^\star = \mathfrak{K}$. Wir müssen die dreizehn Fälle aus **125** mit $\varrho > 0$ betrachten. In jedem dieser dreizehn Fälle gibt es auf dem Hauptbereich geometrische Konfigurationen Π derart, daß es zu Π_1 und Π_2 stets ein und nur ein C in $\mathfrak{C}$ mit $C\Pi_1 = \Pi_2$ gibt. (Für die Kugel kann man für Π das geordnete Punktetripel nehmen, für das Möbiusband den Randpunkt usw.) Jetzt wählt man ein Π fest und nimmt für $\mathfrak{K}^\star$ die Gruppe aller Elemente von $\mathfrak{K}$, die Π fest lassen.

149*. Zu jedem S in $\mathfrak{G}$, für das S^2 in $\mathfrak{A}$ liegt, gibt es ein U in $\mathfrak{G}$ mit

$$S \equiv U \,(\text{mod}\, \mathfrak{A}), \quad U^2 = 1.$$

Wir beweisen diesen rein topologischen Satz mit Hilfe der (selbst noch unbewiesenen) Theorie der extremalen quasikonformen Abbildungen. S wird in eine extremale quasikonforme Abbildung E deformiert. Weil S^2 in $\mathfrak{A}$ liegt, läßt sich S^{-1} in S, also in E deformieren; andererseits läßt sich S^{-1} in E^{-1} deformieren. Die beiden extremalen quasikonformen Abbildungen E und E^{-1} lassen sich demnach ineinander deformieren, folglich

$$E^{-1} = CE, \quad C \text{ in } \mathfrak{C}.$$

Wenn nun $\varrho = 0$ ist, dann ist notwendig $C = 1$, und man kann $U = E$ nehmen. Wenn aber $\varrho > 0$ ist, betrachten wir wieder die geometrischen Konfigurationen Π des vorigen Beweises: Man darf E so abändern (indem man es durch $C'E$, C' in $\mathfrak{C}$, ersetzt), daß E ein bestimmtes Π in sich überführt; dann bleibt dies Π auch bei C fest, und man hat wieder $C = 1$ und kann $U = E$ setzen.

Allgemeiner sei $\mathfrak{H}_0$ ein Hauptbereich und $\mathfrak{U}$ eine endliche Untergruppe von $\mathfrak{F} = \mathfrak{G} | \mathfrak{A}$. Wir fragen, ob es ein multiplikatives Repräsentantensystem $\mathfrak{U}^\star$ von $\mathfrak{U}$ in $\mathfrak{G}$ gibt, d. i. eine Untergruppe $\mathfrak{U}^\star$ von $\mathfrak{G}$ mit

$$\mathfrak{U}^\star \frown \mathfrak{A} = 1, \quad \mathfrak{U}^\star \mathfrak{A} | \mathfrak{A} = \mathfrak{U} \qquad (\text{also } \mathfrak{U} \cong \mathfrak{U}^\star).$$

Wenn $\mathfrak{U}^*$ existiert, gibt es nach **148** einen mit $\mathfrak{H}_0$ gleichartigen Hauptbereich $\mathfrak{H}$, wo $\mathfrak{U}^* \subseteqq \mathfrak{K}$ ist; wenn man also $\mathfrak{U}$ (bzw. $\mathfrak{U}|\mathfrak{U}\cap\mathfrak{N}'$) nach **143** durch isometrische Transformationen des R^σ darstellt, ist der $\mathfrak{H}$ entsprechende Punkt des R^σ Fixpunkt dieser endlichen Gruppe. (**148** ist unexakt!) Wenn umgekehrt P ein Fixpunkt der Gruppe $\mathfrak{U}$ (bzw. $\mathfrak{U}|\mathfrak{U}\cap\mathfrak{N}'$) im R^σ ist und $\mathfrak{H}$ der zugehörige Hauptbereich ist, dann ist $\mathfrak{U} \subseteqq \mathfrak{K}|\mathfrak{C}$, und $\mathfrak{U}^*$ existiert: man nehme einfach die entsprechende Untergruppe des in **148** konstruierten $\mathfrak{K}^*$. So ist die Frage nach der Existenz eines multiplikativen Repräsentantensystems für $\mathfrak{U}$ in $\mathfrak{G}$, die Nielsen gestellt hat, mit der Frage nach der Existenz eines Fixpunkts der endlichen Gruppe isometrischer Transformationen $\mathfrak{U}|\mathfrak{U}\cap\mathfrak{N}'$ des R^σ gleichbedeutend.

150. Als Beispiel für die vorangegangenen allgemeinen Erörterungen betrachten wir die hyperelliptischen Flächen.

$\mathfrak{H}_0$ sei eine geschlossene orientierbare Fläche vom Geschlecht $g>1$ ohne ausgezeichnete Punkte. Eine topologische Abbildung G von $\mathfrak{H}_0$ auf sich soll ausgezeichnet heißen, wenn sie folgende Eigenschaften hat:

$G^2 = 1$.

G erhält die Orientierung.

Wenn man stets die Punkte $\mathfrak{p}$ und $G\mathfrak{p}$ von $\mathfrak{H}_0$ identifiziert, entsteht eine geschlossene Fläche vom Geschlecht 0.

Man kann solche ausgezeichneten Abbildungen folgendermaßen erhalten: Man nimmt eine zweiblättrige Überlagerungsfläche $\mathfrak{H}$ der Kugel mit $2g+2$ ($\geqq 6$) Windungspunkten; auf ihr ist die Blättervertauschung eine ausgezeichnete Abbildung mit $2g+2$ Fixpunkten; dann bildet man $\mathfrak{H}$ topologisch auf $\mathfrak{H}_0$ ab und erhält bei dieser Übertragung auch auf $\mathfrak{H}_0$ eine ausgezeichnete Abbildung, die der Blättervertauschung auf $\mathfrak{H}$ entspricht.

Jede ausgezeichnete Abbildung G von $\mathfrak{H}_0$ entsteht auf diese Art. Denn wenn man stets $\mathfrak{p}$ und $G\mathfrak{p}$ identifiziert, entsteht eine Fläche $\tilde{\mathfrak{M}}$ vom Geschlecht 0, und $\mathfrak{H}_0$ ist eine zweiblättrige Überlagerungsfläche von $\tilde{\mathfrak{M}}$, die natürlich $2g+2$ Windungspunkte haben muß. Bildet man $\tilde{\mathfrak{M}}$ auf eine Kugel topologisch ab, so geht $\mathfrak{H}_0$ in eine zweiblättrige (hyperelliptische) Riemannsche Fläche $\mathfrak{H}$ über dieser Kugel und G in die Blättervertauschung über.

Den ausgezeichneten Abbildungen G von $\mathfrak{H}_0$ auf sich entsprechen in der Faktorgruppe $\mathfrak{F} = \mathfrak{G}|\mathfrak{A}$ gewisse Restklassen F mit $F^2 = 1$. Ich weiß nicht, wie viele Klassen das sind.

Jedenfalls kommt $F = 1$ nicht in Frage, denn auf einer (hyperelliptischen) zweiblättrigen Überlagerungsfläche der Kugel vom Geschlecht

$g > 1$ ist die Blättervertauschung eine konforme Abbildung, die sich nach **141** nicht in die Identität deformieren läßt (weil sie die Vorzeichen der überall endlichen Differentiale erster Dimension umkehrt).

F sei eine jener Klassen; $\mathfrak{H}$ sei eine geschlossene orientierbare Riemannsche Fläche vom Geschlecht g, die eine konforme ausgezeichnete Abbildung G besitzt (dann ist $\mathfrak{H}$ hyperelliptisch und liegt zweiblättrig über der Kugel, die durch Identifizieren von $\mathfrak{p}$ und $G\mathfrak{p}$ entsteht), und die Restklasse von G mod $\mathfrak{C}$ bzw. mod $\mathfrak{A}$ sei gerade das Element F von $\mathfrak{F}$. Um die geodätische Mannigfaltigkeit aller $\mathfrak{H}'$ mit dieser selben Eigenschaft zu finden, haben wir zu untersuchen, welche überall endlichen quadratischen Differentiale bei G ungeändert bleiben. Sind $r_1, \ldots, r_{2g+2}$ die Windungspunkte der zweiblättrigen Fläche $\mathfrak{H}$ über der z-Ebene und setzt man

$$\sqrt{(z - r_1) \cdots (z - r_{2g+2})} = w,$$

so ist das allgemeinste überall endliche quadratische Differential

$$d\zeta^2 = \frac{P(z) + Q(z)\,w}{w^2}\,dz^2,$$

wo $P(z)$ ein Polynom höchstens vom Grade $2g-2$ und $Q(z)$ ein Polynom höchstens vom Grade $g-3$ ist. (In P stecken $2g-1$ und in Q noch $g-2$ komplexe Konstanten, so daß $d\zeta^2$ von $3g-3$ Konstanten abhängt, wie es nach **44** sein muß.) Bei G geht nun z in sich und w in $-w$ über; $d\zeta^2$ bleibt also dann und nur dann bei G invariant, wenn $Q(z) = 0$ oder

$$d\zeta^2 = \frac{a_0 + a_1 z + \cdots + a_{2g-2}\,z^{2g-2}}{w^2}\,dz^2$$

ist. Die zu untersuchende geodätische Mannigfaltigkeit ist also $(4g-2)$-dimensional. Nur im Falle $g = 2$ ist diese Dimensionszahl $4g-2$ gleich der Dimensionszahl $\sigma = 6g-6$ des ganzen R^σ; vgl. **145**.

Jeder unserer Klassen ausgezeichneter Abbildungen F in $\mathfrak{F}$ entspricht also eine $(4g-2)$-dimensionale Mannigfaltigkeit im $R^{6(g-1)}$, die mit je zwei verschiedenen Punkten auch die ganze komplexe Geodätische enthält. Diese Mannigfaltigkeiten (falls es mehrere gibt, was nur für $g \geqq 3$ in Frage kommt) sind punktfremd, denn auf einer hyperelliptischen Fläche $\mathfrak{H}$ ist die konforme ausgezeichnete Abbildung eindeutig bestimmt.

Wie in **145** entstehen die extremalen quasikonformen Abbildungen von zwei topologisch festgelegten $\mathfrak{H}$, die auf derselben unserer geodätischen Mannigfaltigkeiten liegen, einfach so, daß man $\mathfrak{H}$ zweiblättrig über die z-Ebene legt, die Windungspunkte $r_1, \ldots, r_{2g+2}$ auszeichnet, die z-Ebene mit diesen ausgezeichneten Punkten extremal quasikonform abbildet und dann wieder zur zweiblättrigen Überlagerungsfläche übergeht.

All unsere geodätischen Mannigfaltigkeiten lassen sich durch die isometrischen Transformationen aus $\mathfrak{F}$ (bzw. $\mathfrak{F}|\mathfrak{N}'$) des R^σ ineinander überführen. Denn zwei $\mathfrak{H}$ mit je einer ausgezeichneten Abbildung lassen sich stets topologisch so aufeinander abbilden, daß die ausgezeichneten Abbildungen einander entsprechen. Alle »ausgezeichneten Klassen« F, wie wir kurz sagen wollen (d. s. die F in $\mathfrak{F} = \mathfrak{G}|\mathfrak{A}$, die ein ausgezeichnetes G enthalten), sind deshalb in $\mathfrak{F}$ konjugiert. Die Anzahl der F ist gleich dem Index des Normalisators eines F in $\mathfrak{F}$.

151. Sind G_0 und G_0' zwei ausgezeichnete Abbildungen von $\mathfrak{H}_0$ und gilt

$$G_0 \equiv G_0' \pmod{\mathfrak{A}},$$

so gibt es ein A in $\mathfrak{A}$ mit

$$G_0' = A\, G_0 A^{-1}.$$

Wenn man G_0 also in G_0' deformieren kann, dann kann man G_0 auch innerhalb der Menge der ausgezeichneten Abbildungen mit G_0' verbinden (indem man A stetig aus 1 hervorgehen läßt).

Ein rein topologischer Beweis dieses Satzes wäre erwünscht.

Beweis: Die Fläche $\mathfrak{H}_0$ werde durch H auf $\mathfrak{H}$ und durch H' auf $\mathfrak{H}'$ so abgebildet, daß

$$G = H G_0 H^{-1} \text{ und } G' = H' G_0' H'^{-1}$$

konform werden (das ist nach **150** möglich). Wir deformieren die Abbildung $H'H^{-1}$ von $\mathfrak{H}$ auf $\mathfrak{H}'$ in eine extremale quasikonforme Abbildung E:

$$E = H' A H^{-1}, \quad A \text{ in } \mathfrak{A}.$$

So kann man nämlich jede Abbildung schreiben, die aus $H' H^{-1}$ durch Deformation hervorgeht. Aus

$$G_0 \equiv G_0' \pmod{\mathfrak{A}}$$

folgt nun, daß

$$G'^{-1} E G = H' G_0'^{-1} A\, G_0 H^{-1}$$

sich in E deformieren läßt. Weil die extremale quasikonforme Abbildung eindeutig bestimmt ist (es ist ja $\mathfrak{C} = 1$), folgt

$$G'^{-1} E G = E$$

oder

$$H' G_0'^{-1} A\, G_0 H^{-1} = H' A\, H^{-1}$$

oder

$$A\, G_0 A^{-1} = G_0'.$$

152. $\mathfrak{H}$ sei eine geschlossene orientierbare Fläche vom Geschlecht $g > 1$, und G sei eine ausgezeichnete Abbildung von $\mathfrak{H}$ auf sich. Ist F die Restklasse von G mod $\mathfrak{A}$, so zeigten wir in **150**, daß die Anzahl der ausgezeichneten Klassen gleich dem Index $(\mathfrak{F} : \mathfrak{N}_F)$ ist, wo $\mathfrak{N}_F$ der Normalisator von F in $\mathfrak{F}$ ist (also die Gruppe aller mit F vertauschbaren Elemente von $\mathfrak{F}$). Liegt nun P in $\mathfrak{G}$ und die Restklasse von P mod $\mathfrak{A}$ in $\mathfrak{N}_F$, so ist

$$G' = PGP^{-1}$$

eine ausgezeichnete Abbildung $\equiv G \pmod{\mathfrak{A}}$, folglich nach **151**

$$PGP^{-1} = AGA^{-1} \qquad (A \text{ in } \mathfrak{A}),$$

d. h. $A^{-1}P$ ist mit G vertauschbar. Wir bezeichnen mit $\mathfrak{Z}$ die Gruppe aller mit G vertauschbaren Elemente von $\mathfrak{G}$ und erhalten

$$\mathfrak{N}_F = \mathfrak{Z}\mathfrak{A}|\mathfrak{A}.$$

Es folgt

$$(\mathfrak{F} : \mathfrak{N}_F) = (\mathfrak{G} : \mathfrak{Z}\mathfrak{A}).$$

$\mathfrak{Z}$ hat die folgende geometrische Bedeutung: Sieht man $\mathfrak{H}$ als zweiblättrige Überlagerungsfläche der Kugel $\tilde{\mathfrak{M}}$ und G als Blättervertauschung an, so läßt sich jede topologische Abbildung der Kugel $\tilde{\mathfrak{M}}$ auf sich, die die $2g + 2$ Verzweigungspunkte nur untereinander vertauscht, auf zwei Arten zu einer topologischen Abbildung von $\mathfrak{H}$ auf sich fortsetzen; $\mathfrak{Z}$ besteht aus diesen Abbildungen. Die Anzahl der ausgezeichneten Klassen ist also gleich dem Index der Gruppe $\mathfrak{Z}\mathfrak{A}$ aller topologischen Abbildungen von $\mathfrak{H}$ auf sich, die sich in solche Abbildungen deformieren lassen, die »übereinanderliegende« Punkte von $\mathfrak{H}$ (d. h. solche, die über demselben Punkt von $\tilde{\mathfrak{M}}$ liegen) wieder in übereinanderliegende Punkte überführen, in der Gruppe $\mathfrak{G}$ aller topologischen Abbildungen von $\mathfrak{H}$ auf sich.

Wir stellen darum drei topologische Aufgaben:

1. Das Ergebnis von **151** rein topologisch zu beweisen.

2. Rein topologisch zu beweisen, daß im Falle $g = 2$, wie es nach **145** sein muß, $\mathfrak{Z}\mathfrak{A} = \mathfrak{G}$ ist.

3. Den Index $(\mathfrak{G} : \mathfrak{Z}\mathfrak{A})$ für jedes g zu berechnen.

153. Ähnlich könnte man auch zeigen, daß die symmetrischen Flächen τ-dimensionale geodätische Mannigfaltigkeiten im $R^{2\tau}$ bilden, die einander allerdings schneiden können. Wir wollen lieber auf den allgemeinen Begriff der Überlagerung kurz zu sprechen kommen.

Gegeben seien zwei endliche Riemannsche Mannigfaltigkeiten $\mathfrak{M}^*$ und $\mathfrak{M}$. Man nennt $\mathfrak{M}$ eine m-blättrige Überlagerung von $\mathfrak{M}^*$, wenn jedem Punkt von $\mathfrak{M}$ ein »Spurpunkt« auf $\mathfrak{M}^*$ zugeordnet ist und folgende Bedingungen erfüllt sind:

Jeder Innen- oder Randpunkt von $\mathfrak{M}^*$ ist Spurpunkt von mindestens einem und höchstens m Punkten von $\mathfrak{M}$; von weniger als m Punkten nur für endlich viele Punkte und Randkurvenstücke.

Die Abbildung von $\mathfrak{M}$ auf $\mathfrak{M}^*$ ist stetig und abgesehen vom Rand und den endlich vielen Windungspunkten konform.

Wenn über einem Innenpunkt von $\mathfrak{M}^*$ weniger als m Punkte von $\mathfrak{M}$ liegen, dann sind das algebraische Windungspunkte, und die Summe der Blätterzahlen ist m.

Die Randkurven von $\mathfrak{M}$ werden in den Rand von $\mathfrak{M}^*$ abgebildet. Außerdem können über Randkurvenstücken von $\mathfrak{M}^*$ noch Faltlinien von $\mathfrak{M}$ liegen, das sind analytische Kurven, wo zwei analytisch spiegelbildliche Punkte von $\mathfrak{M}$ denselben Bildpunkt in $\mathfrak{M}^*$ haben.

Auch über dem Rand von $\mathfrak{M}^*$ können Verzweigungspunkte liegen. Das sind dann entweder Innenpunkte von $\mathfrak{M}$, wo sich Faltlinien kreuzen, oder Randpunkte von $\mathfrak{M}$, von denen Faltlinien ausgehen. —

Wenn $\mathfrak{M}^*$ orientierbar ist, ist $\mathfrak{M}$ orientierbar. Wenn $\mathfrak{M}^*$ geschlossen ist, ist $\mathfrak{M}$ geschlossen.

Die Überlagerung heißt normal, wenn es eine Gruppe $\mathfrak{S}$ von m konformen Abbildungen von $\mathfrak{M}$ auf sich derart gibt, daß zwei Punkte von $\mathfrak{M}$ dann und nur dann denselben Spurpunkt haben, wenn sie bei $\mathfrak{S}$ äquivalent sind.

Die Funktionen von $\mathfrak{M}^*$ können auch als Funktionen von $\mathfrak{M}$ angesehen werden. Der Funktionenkörper von $\mathfrak{M}$ hat den Grad m über dem Funktionenkörper von $\mathfrak{M}^*$. Er ist dann und nur dann Galoissch (normal) über dem letzteren Körper, wenn die Überlagerung normal ist; dann läßt sich die Galoissche Gruppe in bestimmter Weise isomorph auf $\mathfrak{S}$ abbilden. Ein Differential n-ter Dimension $d\zeta^n$ von $\mathfrak{M}$ ist dann und nur dann ein Differential n-ter Dimension von $\mathfrak{M}^*$, wenn es bei $\mathfrak{S}$ (bis auf Übergang zum Konjugiert-Komplexen) invariant ist.

Bei normaler Überlagerung gibt es auf dem Rand von $\mathfrak{M}$ höchstens zweiblättrige Verzweigungspunkte.

Ist $\mathfrak{M}$ eine beliebige endliche Riemannsche Mannigfaltigkeit und $\mathfrak{S}$ eine endliche Gruppe konformer Abbildungen von $\mathfrak{M}$ auf sich, so identifiziere man Punkte, die bei $\mathfrak{S}$ äquivalent sind: so entsteht eine endliche Riemannsche Mannigfaltigkeit $\mathfrak{M}^*$, und $\mathfrak{M}$ ist normale Überlagerung von $\mathfrak{M}^*$ mit der Gruppe $\mathfrak{S}$.

154. $\mathfrak{H}$ und $\mathfrak{H}^*$ seien Hauptbereiche mit den Trägern $\mathfrak{M}$, $\mathfrak{M}^*$. Wir nennen $\mathfrak{H}$ eine normale Überlagerung von $\mathfrak{H}^*$, wenn folgende Bedingungen erfüllt sind:

$\mathfrak{M}$ ist eine normale Überlagerung von $\mathfrak{M}^*$ mit der Gruppe $\mathfrak{S}$.

Bei $\mathfrak{S}$ gehen ausgezeichnete Punkte von $\mathfrak{H}$ in ausgezeichnete Punkte über.

Der Spurpunkt jedes ausgezeichneten Punktes und jedes Verzweigungspunktes von $\mathfrak{H}$ ist ein ausgezeichneter Punkt von $\mathfrak{H}^\star$.

Über jedem ausgezeichneten Punkt von $\mathfrak{H}^\star$ hat $\mathfrak{H}$ lauter ausgezeichnete Punkte oder Verzweigungspunkte. —

Auffällig ist, daß ein Windungspunkt von $\mathfrak{H}$ über einem ausgezeichneten Punkt von $\mathfrak{H}^\star$ nicht ausgezeichnet zu sein braucht.

Unsere Definition wird durch folgenden Satz gerechtfertigt:

Die regulären quadratischen Differentiale von $\mathfrak{H}^\star$ sind genau die bei $\mathfrak{S}$ invarianten regulären quadratischen Differentiale von $\mathfrak{H}$.

Denn die quadratischen Differentiale von $\mathfrak{M}^\star$ sind genau die bei $\mathfrak{S}$ invarianten quadratischen Differentiale von $\mathfrak{M}$. Wir müssen nur feststellen, daß für die quadratischen Differentiale von $\mathfrak{M}^\star$ die Regularität für $\mathfrak{H}$ und für $\mathfrak{H}^\star$ dasselbe bedeutet.

Für gewöhnliche Innen- und Randpunkte, auch ausgezeichnete, ist das selbstverständlich; wir haben noch die Verzweigungspunkte zu betrachten.

$\mathfrak{p}$ sei etwa ein λ-blättriger Verzweigungspunkt von $\mathfrak{M}$ über dem Innern von $\mathfrak{M}^\star$ und $z^\star$ eine Ortsuniformisierende von $\mathfrak{M}^\star$, die bei $\mathfrak{p}$ verschwindet, so daß

$$z = \sqrt[\lambda]{z^\star}$$

eine Ortsuniformisierende für $\mathfrak{M}$ ist. Das quadratische Differential von $\mathfrak{M}^\star$ sei

$$d\zeta^2 = f(z^\star)\, dz^{\star 2}.$$

Damit $d\zeta^2$ für $\mathfrak{H}^\star$ regulär ist, darf $f(z^\star)$ höchstens einen Pol erster Ordnung haben, d. h. $z^\star f(z^\star)$ muß regulär bleiben, denn der Spurpunkt von $\mathfrak{p}$ ist ein ausgezeichneter Punkt von $\mathfrak{M}^\star$. Damit $d\zeta^2$ für $\mathfrak{H}$ regulär ist, muß in

$$d\zeta^2 = f(z^\star)\left(\frac{dz^\star}{dz}\right)^2 dz^2 = \lambda^2 \cdot \frac{z^{\star 2}}{z^2} f(z^\star)\, dz^2$$

der Faktor des dz^2 entweder endlich bleiben oder, wenn $\mathfrak{p}$ ein ausgezeichneter Punkt von $\mathfrak{M}$ ist, höchstens von erster Ordnung (in z) unendlich werden, d. h. $\frac{z^{\star 2}}{z^2} f(z^\star)$ bzw. $\frac{z^{\star 2}}{z} f(z^\star)$ muß endlich bleiben. Die Bedingungen sind tatsächlich gleichbedeutend, weil $f(z^\star)$ eindeutig von $z^\star$ abhängt.

Ähnliches gilt für einen Verzweigungspunkt über dem Rande von $\mathfrak{M}^\star$.

155. Wir wenden auf $\mathfrak{H}$ diejenigen extremalen quasikonformen Abbildungen an, die zu den regulären quadratischen Differentialen von $\mathfrak{H}^\star$ und zu beliebigen Dilatationsquotienten $\geqq 1$ gehören, und erhalten so eine Teilmannigfaltigkeit $R^\star$ des Raumes R^σ aller Klassen konform äquivalenter

12*

topologisch festgelegter mit $\mathfrak{H}$ gleichartiger Hauptbereiche, die isometrisch auf den Raum $R^{\sigma*}$ aller Klassen konform äquivalenter topologisch festgelegter mit $\mathfrak{H}^\star$ gleichartiger Hauptbereiche abgebildet ist. $R^\star$ ist eine geodätische Mannigfaltigkeit und gehört im Sinne von **147** zu der Untergruppe

$$\mathfrak{U} = \mathfrak{S}\mathfrak{C}|\mathfrak{C}$$

von $\mathfrak{F}$. Die Gruppe $\mathfrak{S}$ überträgt sich vermöge der extremalen quasikonformen Abbildung zu einer Gruppe konformer Abbildungen jedes Hauptbereichs $\mathfrak{H}'$, der im R^σ durch einen Punkt von $R^\star$ vertreten wird, auf sich, die allerdings nur bis auf Transformation mit einer in die Identität deformierbaren konformen Abbildung von $\mathfrak{H}'$ auf sich bestimmt ist.

Beispiele für die normale Überlagerung von Hauptbereichen sind uns schon häufig begegnet: Zuerst erschien in **22** das Ringgebiet als zweiblättrige normale Überlagerung des Vierecks, dann trat ähnliches in **23**, **24**, **27**, **29** und **30**—**32** auf. Die Verdoppelung einer berandeten oder nichtorientierbaren Mannigfaltigkeit (**92** ff.) ist eine normale zweiblättrige Überlagerung, ebenso die in **106** erklärte Hauptbereichverdoppelung. Schließlich sei an **128** erinnert.

Wenn man für die Art $\mathfrak{H}$ das Problem der extremalen quasikonformen Abbildung gelöst hat, dann wegen

$$R^{\sigma*} \cong R^\star \subseteqq R^\sigma$$

auch für die Art $\mathfrak{H}^\star$. Das wurde schon in **136** benutzt.

156. In **63** hieß es: »Insbesondere vergleichen wir die Metrik

$$ds^2 = (\lambda + \varepsilon L)\,(|dz|^2 + \varepsilon \Re B\, dz^2)$$

mit der Metrik $ds^2(A\mathfrak{p})$, wo A eine unendlich wenig von der Identität verschiedene Abbildung von $\mathfrak{H}$ auf sich ist und $ds^2(A\mathfrak{p})$ aus $ds^2 = ds^2(\mathfrak{p})$ durch Übertragung der Metrik vom Punkte $\mathfrak{p}$ in den Punkt $A^{-1}\mathfrak{p}$ entsteht (vgl. **54**).« Wieso darf man annehmen, A sei unendlich wenig von der Identität verschieden? Wir müssen doch $ds^2(\mathfrak{p})$ mit allen Metriken $ds^2(A\mathfrak{p})$ vergleichen, die sich (bis auf einen positiven Faktor) unendlich wenig von $ds^2(\mathfrak{p})$ unterscheiden; weil $ds^2(\mathfrak{p})$ sich unendlich wenig von der gegebenen Metrik $\lambda|dz|^2$ unterscheidet, heißt das, daß A sich unendlich wenig von einer konformen Abbildung unterscheiden soll. Nachdem in **63** ff. der Einfluß einer infinitesimalen Abbildung $z \to z + \varepsilon w$ von $\mathfrak{H}$ auf sich untersucht worden ist, hätte $ds^2(\mathfrak{p})$ demnach eigentlich noch mit allen $ds^2(A\mathfrak{p})$ verglichen werden müssen, wo A eine konforme Abbildung von $\mathfrak{H}$ auf sich bedeutet.

Weil wir es mit topologisch festgelegten Hauptbereichen zu tun haben, brauchen wir nur die A aus $\mathfrak{C}$ zu berücksichtigen, die sich in die Identität deformieren lassen. Diese ändern aber die Klasse des $B\frac{dz^2}{|dz|^2}$, das die infinitesimale Metrikänderung beschreibt, nicht ab. Denn die Klasse wird nach **108** durch die Integrale

$$\iint \Re\left\{\overline{B}\frac{d\zeta^2}{dz^2}\right\}\boxed{dz}$$

bestimmt, wo $d\zeta^2$ die regulären quadratischen Differentiale von $\mathfrak{H}$ durchläuft, und nach **146** ist jedes $d\zeta^2$ bei allen Abbildungen A aus $\mathfrak{C}$ invariant.

Wir hätten auch wie in **125** die Fälle mit $\varrho > 0$ vorweg bestimmen und direkt erledigen können und dann wie in **141** zeigen können, daß sonst immer $\mathfrak{C} = 1$ ist.

Um nicht zu verwirren, habe ich hierauf nicht früher hingewiesen. Tatsächlich ist aber bereits in **63** stillschweigend benutzt worden, daß topologisch festgelegte Hauptbereiche betrachtet wurden. Denn die konformen Abbildungen aus $\mathfrak{K}$ (oder ihre Restklassen mod $\mathfrak{N}$) transformieren die $d\zeta^2$ linear homogen und bilden auch eine Gruppe isometrischer linearer homogener Transformationen des Infinitesimalraums L^σ auf sich. ($\mathfrak{K}|\mathfrak{N}$ ist gerade die Untergruppe derjenigen Transformationen aus $\mathfrak{F}|\mathfrak{N}'$, die den $\mathfrak{H}$ entsprechenden Punkt P des R^σ fest lassen und darum seine Umgebung in erster Näherung linear auf sich abbilden.) Wenn wir $\mathfrak{H}$ nicht topologisch festgelegt hätten, müßten wir Punkte des L^σ, die bei $\mathfrak{K}|\mathfrak{N}$ äquivalent sind, identifizieren und hätten, falls $\mathfrak{K}$ größer als $\mathfrak{N}$ ist, keinen linearen metrischen Raum mehr vor uns.

Bemerkungen über die Ringfläche.

157. In **73** und **100** haben wir leichthin die quadratischen Differentiale $d\zeta^2$ beiseite geschoben, die nur bis auf einen positiven Faktor eindeutig, aber im übrigen regulär waren. Wir vermuteten, daß sie Abbildungen lieferten, die nicht im Großen, sondern nur im Kleinen extremal quasikonform waren. Wir wollen uns solche Abbildungen doch in einem einfachen Falle genauer ansehen.

Eine Ringfläche sei in die u-Ebene mit dem primitiven Periodenpaar ω_1, ω_2 abgewickelt. Wir suchen überall endliche quadratische Differentiale $d\zeta^2$, die sich bei Umläufen auf der Fläche mit positiven Zahlen multiplizieren. Setzt man $d\zeta^2 = f(u)\,du^2$, so soll $f(u)$ eine ganze Funktion sein, für die $\frac{f(u+\omega_1)}{f(u)}$ und $\frac{f(u+\omega_2)}{f(u)}$ positive Konstanten sind. Als elliptische Funktion zweiter Art ohne Pole hat $f(u)$ die Form

$$f(u) = a e^{\kappa u}.$$

Hier müssen $e^{\kappa \omega_1}$ und $e^{\kappa \omega_2}$ positiv sein:

$$\Im \varkappa \omega_\nu \equiv 0 \pmod{2\pi} \qquad (\nu = 1, 2).$$

Die Zahlen $\varkappa$, die dieser Bedingung genügen, bilden ein Gitter.

$\varkappa$ sei eine von 0 verschiedene Zahl dieses Gitters. Es war

$$d\zeta^2 = a e^{\kappa u} du^2,$$

also

$$\zeta = \int \sqrt{d\zeta^2} = \frac{2\sqrt{a}}{\varkappa} e^{\frac{\kappa}{2} u} = b e^{\frac{\kappa}{2} u}.$$

ζ bildet die endliche u-Ebene konform auf die über $\zeta = 0, \infty$ unendlich vielblättrig gewundene Logarithmusfläche ab. $u \to u + \omega_\nu$ bedeutet Multiplikation von ζ mit $e^{\Re \frac{\kappa}{2} \omega_\nu}$ und Drehung im positiven Sinne um den Winkel $\Im \frac{\varkappa}{2} \omega_\nu \equiv 0 \pmod{\pi}$. Durch geeignetes Identifizieren entsteht aus der Logarithmusfläche über der ζ-Ebene wieder (bis auf konforme Abbildung) die alte Ringfläche.

Nun soll eine quasikonforme Abbildung der Ringfläche ausgeführt werden, deren Dilatationsquotient konstant gleich $K \geqq 1$ ist und deren Richtungsfeld maximaler Dilatation $d\zeta^2 > 0$ ist. Da wendet man einfach die affine Abbildung

$$\zeta' = K \Re \zeta + i \Im \zeta$$

auf die Logarithmusfläche an. Bei Transformation mit dieser Abbildung gehen aber die Operationen, Multiplikation von ζ mit $e^{\Re \frac{\kappa}{2} \omega_\nu}$ und Drehung um $\Im \frac{\varkappa}{2} \omega_\nu \equiv 0 \pmod{\pi}$, in genau dieselben auf ζ' anzuwendenden Operationen über. Beim Identifizieren entsteht also aus der ζ'-Logarithmusfläche (bis auf konforme Abbildung) genau dieselbe Ringfläche wie aus der ζ-Logarithmusfläche. Die Abbildung bildet die ursprünglich gegebene topologisch festgelegte Ringfläche auf sich ab. Darum ist sie im Falle $K > 1$ nie extremal quasikonform. Sie ist nur nach 47 im Kleinen extremal quasikonform.

Ganz ähnliche Überlegungen kann man für das Ringgebiet durchführen. Man überlege sich für diesen Fall den Verlauf der Linien $d\zeta^2 > 0$.

158. Eine singularitätenfrei im dreidimensionalen Euklidischen Raum liegende Ringfläche mit der ihr vom umgebenden Raum aufgeprägten Metrik ergibt, wenn sie symmetrisch ist (wie z. B. der gewöhnliche Torus, der durch Drehung eines Kreises um eine ihn nicht schneidende Gerade seiner Ebene entsteht), bei konformer Abwicklung in die Ebene ein Periodenverhältnis, das bei passender Normierung rein imaginär ist. Gibt es auch räumliche Ringflächen mit bei jeder Normierung nicht rein imaginärem Periodenverhältnis?

Wir wollen auf heuristischem Wege eine Antwort suchen. Eine Ringfläche sei auf die $w = u + iv$-Ebene mod (ω_1, ω_2) konform abgebildet; der Ortsvektor $\mathfrak{x}$ ist also eine mod (ω_1, ω_2) doppeltperiodische Funktion von $w = u + iv$; es ist

$$\mathfrak{x}_u \times \mathfrak{x}_v \neq 0$$

und

$$ds^2 = d\mathfrak{x} \cdot d\mathfrak{x} = \lambda |dw|^2$$

(also $E = \mathfrak{x}_u \cdot \mathfrak{x}_u = \lambda$, $F = \mathfrak{x}_u \cdot \mathfrak{x}_v = 0$, $G = \mathfrak{x}_v \cdot \mathfrak{x}_v = \lambda$) mit $\lambda(w) > 0$. ξ sei der Normalenvektor.

Wir gehen zu einer unendlich benachbarten Fläche

$$\mathfrak{x} + \delta n \cdot \xi$$

über, wo also δn eine von erster Ordnung unendlich kleine Funktion von w ist. Wenn man Größen, die von höherer als erster Ordnung unendlich klein sind, vernachlässigt, hat die Nachbarfläche die Metrik

$$ds^2 + \delta ds^2 = d(\mathfrak{x} + \delta n \cdot \xi) \cdot d(\mathfrak{x} + \delta n \cdot \xi) = d\mathfrak{x} \cdot d\mathfrak{x} + 2\delta n \cdot d\mathfrak{x} \cdot d\xi$$

oder, wenn man wie üblich

$$-d\mathfrak{x} \cdot d\xi = L\,du^2 + 2M\,du\,dv + N\,dv^2$$

setzt,

$$ds^2 + \delta ds^2 = \lambda\,|dw|^2 - 2\delta n \cdot (L\,du^2 + 2M\,du\,dv + N\,dv^2).$$

Nach **62** setzen wir

$$-2\delta n \cdot \left(\frac{L-N}{2\lambda} - i\frac{M}{\lambda}\right) = \varepsilon B,$$

wo ε eine konstante positive unendlich kleine Größe ist (die dortigen δE, δF, δG sind durch $-2L\delta n$, $-2M\delta n$, $-2N\delta n$ zu ersetzen!), dann gibt

$$B\frac{dw^2}{|dw|^2}$$

die infinitesimale Metrikänderung in ihrem konform invarianten Teil wieder. Die Veränderung des Periodenverhältnisses beim Übergang zur Nachbarfläche $\mathfrak{x} + \delta n \cdot \xi$ und deren konformer Abwicklung in eine w'-Ebene bestimmt sich nach **88** allein aus

$$k = \iint_P \overline{B}\,\boxed{dw},$$

wo über ein Periodenparallelogramm der w-Ebene zu integrieren ist, oder aus

$$-2\iint\limits_P \delta n\left(\frac{L-N}{2\lambda}+i\frac{M}{\lambda}\right)\boxed{dw}\,.$$

Nun ist nie identisch $L-N=M=0$, denn dann hätte die Fläche nur Nabelpunkte und wäre eine Ebene oder eine Kugel, aber keine Ringfläche. Dagegen ist es möglich, daß alle Werte von $\frac{L-N}{2\lambda}-i\frac{M}{\lambda}$ auf eine einzige Gerade durch den Nullpunkt fallen, d. h. daß das Verhältnis $(L-N):M$ konstant ist. Dann kann man durch eine Drehung der w-Ebene

$$M=0$$

erreichen. Die Linien $u=$ const, $v=$ const sind dann die Krümmungslinien der Ringfläche. Das ist z. B. beim gewöhnlichen Torus der Fall. Dann kann das Periodenverhältnis sich bei der Abänderung $\mathfrak{x}+\delta n\cdot\xi$ in erster Näherung nicht beliebig, sondern nur in einer Richtung ändern. Z. B. bleibt das Periodenverhältnis, das beim gewöhnlichen Torus rein imaginär ist, bei $\mathfrak{x}\to\mathfrak{x}+\delta n\cdot\xi$ in erster Näherung rein imaginär.

Dagegen gibt es Ringflächen, wo schon aus gestaltlichen Gründen die Krümmungslinien nicht die analytische Form $u=$ const, $v=$ const haben können. Trotzdem kann ein Periodenverhältnis rein imaginär sein. Dies ist dann aber frei beweglich und kann durch eine Abänderung $\mathfrak{x}+\delta n\cdot\xi$ in ein benachbartes nicht mehr rein imaginäres übergeführt werden.

Auf Grund dieser Überlegung erwarten wir, daß es räumliche Ringflächen ohne rein imaginäres Periodenverhältnis gibt. Vielleicht kann man räumliche Ringflächen mit beliebig vorgeschriebenem Periodenverhältnis ω angeben.

Verallgemeinerung.

159. Gegeben sei eine hinreichend reguläre topologische Abbildung der Kreisperipherie $|z|=1$ auf sich. Man soll diese derart zu einer quasikonformen topologischen Abbildung des Kreises $|z|\leqq 1$ auf sich fortsetzen, daß das Maximum des Dilatationsquotienten möglichst klein wird.

Im Gegensatz zu früher soll also der Rand nicht nur als Ganzes in sich übergehen, sondern für jeden Randpunkt ist der Bildpunkt vorgeschrieben. Es ist, wie wenn alle Randpunkte ausgezeichnet wären.

Man errät leicht die extremalen quasikonformen Abbildungen: sie entstehen wie in **114** aus einem konstanten Dilatationsquotienten K und einem quadratischen Differential

$$d\zeta^2 = f(z)\,dz^2,$$

wo $f(z)$ in $|z| < 1$ regulär ist. Aber wir dürfen jetzt nicht etwa fordern, daß $f(z)\,dz^2$ längs des Randes $|z| = 1$ reell sei: das würde dem Problem entsprechen, wo der Rand nur als Ganzes in sich überzugehen braucht. Andererseits kann $f(z)$ auch nicht in allen Randpunkten zugleich, weil sie alle ausgezeichnet sind, Pole haben. Vielmehr werden wir das Randverhalten von $f(z)$ willkürlich lassen: nur so erhalten wir so viele Extremalabbildungen, wie wir brauchen.

Allerdings müssen wohl gewisse Regularitätsannahmen am Rande gemacht werden, deren zweckmäßige Formulierung ein Problem für sich ist. Man könnte günstigstenfalls einen Satz von folgendem Typus erwarten:

»Wenn die gegebene Randabbildung sich überhaupt zu einer quasikonformen Abbildung fortsetzen läßt, dann auch zu einer extremal quasikonformen. Diese hat die angegebene Gestalt, und

$$\iint\limits_{|z|<1} \boxed{d\zeta} = \iint\limits_{|z|<1} |f(z)|\,\boxed{dz}$$

konvergiert. Wenn $\iint \boxed{d\zeta}$ konvergiert, gehört $d\zeta^2$ für jedes $K \geqq 1$ zu einer solchen Randabbildung«???

Ich möchte diese Aussage allerdings nicht als Vermutung bezeichnen, sondern nur als Anregung zum Aufsuchen der genauen Bedingungen.

Man kann auch bei beliebigen berandeten Hauptbereichen einige Randbögen mit all ihren Punkten auszeichnen und verlangen, daß diese bei einer quasikonformen Abbildung auf einen gleichartigen Hauptbereich in vorgegebene Randpunkte übergehen sollen; das zur extremalen quasikonformen Abbildung gehörige $d\zeta^2$ wird, wenn die Randzuordnung hinreichend regulär ist, auf den ausgezeichneten Randbögen beliebige stetige Randwerte haben und längs der übrigen Randbögen reell sein; wo ein ausgezeichneter und ein nichtausgezeichneter Randbogen zusammentreffen, wird $d\zeta^2$ singulär werden dürfen, aber $\iint \boxed{d\zeta}$ wird auch dort konvergieren müssen.

Eine Metrik.

160. Hier soll auf ein Problem hingewiesen werden, für das ich auch nicht einen heuristischen Lösungsansatz geben kann.

$\mathfrak{H}$ sei ein Hauptbereich mit $\varrho = 0$; $\mathfrak{p}$ sei ein veränderlicher Innenpunkt von $\mathfrak{H}$. Wenn man $\mathfrak{p}$ zusätzlich auszeichnet, entsteht ein neuer Hauptbereich $(\mathfrak{H}, \mathfrak{p})$, der einen ausgezeichneten Punkt mehr hat als $\mathfrak{H}$. Wenn man im metrischen Raum aller topologisch festgelegten $(\mathfrak{H}, \mathfrak{p})$ die zweidimensionale Teilmannigfaltigkeit aller $(\mathfrak{H}, \mathfrak{p})$ mit einem festgehaltenen $\mathfrak{H}$ betrachtet, dann ist diese einerseits ebenfalls ein Finslerscher Raum, andererseits ist sie eineindeutig auf die Menge der Innenpunkte $\mathfrak{p}$ des gegebenen $\mathfrak{H}$ abgebildet. Wir erhalten also für die Innenpunkte von $\mathfrak{H}$ eine Finslersche Metrik.

Diese definiert allerdings einen Entfernungsbegriff auf $\mathfrak{H}$, den man nicht ohne weiteres so deuten darf: man bilde $\mathfrak{H}$ quasikonform so auf sich ab, daß $\mathfrak{p}$ in $\mathfrak{p}'$ übergeht (die Abbildung muß sich natürlich in die Identität deformieren lassen), bestimme das Maximum des Dilatationsquotienten und nehme von allen so erhaltenen Zahlen den Logarithmus der unteren Grenze. Diese Deutung wäre nur möglich, wenn man wüßte, daß die $(\mathfrak{H}, \mathfrak{p})$ mit festem $\mathfrak{H}$ im Raum aller $(\mathfrak{H}, \mathfrak{p})$ eine geodätische Mannigfaltigkeit bildeten.

Wenn $\mathfrak{H}$ geschlossen und orientierbar ist, dann ist die Metrik, die man so auf $\mathfrak{H}$ erhält, von der Form $ds^2 = \lambda |dz|^2$ ($\lambda > 0$, z Ortsuniformisierende). Das liegt daran, daß man die quadratischen Differentiale dann mit komplexen Konstanten multiplizieren kann[1].

Im Fall der dreifach punktierten Kugel $\mathfrak{H}$ erhalten wir nach **27** gerade die hyperbolische Metrik.

Ähnliche Überlegungen kann man für einen Randpunkt $\mathfrak{p}$ anstellen.

Eine Abschätzung.

161. Jetzt soll im Vorbeigehen am einfachsten Beispiel noch auf eine Frage eingegangen werden, für die nur der auf diesem Gebiet arbeitende Forscher einiges Interesse aufbringen wird. Es handelt sich um das zweckmäßige Ansetzen der Grötzsch-Ahlforsschen Methode.

Ähnlich wie in **129** betrachten wir in der ζ-Ebene ein Sechseck $\mathfrak{S}$, das von dem Streckenzug

$$\zeta = 0 \cdots a \cdots a + qi \cdots pa + qi \cdots pa + i \cdots i \cdots 0$$

---

[1] $\frac{w}{dz}$ genüge für $\mathfrak{H}$ den Bedingungen von **63**, sei aber in $\mathfrak{p}$ nicht 0. Dann gibt es ein $\frac{w_1}{dz}$, das den Bedingungen von **63** für $(\mathfrak{H}, \mathfrak{p})$ genügt, ein $c > 0$ und ein reguläres quadratisches Differential $d\zeta^2$ von $(\mathfrak{H}, \mathfrak{p})$, das bei $\mathfrak{p}$ einen Pol hat, mit

$$\overline{(w_x + i w_y)} \frac{dz^2}{|dz|^2} = \overline{(w_{1x} + i w_{1y})} \frac{dz^2}{|dz|^2} + c \frac{d\zeta^2}{|d\zeta^2|}.$$

Für komplexes $a \neq 0$ darf man in dieser Formel gleichzeitig w durch aw, w_1 durch aw_1, c durch $|a|c$ und $d\zeta^2$ durch $\bar{a}\, d\zeta^2$ ersetzen. Darum ist an der Stelle $\mathfrak{p}$

$$ds^2 = c^2 \left| \frac{w}{dz} \right|^{-2}.$$

begrenzt wird, und in der ζ'-Ebene ein Sechseck $\mathfrak{S}'$, das von dem Streckenzug

$$\zeta' = 0 \cdots a' \cdots a' + q'i \cdots p'a' + q'i \cdots p'a' + i \cdots i \cdots 0$$

begrenzt wird. Natürlich ist $0 < pa < a$, $0 < q < 1$, $0 < p'a' < a'$, $0 < q' < 1$. Gegeben sei eine quasikonforme Abbildung von $\mathfrak{S}$ auf $\mathfrak{S}'$, die die ausspringenden Ecken 0, a, $a + qi$, $pa + i$, i in 0, a', $a' + q'i$, $p'a' + i$, i überführt und deren Dilatationsquotient $\leqq C$ ist. In **129** sahen wir:

Falls $p = p'$ und $q = q'$ ist, ist

$$\frac{a'}{a} \leqq C.$$

Wie kann man aber C nach unten abschätzen, wenn nicht zugleich $p = p'$ und $q = q'$ ist? Wir kennen die Antwort: man muß $\mathfrak{S}$ und $\mathfrak{S}'$ konform auf entsprechend liegende Sechsecke so abbilden, daß die ausspringenden Ecken in die entsprechenden übergehen und daß die verletzte Bedingung $p = p'$, $q = q'$ nach der Abbildung erfüllt ist, und dann **129** anwenden.

Dem stehen rechnerische Schwierigkeiten entgegen. Wir fragen darum, wie weit man ohne eine solche Hilfsabbildung kommt.

Die in **129** befolgte Abschätzungsmethode (Integration über die Linien $\mathfrak{I}\zeta = \text{const}$) läßt sich durchführen und liefert

$$\frac{a'}{a}\left(p'^2(1-q) + pq\right) \leqq Cp\left(p' + q' - p'q'\right).$$

Aber bei Grötzsch ist es doch in der Regel so, daß Integration über die Linien $\mathfrak{I}\zeta = \text{const}$ und Integration über die Linien $\mathfrak{R}\zeta' = \text{const}$ dasselbe Ergebnis liefern. Das ist hier nicht der Fall. Integration über die Linien $\mathfrak{R}\zeta' = \text{const}$ ergibt nach derselben Methode

$$\frac{a'}{a}\left(q^2(1-p') + p'q'\right) \leqq Cq'\left(p + q - pq\right).$$

Da sollte man doch annehmen, es gebe eine dritte Integrationsmethode, die eine Abschätzung liefert, in der diese beiden enthalten sind.

Diese wird auch symmetrisch sein müssen, d. h. die Linien $\mathfrak{I}\zeta = \text{const}$ und die Linien $\mathfrak{R}\zeta' = \text{const}$ werden gleichberechtigt auftreten müssen. Man kann dabei an eine Ausgestaltung der Grötzsch-Ahlforsschen Methode[1] denken, wo systematisch die Anzahl der Schnittpunkte der Linien $\mathfrak{I}\zeta = \text{const}$ und der Linien $\mathfrak{R}\zeta' = \text{const}$ im Sechseck nach unten abgeschätzt wird.

---

[1] O. Teichmüller, Untersuchungen über konforme und quasikonforme Abbildung, Deutsche Math. 3.

162. Hilfssatz: Ein Stück $\mathfrak{S}$ der ζ-Ebene sei quasikonform auf ein Stück $\mathfrak{S}'$ der ζ'-Ebene abgebildet; der Dilatationsquotient sei $\leqq C$. $\mathfrak{T}$ sei ein zur reellen Achse paralleler Streifen der ζ-Ebene von der Breite Y, und $\mathfrak{T}'$ sei ein zur imaginären Achse paralleler Streifen der ζ'-Ebene von der Breite X'. Das ζ'-Bild jeder Linie $\mathfrak{I}\zeta = \text{const}$ in $\mathfrak{T}$ habe mit jeder Linie $\mathfrak{R}\zeta' = \text{const}$ in $\mathfrak{T}'$ mindestens n Schnittpunkte. F sei der Flächeninhalt des in $\mathfrak{T}$ liegenden Teils von $\mathfrak{S}$, in dem ζ' in $\mathfrak{T}'$ fällt, und F' sei der Flächeninhalt des in $\mathfrak{T}'$ liegenden Teils von $\mathfrak{S}'$, in dem ζ in $\mathfrak{T}$ fällt. Dann gilt

$$(nX'Y)^2 \leqq CFF'.$$

Beweis: Das ζ'-Bild jeder Linie $\mathfrak{I}\zeta = \text{const}$ in $\mathfrak{T}$ hat mindestens die Länge nX', weil es jede Linie $\mathfrak{R}\zeta' = \text{const}$ in $\mathfrak{T}'$ mindestens n-mal schneidet:

$$nX' \leqq \int \left|\frac{\partial \zeta'}{\partial \xi}\right| d\xi \qquad (\zeta = \xi + i\eta).$$

Es folgt

$$(nX')^2 \leqq \int d\xi \cdot \int \left|\frac{\partial \zeta'}{\partial \xi}\right|^2 d\xi \leqq \int d\xi \cdot C \cdot \int \frac{\boxed{d\zeta'}}{\boxed{d\zeta}}\, d\xi.$$

Wenn man die Wurzel zieht, nach η integriert und die Schwarzsche Ungleichung anwendet, erhält man

$$(nX'Y)^2 \leqq C \iint d\xi\, d\eta \cdot \iint \frac{\boxed{d\zeta'}}{\boxed{d\zeta}}\, d\xi\, d\eta = CFF',$$

w. z. b. w.

Dieser Hilfssatz hat schon die geforderte Symmetrieeigenschaft. Man kann auch den Beweis in eine symmetrische Form bringen. $\nu(\xi', \eta)$ sei die Zahl der Schnittpunkte des ζ'-Bildes der Linie $\mathfrak{I}\zeta = \eta = \text{const}$ mit der Linie $\mathfrak{R}\zeta' = \xi' = \text{const}$. Dann ist also $\nu(\xi', \eta) \geqq n$, integriert

$$nX'Y \leqq \iint \nu(\xi', \eta)\, d\xi'\, d\eta.$$

Rechts führen wir ξ, η (oder ξ', η' mit $\zeta' = \xi' + i\eta'$, die ja jenen eineindeutig zugeordnet sind) als neue Variable ein. Es ist

$$d\xi'\, d\eta \leqq \sqrt{C\, \boxed{d\zeta}\, \boxed{d\zeta'}}$$

$$\left(\text{denn} \left|\frac{\partial(\xi', \eta)}{\partial(\xi, \eta)}\right| = \left|\frac{\partial \xi'}{\partial \xi}\right| \leqq \left|\frac{\partial \zeta}{\partial \xi}\right| \leqq \sqrt{C \frac{\boxed{d\zeta'}}{\boxed{d\zeta}}}\right), \text{ folglich}$$

$$nX'Y \leqq \iint \sqrt{C\, \boxed{d\zeta}\, \boxed{d\zeta'}}$$

oder nach der Schwarzschen Ungleichung

$$(nX'Y)^2 \leqq C \iint \boxed{d\zeta} \iint \boxed{d\zeta'} = CFF'.$$

Wenn man den Streifen $\mathfrak{T}$ in $\varkappa$ Teilstreifen $\mathfrak{T}_1, \ldots, \mathfrak{T}_\varkappa$ der Breite $Y_1, \ldots, Y_\varkappa$ einteilt, dann gilt in leicht verständlicher Bezeichnung

$$(nX'Y_\iota)^2 \leqq CF_\iota F'_\iota \qquad (\iota = 1, \ldots, \varkappa).$$

Aber aus diesen $\varkappa$ Ungleichungen folgt nach der Schwarzschen Ungleichung

$$(nX'(Y_1 + \cdots + Y_\varkappa))^2 \leqq C(F_1 + \cdots + F_\varkappa)(F'_1 + \cdots + F'_\varkappa)$$

oder

$$(nX'Y)^2 \leqq CFF':$$

unsere alte Ungleichung. Durch Unterteilen verschlechtert man also die Abschätzung nie. Unsere Ungleichung enthält in ihrer Allgemeinheit alles, was nach der hier benutzten Methode durch Vergleich der Linien $\mathfrak{J}\zeta = \text{const}$ und $\mathfrak{R}\zeta' = \text{const}$ erhalten werden kann.

Jemand könnte daran denken, die symmetrische Abschätzung

$$\left(\iint \nu(\xi', \eta)\, d\xi' d\eta\right)^2 \leqq C \iint \boxed{d\zeta} \iint \boxed{d\zeta'}$$

direkt auf die in **161** betrachtete Abbildung von $\mathfrak{S}$ auf $\mathfrak{S}'$ anzuwenden. Das ergibt nur

$$\frac{a'}{a}(p' + q - p'q)^2 \leqq C(p + q - pq)(p' + q' - p'q').$$

Die Rechnung zeigt, daß diese Ungleichung schwächer ist als beide in **161** angegebenen Ungleichungen. Man muß, um die Abschätzungen zu verbessern, nicht zusammenfassen, sondern aufteilen.

163. Wir wenden den Hilfssatz auf die in **161** betrachtete Abbildung von $\mathfrak{S}$ auf $\mathfrak{S}'$ an, und zwar

1. auf die Streifen $\mathfrak{T}$: $1 - q < \mathfrak{J}\zeta < 1$ und $\mathfrak{T}'$: $0 < \mathfrak{R}\zeta' < p'a'$,
2. auf die Streifen $\mathfrak{T}$: $0 < \mathfrak{J}\zeta < q$ und $\mathfrak{T}'$: $0 < \mathfrak{R}\zeta' < p'a'$,
3. auf die Streifen $\mathfrak{T}$: $0 < \mathfrak{J}\zeta < q$ und $\mathfrak{T}'$: $p'a' < \mathfrak{R}\zeta' < a'$.

Die dabei auftretenden Flächeninhalte F, F' sollen $F_1, F'_1, F_2, F'_2, F_3, F'_3$ heißen; z. B. ist F_1 der Flächeninhalt des Teils von $\mathfrak{S}$, der im Streifen $1 - q < \mathfrak{J}\zeta < 1$ liegt und dessen ζ'-Bild im Streifen $0 < \mathfrak{R}\zeta' < p'a'$ liegt, usw. Dann ist

$$F_1 \leqq pa(1 - q);$$
$$F'_3 \leqq (1 - p')a'q';$$

$$F_2+F_3 \leqq aq;$$
$$F_1'+F_2' \leqq p'a'.$$

Nach dem Hilfssatz erhalten wir

$$(p'a'(1-q))^2 \leqq CF_1F_1';$$
$$(p'a'q)^2 \leqq CF_2F_2';$$
$$((1-p')a'q)^2 \leqq CF_3F_3'.$$

Man könnte die letzten beiden Ungleichungen zu $(a'q)^2 \leqq C(F_2+F_3)(F_2'+F_3')$ zusammenfassen; das würde auf die in **161** angegebene Abschätzung $\frac{a'}{a}(p'^2(1-q)+pq) \leqq Cp(p'+q'-p'q')$ führen. Entsprechend kann man die andere dort angegebene Abschätzung erhalten. Wir wollen aber aus unseren 7 Ungleichungen die 6 Größen $F_1, \ldots, F_3'$ ohne Fehler eliminieren.

Es ist

$$F_2 \leqq aq-F_3 \leqq aq-\frac{((1-p')a'q)^2}{CF_3'} \leqq aq-\frac{(1-p')a'q^2}{Cq'}$$

und

$$F_2' \leqq p'a'-F_1' \leqq p'a'-\frac{(p'a'(1-q))^2}{CF_1} \leqq p'a'-\frac{p'^2a'^2(1-q)}{Cpa}.$$

Insbesondere müssen die rechten Seiten positiv sein. Hier sind schon alle Ungleichungen außer der vorletzten

$$(p'a'q)^2 \leqq CF_2F_2'$$

benutzt; diese gibt

$$(p'a'q)^2 \leqq C\left(aq-\frac{(1-p')a'q^2}{Cq'}\right)\left(p'a'-\frac{p'^2a'^2(1-q)}{Cpa}\right)$$

oder

$$p'q\frac{a'}{a}C \leqq \left(C-\frac{a'}{a}\frac{(1-p')q}{q'}\right)\left(C-\frac{a'}{a}\frac{p'(1-q)}{p}\right).$$

In dieser endgültigen Formel kommt es neben p, q, p', q' nur auf $C\frac{a}{a'}$ an; man darf p mit q' und zugleich p' mit q vertauschen.

Extremalprobleme der konformen Abbildung.

164. Warum untersuchen wir quasikonforme Abbildungen? Auf diese Frage mußten zu verschiedenen Zeiten verschiedene Antworten gegeben werden.

Zunächst erschienen die quasikonformen Abbildungen zweifellos nur als Verallgemeinerungen der konformen Abbildungen. Man erforschte ihre einfachsten Eigenschaften; Tissot verwandte sie in der Kartenkunde; man verallgemeinerte auf sie den Picardschen Satz und die Ahlforsschen Scheibensätze; man löste einfache Extremalprobleme. Alle Ergebnisse waren unmittelbare Verallgemeinerungen bekannter Sätze über konforme Abbildungen. Immerhin waren sie von axiomatischem Interesse für die Funktionentheorie: sie lehrten verstehen, in welcher Weise die Voraussetzung der Konformität das Verhalten einer Abbildung einschränkt.

165. Dieser Standpunkt ist überholt. Heute werden quasikonforme Abbildungen systematisch dazu benutzt, das Verhalten konformer Abbildungen zu untersuchen. Das geschieht nun nicht etwa, wie ein Außenstehender wohl zuerst annehmen möchte, indem man eine konforme Abbildung durch eine Folge quasikonformer Abbildungen mit gegen 1 strebenden Dilatationsquotienten approximiert. Dies Verfahren ist m. E. unhandlich. Vielmehr benutzt man die folgende

Methode der quasikonformen Abbildung:

Um eine konforme Abbildung einer Riemannschen Mannigfaltigkeit $\mathfrak{A}$ auf eine Riemannsche Mannigfaltigkeit $\mathfrak{B}$ zu untersuchen, konstruiert man eine explizit bekannte quasikonforme Abbildung von $\mathfrak{A}$ auf eine Riemannsche Mannigfaltigkeit $\mathfrak{C}$. Man bestimmt diese Abbildung (etwa durch zweckmäßiges Verfügen über gewisse Parameter) so, daß $\mathfrak{B}$ und $\mathfrak{C}$ nahe verwandt sind und daß man für den Dilatationsquotienten als Funktion der Punkte von $\mathfrak{C}$ eine möglichst gute Abschätzung nach oben kennt. Dann hat man für die Abbildung $\mathfrak{C} \to \mathfrak{A} \to \mathfrak{B}$ dieselbe Abschätzung des Dilatationsquotienten. Man stellt nun Eigenschaften auf, die jeder Abbildung von $\mathfrak{C}$ auf $\mathfrak{B}$ mit dieser Abschätzung des Dilatationsquotienten zukommen; vermöge der bekannten Abbildung $\mathfrak{A} \leftrightarrow \mathfrak{C}$ ergibt jede dieser Eigenschaften eine Aussage über die zu untersuchende Abbildung $\mathfrak{A} \to \mathfrak{B}$.

Dabei ist es angebracht, von einer quasikonformen Abbildung nicht nur bei beschränktem Dilatationsquotienten zu sprechen, sondern schon dann, wenn irgendeine Abschätzung des Dilatationsquotienten nach oben bekannt ist und wesentlich benutzt wird.

Diese Methode bewährt sich besonders beim Typenproblem der einfach zusammenhängenden Flächen. Hier ist $\mathfrak{A}$ eine geometrisch gegebene offene einfach zusammenhängende Riemannsche Fläche über der w-Ebene, und man fragt, ob sich $\mathfrak{A}$ auf den Einheitskreis oder auf die punktierte Ebene konform abbilden läßt. $\mathfrak{B}$ ist also eins dieser beiden Gebiete. In manchen Fällen kann man nun eine quasikonforme Abbildung von $\mathfrak{A}$ etwa auf den Einheitskreis $\mathfrak{E}$ konstruieren; und wenn deren Dilatationsquotient beschränkt ist, dann muß $\mathfrak{B}$ auch der Einheitskreis sein, weil eine Abbildung des Einheitskreises $\mathfrak{E}$ auf die punktierte Ebene $\mathfrak{B}$ mit beschränktem Dilatationsquotienten unmöglich ist. $\mathfrak{A}$ gehört dann zum Grenzkreistypus. Wenn man dagegen $\mathfrak{A}$ so auf die punktierte Ebene $\mathfrak{E}$ abbilden kann, daß der Dilatationsquotient beschränkt ist, dann muß $\mathfrak{B}$ auch die punktierte Ebene sein, und die Fläche $\mathfrak{A}$ gehört zum Grenzpunkttypus. — Diese Methode setzt sich in der neueren Literatur zum Typenproblem immer mehr durch; man arbeitet auch mit nicht beschränktem Dilatationsquotienten.

Aber die Methode eignet sich auch zu feineren Untersuchungen. So geht Wittich[1] von einer geometrisch gegebenen Klasse Riemannscher Flächen[2] aus und bestimmt nach der Methode der quasikonformen Abbildung für die erzeugenden meromorphen Funktionen das asymptotische Verhalten, alle Wertverteilungsgrößen, Defekte und Indices.

Es ist selbstverständlich, daß man solche Anwendungen nur auf Grund eingehender Untersuchungen von quasikonformen Abbildungen machen kann.

166. Aber noch in anderer Weise kann das Studium der quasikonformen Abbildungen sich fruchtbar für die Funktionentheorie auswirken. Durch das Bestimmen der extremalen quasikonformen Abbildungen sind wir auf bestimmte funktionentheoretische Begriffe, insbesondere den des quadratischen Differentials, und ihre Eigenschaften aufmerksam geworden, die auch in der Lehre von den konformen Abbildungen von Bedeutung werden können. Unser Extremalproblem für quasikonforme Abbildungen und seine Lösung kann zu einer heuristischen Methode zur Lösung von zunächst ganz anders gearteten Extremalproblemen der konformen Abbildung führen. Wir wollen das nur an einem Beispiel verfolgen.

167. $\mathfrak{R}$ sei der Kreisring $1 < |w| < R$ mit dem Modul

$$M = \log R.$$

Wenn man $\mathfrak{R}$ durch eine Jordankurve $\mathfrak{C}$, die von $|w| = 1$ nach $|w| = R$ läuft, aufschneidet, entsteht ein Viereck $\mathfrak{V}$, von dem zwei Seiten auf dem Rande von $\mathfrak{R}$ liegen, während die beiden anderen Seiten auf $\mathfrak{C}$ liegen. Wir betrachten allgemeiner ein Viereck $\mathfrak{V}$, von dem zwei gegenüberliegende Seiten auf $|w| = 1$ bzw. auf $|w| = R$ liegen. Das ist also ein einfach zusammenhängendes Teilgebiet $\mathfrak{V}$ von $\mathfrak{R}$, an dessen Berandung ein Teilbogen $\mathfrak{a}_1$ von $|w| = 1$ und ein Teilbogen $\mathfrak{a}_2$ von $|w| = R$ beteiligt sind und wo die vier Endpunkte von $\mathfrak{a}_1$ und $\mathfrak{a}_2$ ausgezeichnete Punkte oder

[1] H. Wittich, Habilitationsschrift, erscheint später in der Deutschen Math.
[2] E. Ullrich, Zum Umkehrproblem der Wertverteilungslehre, Gött. Nachr. N. F. 1.

»Ecken« von $\mathfrak{B}$ sein sollen. Wir bilden $\mathfrak{B}$ direkt konform so auf ein Rechteck

$$\mathfrak{B}': 0 < x < 1, \; 0 < y < b \qquad (z = x + iy)$$

ab, daß die »Ecken« von $\mathfrak{B}$ in die geometrischen Ecken des Rechtecks übergehen und daß insbesondere $\mathfrak{a}_1$ und $\mathfrak{a}_2$ den Seiten $\Re z = 0$ bzw. $\Re z = 1$ des Rechtecks entsprechen. Dann ist b die konforme Invariante des Vierecks.

Es gilt

$$b \leqq \frac{2\pi}{\log R} = \frac{2\pi}{M}.$$

Das Gleichheitszeichen steht nur, wenn $\mathfrak{B}$ aus $\mathfrak{R}$ durch einen Radialschlitz entsteht[1].

Diese einfache Ungleichung benutzten wir schon in **22**.

Beweis: Jeder Linie $\Im z = y = \text{const}$, $\Re z = x = 0 \cdots 1$ im Rechteck $\mathfrak{B}'$ entspricht in $\mathfrak{R}$ eine Kurve, die $|w| = 1$ mit $|w| = R$ verbindet und deren »logarithmische Länge« $\int |d \log w|$ darum mindestens $\log R$ ist:

$$M = \log R \leqq \int_0^1 \left| \frac{d \log w}{dz} \right| dx;$$

$$M^2 \leqq \int_0^1 \left| \frac{d \log w}{dz} \right|^2 dx;$$

$$bM^2 \leqq \iint \left| \frac{d \log w}{dz} \right|^2 dx\,dy = \iint \boxed{d \log w} \leqq 2\pi M;$$

$$b \leqq \frac{2\pi}{M}.$$

Gleichheit gilt nur, wenn $\dfrac{d \log w}{dz} = \text{const}$ ist.

Wenn also $b = \dfrac{2\pi}{M}$ ist, dann liegen alle vier Ecken des Vierecks $\mathfrak{B}$ auf demselben Strahl $\arg w = \text{const}$. Mit Hilfe der Theorie der Normalfamilien schließt man hieraus: Wenn sich b wenig von $\dfrac{2\pi}{M}$ unterscheidet, dann liegen die vier Ecken von $\mathfrak{B}$ in einem schmalen Winkelraum. Wir wollen das quantitativ verfolgen.

$\mathfrak{a}_1$ sei der Bogen $w = e^{i\varphi}$, $\Phi_1 \leqq \varphi \leqq 2\pi$ $(0 \leqq \Phi_1 < 2\pi)$, und $\mathfrak{a}_2$ sei der Bogen $w = Re^{i\varphi}$, $\vartheta \leqq \varphi \leqq \Phi_2$ $(\vartheta < \Phi_2 \leqq \vartheta + 2\pi)$. Es genügt, zu

[1] H. Grötzsch, Über einige Extremalprobleme der konformen Abbildung. Leipz. Ber. 80

zeigen: Wenn $\frac{2\pi}{M} - b$ klein ist, dann ist auch ϑ klein. Dabei ist M fest. Nun ist ϑ an sich nur mod 2π bestimmt, aber wir können ϑ auch eindeutig festlegen: arg w ist ja in $\mathfrak{B}$ eine eindeutige Funktion, die auf $\mathfrak{a}_1$ Werte zwischen 0 und 2π haben soll; diese eindeutige Funktion soll auf $\mathfrak{a}_2$ Werte zwischen ϑ und $\vartheta + 2\pi$ haben. Damit ist ϑ eindeutig festgelegt (vgl. **6**).

Es würde jetzt genügen, bei festem M für ϑ eine von b abhängende obere Schranke zu finden, die für $b \to \frac{2\pi}{M}$ gegen 0 strebt. Statt dessen wollen wir bei gegebenen M, ϑ eine obere Schranke für b suchen, die für $\vartheta > 0$ kleiner als $\frac{2\pi}{M}$ ist und bei festem M eine monoton fallende Funktion von ϑ ist. Und wir werden sogar die genaue Schranke bestimmen.

168*. Wie kommt man auf dieses Problem?

Früher bewies ich[1]: Ist die punktierte z-Ebene quasikonform auf die punktierte w-Ebene abgebildet und gilt für den Dilatationsquotienten D eine Abschätzung $D \leqq C(|z|)$ mit konvergentem $\int^{\infty}(C(r) - 1)\frac{dr}{r}$, dann gilt bei Annäherung an den unendlich fernen Punkt

$$|w| \sim \text{const} \cdot |z|.$$

Nun sollte man doch vermuten, unter denselben Voraussetzungen gelte sogar

$$w \sim \text{const} \cdot z.$$

Diese Vermutung wird durch die »spiralige Wertverteilung« bei gewissen Funktionen[2] und die dadurch bedingte Erhöhung der Wachstumsordnung nahegelegt. Für die speziellen Abbildungen $w = z e^{i\eta(|z|)}$ ($\eta(r)$ reell) stimmt es. Aber wie soll man einen solchen Satz allgemein beweisen?

Zum Zweck einer ersten Orientierung wird man das Problem der extremalen quasikonformen Abbildung für die in **6** beschriebenen Hauptbereiche stellen (Ringgebiet mit je einem ausgezeichneten Randpunkt auf den beiden Randkurven). Von einem fehlgeschlagenen Lösungsversuch wurde in **33** berichtet; wir lernten dann die Lösung in **131** kennen, nachdem wir das Problem der extremalen quasikonformen Abbildung in seiner vollen Allgemeinheit hatten aufrollen müssen.

Aber dann wird man doch auf die Analogie mit dem Beweis des oben genannten Satzes zurückkommen und nach einem Analogon des Modul-

[1] Siehe S. 187, Anm. 1.
[2] Siehe S. 192, Anm. 1.

satzes suchen. Ein solches Analogon ist nun das in **167** gestellte Problem. Im Modulsatz wurde das gegebene Gebiet durch einen Rückkehrschnitt in zwei Ringgebiete zerlegt; hier wird es durch einen Querschnitt zu einem Viereck aufgeschnitten.

169. Wir wollen jetzt die Extremalgebiete angeben und ihre Extremaleigenschaft und zugleich die Monotonie der Schranke beweisen. Es handelt sich um eine einfache Anwendung der Grötzsch-Ahlforsschen Methode.

Wir gehen von einem Rechteck

$$0 < \Re\zeta < 1, \quad 0 < \Im\zeta < B$$

und einer Zahl H zwischen 0 und 1 aus, bilden die Strecken

$$\Im\zeta = 0, \quad \Re\zeta = 0 \cdots 1 - H \quad \text{und} \quad \Im\zeta = B, \quad \Re\zeta = H \cdots 1$$

längentreu aufeinander ab und identifizieren sie. Durch dies ideale Zusammenheften entsteht ein Ringgebiet. Man kann auch auf das Ausgangsrechteck die Translationen $\zeta \to \zeta + n \cdot (H + iB)$ (n ganz) anwenden, all diese Rechtecke zu einem Treppengebiet verschmelzen und dann erst Punkte, die mod $(H + iB)$ kongruent sind, identifizieren. Das entstehende Ringgebiet soll dann direkt konform so auf einen Kreisring $1 < |w| < R$ abgebildet werden, daß $\zeta = Bi$ in $w = 1$ und $\zeta = 1$ in $w = Re^{i\theta}$ übergeht; θ wird folgendermaßen festgelegt: die Abbildung des Treppengebiets auf den Streifen $0 < \Re \log w < M = \log R$ der $\log w$-Ebene ist eineindeutig und soll $\zeta = Bi$ in $\log w = 2\pi i$ und zugleich $\zeta = 1$ in $\log w = \log R + i\theta$ überführen.

Man wird B und H so zu bestimmen suchen, daß R und $\theta > 0$ gegebene Werte annehmen.

Wir beweisen nun nach der Grötzsch-Ahlforsschen Methode:

Im Kreisring $\mathfrak{R}$ mit dem Modul $M = \log R$ liege das Viereck $\mathfrak{V}$, wie in **167** angegeben; insbesondere habe ϑ die dort angegebene Bedeutung. Ferner sei

$$0 < \theta \leqq \vartheta,$$

und R und θ mögen, wie soeben angegeben, aus B und H entstehen. Dann ist

$$b \leqq B.$$

Gleichheit gilt nur, wenn $\mathfrak{V}$ bei der Abbildung des Treppengebiets auf das Ringgebiet aus dem Rechteck $0 < \Re\zeta < 1$, $0 < \Im\zeta < B$ entsteht.

Beweis: Dem Viereck $\mathfrak{V}$ entspricht ein Viereck im Treppengebiet. $\mathfrak{a}_1$ entspricht ein Teil des Streckenzuges $\zeta = -H \cdots 0 \cdots iB$; $\mathfrak{a}_2$ entspricht ein Teil des Streckenzuges, der von $\zeta = 1$ nach rechts oben geht. Andererseits ist $\mathfrak{V}$ nach **167** auf das Rechteck $0 < \Re z < 1$, $0 < \Im z < b$ abgebildet. Das ζ-Bild jeder Strecke $\Im z = y = \text{const}$, $\Re z = x = 0 \cdots 1$ verbindet die Streckenzüge $\zeta = -H \cdots 0 \cdots iB$ und $\zeta = 1 \cdots 1 + iB \cdots 1 + H + iB \cdots 1 + H + 2iB \cdots$ und hat darum mindestens die Länge 1:

$$1 \leqq \int_0^1 \left| \frac{d\zeta}{dz} \right| dx;$$

$$1 \leqq \int_0^1 \left| \frac{d\zeta}{dz} \right|^2 dx;$$

$$b \leqq \iint \left| \frac{d\zeta}{dz} \right|^2 dx\, dy \leqq B.$$

170. Verschiedene Analogien mit sonst in dieser Arbeit behandelten Aufgaben fallen auf. Von der topologischen Festlegung des ϑ und des θ wollen wir gar nicht reden. Aber schon die Abbildung der Überlagerungsfläche des Kreisrings auf ein Treppengebiet ist uns in **131** bereits in allgemeinerer Form begegnet. Wie früher kam es nur auf die ausspringenden Ecken an, aber nicht auf die einspringenden. Die Längenabschätzung erinnert an **129**.

Die Analogie wird noch deutlicher, wenn wir versuchen, die Abbildung $\zeta \longleftrightarrow w$ zu berechnen.

$$\left(\frac{d\zeta}{d \log w} \right)^2$$

ist nämlich auf dem Kreisring $1 \leqq |w| \leqq R$ mit Ausnahme von zwei einfachen Polen bei $w = 1$ und bei $w = Re^{i\theta}$ regulär und auf dem Rande reell:

$d\zeta^2$ ist ein reguläres quadratisches Differential des Gebiets $1 < |w| < R$ mit den ausgezeichneten Randpunkten $w = 1$ und $w = Re^{i\theta}$ im Sinne von **100**. Bei der Abschätzung nach der Grötzsch-Ahlforsschen Methode mußte über die Linien $d\zeta^2 > 0$ integriert werden.

Wir behandeln jetzt unser Extremalproblem der konformen Abbildung nicht weiter. Wir stellen nur abschließend fest, daß man seine Lösung auch durch ein quadratisches Differential beschreiben kann. Auch in den Arbeiten von Grötzsch kann man einen Zusammenhang zwischen Extremalproblemen der konformen oder quasikonformen Abbildung und quadratischen Differentialen bemerken.

Wir stehen also vor der Aufgabe, eine allgemeine Methode zu suchen, nach der man gewisse Extremalprobleme der konformen Abbildung mit Hilfe quadratischer Differentiale lösen kann. Auf die hierbei auftretenden Fragen werde ich in einer Arbeit, die später in der Deutschen Mathematik veröffentlicht werden soll, eingehen.

21.
Genauere Ausführungen über den Begriff des partiellen Differentialquotienten und die Operationen der Vektoranalysis

Deutsche Math. *5*, 64–72 (1940)

Am 3. 7. 1938 sprach ich beim Reichsmathematikerlager Ützdorf über diesen Gegenstand; ein kurzer Bericht erschien in Bd. 4 auf S. 131—133. An dieser Stelle sollen die dort gemachten Ausführungen durch einige Beweise, die an jener Stelle keinen Platz gefunden hätten, ergänzt werden. Ich strebte keine Vollständigkeit an, sondern hielt mich beim Niederschreiben durchaus im Rahmen des Ützdorfer Vortrags.

Die Erklärung des partiellen Differentialquotienten wurde durch die folgende neue Erklärung ersetzt:

Ist $f(x, y)$ in einer Umgebung von (x_0, y_0) erklärt, so sei $\left.\frac{\partial f}{\partial x}\right|_{\substack{x=x_0\\ y=y_0}}$ diejenige (wenn vorhanden, eindeutig bestimmte) Zahl p, für die die folgenden vier gleichbedeutenden Bedingungen erfüllt sind, in denen $\sqrt{(x-x_0)^2+(y-y_0)^2}=r$ gesetzt ist:

1. Zu jedem $\varepsilon > 0$ gibt es ein $\delta > 0$ mit

$$|f(x, y) - f(x_0, y) - p\,(x - x_0)| \leq \varepsilon r \quad \text{für } r \leq \delta .$$

2. $f(x, y) = f(x_0, y) + p\,(x - x_0) + R(x, y)$ mit $\lim\limits_{\substack{x \to x_0\\ y \to y_0}} \frac{R(x, y)}{r} = 0$.

3. Zu jedem $\varepsilon > 0$ gibt es ein $\delta > 0$ und eine (mindestens) für $y_0 - \delta \leq y \leq y_0 + \delta$ erklärte Funktion $\varphi(y)$ mit

$$|f(x, y) - p\,(x - x_0) - \varphi(y)| \leq \varepsilon r \quad \text{für } r \leq \delta .$$

4. Zu jedem $\varepsilon > 0$ gibt es ein $\delta > 0$ mit

$$|f(x_1, y) - f(x_2, y) - p\,(x_1 - x_2)| \leq \varepsilon \operatorname{Max}(r_1, r_2) \quad \text{für } r_1, r_2 \leq \delta .$$

Wenn eine dieser Bedingungen und folglich alle erfüllt sind, setze man darin speziell $y = y_0$: dann sieht man, daß $p = \lim_{x\to x_0} \frac{f(x, y_0) - f(x_0, y_0)}{x - x_0}$, also auch nach der alten Definition gleich $\frac{\partial f}{\partial x}$ ist.

Wenn $f(x, y)$ bei (x_0, y_0) ein totales Differential hat, d. h. wenn

$$f(x, y) = f(x_0, y_0) + p\,(x - x_0) + q\,(y - y_0) + R(x, y)\,, \quad \frac{R(x, y)}{r} \to 0$$

ist, dann ist

$$f(x_1, y) - f(x_2, y) - p\,(x_1 - x_2) = R(x_1, y) - R(x_2, y)\,,$$

und die rechte Seite wird zuletzt absolut $\leq \varepsilon \operatorname{Max}(r_1, r_2)$; nach der vierten Bedingung ist $p = \frac{\partial f}{\partial x}$ und ebenso $q = \frac{\partial f}{\partial y}$ nach der neuen Definition. Um auch die Umkehrung zu beweisen, zeigen wir:

$f(x, y)$ sei in einer Umgebung von (x_0, y_0) erklärt, $p = \frac{\partial f}{\partial x}\Big|_{\substack{x=x_0\\ y=y_0}}$ existiere nach der neuen und $q = \frac{\partial f}{\partial y}\Big|_{\substack{x=x_0\\ y=y_0}}$ nach der alten Definition. Dann hat $f(x, y)$ bei $x = x_0$, $y = y_0$ ein totales Differential. Denn aus

$$|f(x, y) - f(x_0, y) - p\,(x - x_0)| \leq \varepsilon r \quad \text{für} \quad r \leq \delta\,,$$

$$|f(x_0, y) - f(x_0, y_0) - q\,(y - y_0)| \leq \varepsilon\,|y - y_0| \quad \text{für} \quad |y - y_0| \leq \delta$$

folgt

$$|f(x, y) - f(x_0, y_0) - p\,(x - x_0) - q\,(y - y_0)| \leq 2\varepsilon r \quad \text{für} \quad r \leq \delta\,.$$

Die Regel

$$\frac{\partial (f g)}{\partial x} = \frac{\partial f}{\partial x} g + f \frac{\partial g}{\partial x}$$

läßt sich nur unter der zusätzlichen Voraussetzung beweisen, daß $f(x, y)$ und $g(x, y)$ in der Umgebung von (x_0, y_0) beschränkt sind.

Kettenregel: $f(x, y)$ und $g(x, y)$ seien in einer Umgebung von (x_0, y_0) erklärt und in (x_0, y_0) stetig, und in (x_0, y_0) seien $\frac{\partial f}{\partial x}$ und $\frac{\partial g}{\partial x}$ vorhanden. $\varphi(f, g)$ sei in einer Umgebung der Stelle $(f(x_0, y_0), g(x_0, y_0))$ erklärt und habe an dieser Stelle ein totales Differential. Dann gilt an der Stelle (x_0, y_0)

$$\frac{\partial \varphi(f(x, y), g(x, y))}{\partial x} = \frac{\partial \varphi}{\partial f}\frac{\partial f}{\partial x} + \frac{\partial \varphi}{\partial g}\frac{\partial g}{\partial x}\,.$$

Auch wenn z. B. $\frac{\partial g}{\partial x} = 0$ ist, muß die Existenz von $\frac{\partial \varphi}{\partial g}$ gefordert werden.

Um zu beweisen, daß $\frac{\partial}{\partial x}\frac{\partial f}{\partial y}$ und $\frac{\partial}{\partial y}\frac{\partial f}{\partial x}$ stets gleich sind, wenn sie nach der neuen Definition existieren (d. h. wenn f, $\frac{\partial f}{\partial y}$ und $\frac{\partial f}{\partial x}$ in einer Umgebung von (x_0, y_0) existieren und $\frac{\partial}{\partial x}\frac{\partial f}{\partial y}$ sowie $\frac{\partial}{\partial y}\frac{\partial f}{\partial x}$ an der Stelle (x_0, y_0) existieren), beweisen wir erst:

$f(x, y)$ sei in einer Umgebung von (x_0, y_0) erklärt, $\frac{\partial f}{\partial y}$ existiere in dieser Umgebung nach der alten Definition, und in (x_0, y_0) existiere die partielle Ableitung s dieses $\frac{\partial f}{\partial y}$ nach x nach der neuen Definition. Dann gibt es zu jedem $\varepsilon > 0$ ein $\delta > 0$ mit

$$|f(x, y) - f(x_0, y) - f(x, y_0) + f(x_0, y_0) - s\,(x - x_0)\,(y - y_0)| \leq \varepsilon r^2 \quad \text{für} \quad r \leq \delta\,.$$

Denn nach dem Mittelwertsatz für die Funktion $f(x, y)-f(x_0, y)$ von y ist

$$(f(x,y)-f(x_0,y))-(f(x,y_0)-f(x_0,y_0))=(y-y_0)\left(\frac{\partial f}{\partial y}(x,\bar{y})-\frac{\partial f}{\partial y}(x_0,\bar{y})\right)$$

mit einem Zwischenwert $\bar{y}$ zwischen y_0 und y, und weil $s=\frac{\partial}{\partial x}\frac{\partial f}{\partial y}$ nach der neuen Definition existiert, ist

$$\left|\frac{\partial f}{\partial y}(x,\bar{y})-\frac{\partial f}{\partial y}(x_0,\bar{y})-s(x-x_0)\right|\leq\varepsilon r \quad \text{für} \quad r\leq\delta.$$

Wenn nun $s=\frac{\partial}{\partial x}\frac{\partial f}{\partial y}$ und $s'=\frac{\partial}{\partial y}\frac{\partial f}{\partial x}$ beide nach der neuen Definition existieren, gibt es zu jedem $\varepsilon>0$ ein $\delta>0$ mit

$$|f(x,y)-f(x_0,y)-f(x,y_0)+f(x_0,y_0)-s(x-x_0)(y-y_0)|\leq\varepsilon r^2 \quad \text{für} \quad r\leq\delta$$

und ebenso

$$|f(x,y)-f(x,y_0)-f(x_0,y)+f(x_0,y_0)-s'(x-x_0)(y-y_0)|\leq\varepsilon r^2 \quad \text{für} \quad r\leq\delta,$$

also

$$|(s-s')(x-x_0)(y-y_0)|\leq 2\varepsilon r^2 \quad \text{für} \quad r\leq\delta;$$

hieraus folgt $s=s'$.

Nun sei $\mathfrak{G}$ ein einfach zusammenhängendes Gebiet der (x, y)-Ebene und $\mathfrak{C}$ eine geschlossene streckbare Kurve innerhalb $\mathfrak{G}$. $u(x, y)$ und $v(x, y)$ seien in $\mathfrak{G}$ stetig; $\frac{\partial u}{\partial y}$ und $\frac{\partial v}{\partial x}$ seien in $\mathfrak{G}$ überall nach der neuen Definition vorhanden und gleich. Es wird behauptet:

$$\int_{\mathfrak{C}}(u\,dx+v\,dy)=0.$$

Man kann das Integral über $\mathfrak{C}$ in bekannter Weise durch ein Integral über ein Polygon annähern und das letztere in Integrale über Dreiecke zerlegen, die Behauptung braucht also nur für den Rand $\mathfrak{C}$ eines Dreiecks Δ bewiesen zu werden. Ist $\varepsilon>0$ gegeben, so gibt es zu jedem (x_0, y_0) des abgeschlossenen Dreiecks ein $\delta>0$, für das

$$(*)\qquad \begin{aligned}&|u(x,y)-u(x,y_0)-\mathfrak{J}_0(y-y_0)|\leq\varepsilon r \quad \text{für} \quad r\leq\delta \quad \text{und}\\ &|v(x,y)-v(x_0,y)-\mathfrak{J}_0(x-x_0)|\leq\varepsilon r \quad \text{für} \quad r\leq\delta\end{aligned}$$

gilt.

Nun gilt aber der folgende mit dem Überdeckungssatz verwandte Zerlegungssatz: Jedem Punkte P eines abgeschlossenen Dreiecks Δ sei ein $\delta(P)>0$ zugeordnet. Dann kann man so das Dreieck in endlich viele zu Δ ähnliche Teildreiecke zerlegen und auf jedem abgeschlossenen Teildreieck Δ_ν einen Punkt P_ν finden, daß Δ_ν in dem Kreise um P_ν mit dem Halbmesser $\delta(P_\nu)$ liegt.

Denn andernfalls zerlege man das gegebene Dreieck in vier deckungsgleiche Teildreiecke, für eins der letzteren Dreiecke müßte die Behauptung falsch sein. Dieses zerlegt man weiter und hat schließlich eine Folge ähnlicher Dreiecke, für welche die Behauptung falsch ist und die sich auf einen Punkt P zusammenzieht. Aber die $\delta(P)$-Umgebung dieses P enthält zuletzt die Dreiecke der Folge, Widerspruch.

Man muß also immer wieder ein Dreieck durch Parallelen zu seinen Seiten in vier deckungsgleiche Teildreiecke zerlegen; nur wenn ein Dreieck im Innern oder am Rande einen Punkt P hat, in dessen $\delta(P)$-Umgebung es ganz enthalten ist, braucht man es nicht weiter zu zerlegen. Dieser Vorgang wird nach endlich vielen Schritten abbrechen.

Nun wurde oben bei fest gewähltem $\varepsilon > 0$ gerade jedem Punkt (x_0, y_0) des abgeschlossenen Dreiecks Δ ein $\delta > 0$ zugeordnet, für das (*) gilt. Wir zerlegen Δ nach dem Zerlegungssatz in ähnliche Δ_ν; $\int\limits_{\mathfrak{C}} (u\,dx + v\,dy)$ ist gleich der Summe der Integrale über die positiv umlaufenen Ränder $\mathfrak{C}_\nu$ aller Δ_ν. Nun ist aber

$$\int\limits_{\mathfrak{C}_\nu} \{(u(x, y_0) + \mathfrak{I}_0 (y - y_0))\,dx + (v(x_0, y) + \mathfrak{I}_0 (x - x_0))\,dy\} = 0;$$

nach (*) folgt

$$\left|\int\limits_{\mathfrak{C}_\nu} (u(x, y)\,dx + v(x, y)\,dy)\right| \leq \varepsilon \int\limits_{\mathfrak{C}_\nu} r\,(|dx| + |dy|).$$

F, F_ν sei der Flächeninhalt und U, U_ν der Umfang von Δ, Δ_ν. r ist die Entfernung zweier Punkte von Δ_ν, also kleiner als $\frac{1}{2} U_\nu$; es ist $\int\limits_{\mathfrak{C}_\nu} (|dx| + |dy|) \leq \sqrt{2}\, U_\nu$; folglich

$$\left|\int\limits_{\mathfrak{C}_\nu} (u(x, y)\,dx + v(x, y)\,dy)\right| < \frac{\varepsilon}{\sqrt{2}} U_\nu^2.$$

Weil die Dreiecke ähnlich sind, ist F, F_ν proportional U^2, U_ν^2; aus $F = \Sigma F_\nu$ folgt also $U^2 = \Sigma U_\nu^2$. Wir erhalten

$$\left|\int\limits_{\mathfrak{C}} (u\,dx + v\,dy)\right| < \frac{\varepsilon}{\sqrt{2}} U^2.$$

ε ist beliebig klein:

$$\int\limits_{\mathfrak{C}} (u\,dx + v\,dy) = 0.$$

Dies ist natürlich der Beweis, den man für den Cauchyschen Integralsatz zu geben pflegt, nur daß jener indirekte Beweis hier durch Heranziehen des Zerlegungssatzes direkt gemacht worden ist.

Wenn $\frac{\partial u}{\partial y}$ und $\frac{\partial v}{\partial x}$ nach der neuen Definition existieren und ihre Differenz stetig ist, dann gilt bei Integration über das Dreieck Δ und seinen Rand $\mathfrak{C}$

$$\iint\limits_{\Delta} \left(\frac{\partial v}{\partial x} - \frac{\partial u}{\partial y}\right) dx\,dy = \int\limits_{\mathfrak{C}} (u\,dx + v\,dy).$$

Man kann das ebenso beweisen oder auf den schon bewiesenen Satz zurückführen, indem man u durch $u + \int \left(\frac{\partial v}{\partial x} - \frac{\partial u}{\partial y}\right) \partial y$ ersetzt.

Nun sei $\mathfrak{C}$ eine stückweise stetig differenzierbare doppelpunkt- und spitzenfreie Kurve, die ein Gebiet $\mathfrak{G}$ begrenzt. u und v seien im abgeschlossenen Bereich $\mathfrak{G} + \mathfrak{C}$ stetig, und im (offenen) Gebiet $\mathfrak{G}$ seien $\frac{\partial u}{\partial y}$ und $\frac{\partial v}{\partial x}$ vorhanden. Auch dann gilt

$$\iint\limits_{\mathfrak{G}} \left(\frac{\partial v}{\partial x} - \frac{\partial u}{\partial y}\right) dx\,dy = \int\limits_{\mathfrak{C}} (u\,dx + v\,dy).$$

Denn man kann $\mathfrak{C}$ so durch einfach geschlossene Polygonzüge Π_n, die in $\mathfrak{G}$ verlaufen, annähern, daß die Länge von Π_n gegen die Länge von $\mathfrak{C}$ strebt; für Polygone gilt die Formel, weil man die in Dreiecke zerlegen kann, und beim Grenzübergang verhält sich die linke Seite ohne weiteres stetig, die rechte aber auch wegen der Voraussetzung über die Länge der Π_n.

Noch eine Bemerkung wollen wir an den einfachsten Fall anknüpfen, wo $\int (u\,dx + v\,dy)$ über den Rand eines Dreiecks verschwindet. Die Bedingung hieß

$$\frac{\partial u}{\partial y} = \frac{\partial v}{\partial x}.$$

Bei einer Drehung der Ebene:

$$x' = x\cos\varphi - y\sin\varphi, \quad y' = x\sin\varphi + y\cos\varphi$$

5*

wird man

$$u' = u\cos\varphi - v\sin\varphi,\quad v' = u\sin\varphi + v\cos\varphi$$

setzen, damit der Integrand

$$u\,dx + v\,dy = u'\,dx' + v'\,dy'$$

werde. Aber die hinreichende Bedingung ist **nicht invariant**:

$$\frac{\partial u'}{\partial y'} = \frac{\partial v'}{\partial x'}$$

folgt aus $\frac{\partial u}{\partial y} = \frac{\partial v}{\partial x}$ nur, wenn man u und v differenzierbar voraussetzt; man braucht bei der Umrechnung auch $\frac{\partial u}{\partial x}$ und $\frac{\partial v}{\partial y}$, die doch in der alten Bedingung gar nicht auftreten.

Es läßt sich aber auch eine invariante hinreichende Bedingung für $\int(u\,dx + v\,dy) = 0$ angeben, die nicht spezieller, sondern allgemeiner als $\frac{\partial u}{\partial y} = \frac{\partial v}{\partial x}$ ist. Wir haben in dem Beweis oben diese letztere Bedingung doch nur gebraucht, um zu zeigen: zu jedem (x_0, y_0) und jedem $\varepsilon > 0$ gibt es ein $\delta > 0$, so daß in $r = \sqrt{(x-x_0)^2 + (y-y_0)^2} < \delta$ zwei stetige Funktionen $\tilde{u}$ und $\tilde{v}$ mit

$$|u - \tilde{u}| \leq \varepsilon r,\quad |v - \tilde{v}| \leq \varepsilon r;$$

$$\int(\tilde{u}\,dx + \tilde{v}\,dy) = 0$$

existieren; und zwar war oben

$$\tilde{u}(x, y) = u(x, y_0) + \mathfrak{J}_0(y - y_0);$$

$$\tilde{v}(x, y) = v(x_0, y) + \mathfrak{J}_0(x - x_0),$$

und $\mathfrak{J}_0$ war der gemeinsame Wert von $\frac{\partial u}{\partial y}$ und $\frac{\partial v}{\partial x}$ an der Stelle (x_0, y_0). Aber diese besondere Gestalt des Funktionenpaars $\tilde{u}, \tilde{v}$ war ganz unwesentlich. $\int(\tilde{u}\,dx + \tilde{v}\,dy) = 0$ über geschlossene Kurven besagt genau, daß es eine stetig differenzierbare Funktion $F(x, y)$ in der δ-Umgebung von (x_0, y_0) mit

$$\tilde{u} = \frac{\partial F}{\partial x},\quad \tilde{v} = \frac{\partial F}{\partial y}$$

gibt. So erhalten wir die folgende Verallgemeinerung:

Sind u und v im einfach zusammenhängenden Gebiet $\mathfrak{G}$ stetig und gibt es zu jedem (x_0, y_0) in $\mathfrak{G}$ und jedem $\varepsilon > 0$ eine δ-Umgebung von (x_0, y_0), die in $\mathfrak{G}$ liegt und in der es eine stetig differenzierbare Funktion $F(x, y)$ mit

$$\left|u - \frac{\partial F}{\partial x}\right| \leq \varepsilon r,\quad \left|v - \frac{\partial F}{\partial y}\right| \leq \varepsilon r$$

gibt, dann ist bei Integration über jede geschlossene streckbare Kurve innerhalb $\mathfrak{G}$

$$\int(u\,dx + v\,dy) = 0.$$

Natürlich hat dieser Satz erst Sinn, wenn man weiß, daß die Voraussetzung im Falle $\frac{\partial u}{\partial y} = \frac{\partial v}{\partial x}$ erfüllt ist. Übrigens folgt aus $\left|u - \frac{\partial F}{\partial x}\right| \leq \varepsilon r, \left|v - \frac{\partial F}{\partial y}\right| \leq \varepsilon r$ auch umgekehrt, daß $\frac{\partial u}{\partial y}$ und $\frac{\partial v}{\partial x}$, wenn sie beide nach der neuen Definition existieren, gleich sind. Das liegt daran, daß nach dem Mittelwertsatz ein gewisser Differenzenquotient von $\frac{\partial F}{\partial x}$ nach y gleich einem gewissen Differenzenquotienten von $\frac{\partial F}{\partial y}$ nach x ist und daß ε beliebig klein ist; wir wollen das nicht weiter ausführen. Überhaupt sind wir nur darum so sehr auf diese Verhältnisse eingegangen, weil sich daran am einfachsten die Grundgedanken für die folgenden Ausführungen über Vektoranalysis entwickeln ließen.

$\varphi(\mathfrak{x})$ sei eine Funktion, die allen Vektoren $\mathfrak{x}$ der Umgebung von $\mathfrak{x}_0$ Zahlen zuordnet. Sind x, y, z die Koordinaten von $\mathfrak{x}$, so ist φ dann und nur dann an der Stelle $\mathfrak{x}_0$ differenzierbar, wenn es Zahlen a, b, c gibt, für die es zu jedem $\varepsilon > 0$ ein $\delta > 0$ mit

$$|\varphi(\mathfrak{x}) - \varphi(\mathfrak{x}_0) - a(x - x_0) - b(y - y_0) - c(z - z_0)| \leq \varepsilon |\mathfrak{x} - \mathfrak{x}_0| \quad \text{für} \quad |\mathfrak{x} - \mathfrak{x}_0| \leq \delta$$

gibt; a, b, c sind hierdurch eindeutig bestimmt und gleich $\frac{\partial\varphi}{\partial x}, \frac{\partial\varphi}{\partial y}, \frac{\partial\varphi}{\partial z}$ an der Stelle $\mathfrak{x}_0$. Man kann die Ungleichung aber auch in der Form

$$|\varphi(\mathfrak{x}) - \varphi(\mathfrak{x}_0) - (\mathfrak{x} - \mathfrak{x}_0) \cdot \mathfrak{a}| \leq \varepsilon |\mathfrak{x} - \mathfrak{x}_0| \quad \text{für} \quad |\mathfrak{x} - \mathfrak{x}_0| \leq \delta$$

schreiben, indem $\mathfrak{a}$ gleich dem Vektor mit den Koordinaten a, b, c gesetzt wird. Diese letztere Ungleichung ist aber an kein bestimmtes Koordinatensystem gebunden: man entnimmt ihr ohne Rechnung, daß die Differenzierbarkeit des φ eine vom Koordinatensystem unabhängige Eigenschaft ist und daß durch das Verhalten von φ in der Umgebung von $\mathfrak{x}_0$ eindeutig ein Vektor $\mathfrak{a}$ bestimmt ist, der in jedem Koordinatensystem die Koordinaten $\frac{\partial\varphi}{\partial x}, \frac{\partial\varphi}{\partial y}, \frac{\partial\varphi}{\partial z}$ hat. Dieser Vektor $\mathfrak{a}$ heißt $\operatorname{grad} \varphi(\mathfrak{x})$.

Ist $\mathfrak{u}(\mathfrak{x})$ ein Vektorfeld, d. h. ist jedem $\mathfrak{x}$ der Umgebung von $\mathfrak{x}_0$ ein Vektor $\mathfrak{u}$ zugeordnet, so wird die Ableitung ein (zweistufiger) Tensor, den wir nach Klose $\operatorname{grad} \mathfrak{u}$ schreiben. Der Wert $\mathfrak{A}$ des Tensors $\operatorname{grad} \mathfrak{u}$ an der Stelle $\mathfrak{x}_0$ ist dadurch gekennzeichnet, daß es zu jedem $\varepsilon > 0$ ein $\delta > 0$ mit

$$|\mathfrak{u}(\mathfrak{x}) - \mathfrak{u}(\mathfrak{x}_0) - (\mathfrak{x} - \mathfrak{x}_0) \cdot \mathfrak{A}| \leq \varepsilon |\mathfrak{x} - \mathfrak{x}_0| \quad \text{für} \quad |\mathfrak{x} - \mathfrak{x}_0| \leq \delta$$

gibt. $\mathfrak{A}$ existiert dann und nur dann, wenn die Koordinaten von $\mathfrak{u}$ an der Stelle $\mathfrak{x}_0$ differenzierbar sind.

Ist $\mathfrak{c}$ ein konstanter Vektor, so sei $(\mathfrak{c} \cdot \operatorname{grad})\, \mathfrak{u}$ an der Stelle $\mathfrak{x}_0$ gleich demjenigen (wenn vorhanden, eindeutig bestimmten) Vektor $\mathfrak{a}$, für den es zu jedem $\varepsilon > 0$ ein $\delta > 0$ mit

$$|\mathfrak{u}(\mathfrak{x}_1) - \mathfrak{u}(\mathfrak{x}_2) - \lambda\, \mathfrak{a}| \leq \varepsilon \operatorname{Max}\{|\mathfrak{x}_1 - \mathfrak{x}_0|, |\mathfrak{x}_2 - \mathfrak{x}_0|\} \text{ für } \mathfrak{x}_1 - \mathfrak{x}_2 = \lambda\, \mathfrak{c};\ |\mathfrak{x}_1 - \mathfrak{x}_0|, |\mathfrak{x}_2 - \mathfrak{x}_0| \leq \delta$$

gibt. Falls $\operatorname{grad} \mathfrak{u}$ existiert, ist $(\mathfrak{c} \cdot \operatorname{grad})\, \mathfrak{u} = \mathfrak{c} \cdot \operatorname{grad} \mathfrak{u}$.

Der abhängig veränderliche Vektor $\mathfrak{u}$ habe die Koordinaten u, v, w, während der unabhängig veränderliche Vektor $\mathfrak{x}$ die Koordinaten x, y, z hat. Wenn es eine skalare Funktion $\Phi(\mathfrak{x})$ gibt, für die $\mathfrak{u} = \operatorname{grad} \Phi$ in einer Umgebung von $\mathfrak{x}_0$ gilt, und wenn $\mathfrak{u}$ an der Stelle $\mathfrak{x}_0$ differenzierbar ist, dann ist hier $\operatorname{grad} \mathfrak{u}$ ein symmetrischer Tensor: $w_y = v_z$; $u_z = w_x$; $v_x = u_y$. Dies sind aber auch die einzigen Differentialgleichungen erster Ordnung, die aus $\mathfrak{u} = \operatorname{grad} \Phi$ folgen; denn gibt man einen Wert $\mathfrak{u}_0$ für $\mathfrak{u}$ und einen symmetrischen Tensor $\mathfrak{S}_0$ als Wert von $\operatorname{grad} \mathfrak{u}$ an der Stelle $\mathfrak{x}_0$ beliebig vor, so ist

$$\Phi = (\mathfrak{x} - \mathfrak{x}_0) \cdot \mathfrak{u}_0 + \frac{1}{2} (\mathfrak{x} - \mathfrak{x}_0) \cdot \mathfrak{S}_0 \cdot (\mathfrak{x} - \mathfrak{x}_0)$$

eine Funktion, deren Gradient

$$\operatorname{grad} \Phi = \mathfrak{u}_0 + \mathfrak{S}_0 \cdot (\mathfrak{x} - \mathfrak{x}_0)$$

an der Stelle $\mathfrak{x}_0$ den vorgeschriebenen Wert und den vorgeschriebenen Gradienten hat. Die Werte von

$$w_y - v_z,\ u_z - w_x,\ v_x - u_y$$

an der Stelle $\mathfrak{x}_0$ messen also die Abweichung des $\mathfrak{u}$ von einem Gradientenfelde $\operatorname{grad} \Phi$. Faßt man sie zu einem Vektor $\mathfrak{a}$ zusammen und setzt man

$$\Phi = \mathfrak{u}(\mathfrak{x}_0) \cdot (\mathfrak{x} - \mathfrak{x}_0) + \frac{1}{2} (\mathfrak{x} - \mathfrak{x}_0) \cdot \operatorname{grad} \mathfrak{u}(\mathfrak{x}_0) \cdot (\mathfrak{x} - \mathfrak{x}_0),$$

so erhält man

$$\mathfrak{u}(\mathfrak{x}_0) + (\mathfrak{x} - \mathfrak{x}_0) \cdot \operatorname{grad} \mathfrak{u}(\mathfrak{x}_0) = \frac{1}{2} \mathfrak{a} \times (\mathfrak{x} - \mathfrak{x}_0) + \operatorname{grad} \Phi .$$

Links steht aber der Anfang der Taylorentwicklung von $\mathfrak{u}(\mathfrak{x})$. Wenn wir also definieren: $\operatorname{rot} \mathfrak{u}|_{\mathfrak{x}=\mathfrak{x}_0}$ sei der Vektor $\mathfrak{a}$, für den es zu jedem $\varepsilon > 0$ ein $\delta > 0$ und eine in $|\mathfrak{x} - \mathfrak{x}_0| \leq \delta$ stetig differenzierbare Funktion $\Phi(\mathfrak{x})$ mit

$$\left| \mathfrak{u}(\mathfrak{x}) - \frac{1}{2} \mathfrak{a} \times (\mathfrak{x} - \mathfrak{x}_0) - \operatorname{grad} \Phi \right| \leq \varepsilon |\mathfrak{x} - \mathfrak{x}_0| \quad \text{für} \quad |\mathfrak{x} - \mathfrak{x}_0| \leq \delta$$

gibt, dann wissen wir: falls $\mathfrak{u}(\mathfrak{x})$ an der Stelle $\mathfrak{x}_0$ differenzierbar ist, darf man für $\mathfrak{a}$ den Vektor mit den Koordinaten $w_y - v_z$, $u_z - w_x$, $v_x - u_y$ nehmen.

Es muß aber noch gezeigt werden, daß es zu einem Vektorfeld $\mathfrak{u}(\mathfrak{x})$ nicht mehr als einen Vektor $\mathfrak{a}$ geben kann. Ja, sonst gäbe es auch einen Vektor $\mathfrak{a}$, für den es zu jedem $\varepsilon > 0$ ein $\delta > 0$ und eine in $|\mathfrak{x} - \mathfrak{x}_0| \leq \delta$ stetig differenzierbare Funktion $\Phi(\mathfrak{x})$ mit

$$\left| \frac{1}{2} \mathfrak{a} \times (\mathfrak{x} - \mathfrak{x}_0) + \operatorname{grad} \Phi \right| \leq \varepsilon |\mathfrak{x} - \mathfrak{x}_0| \quad \text{für} \quad |\mathfrak{x} - \mathfrak{x}_0| \leq \delta$$

gäbe. Δ sei ein Dreieck innerhalb $|\mathfrak{x} - \mathfrak{x}_0| \leq \delta$ mit dem vektoriellen Flächeninhalt $\frac{1}{2} \int \mathfrak{x} \times d\mathfrak{x} = \mathfrak{F}$ und dem Umfang $\int |d\mathfrak{x}| = U$ (die Integration ist in bestimmter Richtung um den Rand zu erstrecken); wenn wir Δ etwa gleichseitig mit dem Mittelpunkt $\mathfrak{x}_0$ annehmen, ist $|\mathfrak{F}| = \frac{1}{6\sqrt{3}} U^2$. Bei Integration über den Rand dieses Dreiecks ist aber

$$\int \left[\frac{1}{2} \mathfrak{a} \times (\mathfrak{x} - \mathfrak{x}_0) \right] \cdot d\mathfrak{x} = \mathfrak{a} \cdot \frac{1}{2} \int (\mathfrak{x} - \mathfrak{x}_0) \times d\mathfrak{x} = \mathfrak{a} \cdot \mathfrak{F};$$

$$\int \operatorname{grad} \Phi \cdot d\mathfrak{x} = 0;$$

$$\int \varepsilon |\mathfrak{x} - \mathfrak{x}_0| \, |d\mathfrak{x}| < \frac{\varepsilon}{2} U^2;$$

aus der vorausgesetzten Ungleichung folgt also

$$|\mathfrak{a} \cdot \mathfrak{F}| < \frac{\varepsilon}{2} U^2.$$

Legen wir das Dreieck Δ nun senkrecht zu $\mathfrak{a}$, so wird $|\mathfrak{a} \cdot \mathfrak{F}| = |\mathfrak{a}| \cdot |\mathfrak{F}|$, und wegen $|\mathfrak{F}| = \frac{1}{6\sqrt{3}} U^2$ muß $|\mathfrak{a}|$ beliebig klein, also $= 0$ sein. Folglich ist $\operatorname{rot} \mathfrak{u}$ oben eindeutig bestimmt.

Wir beweisen nun den Stokesschen Satz

$$\iint_\Delta \operatorname{rot} \mathfrak{u} \cdot d\mathfrak{f} = \int_{\mathfrak{C}} \mathfrak{u} \cdot d\mathfrak{x}$$

für ein Dreieck Δ und seinen Rand $\mathfrak{C}$. $d\mathfrak{f}$ ist das vektorielle Flächenelement, das auf Δ senkrecht steht, und $\mathfrak{C}$ ist in dem entsprechenden Sinn zu durchlaufen, so daß $\iint_\Delta d\mathfrak{f} = \frac{1}{2} \int_{\mathfrak{C}} \mathfrak{x} \times d\mathfrak{x}$ gilt. Wir setzen nur voraus, daß $\operatorname{rot} \mathfrak{u}$ auf Δ überall existiert und stetig ist; dann ist auch $\mathfrak{u}$ in einer Umgebung von Δ erklärt und auf Δ stetig.

$\varepsilon > 0$ sei gegeben. Dann gibt es zu jedem $\mathfrak{x}_0$ auf Δ ein $\delta > 0$ und eine in $|\mathfrak{x} - \mathfrak{x}_0| \leq \delta$ stetig differenzierbare Funktion $\Phi(\mathfrak{x})$ mit

$$\left| \mathfrak{u}(\mathfrak{x}) - \frac{1}{2} \operatorname{rot} \mathfrak{u}(\mathfrak{x}_0) \times (\mathfrak{x} - \mathfrak{x}_0) - \operatorname{grad} \Phi(\mathfrak{x}) \right| \leq \varepsilon |\mathfrak{x} - \mathfrak{x}_0| \quad \text{für} \quad |\mathfrak{x} - \mathfrak{x}_0| \leq \delta;$$

wir dürfen δ so klein wählen, daß auch

$$|\operatorname{rot} \mathfrak{u}(\mathfrak{x}) - \operatorname{rot} \mathfrak{u}(\mathfrak{x}_0)| \leq \varepsilon \quad \text{für} \quad \mathfrak{x}, \mathfrak{x}_0 \text{ auf } \Delta, \; |\mathfrak{x} - \mathfrak{x}_0| \leq \delta$$

gilt. Nach dem Zerlegungssatz zerlegen wir Δ in endlich viele zu Δ ähnliche Teildreiecke Δ_ν, auf deren jedem es einen Punkt $\mathfrak{x}_0$ gibt, in dessen δ-Umgebung es enthalten ist. Ist noch $\mathfrak{C}_\nu$ der richtig umlaufene Rand, $\mathfrak{F}_\nu$ der vektorielle Flächeninhalt und U_ν der Umfang von Δ_ν, so ist

$$\int_{\mathfrak{C}_\nu}\left[\frac{1}{2}\operatorname{rot}\mathfrak{u}(\mathfrak{x}_0)\times(\mathfrak{x}-\mathfrak{x}_0)\right]\cdot d\mathfrak{x}=\operatorname{rot}\mathfrak{u}(\mathfrak{x}_0)\cdot\frac{1}{2}\int_{\mathfrak{C}_\nu}(\mathfrak{x}-\mathfrak{x}_0)\times d\mathfrak{x}=\operatorname{rot}\mathfrak{u}(\mathfrak{x}_0)\cdot\iint_{\Delta_\nu}d\mathfrak{f};$$

$$\left|\int_{\mathfrak{C}_\nu}\left[\frac{1}{2}\operatorname{rot}\mathfrak{u}(\mathfrak{x}_0)\times(\mathfrak{x}-\mathfrak{x}_0)\right]\cdot d\mathfrak{x}-\iint_{\Delta_\nu}\operatorname{rot}\mathfrak{u}\cdot d\mathfrak{f}\right|<\varepsilon\left|\mathfrak{F}_\nu\right|;$$

$$\int_{\mathfrak{C}_\nu}\operatorname{grad}\Phi\cdot d\mathfrak{x}=0;$$

$$\int_{\mathfrak{C}}\varepsilon\left|\mathfrak{x}-\mathfrak{x}_0\right|\left|d\mathfrak{x}\right|<\frac{\varepsilon}{2}U_\nu^2.$$

Wir erhalten

$$\left|\int_{\mathfrak{C}_\nu}\mathfrak{u}\cdot d\mathfrak{x}-\iint_{\Delta_\nu}\operatorname{rot}\mathfrak{u}\cdot d\mathfrak{f}\right|<\varepsilon\left|\mathfrak{F}_\nu\right|+\frac{\varepsilon}{2}U_\nu^2$$

oder, weil $\sum_\nu\left|\mathfrak{F}_\nu\right|=\left|\mathfrak{F}\right|$ der Flächeninhalt und $\sum_\nu U_\nu^2=U^2$ das Quadrat des Umfangs von Δ ist,

$$\left|\int_{\mathfrak{C}}\mathfrak{u}\cdot d\mathfrak{x}-\iint_{\Delta}\operatorname{rot}\mathfrak{u}\cdot d\mathfrak{f}\right|<\varepsilon\left|\mathfrak{F}\right|+\frac{\varepsilon}{2}U^2.$$

Es folgt

$$\int_{\mathfrak{C}}\mathfrak{u}\cdot d\mathfrak{x}=\iint_{\Delta}\operatorname{rot}\mathfrak{u}\cdot d\mathfrak{f}.$$

$\operatorname{div}\mathfrak{u}$ mißt die Abweichung des Vektorfeldes $\mathfrak{u}$ von einem stetigen Felde der Form $\operatorname{rot}\mathfrak{U}$. Wir definieren:

Ist $\mathfrak{u}(\mathfrak{x})$ in der Umgebung von $\mathfrak{x}_0$ erklärt, so sei $\operatorname{div}\mathfrak{u}|_{\mathfrak{x}=\mathfrak{x}_0}$ diejenige (wenn vorhanden, eindeutig bestimmte) Zahl α, für die es zu jedem $\varepsilon>0$ ein $\delta>0$ und ein in $\left|\mathfrak{x}-\mathfrak{x}_0\right|\leq\delta$ erklärtes Vektorfeld $\mathfrak{U}(\mathfrak{x})$ mit stetigem $\operatorname{rot}\mathfrak{U}$ gibt, womit

$$\left|\mathfrak{u}(\mathfrak{x})-\frac{1}{3}\alpha(\mathfrak{x}-\mathfrak{x}_0)-\operatorname{rot}\mathfrak{U}(\mathfrak{x})\right|\leq\varepsilon\left|\mathfrak{x}-\mathfrak{x}_0\right|\quad\text{für}\quad\left|\mathfrak{x}-\mathfrak{x}_0\right|\leq\delta$$

gilt.

Wenn $\mathfrak{u}$ an der Stelle $\mathfrak{x}_0$ differenzierbar ist, kann man leicht einen in x, y, z inhomogen quadratischen Vektor $\mathfrak{U}(\mathfrak{x})$ mit

$$\mathfrak{u}(\mathfrak{x}_0)+(\mathfrak{x}-\mathfrak{x}_0)\cdot\operatorname{grad}\mathfrak{u}(\mathfrak{x}_0)=\frac{1}{3}(u_x+v_y+w_z)(\mathfrak{x}-\mathfrak{x}_0)+\operatorname{rot}\mathfrak{U}(\mathfrak{x})$$

angeben; die obige Bedingung ist also dann mit

$$\operatorname{div}\mathfrak{u}|_{\mathfrak{x}=\mathfrak{x}_0}=\alpha=u_x+v_y+w_z$$

erfüllt.

Um zu beweisen, daß α eindeutig bestimmt ist, brauchen wir nur zu zeigen, daß, wenn es für ein α zu jedem $\varepsilon>0$ ein $\delta>0$ und ein in $\left|\mathfrak{x}-\mathfrak{x}_0\right|\leq\delta$ erklärtes Vektorfeld $\mathfrak{U}(\mathfrak{x})$, dessen $\operatorname{rot}\mathfrak{U}$ stetig ist, mit

$$\left|\frac{1}{3}\alpha(\mathfrak{x}-\mathfrak{x}_0)+\operatorname{rot}\mathfrak{U}\right|\leq\varepsilon\left|\mathfrak{x}-\mathfrak{x}_0\right|\quad\text{für}\quad\left|\mathfrak{x}-\mathfrak{x}_0\right|\leq\delta$$

gibt, notwendig $\alpha=0$ folgt. Wir integrieren über die Oberfläche $\mathfrak{F}$ eines regelmäßigen Tetraeders Δ mit dem Mittelpunkt $\mathfrak{x}_0$:

$$\left|\iint\frac{1}{3}\alpha(\mathfrak{x}-\mathfrak{x}_0)\cdot d\mathfrak{f}+\iint\operatorname{rot}U\cdot d\mathfrak{f}\right|\leq\varepsilon\iint\left|\mathfrak{x}-\mathfrak{x}_0\right|\left|d\mathfrak{f}\right|.$$

$d\mathfrak{f}$ hat die Richtung der äußeren Normalen. Aber $\iint \operatorname{rot} U \cdot d\mathfrak{f}$ verschwindet nach dem Stokesschen Satz, der auf jede der vier Seiten des Tetraeders anzuwenden ist; $\frac{1}{3}\iint (\mathfrak{x}-\mathfrak{x}_0)\cdot d\mathfrak{f}$ ist das Volumen V von Δ, und $\iint |\mathfrak{x}-\mathfrak{x}_0|\,|d\mathfrak{f}|$ ist $\leq \text{const}\cdot V$; es folgt $|\alpha|\,V \leq \text{const}\cdot\varepsilon V$ oder $\alpha = 0$.

$\mathfrak{u}(\mathfrak{x})$ sei in einer Umgebung des Tetraeders Δ erklärt, und auf Δ sei $\operatorname{div}\mathfrak{u}$ vorhanden und stetig. Dann ist auch $\mathfrak{u}$ auf Δ stetig. Ist wieder $\mathfrak{F}$ die Oberfläche von Δ und $d\mathfrak{f}$ das nach außen weisende vektorielle Flächenelement, so gilt der Satz von Gauß:

$$\iiint_{\Delta} \operatorname{div}\mathfrak{u}\, dV = \iint_{\mathfrak{F}} \mathfrak{u}\cdot d\mathfrak{f}.$$

Beweis: $\varepsilon > 0$ sei gegeben. Zu jedem $\mathfrak{x}_0$ auf Δ gibt es ein $\delta > 0$ und ein in $|\mathfrak{x}-\mathfrak{x}_0| \leq \delta$ erklärtes $\mathfrak{U}(\mathfrak{x})$ mit stetigem $\operatorname{rot}\mathfrak{U}$, womit

$$\left|\mathfrak{u}(\mathfrak{x}) - \frac{1}{3}\operatorname{div}\mathfrak{u}(\mathfrak{x}_0)\cdot(\mathfrak{x}-\mathfrak{x}_0) - \operatorname{rot}\mathfrak{U}(\mathfrak{x})\right| \leq \varepsilon\,|\mathfrak{x}-\mathfrak{x}_0| \quad \text{für} \quad |\mathfrak{x}-\mathfrak{x}_0| \leq \delta$$

gilt. Wir dürfen annehmen, es sei auch $|\operatorname{div}\mathfrak{u}(\mathfrak{x}) - \operatorname{div}\mathfrak{u}(\mathfrak{x}_0)| \leq \varepsilon$ für $|\mathfrak{x}-\mathfrak{x}_0| \leq \delta$. Der Zerlegungssatz gilt auch in drei Dimensionen: Man kann Δ so in zu Δ ähnliche Tetraeder Δ_ν zerlegen und auf jedem einen Punkt $\mathfrak{x}_0$ finden, daß Δ_ν ganz in dessen δ-Umgebung enthalten ist. Jetzt gilt bei Integration über die Oberfläche $\mathfrak{F}_\nu$ von Δ_ν, wenn F_ν und V_ν die Größe von Oberfläche und Rauminhalt für Δ_ν sind:

$$\iint_{\mathfrak{F}_\nu} \frac{1}{3}\operatorname{div}\mathfrak{u}(\mathfrak{x}_0)\cdot(\mathfrak{x}-\mathfrak{x}_0)\cdot d\mathfrak{f} = \operatorname{div}\mathfrak{u}(\mathfrak{x}_0)\cdot V_\nu;$$

$$\left|\iint_{\mathfrak{F}_\nu} \frac{1}{3}\operatorname{div}\mathfrak{u}(\mathfrak{x}_0)\cdot(\mathfrak{x}-\mathfrak{x}_0)\cdot d\mathfrak{f} - \iiint_{\Delta_\nu} \operatorname{div}\mathfrak{u}(\mathfrak{x})\, dV\right| \leq \varepsilon\, V_\nu;$$

$$\iint_{\mathfrak{F}_\nu} \operatorname{rot}\mathfrak{U}(\mathfrak{x})\cdot d\mathfrak{f} = 0;$$

$$\iint_{\mathfrak{F}_\nu} \varepsilon\,|\mathfrak{x}-\mathfrak{x}_0|\,|d\mathfrak{f}| \leq \varepsilon c F_\nu^{\frac{3}{2}} \leq \varepsilon C\, V_\nu;$$

es folgt

$$\left|\iint_{\mathfrak{F}_\nu} \mathfrak{u}(\mathfrak{x})\cdot d\mathfrak{f} - \iiint_{\Delta_\nu} \operatorname{div}\mathfrak{u}(\mathfrak{x})\, dV\right| \leq \varepsilon\, V_\nu + \varepsilon C\, V_\nu;$$

bei Summation über alle Δ_ν entsteht

$$\left|\iint_{\mathfrak{F}} \mathfrak{u}(\mathfrak{x})\cdot d\mathfrak{f} - \iiint_{\Delta} \operatorname{div}\mathfrak{u}(\mathfrak{x})\, dV\right| \leq \varepsilon\,(1+C)\, V;$$

$$\iint_{\mathfrak{F}} \mathfrak{u}\cdot d\mathfrak{f} = \iiint_{\Delta} \operatorname{div}\mathfrak{u}\, dV.$$

Ähnlich beweist man Sätze wie

$$\iiint_{\Delta} \operatorname{rot}\mathfrak{u}\, dV = \iint_{\mathfrak{F}} d\mathfrak{f}\times\mathfrak{u}.$$

Wir haben die Integralformeln nur für Dreiecke und Tetraeder bewiesen. Allgemeinere Bereiche wird man so durch geeignete Folgen von Polygonen bzw. Polyedern annähern, daß man den Grenzübergang vollziehen kann, wenn man den Beweisgedanken nicht direkt übertragen kann. Wir wollen auf diese Schwierigkeiten nicht eingehen.

Ebensowenig halten wir uns bei den Formeln zur Differentiation von Produkten wie

$$\operatorname{div}(\varphi\mathfrak{u}) = \operatorname{grad}\varphi\cdot\mathfrak{u} + \varphi\operatorname{div}\mathfrak{u}$$

usw. auf.

Zum Zweck der Verallgemeinerung auf den n-dimensionalen Raum wird man Graßmanns Ausdehnungslehre heranziehen.

22.
Über die sogenannte nichtkommutative Galoissche Theorie und die Relation $\xi_{\lambda,\mu,\nu}\,\xi_{\lambda,\mu\nu,\pi}\,\xi^{\lambda}_{\mu,\nu,\pi} = \xi_{\lambda,\mu,\nu\pi}\,\xi_{\lambda\mu,\nu,\pi}$

Deutsche Math. *5*, 138–149 (1940)

M und N seien zwei Mengen; $\mathfrak{A}(u, v)$ sei eine Aussage, die für $u \in M$, $v \in N$ stets sinnvoll (entweder richtig oder falsch) ist. Jeder Teilmenge X von M werde die Teilmenge $\tilde{X}$ aller der $v \in N$, für welche $\mathfrak{A}(u, v)$ für alle $u \in X$ richtig ist, zugeordnet. Entsprechend werde jeder Teilmenge Y von N die Teilmenge $\hat{Y}$ von M zugeordnet, die aus allen $u \in M$ besteht, für die $\mathfrak{A}(u, v)$ für alle $v \in Y$ richtig ist. Dann gilt:

$$\hat{\tilde{X}} \supseteq X; \qquad \tilde{\hat{Y}} \supseteq Y;$$

$$\hat{\tilde{X}} = X \text{ genau wenn } X = \hat{Y}; \quad \tilde{\hat{Y}} = Y \text{ genau wenn } Y = \tilde{X};$$

insbesondere $\tilde{\hat{\tilde{X}}} = \tilde{X}$; $\qquad \hat{\tilde{\hat{Y}}} = \hat{Y}$.

Durch $\tilde{X} = Y$, $\hat{Y} = X$ werden die Teilmengen X von M mit $\hat{\tilde{X}} = X$ eineindeutig und anordnungsinvers den Teilmengen Y von N mit $\tilde{\hat{Y}} = Y$ zugeordnet.

Beispiele findet man an verschiedenen Stellen in der Mathematik.

Wir nehmen für M einen Schiefkörper K, der Divisionsalgebra über dem Grundkörper P ist. P soll also im Zentrum Z von K enthalten sein, und K soll i. b. a. P endlichen Rang haben. Für N nehmen wir die Gruppe aller Automorphismen von K/P (d. h. die die Elemente von P fest lassen). $\mathfrak{A}(u, v)$ sei schließlich die Aussage: der Automorphismus v führt das Element u von K in sich über. Wir stehen vor derselben Aufgabe wie in der Galoisschen Theorie: die obige eineindeutige Zuordnung zwischen gewissen Teilmengen X von $M = K$ und gewissen Teilmengen Y der Automorphismengruppe N näher zu untersuchen. Das läuft auf zwei Teilaufgaben hinaus: 1. alle X mit $\hat{\tilde{X}} = X$ zu bestimmen, 2. alle Y mit $\tilde{\hat{Y}} = Y$ zu bestimmen. Offenbar kommen für X nur P enthaltende Schiefkörper und für Y nur Untergruppen in Frage. Wir beschäftigen uns hier nur mit der ersten Aufgabe, alle in K enthaltenen P enthaltenden Schiefkörper X mit der Eigenschaft zu finden, daß jedes Element von K, das bei allen X elementweise fest lassenden Automorphismen von K/P fest bleibt, schon in X liegt.

Der Hauptsatz der Galoisschen Theorie besagt: Ist K/P ein (kommutativer) Galoisscher separabler Körper, so kann man 1. für X alle Zwischenkörper ($\mathsf{P} \subseteq X \subseteq K$), 2. für Y alle Untergruppen ($1 \subseteq Y \subseteq N$) nehmen.

Wenn K kommutativ ist, sei $\mathfrak{J}$ der Körper aller bei allen Automorphismen von K/P fest bleibenden Elemente von K (also $\mathfrak{J} = \hat{\tilde{\mathsf{P}}} = \hat{N}$). Für X kommen dann offenbar nur Oberkörper von $\mathfrak{J}$ in Frage. Aber K ist i. b. a. $\mathfrak{J}$ Galoisch und separabel mit der Galoisschen Gruppe N[1]), wir haben also eine eineindeutige Zuordnung zwischen allen Zwischenkörpern X zwischen $\mathfrak{J}$ und K und allen Untergruppen Y von N.

In dem anderen äußersten Falle, wenn P mit dem Zentrum Z des Schiefkörpers K zusammenfällt, kann man bekanntlich für X sämtliche Zwischenschiefkörper zwischen P und K nehmen.

Im allgemeinen geht man von P erst zum Zentrum Z von K und erst von dort aus zu K über, man zerlegt also den Übergang von P zu K in zwei verschiedene Schritte. Bei dem vorliegenden Problem ist derartiges unmöglich, weil keine Transitivität stattfindet.

$\mathfrak{J}$ sei der Körper aller bei allen Automorphismen von K/P fest bleibenden Elemente von K. Nur die Elemente von Z bleiben bei allen inneren Automorphismen von K fest, darum ist $\mathfrak{J}$ ein Zwischenkörper zwischen P und Z. $\mathfrak{J}$ enthält den Körper aller bei allen Automorphismen von Z/P fest bleibenden Elemente von Z, über dem Z Galoisch und separabel ist, und gehört zur Untergruppe aller Automorphismen von Z i. b. a. diesen Unterkörper, die sich zu Automorphismen von K fortsetzen lassen. $\mathfrak{J}$ ist der kleinste Zwischen-

[1]) Siehe z. B. O. Teichmüller, p-Algebren. Deutsche Mathematik 1, Anm. 1 auf S. 377.

körper zwischen P und Z mit der Eigenschaft, daß $Z/\mathfrak{J}$ Galoisch und separabel ist und daß sich alle Automorphismen von $Z/\mathfrak{J}$ zu Automorphismen von K fortsetzen lassen.

Für X kommen offenbar nur Oberkörper von $\mathfrak{J}$ in Frage; wir wollen zeigen, daß jeder Zwischenschiefkörper zwischen $\mathfrak{J}$ und K ein X ist. Man darf dabei offenbar $\mathfrak{J}$ als neuen Grundkörper nehmen. Es ist also folgendes zu zeigen:

K sei ein Schiefkörper von endlichem Rang über dem Unterkörper P seines Zentrums Z. Jedes Element von K, das bei allen Automorphismen von K/P fest bleibt, liege in P. X sei ein Zwischenschiefkörper: $\mathrm{P} \subseteqq X \subseteqq K$. Dann liegt jedes Element von K, das bei allen Automorphismen von K, die X elementweise fest lassen, fest bleibt, in X.

Beweis: $\varXi$ sei das Zentrum von X, und $\varDelta$ sei der Durchschnitt von X und Z (also auch $\varDelta = \varXi \frown Z$). Weil $Z/\varDelta$ Galoisch und separabel ist, ist das in K gebildete Kompositum $\varXi Z$ von $\varXi$ und Z (der kleinste $\varXi$ und Z enthaltende Schiefkörper in K) das direkte Produkt von $\varXi$ und Z i. b. a. den Grundkörper $\varDelta$, und ebenso ist das Kompositum XZ von X und Z das direkte Produkt von X und Z i. b. a. den Grundkörper $\varDelta$. Ein Element u von K, das bei allen X elementweise fest lassenden Automorphismen von K fest bleibt, bleibt erst recht bei allen den Automorphismen von K fest, welche XZ elementweise fest lassen, liegt also in XZ. $x_1, \ldots, x_r$ sei eine Basis von $X/\varDelta$:

$$X = x_1 \varDelta + \cdots + x_r \varDelta; \quad XZ = x_1 Z + \cdots + x_r Z.$$

Wir wissen, daß jeder Automorphismus von Z/P sich zu einem Automorphismus von K fortsetzen läßt. Wenn wir sogar wüßten, daß alle Automorphismen von $Z/\varDelta$ sich zu Automorphismen von K/X fortsetzen lassen, dann würde unser u, das bei allen Automorphismen von K/X fest bleibt und darum in XZ liegt: $u = x_1 z_1 + \cdots + x_r z_r$ $(z_\varrho \in Z)$, auch bei ihnen fest bleiben, die z_ϱ müßten bei allen Automorphismen von $Z/\varDelta$ fest bleiben, also in $\varDelta$ liegen, und u läge wie behauptet in X.

Es ist also nur noch zu beweisen, daß jeder Automorphismus λ von $Z/\varDelta$ sich zu einem Automorphismus von K/X fortsetzen läßt. Es gibt nach Voraussetzung eine Fortsetzung von λ zu einem Automorphismus v_λ von K. Aber die Zuordnung

$$x_1^{v_\lambda} z_1 + \cdots + x_r^{v_\lambda} z_r \to x_1 z_1 + \cdots + x_r z_r \qquad (z_\varrho \in Z)$$

ist offenbar ein Isomorphismus t_λ von $X^{v_\lambda} Z$ zu XZ i. b. a. $\varDelta$, der sich, weil er das Zentrum Z fest läßt, zu einem inneren Automorphismus t_λ von K fortsetzen läßt. $t_\lambda v_\lambda$ ist die gesuchte Fortsetzung des Automorphismus λ von $Z/\varDelta$ nach K, die X elementweise fest läßt. Damit ist der Beweis vollendet.

Wir können das Ergebnis in eine noch allgemeinere Form bringen:

$\varSigma$ sei ein Unterschiefkörper des Schiefkörpers K, der jedes bei allen Automorphismen von $K/\varSigma$ fest bleibende Element von K enthält. K habe endlichen Rang über dem Durchschnitt P des Zentrums Z von K mit $\varSigma$. Dann enthält jeder Zwischenschiefkörper X zwischen $\varSigma$ und K jedes bei allen Automorphismen von K/X fest bleibende Element von K.

Denn für K/P sind die Voraussetzungen des vorigen Satzes erfüllt: ein Element von K, das bei allen Automorphismen von K/P fest bleibt, bleibt einmal bei allen Automorphismen von $K/\varSigma$ fest und liegt folglich in $\varSigma$, ferner bleibt es bei allen inneren Automorphismen fest und liegt folglich in Z, mithin liegt es im Durchschnitt $\varSigma \frown Z = \mathrm{P}$. Jeder Zwischenschiefkörper X zwischen $\varSigma$ und K liegt aber erst recht zwischen P und K; man braucht nur den vorigen Satz auf ihn anzuwenden.

A sei eine einfache Algebra über P mit dem Zentrum Z: $P \subseteq Z \subseteq A$. Es liegt nahe, zu fragen, ob jede in A enthaltene einfache Algebra X über P, die die 1 von A enthält, auch jedes Element von A enthält, das bei allen Automorphismen von A/X fest bleibt. Dies kann selbstverständlich höchstens dann erwartet werden, wenn jedes bei allen Automorphismen von A/P fest bleibende Element in P liegt, d. h. (wie oben) wenn Z/P Galoisch und separabel ist und sich jeder Automorphismus von Z/P zu einem Automorphismus von A fortsetzen läßt. Aber auch unter dieser Voraussetzung kann man nicht schließen, daß der kleinste Z und das Zentrum Ξ von X enthaltende Unterring von A das direkte Produkt von Ξ und Z über dem Grundkörper $\Delta = \Xi \frown Z = X \frown Z$ sei. Wenn man also auch dies noch voraussetzt, dann kann man allerdings alle Schlüsse übertragen und kommt zu dem gewünschten Ergebnis. Die Zusatzvoraussetzung ist z. B. erfüllt, wenn der von Ξ und Z (also der von X und Z) in A erzeugte Unterring einfach ist oder, was dasselbe bedeutet, wenn das direkte Produkt von Ξ und Z i. b. a. den Grundkörper $\Delta = \Xi \frown Z$ ein Körper ist.

An einem Gegenbeispiel soll gezeigt werden, daß eine Zusatzvoraussetzung wirklich notwendig ist. Z sei ein zyklischer Oberkörper von P von einem Grade $n > 2$ mit dem erzeugenden Automorphismus λ; A sei der Ring der zweireihigen Matrizen über Z; X sei der Ring aller Matrizen $\begin{pmatrix} z & 0 \\ 0 & z^\lambda \end{pmatrix}$ $(z \in Z)$. XZ ist dann der Ring aller Diagonalmatrizen $\begin{pmatrix} x & 0 \\ 0 & y \end{pmatrix}$ $(x, y \in Z)$. Jedes Element von XZ bleibt bei allen Automorphismen von A/X fest. Denn jeder Automorphismus von A/P setzt sich aus einer Potenz von $v_\lambda \left(\begin{pmatrix} a & b \\ c & d \end{pmatrix}^{v_\lambda} = \begin{pmatrix} a^\lambda & b^\lambda \\ c^\lambda & d^\lambda \end{pmatrix} \right)$ und einem inneren Automorphismus zusammen; soll X elementweise fest bleiben, so muß XZ als Ganzes in sich übergehen, also ist der zu der v_λ-Potenz hinzutretende innere Automorphismus eine Transformation entweder mit $\begin{pmatrix} x & 0 \\ 0 & y \end{pmatrix}$ oder mit $\begin{pmatrix} 0 & x \\ y & 0 \end{pmatrix}$ $(x, y \neq 0$ in $Z)$; soll auch noch X elementweise fest bleiben, so scheidet die zweite Möglichkeit wegen $n > 2$ aus; es bleibt also nur die von v_λ und den Transformationen mit $\begin{pmatrix} x & 0 \\ 0 & y \end{pmatrix}$ erzeugte Gruppe übrig, und dabei bleibt jedes Element von XZ fest.

Wir sind auf eine Klasse von einfachen Systemen A über dem Grundkörper P aufmerksam geworden, die dadurch gekennzeichnet ist, daß das Zentrum Z von A über P Galoisch und separabel ist und daß jeder Automorphismus von Z/P sich zu einem Automorphismus von A fortsetzen läßt. Dies ist eine Eigenschaft, die nur von der Algebrenklasse abhängt. Es sei nämlich Z/P endlich, Galoisch und separabel; K sei ein Schiefkörper endlichen Ranges über dem Zentrum Z und A der m-reihige Matrizenring über K. Wenn ein Automorphismus λ von Z/P sich nach K fortsetzen läßt, dann läßt er sich selbstverständlich auch nach A fortsetzen. Wenn sich λ aber zu einem Automorphismus v_λ von A fortsetzen läßt, dann ist K^{v_λ} ein Oberschiefkörper von Z, über dem A ein m-reihiger Matrizenring ist, folglich gibt es einen Isomorphismus t_λ von K^{v_λ} zu K, der Z fest läßt, und $t_\lambda v_\lambda$ ist eine Fortsetzung von λ nach K.

Diese Eigenschaft der Algebrenklasse muß sich auch am Faktorensystem bemerkbar machen. S sei ein Galoisscher separabler Zerfällungskörper der einfachen Algebra A über dem Zentrum $Z \supseteq P$; wir nehmen an, der Oberkörper S von Z sei nicht nur i. b. a. Z, sondern auch i. b. a. P Galoisch und separabel. Einen solchen Zerfällungskörper gibt es immer. Weil Z/P Galoisch ist, gehört Z zu einem Normalteiler $\mathfrak{N}$ der Galoisschen Gruppe $\mathfrak{G}$ von S/P. A ist ähnlich einem verschränkten Produkt:

$$A \sim A' = (\alpha_{\sigma,\tau}, S, \mathfrak{N}) = \sum_{\sigma \in \mathfrak{N}} S u_\sigma,$$

$$u_\sigma \xi = \xi^\sigma u_\sigma (\xi \in S, \sigma \in \mathfrak{N}),$$

$$u_\sigma u_\tau = \alpha_{\sigma,\tau} u_{\sigma\tau} (\alpha_{\sigma,\tau} \neq 0 \text{ in } S),$$

$$\alpha_{\varrho,\sigma} \alpha_{\varrho\sigma,\tau} = \alpha_{\sigma,\tau}^{\varrho} \alpha_{\varrho,\sigma\tau}.$$

Wenn sich nun der Automorphismus $\lambda \in \mathfrak{G}/\mathfrak{N}$ von Z/P nach A fortsetzen läßt, dann läßt er sich auch zu einem Automorphismus v_λ von $A' = (\alpha_{\sigma,\tau}, S, \mathfrak{N})$ fortsetzen. Nach einer schon wiederholt angewandten Schlußweise gibt es auch eine solche Fortsetzung v_λ von λ nach A', die S in sich überführt; man kann sogar den Automorphismus, den v_λ in S induziert und der ein Element von $\mathfrak{G}$ ist, innerhalb seiner $\mathfrak{N}$-Restklasse λ beliebig vorschreiben. v_λ soll jetzt also, soweit nur S in Betracht gezogen wird, ein wohlbestimmter Repräsentant der Restklasse $\lambda \in \mathfrak{G}/\mathfrak{N}$ sein. Aus

$$u_\sigma \xi = \xi^\sigma u_\sigma$$

folgt

$$u_\sigma^{v_\lambda} \xi^{v_\lambda} = \xi^{v_\lambda \sigma} u_\sigma^{v_\lambda}$$

oder

$$u_\sigma^{v_\lambda} \xi = \xi^{v_\lambda \sigma v_\lambda^{-1}} u_\sigma^{v_\lambda};$$

es ist aber auch

$$u_{v_\lambda \sigma v_\lambda^{-1}} \xi = \xi^{v_\lambda \sigma v_\lambda^{-1}} u_{v_\lambda \sigma v_\lambda^{-1}};$$

darum ist

$$\beta_{\lambda,\sigma} = u_\sigma^{v_\lambda} u_{v_\lambda \sigma v_\lambda^{-1}}^{-1}$$

ein mit S elementweise vertauschbares reguläres Element von A; $\beta_{\lambda,\sigma}$ liegt folglich in S. Wenn wir auf

$$u_\sigma u_\tau = \alpha_{\sigma,\tau} u_{\sigma\tau}$$

nun v_λ anwenden und dann die Formel

$$u_\sigma^{v_\lambda} = \beta_{\lambda,\sigma} u_{v_\lambda \sigma v_\lambda^{-1}} \tag{1}$$

benutzen, erhalten wir

$$\beta_{\lambda,\sigma} u_{v_\lambda \sigma v_\lambda^{-1}} \beta_{\lambda,\tau} u_{v_\lambda \tau v_\lambda^{-1}} = \alpha_{\sigma,\tau}^{v_\lambda} \beta_{\lambda,\sigma\tau} u_{v_\lambda \sigma\tau v_\lambda^{-1}}$$

oder

$$\beta_{\lambda,\sigma} \beta_{\lambda,\tau}^{v_\lambda \sigma v_\lambda^{-1}} \alpha_{v_\lambda \sigma v_\lambda^{-1}, v_\lambda \tau v_\lambda^{-1}} = \alpha_{\sigma,\tau}^{v_\lambda} \beta_{\lambda,\sigma\tau}. \tag{2}$$

Aus der Möglichkeit der Fortsetzung von λ nach A' folgt also die Existenz von Elementen $\beta_{\lambda,\sigma} \in S$ $(\sigma \in \mathfrak{N})$, die dieser Relation genügen, die ihrerseits offenbar den Zerfall eines gewissen Faktorensystems anzeigt.

Wenn es zu einem $\lambda \in \mathfrak{G}/\mathfrak{N}$ und einem Vertreter v_λ dieser Restklasse in $\mathfrak{G}$ umgekehrt Elemente $\beta_{\lambda,\sigma} \in S$ $(\sigma \in \mathfrak{N})$ gibt, die (2) erfüllen, dann kann man den Automorphismus λ von Z/P zu dem Automorphismus v_λ von S fortsetzen und diesen durch (1) zu einem Automorphismus von A' fortsetzen. (2) ist also die notwendige und hinreichende Bedingung.

A sei immer noch eine einfache Algebra mit dem Zentrum Z, das Galoissch und separabel über dem Grundkörper P sei. In einem Falle können wir von vornherein sagen, daß sich jeder Automorphismus von Z/P nach A fortsetzen läßt: wenn es nämlich eine einfache Algebra B mit dem Zentrum P gibt, in der A als Menge aller mit Z elementweise vertauschbaren Elemente enthalten ist; der $(Z:\mathrm{P})$-reihige Matrizenring über A ist dann bekanntlich i. b. a. P isomorph dem direkten Produkt von B und Z zum Grundkörper P, und es gilt $(B:A)=(Z:\mathrm{P})$.

Unter dieser Voraussetzung läßt sich nämlich jeder Automorphismus von Z/P zu einem inneren Automorphismus von B fortsetzen, und dieser führt die Menge A aller mit Z elementweise vertauschbaren Elemente von B als Ganzes in sich über.

Wir kommen so zu der Frage, unter welchen Voraussetzungen sich A in eine einfache Algebra B vom Rang $(Z:\mathrm{P})\cdot(A:\mathrm{P})$ mit dem Zentrum P einbetten läßt. Auch hier kommt es nur auf die Algebrenklasse von A an. M sei nämlich der m-reihige Matrizenring über P. Wenn A in B liegt, liegt ebenso $A\times M$ in $B\times M$; wenn umgekehrt $A\times M$ in der angegebenen Weise in einem B' liegt, liegt A ebenso in der Algebra B aller mit den Elementen von M vertauschbaren Elemente von B'.

Wir werden A als verschränktes Produkt $(\alpha_{\sigma,\tau}, S, \mathfrak{N})$ annehmen, wo wieder S ein i. b. a. P endlicher Galoisscher separabler Zerfällungskörper der Algebrenklasse von A ist und $\mathfrak{N}$ der Normalteiler ist, zu dem Z gehört. B wird dann ein verschränktes Produkt $(a_{\sigma,\tau}, S, \mathfrak{G})$ mit der ganzen Galoisschen Gruppe $\mathfrak{G}$ von S/P. Wir wollen aber dieses letztere verschränkte Produkt in eine Normalform bringen, die den Normalteiler $\mathfrak{N}$ heraushebt.

Elemente der Gruppe $\mathfrak{G}$ werden wir oft mit r, s, t bezeichnen, Elemente des Normalteilers $\mathfrak{N}$ mit ϱ, σ, τ und Elemente der Faktorgruppe $\mathfrak{G}/\mathfrak{N}$ mit λ, μ, ν, π. Jeder Restklasse $\lambda\in\mathfrak{G}/\mathfrak{N}$ sei ein Vertreter $v_\lambda\in\mathfrak{G}$ fest zugeordnet. Die Elemente von $\mathfrak{G}$ schreiben sich dann eindeutig in der Form

$$r=\varrho\, v_\lambda \qquad (\varrho\in\mathfrak{N},\ \lambda\in\mathfrak{G}/\mathfrak{N}).$$

Die durch

$$v_\lambda v_\mu=\vartheta_{\lambda,\mu}\, v_{\lambda\mu} \tag{3}$$

definierten $\vartheta_{\lambda,\mu}$ liegen in $\mathfrak{N}$ und genügen der Assoziativitätsrelation

$$\vartheta_{\lambda,\mu}\,\vartheta_{\lambda\mu,\nu}=\vartheta^{\lambda}_{\mu,\nu}\,\vartheta_{\lambda,\mu\nu};$$

wir setzen nämlich zur Abkürzung

$$v_\lambda\,\sigma\, v_\lambda^{-1}=\sigma^\lambda \qquad (\sigma\in\mathfrak{N}),$$

so daß nach (3)

$$(\sigma^\mu)^\lambda=\vartheta_{\lambda,\mu}\,\sigma^{\lambda\mu}\,\vartheta^{-1}_{\lambda,\mu}$$

gilt.

In einem verschränkten Produkt

$$B=(a_{s,t}, S, \mathfrak{G})=\sum_{s\in\mathfrak{G}} S\,u_s,$$

$$u_s\,\xi=\xi^s\,u_s\ (\xi\in S,\ s\in\mathfrak{G}),$$

$$u_s\,u_t=a_{s,t}\,u_{st}$$

darf man bekanntlich jedes u_r noch mit einem von 0 verschiedenen Faktor aus S multiplizieren. Wir behalten die $u_\varrho\ (\varrho\in\mathfrak{N})$ bei, bezeichnen die $u_{v_\lambda}\ (\lambda\in\mathfrak{G}/\mathfrak{N})$ kurz mit w_λ und ersetzen die $u_{\varrho v_\lambda} = \alpha_{\varrho, v_\lambda} u_\varrho w_\lambda$ durch $u_\varrho w_\lambda$: jetzt ist also

$$B = \sum_{\varrho \in \mathfrak{N}, \lambda \in \mathfrak{G}/\mathfrak{N}} S u_\varrho w_\lambda .$$

Es gelten Formeln

$$u_\sigma u_\tau = \alpha_{\sigma,\tau} u_{\sigma\tau};$$

(4)
$$w_\lambda u_\sigma = \beta_{\lambda,\sigma} u_{\sigma^\lambda} w_\lambda;$$

$$w_\lambda w_\mu = \gamma_{\lambda,\mu} u_{\vartheta_{\lambda,\mu}} w_{\lambda\mu};$$

$\alpha_{\sigma,\tau}$, $\beta_{\lambda,\sigma}$ und $\gamma_{\lambda,\mu}$ sind hier von 0 verschiedene Elemente von S, weil sie mit allen Elementen von S vertauschbar sind. Auf Grund von (4) kann man in $B = \Sigma S u_\varrho w_\lambda$ multiplizieren: für $\xi, \eta \in S$ ist

(5)
$$\xi u_\varrho w_\lambda \cdot \eta u_\sigma w_\mu = \xi \eta^{\varrho v_\lambda} \beta^\varrho_{\lambda,\sigma} \gamma^{\varrho\sigma^\lambda}_{\lambda,\mu} \alpha_{\varrho,\sigma^\lambda} \alpha_{\varrho\sigma^\lambda, \vartheta_{\lambda,\mu}} u_{\varrho\sigma^\lambda, \vartheta_{\lambda,\mu}} w_{\lambda,\mu} .$$

Wir erhalten für die $\alpha_{\sigma,\tau}$, $\beta_{\lambda,\sigma}$, $\gamma_{\lambda,\mu}$ vier Assoziativitätsrelationen: aus

$$(u_\varrho u_\sigma) u_\tau = u_\varrho (u_\sigma u_\tau)$$

folgt

(6)
$$\alpha_{\varrho,\sigma} \alpha_{\varrho\sigma,\tau} = \alpha^\varrho_{\sigma,\tau} \alpha_{\varrho,\sigma\tau};$$

aus

$$(w_\lambda u_\sigma) u_\tau = w_\lambda (u_\sigma u_\tau)$$

folgt

(7)
$$\beta_{\lambda,\sigma} \beta^{\sigma^\lambda}_{\lambda,\tau} \alpha_{\sigma^\lambda,\tau^\lambda} = \alpha^{v_\lambda}_{\sigma,\tau} \beta_{\lambda,\sigma\tau};$$

aus

$$(w_\lambda w_\mu) u_\tau = w_\lambda (w_\mu u_\tau)$$

folgt

(8)
$$\gamma_{\lambda,\mu} \beta^{\vartheta_{\lambda,\mu}}_{\lambda\mu,\tau} \alpha_{\vartheta_{\lambda,\mu}, \tau^{\lambda\mu}} = \beta^{v_\lambda}_{\mu,\tau} \beta_{\lambda,\tau^\mu} \gamma^{(\tau^\mu)^\lambda}_{\lambda,\mu} \alpha_{(\tau^\mu)^\lambda, \vartheta_{\lambda,\mu}};$$

aus

$$(w_\lambda w_\mu) w_\nu = w_\lambda (w_\mu w_\nu)$$

folgt

(9)
$$\gamma_{\lambda,\mu} \gamma^{\vartheta_{\lambda,\mu}}_{\lambda\mu,\nu} \alpha_{\vartheta_{\lambda,\mu}, \vartheta_{\lambda\mu,\nu}} = \gamma^{v_\lambda}_{\mu,\nu} \beta_{\lambda,\vartheta_{\mu,\nu}} \gamma^{\vartheta^\lambda_{\mu,\nu}}_{\lambda,\mu\nu} \alpha_{\vartheta^\lambda_{\mu,\nu}, \vartheta_{\lambda,\mu\nu}} .$$

Nun muß bewiesen werden, daß (6)—(9) auch dafür hinreichend sind, daß $B = \Sigma S u_\varrho w_\lambda$ mit $u_\varrho \xi = \xi^\varrho u_\varrho$, $w_\lambda \xi = \xi^{v_\lambda} w_\lambda$ und (4) ein assoziatives verschränktes Produkt wird. Man kann

$$\bar{u}_{\varrho v_\lambda} = u_\varrho w_\lambda$$

setzen, aus (5) das Faktorensystem

$$a_{\varrho v_\lambda, \sigma v_\mu} = \alpha_{\varrho,\sigma^\lambda} \alpha_{\varrho\sigma^\lambda, \vartheta_{\lambda,\mu}} \beta^\varrho_{\lambda,\sigma} \gamma^{\varrho\sigma^\lambda}_{\lambda,\mu}$$

entnehmen und durch Rechnung zeigen, daß aus (6)—(9) die Assoziativitätsrelation

$$a_{\varrho v_\lambda, \sigma v_\mu} a_{\varrho v_\lambda \sigma v_\mu, \tau v_\nu} = a^{\varrho v_\lambda}_{\sigma v_\mu, \tau v_\nu} a_{\varrho v_\lambda, \sigma v_\mu \tau v_\nu}$$

folgt. Wir werden aber einen übersichtlicheren Beweis geben.

Zunächst folgt aus (6), daß

$$A = \sum_{\mathfrak{N}} S u_\varrho$$

mit

$$u_\sigma \xi = \xi^\sigma u_\sigma\,,$$
$$u_\sigma u_\tau = \alpha_{\sigma,\tau} u_{\sigma\tau}$$

ein verschränktes Produkt, und zwar eine einfache Algebra mit dem Zentrum Z ist (Z ist der zu $\mathfrak{N}$ gehörende Zwischenkörper). Durch die Definition

(1) $$u_\sigma^{v_\lambda} = \beta_{\lambda,\sigma} u_{\sigma^\lambda}$$

setzen wir den Automorphismus $v_\lambda \in \mathfrak{G}\,(\lambda \in \mathfrak{G}/\mathfrak{N})$ von S/P zu einem Automorphismus von A fort; daß so wirklich ein Automorphismus von A entsteht, folgt aus (7), das ja mit (2) übereinstimmt. Ferner setzen wir

(10) $$\Theta_{\lambda,\mu} = \gamma_{\lambda,\mu} u_{\vartheta_{\lambda,\mu}}\,.$$

Dann können wir das zu untersuchende System B in folgender Form schreiben:

$$B = \sum_{\mathfrak{G}/\mathfrak{N}} A\, w_\lambda;$$

$$w_\lambda x = x^{v_\lambda} w_\lambda \qquad (x \in A);$$
$$w_\lambda w_\mu = \Theta_{\lambda,\mu} w_{\lambda\mu}\,.$$

B hat also formal die Gestalt eines verschränkten Produkts. Wir brauchen nur

(11) $$(x^{v_\mu})^{v_\lambda} = \Theta_{\lambda,\mu}\, x^{v_{\lambda\mu}}\, \Theta_{\lambda,\mu}^{-1} \qquad (x \in A)$$

und

(12) $$\Theta_{\lambda,\mu}\Theta_{\lambda\mu,\nu} = \Theta_{\mu,\nu}^{v_\lambda}\Theta_{\lambda,\mu\nu}$$

nachzuweisen, um die Assoziativität zu sehen. (11) ist aber für $x \in S$ wegen (3) klar und reduziert sich für $x = u_\tau\,(\tau \in \mathfrak{N})$ nach (1) und (10) auf

$$\beta_{\mu,\tau}^{v_\lambda}\beta_{\lambda,\tau^\mu} u_{(\tau^\mu)^\lambda} = \gamma_{\lambda,\mu} u_{\vartheta_{\lambda,\mu}} \beta_{\lambda\mu,\tau} u_{\tau^{\lambda\mu}} u_{\vartheta_{\lambda,\mu}}^{-1} \gamma_{\lambda,\mu}^{-1}\,,$$

und das folgt aus (8). Schließlich folgt (12) nach (10) sofort aus (9).

Nun können wir wieder auf unser Einbettungsproblem zurückkommen. Unter den alten Voraussetzungen über $\mathsf{P} \subseteqq Z \subseteqq S$ und das Rechnen in $\mathfrak{G}$ sei $A = (\alpha_{\sigma,\tau}, S, \mathfrak{N})$ gegeben; es wird gefragt, ob A in der beschriebenen Art in einer Algebra B mit dem Zentrum P enthalten ist. Das läuft auf die Frage hinaus, ob man zu den $\alpha_{\sigma,\tau}$, die (6) erfüllen, auch $\beta_{\lambda,\sigma}$ und $\gamma_{\lambda,\mu}$ so hinzubestimmen kann, daß (7), (8) und (9) erfüllt sind. Die Bedingung (7) haben wir schon in der Gestalt (2) diskutiert: die $\beta_{\lambda,\sigma}$ mit (7) existieren dann und nur dann, wenn jeder Automorphismus λ von Z/P sich zu einem Automorphismus von A fortsetzen läßt. Allerdings sind die $\beta_{\lambda,\sigma}$ dann nicht eindeutig bestimmt: man kann $\beta_{\lambda,\sigma}$ noch mit $\frac{d_\lambda^{\sigma^\lambda}}{d_\lambda}$ ($d_\lambda \neq 0$ in S) multiplizieren, ohne (7) zu verletzen. Aber das entspricht der erlaubten Multiplikation des w_λ mit d_λ^{-1}. Ebenso würde der Multiplikation von $\alpha_{\sigma,\tau}$ mit $\frac{c_\sigma c_\tau^\sigma}{c_{\sigma\tau}}$ die erlaubte Multiplikation von u_σ mit c_σ entsprechen. Beim Untersuchen der Frage, ob es $\gamma_{\lambda,\mu}$ gibt, darf man die $\alpha_{\sigma,\tau}$ und die $\beta_{\lambda,\sigma}$ vorher fest gewählt denken: bei erlaubter Abänderung der $\alpha_{\sigma,\tau}$ und der $\beta_{\lambda,\sigma}$ ändert sich die Lösbarkeit der Bedingungen (8), (9) für $\gamma_{\lambda,\mu}$ nicht.

Bei gegebenen $\alpha_{\sigma,\tau}$, $\beta_{\lambda,\sigma}$, die (6) und (7) erfüllen, hat die Bedingung (8) stets eine Lösung. Man kann das mit Hilfe des Kriteriums, daß aus $\frac{c_\sigma c_\tau^\sigma}{c_{\sigma\tau}}=1$ folgt $c_\sigma=\frac{d^\sigma}{d}$, direkt ausrechnen; man kann aber auch so schließen: Durch (1) wird v_λ zu einem Automorphismus von A fortgesetzt. $v_\lambda v_\mu v_{\lambda\mu}^{-1}$ ist ein Automorphismus von A, der die Elemente von Z fest läßt, also ein innerer Automorphismus $x\to\Theta_{\lambda,\mu}^* x\,\Theta_{\lambda,\mu}^{*-1}$ von A. Dieser wirkt auf S wie $\vartheta_{\lambda,\mu}$ oder wie $x\to u_{\vartheta_{\lambda,\mu}} x\, u_{\vartheta_{\lambda,\mu}}^{-1}$; $\Theta_{\lambda,\mu}^* u_{\vartheta_{\lambda,\mu}}^{-1}$ ist also mit den Elementen von S vertauschbar und liegt folglich in S:

$$\Theta_{\lambda,\mu}^*=\gamma_{\lambda,\mu}^* u_{\vartheta_{\lambda,\mu}},\quad \gamma_{\lambda,\mu}^*\in S.$$

Nach einer schon oben durchgeführten Rechnung sind aber (8) und (11) gleichbedeutend; $\gamma_{\lambda,\mu}^*$ ist also eine Lösung von (8). Die allgemeine Lösung von (8) ist

(13) $$\gamma_{\lambda,\mu}=\varkappa_{\lambda,\mu}\gamma_{\lambda,\mu}^*,\quad \varkappa_{\lambda,\mu}\in Z.$$

Jetzt kommt es also allein darauf an, ob die Bedingung (9) für die $\varkappa_{\lambda,\mu}$ erfüllbar ist. Diese Bedingung schreibt sich in der Form

(14) $$\varkappa_{\mu,\nu}^\lambda\varkappa_{\lambda,\mu\nu}=\xi_{\lambda,\mu,\nu}\varkappa_{\lambda,\mu}\varkappa_{\lambda\mu,\nu};$$

$\xi_{\lambda,\mu,\nu}$ drückt sich in gewisser Weise durch die α, β, γ^* aus. Man muß nachrechnen können, daß diese Ausdrücke $\xi_{\lambda,\mu,\nu}$ bei allen $\sigma\in\mathfrak{N}$ fest bleiben, also in Z liegen, und daß sie der in der Überschrift angegebenen Relation genügen. Wir schließen das folgendermaßen:

(9) ist mit (12) oder nach (13) mit

$$\varkappa_{\lambda,\mu}\Theta_{\lambda,\mu}^*\varkappa_{\lambda\mu,\nu}\Theta_{\lambda\mu,\nu}^*=\varkappa_{\mu,\nu}^\lambda\Theta_{\mu,\nu}^{*v_\lambda}\varkappa_{\lambda,\mu\nu}\Theta_{\lambda,\mu\nu}^*$$

gleichbedeutend. (14) soll also mit

(14) $$\xi_{\lambda,\mu,\nu}=\Theta_{\lambda,\mu}^*\,\Theta_{\lambda\mu,\nu}^*\,\Theta_{\lambda,\mu\nu}^{*-1}\Theta_{\mu,\nu}^{*-v_\lambda}$$

gelten; das ist eine nichtkommutative einfache Darstellung für $\xi_{\lambda,\mu,\nu}$. Transformation mit $\Theta_{\lambda,\mu}^*$ ist $v_\lambda v_\mu v_{\lambda\mu}^{-1}$; Transformation mit (14) ist also

$$v_\lambda v_\mu v_{\lambda\mu}^{-1}\cdot v_{\lambda\mu}v_\nu v_{\lambda\mu\nu}^{-1}\cdot(v_\lambda v_{\mu\nu}v_{\lambda\mu\nu}^{-1})^{-1}\cdot v_\lambda(v_\mu v_\nu v_{\mu\nu}^{-1})^{-1}v_\lambda^{-1}=1,$$

d. h. (14) ist mit allen Elementen von A vertauschbar und liegt darum in Z.

Ersetzt man in (14) λ,μ,ν durch μ,ν,π und wendet man v_λ an, so entsteht

$$\begin{aligned}\xi_{\mu,\nu,\pi}^\lambda&=\Theta_{\mu,\nu}^{*v_\lambda}\Theta_{\mu\nu,\pi}^{*v_\lambda}\Theta_{\mu,\nu\pi}^{*-v_\lambda}\left(\Theta_{\lambda,\mu}^*\Theta_{\nu,\pi}^{*-v_{\lambda\mu}}\Theta_{\lambda,\mu}^{*-1}\right)\\&=\xi_{\lambda,\mu,\nu}^{-1}\Theta_{\lambda,\mu}^*\Theta_{\lambda\mu,\nu}^*\Theta_{\lambda,\mu\nu}^{*-1}\cdot\xi_{\lambda,\mu\nu,\pi}^{-1}\Theta_{\lambda,\mu\nu}^*\Theta_{\lambda\mu\nu,\pi}^*\Theta_{\lambda,\mu\nu\pi}^{*-1}\cdot\xi_{\lambda,\mu,\nu\pi}\Theta_{\lambda,\mu\nu\pi}^*\Theta_{\lambda\mu,\nu\pi}^{*-1}\Theta_{\lambda,\mu}^{*-1}\\&\qquad\times\Theta_{\lambda,\mu}^*\left(\xi_{\lambda\mu,\nu,\pi}\Theta_{\lambda\mu,\nu\pi}^*\Theta_{\lambda\mu\nu,\pi}^{*-1}\Theta_{\lambda\mu,\nu}^{*-1}\right)\Theta_{\lambda,\mu}^{*-1}\\&=\xi_{\lambda,\mu,\nu}^{-1}\xi_{\lambda,\mu\nu,\pi}^{-1}\xi_{\lambda,\mu,\nu\pi}\xi_{\lambda\mu,\nu,\pi}\end{aligned}$$

oder

(15) $$\xi_{\lambda,\mu,\nu}\xi_{\lambda,\mu\nu,\pi}\xi_{\mu,\nu,\pi}^\lambda=\xi_{\lambda,\mu,\nu\pi}\xi_{\lambda\mu,\nu,\pi}.$$

Nun wollen wir diese Relation etwas näher betrachten. Z sei irgendein endlicher Galoisscher separabler Oberkörper von P mit Automorphismen $\lambda,\mu,\ldots$ i. b. a. P. $d_\lambda=d$ für alle λ gilt dann und nur dann, wenn d in P liegt. $c_\lambda c_\mu^\lambda=c_{\lambda\mu}$ gilt dann und nur dann, wenn $c_\lambda=\frac{d^\lambda}{d}$ ist. $a_{\lambda,\mu}a_{\lambda\mu,\nu}=a_{\mu,\nu}^\lambda a_{\lambda,\mu\nu}$ gilt jedenfalls dann, wenn $a_{\lambda,\mu}=\frac{c_\lambda c_\mu^\lambda}{c_{\lambda\mu}}$ ist; aber $a_{\lambda,\mu}$ hat unter

Voraussetzung jener Assoziativitätsrelation nur dann die Form $\frac{c_\lambda c_\mu^\lambda}{c_{\lambda\mu}}$, wenn $(a_{\lambda,\mu}, Z) \sim 1$ ist. Das nächste Glied in dieser Reihe ist, daß (15) jedenfalls dann gilt, wenn $\xi_{\lambda,\mu,\nu}$ die Form $\frac{a_{\lambda,\mu}\, a_{\lambda\mu,\nu}}{a_{\mu,\nu}^\lambda\, a_{\lambda,\mu\nu}}$ hat. Zum Beweis braucht man in der Rechnung, die von (14) zu (15) führte, nur Θ^* durch a zu ersetzen. Aber aus (15) folgt nicht, daß $\xi_{\lambda,\mu,\nu}$ die Form $\frac{a_{\lambda,\mu}\, a_{\lambda\mu,\nu}}{a_{\mu,\nu}^\lambda\, a_{\lambda,\mu\nu}}$ habe; es war bisher kein algebrentheoretisches Kriterium dafür bekannt, daß $\xi_{\lambda,\mu,\nu}$ diese Form hat oder, wie man auch sagen wird, zerfällt. Die Reihe läßt sich übrigens noch beliebig lange fortsetzen. Auf die Existenz der Relation (15) und ihrer Verallgemeinerungen machte E. Witt mich Ende 1934 aufmerksam [2]).

A sei eine einfache Algebra mit dem Zentrum Z, und die Automorphismen λ von Z/P seien irgendwie zu Automorphismen v_λ von A fortgesetzt. Dann kann man genau wie oben schließen: $v_\lambda v_\mu v_{\lambda\mu}^{-1}$ ist ein Automorphismus von A/Z, also die Transformation mit einem $\Theta_{\lambda,\mu} \in A$. Die Größen

(16) $$\xi_{\lambda,\mu,\nu} = \Theta_{\lambda,\mu}\, \Theta_{\lambda\mu,\nu}\, \Theta_{\lambda,\mu\nu}^{-1}\, \Theta_{\mu,\nu}^{-v_\lambda}$$

liegen genau wie oben in Z und genügen der Relation (15).

Sie sind aber durch A nicht eindeutig bestimmt. Denn selbst wenn die v_λ festgehalten werden, ist $\Theta_{\lambda,\mu}$ nur bis auf einen Faktor aus Z bestimmt: multipliziert man aber $\Theta_{\lambda,\mu}$ mit $\varkappa_{\lambda,\mu} \in Z$, so multipliziert sich $\xi_{\lambda,\mu,\nu}$ mit $\frac{\varkappa_{\lambda,\mu}\, \varkappa_{\lambda\mu,\nu}}{\varkappa_{\mu,\nu}^\lambda\, \varkappa_{\lambda,\mu\nu}}$. Das System der $\xi_{\lambda,\mu,\nu}$ ist also nur bis auf Multiplikation mit derartigen Größen (die zerfallende ξ darstellen) bestimmt.

Nun sollen auch die v_λ abgeändert werden. Man kann sie nur mit inneren Automorphismen multiplizieren. Bedeutet T_C allgemein Transformation mit C: $x^{T_C} = C x C^{-1}$, so geht $v_\lambda v_\mu = T_{\Theta_{\lambda,\mu}}\, v_{\lambda\mu}$, wenn man $v'_\lambda = T_{C_\lambda}\, v_\lambda$ setzt, in

$$T_{C_\mu^{v_\lambda}}^{-1}\, T_{C_\lambda}^{-1}\, v'_\lambda\, v'_\mu = T_{\Theta_{\lambda,\mu}}\, T_{C_{\lambda\mu}}^{-1}\, v'_{\lambda\mu}$$

über; $v'_\lambda v'_\mu v'^{-1}_{\lambda\mu}$ ist also die Transformation mit

$$\Theta'_{\lambda,\mu} = C_\lambda C_\mu^{v_\lambda}\, \Theta_{\lambda,\mu}\, C_{\lambda\mu}^{-1}.$$

Hier ist aber

$$\begin{aligned}
\xi'_{\lambda,\mu,\nu} &= \Theta'_{\lambda,\mu}\, \Theta'_{\lambda\mu,\nu}\, \Theta'^{-1}_{\lambda,\mu\nu}\, \Theta'^{-v'_\lambda}_{\mu,\nu} \\
&= C_\lambda C_\mu^{v_\lambda}\, \Theta_{\lambda,\mu}\, C_{\lambda\mu}^{-1} \cdot C_{\lambda\mu}\, C_\nu^{v_{\lambda\mu}}\, \Theta_{\lambda\mu,\nu}\, C_{\lambda\mu\nu}^{-1} \cdot C_{\lambda\mu\nu}\, \Theta_{\lambda,\mu\nu}^{-1}\, C_{\mu\nu}^{-v_\lambda}\, C_\lambda^{-1} \\
&\qquad \times C_\lambda\, C_{\mu\nu}^{v_\lambda}\, \Theta_{\mu,\nu}^{-v_\lambda}\, \Theta_{\lambda,\mu}\, C_\nu^{-v_{\lambda\mu}}\, \Theta_{\lambda,\mu}^{-1}\, C_\mu^{-v_\lambda}\, C_\lambda^{-1} \\
&= C_\lambda C_\mu^{v_\lambda}\, \Theta_{\lambda,\mu}\, C_\nu^{v_{\lambda\mu}}\, \Theta_{\lambda,\mu}^{-1} \cdot \Theta_{\lambda,\mu}\, \Theta_{\lambda\mu,\nu}\, \Theta_{\lambda,\mu\nu}^{-1}\, \Theta_{\mu,\nu}^{-v_\lambda} \cdot (C_\lambda C_\mu^{v_\lambda}\, \Theta_{\lambda,\mu}\, C_\nu^{v_{\lambda\mu}}\, \Theta_{\lambda,\mu}^{-1})^{-1} \\
&= \xi_{\lambda,\mu,\nu}.
\end{aligned}$$

Jede einfache Algebra A mit dem Zentrum Z, in die sich alle Automorphismen von Z/P fortsetzen lassen, legt also ein System $\xi_{\lambda,\mu,\nu}$ bis auf Multiplikation mit $\frac{\varkappa_{\lambda,\mu}\, \varkappa_{\lambda\mu,\nu}}{\varkappa_{\mu,\nu}^\lambda\, \varkappa_{\lambda,\mu\nu}}$ fest. Im m-reihigen Matrizenring über A, also dem direkten Produkt

[2]) Schreibt man sie additiv wie in E. Witt, Der Existenzsatz für abelsche Funktionenkörper. J. reine angew. Math. 173, so findet stets Zerfall statt.

von A mit dem m-reihigen Matrizenring M über P, kann man dieselben $\Theta_{\lambda,\mu} \in A$ nehmen, wenn die $v_\lambda M$ elementweise fest lassen sollen; man erhält also dieselben $\xi_{\lambda,\mu,\nu}$: diese hängen nur von der Algebrenklasse von A ab. Wir haben oben gesehen, wie sich die $\xi_{\lambda,\mu,\nu}$ berechnen lassen, wenn A ein verschränktes Produkt $(\alpha_{\sigma,\tau}, S, \mathfrak{N})$ ist.

Bei Multiplikation der Algebrenklassen multiplizieren sich die $\xi_{\lambda,\mu,\nu}$. A und A' seien nämlich zwei einfache Algebren mit dem Zentrum Z, und jedes λ sei zu einem Automorphismus v_λ von A und zu einem Automorphismus v_λ von A' fortgesetzt. Dann gibt es im direkten Produkt $A \times A'$ i. b. a. Z einen Automorphismus v_λ, der sowohl in A wie in A' das alte v_λ induziert (hieraus folgt, daß die Algebrenklassen, wo sich die λ fortsetzen lassen, eine Gruppe bilden). Wenn $v_\lambda v_\mu v_{\lambda\mu}^{-1}$ in A die Transformation mit $\Theta_{\lambda,\mu}$ und in A' die Transformation mit $\Theta'_{\lambda,\mu}$ ist, dann ist es in $A \times A'$ die Transformation mit $\Theta_{\lambda,\mu}\Theta'_{\lambda,\mu}$. Die Θ und die Θ' sind aber miteinander vertauschbar; aus

$$\xi_{\lambda,\mu,\nu} = \Theta_{\lambda,\mu}\,\Theta_{\lambda\mu,\nu}\,\Theta_{\lambda,\mu\nu}^{-1}\,\Theta_{\mu,\nu}^{-v_\lambda} \quad \text{und} \quad \xi'_{\lambda,\mu,\nu} = \Theta'_{\lambda,\mu}\,\Theta'_{\lambda\mu,\nu}\,\Theta'^{-1}_{\lambda,\mu\nu}\,\Theta'^{-v_\lambda}_{\mu,\nu}$$

folgt also

$$\xi_{\lambda,\mu,\nu}\,\xi'_{\lambda,\mu,\nu} = \Theta_{\lambda,\mu}\,\Theta'_{\lambda,\mu}\cdot\Theta_{\lambda\mu,\nu}\,\Theta'_{\lambda\mu,\nu}\cdot(\Theta_{\lambda,\mu\nu}\,\Theta'_{\lambda,\mu\nu})^{-1}\cdot(\Theta_{\mu,\nu}\,\Theta'_{\mu,\nu})^{-v_\lambda}.$$

$\xi_{\lambda,\mu,\nu}$ zerfällt dann und nur dann, wenn die Algebrenklasse von A durch Erweiterung einer Algebrenklasse über P entsteht. Das war das Ergebnis der obigen Rechnungen mit verschränkten Produkten. Wir können dasselbe auch direkt beweisen: $\xi_{\lambda,\mu,\nu}$ hat dann und nur dann die Form $\frac{\varkappa_{\lambda,\mu}\,\varkappa_{\lambda\mu,\nu}}{\varkappa_{\mu,\nu}^{\lambda}\,\varkappa_{\lambda,\mu\nu}}$, wenn man durch Multiplikation der $\Theta_{\lambda,\mu}$ mit $\varkappa_{\lambda,\mu}^{-1} \in Z$ erreichen kann, daß $\xi_{\lambda,\mu,\nu} = 1$ wird; $\xi_{\lambda,\mu,\nu} = 1$ ist die notwendige und hinreichende Assoziativitätsbedingung für

$$B = \Sigma A\, w_\lambda,$$
$$w_\lambda x = x^{v_\lambda} w_\lambda \qquad (x \in A),$$
$$w_\lambda w_\mu = \Theta_{\lambda,\mu}\, w_{\lambda\mu}.$$

Wenn also $\xi_{\lambda,\mu,\nu}$ zerfällt, kann man A in dieses B einbetten. Liegt umgekehrt A in einer einfachen Algebra B vom Rang $(Z:\mathrm{P})\,(A:\mathrm{P})$ über dem Zentrum P, so gibt es $w_\lambda \in B$ mit $x^{v_\lambda} = w_\lambda\, x\, w_\lambda^{-1}\,(x \in A)$; $\Theta_{\lambda,\mu} = w_\lambda\, w_\mu\, w_{\lambda\mu}^{-1}$ ist mit allen Elementen von Z vertauschbar, liegt also in A, und genügt der Bedingung

$$\Theta_{\lambda,\mu}\,\Theta_{\lambda\mu,\nu}\,\Theta_{\lambda,\mu\nu}^{-1}\,\Theta_{\mu,\nu}^{-v_\lambda} = 1;$$

man darf also $\xi_{\lambda,\mu,\nu} = 1$ setzen.

Die Faktorgruppe der Gruppe aller Algebrenklassen über Z, auf deren Algebren sich alle Automorphismen von Z/P fortsetzen lassen, nach der Untergruppe der auf den neuen Grundkörper Z erweiterten Algebrenklassen über P ist isomorph auf die Faktorgruppe einer Gruppe von Systemen $\xi_{\lambda,\mu,\nu}$ mit (15) nach der Untergruppe der $\frac{\varkappa_{\lambda,\mu}\,\varkappa_{\lambda\mu,\nu}}{\varkappa_{\mu,\nu}^{\lambda}\,\varkappa_{\lambda,\mu\nu}}$ abgebildet.

Vielleicht entsteht jedes System $\xi_{\lambda,\mu,\nu}$ mit (15) auf die angegebene Art aus einer Algebra A.

Wenn $\xi_{\lambda,\mu,\nu}$ (15) erfüllt, dann ist

$$\xi_{\lambda,\mu,\nu}^{n} = \frac{w_{\lambda,\mu}\,w_{\lambda\mu,\nu}}{w_{\mu,\nu}^{\lambda}\,w_{\lambda,\mu\nu}}$$

mit $n = (Z:\mathrm{P})$ und

$$w_{\lambda,\mu} = \prod_{\pi} \xi_{\lambda,\mu,\pi}.$$

Folglich gibt es zu jeder einfachen Algebra A mit dem Zentrum Z, in die sich alle Automorphismen von Z/P fortsetzen lassen, eine einfache Algebra B mit dem Zentrum P, für die

$$A^{(Z:\mathsf{P})} \sim B_Z$$

gilt. Ist der Index von A/Z zu $(Z:\mathsf{P})$ teilerfremd, dann läßt sich auch A selbst in ein B einbetten.

Durch ein zahlentheoretisches Beispiel hat Deuring[3]) gezeigt, daß nicht jedes A, auf das sich die Automorphismen von Z/P fortsetzen lassen, in einem B in der angegebenen Weise enthalten ist; er hat aber bewiesen, daß dies doch der Fall ist, wenn P ein algebraischer Zahlkörper und Z/P zyklisch ist. Hier soll gezeigt werden, daß die Voraussetzung, P sei ein algebraischer Zahlkörper, unnötig ist.

Es sei also Z/P zyklisch vom Grade n mit dem erzeugenden Automorphismus λ; A sei eine einfache Algebra mit dem Zentrum Z, in der es eine Fortsetzung v_λ von λ gibt. v_λ^n ist ein innerer Automorphismus T_Θ von A. Es ist aber auch

$$T_\Theta v_\lambda = v_\lambda T_\Theta v_\lambda^{-1} = v_\lambda^n = T_\Theta,$$

folglich

$$\Theta^{v_\lambda} = \xi\Theta, \; \xi \in Z.$$

Es ist

$$N_{Z/\mathsf{P}}\,\xi = \xi\,\xi^\lambda \ldots \xi^{\lambda^{n-1}} = \Theta^{v_\lambda - 1}\,\Theta^{v_\lambda(v_\lambda - 1)} \ldots \Theta^{v_\lambda^{n-1}(v_\lambda - 1)} = \Theta^{v_\lambda^n - 1} = \frac{\Theta^{T_\Theta}}{\Theta} = 1.$$

Deshalb gibt es ein $\varkappa \in Z$ mit

$$\xi = \varkappa^{1-\lambda}$$

oder

$$(\varkappa\Theta)^{v_\lambda} = \varkappa\Theta.$$

Jetzt ist

$$B = \sum_{i=0}^{n-1} A w^i,$$

$$w x = x^{v_\lambda} w \qquad (x \in A),$$

$$w^n = \varkappa\Theta$$

die gesuchte Algebra B mit dem Zentrum P. Also:

A sei eine einfache Algebra über dem Zentrum Z. v sei ein Automorphismus von A, der, nur als Automorphismus von Z angesehen, endliche Ordnung hat; P sei der Körper aller bei v fest bleibenden Elemente von Z. Dann gibt es eine einfache Algebra B mit dem Zentrum P, die A enthält und in der A die Menge aller mit Z elementweise vertauschbaren Elemente ist.

---

[3]) M. Deuring, Einbettung von Algebren in Algebren mit kleinerem Zentrum. J. reine angew. Math. 175.

23.

Über Extremalprobleme der konformen Geometrie*

Deutsche Math. *6*, 50–77 (1941)

Hier soll ein allgemeines Prinzip auseinandergesetzt werden, nach dem man zur Lösung einer ausgedehnten Klasse von Extremalproblemen, insbesondere auch Koeffizientenproblemen, der konformen Abbildung gelangen kann. Die Arbeit schließt sich an Untersuchungen über quasikonforme Abbildungen [1]) an, ist aber zum größten Teil unabhängig lesbar.

Weil mir nur eine beschränkte Urlaubszeit zur Verfügung steht, kann ich vieles nicht begründen, sondern nur behaupten. Das ist bedauerlich, weil ich sowieso keine exakten und allgemeingültigen Beweise der aufzustellenden Prinzipe kenne. Immerhin wird der Kenner der „Extremalen quasikonformen Abbildungen und quadratischen Differentiale" vieles fehlende ergänzen können. Ich habe auch viele Einzeluntersuchungen noch nicht durchführen können.

Wieder erscheinen die funktionentheoretischen Fragen eng verbunden mit solchen der Topologie und der Algebra, z. B. müssen wir eine wohl neue Verallgemeinerung des Riemann-Rochschen Satzes beweisen. Die Differentialgeometrie tritt diesmal zurück; an ihre Stelle tritt die Liesche Theorie. Vieles, was hier besprochen wird, steht schon in den Arbeiten von Grötzsch [2]), allerdings meist versteckt oder auf typische Fälle spezialisiert und in anderer Ausdrucksweise.

Wir beschäftigen uns nur mit **orientierten endlichen Riemannschen Mannigfaltigkeiten.** Diese können als Gebiete auf geschlossenen orientierten Riemannschen Flächen erklärt werden, die von endlich vielen geschlossenen, stückweise analytischen Kurven begrenzt werden. Sie sind entweder geschlossen, also selbst geschlossene orientierte Riemannsche Flächen, die man sich endlichvielblättrig über einer z-Kugel ausgebreitet vorstellen darf, oder berandet. Im letzteren Falle kann man sie nach Klein durch konforme Abbildung auf folgende Normalform bringen: ein endlichvielblättriges Flächenstück über der oberen z-Halbebene mit end-

---

*) Vorbemerkung der Schriftleitung: Die folgende Arbeit ist offenbar unfertig, besitzt den Charakter eines Fragments. An die Mitarbeit und Phantasie des Lesers werden unangemessen hohe Ansprüche gestellt. Für die aufgestellten Behauptungen, die nicht einmal in aller Strenge präzisiert werden, werden weder Beweise noch auch nur irgendwelche Anhaltspunkte gegeben. Eine Sache von nicht grundsätzlicher Bedeutung, die „Restelemente" nehmen einen breiten Raum für fast Unverständliches in Anspruch, dagegen werden auch bei grundsätzlich bedeutenden Einzelbeispielen viel zu knappe Andeutungen gegeben. Aber der Verf. erklärt, er kann in absehbarer Zeit nichts Besseres zu diesem Gegenstand schreiben. — Wenn wir trotzdem den Ausführungen des Verf. Raum geben, trotz aller Mängel, die die Arbeit gegen die anderen in dieser Zeitschrift abhebt, so geschieht das, um die darin enthaltenen Gedanken über das Thema der Abschätzungen für schlichte Funktionen zur Diskussion zu stellen.

[1]) O. Teichmüller, Extremale quasikonforme Abbildungen und quadratische Differentiale, erscheint in den Abh. d. Preuß. Akad. d. Wiss. 1939.

[2]) Leipz. Ber. 80—84; Sitz.-Ber. d. Preuß. Akad. d. Wiss. 1933 und 1934.

lich vielen Windungspunkten, das durch Spiegelung an der reellen Achse eine symmetrische geschlossene Riemannsche Fläche ergibt; letztere heißt die Verdoppelung der ursprünglichen Mannigfaltigkeit und hat eine invariante Bedeutung. Nur zum Zweck der Vereinfachung werden die nichtorientierbaren Mannigfaltigkeiten von der Betrachtung ausgeschlossen.

(So läßt sich z. B. jedes Ringgebiet, d. h. jede schlichtartige endliche Riemannsche Mannigfaltigkeit mit zwei Randkurven, konform auf eine zweiblättrige Überlagerung der oberen Halbebene mit zwei Verzweigungspunkten abbilden.)

Unter konformen Abbildungen verstehen wir stillschweigend immer nur eineindeutige und direkt konforme Abbildungen. Ist ein Innenstück der orientierten endlichen Mannigfaltigkeit $\mathfrak{M}$ konform auf ein Stück der z-Ebene abgebildet, so heißt z eine Ortsuniformisierende von $\mathfrak{M}$. Ist ein an den Rand angrenzendes Gebiet von $\mathfrak{M}$ konform so auf ein Stück der oberen z-Halbebene abgebildet, daß dem Rand ein Stück der reellen z-Achse entspricht, so heißt z eine Randortsuniformisierende. Aussagen über das Randverhalten von Funktionen od. dgl. auf $\mathfrak{M}$ sind stets nach Übergang zur Randortsuniformisierenden zu prüfen.

Es ist meine Absicht, hier nur konforme Geometrie zu treiben, d. h. alle Aussagen werden gegen konforme Abbildung invariant sein. Später wird erklärt, wie z. B. der klassische Verzerrungssatz konform invariant und von jeder Metrik unabhängig formuliert werden kann (das ist schon bekannt). Wir denken unsere Riemannschen Mannigfaltigkeiten stets nur bis auf konforme Abbildung bestimmt.

Oft hat man es mit (konformen oder nur) topologischen (d. h. homöomorphen oder in beiden Richtungen eineindeutigen und stetigen) Abbildungen zu tun, denen vorgeschrieben ist, daß vorgegebene Punkte vorgegebene Bildpunkte haben sollen. Deswegen erweist es sich als zweckmäßig, den Begriff des **Hauptbereichs** einzuführen. Ein Hauptbereich $\mathfrak{H}$ ist eine orientierte endliche Riemannsche Mannigfaltigkeit $\mathfrak{M}$ mit endlich vielen ausgezeichneten Innen- und Randpunkten. Er ist also bekannt, wenn die Mannigfaltigkeit $\mathfrak{M}$ und auf ihr die „ausgezeichneten" Punkte angegeben werden. $\mathfrak{M}$ heißt der Träger von $\mathfrak{H}$. Eine Abbildung eines Hauptbereichs $\mathfrak{H}$ auf einen $\mathfrak{H}'$ ist nach Definition eine solche Abbildung des Trägers $\mathfrak{M}$ von $\mathfrak{H}$ auf den Träger $\mathfrak{M}'$ von $\mathfrak{H}'$, bei der die ausgezeichneten Punkte von $\mathfrak{H}$ denen von $\mathfrak{H}'$ entsprechen. Wenn man also von einer Abbildung verlangt, daß sie bestimmte Punkte in bestimmte andere überführen soll, dann heißt das nichts anderes, als daß man jene Punkte auszeichnet und nur Abbildungen der so entstehenden Hauptbereiche aufeinander betrachtet. Es ist aber gut, den Hauptbereich als einen Gegenstand anzusehen. — Hauptbereiche sind nur bis auf konforme Abbildung bestimmt. Die Kugel (geschlossene orientierte Fläche vom Geschlecht 0) mit vier ausgezeichneten Punkten ist z. B. durch das Doppelverhältnis jener vier komplexen Zahlen bestimmt.

Auf diese Art der Begriffsbildung bin ich schon in den verschiedensten Gebieten gestoßen: Ein Ding $\mathfrak{A}$ (hier Hauptbereich), das erst bestimmt ist, wenn man erst ein Ding $\mathfrak{A}_1$ vorgibt (hier Mannigfaltigkeit) und dann ein Ding $\mathfrak{A}_2$ (hier die ausgezeichneten Punkte), das erst mit Hilfe von $\mathfrak{A}_1$ definiert werden muß. Ähnlich $\mathfrak{A}_1$: zyklischer Oberkörper eines festen Körpers in der Algebra, $\mathfrak{A}_2$: Erzeugende der Galoisschen Gruppe, $\mathfrak{A}$: „zyklischer Normalkörper" [3]). Auch der topologisch festgelegte Haupt-

[3]) O. Teichmüller, Multiplikation zyklischer Normalringe. Deutsche Mathematik 1.

4*

bereich (s. später) gehört hierher. Es ist schief, wenn man $\mathfrak{A}$ als „Paar" $(\mathfrak{A}_1, \mathfrak{A}_2)$ schreibt: $\mathfrak{A}_1$ und $\mathfrak{A}_2$ sind ja nicht gleichberechtigt (koordiniert), sondern subordiniert; man muß erst $\mathfrak{A}_1$ und dann $\mathfrak{A}_2$ angeben, umgekehrt geht es nicht. Ich möchte deshalb sagen: $\mathfrak{A}_1$ und $\mathfrak{A}_2$ sind nicht Koordinaten, sondern **Subordinaten** von $\mathfrak{A}$. In der klassischen Mechanik hat man Zeitpunkte t und Raumpunkte $\mathfrak{x}$, aber dabei besteht Invarianz gegen die Transformationen

$$(t, \mathfrak{x}) \leftrightarrow (\alpha t + \beta, \gamma U \mathfrak{x} + \mathfrak{a} + \mathfrak{b} t),$$

wo $\alpha > 0$, β, $\gamma > 0$ Zahlen, $\mathfrak{a}$, $\mathfrak{b}$ Vektoren und U eine orthogonale Transformation sind. Gleichheit zweier Zeitpunkte ist invariant, aber Raumpunkte kann man nur vergleichen, wenn sie als gleichzeitig gedacht werden. Darum kann man sagen, in $(t, \mathfrak{x})$ sei das $\mathfrak{x}$ dem t subordiniert. Die $(t, \mathfrak{x})$ werden durch Subordinaten beschrieben. In der Relativitätstheorie treten t und $\mathfrak{x}$ dagegen als Koordinaten auf. Anderes Beispiel: die Wittschen „Vektoren" $\boldsymbol{x} = (x_0, x_1, x_2, \ldots)$[4]. Jedes x_ν hat hier erst wahre Bedeutung, wenn $x_0, \ldots, x_{\nu-1}$ schon bekannt sind; die x_ν sind also Subordinaten. Man kann das in diesem Fall als Restklassenschachtelung auffassen. Hier muß man allerdings erst an den zugehörigen Formeln der Theorie die Subordination feststellen; sie ist nicht äußerlich erkennbar, weil überall nur Zahlen stehen. Bei vollkommener Arithmetisierung wird der Unterschied zwischen Koordinaten und Subordinaten verwischt. —

Wir haben den Begriff des Hauptbereichs mit Rücksicht auf Abbildungen eingeführt, die gegebene Punkte in gegebene Bildpunkte überführen. Wenn wir uns auf konforme Abbildungen beschränken, dann kommt es oft vor, daß auch noch der Differentialquotient der Abbildung an einer solchen Stelle oder gar höhere Differentialquotienten vorgeschrieben sind. Um auch solche Bedingungen zu erfassen, führen wir jetzt den Begriff des **höheren Hauptbereichs** ein. An einer Stelle $\mathfrak{p}$ einer orientierten endlichen Riemannschen Mannigfaltigkeit $\mathfrak{M}$ sei eine Ortsuniformisierende z gegeben, die an der Stelle $\mathfrak{p}$ verschwindet; wir nennen nur solche Ortsuniformisierenden $\tilde{z}$ zulässig, die an der Stelle $\mathfrak{p}$ eine Entwicklung

$$\tilde{z} = z + a_{m+1} z^{m+1} + a_{m+2} z^{m+2} + \cdots$$

haben ($m \geq 0$ ganz).

So wird aus der Gesamtheit aller Ortsuniformisierenden eine Teilmenge herausgegriffen, in der das z, von dem wir ausgingen, gar nicht mehr ausgezeichnet ist. Ist nun eine andere Mannigfaltigkeit $\hat{\mathfrak{M}}$ und auf ihr eine Stelle $\hat{\mathfrak{p}}$ gegeben, wo für dasselbe m eine Klasse von Ortsuniformisierenden $\hat{z}$ ausgezeichnet ist, die auseinander genau durch die Abänderungen

$$\hat{z} \to \hat{z} + a_{m+1} \hat{z}^{m+1} + a_{m+2} \hat{z}^{m+2} + \cdots$$

hervorgehen, und ist ferner eine konforme Abbildung von $\mathfrak{M}$ auf $\hat{\mathfrak{M}}$ gegeben, die $\mathfrak{p}$ in $\mathfrak{p}'$ überführt, so wird $\hat{z}$ analytisch von z abhängen, und die Ableitungen

$$\frac{d\hat{z}}{dz}, \ldots, \frac{d^m \hat{z}}{dz^m}$$

[4]) E. Witt, Zyklische Körper und Algebren der Charakteristik p vom Grad p^n. Struktur diskret bewerteter perfekter Körper mit vollkommenem Restklassenkörper der Charakteristik p. J. reine angew. Math. 176.

sind an der Stelle $\mathfrak{p}$ von der speziellen Wahl von z und $\hat{z}$ in ihren Klassen unabhängig, hängen also nur von den bei $\mathfrak{p}$ und bei $\hat{\mathfrak{p}}$ ausgezeichneten Klassen von Ortsuniformisierenden sowie von der konformen Abbildung von $\mathfrak{M}$ auf $\mathfrak{M}$ ab. Daraufhin definieren wir:

Ein **Element m-ter Ordnung** an einer Stelle $\mathfrak{p}$ wird beschrieben durch eine Klasse von bei $\mathfrak{p}$ verschwindenden Ortsuniformisierenden z, wo alle z der Klasse aus einem von ihnen durch die Abänderungen

$$z \to z + a_{m+1} z^{m+1} + a_{m+2} z^{m+2} + \cdots$$

hervorgehen. Ein Element 0-ter Ordnung ist also im Grunde ein Punkt. $\mathfrak{p}$ kann ein Innenpunkt oder ein Randpunkt sein; im letzteren Falle muß z natürlich eine Randortsuniformisierende sein. Es ist manchmal zweckmäßig, bei einem Element m-ter Ordnung an $m+1$ unendlich benachbarte Punkte zu denken. Hierbei entspricht jedoch, wie an dieser Stelle nicht ausgeführt werden kann, ein Innenpunkt zwei Randpunkten, d. h. für ein Randelement m-ter Ordnung setze man $m+1=2\mu+\nu$ (μ, $\nu \geq 0$ ganz), dann entspricht das Randelement μ Innenpunkten und ν Randpunkten, die alle unendlich benachbart sind und unendlich nahe am Rande liegen.

Bei konformer Abbildung der Mannigfaltigkeit $\mathfrak{M}$ auf eine neue $\mathfrak{M}'$ geht die Ortsuniformisierendenklasse, die auf $\mathfrak{M}$ ein Element m-ter Ordnung festlegt, in eine ebensolche Klasse auf $\mathfrak{M}'$ über. Die konforme Abbildung ist also zugleich für jedes m eine Abbildung der Elemente m-ter Ordnung (die sog. erweiterte Abbildung). Insbesondere bedeutet die Vorschrift, daß bei einer konformen Abbildung ein Punkt $\mathfrak{p}$ in einen Punkt $\mathfrak{p}'$ übergehen soll und daß die m ersten Ableitungen dort die und die Werte haben sollen, weiter nichts, als daß ein Element m-ter Ordnung bei $\mathfrak{p}$ in ein ganz bestimmtes Element m-ter Ordnung bei $\mathfrak{p}'$ übergehen soll. (Dabei ist es übrigens noch einerlei, von welchem Element bei $\mathfrak{p}$ man ausgeht.)

Beispiel: $\mathfrak{M}$ ist der Einheitskreis $|z|<1$; in $z=0$ wird durch die Ortsuniformisierende z selbst ein Element erster Ordnung bestimmt. Zur Klasse gehören also alle in einer Umgebung von $z=0$ regulären $z+a_2 z^2+\cdots$, z. B. auch $\frac{z}{1-2z}$. $\mathfrak{M}'$ ist das Quadrat $0<x'<1$, $0<y'<1$ der $z'=x'+i\,y'$-Ebene. γ sei eine komplexe Zahl $\neq 0$; durch die Ortsuniformisierende $\gamma\left(z'-\frac{1}{2}-\frac{1}{2}\,i\right)$ wird in $\mathfrak{M}'$ an der Stelle $\frac{1}{2}+\frac{1}{2}\,i$ ein Element erster Ordnung bestimmt. Gibt es eine konforme Abbildung von $\mathfrak{M}$ auf $\mathfrak{M}'$, die diese beiden Elemente ineinander überführt, d. h. für welche

$$\gamma\left(z'-\frac{1}{2}-\frac{1}{2}\,i\right)=z+a_2 z^2+\cdots$$

ist? Antwort: dann und nur dann, wenn $|\gamma|$ einen ganz bestimmten Wert hat (der übrigens mit einer von Gauß berechneten Konstanten in Zusammenhang steht).

Nun sei eine orientierte endliche Riemannsche Mannigfaltigkeit $\mathfrak{M}$ gegeben, auf ihr endlich viele Innen- oder Randpunkte $\mathfrak{p}_1, \mathfrak{p}_2, \ldots$ und in $\mathfrak{p}_1$ ein Element m_1-ter Ordnung, gegeben durch eine Ortsuniformisierende z_1, die bei $\mathfrak{p}_1$ verschwindet und nur bis auf Abänderungen $z_1 \to z_1 + a_{m_1+1} z_1^{m_1+1} + \cdots$ bestimmt ist, ebenso in $\mathfrak{p}_2$ ein Element m_2-ter Ordnung usw. Dann sagen wir, ein höherer Hauptbereich sei gegeben. Das ist also eine orientierte endliche Riemannsche Mannigfaltigkeit $\mathfrak{M}$, auf der endlich viele Punkte $\mathfrak{p}_\nu$ ausgezeichnet sind und wo in jedem dieser Punkte noch eine Klasse von Ortsuniformisierenden wie oben ausgezeichnet ist. (Wir werden bald den Begriff des höheren Hauptbereichs noch erweitern.) Wenn alle $m_\nu = 0$ sind, sind nur Elemente 0-ter Ordnung, also nur Punkte ausgezeichnet, und wir haben einen gewöhnlichen Hauptbereich vor uns.

$\mathfrak{H}$ und $\mathfrak{H}'$ seien zwei höhere Hauptbereiche: die Träger seien $\mathfrak{M}$ und $\mathfrak{M}'$, und $\mathfrak{e}_1, \mathfrak{e}_2, \ldots$ bzw. $\mathfrak{e}'_1, \mathfrak{e}'_2, \ldots$ seien die ausgezeichneten Elemente ($\mathfrak{e}_1$ im Punkte $\mathfrak{p}_1$ usw.). Eine konforme Abbildung von $\mathfrak{M}$ auf $\mathfrak{M}'$, die $\mathfrak{e}_1$ in $\mathfrak{e}'_1$, $\mathfrak{e}_2$ in $\mathfrak{e}'_2, \ldots$ überführt, heißt eine konforme Abbildung von $\mathfrak{H}$ auf $\mathfrak{H}'$. Allerdings darf vorläufig auch $\mathfrak{e}_1$ in $\mathfrak{e}'_2$ und $\mathfrak{e}_2$ in $\mathfrak{e}'_1$ übergehen, weil die Elemente gleichberechtigt sind. Nur muß ein Element $\mathfrak{e}$ stets in ein Element $\mathfrak{e}'$ gleich hoher Ordnung übergeführt werden. Man kann denken, die Abbildung solle gewisse Punkte von $\mathfrak{M}$ in solche von $\mathfrak{M}'$ überführen, wobei jedoch erlaubt ist, daß einige Punkte unendlich nahe zusammengerückt sind (oder daß Innenpunkte unendlich nahe an den Rand gerückt sind).

Man betrachtet oft auch konforme Abbildungen, bei denen an einer Stelle $\mathfrak{p}$ der Betrag des Differentialquotienten vorgeschrieben ist. Nach dem Vorbild von oben wird man da eine bei $\mathfrak{p}$ verschwindende Ortsuniformisierende z auszeichnen und alle

$$\mathfrak{z} = \alpha z + a_2 z^2 + \cdots \quad \text{mit} \quad |\alpha| = 1$$

mit z in dieselbe Klasse tun. Diese Klasse legt ein Mittelding zwischen einem Punkt (Element 0-ter Ordnung) und einem Element erster Ordnung fest (später wird dafür die Bezeichnung Restelement eingeführt). Dafür lassen sich dann alle Überlegungen, die oben für die Elemente angestellt worden sind, wiederholen.

Wir wollen das gleich nach Möglichkeit verallgemeinern. Wir betrachten die kontinuierliche unendlichvielparametrige Gruppe $\mathfrak{G}_0$ aller Ortsparametertransformationen A:

$$\mathfrak{z} = A z = a_1 z + a_2 z^2 + \cdots \qquad (a_1 \neq 0),$$

die in einer Umgebung von $z = 0$ regulär sind. Die a_ν sind komplex für eine gewöhnliche Ortsuniformisierende, aber reell für eine Randortsuniformisierende. $\mathfrak{G}_0$ enthält als Normalteiler für $m = 0, 1, 2, \ldots$ die Gruppe $\mathfrak{G}_m$ aller Transformationen A:

$$\mathfrak{z} = A z = z + a_{m+1} z^{m+1} + a_{m+2} z^{m+2} + \cdots.$$

Es ist $\mathfrak{G}_0 \supset \mathfrak{G}_1 \supset \mathfrak{G}_2 \supset \cdots$. Wenn man mit einem z alle Az, wo A ganz $\mathfrak{G}_m$ durchläuft, in dieselbe Klasse tut, dann erhält man ein Element m-ter Ordnung.

Nun sei $\mathfrak{N}$ eine Untergruppe von $\mathfrak{G}_0$. Auch dann kann man mit z alle Az, wo A nun $\mathfrak{N}$ durchläuft, in eine Menge tun. Aber wir werden zwei Forderungen stellen. Erstens soll die Klasseneinteilung gegen Parametertransformation invariant sein. Für jedes T in $\mathfrak{G}_0$ soll die Menge der TAz, wo A ganz $\mathfrak{N}$ durchläuft, mit der Klasse der ATz übereinstimmen, d. h. $\mathfrak{N}$ soll ein Normalteiler von $\mathfrak{G}_0$ sein. Zweitens soll man es den ersten m Koeffizienten von $\mathfrak{z}$ schon ansehen können, ob $\mathfrak{z}$ mit z in einer Klasse liegt, d. h. $\mathfrak{N}$ soll $\mathfrak{G}_m$ enthalten. Wir wählen m möglichst klein. Also:

$$\mathfrak{N} \text{ Normalteiler von } \mathfrak{G}_0;\ \mathfrak{N} \supseteqq \mathfrak{G}_m;\ \mathfrak{N} \not\supseteqq \mathfrak{G}_{m-1}.$$

Außerdem stellen wir an $\mathfrak{N}$ noch Regularitätsforderungen. Ich habe nicht untersucht, was man in der Richtung fordern muß.

Das Beispiel oben bezog sich auf den Normalteiler aller Transformationen

$$\mathfrak{z} = \alpha z + a_2 z^2 + \cdots \quad \text{mit} \quad |\alpha| = 1.$$

Ich gebe jetzt ein weiteres nichttriviales Beispiel an: $\mathfrak{N}$ bestehe aus allen Transformationen

$$\tilde{z} = z + c z^2 + c^2 z^3 + a_4 z^4 + a_5 z^5 + \cdots.$$

$\mathfrak{N}$ enthält offenbar $\mathfrak{G}_3$, aber nicht $\mathfrak{G}_2$; $\mathfrak{N}$ entsteht aus $\mathfrak{G}_3$ durch Adjunktion der eingliedrigen Gruppe

$$\tilde{z} = \frac{z}{1-cz} \quad \left(\text{oder } -\frac{1}{\tilde{z}} = -\frac{1}{z} + c\right).$$

Daß $\mathfrak{N}$ ein Normalteiler ist, muß man ausrechnen: setzt man

$$\frac{z}{1-cz} = A_c z$$

und ist $T z = a_1 z + a_2 z^2 + \cdots$ $(a_1 \neq 0)$, so ist

$$A_c T \equiv T A_{a_1 c} \pmod{\mathfrak{G}_3}.$$

Dieses Beispiel fand ich mit Hilfe der Lieschen Theorie. Man kann nämlich die infinitesimalen Transformationen aus $\mathfrak{N}$ suchen: sie haben die Form

$$\tilde{z} = z + \varepsilon w(z),$$

wo ε eine konstante positive unendlich kleine Größe und w eine bei $z=0$ verschwindende analytische Funktion von z ist. Wenn w bei $z=0$ eine Nullstelle $(m+1)$-ter Ordnung hat, dann gehört die infinitesimale Transformation zu $\mathfrak{G}_m$. Dem Normalteiler $\mathfrak{N} \supseteqq \mathfrak{G}_m$ entspricht eine Linearmannigfaltigkeit $\overline{N}$ von Funktionen $w(z)$, die alle bei $z=0$ verschwinden und in der alle bei $z=0$ mindestens $(m+1)$-mal verschwindenden Funktionen enthalten sind, nämlich die Menge $\overline{N}$ aller $w(z)$, für die die infinitesimale Transformation $z \to z + \varepsilon w$ zu $\mathfrak{N}$ gehört. Setzt man

$$w = b_1 z + \cdots + b_m z^m + \cdots,$$

so wird diese Linearmannigfaltigkeit also durch die Linearmannigfaltigkeit der $(b_1, \ldots, b_m)$ beschrieben. Nun müssen wir noch die Bedingung erfassen, daß $\mathfrak{N}$ Untergruppe und sogar Normalteiler ist. Da berechnen wir den Kommutator. Ist

$$A z = z + \varepsilon w \quad \text{und} \quad \tilde{A} = z + \tilde{\varepsilon} \tilde{w},$$

so ist, wenn ε^2 und $\tilde{\varepsilon}^2$ vernachlässigt werden,

$$A \tilde{A} z = z + \tilde{\varepsilon} \tilde{w} + \varepsilon w + \varepsilon \tilde{\varepsilon} \frac{dw}{dz} \tilde{w}$$

und

$$\tilde{A} A z = z + \varepsilon w + \tilde{\varepsilon} \tilde{w} + \tilde{\varepsilon} \varepsilon \frac{d\tilde{w}}{dz} w,$$

also

$$A \tilde{A} z = \tilde{A} A z + \varepsilon \tilde{\varepsilon} \left(\frac{dw}{dz} \tilde{w} - \frac{d\tilde{w}}{dz} w\right)$$

und schließlich

$$A \tilde{A} A^{-1} \tilde{A}^{-1} z = z + \varepsilon \tilde{\varepsilon} \left(\frac{dw}{dz} \tilde{w} - \frac{d\tilde{w}}{dz} w\right).$$

Wenn nun $\mathfrak{N}$ Normalteiler ist, muß die Linearmannigfaltigkeit $\overline{N}$ der w, in der die Linearmannigfaltigkeit $\overline{G_m}$ der bei $z=0$ mindestens $(m+1)$-mal verschwindenden w enthalten ist und die selbst in der entsprechend gebildeten $\overline{G_0}$ liegt, alle

$$w \circ \tilde{w} = \frac{dw}{dz} \tilde{w} - \frac{d\tilde{w}}{dz} w$$

enthalten, wo w durch $\bar{N}$ und $\bar{w}$ durch $\overline{G_0}$ läuft. Man kann nun darangehen, die Linearmannigfaltigkeiten $\bar{N}$ mit dieser Eigenschaft (also die Ideale $\bar{N}/\overline{G_m}$ des Lieschen Restklassenringes $\overline{G_0}/\overline{G_m}$) zu bestimmen und dann zugehörige Gruppen $\mathfrak{N}$ zu suchen. Die oben genannten Beispiele entsprechen der Linearmannigfaltigkeit aller rein imaginären $b_1 (m = 1)$ bzw. der Linearmannigfaltigkeit aller $(b_1, b_2, b_3) = (o, c, o)\, m = 3)$. Ich weiß nicht, ob die Gesamtheit dieser Gruppen $\mathfrak{N}$ bekannt ist. —

Wir nehmen jetzt also einen Normalteiler $\mathfrak{N} \supseteq \mathfrak{G}_m$ an und tun an einer Stelle $\mathfrak{p}$ einer orientierten endlichen Riemannschen Mannigfaltigkeit $\mathfrak{M}$ alle bei $\mathfrak{p}$ verschwindenden Ortsuniformisierenden in dieselbe Klasse, die auseinander durch Transformationen aus $\mathfrak{N}$ hervorgehen. Wir sagen, jede solche Klasse lege ein **Restelement** fest. Das Restelement heißt von m-ter Ordnung, wenn $\mathfrak{N}$ wohl $\mathfrak{G}_m$, nicht aber $\mathfrak{G}_{m-1}$ enthält. Grenzfall ist das Element 0-ter Ordnung. Ein höherer Hauptbereich ist eine orientierte endliche Riemannsche Mannigfaltigkeit, auf der endlich viele Restelemente ausgezeichnet sind. Eine konforme Abbildung der Träger zweier Hauptbereiche aufeinander, bei der ausgezeichnete Restelemente in ausgezeichnete Restelemente übergehen, heißt eine konforme Abbildung der beiden Hauptbereiche aufeinander.

Das geht übrigens auch, wenn $\mathfrak{N}$ nicht Normalteiler, sondern nur Untergruppe ist. Aber wenn $\mathfrak{N}$ ein Normalteiler ist und zwei auf $\mathfrak{N}$ bezügliche Restelemente $\mathfrak{e}, \mathfrak{e}'$ in den Punkten $\mathfrak{p}, \mathfrak{p}'$ gegeben sind und eine konforme Abbildung nur $\mathfrak{p}$ in $\mathfrak{p}'$ überführt, kann man den Unterschied zwischen $\mathfrak{e}'$ und dem Bild von $\mathfrak{e}$ durch eine Restklasse aus $\mathfrak{G}_0/\mathfrak{N}$ beschreiben.

Von nun an meinen wir hier, wenn von einem Hauptbereich die Rede ist, immer einen höheren Hauptbereich, das ist ja der Oberbegriff. Wenn einmal höchstens Elemente 0-ter Ordnung ausgezeichnet sein dürfen, sprechen wir von einem gewöhnlichen Hauptbereich.

Wir haben schon den Begriff der konformen Abbildung eines Hauptbereichs auf einen anderen erklärt. Jetzt brauchen wir auch den Begriff der konformen Abbildung von endlich vielen Hauptbereichen $\mathfrak{K}_1, \ldots, \mathfrak{K}_r$ in einen Hauptbereich $\mathfrak{H}$. Das ist zunächst eine konforme Abbildung der Träger $\mathfrak{M}_1, \ldots, \mathfrak{M}_r$ von $\mathfrak{K}_1, \ldots, \mathfrak{K}_r$ auf punktfremde Gebiete $\mathfrak{G}_1, \ldots, \mathfrak{G}_r$ auf dem Träger $\mathfrak{M}$ von $\mathfrak{H}$. Dies bezieht sich nur auf das Innere von $\mathfrak{M}_1, \ldots, \mathfrak{M}_r$. Es kann einer Randkurve eines $\mathfrak{M}_i$ vorgeschrieben sein, daß sie in eine Randkurve von $\mathfrak{M}$ übergeht; aber das braucht nicht so zu sein, und selbst wenn derartiges zutrifft, müssen wir unterscheiden, ob es vorgeschrieben war oder nur zufällig zutrifft. Entsprechendes gilt für Randbögen, d. s. die Teile, in die die Randkurven durch die ausgezeichneten Randpunkte (die Trägerpunkte ausgezeichneter Randrestelemente) eingeteilt werden[4a]). Es kann vorgeschrieben sein, daß bestimmte ausgezeichnete Punkte von $\mathfrak{H}$ in bestimmten $\mathfrak{G}_i$ nicht liegen dürfen. Es kann vorgeschrieben sein, daß bestimmte Restelemente (z. B. Elemente) der $\mathfrak{K}_i$ in bestimmte Restelemente von $\mathfrak{H}$ übergehen sollen. Dies bezieht sich erst mal nur auf innere Restelemente; wie es für Randrestelemente zu präzisieren ist, habe ich noch nicht untersucht.

[4a]) Zusatz b. d. Korr.: Einem Randbogen kann also zunächst nur vorgeschrieben werden, daß sein Bild Teil einer Randkurve oder eines Randbogens von $\mathfrak{H}$ sein soll; um beispielsweise zu erreichen, daß sein Bild ein gegebener Randbogen werde, hat man außerdem noch die Bildpunkte seiner Endpunkte vorzuschreiben.

Außerdem können noch Vorschriften topologischer Natur zu beachten sein. Z. B. kann vorgeschrieben sein, daß das Bild einer bestimmten geschlossenen Kurve auf $\mathfrak{M}_1$ sich in eine auf $\mathfrak{M}$ vorgeschriebene Kurve deformieren lassen soll. Auch welche Elemente oder Randkurven in welche übergehen sollen, kann vorgeschrieben sein. Wenn solche Angaben gemacht sind, sprechen wir von vorläufiger topologischer Festlegung der Abbildung. (Wann eine solche Vorschrift topologisch heißt, das führen wir nicht genau aus.) Ein solches topologisches Vorschriftensystem $\mathfrak{A}$ kann aus einem anderen $\mathfrak{B}$ folgen, in Zeichen $\mathfrak{B} \to \mathfrak{A}$. Wenn $\mathfrak{B} \to \mathfrak{A}$ gilt, aber $\mathfrak{A} \to \mathfrak{B}$ falsch ist, dann heißt die vorläufige topologische Festlegung $\mathfrak{A}$ unvollständig. Wenn es zu $\mathfrak{A}$ jedoch kein solches $\mathfrak{B}$ gibt, dann heißt $\mathfrak{A}$ vollständig.

Es soll jetzt gezeigt werden, daß jede unvollständige vorläufige topologische Festlegung sich zu einer vollständigen ergänzen läßt (soweit von Beweisen bei dieser Unklarheit der Begriffe die Rede sein kann). Daraufhin werden wir jede vollständige vorläufige topologische Festlegung als **topologische Festlegung** schlechthin bezeichnen können.

Man kann ja viel vorschreiben, ohne zu wissen, ob es überhaupt möglich ist. Wenn die Hauptbereiche $\mathfrak{K}_1, \ldots, \mathfrak{K}_r$, $\mathfrak{H}$ mit den Trägern $\mathfrak{M}_1, \ldots, \mathfrak{M}_r$, $\mathfrak{M}$ gegeben sind, betrachten wir erst mal eine nicht notwendig konforme, nur topologische Abbildung von $\mathfrak{M}_1, \ldots, \mathfrak{M}_r$ auf punktfremde Gebiete $\mathfrak{G}_1, \ldots, \mathfrak{G}_r$ auf $\mathfrak{M}$. Die Abbildung soll nur im Innern der $\mathfrak{M}_i$ erklärt sein. Aber es kann vorgeschrieben sein, daß gewisse Randkurven oder Randbögen (s. oben) gewisser $\mathfrak{K}_i$ in bestimmte Randkurven oder Randbögen von $\mathfrak{H}$ abgebildet werden sollen oder daß bestimmte ausgezeichnete Punkte von $\mathfrak{H}$ in bestimmten $\mathfrak{G}_i$ nicht liegen dürfen oder daß vorgegebene ausgezeichnete Punkte von $\mathfrak{K}_i$ in solche von $\mathfrak{H}$ übergehen sollen. Solche Vorschriften gelten nicht als topologisch, sondern sie sind wesentlich.

Wenn höhere Restelemente vorkommen (d. h. solche, die nicht einfach Punkte sind, sondern wo $\mathfrak{N} \subset \mathfrak{G}_0$ ist), dann soll die Abbildung in der Umgebung solcher Punkte konform sein und die ausgezeichneten Restelemente von $\mathfrak{K}_i$ wie vorgeschrieben in die von $\mathfrak{H}$ überführen. Auch das ist eine wesentliche Vorschrift.

Nun betrachte ich eine Realisierung dieser wesentlichen Vorschriften (das ist also ein System topologischer Abbildungen $\mathfrak{M}_i \to \mathfrak{G}_i \subseteqq \mathfrak{M}$) und deformiere diese Realisierung unter Aufrechterhaltung der wesentlichen Vorschriften[4b]). Die Gesamtheit all der Realisierungen, die man so erhält, wird zu einer Klasse zusammengefaßt. So erhält man eine Anzahl von Klassen für jedes System wesentlicher Vorschriften. Eine zusätzliche vorläufige topologische Vorschrift wird entweder für alle Realisierungen oder für keine in jeder einzelnen Klasse erfüllt sein. Das Liegen in einer bestimmten unserer Klassen, also die Deformierbarkeit in eine vorgegebene Realisierung, ist nun selbst eine „vorläufige topologische Festlegung", und zwar offenbar eine vollständige, und ist auch die allgemeinste vollständige vorläufige topologische Festlegung. Jede unvollständige vorläufige topologische Festlegung kann als Zusammenfassung mehrerer Klassen gedeutet werden.

Von nun ab sprechen wir gar nicht mehr von den vorläufigen topologischen Festlegungen. Die **topologische Festlegung** einer Abbildungsaufgabe geschieht dadurch, daß eine Realisierung der wesentlichen Vorschriften durch

---

[4b]) Zusatz b. d. Korr.: Dabei muß es zu den Trägern höherer Restelemente eine Umgebung geben, in der die Abbildung während der Deformation konform bleibt.

topologische Abbildungen $\mathfrak{M}_i \to \mathfrak{G}_i \subseteq \mathfrak{M}$ angegeben wird und verlangt wird, daß nur solche Lösungen der Aufgabe berücksichtigt werden, die sich in diese Realisierung deformieren lassen.

Beispiele: 1. $\mathfrak{H}$ ist die z-Kugel; $z = \infty$ ist ausgezeichnet und bei $z = 0$ ist ein Element m-ter Ordnung durch die Ortsuniformisierende z selbst ausgezeichnet. $\mathfrak{K}$ ist der Einheitskreis $|w| < 1$, in dem durch die Ortsuniformisierende $w + a_2 w^2 + \cdots + a_m w^m$ ein Element m-ter Ordnung bei $w = 0$ ausgezeichnet ist. Man soll $\mathfrak{K}$ so in $\mathfrak{H}$ abbilden, daß $z = \infty$ nicht überdeckt wird und die Elemente m-ter Ordnung bei 0 einander entsprechen. Das geschieht durch eine in $|w| < 1$ schlichte und reguläre Funktion $z = w + \sum_{\nu=2}^{\infty} a_\nu w^\nu$, in der $a_2, \ldots, a_m$ vorgegeben sind. Die Frage, ob diese Abbildungsaufgaben für bestimmte $a_2, \ldots, a_m$ lösbar ist, ist das Bieberbachsche Koeffizientenproblem. Keine topologische Festlegung.

2. $\mathfrak{H}$ ist die z-Kugel mit den vier ausgezeichneten Punkten $z = 0, 1, \lambda, \infty$. $\mathfrak{K}$ ist der Kreisring $1 < |w| < R$. $\mathfrak{K}$ soll so in $\mathfrak{H}$ abgebildet werden, daß die vier ausgezeichneten Punkte nicht überdeckt werden. Zum Zweck der topologischen Festlegung betrachtet man am besten die gerichtete Kurve $|w| = \sqrt{R}$ und ihr z-Bild. Es gibt so viele verschiedene Realisierungsklassen, wie es nicht ineinander deformierbare geschlossene doppelpunktfreie gerichtete Jordankurven auf der in $0, 1, \lambda, \infty$ punktierten z-Kugel gibt. In jeder einzelnen Klasse ist die konforme Abbildungsaufgabe dann und nur dann lösbar, wenn $R \leq$ einer ganz bestimmten Größe ist, die mit der (polymorphen) Umkehrfunktion der elliptischen Modulfunktion in Zusammenhang steht.

3. $\mathfrak{H}$ ist die z-Kugel, wo in $z = 0$ durch die Ortsuniformisierende z und die Gruppe $z \to \alpha z + a_2 z^2 + \cdots (|\alpha| = 1)$ ein Restelement erster Ordnung, in $z = \infty$ durch die Ortsuniformisierende $\frac{1}{z}$ und dieselbe Gruppe ein Restelement erster Ordnung sowie der Punkt $z = 1$ ausgezeichnet sind. $\mathfrak{K}_1$ ist der Kreis $|w| < 1$, wo in $w = 0$ durch die Ortsuniformisierende $w\, e^{M'}$ und unsere alte Gruppe ein Restelement ausgezeichnet ist; $\mathfrak{K}_2$ ist $|w| > 1$, wo in $w = \infty$ durch $\frac{e^{M''}}{w}$ und dieselbe Gruppe ein Restelement ausgezeichnet ist. Man soll $\mathfrak{K}_1$ und $\mathfrak{K}_2$ konform so auf fremde Gebiete $\mathfrak{G}_1$, $\mathfrak{G}_2$ auf $\mathfrak{H}$ abbilden, daß das Restelement bei $w = 0$ von $\mathfrak{K}_1$ in das Restelement bei $z = 0$ von $\mathfrak{H}$ und das Restelement bei $w = \infty$ von $\mathfrak{K}_2$ in das Restelement bei $z = \infty$ von $\mathfrak{H}$ übergeht und daß $z = 1$ weder in $\mathfrak{G}_1$ noch in $\mathfrak{G}_2$ liegt. Für welche Wertepaare (M', M'') das möglich ist, habe ich früher untersucht [5]).

4. $\mathfrak{H}$ sei die z-Kugel mit einem Punkt $z = \infty$, einem Element erster Ordnung bei 0 und noch einem Element erster Ordnung. $\mathfrak{K}$ sei der Einheitskreis mit zwei Innenelementen erster Ordnung. Man soll $\mathfrak{K}$ in $\mathfrak{H}$ so abbilden, daß die Elemente erster Ordnung einander entsprechen und $z = \infty$ nicht überdeckt wird. Wenn man weiß, unter welchen Voraussetzungen das möglich ist, dann hat man Verzerrungssatz, Drehungssatz, Verschiebungssatz usw.

5. $\mathfrak{H}$ sei $|z| > 1$ mit den ausgezeichneten Punkten $z = \mathrm{P}$ und $z = \infty$, $\mathfrak{K}$ sei $1 < |w| < R$. $\mathfrak{K}$ soll so in $\mathfrak{H}$ abgebildet werden, daß $|w| = 1$ in $|z| = 1$ übergeht und $z = \mathrm{P}$ und $z = \infty$ nicht überdeckt werden.

---

[5]) O. Teichmüller, Untersuchungen über konforme und quasikonforme Abbildung, § 4. Deutsche Mathematik 3.

6. $\mathfrak{H}$ sei $1 < |z| < R$ mit den ausgezeichneten Randpunkten $z = 1$ und $z = R e^{i\vartheta}$; $\mathfrak{K}$ sei $\mathfrak{I}\, w > 0$ mit den ausgezeichneten Randpunkten $0, 1, \lambda, \infty$ $(1 < \lambda < \infty)$. Man soll $\mathfrak{K}$ so in $\mathfrak{H}$ abbilden, daß der Randbogen $w = 0 \cdots 1$ von $\mathfrak{K}$ in einen Bogen auf $|z| = 1$ übergeht, der $z = 1$ nicht im Innern enthält, und daß $w = \lambda \cdots \infty$ in einen $R e^{i\vartheta}$ nicht im Innern enthaltenden Bogen auf $|w| = R$ übergeht. Hier ist eine topologische Festlegung erforderlich, denn das z-Bild eines $w = {}^1/_2$ mit $w = 2\lambda$ in $\mathfrak{I}\, w > 0$ verbindenden Weges kann in verschiedener Weise gewunden sein [6]).

Wie schon in den Beispielen, so haben wir allgemein das folgende

Problem: Ist eine konforme Abbildung mit bestimmten wesentlichen Vorschriften und einer topologischen Festlegung möglich oder nicht?

Das ist insofern ein nicht qualitatives, sondern quantitatives Problem, als die Hauptbereiche $\mathfrak{K}_i$ und $\mathfrak{H}$, von denen da die Rede ist, noch von gewissen Parametern abhängen; es wird gefragt, wie diese Parameter gewählt werden dürfen, damit eine Abbildung möglich sei.

Jedes Problem, das in dieser Form gestellt ist oder in einem Problem enthalten ist, das in diese Form gebracht werden kann, heiße ein **Extremalproblem der konformen Geometrie.**

Oft ist die Frage ursprünglich so gestellt, daß bei gegebenem $\mathfrak{H}$ nach den zulässigen $\mathfrak{K}_i$ gefragt wird; es ist dann aber doch oft zweckmäßig, bei gegebenem $\mathfrak{K}_i$ nach den zulässigen $\mathfrak{H}$ zu fragen. Beides kommt an sich auf dasselbe hinaus.

Jetzt müssen wir uns erst noch etwas mit Hauptbereichen beschäftigen. Ein Sonderfall der Abbildung von Hauptbereichen in einen Hauptbereich ist die eineindeutige und in beiden Richtungen stetige Abbildung eines Hauptbereichs auf einen anderen. Hier gilt auch alles, was oben über die topologische Festlegung der Abbildung durch Angeben einer Abbildungsklasse gesagt wurde.

Wir nehmen einen mit dem Hauptbereich $\mathfrak{H}$ topologisch äquivalenten Hauptbereich $\mathfrak{H}_0$ und zeichnen eine Abbildungsklasse von ineinander deformierbaren Abbildungen $\mathfrak{H}_0 \to \mathfrak{H}$ aus. Wenn bei festem $\mathfrak{H}_0$ erst $\mathfrak{H}$ und dann noch eine Abbildungsklasse $\mathfrak{H}_0 \to \mathfrak{H}$ gegeben wird, dann sagen wir, dadurch soll ein **topologisch festgelegter Hauptbereich** gegeben sein (durch Subordinaten beschrieben!). Er ist nur bis auf konforme Abbildung bestimmt. Wir sagen, ein topologisch festgelegter Hauptbereich ($\mathfrak{H}$ mit Abbildung A von $\mathfrak{H}_0$ auf $\mathfrak{H}$) sei auf einen anderen ($\mathfrak{H}'$ mit Abbildung A' von $\mathfrak{H}_0$ auf $\mathfrak{H}'$) abgebildet, wenn man eine Abbildung B von $\mathfrak{H}$ auf $\mathfrak{H}'$ hat und wenn BA sich in A' deformieren läßt. Durch eine solche Abbildung B darf man ein Abbildungsproblem $\mathfrak{K}_i \to \mathfrak{G}_i \subseteqq \mathfrak{H}$ auf einen gleichartigen topologisch festgelegten Hauptbereich $\mathfrak{H}' = B\,\mathfrak{H}$ übertragen. So kann man von einer topologischen Festlegung einer Abbildung der $\mathfrak{K}_i$ in den topologisch festgelegten Hauptbereich $\mathfrak{H}$ sprechen.

Die topologisch festgelegten Hauptbereiche $\mathfrak{H}$ einer festen Art, d. h. mit festem $\mathfrak{H}_0$ bilden, wenn man konform äquivalente identifiziert, einen σ-dimensionalen Raum und gestatten eine ϱ-gliedrige Gruppe konformer Abbildungen auf sich. Mit den so erklärten Zahlen σ und ϱ müssen wir uns beschäftigen.

Zunächst versuchen wir, ϱ zu berechnen. ϱ ist auch gleich dem Rang der Linearmannigfaltigkeit aller infinitesimalen konformen Abbildungen von $\mathfrak{H}$ auf sich. z sei eine Ortsuniformisierende; dann führt eine infinitesimale konforme Abbildung den

---

[6]) Näheres a. a. O. (Anm. 1), Nr. 167—170.

Punkt z in den Punkt $z + \varepsilon w(z)$ über, wo ε eine konstante positive unendlich kleine Größe ist und w analytisch von z abhängt. Bei Übergang zu einer anderen Ortsuniformisierenden $\tilde{z}(z)$ ist

$$\tilde{z}(z + \varepsilon w) = \tilde{z}(z) + \varepsilon \frac{d\tilde{z}}{dz} w;$$

der Punkt $\tilde{z}$ geht also in den Punkt $\tilde{z} + \varepsilon \tilde{w}$ über, wenn man

$$\tilde{w} = \frac{d\tilde{z}}{dz} w$$

setzt. Folglich ist

$$\frac{w}{dz} = du^{-1}$$

gegen Änderung der Ortsuniformisierenden invariant. Die Schreibweise du^{-1} ist nur formal; $du^{-1} = \frac{w}{dz}$ heißt ein reziprokes Differential.

Ist z eine Randortsuniformisierende, so muß w am Rande reell sein, d. h. du^{-1} ist längs der Randkurven reell. Wenn schließlich in einem Punkt durch die Ortsuniformisierende z und die Gruppe $\mathfrak{N}$ ($\mathfrak{G}_0 \supseteqq \mathfrak{N} \supseteqq \mathfrak{G}_m$) ein Restelement m-ter Ordnung festgelegt ist, dann muß mit z auch $z + \varepsilon w$ eine Ortsuniformisierende des Restelements sein, d. h. w muß bei $z = 0$ verschwinden und w muß zu der Linearmannigfaltigkeit gehören, die oben $\overline{N}$ hieß. Es war $\overline{G_0} \supseteqq \overline{N} \supseteqq \overline{G_m}$. Wenn z. B. das Restelement einfach ein Element m-ter Ordnung ist, dann ist $\overline{N} = \overline{G_m}$, und du^{-1} muß eine mindestens $(m+1)$-fache Nullstelle haben. Das stimmt damit überein, daß wir ein Element m-ter Ordnung als Grenzfall von $m+1$ zusammenrückenden Punkten ansehen.

Unter einem **regulären reziproken Differential** von $\mathfrak{H}$ verstehen wir ein invariantes $du^{-1} = \frac{w}{dz}$, das keine Pole hat und am Rande reell ist und in einem ausgezeichneten Punkt verschwindet und für ein ausgezeichnetes Element m-ter Ordnung mindestens $(m+1)$-mal verschwindet und für ein Restelement zu N gehört.

Hier ist N folgendermaßen erklärt: ist z eine der Ortsuniformisierenden, die das Restelement definieren, $\mathfrak{N}$ die Gruppe und $\overline{N}$ der oben erklärte zugehörige Liesche Ring, bestehend aus in der Umgebung von $z = 0$ regulären Funktionen w, so sei N die Menge aller $\frac{w}{dz}$, wo w ganz $\overline{N}$ durchläuft. G_0 und G_m mögen aus $\overline{G_0}$ und $\overline{G_m}$ ebenso entstehen wie N aus $\overline{N}$. Während $\overline{N}$ von der Wahl des z noch abhängt, ist N unabhängig von der Wahl des z innerhalb seiner durch $\mathfrak{N}$ beschriebenen Ortsuniformisierendenklasse, weil $\mathfrak{N}$ eine Gruppe ist und weil $\mathfrak{N}$ ein Normalteiler ist, ist N sogar bei beliebiger Abänderung der Ortsuniformisierenden invariant.

Früher setzten wir in $\overline{G_0}$

$$w \circ \tilde{w} = \frac{dw}{dz}\tilde{w} - \frac{d\tilde{w}}{dz} w.$$

Das hängt noch von der Wahl der Ortsuniformisierenden z ab. Jetzt aber setzen wir in G_0

$$\frac{w}{dz} \circ \frac{\tilde{w}}{dz} = \frac{\frac{dw}{dz}\tilde{w} - \frac{d\tilde{w}}{dz} w}{dz}.$$

Das ist invariant. G_0 wird ein Liescher Ring, d. h. es gilt

$$(a\,du_1^{-1}+b\,du_2^{-1})\circ du_3^{-1}=a\,(du_1^{-1}\circ du_3^{-1})+b\,(du_2^{-1}\circ du_3^{-1}) \qquad (a,\,b=\text{const})\,;$$
$$du_1^{-1}\circ du_2^{-1}=-du_2^{-1}\circ du_1^{-1}\,;$$
$$du_1^{-1}\circ(du_2^{-1}\circ du_3^{-1})+du_2^{-1}\circ(du_3^{-1}\circ du_1^{-1})+du_3^{-1}\circ(du_1^{-1}\circ du_2^{-1})=0\,.$$

N ist eine lineare Teilmannigfaltigkeit von G_0; weil $\mathfrak{N}$ Gruppe ist, ist N Liescher Unterring, d. h. mit du_1^{-1} und du_2^{-1} liegt stets auch $du_1^{-1}\circ du_2^{-1}$ in N, und weil $\mathfrak{N}$ Normalteiler ist, ist N sogar Ideal, d. h. wenn du_1^{-1} in N und du_2^{-1} in G_0 liegt, liegt $du_1^{-1}\circ du_2^{-1}$ in N.

ϱ ist nun also gleich dem Rang der Linearmannigfaltigkeit aller regulären reziproken Differentiale von $\mathfrak{H}$ in bezug auf den Körper der reellen Zahlen. Man muß die Fälle mit $\varrho > 0$ durchdiskutieren können.

Bei der Untersuchung der gewöhnlichen Hauptbereiche stellte sich nun folgendes heraus: Man versteht unter einem regulären quadratischen Differential von $\mathfrak{H}$ ein $d\zeta^2=\varphi\,dz^2$, wo φ analytisch von z abhängt und $\varphi\,dz^2$ gegen Parametertransformation invariant ist und längs der Randkurven reell ist und in den ausgezeichneten Punkten Pole erster Ordnung haben darf, sonst aber überall (nach Übergang zur Ortsuniformisierenden) regulär ist. Die Dimension σ ist dann gleich dem Rang der Linearmannigfaltigkeit aller regulären quadratischen Differentiale in bezug auf den Körper der reellen Zahlen. Die Differenz $\sigma-\varrho$ kann man auf Grund dieser Deutung durch quadratische und reziproke Differentiale nach dem Riemann-Rochschen Satz durch einen geschlossenen Ausdruck darstellen:

$$\sigma-\varrho=-6+6g+3n+2h+k\,.$$

Hier ist g das topologische Geschlecht des Trägers $\mathfrak{M}$ von $\mathfrak{H}$ (die Höchstzahl punktfremder nichtzerlegender Rückkehrschnitte), n die Anzahl der Randkurven, h die Anzahl der ausgezeichneten Innenpunkte und k die Anzahl der ausgezeichneten Randpunkte. (Vor Anwendung des Riemann-Rochschen Satzes hat man, wenn $n>0$ ist, zur Verdoppelung überzugehen; deren Geschlecht ist dann $2g+n-1$.)

Wir wollen das auf höhere Hauptbereiche verallgemeinern. Wenn ein Element m-ter Ordnung ausgezeichnet ist, denken wir es durch Zusammenrücken von $m+1$ Punkten entstanden. So kommt man zu der Festsetzung, daß ein reguläres quadratisches Differential eines Hauptbereichs, der auch ausgezeichnete Elemente höherer Ordnung trägt, ein solches sein soll, dem für ein Element m-ter Ordnung (nach Übergang zur Ortsuniformisierenden) ein Pol höchstens $(m+1)$-ter Ordnung gestattet ist. Natürlich soll es im übrigen regulär und längs des Randes reell sein. Wir vermuten, daß σ wieder gleich dem Rang der Linearmannigfaltigkeit aller regulären quadratischen Differentiale von $\mathfrak{H}$ in bezug auf den Körper der reellen Zahlen ist. Dann ergibt der Riemann-Rochsche Satz

$$\sigma-\varrho=-6+6g+3n+\Sigma\,(2+2m)+\Sigma\,(1+m)\,.$$

Rechts bezieht sich die Summe $\Sigma\,(2+2m)$ auf alle Innenelemente m-ter Ordnung, während sich $\Sigma\,(1+m)$ auf die Randelemente m-ter Ordnung bezieht.

Beispiel: $\mathfrak{H}$ sei der Einheitskreis $|z|<1$ mit dem ausgezeichneten Randpunkt $z=1$ und dem durch die Ortsuniformisierende z beschriebenen ausgezeichneten Innenelement erster Ordnung bei $z=0$. Hier ist $\varrho=0$, denn es gibt außer der Identität keine konforme Abbildung von $\mathfrak{H}$ auf sich. Um σ zu berechnen, unterwerfen wir $\mathfrak{H}$ topologischen Abbildungen. Das Ergebnis läßt sich stets wieder konform so auf den Einheitskreis abbilden, daß der ausgezeichnete Randpunkt in $z = 1$ und der Trägerpunkt des ausgezeichneten Innenelements in $z = 0$ übergeht; nur das Element selbst kann sich ändern, denn statt z kann man nach der Abbildung eine Ortsuniformisierende $\alpha z + \cdots$ haben; es kommt nur auf $\alpha \neq 0$ an, und das ist beliebig. Also zwei reelle Konstanten: $\sigma = 2$. Die Dimensionsformel stimmt, denn es ist $g = 0$, $n = 1$, $\Sigma(2 + 2m)$ liefert 4 und $\Sigma(1 + m)$ liefert 1:

$$2 - 0 = -6 + 6 \cdot 0 + 3 \cdot 1 + 4 + 1 .$$

Ein reguläres reziprokes Differential hat die Form $\frac{w(z)}{dz}$, wo $\frac{w(z)}{iz}$ auf $|z| = 1$ reell ist und w bei $z = 1$ einmal, bei $z = 0$ zweimal verschwinden und auf $|z| \leq 1$ regulär sein muß. Nach dem Spiegelungsprinzip folgt $w = 0$. Das stimmt mit $\varrho = 0$ überein. Ein reguläres quadratisches Differential hat die Form $d\zeta^2 = \varphi\, dz^2$, wo φz^2 auf $|z| = 1$ reell ist und φ außer höchstens einem einfachen Pol bei $z = 1$ und einem zweifachen bei $z = 0$ auf $|z| \leq 1$ regulär ist; nach dem Spiegelungsprinzip ist $\varphi z^2 = a + b\, i \frac{z+1}{z-1}$ (a, b reell), also

$$d\zeta^2 = \left(a + b\, i \frac{z+1}{z-1}\right) \frac{dz^2}{z^2}:$$

$d\zeta^2$ hängt von 2 reellen Konstanten ab, und auch σ ist gleich 2.

Nun wollen wir uns überlegen, was wir mit den Restelementen machen. Weil man den Ausdruck $2 + 2m$ bzw. $1 + m$ oben auch als $2 + [G_0 : G_m]$ bzw. $1 + [G_0 : G_m]$ schreiben kann (die eckigen Klammern bedeuten Relativrang in bezug auf den Körper der reellen Zahlen), wird man an seine Stelle bei Restelementen $2 + [G_0 : N]$ bzw. $1 + [G_0 : N]$ setzen. Die Faktorgruppe $\mathfrak{G}_0/\mathfrak{N}$ ist $[G_0 : N]$-gliedrig, d. h. das Element hängt bei gegebenem Trägerpunkt von $[G_0 : N]$ reellen Konstanten ab, und der Trägerpunkt des Restelements hängt noch von 2 bzw. 1 reellen Konstanten ab; 2 für Innenpunkte und 1 für Randpunkte. Was ein reguläres reziprokes Differential ist und was ϱ mit ihnen zu tun hat, wurde schon ausgeführt. Es fehlen noch die quadratischen Differentiale.

Aber der Riemann-Rochsche Satz versagt hier. Man muß eine Verallgemeinerung dieses Satzes heranziehen, die meines Wissens bisher noch nicht bekannt war.

Wir betrachten eine Stelle $\mathfrak{p}$, wo eine Ortsuniformisierende z und eine Gruppe $\mathfrak{N}$ ($\mathfrak{G}_0 \supseteqq \mathfrak{N} \supseteqq \mathfrak{G}_m$) gegeben sind. Hier ist N eine gewisse Linearmannigfaltigkeit von bei $z = 0$ verschwindenden „reziproken Differentialen“ $du^{-1} = \frac{w}{dz}$; $G_0 \supseteqq N \supseteqq G_m$. Ich bezeichne mit T die Linearmannigfaltigkeit aller derjenigen „quadratischen Differentiale“ $d\zeta^2 = \varphi(z)\, dz^2$, die bis auf evtl. einen Pol bei $z = 0$ in einer Umgebung von $z = 0$ regulär sind und, falls φ ein Randpunkt ist, am Rande reell sind und für die bei $z = 0$ für alle $du^{-1} = \frac{w}{dz}$ aus N

$$\Re \operatorname{Res} d\zeta^2 \cdot du^{-1} = \Re \operatorname{Res} \varphi\, w\, dz = 0$$

ist. Daß hier der Realteil des Residuums auftritt, mag eine gewisse Rechtfertigung darin finden, daß bei Integration um $z = 0$ herum

$$\Re \operatorname{Res} d\zeta^2 \cdot du^{-1} = \frac{1}{2\pi} \Im \int d\zeta^2 \cdot du^{-1}$$

ist und daß das Verschwinden von $\Im \oint d\zeta^2 \cdot du^{-1}$ bei der Untersuchung der gewöhnlichen Hauptbereiche an einer Stelle erwähnt werden mußte. Wenn Q_0 und Q_m

ebenso aus G_0 und G_m entstehen, wie T aus N, ist

$$Q_0 \subseteqq T \subseteqq Q_m,$$

und Q_0 ist die Gesamtheit aller $\varphi\, dz^2$ mit bei $z=0$ regulärem $\varphi\, z$, während Q_m die Gesamtheit aller $\varphi\, dz^2$ ist, die bei $z=0$ höchstens einen Pol $(m+1)$-ter Ordnung haben. Im Falle $N = G_m$ ist also $T = Q_m$, wie es sein muß, damit wir Anschluß an die Verhältnisse bei ausgezeichneten Elementen erhalten. Ferner ist

$$[T:Q_0] = [G_0:N],$$

und N ist auch umgekehrt die Menge aller du^{-1}, für die $\Re \operatorname{Res} d\zeta^2 \cdot du^{-1} = 0$ für alle $d\zeta^2$ aus T gilt (denn eine gewisse Determinante verschwindet nicht).

Nun definieren wir: Ein **reguläres quadratisches Differential** $d\zeta^2$ des Hauptbereichs $\mathfrak{H}$ ist ein invariantes $\varphi\, dz^2$, das längs des Randes reell ist, in jedem ausgezeichneten Punkt in dem zugehörigen T liegt und sonst regulär ist. Wir vermuten, σ sei gleich dem Rang der Linearmannigfaltigkeit aller regulären quadratischen Differentiale von $\mathfrak{H}$. Denn dann ergibt eine Verallgemeinerung des Riemann-Rochschen Satzes die **Dimensionsformel**

$$\sigma - \varrho = -6 + 6g + 3n + \Sigma(2 + [G_0:N]) + \Sigma(1 + [G_0:N]),$$

Hier haben σ, ϱ, g und n die alte Bedeutung; von den beiden Summen rechts bezieht sich die erste auf die ausgezeichneten Innenpunkte und die zweite auf die ausgezeichneten Randpunkte.

Beispiel: $\mathfrak{H}$ sei die w-Kugel, wo bei $w=\infty$ durch die Ortsuniformisierende $z = \frac{1}{w}$ und die Gruppe $z \to z + c\,z^2 + c^2 z^3 + a_4 z^4 + a_5 z^5 + \cdots$ (s. oben) ein Restelement dritter Ordnung ausgezeichnet ist. Die Gruppe konformer Abbildungen von $\mathfrak{H}$ auf sich ist $w \to w + c$ (c komplex), also $\varrho = 2$. Es ist auch $\sigma = 2$. Ferner $g = 0$, $n = 0$ und in dem ausgezeichneten Innenpunkt $[G_0:N] = 4$. Die Dimensionsformel stimmt:

$$2 - 2 = -6 + 6 \cdot 0 + 3 \cdot 0 + (2 + 4).$$

Die regulären reziproken Differentiale sind $\frac{a}{dw}$ (a komplex); die regulären quadratischen Differentiale sind $a\, dw^2$ (a komplex), denn T ist die Menge aller

$$\left(\frac{a}{z^4} + \frac{c}{z^3} + \frac{d}{z} + e + \cdots\right) dz^2.$$

Nun soll erst mal jene Verallgemeinerung des Riemann-Rochschen Satzes ausgesprochen und der Beweis skizziert werden. An einer Stelle einer orientierten endlichen Riemannschen Mannigfaltigkeit $\mathfrak{M}$ vom topologischen Geschlecht g mit $n \geqq 0$ Randkurven sei z eine Ortsuniformisierende bzw. Randortsuniformisierende. Unter einem Differential ν-ter Dimension verstehen wir für ganzrationales ν ein invariantes $\varphi(z)\, dz^\nu$, wo φ bis auf Pole analytisch ist; wir schreiben formal $\varphi\, dz^\nu = d\zeta^\nu$. Wenn $\mathfrak{p}$ eine Randstelle ist, muß $\varphi(z)$ selbstverständlich reell sein. Sonderfälle $\nu = 2, 1, 0, -1$: quadratisches Differential, gewöhnliches Differential, Funktion, reziprokes Differential.

Wir betrachten Linearmannigfaltigkeiten (i. b. a. den Körper der reellen Zahlen) oder kurz Moduln von solchen $d\zeta^\nu$. Ein Hauptmodul M_m^ν ist die Menge aller $d\zeta^\nu$, die durch z^m dividiert bei $z=0$ regulär sind. (Z. B. ist $G_m = M_{m+1}^{-1}$ und $\overline{G_m} = M_{m+1}^0$.) Ein zulässiger Modul N^ν ist ein Modul, der in einem Hauptmodul enthalten ist und einen Hauptmodul enthält: $M_l^\nu \supseteqq N^\nu \supseteqq M_m^\nu$. Es ist $M_m^\nu \supset M_{m+1}^\nu$ und $[M_m^\nu : M_{m+1}^\nu] = 2$ bzw. 1, je nachdem $\mathfrak{p}$ ein Innenpunkt oder Randpunkt von $\mathfrak{M}$ ist. Für hinreichend großes $-l$ sind N^ν und M_0^ν in M_l^ν enthalten, und $[M_l^\nu : N^\nu] - [M_l^\nu : M_0^\nu]$ hängt von l nicht ab. Wir setzen

$$\{N^\nu\} = [M_l^\nu : N^\nu] - [M_l^\nu : M_0^\nu].$$

Z. B. ist $\{M_m^\nu\} = 2\,m$ bzw. m.

Das Produkt eines Differentials ν-ter Dimension und eines Differentials $(1-\nu)$-ter Dimension hat bei $\mathfrak{p}$ ein Residuum, von dem uns nur der Realteil interessiert. Jedem zulässigen Modul N^ν von Differentialen ν-ter Dimension ordnen wir als „Ergänzungsmodul" εN^ν einen Modul $T^{1-\nu}$ von Differentialen $(1-\nu)$-ter Dimension zu: $T^{1-\nu} = \varepsilon N^\nu$ sei die Menge aller $d\eta^{1-\nu}$, für die

$$\Re \operatorname{Res} d\eta^{1-\nu} \cdot d\zeta^\nu = 0$$

für alle $d\zeta^\nu$ aus N^ν gilt. Aus $M_l^\nu \supseteqq N^\nu \supseteqq M_m^\nu$ folgt $\varepsilon M_l^\nu \subseteqq \varepsilon N^\nu \subseteqq \varepsilon M_m^\nu$; es ist aber

$$\varepsilon M_m^\nu = M_{-m}^{1-\nu},$$

folglich ist auch die Ergänzung wieder ein zulässiger Modul. Es ist

$$\varepsilon(\varepsilon N^\nu) = N^\nu$$

und

$$\{\varepsilon N^\nu\} = -\{N^\nu\},$$

weil eine gewisse Determinante nicht verschwindet[6a]).

V sei eine Vorschrift, die jedem Punkt $\mathfrak{p}$ von $\mathfrak{M}$ einen zulässigen Modul N^ν von Differentialen ν-ter Dimension zuordnet; aber nur für endlich viele $\mathfrak{p}$ darf N^ν von M_0^ν verschieden sein. εV sei die Vorschrift, die jedem $\mathfrak{p}$ den Ergänzungsmodul $\varepsilon N^\nu = T^{1-\nu}$ von Differentialen $(1-\nu)$-ter Dimension zuordnet. Wir definieren

$$\operatorname{grad} V = \sum_{\mathfrak{p}} \{N^\nu\},$$

so daß

$$\operatorname{grad}(\varepsilon V) = -\operatorname{grad} V$$

wird. Ferner sei $\dim V$ der Rang (i. b. a. den Körper der reellen Zahlen) der Linearmannigfaltigkeit aller Differentiale ν-ter Dimension $d\zeta^\nu$, die auf $\mathfrak{M}$ invariant, eindeutig und im Kleinen von rationalem Verhalten sind, am Rande reell sind und an jeder Stelle $\mathfrak{p}$ zu N^ν gehören; diese Linearmannigfaltigkeit heiße LV. Dann besagt die Verallgemeinerung des Riemann-Rochschen Satzes:

$$\dim V - \dim(\varepsilon V) = \operatorname{grad} V + (2\nu - 1)(2g + n - 2).$$

Zum Beweis bemerken wir zuerst, daß die Formel in den gewöhnlichen Riemann-Rochschen Satz übergeht, wenn alle N^ν Hauptmoduln sind. Ferner entstehe die Vorschrift $\hat{V}$ aus V dadurch, daß nur an einer einzigen Stelle $\mathfrak{p}_1$ der Modul N^ν durch den größeren zulässigen Modul $\hat{N}^\nu$ ersetzt wird: $\hat{N}^\nu \supset N^\nu$. Wenn nun $d\zeta^\nu$ in $L\hat{V}$ und $d\eta^{1-\nu}$ in $L\varepsilon V$ liegt, ist $\Re \operatorname{Res} d\zeta^\nu\, d\eta^{1-\nu} = 0$ für alle von $\mathfrak{p}_1$ verschiedenen Stellen; nach dem Satz, daß die Summe der Residuen null ist, muß

$$\Re \operatorname{Res} d\zeta^\nu\, d\eta^{1-\nu} = 0$$

[6a]) Zusatz b. d. Korr.: Nämlich für eine Basis von M_l^ν mod M_m^ν und eine (gleich lange) Basis von εM_m^ν mod εM_l^ν die Determinante der Realteile der Residuen der Produkte; vgl. auch die nichtausgeartete Bilinearform im folgenden Beweis.

auch bei $\mathfrak{p}_1$ gelten. Nun sei

$$a = \dim \widehat{V} - \dim V \geq 0;\; b = \dim \varepsilon V - \dim \varepsilon \widehat{V} \geq 0;$$
$$k = [\widehat{N}^\nu : N^\nu] = [\varepsilon N^\nu : \widehat{N}\varepsilon^\nu] = \operatorname{grad} \widehat{V} - \operatorname{grad} V > 0.$$

Für $d\zeta^\nu$ in $\widehat{N}^\nu$ und $d\eta^{1-\nu}$ in εN^ν ist $\Re \operatorname{Res} d\zeta^\nu d\eta^{1-\nu}$ eine Bilinearform, die bei festem $d\zeta^\nu$ nur dann identisch verschwindet, wenn $d\zeta^\nu$ in N^ν liegt, und bei festem $d\eta^{1-\nu}$ nur dann identisch verschwindet, wenn $d\eta^{1-\nu}$ in $\varepsilon \widehat{N}^\nu$ liegt, also eine nichtausgeartete Bilinearform der beiden k-dimensionalen Restklassenmoduln $\widehat{N}^\nu/N^\nu$ und $\varepsilon N^\nu/\varepsilon \widehat{N}^\nu$. Diese nichtausgeartete Bilinearform verschwindet identisch, wenn man Werte aus einem a-dimensionalen Teilmodul einerseits und einem b-dimensionalen Teilmodul andererseits einsetzt (nämlich die Restklassen mod N^ν der $d\zeta^\nu$ aus $L\widehat{V}$ bzw. die Restklassen mod $\varepsilon \widehat{N}^\nu$ der $d\eta^{1-\nu}$ aus $L\varepsilon V$). Das ist nur möglich, wenn

$$a + b \leq k.$$

Das heißt: Wenn $\widehat{V}$ aus V dadurch entsteht, daß ein einziges N^ν durch ein größeres $\widehat{N}^\nu$ ersetzt wird, dann gilt

$$\dim \widehat{V} - \dim \varepsilon \widehat{V} - \operatorname{grad} \widehat{V} \leq \dim V - \dim \varepsilon V - \operatorname{grad} V.$$

Dasselbe gilt dann, wenn mehrere N^ν vergrößert werden.

Wenn nun ein V vorgelegt wird, vergrößere ich endlich viele N, bis sie alle Hauptmoduln sind: so entstehe $\widehat{V}$. Andererseits verkleinere ich endlich viele N, bis sie alle Hauptmoduln sind: so entstehe $\check{V}$. Dann ist

$$\dim \widehat{V} - \dim \varepsilon \widehat{V} - \operatorname{grad} \widehat{V} \leq \dim V - \dim \varepsilon V - \operatorname{grad} V \leq \dim \check{V} - \dim \varepsilon \check{V} - \operatorname{grad} \check{V}.$$

Aber links und rechts steht $(2\nu - 1)(2g + n - 2)$, weil der Satz für Vorschriften, die nur Hauptmoduln enthalten, bewiesen ist; folglich steht auch in der Mitte $(2\nu - 1)(2g + n - 2)$.

Es sei bemerkt, daß das Ergebnis auch für abstrakte Funktionenkörper gilt. Dann muß man nur den Realteil durch die Spur oder eine andere nicht identisch verschwindende lineare Funktion ersetzen. —

Auf Grund dieser Verallgemeinerung des Riemann-Rochschen Satzes haben wir also in rein algebraischer Weise die regulären quadratischen Differentiale eines höheren Hauptbereichs eingeführt. Wie der Beweis zeigt, haben wir von N nur benutzt, daß es eine Linearmannigfaltigkeit mit $G_0 \supseteqq N \supseteqq G_m$ ist. Unser N ist aber ein Liescher Ring von reziproken Differentialen und sogar ein Ideal in G_0. Damit steht in Zusammenhang, daß die Linearmannigfaltigkeit T aller in der Umgebung von $z = 0$ bis auf Pole regulären quadratischen Differentiale $d\zeta^2$, für die $\Re \operatorname{Res} d\zeta^2 du^{-1} = 0$ für alle du^{-1} aus N gilt, sich nicht ändert, wenn man in $d\zeta^2$ die Ortsuniformisierende z durch eine andere derselben Klasse ersetzt (denn $\mathfrak{N}$ ist eine Gruppe) oder gar durch irgend eine andere Ortsuniformisierende ersetzt (denn $\mathfrak{N}$ ist ein Normalteiler). (Spricht man das nur für infinitesimale Parametertransformationen $z \to z + \varepsilon w \left(\frac{w}{dz} \text{ in } N\right)$ aus, so ist das eine genaue Spiegelung der Eigenschaft von N, Liescher Ring bzw. Ideal in G_0 zu sein.)

Man kann das auch rechnerisch verfolgen. $d\zeta^2 = \varphi\, dz^2$ liege in T; $du^{-1} = \frac{w}{dz}$ durchlaufe ganz N. Dann liegt auch $\dfrac{\frac{dw}{dz}\tilde{w} - \frac{d\tilde{w}}{dz} w}{dz}$ in N, wo $\frac{\tilde{w}}{dz}$ beliebig in N (weil N Liescher Ring ist) oder gar in G_0 (weil N Ideal ist) gewählt werden darf. Mit $\Re \operatorname{Res} \varphi\, w\, dz = 0$ ist also auch

$$\Re \operatorname{Res} \varphi \left(\frac{dw}{dz}\tilde{w} - \frac{d\tilde{w}}{dz} w\right) dz = 0 .$$

Nun darf man „partiell integrieren", denn das Differential einer Funktion $(\varphi\, w\, \tilde{w})$ hat das Residuum 0:

$$-\Re \operatorname{Res} \left\{\varphi \frac{d\tilde{w}}{dz} + \frac{d(\varphi\, \tilde{w})}{dz}\right\} w\, dz = 0 .$$

Weil das für alle $\frac{w}{dz}$ gilt, liegt mit $\varphi\, dz^2$ stets auch

$$\left(2\varphi \frac{d\tilde{w}}{dz} + \frac{d\varphi}{dz}\tilde{w}\right) dz^2$$

in T.

Nun wollen wir noch einen heuristischen Beweis für unsere Dimensionsformel

$$\sigma - \varrho = -6 + 6g + 3n + \Sigma\,(2 + [G_0 : N]) + \Sigma\,(1 + [G_0 : N])$$

geben. Auf Grund der schon gemachten Ausführungen wird dadurch die Vermutung, daß σ gleich der Höchstzahl reell linear unabhängiger regulärer quadratischer Differentiale sei, gestützt.

Wenn keine ausgezeichneten Restelemente (also auch keine ausgezeichneten Elemente, insbesondere keine ausgezeichneten Punkte) vorhanden sind, ist die Dimensionsformel eine längst bekannte Tatsache. Wir zeigen, daß die Formel durch Auszeichnen eines neuen Restelements nie falsch wird.

$\mathfrak{H}$ sei ein Hauptbereich; $\mathfrak{H}^*$ entstehe aus $\mathfrak{H}$ durch Auszeichnen des Restelements $\mathfrak{e}$ in einem Punkte, wo bisher noch kein Restelement ausgezeichnet war. σ^* und ϱ^* mögen für $\mathfrak{H}^*$ dieselbe Bedeutung haben wie σ und ϱ schon immer für $\mathfrak{H}$. $\mathfrak{e}$ hängt von k Parametern ab, wo k, je nachdem es ein Innen- oder Randrestelement ist, gleich $2 + [G_0 : N]$ oder $1 + [G_0 : N]$ ist. Die rechte Seite der Dimensionsformel vermehrt sich beim Übergang von $\mathfrak{H}$ zu $\mathfrak{H}^*$ also um k.

Die Mannigfaltigkeit der Restelemente, in die $\mathfrak{e}$ bei der kontinuierlichen ϱ-gliedrigen Gruppe aller konformen Abbildungen von $\mathfrak{H}$ auf sich übergeht, sei a-dimensional. Dann ist $\varrho^* = \varrho - a$. $\mathfrak{H}^*$ ist bekannt, wenn die σ Parameter von $\mathfrak{H}$ bekannt ist und außerdem in der k-dimensionalen Menge aller mit $\mathfrak{e}$ vergleichbaren Restelemente die a-dimensionale Schar, zu der $\mathfrak{e}$ gehört, folglich $\sigma^* = \sigma + k - a$. Es folgt $\sigma^* - \varrho^* = \sigma - \varrho + k$, w. z. b. w. —

Die Überlegungen, die zum Begriff des regulären quadratischen Differentials geführt haben, sind zweifellos von rein algebraischer formaler Natur. Ihre einzige Rechtfertigung ist der Residuensatz, der bei der Verallgemeinerung des Riemann-Rochschen Satzes benutzt wurde. Für gewöhnliche Hauptbereiche haben die regulären quadratischen Differentiale ihren guten Sinn; wenn Elemente höherer Ordnung ausgezeichnet sind, kann man noch an einen Grenzübergang denken; bei Restelementen sind wir haltlos einem algebraischen Formalismus ausgeliefert. Wer nicht aus eigener Erfahrung das Ansteigen der Schwierigkeiten mit der Parameterzahl kennt, wird kaum verstehen, warum ich mir überhaupt so viel Arbeit mit den Restelementen mache, die doch stets in Elementen höherer Ordnung enthalten sind.

Nun wird behauptet, diese regulären quadratischen Differentiale hätten eine grundlegende Bedeutung für die Extremalprobleme der konformen Geometrie. Das ist recht merkwürdig. Es wäre zwar nicht das erste Mal, daß algebraische Beziehungen eine überraschende geometrische Bedeutung erhielten. Aber das Koeffizientenproblem der schlichten Funktionen und der Riemann-Rochsche Satz — das geht doch ein bißchen weit.

Ein befreundeter Algebraiker sagte einmal zu mir, unerwartete Übereinstimmungen könnten in der Mathematik höchstens dann vorkommen, wenn man noch nicht das richtige Verständnis für die Sache habe. Wenn man erst den richtigen, einfachsten Aufbau der Theorie gefunden habe, gingen sie in glatte Selbstverständlichkeiten über.

Ich meine, wir können ruhig zugeben, daß wir oft auf Zusammenhänge stoßen, an die wir vorher nie gedacht hätten, und daß gerade sie die mathematische Forschung besonders reizvoll machen. Allerdings soll auch hier das Staunen der Anfang der Philosophie sein; das Suchen nach tieferem Verständnis vorhandener Zusammenhänge, nach dem „wahren Grund", und besonders nach Zusammenhängen, die durch die bekannten Tatsachen nur angedeutet werden, ist in der reinen Mathematik oft ein guter Führer zu neuen Erkenntnissen. —

Wir geben nun für die Extremalprobleme der konformen Geometrie die Extremalabbildungen an. $\mathfrak{K}_1, \ldots, \mathfrak{K}_r$ und $\mathfrak{H}$ haben dieselbe Bedeutung wie oben.

Man nehme einen geeigneten Hauptbereich $\mathfrak{H}$ der verlangten Art und auf ihm ein geeignetes reguläres quadratisches Differential $d\zeta^2 \neq 0$ und bilde die gegebenen Hauptbereiche $\mathfrak{K}_1, \ldots, \mathfrak{K}_r$ unter Beachtung der wesentlichen Vorschriften konform so in $\mathfrak{H}$ ab, daß kein Gebiet auf $\mathfrak{H}$ unbedeckt bleibt und daß längs der Bilder derjenigen Randstücke der $\mathfrak{K}_i$, auf die sich keine wesentliche Vorschrift bezieht, $d\zeta^2 > 0$ ist. Das sind bei festen $\mathfrak{K}_1, \ldots, \mathfrak{K}_r$ und veränderlichem $\mathfrak{H}$ die extremalen Abbildungen.

Beim Beweis der Extremaleigenschaft nach der Grötzsch-Ahlforsschen Methode ist die Metrik $ds^2 = |d\zeta^2|$ zu benutzen und über die Linien $d\zeta^2 > 0$ zu integrieren.

Beispiel: $\mathfrak{K}_1, \ldots, \mathfrak{K}_r$ seien r Ringgebiete mit den Moduln $M_1, \ldots, M_r$, d. h. $\mathfrak{K}_i$ lasse sich konform auf $1 < |w| < e^{M_i}$ abbilden $(0 < M_i < \infty)$. $\mathfrak{H}$ sei eine Ringfläche, eine geschlossene Fläche vom Geschlecht 1. Auf $\mathfrak{H}$ sei eine einfache geschlossene Kurve $\mathfrak{C}$ gezogen, die sich nicht auf einen Punkt zusammenziehen läßt, und in jedem $\mathfrak{K}_i$ sei die geschlossene Kurve $\mathfrak{C}_i$ gezogen, die nach Abbildung auf $1 < |w| < e^{M_i}$ in $|w| = e^{\frac{1}{2}M_i}$ übergeht. Man soll $\mathfrak{K}_1, \ldots, \mathfrak{K}_r$ so auf fremde Gebiete $\mathfrak{G}_i$ in $\mathfrak{H}$ abbilden, daß das Bild jedes $\mathfrak{C}_i$ sich in $\mathfrak{C}$ deformieren läßt.

Das ist schon eine unvollständige topologische Festlegung; in unserem Fall brauchen wir sie nicht zu einer vollständigen zu ergänzen. Man nehme die z-Ebene und ein Periodenpaar ω_1, ω_2 mit $\Im\, \omega_2 \bar{\omega}_1 > 0$ und identifiziere z-Punkte, die mod (ω_1, ω_2) kongruent sind: so entsteht eine Ringfläche, und wenn man ω_1 und ω_2 geeignet wählt, kann man erreichen, daß diese sich konform auf $\mathfrak{H}$ abbilden läßt und daß z bei einem Umlauf um $\mathfrak{C}$ gerade um ω_1 zunimmt.

Wie muß nun $\mathfrak{H}$, d. h. wie muß die konforme Invariante $\frac{\omega_2}{\omega_1}$ des topologisch festgelegten $\mathfrak{H}$ gewählt werden, damit es für unser Problem extremal wird? Wir nehmen ein reguläres quadratisches Differential $d\zeta^2$ von $\mathfrak{H}$: das hat die Form $a\,dz^2$; die

5*

Linien mit $a\,dz^2 > 0$ sind Geraden der z-Ebene und bilden den Winkel $-{}^1/_2 \arg a \,(\mathrm{mod}\,\pi)$ mit der reellen Achse. Wenn nun $\mathfrak{K}_1, \ldots, \mathfrak{K}_r$ so, wie das allgemeine Prinzip es verlangt, extremal in $\mathfrak{H}$ abgebildet werden sollen, so müssen die z-Bilder der $\mathfrak{K}_i$ Parallelstreifen sein, die von Linien $a\,dz^2 > 0$ begrenzt werden und die z-Ebene periodisch lückenlos überdecken, und wegen der Bedingung für $\mathfrak{C}_i$ und $\mathfrak{C}$ muß $a\,\omega_1^2 > 0$ sein: die Parallelstreifen laufen parallel der Strecke $0 \cdots \omega_1$. Dann ist

$$2\pi\,\mathfrak{I}\frac{\omega_2}{\omega_1} = M_1 + \cdots + M_r\,.$$

Daß diese Abbildungen wirklich extremal sind, folgt aus der folgenden Lösung unseres Extremalproblems: Die Abbildung ist dann und nur dann möglich, wenn

$$2\pi\,\mathfrak{I}\frac{\omega_2}{\omega_1} \geq M_1 + \cdots + M_r$$

ist. Im Fall des Gleichheitszeichens kommen nur die speziellen oben konstruierten Abbildungen in Frage.

Zum Beweis hat man die Metrik $ds^2 = |d\zeta^2|$ von $\mathfrak{H}$ in die $\mathfrak{K}_i$ zu übertragen; bis auf einen gemeinsamen Faktor ergibt das $\frac{|dw|^2}{|w|^2}$, die „logarithmische Metrik" der Kreisringe $1 < |w| < e^{M_i}$. Die Linien $d\zeta^2 > 0$ gehen in die Kreise $|w| = \mathrm{const}$ über.

Ist nun irgend eine Lösung $\mathfrak{K}_i \to \mathfrak{G}_i \subseteqq \mathfrak{H}$ unserer Abbildungsaufgabe mit irgend einem $\mathfrak{H}$ vorgelegt, für das $z, \omega_1, \omega_2, \mathfrak{C}$ die alte Bedeutung haben, so brauchen wir nur die Grötzsch-Ahlforssche Abschätzungsmethode anzusetzen:

$$|\omega_1| \leq \oint\limits_{|w| = \mathrm{const}} \left|\frac{dz}{d\log w}\right| d\,\mathfrak{I}\log w\,;$$

$$|\omega_1|^2 \leq 2\pi \oint \left|\frac{dz}{d\log w}\right|^2 d\,\mathfrak{I}\log w\,;$$

$$|\omega_1|^2\,M_i \leq 2\pi \iint\limits_{\mathfrak{G}_i} \boxed{dz}\,;$$

$$|\omega_1|^2\,\Sigma M_i \leq 2\pi\,\mathfrak{I}\,\omega_2\,\overline{\omega}_1\,;$$

$$\Sigma M_i \leq 2\pi\,\mathfrak{I}\frac{\omega_2}{\omega_1}\,.$$

Daß umgekehrt die Abbildung möglich ist, wenn diese Ungleichung erfüllt ist, ist selbstverständlich. —

Wie in diesem Beispiel, so beobachten wir auch allgemein folgendes: Wenn nach unserem Prinzip die $\mathfrak{K}_i$ in $\mathfrak{H}$ extremal abgebildet sind, so ist das quadratische Differential $d\zeta^2$ von $\mathfrak{H}$, von dem da die Rede ist, zugleich auch ein reguläres quadratisches Differential von $\mathfrak{K}_i$. Denn in den ausgezeichneten Punkten gehört es zu T und auf denjenigen Randkurven oder Randbögen von $\mathfrak{K}_i$, auf die sich wesentliche Vorschriften beziehen, ist es wie am Rande von $\mathfrak{H}$ reell; auf den anderen sollte ja $d\zeta^2 > 0$ sein[6b]). Ein reguläres quadratisches Differential von $\mathfrak{K}_i$ ist gleich dem regulären quadratischen Differential $d\zeta^2$ von $\mathfrak{H}$: das ist eine gewöhnliche algebraische Differentialgleichung erster Ordnung für die Abbildungsfunktion. Auf diese

---

[6b]) Zusatz b. d. Korr.: Allerdings könnte $\mathfrak{H}$ mehr oder spezieller ausgezeichnete Restelemente tragen, als bei der Abbildungsaufgabe erforderlich ist; dann hat aber $d\zeta^2$ von selbst dort das richtige Verhalten, weil ja die Abbildung zugleich auch bei minimalen Auszeichnungen auf $\mathfrak{H}$ noch extremal ist.

Art von Differentialgleichungen möchte ich besonders aufmerksam machen. Unter ihren Lösungen befinden sich die Extremalabbildungen sämtlicher Extremalprobleme der konformen Geometrie.

Man kann für gewöhnliche Hauptbereiche einen Begriff der normalen Überlagerung[7]) einführen. Was für höhere Hauptbereiche in dieser Richtung vorliegt, habe ich noch nicht untersucht. Jedenfalls kann man mit Hilfe normaler Überlagerung Extremalprobleme auf andere zurückführen. Ich gebe zwei Beispiele.

1. $\mathfrak{H}$ sei ein Kreisring $1<|w|<R$. $\mathfrak{K}_i$ $(i=1,\ldots,r)$ sei in der $z_i=x_i+iy_i$-Ebene das Rechteck $0<x_i<a_i$, $0<y_i<b_i$, dessen 4 Ecken ausgezeichnete Punkte sind. Man soll die $\mathfrak{K}_i$ konform so auf fremde Gebiete $\mathfrak{G}_i$ in $\mathfrak{H}$ abbilden, daß der Randbogen $y_i=0$ jedes $\mathfrak{K}_i$ auf $|w|=1$ und der Randbogen $y_i=b_i$ jedes $\mathfrak{K}_i$ auf $|w|=R$ fällt[8]). (Die topologische Festlegung legt für $r\geq 3$ die zyklische Reihenfolge der $\mathfrak{G}_i$ fest.)

Ich gehe zur Verdoppelung von $\mathfrak{H}$ über (das ist eine normale Überlagerung). Das Ergebnis ist eine Ringfläche mit dem Periodenpaar $2\log R$, $2\pi i$. Die $\mathfrak{G}_i$ gehen bei der Verdoppelung in Ringgebiete mit den Moduln $\pi\frac{a_i}{b_i}$ über. Nachdem oben als erstes Beispiel bewiesenen Satz folgt

$$\sum_{i=1}^{r}\pi\frac{a_i}{b_i}\leq 2\pi\,\mathfrak{I}\,\frac{2\pi i}{2\log R}$$

oder

$$\sum_{i=1}^{r}\frac{a_i}{b_i}\leq\frac{2\pi}{\log R}.$$

2. $\mathfrak{H}$ sei $|z|>1$ mit den ausgezeichneten Punkten $z=\infty$ und $z=\mathsf{P}$ $(1<\mathsf{P}<\infty)$. $\mathfrak{K}$ sei $1<|w|<R$. $\mathfrak{K}$ soll so in $\mathfrak{H}$ abgebildet werden, daß $|w|=1$ in $|z|=1$ übergeht und die ausgezeichneten Punkte nicht überdeckt werden[8]).

Ich nehme die zweiblättrige bei $z=\mathsf{P}$ und $z=\infty$ verzweigte Überlagerungsfläche von $\mathfrak{H}$ und dann deren Verdoppelung, eine vierblättrige normale Überlagerung von $\mathfrak{H}$, das ist eine Ringfläche ohne ausgezeichnete Punkte. Darauf liegen nach Spiegelung zwei Ringgebiete vom Modul $2\log R$, usw. —

Die Arbeiten von Grötzsch enthalten viele Beispiele für unser Prinzip. Ein Beispiel mag noch erwähnt werden: $\mathfrak{H}$ sei $|z|>1$ mit dem ausgezeichneten Innenpunkt $z=\infty$ und zwei ausgezeichneten Randpunkten. $\mathfrak{K}$ sei $1<|w|<R$ mit zwei ausgezeichneten Punkten auf $|w|=1$. $\mathfrak{K}$ soll so in $\mathfrak{H}$ abgebildet werden, daß $|w|=1$ in $|z|=1$ übergeht, die ausgezeichneten Randpunkte einander entsprechen und $z=\infty$ nicht überdeckt wird. An diesem Beispiel in Verbindung mit dem sechsten für konforme Abbildung von Hauptbereichen in einen Hauptbereich angegebenen Beispiel wurde mir das allgemeine Prinzip zuerst klar. (Hier ist das Extremalgebiet dasselbe wie beim vorangehenden Problem, aber man hat eine ganz andere Metrik $|d\zeta^2|$ zum Beweis heranzuziehen.)

Unser Prinzip ergibt auch eine Lösung eines Millouxschen Problems mit einem Schlag, das Nevanlinna[9]) auf ähnlicher Grundlage in zwei Schritten gelöst hat:

---

[7]) A. a. O. (Anm. 1), Nr. 153—155. Diese Stelle ist vom Vorhergehenden ziemlich unabhängig lesbar.

[8]) H. Grötzsch, Über einige Extremalprobleme der konformen Abbildung. Leipz. Ber. 80.

[9]) R. Nevanlinna, Über eine Minimumaufgabe in der Theorie der konformen Abbildung. Gött. Nachr. 1933.

$\mathfrak{H}$ ist $|z| < 1$ mit den ausgezeichneten Punkten $z = 0$ und $z = z_0$; $\mathfrak{K}$ ist $|w| < 1$ mit dem ausgezeichneten $w = 0$ und zwei ausgezeichneten Randpunkten, die einen Randbogen bestimmen; $\mathfrak{K}$ soll so in $\mathfrak{H}$ abgebildet werden, daß $w = 0$ in $z = z_0$ übergeht, $z = 0$ nicht bedeckt wird und der ausgezeichnete Randbogen in $|z| = 1$ abgebildet wird.

Wenn ich Zeit hätte, würde ich all diese Beispiele durchführen und auf das aufmerksam machen, was sie lehren, und dann aus ihnen und noch anderen das allgemeine Prinzip abstrahieren. Denn es handelt sich um eine Erfahrungstatsache.

Die bisherigen Beispiele waren niedere Extremalprobleme. Wir machen nämlich einen Unterschied zwischen niederen und höheren Extremalproblemen der konformen Geometrie. Einen solchen Unterschied macht in dem Sonderfall, wo der Träger von $\mathfrak{H}$ die Kugel ist, auch Grötzsch[10]); ich kann jetzt nicht entscheiden, ob es sich um dieselbe Einteilung handelt.

σ war die Höchstzahl reell linear unabhängiger regulärer quadratischer Differentiale von $\mathfrak{H}$. Wenn nun jedes reguläre quadratische Differential von $\mathfrak{H}$ mit i multipliziert wieder ein reguläres quadratisches Differential von $\mathfrak{H}$ ergibt, dann setze ich $\tau = \frac{\sigma}{2}$; das ist dann auch eine ganze Zahl, die Höchstzahl komplex linear unabhängiger regulärer quadratischer Differentiale von $\mathfrak{H}$. In jedem anderen Falle sei $\tau = \sigma$. τ heiße die reduzierte Dimension von $\mathfrak{H}$. Wenn nun $\tau = 0$ ist, dann ist das Extremalproblem Unsinn. Wenn $\tau = 1$ ist, dann spreche ich von einem niederen Extremalproblem. Das tritt genau dann ein, wenn die Metrik $ds^2 = |d\zeta^2|$ durch $\mathfrak{H}$ allein bis auf einen konstanten Faktor schon bestimmt ist. Sonst, also für $\tau > 1$, spreche ich von höheren Extremalproblemen. τ ist ein recht gutes Maß der Schwierigkeit.

Es ist zu beachten, daß die Einteilung in niedere und höhere Extremalprobleme sich allein auf $\mathfrak{H}$ bezieht, nicht auf die $\mathfrak{K}_i$. Die reduzierte Dimension der $\mathfrak{K}_i$ kann so groß sein wie sie will; Grötzsch setzt sie oft sogar gleich ∞. So kommt er zu seinen Schlitzbereichsätzen. Man darf sich dadurch nicht irre machen lassen; worauf es ankommt, das ist die reduzierte Dimension von $\mathfrak{H}$. Grötzsch behandelt in seinen Arbeiten die meisten Fälle mit $\tau = 1$ und auch einige Fälle mit $\tau > 1$. Heute erscheint es als möglich, die Lösungen aller niederen Extremalprobleme der konformen Geometrie in endgültiger Form zusammenzustellen.

Ein Beispiel eines niederen Problems verdient die besondere Aufmerksamkeit aller Funktionentheoretiker. $\mathfrak{H}$ sei die z-Kugel mit einem ausgezeichneten Element dritter Ordnung bei $z = \infty$, beschrieben durch die Ortsuniformisierende $\frac{1}{z}$. $\mathfrak{K}$ sei $|s| > 1$ mit einem ausgezeichneten Element dritter Ordnung bei $s = \infty$, beschrieben durch die Ortsuniformisierende $\frac{1}{s + \frac{\alpha}{s}}$. Man soll $\mathfrak{K}$ so in $\mathfrak{H}$ abbilden, daß die Elemente dritter Ordnung bei ∞ einander entsprechen. D. h. man soll eine in $|s| > 1$ schlichte Funktion

$$z = s + \frac{\alpha}{s} + \cdots$$

suchen. Unter welchen Voraussetzungen über α ist das möglich?

[10]) H. Grötzsch, Über die Geometrie der schlichten konformen Abbildung. Preuß. Sitz.-Ber. 1932.

Bekanntlich ergibt der Bieberbachsche Flächensatz die Antwort $|\alpha| \leq 1$. Aber wir wollen einmal nach unserem Prinzip vorgehen. Zunächst suchen wir die regulären quadratischen Differentiale von $\mathfrak{H}$, also die quadratischen Differentiale auf der Kugel, die bis auf einen Pol vierter Ordnung bei ∞ regulär sind. Diese sind

$$d\zeta^2 = a\,dz^2 \qquad (a = \text{const}).$$

Um nun die Extremalabbildungen zu finden, haben wir $\mathfrak{K}$ so in $\mathfrak{H}$ abzubilden, daß bei ∞ eine Entwicklung $z = s + \frac{\alpha}{s} + \cdots$ besteht und daß $|s| = 1$ auf eine Linie mit $d\zeta^2 > 0$, also auf einen geradlinigen Schlitz abgebildet wird. Lösung:

$$z = s + \frac{\alpha}{s} \quad \text{mit} \quad |\alpha| = 1.$$

Wir nehmen ohne Beschränkung der Allgemeinheit $a = 1 \to \alpha = 1$ an. Um die Extremaleigenschaft der Abbildung $z = s + \frac{1}{s}$ zu beweisen, hat man, weil dz^2 ein zugehöriges quadratisches Differential ist, die Metrik $|dz^2|$, also die gewöhnliche Euklidische Metrik der z-Ebene, einzuführen und über die Linien $dz^2 > 0$, d. h. parallel zur reellen Achse, zu integrieren. Weil wir es nun mit einem höheren Hauptbereich zu tun haben, divergiert $\iint \boxed{dz}$ bei Integration über ganz $\mathfrak{H}$. Wir müssen $z = \infty$ durch einen Kreis abtrennen.

Es sei also $w = s + \frac{\beta}{s} + \cdots$ in $|s| > 1$ schlicht. Um diese Abbildung mit der Extremalabbildung zu vergleichen, setzen wir $z = s + \frac{1}{s}$, so daß $w = z + \frac{\gamma}{z} + \cdots$ mit $\gamma = \beta - 1$ wird. ϱ sei eine wachsende Zahl ($\varrho > 2$); wir betrachten den Kreis $|z| < \varrho$ und sein w-Bild. Bei Integration längs einer Strecke $\Im z = \text{const}$, $|z| \leq \varrho$ ist $\int \left|\frac{dw}{dz}\right| dx$ nach unten durch den Abstand der Endpunkte des w-Bildes dieser Strecke abzuschätzen; dieser wäre schon $\geq \int dx \cdot \left(1 + \frac{\Re\gamma}{\varrho^2}\right)$, wenn die Abbildung $w = z + \frac{\gamma}{z}$ hieße (diese transformiert den Kreis $|z| = \varrho$ affin), und die höheren Glieder ergeben einen Fehler, der in der Grenze wegfällt: es ist

$$\left(1 + \frac{\Re\gamma}{\varrho^2} + \frac{B}{\varrho^3}\right) \int dx \leq \int \left|\frac{dw}{dz}\right| dx,$$

wo B jedenfalls bei wachsendem ϱ beschränkt bleibt. Wir integrieren nach y, so daß der ganze von -2 bis $+2$ aufgeschlitzte Kreis $|z| < \varrho$ erfaßt wird:

$$\left(1 + \frac{\Re\gamma}{\varrho^2} + \frac{B}{\varrho^3}\right) \iint \boxed{dz} \leq \iint \left|\frac{dw}{dz}\right| \boxed{dz}.$$

Nach der Schwarzschen Ungleichung folgt

$$\left(1 + \frac{\Re\gamma}{\varrho^2} + \frac{B}{\varrho^3}\right)^2 \iint \boxed{dz} \leq \iint \boxed{dw}.$$

Rechts steht in erster Näherung höchstens der Flächeninhalt des von der Kurve $w = z + \frac{\gamma}{z}$ ($|z| = \varrho$) umschlossenen Gebiets:

$$\iint \boxed{dw} \leq \pi \left(\varrho^2 - \left(\frac{|\gamma|}{\varrho}\right)^2\right) + f,$$

wo der Fehler f wieder für $\varrho \to \infty$ zu vernachlässigen ist. Division durch $\iint \boxed{dz} = \pi\varrho^2$ und Grenzübergang $\varrho \to \infty$ ergibt

$$\Re\gamma \leq 0$$

oder

$$\Re\beta \leq 1.$$

Hätte man nicht die spezielle Abbildung $w = z + \frac{1}{z}$, sondern $w = z + \frac{\alpha}{z}$ $(|\alpha| = 1)$ zum Vergleich herangezogen, so hätte man

$$\Re\frac{\beta}{\alpha} \leq 1$$

erhalten. Die Gesamtheit dieser Ungleichungen bedeutet

$$|\beta| \leq 1.$$

Diese Rechnung ist sicher viel komplizierter als der übliche Beweis des Flächensatzes. Immerhin hat auch Bieberbach selbst in einer seiner früheren Arbeiten den Flächensatz so bewiesen, daß nicht der Inhalt des nichtüberdeckten Teils der w-Ebene nach unten, sondern der Inhalt des überdeckten Teils nach oben abgeschätzt wurde. Dabei mußte auch ein großer Kreis eingeführt werden, dessen Halbmesser nachher gegen ∞ strebte, weil der Flächeninhalt der ganzen Ebene unendlich groß ist [11]).

Aber der hier angedeutete Beweis läßt sich auch auf höhere Koeffizientenprobleme verallgemeinern. $\mathfrak{H}$ sei die Kugel mit einem Element $(k+2)$-ter Ordnung bei $z = \infty$; $\mathfrak{K}$ sei $|s| > 1$ mit einem Element $(k+2)$-ter Ordnung bei $s = \infty$. Man soll $\mathfrak{K}$ in $\mathfrak{H}$ so abbilden, daß die bei ∞ ausgezeichneten Elemente einander entsprechen. Die Frage, wann das möglich ist, ist gleichbedeutend mit der Frage, welche Koeffizientenanfangssysteme $(\alpha_1, \ldots, \alpha_k)$ bei in $|s| > 1$ schlichten Funktionen $z = s + \sum_{\varkappa=1}^{\infty} \frac{\alpha_\varkappa}{s^\varkappa}$ auftreten können. Unser Prinzip ergibt die Lösung: Man suche das allgemeinste reguläre quadratische Differential von $\mathfrak{H}$; das ist

$$d\zeta^2 = P(z)\,dz^2,$$

wo P ein Polynom höchstens vom Grade $k-1$ ist. Die Extremalgebiete $\mathfrak{G}$ sind Schlitzgebiete, und auf den Schlitzbögen ist $d\zeta^2 > 0$. Ich habe tatsächlich den oben skizzierten Beweis der Extremaleigenschaft dieser Schlitzgebiete vom Sonderfall $k = 1$ her verallgemeinern können [12]); aber es gelang mir a. a. O. nicht, zu zeigen, daß alle Koeffizientenanfangssysteme $(\alpha_1, \ldots, \alpha_k)$, die dem so zu erhaltenden System von Ungleichungen genügen, auch wirklich alle zu schlichten Funktionen gehören. — Vielleicht zeigt man direkt, daß sie sogar zu schlichten Funktionen gehören, die für $k+1$ extremal sind.

Man kann die analytische Gestalt der extremalen Abbildungsfunktionen, wie schon oben bemerkt wurde, erhalten, indem man ein passendes reguläres quadratisches Differential von $\mathfrak{K}$ gleich $P(z)\,dz^2$ setzt. Eine kurze und rohe Überlegung zeigt, daß die Fälle $k = 2$ und $k = 3$, obwohl es sich schon um höhere Extremalprobleme handelt, noch nicht aus dem Gebiet der (elementaren und) elliptischen Funktionen herausführen. Sie erscheinen also heute der Berechnung zugänglich; man darf sie sich allerdings auch nicht allzu elementar vorstellen.

---

[11]) L. Bieberbach, Über die Koeffizienten derjenigen Potenzreihen, welche eine schlichte Abbildung des Einheitskreises vermitteln. Preuß. Sitz.-Ber. 1916, 2.

[12]) O. Teichmüller, Ungleichungen zwischen den Koeffizienten schlichter Funktionen. Preuß. Sitz.-Ber. 1938.

Nun sei $\mathfrak{H}$ die z-Ebene mit dem ausgezeichneten Punkt $z=\infty$ und einem ausgezeichneten Element m-ter Ordnung bei $z=0$; $\mathfrak{K}$ sei der Einheitskreis $|s|<1$ mit einem ausgezeichneten Element m-ter Ordnung bei $s=0$. Man soll $\mathfrak{K}$ so in $\mathfrak{H}$ abbilden, daß ∞ nicht überdeckt wird und daß die Elemente bei 0 einander entsprechen. Dieses Problem wird durch die Transformation $s'=\frac{1}{\sqrt{s}}$, $z'=\frac{1}{\sqrt{z}}$ auf das oben besprochene zurückgeführt. Diese Transformation heißt „Faberscher Kunstgriff". Welchen Sinn sie hat, das bekommt man selten zu hören. Wenn man nur das Auszeichnen eines Elementes im Unendlichen für praktisch hielte (was gar nicht der Fall ist), würde man ja $s'=\frac{1}{s}$, $z'=\frac{1}{z}$ setzen. Aber hierbei hätte man noch den ausgezeichneten Punkt $z=\infty$, $z'=0$ zu beachten, der vom Bildgebiet nicht überdeckt werden darf. Um ihn loszuwerden, geht man zur zweiblättrigen Überlagerung über; bei $\mathfrak{H}$ liegen die Windungspunkte in $z=0$ und $z=\infty$, bei $\mathfrak{K}$ nur in $s=0$. Bei normaler Überlagerung braucht man einen ausgezeichneten Punkt (hier $z=\infty$) nicht mehr zu beachten, wenn dort ein Windungspunkt angebracht wurde. Jetzt hat man $s'=\sqrt{s}$ und $z'=\sqrt{z}$ und darf also die Bedingung, daß $z=\infty$ nicht überdeckt werden darf, weglassen, ohne einen Fehler zu begehen. Nur um dies leichter analytisch fassen zu können, geht man nachträglich zum Reziproken $\frac{1}{\sqrt{s}}$, $\frac{1}{\sqrt{z}}$ über. Der Fabersche Kunstgriff sowie die Methode des Koebeschen Bildgebiets sind einfache Sonderfälle der Methode der normalen Überlagerung.

Durch diese Feststellung werden beide nicht in ihrem Wert herabgesetzt, im Gegenteil. Für die Methode der normalen Überlagerung, die für höhere Hauptbereiche in der Luft hängt, habe ich ja auch noch keine Begründung gegeben. Man muß sich vorstellen, die Verhältnisse lägen ähnlich wie beim Problem der extremalen quasikonformen Abbildung.

Bei Grötzsch werden die Extremalgebiete oft durch geeignetes ideales Zusammenhaften der Ränder der $\mathfrak{K}_i$ hergestellt. Das können wir so deuten: ist eine extremale konforme Abbildung der $\mathfrak{K}_i$ in $\mathfrak{H}$ nach unserem Prinzip hergestellt und ist $d\zeta^2$ das zugehörige reguläre quadratische Differential von $\mathfrak{H}$, so sei $d\zeta_i^2$ dasjenige reguläre quadratische Differential von $\mathfrak{K}_i$, das bei der Abbildung $\mathfrak{K}_i\to\mathfrak{G}_i\subseteq\mathfrak{H}$ gleich $d\zeta^2$ wird. Längs der Randteile von $\mathfrak{G}_i$, die im Innern von $\mathfrak{H}$ verlaufen, grenzt ein $\mathfrak{G}_k$ an ($i=k$ zugelassen!), und längs dieser Randteile ist also

$$d\zeta_i^2=d\zeta_k^2>0\,.$$

Von dieser Bemerkung ausgehend, kann man natürlich, von geeigneten regulären quadratischen Differentialen $d\zeta_i^2$ auf den $\mathfrak{K}_i$ ausgehend, durch ideale Randzuordnung ein extremales $\mathfrak{H}$ aus gegebenen $\mathfrak{K}_i$ gewinnen.

Gern gehe ich noch auf den Verschiebungssatz ein, weil wir daran unser Prinzip für den Fall von Restelementen prüfen können. Grötzsch [13]) hat die folgende Frage beantwortet: Wenn $w=f(z)$ in $|z|<1$ schlicht und regulär ist und $f(0)=0$, $f'(0)=1$ ist, welche Werte kann dann $\log\frac{w}{z}$ an einer Stelle z_0 im Innern

[13]) H. Grötzsch, Über zwei Verschiebungsprobleme der konformen Abbildung. Preuß. Sitz.-Ber. 1933.

des Einheitskreises annehmen? $\log\frac{w}{z}$ ist dabei eindeutig als stetige Funktion dadurch bestimmt, daß es bei $z=0$ gleich 0 ist.

Es ist für unsere Zwecke angebracht, die Frage etwas anders zu stellen. $\mathfrak{K}$ sei der Einheitskreis $|z|<1$ mit dem ausgezeichneten Punkt $z_0\,(0<z_0<1)$ und dem durch die Ortsuniformisierende z beschriebenen Element erster Ordnung bei $z=0$; $\mathfrak{H}$ sei die w-Kugel mit den ausgezeichneten Punkten $w=z_0$ und $w=\infty$ und dem durch die Ortsuniformisierende $e^{\Lambda}w$ (Λ komplex) beschriebenen Element erster Ordnung bei $w=0$. Man soll $\mathfrak{K}$ so in $\mathfrak{H}$ abbilden, daß $w=\infty$ nicht überdeckt wird, daß $z=z_0$ in $w=z_0$ übergeht und daß die bei 0 ausgezeichneten Elemente einander entsprechen. Hier ist noch die topologische Festlegung notwendig, daß die stetige Funktion $\log\frac{w}{z}$ bei $z=z_0$ reell (gleich 0) und bei $z=0$ gleich $-\Lambda$ sein soll. Bei festem z_0 wird nach der Menge aller Λ gefragt, für die eine solche Abbildung möglich ist.

Das allgemeine reguläre quadratische Differential von $\mathfrak{H}$ ist

$$d\zeta^2=\frac{a\,dw^2}{w^2(w-z_0)}\qquad (a \text{ komplex}).$$

Weil $\zeta=\int\sqrt{\frac{d\zeta^2}{dw^2}}\,dw$ eine elementare Funktion ist und das Entsprechende für das reguläre quadratische Differential von $\mathfrak{K}$ auf elliptische Funktionen führt, macht die Anwendung unseres Prinzips keine Schwierigkeiten; die Extremalgebiete entstehen durch elementare Transformation aus loxodromischen Schlitzgebieten, und der Wertebereich von Λ ist ein Kreis.

Nun sei $\lambda\neq 0$ beliebig komplex; wir führen in $\mathfrak{H}$ an der Stelle $w=0$ anstatt des Elements erster Ordnung ein Restelement erster Ordnung durch die Ortsuniformisierende $e^{\Lambda}w$ und die Gruppe $w\to e^{t\lambda}w+a_2w^2+\cdots$ (t reell) ein, und in $\mathfrak{K}$ ersetzen wir das Element erster Ordnung durch das Restelement erster Ordnung, das durch die Ortsuniformisierende z und dieselbe Gruppe bestimmt wird. Sonst werden $\mathfrak{H}$ und $\mathfrak{K}$ nicht geändert. Das Extremalproblem verändert sich dadurch nur insofern, als nicht mehr nach dem Wertebereich für Λ gefragt wird, sondern eine ganze Gerade $\Lambda+\lambda t$ (t reeller Parameter) jetzt ein Individuum geworden ist und gefragt wird, welche von diesen Geraden (bei festgehaltenem λ) zulässig sind, d. h. welche dieser Geraden den genauen Wertebreich des Λ treffen.

Bei $w=0$ besteht N aus allen

$$du^{-1}=\frac{\tau\lambda w+b_2w^2+\cdots}{dw}\qquad (\tau \text{ reell}).$$

Darum besteht T aus allen

$$d\zeta^2=\left(\frac{\tau i\lambda^{-1}}{z^2}+\frac{c_{-1}}{z}+c_0+c_1z+\cdots\right)dz^2\qquad (\tau \text{ reell}).$$

Die regulären quadratischen Differentiale des neuen (abgeänderten), von λ abhängenden $\mathfrak{H}$ sind darum bis auf einen konstanten positiven Faktor

$$\frac{\pm i\,dw^2}{\lambda w^2(w-z_0)}.$$

Wir müssen darum erwarten, daß die beiden Λ, die zu diesen beiden quadratischen Differentialen gehören, die Gerade $\Lambda+t\lambda$ extremal machen oder daß in diesen Randpunkten des Bereichs aller zulässigen Λ die Tangente die Richtung λ hat. Wir sehen also ohne Rechnung (d. h. schon im Kleinen), daß diejenigen Extremalgebiete, die zu einer extremalen Lage der Geraden $\Lambda + t\lambda$ Anlaß geben, dadurch gekennzeichnet sind, daß die Verlängerung des Schlitzes [14]) bis $w=0$ hin dort in erster Näherung eine Loxodrome

$$\frac{\pm i\, dw^2}{\lambda\, w^2} > 0 \quad \text{oder} \quad \Im\left\{\sqrt{\frac{\pm i}{\lambda}}\log w\right\} = \text{const}$$

ist. Die genaueren Ausführungen bei Grötzsch bestätigen diese Vorhersage.

Zugleich sehen wir ohne weiteres, daß der Bereich aller zulässigen Λ konvex ist, weil für jedes λ nur an zwei Stellen des Bereichs Stützgeraden der Form $\Lambda+t\lambda$ angebracht werden können. Dieser Schluß dürfte auch in manchen anderen Fällen ebenso zu ziehen sein.

Nun wollen wir uns noch mit einer allgemeinen Eigenschaft unserer Extremalprobleme beschäftigen. Dabei müssen wir uns auf gewöhnliche Hauptbereiche beschränken. Wir setzen jetzt die Theorie der extremalen quasikonformen Abbildungen als bekannt voraus.

Bei einem Extremalproblem der konformen Geometrie, das sich nur auf gewöhnliche Hauptbereiche bezieht, halten wir die $\mathfrak{K}_i$ fest und fragen nach dem Bereich $\mathfrak{B}$ aller Punkte P des Finslerschen Raumes R^σ mit der Eigenschaft, daß für den zu P gehörigen topologisch festgelegten nur bis auf konforme Abbildung bestimmten Hauptbereich $\mathfrak{H}$ die Abbildung $\mathfrak{K}_i \to \mathfrak{S}_i \subseteqq \mathfrak{H}$ möglich ist. Nach unserem Prinzip gibt es zu jedem $\mathfrak{H}$, dem ein Randpunkt von $\mathfrak{B}$ entspricht, ein reguläres quadratisches Differential $d\zeta^2$, und die Abbildung hat die oben beschriebenen Eigenschaften.

$\mathfrak{H}'$ sei nun ein topologisch festgelegter Hauptbereich, dem im Raume R^σ der Klassen konform äquivalenter topologisch festgelegter Hauptbereiche der zu betrachtenden Art ein Punkt P' entspricht, der nicht zu $\mathfrak{B}$ gehört. Die konforme Abbildung $\mathfrak{K}_i \to \mathfrak{S}'_i \subseteqq \mathfrak{H}'$ soll also unmöglich sein. Dann fragen wir nach einer extremal quasikonformen Abbildung $\mathfrak{K}_i \to \mathfrak{S}'_i \subseteqq \mathfrak{H}'$, d. h. nach einer solchen, für die das Maximum des Dilatationsquotienten möglichst klein ist. Man kommt leicht auf die folgende Vermutung:

Wenn P' nicht in $\mathfrak{B}$ liegt, gibt es auf $\mathfrak{H}'$ ein reguläres quadratisches Differential $d\zeta'^2$ derart, daß die extremale topologisch festgelegte quasikonforme Abbildung $\mathfrak{K}_i \to \mathfrak{S}'_i \subseteqq \mathfrak{H}'$ folgende Eigenschaften hat: kein Gebiet auf $\mathfrak{H}'$ bleibt unbedeckt; längs der Bilder derjenigen Randstücke der $\mathfrak{K}_i$, auf die sich keine wesentliche Vorschrift bezieht, ist $d\zeta'^2 > 0$; der Dilatationsquotient ist eine Konstante K, und das Richtungsfeld in den $\mathfrak{K}_i$ geht nach der Abbildung in das Richtungsfeld $d\zeta'^2 > 0$ in den $\mathfrak{S}_i$ über (so daß für die umgekehrte Abbildung $\mathfrak{S}_i \to \mathfrak{K}_i$ das Richtungsfeld $d\zeta'^2 < 0$ ist).

Das ist offenbar gleichbedeutend mit der folgenden Aussage:

Man nehme eine extremale konforme Abbildung $\mathfrak{K}_i \to \mathfrak{S}_i \subseteqq \mathfrak{H}$ in einen geeigneten topologisch festgelegten Hauptbereich $\mathfrak{H}$ mit Hilfe eines regulären quadratischen Differentials $d\zeta^2$ von $\mathfrak{H}$ und bilde außerdem $\mathfrak{H}$ mit Hilfe desselben $d\zeta^2$ und eines konstanten Dilatationsquotienten $K > 1$ nach den Formeln

$$\sqrt{d\zeta'^2} = \pm\left(K\, \Re \sqrt{d\zeta^2} + i\, \Im \sqrt{d\zeta^2}\right);$$

[14]) Das Extremalgebiet ist nach unserem Prinzip ein Schlitzgebiet.

$$|d\zeta'^2| = \frac{K^2+1}{2}|d\zeta^2| + \frac{K^2-1}{2}\Re\, d\zeta^2;$$

$$d\zeta'^2 = \frac{K^2-1}{2}|d\zeta^2| + \frac{K^2+1}{2}\Re\, d\zeta^2 + iK\,\Im\, d\zeta^2$$

auf einen topologisch festgelegten Hauptbereich $\mathfrak{H}'$ mit regulärem quadratischem Differential $d\zeta'^2$ extremal quasikonform ab. Durch Zusammensetzen beider Abbildungen entsteht die allgemeinste extremale quasikonforme Abbildung der $\mathfrak{K}_i$ in ein $\mathfrak{H}'$, dessen Vertreterpunkt P' im R^σ nicht in $\mathfrak{B}$ liegt.

Wir halten diese Bezeichnungen $\mathfrak{K}_i$, $\mathfrak{H}$, $d\zeta^2$, $\mathfrak{H}'$, $d\zeta'^2$, K gleich fest, erlauben jedoch jetzt dem K, stetig von 1 bis ∞ zu wachsen. Ist P der zu $\mathfrak{H}$ und P' der zu $\mathfrak{H}'$ gehörige Punkt des R^σ, so werde von jetzt ab P' wegen seiner Abhängigkeit von K mit $P(K)$ bezeichnet:

$$P' = P(K);\ P(1) = P;\ [P(K_1), P(K_2)] = \left|\log\frac{K_2}{K_1}\right|.$$

Die eckigen Klammern bedeuten die Entfernung im R^σ.

Q sei ein Punkt des R^σ; nach der Dreiecksungleichung ist

$$-[P,Q] \leq [Q, P(K)] - \log K \leq [P,Q]$$

und

$$[Q, P(K_1)] - \log K_1 \geq [Q, P(K_2)] - \log K_2 \qquad (1 \leq K_1 \leq K_2).$$

Folglich konvergiert

$$\lim_{K\to\infty} \{[Q, P(K)] - \log K\} = f(Q).$$

$f(Q)$ hängt noch von $\mathfrak{H}$ und $d\zeta^2$ ab.

Nun liege Q in $\mathfrak{B}$. Dann gibt es eine konforme Abbildung der $\mathfrak{K}_i$ in den zu Q gehörigen Hauptbereich $\mathfrak{J}$ und eine quasikonforme Abbildung von $\mathfrak{J}$ auf den zu $P(K)$ gehörigen Hauptbereich $\mathfrak{H}' = \mathfrak{H}(K)$ mit dem konstanten Dilatationsquotienten $e^{[Q, P(K)]}$. Beide zusammen ergeben eine quasikonforme Abbildung der $\mathfrak{K}_i$ in $\mathfrak{H}(K)$ mit dem konstanten Dilatationsquotienten $e^{[Q, P(K)]}$. Nun haben wir aber schon eine extremale quasikonforme Abbildung der $\mathfrak{K}_i$ in $\mathfrak{H}(K)$ mit dem konstanten Dilatationsquotienten K. Folglich ist

$$e^{[Q, P(K)]} \geq K$$

oder

$$[Q, P(K)] - \log K \geq 0.$$

Grenzübergang $K \to \infty$ liefert

$$f(Q) \geq 0 \qquad (Q \text{ in } \mathfrak{B}).$$

Daraus, daß das an der ganzen Berandung von $\mathfrak{B}$ gilt, dürfte eine gewisse Regularität dieser Randhyperfläche folgen.

Insbesondere können wir die Tangentialrichtungen im Randpunkte P berechnen. Eine Richtung in P wird durch einen Vektor $\mathfrak{k}$ des Infinitesimalraumes L^σ beschrieben. Ist nun $\mathfrak{k}_0$ ein Vektor, der die Richtung des geodätischen Strahls $P(K)$ in P angibt, so ist $\mathfrak{k}$ dann und nur dann ein Tangentialvektor von $\mathfrak{B}$ im Punkte P, wenn

$$\lim_{\varepsilon\to 0} \frac{\|\mathfrak{k}_0 + \varepsilon\mathfrak{k}\| - \|\mathfrak{k}_0\|}{\varepsilon} = 0$$

ist. Beschreibt man die zu $\mathfrak{k}$ gehörige infinitesimale quasikonforme Abbildung durch ein invariantes $B\frac{dz^2}{|dz|^2}$, so lautet die Bedingung

$$\Re\iint \bar{B}\frac{d\zeta^2}{dz^2}\boxed{dz}=0.$$

Zum Schluß stelle ich ein Problem, für das ich keinen brauchbaren Lösungsansatz kenne und das mit der hier entwickelten Methode nicht angreifbar ist. $\mathfrak{C}_1$, $\mathfrak{C}_2$, $\mathfrak{C}_3$ und $\mathfrak{C}_4$ seien punktfremde geschlossene Kurven in der endlichen z-Ebene, und zwar möge $\mathfrak{C}_{i+1}$ immer $\mathfrak{C}_i$ von ∞ trennen. M_{ik} sei für $i<k$ der Modul des von $\mathfrak{C}_i$ und $\mathfrak{C}_k$ begrenzten Ringgebiets, also der Logarithmus des Radienquotienten eines konzentrischen Kreisrings, auf den dieses Ringgebiet sich konform abbilden läßt. Es gelten u. a. folgende Ungleichungen:

$$M_{13}\geq M_{12}+M_{23}; \quad M_{24}\geq M_{23}+M_{34};$$

$$M_{14}\geq M_{12}+M_{24}; \quad M_{14}\geq M_{13}+M_{34};$$

$$M_{14}+M_{23}+2\log 4\geq M_{13}+M_{24}\geq M_{14}+M_{23}-2\log 4-f(M_{23})$$

$$\text{mit } \lim_{\mu\to\infty} f(\mu)=0.$$

$M_{14}+M_{23}$ ist bald kleiner, bald größer als $M_{13}+M_{24}$. Welches ist der genaue Veränderlichkeitsbereich von $(M_{12}, M_{13}, M_{14}, M_{23}, M_{24}, M_{34})$?

24.

Vollständige Lösung einer Extremalaufgabe der quasikonformen Abbildung

Abh. Preuß. Akad. Wiss., math.-naturw. Kl. 5, 18 (1941)

1. Einleitung. Über das allgemeine Problem der extremalen quasikonformen Abbildung habe ich früher in einer längeren Arbeit[1] eine zusammenhängende Reihe von Vermutungen aufgestellt, erklärt und heuristisch begründet. Es handelt sich um die Aufgabe, eine Abbildung zu finden, die bei gegebenen Nebenbedingungen eine möglichst kleine obere Grenze (bzw. Maximum) des Dilatationsquotienten hat. Man kommt darauf von der Notwendigkeit her, allein aus der Voraussetzung, eine Abbildung sei quasikonform, bzw. aus einer gegebenen Abschätzung des Dilatationsquotienten nach oben Schlüsse in bezug auf die Abbildung zu ziehen. Es bestehen aber auch Zusammenhänge mit ganz anderen Fragen. Ich schrieb damals, ich hoffte, meine Vermutungen so weit zu begründen, daß ernsthafte Zweifel praktisch ausgeschlossen wären.

Nun erfahre ich, daß doch begründete Bedenken gegen die Richtigkeit meiner Vermutungen ausgesprochen worden sind. Diese bestehen hauptsächlich darin, daß die analytische Natur des Extremalproblems die Existenz einer extremalen Abbildung durchaus fraglich erscheinen läßt, und werden gestützt durch die Beobachtung, daß bei ganz analog gebauten Problemen (die man sich aus den von mir behandelten durch Zusammenrücken von zwei oder mehr ausgezeichneten Punkten entstanden denken kann) nachweislich keine extremale Abbildung existiert. Teilweise ist auch irrtümlich der Eindruck entstanden, als ob es sich nicht um Einwände gegen die Wahrscheinlichkeit meiner Vermutungen, sondern um den Nachweis von Fehlern in meiner Arbeit an Hand eines Gegenbeispiels handelte.

Nach Prüfung der Einwände halte ich meine Vermutungen aufrecht. Es ist hier nicht der richtige Ort, das näher zu begründen. — In welchen Fällen sind nun die Vermutungen, insbesondere die Vermutung über die analytische Darstellung aller extremalen quasikonformen Abbildungen, bestätigt? Zuerst behandelte Grötzsch[2] den Fall des Ringgebiets und drei andere Fälle, die sich darauf zurückführen lassen. Es gelang mir dann[1], noch einige Fälle hinzuzufügen, die sich alle auf die Ringfläche zurückführen lassen. Alle anderen Fälle haben in meiner Bezeichnungsweise eine reduzierte Dimension > 1, und man war auf meine

---

[1] O. Teichmüller, Extremale quasikonforme Abbildungen und quadratische Differentiale. Abh. d. Preuß. Akad. d. Wiss. **1939**.

[2] H. Grötzsch, Leipz. Ber. **84**.

1*

ganz allgemeinen Vermutungen angewiesen, ohne an der Lösung viel vereinfachen zu können. Es lag also im wesentlichen nur ein noch dazu besonders einfaches Beispiel vollständig durchgeführt vor, die Ringfläche (und ihre »Unterlagerungen«). So mußte man sich fragen, ob die Vermutungen sich überhaupt in einem der höheren Fälle nachprüfen ließen.

Im folgenden behandle ich den einfachsten der höheren Fälle, das einfach zusammenhängende Gebiet mit fünf verschiedenen ausgezeichneten Randpunkten oder kurz das Fünfeck. Ich beweise für diesen Fall, daß unter allen Umständen die extremale quasikonforme Abbildung existiert und daß sie genau den von mir früher vermuteten analytischen Bau hat. — Die Darstellung ist in sich vollständig und darum ohne unangemessene Mühe nachprüfbar; wegen des Sinnes der einzelnen Ansätze und der Einordnung in größere Zusammenhänge muß natürlich auf die frühere ausführliche Veröffentlichung[1] verwiesen werden, deren Kenntnis aber zum Verfolgen des Beweises nicht erforderlich ist.

Es wird hier nur die Lösung des Problems der extremalen quasikonformen Abbildung für den Fall des Fünfecks exakt dargestellt; auf andere Vermutungen (wie z. B. daß ein Finslerscher Raum R entsteht) gehe ich gar nicht ein. Man kann an der Durchführung dieses einfachen Beispiels sehen, inwieweit man in diesen höheren Fällen über die von Grötzsch und Ahlfors angewandten Methoden hinausgehen bzw. diese weiterbilden muß. Meines Erachtens kann der hier vorgelegte Kontinuitätsbeweis als Vorbild eines Beweises für den allgemeinen Fall dienen.

2. Problemstellung. Wir gehen von einem einfach zusammenhängenden Gebiet aus, bei dem fünf verschiedene erreichbare Randpunkte ausgezeichnet sind, also einem »Fünfeck«. Durch eine konforme Abbildung kann man es so in die obere Halbebene $\mathfrak{J} z > 0$ überführen, daß drei bestimmte von den ausgezeichneten Randpunkten in $z = 0, 1$ und ∞ übergehen; die beiden übrigen mögen in $z = p_2$ und $z = p_4$ übergehen, wo $0 < p_2 < 1$ und $1 < p_4 < \infty$. Nach dieser normierenden Abbildung bleiben also nur noch zwei reelle Parameter p_2, p_4 übrig, die das Fünfeck festlegen. Wir stellen das Fünfeck geometrisch durch den Punkt P der p_2-p_4-Ebene dar; die Punkte P, denen normierte Fünfecke entsprechen, machen also den offenen Halbstreifen R: $0 < p_2 < 1$, $1 < p_4 < \infty$ aus.

Neben dieses Fünfeck (also die obere Halbebene mit den ausgezeichneten Randpunkten $0, p_2, 1, p_4, \infty$), das durch P vertreten wird, stellen wir ein zweites normiertes Fünfeck: die obere Halbebene mit den ausgezeichneten Randpunkten $0, q_2, 1, q_4, \infty$, dessen Vertreter Q heißt. Wir betrachten eineindeutige und in beiden Richtungen stetige (kurz: homöomorphe)

[1] Siehe S. 3, Anm. 1.

Abbildungen der abgeschlossenen oberen Halbebene auf sich, die 0, p_2, 1, p_4, ∞ der Reihe nach in 0, q_2, 1, q_4, ∞ überführen; wir sagen, solche Abbildungen führen das erste Fünfeck in das zweite über, und sprechen ganz kurz auch von »Abbildungen $P \to Q$«. Ferner sollen die Abbildungen in beiden Richtungen stetig differenzierbar sein; aber hiervon sind Ausnahmen gestattet: erstens in endlich vielen Punkten, zweitens auf endlich vielen analytischen Kurvenbögen, die bei der Abbildung in ebensolche übergehen müssen. Abgesehen von diesen Ausnahmen hat man in jedem Punkt einen Dilatationsquotienten D (Verhältnis der großen zur kleinen Achse bei der Ellipse, in die ein kleiner Kreis um diesen Punkt in erster Näherung bei der Abbildung übergeht). Die Grundeigenschaften dieses Begriffs setzen wir als bekannt voraus[1]. Wenn der Dilatationsquotient beschränkt ist, nennen wir die Abbildung quasikonform.

Es ist leicht zu sehen, daß es eine quasikonforme Abbildung $P \to Q$ stets gibt. Wir bilden durch $w = \dfrac{z-i}{z+i}$ die obere Halbebene auf den Einheitskreis der $w = \varrho e^{i\vartheta}$-Ebene ab und teilen diesen durch Strecken $\vartheta = \text{const}$ von $w = 0$ nach den Bildern der ausgezeichneten Randpunkte in fünf Sektoren ein. Das geschieht für jedes der beiden Fünfecke. Dann werden entsprechende Sektoren aufeinander durch Abbildungen der Form

$$\varrho' = \varrho; \quad \vartheta' = a\vartheta + b \qquad (a > 0)$$

abgebildet. So entsteht eine quasikonforme Abbildung $P \to Q$.

Für später merken wir gleich an: Wenn man P festhält, Q aber in einer abgeschlossenen beschränkten Teilmenge unseres offenen Halbstreifens R sich verändern läßt, ergibt unsere Konstruktion eine Abbildung $P \to Q$ mit einem Dilatationsquotienten D, der eine von Q unabhängige, nur von der Teilmenge abhängige obere Schranke C hat.

Nun sind wieder P und Q fest. Wir haben für jede quasikonforme Abbildung $P \to Q$ eine obere Grenze lim sup D des Dilatationsquotienten und fragen nach der unteren Grenze all dieser Zahlen lim sup D bei Abänderung der Abbildung $P \to Q$.

Wenn für eine Abbildung $P \to Q$ diese untere Grenze erreicht wird, d. h. wenn sie ein möglichst kleines lim sup D hat, dann nennen wir sie eine **extremale quasikonforme Abbildung**. Ob es stets eine solche gibt, ist natürlich zu untersuchen. Im Falle $P = Q$ ist offenbar die Identität eine extremale quasikonforme Abbildung mit dem konstanten Dilatationsquotienten 1.

---

[1] Siehe z. B. O. Teichmüller, Eine Anwendung quasikonformer Abbildungen auf das Typenproblem, Deutsche Math. 2.

Wir werden beweisen, daß es zu beliebigen P, Q stets eine extremale quasikonforme Abbildung $P \to Q$ gibt. Diese hat einen konstanten Dilatationsquotienten und eine analytische Bauart, die unten genauer beschrieben wird und meinen früher ausgesprochenen Vermutungen entspricht.

Beim Beweis gehen wir nicht gleich von beliebig gegebenen P und Q aus, sondern wir konstruieren von einem beliebigen P ausgehend zunächst eine von zwei Parametern K, φ abhängige Schar besonderer Abbildungen $P \to Q$; die hierbei vorkommenden Q werden $P(K, \varphi)$ genannt. Dann beweisen wir, daß diese Abbildungen alle extremal quasikonform sind, und bringen schließlich darauf gestützt einen Kontinuitätsbeweis dafür, daß sich jedes Q in der Form $P(K, \varphi)$ darstellen läßt, daß also für jedes Q eine extremale quasikonforme Abbildung $P \to Q$ konstruiert worden war.

3. Abbildung auf achsenparallele Sechsecke. Wir gehen von einem normierten Fünfeck aus, von der oberen Halbebene $\Im z > 0$ mit den ausgezeichneten Randpunkten $0, p_2, 1, p_4, \infty$, vertreten durch den Punkt P. φ sei ein Parameter, auf den es nur mod 2π ankommt. Wir setzen

$$\zeta = \int \sqrt{\frac{\cos\varphi + z\sin\varphi}{z(z-p_2)(z-1)(z-p_4)}}\, dz.$$

Der Integrand hat in $\Im z > 0$ weder Nullstellen noch Pole; er hat eine reelle Nullstelle bei $z = -\operatorname{ctg}\varphi$, die sich allerdings für zehn besondere φ-Werte gegen den Pol bei $0, p_2, 1, p_4$ bzw. ∞ wegheben kann. $\Im z > 0$ wird konform auf ein schlichtes geradlinig berandetes Gebiet der ζ-Ebene abgebildet. Weil der Integrand auf der reellen Achse überall reell oder rein imaginär ist, sind die Randlinien des ζ-Gebiets alle waagerecht oder senkrecht, also jedenfalls achsenparallel. (Daß das ζ-Bildgebiet schlicht ist, sieht man natürlich erst aus der Diskussion seines Randes.)

Zunächst sei $-\operatorname{ctg}\varphi$ von $0, p_2, 1, p_4$ und ∞ verschieden. Dann entsprechen $z = 0, p_2, 1, p_4, \infty$ fünf ausspringende Ecken des ζ-Gebiets mit dem Winkel $\frac{\pi}{2}$, $z = -\operatorname{ctg}\varphi$ entspricht eine einspringende Ecke mit dem Winkel $\frac{3\pi}{2}$. Wenn z. B. φ zwischen 0 und $\frac{\pi}{2}$ liegt, ist $-\operatorname{ctg}\varphi$ negativ, und wenn z die reelle Achse von $-\infty$ nach $+\infty$ durchläuft, dann wird zunächst von $z = -\infty$ bis $z = -\operatorname{ctg}\varphi$ der Realteil von ζ konstant sein; die Quadratwurzel sei z. B. so bestimmt, daß der Imaginärteil von ζ hier wächst. Dann ist $\Im\zeta$ von $-\operatorname{ctg}\varphi$ bis 0 konstant, und $\Re\zeta$ wächst; von 0 bis p_2 ist $\Re\zeta$ konstant, und $\Im\zeta$ wächst; von p_2 bis 1 ist $\Im\zeta$ konstant, und $\Re\zeta$ fällt; von 1 bis p_4 ist $\Re\zeta$ konstant, und $\Im\zeta$ fällt; von p_4 bis $+\infty$ schließlich ist $\Im\zeta$ konstant, und $\Re\zeta$ wächst. Hierbei muß ζ eine geschlossene

Kurve beschrieben haben. Wir haben also ein achsenparalleles Sechseck mit fünf ausspringenden Ecken und einer einspringenden Ecke vor uns. Ganz entsprechendes gilt für die neun übrigen φ-Intervalle.

Die ausspringenden Ecken, die $z = 0, p_2, 1, p_4, \infty$ entsprechen, numerieren wir in dieser Reihenfolge mit 1, 2, 3, 4, 5. Von nun an ist immer, wenn von einem achsenparallelen Sechseck die Rede ist, eine Numerierung seiner fünf ausspringenden Ecken im positiven Umlaufssinn als gegeben zu denken; ohne eine solche gilt das achsenparallele Sechseck noch nicht als eindeutig festgelegt.

Wenn aber $-\operatorname{ctg}\varphi$ mit $0, p_2, 1, p_4$ oder ∞ zusammenfällt, ist ζ ein elliptisches Integral erster Gattung und bildet $\mathfrak{J} z > 0$ konform auf ein Rechteck ab, dessen Ecken den übrigen vier ausgezeichneten Randpunkten unseres Fünfecks entsprechen. Das Bild des fünften ausgezeichneten Randpunkts, der mit $-\operatorname{ctg}\varphi$ zusammenfällt, liegt auf einer Seite des Rechtecks und ist zu markieren. So ein achsenparalleles Rechteck, bei dem außer den Ecken noch ein fünfter Randpunkt ausgezeichnet ist, fassen wir als Grenz- oder Übergangsfall eines achsenparallelen Sechsecks auf, wo in dem fünften ausgezeichneten Randpunkt eine Sechseckseite der Länge 0 senkrecht zu der dortigen Rechteckseite zu denken ist: eine ausspringende und eine einspringende Ecke fallen hier zusammen. Wir sprechen darum von einem rechteckigen Sechseck. Wieder numerieren wir die Ecken des Rechtecks und den weiteren markierten Randpunkt in der Reihenfolge, wie sie $z = 0, p_2, 1, p_4, \infty$ entsprechen, mit 1, 2, 3, 4, 5 und sehen ein rechteckiges Sechseck erst dann als bestimmt an, wenn seine fünf ausgezeichneten Randpunkte im positiven Umlaufsinn in bestimmter Weise numeriert sind. Andere Ausartungen des achsenparallelen Sechsecks kommen nicht vor.

In ζ ist bei gegebenen p_2, p_4, φ noch das Vorzeichen sowie eine additive Konstante beliebig. Man darf das achsenparallele Sechseck also in seiner Ebene verschieben oder um einen Punkt um den Winkel π drehen: das sind unwesentliche Abänderungen. Ferner wollen wir nicht auf die absolute Größe des Sechsecks, sondern nur auf seine Seitenverhältnisse achten, gestatten also Multiplikation von ζ mit einem reellen von 0 verschiedenen Faktor.

Das Quadrat des Integranden, also

$$d\zeta^2 = \frac{\cos\varphi + z\sin\varphi}{z(z-p_2)(z-1)(z-p_4)}\, dz^2,$$

ist bis auf einen positiven Faktor bei festem P, aber veränderlichem φ das allgemeinste nicht identisch verschwindende auf der z-Kugel bis höchstens auf einfache Pole bei $0, p_2, 1, p_4, \infty$ reguläre längs der reellen Achse reelle quadratische Differential. Hieraus folgt: Führt man durch eine lineare Transformation $l(z)$ die Punkte $0, p_2, 1, p_4, \infty$ in irgendeiner Reihenfolge in $0, q_2, 1, q_4, \infty$ über, so gibt es zu jedem $\varphi \pmod{2\pi}$ genau ein $\psi \pmod{2\pi}$ und einen reellen Faktor λ mit

$$\int \sqrt{\frac{\cos\varphi + z\sin\varphi}{z(z-p_2)(z-1)(z-p_4)}}\, dz =$$
$$\lambda \int \sqrt{\frac{\cos\psi + l(z)\sin\psi}{l(z)\,(l(z)-q_2)\,(l(z)-1)\,(l(z)-q_4)}}\, dl(z) + \text{const.}$$

Hierbei hängen ψ und λ stetig (sogar analytisch) von p_2, p_4, φ ab.

4. **Stetigkeit der Abbildung $(P, \varphi) \to S$.** Der Punkt P mit den Koordinaten p_2, p_4 ist in einem offenen Halbstreifen veränderlich, während φ die Zahlengerade mod 2π, also eine zur Kreislinie homöomorphe eindimensionale Mannigfaltigkeit, durchläuft. Das Paar (P, φ) ist also in einer gewissen dreidimensionalen Mannigfaltigkeit (dem »Produktraum«) veränderlich. Nun wurde soeben jedem Paar (P, φ) ein achsenparalleles Sechseck der ζ-Ebene zugeordnet, das auch ein rechteckiges Sechseck sein durfte, das aber nur bis auf Transformationen

$$\zeta \to a\zeta + b \qquad (a \neq 0 \text{ reell, } b \text{ komplex})$$

bestimmt sein sollte. Wir wollen jetzt auch im Raum dieser Klassen S von Sechsecken einen Umgebungsbegriff einführen und ihn dadurch zu einem topologischen dreidimensionalen Raum machen.

Zunächst enthalte die Klasse S von Sechsecken, die auseinander durch derartige Transformationen $\zeta \to a\zeta + b$ hervorgehen, lauter nichtrechteckige Sechsecke. Durch eine erlaubte Transformation findet man in der Klasse ein Sechseck, das durch Vereinigung der beiden Rechtecke

$$0 < \Re\zeta < a, -b < \Im\zeta < 0 \quad \text{und} \quad 0 < \Re\zeta < A, 0 < \Im\zeta < B$$

entsteht, wo also $a \neq A$ ist. (Diese Form ist nur gewählt, um an eine bestimmte Normalform anknüpfen zu können.) Wir fassen jetzt die Verhältnisse $a:b:A:B$ (also drei Zahlen) als Koordinaten von S auf und tun deshalb in eine Umgebung von S alle Klassen, die ein Sechseck enthalten, das durch Vereinigung zweier Rechtecke

$$0 < \Re\zeta < c, -d < \Im\zeta < 0 \quad \text{und} \quad 0 < \Re\zeta < C, 0 < \Im\zeta < D$$

entsteht, wo die Verhältnisse $c:d:C:D$ in einer (dreidimensionalen) Umgebung von $a:b:A:B$ liegen, und dessen ausspringende Ecken entsprechend numeriert sind.

Nun möge die Klasse S lauter rechteckige Sechsecke enthalten. Wenn der fünfte ausgezeichnete Randpunkt auf einer senkrechten Sechseckseite liegt, ändert sich kaum etwas. Man hat in der obigen Normalform $a = A$ zu setzen, der fünfte ausgezeichnete Randpunkt ist $\zeta = a = A$. Die durch $c:d:C:D$ beschriebenen Klassen der Umgebung von S werden natürlich nicht alle nur rechteckige Sechsecke enthalten, sondern S hat eine dreidimensionale Umgebung, in der diejenigen Klassen, die zu rechteckigen Sechsecken gehören, eine zweidimensionale Teilmannigfaltigkeit bilden. — Wenn aber der fünfte ausgezeichnete Randpunkt auf einer waagerechten Rechteckseite liegt, dann kommt man durch eine Drehung um den Winkel $\frac{\pi}{2}$ auf den vorigen Fall zurück. Dementsprechend geht man zweckmäßig von dem bisherigen Koordinatensystem $a:b:A:B$ linear zu $b+B:a:B:A-a$ bzw. $b:a-A:b+B:A$ über, je nachdem der fünfte ausgezeichnete Randpunkt auf der unteren bzw. oberen Rechteckseite liegt.

Indem die Umgebung jedes S auf ein Gebiet des dreidimensionalen Zahlenraumes abgebildet ist und diese Abbildungen stetig (sogar analytisch) miteinander zusammenhängen, ist die Menge aller S ein dreidimensionaler topologischer Raum.

Daß jedem Paare (P, φ) durch unser Integral ζ eine Klasse S achsenparalleler Sechsecke zugeordnet ist, fassen wir jetzt als eine Abbildung auf, die jedem (P, φ) ein S zuordnet. Wir wollen zeigen, daß diese Abbildung stetig ist.

Zunächst sei $-\operatorname{ctg}\varphi$ von $0, p_2, 1, p_4, \infty$ verschieden, so daß wir es mit einem nichtrechteckigen Sechseck zu tun haben. Sind a und b zwei benachbarte von den sechs Punkten $-\operatorname{ctg}\varphi, 0, p_2, 1, p_4, \infty$, so ist

$$\int_a^b \sqrt{\frac{\cos\varphi + z\sin\varphi}{z(z-p_2)(z-1)(z-p_4)}}\,dz$$

bis auf einen Faktor ± 1 oder $\pm i$ die Länge der entsprechenden Sechseckseite in der ζ-Ebene. Es genügt also, zu beweisen, daß diese Integrale stetig von p_2, p_4, φ abhängen. Aber dies bestimmte Integral ist bis auf den Faktor $\pm\frac{1}{2}$ gleich

$$\int \sqrt{\frac{\cos\varphi + z\sin\varphi}{z(z-p_2)(z-1)(z-p_4)}}\,dz$$

erstreckt über eine einfach geschlossene Kurve, die a und b von den vier anderen Verzweigungspunkten trennt. Und dies Integral hängt selbstverständlich stetig von p_2, p_4, φ ab.

Nun sei $-\operatorname{ctg}\varphi$ gleich einem der fünf ausgezeichneten Punkte, so daß das Sechseck rechteckig ist. Auch in diesem Falle beruht die Stetigkeit der Abbildung $(P, \varphi) \to S$ auf der stetigen Abhängigkeit der Sechseckseiten von p_2, p_4, φ. Für einige Seiten kann das wie oben bewiesen werden, aber nicht für die beiden an das zusammenfallende Punktepaar angrenzenden Seiten. Denn hier müßte beim Rückgang auf ein Integral über einen geschlossenen Weg der letztere zwischen den beiden zusammenfallenden Punkten hindurchlaufen. Wir überzeugen uns darum auf andere Weise von der Stetigkeit dieser Sechseckseiten.

Wir nehmen z. B. im (P, φ)-Raum eine kleine Umgebung eines Punktes mit $\varphi \equiv \frac{\pi}{2} \pmod{2\pi}$ und wollen zeigen, daß hier die Sechseckseite, die dem Stück der reellen Achse von $z = -\infty$ bis $-\operatorname{ctg}\varphi$ (wenn $-\operatorname{ctg}\varphi \leqq 0$) bzw. bis 0 (wenn $-\operatorname{ctg}\varphi \geqq 0$) entspricht, stetig von p_2, p_4, φ abhängt. Diese ist aber gleich

$$\mathfrak{I} \pm \int_{-\infty}^{0} \sqrt{\frac{\cos\varphi + z\sin\varphi}{z(z-p_2)(z-1)(z-p_4)}}\, dz$$

oder gleich

$$\mathfrak{I} \pm \int_{-\infty}^{0} \sqrt{\frac{(z-1)(\cos\varphi + z\sin\varphi)}{(z-p_2)(z-p_4)}} \cdot \frac{dz}{(z-1)\sqrt{z}}.$$

Hier ist unter dem Integral der erste Faktor stetig, auch bei $z = \infty$, und hängt gleichmäßig stetig von p_2, p_4, φ ab; der zweite Faktor ist von p_2, p_4, φ unabhängig, und sein Integral, für sich genommen, konvergiert absolut. Hieraus folgt die stetige Abhängigkeit des Integrals von $p_2, p_4\, \varphi$. (Man hätte auch $\frac{1}{|\sqrt{-z}|+1}$ als neue Integrationsvariable einführen können.)

Aber dies war nur ein besonders einfacher Fall, in dem es gelingt, auf ein Integral mit festen Grenzen zurückzukommen. Den allgemeinen Fall kann man durch eine lineare Transformation $z \to l(z)$ auf den soeben erledigten Fall zurückführen. l hängt stetig von p_2, p_4 ab, und schon am Schluß von **3** bemerkten wir, daß unser Integral dabei in ein ganz analog gebautes Integral übergeht und daß auch die dort auftretenden ψ, λ stetig von p_2, p_4, φ abhängen. Selbstverständlich hängen auch die dortigen q_2, q_4 stetig von p_2, p_4 ab. So sieht man die stetige Abhängigkeit der Sechseckseiten von p_2, p_4, φ auch in den restlichen Fällen ein.

5. **Homöomorphie der Abbildung $(P, \varphi) \to S$.** Wir haben eine durch das Integral ζ definierte Abbildung, die jedem Paar (P, φ) eine Klasse S

achsenparalleler Sechsecke zuordnet, und wir haben soeben gesehen, daß diese Abbildung stetig ist. Wir zeigen nun zuerst, daß zwei verschiedene Paare (P, φ) stets verschiedene Bilder S haben.

Angenommen, zwei Paare (P, φ) und (Q, ψ) haben dasselbe Bild S. Greifen wir ein bestimmtes Sechseck der Klasse S heraus, so haben wir zwei konforme Abbildungen der oberen Halbebene auf dieses Sechseck, von denen die eine $0, p_2, 1, p_4, \infty$, die andere aber $0, q_2, 1, q_4, \infty$ in dieser Reihenfolge in die mit $1, 2, 3, 4, 5$ numerierten ausgezeichneten Randpunkte des achsenparallelen Sechsecks überführt. Wendet man erst die eine und dann die Umkehrung der anderen an, so hat man eine konforme Abbildung der oberen Halbebene auf sich, die $0, p_2, 1, p_4, \infty$ der Reihe nach in $0, q_2, 1, q_4, \infty$ überführt. Das muß die Identität sein, folglich $p_2 = q_2$ und $p_4 = q_4$, und die beiden Abbildungen von $\mathfrak{J} z > 0$ auf das Sechseck fallen zusammen. Als Urbild der einspringenden Ecke des achsenparallelen Sechsecks bzw. im rechteckigen Fall als Urbild des fünften ausgezeichneten Randpunkts muß darum auch $-\operatorname{ctg} \varphi = -\operatorname{ctg} \psi$ sein, d. h. $\varphi \equiv \psi \pmod{\pi}$. Wäre nun $\varphi \equiv \psi + \pi \pmod{2\pi}$, so entstünde das $(Q, \psi) = (P, \psi)$ zugeordnete Sechseck aus dem (P, φ) zugeordneten Sechseck durch eine Drehung um den Winkel $\frac{\pi}{2}$. Aber beide sollten in einer Klasse liegen, und wir haben nur solche Transformationen $\zeta \to a\zeta + b$ zugelassen, bei denen $a \neq 0$ reell ist; ein rein imaginäres a war nicht zugelassen. Darum muß $\varphi \equiv \psi \pmod{2\pi}$ sein, und es ist $(P, \varphi) = (Q, \psi)$.

Nun wollen wir beweisen, daß auch die Umkehrung der nun als eineindeutig erkannten Abbildung $(P, \varphi) \to S$ stetig ist. Dazu benutzen wir eine bekannte Verschärfung des Satzes von der Erhaltung der Dimension, nämlich den

Satz von der Gebietstreue. Jede stetige und eineindeutige Abbildung eines Stücks des gewöhnlichen n-dimensionalen Raums auf eine Teilmenge eines zweiten gewöhnlichen n-dimensionalen Raums führt offene Mengen in offene Mengen über.

Nun sei ein (P, φ), dem ein S entspricht, und eine Umgebung $\mathfrak{U}$ von (P, φ) gegeben. Wir nehmen eine Teilumgebung $\mathfrak{U}'$ von (P, φ), die in $\mathfrak{U}$ enthalten ist und in der p_2, p_4, φ ein eindeutiges Koordinatensystem sind und deren Bild $\mathfrak{V}$ in einer Umgebung von S enthalten ist, in der es ein eindeutiges dreidimensionales Koordinatensystem gibt. Dann ist $\mathfrak{V}$ nach dem Satz von der Gebietstreue eine Umgebung von S, deren Urbild $\mathfrak{U}'$ in der beliebig vorgegebenen Umgebung $\mathfrak{U}$ von (P, φ) liegt. D. h. auch die umgekehrte Abbildung $S \to (P, \varphi)$ ist stetig.

Ich nehme an, daß sich an dieser Stelle die Anwendung des Satzes von der Gebietstreue noch vermeiden läßt; erst in **9** brauchen wir ihn notwendig.

Nun ist der (P, φ)-Raum homöomorph auf einen Teil des S-Raumes abgebildet. Wir zeigen noch, daß er auf den ganzen S-Raum abgebildet wird, daß also jedes S zu einem (P, φ) gehört. Da greifen wir aus einer gegebenen Klasse S ein achsenparalleles Sechseck der ζ-Ebene heraus, dessen ausspringende Ecken im positiven Umlaufsinn numeriert sind. Wir bilden es konform so auf die obere z-Halbebene ab, daß die Ecken $1, 3, 5$ in $z = 0, 1, \infty$ übergehen; die Ecken $2, 4$ mögen in $z = p_2, p_4$ übergehen, wo dann $0 < p_2 < 1$ und $p_4 > 1$ ist; die einspringende Ecke möge in $z = n$ übergehen. In bekannter Weise folgt aus dem Spiegelungsprinzip

$$\left(\frac{d\zeta}{dz}\right)^2 = A\,\frac{z-n}{z(z-p_2)(z-1)(z-p_4)}, \qquad A \neq 0 \text{ reell.}$$

Das gilt auch im Falle des rechteckigen Sechsecks, wo die einspringende Ecke mit einer ausspringenden Ecke im fünften ausgezeichneten Randpunkt zusammenfällt und darum n mit $0, p_2, 1, p_4$ oder ∞ zusammenfällt; im Falle $n = \infty$ ist der Faktor $z - n$ wegzulassen. Nun bestimmen wir φ zunächst mod π so, daß $n = -\operatorname{ctg}\varphi$ wird, und legen dann φ sogar mod 2π so fest, daß es einen positiven Faktor λ mit

$$A(z-n) = \lambda(\cos\varphi + z\sin\varphi)$$

gibt (im Falle $n = \infty$ natürlich $\sin\varphi = 0$, $A = \lambda\cos\varphi$). Dann gehört die vorgegebene Klasse S zu diesen p_2, p_4, φ.

6. Angabe der Lösungen. Wir geben jetzt eine zweiparametrige Schar von Abbildungen der oberen Halbebene auf sich an, von der dann bewiesen wird, daß sie unser Problem der extremalen quasikonformen Abbildung löst.

Wir gehen von einem Punkt $P = (p_2, p_4)$ aus. $K \geqq 1$ und $\varphi \pmod{2\pi}$ sind zwei Parameter, von denen die zu konstruierende Abbildung abhängt. Zuerst bilden wir die obere Halbebene konform durch

$$\zeta = \int \sqrt{\frac{\cos\varphi + z\sin\varphi}{z(z-p_2)(z-1)(z-p_4)}}\,dz$$

wie oben auf ein (evtl. rechteckiges) achsenparalleles Sechseck der ζ-Ebene ab, dessen fünf ausspringende Ecken also im positiven Umlaufssinn numeriert sind. Es kommt uns nur auf die Klasse S des Sechsecks an. Dann wenden wir eine Dilatation der ζ-Ebene an:

$$\zeta \to \zeta', \text{ wo } \Re\zeta' = K\Re\zeta \text{ und } \Im\zeta' = \Im\zeta.$$

Diese Dilatation führt achsenparallele Sechsecke wieder in ebensolche über; ferner transformiert sie die zulässigen Abbildungen $\zeta \to a\zeta + b$ ($a \neq 0$ reell) in ebensolche Abbildungen der ζ'-Ebene, folglich führt sie achsenparallele Sechsecke, die in der ζ-Ebene in derselben Klasse liegen, in solche der ζ'-Ebene über, die wieder einer Klasse angehören. So ordnet die Dilatation jeder Klasse S achsenparalleler Sechsecke eine Klasse S' zu. Insbesondere geht unser obiges Sechseck in ein Sechseck der ζ'-Ebene über, von dem uns wieder nur die Klasse S' interessiert. Endlich bilden wir das Sechseck der ζ'-Ebene konform so auf die obere z'-Halbebene ab, daß die ausspringenden Ecken 1, 3, 5 in $z' = 0, 1, \infty$ übergehen, und bezeichnen die Bilder der ausspringenden Ecken 2, 4 mit $z' = q_2, q_4$ und den Punkt (q_2, q_4) mit Q. Mit anderen Worten: Wie S zu (P, φ) gehört, ist S' Bild eines (Q, ψ), und auf dieses Q und diese konforme Abbildung $z' \leftrightarrow \zeta'$ kommt es uns an.

Diese drei Abbildungen $z \to \zeta$, $\zeta \to \zeta'$, $\zeta' \to z'$ setzen wir zu einer Abbildung $z \to z'$ zusammen. Es ist offenbar eine homöomorphe Abbildung der oberen Halbebene auf sich, die $z = 0, p_2, 1, p_4, \infty$ in $z' = 0, q_2, 1, q_4, \infty$ überführt, also eine Abbildung $P \to Q$. Sie ist auch höchstens mit Ausnahme der fünf oder sechs Randpunkte $0, p_2, 1, p_4, \infty$ und $-\operatorname{ctg} \varphi$ in beiden Richtungen stetig differenzierbar (sogar analytisch). Die erste und die dritte Abbildung sind konform, während die zweite Abbildung $\zeta \to \zeta'$ den konstanten Dilatationsquotienten $K \geqq 1$ hat; darum hat auch die zusammengesetzte Abbildung $z \to z'$ den konstanten Dilatationsquotienten K. Insbesondere ist sie quasikonform.

q_2 und q_4 sind hierbei nicht etwa willkürliche Parameter, sondern Funktionen von p_2, p_4, φ, K.

Im Falle $K = 1$ ist $\zeta = \zeta'$ und darum $z = z'$: für $K = 1$ erhält man die Identität, also eine Abbildung $P \to P$, unabhängig von φ.

7. **Stetigkeit von $P(K, \varphi)$.** Bei den soeben konstruierten Abbildungen der oberen Halbebene auf sich ist $Q = (q_2, q_4)$ eine Funktion von $(p_2, p_4) = P$, K und φ. Wir halten P ganz fest und bezeichnen Q dann in seiner Abhängigkeit von K und φ mit $P(K, \varphi)$:

$$Q = P(K, \varphi).$$

Wir zeigen, daß $P(K, \varphi)$ stetig von K und φ abhängt.

Weil die Abbildung $(P, \varphi) \to S$ nach **4** stetig ist, hängt S bei festem P stetig von φ ab. S' hängt offenbar stetig von S und K ab. Schließlich hängt auch (Q, ψ) und damit Q nach **5** stetig von S' ab. Folglich hängt Q stetig von K und φ ab

Es ist $P(1, \varphi) = P$ für alle φ. Wir führen in einer Euklidischen Ebene Polarkoordinaten $r \geqq 0$, $\varphi \pmod{2\pi}$ ein und ordnen dem Punkte mit den Polarkoordinaten r, φ den Punkt $P(e^r, \varphi)$ des offenen Halbstreifens $0 < p_2 < 1$, $1 < p_4 < \infty$ zu. Es soll also $r = \log K$ sein. Diese Zuordnung ist wegen $P(1, \varphi) = P$ jedenfalls eindeutig. Wir zeigen, daß auch sie stetig ist.

In allen Punkten (r, φ) der Ebene mit $r \neq 0$ folgt das sofort aus dem schon Gesagten; wir haben noch den Nullpunkt zu betrachten. Weil $P(K, \varphi)$ für $K \leqq e$ gleichmäßig stetig ist, unterscheidet sich $P(K, \varphi)$ von $P(1, \varphi) = P$ gleichmäßig in φ beliebig wenig, wenn nur K sich hinreichend wenig von 1 unterscheidet. D. h. $P(e^r, \varphi)$ liegt für hinreichend kleines r ohne Rücksicht auf φ in einer beliebig kleinen Umgebung von P, w. z. b. w.

8. Beweis der Extremaleigenschaft. Jetzt soll bewiesen werden, daß die in **6** konstruierten Abbildungen $P \to P(K, \varphi)$ extremale quasikonforme Abbildungen sind, d. h. daß jede quasikonforme Abbildung $P \to P(K, \varphi)$ eine obere Grenze lim sup D des Dilatationsquotienten hat, die $\geqq K$ ist. Denn K war ja der konstante Dilatationsquotient unserer konstruierten Abbildung $P \to P(K, \varphi)$. Wir werden auch zeigen, daß es jeweils nur diese eine extremale quasikonforme Abbildung gibt, d. h. daß eine quasikonforme Abbildung $P \to P(K, \varphi)$ mit lim sup $D = K$ notwendig mit unserer Abbildung aus **6** übereinstimmt.

Im Falle $K = 1$ ist unsere Abbildung die Identität. Immer ist $D \geqq 1$, also lim sup $D \geqq 1$. Ist für eine Abbildung $P \to P$ aber lim sup $D = 1$, so ist sie konform höchstens mit Ausnahme endlich vieler Punkte und endlich vieler analytischer Kurvenbögen, die bei der Abbildung in ebensolche übergehen. Dann ist aber die Abbildung ausnahmslos konform und darum die Identität. In diesem Falle $K = 1$ ist also die Behauptung klar. Trotzdem gilt der folgende Beweis auch für $K = 1$ mit.

Die Behauptung ist gegen konforme Abbildung der oberen z-Halbebene und der oberen z'-Halbebene invariant. In den alten Bezeichnungen von **6** machen wir die konformen Hilfsabbildungen $z \to \zeta$ und $z' \to \zeta'$. Dann haben wir ein achsenparalleles Sechseck $\mathfrak{S}$ mit numerierten ausspringenden Ecken in der ζ-Ebene und in der ζ'-Ebene ein achsenparalleles Sechseck $\mathfrak{S}'$, das aus $\mathfrak{S}$ durch die Dilatation

$$\zeta \to \zeta', \text{ wo } \Re\zeta' = K\Re\zeta \text{ und } \Im\zeta' = \Im\zeta$$

entsteht, und haben quasikonforme Abbildungen von $\mathfrak{S}$ auf $\mathfrak{S}'$ zu untersuchen, die die ausspringenden Ecken von $\mathfrak{S}$ in die entsprechend liegenden ausspringenden Ecken von $\mathfrak{S}'$ überführen. Es ist zu beachten, daß entsprechendes für die einspringende Ecke nicht gefordert werden darf.

Nur der einfachen Ausdrucksweise wegen geben wir dem Sechseck $\mathfrak{S}$ durch eine erlaubte Transformation folgende Form:

Wir setzen

$$\zeta = \xi + i\eta \quad \text{und} \quad \zeta' = \xi' + i\eta',$$

dann soll $\mathfrak{S}$ durch Vereinigung der Rechtecke

$$0 < \xi < a, -b < \eta < 0 \quad \text{und} \quad 0 < \xi < A, 0 < \eta < B$$

längs der Strecke $0 < \xi < \text{Min}\,(a, A)$, $\eta = 0$ entstehen. Wenn $\mathfrak{S}$ rechteckig ist und der fünfte ausgezeichnete Randpunkt auf einer senkrechten Seite liegt, setzen wir $a = A$ und nehmen $\xi = a = A$, $\eta = 0$ als fünften ausgezeichneten Randpunkt; wenn er auf einer waagerechten Rechteckseite liegt, setzen wir etwa $b = 0$, $a < A$ und nehmen $\xi = a$, $\eta = 0$ als fünften ausgezeichneten Randpunkt. — $\mathfrak{S}'$ entsteht durch Vereinigung der Rechtecke

$$0 < \xi' < Ka, -b < \eta' < 0 \quad \text{und} \quad 0 < \xi' < KA, 0 < \eta' < B$$

längs der Strecke $0 < \xi' < \text{Min}\,(Ka, KA)$, $\eta = 0$.

Nun sei eine quasikonforme Abbildung $\zeta \to \zeta'$ von $\mathfrak{S}$ auf $\mathfrak{S}'$ gegeben, die die ausspringenden Ecken richtig einander zuordnet. Für $0 < \eta < B$ verbindet das ζ'-Bild der Strecke $\eta = \text{const}$, $0 < \xi < A$ die Strecke $\xi' = 0$, $-b < \eta' < B$ in $\mathfrak{S}'$ entweder, im Falle $A \geqq a$, mit der Strecke $\xi' = KA$, $0 < \eta' < B$ oder, im Falle $A < a$, mit dem Streckenzug, der aus $\xi' = KA$, $0 \leqq \eta' < B$ und $\eta' = 0$, $KA \leqq \xi' < Ka$ besteht. In beiden Fällen ist seine Länge mindestens KA:

$$KA \leqq \int_0^A \left|\frac{\partial \zeta'}{\partial \xi}\right| d\xi \qquad (0 < \eta < B).$$

Nach der Schwarzschen Ungleichung folgt

$$K^2 A \leqq \int_0^A \left|\frac{\partial \zeta'}{\partial \xi}\right|^2 d\xi.$$

Nun ist aber[1]

$$\left|\frac{\partial \zeta'}{\partial \xi}\right|^2 \leqq D\,\frac{\partial(\xi', \eta')}{\partial(\xi, \eta)},$$

wo D der Dilatationsquotient und $\dfrac{\partial(\xi', \eta')}{\partial(\xi, \eta)}$ die Funktionaldeterminante ist.

[1] Siehe S. 5, Anm. 1.

Gleichheit gilt in einem Punkte nur, wenn hier die Abbildung $D\xi + i\eta \leftrightarrow \zeta'$ konform ist. Es folgt, wenn man noch

$$\limsup D = C$$

setzt,

$$K^2 A \leqq C \int_0^A \frac{\partial(\xi', \eta')}{\partial(\xi, \eta)} d\xi \qquad (0 < \eta < B).$$

Wir integrieren von $\eta = 0$ bis B:

$$K^2 AB \leqq C \int_0^A \int_0^B \frac{\partial(\xi', \eta')}{\partial(\xi, \eta)} d\xi d\eta.$$

Genau so erhält man, indem man für $-b < \eta < 0$ die Länge des ζ'-Bildes der Strecke $\eta = \text{const}$, $0 < \xi < a$ durch Ka nach unten abschätzt, wie oben weiter abschätzt und nach η integriert:

$$K^2 ab \leqq C \int_0^a \int_{-b}^0 \frac{\partial(\xi', \eta')}{\partial(\xi, \eta)} d\xi d\eta.$$

Zusammen:

$$K^2 (ab + AB) \leqq C \iint_{\mathfrak{S}} \frac{\partial(\xi', \eta')}{\partial(\xi, \eta)} d\xi d\eta.$$

Es ist aber

$$\iint_{\mathfrak{S}} \frac{\partial(\xi', \eta')}{\partial(\xi, \eta)} d\xi d\eta = \iint_{\mathfrak{S}'} d\xi' d\eta' = Kab + KAB.$$

Setzt man das ein, so bleibt, wie behauptet,

$$K \leqq C = \limsup D.$$

Wenn hier das Gleichheitszeichen gilt, dann muß u. a. auch oben in der Abschätzung

$$\left|\frac{\partial \zeta'}{\partial \zeta}\right|^2 \leqq D \frac{\partial(\xi', \eta')}{\partial(\xi, \eta)} \leqq C \frac{\partial(\xi', \eta')}{\partial(\xi, \eta)}$$

Gleichheit gelten. Also $D = C = K$, und die Abbildung $K\xi + i\eta \leftrightarrow \zeta'$ ist konform. Wenn ζ aber $\mathfrak{S}$ durchläuft, durchläuft $K\xi + i\eta$ gerade $\mathfrak{S}'$. $K\xi + i\eta \leftrightarrow \zeta'$ ist also eine konforme Abbildung von $\mathfrak{S}'$ auf sich, die die ausspringenden Ecken fest läßt; höchstens in endlich vielen Punkten und auf endlich vielen analytischen Kurvenbögen, die bei der Abbildung in ebensolche übergehen, sind noch Ausnahmen möglich. Dann ist aber die Abbildung ausnahmslos konform, und zwar die Identität, und die quasikonforme Abbildung von $\mathfrak{S}$ auf $\mathfrak{S}'$ ist $\zeta' = K\xi + i\eta$, w. z. b. w.

9. Kontinuitätsbeweis für die Vollständigkeit der Lösung. Zuerst beweisen wir, daß aus $P(K_1, \varphi_1) = P(K_2, \varphi_2)$ folgt $K_1 = K_2$: wäre nämlich etwa $K_1 < K_2$, so wäre die oben konstruierte Abbildung mit den Parameterwerten K_1 und φ_1 eine quasikonforme Abbildung $P \to P(K_1, \varphi_1) = P(K_2, \varphi_2)$ mit dem konstanten Dilatationsquotienten K_1, während für jede quasikonforme Abbildung $P \to P(K_2, \varphi_2)$ doch $\lim\sup D \geqq K_2 > K_1$ wäre.

Für $K = 1$ ist $P(1, \varphi) = P$ für alle φ. Aber für $K > 1$ folgt aus $P(K, \varphi_1) = P(K, \varphi_2)$, daß $\varphi_1 \equiv \varphi_2 \pmod{2\pi}$ ist. Denn zunächst ist die extremale quasikonforme Abbildung $P \to P(K, \varphi)$ durch P und $P(K, \varphi)$ eindeutig bestimmt. Wir betrachten nun die konforme Abbildung der oberen z-Halbebene auf ein achsenparalleles Sechseck der ζ-Ebene, in die der Parameter φ eingeht. Auf den zwei oder drei Stücken der reellen z-Achse, die hierbei in waagerechte Sechseckseiten übergehen, hat die extremale quasikonforme Abbildung $z \to z'$ in erster Näherung die Form $z' = a(K\Re z + i\Im z) + b\,(a > 0,\ b$ reell). Aber auf den zwei oder drei Stücken der reellen z-Achse, die in senkrechte Sechseckseiten übergehen, hat die Abbildung $z \to z'$ in erster Näherung die Form $z' = a(\Re z + iK\Im z) + b\,(a > 0,\ b$ reell). Im Falle $K > 1$ kann man beides auseinanderhalten. Da die Abbildung $z \to z'$ durch (P und) $P(K, \varphi)$ eindeutig bestimmt ist, sind auch die Stücke der reellen z-Achse, die bei der Abbildung $z \to \zeta$ in waagerechte, und die, die in senkrechte Sechseckseiten übergehen, durch $P(K, \varphi)$ eindeutig bestimmt. Damit ist aber $\varphi \pmod{2\pi}$ durch $P(K, \varphi)$ eindeutig bestimmt.

Wir fassen beide Ergebnisse zusammen: Wenn $P(K_1, \varphi_1) = P(K_2, \varphi_2)$ ist, dann ist $K_1 = K_2 = 1$ oder $K_1 = K_2, \varphi_1 \equiv \varphi_2 \pmod{2\pi}$.

Schon in 7 bildeten wir eine Euklidische Ebene mit dem Polarkoordinatensystem r, φ durch die Abbildungsfunktion $P(e^r, \varphi)$ in den Halbstreifen R: $0 < p_2 < 1,\ 1 < p_4 < \infty$ ab und zeigten, daß diese Abbildung eindeutig und stetig ist. Jetzt sehen wir, daß diese Abbildung eineindeutig ist.

Nun wenden wir auf diese Abbildung der Euklidischen Ebene auf eine Teilmenge von R den schon in 5 herangezogenen Satz von der Gebietstreue an. Nach ihm entspricht bei unserer Abbildung jeder offenen Menge eine offene Menge. Insbesondere entspricht der ganzen Euklidischen Ebene hierbei eine offene Menge. Das heißt: Bei festem P ist die Menge aller $P(K, \varphi)$ offen.

Jetzt beweisen wir, daß diese Menge aller $P(K, \varphi)$ schon der ganze Halbstreifen R ist. Andernfalls hätte die Menge aller $P(K, \varphi)$ in R einen

Randpunkt Q. Es gäbe eine Folge $P(K_n, \varphi_n)$, die für $n \to \infty$ gegen Q strebte. Diese wäre mit Q zusammen eine abgeschlossene und beschränkte Teilmenge des Halbstreifens R. Wie schon in **2** bemerkt wurde, gibt es zu dieser abgeschlossenen und beschränkten Menge eine Schranke C mit der Eigenschaft, daß es zu jedem Punkt Q' der Menge eine quasikonforme Abbildung $P \to Q'$ mit einem Dilatationsquotienten $D \leqq C$ gibt. Es gibt also eine quasikonforme Abbildung $P \to P(K_n, \varphi_n)$ mit $D \leqq C$, d. h. lim sup $D \leqq C$. Nach **8** ist aber $K_n \leqq \limsup D$. Es folgt $K_n \leqq C$: die K_n sind beschränkt. Deshalb können wir eine Teilfolge herausgreifen, für die $\lim\limits_{\nu \to \infty} K_{n_\nu} = K$ und $\lim\limits_{\nu \to \infty} \varphi_{n_\nu} = \varphi \pmod{2\pi}$ konvergieren, und hierfür ist

$$Q = \lim_{\nu \to \infty} P(K_{n_\nu}, \varphi_{n_\nu}) = P(K, \varphi)$$

wegen der Stetigkeit der Funktion $P(K, \varphi)$. Aber Q sollte ein Randpunkt der offenen Menge aller $P(K, \varphi)$ sein und kann als solcher nicht selbst zur Menge aller $P(K, \varphi)$ gehören, Widerspruch. Damit ist die Annahme, die Menge aller $P(K, \varphi)$ habe einen Randpunkt Q im Halbstreifen R, widerlegt und vielmehr bewiesen, daß die Menge aller $P(K, \varphi)$ der ganze offene Halbstreifen R ist.

Wenn jetzt neben P ein ganz beliebiger Punkt Q in R gegeben wird, dann wissen wir, daß es ein $K \geqq 1$ und ein $\varphi \pmod{2\pi}$ mit $Q = P(K, \varphi)$ gibt. Im Falle $Q = P$ ist $K = 1$ und φ beliebig, aber wenn $Q \neq P$ ist, sind $K > 1$ und $\varphi \pmod{2\pi}$ eindeutig bestimmt. Führt man die Konstruktion von **6** mit diesen Parameterwerten K, φ durch, so erhält man eine quasikonforme Abbildung $P \to P(K, \varphi) = Q$ mit dem konstanten Dilatationsquotienten K, die nach **8** extremal quasikonform ist und auch die einzige extremale quasikonforme Abbildung $P \to Q$ ist. Dies ist die Lösung der in **2** gestellten Aufgabe.

25.
Skizze einer Begründung der algebraischen Funktionentheorie durch Uniformisierung

Deutsche Math. *6*, 257–265 (1942)

Die Grundtatsachen der Theorie der algebraischen Funktionen einer komplexen Veränderlichen beweist man bekanntlich meist entweder mit potentialtheoretischen Methoden oder bei Voraussetzung einer algebraischen Erzeugung rein algebraisch-arithmetisch. Nun ist heute die Uniformisierung der einfach zusammenhängenden unverzweigten Überlagerungsfläche einer geschlossenen Riemannschen Fläche nicht mehr eine Höchstleistung der Funktionentheorie, sondern ein wichtiges und verhältnismäßig einfach zugängliches Hilfsmittel; es liegt darum nahe, auf diese Uniformisierung und die Konvergenz der Poincaréschen Reihen die ganze algebraische Funktionentheorie zu gründen. Ein solcher Aufbau wird für den allein noch interessanten Fall des Geschlechts $g > 1$ im folgenden skizziert; er ist leider gedanklich nicht sehr durchsichtig ausgefallen, dafür aber äußerst elementar.

Wir gehen aus von einer geschlossenen Riemannschen Fläche $\mathfrak{F}$; das ist ein Umgebungsraum, wo die Umgebung jedes Punktes sich topologisch in die Ebene abbilden läßt und unter diesen topologischen Abbildungen „konforme" (natürlich nur direkt konforme) in bekannter widerspruchsfreier Weise ausgezeichnet sind und der zusammenhängend und kompakt ist.

Ohne jede kanonische Zerschneidung führt man in rein topologischer Weise mit Hilfe der verschiedenen zu einem Punkt hinführenden Wege die einfach zusammenhängende unverzweigte Überlagerungsfläche ein. Der Hauptsatz der Uniformisierungslehre besagt, daß man diese Überlagerungsfläche eineindeutig und konform auf die η-Kugel, die punktierte η-Ebene oder den Einheitskreis $|\eta| < 1$ abbilden kann. Dabei hat man eine eigentlich diskontinuierliche Gruppe $\mathfrak{G}$ linearer Abbildungen des Bildgebiets auf sich ohne Fixpunkte in demselben, und zwei η-Punkten entspricht dann und nur dann derselbe Punkt der Fläche $\mathfrak{F}$, wenn man durch eine Abbildung aus $\mathfrak{G}$ den einen in den anderen überführen kann.

Dies ist unser Ausgangspunkt. Die zu beweisenden Grundtatsachen der algebraischen Funktionentheorie teilen wir in drei Gruppen ein.

I. Gruppe: Algebraische Erzeugung.

Unter einem Differential n-ter Dimension (n ganz) verstehen wir eine Vorschrift, die jeder Ortsuniformisierenden t einer Umgebung eines beliebigen Punktes der Fläche (d. h. Abbildung der Umgebung auf ein Gebiet der t-Ebene) eine in dieser Umgebung meromorphe Funktion $g(t)$ zuordnet; wenn t' Ortsuniformisierende zu einem Punkt dieser Umgebung ist und das Differential ihr die Funktion $g'(t')$ zuordnet, dann soll $g(t)\,dt^n = g'(t')\,dt'^n$ sein. (Die Abbildung $t \leftrightarrow t'$ ist ja regulär analytisch.) Wir schreiben $g(t)\,d\,t^n = d\zeta^n$, obwohl es sich im allgemeinen nicht um eine n-te Potenz handelt. Ein Differential 0-ter, erster, zweiter, (-1)-ter Dimension heißt Funktion, gewöhnliches Differential, quadratisches Differential, reziprokes Differential der Fläche $\mathfrak{F}$.

a) Es gibt eine nichtkonstante Funktion der Fläche.

b) Es gibt ein im Körper der komplexen Zahlen irreduzibles Polynom $F(z,w)$ derart, daß die Riemannsche Fläche der durch $F(z,w)=0$ definierten algebraischen Funktion w von z sich eineindeutig und konform auf $\mathfrak{F}$ abbilden läßt.

II. Gruppe: Existenzsätze für Differentiale.

Es gibt eine ganze Zahl $g \geq 0$ (das algebraisch definierte Geschlecht) mit folgenden Eigenschaften:

a) Ein gewöhnliches Differential hat $2(g-1)$ Nullstellen mehr als Pole (mehrfache mehrfach gezählt).

b) g ist die Höchstzahl linear unabhängiger überall endlicher gewöhnlicher Differentiale.

c) Es gibt ein gewöhnliches Differential, das nur an einer beliebig vorzuschreibenden Stelle einen Pol, und zwar zweiter Ordnung, hat (Elementardifferential 2. Gattung).

d) Es gibt ein gewöhnliches Differential, das nur an zwei verschiedenen beliebig vorzuschreibenden Stellen Pole, und zwar erster Ordnung, hat (Elementardifferential 3. Gattung).

III. Gruppe: Riemann-Rochscher Satz.

Wir ordnen jeden Punkt von $\mathfrak{F}$ einen „Primdivisor" $\mathfrak{p}$ eineindeutig zu und nehmen all diese $\mathfrak{p}$ als Erzeugende einer freien Abelschen Gruppe, der Gruppe der Divisoren. Ein Divisor ist also ein Ausdruck $\prod\limits_{\mathfrak{p}} \mathfrak{p}^{\alpha_\mathfrak{p}}$, wo jedem $\mathfrak{p}$ (oder jedem Punkt der Fläche) eine ganze Zahl $\alpha_\mathfrak{p}$ zugeordnet ist, die nur für endlich viele $\mathfrak{p}$ von 0 verschieden ist. Insbesondere ordnen wir einem Differential n-ter Dimension $d\zeta^n \neq 0$ den Divisor $(d\zeta^n) = \Pi\, \mathfrak{p}^{\alpha_\mathfrak{p}}$ zu, wo $\alpha_\mathfrak{p}$ in einer Nullstelle von $d\zeta^n$ gleich der Vielfachheit dieser Nullstelle (d. h. in der Schreibweise $d\zeta^n = g(t)\,dt^n$, die Vielfachheit der Nullstelle von $g(t)$), in einem Pol von $d\zeta^n$ entgegengesetzt gleich der Vielfachheit des Pols und sonst 0 ist. Der Grad eines Divisors $\mathfrak{d} = \Pi\, \mathfrak{p}^{\alpha_\mathfrak{p}}$ ist grad $\mathfrak{d} = \sum\limits_{\mathfrak{p}} \alpha_\mathfrak{p}$. Ein Divisor heißt ganz, wenn alle $\alpha_\mathfrak{p} \geq 0$ sind.

Die den Funktionen der Fläche zugeordneten Divisoren heißen Hauptdivisoren; die Restklassen der Divisorengruppe nach der Untergruppe der Hauptdivisoren heißen Divisorenklassen. Alle Divisoren gewöhnlicher Differentiale bilden die „Differentialklasse" $\mathfrak{W}$; die Divisoren von Differentialen n-ter Dimension bilden die Klasse $\mathfrak{W}^n$. Die Hauptdivisoren haben den Grad 0, der Grad eines Divisors hängt also nur von der Klasse $\mathfrak{A}$ des Divisors ab und heißt Grad dieser Klasse, grad $\mathfrak{A}$.

Ist $\mathfrak{d}$ ein Divisor, so bilden alle Funktionen der Fläche, deren Divisor mit $\mathfrak{d}$ multipliziert ganz wird, mit der 0 zusammen eine Linearmannigfaltigkeit, deren Rang (die Höchstzahl linear unabhängiger solcher Funktionen) nur von der Divisorenklasse $\mathfrak{D}$ von $\mathfrak{d}$ abhängt und Dimension von $\mathfrak{D}$ heißt: dim $\mathfrak{D}$. Es sei gleich betont, daß dim $\mathfrak{D}\,\mathfrak{W}^n$ die Höchstzahl linear unabhängiger Differentiale n-ter Dimension ist, deren Divisor mit $\mathfrak{d}$ multipliziert ganz wird.

Der Riemann-Rochsche Satz lautet nun:

dim $\mathfrak{D}$ ist stets endlich, und es gilt

$$\dim \mathfrak{D} = \dim \frac{\mathfrak{W}}{\mathfrak{D}} + \operatorname{grad} \mathfrak{D} - (g-1).$$

Das soll also alles bewiesen werden. — Indem man die Fläche $\mathfrak{F}$ in endlich viele geeignete stückweise analytisch berandete einfach zusammenhängende Teile zerschneidet und herumintegriert, beweist man in bekannter Weise (ohne vorläufig zu wissen, ob es Differentiale gibt):

Für jedes gewöhnliche Differential ist die Summe der Residuen = 0.

Jede Funktion hat gleich viele Nullstellen und Pole, mehrfache mehrfach gezählt.

Eine Funktion ohne Pole ist konstant.

Diese Sätze haben wir z. T. schon oben bei der Formulierung der Behauptungen verwendet.

Um weiterzukommen, benutzen wir die Abbildung der einfach zusammenhängenden unverzweigten Überlagerungsfläche von $\mathfrak{F}$ auf ein normiertes Gebiet der η-Ebene. Wenn dieses Gebiet die volle η-Kugel ist, ist alles elementar. Wenn es die punktierte η-Ebene ist, muß die Gruppe $\mathfrak{G}$ zu einem Periodenparallelogramm gehören, und die Elemente der Theorie der elliptischen Funktionen liefern alle Behauptungen. (Man kann allerdings hier auch die Analogie mit dem nun folgenden Beweis weitgehend durchführen, indem man statt W die Weiserstraßsche ζ-Funktion $\zeta(v-u)$ benutzt.) Wir beschränken uns auf den Fall, wo dies Bild der Einheitskreis $|\eta| < 1$ ist.

Als einziges analytisches Hilfsmittel benutzen wir die Poincarésche Reihe

$$W(\eta, \zeta) = \sum_{S \text{ in } \mathfrak{G}} \frac{1}{\eta - S\zeta} \left(\frac{dS\zeta}{d\zeta}\right)^2.$$

Sie konvergiert innerhalb $|\eta| < 1$, $|\zeta| < 1$ in folgendem Sinne gleichmäßig: zu jedem r $(0 < r < 1)$ gibt es nur endlich viele lineare Funktionen S in G, zu denen es η, ζ mit $|\eta| \leq r$, $|\zeta| \leq r$, $\eta = S\zeta$ gibt, und bei Summation über alle anderen S konvergiert $\sum_S' \left|\frac{1}{\eta - S\zeta}\left(\frac{dS\zeta}{d\zeta}\right)^2\right|$ auf $|\eta| \leq r$, $|\zeta| \leq r$ gleichmäßig. Das ist eine einfach zu beweisende klassische Tatsache.

Bei festem η ist offenbar

$$W(\eta, \zeta)\, d\zeta^2 = \sum_{S \text{ in } \mathfrak{G}} \frac{(dS\zeta)^2}{\eta - S\zeta}$$

invariant, wenn man ζ durch $T\zeta$ (T in $\mathfrak{G}$) ersetzt, ist also in seiner Abhängigkeit von ζ ein quadratisches Differential der Fläche $\mathfrak{F}$, das in dem η entsprechenden Punkte einen Pol erster Ordnung hat und sonst überall regulär ist.

η' sei eine Stelle im Einheitskreis mit $W(\eta, \eta') \neq \infty$. Dann ist

$$z = \frac{W(\eta', \zeta)}{W(\eta, \zeta)}$$

als Quotient von zwei quadratischen Differentialen mit einem Pol an der η' entsprechenden Stelle eine nichtkonstante Funktion von $\mathfrak{F}$: Ia ist bewiesen.

Ist nun z eine nichtkonstante Funktion der Fläche (z. B. diese), so kann man $\mathfrak{F}$ konform auf eine geschlossene endlichvielblättrige Riemannsche Fläche $\mathfrak{Z}$ über der

z-Ebene abbilden. Man erhält $\mathfrak{Z}$, wenn man den Punkt von $\mathfrak{F}$, wo z einen bestimmten Wert annimmt, als mehrdeutige Funktion dieses Wertes auffaßt und zu dieser mehrdeutigen Funktion von z die Riemannsche Fläche über der z-Ebene bildet; daß die Funktionswerte nicht komplexe Zahlen, sondern Punkte von $\mathfrak{F}$ sind, ist unerheblich. z_0 sei eine Stelle $\neq \infty$, über der kein Verzweigungspunkt von $\mathfrak{Z}$ liegt, sondern n Punkte, die etwa den Punkten $\eta_1, \ldots, \eta_n$ des Einheitskreises entsprechen mögen. Dann sind die quadratischen Differentiale $W(\eta_1, \zeta)\,d\zeta^2, \ldots, W(\eta_n, \zeta)\,d\zeta^2$ jeweils in allen η_ν bis auf gerade eins regulär. Die Funktionen

$$l_\nu = (z - z_0)\,\frac{W(\eta_\nu, \zeta)\,d\zeta^2}{dz^2}$$

sind jeweils in einem η_ν endlich $\neq 0$ und in den anderen η_ν gleich 0. Nach dem rein algebraischen Satz vom primitiven Element gibt es eine rationale Funktion w von $z, l_1, \ldots, l_n$ (z. B. eine Linearkombination der l_ν mit nicht allzu speziellen Koeffizienten) so, daß alle l_n sich als rationale Funktionen von z und w schreiben lassen. w ist eine Funktion von $\mathfrak{F}$, also eine algebraische Funktion von z, und $\mathfrak{Z}$ ist eine Überlagerungsfläche der Riemannschen Fläche $\mathfrak{W}$ dieser Funktion. Weil aber die l_ν Funktionen von $\mathfrak{W}$ sind, muß $\mathfrak{W} = \mathfrak{Z}$ sein, denn sonst müßten in zwei über z_0 liegenden Punkten von $\mathfrak{Z}$ alle l_ν gleiche Werte annehmen. $\mathfrak{F}$ läßt sich konform auf $\mathfrak{Z} = \mathfrak{W}$ abbilden. Damit ist Ib bewiesen.

Jetzt soll mit Hilfe von $W(\eta, \zeta)$ der Riemann-Rochsche Satz (III) bewiesen werden. Zunächst wollen wir zeigen, daß

$$\tau = \dim \mathfrak{W}^2,$$

die Höchstzahl linear unabhängiger überall endlicher quadratischer Differentiale, endlich ist. — Die Nullstellenzahl des quadratischen Differentials $W(\eta, \zeta)\,d\zeta^2$, mehrfache mehrfach gezählt, ist

$$\gamma = 2 \operatorname{grad} \mathfrak{W} + 1\,.$$

Gäbe es mehr als γ linear unabhängige überall endliche quadratische Differentiale, so hätte eine geeignete Linearkombination $\neq 0$ derselben mindestens dieselben Nullstellen in derselben Vielfachheit wie $W(\eta, \zeta)\,d\zeta^2$; durch $W(\eta, \zeta)\,d\zeta^2$ dividiert ergäbe sie eine nicht identisch verschwindende überall reguläre Funktion mit einer Nullstelle an der η entsprechenden Stelle, Widerspruch. Also

$$\tau \leq \gamma = 2 \operatorname{grad} \mathfrak{W} + 1\,.$$

Nun sei $\mathfrak{a}$ ein ganzer Divisor der Klasse $\mathfrak{A}$. (So einen gibt es dann und nur dann, wenn $\dim \mathfrak{A} > 0$.) Wir suchen quadratische Differentiale $d\xi^2$, deren Divisor mit $\mathfrak{a}$ multipliziert ganz wird; ist $\mathfrak{a} = \Pi\, \mathfrak{p}^{\alpha_\mathfrak{p}}$, so darf $d\xi^2$ also an der $\mathfrak{p}$ entsprechenden Stelle einen Pol höchstens $\alpha_\mathfrak{p}$-ter Ordnung haben. In der Tat können wir die Hauptteile von $d\xi^2$ ganz beliebig vorschreiben: sind $\eta_1, \ldots, \eta_n$ irgendwelche Stellen in $|\eta| < 1$, die zu den Punkten mit $\alpha_\mathfrak{p} > 0$ gehören (zu jedem Punkt ein η_ν), und ist das η_ν entsprechende $\alpha_\mathfrak{p}$ gleich α_ν, so ergibt der Ansatz

$$d\xi^2 = \sum_{\nu=1}^{n} \sum_{i=1}^{\alpha_\nu} a_{\nu i} \left.\frac{\partial^{i-1} W(\eta, \zeta)}{\partial \eta^{i-1}}\right|_{\eta=\eta_\nu} d\zeta^2$$

ein $d\xi^2$ mit beliebig vorgeschriebenen Hauptteilen. Das allgemeinste $d\xi^2$ entsteht aus diesem durch Addition eines überall endlichen quadratischen Differentials. Das letztere hängt von τ komplexen Konstanten ab, und die Anzahl der willkürlichen $a_{\nu i}$ ist $\sum_{\mathfrak{p}} \alpha_{\mathfrak{p}} = \operatorname{grad} \mathfrak{a} = \operatorname{grad} \mathfrak{A}$, folglich

$$\dim \mathfrak{A}\mathfrak{W}^2 = \operatorname{grad} \mathfrak{A} + \tau .$$

oder

$$\dim \mathfrak{A}\mathfrak{W}^2 = \operatorname{grad} \mathfrak{A}\mathfrak{W}^2 - 2 \operatorname{grad} \mathfrak{W} + \tau \qquad (\text{wenn } \dim \mathfrak{A} > 0). \tag{1}$$

Nun sei aber $\mathfrak{b}$ ein ganzer Divisor der Klasse $\mathfrak{B}$; wir fragen jetzt nach **reziproken** Differentialen, deren Divisor mit $\mathfrak{b}$ multipliziert ganz wird. Da werden wir vorläufig nur eine Abschätzung von $\dim \frac{\mathfrak{B}}{\mathfrak{W}}$ nach unten erhalten. In $W(\eta, \zeta)$ halten wir jetzt ζ fest und machen η veränderlich und betrachten $\frac{W(\eta,\zeta)}{d\eta}$; allerdings besteht kein Anlaß, anzunehmen, daß das bei $\eta \to T\eta$ (T in $\mathfrak{G}$) invariant sei. Aber man sieht leicht, daß neben

$$\operatorname{Res}_\eta W(\eta, \zeta)\, d\zeta = -1$$

auch

$$\operatorname{Res}_\eta W(T\eta, \zeta)\, d\zeta = -\frac{dT\eta}{d\eta}$$

ist, so daß

$$\left\{W(T\eta, \zeta) - \frac{dT\eta}{d\eta} W(\eta, \zeta)\right\} d\zeta^2$$

ein überall endliches quadratische Differential ist. Sind

$$f_1(\zeta)\, d\zeta^2, \ldots, f_\tau(\zeta)\, d\zeta^2$$

möglichst viele linear unabhängige überall endliche quadratische Differentiale von $\mathfrak{F}$ (also $f_\mu(\zeta)\, d\zeta^2 = f_\mu(T\zeta)\, (dT\zeta)^2$ für alle T in $\mathfrak{G}$), so folgt

$$\frac{W(T\eta,\zeta)}{dT\eta} = \frac{1}{d\eta}\left\{W(\eta,\zeta) + \sum_{\mu=1}^{\tau} b_\mu^{(T)}(\eta) f_\mu(\zeta)\right\} \tag{2}$$

mit passenden übrigens regulären Funktionen $b_\mu^{(T)}(\eta)$.

Nun wählen wir wieder n Stellen $\eta_1, \ldots, \eta_\nu$ des Einheitskreises, die eineindeutig den Punkten von $\mathfrak{F}$ entsprechen, wo in $\mathfrak{b} = \prod_{\mathfrak{p}} \mathfrak{p}^{\beta_{\mathfrak{p}}}$ das $\beta_{\mathfrak{p}}$ positiv ist — das zu η_ν gehörige $\beta_{\mathfrak{p}}$ sei β_ν — und bilden einen Ausdruck, der in $\eta_1, \ldots, \eta_n$ vorgeschriebene Hauptteile hat:

$$dw^{-1} = \sum_{\nu=1}^{n} \sum_{i=1}^{\beta_\nu} b_{\nu i} \left.\frac{\partial^{i-1} W(\eta,\zeta)}{\partial \zeta^{i-1}}\right|_{\zeta=\eta_\nu} d\eta^{-1}.$$

Hier gehen $\sum_{\nu=1}^{n} \beta_\nu = \operatorname{grad} \mathfrak{b} = \operatorname{grad} \mathfrak{B}$ komplexe Konstanten ein. Aber unser dw^{-1} ist nicht notwendig ein reziprokes Differential von $\mathfrak{F}$, denn dazu müßte es bei $\mathfrak{G}$ invariant sein. Für T in $\mathfrak{G}$ ist nach (2)

$$dw^{-1}(T\eta) = \sum_{\nu=1}^{n} \sum_{i=1}^{\beta_\nu} b_{\nu i} \left\{\frac{\partial^{i-1} W(\eta,\zeta)}{\partial \zeta^{i-1}} + \sum_{\mu=1}^{\tau} b_\mu^{(T)}(\eta) \frac{d^{i-1} f_\mu(\zeta)}{d\zeta^{i-1}}\right\}_{\zeta=\eta_\nu} d\eta^{-1}$$

oder

$$dw^{-1}(T\eta) = dw^{-1}(\eta) + \sum_{\mu=1}^{\tau} b_\mu^{(T)}(\eta) \left[\sum_{\nu=1}^{n} \sum_{i=1}^{\beta_\nu} b_{\nu i} \left.\frac{d^{i-1} f_\mu(\zeta)}{d\zeta^{i-1}}\right|_{\zeta=\eta_\nu}\right] d\eta^{-1}.$$

Wenn also die τ Ausdrücke

(3) $$\sum_{\nu=1}^{n}\sum_{i=1}^{\beta_\nu} b_{\nu i}\frac{d^{i-1}f_\mu(\zeta)}{d\zeta^{i-1}}\bigg|_{\zeta=\eta_\nu} \qquad (\mu=1,\ldots,\tau)$$

verschwinden — das sind τ lineare Relationen zwischen den $b_{\nu i}$ — dann ist dw^{-1} sicher bei $\mathfrak{G}$ invariant, also ein reziprokes Differential von $\mathfrak{F}$, das noch mindestens grad $\mathfrak{B}-\tau$ freie Konstanten enthält. (Wir werden übrigens bald sehen, daß diese τ Bedingungen auch notwendig dafür sind, daß dw^{-1} auf $\mathfrak{F}$ eindeutig ist.) Allerdings sind bei gegebenem ganzem $\mathfrak{b}$ vielleicht diese Relationen nicht voneinander unabhängig, und wir müssen auch noch mit der Möglichkeit rechnen, daß es überall endliche reziproke Differentiale gibt, die zu dw^{-1} additiv hinzutreten — jedenfalls sehen wir aber

$$\dim\frac{\mathfrak{B}}{\mathfrak{W}}\geq \operatorname{grad}\mathfrak{B}-\tau$$

oder

(4) $$\dim\frac{\mathfrak{B}}{\mathfrak{W}}\geq \operatorname{grad}\frac{\mathfrak{B}}{\mathfrak{W}}+\operatorname{grad}\mathfrak{W}-\tau.$$

(Die Ausdrücke (3) haben, nebenbei bemerkt, folgende Bedeutung:

$$\sum_{\nu=1}^{n}\sum_{i=1}^{\beta_\nu} b_{\nu i}\frac{d^{i-1}f_\mu(\zeta)}{d\zeta^{i-1}}\bigg|_{\zeta=\eta_\nu}=\sum_{\nu=1}^{n}\operatorname{Res}_{\eta_\nu}(dw^{-1}\cdot f_\mu(\eta)\,d\eta^2).$$

Wenn dw^{-1} ein reziprokes Differential von $\mathfrak{F}$ sein soll, muß es mit jedem überall endlichen quadratischen Differential $f_\mu(\zeta)\,d\zeta^2$ multipliziert ein gewöhnliches Differential mit der Residuensumme 0 geben. Unsere Rechnung zeigt, daß diese τ Bedingungen nur Bedingungen für die vorgeschriebenen Hauptteile von dw^{-1} sind, daß diese notwendig für die Existenz eines auf $\mathfrak{F}$ eindeutigen dw^{-1} mit vorgegebenen Hauptteilen sind und daß es, wenn diese Bedingungen erfüllt sind, auch wirklich ein reziprokes Differential dw^{-1} zu den gegebenen Hauptteilen gibt.)

Es gibt sicher ganze Divisoren $\mathfrak{a}$ und $\mathfrak{b}$ mit den Klassen $\mathfrak{A}$ und $\mathfrak{B}$, für die

$$\mathfrak{A}\mathfrak{W}^2=\frac{\mathfrak{B}}{\mathfrak{W}}$$

gilt. Vergleich von (1) mit (4) ergibt dann, weil $\dim\mathfrak{A}\mathfrak{W}^2=\dim\frac{\mathfrak{B}}{\mathfrak{W}}$ und $\operatorname{grad}\mathfrak{A}\mathfrak{W}^2=\operatorname{grad}\frac{\mathfrak{B}}{\mathfrak{W}}$ ist:

$$-2\operatorname{grad}\mathfrak{W}+\tau\geq\operatorname{grad}\mathfrak{W}-\tau$$

oder

(5) $$2\tau\geq 3\operatorname{grad}\mathfrak{W}.$$

Von jetzt an brauchen wir nicht mehr die Reihe $W(\eta,\zeta)$, sondern nur noch (1) und (5). — $\mathfrak{d}$ sei irgendein Divisor der Klasse $\mathfrak{D}$. Es gibt ganze Divisoren $\mathfrak{a}$ und $\mathfrak{c}$, deren Klassen $\mathfrak{A}$ und $\mathfrak{C}$ heißen mögen, mit

$$\mathfrak{C}\mathfrak{D}=\mathfrak{A}\mathfrak{W}^2.$$

Dann ist

$$\dim\mathfrak{D}\leq\dim\mathfrak{C}\mathfrak{D}=\dim\mathfrak{A}\mathfrak{W}^2<\infty:$$

dim $\mathfrak{D}$ ist stets endlich.

Um den Riemann-Rochschen Satz zu beweisen, zerlegen wir $\mathfrak{c}$ in einzelne Primdivisoren und sehen erst zu, wie sich $\dim\mathfrak{D}-\dim\frac{\mathfrak{W}}{\mathfrak{D}}$ ändern kann, wenn man $\mathfrak{d}$ mit einem

Primdivisor multipliziert. $\mathfrak{p}$ sei ein Primdivisor der Klasse $\mathfrak{P}$, der in $\mathfrak{d}$ in der Potenz $\mathfrak{p}^\nu$ vorkommen möge ($\nu \gtreqless 0$), und t sei eine Ortsuniformisierende, die in dem zu $\mathfrak{p}$ gehörigen Punkt verschwindet. Eine Funktion, deren Divisor mit $\mathfrak{p}\,\mathfrak{d}$ multipliziert ganz wird, gehört dann und nur dann auch zu den Funktionen, deren Divisor schon mit $\mathfrak{d}$ multipliziert ganz wird, wenn in ihrer Entwicklung nach steigenden Potenzen von t der Koeffizient von $t^{-(\nu+1)}$ verschwindet. Darum ist $\dim \mathfrak{P}\mathfrak{D} = \dim \mathfrak{D} + 1$ oder $\dim \mathfrak{P}\mathfrak{D} = \dim \mathfrak{D}$, je nachdem es eine Funktion gibt, deren Divisor mit $\mathfrak{p}\,\mathfrak{d}$ multipliziert ganz wird und wo der Koeffizient von $t^{-(\nu+1)}$ nicht verschwindet, oder nicht. Ganz entsprechend sieht man: es ist $\dim \frac{\mathfrak{W}}{\mathfrak{P}\mathfrak{D}} = \dim \frac{\mathfrak{W}}{\mathfrak{D}} - 1$ oder $\dim \frac{\mathfrak{W}}{\mathfrak{P}\mathfrak{D}} = \dim \frac{\mathfrak{W}}{\mathfrak{D}}$, je nachdem es ein gewöhnliches Differential gibt, dessen Divisor durch $\mathfrak{d}$ dividiert ganz wird und wo der Koeffizient von $t^\nu\, dt$ nicht verschwindet, oder nicht.

$\dim \mathfrak{D} - \dim \frac{\mathfrak{W}}{\mathfrak{D}}$ nimmt also um 2, 1 oder 0 zu, wenn man $\mathfrak{D}$ durch $\mathfrak{P}\mathfrak{D}$ ersetzt. Aber um 2 kann diese Differenz nicht zunehmen. Das wäre nämlich nur dann der Fall, wenn zugleich $\dim \mathfrak{P}\mathfrak{D} = \dim \mathfrak{D} + 1$ und $\dim \frac{\mathfrak{W}}{\mathfrak{P}\mathfrak{D}} = \dim \frac{\mathfrak{W}}{\mathfrak{D}} - 1$ wäre. Dann gäbe es eine Funktion, deren Divisor mit $\mathfrak{p}\,\mathfrak{d}$ multipliziert ganz wird und wo der Koeffizient von $t^{-(\nu+1)}$ nicht verschwindet, und zugleich ein gewöhnliches Differential, dessen Divisor durch $\mathfrak{d}$ dividiert ganz wird und wo der Koeffizient von $t^\nu\, dt$ nicht verschwindet. Das Produkt beider wäre ein gewöhnliches Differential, das an der $\mathfrak{p}$ entsprechenden Stelle einen Pol erster Ordnung hätte und sonst überall endlich wäre. Wie sollte die Summe seiner Residuen verschwinden?

Es ist also

$$\dim \mathfrak{P}\mathfrak{D} - \dim \frac{\mathfrak{W}}{\mathfrak{P}\mathfrak{D}} \leq \dim \mathfrak{D} - \dim \frac{\mathfrak{W}}{\mathfrak{D}} + 1$$

oder wegen $\operatorname{grad} \mathfrak{P} = 1$

$$\dim \mathfrak{P}\mathfrak{D} - \dim \frac{\mathfrak{W}}{\mathfrak{P}\mathfrak{D}} - \operatorname{grad} \mathfrak{P}\mathfrak{D} \leq \dim \mathfrak{D} - \dim \frac{\mathfrak{W}}{\mathfrak{D}} - \operatorname{grad} \mathfrak{D}\,.$$

Indem man einen ganzen Divisor $\mathfrak{c}$ der Klasse $\mathfrak{C}$ in Primdivisoren zerlegt und denselben Schluß mehrmals anwendet, erhält man

(6) $$\dim \mathfrak{C}\mathfrak{D} - \dim \frac{\mathfrak{W}}{\mathfrak{C}\mathfrak{D}} - \operatorname{grad} \mathfrak{C}\mathfrak{D} \leq \dim \mathfrak{D} - \dim \frac{\mathfrak{W}}{\mathfrak{D}} - \operatorname{grad} \mathfrak{D} \qquad (\dim \mathfrak{C} > 0).$$

Nun wählen wir wieder ganze Divisoren $\mathfrak{a}$, $\mathfrak{c}$ der Klassen $\mathfrak{A}$, $\mathfrak{C}$ so, daß

$$\mathfrak{C}\mathfrak{D} = \mathfrak{A}\mathfrak{W}^2$$

ist, und machen außerdem $\operatorname{grad} \mathfrak{a}$ so groß, daß $\operatorname{grad} \frac{1}{\mathfrak{A}\mathfrak{W}} < 0$ und darum

(7) $$\dim \frac{1}{\mathfrak{A}\mathfrak{W}} = 0$$

wird. Dann dürfen wir in (6) $\mathfrak{C}\mathfrak{D}$ durch $\mathfrak{A}\mathfrak{W}^2$ ersetzen und erhalten wegen (7)

$$\dim \mathfrak{A}\mathfrak{W}^2 - \operatorname{grad} \mathfrak{A}\mathfrak{W}^2 \leq \dim \mathfrak{D} - \dim \frac{\mathfrak{W}}{\mathfrak{D}} - \operatorname{grad} \mathfrak{D}$$

oder wegen (1)

(8) $$\dim \mathfrak{D} - \dim \frac{\mathfrak{W}}{\mathfrak{D}} \geq \operatorname{grad} \mathfrak{D} - 2 \operatorname{grad} \mathfrak{W} + \tau\,.$$

Ersetzen wir die ganz beliebige Klasse $\mathfrak{D}$ durch $\frac{\mathfrak{W}}{\mathfrak{D}}$, so entsteht

$$\dim \frac{\mathfrak{W}}{\mathfrak{D}} - \dim \mathfrak{D} \geq \operatorname{grad} \frac{\mathfrak{W}}{\mathfrak{D}} - 2 \operatorname{grad} \mathfrak{W} + \tau\,.$$

Ferner ist nach (5)

$$2\tau \geq 3 \operatorname{grad} \mathfrak{W}\,.$$

In den 3 letzten Ungleichungen ist aber die Summe der linken Seiten gleich der Summe der rechten Seiten, folglich sind es 3 Gleichungen. Das heißt erstens

$$2\tau = 3 \operatorname{grad} \mathfrak{W}.$$

Setzen wir

$$g = \tau - \operatorname{grad} \mathfrak{W} + 1,$$

so ist g eine ganze Zahl mit

$$\operatorname{grad} \mathfrak{W} = 2(g-1); \quad \tau = 3(g-1).$$

Setzt man das in (8) ein, worin jetzt auch das Gleichheitszeichen steht, so erhält man den Riemann-Rochschen Satz

$$\dim \mathfrak{D} - \dim \frac{\mathfrak{W}}{\mathfrak{D}} = \operatorname{grad} \mathfrak{D} - (g-1).$$

Jetzt sind die Existenzsätze der II. Gruppe leicht zu beweisen. IIa ist gleichbedeutend mit $\operatorname{grad} \mathfrak{W} = 2(g-1)$. Nach dem Riemann-Rochschen Satz ist

$$\dim \mathfrak{W} = \dim 1 + \operatorname{grad} \mathfrak{W} - (g-1) = g:$$

es gibt genau $\dim \mathfrak{W} = g$ überall endliche gewöhnliche Differentiale (IIb). Ist ferner $\mathfrak{c}$ ein ganzer Divisor der Klasse $\mathfrak{C}$ vom Grad 2, so ist

$$\dim \mathfrak{C}\mathfrak{W} = \dim \frac{1}{\mathfrak{C}} + \operatorname{grad} \mathfrak{C}\mathfrak{W} - (g-1) = g + 1 = \dim \mathfrak{W} + 1:$$

es gibt ein nicht überall endliches gewöhnliches Differential, das mit $\mathfrak{c}$ multipliziert endlich ist. Je nachdem $\mathfrak{c}$ das Produkt von zwei gleichen oder verschiedenen Primdivisoren ist, erhält man IIc oder IId (daß das Differential wirklich die verlangten Pole hat, liegt daran, daß die Summe seiner Residuen 0 ist).

Wir beweisen noch $g > 1$. (Im Falle der η-Kugel ist $g = 0$, im Falle der punktierten η-Ebene ist $g = 1$.) Aus $3(g-1) = \tau \geq 0$ folgt $g \geq 1$. Wäre $g = 1$, so wäre $\dim \mathfrak{W} = 1$ und $\operatorname{grad} \mathfrak{W} = 0$, was sich nur verträgt, wenn $\mathfrak{W} = 1$ wäre. Dann wäre auch $\dim \mathfrak{W}^2 = 1$ im Widerspruch mit $\tau = 3(g-1)$.

Die Übereinstimmung unseres algebraisch definierten Geschlechts g mit dem topologischen Geschlecht von $\mathfrak{F}$ schließt man wohl am besten aus $\operatorname{grad} \mathfrak{W} = 2(g-1)$.

Es sei noch bemerkt, daß wir statt (5) auch gleich $2\tau = 3 \operatorname{grad} \mathfrak{W}$ hätten beweisen können. Dazu war erstens zu zeigen, daß es kein überall endliches reziprokes Differential $dw^{-1} \neq 0$ gibt. Wäre ein solches an der Stelle η von 0 verschieden, so ergäbe es mit $W(\eta, \zeta)\, d\zeta^2$ multipliziert ein gewöhnliches Differential, dessen Residuensumme nicht 0 sein könnte. — Zweitens war zu zeigen, daß die τ Ausdrücke (3) als Linearformen in den $b_{\nu i}$ linear unabhängig sind, wenn nur $\mathfrak{b}$ hinreichend groß ist. Weil die quadratischen Differentiale $f_\mu(\zeta)\, d\zeta^2$ $(\mu = 1, \ldots, \tau)$ linear unabhängig sind, gibt es τ (mod $\mathfrak{G}$ inäquivalente) Stellen $\eta_1, \ldots, \eta_\tau$ in $|\eta| < 1$, für die die τ-reihige Determinante $|f_\mu(\eta_\nu)| \neq 0$ ist. Nimmt man die τ zugehörigen Primdivisoren $\mathfrak{p}_1, \ldots, \mathfrak{p}_\tau$ in den ganzen Divisor $\mathfrak{b}$ auf, so sind die Ausdrücke (3) bestimmt linear unabhängig. Dann ist das dort konstruierte dw^{-1} das allgemeinste reziproke Differential, dessen Divisor mit $\mathfrak{b}$ multipliziert ganz wird, und hängt von $\operatorname{grad} \mathfrak{B} - \tau$ Konstanten ab, folglich $\dim \frac{\mathfrak{B}}{\mathfrak{W}} = \operatorname{grad} \mathfrak{B} - \tau$; hieraus folgt $2\tau = 3 \operatorname{grad} \mathfrak{W}$.

Auch (6) könnten wir direkt ohne Zerlegung von $\mathfrak{c}$ in einzelne Primideale beweisen, wie jetzt ganz kurz angedeutet werden soll. $\mathfrak{p}_1, \ldots, \mathfrak{p}_n$ seien die Primdivisoren von $\mathfrak{F}$, aus deren Potenzen sich der ganze Divisor $\mathfrak{c}$ zusammensetzt. Die Funktionen, deren Divisor mit $\mathfrak{c}\mathfrak{d}$ multipliziert $\mathfrak{p}_1, \ldots, \mathfrak{p}_n$ nicht im Nenner hat, modulo denen, deren

Divisor schon mit $\mathfrak{d}$ multipliziert $\mathfrak{p}_1, \ldots, \mathfrak{p}_n$ nicht im Nenner hat, bilden eine Linearmannigfaltigkeit A vom Rang grad $\mathfrak{C}$, in der diejenigen Restklassen, die eine Funktion enthalten, deren Divisor mit $\mathfrak{c}\,\mathfrak{d}$ multipliziert ganz wird, eine Teilmannigfaltigkeit A' vom Rang $\dim \mathfrak{C}\mathfrak{D} - \dim \mathfrak{D}$ bilden. Ebenso bilden die Restklassen der Differentiale, deren Divisor durch $\mathfrak{d}$ dividiert $\mathfrak{p}_1, \ldots, \mathfrak{p}_n$ nicht im Nenner hat, modulo denen, deren Divisor durch $\mathfrak{c}\,\mathfrak{d}$ dividiert $\mathfrak{p}_1, \ldots, \mathfrak{p}_n$ nicht im Nenner hat, eine Linearmannigfaltigkeit B vom Rang grad $\mathfrak{C}$, in der die Teilmannigfaltigkeit B' der Restklassen von Differentialen, deren Divisor durch $\mathfrak{d}$ dividiert ganz wird, den Rang $\dim \frac{\mathfrak{W}}{\mathfrak{D}} - \dim \frac{\mathfrak{W}}{\mathfrak{C}\mathfrak{D}}$ hat. Von einem Element von A und einem Element von B nehme man die Summe der Residuen des Produkts an den $\mathfrak{p}_1, \ldots, \mathfrak{p}_n$ entsprechenden Stellen: das ist eine nichtausgeartete Bilinearform zwischen A und B, die $= 0$ wird, sowie ein Element von A' und ein Element von B' eingesetzt werden. Aus der Existenz einer solchen Bilinearform folgt, daß die Summe der Ränge von A' und B' höchstens gleich dem gemeinsamen Rang von A und B ist:

$$(\dim \mathfrak{C}\mathfrak{D} - \dim \mathfrak{D}) + \left(\dim \frac{\mathfrak{W}}{\mathfrak{D}} - \dim \frac{\mathfrak{W}}{\mathfrak{C}\mathfrak{D}}\right) \leq \operatorname{grad} \mathfrak{C}$$

oder (6).

Zum Schluß sei nochmals auf ein Zwischenergebnis hingewiesen:

Zu gegebenen Hauptteilen gibt es dann und nur dann ein reziprokes Differential, wenn das Produkt dieser Hauptteile mit jedem beliebigen überall endlichen quadratischen Differential von $\mathfrak{F}$ die Residuensumme 0 hat.

Dieser Satz gestattet auf der einen Seite starke Verallgemeinerung und gibt dann einen Hintergrund des Riemann-Rochschen Satzes ab. Andererseits ist er der diskrete Grenz- und Parallelfall eines Hilfssatzes über die Lösbarkeit der Gleichung $\overline{w_x + i w_y} = B$, der bei der Untersuchung der infinitesimalen quasikonformen Abbildungen gebraucht wird.

26.

Berichtigung zu der Arbeit „Genauere Ausführungen über den Begriff des partiellen Differentialquotienten und die Operationen der Vektoranalysis"

Deutsche Math. 6, 281–282 (1942)

Herr M. Müller in Tübingen machte mich freundlicherweise auf Fehler aufmerksam, die sich in der obengenannten Arbeit befinden.

Auf S. 65 schrieb ich unter Zugrundelegung meiner dort eingeführten abgeänderten Definition der partiellen Ableitung:

„Die Regel

$$\frac{\partial(fg)}{\partial x}=\frac{\partial f}{\partial x}g+f\frac{\partial g}{\partial x}$$

läßt sich nur unter der zusätzlichen Voraussetzung beweisen, daß $f(x,y)$ und $g(x,y)$ in der Umgebung von (x_0, y_0) beschränkt sind".

Das ist falsch; Gegenbeispiel:

$$x_0=y_0=0;\quad f(x,y)=\left\{\begin{matrix}1 & \text{für} & y\neq 0\\ 0 & \text{für} & y=0,\end{matrix}\right\}\quad g(x,y)=x.$$

Hier existiert $\frac{\partial(fg)}{\partial x}$ an der Stelle (0, 0) nach der neuen Definition nicht.

Man muß das Wort „beschränkt" durch „stetig" ersetzen. —

Gleich darauf schrieb ich: „Kettenregel: $f(x,y)$ und $g(x,y)$ seien in einer Umgebung von (x_0, y_0) erklärt und in (x_0, y_0) stetig, und in (x_0, y_0) seien $\frac{\partial f}{\partial x}$ und $\frac{\partial g}{\partial x}$ vorhanden. $\varphi(f,g)$ sei in einer Umgebung der Stelle $(f(x_0,y_0), g(x_0,y_0))$ erklärt und habe an dieser Stelle ein totales Differential. Dann gilt an der Stelle (x_0, y_0)

$$\frac{\partial\varphi(f(x,y),\, g(x,y))}{\partial x}=\frac{\partial\varphi}{\partial f}\frac{\partial f}{\partial x}+\frac{\partial\varphi}{\partial g}\frac{\partial g}{\partial x}.$$

Auch wenn z. B. $\frac{\partial g}{\partial x}=0$ ist, muß die Existenz von $\frac{\partial\varphi}{\partial g}$ gefordert werden".

Hiergegen gibt Herr Müller folgendes Gegenbeispiel:

$$x_0=y_0=0;\quad f(x,y)=\sqrt{|y|};\quad g(x,y)=x;\quad \varphi(f,g)=(f\cdot g)^\alpha\qquad \left(\tfrac{1}{2}<\alpha\leq\tfrac{2}{3}\right).$$

Ein anderes Gegenbeispiel ist:

$$x_0=y_0=0;\quad f(x,y)=x+\sqrt[3]{y};\quad g(x,y)=0;\quad \varphi(f,g)=\begin{cases}f^2\sin\frac{1}{f}, & f\neq 0\\ 0, & f=0.\end{cases}$$

Denn für die Folge $x_n=y_n=\left(\frac{1}{n\pi}\right)^3\to 0$ strebt

$$\frac{\varphi(f(x_n,y_n),0)-\varphi(f(0,y_n),0)}{\sqrt{x_n^2+y_n^2}}=\frac{1}{\sqrt{2}}\frac{\partial\varphi}{\partial f}(u,0)\quad\left(\sqrt[3]{y_n}<u<x_n+\sqrt[3]{y_n}\right)$$

nicht gegen 0.

19*

Die Kettenregel gilt jedenfalls dann, wenn man voraussetzt, f und g seien bei (x_0, y_0) differenzierbar. Aber eine solche Voraussetzung widerspricht dem Sinn der ganzen Arbeit. Statt über f und g, mache ich lieber über φ eine einschränkende Voraussetzung:

Es sei $f(x_0, y_0) = u_0$ und $g(x_0, y_0) = v_0$; dann soll es zu jedem $\varepsilon > 0$ ein $\delta > 0$ so geben, daß aus $(u_1 - u_0)^2 + (v_1 - v_0)^2 < \delta^2$ und $(u_2 - u_0)^2 + (v_2 - v_0)^2 < \delta^2$ folgt

$$|\varphi(u_2, v_2) - \varphi((u_1, v_1) - (u_2 - u_1)\varphi_u(u_0, v_0) - (v_2 - v_1)\varphi_v(u_0, v_0)| < \varepsilon \sqrt{(u_2 - u_1)^2 + (v_2 - v_1)^2}.$$

Unter dieser Zusatzvoraussetzung wird die Kettenregel richtig.

Diese Zusatzvoraussetzung ist z. B. erfüllt, wenn $\varphi(u, v)$ in der Umgebung von (u_0, v_0) stetig differenzierbar ist. —

Auf S. 66—67 hätte man, statt den Zerlegungssatz anzuwenden, auch den Beweis aus Knopps Funktionentheorie sinngemäß übertragen können.

27.

Drei Vermutungen über algebraische Funktionenkörper[1]

J. reine angew. Math. *185*, 1-11 (1943)

Es ist mir jetzt gelungen, neue rein algebraische Folgerungen aus meinen heuristischen Untersuchungen über quasikonforme Abbildungen zu ziehen.

Es handelt sich hauptsächlich (algebraisch ausgedrückt) um folgende Fragestellung: k sei ein algebraisch abgeschlossener Körper der Charakteristik 0, $k(y, z) / k$ vom Transzendenzgrad 2 und $K / k(y, z)$ endlich algebraisch; Y sei der Körper aller i. b. a. $k(y)$ algebraischen Elemente aus K. Es kommt uns nur auf k, Y, K an; y ist beliebig in Y, aber nicht in k, und z ist beliebig in K, aber nicht in Y. Ist Y^* eine endlich-algebraische Erweiterung von Y, so sei K^* die Erweiterung des hyperkomplexen Systems Y^* mit dem Grundkörper Y auf den neuen Grundkörper K, also das Kompositum[2]). Bei gegebenem $k < Y < K$ wird nun gefragt: Gibt es ein Y^* so, daß in dem zugehörigen K^* ein algebraischer Funktionenkörper X vom Transzendenzgrad 1 über k existiert, der mit Y^* zusammen K^* erzeugt?

Zunächst einige Vorbemerkungen, deren Inhalt im Prinzip vielleicht schon bekannt ist. In einem separabel erzeugbaren algebraischen Funktionenkörper (einer Veränderlichen) bilden wir nicht nur gewöhnliche Differentiale $w dz$, sondern auch *Differentiale m-ter Dimension* $w dz^m$, insbesondere *quadratische* Differentiale für $m = 2$ und *reziproke* Differentiale für $m = -1$, und ordnen ihnen Divisoren aus $\mathfrak{W}^m$ zu[3]); sie heißen *überall endlich*, wenn der Divisor ganz ist. Für so ein $w dz^m$ schreiben wir kurz $d\xi^m$, obwohl es i. a. keine m-te Potenz ist. — Unter einem *Hauptteil für Differentiale m-ter Dimension an der Stelle* $\mathfrak{p}$ verstehen wir eine additive Restklasse von Differentialen m-ter Dimension mod den in $\mathfrak{p}$ endlichen Differentialen m-ter Dimension. Wir sprechen von einem *Hauptteilsystem*, wenn an jeder Stelle $\mathfrak{p}$ ein Hauptteil gegeben ist, aber nur endlich viele $\neq 0$. So bilden die Hauptteile eines Differentials m-ter Dimension $d\xi^m$ das *Hauptteilsystem von* $d\xi^m$.

Nun seien $d\zeta_1^{1-m}, \ldots, d\zeta_\tau^{1-m}$ ($\tau = \dim \mathfrak{W}^{1-m}$) eine Basis der überall endlichen Differentiale $(1-m)$-ter Dimension. Dann ist

$$\sum_{\mathfrak{p}} \mathrm{Res}_{\mathfrak{p}} (d\xi^m \cdot d\zeta_t^{1-m}) = 0 \qquad (t = 1, \ldots, \tau).$$

Hier ist über alle Stellen $\mathfrak{p}$ zu summieren; wenn $\mathfrak{p}$ vom Grade 1 ist[4]), ist das Residuum der

---

[1]) Aus einem Brief an Hasse vom 11. 8. 1940. Später durch Fußnoten und zwei Anhänge ergänzt.

[2]) K^* ist ein *Körper* (und *darum* das bis auf Isomorphie *einzige Kompositum* von Y^* und K i. b. a. Y), weil *Y in K algebraisch abgeschlossen* ist. Beweis etwa durch Übergang zu einem i. b. a. Y Galoisschen Oberkörper von Y^*.

[3]) $\mathfrak{W}$ ist die Differentialklasse.

[4]) Das kann man für die endlich vielen kritischen $\mathfrak{p}$ von vornherein annehmen oder durch Grundkörpererweiterung erreichen.

Koeffizient von $\frac{d\pi}{\pi}$ bei Entwicklung nach einem Primelement π. Dieses Residuum hängt nur vom *Hauptteil* von $d\xi^m$ an der Stelle $\mathfrak{p}$ ab. Unsere $\tau = \dim \mathfrak{W}^{1-m}$ Gleichungen sind also τ *lineare Relationen, die für das Hauptteilsystem jedes* $d\xi^m$ *gelten.* Es gilt nun folgender

Hilfssatz[5]). *Diese τ Relationen sind linear unabhängig, und ein Hauptteilsystem ist dann und nur dann das Hauptteilsystem eines Differentials m-ter Dimension, wenn dafür diese τ Relationen bestehen.*

Diese Aussage wollen wir formal umformen. Ein *Isomorphismus* zwischen zwei endlichen Moduln (Linearmannigfaltigkeiten) über einem Körper P ist einfach eine eineindeutige lineare Abbildung; dabei ist der *Rang* invariant. Wir wollen von einer *Dualität* zwischen zwei endlichen Moduln sprechen, wenn der eine isomorph auf den Modul aller Linearformen im anderen Modul abgebildet ist. Diese Beziehung ist symmetrisch. Man hat dann ein „Produkt" eines Elements des einen Moduls mit einem des anderen, nämlich den Wert der dem ersten zugeordneten Linearform für das andere Element; dieses Produkt ist eine nicht ausgeartete Bilinearform, die die Dualität definiert. Duale endliche Moduln haben den gleichen Rang[6]).

Jetzt können wir unseren Hilfssatz auch so ausdrücken: Wir fassen die Hauptteilsysteme in Klassen zusammen, nämlich additive Restklassen mod den Hauptteilsystemen von existierenden Differentialen m-ter Dimension. Es besteht eine Dualität zwischen dem Modul dieser *Hauptteilsystemklassen* und dem Modul der überall endlichen Differentiale $(1-m)$-ter Dimension. Die nicht ausgeartete Bilinearform ist dabei

$$\sum_{\mathfrak{p}} \text{Res}_{\mathfrak{p}}\,(\text{Hauptteil} \cdot d\zeta^{1-m})\ ^{7)}.$$

Insbesondere sind die

$$x_t = \sum_{\mathfrak{p}} \text{Res}_{\mathfrak{p}}\,(\text{Hauptteil} \cdot d\zeta_t^{1-m}) \qquad (t = 1, \ldots, \tau)$$

ein Koordinatensystem im Modul aller Hauptteilsystemklassen[8]), und dieser Modul hat i. b. a. den Konstantenkörper den Rang $\tau = \dim \mathfrak{W}^{1-m}$.

[5]) Beweis in verallgemeinerter Form s. Anhang I.

[6]) Gleichbedeutend ist offenbar folgende Erklärung der Dualität: M sei ein endlicher Modul vom Rang m mit der Basis $u_1, \ldots, u_m$ und dem allgemeinen Elemente $x = \sum_{i=1}^{m} \xi_i u_i$ (ξ_i in P), N ein endlicher Modul vom Rang n mit der Basis $v_1, \ldots, v_n$ und dem allgemeinen Element $y = \sum_{k=1}^{n} v_k \eta_k$ (η_k in P). Es soll eine Bilinearform $C(x, y)$ gegeben sein, die jedem Paar x aus M, y aus N ein Element $C(x, y) = \sum_{i=1}^{m} \sum_{k=1}^{n} \xi_i \gamma_{ik} \eta_k$ in P bilinear zuordnet. Bei Übergang zu neuen Basen $u_1', \ldots, u_m'$ oder $v_n', \ldots, v_n'$ hat man natürlich die γ_{ik} so zu transformieren, daß $C(x, y)$ invariant ist. Diese Bilinearform soll nichtausgeartet sein, d. h. ein x, für das $C(x, y)$ für alle y gleich 0 ist, ist 0, und ein y, für das $C(x, y)$ für alle x gleich 0 ist, ist 0. Die Bedingung ist offenbar $m = n$, $|\gamma_{ik}| \neq 0$. Dann sprechen wir von einer durch die Bilinearform C definierten Dualität zwischen M und N. Für jedes x in M ist $C(x, y)$ eine *Linearform* in N, d. h. eine Funktion, die den Elementen von N linear Werte aus P zuordnet, und diese Abbildung, die jedem Element von M eine Linearform in N zuordnet, ist linear und eineindeutig; so kommt man auf die im Text gegebene Definition zurück. S. auch Anm. [15]).

[7]) Wenn N ein endlicher und M ein beliebiger P-Modul ist, sonst sich aber alles wie in Anm. [6]) verhält, dann ist von selbst auch M ein endlicher Modul mit demselben Rang wie N. (Beweis: Jeder endliche Teilmodul von M ist dual zu einem gewissen Restklassenmodul von N.) In unserem Falle ist M der Modul aller Hauptteilsystemklassen und N der Modul aller überall endlichen $d\zeta^{1-m}$; P ist der Konstantenkörper unseres Funktionenkörpers. Zunächst ist klar, daß $C(x, y)$ nur von der Hauptteilsystemklasse x abhängt. Daß die τ Relationen linear unabhängig sind, besagt: aus $C(x, y) = 0$ für alle x folgt $y = 0$; die zweite Behauptung des Hilfssatzes besagt, daß aus $C(x, y) = 0$ für alle y folgt $x \neq 0$.

[8]) Sind $v_1, \ldots, v_n$ eine Basis von N, so sind $C(x, v_1), \ldots, C(x, v_n)$ n linear unabhängige Linearformen in M, also ein Koordinatensystem. Man kann eine neue Basis $u_1, \ldots, u_n$ von M durch $C(u_i', v_k) = \begin{Bmatrix} 1, & i = k \\ 0, & i \neq k \end{Bmatrix}$ bestimmen; dann ist $x = \sum_{i=1}^{n} \xi_i' u_i'$ mit $\xi_i' = C(x, v_i)$.

Nun sei wie zu Anfang k ein algebraisch abgeschlossener Körper der Charakteristik 0, Y ein algebraischer Funktionenkörper über k und K ein algebraischer Funktionenkörper mit dem genauen Konstantenkörper Y, und es seien y in Y, aber nicht in k, und z in K, aber nicht in Y beliebig gewählt. An jeder Primstelle $\mathfrak{P}$ von K/Y nehme ich eine *verallgemeinerte Ortsuniformisierende* z' — darunter verstehen wir eine Funktion aus K, die ihren endlichen Wert in $\mathfrak{P}$ einfach annimmt, so daß jede in $\mathfrak{P}$ ganze Funktion in eine Potenzreihe nach $z' - a$ entwickelbar ist, wo a in einem algebraischen Oberkörper von Y liegt — und ein irreduzibles Polynom F mit Koeffizienten aus Y mit $F(z, z') = 0$; wenn z für $\mathfrak{P}$ unendlich ist, soll z durch $\frac{1}{z}$ ersetzt werden[9]). Dann bilde ich das reziproke Differential

$$-\frac{F_y}{F_z}dz^{-1}$$

und nehme seinen Hauptteil an der Stelle $\mathfrak{P}$. Man sieht leicht, daß dieser Hauptteil von der Wahl von z' (und F) unabhängig ist und invariant ist, wenn z einer linearen gebrochenen Transformation mit Koeffizienten aus k unterworfen wird. F_y ist selbstverständlich durch Differentiation der einzelnen Koeffizienten von F zu berechnen. Der Hauptteil hängt also bei gegebenem $k < Y < K$ nur von y und z ab; er ist höchstens an den endlich vielen Verzweigungsstellen von $K/Y(z)$ von 0 verschieden, und die Ordnung des Pols des Hauptteils ist höchstens gleich der Verzweigungsordnung[10]). Wir haben es also mit einem Hauptteilsystem zu tun. Ersetzen wir y durch ein y' (in Y, aber nicht in k), so multipliziert sich das Hauptteilsystem nur mit $\frac{dy}{dy'}$.

Auf Grund funktionentheoretisch-differentialgeometrischer Überlegungen von heuristischer Art stelle ich nun folgende **Vermutungen** auf:

1. *Die Klasse des eben definierten Hauptteilsystems ist auch von z unabhängig, hängt also nur von k, K und y ab.*

2. *Dann und nur dann gibt es eine endlich-algebraische Erweiterung Y^* von Y und in der entsprechenden Erweiterung K^* von K einen algebraischen Funktionenkörper X vom Transzendenzgrad 1 über k, der mit Y^* zusammen K^* erzeugt, wenn diese Hauptteilsystemklasse $= 0$ ist.*

Diese beiden Vermutungen möchte ich noch etwas näher erklären und in einen größeren Zusammenhang stellen. Jetzt ist k der Körper der komplexen Zahlen.

Das y, das bisher eine *Unbestimmte* war, soll jetzt eine *veränderliche Zahl* sein[11]). An die Stelle des Funktionenkörpers K vom Transzendenzgrad 2 tritt jetzt[12]) ein algebra-

[9]) Dieser Satz ist nach einem Vorschlag von Eichler gegenüber dem Text des Briefes abgeändert. Der Inhalt der Arbeit wird dadurch nicht berührt.

[10]) All dies kann man aus folgender Darstellung sehen: Hat $\mathfrak{P}$ den Grad 1 und hat z bei $\mathfrak{P}$ die Entwicklung

$$z = p + c_\nu(z' - a)^\nu + c_{\nu+1}(z' - a)^{\nu+1} + \cdots \ (\nu \geqq 1),$$

so hat $-\frac{F_y}{F_z}dz^{-1}$ denselben Hauptteil wie

$$p_y \frac{dz'}{dz} dz'^{-1}.$$

Das folgt aus $F(x, z') = (x - p - c_\nu(x' - a)^\nu - \cdots) H(x)$, wo das Polynom $H(x)$ Koeffizienten aus dem $\mathfrak{P}$-adischen Körper $K_{\mathfrak{P}}$ hat. Wieder darf man sich auf den Fall grad $\mathfrak{P} = 1$ beschränken. Vgl. auch Anhang II.

[11]) y war als i. b. a. k transzendentes Element des Oberkörpers Y von k als *Unbestimmte über k* anzusehen. Jetzt aber soll y eine *komplexe Zahl in k* sein, die wir variieren lassen. Der Übergang zwischen beiden Auffassungen durch „Spezialisierung“ des y bietet bei exakter Durchführung manche Schwierigkeiten.

[12]) Wenn man y spezialisiert, s. Anm. [11]).

1*

ischer Funktionenkörper $Z_y = k(z, w)$, der algebraisch (oder doch analytisch) von einem Parameter y abhängt und dafür nur noch den Transzendenzgrad 1 über k hat. z mag weiterhin als Unbestimmte angesehen werden. Die Koeffizienten der z mit einer „verallgemeinerten Ortsuniformisierenden" z' verbindenden irreduziblen Gleichung $F(z, z') = 0$ sind also Funktionen von y. Wieder wird durch

$$-\frac{F_y}{F_z}\, dz^{-1}$$

ein Hauptteilsystem für reziproke Differentiale bestimmt, das nur aus dem obigen durch Spezialisierung des y entsteht und Pole höchstens an den Verzweigungspunkten von $Z_y/k(z)$ hat.

Wir fassen nun die *Klassen birational äquivalenter irreduzibler Gleichungen* $f(z, w) = 0$ oder die *Klassen isomorpher Funktionenkörper* oder die *Klassen konform äquivalenter Riemannscher Flächen* eines festen Geschlechts g zu einer algebraischen Mannigfaltigkeit $\mathfrak{R}$, in der ein Punktbegriff gegeben ist, oder zu einem *Raum* $\mathfrak{R}$ zusammen. P sei ein regulärer Punkt von $\mathfrak{R}$. Ein *kontravarianter Vektor in* P ist eine Vorschrift, die jedem in P regulären Koordinatensystem $u^1, \ldots, u^\tau$ Komponenten (Zahlen) $v^1, \ldots, v^\tau$ so zuordnet, daß, wenn sie auch dem Koordinatensystem $\tilde{u}^1, \ldots, \tilde{u}^\tau$ Komponenten $\tilde{v}^1, \ldots, \tilde{v}^\tau$ zuordnet,

$$\tilde{v}^i = \sum_{k=1}^{\tau} \frac{\partial \tilde{u}^i}{\partial u^k} v^k$$

gilt. Ein *kovarianter Vektor in* P hat entsprechend Komponenten $\lambda_1, \ldots, \lambda_\tau$ mit

$$\tilde{\lambda}_i = \sum_{k=1}^{\tau} \frac{\partial u^k}{\partial \tilde{u}^i} \lambda_k.$$

Die kontravarianten und die kovarianten Vektoren in P bilden je einen τ-dimensionalen Modul über k, wo τ die Dimension von $\mathfrak{R}$ ist[13]), und es besteht zwischen ihnen eine Dualität, beschrieben durch die nicht ausgeartete Bilinearform $\sum_{i=1}^{\tau} \lambda_i v^i$. Jeder analytischen oder gar algebraischen Parameterkurve $P(y)$ in $\mathfrak{R}$ ist in jedem regulären Punkt $P(y)$ ein kontravarianter „*Geschwindigkeitsvektor*" zugeordnet: hat $P(y)$ die Koordinaten $u^1(y), \ldots, u^\tau(y)$, so hat dieser Vektor die Komponenten $\frac{du^1}{dy}, \ldots, \frac{du^\tau}{dy}$.

Nun habe ich in Nr. 88 der Abhandlung „Extremale quasikonforme Abbildungen und quadratische Differentiale"[14]) im Vorübergehen, ohne es damals gebührend zu betonen, eine *Dualität zwischen dem Modul der überall endlichen quadratischen Differentiale* $d\zeta^2$ *eines algebraischen Funktionenkörpers Z und dem Modul der infinitesimalen Verrückungen | des diesen Körper Z in* $\mathfrak{R}$ *vertretenden Punktes P* heuristisch aufgestellt. (Die Bilinearform heißt dort $\iint B \frac{d\zeta^2}{dz^2} \boxed{dz}$, wo $B \frac{\boxed{dz}}{dz^2}$ die infinitesimale Verrückung beschreibt.) Die infinitesimalen Verrückungen werden aber durch kontravariante Vektoren beschrieben. Darum ist der Modul der kontravarianten Vektoren dual zum Modul der überall endlichen quadratischen Differentiale[13]). Dieser ist aber nach dem Hilfssatz ($m = -1$)

---

[13]) Bekanntlich ist die Dimension von $\mathfrak{R}$ stets gleich dim $\mathfrak{W}^2$, denn beide sind gleich

$$\begin{Bmatrix} 0, & g = 0 \\ 1, & g = 1 \\ 3(g-1), & g > 1 \end{Bmatrix}.$$

Meines Wissens ist früher kein Versuch gemacht worden, diese Übereinstimmung zu erklären.

[14]) Abhandlungen der Preußischen Akademie der Wissenschaften 1939.

dual zum Modul der Hauptteilsystemklassen für reziproke Differentiale. Folglich[15]) haben wir einen *Isomorphismus des Moduls der kontravarianten Vektoren mit dem Modul der Hauptteilsystemklassen für reziproke Differentiale.*

Wie sieht nun dieser Isomorphismus praktisch aus? Wenn eine Kurve $P(y)$ in $\mathfrak{R}$ durch einen vom Parameter y abhängigen Funktionenkörper Z_y wie oben festgelegt wird, ist ihr ja in jedem regulären Punkt ein kontravarianter Geschwindigkeitsvektor zugeordnet; welche Hauptteilsystemklasse entspricht ihm? Das habe ich ausgerechnet[16]); das Ergebnis ist[17]) (bis auf einen Faktor -2π) gerade das oben durch $-\frac{F_y}{F_z}dz^{-1}$ bestimmte Hauptteilsystem. Allerdings mußte ich voraussetzen, es träten nur einfache Verzweigungspunkte auf; aber diese Voraussetzung dürfte aus Stetigkeitsgründen entbehrlich sein. Eigentlich sollte man die singulären Punkte von $\mathfrak{R}$ ausnehmen, aber vermutlich ist das nicht nötig; die „topologische Festlegung", die ich nicht algebraisch fassen kann, beseitigt alle Singularitäten.

(Ebenso besteht ein Isomorphismus zwischen dem Modul der kovarianten Vektoren und dem Modul der überall endlichen quadratischen Differentiale. Man kann also jeder analytischen Invariante eines Funktionenkörpers das überall endliche quadratische Differential zuordnen, das ihrem Gradienten entspricht.)

Die Hauptteilsystemklasse, die dem Geschwindigkeitsvektor von $P(y)$ entspricht, darf von der Wahl von z nicht abhängen; das entspricht unserer ersten Vermutung. Wenn ferner diese Hauptteilsystemklasse für alle y verschwindet, muß $P(y)$ konstant sein; in allen Körpern Z_y muß sich dann durch birationale Transformationen ein und derselbe (in $\mathfrak{R}$ durch das konstante $P(y)$ vertretene) algebraische Funktionenkörper $X = k(x, u)$ realisieren lassen. Wenn Z_y algebraisch von y abhängt, wird vermutlich auch diese birationale Transformation in y algebraisch gewählt werden können (Zusammenhang mit *W. Weber*, Über die Einheitlichkeit von Konstruktionen mit Zirkel und Lineal[18])); das habe ich durch die zweite Vermutung zu präzisieren versucht. Wir müssen nur im Auge behalten, daß y in der Formulierung als Unbestimmte, in der Begründung aber als Veränderliche auftritt.

Die Verallgemeinerung auf mehrere Veränderliche $y_1, \ldots, y_n$ drängt sich auf. Wir formulieren sofort die weitere **Vermutung**:

k sei ein algebraisch abgeschlossener Körper der Charakteristik 0, *$k(y_1, \ldots, y_n)$ der rationale Funktionenkörper in n Unbestimmten, $Y/k(y_1, \ldots, y_n)$ endlich algebraisch und K ein algebraischer Funktionenkörper (vom Transzendenzgrad* 1) *über dem genauen Konstantenkörper Y; z liege in K, aber nicht in Y. Wir bilden in K ähnlich wie vorhin die n durch*

$$-\frac{F_{y_\nu}}{F_z}dz^{-1} \quad (\nu = 1, \ldots, n)$$

bestimmten Hauptteilsysteme; r sei der Rang des von den n zugehörigen Hauptteilsystemklassen erzeugten Moduls über Y. Dann gibt es eine endlich algebraische Erweiterung Y^*

---

[15]) Mit jedem Modul M ist zugleich der Modul M' aller Linearformen in M gegeben, der Prototyp eines zu M dualen Moduls, und die Beziehung zwischen M und M' ist symmetrisch. Eine Dualität zwischen M und N kann als Doppelisomorphie $M \cong N'$, $M' \cong N$ angesehen werden, wo jede dieser beiden Isomorphien die andere festlegt. Bei dieser Auffassung ist es klar, daß beim Zusammensetzen einer Dualität von L und M mit einer Dualität von M und N eine Isomorphie $L \cong N$ (und $L' \cong N'$) entsteht.

[16]) Die Rechnung, die auf der Theorie der infinitesimalen quasikonformen Abbildungen aufbaut, wird in Anhang II durchgeführt.

[17]) Nachdem ein bestimmtes z zugrunde gelegt worden ist.

[18]) Deutsche Mathematik 1.

von Y und in der zugehörigen Erweiterung K^* von K einen Teilkörper X vom Transzendenzgrad $r+1$ über k, der mit Y^* zusammen K^* erzeugt.

Es ist zu beachten, daß hier stets

$$r \leqq \dim \mathfrak{W}^2 = \begin{cases} 0, & g = 0 \\ 1, & g = 1 \\ 3(g-1), & g > 1 \end{cases}$$

ist, wo g das Geschlecht von K/Y ist.

Anhang I.

Wir beweisen eine Verallgemeinerung des zu Anfang formulierten Hilfssatzes. m sei eine ganze rationale Zahl, $\mathfrak{a}$ sei ein Divisor unseres Funktionenkörpers und $\mathfrak{A}$ seine Divisorenklasse. Unter einem *Hauptteil bezüglich* $\mathfrak{a}$ *an der Stelle* $\mathfrak{p}$ verstehen wir eine additive Restklasse von Differentialen m-ter Dimension mod den, durch $\mathfrak{a}$ dividiert, in $\mathfrak{p}$ endlichen Differentialen m-ter Dimension; entsprechend *Hauptteilsystem bezüglich* $\mathfrak{a}$. Die additiven Restklassen von Hauptteilsystemen bezüglich $\mathfrak{a}$ mod den Hauptteilsystemen bezüglich $\mathfrak{a}$ von existierenden Differentialen m-ter Dimension heißen *Hauptteilsystemklassen bezüglich* $\mathfrak{a}$. Hier hat man eine Basis

$$d\zeta_1^{1-m}, \ldots, d\zeta_\tau^{1-m} \quad (\tau = \dim \mathfrak{A}\mathfrak{W}^{1-m})$$

der, mit $\mathfrak{a}$ multipliziert, überall endlichen Differentiale $(1-m)$-ter Dimension, und

$$\sum_{\mathfrak{p}} \operatorname{Res}_{\mathfrak{p}} (d\xi^m \cdot d\zeta_t^{1-m}) = 0 \qquad (t = 1, \ldots, \tau)$$

sind τ lineare Relationen für das Hauptteilsystem jedes $d\xi^m$ bezüglich $\mathfrak{a}$. *Wir behaupten wieder, daß diese τ Relationen linear unabhängig sind und daß es zu einem gegebenen Hauptteilsystem dann und nur dann ein Differential m-ter Dimension $d\xi^m$ gibt, wenn diese τ Relationen erfüllt sind*[19]). Oben wurde nur der Sonderfall $\mathfrak{a} = 1$ gebraucht.

Zum *Beweis* nehmen wir einen ganzen Divisor $\mathfrak{d}$ der Klasse $\mathfrak{D}$, den wir hinreichend groß wählen werden. Vorgelegt sei ein Hauptteilsystem, für das jene τ Relationen erfüllt sind; ich wähle $\mathfrak{d}$ so groß, daß die Hauptteile, mit $\frac{\mathfrak{d}}{\mathfrak{a}}$ multipliziert, ganz werden, und betrachte alle Hauptteilsysteme mit der letzteren Eigenschaft zugleich. Nach dem *Riemann-Rochschen Satz* ist

$$\dim \frac{\mathfrak{D}}{\mathfrak{A}} \mathfrak{W}^m = \dim \frac{\mathfrak{A}}{\mathfrak{D}} \mathfrak{W}^{1-m} + \operatorname{grad} \frac{\mathfrak{D}}{\mathfrak{A}} \mathfrak{W}^m - g + 1$$

$$\dim \frac{1}{\mathfrak{A}} \mathfrak{W}^m = \dim \mathfrak{A}\mathfrak{W}^{1-m} + \operatorname{grad} \frac{1}{\mathfrak{A}} \mathfrak{W}^m - g + 1$$

$$\dim \frac{\mathfrak{D}}{\mathfrak{A}} \mathfrak{W}^m - \dim \frac{1}{\mathfrak{A}} \mathfrak{W}^m = \operatorname{grad} \mathfrak{D} - \dim \mathfrak{A}\mathfrak{W}^{1-m},$$

wenn $\mathfrak{d}$ so groß gewählt ist, daß $\dim \frac{\mathfrak{A}}{\mathfrak{D}} \mathfrak{W}^{1-m} = 0$ ist. $\operatorname{grad} \mathfrak{D}$ ist nun der Rang der Linearmannigfaltigkeit aller Hauptteilsysteme bezüglich $\mathfrak{a}$, die mit $\frac{\mathfrak{d}}{\mathfrak{a}}$ multipliziert ganz werden;

[19]) Demnach definiert auch hier die Bilinearform

$$\sum_{\mathfrak{p}} \operatorname{Res}_{\mathfrak{p}} (\text{Hauptteil} \cdot d\zeta^{1-m})$$

eine Dualität zwischen den Hauptteilsystemen für Differentiale m-ter Dimension bezüglich $\mathfrak{a}$ und den, mit $\mathfrak{a}$ multipliziert, überall endlichen Differentialen $(1-m)$-ter Dimension $d\zeta^{1-m}$.

$\dim \frac{\mathfrak{D}}{\mathfrak{A}} \mathfrak{W}^m - \dim \frac{1}{\mathfrak{A}} \mathfrak{W}^m$ ist der Rang derjenigen linearen Teilmannigfaltigkeit, wo es ein Differential m-ter Dimension gibt[20]), und wir kennen schon $\tau = \dim \mathfrak{A}\mathfrak{W}^{1-m}$ lineare Relationen, die in der letzteren Teilmannigfaltigkeit gelten. Wir sind fertig, wenn wir zeigen, daß diese Relationen in der großen Linearmannigfaltigkeit linear unabhängig sind[21]). Dann liegt nämlich erstens jedes Element der großen Linearmannigfaltigkeit (Hauptteilsystem für Differentiale m-ter Dimension bezüglich $\mathfrak{a}$, das mit $\frac{\mathfrak{b}}{\mathfrak{a}}$ multipliziert ganz wird), sowie dafür jene τ Relationen erfüllt sind, schon in der Teilmannigfaltigkeit derer, die Hauptteilsystem bezüglich $\mathfrak{a}$ eines Differentials m-ter Dimension sind; insbesondere gilt dies dann für das vorgelegte Hauptteilsystem, von dem wir ausgegangen sind; zweitens sind dann jene τ Relationen linear unabhängig, weil sie schon bei Beschränkung auf unsere große Linearmannigfaltigkeit vom Rang grad $\mathfrak{D}$ linear unabhängig sind.

Wir wählen $\mathfrak{b}$ so groß, daß $k >$ grad $\mathfrak{A}\mathfrak{W}^{1-m}$ Primstellen $\mathfrak{p}_1, \ldots, \mathfrak{p}_k$ darin aufgehen, die in $\mathfrak{a}$ nicht vorkommen. Wären die τ Relationen linear abhängig, dann gäbe es ein $d\zeta^{1-m} = \sum_{i=1}^{\tau} \alpha_i\, d\zeta_i^{1-m} \neq 0$, für das $\sum_{\mathfrak{p}} \operatorname{Res}_{\mathfrak{p}} (\text{Hauptteil} \cdot d\zeta^{1-m}) = 0$ für jedes, mit $\frac{\mathfrak{b}}{\mathfrak{a}}$ multipliziert, ganze Hauptteilsystem wäre. Nimmt man hier ein Hauptteilsystem $\mathfrak{p}$, das bei $\mathfrak{p}_k$ in beliebiger Weise einen Pol erster Ordnung hat und sonst überall verschwindet, so folgt, daß $d\zeta^{1-m}$ an der Stelle $\mathfrak{p}_k$ verschwindet. Ein, mit $\mathfrak{a}$ multipliziert, überall endliches Differential $(1-m)$-ter Dimension $d\zeta^{1-m}$ kann aber höchstens grad $\mathfrak{A}\mathfrak{W}^{1-m}$ Nullstellen haben; Widerspruch.

Folglich sind die τ Linearformen linear unabhängig, und die Behauptung ist bewiesen.

Der soeben bewiesene Hilfssatz kann als erklärender Zusatz zum Riemann-Rochschen Satz aufgefaßt werden[22]).

Anhang II.

Wir nehmen einen algebraischen Funktionenkörper Z_y an, der analytisch oder sogar algebraisch von einem Parameter y abhängt, und fassen ihn als Oberkörper von $k(z)$ und seine Riemannsche Fläche $\mathfrak{Z}_y$ als Überlagerungsfläche der z-Ebene auf. Wir nehmen an, es treten *nur einfache* (zweiblättrige) Windungspunkte $\mathfrak{p}_\nu$ über $z = p_\nu$ auf; durch eine lineare gebrochene Transformation von z mit von y unabhängigen Koeffizienten können wir erreichen, daß alle p_ν für einen gewissen y-Bereich endlich sind.

[20]) Denn $\dim \frac{\mathfrak{D}}{\mathfrak{A}} \mathfrak{W}^m$ ist der Rang des Moduls aller in Frage kommenden $d\xi^m$, und $\dim \frac{1}{\mathfrak{A}} \mathfrak{W}$ ist der Rang des Teilmoduls derjenigen $d\xi^m$, die bezüglich $\mathfrak{a}$ das Hauptteilsystem 0 haben.

[21]) In einem endlichen Modul M vom Rang d über dem Grundkörper P mögen τ linear unabhängige Linearformen gegeben sein. Die Teilmannigfaltigkeit N aller Elemente von M, wofür alle diese Linearformen 0 sind, hat dann den Rang $d - \tau$. Wenn also ein Teilmodul N' von M bekannt ist, in dem alle diese Linearformen 0 sind und den Rang $d - \tau$ hat, dann ist $N' = N$, d. h. jedes Element von M, wo alle τ Linearformen verschwinden, liegt in N'. In unserem Falle ist M der Modul aller Hauptteilsysteme für Differentiale m-ter Dimension bezüglich $\mathfrak{a}$, die mit $\frac{\mathfrak{b}}{\mathfrak{a}}$ multipliziert ganz werden, N' der Teilmodul derer, die Hauptteilsystem bezüglich $\mathfrak{a}$ eines existierenden Differentials m-ter Dimension sind, P der Konstantenkörper, $d = \operatorname{grad} \mathfrak{D}$ und $\tau = \dim \mathfrak{A}\mathfrak{W}^{1-m}$; N' hat den Rang

$$\dim \frac{\mathfrak{D}}{\mathfrak{A}} \mathfrak{W}^m - \dim \frac{1}{\mathfrak{A}} \mathfrak{W}^m = d - \tau.$$

[22]) Vgl. hierzu O. Teichmüller, Extremalprobleme der konformen Geometrie; Eine Begründung der algebraischen Funktionentheorie durch Uniformisierung.

Sie sind dann analytische Funktionen $p_\nu(y)$ von y und legen $\mathfrak{Z}_y$ und damit Z_y fest, sowie nur ein einziges $\mathfrak{Z}_{y_0}$ bekannt ist.

Nun muß erst kurz wiederholt werden, wie die Dualität zwischen den infinitesimalen Abänderungen eines algebraischen Funktionenkörpers und seinen quadratischen Differentialen zustande kommt. Z_y hängt ja von y ab; ich bilde die Riemannsche Fläche $\mathfrak{Z}_y$ von Z_y durch eine Abbildung, die (nach Übergang zu den Ortsuniformisierenden) hinreichend regulär ist und die nur unendlich wenig von der Identität verschieden ist, auf die unendlich benachbarte Fläche $\mathfrak{Z}_{y+\delta y}$ ab, wo δy eine von erster Ordnung unendlich kleine *reelle* Zahl ist. Ist π eine verallgemeinerte Ortsuniformisierende an einer Stelle von $\mathfrak{Z}_y$ und π' eine an der entsprechenden Stelle von $\mathfrak{Z}_{y+\delta y}$, so ist vermöge unserer Abbildung

$$|d\pi'|^2 = \lambda\{|d\pi|^2 + \delta y \cdot \Re(B d\pi^2)\},$$

wo λ ein von π abhängiger reeller Faktor ist, in den noch δy eingeht und der in erster Näherung gleich 1 ist, und wo B eine komplexwertige Funktion von π ist. Wenn man von π und π' zu neuen Ortsuniformisierenden übergeht, ist $B\frac{d\pi^2}{|d\pi|^2}$ und damit auch

$$\overline{B}\frac{\boxed{d\pi}}{d\pi^2}$$

($\boxed{d\pi}$ Flächenelement in der π-Ebene) invariant, und *durch dieses auf* $\mathfrak{Z}_y$ *gegebene* $\overline{B}\frac{\boxed{d\pi}}{d\pi^2}$ *beschreibe ich die infinitesimale Abänderung* $\mathfrak{Z}_y \to \mathfrak{Z}_{y+\delta y}$. Aber man konnte $\mathfrak{Z}_y$ auf verschiedene Arten auf $\mathfrak{Z}_{y+\delta y}$ abbilden, deshalb muß man immer diejenigen (durch ihr $\overline{B}\frac{\boxed{d\pi}}{d\pi^2}$ beschriebenen) Abbildungen zu einer *Klasse* zusammenfassen, die $\mathfrak{Z}_y$ auf *dieselbe oder eine konform äquivalente Nachbarfläche* $\mathfrak{Z}_{y+\delta y}$ abbilden oder die Z_y in *denselben oder einen isomorphen* Körper $Z_{y+\delta y}$ überführen. *Es hat sich gezeigt, daß diese Klassen von* $\overline{B}\frac{\boxed{d\pi}}{d\pi^2}$ *genau die additiven Restklassen mod denjenigen* $\overline{B}\frac{\boxed{d\pi}}{d\pi^2}$ *sind, für die*

$$\iint \overline{B}\frac{d\zeta^2}{d\pi^2}\boxed{d\pi} = 0$$

für alle überall endlichen quadratischen Differentiale $d\zeta^2$ *von* Z_y *ist, daß diese additiven Restklassen eineindeutig und linear den früher eingeführten kontravarianten Vektoren in dem* Z_y *entsprechenden Punkte* P_y *von* $\Re$ *entsprechen, und daß die Bilinearform*

$$\iint \overline{B}\frac{d\zeta^2}{d\pi^2}\boxed{d\pi}$$

eine Dualität zwischen diesen kontravarianten Vektoren oder Klassen von $\overline{B}\frac{\boxed{d\pi}}{d\pi^2}$ *einerseits und den überall endlichen quadratischen Differentialen* $d\zeta^2$ *andererseits festlegt.*

Wir nehmen jetzt also irgendeine Abbildung $\mathfrak{Z}_y \to \mathfrak{Z}_{y+\delta y}$ wie oben, berechnen ihr $\overline{B}\frac{\boxed{d\pi}}{d\pi^2}$, das noch einige Willkür enthält, und dann die Linearform $l(d\zeta^2) = \iint \overline{B}\frac{d\zeta^2}{d\pi^2}\boxed{d\pi}$; diese Linearform (die jedem $d\zeta^2$ linear eine komplexe Zahl zuordnet) muß von aller Willkür wieder frei sein und kann zur Beschreibung des Geschwindigkeitsvektors der Parameterkurve $P(y)$ in $\Re$ dienen. Selbstverständlich sind singuläre Werte von y auszunehmen; über singuläre Punkte von $\Re$ siehe oben.

$\mathfrak{Z}_{y+\delta y}$ entsteht aus $\mathfrak{Z}_y$, indem der Windungspunkt $\mathfrak{p}_\nu$ von der Stelle $z = p_\nu$ nach $z = p_\nu(y + \delta y) = p_\nu(y) + \delta y \cdot p_\nu'(y)$ geschoben wird. Die positive Zahl R sei so klein, daß die zweiblättrigen Kreise $\mathfrak{K}_\nu$ um die Windungspunkte $\mathfrak{p}_\nu$ mit dem Halbmesser

R alle punktfremd sind. Es sei $0 < r < R$; die zweiblättrigen Kreise um die $\mathfrak{p}_\nu$ mit dem Halbmesser r sollen $\mathfrak{U}_\nu$ heißen, die zweiblättrigen Kreisringe $r < |z - p_\nu| < R$ um die $\mathfrak{p}_\nu$ aber $\mathfrak{R}_\nu$, so daß $\mathfrak{K}_\nu$ aus $\mathfrak{U}_\nu$ und $\mathfrak{R}_\nu$ zusammengesetzt ist. Auf der Fläche $\mathfrak{Z}_y$ wählen wir eine Funktion w von folgender Art: Außerhalb der $\mathfrak{K}_\nu$ ist $w = 0$. In $\mathfrak{U}_\nu$ ist w konstant gleich $p'_\nu(y)$. In $\mathfrak{R}_\nu$ soll w irgendwie so bestimmt werden, daß w auf $\mathfrak{Z}_y$ hinreichend regulär ist. Die Abbildung

$$z \to z + \delta y \cdot w$$

bildet dann $\mathfrak{Z}_y$ auf $\mathfrak{Z}_{y+\delta y}$ ab. Für diese infinitesimale Abbildung ist, wenn man $z = x + iy$ als Ortsuniformisierende nimmt,

$$B = \overline{w_x + iw_y}\,^{23)}.$$

(*Beweis.* z geht bei der Abbildung in

$$\pi' = z + \delta y \cdot w$$

über. Es ist

$$d\pi' = dz + \delta y \cdot dw;$$
$$|d\pi'|^2 = |dz|^2 + 2\delta y \cdot \mathfrak{R}(dz\,\overline{dw}).$$

Nun ist aber

$$2dw = (w_x - iw_y)dz + (w_x + iw_y)d\bar{z};$$

setzt man das ein und berücksichtigt man, daß δy unendlich klein und darum δy^2 zu vernachlässigen ist, so kann man schreiben

$$|d\pi'|^2 = (1 + \delta y \cdot \mathfrak{R}(w_x - iw_y))\{|dz|^2 + \delta y \mathfrak{R}(\overline{(w_x + iw_y)}dz^2)\}.$$

Vergleich mit

$$|d\pi'|^2 = \lambda\{|dz|^2 + \mathfrak{R}(Bdz^2)\}$$

ergibt

$$B = \overline{w_x + iw_y}.)^{24)}$$

B ist nur in den $\mathfrak{R}_\nu$ von 0 verschieden (weil sonst die Abbildung $\mathfrak{Z}_y \to \mathfrak{Z}_{y+\delta y}$ überall konform ist); darum durften wir z als verallgemeinerte Ortsuniformisierende nehmen.

Jetzt haben wir, um die in unserer Abbildung $\mathfrak{Z}_y \to \mathfrak{Z}_{y+\delta y}$ steckende Willkür zu beseitigen,

$$l(d\zeta^2) = \iint B \frac{d\zeta^2}{dz^2} \boxed{dz}$$

zu berechnen. Das Integral ist die Summe der Integrale über die einzelnen $\mathfrak{R}_\nu$:

$$l(d\zeta^2) = \sum_\nu \iint_{\mathfrak{R}_\nu} \overline{(w_x + iw_y)} \frac{d\zeta^2}{dz^2} \boxed{dz}.$$

Partielle Integration ergibt

$$l(d\zeta^2) = \sum_\nu \frac{1}{i} \oint_{\mathfrak{R}_\nu} w \frac{d\zeta^2}{dz^2} dz.$$

---

[23]) Wenn man von y zu $\frac{y}{a}$ übergeht ($a \neq 0$ komplex), multipliziert sich $p'_\nu(y)$ mit a, und ebenso multiplizieren sich w und $\overline{B} \frac{\boxed{dz}}{dz^2}$ mit a. $\delta y \cdot \overline{B} \frac{\boxed{dz}}{dz^2}$ ändert sich also bei der Abänderung $y \to \frac{y}{a}$ überhaupt nicht. Ebenso bleibt es, wenn man $\overline{B} \frac{\boxed{dz}}{dz^2}$ durch den kontravarianten Geschwindigkeitsvektor ersetzt. Deshalb ist es gestattet, auch hier (wie schon immer stillschweigend) *komplexe Koordinaten* in $\mathfrak{R}$ zu benutzen, und zugleich sehen wir, daß es nichts schadet, daß wir uns oben auf reelle δy beschränken mußten.

[24]) Die Rechnung verläuft genau wie in Nr. 64 von O. Teichmüller, Extremale quasikonforme Abbildungen und quadratische Differentiale, Abhandlungen der Preußischen Akademie der Wissenschaften 1939.

w hat aber auf den beiden Randkurven von $\mathfrak{R}_\nu$ die konstanten Randwerte 0 bzw. $p'_\nu(y)$:

$$l(d\zeta^2) = \sum_\nu i \int_{\mathfrak{R}_\nu} p'_\nu(y) \frac{d\zeta^2}{dz}.$$

Das Vorzeichen hat sich geändert, weil $|z - p_\nu| = r$ als Randkurve von $\mathfrak{K}_\nu$ entgegengesetzt orientiert ist wie als Randkurve von $\mathfrak{R}_\nu$. Es ist also

$$l(d\zeta^2) = -2\pi \sum_\nu p'_\nu(y) \operatorname{Res}_{\mathfrak{p}_\nu} \frac{d\zeta^2}{dz}.$$

Wir können jetzt in den $\mathfrak{K}_\nu$ immer

$$\pi_\nu = \sqrt{z - p_\nu}$$

als Ortsuniformisierende einführen; dann hat $\frac{d\zeta^2}{d\pi_\nu^2}$ in $\mathfrak{p}_\nu$ einen endlichen Wert $\frac{d\zeta^2}{d\pi_\nu^2}(\mathfrak{p}_\nu)$; es ist

$$\frac{1}{dz} = \frac{1}{2\pi_\nu d\pi_\nu}$$

und darum

$$l(d\zeta^2) = -2\pi \sum_\nu p'_\nu(y) \cdot \frac{1}{2} \frac{d\zeta^2}{d\pi_\nu^2}(\mathfrak{p}_\nu).$$

Aber diese explizite Formel verbirgt mehr, als sie zeigt. Wir bleiben lieber bei

$$l(d\zeta^2) = -2\pi \sum_\nu p'_\nu(y) \operatorname{Res}_{\mathfrak{p}_\nu} \frac{d\zeta^2}{dz}.$$

Diese Formel lesen wir folgendermaßen: Jedem Verzweigungspunkt $\mathfrak{p}_\nu$ ordnen wir einen *Hauptteil für reziproke Differentiale* mit höchstens einem Pol erster Ordnung zu, nämlich $\frac{p'_\nu(y)}{dz}$ $\left(\text{oder, in der Ortsuniformisierenden } \pi_\nu = \sqrt{z - p_\nu} \text{ ausgedrückt, } \frac{p'_\nu(y)}{2\pi_\nu d\pi_\nu}\right)$. Den anderen Punkten wird der Hauptteil 0 zugeordnet. Mit diesem Hauptteilsystem ist

$$l(d\zeta^2) = -2\pi \sum_{\mathfrak{p}} \operatorname{Res}_{\mathfrak{p}} (\text{Hauptteil} \cdot d\zeta^2).$$

Das ist aber bis auf den Faktor -2π gerade die Linearform in der τ-dimensionalen Linearmannigfaltigkeit aller überall endlichen quadratischen Differentiale $d\zeta^2$, die ganz zu Anfang einem Hauptteilsystem immer zugeordnet wurde; so war ja die Dualität zwischen den Hauptteilsystemklassen und den $d\zeta^2$ erklärt.

Da nun sowohl die Linearmannigfaltigkeit der Hauptteilsystemklassen für reziproke Differentiale wie auch die Linearmannigfaltigkeit der kontravarianten Vektoren in dem entsprechenden Punkte von $\mathfrak{R}$ in bestimmter Weise dual zu der Linearmannigfaltigkeit der $d\zeta^2$ ist, bilden wir die ersten beiden isomorph aufeinander ab: wir ordnen eine Hauptteilsystemklasse und einen kontravarianten Vektor einander zu, wenn ihnen bei der Dualität bis auf den Faktor -2π dieselbe Linearform $l(d\zeta^2)$ in der Linearmannigfaltigkeit aller $d\zeta^2$ entspricht[15]). *In diesem Sinne entspricht dem Geschwindigkeitsvektor von $P(y)$ die durch $\frac{p'_\nu(y)}{dz}$ beschriebene Hauptteilsystemklasse.* Und für diese läßt sich auch die oben an die Spitze gestellte Definition durch $-\frac{F_y}{F_z} dz^{-1}$ geben, die vorzuziehen ist, sowie Verzweigungspunkte zusammenfallen; vgl. Anm.[10]).

z ist nur irgendeine nichtkonstante Funktion aus dem Körper Z_y; der Geschwindigkeitsvektor von $P(y)$ hat mit z nichts zu tun, und darum muß die ihm zugeordnete Hauptteilsystemklasse von der Wahl von z unabhängig sein. Wenn ferner diese Hauptteilsystemklasse verschwindet, ist auch der Geschwindigkeitsvektor von $P(y)$ gleich 0 und darum $P(y)$ in $\mathfrak{R}$ konstant. Das ist die heuristische analytische Begründung meiner Vermutungen.

Das Einführen der ziemlich willkürlichen Funktion w in der bestimmten Erwartung, daß sich alle Willkür bei der weiteren Rechnung wieder herausheben wird, ist der eigentliche Kerngedanke der ganzen Arbeit; alles andere ist nur formale Umformung, die aber notwendig ist, um dem Algebraiker das Verstehen meiner Vermutungen zu ermöglichen.

Eingegangen 3. März 1941.

28.
Ein neuer Beweis für die Funktionalgleichung der L-Reihen

Abh. math. Sem. Hansische Univ. *15*, 85–96 (1943)

Von HERMANN LUDWIG SCHMID und OSWALD TEICHMÜLLER in Berlin.

E. WITT fand im März 1936 als erster einen Beweis für die Funktionalgleichung der L-Reihen in algebraischen Funktionenkörpern mit endlich vielen Konstanten, ohne ihn jedoch zu veröffentlichen. Dem Beweis lag eine neue Auffassung des Riemann-Rochschen Satzes zugrunde, welche diesen Satz mit der Funktionalgleichung der L-Reihen in Analogie zu setzen gestattete. J. WEISSINGER veröffentlichte in seiner Dissertation[1]), unabhängig von WITT, einen Beweis der Funktionalgleichung, der sich auf einen bemerkenswerten Satz über die Lösungsanzahlen von Divisorenkongruenzen stützte.

1941 brachte der zweitgenannte Verfasser den Wittschen Beweisansatz mit dem Begriff der dualen Moduln[2]) in Verbindung und führte die Funktionalgleichung dadurch auf eine rein algebraisch formulierbare Identität über Charaktere zurück. Für diese Identität (Haupthilfssatz 5) gab der erstgenannte Verfasser einen einfachen Beweis. In dieser Form wird die Funktionalgleichung der L-Reihen im folgenden bewiesen. Die Verfasser haben beim Beweis das Hauptgewicht nicht so sehr auf die Kürze der Darstellung gelegt, als vielmehr auf die scharfe Trennung zwischen den rein algebraisch formulierbaren Tatsachen einerseits und den Rechnungen im algebraischen Funktionenkörper andererseits.

1. Es seien k ein endlicher Körper von q Elementen und k_ϱ Oberkörper von k vom Grade f_ϱ über k $(\varrho = 1, \cdots, r)$. $e_1, \cdots, e_r$ bedeuten positive ganze Zahlen und R_ϱ seien kommutative Ringe, die durch

$$R_\varrho = k_\varrho + k_\varrho\, t_\varrho + \cdots + k_\varrho\, t_\varrho^{e_\varrho - 1} \text{ mit } t_\varrho^{e_\varrho} = 0 \ (\varrho = 1, \cdots, r)$$

erklärt sind. Schließlich sei

$$R = R_1 + \cdots + R_r$$

die direkte Summe der Ringe $R_1, \cdots, R_r$. Das allgemeine Element x

---

[1]) J. WEISSINGER, Theorie der Divisorenkongruenzen, Abh. Math. Sem. Hansische Univ. **12** (1937), S. 115–126.

[2]) Für diesen Begriff und seinen Zusammenhang mit dem Riemann-Rochschen Satz siehe O. TEICHMÜLLER, Drei Vermutungen über algebraische Funktionenkörper; erscheint demnächst in Crelle J.

von R hat die Gestalt

$$(1)\qquad x = \sum_{\varrho=1}^{r} x_\varrho \quad \text{mit } x_\varrho = \sum_{i=0}^{e_\varrho - 1} a_{\varrho i}\, t_\varrho^i \qquad (a_{\varrho i} \text{ aus } k_\varrho;\ \varrho = 1, \cdots, r).$$

Bezeichnet f den Rang von R über k, so gilt

$$f = \sum_{\varrho=1}^{r} e_\varrho f_\varrho.$$

Für die Elemente x von R erklären wir eine Funktion $S(x)$ durch

$$(2)\qquad S(x) = \sum_{\varrho=1}^{r} S(x_\varrho) \text{ und } S(x_\varrho) = Sp_{k_\varrho/k}(a_{\varrho, e_\varrho - 1}),$$

wobei die Elemente x_ϱ und $a_{\varrho, e_\varrho - 1}$ $(\varrho = 1, \cdots, r)$ der Darstellung (1) zu entnehmen sind und $Sp_{k_\varrho/k}$ die Spurbildung von k_ϱ nach k bedeutet. Offenbar ist

$$S(x+y) = S(x) + S(y), \qquad S(ax) = aS(x) \quad (a \text{ aus } k).$$

Hilfssatz 1. Ist für ein x aus R $S(xy) = 0$ für alle y aus R, so folgt $x = 0$.

Beweis. Angenommen, es sei $x \neq 0$. Dann werde in der Darstellung (1) ein von Null verschiedener Koeffizient $a_{\sigma j}$ mit minimalem j herausgegriffen. Wir setzen $y = a_\sigma a_{\sigma j}^{-1} t_\sigma^{e_\sigma - 1 - j}$, wo a_σ ein Element aus k_σ mit $Sp_{k_\sigma/k}(a_\sigma) \neq 0$ sei. Dann wird $xy = a_\sigma t_\sigma^{e_\sigma - 1}$ und $S(xy) = Sp_{k_\sigma/k}(a_\sigma) \neq 0$, in Widerspruch zur Voraussetzung, daß $S(xy) = 0$ sein sollte.

M sei ein k-Modul in R. Jedem M ordnen wir einen k-Modul N in R, den *„komplementären" Modul,* zu durch folgende

Definition. *N besteht aus allen Elementen y von R, für welche $S(xy) = 0$ ist für alle x aus M.*

$\{M\}$ bezeichne die Dimension von M.

Hilfssatz 2. Es ist $\{M\} + \{N\} = \{R\} = f$. Der zu N komplementäre Modul ist wieder M.

Beweis. $x_1, \cdots, x_m$ sei eine k-Basis von M, $y_1, \cdots, y_f$ eine solche von R. Dann gehören genau diejenigen Elemente

$$y = b_1 y_1 + \cdots + b_f y_f \; (b_1, \cdots, b_f \text{ aus } k)$$

zum Modul N, für welche das lineare homogene Gleichungssystem

$$(3)\qquad b_1 S(x_\mu y_1) + \cdots + b_f S(x_\mu y_f) = 0 \qquad (\mu = 1, \cdots, m)$$

erfüllt ist. Aus Hilfssatz 1 folgt leicht, daß der Rang der Matrix $\| S(x_\mu y_\nu) \|$ ($\mu = 1, \dots, m$; $\nu = 1, \dots, f$) gleich m ist. Das Gleichungssystem (3) hat also $f - m$ unabhängige Lösungen, d. h. es ist $\{M\} + \{N\} = f$. — Dem Modul N sei der Modul M' zugeordnet. Dann ist $M \subset M'$, also wegen der eben bewiesenen Rangrelation $M = M'$. Die Beziehung zwischen M und N ist also involutorisch.

Die Nullteiler von R_ϱ ($\varrho = 1, \dots, r$) sind die Elemente $a_1 t_\varrho + \dots + a_{e_\varrho - 1} t_\varrho^{e_\varrho - 1}$ (a_i aus k_ϱ). Ein Element x aus R ist dann und nur dann Nullteiler, wenn in (1) mindestens ein direkter Summand x_ϱ Nullteiler in R_ϱ ist.

χ sei ein Charakter der multiplikativen Gruppe aller Nichtnullteiler von R. Für Nullteiler x von R werde $\chi(x) = 0$ gesetzt. Für die beabsichtigten Anwendungen ist nur der Fall von Interesse, in dem die Voraussetzung

$$\chi(a) = 1 \quad \text{für } a \neq 0 \text{ in } k \tag{4}$$

erfüllt ist. Jedem solchen Charakter χ und jedem k-Modul M in R werde die Charaktersumme

$$\Lambda_\chi(M) = \sum_{x \text{ aus } M} \chi(x) \tag{5}$$

zugeordnet[2a]). $e(a)$ sei eine Funktion, die jedem Element a von k eine komplexe Zahl $e(a)$ zuordnet und die beiden Eigenschaften

$$e(0) = 1, \qquad \sum_{a \text{ aus } k} e(a) = 0 \tag{6}$$

erfüllt[3]). Wir machen noch folgende weitere

Voraussetzung. Für jedes $\varrho = 1, \dots, r$ gebe es ein a_ϱ in k_ϱ mit

$$\chi(1 + a_\varrho t_\varrho^{e_\varrho - 1}) \neq 1. \tag{7}$$

Im Falle $e_\varrho = 1$ soll überdies $1 + a_\varrho$ kein Nullteiler von R sein. Es soll also in jedem Falle auch

$$\chi(1 + a_\varrho t_\varrho^{e_\varrho - 1}) \neq 0 \tag{7a}$$

gelten.

[2a]) Wäre die Voraussetzung (4) verletzt, so wäre identisch $\Lambda_\chi(M) = 0$.

[3]) Man kann z. B. $e(a) = \begin{cases} 1 \text{ für } a = 0 \\ -\dfrac{1}{q-1} \text{ für } a \neq 0 \end{cases}$ setzen; man kann auch für $e(a)$ einen beliebigen Nichthauptcharakter der Additivgruppe von k wählen.

Hilfssatz 3. Es ist

$$\sum_{x \text{ aus } M} e(S(xy)) = \begin{cases} q^{\{M\}}, & \textit{wenn } y \textit{ aus } N, \\ 0 & \textit{sonst.} \end{cases} \tag{8}$$

Beweis. 1. Wenn y zu N gehört, ist $S(xy) = 0$ für alle x aus M, also

$$\sum_{x \text{ aus } M} e(S(xy)) = q^{\{M\}}.$$

2. $x_1, \cdots, x_m$ sei eine k-Basis von M. Wenn y nicht zu N gehört, ist mindestens für ein μ $(\mu = 1, \cdots, m)$ $S(x_\mu y) \neq 0$. Es sei o.B.d.A. $S(x_1 y) \neq 0$. In

$$\sum_{x \text{ aus } M} e(S(xy)) = \sum_{a_1, \cdots, a_m \text{ aus } k} e\left[\sum_{\mu=1}^{m} a_\mu S(x_\mu y)\right]$$

durchläuft dann $\sum\limits_{\mu=1}^{m} a_\mu S(x_\mu y)$ bei festen $a_2, \cdots, a_m$ und veränderlichem a_1 ganz k genau einmal; nach (6) ist die ganze Summe gleich 0.

Hilfssatz 4. Es werde zur Abkürzung

$$G(x) = \sum_{y \text{ aus } R} \bar{\chi}(y)\, e(S(xy))$$

gesetzt. Dann gilt für alle x aus R

$$G(x) = \chi(x)\, G(1)\text{ [8a]}. \tag{9}$$

Beweis. 1. Ist x kein Nullteiler von R, so können wir in $G(x)$ die Substitution $xy = z$ vornehmen; denn mit y durchläuft, bei festgehaltenem x, auch z alle Elemente von R und umgekehrt. Also wird

$$G(x) = \sum_{z \text{ aus } R} \bar{\chi}(x^{-1} z)\, e(S(z)) = \chi(x) \sum_{z \text{ aus } R} \bar{\chi}(z)\, e(S(z)) = \chi(x)\, G(1).$$

2. Ist x Nullteiler von R, so ist in der Darstellung (1) von x mindestens ein Summand, etwa x_ϱ, Nullteiler. Nach Voraussetzung (7) und (7a) gibt es einen Nichtnullteiler

$$z_\varrho = 1 + a_\varrho\, t_\varrho^{e_\varrho - 1} \qquad (a_\varrho \text{ aus } k_\varrho) \text{ mit } \chi(z_\varrho) \neq 1.$$

Dann ist $x z_\varrho = x$ und

$$\chi(z_\varrho)\, G(x) = \sum_{y \text{ aus } R} \bar{\chi}(z_\varrho^{-1} y)\, e(S(xy)).$$

Ersetzen wir hier die Summationsvariable y durch $y' = z_\varrho^{-1} y$, so

[8a]) Vgl. E. Hecke, Eine neue Art von Zetafunktionen und ihre Beziehungen zur Verteilung der Primzahlen, II. Math. Z. **6** (1920), S. 11—51; insbes. S. 25.

ergibt sich

$$\chi(z_\varrho)\,G(x) = \sum_{y' \text{ aus } R} \overline{\chi}(y')\, e(S(x z_\varrho y'))$$
$$= \sum_{y' \text{ aus } R} \overline{\chi}(y')\, e(S(x y'))$$
$$= G(x).$$

Es folgt also $G(x) = 0$, und (9) gilt in jedem Falle.

Haupthilfssatz 5. *Es gibt ein nur von R und χ abhängendes $W(\chi)$ derart, daß für alle k-Moduln M in R gilt*

(10)
$$q^{\{M\}} \Lambda_{\overline{\chi}}(N) = W(\chi)\, \Lambda_\chi(M)$$
($\overline{\chi}$ *der zu χ konjugiert komplexe Charakter*)[4].

Zusatz. *In den Bezeichnungen von Hilfssatz 4 ist*

(11)
$$W(\chi) = G(1) = \sum_{z \text{ aus } R} \overline{\chi}(z)\, e(S(z)).$$

Beweis. Wir betrachten die Doppelsumme

$$S = \sum_{x \text{ aus } M} \sum_{y \text{ aus } R} \overline{\chi}(y)\, e(S(xy)).$$

Einerseits ist

$$S = \sum_{y \text{ aus } R} \overline{\chi}(y) \sum_{x \text{ aus } M} e(S(xy))$$
$$= \sum_{y \text{ aus } N} \overline{\chi}(y)\, q^{\{M\}} \quad \text{(wegen (8))}$$
$$= q^{\{M\}} \Lambda_{\overline{\chi}}(N),$$

also gleich der linken Seite von (10). Andererseits ist

$$S = \sum_{x \text{ aus } M} G(x)$$
$$= \sum_{x \text{ aus } M} \chi(x)\, W(\chi) \quad \text{(wegen (9) und (11))}$$
$$= W(\chi)\, \Lambda_\chi(M),$$

---

[4]) Wenden wir (10) auf $\overline{\chi}$ statt χ und N statt M an, so ergibt sich unter Berücksichtigung des zweiten Teiles von Hilfssatz 2

(10a)
$$q^{\{N\}} \Lambda_\chi(M) = W(\overline{\chi})\, \Lambda_{\overline{\chi}}(N).$$

Für $M = k$ wird unter der Voraussetzung (4) $\Lambda_\chi(M) = q - 1$; $\Lambda_\chi(M)$ verschwindet also nicht identisch. Deshalb folgt durch Kombination von (10) und (10a) und unter Berücksichtigung des ersten Teiles von Hilfssatz 2

(10b)
$$W(\chi)\, W(\overline{\chi}) = q^f.$$

also gleich der rechten Seite von (10). Damit ist Hilfssatz 5 bewiesen[5]).

2. k sei wie in Teil **1** ein endlicher Körper von q Elementen, K ein algebraischer Funktionenkörper einer Unbestimmten vom Geschlecht g mit dem genauen Konstantenkörper k. χ sei ein Charakter der Divisorengruppe von K mit dem genauen Führer $\mathfrak{f}$. Wir nehmen zunächst an, es sei $\mathfrak{f} \neq 1$, etwa

$$\mathfrak{f} = \prod_{\varrho=1}^{r} \mathfrak{p}_\varrho^{e_\varrho},$$

wo $\mathfrak{p}_\varrho$ Primdivisoren vom Grade f_ϱ $(\varrho = 1, \cdots, r)$ von K bedeuten. χ soll also niemals Hauptcharakter sein für irgendeine Untergruppe, die genau aus allen Restklassen $\equiv 1$ modulo einem echten Teiler von $\mathfrak{f}$ besteht; d. h. m. a. W.

1. aus $\xi \equiv 1 \bmod \mathfrak{f}$ folgt $\chi(\xi) = 1$;
2. zu jedem $\varrho = 1, \cdots, r$ gibt es ein zu $\mathfrak{f}$ primes ξ mit den Eigenschaften

(12) $$\xi \equiv 1 \bmod \frac{\mathfrak{f}}{\mathfrak{p}_\varrho}, \text{ aber } \xi \not\equiv 1 \bmod \mathfrak{f}$$

und

(12a) $$\chi(\xi) \neq 1.$$

τ_ϱ sei ein Primelement von $\mathfrak{p}_\varrho$, t_ϱ seine Restklasse mod $\mathfrak{p}_\varrho^{e_\varrho}$ $(\varrho = 1, \cdots, r)$. F sei der Ring aller für $\mathfrak{p}_1, \cdots, \mathfrak{p}_r$ ganzen Funktionen aus K und $F\mathfrak{f}$ der Unterring der durch $\mathfrak{f}$ teilbaren Elemente von F. Der Restklassenring $F/F\mathfrak{f}$ ist eine direkte Summe

$$R = R_1 + \cdots + R_r,$$

---

[5]) Ist speziell $M = k$, so besteht N aus allen Elementen y aus R mit $S(y) = 0$; wegen (4) ist also

$$\Lambda_\chi(M) = q - 1 \text{ und } \Lambda_{\bar\chi}(N) = \sum_{\substack{y \text{ aus } R \\ S(y)=0}} \bar\chi(y).$$

Anwendung von (10) ergibt dann

$$q \sum_{\substack{y \text{ aus } R \\ S(y)=0}} \bar\chi(y) = W(\chi) \cdot (q-1).$$

$W(\chi)$ gestattet also neben (11) auch die Darstellung

(11a) $$W(\chi) = \frac{q}{q-1} \sum_{\substack{y \text{ aus } R \\ S(y)=0}} \bar\chi(y).$$

Aus (11a) folgt insbesondere $W(\bar\chi) = \overline{W(\chi)}$. Zusammen mit (10b) ergibt dies

(11b) $$|W(\chi)|^2 = q^f.$$

wo R_ϱ isomorph zu dem entsprechend erklärten Restklassenring $F/F\mathfrak{p}_\varrho^{e_\varrho}$ ist; letzterer hat die Form

$$k_\varrho + k_\varrho t_\varrho + \cdots + k_\varrho t_\varrho^{e_\varrho - 1} \text{ mit } t_\varrho^{e_\varrho} = 0.$$

R hat also genau die Struktur des im Teil 1 zugrunde gelegten Ringes. Vgl. (14), (14a).

Wir bezeichnen durchgehend mit $\alpha, \xi, \eta, \cdots$ Elemente von K und mit entsprechenden lateinischen Buchstaben $a, x, y, \cdots$ ihre Restklassen mod $\mathfrak{f}$.

Es gibt ein Differential $d\omega$ von K, das an den Stellen $\mathfrak{p}_\varrho$ die genauen Hauptteile $\frac{d\tau_\varrho}{\tau_\varrho^e}$ $(\varrho = 1, \cdots, r)$ hat[6]). Ein solches $d\omega$ wählen wir aus und halten es für das Folgende fest. $d\omega$ habe die Divisorendarstellung $d\omega \cong \mathfrak{w}$.

Für die in (2) erklärte Funktion $S(x)$ beweisen wir den

Hilfssatz 6.

$$\sum_{\varrho=1}^{r} \operatorname{Res}_{\mathfrak{p}_\varrho}(\alpha\, d\omega) = S(a) \qquad (\alpha \text{ aus } F). \tag{13}$$

Beweis. Es sei

$$\alpha \equiv \sum_{i=0}^{e_\varrho - 1} a_{\varrho i}\, \tau_\varrho^i \bmod \mathfrak{p}_\varrho^{e_\varrho} \qquad (\varrho = 1, \cdots, r;\ a_{\varrho i} \text{ aus } k_\varrho). \tag{14}$$

---

6) Es sei W die Differentialklasse von K und $\mathfrak{g}$ ein ganzer zu $\mathfrak{f}$ primer Divisor mit $\dim\left(\frac{W}{\mathfrak{g}}\right) = 0$. Für jede positive ganze Zahl s ist

$$\dim(\mathfrak{g}\,\mathfrak{p}_\varrho^s) - \dim(\mathfrak{g}\,\mathfrak{p}_\varrho^{s-1}) = \operatorname{grad} \mathfrak{p}_\varrho \quad (\varrho = 1, \cdots, r).$$

Es gibt also Elemente $\xi_\varrho^{(s)}$ aus K, die an der Stelle $\mathfrak{p}_\varrho$ einen Pol s-ter Ordnung mit vorgeschriebenem Koeffizienten von τ_ϱ^{-s} haben und an allen übrigen Führerprimstellen ganz sind. Es gibt also auch Elemente $\eta_\varrho^{(s)}$ aus K, die an der Stelle $\mathfrak{p}_\varrho$ einen Pol s-ter Ordnung mit vorgeschriebenem Hauptteil besitzen und an allen übrigen Führerprimstellen ganz sind. Ist daher $d\omega'$ ein für $\mathfrak{f}$ ganzes Differential mit der Divisorendarstellung

$$d\omega' \cong \mathfrak{p}_1^{s_1} \cdots \mathfrak{p}_r^{s_r}\, \mathfrak{d}, \qquad (\mathfrak{d}, \mathfrak{f}) = 1, \qquad s_\varrho \geqq 0,$$

so gibt es sicher solche Elemente $\eta_\varrho^{(e_\varrho + s_\varrho)}$ $(\varrho = 1, \cdots, r)$, daß das Differential

$$d\omega = \sum_{\varrho=1}^{r} \eta_\varrho^{(e_\varrho + s_\varrho)}\, d\omega'$$

die verlangte Eigenschaft hat, an den Stellen $\mathfrak{p}_\varrho$ die genauen Hauptteile $\frac{d\tau_\varrho}{\tau_\varrho^{e_\varrho}}$ zu besitzen.

Dann ist die Restklasse mod $\mathfrak{f}$

(14a) $$a = \sum_{\varrho=1}^{r} \sum_{i=0}^{e_\varrho - 1} a_{\varrho i}\, t_\varrho^i$$

und

$$\sum_{\varrho=1}^{r} \operatorname{Res}_{\mathfrak{p}_\varrho} (\alpha\, d\,\omega) = \sum_{\varrho=1}^{r} \operatorname{Res}_{\mathfrak{p}_\varrho} \left[\sum_{i=0}^{e_\varrho - 1} a_{\varrho i}\, \tau_\varrho^i \, \frac{d\,\tau_\varrho}{\tau_\varrho^{e_\varrho}} \right]$$
$$= \sum_{\varrho=1}^{r} Sp_{k_\varrho/k} (a_{\varrho,\, e_\varrho - 1})$$
$$= S(a), \text{ w. z. b. w.}$$

Nur in diesem Beweis haben wir die genaue Vorschrift gebraucht, wie man von einer Funktion α aus F zu ihrer Restklasse $a = \sum \sum a_{\varrho i}\, t_\varrho^i$ gelangt.

Die zu χ gehörige Reihe lautet

(15) $$L(s, \chi) = \sum_{\mathfrak{g}} \frac{\chi(\mathfrak{g})}{\mathfrak{N}(\mathfrak{g})^s} \qquad (\mathfrak{N}\mathfrak{g} \text{ absolute Norm von } \mathfrak{g}),$$

wo die Summe über alle ganzen zu $\mathfrak{f}$ primen Divisoren $\mathfrak{g}$ von K zu erstrecken ist. (15) können wir auch in der Gestalt

(16) $$L(s, \chi) = \sum_{\mathfrak{a}} L_\chi(\mathfrak{a})\, \mathfrak{N}(\mathfrak{a})^{-s}$$

schreiben, wo in der Summe $\mathfrak{a}$ ein *Repräsentantensystem* für die absoluten, zu $\mathfrak{f}$ primen Divisorenklassen durchläuft. Dabei ist

(17) $$L_\chi(\mathfrak{a}) = \frac{\chi(\mathfrak{a})}{q-1} \sum \chi(\xi),$$

wobei über alle zu $\mathfrak{f}$ primen Elemente ξ aus F mit ganzem $\xi\mathfrak{a}$ zu summieren ist. Wir gehen jetzt von diesen ξ mit ganzem $\xi\mathfrak{a}$ zu ihren Restklassen x mod $\mathfrak{f}$ über.

Definition. M sei der k-Modul aller Restklassen x aus R, die ein ξ mit ganzem $\xi\mathfrak{a}$ enthalten.

Der Rang der Linearmannigfaltigkeit aller ξ mit ganzem $\xi\mathfrak{a}$ ist $\dim \mathfrak{a}$, und der Rang derjenigen unter diesen ξ, deren Restklasse $x = 0$ ist, die also durch $\mathfrak{f}$ teilbar sind, ist $\dim \frac{\mathfrak{a}}{\mathfrak{f}}$. Der Rang von M ist also

(18) $$\{M\} = \dim \mathfrak{a} - \dim \frac{\mathfrak{a}}{\mathfrak{f}}.$$

x sei ein Nichtnullteiler von R. Wenn ξ_1 und ξ_2 in F liegen, zu $\mathfrak{f}$ prim sind und beide zur gleichen Restklasse x gehören, dann ist $\frac{\xi_1}{\xi_2} \equiv 1 \bmod \mathfrak{f}$ und folglich $\chi(\xi_1) = \chi(\xi_2)$. $\chi(\xi)$ hat also für alle zu x gehörigen ξ denselben Wert, und diesen bezeichnen wir mit $\chi(x)$. Für Nullteiler x von R werde $\chi(x) = 0$ gesetzt. χ ist also ein Charakter von R von der in Teil 1 besprochenen Art; auch (4) ist erfüllt. Schließlich ist wegen (12) und (12a) auch die Voraussetzung (7), (7a) für unseren Charakter χ erfüllt.

Nun sei $\Lambda_\chi(M)$ die gemäß (5) zu M gehörige Charaktersumme. Es gilt

(19) $$L_\chi(\mathfrak{a}) = \frac{\chi(\mathfrak{a})}{q-1}\, q^{\dim \frac{\mathfrak{a}}{\mathfrak{f}}}\, \Lambda_\chi(M).$$

Beweis. Nach (17) ist

$$L_\chi(\mathfrak{a}) = \frac{\chi(\mathfrak{a})}{q-1} \sum \chi(\xi),$$

wo über alle zu $\mathfrak{f}$ primen ξ mit ganzem $\xi\mathfrak{a}$ zu summieren ist. Die Restklassen modulo $\mathfrak{f}$ dieser ξ sind genau die Nichtnullteiler x aus M, und zwar gehören zu jedem x genau $q^{\dim \frac{\mathfrak{a}}{\mathfrak{f}}}$ verschiedene ξ, und es ist $\chi(\xi) = \chi(x)$.

Offenbar ist $\mathfrak{w}\mathfrak{f}$ ($\mathfrak{w} \cong d\omega$) ein zu $\mathfrak{f}$ primer Divisor. N habe für $\frac{\mathfrak{w}\mathfrak{f}}{\mathfrak{a}}$ dieselbe Bedeutung wie M für $\mathfrak{a}$. Wir zeigen:

M und N sind komplementäre Moduln im Sinne von Hilfssatz 2.

Beweis. Um zu beweisen, daß zwei Moduln M und N in R komplementär sind, genügt es zu zeigen:

a) $\{M\} + \{N\} = \{R\} = f$;

b) für alle x aus M, y aus N gilt $S(xy) = 0$.

Denn wegen b) ist N ein Teilmodul des zu M komplementären Moduls, und wegen a) und der Ranggleichung in Hilfssatz 2 gilt sogar Gleichheit. Wir weisen in unserem Falle diese beiden Eigenschaften nach:

$$\text{a)}\ \{M\} + \{N\} = \left(\dim \mathfrak{a} - \dim \frac{\mathfrak{a}}{\mathfrak{f}}\right) + \left(\dim \frac{\mathfrak{w}\mathfrak{f}}{\mathfrak{a}} - \dim \frac{\mathfrak{w}}{\mathfrak{a}}\right) \text{(wegen (18))}$$
$$= \left(\dim \mathfrak{a} - \dim \frac{\mathfrak{w}}{\mathfrak{a}}\right) - \left(\dim \frac{\mathfrak{a}}{\mathfrak{f}} - \dim \frac{\mathfrak{w}\mathfrak{f}}{\mathfrak{a}}\right)$$
$$= (\operatorname{grad} \mathfrak{a} - g + 1) - \left(\operatorname{grad} \frac{\mathfrak{a}}{\mathfrak{f}} - g + 1\right)$$
$$= \operatorname{grad} \mathfrak{f} = f.$$

b) Es liege x in M und y in N. Dann gibt es in F ein ξ, dessen Restklasse x ist, und ein η, dessen Restklasse y ist, so daß

(20) $$\xi \mathfrak{a} \text{ ganz},$$

(21) $$\eta \frac{\mathfrak{w}\mathfrak{f}}{\mathfrak{a}} \text{ ganz}$$

gilt. Ferner ist

(22) $$d\omega \cdot \frac{1}{\mathfrak{w}} \cong 1.$$

Durch Multiplikation von (20), (21) und (22) ergibt sich, daß

$$\xi \eta \, d\omega \cdot \mathfrak{f} \text{ ganz}$$

ist. Die Summe aller Residuen von $\xi\eta\, d\omega$ ist Null, und nur die Stellen $\mathfrak{p}_\varrho$ $(\varrho = 1, \cdots, r)$ können überhaupt Residuen liefern:

$$\sum_{\varrho=1}^{r} \operatorname{Res}_{\mathfrak{p}_\varrho}(\xi \eta \, d\omega) = 0.$$

Unter Beachtung von (13) in Hilfssatz 6 folgt $S(xy) = 0$, w. z. b. w.

Da nun alle in Teil 1 gemachten Voraussetzungen erfüllt sind, liefert Formel (10) in Haupthilfssatz 5 unter Berücksichtigung von (18)

(23) $$\Lambda_{\bar\chi}(N) = q^{-\dim \mathfrak{a} + \dim \frac{\mathfrak{a}}{\mathfrak{f}}} W(\chi) \Lambda_\chi(M).$$

Nach (19) ist

(24) $$L_{\bar\chi}\left(\frac{\mathfrak{w}\mathfrak{f}}{\mathfrak{a}}\right) = \frac{\bar\chi\left(\frac{\mathfrak{w}\mathfrak{f}}{\mathfrak{a}}\right)}{q-1} q^{\dim \frac{\mathfrak{w}}{\mathfrak{a}}} \Lambda_{\bar\chi}(N).$$

Einsetzen von (23) in (24) ergibt

(25) $$L_{\bar\chi}\left(\frac{\mathfrak{w}\mathfrak{f}}{\mathfrak{a}}\right) = \frac{\chi(\mathfrak{a})\,\bar\chi(\mathfrak{w}\mathfrak{f})}{q-1} \cdot q^{\dim \frac{\mathfrak{w}}{\mathfrak{a}} - \dim \mathfrak{a} + \dim \frac{\mathfrak{a}}{\mathfrak{f}}} W(\chi) \Lambda_\chi(M)$$

$$= \bar\chi(\mathfrak{w}\mathfrak{f}) \cdot q^{\dim \frac{\mathfrak{w}}{\mathfrak{a}} - \dim \mathfrak{a}} W(\chi)\, L_\chi(\mathfrak{a}) \quad (\text{nach } (19)).$$

Es ist

$$q^{\dim \frac{\mathfrak{w}}{\mathfrak{a}} - \dim \mathfrak{a}} = \frac{q^{g-1}}{\mathfrak{N}\mathfrak{a}} \quad \text{und} \quad \mathfrak{N}(\mathfrak{w}\mathfrak{f}) = q^{f+2g-2}.$$

Wir multiplizieren (25) mit $\mathfrak{N}\left(\frac{\mathfrak{w}\mathfrak{f}}{\mathfrak{a}}\right)^{s-1}$ und summieren über ein Repräsentantensystem $\mathfrak{a}$ für die absoluten, zu $\mathfrak{f}$ primen Divisorenklassen. Dann erhalten wir unter Beachtung von (16) den

Satz **(Funktionalgleichung der L-Reihen).** *Es ist*

$$(26)\qquad L(1-s,\bar\chi) = \bar\chi(\mathfrak{wf})\, W(\chi)\, q^{1-g-f}\, q^{(f+2g-2)s}\, L(s,\chi)\,^{7)}.$$

Zum Schluß werde der Vollständigkeit wegen noch der Fall $\mathfrak{f} = 1$ behandelt. Dann ist χ ein Charakter der absoluten Divisorenklassen. Gehören zwei Divisoren $\mathfrak{c}_1$ und $\mathfrak{c}_2$ zur gleichen Divisorenklasse $C\,(\mathfrak{c}_1 \sim \mathfrak{c}_2)$, so setzen wir

$$\chi(C) = \chi(\mathfrak{c}_1) = \chi(\mathfrak{c}_2).$$

Die Klasse C enthält $(q^{\dim C} - 1)$ ganze Divisoren $\mathfrak{c}$; daher ist

$$(27)\qquad L(s,\chi) = \sum_{\mathfrak{c}\text{ ganz}} \frac{\chi(\mathfrak{c})}{\mathfrak{N}\mathfrak{c}^s} = \sum_C \chi(C)\, \frac{q^{\dim C}-1}{(\mathfrak{N}C)^s},$$

wo rechts über alle Divisorenklassen C zu summieren ist.

Wir formen diese Reihe um, indem wir

$$(28)\qquad \sum_C \frac{\chi(C)}{(\mathfrak{N}C)^s}$$

addieren[8]). Diese letztere Reihe ist stets gleich 0. Denn wenn χ ein Nichthauptcharakter der Gruppe der Divisoren 0-ten Grades ist, gilt

$$\sum_{\operatorname{grad} C = n} \chi(C) = 0$$

für jeden Grad n. Wenn aber $\chi(C) = 1$ für alle Klassen C vom Grade 0 ist, dann sei h die Zahl der Divisorenklassen 0-ten Grades und $\chi(C_1) = \varepsilon$ für alle Klassen C_1 vom Grade 1: Dann wird

$$\sum_C \frac{\chi(C)}{(\mathfrak{N}C)^s} = h \sum_{n=-\infty}^{+\infty} \frac{\varepsilon^n}{q^{ns}}.$$

Von dieser „vollständigen geometrischen Reihe" konvergiert $\sum_{n=-\infty}^{k-1}$ für $\Re s < 0$, $\sum_{n=k}^{\infty}$ für $\Re s > 0$ gegen je eine rationale Funktion von q^s, und

---

[7]) Oder

$$L(1-s,\bar\chi) = \varepsilon(\chi)\,(\mathfrak{N}\,\mathfrak{wf})^{s-\frac{1}{2}}\, L(s,\chi)$$

mit $\varepsilon(\chi) = \bar\chi(\mathfrak{wf})\, W(\chi)\, q^{-\frac{f}{2}}$. Aus (11b) folgt $|\varepsilon(\chi)| = 1$.

[8]) Vgl. E. Witt, Riemann-Rochscher Satz und Z-Funktion im Hyperkomplexen; Math. Ann. **110** (1934), S. 12–28.

die ganze Reihe, also die Summe beider Funktionen, ist 0, weil sie mit $\frac{\varepsilon}{q^s}$ multipliziert ungeändert bleibt.

Durch Addition von (28) zu (27) erhalten wir

$$L(s,\chi)=\sum_C \frac{\chi(C)\,q^{\dim C}}{q^{s\,\mathrm{grad}\,C}}. \tag{29}$$

W sei die Differentialklasse. Mit C durchläuft auch $\frac{W}{C}$ sämtliche Divisorenklassen von K, und es ist nach (29)

$$L(1-s,\bar{\chi})=\sum_C \bar{\chi}\left(\frac{W}{C}\right)\frac{q^{\dim\frac{W}{C}}}{q^{(1-s)\,(\mathrm{grad}\,W-\mathrm{grad}\,C)}}$$

oder wegen $\dim\frac{W}{C}-(\mathrm{grad}\,W-\mathrm{grad}\,C)=\dim C-g+1$:

$$\begin{aligned}L(1-s,\bar{\chi})&=\sum_C \chi(C)\,\bar{\chi}(W)\,q^{s\,\mathrm{grad}\,W}\,\frac{q^{\dim C-g+1}}{q^{s\,\mathrm{grad}\,C}}\\&=\bar{\chi}(W)\,q^{1-g}\,q^{(2g-2)s}\,L(s,\chi).\end{aligned}$$

Auch hier gilt also die Funktionalgleichung (26), wenn wir darin

$$\mathfrak{f}=1,\qquad f=0 \text{ und } W(\chi)=1$$

setzen.

29.
Bestimmung der extremalen quasikonformen Abbildungen bei geschlossenen orientierten Riemannschen Flächen

Abh. Preuß. Akad. Wiss., math.-naturw. Kl. 4, 42 (1943)

Einleitung.

In einer längeren Arbeit[1] habe ich heuristisch begründet, daß es bei einer gewissen Klasse von Nebenbedingungen stets eine extremale quasikonforme Abbildung, also eine solche mit möglichst kleiner oberer Grenze des Dilatationsquotienten, gibt, und ich gab zugleich an, wie sich diese analytisch darstellt. Das bestätigte ich sogleich an den einfachsten Beispielen, insbesondere auch am Beispiel der Ringfläche; später[2] kam noch der schwierigere Fall des Fünfecks hinzu. Jetzt erst ist es mir gelungen, meine damalige Vermutung über die Existenz und über die analytische Form der extremalen quasikonformen Abbildungen im vollen dort behaupteten Umfange zu beweisen.

Es war 1939 ein Wagnis, eine umfangreiche Abhandlung zu veröffentlichen, deren Inhalt nur auf Vermutungen aufgebaut war. Ich hatte mich eingehend mit dem Gegenstand beschäftigt, war von der Richtigkeit meiner Vermutungen überzeugt und wollte die schönen Zusammenhänge und Ausblicke, zu denen ich gekommen war, der Öffentlichkeit nicht vorenthalten; außerdem wollte ich zu Beweisversuchen anregen. Ich erkenne die Vorwürfe, die mir von einigen Seiten gemacht worden sind, auch heute noch insofern, aber auch nur insofern als berechtigt an, als ein skrupelloses Nachahmen meines Vorgehens sicher zu einer Verwilderung unseres mathematischen Schrifttums führen würde. An der Richtigkeit meiner damaligen Arbeit wurde ich jedoch nie irre und freue mich, jetzt die Hauptsache exakt beweisen zu können.

Was mir damals fehlte, das war eine exakte Theorie der Moduln, der konformen Invarianten geschlossener Riemannscher Flächen und ähnlicher »Hauptbereiche«. Gerade im Hinblick auf die beabsichtigte Anwendung auf quasikonforme Abbildungen habe ich eine solche inzwischen aufgestellt; darüber ist an anderer Stelle kurz zu berichten. Der vorliegende Beweis kommt ohne diese neue Theorie aus und arbeitet statt dessen mit der Uniformisierung. Allerdings wird man m. E. beides zusammennehmen müssen, um den vollen Inhalt meiner Arbeit **Q** in mathematisch exakte Form zu bringen. —

---

[1] O. Teichmüller, Extremale quasikonforme Abbildungen und quadratische Differentiale. Abh. d. Preuß. Akad. d. Wiss. **1939**. Im folgenden zitiert mit **Q**.

[2] O. Teichmüller, Vollständige Lösung einer Extremalaufgabe der quasikonformen Abbildung. Abh. d. Preuß. Akad. d. Wiss. **1941**.

In der vorliegenden Arbeit beschränke ich mich darauf, den typischen Fall der geschlossenen orientierten Flächen vollständig zu behandeln, also die extremale quasikonforme unter allen Abbildungen einer geschlossenen orientierten Riemannschen Fläche $\mathfrak{W}$ vom Geschlecht $g > 1$ auf eine zweite $\mathfrak{W}'$ zu suchen, die sich in eine vorgegebene topologische Abbildung von $\mathfrak{W}$ auf $\mathfrak{W}'$ deformieren lassen. Dabei benutze ich, daß schon in **Q** streng bewiesen ist, daß die Abbildungen von einer gewissen analytischen Bauart alle extremal quasikonform sind; auf dieser Grundlage wird hier ein Kontinuitätsbeweis dafür gegeben, daß in allen Fällen eine Abbildung von dieser besonderen analytischen Bauart existiert. Im übrigen soll jedoch die vorliegende Arbeit von **Q** unabhängig lesbar sein; nur für den Kenner von **Q** sind die Rückverweisungen auf schon dort vorgebildete Gedanken bestimmt.

Der allgemeine Fall, wo auch berandete und nichtorientierbare Mannigfaltigkeiten zugelassen sind und die Bildpunkte endlich vieler Punkte bei der gesuchten Abbildung vorgeschrieben sein können, läßt sich entweder auf den hier behandelten Fall der geschlossenen orientierten Flächen ohne ausgezeichnete Punkte zurückführen oder auch in vollständiger Analogie hierzu behandeln. Dabei tritt jedoch eine eigentümliche Schwierigkeit auf. Das Problem ist ursprünglich so gestellt: Man fasse alle Abbildungen, die sich (in einem genau zu präzisierenden Sinne) ineinander deformieren lassen, zu einer Klasse zusammen; in jeder Klasse soll dann die extremale quasikonforme Abbildung gesucht werden. Es ist jedoch beim Beweis nötig, eine dem Wortlaut nach gröbere Klasseneinteilung zugrunde zu legen, also immer eine bestimmte Zahl von Klassen zu einer »gröberen Klasse« zusammenzufassen; dann gibt es in jeder gröberen Klasse eine und nur eine extremale quasikonforme Abbildung. Es liegt hiernach nahe, aus Stetigkeitsgründen zu vermuten, daß in Wirklichkeit die gröbere Klasseneinteilung mit der ursprünglichen feineren übereinstimmt, daß also jede gröbere Klasse aus nur einer Klasse ineinander deformierbarer Abbildungen besteht.

Das ist auch der Fall. Es handelt sich da um einen rein topologischen Satz über die Existenz von Deformationen. Aber ich kann diesen topologischen Satz nur mit Hilfe konformer und quasikonformer Abbildungen beweisen und kann diesen Beweis auch nicht voranstellen, sondern erst nach dem Beweis für die Existenz einer extremalen quasikonformen Abbildung in jeder gröberen Klasse bringen.

Wenn ich jetzt sofort meine Vermutung im allgemeinsten Fall hier beweisen wollte, würde eine Nebensache, nämlich der nachträgliche Beweis dieses topologischen Hilfssatzes, einen unverhältnismäßig großen Raum einnehmen und das Gesicht der ganzen Arbeit entstellen. Bei oberflächlichem Lesen könnte der Eindruck entstehen, als ob die Übereinstimmung von gröberen und feineren Klassen der tiefliegende Kern des Beweises, unser

Kontinuitätsbeweis aber eine mehr oder weniger »triviale« Vorbereitung wäre. Dabei verhält es sich gerade umgekehrt. Im typischen Fall der geschlossenen orientierten Flächen ohne ausgezeichnete Punkte bleibt die Hauptsache, der Kontinuitätsbeweis, allein stehen. Es liegt wohl nur an meiner Ungeschicklichkeit und Unkenntnis der Stetigkeitstopologie, wenn ich den rein topologischen Hilfssatz nur auf so großen Umwegen beweisen kann. Es wäre aber nach meiner Auffassung ganz abwegig, die Länge des für eine Behauptung notwendigen Beweises als Wertmaßstab einzuführen. Zwar darf man, wenn ein Satz überhaupt des Beweises wert erscheint, nichts, was zu diesem Beweise erforderlich ist, vernachlässigen; aber dabei gibt es, wie gerade unser Beispiel besonders deutlich zeigt, eine natürliche Gliederung in Haupt- und Nebensachen, die wir nicht willkürlich abändern dürfen.

Um in diesem Sinne ganz klar das Wesentliche hervortreten zu lassen, veröffentliche ich hier nur den Beweis für den typischen Sonderfall. Die allgemeine Behauptung soll in einer späteren Arbeit bewiesen werden.

Am Schluß wird ganz kurz der Zusammenhang mit der Theorie der Moduln gestreift.

Topologische Festlegung und Uniformisierung der Fläche $\mathfrak{W}$.

$\mathfrak{W}$ sei eine geschlossene orientierte Riemannsche Fläche des Geschlechts $g > 1$. $\mathfrak{W}_0$ sei eine feste ebensolche Fläche und H eine indikatrixerhaltende topologische Abbildung von $\mathfrak{W}_0$ auf $\mathfrak{W}$. Dann sagen wir, das Paar $(\mathfrak{W}, H)$ bestimmt eine topologisch festgelegte Riemannsche Fläche $\underline{\mathfrak{W}}$ (vgl. **Q 49—52**). Zwei Paare $(\mathfrak{W}, H)$ und $(\mathfrak{W}', H')$ bestimmen dann und nur dann dasselbe $\underline{\mathfrak{W}}$, wenn erstens $\mathfrak{W} = \mathfrak{W}'$ ist und zweitens die Abbildungen H und H' von $\mathfrak{W}_0$ auf $\mathfrak{W} = \mathfrak{W}'$ sich ineinander isotop deformieren lassen. Das heißt: Jedem Punkt p_0 von $\mathfrak{W}_0$ und jedem t mit $0 \leqq t \leqq 1$ soll sich ein Punkt $q(p_0, t)$ von $\mathfrak{W}$ stetig so zuordnen lassen, daß $q(p_0, 0) = Hp_0$ und $q(p_0, 1) = H' p_0$ ist und daß für jedes t aus $q(p_0, t) = q(p_0', t)$ folgt $p_0 = p_0'$.

Man könnte die letztere Forderung weglassen; dann müßte man nur das Wort »isotop« durch »homotop« ersetzen. Das wäre in mancher Hinsicht zweckmäßiger. Man käme jedoch in beiden Fällen zu demselben Gleichheitsbegriff für die topologisch festgelegten $\underline{\mathfrak{W}}$. Das folgt aus dem Satz von Mangler: Jede topologische Abbildung einer geschlossenen Fläche vom Geschlecht $g > 0$ auf sich, die alle geschlossenen Wege (nach geeigneter Reduktion auf einen gemeinsamen Ausgangspunkt) in homotope Wege überführt, läßt sich isotop in die Identität deformieren[3]).

Eine Abbildung der topologisch festgelegten Riemannschen Fläche $\underline{\mathfrak{W}} \sim (\mathfrak{W}, H)$ auf die topologisch festgelegte Riemannsche Fläche $\underline{\mathfrak{W}}' \sim (\mathfrak{W}', H')$ ist

[3] W. Mangler, Die Klassen von togologischen Abbildungen einer geschlossenen Fläche auf sich, Math. Z. **44**.

eine topologische Abbildung von $\mathfrak{W}$ auf $\mathfrak{W}'$, die sich in $H' H^{-1}$ (homotop und folglich auch isotop[3]) deformieren läßt. $\underline{\mathfrak{W}}$ und $\underline{\mathfrak{W}}'$ heißen konform äquivalent, wenn es eine konforme Abbildung von $\underline{\mathfrak{W}}$ auf $\underline{\mathfrak{W}}'$ gibt.

Eine von der Identität verschiedene konforme Abbildung K einer Fläche $\mathfrak{W}$ auf sich läßt sich, weil das Geschlecht $g > 1$ ist, nie in die Identität deformieren (**Q 141**). Ist H eine topologische Abbildung von $\mathfrak{W}_0$ auf $\mathfrak{W}$, so bestimmen $(\mathfrak{W}, H)$ und $(\mathfrak{W}, KH)$ also verschiedene, aber konform äquivalente topologisch festgelegte Riemannsche Flächen. —

Auf $\mathfrak{W}_0$ nehmen wir eine kanonische Zerschneidung fest an; diese besteht in bekannter Weise aus g Umläufen $A_1, \cdots, A_g, B_1, \cdots, B_g$ von einem Punkte p_0 aus, die einander unterwegs nicht treffen. Jeder in p_0 beginnende und endende Weg ist homotop einem geordneten Produkt der A_i, A_i^{-1}, B_i, B_i^{-1}; die A_i, B_i erzeugen also die Fundamentalgruppe $\mathfrak{G}$ von $\mathfrak{W}_0$. Zwischen diesen Erzeugenden besteht nur die Relation

$$A_1 B_1 A_1^{-1} B_1^{-1} \cdots A_g B_g A_g^{-1} B_g^{-1} = 1$$

und ihre Folgerelationen. Da p_0 beliebig ist, sind die A_i, B_i nur bis auf einen inneren Automorphismus von $\mathfrak{G}$ bestimmt, d. h. man kann sie alle gleichzeitig durch $TA_i T^{-1}$, $TB_i T^{-1}$ ersetzen, wo T ein beliebiges Element von $\mathfrak{G}$ ist (Transformation mit T).

Diese kanonische Zerschneidung und hauptsächlich diese Erzeugenden A_i, B_i der Fundamentalgruppe übertragen wir von $\mathfrak{W}_0$ auf eine beliebige topologisch festgelegte Fläche $\underline{\mathfrak{W}} \sim (\mathfrak{W}, H)$ vermöge der Abbildung H. Bei Deformation von H geht ja jeder Umlauf in einen homotopen über, so daß wir auch für die Fundamentalgruppe $\mathfrak{G}$ von $\mathfrak{W}$ jetzt $2g$ Erzeugende $A_1, \cdots, A_g, B_1, \cdots, B_g$ haben, die durch $\underline{\mathfrak{W}}$ bis auf einen inneren Automorphismus von $\mathfrak{G}$ eindeutig bestimmt sind. (Durch $\mathfrak{W}$ allein wären die A_i, B_i nur bis auf einen Automorphismus von $\mathfrak{G}$ bestimmt, weil es ja unendlich viele wesentlich verschiedene kanonische Zerschneidungen von $\underline{\mathfrak{W}}$ gibt, entsprechend den unendlich vielen »Abbildungsklassen« (d. h. Klassen ineinander deformierbarer topologischer Abbildungen H) von $\mathfrak{W}_0$ auf $\mathfrak{W}$). Wir identifizieren also die Fundamentalgruppen von $\mathfrak{W}_0$ und von $\mathfrak{W}$ sowie ihre Erzeugenden A_i, B_i in einer durch Angabe von $\underline{\mathfrak{W}}$ bis auf Transformation mit einem Element T von $\mathfrak{G}$ eindeutig bestimmten Weise.

Aber wir können auch umgekehrt behaupten: Bei gegebenem $\mathfrak{W}$ ist $\underline{\mathfrak{W}}$ bekannt, wenn man die zugehörigen (nur bis auf Transformation mit einem Element T von $\mathfrak{G}$ bestimmten) Erzeugenden A_i, B_i der Fundamentalgruppe von $\mathfrak{W}$ kennt. Denn wenn die topologisch festgelegten Flächen $\underline{\mathfrak{W}} \sim (\mathfrak{W}, H)$ und $\underline{\mathfrak{W}}' \sim (\mathfrak{W}, H')$ dasselbe $\mathfrak{W}$ haben und dieselben Er-

[3] W. Mangler, Die Klassen von togologischen Abbildungen einer geschlossenen Fläche auf sich, Math. Z. **44**.

zeugenden A_i, B_i der Fundamentalgruppe von $\mathfrak{W}$ bestimmen, führt die topologische Abbildung $H' H^{-1}$ von $\mathfrak{W}$ auf sich die Umläufe A_i, B_i und folglich überhaupt alle Umläufe auf $\mathfrak{W}$ in homotope über (nach geeigneter Reduktion auf einen bestimmten Anfangs- und Endpunkt der Umläufe); eine solche Abbildung läßt sich aber nach dem Satz von Mangler stets in die Identität deformieren.

Wir bilden die einfach zusammenhängende relativ unverzweigte Riemannsche Überlagerungsfläche $\mathfrak{F}$ von $\mathfrak{W}$ konform auf die obere Halbebene $\mathfrak{J}\eta > 0$ ab. Jedem Umlauf S aus der Fundamentalgruppe $\mathfrak{G}$ von $\mathfrak{W}$ entspricht dabei eine gebrochene lineare Abbildung

$$S\eta = \frac{a\eta + b}{c\eta + d}$$

von $\mathfrak{J}\eta > 0$ auf sich; a, b, c, d sind also reell mit $ad - bc > 0$. (Dem Umlauf S auf $\mathfrak{W}$ entspricht in $\mathfrak{J}\eta > 0$ ein Weg, der von η_0 nach $S\eta_0$ führt.) Diese Abbildungen S von $\mathfrak{J}\eta > 0$ auf sich bezeichnen wir vorläufig mit denselben Buchstaben wie die zugehörigen Umläufe S auf $\mathfrak{W}$; wir identifizieren die Fundamentalgruppe $\mathfrak{G}$ von $\mathfrak{W}$ bzw. $\mathfrak{W}_0$ also mit der Gruppe dieser linearen Abbildungen. Insbesondere haben wir die $2g$ mit $A_1, \cdots, A_g, B_1, \cdots, B_g$ zu bezeichnenden linearen Abbildungen von $\mathfrak{J}\eta > 0$ auf sich, die die Gruppe $\mathfrak{G}$ erzeugen. Die Gruppe $\mathfrak{G}$ ist in $\mathfrak{J}\eta > 0$ eigentlich diskontinuierlich und enthält außer der Identität nur hyperbolische Elemente.

Die Abbildung der Überlagerungsfläche $\mathfrak{F}$ auf $\mathfrak{J}\eta > 0$ ist nur bis auf eine lineare gebrochene Transformation $T\eta$ von $\mathfrak{J}\eta > 0$ in sich bestimmt. Dementsprechend sind alle Elemente S von $\mathfrak{G}$, als lineare Abbildungen geschrieben, nur bis auf die Abänderung $S \to TST^{-1}$ (Transformation mit T) bestimmt, wo T für alle S dieselbe lineare Abbildung von $\mathfrak{J}\eta > 0$ auf sich ist. Das gilt insbesondere für die Erzeugenden A_i, B_i von $\mathfrak{G}$. Daß die A_i, B_i sowieso nur bis auf einen inneren Automorphismus von $\mathfrak{G}$ (d. h. bis auf gemeinsame Abänderung in TA_iT^{-1}, TB_iT^{-1}, wo T in $\mathfrak{G}$ liegt) bestimmt sind, ist offenbar nur ein Sonderfall hiervon.

Offenbar ändern sich die A_i, B_i nicht, wenn man $\underline{\mathfrak{W}}$ durch eine konform äquivalente topologisch festgelegte Fläche ersetzt. Jeder nur bis auf konforme Abbildung bestimmten topologisch festgelegten Riemannschen Fläche $\underline{\mathfrak{W}}$ sind also $2g$ gebrochene lineare Abbildungen $A_1, \cdots, A_g, B_1, \cdots, B_g$ von $\mathfrak{J}\eta > 0$ auf sich zugeordnet, die nur bis auf gemeinsame Transformation mit einer linearen Abbildung T von $\mathfrak{J}\eta > 0$ auf sich bestimmt sind.

Wir zeigen, daß hierbei $\underline{\mathfrak{W}}$ durch die nur bis auf Transformation mit einem T bestimmten $A_1, \cdots, A_g, B_1, \cdots, B_g$ eindeutig bestimmt ist. Wenn man Punkte von $\mathfrak{J}\eta > 0$, die vermöge der von den A_i, B_i erzeugten Gruppe $\mathfrak{G}$ äquivalent sind, identifiziert, erhält man eine ideal geschlossene mit $\mathfrak{W}$ konform äquivalente Riemannsche Fläche; $\mathfrak{W}$ ist also durch die A_i, B_i bis auf konforme Abbildung bestimmt. Nun wählen wir auf $\mathfrak{W}$ einen Ursprung p_0 der Umläufe; η_0 sei eins der Bilder von p_0 in $\mathfrak{I}\eta > 0$. Einem Umlauf S auf $\mathfrak{W}$ hatten wir diejenige lineare Abbildung S von $\mathfrak{I}\eta > 0$ auf sich zugeordnet, für die das Bild des Umlaufs S, von einem bestimmten Bildpunkt $T\eta_0$ von p_0 angefangen, nach $ST\eta_0$ führt; wendet man T^{-1} auf dieses Bild an, so sieht man, daß das Bild des Umlaufs S, von η_0 angefangen, nach $T^{-1}ST\eta_0$ führt. Bis auf die *gemeinsame* Transformation $S \to TST^{-1}$ kennt man also jeden Umlauf S auf $\mathfrak{W}$, wenn man weiß, welche lineare Abbildung S ihm in der fixpunktfreien linearen Gruppe $\mathfrak{G}$ von Abbildungen von $\mathfrak{I}\eta > 0$ auf sich entspricht; das gilt insbesondere für $S = A_1, \cdots, A_g, B_1, \cdots, B_g$. Wir haben aber schon oben gesehen, daß mit $\mathfrak{W}$ auch $\underline{\mathfrak{W}}$ bestimmt ist, wenn man auf $\mathfrak{W}$ die Umläufe A_i, B_i bis auf gemeinsame Transformation mit einem T aus $\mathfrak{G}$ kennt.

Insgesamt haben wir ein eineindeutiges Entsprechen der nur bis auf konforme Abbildung bestimmten topologisch festgelegten Riemannschen Flächen $\underline{\mathfrak{W}}$ einerseits und gewisser nur bis auf gemeinsame Transformation mit einer linearen Abbildung von $\mathfrak{I}\eta > 0$ auf sich bestimmter Sätze $A_1, \cdots, A_g, B_1, \cdots, B_g$ linearer Abbildungen von $\mathfrak{I}\eta > 0$ auf sich andererseits. Die hierbei auftretenden Sätze $A_1, \cdots, A_g, B_1, \cdots, B_g$ wollen wir kurz *zulässige Sätze* nennen. Sie genügen der Relation

$$A_1 B_1 A_1^{-1} B_1^{-1} \cdots A_g B_g A_g^{-1} B_g^{-1} = 1$$

und erzeugen jedesmal eine in $\mathfrak{I}\eta > 0$ eigentlich diskontinuierliche fixpunktfreie Gruppe $\mathfrak{G}$, und wenn man vermöge dieser Gruppe äquivalente Punkte von $\mathfrak{I}\eta > 0$ identifiziert, entsteht eine ideal geschlossene Riemannsche Fläche. Die letzte Bedingung könnte man durch die folgende gleichwertige ersetzen: $\mathfrak{G}$ hat einen Fundamentalbereich, den man in einen innerhalb $\mathfrak{I}\eta > 0$ liegenden Kreis einschließen kann. Übrigens folgt aus einem zweiten Ergebnis der in [3] angeführten Arbeit[4], daß diese Bedingungen zusammen auch hinreichend für einen zulässigen Satz sind.

$\mathfrak{G}$ als lineare Gruppe.

Zur Vorbereitung späterer Schlüsse müssen wir uns noch näher mit den zulässigen Sätzen $A_1, \cdots, A_g, B_1, \cdots, B_g$ und den von ihnen erzeugten Gruppen $\mathfrak{G}$ linearer Abbildungen befassen. — Jedes Element S von $\mathfrak{G}$ hat die Form

$$S\eta = \frac{a\eta + b}{c\eta + d};$$

[4] Zu jedem Automorphismus der Fundamentalgruppe $\mathfrak{G}$ einer geschlossenen Fläche $\mathfrak{W}$ auf sich, der allgemein S in S^* überführen möge, gibt es eine topologische Abbildung von $\mathfrak{W}$ auf sich, die allgemein S in S^* überführt.

hier sind a, b, c, d reelle Zahlen mit positiver Determinante, die nur bis auf einen gemeinsamen reellen Faktor bestimmt sind. Wir wollen im folgenden stets annehmen

$$ad - bc = 1;$$

dann sind a, b, c, d bis auf gemeinsamen Vorzeichenwechsel bestimmt. Wir machen gelegentlich homogen:

$$S\eta_1 = a\eta_1 + b\eta_2;$$
$$S\eta_2 = c\eta_1 + d\eta_2,$$

setzen also $\eta = \frac{\eta_1}{\eta_2}$ und $S\eta = \frac{S\eta_1}{S\eta_2}$. Dabei müssen wir nur im Auge behalten, daß jedem inhomogen geschriebenen S (also jedem Element von $\mathfrak{G}$) zwei homogen geschriebene S $\left(\text{d. h. zwei Matrizen } \begin{pmatrix} a & b \\ c & d \end{pmatrix}\right)$ entsprechen, die sich durch das Vorzeichen unterscheiden; das wird sich bei unseren Betrachtungen nie störend bemerkbar machen.

Jedes von 1 verschiedene Element S von $\mathfrak{G}$ ist hyperbolisch, hat also die Form

$$\frac{S\eta - p_1}{S\eta - p_2} = \lambda \frac{\eta - p_1}{\eta - p_2} \qquad (\lambda > 0).$$

Indem man evtl. p_1 und p_2 vertauscht, erreicht man

$$\lambda > 1.$$

Dann heißt p_1 der erste Fixpunkt, p_2 der zweite Fixpunkt und λ die Invariante von S. (Für $p = \infty$ ist $z - p$ durch 1 zu ersetzen.) Eine Abbildung $\frac{a\eta + b}{c\eta + d}$ von $\mathfrak{J}\eta > 0$ auf sich ist dann und nur dann mit S vertauschbar, wenn sie entweder die Identität oder eine hyperbolische Abbildung mit demselben Fixpunktepaar wie S ist.

Zwei nicht vertauschbare Elemente S, T von $\mathfrak{G}$ haben vier verschiedene Fixpunkte.

Beim Beweis benutzen wir nur, daß $\mathfrak{G}$ außer der Identität nur hyperbolische Transformationen enthält. S und T sind hyperbolisch und können nicht in beiden Fixpunkten übereinstimmen. Hätten sie einen Fixpunkt gemein, so könnte man durch eine lineare Abbildung U von $\mathfrak{J}\eta > 0$ auf sich (also durch die Transformation $S \to USU^{-1}$, $T \to UTU^{-1}$) erreichen, daß der gemeinsame Fixpunkt ∞, die beiden anderen 0 und 1 wären:

$$S\eta = \lambda\eta; \; T\eta = 1 + \mu(\eta - 1) \qquad (\lambda > 0, \mu > 0).$$

Dann wäre aber

$$STS^{-1}T^{-1}\eta = \eta - (\lambda - 1)(\mu - 1)$$

ein parabolisches Element von $\mathfrak{G}$, Widerspruch. —

Unter einer rein n-dimensionalen Mannigfaltigkeit verstehen wir einen Umgebungsraum, wo jeder Punkt eine Umgebung hat, die sich topologisch auf eine offene Teilmenge des n-dimensionalen Euklidischen Raumes abbilden läßt.

So ist die Menge $\mathfrak{A}$ aller Sätze $(A_1, \cdots, A_g, B_1, \cdots, B_g)$, wo die A_i, B_i irgendwelche linearen Abbildungen von $\mathfrak{J}\eta > 0$ auf sich sind, rein $6g$-dimensional. Denn jedes A_i, B_i hängt von 3 Parametern ab. (Wenn in $\begin{pmatrix} a b \\ c d \end{pmatrix}$ von einem Koeffizienten bekannt ist, daß er $\neq 0$ ist, nehme man in einer Umgebung dieser Matrix die drei diesem nicht schräg gegenüberliegenden Koeffizienten als Parameter und beachte $ad - bc = 1$).

Wir setzen in $\mathfrak{A}$

$$A_1 B_1 A_1^{-1} B_1^{-1} \cdots A_g B_g A_g^{-1} B_g^{-1} = D.$$

$\mathfrak{B}$ sei die Menge aller Sätze $(A_1, \cdots, B_g)$ aus $\mathfrak{A}$, für die $D = 1$ ist und wo A_1 und B_1 zwei hyperbolische Abbildungen mit vier verschiedenen Fixpunkten sind, die also nicht miteinander vertauschbar sind. $\mathfrak{B}$ enthält die Menge $\mathfrak{C}$ aller zulässigen Sätze, die, wie oben ausgeführt, zu einer topologisch festgelegten Fläche vom Geschlecht g gehören:

$$\mathfrak{A} > \mathfrak{B} > \mathfrak{C}.$$

Wir behaupten: Die Funktionalmatrix der drei Parameter von D nach den $6g$ Parametern des Satzes $(A_1, \cdots, B_g)$ hat in $\mathfrak{B}$ überall den Rang 3. Hieraus folgt, daß $\mathfrak{B}$ eine rein $(6g-3)$-dimensionale Mannigfaltigkeit ist. Denn die Menge aller Sätze aus $\mathfrak{A}$, wo A_1 und B_1 hyperbolisch sind und vier verschiedene Fixpunkte haben, ist in $\mathfrak{A}$ offen, und $D = 1$ ist in der Umgebung jeden solchen Satzes ein System von drei unabhängigen Gleichungen, die eine rein $(6g-3)$-dimensionale Mannigfaltigkeit $\mathfrak{B}$ bestimmen.

Beweis: Wir berechnen das Differential erster Ordnung von D bei veränderlichem A_1 und B_1, aber festgehaltenen $A_2, \cdots, A_g, B_2, \cdots, B_g$. Dazu führen wir die homogene Matrizenschreibweise ein und ersetzen A_1 durch $A_1(1+\varepsilon E)$, wo höhere Potenzen von ε zu vernachlässigen sind; weil die Determinante 1 bleiben muß, muß E die Spur 0 haben. (D. h. wir schreiben das Differential dA_1 in der Form $\varepsilon A_1 E$.) Ebenso ersetzen wir B_1 durch $B_1(1+\varepsilon F)$ mit $Sp\, F = 0$. Dann geht D über in

$$A_1(1+\varepsilon E) B_1(1+\varepsilon F)(1+\varepsilon E)^{-1} A_1^{-1}(1+\varepsilon F)^{-1} B_1^{-1} \cdots A_g B_g A_g^{-1} B_g^{-1}$$
$$= A_1 B_1 (1 + \varepsilon\{B_1^{-1} E B_1 + F - E - A_1^{-1} F A_1\}) A_1^{-1} B_1^{-1} \cdots A_g B_g A_g^{-1} B_g^{-1}.$$

Es soll gezeigt werden, daß der Ausdruck in der geschweiften Klammer, also

$$(F - A_1^{-1} F A_1) - (E - B_1^{-1} E B_1),$$

eine dreidimensionale Linearmannigfaltigkeit durchläuft (selbstverständlich ist seine Spur 0), wenn E und F unabhängig voneinander alle Matrizen mit der Spur 0 durchlaufen.

Durch eine Transformation $\eta \to \dfrac{a\eta + b}{c\eta + d}$ erreichen wir, daß das hyperbolische A_1 die Form $\begin{pmatrix} \lambda_1 & 0 \\ 0 & \lambda_2 \end{pmatrix}$ annimmt ($\lambda_1 \neq \lambda_2$, $\lambda_1 \lambda_2 = 1$). Ist $F = \begin{pmatrix} f_{11} & f_{12} \\ f_{21} & f_{22} \end{pmatrix}$ mit $f_{11} + f_{22} = 0$, so ist

$$F - A_1^{-1} F A_1 = \begin{pmatrix} 0 & (1 - \lambda_1^{-1} \lambda_2) f_{12} \\ (1 - \lambda_2^{-1} \lambda_1) f_{21} & 0 \end{pmatrix}.$$

Das durchläuft bei veränderlichem F eine zweidimensionale Linearmannigfaltigkeit $\mathfrak{L}(A_1)$, und die Produkte von je zwei Matrizen aus $\mathfrak{L}(A_1)$ sind genau alle mit A_1 vertauschbaren Matrizen (nämlich genau alle Diagonalmatrizen). Entsprechend durchläuft $E - B_1^{-1} E B_1$ bei veränderlichem E eine zweidimensionale Linearmannigfaltigkeit $\mathfrak{L}(B_1)$, und die Menge aller Produkte von je zwei Matrizen aus $\mathfrak{L}(B_1)$ ist genau die Menge aller mit B_1 vertauschbaren Matrizen. A_1 und B_1 sind aber nicht miteinander vertauschbar; darum muß $\mathfrak{L}(A_1) \neq \mathfrak{L}(B_1)$ sein, und die beiden verschiedenen zweidimensionalen Linearmannigfaltigkeiten $\mathfrak{L}(A_1)$, $\mathfrak{L}(B_1)$ erzeugen zusammen eine (mindestens) dreidimensionale Linearmannigfaltigkeit.

Das Differential von D durchläuft also schon mit Hinsicht auf die Abhängigkeit von A_1 und B_1 eine dreidimensionale Linearmannigfaltigkeit, d. h. schon die Funktionalmatrix der Parameter von D nach denen von A_1 und B_1 hat den Rang 3. Um so mehr hat die Funktionalmatrix der Parameter von D nach denen aller A_i, B_i den Rang 3. —

$\mathfrak{T}$ sei die rein dreidimensionale Mannigfaltigkeit aller linearen Abbildungen T der oberen Halbebene $\mathfrak{J}\eta > 0$ auf sich, die eine dreigliedrige kontinuierliche Gruppe ist. Wir bezeichnen einen Satz $(A_1, \cdots, A_g, B_1, \cdots, B_g)$ kurz mit $\mathfrak{a}$ und setzen

$$\mathfrak{a}^T = (TA_1T^{-1}, \cdots, TA_gT^{-1}, TB_1T^{-1}, \cdots, TB_gT^{-1}).$$

Jede der beiden Teilmengen $\mathfrak{B}$ und $\mathfrak{C}$ von $\mathfrak{A}$ enthält mit jedem $\mathfrak{a}$ auch alle $\mathfrak{a}^T$ (T durchläuft $\mathfrak{T}$). Wenn man jedes $\mathfrak{a}$ mit allen $\mathfrak{a}^T$ (T in $\mathfrak{T}$) identifiziert, entsteht aus $\mathfrak{B}$ eine neue Menge $\mathfrak{D}$, die Menge der Klassen aller Sätze $\mathfrak{a}$ aus $\mathfrak{B}$ (wo $\mathfrak{a}$ und $\mathfrak{a}'$ dann und nur dann zu derselben Klasse gerechnet werden, wenn es ein T in $\mathfrak{T}$ mit $\mathfrak{a}' = \mathfrak{a}^T$ gibt), und aus $\mathfrak{C}$ entsteht ebenso eine neue Menge $\mathfrak{E}$. Wir haben oben eine eineindeutige Zuordnung zwischen der Menge $\underline{\mathfrak{R}}$ aller Klassen konform äquivalenter topologisch festgelegter Riemannscher Flächen $\underline{\mathfrak{W}}$ vom Geschlecht g einerseits und dieser Menge $\mathfrak{E}$ der nur bis auf die Transformation $\mathfrak{a} \to \mathfrak{a}^T$ (T in $\mathfrak{T}$) bestimmten zulässigen Sätze $\mathfrak{a}$ andererseits aufgestellt. Es ist

$$\begin{array}{ccccc} \mathfrak{A} & > & \mathfrak{B} & > & \mathfrak{C}; \\ & & \downarrow & & \downarrow \\ & & \mathfrak{D} & > & \mathfrak{E}. \end{array}$$

Wir behaupten zunächst: Für jedes $\mathfrak{a}$ aus $\mathfrak{B}$ hat die Funktionalmatrix der $6g-3$ Parameter von $\mathfrak{a}^T$ nach den drei Parametern von T für $T=1$ den Rang 3.

Beweis: Wir berechnen das Differential von $\mathfrak{a}^T$ für $T=1$, indem wir zur homogenen Schreibweise übergehen und $1+\varepsilon E$ an die Stelle von T setzen. (D. h. wir setzen $T=1$, $dT=\varepsilon E$ und berechnen $\mathfrak{a}^{T+dT}$). Wieder sind die höheren Potenzen von ε zu vernachlässigen, und es ist $Sp E=0$. An die Stelle von TA_1T^{-1} tritt dann

$$(1+\varepsilon E)A_1(1+\varepsilon E)^{-1}=(1+\varepsilon\{E-A_1EA_1^{-1}\})A_1.$$

Angenommen, für ein spezielles E sei $\mathfrak{a}^{1+\varepsilon E}=\mathfrak{a}$ (bis auf höhere Potenzen von ε). Dann müßte insbesondere der Ausdruck $E-A_1EA_1^{-1}$ in der geschweiften Klammer verschwinden, d. h. E müßte mit A_1 vertauschbar sein und darum (weil A_1 hyperbolisch ist) die Form $E=\alpha+\beta A_1$ haben. Ebenso müßte E aber auch die Form $E=\gamma+\delta B_1$ haben. Nun sind A_1 und B_1 nicht vertauschbar. E müßte darum schon die Form $E=\alpha=\begin{pmatrix}\alpha & 0\\ 0 & \alpha\end{pmatrix}$ haben. Es war aber $Sp E=0$, darum $\alpha=0$ und $E=0$.

Wenn also das Differential von T für $T=1$ nicht verschwindet, verschwindet auch das Differential von $\mathfrak{a}^T$ nicht. Das heißt: die Funktionalmatrix der Parameter von $\mathfrak{a}^T$ nach denen von T hat für $\mathfrak{a}$ in $\mathfrak{B}$, $T=1$ den Höchstrang 3, w. z. b. w. Genauer sehen wir sogar, daß schon die Funktionalmatrix der sechs Parameter von TA_1T^{-1} und TB_1T^{-1} nach den drei Parametern von T den Rang 3 hat, wenn $\mathfrak{a}$ in $\mathfrak{B}$ liegt und $T=1$ ist. —

Aus unserem Ergebnis dürfen wir nicht ohne weiteres den Schluß ziehen, daß $\mathfrak{D}$ eine rein $(6g-6)$-dimensionale Mannigfaltigkeit sei. Wohl geht im kleinen durch jeden Satz $\mathfrak{a}$ der rein $(6g-3)$-dimensionalen Mannigfaltigkeit $\mathfrak{B}$ eine rein dreidimensionale Mannigfaltigkeit hindurch, nämlich die Menge aller $\mathfrak{a}^T$ für hinreichend wenig von 1 verschiedenes T, und eine Umgebung jedes $\mathfrak{a}$ aus $\mathfrak{B}$ besteht aus einer $(6g-6)$-dimensionalen Mannigfaltigkeit (Schar) solcher dreidimensionaler Teilmannigfaltigkeiten. Aber wir müssen alle T aus $\mathfrak{T}$ berücksichtigen, nicht nur die T aus einer Umgebung von 1.

Wir beweisen aber weiter: Wenn $\mathfrak{a}$, $\tilde{\mathfrak{a}}$, $\mathfrak{a}_n$, $\tilde{\mathfrak{a}}_n$ in $\mathfrak{B}$ liegen und $\mathfrak{a}_n$ gegen $\mathfrak{a}$, $\tilde{\mathfrak{a}}_n$ gegen $\tilde{\mathfrak{a}}$ strebt und $\mathfrak{a}_n^{T_n}=\tilde{\mathfrak{a}}_n$ ist (T_n in $\mathfrak{T}$), dann konvergiert T_n gegen ein T in $\mathfrak{T}$. Dieses T hat dann die Eigenschaft $\mathfrak{a}^T=\tilde{\mathfrak{a}}$.

Beweis: Es sei $\mathfrak{a}=(A_1,\cdots,B_g)$, $\mathfrak{a}_n=(A_1^{(n)},\cdots,B_g^{(n)})$, $\tilde{\mathfrak{a}}=(\tilde{A}_1,\cdots,\tilde{B}_g)$, $\tilde{\mathfrak{a}}_n=(\tilde{A}_1^{(n)},\cdots,\tilde{B}_g^{(n)})$. p_1 sei der erste, p_2 der zweite Fixpunkt von A_1 und q_1 der erste Fixpunkt von B_1; weil $\mathfrak{a}$ in $\mathfrak{B}$ liegt, sind diese drei Punkte verschieden. $p_1^{(n)}$, $p_2^{(n)}$, $q_1^{(n)}$ seien der erste Fixpunkt von $A_1^{(n)}$, der zweite Fixpunkt von $A_1^{(n)}$ und der erste Fixpunkt von $B_1^{(n)}$, und $\tilde{p}_1$, $\tilde{p}_2$, $\tilde{q}_1$ und

$\tilde{p}_1^{(n)}$, $\tilde{p}_2^{(n)}$, $\tilde{q}_1^{(n)}$ mögen die entsprechende Bedeutung haben. Dann ist T_n diejenige lineare Abbildung von $\mathfrak{J}\,\eta > 0$ auf sich, die $p_1^{(n)}$, $p_2^{(n)}$, $q_1^{(n)}$ in $\tilde{p}_1^{(n)}$, $\tilde{p}_2^{(n)}$, $\tilde{q}_1^{(n)}$ überführt, und diese konvergiert für $n \to \infty$ gegen diejenige lineare Abbildung von $\mathfrak{J}\,\eta > 0$ auf sich, die p_1, p_2, q_1 in $\tilde{p}_1$, $\tilde{p}_2$, $\tilde{q}_1$ überführt.

(Nur an dieser Stelle wird benutzt, daß A_1 und B_1 in $\mathfrak{B}$ verschiedene Fixpunkte haben; die schwächere Voraussetzung $A_1 B_1 \neq B_1 A_1$ genügt hier nicht mehr.) —

Wir wollten nun in $\mathfrak{B}$ jeden Satz $\mathfrak{a}$ mit allen $\mathfrak{a}^T$ (T in $\mathfrak{T}$) zu einer Klasse $\mathfrak{k}$ zusammenfassen; die Menge all dieser Klassen $\mathfrak{k}$ war dann $\mathfrak{D}$, während aus der Teilmenge $\mathfrak{C}$ von $\mathfrak{B}$ die Teilmenge $\mathfrak{E}$ von $\mathfrak{D}$ hervorging. Erst auf Grund unseres letzten Ergebnisses führen wir in $\mathfrak{D}$ den folgenden Umgebungsbegriff ein: Enthält die Klasse $\mathfrak{k}$ den Satz $\mathfrak{a}$, so nehme man eine Umgebung $\mathfrak{U}$ von $\mathfrak{a}$; die Menge der Klassen $\mathfrak{k}'$ sämtlicher Sätze $\mathfrak{a}'$ aus $\mathfrak{U}$ bildet dann eine Umgebung von $\mathfrak{k}$.

Um diese Definition zu rechtfertigen, kommt es hauptsächlich darauf an, zu beweisen: Zwei verschiedene Klassen $\mathfrak{k}$, $\tilde{\mathfrak{k}}$ haben stets zwei fremde Umgebungen. D. h. wenn es zu zwei Sätzen $\mathfrak{a}$, $\tilde{\mathfrak{a}}$ in $\mathfrak{T}$ kein T in $\mathfrak{T}$ mit $\mathfrak{a}^T = \tilde{\mathfrak{a}}$ gibt, dann gibt es solche Umgebungen $\mathfrak{U}$, $\tilde{\mathfrak{U}}$ von $\mathfrak{a}$, $\tilde{\mathfrak{a}}$, daß es keine $\mathfrak{a}'$ in $\mathfrak{U}$, $\tilde{\mathfrak{a}}'$ in $\tilde{\mathfrak{U}}'$, T in $\mathfrak{T}$ mit $\mathfrak{a}'^T = \tilde{\mathfrak{a}}'$ gibt.

Beweis: $\mathfrak{U}_n$, $\tilde{\mathfrak{U}}_n$ seinen zwei Folgen von Umgebungen, die sich auf $\mathfrak{a}$ bzw. $\tilde{\mathfrak{a}}$ zusammenziehen. Wäre die Behauptung falsch, dann gäbe es $\mathfrak{a}_n$ in $\mathfrak{U}_n$, $\tilde{\mathfrak{a}}_n$ in $\tilde{\mathfrak{U}}_n$, T_n in $\mathfrak{T}$ mit $\mathfrak{a}_n^{T_n} = \tilde{\mathfrak{a}}_n$. Es strebte aber $\mathfrak{a}_n$ gegen $\mathfrak{a}$, $\tilde{\mathfrak{a}}_n$ gegen $\tilde{\mathfrak{a}}$. Wie bewiesen, müßte dann auch T_n gegen ein T mit $\mathfrak{a}^T = \tilde{\mathfrak{a}}$ konvergieren. Dies war aber nach Voraussetzung ausgeschlossen.

Wir zeigen nun, daß der Umgebungsraum $\mathfrak{D}$ eine $(6g-6)$-dimensionale Mannigfaltigkeit ist. Wir beziehen T in der Umgebung von 1 auf drei Parameter t_1, t_2, t_3 und $\mathfrak{a}$ in der Umgebung eines $\mathfrak{a}_0$ in $\mathfrak{B}$ auf $6g-3$ Parameter $x_1, \cdots, x_{6g-3}$. Die Funktionalmatrix der x nach den t_k hat den Rang 3; o. B. d. A. sei die Funktionaldeterminante von x_{6g-5}, x_{6g-4}, x_{6g-3} nach t_1, t_2, t_3 von 0 verschieden. In einer kleinen Umgebung von $\mathfrak{a}_0$ sei $\mathfrak{a}[y_1, \cdots, y_{6g-6}, t_1, t_2, t_3] = \mathfrak{a}(y_1, \cdots, y_{6g-6}, 0, 0, 0)^T$, wo $\mathfrak{a}(y_1, \cdots, y_{6g-6}, 0, 0, 0)$ das $\mathfrak{a}$ mit den angegebenen Koordinaten ist und T die Koordinaten t_1, t_2, t_3 hat. Die Funktionaldeterminante der Koordinaten $x_1, \cdots, x_{6g-3}$ dieses $\mathfrak{a}[y_1, \cdots, y_{6g-6}, t_1, t_2, t_3]$ nach $y_1, \cdots, y_{6g-6}, t_1, t_2, t_3$ verschwindet nicht, darum kann man $y_1, \cdots, y_{6g-6}, t_1, t_2, t_3$ als neue Koordinaten einführen. Die Klasse $\mathfrak{k}$ von $\mathfrak{a}$ hängt nur von $y_1, \cdots, y_{6g-6}$ ab, aber nicht von t_1, t_2, t_3. Es kommt nun nur darauf an, zu beweisen, daß die Abbildung $\mathfrak{k} \longleftrightarrow [y_1 \cdots, y_{6g-6}]$ bei Beschränkung auf eine hinreichend kleine Umgebung von $\mathfrak{a}_0$ eineindeutig ist, d. h. daß zu verschiedenen

$[y_1, \cdots, y_{6g-6}]$ verschiedene Klassen gehören; dann ist diese Abbildung $\mathfrak{k} \longleftrightarrow [y_1, \cdots, y_{6g-6}]$ von selbst auch topologisch, und $\mathfrak{D}$ ist in der Umgebung jedes Punktes auf $6g-6$ Parameter bezogen.

Indirekter Beweis: $\mathfrak{U}^{(n)}$ sei eine Folge von Umgebungen in $\mathfrak{B}$, die sich auf $\mathfrak{a}_0$ zusammenzieht. Angenommen, in jedem dieser $\mathfrak{U}^{(n)}$ gäbe es solche $[y_1^{(n)}, \cdots, y_{6g-6}^{(n)}] \neq [z_1^{(n)}, \cdots, z_{6g-6}^{(n)}]$, für die $\mathfrak{y}^{(n)} = \mathfrak{a}\,[y_1^{(n)}, \cdots, y_{6g-6}^{(n)}, 0, 0, 0]$ und $\mathfrak{z}^{(n)} = \mathfrak{a}\,[z_1^{(n)}, \cdots, z_{6g-6}^{(n)}, 0, 0, 0]$ zu derselben Klasse $\mathfrak{k}^{(n)}$ gehörten. Dann wäre $\mathfrak{z}^{(n)} = \mathfrak{y}^{(n)}\,T^{(n)}$, $T^{(n)}$ in $\mathfrak{T}$. Aber $\lim\limits_{n\to\infty} \mathfrak{y}^{(n)} = \lim\limits_{n\to\infty} \mathfrak{z}^{(n)} = \mathfrak{a}_0$. Nach dem oben bewiesenen Satze müßte $T^{(n)}$ gegen ein T mit $\mathfrak{a}_0^T = \mathfrak{a}_0$ konvergieren. Aus $\mathfrak{a}_0^T = \mathfrak{a}_0$ folgt in $\mathfrak{B}$ aber $T = 1$. $T^{(n)}$ läge also für hinreichend großes n in der auf die Parameter t_1, t_2, t_3 bezogenen Umgebung von 1; $T^{(n)}$ habe etwa die Parameter $t_1^{(n)}, t_2^{(n)}, t_3^{(n)}$. Dann wäre aber $\mathfrak{y}^{(n)}\,T^{(n)} = \mathfrak{a}\,[y_1^{(n)}, \cdots, y_{6g-6}^{(n)}, t_1^{(n)}, t_2^{(n)}, t_3^{(n)}] \neq \mathfrak{a}\,[z_1^{(n)}, \cdots, z_{6g-6}^{(n)}, 0, 0, 0] = \mathfrak{z}^{(n)}$, Widerspruch. —

Damit haben wir die Menge $\mathfrak{E}$, die eineindeutig auf die Menge $\underline{\mathfrak{R}}$ aller Klassen konform äquivalenter topologisch festgelegter Riemannscher Flächen $\underline{\mathfrak{W}}$ des Geschlechts g abgebildet ist, als Teilmenge der rein $(6g-6)$-dimensionalen Mannigfaltigkeit $\mathfrak{D}$ dargestellt. Das ist die Grundlage unseres später durchzuführenden Kontinuitätsbeweises. Wir werden später sehen, daß die Teilmenge $\mathfrak{E}$ von $\mathfrak{D}$ offen und zusammenhängend und homöomorph dem $(6g-6)$-dimensionalen Euklidischen Raume ist. Mindestens das letztere ist meines Wissens vorher noch nicht bekannt gewesen. Aber all das beweisen wir nicht an dieser Stelle, sondern nachher in engstem Zusammenhang mit dem Beweis unserer Behauptungen über extremale quasikonforme Abbildungen.

Hier beweisen wir nur noch den folgenden Satz, den wir bald anzuwenden haben:

Ein Satz $\mathfrak{a} = (A_1, \cdots, A_g, B_1, \cdots, B_g)$ aus $\mathfrak{E}$ ist durch die Invarianten einer angebbaren endlichen Menge von Abbildungen aus der Gruppe $\mathfrak{G}$ bis auf eine Transformation $\mathfrak{a}^T = (TA_1T^{-1}, \cdots, TB_gT^{-1})$ eindeutig und stetig bestimmt.

Genauer ausgedrückt:

Es gibt eine endliche Menge von vornherein angebbarer Ausdrücke in den A_i, B_i, wie z. B. $A_1, A_1B_1, (A_1B_1)^2B_2$ usw., mit folgender Eigenschaft: Die Klasse $\mathfrak{k}$ des Satzes $\mathfrak{a}$ ist durch die Invarianten λ_k dieser endlich vielen hyperbolischen Abbildungen eindeutig bestimmt, und zu jeder Umgebung $\mathfrak{U}$ von $\mathfrak{k}$ gibt es ein solches $\delta > 0$, daß die Klassen $\mathfrak{k}'$ aller Sätze $\mathfrak{a}'$, für die die entsprechenden Invarianten λ_k' den Ungleichungen $(\lambda_k' - \lambda_k) < \delta$ genügen, in der Umgebung $\mathfrak{U}$ liegen.

Die Bedeutung dieses Satzes ist folgende:

Wenn eine Klasse 𝔨 in 𝔈 von endlich vielen Parametern $p_1, \cdots, p_r$ abhängt und die Invarianten jener endlich vielen Ausdrücke, wie $A_1, A_1 B_1\ (A_1 B_1)^2 B_2$ usw., stetig von $p_1, \cdots, p_r$ abhängen, dann hängt 𝔨 stetig von $p_1, \cdots, p_r$ ab (im Sinne des in 𝔇 erklärten Umgebungsbegriffs). Insbesondere genügt es, zu zeigen, daß die Invariante jedes Elements S von 𝔊 stetig von $p_1, \cdots, p_r$ abhängt, um zu beweisen, daß die Klasse 𝔨 des Satzes 𝔞 stetig von den Parametern $p_1, \cdots, p_r$ abhängt.

Beweis: Zunächst ist A_1 durch seine Invariante λ eindeutig und stetig bestimmt, wenn man fordert, der erste Fixpunkt von A_1 solle 0 und der zweite ∞ sein; das läßt sich ja durch eine Transformation $A_1 \to T A_1 T^{-1}$ stets erreichen. In homogener Schreibweise ist dann

$$A_1 = \begin{pmatrix} \lambda_1 & 0 \\ 0 & \lambda_2 \end{pmatrix} \left(\lambda_1 = \sqrt{\lambda},\ \lambda_2 = \frac{1}{\sqrt{\lambda}},\ \lambda > 1 \right).$$

B_1 habe die Matrix $\begin{pmatrix} b_{11} & b_{12} \\ b_{21} & b_{22} \end{pmatrix}$ mit der Determinante 1. Sind μ_1 und μ_2 ihre beiden Eigenwerte, so ist $\mu_1 \mu_2 = 1$ und die Invariante $\mu = \operatorname{Max} \left\{ \frac{\mu_1}{\mu_2}, \frac{\mu_2}{\mu_1} \right\}$ und $\mu_1 + \mu_2 = b_{11} + b_{22}$, folglich

$$\mu + 2 + \frac{1}{\mu} = \frac{\mu_1^2 + 2\,\mu_1 \mu_2 + \mu_2^2}{\mu_1 \mu_2} = (b_{11} + b_{22})^2:$$

Durch die Invariante ist das Quadrat der Spur eindeutig und stetig bestimmt.

Ebenso sind durch die Invarianten von $B_1, A_1 B_1, A_1^2 B_1$ die Quadrate der Spuren dieser Matrizen, also

$$\begin{aligned} &b_{11}^2 + 2 b_{11} b_{22} + b_{22}^2, \\ &\lambda_1^2 b_{11}^2 + 2\,\lambda_1 \lambda_2 b_{11} b_{22} + \lambda_2^2 b_{22}^2, \\ &\lambda_1^4 b_{11}^2 + 2\,\lambda_1^2 \lambda_2^2 b_{11} b_{22} + \lambda_2^4 b_{22}^2, \end{aligned}$$

bestimmt. Wegen $\lambda_1^2 \neq \lambda_2^2$ kann man aber hieraus $b_{11}^2, b_{11} b_{12}, b_{22}^2$ linear kombinieren. Man kennt also b_{11} und b_{22} bis auf gleichzeitigen Vorzeichenwechsel. Hierdurch ist aber die lineare gebrochene Abbildung B_1 bis auf eine Transformation $B_1 \to A_1^{\varrho} B_1 A_1^{-\varrho}$ eindeutig und stetig bestimmt, wo ϱ ein reeller Eyponent ist. Wir legen ϱ in stetiger Weise dadurch fest, daß wir fordern: Der erste Fixpunkt von B_1 ist $+1$ bzw. -1, je nachdem er positiv oder negativ ist. (In Wirklichkeit ist stets der erste Fixpunkt von B_1 positiv und der zweite negativ; das benutzen wir nicht.) Damit ist aus der Klasse 𝔨 ein bestimmter Repräsentant 𝔞 herausgegriffen (nämlich der, wo 0 der erste, ∞ der zweite Fixpunkt von A_1

und ± 1 der erste Fixpunkt von B_1 ist), und sein A_1 und B_1 sind eindeutig und stetig durch die Invarianten von $A_1, B_1, A_1 B_1, A_1^2 B_1$ bestimmt.

Die Matrizen $1, A_1, B_1, A_1 B_1$ sind linear unabhängig. Denn 1 und $A_1 = \begin{pmatrix} \lambda_1 & 0 \\ 0 & \lambda_2 \end{pmatrix}$ sind linear unabhängig; B_1 ist von 1 und A_1 linear unabhängig, weil B_1 nicht mit A_1 vertauschbar ist; wäre $A_1 B_1 = \begin{pmatrix} \lambda_1 b_{11} & \lambda_1 b_{12} \\ \lambda_2 b_{21} & \lambda_2 b_{22} \end{pmatrix}$ von 1, A_1, B_1 linear abhängig, dann wäre $b_{12} = 0$ oder $b_{21} = 0$, und B_1 hätte mit A_1 einen Fixpunkt gemein.

Nun sei $P = \begin{pmatrix} p_{11} & p_{12} \\ p_{21} & p_{22} \end{pmatrix}$ eine der Matrizen $A_2, \cdots, A_g, B_2, \cdots, B_g$. Es kann nicht gleichzeitig $Sp\, P = 0$ und $Sp\, A_1 P = 0$ sein, sonst wäre $p_{11} = p_{22} = 0$, und die zugehörige lineare Abbildung wäre elliptisch von der Ordnung 2. Nehmen wir zunächst an, es sei $Sp\, P \neq 0$. Wie oben sind durch die Invarianten von $P, A_1 P, A_1^2 P$ dann p_{11} und p_{22} bis auf gemeinsamen Vorzeichenwechsel bestimmt. Oder, was dasselbe ausdrückt: $Sp\, P$ und $Sp\, A_1 P$ sind bis auf gemeinsamen Vorzeichenwechsel bestimmt. Ebenso müssen $Sp\, P$ und $Sp\, B_1 P$ durch die Invarianten von $P, B_1 p, B_1^2 p$ und ebenso $Sp\, P$ und $Sp\, A_1 B_1 P$ durch die Invarianten von $P, A_1 B_1 P$, $(A_1 B_1)^2 P$ bis auf gemeinsamen Vorzeichenwechsel bestimmt sein. Weil $Sp\, P \neq 0$ sein sollte, sind also durch die Invarianten von $P, A_1 P, A_1^2 P$, $B_1 P, B_1^2 P, A_1 B_1 P, (A_1 B_1)^2 P$ die Spuren $Sp\, P$, $Sp\, A_1 P$, $Sp\, B_1 P$ und $Sp\, A_1 B_1 P$ bis auf gemeinsamen Vorzeichenwechsel bestimmt. $1, A_1, B_1$ und $A_1 B_1$ sind aber linear unabhängig, darum sind $p_{11}, p_{12}, p_{21}, p_{22}$ bis auf gemeinsamen Vorzeichenwechsel bestimmt, d. h. die linear gebrochene Abbildung P ist durch die angegebenen Invarianten eindeutig und stetig bestimmt. — Wenn aber $Sp\, P = 0$ sein sollte, ist $Sp\, A_1 P \neq 0$, und man kann in den vorangehenden Schlüssen P durch $A_1 P$ ersetzen; mit $A_1 P$ ist ja dann auch P bestimmt.

$\mathfrak{k}$ ist also eindeutig und stetig bestimmt durch die Invarianten von

$$A_1;\quad B_1, A_1 B_1, A_1^2 B_1;$$

$$\left.\begin{matrix} P, A_1 P, A_1^2 P, B_1 P, B_1^2 P, A_1 B_1 P, (A_1 B_1)^2 P; \\ A_1^3 P, B_1 A_1 P, B_1^2 A_1 P, A_1 B_1 A_1 P, (A_1 B_1)^2 A_1 P \end{matrix}\right\} (P = A_2, \cdots, A_g, B_2, \cdots, B_g).$$

Die extremalen quasikonformen Abbildungen.

$\underline{\mathfrak{W}} \sim (\mathfrak{W}, H)$ und $\underline{\mathfrak{W}}' \sim (\mathfrak{W}', H')$ seinen zwei topologisch festgelegte Riemannsche Flächen des Geschlechts $g > 1$. Unter einer Abbildung von $\underline{\mathfrak{W}}$ auf $\underline{\mathfrak{W}}'$ wollten wir eine topologische Abbildung von $\mathfrak{W}$ auf $\mathfrak{W}'$ verstehen, die sich in $H' H^{-1}$ deformieren läßt.

Eine Abbildung von $\mathfrak{W}$ auf $\mathfrak{W}'$ heißt quasikonform, wenn ihr Dilatationsquotient beschränkt ist. Sie heißt extremal quasikonform, wenn sie sich nicht in eine Abbildung mit kleinerer oberer Grenze des Dilatationsquotienten deformieren läßt. Dabei wollen wir nur solche Abbildungen zum Vergleich heranziehen, die in beiden Richtungen stetig differenzierbar sind, höchstens mit Ausnahme der Ecken und Kanten einer hinreichend regulären Triangulation von $\mathfrak{W}$, die bei der Abbildung in eine ebensolche von $\mathfrak{W}'$ übergeht. Eine Triangulation (Zerschneidung in topologische Bilder von Dreiecken) heißt dabei hinreichend regulär, wenn jede Kante ein topologisches Bild der Strecke $0 \leqq t \leqq 1$ ist und diese Abbildung stetig differenzierbar ist, die Ableitung nirgends verschwindet und die Abbildung auf $0 < t < 1$ analytisch ist (s. später).

Wir geben zunächst eine besondere Menge von Abbildungen an und beweisen dann, daß diese Menge das Problem löst, ein beliebiges $\mathfrak{W}$ extremal quasikonform auf ein beliebiges anderes $\mathfrak{W}'$ abzubilden.

Wir gehen von einer topologisch festgelegten Fläche $\mathfrak{W}$ aus. Wenn jeder Ortsuniformisierenden t im kleinen eine regulär analytische Funktion $f(t)$ so zugeordnet ist, daß $f(t)\,dt^2$ invariant ist, dann nennen wir dieses überall reguläre invariante $f(t)\,dt^2$ ein überall endliches quadratisches Differential $d\zeta^2$ von $\mathfrak{W}$. Es gibt eine Basis von $3g-3$ linear unabhängigen solchen $d\zeta_1^2, \cdots, d\zeta_{3g-3}^2$, aus denen sich jedes $d\zeta^2$ eindeutig mit komplexen Koeffizienten linear kombinieren läßt:

$$d\zeta^2 = c_1\, d\zeta_1^2 + \cdots + c_{3g-3}\, d\zeta_{3g-3}^2 \quad (c_k \text{ komplex}).$$

Setzen wir $d\zeta_{3g-3+k}^2 = i\, d\zeta_k^2\ (k = 1, \cdots, 3g-3)$, so sind $d\zeta_1^2, \cdots, d\zeta_{6g-6}^2$ eine Basis, aus der sich jedes $d\zeta^2$ eindeutig mit reellen Koeffizienten linear kombinieren läßt:

$$d\zeta^2 = a_1\, d\zeta_1^2 + \cdots + a_{6g-6}\, d\zeta_{6g-6}^2 \quad (a_k \text{ reell}).$$

Ein solches nicht identisch verschwindendes $d\zeta^2$ und ein $K \geqq 1$ seien gegeben. Dann ist zwar $d\zeta = \sqrt{d\zeta^2}$ nur bis aufs Vorzeichen bestimmt, und ebenso ist

$$d\zeta' = K\,\Re\, d\zeta + i\,\Im\, d\zeta$$

nur bis aufs Vorzeichen bestimmt, aber $|d\zeta'^2|$ ist wieder eindeutig und ist eine positiv definite quadratische Form in dx und dy ($z = x + iy$ Ortsuniformisierende), abgesehen von den Nullstellen von $d\zeta^2$. (Es ist nämlich $|d\zeta'^2| = \frac{K^2+1}{2}\,|d\zeta^2| + \frac{K^2-1}{2}\,\Re\, d\zeta^2$.) Eine Abbildung E von $\mathfrak{W}$ auf eine neue topologisch festgelegte Fläche $\mathfrak{W}'$ ist nun dadurch bestimmt, daß wir fordern: Ist z' eine Ortsuniformisierende auf $\mathfrak{W}'$, so soll vermöge der Abbildung $|d\zeta'^2| = \lambda\,|dz'|^2$ sein; hier ist λ

ein veränderlicher positiver Faktor, der nur in den Bildern der Nullstellen von $d\zeta^2$ verschwindet. Hierdurch ist auch $\underline{\mathfrak{W}}'$ bis auf konforme Abbildung bestimmt.

Man kann sich das folgendermaßen genauer klarmachen: Auf $\mathfrak{W}$ liege eine hinreichend reguläre Triangulation vor. Jedes Dreieck $\triangle$ sei konform auf ein krummliniges Dreieck $\triangle_z$ einer z-Ebene abgebildet, und dieses sei wieder durch $\zeta = \int \sqrt{\frac{d\zeta^2}{dz^2}}\, dz$ auf ein krummliniges Dreieck $\triangle_\zeta$ der ζ-Ebene abgebildet. (Dann liegt insbesondere keine Nullstelle von $d\zeta^2$ im Inneren eines Dreiecks $\triangle$.) In $\triangle_\zeta$ setzen wir

$$\zeta' = K\Re\zeta + i\Im\zeta;$$

dadurch wird $\triangle_\zeta$ affin auf ein Dreieck $\triangle_{\zeta'}$ der ζ'-Ebene abgebildet. Zwischen den Rändern der endlich vielen Dreiecke $\triangle_{\zeta'}$ bestehen leicht ersichtliche Randzuordnungen, die nebenbei bemerkt alle die Form $\zeta_2' = \pm\, \zeta_1' + \text{const}$ haben; vermöge dieser Randzuordnungen schließen sich die $\triangle_{\zeta'}$ wieder zu einer geschlossenen Fläche $\mathfrak{W}'$ zusammen, und wir haben eine topologische Abbildung von $\mathfrak{W}$ auf $\mathfrak{W}'$, die wir E nennen. $(\mathfrak{W}', EH)$ bestimmt die topologisch festgelegte Fläche $\underline{\mathfrak{W}}'$.

Halten wir $\underline{\mathfrak{W}}$ und die Basis $d\zeta_1^2, \cdots, d\zeta_\sigma^2$ $(\sigma = 6g-6)$ ganz fest, so ist also jedem $K \geqq 1$ und jedem System von $\sigma = 6g-6$ reellen Zahlen $a_1, \cdots, a_\sigma$, die nicht alle gleichzeitig verschwinden, ein $d\zeta^2 = a_1\, d\zeta_1^2 + \cdots + a_\sigma\, d\zeta_\sigma^2$ und eine Abbildung $E = E(K; a_1, \cdots, a_\sigma)$ von $\underline{\mathfrak{W}}$ auf eine bis auf konforme Abbildung bestimmte topologisch festgelegte Fläche $\underline{\mathfrak{W}}' = \underline{\mathfrak{W}}(K; a_1, \cdots, a_\sigma)$ zugeordnet. Auf $a_1, \cdots, a_\sigma$ kommt es nur bis auf einen gemeinsamen positiven Faktor an.

Wie oben bezeichnen wir die Menge aller Klassen konform äquivalenter topologisch festgelegter Flächen des Geschlechts g mit $\underline{\mathfrak{R}}$; $\underline{\mathfrak{W}}$ möge der »Punkt« $\mathfrak{p}$ von $\mathfrak{R}$ entsprechen, der topologisch festgelegten Bildfläche $\underline{\mathfrak{W}}(K; a_1, \cdots, a_\sigma) = E(K; a_1, \cdots, a_\sigma)\, \underline{\mathfrak{W}}$ aber der Punkt $\mathfrak{p}(K; a_1, \cdots, a_\sigma)$. Dann ist $\mathfrak{p}(K; ta_1 \cdots, ta_\sigma) = \mathfrak{p}(K; a_1, \cdots, a_\sigma)$ für alle $t > 0$. Ferner ist $\mathfrak{p}(1; a_1, \cdots, a_\sigma) = \mathfrak{p}$ für alle $(a_1, \cdots, a_\sigma)$, denn für $K = 1$ ist die Abbildung $E(K; a_1, \cdots, a_\sigma)$ offenbar konform.

Die Abbildung $E(K; a_1, \cdots, a_\sigma)$ hat den konstanten Dilatationsquotienten K. Sie hat die folgende Extremaleigenschaft: Wenn man $E(K; a_1, \cdots, a_\sigma)$ in eine andere quasikonforme Abbildung von $\underline{\mathfrak{W}}$ auf $\underline{\mathfrak{W}}'$ deformiert, ist deren Dilatationsquotient stets irgendwo größer als K. $E(K; a_1, \cdots, a_\sigma)$ ist also eine extremale quasikonforme Abbildung von $\underline{\mathfrak{W}}$ auf $\underline{\mathfrak{W}}'$. Das ist in **Q 132—140** bewiesen; ich will den Beweis hier nicht abschreiben.

Man beachte dazu, daß es außer der Identität keine konforme Abbildung des topologisch festgelegten $\underline{\mathfrak{W}}$ oder $\underline{\mathfrak{W}}'$ auf sich gibt (vgl. **Q 141**). Einer solchen würde ja nach der Uniformisierung von $\underline{\mathfrak{W}}$ eine konforme Abbildung von $\mathfrak{J}\eta > 0$ auf sich entsprechen, die mit $A_1, \cdots, A_g, B_1, \cdots, B_g$ vertauschbar wäre; das kann nur die Identität sein. Eine von der Identität verschiedene konforme Abbildung von $\underline{\mathfrak{W}}$ auf sich läßt sich also nie in die Identität deformieren (s. o.).

Für $K > 1$ ist stets $\mathfrak{p}(K; a_1, \cdots, a_\sigma) \neq \mathfrak{p}$. Denn sonst wäre $E(K; a_1, \cdots, a_\sigma)$ eine Abbildung von $\underline{\mathfrak{W}}$ auf sich, die sich in die Identität deformieren ließe; die Identität hat aber den konstanten Dilatationsquotienten 1 im Widerspruch zur Extremaleigenschaft von $E(K; a_1, \cdots, a_\sigma)$.

Im Falle $K > 1$, also $\mathfrak{p}(K; a_1, \cdots, a_\sigma) \neq \mathfrak{p}$, ist K durch $\mathfrak{p}(K; a_1, \cdots, a_\sigma)$ eindeutig bestimmt, und $a_1, \cdots, a_\sigma$ sind dann durch $\mathfrak{p}(K; a_1, \cdots, a_\sigma)$ bis auf einen gemeinsamen positiven Faktor eindeutig bestimmt. Denn zunächst ist die Abbildung $E(K; a_1, \cdots, a_\sigma)$ als die einzige extremale quasikonforme Abbildung von $\underline{\mathfrak{W}}$ auf $\underline{\mathfrak{W}}(K; a_1, \cdots, a_\sigma)$ eindeutig bestimmt. K ist eindeutig als (konstanter) Dilatationsquotient dieser Abbildung bestimmt. Nun sei $K > 1$. Dann ist in jedem Punkte von $\mathfrak{W}$, wo $d\zeta^2 = a_1\, d\zeta_1^2 + \cdots + a_\sigma\, d\zeta_\sigma^2$ nicht verschwindet, das durch $d\zeta^2 > 0$ bestimmte Linienelement (Paar entgegengesetzter Richtungen) durch die Abbildung $E(K; a_1, \cdots, a_\sigma)$ eindeutig bestimmt; denn ist z eine Ortsuniformisierende in unserem Punkte und z' eine Ortsuniformisierende im Bildpunkt auf $\mathfrak{W}'$, so nimmt $\left|\frac{dz'}{dz}\right|$ gerade für das Richtungenpaar $d\zeta^2 > 0$ sein Maximum an. Ist also $E(K; a_1', \cdots, a_\sigma') = E(K; a_1', \cdots, a_\sigma')$, so stimmen $d\zeta^2 = a_1\, d\zeta_1^2 + \cdots + a_\sigma\, d\zeta_\sigma^2$ und $d\zeta'^2 = a_1'\, d\zeta_1^2 + \cdots + a_\sigma'\, d\zeta_\sigma^2$ in dem Richtungspaar $d\zeta^2 > 0 \leftrightarrow d\zeta'^2 > 0$ überein; der Quotient $\frac{d\zeta'^2}{d\zeta^2}$ ist überall positiv und darum eine positive Konstante t: $a_i' = t\, a_i$ $(i = 1, \cdots, \sigma)$.

Wir verfügen jetzt über eine extremale quasikonforme Abbildung von $\underline{\mathfrak{W}}$ auf alle diejenigen topologisch festgelegten Flächen $\underline{\mathfrak{W}}'$, für die der zugehörige »Punkt« $\mathfrak{p}'$ von $\underline{\mathfrak{R}}$ (der die Klasse mit $\underline{\mathfrak{W}}'$ konform äquivalenter topologisch festgelegter Flächen vertritt) sich in der Form $\mathfrak{p}' = \mathfrak{p}(K; a_1, \cdots, a_\sigma)$ schreiben läßt. Es ist unser Ziel, zu beweisen, daß jeder Punkt $\mathfrak{p}'$ von $\underline{\mathfrak{R}}$ gleich einem $\mathfrak{p}(K; a_1, \cdots, a_\sigma)$ ist, wenn man K und $a_1, \cdots, a_\sigma$ geeignet wählt. Damit ist dann das Problem der extremalen quasikonformen Abbildung zweier beliebiger $\underline{\mathfrak{W}}$, $\underline{\mathfrak{W}}'$ aufeinander gelöst.

Wir werden für unsere Behauptung einen Kontinuitätsbeweis geben. Leider ist aber $\underline{\mathfrak{R}}$ vorläufig kein Umgebungsraum, sondern eine ganz strukturlose Menge. Wir wollen nun nicht $\underline{\mathfrak{R}}$ erst auf anderem Wege zu einer analytischen Mannigfaltigkeit machen, sondern wir benutzen, daß wir $\underline{\mathfrak{R}}$ mit

2*

Hilfe der Uniformisierung eineindeutig auf die Menge $\mathfrak{E}$ abgebildet haben, die ihrerseits eine Teilmenge der rein σ-dimensionalen Mannigfaltigkeit $\mathfrak{D}$ ist ($\sigma = 6g-6$). Genaueres über $\mathfrak{E}$ wissen wir vorläufig nicht, aber wir werden bei unserem Kontinuitätsbeweise, der ja ein anderes Ziel hat, auch einiges über $\mathfrak{E}$ lernen.

Dem Punkte $\mathfrak{p}$ von $\underline{\mathfrak{R}}$, also der topologisch festgelegten Fläche $\underline{\mathfrak{W}}$ selber, entspreche in $\mathfrak{E}$ die Klasse $\mathfrak{e}$; dem Punkte $\mathfrak{p}$ $(K; a_1, \cdots, a_\sigma)$ von $\underline{\mathfrak{R}}$, also der topologisch festgelegten Fläche $\underline{\mathfrak{W}}(K; a_1, \cdots, a_\sigma) = E(K; a_1, \cdots, a_\sigma)\,\underline{\mathfrak{W}}$, entspreche in $\mathfrak{E}$ die Klasse $\mathfrak{e}(K; a_1, \cdots, a_\sigma)$. Unsere erste Aufgabe ist es, zu beweisen:

$\mathfrak{e}(K; a_1, \cdots, a_\sigma)$ hängt stetig von $K; a_1, \cdots, a_\sigma$ ab.

Die Stetigkeit ist natürlich hinsichtlich des in $\mathfrak{D} > \mathfrak{E}$ erklärten Umgebungsbegriffs zu verstehen.

Der grundlegende Stetigkeitsbeweis.

Es sei also $\underline{\mathfrak{W}} \sim (\mathfrak{W}, H)$ eine topologisch festgelegte Fläche des Geschlechts g, $d\zeta_1^2, \cdots, d\zeta_\sigma^2$ ($\sigma = 6g-6$) eine Basis der überall endlichen quadratischen Differentiale, $K \geqq 1$, die reellen $a_1, \cdots, a_\sigma$ nicht alle 0, $d\zeta^2 = a_1\,d\zeta_1^2 + \cdots + a_\sigma\,d\zeta_\sigma^2$ und $E(K; a_1, \cdots, a_\sigma)$ die oben erläuterte zu K und $d\zeta^2$ gehörende extremale quasikonforme Abbildung von $\underline{\mathfrak{W}}$ auf $\underline{\mathfrak{W}}' = \underline{\mathfrak{W}}(K; a_1, \cdots, a_\sigma)$. $\underline{\mathfrak{W}}$ und $\underline{\mathfrak{W}}' = \underline{\mathfrak{W}}(K; a_1, \cdots, a_\sigma)$ mögen die Klasse $\mathfrak{e}$ und $\mathfrak{e}' = \mathfrak{e}(K; a_1, \cdots, a_\sigma)$ in $\mathfrak{E}$ entsprechen.

Wir bilden wie früher die einfach zusammenhängende relativ unverzweigte Überlagerungsfläche $\mathfrak{F}'$ von $\mathfrak{W}'$ konform auf $\mathfrak{J}\,\eta' > 0$ ab. Den Umläufen $A_1, \cdots, A_g, B_1, \cdots, B_g$ auf $\mathfrak{W}_0$ und $\mathfrak{W}$ mögen die Umläufe $A_1', \cdots, A_g', B_1', \cdots, B_g'$ auf $\mathfrak{W}'$ und die linearen Abbildungen $A_1', \cdots, A_g', B_1', \cdots, B_g'$ der oberen η'-Halbebene auf sich entsprechen. $\mathfrak{e}'$ ist die Klasse des Satzes $\mathfrak{a}' = (A_1', \cdots, A_g', B_1', \cdots, B_g')$. Wir bezeichnen auch allgemein die lineare Abbildung von $\mathfrak{J}\,\eta' > 0$ auf sich, die dem Umlauf S auf $\mathfrak{W}_0$ bzw. $\mathfrak{W}$ entspricht, mit S' und die Gruppe aller S' mit $\mathfrak{G}'$.

Es soll bewiesen werden, daß $\mathfrak{e}'$ stetig von $K; a_1, \cdots, a_\sigma$ abhängt. Wir haben schon oben gesehen, daß es dazu hinreicht, zu zeigen, daß die Invariante jedes S' stetig von $K; a_1, \cdots, a_\sigma$ abhängt. (Man braucht eigentlich auch das nur für diejenigen S' zu zeigen, die endlich vielen von vornherein angebbaren S entsprechen.)

Es seien also $\tilde{K} \geqq 1$ und die nicht sämtlich verschwindenden $\tilde{a}_1, \cdots, \tilde{a}_\sigma$ reelle Zahlen, die sich wenig von K bzw. $a_1, \cdots, a_\sigma$ unterscheiden. Wir setzen $d\tilde{\zeta}^2 = \tilde{a}_1\,d\zeta_1^2 + \cdots + \tilde{a}_\sigma\,d\zeta_\sigma^2$ und $E(\tilde{K}; \tilde{a}_1, \cdots, \tilde{a}_\sigma)\,\mathfrak{W} = \mathfrak{W}(\tilde{K}; \tilde{a}_1, \cdots, \tilde{a}_\sigma) = \tilde{\mathfrak{W}}$, wo $E(\tilde{K}; \tilde{a}_1, \cdots, \tilde{a}_\sigma)$ die zu $\tilde{K}$ und $d\tilde{\zeta}^2$ gehörende extremale quasikonforme Abbildung ist. Wir bilden die einfach zusammenhängende relativ unverzweigte Überlagerungsfläche $\tilde{\mathfrak{F}}$ von $\mathfrak{W}$ konform auf $\mathfrak{J}\tilde{\eta} > 0$ ab; dem Umlauf S auf $\mathfrak{W}_0$ bzw. $\mathfrak{W}$ möge dabei die lineare Abbildung $\tilde{S}$ von $\mathfrak{J}\tilde{\eta} > 0$ auf sich entsprechen, und $\mathfrak{G}$ sei die Gruppe all dieser $\tilde{S}$. Den Satz $(\tilde{A}_1, \cdots, \tilde{A}_g, \tilde{B}_1, \cdots, \tilde{B}_g)$ bezeichnen wir mit $\tilde{\mathfrak{a}}$ und seine Klasse in $\mathfrak{C}$ mit $\tilde{\mathfrak{c}} = \mathfrak{c}(\tilde{K}; \tilde{\mathfrak{a}}_1, \cdots, \tilde{\mathfrak{a}}_\sigma)$.

Es soll bewiesen werden: Wenn $\tilde{K}$ und $\tilde{\mathfrak{a}}_1, \cdots, \tilde{\mathfrak{a}}_\sigma$ sich hinreichend wenig von K bzw. $\mathfrak{a}_1, \cdots, \mathfrak{a}_\sigma$ unterscheiden, liegt $\tilde{\mathfrak{c}}$ in einer beliebig kleinen Umgebung von $\mathfrak{c}'$. Dazu genügt es, zu zeigen: Wenn $|\tilde{K}-K|$ und alle $|\tilde{a}_k - a_k|$ $(k = 1, \cdots, \sigma)$ hinreichend klein sind, unterscheiden sich für jedes einzelne $S \neq 1$ in $\mathfrak{G}$ die Invarianten λ' von S' und $\tilde{\lambda}$ von $\tilde{S}$ beliebig wenig. —

Wir führen in der Halbebene $\mathfrak{J}\eta' > 0$ die nichteuklidische Metrik $\frac{|d\eta'|}{\mathfrak{J}\eta'}$ ein. $n_1, \cdots, n_m$ seien die endlich vielen verschiedenen Nullstellen von $d\zeta^2$ auf $\mathfrak{W}$ (ohne Rücksicht auf die Vielfachheiten), $n'_1, \cdots, n'_m$ ihre Bilder auf $\mathfrak{W}'$ bei der Abbildung $E(K; a_1, \cdots, a_\sigma)$ und $\eta'_1, \cdots, \eta'_m$ je ein Bildpunkt von $n'_1, \cdots, n'_m$ in der Halbebene $\mathfrak{J}\eta' > 0$. $\varrho > 0$ sei so klein, daß die Kreise mit den nichteuklidischen Mittelpunkten $S\eta'_\mu$ (S beliebig in $\mathfrak{G}$, $\mu = 1, \cdots, m$) und dem nichteuklidischen Radius ϱ punktfremd sind. Bei der konformen Abbildung

$$\omega = \frac{\eta' - S\eta'_\mu}{\eta' - \overline{S\eta'_\mu}}$$

von $\mathfrak{J}\eta' > 0$ auf $|\omega| < 1$, die $\eta' = S\eta'_\mu$ in $\omega = 0$ überführt (S in $\mathfrak{G}$, $\mu = 1, \cdots, m$), gehe der ϱ-Kreis um $S\eta'_\mu$ in $|\omega| < r$ über. Nun sei ε_1 eine Zahl zwischen 0 und 1, die wir später hinreichend klein annehmen werden. Wir bezeichnen die η'-Bilder der Kreise

$$|\omega| < \varepsilon_1 r$$

in ihrer Gesamtheit mit $U_{\eta'}$, ihr Bild auf $\mathfrak{W}'$ mit $\mathfrak{U}'$ und das Urbild von $\mathfrak{U}'$ bei der Abbildung $E(K; a_1, \cdots, a_\sigma)$ mit $\mathfrak{U}$ (d. h. $\mathfrak{U} = E(K; a_1, \cdots, a_\sigma)^{-1}\, \mathfrak{U}'$).

Nun sei $|\tilde{K} - K| \leqq \varepsilon_2$ und $|\tilde{a}_k - a_k| \leqq \varepsilon_3$ $(k = 1, \cdots, \sigma)$. Dann unterscheiden sich auf $\mathfrak{W}$, wenn nur ε_3 hinreichend klein ist, außerhalb der Umgebung $\mathfrak{U}$ der Nullstellen $n_1, \cdots, n_m$ von $d\zeta^2$ die Richtungsfelder $d\zeta^2 = \sum_k a_k\, d\zeta_k^2 > 0$ und $d\tilde{\zeta}^2 = \sum_k \tilde{a}_k\, d\zeta_k^2 > 0$ beliebig wenig. D. h. bei festem ε_1 und beliebig klein vorgegebenem ε_4 ist

$$\left| arg\, \frac{d\tilde{\zeta}^2}{d\zeta^2} \right| \leqq \varepsilon_4 \text{ außerhalb } \mathfrak{U},$$

wenn nur ε_3 bei gegebenem ε_1 hinreichend klein angenommen wird.

Aus den extremalen quasikonformen Abbildungen $E(K; a_1, \cdots, a_\sigma)$ von $\underline{\mathfrak{W}}$ auf $\underline{\mathfrak{W}}'$ und $E(\tilde{K}; \tilde{a}_1, \cdots, \tilde{a}_\sigma)$ von $\underline{\mathfrak{W}}$ auf $\underline{\tilde{\mathfrak{W}}}$ kombinieren wir die Abbildung

$$A = E(\tilde{K}; \tilde{a}_1, \cdots, \tilde{a}_\sigma)\, E(K; a_1, \cdots, a_\sigma)^{-1}$$

von $\underline{\mathfrak{W}}'$ auf $\underline{\tilde{\mathfrak{W}}}$. Außerhalb von $\mathfrak{U}'$ folgt nun elementar aus

$$|\tilde{K} - K| \leqq \varepsilon_2; \left| arg \frac{d\tilde{\zeta}^2}{d\zeta^2} \right| \leqq \varepsilon_4,$$

daß der Dilatationsquotient D der Abbildung A sich wenig von 1 unterscheidet, wenn nur ε_2 und ε_4 klein sind:

$$D \leqq 1 + \varepsilon_5 \text{ außerhalb } \mathfrak{U}',$$

wo ε_5 beliebig klein gemacht werden kann, wenn man nur ε_2 und ε_4 hinreichend klein wählt. In $\mathfrak{U}'$ dagegen hat man eine schlechtere Abschätzung für D: $E(K; a_1, \cdots, a_\sigma)$ und folglich auf $E(K; a_1, \cdots, a_\sigma)^{-1}$ hat den konstanten Dilatationsquotienten K, $E(\tilde{K}; \tilde{a}_1, \cdots, \tilde{a}_\sigma)$ hat den konstanten Dilatationsquotienten $\tilde{K}$, folglich ist der Dilatationsquotient D der zusammengesetzten Abbildung A höchstens gleich $K\tilde{K} \leqq K(K + \varepsilon_2)$.

A ist also eine quasikonforme Abbildung von $\underline{\mathfrak{W}}'$ auf $\underline{\tilde{\mathfrak{W}}}$, deren Dilatationsquotient D folgendermaßen abgeschätzt ist:

$$D \leqq 1 + \varepsilon_5 \text{ außerhalb } \mathfrak{U}';$$
$$D \leqq K(K + \varepsilon_2) \text{ in } \mathfrak{U}'.$$

Dieser Abbildung A entspricht bei der Uniformisierung von $\underline{\mathfrak{W}}'$ und $\underline{\tilde{\mathfrak{W}}}$ eine Abbildung B von $\mathfrak{I}\eta' > 0$ auf $\mathfrak{I}\tilde{\eta} > 0$ mit der Eigenschaft

$$B S' = \tilde{S} B \text{ für alle } S \text{ aus } \mathfrak{G}.$$

Diese Abbildung $\tilde{\eta} = B\eta'$ hat denselben Dilatationsquotienten D wie A, also

$$D \leqq 1 + \varepsilon_5 \text{ außerhalb } \mathfrak{U}_{\eta'};$$
$$D \leqq K(K + \varepsilon_2) \text{ in } \mathfrak{U}_{\eta'}.$$

Nun sei S ein bestimmtes von 1 verschiedenes Element der Gruppe $\mathfrak{G}$, dem in $\mathfrak{G}'$ bzw. $\tilde{\mathfrak{G}}$ die hyperbolischen linearen Abbildungen S', $\tilde{S}$ von $\mathfrak{I}\eta' > 0$ bzw. $\mathfrak{I}\tilde{\eta} > 0$ auf sich entsprechen; λ' sei die Invariante von S', $\tilde{\lambda}$ die von $\tilde{S}$. Wir sollen $|\tilde{\lambda} - \lambda'|$ abschätzen.

p_1 sei der erste, p_2 der zweite Fixpunkt von S', also

$$\frac{S'\eta' - p_1'}{S'\eta' - p_2'} = \lambda' \frac{\eta' - p_1'}{\eta' - p_2'} \quad (\lambda' > 1).$$

Die Funktion

$$s' = \frac{2\pi i}{\log \lambda'} \log \frac{\eta' - p_1'}{\eta' - p_2'}$$

bildet die obere Halbebene $\Im \eta' > 0$ konform auf den Streifen $0 < \Re s' < \frac{2\pi^2}{\log \lambda'}$ oder auf den Streifen $-\frac{2\pi^2}{\log \lambda'} < \Re s' < 0$ ab, und der Abbildung $\eta' \to S\eta'$ von $\Im \eta' > 0$ auf sich entspricht dabei die Abbildung $s' \to s' + 2\pi i$ des Streifens auf sich. Wenn man also in $\Im \eta' > 0$ stets η' und $S'\eta'$ identifiziert, d. h. wenn man hier jedes η' mit allen $S'^m \eta'$ identifiziert (m ganzrational), dann wird die so entstehende Mannigfaltigkeit durch

$$w' = e^{\pm s'} = e^{\pm \frac{2\pi i}{\log \lambda} \log \frac{\eta' - p'_1}{\eta' - p'_2}}$$

e i n e i n d e u t i g und konform auf den Kreisring

$$1 < |w'| < e^{M'} \qquad \left(M' = \frac{2\pi^2}{\log \lambda'}\right)$$

abgebildet. Wir können das auch so ausdrücken: Wenn man in $\Im \eta' > 0$ stets η' und $S\eta'$ identifiziert, entsteht ein i d e a l g e s c h l o s s e n e s R i n g g e b i e t m i t d e m M o d u l $M' = \frac{2\pi^2}{\log \lambda'}$, d. h. eine ideal zusammengeschlossene, aber noch berandete Mannigfaltigkeit vom topologischen Typus eines Ringgebiets, die sich konform auf das Kreisringgebiet $0 < \log |w'| < M' = \frac{2\pi^2}{\log \lambda'}$ abbilden läßt (**Q** 35).

Ebenso wird aus der oberen Halbebene $\Im \tilde{\eta} > 0$, wenn man stets $\tilde{\eta}$ und $\tilde{S}\tilde{\eta}$ identifiziert, ein Ringgebiet, das wir konform auf das Kreisringgebiet

$$0 < \log |\tilde{w}| < \tilde{M} = \frac{2\pi^2}{\log \tilde{\lambda}}$$

abbilden können.

Wir haben nun eine quasikonforme Abbildung B von $\Im \eta' > 0$ auf $\Im \tilde{\eta} > 0$, die die Eigenschaft

$$B S' = \tilde{S} B$$

hat und deren Dilatationsquotienten wir abgeschätzt haben. Ihr entspricht eine quasikonforme Abbildung C des Kreisrings $0 < \log |w'| < M'$ auf den Kreisring $0 < \log |\tilde{w}| < \tilde{M}$. Bezeichnen wir das Bild von $\mathfrak{U}_{\eta'}$ in $0 < \log |w'| < M'$ mit $\mathfrak{U}_{w'}$, so gilt für den Dilatationsquotienten D der Abbildung C, der ja gleich dem der Abbildung B ist, die Abschätzung

$$D \leqq 1 + \varepsilon_5 \text{ außerhalb } \mathfrak{U}_{w'};$$
$$D \leqq K(K + \varepsilon_2) \text{ in } \mathfrak{U}_{w'}.$$

Wir führen in dem Kreisringgebiet $0 < \log |w'| < M$ die l o g a r i t h m i s c h e M e t r i k $|d \log w'| = \frac{|dw'|}{|w'|}$ und das zugehörige l o g a r i t h m i s c h e F l ä c h e n e l e m e n t $\boxed{d \log w'} = \frac{du'\,dv'}{|w|^2}$ ein ($w' = u' + iv'$) und wollen den logarithmischen Flächeninhalt $\iint_{\mathfrak{U}_{w'}} \boxed{d \log w'}$ von $\mathfrak{U}_{w'}$ abschätzen.

Dazu übertragen wir aus der oberen Halbebene $\Im \eta' > 0$ die ϱ-Kreise um alle $S'\eta'_\mu$ (S in $\mathfrak{G}$; $\mu = 1, \cdots, m$) in das Kreisringgebiet der w'-Ebene: hier werden es Gebiete Γ_l ($l = 1, 2 \cdots$), die jeweils konform auf $|\omega| < r$ abgebildet sind ($\omega = \dfrac{\eta' - S'\eta'_\mu}{\eta' - \overline{S'\eta'_\mu}}$; s.o.). Es sei etwa $\log w = c_0 + c_1\omega + c_2\omega^2 + \cdots$. (Wir kennen die Abbildungsfunktion explizit, benützen das aber nicht.) Der logarithmische Flächeninhalt des w-Bildes von $|\omega| < tr$ ($0 \leqq t \leqq 1$) ist dann

$$F(t) = \pi\,(|c_1|^2 t^2 r^2 + 2\,|c_2|^2 t^4 r^4 + \cdots),$$

also eine konvexe Funktion von t^2:

$$F(\varepsilon_1) \leqq \varepsilon_1^2 F(1).$$

Das gilt in jedem unserer Γ_l. Aber die Summe aller $F(\varepsilon_1)$ über $l = 1, 2, \cdots$ ist der gesuchte logarithmische Flächeninhalt von $\mathfrak{U}_{w'}$, während die Summe aller $F(1)$ gleich dem logarithmischen Flächeninhalt der Summe aller Γ_l, also kleiner als der logarithmische Flächeninhalt $2\pi M'$ des ganzen Kreisringgebiets ist:

$$\iint\limits_{\mathfrak{U}_{w'}} \boxed{d\log w'} = \Sigma F(\varepsilon_1) \leqq \varepsilon_1^2\, \Sigma F(1) < \varepsilon_1^2 \cdot 2\pi M'.$$

Jetzt können wir $\iint D\,\boxed{d\log w'}$ abschätzen. In $\mathfrak{U}_{w'}$ ist $D \leqq K(K + \varepsilon_2)$, und $\mathfrak{U}_{w'}$ hat höchstens den logarithmischen Flächeninhalt $2\pi M' \cdot \varepsilon_1^2$; im Rest des Kreisringgebiets ist $D \leqq 1 + \varepsilon_5$, und der logarithmische Flächeninhalt dieses Restes ist kleiner als $2\pi M'$. Also ist bei Integration über das ganze w'-Kreisringgebiet

$$\iint D\,\boxed{d\log w'} < K(K + \varepsilon_2) \cdot 2\pi M'\, \varepsilon_1^2 + (1 + \varepsilon_5) \cdot 2\pi M' \leqq 2\pi M' \cdot (1 + \varepsilon_6),$$

wo man ε_6 beliebig klein machen kann, wenn man erst ε_1 hinreichend klein wählt und dann dafür sorgt, daß auch ε_5 hinreichend klein wird und etwa $\varepsilon_2 < 1$ ist.

Jetzt haben wir eine quasikonforme Abbildung C des Kreisrings $1 < |w'| < e^{M'}$ auf den Kreisring $1 < |\tilde{w}| < e^{\tilde{M}}$, und für den Dilatationsquotienten D dieser Abbildung gilt in der w'-Ebene die Abschätzung

$$\iint D\,\boxed{d\log w'} \leqq 2\pi M' \cdot (1 + \varepsilon_6).$$

Wir wollen daraus eine Abschätzung des Unterschiedes von M' und $\tilde{M}$ herleiten.

Es sei $w' = \varrho\, e^{i\varphi}$.

Das $\tilde{w}$-Bild des Kreises $|w'| = \varrho = \text{const}$ hat in logarithmischer Metrik mindestens die Länge 2π:

$$2\pi \leqq \int\limits_{|w'| = \varrho} \left| \frac{d\log\tilde{w}}{d\log w'} \right| d\varphi.$$

Wir multiplizieren mit $\frac{d\varrho}{\varrho}$ und integrieren:

$$2\pi M' \leqq \iint \left|\frac{d\log\tilde{w}}{d\log w'}\right| \boxed{d\log w'}.$$

Nun ist,

$$\left|\frac{d\log\tilde{w}}{d\log w'}\right|^2 \leqq D \cdot \frac{\boxed{d\log\tilde{w}}}{\boxed{d\log w'}};$$

nach der Schwarzschen Ungleichung folgt

$$4\pi^2 M'^2 \leqq \left(\iint \left|\frac{d\log\tilde{w}}{d\log w'}\right| \boxed{d\log w'}\right)^2 \leqq \iint D\, \boxed{d\log w'} \cdot \iint \frac{\boxed{d\log\tilde{w}}}{\boxed{d\log w'}} \boxed{d\log w'}$$

$$\leqq 2\pi M'(1+\varepsilon_6)\cdot 2\pi\tilde{M};$$

$$M' \leqq (1+\varepsilon_6)\tilde{M}.$$

Ebenso hat das $\tilde{w}$-Bild der Strecke $\arg w' = \varphi = \text{const}$ mindestens die logarithmische Länge $\tilde{M}$:

$$\tilde{M} \leqq \int\limits_{\arg w' = \varphi} \left|\frac{d\log\tilde{w}}{d\log w'}\right| \frac{d\varrho}{\varrho},$$

wo $\frac{d\log\tilde{w}}{d\log w'}$ natürlich hier eine andere Bedeutung als in der obigen Rechnung hat. Wie oben folgt

$$2\pi\tilde{M} \leqq \iint \left|\frac{d\log\tilde{w}}{d\log w'}\right| \boxed{d\log w'};$$

$$\left|\frac{d\log\tilde{w}}{d\log w'}\right|^2 \leqq D \cdot \frac{\boxed{d\log\tilde{w}}}{\boxed{d\log w'}};$$

$$4\pi^2\tilde{M}^2 \leqq \left(\iint \left|\frac{d\log\tilde{w}}{d\log w'}\right| \boxed{d\log w'}\right)^2 \leqq \iint D\, \boxed{d\log w'} \cdot \iint \frac{\boxed{d\log\tilde{w}}}{\boxed{d\log w'}} \boxed{d\log w'}$$

$$\leqq 2\pi M'(1+\varepsilon_6)\cdot 2\pi\tilde{M};$$

$$\tilde{M} \leqq (1+\varepsilon_6) M'.$$

Wir fassen beide Ergebnisse zusammen:

$$\frac{M'}{1+\varepsilon_6} \leqq \tilde{M} \leqq (1+\varepsilon_6) M'.$$

Es war aber

$$M' = \frac{2\pi^2}{\log\lambda'};\ \lambda' = e^{\frac{2\pi^2}{M'}}$$

und ebenso

$$\tilde{\lambda} = e^{\frac{2\pi^2}{\tilde{M}}},$$

folglich

$$\lambda'^{\frac{1}{1+\varepsilon_6}} \leqq \tilde{\lambda} \leqq \lambda'^{1+\varepsilon_6};$$

d.h. es ist

$$|\tilde{\lambda} - \lambda'| \leqq \varepsilon_7,$$

wo ε_7 beliebig klein ist, wenn nur ε_6 hinreichend klein ist.

Damit sind wir fertig. Denn wenn wir erstens ε_1 hinreichend klein wählen und dann noch ε_2 (< 1) und ε_3 so klein wählen, daß ε_4 und dann auch ε_5 hinreichend klein werden, dann wird ε_6 und damit auch ε_7 beliebig klein. Man kann also ε_2 und ε_3 so bestimmen, daß aus $|\tilde{K} - K| \leqq \varepsilon_2$, $|\tilde{a}_k - a_k| \leqq \varepsilon_3$ $(k = 1, \cdots, \sigma)$ folgt $|\tilde{\lambda} - \lambda| \leqq \varepsilon_7$, wo ε_7 beliebig klein ist. Das gilt für die Invarianten λ', $\tilde{\lambda}$ der einem beliebigen von 1 verschiedenen Element S der Gruppe $\mathfrak{G}$ zugeordneten linearen Abbildungen $\eta' \to S'\eta'$, $\tilde{\eta} \to \tilde{S}\tilde{\eta}$, insbesondere auch für jene endlich vielen Elemente $S_1, \cdots, S_h$ von $\mathfrak{G}$, durch deren Invarianten die Klasse eindeutig und stetig bestimmt ist. Ist also $\mathfrak{U}$ eine Umgebung der Klasse $\mathfrak{e}'$, so bestimme man ε_7 so klein, daß alle Klassen $\tilde{\mathfrak{e}}$ aus $\mathfrak{E}$, für die die Invarianten $\tilde{\lambda}_1, \cdots, \tilde{\lambda}_h$ der $S_1, \cdots, S_h$ zugeordneten linearen Abbildungen $\tilde{S}_1, \cdots, \tilde{S}_h$ sich von den Invarianten $\lambda'_1, \cdots, \lambda'_h$ von $S'_1, \cdots, S'_h$ um weniger als ε_7 unterscheiden, in $\mathfrak{U}$ liegen, und bestimme dann ε_2 und ε_3 zu ε_7 wie oben; dann liegen alle $\tilde{\mathfrak{e}} = \mathfrak{e}(\tilde{K}; \tilde{a}_1, \cdots, \tilde{a}_\sigma)$ mit $|\tilde{K} - K| \leqq \varepsilon_2$, $|\tilde{a}_k - a_k| \leqq \varepsilon_3$ $(k = 1, \cdots, \sigma)$ in der Umgebung $\mathfrak{U}$ von $\mathfrak{e}' = \mathfrak{e}(k; a_1, \cdots, a_\sigma)$. Das heißt, $\mathfrak{e}(k; a_1, \cdots, a_\sigma)$ hängt stetig von K; $a_1, \cdots, a_\sigma$ ab.

Bemerkung.

Wir machen uns noch einmal die Grundzüge des soeben durchgeführten Beweises klar. Es sollte gezeigt werden, daß $\tilde{\mathfrak{e}}$ in einer kleinen Umgebung von $\mathfrak{e}'$ liegt. Dazu stellten wir erst eine Abbildung A von $\underline{\mathfrak{W}}'$ auf $\underline{\tilde{\mathfrak{W}}}$ her und zeigten: ihr Dilatationsquotient D ist im allgemeinen kleinergleich $1 + \varepsilon_5$, wo ε_5 klein ist, und die Ausnahmemenge auf $\mathfrak{W}'$, wo diese Abschätzung nicht gilt, sondern wo D nur beschränkt ist, ist klein. Allein hieraus haben wir geschlossen, daß sich (in den obigen Bezeichnungen) $\tilde{\lambda}$ für jedes S wenig von λ' unterscheidet, und daraus folgt, daß $\tilde{\mathfrak{e}}$ in der Nähe von $\mathfrak{e}'$ liegt. Woher die Abbildung A kam, darauf kam es zuletzt gar nicht mehr an. Die Abschätzung wäre noch einfacher gewesen, wenn die Ungleichung $D \leqq 1 + \varepsilon_5$ ohne Ausnahme auf der ganzen Fläche gegolten hätte. So kommen wir zu folgendem Satz, der sich aus unserem Beweise mit ergibt:

$\underline{\mathfrak{W}}'$ sei eine topologisch festgelegte Riemannsche Fläche vom Geschlecht $g > 1$, der in $\mathfrak{E}$ der Punkt $\mathfrak{e}'$ entspricht. Dann gibt es zu jeder Umgebung $\mathfrak{U}$ von $\mathfrak{e}'$ in $\mathfrak{D}$ ein $\delta > 0$ mit folgender Eigenschaft: Wenn eine quasikonforme Abbildung A von $\underline{\mathfrak{W}}'$ auf eine zweite topologisch festgelegte Fläche $\underline{\tilde{\mathfrak{W}}}$ einen Dilatationsquotienten D hat, für den überall $D \leqq 1 + \delta$ gilt, dann liegt der zu $\tilde{\mathfrak{W}}$ gehörende Punkt $\tilde{\mathfrak{e}}$ von $\mathfrak{E}$ stets in $\mathfrak{U}$.

Wir werden auch diesen Satz gebrauchen. Der Beweisgang sei zum Überfluß noch einmal kurz skizziert: Wir bilden die einfach zusammenhängende relativ unverzweigte Überlagerungsfläche $\mathfrak{F}'$ von $\mathfrak{W}'$ konform auf $\mathfrak{J}\eta' > 0$ ab, wählen ein $S \neq 1$ in der Gruppe $\mathfrak{G}$, dem die lineare Abbildung $\eta' \to S'\eta'$ von $\mathfrak{J}\eta' > 0$ auf sich entsprechen möge, und bilden $\mathfrak{J}\eta' > 0$ konform so auf die einfach zusammenhängende unverzweigte Überlagerungsfläche eines Kreisringgebiets $1 < |w'| < e^{M'}$ ab, daß dem S' ein einmaliger Umlauf entspricht; ist λ' die Invariante von S', so ist $\lambda' = e^{\frac{2\pi^2}{M'}}$. Die entsprechende Bedeutung mögen $\tilde{\eta}, \tilde{w}, \tilde{S}, \tilde{\lambda}, \tilde{M}$ haben. Der Abbildung A von $\mathfrak{W}'$ auf $\tilde{\mathfrak{W}}$ entspricht dann eine Abbildung $\tilde{\eta} = B\eta'$ mit $B\,S' = \tilde{S}\,B$ und eine Abbildung $Cw' = \tilde{w}$ von $0 < \log|w'| < M'$ auf $0 < \log|\tilde{w}| < \tilde{M}$, für deren Dilatationsquotient ebenfalls $D \leqq 1 + \delta$ gilt; Integration über den Kreisring $0 < \log|w'| < M'$ ergibt sofort

$$\iint D\,\boxed{d\log w'} \leqq 2\pi M' \cdot (1 + \delta).$$

Genau wie oben folgt hieraus

$$\frac{M'}{1+\delta} \leqq \tilde{M} \leqq M'(1+\delta);$$

$$\lambda'^{\frac{1}{1+\delta}} \leqq \tilde{\lambda} \leqq \lambda'^{1+\delta}.$$

Wenn also δ klein ist, unterscheidet sich $\tilde{\lambda}$ wenig von λ'; das gilt insbesondere für jene endlich vielen S aus $\mathfrak{G}$, von deren Invarianten $\tilde{\mathfrak{e}}$ stetig abhängt; folglich liegt $\tilde{\mathfrak{e}}$ in einer beliebig kleinen Umgebung $\mathfrak{U}$ von $\mathfrak{e}'$.

Herstellung einer hinreichend regulären Abbildung von $\underline{\mathfrak{W}}$ auf $\underline{\mathfrak{W}}'$.

Um nachher den Gedankengang nicht zu sehr unterbrechen zu müssen, beweisen wir jetzt schon vorweg, daß es stets eine hinreichend reguläre quasikonforme Abbildung einer topologisch festgelegten Riemannschen Fläche $\underline{\mathfrak{W}}$ vom Geschlecht $g > 1$ auf eine beliebige ebensolche $\underline{\mathfrak{W}}'$ gibt.

Erst wollen wir die Begriffe präzisieren. — Wenn die Strecke $0 \leqq t \leqq 1$ topologisch auf eine Kurve $\mathfrak{b}$ der Fläche $\mathfrak{W}$ abgebildet ist und wenn diese Abbildung nach Einführung einer Ortsuniformisierenden $z = x + iy$ von $\mathfrak{W}$ die Gestalt $x = x(t)$, $y = y(t)$ annimmt, wo $x(t)$ und $y(t)$ auf $0 \leqq t \leqq 1$ stetig differenzierbar mit $\left(\frac{dx}{dt}\right)^2 + \left(\frac{dy}{dt}\right)^2 > 0$ und in $0 < t < 1$ sogar analytisch sind, dann nennen wir das Bild von $0 < t < 1$ (also $\mathfrak{b}$ ohne die beiden Endpunkte) einen hinreichend regulären Bogen. Eine hinreichend reguläre Abbildung zweier hinreichend regulärer Bögen aufeinander soll ebenfalls topologisch, in beiden Richtungen stetig differenzierbar und von den Endpunkten abgesehen analytisch sein.

Eine hinreichend reguläre Kurve $\mathfrak{c}$ ist eine solche, die durch endlich viele Punkte in endlich viele hinreichend reguläre Bögen eingeteilt werden kann. Eine hinreichend reguläre Abbildung zweier hinreichend regulärer Kurven aufeinander ist eine topologische Abbildung, die nach geeigneter Einteilung beider Kurven durch endlich viele Punkte in je endlich viele Bögen sich aus hinreichend regulären Abbildungen dieser Bögen aufeinander zusammensetzt.

Unter einer hinreichend regulären Triangulation der geschlossenen Fläche $\mathfrak{W}$ verstehen wir folgendes: Auf $\mathfrak{W}$ sind endlich viele Punkte und endlich viele paarweise fremde hinreichend reguläre Bögen gezeichnet; jeder dieser Bögen verbindet zwei der Punkte; dadurch wird $\mathfrak{W}$ in endlich viele einfach zusammenhängende Gebiete eingeteilt, von denen jedes von drei verschiedenen Punkten und drei verschiedenen Bögen berandet wird. Bekanntlich läßt sich dann jedes unserer Gebiete konform auf ein geradliniges Dreieck so abbilden, daß die Punkte in die Ecken und die Bögen in die Seiten des Dreiecks übergehen, und die Abbildung ist auch noch am Rande topologisch und auf den drei Bögen noch analytisch.

Eine reell analytische Abbildung eines Stücks der $z = x + iy$-Ebene auf ein Stück der $w = u + iv$-Ebene liegt vor, wenn in der Umgebung jedes Punktes z_0 die Abbildung die Form $u = u(x,y)$, $v = v(x,y)$ hat, wo u und v sich nach Potenzen von $x - x_0$ und $y - y_0$ entwickeln lassen und die Funktionaldeterminante $\frac{\partial u}{\partial x}\frac{\partial v}{\partial y} - \frac{\partial u}{\partial y}\frac{\partial v}{\partial x}$ nicht verschwindet. Eine reell analytische Abbildung eines Stücks einer Riemannschen Fläche auf ein ebensolches liegt vor, wenn die Abbildung nach Übergang zu den Ortsuniformisierenden z, w reell analytisch wird.

Unter einer hinreichend regulären Abbildung A einer topologisch festgelegten Fläche $\underline{\mathfrak{W}}$ auf eine ebensolche $\underline{\mathfrak{W}}'$ verstehen wir folgendes: Zunächst muß A überhaupt eine Abbildung von $\underline{\mathfrak{W}}$ auf $\underline{\mathfrak{W}}'$ sein (s. o.). Dann muß auf $\mathfrak{W}$ und auf $\mathfrak{W}'$ je eine hinreichend reguläre Triangulation gegeben sein, und A muß die eine in die andere überführen. Schließlich muß die Abbildung in jedem der Dreiecksgebiete, in die $\mathfrak{W}$ und $\mathfrak{W}'$ eingeteilt sind, reell analytisch sein und muß auch auf den drei Randbögen noch reell analytisch bleiben, kann dort jedoch springen (nur daß sie topologisch bleibt). In den **Eckpunkten** der Dreiecksgebiete fordern wir nur, daß der **Dilatationsquotient beschränkt** ist.

All diese Begriffe sind nur für die Zwecke der vorliegenden Arbeit eingeführt und sollen keinerlei weitergehende Bedeutung haben.

Wir behaupten nun:

Zu zwei topologisch festgelegten Flächen $\underline{\mathfrak{W}}$, $\underline{\mathfrak{W}}'$ desselben Geschlechts $g > 1$ gibt es stets eine hinreichend reguläre Abbildung von $\underline{\mathfrak{W}}$ auf $\underline{\mathfrak{W}}'$.

Nur der Vollständigkeit wegen geben wir auch dafür einen Beweis; dieser ließe sich wahrscheinlich durch einen viel einfacheren ersetzen.

Es sei $\underline{\mathfrak{W}} \sim (\mathfrak{W}, H)$ und $\underline{\mathfrak{W}}' \sim (\mathfrak{W}', H')$ bei Zugrundelegung einer festen Ausgangsfläche $\mathfrak{W}_0$. Auf $\mathfrak{W}_0$ hatten wir eine feste **kanonische Zerschneidung** angenommen. Diese besteht aus $2g$ gerichteten Jordankurven $\alpha_1, \ldots, \alpha_g$, $\beta_1, \ldots, \beta_g$, die alle von demselben Punkt p_0 auf $\mathfrak{W}_0$ ausgehen und in ihn zurücklaufen, aber unterwegs weder sich selbst noch einander schneiden. Einem einmaligen Umlauf um α_i, β_i in »positivem« Sinne entspricht das Element A_i, B_i der Fundamentalgruppe $\mathfrak{G}$. Bezeichnen wir in p_0 den auslaufenden Anfang von α_i mit α_i^{+1}, das einlaufende Ende von α_i mit α_i^{-1} und haben β_i^{+1}, β_i^{-1} die entsprechende Bedeutung, so folgen diese um p_0 in der Reihenfolge $\alpha_1^{+1}, \beta_1^{-1}, \alpha_1^{-1}, \beta_1^{+1}, \ldots, \alpha_g^{+1}, \beta_g^{-1}, \alpha_g^{-1}, \beta_g^{+1}$ im **negativen** Drehsinne aufeinander. Längs aller α_i, β_i zerschnitten wird $\mathfrak{W}_0$ einfach zusammenhängend.

Die topologische Abbildung H von $\mathfrak{W}_0$ auf $\mathfrak{W}$ überträgt die Kurven α_i, β_i von $\mathfrak{W}_0$ in Kurven auf $\mathfrak{W}$, die wir gleich wieder α_i, β_i nennen wollen und die eine kanonische Zerschneidung von $\mathfrak{W}$ mit entsprechenden Eigenschaften ausmachen. Wir wollen diese zunächst durch eine andere mit mehr Regularitätseigenschaften ersetzen.

Wir bilden die einfach zusammenhängende relativ unverzweigte Überlagerungsfläche $\mathfrak{F}$ von $\mathfrak{W}$ konform auf $\mathfrak{J}\,\eta > 0$ ab und nennen eine Kurve auf $\mathfrak{W}$, die dabei in einen Kreis übergeht, einen **Kreis** und eine solche, die in einen zur reellen Achse symmetrischen Kreis übergeht, eine **Geodätische**.

Nun behaupten wir:

Es gibt eine kanonische Zerschneidung $\breve{\alpha}_i$, $\breve{\beta}_i$ von $\mathfrak{W}$, deren Kurven $\breve{\alpha}_i$, $\breve{\beta}_i$ Kreisbogenpolygone mit überall stetiger Tangente sind und wo die Anfänge und Enden der $\breve{\alpha}_i$, $\breve{\beta}_i$ Geodätischenbögen sind, die in dem gemeinsamen Anfangs- und Endpunkt p alle den gleichen Winkel $\frac{\pi}{2g}$ bilden.

Zum Beweis führen wir in der Umgebung des gemeinsamen Anfangs- und Endpunkts p der kanonischen Zerschneidung α_i, β_i von $\mathfrak{W}$ die Ortsuniformisierende

$$\omega = \frac{\eta - \eta_0}{\eta - \overline{\eta_0}}$$

ein, wo die Überlagerungsfläche $\mathfrak{J}$ von $\mathfrak{W}$ auf $\mathfrak{J}\eta > 0$ abgebildet ist und dabei dem Punkt p der Punkt η_0 entspricht. In p ist also $\omega = 0$. Wir verfolgen die Anfänge und Enden aller α_i, β_i von p aus so weit, bis sie einen bestimmten kleinen Kreis $|\omega| = R$ zuerst erreichen. Wir wählen ein r mit $0 < r < R$ so, daß die restlichen Mittelstücke der α_i, β_i nicht in den Kreis $|\omega| \leqq r$ eindringen. Nun verfolgen wir die Anfänge und Enden der α_i, β_i von p aus nur noch so weit, bis sie zum letzten Mal den Kreis $|\omega| \leqq r$ verlassen; diese Anfänge und Enden verlaufen ganz in $|\omega| < R$, und ihre Endpunkte mögen p_i^+, q_i^+, p_i^-, q_i^- heißen (α_i und β_i verläuft nicht ganz in $|\omega| < R$, weil ihm ein von 1 verschiedenes Element A_i, B_i der Fundamentalgruppe entspricht).

Wir approximieren die Mittelstücke $p_i^+ \ldots p_i^-$ bzw. $q_i^+ \ldots q_i^-$ von α_i bzw. β_i durch Kreisbogenpolygone mit stetiger Tangente, die sich und einander nicht schneiden und nicht in $|\omega| < r$ eindringen. Ferner ersetzen wir die Anfangs- und Endstücke $p \ldots p_i^+$, $p \ldots q_i^+$, $p \cdots p_i^-$, $p \ldots q_i^-$ durch Kreisbogenpolygone mit stetiger Tangente, die abgesehen vom Endpunkt in $|\omega| < r$ verlaufen und einander nicht schneiden, so, daß die Tangente in den p_i^+, q_i^+, p_i^-, q_i^- stetig wird und daß die Anfänge in p Geodätischenbögen sind, die miteinander alle den gleichen Winkel $\dfrac{\pi}{2g}$ bilden. Die stetigen Kurven α_i, β_i sind so durch Kreisbogenpolygone $\breve{\alpha}_i$, $\breve{\beta}_i$ ersetzt.

Diese $\breve{\alpha}_i$, $\breve{\beta}_i$ haben nach Konstruktion folgende Eigenschaften:

1. Die $\breve{\alpha}_i$, $\breve{\beta}_i$ sind gerichtete Kreisbogenpolygone mit überall stetiger Tangente, die alle von demselben Punkt p von $\mathfrak{W}$ ausgehen und in ihn zurücklaufen, aber sich und einander unterwegs nicht schneiden; ihre Anfänge und Enden in p sind $4g$ Geodätischenbögen, die alle miteinander den gleichen Winkel $\dfrac{\pi}{2g}$ bilden.

2. Dem einmal in positivem Sinne durchlaufenen Weg α_i bzw. β_i entspricht das Element A_i bzw. B_i der Fundamentalgruppe $\mathfrak{G}$ von $\mathfrak{W}$.

Um zu beweisen, daß die $\breve{\alpha}_i$, $\breve{\beta}_i$ wirklich eine kanonische Zerschneidung von $\mathfrak{W}$ ausmachen, brauchen wir nur noch folgende Eigenschaften nachzuweisen:

3. Die Anfänge $\breve{\alpha}_i^{+1}$, $\breve{\beta}_i^{+1}$ und Enden $\breve{\alpha}_i^{-1}$, $\breve{\beta}_i^{-1}$ der $\breve{\alpha}_i$, $\breve{\beta}_i$ folgen aufeinander um p in der Reihenfolge

$$\breve{\alpha}_1^{+1}, \breve{\beta}_1^{-1}, \breve{\alpha}_1^{-1}, \breve{\beta}_1^{+1}, \ldots, \breve{\alpha}_g^{+1}, \breve{\beta}_g^{-1}, \breve{\alpha}_g^{-1}, \breve{\beta}_g^{+1}$$

im negativen Drehsinne.

4. $\mathfrak{W}$ wird, längs aller α_i, β_i zerschnitten, einfach zusammenhängend.

Wir wollen das allein aus den schon nachgewiesenen Eigenschaften 1., 2. herleiten.

Wir untersuchen z. B., in welchem Drehsinne $\breve{\alpha}_1^{+1}$, $\breve{\alpha}_1^{-1}$ und $\breve{\beta}_1^{-1}$ um p aufeinander folgen. Dazu wählen wir auf der Überlagerungsfläche $\mathfrak{F}$ von $\mathfrak{W}$ einen Vertreter des Punktes p, den wir wieder p nennen und dem in $\mathfrak{J}\eta > 0$ der Punkt η_0 entspreche. Von p aus ziehen wir drei Kurven $\mathfrak{a}_1^+$, $\mathfrak{a}_1^-$, $\mathfrak{b}_1^-$ auf $\mathfrak{F}$: $\mathfrak{a}_1^+$ entsteht, wenn man von p aus immer wieder $\breve{\alpha}_1$ in positivem Sinne durchläuft; $\bar{\mathfrak{a}}_1$ entsteht, wenn man von p aus immer wieder $\breve{\alpha}_1$ in negativem Sinne durchläuft; $\mathfrak{b}_1^-$ entsteht, wenn man von p aus immer wieder $\breve{\beta}_1$ in negativem Sinne durchläuft. Diese Kurven schneiden einander auf $\mathfrak{F}$ nicht. Die Bilder von $\mathfrak{a}_1^+$, $\mathfrak{a}_1^-$, $\mathfrak{b}_1^-$ in $\mathfrak{J}\eta > 0$ münden im zweiten Fixpunkt p_2 von A_1, im ersten Fixpunkt p_1 von A_1 und im ersten Fixpunkt q_1 von B. Folglich folgen die Fixpunkte p_2, p_1, q_1 auf der reellen Achse, wenn man sie als Rand des Gebiets $\mathfrak{J}\eta > 0$ auffaßt, in demselben Drehsinne aufeinander, in dem $\breve{\alpha}_1^{+1}$, $\breve{\alpha}_1^{-1}$, $\breve{\beta}_1^{-1}$ um p aufeinanderfolgen. Aus demselben Grunde aber auch in demselben Drehsinne, in dem α_1^{+1}, α_1^{-1}, β_1^{-1} um p aufeinanderfolgen, d. h., wie wir von $\mathfrak{W}_0$ her wissen, in positivem Drehsinn. Genau so folgen allgemein die $\breve{\alpha}_i^{\pm 1}$, $\breve{\beta}_i^{\pm 1}$ um p in derselben Reihenfolge aufeinander wie die $\alpha_i^{\pm 1}$, $\beta_i^{\pm 1}$, d. h. in der Reihenfolge

$$\breve{\alpha}_1^{+1},\ \breve{\beta}_1^{-1},\ \breve{\alpha}_1^{-1},\ \breve{\beta}_1^{+1},\ \ldots,\ \breve{\alpha}_g^{+1},\ \breve{\beta}_g^{-1},\ \breve{\alpha}_g^{-1},\ \breve{\beta}_g^{+1}$$

im negativen Drehsinne.

Nun ziehen wir auf $\mathfrak{F}$ alle Kurven über den $\breve{\alpha}_i$, $\breve{\beta}_i$ aus und übertragen dieses Netz in die obere η-Halbebene. Hier erhält man unendlich viele offene gerichtete Jordanbögen, von denen jeder zwei verschiedene Punkte der Form $S\eta_0$ (S in $\mathfrak{G}$) verbindet, und von jedem $S\eta_0$ gehen $4g$ solche Bögen aus. $\mathfrak{J}\eta > 0$ wird in lauter einfach zusammenhängende Gebiete eingeteilt. Wenn man anfängt, den Rand eines solchen Gebietes in positivem Sinne zu umlaufen, sieht man, daß seine Seiten in der Reihenfolge

$$\breve{\alpha}_1,\ \breve{\beta}_1,\ \breve{\alpha}_1^{-1},\ \breve{\beta}_1^{-1},\ \ldots,\ \breve{\alpha}_g,\ \breve{\beta}_g,\ \breve{\alpha}_g^{-1},\ \breve{\beta}_g^{-1}$$

zyklisch aufeinanderfolgen; dabei deutet natürlich z. B. $\breve{\beta}_1^{-1}$ ein im negativen Sinne zu durchlaufendes Bild von β_1 in $\mathfrak{J}\eta > 0$ an. Das folgt aus der angegebenen Reihenfolge der $\breve{\alpha}_i^{+1}$, β_i^{+1} um p herum. Nun ist in $\mathfrak{G}$ aber

$$A_1 B_1 A_1^{-1} B_1^{-1} \ldots A_g B_g A_g^{-1} B_g^{-1} = 1,$$

darum ist der Rand unseres Gebiets nach Durchlaufung von $4g$ Seiten geschlossen. Insbesondere reicht das Gebiet nicht an die reelle Achse heran. Ferner folgt, daß alle Gebiete aus einem von ihnen durch Anwenden sämtlicher Abbildungen S aus $\mathfrak{G}$ hervorgehen, daß es also Fundamentalbereiche sind. (Würde ein $S \neq 1$ ein Gebiet in sich überführen, so müßte dieses den Fixpunkten von S beliebig nahekommen.) Folglich ist die längs aller $\breve{\alpha}_i$, $\breve{\beta}_i$ zerschnittene Fläche $\mathfrak{W}$ konform auf so ein einfach zusammenhängendes Gebiet abgebildet und darum selbst einfach zusammenhängend.

Wir bilden die längs unserer $\breve{\alpha}_i$, $\breve{\beta}_i$ aufgeschnittene Fläche $\mathfrak{W}$ konform auf den Einheitskreis $|w| < 1$ ab. Die Abbildung ist auch noch am Rande in beiden Richtungen stetig; jedem von p verschiedenen Punkt eines $\breve{\alpha}_i$ oder $\breve{\beta}_i$ entsprechen zwei Randpunkte auf $|w| = 1$, aber dem Punkte p entsprechen $4g$ Randpunkte auf $|w| = 1$. Auf jedem der Kreisbögen, aus denen die kanonische Zerschneidung besteht, ist die Abbildung analytisch. Im Punkte p führen wir wie vorhin die Ortsuniformisierende $\omega = \frac{\eta - \eta_0}{\eta - \bar{\eta}_0}$ ein; dann ist in der Umgebung jedes der $4g$ Peripheriepunkte des w-Kreises, die p entsprechen, die Abbildung $\sqrt[2g]{\omega} \leftrightarrow w$ in beiden Richtungen regulär analytisch, denn den Anfängen und Enden der $\breve{\alpha}_i$, $\breve{\beta}_i$ entsprechen Stücke von Geraden, die in p alle miteinander den gleichen Winkel $\frac{\pi}{2g}$ bilden. Wir behaupten schließlich: Wo zwei Kreisbögen mit stetiger Tangente aneinanderstoßen, bleibt die konforme Abbildung noch stetig differenzierbar.

Zum Beweis bemerken wir, daß die Funktion

$$z = s + \log s$$

die obere Halbebene $\mathfrak{J} s > 0$ auf die längs des Strahls $\mathfrak{J} z = \pi$, $\mathfrak{R} z \leqq -1$ aufgeschlitzte obere Halbebene $\mathfrak{J} z > 0$ konform abbildet. Wir interessieren uns nur für eine Umgebung von $s = \infty \rightarrow z = \infty$; führt man hier die Ortsuniformisierenden $s' = \frac{1}{s}$, $z' = \frac{1}{z}$ ein, so bleibt

$$z' = \frac{s'}{1 - s' \log s'}$$

an der singulären Stelle $s' = 0 \rightarrow z' = 0$ noch stetig differenzierbar mit der Ableitung 1. Ebenso bildet

$$z = s - \log s$$

die Halbebene $\mathfrak{J} s > 0$ auf die längs des Strahls $\mathfrak{J} z = 0$, $\mathfrak{R} z \geqq 1$ aufgeschlitzte Halbebene $\mathfrak{J} z > -\pi$ ab, und wenn man bei $s = \infty \rightarrow z = \infty$ die Ortsuniformisierende $s' = \frac{1}{s}$, $z' = \frac{1}{z + i\pi}$ einführt, bleibt

$$z' = \frac{s'}{1 - s' \log\left(-\frac{1}{s'}\right)}$$

an der singulären Stelle $s' = 0 \rightarrow z' = 0$ stetig differenzierbar mit der Ableitung 1. Wendet man nun beliebige lineare gebrochene Transformationen an, so sieht man: Die unmittelbare Umgebung jeder Ecke unseres Kreisbogenpolygons, wo die Tangente stetig bleibt, läßt sich konform so auf ein an eine Strecke angrenzendes Gebiet abbilden, daß die Ecke in einen Innenpunkt der Strecke übergeht und die Abbildung in ihrer Umgebung in beiden Richtungen stetig differenzierbar bleibt. Bildet man nun weiter konform in $|w| < 1$ ab, so ist diese Abbildung längs der Strecke analytisch.

Die durch unsere konforme Abbildung vermittelte Abbildung des Randes der aufgeschnittenen Fläche auf $|w| = 1$ ist also h i n r e i c h e n d r e g u l ä r, wenn man in p die »Ortsuniformisierende« $\sqrt[2g]{\omega}$ an Stelle von ω zugrunde legt. Ist γ_i^l, δ_i^l der dem linken und γ_i^r, δ_i^r der dem rechten Ufer von α_i, β_i entsprechende Bogen von $|w| = 1$, so folgen diese $4g$ Bögen in der Reihenfolge

$$\gamma_1^l,\ \delta_1^l,\ \gamma_1^r,\ \delta_1^r,\ldots,\ \gamma_g^l,\ \delta_g^l,\ \gamma_g^r,\ \delta_g^r$$

im p o s i t i v e n Sinne zyklisch aufeinander. Die durch $\gamma_i^l \leftrightarrow \alpha_i \leftrightarrow \gamma_i^r$ und $\delta_i^l \leftrightarrow \beta_i \leftrightarrow \delta_i^r$ vermöge unserer konformen Abbildung entstehenden R a n d z u o r d n u n g e n

$$\gamma_i^l \leftrightarrow \gamma_i^r,\ \delta_i^l \leftrightarrow \delta_i^r$$

von Bögen des Einheitskreises zueinander sind ebenfalls hinreichend reguläre Abbildungen.

Neben $\underline{\mathfrak{W}}$ war noch eine zweite topologisch festgelegte Fläche $\underline{\mathfrak{W}}'$ gegeben. Wir konstruieren eine kanonische Zerschneidung $\breve{\alpha}_i'$, $\breve{\beta}_i'$ von $\underline{\mathfrak{W}}'$ mit denselben Eigenschaften wie vorher und bilden die zerschnittene Fläche konform auf $|w'| < 1$ ab; dabei entstehen wieder hinreichend reguläre Randzuordnungen

$$\gamma_i'^l \leftrightarrow \gamma_i'^r,\ \delta_i'^l \leftrightarrow \delta_i'^r$$

wie vorhin.

Nun setzen wir

$$w = r e^{i\varphi},\ w' = r' e^{i\varphi'}$$

und bilden γ_i^l auf $\gamma_i'^l$, sowie δ_i^l auf $\delta_i'^l$ durch Funktionen der Form

$$\varphi' = a\varphi + b\ (a > 0)$$

ab. Ferner stellen wir Abbildungen von γ_i^r, δ_i^r auf $\gamma_i'^r$ $\delta_i'^r$ folgendermaßen her: Wir bilden γ_i^r, δ_i^r vermöge der R a n d z u o r d n u n g auf γ_i^l, δ_i^l ab, bilden dies wie soeben vorgeschrieben auf $\gamma_i'^l$, $\delta_i'^l$ ab und gehen dann vermöge der neuen Randzuordnung wieder zu $\gamma_i'^r$, $\delta_i'^r$ über. Insgesamt ergibt das eine h i n r e i c h e n d r e g u l ä r e d r e h s i n n t r e u e A b b i l d u n g $\varphi' = f(\varphi)$ von $|w| = 1$ auf $|w'| = 1$.

Diese setzen wir zu der hinreichend regulären Abbildung

$$r' = r;\ \varphi' = f(\varphi)$$

von $|w| \leqq 1$ auf $|w'| = 1$ fort. Wir triangulieren $|w| \leqq 1$ und $|w'| \leqq 1$, indem wir alle Randpunkte, die Ecken der kanonischen Zerschneidung $\breve{\alpha}^i$, $\breve{\beta}_i$ oder $\breve{\alpha}_i'$, $\breve{\beta}_i'$ entsprechen, geradlinig mit $w = 0$, $w' = 0$ verbinden; aber auf jedem $\breve{\alpha}_i$, $\breve{\beta}_i$ soll mindestens eine Ecke liegen.

Wenn wir diese Abbildung $|w| \leqq 1 \leftrightarrow |w'| \leqq 1$ und die zugehörige Triangulierung auf die Flächen $\mathfrak{W}$, $\mathfrak{W}'$ übertragen, erhalten wir eine hinreichend reguläre Abbildung von $\underline{\mathfrak{W}}$ auf $\underline{\mathfrak{W}}'$.

Der Kontinuitätsbeweis.

Bei festgehaltener topologisch festgelegter Fläche $\underline{\mathfrak{W}}$ und festgehaltener Basis $d\zeta_1^2, \ldots, d\zeta_\sigma^2$ $(\sigma = 6g - 6)$ ihrer überall endlichen quadratischen Differentiale haben wir oben jedem $K \geqq 1$ und jedem System $a_1, \ldots, a_\sigma$ nicht gleichzeitig verschwindender reeller Zahlen eine extremale quasikonforme Abbildung $E(K; a_1, \ldots, a_\sigma)$ von $\underline{\mathfrak{W}}$ auf eine zweite, veränderliche topologisch festgelegte Fläche $\underline{\mathfrak{W}}' = E(K; a_1, \ldots, a_\sigma)\, \underline{\mathfrak{W}} = \underline{\mathfrak{W}}(K; a_1, \ldots a_\sigma)$ zugeordnet. In der Menge $\underline{\mathfrak{R}}$ aller Klassen konform äquivalenter topologisch festgelegter Flächen des Geschlechts g vertrete der »Punkt« $\mathfrak{p}$ die topologisch festgelegte Fläche $\underline{\mathfrak{W}}$, und der »Punkt« $\mathfrak{p}(K; a_1, \ldots, a_\sigma)$ vertrete $\underline{\mathfrak{W}}(K; a_1, \ldots, a_\sigma)$. Wir wissen: Es ist

$$\mathfrak{p}(1; a_1, \ldots, a_\sigma) = \mathfrak{p}; \quad \mathfrak{p}(K; ta_1, \ldots, ta_\sigma) = \mathfrak{p}(K; a_1, \ldots, a_\sigma) \quad (t > 0).$$

Umgekehrt folgt aus $\mathfrak{p}(K; a_1, \ldots, a_\sigma) = \mathfrak{p}$, daß $K = 1$ ist, und aus $\mathfrak{p}(K; a_1, \ldots, a_\sigma) = \mathfrak{p}(K'; a_1', \ldots, a_\sigma')$ folgt $K = K'$ und im Falle $K > 1$ auch $a_i' = ta_i$ $(i = 1, \ldots, \sigma;\ t > 0)$.

Nun führen wir einen $(\sigma = 6g - 6)$-dimensionalen Euklidischen Raum $\mathfrak{X}$ ein, dessen Punkte wir mit $\mathfrak{x} = (x_1, \ldots, x_\sigma)$ bezeichnen, und ordnen auch jedem $K \geqq 1$ und jedem System $(a_1, \ldots, a_\sigma)$ nicht gleichzeitig verschwindender reeller Zahlen einen Punkt $\mathfrak{x} = \mathfrak{x}(K; a_1, \ldots, a_\sigma)$ folgendermaßen zu:

$$x_i = \frac{a_i \log K}{\sqrt{a_1^2 + \ldots + a_\sigma^2}}.$$

Dann ist $\mathfrak{x}(1; a_1, \ldots, a_\sigma) = 0$ und $\mathfrak{x}(K; ta_1, \ldots, ta_\sigma) = \mathfrak{x}(K; a_1, \ldots, a_\sigma)$, und umgekehrt folgt aus $\mathfrak{x}(K; a_1, \ldots, a_\sigma) = 0$, daß $K = 1$, und aus $\mathfrak{x}(K; a_1, \ldots, a_\sigma) = \mathfrak{x}(K'; a_1', \ldots, a_\sigma')$ folgt $K = K'$ $\left(= e^{\sqrt{x_1^2 + \cdots + x_\sigma^2}}\right)$ und im Falle $K > 1$ auch $a_i' = ta_i$ $(i = 1, \ldots, \sigma;\ t > 0)$. Ferner gibt es zu jedem Punkt $\mathfrak{x}$ von $\mathfrak{X}$ zulässige $K; a_1, \ldots, a_\sigma$ mit $\mathfrak{x} = \mathfrak{x}(K; a_1, \ldots, a_\sigma)$.

Zusammengefaßt: Dann und nur dann ist $\mathfrak{p}(K; a_1, \ldots, a_\sigma) = \mathfrak{p}(K'; a_1', \ldots, a_\sigma')$, wenn $\mathfrak{x}(K; a_1, \ldots, a_\sigma) = \mathfrak{x}(K'; a_1', \ldots, a_\sigma')$ ist.

Daraufhin ordnen wir jedem Punkt $\mathfrak{x}$ von $\mathfrak{X}$ einen Punkt $\mathfrak{p}'$ von $\underline{\mathfrak{R}}$ zu, indem wir $\mathfrak{x}$ in die Form $\mathfrak{x} = \mathfrak{x}(K; a_1, \ldots, a_\sigma)$ setzen und ihm den Punkt $\mathfrak{p}' = \mathfrak{p}(K; a_1, \ldots, a_\sigma)$ zuordnen; diesen wollen wir mit $\mathfrak{p}[\mathfrak{x}]$ bezeichnen. Das ist eine eineindeutige Abbildung $\mathfrak{x} \leftrightarrow \mathfrak{p}[\mathfrak{x}]$ des Raumes $\mathfrak{X}$ auf eine Teilmenge von $\underline{\mathfrak{R}}$, die wir $\underline{\mathfrak{R}}^*$ nennen wollen. $\underline{\mathfrak{R}}^*$ ist die Menge aller Punkte von $\underline{\mathfrak{R}}$, die sich in der Form $\mathfrak{p}(K; a_1, \ldots, a_\sigma)$ schreiben lassen. Dem Punkte $\mathfrak{x} = 0$ entspricht hierbei der Punkt $\mathfrak{p}$ von $\underline{\mathfrak{R}}$: $\mathfrak{p}[0] = \mathfrak{p}$.

Es ist unsere Aufgabe, zu beweisen, daß $\underline{\mathfrak{R}}^* = \underline{\mathfrak{R}}$ ist; denn dann hat jeder Punkt $\mathfrak{p}'$ von $\underline{\mathfrak{R}}$ die Form $\mathfrak{p}' = \mathfrak{p}\,(K; a_1, \ldots, a_\sigma)$, d. h. jedes $\underline{\mathfrak{W}}'$ hat die Form $E\,(K; a_1, \ldots, a_\sigma)\,\underline{\mathfrak{W}}$: es gibt zu jedem $\underline{\mathfrak{W}}'$ eine extremale quasikonforme Abbildung $E\,(K; a_1, \ldots, a_\sigma)$ von $\underline{\mathfrak{W}}$ auf $\underline{\mathfrak{W}}'$, die die oben genauer beschriebene analytische Bauart hat. Vgl. **Q 123**.

Um Stetigkeitsschlüsse machen zu können, gehen wir von $\underline{\mathfrak{R}}$ zu $\mathfrak{E}$ über. Wir haben ja die Menge $\underline{\mathfrak{R}}$ aller Klassen konform äquivalenter topologisch festgelegter Flächen $\underline{\mathfrak{W}}$ eineindeutig auf die Menge $\mathfrak{E}$ aller Klassen ineinander transformierbarer zulässiger Sätze $(A_1, \ldots, A_g, B_1, \ldots, B_g)$ von linearen Abbildungen der oberen Halbebene $\mathfrak{J}\eta > 0$ auf sich abgebildet. Dem Punkte $\mathfrak{p}$ von $\underline{\mathfrak{R}}$ möge dabei die Klasse $\mathfrak{e}$ in $\mathfrak{E}$ entsprechen, $\mathfrak{p}\,(K; a_1, \ldots, a_\sigma)$ möge in $\mathfrak{e}\,(K; a_1, \ldots, a_\sigma)$ und $\mathfrak{p}\,[\mathfrak{x}]$ in $\mathfrak{e}\,[\mathfrak{x}]$ übergehen. Dann haben wir auch eine eineindeutige Abbildung $\mathfrak{x} \leftrightarrow \mathfrak{e}\,[\mathfrak{x}]$ des Raumes $\mathfrak{X}$ auf die Teilmenge $\mathfrak{E}^*$ von $\mathfrak{E}$, die der Teilmenge $\underline{\mathfrak{R}}^*$ von $\underline{\mathfrak{R}}$ entspricht. Wir sollen beweisen, daß $\mathfrak{E}^* = \mathfrak{E}$ ist.

Wir haben bewiesen, daß $\mathfrak{e}\,(K; a_1, \ldots, a_\sigma)$ stetig von $K; a_1, \ldots, a_\sigma$ abhängt. Wir wollen daraus die Folgerung ziehen, daß auch $\mathfrak{e}\,[\mathfrak{x}]$ stetig von $\mathfrak{x}$ abhängt.

In der Tat: Solange $\mathfrak{x} \neq 0$ ist, ist

$$\mathfrak{e}\,[\mathfrak{x}] = \mathfrak{e}\left(e^{\sqrt{x_1^2 + \cdots + x_\sigma^2}};\ x_1, \ldots, x_\sigma\right),$$

und das hängt stetig von $x_1, \ldots, x_\sigma$ ab. Wir müssen nur noch die Stelle $\mathfrak{x} = 0$ besonders betrachten.

$\mathfrak{K}$ sei die Kugel

$$\mathfrak{K}\colon\ b_1^2 + \ldots + b_\sigma^2 = 1.$$

$\mathfrak{U}$ sei eine Umgebung von $\mathfrak{e}$ in $\mathfrak{D}$. Dann gibt es zu jedem $(b_1, \ldots, b_\sigma)$ auf $\mathfrak{K}$ ein $\delta > 0$ und eine Umgebung $\mathfrak{V}$ von $(b_1, \ldots, b_\sigma)$ mit der Eigenschaft: wenn $\tilde{K} < 1 + \delta$ ist und $(\tilde{b}_1, \ldots, \tilde{b}_\sigma)$ in $\mathfrak{V}$ liegt, liegt $\mathfrak{e}\,(\tilde{K}; \tilde{b}_1, \ldots, \tilde{b}^\sigma)$ in der Umgebung $\mathfrak{U}$ von $\mathfrak{e}\,(1; b_1, \ldots, b_\sigma) = \mathfrak{e}$. Man kann $\mathfrak{K}$ mit endlich vielen der Umgebungen $\mathfrak{V}$ überdecken; γ sei die kleinste der endlich vielen zugehörigen Zahlen δ. Für alle $\tilde{K}$ mit $\tilde{K} < 1 + \gamma$ und alle $(\tilde{b}_1, \ldots, \tilde{b}_\sigma)$ auf $\mathfrak{K}$ liegt dann $\mathfrak{e}\,(\tilde{K}; \tilde{b}_1, \ldots, \tilde{b}_\sigma)$ in $\mathfrak{U}$. Das heißt: aus $\sqrt{x_1^2 + \ldots + x_\sigma^2} < \log\,(1 + \gamma)$ folgt, daß $\mathfrak{e}\,[\mathfrak{x}]$ in der Umgebung $\mathfrak{U}$ von $\mathfrak{e}$ liegt. D. h. $\mathfrak{e}\,[\mathfrak{x}]$ ist auch an der Stelle $\mathfrak{x} = 0$ stetig.

(Man hätte das auch anders beweisen können. Wir haben schon oben bemerkt, daß es zu jeder Umgebung $\mathfrak{U}$ von $\mathfrak{e}$ ein $\delta > 0$ mit folgender Eigenschaft gibt: Wenn es eine Abbildung A von $\underline{\mathfrak{W}}$ auf $\underline{\tilde{\mathfrak{W}}}$ gibt, für deren Dilatationsquotienten D die Abschätzung $D \leqq 1 + \delta$ gibt, dann liegt der zu $\underline{\tilde{\mathfrak{W}}}$ gehörige Punkt $\tilde{\mathfrak{e}}$ von $\mathfrak{E}$ in $\mathfrak{U}$. Für $\sqrt{x_1^2 + \ldots + x_\sigma^2} < \log\,(1 + \delta)$ gibt es aber

3*

stets die extremale quasikonforme Abbildung von $\mathfrak{W}$ auf die zu $\mathfrak{e}\,[\mathfrak{x}]$ gehörige topologisch festgelegte Fläche, und ihr konstanter Dilatationsquotient ist $D = e^{\sqrt{x_1^2 + \cdots + x_\sigma^2}} < 1 + \delta$.)

Wir haben also eine eineindeutige und stetige Abbildung $\mathfrak{x} \to \mathfrak{e}\,[\mathfrak{x}]$ des Euklidischen σ-dimensionalen Raumes $\mathfrak{X}$ auf die Teilmenge $\mathfrak{E}^*$ der rein σ-dimensionalen Mannigfaltigkeit $\mathfrak{D}$; beide Dimensionen sind $\sigma = 6g - 6$. Darum können wir den Satz von der Gebietstreue[5] anwenden und erhalten:

Auch die umgekehrte Abbildung $\mathfrak{e}\,[\mathfrak{x}] \to \mathfrak{x}$ ist stetig. Jeder offenen Teilmenge von $\mathfrak{X}$ entspricht eine in $\mathfrak{D}$ offene Teilmenge von $\mathfrak{E}^*$. Insbesondere ist das Bild $\mathfrak{E}^*$ des ganzen Raumes $\mathfrak{X}$ selbst eine offene Teilmenge von $\mathfrak{D}$.

Aber auf dieser Grundlage allein kommen wir nicht zum Ziel. Wir müssen eine Möglichkeit schaffen, stetig von jedem Punkt von $\mathfrak{E}$ zu jedem anderen zu gelangen.

$\underline{\mathfrak{W}}'$ sei eine topologisch festgelegte Fläche vom Geschlecht g. Es gibt eine hinreichend reguläre Abbildung A von $\underline{\mathfrak{W}}$ auf $\underline{\mathfrak{W}}'$, in deren Definition eine hinreichend reguläre Triangulation von $\mathfrak{W}$ (und von $\mathfrak{W}'$) eingeht. $\triangle$ sei eins der Dreiecke, in die $\mathfrak{W}$ da eingeteilt ist, und $\hat{\triangle}$ sei ein einfach zusammenhängendes Gebiet auf $\mathfrak{W}$, das $\triangle$ enthält, aber über alle drei Randbögen von $\triangle$ hinausragt, jedoch so wenig hinausragt, daß die Abbildung A sich noch zu einer reell analytischen Abbildung $\hat{A}$ von $\hat{\triangle}$ auf ein Bildgebiet $\hat{\triangle}'$ auf $\mathfrak{W}'$ fortsetzen läßt; $\hat{A}$ braucht nur in $\triangle$ und auf den Randbögen mit A übereinzustimmen. Wir können $\hat{\triangle}$ auf ein schlichtes Gebiet einer $z = x + iy$-Ebene und $\hat{\triangle}'$ auf ein schlichtes Gebiet einer $w = u + iv$-Ebene abbilden, also z in $\hat{\triangle}$ und w in $\hat{\triangle}'$ überall als Ortsuniformisierende nehmen.

Bei unserer reell analytischen Abbildung $\hat{A}$, die ja jedem mit z bezeichneten Punkt von $\hat{\triangle}$ einen mit w bezeichneten Punkt von $\hat{\triangle}'$ zuordnet, sei

$$|dw|^2 = du^2 + dv^2 = E\,dx^2 + 2F\,dx\,dy + G\,dy^2.$$

E, F, G sind also reell analytische Funktionen von x und y, d. h. solche, die sich in der Umgebung jeder Stelle $z_0 = x_0 + iy_0$ von $\hat{\triangle}$ nach Potenzen von $x - x_0$ und $y - y_0$ entwickeln lassen. Dann setzen wir für z in $\hat{\triangle}$ und $0 \leqq t \leqq 1$

$$ds^2(z, t) = (1 - t)\frac{E + G}{2}\,|dz|^2 + t\,|dw|^2.$$

[5] Jede eineindeutige und stetige Abbildung einer offenen Teilmenge eines σ-dimensionalen Euklidischen Raums auf eine Teilmenge eines σ-dimensionalen Euklidischen Raums ist topologisch und führt offene Mengen in offene Mengen über (**Brouwer**).

Bei festem t mit $0 \leqq t \leqq 1$ ist das eine positiv definite quadratische Form in dx und dy, deren Koeffizienten reell analytische Funktionen von x und y sind. Wenn man von z zu einer neuen Ortsuniformisierenden z^* in $\hat{\triangle}$ übergeht, ändert sich ds^2 überhaupt nicht; wenn man von w zu einer neuen Ortsuniformisierenden w^* in $\hat{\triangle}'$ übergeht, multipliziert sich ds^2 nur mit $\left|\frac{dw^*}{dw}\right|^2$. Vgl. **Q 59, 117.**

Wir lösen nun in einer Umgebung jedes Punktes von $\hat{\triangle}$ für jedes feste t das System partieller Differentialgleichungen

$$ds^2(z,t) = \Lambda\,(dX^2 + dY^2) \qquad \left(\frac{\partial X}{\partial x}\frac{\partial Y}{\partial y} - \frac{\partial X}{\partial y}\frac{\partial Y}{\partial x} > 0\right).$$

In der Tat ist das ja, wenn man die Koeffizienten von dx^2, $dx\,dy$, dy^2 vergleicht und den positiven Faktor Λ eliminiert, ein reell analytisches System von zwei partiellen Differentialgleichungen, das sich nach $\frac{\partial X}{\partial x}$ und $\frac{\partial Y}{\partial y}$ auflösen läßt und deshalb im Kleinen eine reell analytische Lösung X, Y besitzt; indem man, wenn nötig, Y durch $-Y$ ersetzt, macht man die Funktionaldeterminante positiv. Setzt man $X + iY = Z$, so ist also eine Umgebung jedes Punktes von $\hat{\triangle}$ reell analytisch und drehsinntreu auf ein Stück einer Z-Ebene so abgebildet, daß $ds^2 = \Lambda\,|dZ|^2$ wird; hierdurch ist Z bis auf konforme Abbildung bestimmt.

Wir führen nun immer noch bei festem t in jedem Punkte des rein zweidimensionalen Umgebungsraumes $\hat{\triangle}$ dieses nur bis auf konforme Abbildung bestimmte Z als neue »Ortsuniformisierende« ein und machen ihn dadurch auf neue Art zu einer einfach zusammenhängenden Riemannschen Fläche, die wir $\hat{\triangle}(t)$ nennen und begrifflich von $\hat{\triangle}$ wohl zu unterscheiden haben: In $\hat{\triangle}$ und in $\hat{\triangle}(t)$ sind ja im allgemeinen ganz verschiedene Klassen von »Ortsuniformisierenden« ausgezeichnet. Nach dem Hauptsatz der Uniformisierungslehre läßt sich $\hat{\triangle}(t)$ konform auf ein schlichtes Gebiet einer Z-Ebene abbilden, man kann also in ganz $\hat{\triangle}(t)$ ein und dieselbe Ortsuniformisierende Z nehmen. — Wenn wir jedem Punkt von $\hat{\triangle}$, wo also z Ortsuniformisierende ist, d e n s e l b e n Punkt, wo aber jetzt Z als Ortsuniformisierende anzusehen ist, zuordnen, ist das eine reell analytische Abbildung $\hat{A}(t)$ von $\hat{\triangle}$ auf $\hat{\triangle}(t)$. Das Bild von $\triangle$ möge $\triangle(t)$ heißen: $\triangle(t) = \hat{A}(t)\,\triangle$.

Für jedes unserer endlich vielen Dreiecke $\triangle$ und jedes t mit $0 \leqq t \leqq 1$ haben wir also eine reell analytische Abbildung $\hat{A}(t)$ des erweiterten Gebiets $\hat{\triangle}$, das man sich konform in eine z-Ebene abgebildet vorstellen mag, auf ein nur bis auf konforme Abbildung bestimmtes Bildgebiet $\triangle(t)$, das man in einer Z-Ebene realisieren kann, und bei dieser Abbildung $\hat{A}(t)\,z = Z$ ist $ds^2(z,t) = \Lambda\,|dZ|^2$. Zwischen zwei aneinander grenzenden Dreiecken $\triangle$ auf $\mathfrak{W}$ besteht nun nach Übergang zu den Ortsuniformisierenden z eine reell analytische Randzuordnung, und wenn man vermöge $\hat{A}(t)$ zu Z übergeht, bestehen auch zwischen den Dreiecken $\triangle(t)$ entsprechende reell analytische Randzuordnungen. Sind $p_1, \ldots, p_h$ die Ecken unserer Triangulation von $\mathfrak{W}$, so entsteht, wenn man all diese Randzuordnungen zwischen den $\triangle(t)$ ausführt, eine Riemannsche Fläche $\mathfrak{W}''(t)$ und eine topologische Abbildung $A(t)$ der in $p_1, \ldots, p_h$ punktierten Fläche $\mathfrak{W}$ auf $\mathfrak{W}''(t)$, die in jedem $\triangle$ mit $\hat{A}(t)$ übereinstimmt, also in jedem Dreieck reell analytisch ist und sich noch auf die Randbögen von beiden Seiten reell analytisch fortsetzen läßt. $\mathfrak{W}''(t)$ hat den topologischen Typus einer geschlossenen Fläche vom Geschlecht g mit h Öffnungen.

$D = D(z)$ sei der Dilatationsquotient der Abbildung A; D sollte beschränkt sein: $D \leqq C$. Dann ist der Dilatationsquotient von $A(t)$ gleich

$$D(t) = \frac{D+1+t(D-1)}{D+1-t(D-1)} \qquad (0 \leqq t \leqq 1).$$

Auch $D(t)$ ist beschränkt, z. B. ist $D(t) \leqq C$.

Nun betrachten wir die Umgebung eines der Eckpunkte p_k der Triangulation von $\mathfrak{W}$. Wir führen hier eine Ortsuniformisierende z ein, die in p_k verschwindet. Das Bild der zweifach zusammenhängenden Menge $0 < |z| < R$ auf $\mathfrak{W}''(t)$ läßt sich konform entweder auf eine gleichartige Menge $0 < |Z| < 1$ oder auf ein Ringgebiet $e^{-M} < |Z| < 1$ abbilden; der Randkurve $|z| = R$ möge dabei $|Z| = 1$ entsprechen.

Weil aber der Dilatationsquotient $D(t)$ der Abbildung $A(t)$ beschränkt ist, kann $A(t)$ nicht $0 < |z| < R$ auf $e^{-M} < |Z| < 1$ abbilden: bei quasikonformer Abbildung bleibt der Unterschied von punkthaften und linienhaften Öffnungen invariant. Vielmehr muß $0 < |Z| < R$ auf $0 < |Z| < 1$ abgebildet sein. Diese Abbildung erweitern wir, indem wir noch $z = 0$ auf $Z = 0$ abbilden und dementsprechend die p_k entsprechende Öffnung von $\mathfrak{W}''(t)$ durch einen »Punkt« P_k schließen, der $Z = 0$ entsprechen soll und in dessen Umgebung dieses Z eine Ortsuniformisierende sein soll; wir setzen also $A(t)\,p_k = P_k$.

Wenn wir diese Punkte $P_1, \ldots, P_h$ noch zu $\mathfrak{W}''(t)$ hinzunehmen, erhalten wir eine geschlossene Fläche $\mathfrak{W}'(t)$ und eine topologische Abbildung $A(t)$ von $\mathfrak{W}$ auf $\mathfrak{W}'(t)$, die hinreichend regulär ist und deren Dilatationsquotienten wir kennen. Ist $\underline{\mathfrak{W}} \sim (\mathfrak{W}, H)$, so setzen wir

$$\underline{\mathfrak{W}}'(t) \sim (\mathfrak{W}'(t), A(t)H);$$

dadurch legen wir $\mathfrak{W}'(t)$ topologisch fest und machen $A(t)$ zu einer Abbildung von $\underline{\mathfrak{W}}$ auf $\underline{\mathfrak{W}}'(t)$. Vgl. **Q 53**.

Für $t = 0$ ist $ds^2(z, 0) = \frac{E+G}{2}|dz|^2$, man wird also $\Lambda = \frac{E+G}{2}, Z = z$ setzen: es ist (bis auf konforme Abbildung) $\underline{\mathfrak{W}}'(0) = \underline{\mathfrak{W}}$, und die Abbildung

$A(0)$ ist die Identität. Für $t = 1$ ist $ds^2(z, 1) = |dw|^2$, man wird also $\Lambda = 1, Z = w$ setzen: es ist $\underline{\mathfrak{W}}'(1) = \underline{\mathfrak{W}}'$, und $A(1)$ ist die Abbildung A, von der wir ausgegangen sind.

Der topologisch festgelegten Fläche $\underline{\mathfrak{W}}'(t)$ entspreche in $\underline{\mathfrak{R}}$ der Punkt $\mathfrak{p}'(t)$ und in $\mathfrak{E}$ die Klasse $\mathfrak{e}'(t)$. Es ist

$$\mathfrak{p}'(0) = \mathfrak{p};\ \mathfrak{p}'(1) = \mathfrak{p}';$$
$$\mathfrak{e}'(0) = \mathfrak{e};\ \mathfrak{e}'(1) = \mathfrak{e}'.$$

Wir behaupten:

$\mathfrak{e}'(t)$ **hängt stetig von t ab.**

Beweis: Für $0 \leqq t_1 \leqq t_2 \leqq 1$ ist $A(t_2)A(t_1)^{-1}$ eine quasikonforme Abbildung von $\underline{\mathfrak{W}}'(t_1)$ auf $\underline{\mathfrak{W}}'(t_2)$ mit dem Dilatationsquotienten

$$D(t_1, t_2) = \frac{D+1+t_2(D-1)}{D+1-t_2(D-1)}\,\frac{D+1-t_1(D-1)}{D+1+t_1(D-1)} \qquad (0 \leqq t_1 \leqq t_2 \leqq 1).$$

Weil der Dilatationsquotient D der Abbildung A beschränkt ist, folgt aus dieser Formel: Zu jedem $\delta > 0$ gibt es ein solches $h > 0$, daß aus $|t - t_0| < h$ die Existenz einer quasikonformen Abbildung $A(t)A(t_0)^{-1}$ von $\underline{\mathfrak{W}}'(t_0)$ auf $\underline{\mathfrak{W}}'(t)$ mit einem Dilatationsquotienten $D(t_0, t) < 1 + \delta$ folgt. Zu jeder Umgebung $\mathfrak{U}$ von $\mathfrak{e}'(t_0)$ gibt es aber, wie wir oben im Anschluß an den Stetigkeitsbeweis bemerkt haben, ein solches $\delta > 0$, daß für alle $\tilde{\underline{\mathfrak{W}}}$, auf die sich $\underline{\mathfrak{W}}'(t_0)$ quasikonform mit einem Dilatationsquotienten, der kleiner als $1 + \delta$ ist, abbilden läßt, die zugehörige Klasse $\tilde{\mathfrak{e}}$ in $\mathfrak{U}$ liegt. Wenn man also zu $\mathfrak{U}$ dieses δ und zu δ dieses h bestimmt, dann liegt $\underline{\mathfrak{W}}'(t)$ für $|t - t_0| < h$ in $\mathfrak{U}$.

Damit ist gezeigt, daß man $\mathfrak{e}$ mit einer beliebigen Klasse $\mathfrak{e}'$ von $\mathfrak{E}$ durch eine in $\mathfrak{E}$ verlaufende stetige Kurve $\mathfrak{e}'(t)$ verbinden kann: **$\mathfrak{E}$ ist zusammenhängend.**

Wir sollen beweisen, daß die Menge $\mathfrak{E}^*$ aller $\mathfrak{e}[\mathfrak{x}]$, wo $\mathfrak{x}$ ganz $\mathfrak{X}$ durchläuft, gleich $\mathfrak{E}$ ist. — $\mathfrak{e}'$ sei eine beliebige Klasse aus $\mathfrak{E}$. Wir verbinden $\mathfrak{e}$ mit $\mathfrak{e}'$ durch die besondere soeben konstruierte stetige Kurve $\mathfrak{e}'(t)$ ($0 \leqq t \leqq 1$; $\mathfrak{e}'(0) = \mathfrak{e}$; $\mathfrak{e}'(1) = \mathfrak{e}'$). Es ist schon bewiesen, daß $\mathfrak{E}^*$ eine offene Menge ist. Der Anfangspunkt $\mathfrak{e}'(0) = \mathfrak{e}$ unserer Kurve liegt in $\mathfrak{E}^*$. Läge $\mathfrak{e}'$ nicht in $\mathfrak{E}^*$, so müßte die **stetige** Kurve $\mathfrak{e}'(t)$ aus der **offenen** Menge $\mathfrak{E}^*$ ein erstes Mal heraustreten: es gäbe ein $t^{(\infty)}$ mit $0 < t^{(\infty)} \leqq 1$, für das $\mathfrak{e}'(t^{(\infty)})$ nicht zu $\mathfrak{E}^*$ gehörte, während für eine Folge $t^{(n)}$, die von links gegen $t^{(\infty)}$ strebt: $t^{(n)} < t^{(\infty)}$, $\lim\limits_{n\to\infty} t^{(n)} = t^{(\infty)}$, stets $\mathfrak{e}(t^{(n)})$ in $\mathfrak{E}^*$ läge. Es wäre also $\mathfrak{e}'(t^{(n)}) = \mathfrak{e}[\mathfrak{x}^{(n)}]$ für passende $\mathfrak{x}^{(n)}$ in $\mathfrak{X}$. Nun hätten wir eine quasikonforme Abbildung $A(t^{(n)})$ von $\underline{\mathfrak{W}}$ auf $\underline{\mathfrak{W}}'(t^{(n)})$, deren Dilatationsquotient $D(t)$, wie wir schon oben bemerkt haben, höchstens gleich C wäre, und außerdem, der Darstellung von $\mathfrak{e}'(t^{(n)})$ als $\mathfrak{e}[\mathfrak{x}^{(n)}]$ entsprechend, eine extremale quasikonforme Abbildung von $\underline{\mathfrak{W}}$ auf $\underline{\mathfrak{W}}$,

$(t^{(n)})$ mit dem konstanten Dilatationsquotienten $K^{(n)} = e^{\sqrt{x_1^{(n)2} + \dots + x_\sigma^{(n)2}}}$ $(\mathfrak{x}^{(n)} = (x_1^{(n)}, \dots, x_\sigma^{(n)}))$. Wegen der Extremaleigenschaft dieser letzteren Abbildung müßte

$$e^{\sqrt{x_1^{(n)2} + \dots + x_\sigma^{(n)2}}} \leqq C$$

sein. Das heißt: Die Folge $\mathfrak{x}^{(n)}$ wäre beschränkt. Darum gäbe es eine konvergente Teilfolge: $\mathfrak{x}^{(n_\nu)} \to \mathfrak{x}^{(\infty)}$. Weil allgemein $\mathfrak{e}\,[\mathfrak{x}]$ stetig von $\mathfrak{x}$ abhängt, strebte auch $\mathfrak{e}\,[\mathfrak{x}^{(n_\nu)}]$ gegen $\mathfrak{e}\,[\mathfrak{x}^{(\infty)}]$. Andererseits strebte aber $\mathfrak{e}\,[\mathfrak{x}^{(n_\nu)}] = \mathfrak{e}'\,(t^{(n_\nu)})$ gegen $\mathfrak{e}'\,(t^{(\infty)})$. Es wäre also $\mathfrak{e}'\,(t^{(\infty)}) = \mathfrak{e}\,[\mathfrak{x}^{(\infty)}]$: $\mathfrak{e}'\,(t^{(\infty)})$ gehörte doch zu der Menge $\mathfrak{E}^*$ aller $\mathfrak{e}\,[\mathfrak{x}]$ im Widerspruch zur Annahme. Aus der Voraussetzung, $\mathfrak{e}'$ gehöre nicht zu $\mathfrak{E}^*$, ergibt sich also ein Widerspruch; mithin muß jede Klasse $\mathfrak{e}'$ aus $\mathfrak{E}$ zu $\mathfrak{E}^*$ gehören, w. z. b. w. —

Wir bemerken noch: Definiert man $\mathfrak{x}\,(t)$ durch $\mathfrak{e}\,[\mathfrak{x}\,(t)] = \mathfrak{e}'\,(t)$, so hängt $\mathfrak{x}\,(t)$ stetig von t ab. Denn $\mathfrak{e}'\,(t)$ hängt stetig von t ab, und die Abbildung $\mathfrak{X} \leftrightarrow \mathfrak{E}^* = \mathfrak{E}$ ist nach dem Satz von der Gebietstreue topologisch.

Wir ziehen noch die Folgerungen bezüglich $\mathfrak{E}$. Schon oben haben wir gesehen, daß $\mathfrak{E}$ zusammenhängend ist. Ferner war $\mathfrak{E}^*$ in $\mathfrak{D}$ offen, und jetzt ist $\mathfrak{E} = \mathfrak{E}^*$, folglich ist $\mathfrak{E}$ in $\mathfrak{D}$ offen. Schließlich haben wir den Raum $\mathfrak{X}$ topologisch auf $\mathfrak{E}^* = \mathfrak{E}$ abgebildet, darum ist $\mathfrak{E}$ homöomorph dem ($\sigma = 6g - 6$)-dimensionalen Euklidischen Raum.

Zusammenhang mit der Theorie der Moduln.

Damit ist der Beweis abgeschlossen. Ich will jetzt noch kurz über den Zusammenhang unseres Ergebnisses mit meiner Lösung des Modulproblems berichten, die ich an anderer Stelle in ihren Grundzügen skizziert habe[6].

Nach meiner Auffassung besteht das Modulproblem darin, die Menge $\underline{\mathfrak{R}}$ aller Klassen konform äquivalenter topologisch festgelegter geschlossener orientierter Riemannscher Flächen vom Geschlecht g durch Einführen geeigneter »Koordinatensysteme im Kleinen« zu einer analytischen Mannigfaktigkeit zu machen, und zwar so, daß man auch Anwendungen, z. B. Kontinuitätsschlüsse, machen kann. Insbesondere hatte ich bei meinen diesbezüglichen Untersuchungen immer das Ziel vor Augen, für die Existenz der extremalen quasikonformen Abbildungen von der analytischen Gestalt $E\,(K;\, a_1, \dots, a_\sigma)$ einen Kontinuitätsbeweis ähnlich wie im Falle des Fünfecks zu geben.

An anderer Stelle[6] habe ich kurz erklärt, wie es mir gelungen ist, in der Menge $\underline{\mathfrak{R}}$ einen Umgebungs- und Koordinatenbegriff so einzuführen, daß $\underline{\mathfrak{R}}$ eine rein $(6g - 6)$-dimensionale reelle oder eine rein $(3g - 3)$-dimensionale

[6] O. Teichmüller, Veränderliche Riemannsche Flächen. Erscheint in der Deutschen Mathematik.

komplexe Mannigfaltigkeit wird, und daß diese Art, $\underline{\mathfrak{R}}$ zu einer solchen Mannigfaltigkeit zu machen, vor allen anderen Möglichkeiten durch bestimmte Eigenschaften ausgezeichnet ist, die mit dem Begriff der »analytischen Schar« zusammenhängen.

Wenn auch der oben gegebene Beweis mit diesen neuen Ergebnissen direkt nichts zu tun hat, sondern sich statt dessen auf die Uniformisierung stützt, so bestehen doch enge Zusammenhänge zwischen der Theorie der konformen Moduln und der der extremalen quasikonformen Abbildungen.

Es läßt sich beweisen, daß die Abbildung $\underline{\mathfrak{R}} \to \mathfrak{C}$, die wir zu Anfang herstellten, stetig ist. Nun ist $\underline{\mathfrak{R}}$ eine rein $(6g-6)$-dimensionale Mannigfaltigkeit und $\mathfrak{C}$ eine Teilmenge der rein $(6g-6)$-dimensionalen Mannigfaltigkeit $\mathfrak{D}$. Wie oben folgt nach dem Satz von der Gebietstreue, daß die eineindeutige Abbildung $\underline{\mathfrak{R}} \leftrightarrow \mathfrak{C}$ topologisch (also auch in der Richtung $\mathfrak{C} \to \underline{\mathfrak{R}}$ stetig) ist und daß die Bildmenge $\mathfrak{C}$ von $\underline{\mathfrak{R}}$ eine offene Teilmenge von $\mathfrak{D}$ ist. — Nun haben wir aber bewiesen, daß $\mathfrak{C}$ auch zusammenhängend, und zwar homöomorph dem $(6g-6)$-dimensionalen Euklidischen Raum $\mathfrak{X}$ ist. Beides überträgt sich vermöge unserer topologischen Abbildung auf $\underline{\mathfrak{R}}$: Die Mannigfaltigkeit $\underline{\mathfrak{R}}$ ist zusammenhängend und homöomorph dem $(6g-6)$-dimensionalen Euklidischen Raum.

Ferner hängt $\mathfrak{p}\,(K; a_1, \ldots, a_\sigma)$ stetig von $K; a_1, \ldots, a_\sigma$ ab, und die Abbildung $\mathfrak{x} \to \mathfrak{p}\,[\mathfrak{x}]$ ist eine topologische Abbildung von $\mathfrak{X}$ auf $\mathfrak{R}$.

Wir führen in $\underline{\mathfrak{R}}$ folgenden Entfernungsbegriff ein: Für $\mathfrak{p}$, $\mathfrak{q}$ in $\underline{\mathfrak{R}}$ sei $E\,(K; a_1, \ldots, a_\sigma)$ die extremale quasikonforme Abbildung der zu $\mathfrak{p}$ gehörigen topologisch festgelegten Fläche auf die zu $\mathfrak{q}$ gehörige, dann setzen wir den Abstand von $\mathfrak{p}$ und $\mathfrak{q}$ gleich dem Logarithmus des konstanten Dilatationsquotienten dieser Abbildung:

$$[\mathfrak{p}, \mathfrak{q}] = \log K.$$

$[\mathfrak{p}, \mathfrak{q}]$ ist also die untere Grenze aller »oberen Grenzen des Logarithmus des Dilatationsquotienten« für alle quasikonformen Abbildungen dieser beiden topologisch festgelegten Flächen aufeinander. (Die Abstandsaxiome sind erfüllt.) Dann gibt es zu jeder Umgebung $\mathfrak{U}$ des Punktes $\mathfrak{p}$ von $\underline{\mathfrak{R}}$ ein solches $\varepsilon > 0$, daß alle $\mathfrak{q}$ mit $[\mathfrak{p}, \mathfrak{q}] < \varepsilon$ in $\mathfrak{U}$ liegen, und umgekehrt gibt es zu jedem $\varepsilon > 0$ eine solche Umgebung $\mathfrak{U}'$ von $\mathfrak{p}$, daß für alle $\mathfrak{q}$ aus $\mathfrak{U}'$ gilt $[\mathfrak{p}, \mathfrak{q}] < \varepsilon$. Denn in unseren alten Bezeichnungen entspricht bei der Abbildung $\mathfrak{X} \leftrightarrow \underline{\mathfrak{R}}$ der Kugel $x_1^2 + \ldots + x_\sigma^2 < \varepsilon^2$ gerade die Menge aller $\mathfrak{q}$ mit $[\mathfrak{p}, \mathfrak{q}] < \varepsilon$, unsere Behauptung besagt also genau, daß diese Abbildung an der Stelle $0 \leftrightarrow \mathfrak{p}$ in beiden Richtungen stetig ist. Vgl. **Q 18**.

Aber damit wird man nicht zufrieden sein. Man wird vor allem die zahlreichen in **Q** enthaltenen Ansätze zu einer Differentialgeometrie des Raumes $\underline{\mathfrak{R}}$ mit der Theorie der veränderlichen Riemannschen Flächen in

Zusammenhang zu bringen suchen und insbesondere die Metrik [𝔭, 𝔮] als Finslersche Metrik deuten. Ich kann auf diese und ähnliche Fragen nicht näher eingehen und nur die Ansicht äußern, daß all diese jetzt in der exakten Durchführung getrennten Gesichtspunkte in naher Zukunft als eine große einheitliche Theorie der veränderlichen Riemannschen Flächen erscheinen werden.

30.

Beweis der analytischen Abhängigkeit des konformen Moduls einer analytischen Ringflächenschar von den Parametern

Deutsche Math. 7, 309-336 (1944)

Vor drei Jahren schrieb ich, ausgehend vom Problem der extremalen quasikonformen Abbildung, eine Abhandlung [1]), in der zugleich verschiedene neue Gesichtspunkte zu der Frage nach den konformen Invarianten (Moduln) geschlossener Riemannscher Flächen (oder allgemeinerer „Hauptbereiche") gegeben wurden. Aber all jene Ausführungen waren nur heuristisch begründet. Die vorliegende Arbeit ist eine von denen, mit welchen ich diesen umfangreichen Komplex einzukreisen versuche.

Nach Klein stehen neben den über der z-Ebene liegenden geschlossenen Riemannschen Flächen gleichberechtigt die geschlossenen räumlichen Flächen, die Bereiche mit geeigneten Randzuordnungen und allgemein die „frei schwebenden" geschlossenen Mannigfaltigkeiten mit geeigneter Metrik, die nur bis auf Multiplikation mit einer positiven Funktion bestimmt ist. Auch für solche kann man durch Uniformisierung oder sonstige konforme Abbildung die konformen Moduln erhalten, die ursprünglich für Flächen über der z-Ebene bestimmt waren. Wie hängen diese von der Metrik ab?

Insbesondere kann man eine Ringfläche (vom Geschlecht 1) stets konform auf diejenige Ringfläche abbilden, die aus der z-Ebene entsteht, wenn man immer z mit $z + m\,\omega_1 + n\,\omega_2$ (m, n ganzrational) identifiziert. Das Periodenverhältnis $\omega = \frac{\omega_2}{\omega_1}$ spielt die Rolle der charakteristischen konformen Invariante. Wir wissen aber nur, daß ω nach geeigneter Normierung eindeutig von der Metrik, durch die die Ringfläche definiert ist, abhängt; dagegen wissen wir nicht, ob es von dieser Metrik stetig oder differenzierbar oder analytisch abhängt oder nicht. Eine Frage in dieser Richtung soll im folgenden beantwortet werden.

Damit kommen wir in einer Beziehung in die Nähe der Gedanken von Klein und Poincaré zurück. Diese versuchten ja, die Uniformisierung durch einen Kontinuitätsschluß zu sichern, sahen also ebenfalls die einzelne Riemannsche Fläche als Glied einer größeren Mannigfaltigkeit an. Erst seitdem Koebe den Verzerrungssatz fand und heranzog, war es einfacher, von der einzelnen Fläche auszugehen.

Ich kehre nun nicht etwa zu den Methoden der Jahrhundertwende zurück. Vielmehr sehe ich die Existenz der Uniformisierung für jede einzelne Fläche als gegeben an und untersuche auf dieser Grundlage die Abhängigkeit der Invarianten von der Metrik.

---

[1]) O. Teichmüller, Extremale quasikonforme Abbildungen und quadratische Differentiale. Abhandl. Preuß. Akad. Wiss. 1939. Im folgenden zitiert mit „Q".

Dabei mache ich ausgiebigen Gebrauch von Formeln, die ich in meiner oben genannten heuristischen Arbeit [1]) schon aufstellte; diese werden hier natürlich ohne jedes Rückverweisen für unseren Sonderfall von neuem abgeleitet. Erst ein Vergleich mit jener Arbeit würde zeigen, wo der Fortschritt von Vermutungen zu Beweisen wirklich zu suchen ist. — Ich habe absichtlich eine Methode gewählt, die sich meines Erachtens auf die Flächen höheren Geschlechts verallgemeinern lassen muß, sowie dort die Theorie der Moduln hinreichend weit fortgeschritten sein wird (vgl. § 4); auch das wird durch einen Vergleich mit der genannten Abhandlung deutlich.

Wie ein System von zwei einfachen partiellen Differentialgleichungen und der Begriff des Dilatationsquotienten ihren Platz im Beweise finden, möchte ich hier nicht vorwegnehmen. Dagegen sei jetzt schon auf § 4 hingewiesen, wo die analytische Abhängigkeit einer reellen Metrikenschar von einem komplexen Parameter definiert wird, sowie auf § 6, wo ein neuer Beweis dafür gegeben wird, daß die Modulfunktion eine konforme Abbildung vermittelt.

Die Darstellung ist etwas schwer; das liegt hauptsächlich daran, daß im Interesse der Exaktheit die analytischen Formeln mehr in den Vordergrund treten als geometrische Beziehungen, dann aber auch am Zeitmangel. Immerhin kommt es mir mehr auf den Beweisgedanken an als auf möglichst allgemeine Voraussetzungen; deshalb werden verschiedentlich nur typische Fälle im einzelnen ausgeführt und die Verallgemeinerung, wo sie auf der Hand liegt, nur angegeben.

Auf der Arbeitstagung der DMV. in Jena 1941 habe ich kurz über den vorliegenden Gegenstand referiert.

§ 1. Die Aufgabe.

Unter einer analytischen Ringflächenschar im gewöhnlichen x_1, x_2, x_3-Raum verstehen wir folgendes: Jedem Punkt $(p_1, \ldots, p_r)$ eines Gebiets $\mathfrak{P}$ des $(p_1, \ldots, p_r)$-Raums (Parameterraum) sei eine Ringfläche, also ein topologisches Bild der durch Umdrehung eines Kreises um eine ihn nicht schneidende Gerade seiner Ebene entstehenden Fläche (Kreisringfläche), zugeordnet, und in der Umgebung jedes Punktes einer dieser Flächen sei die Flächenschar durch eine Gleichung

$$f(x_1, x_2, x_3;\ p_1, \ldots, p_r) = 0 \tag{1}$$

gegeben, wo f analytisch von seinen Argumenten abhängt (d. h. sich nach Potenzen der $x_\nu - x_\nu^{(0)}$, $p_\varrho - p_\varrho^{(0)}$ entwickeln läßt) und $\frac{\partial f}{\partial x_1}, \frac{\partial f}{\partial x_2}, \frac{\partial f}{\partial x_3}$ nicht gleichzeitig verschwinden. Es ist für unsere Untersuchungsrichtung kennzeichnend, daß wir die Abhängigkeit von den Parametern p_ϱ nur im Kleinen untersuchen, während wir die einzelnen Ringflächen (für feste p_ϱ) im Großen betrachten.

In der Umgebung jedes Punktes einer unserer Ringflächen gibt es offenbar Parameter x, y, in denen unsere Flächenschar die Gestalt

$$x_\nu = x_\nu(x, y;\ p_1, \ldots, p_r) \qquad (\nu = 1, 2, 3)$$

annimmt, wo die x_ν wieder analytische Funktionen sind und die Funktionalmatrix von x_1, x_2, x_3 nach x, y den Rang 2 hat; man setzt dann

$$dx_1^2 + dx_2^2 + dx_3^2 = ds^2 = E\,dx^2 + 2F\,dx\,dy + G\,dy^2 .$$

Rechts steht eine positiv definite Form. Entsprechendes gilt für analytische Ringflächenscharen in beliebigen Räumen mit Riemannscher Metrik.

Wie in Anhang I näher ausgeführt wird, kann man solche Parameter x, y auch im Großen einführen, wenigstens wenn man sich auf die Umgebung eines bestimmten Punktes $(p_1^{(0)}, \ldots, p_r^{(0)})$ des Parameterraums beschränkt. Dann wird der Ort (x_1, x_2, x_3) eine doppeltperiodische Funktion von x, y, und das gleiche gilt für E, F, G. Faßt man formal x und y zu einer komplexen Veränderlichen $z = x + iy$ zusammen, so können wir sagen:

Jedem endlichen $z = x + iy$ und jedem $(p_1, \ldots, p_r)$ aus einem Gebiet $\mathfrak{P}$ ist eine positiv definite quadratische Form

$$ds^2 = E\,dx^2 + 2F\,dx\,dy + G\,dy^2 \tag{2}$$

zugeordnet, wo E, F, G analytisch von $x, y; p_1, \ldots, p_r$ abhängen, und es gibt ein Periodenpaar $1, \omega$ $(\mathfrak{I}\,\omega > 0)$ mit

$$ds^2(z+1) = ds^2(z), \quad ds^2(z+\omega) = ds^2(z) \tag{3}$$

(d. h. $E(z+1) = E(z)$ usw.).

Entsprechend den Auffassungen von Riemann und Klein erklären wir jetzt den Begriff der analytischen Ringflächenschar geradezu durch diese Darstellung (2), (3), sehen also ganz von der Frage nach der Existenz einer räumlichen Verwirklichung (1) ab. Erst ganz am Schluß kommen wir wieder auf besondere Verhältnisse bei räumlichen Ringflächen zurück. — Weil wir das Linienelement ds^2 nur brauchen werden, um die Ringflächen konform abbilden zu können, macht es nichts aus, wenn wir E, F, G gleichzeitig mit einer positiven analytischen Funktion λ von $x, y, p_1, \ldots, p_r$ mit $\lambda(z+1) = \lambda(z+\omega) = \lambda(z)$ multiplizieren.

Es sei ausdrücklich darauf hingewiesen, daß ω fest ist und nicht etwa von $p_1, \ldots, p_r$ abhängt. Alles ist invariant gegen eine topologische Transformation

$$z \to z'(z) \quad \text{mit} \quad z'(z+1) = z'(z) + 1, \quad z'(z+\omega) = z'(z) + \omega', \tag{4}$$

wo x', y' analytisch von x, y abhängen, die Funktionaldeterminante positiv ist und das Periodenpaar $(1, \omega)$ in $(1, \omega')$ mit $\mathfrak{I}\,\omega' > 0$ übergeht. Wir werden eine solche Transformation kurz analytisch nennen; dabei hängt z' selbstverständlich nur von x und y analytisch ab, aber im allgemeinen nicht von z.

Bei festen Parametern $p_1, \ldots, p_r$ kann man die durch (2) mit (3) gegebene analytische Ringfläche bekanntlich konform in eine $Z = X + iY$-Ebene abwickeln, wobei dem Periodenpaar $1, \omega$ o. B. d. A. ein Periodenpaar $1, \Omega$ der Z-Ebene entsprechen möge, d. h. man kann die gegebene Ringfläche konform auf diejenige Ringfläche abbilden, die aus der Z-Ebene mit der natürlichen Metrik $|dZ|^2 = dX^2 + dY^2$ entsteht, wenn man mod $(1, \Omega)$ kongruente Punkte identifiziert, und einem geschlossenen Weg, auf dem z um 1 bzw. ω zunimmt, entspricht ein geschlossener Weg, auf dem Z um 1 bzw. Ω zunimmt. Mit anderen Worten, es gibt eine analytische Abbildung

$$z \to Z$$

wie in (4) mit

$$Z(z+1) = Z(z) + 1, \quad Z(z+\omega) = Z(z) + \Omega, \tag{5}$$

bei der

$$E\,dx^2 + 2F\,dx\,dy + G\,dy^2 = ds^2 = \lambda|dZ|^2 (= \lambda\,dX^2 + \lambda\,dY^2) \tag{6}$$

21*

mit einem (positiven, in x und y analytischen) Faktor λ wird. Durch die Normierung

(7) $$Z(0)=0$$

wird sie eindeutig festgelegt, und auch Ω ist eindeutig bestimmt.

(Durch die Ringfläche (1) ist Ω nur bis auf eine Modulsubstitution $\Omega \to \frac{c+d\Omega}{a+b\Omega}$ (a, b, c, d ganzrational mit $ad-bc=1$) bestimmt. Wenn man die Ringfläche aber schon in der Form (2), (3) vorgibt und verlangt, daß dem Periodenpaar $(1, \omega)$ der z-Ebene das Paar $(1, \Omega)$ der Z-Ebene entspricht, dann ist hierdurch Ω eindeutig bestimmt. Diese Art, Ω zu einem eindeutigen Funktional der gegebenen Ringfläche zu machen, nenne ich topologische Festlegung.)

Dies gilt für festgehaltene Parameter $p_1, \ldots, p_r$. Lassen wir die Parameter sich wieder verändern, so wird Ω eine Funktion von $p_1, \ldots, p_r$ und Z eine Funktion von $x, y; p_1, \ldots, p_r$. Über ihre Abhängigkeit von $p_1, \ldots, p_r$ ist auch unter unseren doch recht starken Voraussetzungen meines Wissens bisher überhaupt noch nichts bewiesen worden.

Wie schon in der Überschrift angekündigt, werden wir beweisen, daß Ω analytisch von $p_1, \ldots, p_r$ abhängt. Ich vermute, daß auch Z unter unseren Voraussetzungen analytisch von $x, y; p_1, \ldots, p_r$ abhängt; unsere Methode liefert aber nur das Ergebnis, daß Z stetig von $x, y; p_1, \ldots, p_r$ und bei festen x, y analytisch von $p_1, \ldots, p_r$ abhängt.

§ 2. Heuristische Berechnung von Ω_p und Z_p.

Wir beginnen mit einer zweckmäßigen Umformung von (2). Statt x, y wollen wir nämlich lieber mit dem komplexen $z = x+iy$ rechnen. Darum gehen wir durch eine lineare Transformation von

$$dx^2,\ dx\,dy,\ dy^2$$

zu

$$|dz|^2 = dx^2+dy^2,\ \Re\, dz^2 = dx^2-dy^2,\ \Im\, dz^2 = 2\,dx\,dy$$

über. Aus (2) wird dabei

$$ds^2 = \frac{E+G}{2}\,|dz|^2 + \frac{E-G}{2}\,\Re\, dz^2 + F\,\Im\, dz^2.$$

Setzen wir [2])

(8) $$\frac{E+G}{2} = \Lambda; \quad \frac{E-G}{2} + iF = H,$$

so können wir dafür schreiben

(9) $$ds^2 = \Lambda\,|dz|^2 + \Re(\overline{H}\,dz^2).$$

Wir ersetzen also die drei reellen Größen E, F, G durch das reelle Λ und das komplexe H. Man kann auch E, F, G durch Λ und H ausdrücken:

$$E = \Lambda + \Re H; \quad F = \Im H; \quad G = \Lambda - \Re H.$$

Mit E, F, G hängen auch Λ und H analytisch von $x, y; p_1, \ldots, p_r$ ab und umgekehrt. Die Bedingung, daß (2) positiv definit ist, drückt sich in der Schreibweise (9) durch

[2]) Q 58.

die einzige Ungleichung

$$|H| < \Lambda \tag{10}$$

aus.

Jetzt halten wir eine Zeitlang alle Parameter $p_1, \ldots, p_r$ bis auf einen fest. Dementsprechend schreiben wir statt $p_1, \ldots, p_r$ nur einen Parameter p. Λ ist eine reelle, H eine komplexwertige analytische Funktion der rellen Veränderlichen x, y, p, wo es auf $x+iy$ nur mod $(1, \omega)$ ankommt und p auf ein offenes Intervall beschränkt ist, und die Ungleichung (10) ist erfüllt. Für jedes feste p bestimmen wir eine analytische Abbildung

$$z \leftrightarrow Z \tag{11}$$

eindeutig durch (5), (6), (7). (6) nimmt jetzt die Form

$$ds^2 = \Lambda\,|dz|^2 + \Re(\overline{H}\,dz^2) = \lambda\,|dZ|^2 \tag{12}$$

an.

Wie gesagt, wissen wir über die Abhängigkeit des Moduls Ω und der Abbildungsfunktion Z vom Parameter p noch gar nichts. Unser erstes Ziel ist es, zu beweisen, daß Ω und Z nach p differenzierbar sind, und zwar Z gleichmäßig differenzierbar hinsichtlich der Abhängigkeit von z. Zu dem Zweck berechnen wir in diesem Abschnitt auf heuristischem Wege die Ableitungen Ω_p und Z_p, um dann im nächsten Abschnitt zu beweisen, daß die Differenzenquotienten wirklich gerade diese Grenzwerte haben.

Um die Rechnungen zu vereinfachen, beschränken wir uns auf die Stelle $p=0$; jeder andere Wert von p erledigt sich ebenso. Ferner führen wir vorher eine erlaubte Transformation (4) aus, und zwar gerade diejenige Transformation (11), die für $p=0$ zuständig ist. Wir erreichen dadurch

$$H = 0 \quad \text{für} \quad p = 0\,. \tag{13}$$

Außerdem bleibt hierbei die Normierung (7) für alle p erhalten. Man hat dann

$$Z = z,\ \Omega = \omega \quad \text{für} \quad p = 0\,.$$

In (12) wird

$$\lambda = \Lambda \quad \text{für} \quad p = 0\,.$$

Nach diesen Vereinfachungen differenzieren wir (12) nach p:

$$\Lambda\,|dz|^2 + \Re(\overline{H}_p\,dz^2) = \lambda_p\,|dZ|^2 + 2\,\lambda\,\Re(\overline{dZ_p}\,dZ)\,. \tag{14}$$

Nun führen wir, wo wir doch einmal von x, y zum komplexen z übergegangen sind, statt $\frac{\partial}{\partial x}$ und $\frac{\partial}{\partial y}$ die Differentiationsoperatoren

$$\frac{\partial}{\partial z} = \frac{1}{2}\left(\frac{\partial}{\partial x} - i\,\frac{\partial}{\partial y}\right); \quad \frac{\partial}{\partial \bar z} = \frac{1}{2}\left(\frac{\partial}{\partial x} + i\,\frac{\partial}{\partial y}\right) \tag{15}$$

ein. Man soll bei ihnen nicht an eine Differentiation nach z oder $\bar z$ denken, sondern es sind ganz formal eingeführte Operatoren; die Schreibweise $\frac{\partial}{\partial z}, \frac{\partial}{\partial \bar z}$ hat für uns keine andere Bedeutung, als daß für jede differenzierbare Funktion F von x und y

$$\frac{\partial F}{\partial x}\,dx + \frac{\partial F}{\partial y}\,dy = dF = \frac{\partial F}{\partial z}\,dz + \frac{\partial F}{\partial \bar z}\,d\bar z$$

ist, wie man auf Grund der Definition (15) sofort sieht. Insbesondere ist

$$dZ_p = \frac{\partial Z_p}{\partial z}\,dz + \frac{\partial Z_p}{\partial \bar z}\,d\bar z\,. \tag{16}$$

Das setzen wir in (14) ein und setzen danach $p=0$, so daß $Z=z$ und $\lambda=\Lambda$ wird:

$$\Lambda_p\,|dz|^2+\Re(\overline{H}_p\,dz^2)=\lambda_p\,|dz|^2+2\Lambda\left(\Re\frac{\partial Z_p}{\partial z}\right)|dz|^2+2\Lambda\Re\left(\left(\overline{\frac{\partial Z_p}{\partial \bar z}}\right)dz^2\right).$$

Wir achten nicht auf die Glieder mit $|dz|^2$, sondern vergleichen nur die Koeffizienten von $\Re\,dz^2$ und $\Im\,dz^2$: es ist

$$H_p=2\Lambda\frac{\partial Z_p}{\partial \bar z}\qquad (p=0)$$

oder, wenn wir

$$B=\frac{H_p}{\Lambda}\qquad (p=0)$$

setzen:

(17) $$\frac{\partial Z_p}{\partial \bar z}=\frac{1}{2}B.$$

Wenn wir (5) nach p differenzieren, erhalten wir

(18) $$Z_p(z+1)=Z_p(z);\quad Z_p(z+\omega)=Z_p(z)+\Omega_p.$$

Nun integrieren wir (17) über das Periodenparallelogramm P mit den Ecken $0, 1, 1+\omega, \omega$, dessen im positiven Sinne umlaufener Rand R heiße, und beachten, daß für jede stetig differenzierbare Funktion $F(x, y)$

(19) $$2\iint\limits_P\frac{\partial F}{\partial \bar z}\boxed{dz}=\iint\limits_P(F_x+iF_y)\,dx\,dy=\int\limits_R(F\,dy-iF\,dx)=\frac{1}{i}\int\limits_R F\,dz$$

ist ($\boxed{dz}$ Flächenelement der z-Ebene):

$$\iint\limits_P B\boxed{dz}=\frac{1}{i}\int\limits_R Z_p\,dz.$$

Nach (18) heben sich rechts die Integrale über die Strecke $1\cdots 1+\omega$ und $\omega\cdots 0$ weg, und von den Integralen über die Strecken $0\cdots 1$ und $1+\omega\cdots\omega$ bleibt nur $-\int\limits_0^1\Omega_p\,dz=-\Omega_p$ übrig:

$$\iint\limits_P B\boxed{dz}=i\,\Omega_p$$

oder

(20) $$\Omega_p=\frac{1}{i}\iint\limits_P B\boxed{dz}.$$

Um auch eine explizite Formel für Z_p zu erhalten, setzen wir

(21) $$\frac{1}{2}\left(B-\frac{i\,\Omega_p}{\Im\,\omega}\right)=f,\qquad Z_p-\frac{\Omega_p}{\Im\,\omega}y=F.$$

Dann ist nach (17)

(22) $$\frac{\partial F}{\partial \bar z}=f,$$

und nach (18) ändert sich F ebenso wie f nicht, wenn man z durch $z+1$ oder $z+\omega$ ersetzt. f ist bekannt, F gesucht.

Wir haben also eine Theorie der partiellen Differentialgleichung (22) in der z-Ebene mod $(1, \omega)$ (also auf einer Ringfläche) aufzustellen. Von f wird vorausgesetzt, daß es analytisch und doppeltperiodisch mod $(1, \omega)$ ist (wie z. B. unser durch (21) gegebenes f); von F wird gefordert, daß es stetig differenzierbar[3]) und doppeltperiodisch mod $(1, \omega)$

[3]) Es genügt, F als differenzierbar vorauszusetzen. (23) folgt auch dann nach O. Teichmüller, Genauere Ausführungen über den Begriff des partiellen Differentialquotienten und die Operationen der Vektoranalysis. Deutsche Mathematik 5 (1941).

ist $(J\omega > 0)$. Aus (19) folgt dann

$$\iint\limits_P f\,\boxed{dz} = 0 \qquad (23)$$

als notwendige Bedingung für f.

Wenn eine Gleichung (22) zwei Lösungen F_1, F_2 hat, dann ist ihre Differenz $F = F_2 - F_1$ eine Lösung von $\frac{\partial F}{\partial \bar z} = 0$ oder

$$\frac{\partial F}{\partial x} + i\,\frac{\partial F}{\partial y} = 0\,.$$

Das sind aber die Cauchy-Riemannschen Differentialgleichungen: F ist eine analytische Funktion vor z, die in der ganzen Ebene beschränkt ist, folglich eine Konstante. Die Lösung von (22) ist bis auf eine additive Konstante eindeutig bestimmt.

Wir beweisen in Anhang II:

Zu jedem analytischen mod $(1,\omega)$ doppeltperiodischen f, das der Bedingung (23) genügt, gibt es eine analytische mod $(1,\omega)$ doppeltperiodische Lösung F von (22). Diese läßt sich mit Hilfe eines singulären Integralkerns $K(z, z_0)$, den wir in Anhang II explizit angeben, in der Form

$$F(z) = \frac{1}{\pi}\iint\limits_P K(z, z_0) f(z_0)\,\boxed{dz_0} \qquad (24)$$

darstellen. $K(z, z_0)$ kann so gewählt werden, daß

$$F(0) = 0 \qquad (25)$$

ist.

Für das durch (21) gegebene f folgt nun aus (20), daß die notwendige Bedingung (23) erfüllt ist. Deshalb stimmt das durch (21) gegebene F mit dem aus (24) zu berechnenden F überein. Denn die Differenz beider ist konstant; aber aus (7) folgt durch Differentiation nach p

$$Z_p(0) = 0; \qquad (26)$$

nach (25) und (26) haben also beide F für $z = 0$ den Wert 0, folglich stimmen sie überhaupt überein.

Aus (24) und (21) folgt jetzt

$$Z_p = \frac{\Omega_p}{\Im\omega}\,y + \frac{1}{2\pi}\iint\limits_P K(z, z_0)\left\{B(z_0) - \frac{i\,\Omega_p}{\Im\omega}\right\}\boxed{dz_0}. \qquad (27)$$

Man könnte das noch umformen. Wir begnügen uns damit, durch (20) und (27) Ω_p und Z_p explizit berechnet zu haben; darin geht nur $B = \frac{H_p}{\Lambda}$ $(p = 0)$ linear ein. Allerdings haben wir besonders im Anfang der Rechnung unbegründete Differenzierbarkeitsannahmen über Ω und Z gemacht.

§ 3. Beweis der Differenzierbarkeit von Ω und Z nach p.

Es ist jetzt unsere Aufgabe, zu beweisen, daß $\Omega_p = \lim\limits_{p\to 0}\frac{\Omega(p) - \omega}{p}$ und $Z_p = \lim\limits_{p\to 0}\frac{Z(z, p) - z}{p}$ konvergieren, daß die zweite Konvergenz gleichmäßig hinsichtlich z gilt und daß Ω_p und Z_p die in § 2 berechneten Werte (20), (27) haben.

Zu dem Zweck vergleichen wir unsere Metrikenschar (12) mit einer anderen Metrikenschar, die wir auf Grund der Formeln von § 2 konstruieren. — Zunächst definieren wir eine Zahl Ω_p und eine Funktion Z_p von z durch

(28) $$B(z) = \frac{H_p}{\Lambda} \qquad (p = 0);$$

(20) $$\Omega_p = \frac{1}{i} \iint_P B(z) \boxed{dz};$$

(27) $$Z_p(z) = \frac{\Omega_p}{\Im \omega} y + \frac{1}{2\pi} \iint_P K(z, z_0) \left\{ B(z_0) - \frac{i\,\Omega_p}{\Im \omega} \right\} \boxed{dz_0}.$$

Man soll also bei Ω_p und Z_p nicht an eine hypothetische Differentiation nach p, sondern vorläufig nur an diese Formeln denken, durch die sie definiert sind. Aus dem in Anhang II Bewiesenen folgt (wie in § 2)

(17) $$\frac{\partial Z_p}{\partial \bar{z}} = \frac{1}{2} B;$$

ferner ist

(18) $$Z_p(z+1) = Z_p(z); \quad Z_p(z+\omega) = Z_p(z) + \Omega_p$$

und nach (25)

(26) $$Z_p(0) = 0.$$

Wegen (18) gibt es eine Schranke M mit

$$|dZ_p| \leq M\,|dz|$$

für alle Punkte z und alle Richtungen darin (d. h. $|a\,Z_{px} + b\,Z_{py}| \leq M\sqrt{a^2+b^2}$ für alle z und alle reellen a, b). Mit diesem M ist

(29) $$|Z_p(z_2) - Z_p(z_1)| \leq M\,|z_2 - z_1|.$$

Für

$$|p| < \frac{1}{M}$$

setzen wir

(30) $$\Omega^*(p) = \omega + p\,\Omega_p; \quad Z^*(z, p) = z + p\,Z_p(z).$$

Für jedes (reelle) p mit $|p| < \frac{1}{M}$ ist die Abbildung $z \to Z^*(z, p)$ wegen (29) eine topologische Abbildung, und zwar eine analytische Abbildung wie (4) mit

(31) $$Z^*(z+1) = Z^*(z) + 1; \quad Z^*(z+\omega) = Z^*(z) + \Omega^*.$$

Hieraus folgt auch

$$\Im\,\Omega^* > 0 \quad \text{für} \quad |p| < \frac{1}{M}.$$

Ferner ist

(32) $$Z^*(0, p) = 0.$$

Die aus der z-Ebene durch Identifizieren mod $(1, \omega)$ kongruenter Punkte entstehende Ringfläche erscheint auf die aus der Z^*-Ebene durch Identifizieren mod $(1, \Omega^*)$ kongruenter Punkte entstehende Ringfläche abgebildet; dementsprechend setzen wir

(33) $$ds^{*2} = \Lambda^*(z, p)\,|dz|^2 + \Re\left(\overline{H^*(z, p)\,dz^2}\right) = |dZ^*(z, p)|^2.$$

Λ^* und H^* werden also Polynome zweiten Grades in p mit Koeffizienten, die analytisch in x, y und mod $(1, \omega)$ doppeltperiodisch sind. Wenn man zu d i e s e r Metrikenschar eine konforme Abwicklung in eine Z-Ebene mod $(1, \Omega)$ gemäß (5), (6), (7) sucht, dann kommt man wegen (31), (32), (33) wieder auf $Z = Z^*$, $\Omega = \Omega^*$ zurück, und zwar für jedes zulässige p. Und für diese Metrikenschar sind $\frac{\partial \Omega^*}{\partial p}$ und $\frac{\partial Z^*}{\partial p}$ für $p = 0$ vorhanden, letzteres gleichmäßig in z, und haben die Werte Ω_p und Z_p.

Wir sind fertig, wenn wir beweisen können:

$$\lim_{p\to 0} \frac{\Omega(p) - \Omega^*(p)}{p} \overset{?}{=} 0; \quad \lim_{p\to 0} \frac{Z(z,p) - Z^*(z,p)}{p} \overset{?}{=} 0, \tag{34}$$

letzteres gleichmäßig in z.

Zu dem Zweck beziehen wir die Metrik

$$ds^2 = \Lambda(z,p)\,|dz|^2 + \Re(\overline{H(z,p)\,dz^2}) \tag{12}$$

statt auf z auf die neue Veränderliche $Z^*(z,p)$ mit demselben Werte des Parameters p. Weil alle auftretenden Funktionen analytisch sind, dürfen wir in einer Umgebung von $p = 0$ nach Potenzen von p entwickeln. Wir lassen dabei die Glieder mit p^2, p^3, ... weg. Für $p = 0$ war nach (13) $H = 0$, also $H = p H_p + \cdots$, folglich

$$\begin{aligned} ds^2 &= \Lambda(z,p)\,|dz|^2 + p\,\Re(\overline{H}_p\,dz^2) + \cdots \\ &= \Lambda(z,p)\,\{|dz|^2 + p\,\Re(\overline{B}\,dz^2) + \cdots\} \end{aligned} \tag{35}$$

wegen (28). Nun ist aber, wenn man wieder p^2 vernachlässigt, nach (30) und (16)

$$\begin{aligned} |dZ^*(z,p)|^2 &= |dz|^2 + 2p\,\Re(\overline{dZ_p}\,dz) + \cdots \\ &= |dz|^2 + 2p\left(\Re\frac{\partial Z_p}{\partial z}\right)|dz|^2 + 2p\,\Re\left(\overline{\left(\frac{\partial Z_p}{\partial \bar z}\right)}\,dz^2\right) + \cdots \\ &= \left(1 + 2p\,\Re\frac{\partial Z_p}{\partial z}\right)\{|dz|^2 + p\,\Re(\overline{B}\,dz^2)\} + \cdots, \end{aligned}$$

letzteres nach (17). Vergleich mit (35) ergibt

$$ds^2 = M\,|dZ^*|^2 + \cdots,$$

wo M ein gewisser für $p = 0$ nicht verschwindender Faktor ist und die weggelassenen Glieder p mindestens in zweiter Potenz enthalten. Nun waren Z und Ω, über deren Abhängigkeit von p noch nichts bewiesen ist, durch

$$ds^2 = \lambda\,|dZ^2|;$$
$$Z(z+1,p) = Z(z,p) + 1; \quad Z(z+\omega,p) = Z(z,p) + \Omega(p);$$
$$Z(0,p) = 0$$

festgelegt. Es ist also

$$|dZ|^2 = N\{|dZ^*|^2 + \cdots\}$$

mit einem für hinreichend kleines p nicht verschwindenden Faktor N, der bei festem p von x und y analytisch abhängt, während die Klammer analytisch von x, y und p abhängt und die weggelassenen Glieder p mindestens in zweiter Potenz enthalten. N ist positiv, wir können also schreiben

$$N(1 + p^2 k)^{-1}\,|dZ^*|^2 \leq |dZ|^2 \leq N(1 + p^2 k)\,|dZ^*|^2. \tag{36}$$

Hier ist N bei festem p eine positive stetige Funktion, k ist eine Konstante und p ist auf eine kleine Umgebung von $p = 0$ beschränkt.

Aus (36) sollen wir nun (34) schließen. Das gelingt mit Hilfe der Methode der quasikonformen Abbildung.

Für jedes absolut hinreichend kleine p ist die z-Ebene sowohl auf die Z-Ebene wie auf die Z^*-Ebene abgebildet, wir haben also auch eine Abbildung der Z^*-Ebene auf die Z-Ebene oder besser eine Abbildung der aus der Z^*-Ebene durch Identifizieren mod $(1, \Omega^*)$ kongruenter Punkte entstehenden Ringfläche auf die aus der Z-Ebene durch Identifizieren mod $(1, \Omega)$ kongruenter Punkte entstehende Ringfläche. Für diese Abbildung wollen wir den Dilatationsquotienten abschätzen.

In der Nähe jedes Punktes Z_0^* hat die Abbildung $Z^* \to Z$ eine Potenzreihenentwicklung

$$X = X_0 + \alpha (X^* - X_0^*) + \beta (Y^* - Y_0^*) + \cdots$$
$$Y = Y_0 + \gamma (X^* - X_0^*) + \delta (Y^* - Y_0^*) + \cdots$$

mit $\alpha\delta - \beta\gamma > 0$, sie wird also bis auf Glieder von mindestens zweiter Ordnung durch eine affine Abbildung angenähert. Diese affine Abbildung führt jeden Kreis in eine Ellipse über, für die das Verhältnis D der großen zur kleinen Achse nur von der affinen Abbildung abhängt und Dilatationsquotient der affinen Abbildung, sowie Dilatationsquotient der Abbildung $Z^* \to Z$ im Punkte Z_0^* heißt. Offenbar ist er gleich

$$D = \frac{\operatorname{Max}\left|\frac{dZ}{dZ^*}\right|}{\operatorname{Min}\left|\frac{dZ}{dZ^*}\right|},$$

wo $dZ^* = dX^* + i\,dY^*$ und dementsprechend $dZ = dX + i\,dY$ mit

$$dX = \alpha\, dX^* + \beta\, dY^*$$
$$dY = \gamma\, dX^* + \delta\, dY^*$$

gesetzt und der Bezugspunkt Z_0^* festgehalten wird, während das reelle Verhältnis $\frac{dX^*}{dY^*}$ alle Werte einschließlich ∞ durchläuft [4]).

Nach (36) ist nun

$$\operatorname{Max}\left|\frac{dZ}{dZ^*}\right|^2 \leq N(1 + p^2 k)$$

und

$$\operatorname{Min}\left|\frac{dZ}{dZ^*}\right|^2 \geq N(1 + p^2 k)^{-1},$$

folglich

$$D = \sqrt{\frac{\operatorname{Max}\left|\frac{dZ}{dZ^*}\right|^2}{\operatorname{Min}\left|\frac{dZ}{dZ^*}\right|^2}} \leq 1 + p^2 k. \tag{37}$$

Die Methode der quasikonformen Abbildung besteht nun allgemein darin, daß man eine zu untersuchende Abbildung $z \to Z$ in zwei Abbildungen $z \to Z^*$, $Z^* \to Z$ zerlegt; man sorgt dabei dafür, daß die Abbildung $z \to Z^*$ explizit bekannt ist, während man für die Abbildung $Z^* \to Z$ eine möglichst gute Abschätzung des Dilatationsquotienten hat. Das letztere wird man um so eher erreichen können, wenn man die Abbildung $z \to Z^*$ so wählt, daß sie möglichst gut die Eigenschaften widerspiegelt, die man für die unbekannte Abbildung $z \to Z$ vermutet. Danach hat man aus der Abschätzung des Dilatationsquotienten für die Abbildung $Z^* \to Z$ zu schließen, daß sich diese in einer bestimmten Beziehung wenig von einer konformen Abbildung unterscheidet,

[4]) Über die einfachsten Eigenschaften des Dilatationsquotienten vgl. z. B. O. Teichmüller, Eine Anwendung quasikonformer Abbildungen auf das Typenproblem. Deutsche Mathematik 2 (1937).

daß also gewisse Aussagen, die man über eine konforme Abbildung $Z^* \to Z$ auf Grund der geometrischen Verhältnisse ohne weiteres machen könnte, auch für unsere quasikonforme Abbildung $Z^* \to Z$ angenähert gelten. Weil die Abbildung $z \to Z^*$ bekannt ist, ergeben sich daraus Aussagen über die zu untersuchende Abbildung $z \to Z$ [5]).

Während ich diese Methode bisher nur bei der Untersuchung konformer Abbildungen $z \to Z$ anwandte, ist die Abbildung $z \to Z$ diesmal für $p = 0$ nicht notwendig konform; aber die Methode läßt sich trotzdem anwenden und liefert ein Ergebnis, das letzten Endes doch wieder eine funktionentheoretische Bedeutung hat. Die Abbildung $z \to Z^*$ haben wir bereits konstruiert, und zwar so, daß $\frac{\partial \Omega^*}{\partial p}$ und $\frac{\partial Z^*}{\partial p}$ für $p=0$ gerade die Werte Ω_p, Z_p haben, die wir nach § 2 für $\frac{\partial \Omega}{\partial p}$, $\frac{\partial Z}{\partial p}$ $(p=0)$ vermuten. Eben haben wir daraufhin auch eine gute Abschätzung (33) für den Dilatationsquotienten der Abbildung $Z^* \to Z$ gefunden. Nun brauchen wir noch eine Aussage über die Abbildung $Z^* \to Z$, die aus dieser Abschätzung folgt.

Wir beweisen in Anhang III:

Zu jedem abgeschlossenen und beschränkten Bereich $\mathfrak{B}$ der oberen Halbebene, zu jedem $R > 0$ und zu jedem $A > 1$ gibt es ein $K > 0$ mit folgenden Eigenschaften:

Ist $Z^* \to Z$ eine analytische Abbildung wie (4) mit

$$Z(Z^*+1) = Z+1; \quad Z(Z^*+\Omega^*) = Z+\Omega;$$
$$Z(0) = 0,$$

wo Ω^* in $\mathfrak{B}$ liegt, und gilt für den Dilatationsquotienten D dieser Abbildung eine Abschätzung

$$D \leq C \quad \text{mit} \quad C \leq A,$$

so ist erstens

$$|\Omega - \Omega^*| \leq (C-1)\,K$$

und zweitens

$$|Z - Z^*| \leq (C-1)\,K \quad \text{für} \quad |Z^*| \leq R.$$

$|p| \leq \mu < M$ sei eine abgeschlossene Strecke, auf der (37) gilt. Wir wählen den Bereich $\mathfrak{B}$ so, daß er die Strecke $\Omega + p\,\Omega_p (|p| \leq \mu)$ enthält, und setzen $A = 1 + \mu^2 k$; R bleibt frei. Dann erhalten wir erstens

$$|\Omega(p) - \Omega^*(p)| \leq p^2 k K,$$

also

$$\lim_{p \to 0} \frac{\Omega(p) - \Omega^*(p)}{p} = 0$$

und wegen (30)

$$\lim_{p \to 0} \frac{\Omega(p) - \omega}{p} = \Omega_p.$$

Zweitens erhalten wir

$$|Z(z,p) - Z^*(z,p)| \leq p^2 k K \quad \text{für} \quad |Z^*| \leq R;$$

aus (30), (29) und (26) folgt aber

$$|Z^*| = |z + p Z_p| \leq |z| + \mu M |z| = (1 + \mu M)\,|z|,$$

---

[5]) Q 165.

folglich

$$\lim_{p\to 0}\frac{Z(z,p)-Z^*(z,p)}{p}=0 \quad \text{für} \quad |z|\leq\frac{R}{1+\mu M}.$$

R war aber beliebig groß. Mit (30) erhalten wir für alle z

$$\lim_{p\to 0}\frac{Z(z,p)-z}{p}=Z_p(z).$$

Der letzte Grenzübergang ist auf jedem Kreise $|z|\leq$ const gleichmäßig. Damit sind alle Behauptungen bewiesen.

§ 4. Die Cauchy-Riemannschen Differentialgleichungen für eine Metrikenschar.

Wir betrachten nun eine Metrikenschar

(9) $$ds^2=\Lambda\,|dz|^2+R(\bar{H}\,dz^2)$$

in der z-Ebene mod $(1,\omega)$, die von zwei Parametern p, q analytisch abhängt. $\Omega(p,q)$ und $Z(x,y;p,q)$ seien wie oben durch (12), (5), (7) erklärt. Wir wissen dann, daß die partiellen Ableitungen von Ω und Z nach p und nach q existieren. Wie in § 2 nehmen wir wieder an:

(38) $$H=0,\quad \text{also } \Omega=\omega,\ Z=z \quad \text{für} \quad p=q=0.$$

Für $p=q=0$ ist dann

(20) $$\Omega_p=\frac{1}{i}\iint_P B(z)\boxed{dz},$$

(27) $$Z_p=\frac{\Omega_p}{\Im\,\omega}\,y+\frac{1}{2\pi}\iint_P K(z,z_0)\left\{B(z_0)-\frac{i\,\Omega_p}{\Im\,\omega}\right\}\boxed{dz_0}$$

mit

$$B=\frac{H_p}{\Lambda}\qquad(p=q=0),$$

und entsprechendes gilt für die Ableitungen nach q.

Aber Ω und Z sind sogar als Funktionen von p und q differenzierbar: es ist

$$\lim_{p,q\to 0}\frac{\Omega(p,q)-\omega-p\,\Omega_p-q\,\Omega_q}{\sqrt{p^2+q^2}}=0$$

und entsprechend für Z gleichmäßig auf jedem Kreise $|z|\leq$ const. Das beweist man genau wie in § 3: man hat nur statt (30)

$$\Omega^*=\omega+p\,\Omega_p+q\,\Omega_q;\quad Z^*=z+p\,Z_p+q\,Z_q$$

zu setzen und wie dort $|\Omega-\Omega^*|$ und $|Z-Z^*|$ abzuschätzen. Insbesondere sind Ω und Z stetige Funktionen ihrer Argumente.

Wir fassen p und q zu einer komplexen Veränderlichen

$$\pi=p+i\,q$$

zusammen und fragen, wann Ω analytisch von π abhängt, wann also die Cauchy-Riemannschen Differentialgleichungen

(39) $$\Omega_p+i\,\Omega_q=0$$

erfüllt sind. Wir können das vorläufig nur an der Stelle $p=q=0$ nachprüfen. Aus (20) sehen wir:

Eine hinreichende Bedingung ist

$$\frac{H_p}{\Lambda}+i\frac{H_q}{\Lambda}=0 \qquad (p=q=0).$$

Aber diese Bedingung ist keineswegs notwendig. Hier greift nun ein Gedanke ein, den ich neuerdings auch auf andere Fragen mit Erfolg angewandt habe: Man betrachtet nicht nur den Modul Ω, sondern auch die in geeigneter Weise normierte auf der Ringfläche im kleinen analytische Funktion Z, die eine Funktion des Ortes z und der Parameter p, q ist. In unserem Falle fordern wir, daß Z, wenigstens bei festem z, eine analytische Funktion von π wird, d. h.

(40) $$Z_p+iZ_q=0$$

vorläufig für $p=q=0$. Aus (40) folgt (39) als Sonderfall wegen

$$\Omega(p,q)=Z(\omega;p,q).$$

(40) ist nun mit

(41) $$H_p+iH_q=0 \qquad (p=q=0)$$

gleichbedeutend. Aus (41) folgen nämlich (39) und (40) wegen (20) und (27), aus (40) folgt (41) wegen

$$\frac{H_p}{\Lambda}=\frac{1}{2}\frac{\partial Z_p}{\partial \bar z},\quad \frac{H_q}{\Lambda}=\frac{1}{2}\frac{\partial Z_q}{\partial \bar z}.$$

Diese notwendige und hinreichende Bedingung (41) ist nur unter der vereinfachenden Annahme (38) gültig. Um die Beschränkung auf die eine Stelle $\pi=0$ los zu werden, müssen wir uns zuerst von dieser Annahme (38) befreien, d. h. wir müssen (41) in eine Form bringen, die gegen Transformationen (4) invariant ist.

Ich habe das systematisch durchgerechnet, hier werde ich aber nur das Ergebnis angeben und verifizieren.

Es ist, wenn nach (15)

$$Z_z=\frac{1}{2}\left(\frac{\partial Z}{\partial x}-i\frac{\partial Z}{\partial y}\right);\quad Z_{\bar z}=\frac{1}{2}\left(\frac{\partial Z}{\partial x}+i\frac{\partial Z}{\partial y}\right)$$

gesetzt wird,

$$|Z_z|^2-|Z_{\bar z}|^2=\frac{1}{4}\{(X_x+Y_y)^2+(Y_x-X_y)^2-(X_x-Y_y)^2-(Y_x+X_y)^2\}$$
$$=X_xY_y-Y_xX_y>0,$$

weil die Funktionaldeterminante schon in (4) als positiv vorausgesetzt wurde. Insbesondere ist $Z_z\neq 0$, und für den Quotienten

(42) $$T=\frac{Z_{\bar z}}{Z_z}$$

gilt

(43) $$|T|<1.$$

Wir können T durch die Metrik (9), d. h. durch Λ und H ausdrücken. Es ist nämlich

$$\Lambda|dz|^2+\Re(\bar H\,dz^2)=\lambda|dZ|^2=\lambda|Z_z dz+Z_{\bar z}\overline{dz}|^2$$
$$=\lambda\{(|z_z|^2+|Z_{\bar z}|^2)\,|dz|^2+2\Re(Z_z\overline{Z_{\bar z}}\,dz^2)\};$$

Koeffizientenvergleich ergibt

$$\Lambda = \lambda(|Z_z|^2 + |Z_{\bar{z}}|^2); \quad H = 2\lambda \overline{Z_z} Z_{\bar{z}};$$

(44) $$\frac{H}{\Lambda} = \frac{2T}{1+|T|^2}.$$

Im Falle $H = 0$ folgt $T = 0$. Im Falle $H \neq 0$ ist

$$\frac{|H|}{\Lambda} = \frac{2|T|}{1+|T|^2}$$

eine quadratische Gleichung für $|T|$ mit den Wurzeln

$$|T| = \frac{\Lambda \pm \sqrt{\Lambda^2 - |H|^2}}{|H|},$$

die wegen (10) beide positiv und verschieden sind: ihr Produkt ist 1, also ist die eine größer und die andere kleiner als 1. Wegen (43) kommt nur die kleinere Wurzel in Frage:

$$|T| = \frac{\Lambda - \sqrt{\Lambda^2 - |H|^2}}{|H|}$$

oder

(45) $$|T| = \frac{|H|}{\Lambda + \sqrt{\Lambda^2 - |H|^2}}.$$

(45) gilt auch im Falle $H = 0$. Nun folgt aus (44)

$$T = \frac{1}{2}\frac{H}{\Lambda}(1 + |T|^2)$$

oder nach kurzer Umformung

(46) $$T = \frac{H}{\Lambda + \sqrt{\Lambda^2 - |H|^2}}.$$

Wir entnehmen hieraus, daß T analytisch von $x, y; p, q$ abhängt. Nun behaupten wir:

(47) $$T_p + i\,T_q = 0$$

ist die notwendige und hinreichende Bedingung für

(48) $$\Omega_p + i\,\Omega_q = 0 \quad \text{und} \quad Z_p + i\,Z_q = 0\,.$$

Beweis: Es genügt, die Stelle $p = q = 0$ zu betrachten. Wenn man durch eine vorbereitende Transformation (4) dafür sorgt, daß (38) erfüllt ist, dann wissen wir: Die notwendige und hinreichende Bedingung für (48) ist

$$H_p + i\,H_q = 0 \qquad (p = q = 0)\,.$$

Dies ist aber unter den Annahmen (38) nach (46) mit (47) gleichbedeutend.

(47) ist aber bei einer Transformation (4) invariant. Denn nach (42) ist

$$T = \frac{Z_x + i\,Z_y}{Z_x - i\,Z_y}.$$

Dieser Ausdruck erleidet aber bei einem analytischen Übergang $(x, y) \longleftrightarrow (x', y')$ nur eine gebrochene lineare Transformation, und bei einer solchen ist (47) bekanntlich invariant. —

Diese Bedingung (47) wollen wir uns etwas näher ansehen. T berechnet sich nach (46) allein aus der Metrik (9) und ist von jeder vereinfachenden Annahme wie (38) frei. (47) oder

$$\frac{\partial T}{\partial \bar{\pi}} = 0$$

ist also eine Bedingung im kleinen für unsere Metrikenschar. Diese ist notwendig und hinreichend für $\Omega_p + i\,\Omega_q = 0$, $Z_p + i\,Z_q = 0$. Da ist doch anzunehmen, daß dieselbe Bedingung auch für andere Flächen als gerade für Ringflächen eine Bedeutung hat. Wir definieren:

Die Metrikenschar

$$ds^2 = E\,dx^2 + 2F\,dx\,dy + G\,dy^2 = \Lambda\,|dz|^2 + \Re(H\,dz^2)$$

hängt analytisch von $\pi = p + iq$ ab, wenn E, F, G oder, was dasselbe ist, Λ und H im kleinen analytisch von $x, y; p, q$ abhängen und wenn

(49) $$\frac{\partial T}{\partial \bar\pi} = 0$$

ist. Hierin ist

$$\frac{\partial}{\partial \bar\pi} = \frac{1}{2}\left(\frac{\partial}{\partial p} + i\,\frac{\partial}{\partial q}\right)$$

und nach (46) und (8)

$$T = \frac{H}{\Lambda + \sqrt{\Lambda^2 - |H|^2}} = \frac{E - G + 2iF}{E + G + 2\sqrt{EG - F^2}}.$$

(49) sehen wir als abgekürzte Schreibweise der Cauchy-Riemannschen Differentialgleichungen der Metrikenschar an.

Stellen wir uns einmal vor, die Moduln (konformen Invarianten) von geschlossenen Riemannschen Flächen eines Geschlechts $g > 1$ seien so weit bekannt, daß man von der analytischen oder auch nur differenzierbaren Abhängigkeit einer Klasse konform äquivalenter Riemannscher Flächen von endlich vielen reellen Parametern sprechen kann. Dann könnte man versuchen, auf Grund von (49) die analytische Abhängigkeit von einem komplexen Parameter zu definieren, und käme so auf dem Wege über die Differentialgeometrie dazu, die Klassen konform äquivalenter Riemannscher Flächen des Geschlechts $g > 1$ nicht von $6(g-1)$ reellen, sondern von $3(g-1)$ komplexen Parametern abhängen zu lassen.

Tatsächlich habe ich inzwischen auf dem Wege über die Darstellung der geschlossenen Riemannschen Flächen als Überlagerungen der z-Ebene mit Windungspunkten und einem algebraischen Funktionenkörper die analytische Abhängigkeit von $3(g-1)$ komplexen Konstanten präzisiert und streng bewiesen (Genaueres soll erst später veröffentlicht werden). Aber wir sehen wenigstens, daß die komplexen Konstanten sich nicht nur bei der algebraischen Darstellung, sondern auch bei der differentialgeometrischen Auffassung zwangsläufig ergeben. Ähnliches gilt, zunächst im kleinen, auch für die heuristischen Ansätze mit quasikonformen Abbildungen [6]).

§ 5. Beendung des Beweises.

Nun hänge wieder wie in § 1 die Metrik ds^2 von r reellen Parametern $p_1, \ldots, p$ analytisch ab.

(9) $$ds^2 = \Lambda\,|dz|^2 + \Re(\bar H\,dz^2)$$

hängen also Λ und H in der Umgebung jedes Punktes analytisch von $x, y; p_1, \ldots, p$ ab. Folglich hängt auch

$$T = \frac{H}{\Lambda + \sqrt{\Lambda^2 - |H|^2}}$$

[6]) In Q 88 erhält L^σ ein komplexes Koordinatensystem.

in demselben Sinne analytisch von $x, y; p_1, \ldots, p_r$ ab. Durch Anwenden des Überdeckungssatzes auf das Periodenparallelogramm P findet man, daß es zu jedem zulässigen $(p_1^{(0)}, \ldots, p_r^{(0)})$ ein solches $\varrho > 0$ gibt, daß für alle x_0, y_0 die Potenzreihenentwicklungen von Λ, H und T in

$$|x-x_0| < \varrho, \ |y-y_0| < \varrho; \quad |p_1-p_1^{(0)}| < \varrho, \ldots, |p_r-p_r^{(0)}| < \varrho$$

konvergieren.

In der Reihe für T ersetzen wir p_ϱ durch den komplexen Parameter

$$\pi_\varrho = p_\varrho + i\,q_\varrho \qquad (\varrho = 1, \ldots, r).$$

Dadurch geht $T(x, y; p_1, \ldots, p_r)$ in eine Funktion

$$\tilde{T}(x, y; p_1, \ldots, p_r; q_1, \ldots, q_r)$$

über, die analytisch von $\pi_\varrho = p_\varrho + i\,q_\varrho$ abhängt. Wir setzen

$$\tilde{\Lambda}(x, y; p_1, \ldots, p_r; q_1, \ldots, q_r) = \Lambda(x, y; p_1, \ldots, p_r)$$

unabhängig von den q und definieren

$$\tilde{H}(x, y; p_1, \ldots, p_r; q_1, \ldots, q_r)$$

entsprechend (44) durch

$$H = \frac{2\Lambda T}{1+|T|^2}.$$

Dann hängen $\tilde{T}$, $\tilde{\Lambda}$ und $\tilde{H}$ für alle z in einer Umgebung von $(p_1^{(0)}, \ldots, p_r^{(0)}; 0, \ldots, 0)$ analytisch von $x, y; p_1, \ldots, p_r; q_1, \ldots, q_r$ ab, es gilt

$$\tilde{T} = \frac{\tilde{H}}{\tilde{\Lambda} + \sqrt{\tilde{\Lambda}^2 - |\tilde{H}|^2}},$$

und für $q_1 = \cdots = q_r = 0$ reduzieren sich $\tilde{T}$, $\tilde{\Lambda}$, $\tilde{H}$ auf T, Λ, H.

Nach der in § 1 gegebenen Definition der analytischen Ringflächenschar bestimmt die neue Metrik

$$d\tilde{s}^2 = \tilde{\Lambda}\,|dz|^2 + \Re(\bar{\tilde{H}}\,dz^2)$$

eine von $p_1, \ldots, p_r; q_1, \ldots, q_r$ analytisch abhängende Ringflächenschar. Wenn die alte Ringflächenschar ds^2 eine räumliche Verwirklichung (1) hat, braucht das für die neue Schar $d\tilde{s}^2$ durchaus nicht zu gelten; wir könnten also die folgenden Schlüsse gar nicht durchführen, wenn wir nicht in § 1 von vornherein einen hinreichend allgemeinen Begriff der analytischen Ringflächenschar der weiteren Rechnung zugrunde gelegt hätten.

Für die durch $d\tilde{s}^2$ gegebene Ringflächenschar führen wir wie oben

$$\tilde{\Omega}(p_1, \ldots, p_r; q_1, \ldots, q_r) \quad \text{und} \quad \tilde{Z}(x, y_r; p_1, \ldots, p_r; q_1, \ldots, q_r)$$

ein. $\tilde{\Omega}$ und $\tilde{Z}$ sind überall nach $p_1, \ldots, p_r; q_1, \ldots, q_r$ differenzierbar, $\tilde{Z}$ gleichmäßig in x, y: das folgt, wie zu Beginn von § 4, nach dem Schluß von § 3, der dort nur der Übersichtlichkeit wegen nur für einen Parameter durchgeführt wurde. Insbesondere sind $\tilde{\Omega}$ und $\tilde{Z}$ stetige Funktionen ihrer Argumente. — Für $q_1 = \cdots = q_r = 0$ gehen $\tilde{\Omega}$, $\tilde{Z}$ in Ω, Z über.

Nun ist für $\varrho = 1, \ldots, r$

$$\frac{\partial \tilde{T}}{\partial \bar{\pi}_\varrho} = 0;$$

nach § 4 folgt daraus

$$\frac{\partial \tilde{\Omega}}{\partial \bar{\pi}_\varrho} = 0; \qquad \frac{\partial \tilde{Z}}{\partial \bar{\pi}_\varrho} = 0.$$

Aber eine stetige Funktion der komplexen $\pi_1, \ldots, \pi_r$, die nach jedem π_ϱ komplex differenzierbar ist, ist eine analytische Funktion von $\pi_1, \ldots, \pi_r$. Folglich sind $\tilde{\Omega}$ und $\tilde{Z}$, letzteres bei festem z, Potenzreihen in $\pi_1 - p_1^{(0)}, \ldots, \pi_r - p_r^{(0)}$.

Setzen wir jetzt $q_1 = \cdots = q_r = 0$, so erhalten wir für Ω und Z Entwicklungen nach Potenzen von $p_1 - p_1^{(0)}, \ldots, p_r - p_r^{(0)}$. Damit ist der Beweis beendet.

§ 6. Anwendung auf die Modulfunktion.

Wir wenden unsere Ergebnisse auf eine Frage an, für die, wie ich fürchte, nicht jeder Funktionentheoretiker Verständnis haben wird.

ω sei das Periodenverhältnis der Ringfläche, die die zweiblättrige in $0, 1, \lambda, \infty$ verzweigte Überlagerungsfläche der w-Ebene ist. Hierdurch ist der Zusammenhang zwischen λ und ω noch nicht eindeutig festgelegt, man kann aber durch eine topologische Festlegung auf rein geometrischem Wege eine eineindeutige Abbildung zwischen der oberen Halbebene $\mathfrak{J}\,\omega > 0$ und der einfach zusammenhängenden Überlagerungsfläche der in $0, 1, \infty$ punktierten λ-Ebene herstellen [7]). Ich gehe darauf an dieser Stelle nicht näher ein. — Es ist nun zu beweisen, daß diese Abbildung $\omega \leftrightarrow \lambda$ ist.

Vom Weierstraßschen Standpunkt ist das selbstverständlich: λ ist ja das Teilverhältnis von $\wp\left(\frac{1}{2}\right)$, $\wp\left(\frac{1+\omega}{2}\right)$, $\wp\left(\frac{\omega}{2}\right)$, wo $\wp(u)$ die zum Periodenpaar $(1, \omega)$ gehörige $\wp$-Funktion ist, und die Reihenentwicklung der $\wp$-Funktion zeigt ihre analytische Abhängigkeit von ω. Aber ich möchte etwas so Geometrisches wie diese konforme Abbildung nicht gern aus Reihenentwicklungen schließen.

Aber auch vom Riemannschen Standpunkte aus könnte man sagen, ω sei das Verhältnis von zwei Umlaufintegralen, deren Integranden analytisch von λ abhängen. Dieser Beweis ist demselben Einwand ausgesetzt: es wird benutzt, daß Summen analytischer Funktionen, Grenzwerte von solchen und deren Quotienten wieder analytisch sind, statt daß die Abbildung $\omega \leftrightarrow \lambda$ selbst untersucht würde.

Erst wenn man, wie ich in meiner Habilitationsschrift [8]), von der konformen Abbildung ausgeht und versucht, allein mit ihrer Hilfe die benötigten Eigenschaften der konformen Invarianten zu beweisen, befriedigen einen diese Beweise nicht mehr. Allerdings behaupte ich nicht, daß die im folgenden gegebene Beweisskizze schon all meinen eigenen Anforderungen entspräche. Ich bin zufrieden, wenn meine Ausführungen bei einem Teil der Leser das Gefühl dafür wecken, wie eine von der herkömmlichen Funktionentheorie weitgehend unabhängige Theorie der konformen Abbildung und der konformen Invarianten aussehen müßte.

λ_0 sei ein bestimmter von $0, 1, \infty$ verschiedener Wert und die zweiblättrige nur über $0, 1, \lambda_0, \infty$ verzweigte Überlagerungsfläche F_0 der w_0-Ebene sei in bestimmter

---

[7]) Angedeutet in Q 27.

[8]) O. Teichmüller, Untersuchungen über konforme und quasikonforme Abbildung. Deutsche Mathematik 3 (1938).

Weise konform auf die z-Ebene mod $(1, \omega_0)$ abgebildet. Der Kreis $|\lambda - \lambda_0| \leqq R$ enthalte weder 0 noch 1, und es sei $0 < \varrho < R$. $\varphi(w)$ sei eine Funktion, die für $|w - \lambda_0| \geqq R$ gleich 0 und für $|w - \lambda_0| \leqq \varrho$ gleich 1 ist; für $\varrho < |w - \lambda_0| < R$ soll sie analytisch sein, und auf $|w - \lambda_0| = \varrho$ und $|w - \lambda_0| = R$ soll sie hinreichend oft differenzierbar sein. Ist

$$M = \operatorname{Max} \sqrt{\varphi_u^2 + \varphi_v^2} \qquad (w = u + i v),$$

so konstruieren wir für alle λ mit $|\lambda - \lambda_0| < \frac{1}{M}$ $(< R)$ eine Abbildung der zweiblättrigen nur über $0, 1, \lambda, \infty$ verzweigten Überlagerungsfläche F der w-Ebene auf die z-Ebene mod $(1, \omega_0)$ folgendermaßen: durch die Umkehrung der Abbildung

$$w = w_0 + (\lambda - \lambda_0)\,\varphi(w_0) \tag{50}$$

bilden wir F auf F_0 ab, und F_0 bilden wir wie oben auf die z-Ebene mod $(1, \omega_0)$ ab. Zu dieser Abbildung $\boxed{z} \to F$ gehört eine gewisse doppeltperiodische Metrik ds^2 in der z-Ebene, die proportional dem $|d w|^2$ von F ist und die noch von λ abhängt und die zwar nicht analytisch, aber hinreichend oft differenzierbar ist. Andererseits ist F auf eine Z-Ebene mit dem Periodenverhältnis ω abgebildet, dessen Abhängigkeit vor λ wir untersuchen sollen. Die Stetigkeit von $\omega(\lambda)$ ergibt sich schon daraus, daß ds^2 hinreichend regulär von λ abhängt, ebenso die Differenzierbarkeit nach $\Re\,\lambda$ und $\Im\,\lambda$. Das hat man ähnlich wie in § 2 und 3 zu beweisen; die Voraussetzung der analytischen Abhängigkeit wurde dort nur der Bequemlichkeit wegen gemacht. Es kommt darauf an, die Cauchy-Riemannschen Differentialgleichungen $\frac{\partial \omega}{\partial \bar\lambda} = 0$ zu beweisen.

Nach § 4 ist dazu, weil für $\lambda = \lambda_0$ die Voraussetzung (13) erfüllt ist, hinreichend,

$$\frac{\partial H}{\partial \bar\lambda} = 0 \qquad (\lambda = \lambda_0)$$

zu beweisen. — H ist nur in den z-Bildern von $\varrho < |w - \lambda_0| < R$ von 0 verschieden. Dort ist bis auf einen positiven Faktor nach (50)

$$\begin{aligned} ds^2 = |dw|^2 = |dw_0|^2 &+ 2\Re\{(\lambda - \lambda_0)\varphi_{w_0}\}\,|dw_0|^2 + 2\Re\{\overline{(\lambda - \lambda_0)}\,\overline{\varphi_{\bar w_0}}\,dw_0^2\} \\ &+ |\lambda - \lambda_0|^2\{(|\varphi_{w_0}|^2 + |\varphi_{\bar w_0}|^2)\,|dw_0|^2 + 2\Re(\varphi_{w_0}\overline{\varphi_{\bar w_0}}\,dw_0^2)\}, \end{aligned}$$

also

$$H = 2(\lambda - \lambda_0)\,\varphi_{\bar w_0} + 2|\lambda - \lambda_0|^2\,\overline{\varphi_{w_0}}\,\varphi_{\bar w_0}.$$

Hieraus sieht man

$$\frac{\partial H}{\partial \bar\lambda} = 0 \quad \text{für} \quad \lambda = \lambda_0.$$

Die Cauchy-Riemannschen Differentialgleichungen sind also an der beliebigen Stelle λ_0 erfüllt.

§ 7. Räumliche Ringflächen[9]).

Wir kommen jetzt auf eine Besonderheit bei den räumlichen Ringflächen zu sprechen.

Eine analytische Ringflächenschar im euklidischen x_1, x_2, x_3-Raum, die etwa durch (1) gegeben ist, läßt sich, wie in Anhang I bewiesen wird, stets in folgender Form ana-

[9]) Q 158.

lytisch darstellen: Für $p_\varrho = p_\varrho^{(0)}$, o. B. d. A. also für $p_1 = \cdots = p_r = 0$, sei die zugehörige Ringfläche $\mathfrak{F}^{(0)}$; sie wird konform auf die z-Ebene mod $(1, \omega)$ abgebildet und hat dann die Parameterdarstellung

$$x_\nu = X_\nu(z) \qquad (\nu = 1, 2, 3) \qquad (z \bmod (1, \omega)).$$

(ξ_1, ξ_2, ξ_3) sei der äußere Normalenvektor in dem z entsprechenden Punkte von $\mathfrak{F}^{(0)}$. Für alle $(p_1, \ldots, p_r)$ in einer Umgebung von $(0, \ldots, 0)$ hat dann die zugehörige Ringfläche $\mathfrak{F}$ eine eindeutige Parameterdarstellung

$$x_\nu = X_\nu(z) + h(z; p_1, \ldots, p_r)\, \xi_\nu(z) \qquad (\nu = 1, 2, 3).$$

Hier hängen X_ν und ξ_ν analytisch von x, y ab; h hängt analytisch von $x, y; p_1, \ldots, p_r$ ab und verschwindet für $p_1 = \cdots = p_r = 0$.

Wir wollen $\frac{\partial \Omega}{\partial p_\varrho}$ an der Stelle $p_1 = \cdots = p_r = 0$ berechnen. Für $p_1 = \cdots = p_r = 0$ ist nach Voraussetzung

$$ds^2 = dX_1^2 + dX_2^2 + dX_3^2 = \lambda\,|dz|^2,$$

die vereinfachende Annahme (13) ist erfüllt, wir können also die in § 3 bewiesenen Formeln von § 2 benutzen. Setzen wir kurz

$$h_\varrho(z) = \frac{\partial h}{\partial p_\varrho} \qquad (p_1 = \cdots = p_r = 0),$$

so hat ds^2, wenn man nach Potenzen von $p_1, \ldots, p_r$ entwickelt und höhere Potenzen vernachlässigt, wegen $h = \sum_{\varrho=1}^{r} p_\varrho h_\varrho + \cdots$ die Gestalt

$$\begin{aligned} ds^2 &= \sum_{\nu=1}^{3} (dX_\nu + \xi_\nu\, dh + h\, d\xi_\nu)^2 = \sum_{\nu=1}^{3} (dX_\nu^2 + 2\,\xi_\nu\, dX_\nu\, dh + 2\,h\, dX_\nu\, d\xi_\nu + \cdots) \\ &= \lambda\,|dz|^2 + \sum_{\varrho=1}^{r} p_\varrho h_\varrho \cdot \sum_{\nu=1}^{3} dX_\nu\, d\xi_\nu + \cdots \end{aligned}$$

wegen $\sum_{\nu=1}^{3} \xi_\nu\, dX_\nu = 0$. Setzen wir, wie gewöhnlich,

$$-\sum_{\nu=1}^{3} dX_\nu\, d\xi_\nu = L\, dx^2 + 2\,M\, dx\, dy + N\, dy^2 \tag{51}$$

(**zweite Grundform**), so ist

$$ds^2 = \lambda\,|dz|^2 - 2 \sum_{\varrho=1}^{r} p_\varrho h_\varrho\, (L\, dx^2 + 2\,M\, dx\, dy + N\, dy^2) + \cdots.$$

Um dies in die Form

$$ds^2 = \Lambda\,|dz|^2 + \Re(\overline{H}\, dz^2)$$

zu bringen, müssen wir entsprechend (8)

$$\Lambda = \lambda - (L + N) \sum_{\varrho=1}^{r} p_\varrho h_\varrho + \cdots; \quad H = (L - N + 2\,i\,M) \sum_{\varrho=1}^{r} p_\varrho h_\varrho + \cdots$$

setzen. Es wird also, wenn nur p_ϱ als veränderlich gedacht wird und die anderen Parameter gleich 0 gesetzt werden, für $p_1 = \cdots = p_r = 0$

$$B = \frac{1}{\Lambda} \frac{\partial H}{\partial p_\varrho} = -\frac{1}{\lambda}\,(L - N + 2\,i\,M)\, h_\varrho$$

22*

und nach (20)

$$\frac{\partial\Omega}{\partial p_\varrho} = i \iint_P \frac{1}{\lambda}(L - N + 2iM)\, h_\varrho(z) \boxed{dz}. \tag{52}$$

Nun sind zwei Fälle zu unterscheiden. Entweder besteht zwischen $L - N$ und M keine lineare Abhängigkeit mit konstanten (reellen) Koeffizienten. Dann erhält das Integral rechts beliebige Werte, wenn h_ϱ eine geeignete analytische Funktion von x und y ist, die von z nur mod $(1, \omega)$ abhängt. Denn man kann jede stetige Funktion auf $\mathfrak{F}^{(0)}$ durch ein Polynom in X_1, X_2, X_3, also durch eine doppeltperiodische analytische Funktion approximieren.

Oder es besteht zwischen $L - N$ und M eine lineare Abhängigkeit mit konstanten (reellen) Koeffizienten. Dann ist

$$\begin{aligned} L\,dx^2 + 2M\,dx\,dy + N\,dy^2 = {} & \frac{L+N}{2}(dx^2 + dy^2) \\ & + \mu\left(\frac{L_0 - N_0}{2}(dx^2 - dy^2) + 2M_0\,dx\,dy\right), \end{aligned} \tag{53}$$

wo L_0, M_0, N_0 Konstanten und μ ein (reeller) Faktor ist. Nun werden die Krümmungslinien von $\mathfrak{F}^{(0)}$ durch

$$\frac{-\Sigma\,dX_\nu\,d\xi_\nu}{\Sigma\,dX_\nu^2} = \text{Extr},$$

also in unserem Falle durch

$$\frac{\frac{L_0 - N_0}{2}(dx^2 - dy^2) + 2M_0\,dx\,dy}{dx^2 + dy^2} = \text{Extr}$$

gegeben, d. h. das z-Bild der Krümmungslinien besteht aus zwei orthogonalen Parallelscharen von Geraden. In diesem Falle wird nach (52)

$$\frac{\partial\Omega}{\partial p_\varrho} = i(L_0 - N_0 + 2iM_0)\,R = c\,R,$$

wo R ein reeller Faktor ist, dem man durch geeignete Wahl von $h_\varrho(z)$ jeden beliebigen Wert geben kann, und c eine komplexe Konstante ist.

Es kommt nicht etwa vor, daß $\frac{\partial\Omega}{\partial p_\varrho}$ für jede Wahl von h_ϱ gleich 0 wäre. Denn dann wäre $L\,dx^2 + 2M\,dx\,dy + N\,dy^2$ proportional zu $dx^2 + dy^2$, die Fläche bestünde nur aus Nabelpunkten und wäre deshalb eine Ebene oder eine Kugel, aber keine Ringfläche (im euklidischen Raum!).

Ein Beispiel ist die Kreisringfläche. Bei geeigneter konformer Abwicklung in die z-Ebene wird ihr Periodenverhältnis ω rein imaginär, und die Krümmungslinien gehen in die Geraden $\Im z = \text{const}$, $\Re z = \text{const}$ über. $\frac{\partial\Omega}{\partial p_\varrho}$ ist stets rein imaginär. Dasselbe gilt für jede Rotationsringfläche.

Das legt die Frage nahe, ob es überhaupt räumliche Ringflächen gibt, deren Periodenverhältnis bei keiner Normierung rein imaginär ist. Wir wollen beweisen, daß es solche Flächen gibt.

Wenn man die zweite Grundform (51) nicht nur für die Fläche $\mathfrak{F}^{(0)}$, sondern für die veränderliche Fläche $\mathfrak{F}$ bildet und nach Potenzen der p_ϱ entwickelt, aber alle höheren Potenzen vernachlässigt, so zeigt eine ganz einfache Rechnung, die ich hier übergehe, daß man h_ϱ so wählen kann, daß die Ausartung (53), wenn sie schon für die Fläche $\mathfrak{F}^{(0)}$

eintreten sollte, für die Nachbarflächen nicht mehr eintritt. Es gibt also Ringflächen, die sich nicht konform so auf eine z-Ebene mod $(1, \omega)$ abbilden lassen, daß alle Krümmungslinien in Geraden übergehen.

Von so einer Ringfläche gehen wir aus und bezeichnen sie wieder mit $\mathfrak{F}^{(0)}$. Dann nehmen wir eine analytische Funktion $h_1(x, y)$, die von z nur mod $(1, \omega)$ abhängt und für die (52) einen beliebig vorgegebenen Wert hat, und nehmen für $\mathfrak{F}$ die Ringfläche

$$x_\nu = X_\nu + p\, h_1\, \xi_\nu \qquad (\nu = 1, 2, 3).$$

Wenn die Gerade $\Omega = \omega + p\,\Omega_1$, wo Ω_1 aus (52) berechnet wird, im Punkte $p = 0$ keine Tangente an eine aus der imaginären Achse durch die Modulsubstitutionen $\frac{c + d\omega}{a + b\omega}$ (a, b, c, d ganzrational mit $a\,d - b\,c = 1$) entstehende Kurve ist, dann hat diese Ringfläche $\mathfrak{F}$ für absolut hinreichend kleines von 0 verschiedenes p sicher ein Periodenverhältnis, das bei keiner Normierung rein imaginär ist.

Anhang I.

Es soll bewiesen werden, daß man jede in der Form (1) gegebene analytische Ringflächenschar in die Form (2), (3) bringen kann.

$(p_1^{(0)}, \ldots, p_r^{(0)})$ liege in $\mathfrak{P}$, und $\mathfrak{F}^{(0)}$ sei die zugehörige Ringfläche. Bekanntlich läßt sich $\mathfrak{F}^{(0)}$ konform auf diejenige Ringfläche abbilden, die aus der $z = x + i\,y$-Ebene entsteht, wenn man mod $(1, \omega)$ kongruente Punkte identifiziert (vgl. § 1); bei dieser Abbildung entspricht jedem z eindeutig ein Punkt (X_1, X_2, X_3) von $\mathfrak{F}^{(0)}$, die Koordinaten X_1, X_2, X_3 werden also analytische Funktionen von x, y. (ξ_1, ξ_2, ξ_3) sei der äußere Normalenvektor der (zweiseitigen) Ringfläche $\mathfrak{F}^{(0)}$ in dem $z = x + i\,y$ entsprechenden Punkte von $\mathfrak{F}^{(0)}$. Wir setzen

$$x_\nu = X_\nu(x, y) + h\, \xi_\nu(x, y) \qquad (\nu = 1, 2, 3);$$

so wird jedem endlichen Zahlentripel (x, y, h) ein Raumpunkt (x_1, x_2, x_3) zugeordnet. Da für $h = 0$, also auf $\mathfrak{F}^{(0)}$, die Funktionaldeterminante von x_1, x_2, x_3 nach x, y, h von 0 verschieden ist, kann man in einer Umgebung jedes Punktes von $\mathfrak{F}^{(0)}$ die neuen Koordinaten x, y, h einführen. Aber auf die geschlossene Fläche $\mathfrak{F}^{(0)}$ kann man den Überdeckungssatz anwenden und sieht, daß es ein so kleines $\varepsilon > 0$ gibt, daß in dem Gebiet $\mathfrak{G}$ aller Raumpunkte, die von $\mathfrak{F}^{(0)}$ einen kleineren Abstand als ε haben, x, y und h ein Koordinatensystem bilden, wenn man $|h| < \varepsilon$ nimmt und $z = x + i\,y$ nur mod $(1, \omega)$ betrachtet.

Nun folgt wieder aus dem Überdeckungssatz, daß es eine so kleine Umgebung $\mathfrak{U}_1$ von $(p_1^{(0)}, \ldots, p_r^{(0)})$ gibt, daß für alle $(p_1, \ldots, p_r)$ aus $\mathfrak{U}_1$ die zugehörige Ringfläche $\mathfrak{F}$ im Gebiet $\mathfrak{G}$ liegt (denn entsprechendes gilt in einer Umgebung jedes Punktes von $\mathfrak{F}^{(0)}$). Schreibt man nun für $(p_1, \ldots, p_r)$ in $\mathfrak{U}_1$ die Gleichung (1) in die Form

$$\varphi\,(x, y, h;\, p_1, \ldots, p_r) = 0$$

um, so ist auf $\mathfrak{F}^{(0)}$ sicher $\frac{\partial\varphi}{\partial x} = \frac{\partial\varphi}{\partial y} = 0$, folglich $\frac{\partial\varphi}{\partial h} \neq 0$, o. B. d. A. $\frac{\partial\varphi}{\partial h} > 0$. Es gibt dann eine solche in $\mathfrak{U}_1$ enthaltene Umgebung $\mathfrak{U}_2$ von $(p_1^{(0)}, \ldots, p_r^{(0)})$, daß auch für alle $(p_1, \ldots, p_r)$ aus $\mathfrak{U}_2$ noch $\frac{\partial\varphi}{\partial h} > 0$ ist. Für $(p_1, \ldots, p_r)$ in $\mathfrak{U}_2$ gibt es dann zu jedem $z=x+iy$ einen und nur einen Punkt der zugehörigen Fläche $\mathfrak{F}$ mit $\varphi=0$; h wird eine eindeutige analytische Funktion von $x, y; p_1, \ldots, p_r$; auch x_1, x_2, x_3 sind also eindeutige analytische Funktionen von $x, y; p_1, \ldots, p_r$. $ds^2=dx_1^2+dx_2^2+dx_3^2$ nimmt hierbei die Form (2) an, und auf $z=x+iy$ kommt es nur mod $(1, \omega)$ an.

Anhang II[10]).

f sei eine analytische Funktion von x und y mit

(54) $$f(z+1)=f(z+\omega)=f(z)$$

und

(55) $$\iint_P f(z)\,\boxed{dz}=0\,.$$

Es soll bewiesen werden, daß man in der Form

$$F(z)=\frac{1}{\pi}\iint_P K(z,z_0)\,f(z_0)\,\boxed{dz_0}$$

eine Lösung der partiellen Differentialgleichung

(56) $$\frac{\partial F}{\partial \bar z}=f$$

finden kann und daß man den Integralkern K so wählen kann, daß

(57) $$F(0)=0$$

ist.

$\zeta(z)$ sei die zum Periodenpaar $(1,\omega)$ gehörende Weierstraßsche ζ-Funktion

$$\zeta(z)=\frac{1}{z}+\sum_{m,n}{}'\left(\frac{1}{z-m-n\omega}+\frac{1}{m+n\omega}+\frac{z}{(m+n\omega)^2}\right).$$

Wir machen nur von folgenden Eigenschaften wesentlichen Gebrauch: $\zeta(z)$ ist eine gebrochene (bis auf Pole im Endlichen reguläre) analytische Funktion von z, die genau für die $z\equiv 0\ (1,\omega)$ einen Pol, und zwar erster Ordnung mit dem Residuum 1, hat, und es ist

(58) $$\zeta(z+1)=\zeta(z)+\eta_1\,,\quad \zeta(z+\omega)=\zeta(z)+\eta_2\,,$$

wo η_1, η_2 Konstanten sind.

Wir setzen

(59) $$F(z)=\frac{1}{\pi}\iint_P \zeta(z-z_0)\,f(z_0)\,\boxed{dz_0}\,,$$

behalten uns aber eine spätere Abänderung vor. Es ist

$$F(z+1)=\frac{1}{\pi}\iint_P \{\zeta(z-z_0)+\eta_1\}\,f(z_0)\,\boxed{dz_0}=F(z)$$

wegen (55) und ebenso

$$F(z+\omega)=F(z)\,.$$

Wenn man P durch irgendein anderes Periodenparallelogramm P':

$$a\cdots a+1\cdots a+1+\omega\cdots a+\omega\cdots a$$

[10]) Q 81—83.

ersetzt, tritt zu F nur eine additive Konstante hinzu. Denn wenn man P' durch die Geraden $z=\nu+t\omega$, $z=t+\nu\omega$ (ν ganzrational, t reell) in höchstens 4 Teile zerlegt und jeden durch eine Parallelverschiebung $z\to z-m-n\omega$ (m, n ganzrational) in einen Teil von P überführt, so setzen sich diese Teile lückenlos zu P zusammen, und jeder Teil vermindert sich bei der Verschiebung wegen (54) und (58) nur um eine Konstante.

Wir beweisen nun, daß F analytisch von x und y abhängt und daß (56) gilt. Wir betrachten der Einfachheit halber eine Umgebung von $z=0$; jede andere Stelle erledigt sich entsprechend. Bei $z=0$ hat f eine Entwicklung

$$f(z)=\sum_{m,n=0}^{\infty} a_{mn}x^m y^n,\quad |a_{mn}|\leq\frac{M}{R^{m+n}}. \tag{60}$$

Wir ersetzen P in (59) durch ein parallelverschobenes Parallelogramm P', das $z=0$ im Innern enthält, und wählen r so klein, daß der Kreis $K=|z|<r$ in P' enthalten und außerdem $r<R$ ist. Dann zerlegen wir (59) in drei Teile:

$$F=I+II+III;$$

$$I=\frac{1}{\pi}\iint\limits_{P'-K}\zeta(z-z_0)f(z_0)\boxed{dz_0};$$

$$II=\frac{1}{\pi}\iint\limits_{K}\left\{\zeta(z-z_0)-\frac{1}{z-z_0}\right\}f(z_0)\boxed{dz_0};$$

$$III=\frac{1}{\pi}\iint\limits_{|z_0|<r}\frac{1}{z-z_0}f(z_0)\boxed{dz_0}.$$

I ist wie der Integrand eine in $|z|<r$ regulär analytische Funktion von z, also

$$\frac{\partial I}{\partial\bar z}=0.$$

Dasselbe gilt für II, also

$$\frac{\partial II}{\partial\bar z}=0.$$

Um III zu berechnen, setzen wir in (60)

$$x=\frac{z+\bar z}{2},\quad y=\frac{z-\bar z}{2i}$$

ein und erhalten eine Entwicklung

$$f(z_0)=\sum_{m,n=0}^{\infty}c_{mn}z_0^m\bar z_0^n,\quad |c_{mn}|\leq\frac{M}{R^{m+n}}. \tag{61}$$

Jetzt führen wir in K Polarkoordinaten $z_0=r_0e^{i\varphi_0}$ ein und integrieren in III zunächst über φ_0:

$$\mathfrak{J}(r_0)=\frac{1}{\pi}\oint\limits_{|z_0|=r_0}\frac{1}{z-z_0}f(z_0)\,d\varphi_0=\sum_{m,n=0}^{\infty}c_{mn}\mathfrak{J}_{mn}(r_0),$$

$$\mathfrak{J}_{mn}(r_0)=\frac{1}{\pi}\oint\limits_{|z_0|=r_0}\frac{1}{z-z_0}z_0^m\bar z_0^n\,d\varphi_0=\frac{r_0^{2n}}{i\pi}\oint\limits_{|z_0|=r_0}\frac{z_0^{m-n-1}\,dz_0}{z-z_0}$$

$$=\begin{Bmatrix}-2r_0^{2n}z^{m-n-1}, & |z|<r_0\\ 0 & ,|z|>r_0\end{Bmatrix}+\begin{Bmatrix}2r_0^{2n}z^{m-n-1}, & m\leq n\\ 0 & ,m>n\end{Bmatrix};$$

$$III=\int_0^r r_0\mathfrak{J}(r_0)\,dr_0=\sum_{m,n=0}^{\infty}c_{mn}\int_0^r r_0\mathfrak{J}_{m,n}(r_0)\,dr_0;$$

$$\int_0^r r_0 \mathfrak{J}_{mn}(r_0)\,dr_0 = \begin{cases} \frac{1}{n+1}|z|^{2n+2} z^{m-n-1}, & m \leq n \\ \frac{1}{n+1}|z|^{2n+2} z^{m-n-1} - \frac{1}{n+1} r^{2n+2} z^{m-n-1}, & m > n \end{cases}$$

$$= \frac{z^m \bar{z}^{n+1}}{n+1} \begin{cases} -0, & m \leq n \\ -\frac{r^{2n+2}}{n+1} z^{m-n-1}, & m > n; \end{cases}$$

$$III = \sum_{m,n=0}^{\infty} c_{mn} \frac{z^m \bar{z}^{n+1}}{n+1} - \sum_{m>n} c_{mn} \frac{r^{2n+2}}{n+1} z^{m-n-1}.$$

Wegen $r < R$ und (61) ist alles gleichmäßig konvergent, und es ist

$$\frac{\partial III}{\partial \bar{z}} = \sum_{m,n=0}^{\infty} c_{mn} z^m \bar{z}^n f(z).$$

Damit ist bewiesen, daß sich $F(z)$ jedenfalls für $|x| < \frac{r}{\sqrt{2}}$, $|y| < \frac{r}{\sqrt{2}}$ nach Potenzen von x und y entwickeln läßt und daß (56) gilt.

Es ist

$$F(z) - F(0) = \frac{1}{\pi} \iint_P \{\zeta(z - z_0) - \zeta(-z_0) f(z_0)\} \boxed{dz_0}.$$

Wir können also z. B.

$$K(z, z_0) = \zeta(z - z_0) - \zeta(-z_0)$$

setzen, um neben (56) auch (57) zu erreichen.

Damit ist alles bewiesen, was vorn im Hauptteil gebraucht wird. Wir wollen $K(z, z_0)$ noch ein wenig abändern; dabei setzen wir ein paar ganz einfache Formeln für elliptische Funktionen als bekannt voraus [11]).

Man darf $K(z, z_0)$ durch $K(z, z_0) + \varphi(z) + \psi(z_0)$ ersetzen, wenn nur $\iint_P |\psi(z_0)| \boxed{dz_0}$ konvergiert; denn es ist

$$\iint_P \varphi(z) f(z_0) \boxed{dz_0} = 0 \text{ (wegen (55))}; \quad \iint_P \psi(z_0) f(z_0) \boxed{dz_0} = \text{const}.$$

Wenn man allerdings auf (57) Wert legt, muß man $\psi = \text{const}$ fordern. Um K schiefsymmetrisch zu machen, setzen wir

$$K(z, z_0) = \zeta(z - z_0) - \zeta(z) + \zeta(z_0).$$

Wegen

$$\zeta(-z) = -\zeta(z)$$

gilt dann

$$K(z, z_0) = -K(z_0, z)$$

und neben (56) auch (57).

Dieses zuletzt gewählte K ist nach (58) eine mod $(1, \omega)$ doppeltperiodische Funktion sowohl von z wie von z_0. K läßt sich darum durch elliptische Funktionen ausdrücken [11]):

$$K(z, z_0) = \frac{1}{2} \frac{\wp'(z) + \wp'(z_0)}{\wp(z) - \wp(z_0)}.$$

Denn zunächst haben für $z_0 \not\equiv 0$ mod $(1, \omega)$ beide Seiten als Funktionen von z dieselben Pole mit denselben Hauptteilen, darum ist die Differenz beider Seiten eine Funktion

[11]) Z. B. L. Bieberbach, Lehrbuch der Funktionentheorie I, 3. Aufl. Leipzig und Berlin 1930. Elfter Abschnitt.

von z_0 allein; aber die letztere ist gleich 0, weil beide Seiten schiefsymmetrisch sind. — K wird als analytische Funktion von z und z_0 nur für $z \equiv 0$, $z_0 \equiv 0$, $z \equiv z_0 \mod (1, \omega)$ unendlich (Pole, wesentliche Singularitäten erster Art); für $z \equiv -z_0 \mod (1, \omega)$ wird $K(z, z_0) = \zeta(2z) - 2\zeta(z) = \frac{\wp''(z)}{2\wp'(z)}$ regulär, außer wo gleichzeitig $z \equiv +z_0 \mod (1, \omega)$ ist. Für $z \equiv z_0 \equiv 0 \mod (1, \omega)$ hat man eine wesentliche Singularität zweiter Art.

Aber es kann auch zweckmäßig sein, einen unsymmetrischen Integralkern zu wählen. Setzt man

$$K(z, z_0) = \zeta(z - z_0) + \zeta(z_0) - \eta_1 z,$$

wo η_1 durch (58) erklärt ist, so ist dies nicht nur ein Integralkern, mit dem (56) und (57) gilt, sondern man kann auch vorn in § 2 statt (27) einfach schreiben

$$Z_p = \frac{1}{2\pi} \iint_P K(z, z_0)\, B(z_0)\, \boxed{dz_0}. \tag{62}$$

Weil der Integralkern als Funktion von z_0 doppeltperiodisch ist und wegen (54) darf man das Periodenparallelogramm P beliebig verschieben. — Man kann (62) durch Umformen von (27) erhalten. Viel einfacher ist es aber, unmittelbar mit Hilfe der Legendreschen Relation

$$\eta_1 \omega - \eta_2 = 2\pi i$$

und (20) zu bestätigen, daß das Integral (62) die Eigenschaften (17), (18) und (26) hat und daß diese Z_p kennzeichnen.

Anhang III[12]).

Die Z^*-Ebene sei etwa analytisch wie in (4) auf die Z-Ebene so abgebildet, daß

$$Z(Z^* + 1) = Z + 1; \quad Z(Z^* + \Omega^*) = Z + \Omega;$$
$$Z(0) = 0$$
$$(\Im \Omega > 0, \ \Im \Omega > 0)$$

gilt. Für den Dilatationsquotienten D sei eine Abschätzung

$$D \leq C = \text{const}$$

bekannt. Wir sollen daraufhin $|\Omega - \Omega^*|$ und $|Z - Z^*|$ abschätzen.

a, b, c, d seien ganzrationale Zahlen mit $ad - bc > 0$. In dem Parallelogramm

$$\mathfrak{P}\colon 0 \cdots a + b\Omega^* \cdots (a + c) + (b + d)\Omega^* \cdots c + d\Omega^* \cdots 0$$

ziehen wir die zu der Seite $0 \cdots a + b\Omega^*$ parallelen Strecken $\mathfrak{S}_t$; t ist der senkrechte Abstand von $\mathfrak{S}_t$ und der Seite $0 \cdots a + b\Omega^*$, er wächst von 0 bis $|a + b\Omega^*| \Im \frac{c + d\Omega^*}{a + b\Omega^*}$. Bei Integration längs $\mathfrak{S}_t$ ist

$$|a + b\Omega| \leq \int_{\mathfrak{S}_t} |dZ| = \int_{\mathfrak{S}_t} \left| \frac{dZ}{dZ^*} \right| |dZ^*|,$$

denn das Z-Bild von $\mathfrak{S}_t$ verbindet zwei Punkte mit dem Abstand $a + b\Omega$. Nach der Schwarzschen Umgleichung folgt

$$|a + b\Omega|^2 \leq |a + b\Omega^*| \int_{\mathfrak{S}_t} \left| \frac{dZ}{dZ^*} \right|^2 |dZ^*|.$$

---

[12]) Zum Anfang vgl. Q 25, 26.

Nun ist aber [4])

$$\left|\frac{dZ}{dZ^*}\right|^2 \leq D\,\frac{\boxed{dZ}}{\boxed{dZ^*}} \leq C\,\frac{\boxed{dZ}}{\boxed{dZ^*}},$$

wo $\frac{\boxed{dZ}}{\boxed{dZ^*}}$ das Flächenvergrößerungsverhältnis bedeutet, also die Funktionaldeterminante von X, Y nach X^*, Y^*. Wir setzen das ein und integrieren über die Gesamtheit aller $\mathfrak{S}_t$, also von $t=0$ bis $|a+b\,\Omega^*|\,\mathfrak{I}\,\frac{c+d\,\Omega^*}{a+b\,\Omega^*}$:

$$|a+b\,\Omega|^2\,|a+b\,\Omega^*|\,\mathfrak{I}\,\frac{c+d\,\Omega^*}{a+b\,\Omega^*} \leq |a+b\,\Omega^*|\,C\iint\limits_{\mathfrak{P}} \frac{\boxed{dZ}}{\boxed{dZ^*}}\,dZ^* = |a+b\,\Omega^*|\,C\iint\limits_{\mathfrak{P}} \boxed{dZ}.$$

Nun hat das Z-Bild von $\mathfrak{P}$ als Fundamentalbereich der von $Z\to Z+a+b\,\Omega$ und $Z\to Z+c+d\,\Omega$ erzeugten Gruppe denselben Flächeninhalt $|a+b\,\Omega|^2\,\mathfrak{I}\,\frac{c+d\,\Omega}{a+b\,\Omega}$ wie das von $a+b\,\Omega$ und $c+d\,\Omega$ aufgespannte Parallelogramm, also

$$|a+b\,\Omega|^2\,|a+b\Omega^*|\,\mathfrak{I}\,\frac{c+d\,\Omega^*}{a+b\,\Omega^*} \leq |a+b\,\Omega^*|\,C\cdot|a+b\,\Omega|^2\,\mathfrak{I}\,\frac{c+d\,\Omega}{a+b\,\Omega}$$

oder

$$\mathfrak{I}\,\frac{c+d\,\Omega^*}{a+b\,\Omega^*} \leq C\,\mathfrak{I}\,\frac{c+d\,\Omega}{a+b\,\Omega}. \tag{63}$$

In dem Sonderfall $a=d=1$, $b=c=0$ heißt das

$$\mathfrak{I}\,\Omega^* \leq C\,\mathfrak{I}\,\Omega. \tag{64}$$

Ω liegt oberhalb der Parallelen zur reellen Achse durch $\frac{\Omega^*}{C}$. In der Sprechweise der nichteuklidischen Geometrie der oberen Halbebene mit dem Linienelement

$$ds = \frac{|d\omega|}{\mathfrak{I}\,\omega}$$

und der Gaußschen Krümmung -1 können wir (64) auch so aussprechen: Ω liegt auf dem abgeschlossenen Grenzkreise $\mathfrak{I}\,\Omega \geq \text{const}$, der die reelle Achse im Unendlichen berührt und den Punkt Ω^* im Innern enthält und dessen Peripherie von Ω^* die nichteuklidische Entfernung $\log C$ hat. Das Innere eines die reelle Achse berührenden Kreises ist dabei natürlich das Gebiet, aus dem man die reelle Achse nur im Berührungspunkt (hier ∞), aber in keinem weiteren Punkte erreichen kann.

(63) entsteht aus (64) durch die nichteuklidische Bewegung $\omega\to\frac{c+d\omega}{a+b\omega}$, die $-\frac{a}{b}$ in ∞ überführt. Folglich bedeutet (63), daß Ω auf demjenigen abgeschlossenen Grenzkreise der oberen Halbebene liegt, der die reelle Achse in $-\frac{a}{b}$ berührt und Ω^* im Innern enthält und dessen Peripherie von Ω^* die nichteuklidische Entfernung $\log C$ hat. Weil nun die hier auftretenden Punkte $-\frac{a}{b}$ auf der reellen Achse überall dicht liegen, ist der Durchschnitt all dieser abgeschlossenen Kreise, auf denen Ω liegen muß, der Kreis mit dem nichteuklidischen Mittelpunkt Ω^* und dem nichteuklidischen Halbmesser $\log C$. Das heißt:

Die nichteuklidische Entfernung von Ω^* und Ω ist höchstens $\log C$.

Ferner habe ich an anderer Stelle bewiesen [13]):

Eine analytische Abbildung des Einheitskreises $|\eta|<1$ auf sich, die am Rand stetig in die Identität übergeht und deren Dilatations-

[13]) O. Teichmüller, Ein Verschiebungssatz der quasikonformen Abbildung. Deutsche Mathematik 7 (1944) [S. 326—343], S. 343.

quotient $\leq C$ ist, führt $\eta=0$ in einen Punkt mit $|\eta| \leq \varrho(C)$ über, wo

$$\varrho(C)<1 \quad \text{und} \quad \varrho(C)<2(C-1)$$

ist.

Diesen Hilfssatz wenden wir so an:

a, *b* und *c* seien drei verschiedene endliche Punkte der Z^*-Ebene außerhalb des abgeschlossenen Kreises $|Z^*| \leq R$ mit $a \equiv b \equiv 0 \ (1, \omega)$. Wir bilden die einfach zusammenhängende Überlagerungsfläche F der in a, b, c punktierten Z^*-Ebene konform auf den Einheitskreis $|\eta|<1$ ab. Dabei entsprechen die über a, b, c liegenden Randpunkte von F eineindeutig gewissen Grenzpunkten auf $|\eta|=1$, die auf dieser Einheitsperipherie überall dicht liegen, und die stetigen Kurven von F, die in so einen Randpunkt hineinlaufen, entsprechen eineindeutig den stetigen Kurven von $|\eta|<1$, die in den entsprechenden Grenzpunkt auf $|\eta|<1$ hineinlaufen und die zuletzt in jedem beliebig kleinen Kreise bleiben, der $|\eta|=1$ im Grenzpunkt von innen berührt; solche Wege wollen wir kurz Grenzpunktwege nennen. All dies braucht man nicht der Theorie der Modulfunktion zu entnehmen (sonst könnte man mir in § 6 einen Zirkelschluß vorwerfen), sondern man kann bekanntlich die Uniformisierung von F durch konforme Abbildung eines Kreises auf ein nullwinkliges Kreisbogendreieck und fortgesetzte Spiegelung herstellen und an dieser geometrischen Konstruktion alle Behauptungen ablesen.

Statt der zu untersuchenden Abbildung $Z^* \to Z$ betrachten wir die Abbildung

$$Z^* \to Z' = Z - \frac{\Omega - \Omega^*}{\Im \Omega} Y \qquad (Y = \Im Z).$$

Sie führt das Periodenpaar $(1, \Omega^*)$ in sich über:

$$Z'(Z^*+1) = Z'+1; \quad Z'(Z^*+\Omega^*) = Z'+\Omega^*;$$
$$Z'(0) = 0.$$

Folglich führt sie auch a, b und c in sich über. Der Dilatationsquotient der Abbildung $Z \to Z'$ ist bei einem Ω^*, das auf einem abgeschlossenen beschränkten Bereich $\mathfrak{B}$ der oberen Halbebene liegt,

$$D_{Z|Z'} \leq 1 + \text{const}\, |\Omega - \Omega^*|$$
$$\leq 1 + \text{const}\, (C-1)$$

nach dem schon bewiesenen, folglich ist der Dilatationsquotient der zusammengesetzten Abbildung [4])

$$D_{Z^*|Z'} \leq D_{Z^*|Z}\, D_{Z|Z'} \leq C \cdot (1 + \text{const}\, (C-1)) \leq 1 + \text{const}\, (C-1).$$

Vorausgesetzt ist dabei, daß $C \leq A$ ($A = \text{const}$) bleibt.

Aus dieser Abbildung $Z^* \to Z'$, die a und b in sich überführt, machen wir eine Abbildung der Überlagerungsfläche F auf sich, die einen Punkt $\mathfrak{Z}_0$ über $Z^*=0$ in sich überführt und darum jeden von $\mathfrak{Z}_0$ ausgehenden Weg, der in einen Randpunkt von F läuft, in einen ebensolchen überführt, und daraus durch konforme Abbildung eine Abbildung von $|\eta|<1$ auf sich mit einem Dilatationsquotienten $\leq 1 + \text{const}\, (C-1)$, die jeden Grenzpunktweg in einen Grenzpunktweg überführt, der in denselben Grenzpunkt hineinläuft.

Daß man wieder zu demselben Grenzpunkt kommt, schließt man am besten aus dem Satze von Mangler[14]): „Eine topologische Selbstabbildung einer geschlossenen, von der Kugel verschiedenen Fläche, die jede Kurve in eine homotope überführt, ist eine isotope Deformation." Nach ihm läßt sich bei unserer Abbildung $Z^* \to Z'$ jeder von $Z^* = 0$ nach $Z^* = a, b$ oder c führende Weg, der o. B. d. A. außer Anfangs- und Endpunkt keinen Periodenpunkt $Z^* \equiv 0 \bmod (1, \Omega^*)$ enthalten möge, in sein Z'-Bild so verformen, daß dabei kein Periodenpunkt (insbesondere weder a noch b noch c) überstrichen wird.

Aus dem Verhalten für die Grenzpunktwege folgt leicht, daß wir eine topologische Abbildung von $|\eta| \leq 1$ auf sich haben, die jeden Randpunkt fest läßt. Ihr Dilatationsquotient ist $\leq 1 + \text{const}\ (C-1)$; ist A eine obere Schranke für C, so ist er auch $\leq 1 + \text{const}\ (A-1)$. Nun ist das η-Bild von $|Z^*| \leq R$ ein abgeschlossener Bereich in $|\eta| < 1$; nach dem Hilfssatz liegt das η-Bild von Z' auf $|\eta| \leq \varrho < 1$. Ferner ist die nichteuklidische Entfernung der η-Bilder von Z^* und Z' nach dem Hilfssatz $\leq \text{const}\ (C-1)$. Wir gehen zur Fläche F und zur Z^*-Ebene zurück: Für $|Z^*| \leq R$ ist $|Z'| \leq \text{const}$ und $|Z' - Z^*| \leq \text{const}\ (C-1)$. Es folgt $|Z - Z^*| \leq \text{const}\ (C-1)$.

31.
Ein Verschiebungssatz der quasikonformen Abbildung

Deutsche Math. 7, 336–343 (1944)

Im folgenden lösen wir eine einfache Extremalaufgabe der quasikonformen Abbildung von einer Art, wie sie bisher meines Wissens noch nicht untersucht wurde. Während man bisher nur nach Abbildungen mit möglichst kleinem Maximum des Dilatationsquotienten fragte, die gegebene Gebiete aufeinander abbildeten und höchstens noch endlich viele Innen- oder Randpunkte in gegebene Bildpunkte überführen mußten, stelle ich diesmal eine Bedingung für alle Randpunkte. Für solche Probleme habe ich schon einmal einen heuristischen Ansatz angegeben[1]), aber dieser enthielt noch eine willkürliche analytische Funktion, und es ist kein Mittel bekannt, um diese in einem bestimmten vorgelegten Falle zu ermitteln. Deshalb steht auch das im folgenden herzuleitende Ergebnis vorläufig allein.

Es sei erwähnt, daß man recht gute Abschätzungen erhält, wenn man in der hier behandelten Aufgabe überhaupt nur zwei geeignete Randpunkte berücksichtigt.

---

[14]) W. Mangler, Die Klassen von topologischen Abbildungen einer geschlossenen Fläche auf sich. Math. Z. 44.

[1]) O. Teichmüller, Extremale quasikonforme Abbildungen und quadratische Differentiale. Abh. Preuß. Akad. Wiss. 1939, Nr. 159.

Wir stellen uns die folgende Aufgabe:

Der Einheitskreis $|z| \leq 1$ soll quasikonform[2]) so auf sich abgebildet werden, daß jeder Randpunkt fest bleibt, der Mittelpunkt $z=0$ in den Punkt $z'=-\varrho$ $(0<\varrho<1)$ der negativ reellen Achse übergeht und das Maximum des Dilatationsquotienten unter diesen Nebenbedingungen möglichst klein wird.

Der Grundgedanke für die Konstruktion der Extremalabbildung beruht auf der folgenden elementaren Beobachtung:

Bei der konformen Abbildung

$$w = W - \frac{1}{W}$$

des Äußeren des Einheitskreises $|W|>1$ auf die längs der imaginären Achse von $-2i$ bis $+2i$ aufgeschlitzte w-Ebene erleidet jeder Kreis $|W|=R$ eine affine Abbildung

$$u = \left(1-\frac{1}{R^2}\right)U, \quad v = \left(1+\frac{1}{R^2}\right)V.$$

(Darin ist $W=U+iV$, $w=u+iv$ gesetzt.) Entsprechendes gilt für

$$w' = W' + \frac{1}{W'}.$$

Im einzelnen verläuft die Konstruktion so:

Wir haben es mit acht Ebenen zu tun, deren komplexe Veränderliche

$$z,\ Z,\ W,\ w,\ w',\ W',\ Z',\ z'$$

heißt. Immer setzen wir $z=x+iy$, $W'=U'+iV'$ usw.

Im Einheitskreis der z-Ebene ziehen wir die Strecke von $-\varrho$ bis 0. Durch

$$Z = \sqrt{z}$$

wird die zweiblättrige Überlagerungsfläche des Kreises $|z|<1$ mit dem einzigen Windungspunkt $z=0$ konform auf den Einheitskreis $|Z|<1$ der Z-Ebene abgebildet. Die Punkte Z und $-Z$ entsprechen einander. Die Strecke $z=-\varrho\cdots 0$ geht in die Strecke $Z=-i\sqrt{\varrho}\cdots+i\sqrt{\varrho}$ der imaginären Achse der Z-Ebene über.

Der von $-i\sqrt{\varrho}$ bis $+i\sqrt{\varrho}$ geradlinig aufgeschlitzte Einheitskreis $|Z|<1$ ist ein Ringgebiet, das wir (mit Hilfe elliptischer Funktionen) auf einen Kreisring

$$1<|W|<R$$

konform abbilden. R hängt noch von ϱ ab; auf Einzelheiten kommen wir später zurück. Dabei soll $|Z|=1$ in $|W|=R$, der Schlitz aber in $|W|=1$ übergehen, und der Spiegelung der Z-Ebene an der reellen oder imaginären Achse soll dieselbe Spiegelung der W-Ebene entsprechen. Wieder sind W und $-W$ zusammengehörige Punkte; auf der inneren Begrenzung $|W|<1$ gehören sogar immer die vier Punkte $W, \overline{W}, -W, -\overline{W}$ zu einem Punkt der z-Ebene. Man kann die Abbildung $Z\to W$ erhalten, indem man den Viertelkreis $X>0$, $Y>0$, $|Z|<1$ auf die obere Halbebene abbildet, diese so durch ein elliptisches Integral erster Gattung auf ein Rechteck abbildet, daß $Z=0, 1, i, i\sqrt{\varrho}$ in die vier Ecken übergehen, dann das Rechteck durch eine Exponentialfunktion so

[2]) Über quasikonforme Abbildungen und den Begriff des Dilatationsquotienten s. z. B. O. Teichmüller, Eine Anwendung quasikonformer Abbildungen auf das Typenproblem. Deutsche Mathematik 2 (1937), Nr. 2 oder auch § 6. 1 der in 3) zitierten Arbeit.

auf den Viertelkreisring $U>0$, $V>0$, $1<|W|<R$ abbildet, daß $Z=0, 1, i, i\sqrt{\varrho}$ in $W=1, R, iR, i$ übergehen, und spiegelt.

Jetzt setzen wir

$$w=W-\frac{1}{W}.$$

Bei dieser Abbildung geht der Kreisring $1<|W|<R$ in die Ellipse

$$\mathfrak{E}:\frac{u^2}{\left(R-\frac{1}{R}\right)^2}+\frac{v^2}{\left(R+\frac{1}{R}\right)^2}<1$$

mit den Halbachsen $R-\frac{1}{R}$ und $R+\frac{1}{R}$ und den Brennpunkten $w=\pm 2i$ über, die von $w=-2i$ bis $+2i$ geradlinig aufgeschnitten ist. w und $-w$ entsprechen einander, auch längs des Schlitzes.

Z' entstehe aus z' genau so, wie Z aus z (also $Z'=\sqrt{z'}$), und auch W' entstehe aus Z' durch genau dieselbe Abbildungsfunktion wie W aus Z. Dagegen setzen wir jetzt

$$w'=W'+\frac{1}{W'}.$$

Diese Abbildung führt den Kreisring $1<|W'|<R$ (mit demselben R wie oben!) in das Innere der Ellipse

$$\mathfrak{E}':\frac{u'^2}{\left(R+\frac{1}{R}\right)^2}+\frac{v'^2}{\left(R-\frac{1}{R}\right)^2}<1$$

mit den Halbmessern $R+\frac{1}{R}$ und $R-\frac{1}{R}$ und den Brennpunkten $w'=\pm 2$ über, die von $w'=-2$ bis $+2$ geradlinig aufgeschnitten ist. w' und $-w'$ entsprechen einander, auch längs des Schlitzes.

Wenn wir die Zwischenhaltepunkte vergessen, können wir die Schlitze wieder zunähen, bis nur die Punkte $w=0$, $w'=0$ übrigbleiben; denn z bzw. z' nimmt ja an beiden Schlitzufern gleiche Werte an. Dem Punkte $w=0$ entsprechen in der W-Ebene die beiden Randpunkte $W=\pm 1$; diesen entsprechen wegen der Spiegelungssymmetrien in der Z-Ebene die beiden in $Z=0$ zusammenfallenden Randpunkte des von $-i\sqrt{\varrho}$ bis $+i\sqrt{\varrho}$ aufgeschlitzten Einheitskreises $|Z|<1$, und das Bild in der z-Ebene wird der Mittelpunkt $z=0$. Dagegen entsprechen dem Punkte $w'=0$ in der W'-Ebene die beiden Randpunkte $W=\pm i$; diesen entsprechen, wieder der Spiegelungssymmetrien wegen, in der Z'-Ebene die beiden Enden $Z'=\pm i\sqrt{\varrho}$ des Schlitzes, und das Bild in der z'-Ebene wird der Punkt $z'=-\varrho$. Während also die zweiblättrige nur in $z=0$ gewundene Überlagerungsfläche des Einheitskreises $|z|<1$ der z-Ebene konform auf die Ellipse $\mathfrak{E}$ in der w-Ebene abgebildet ist, haben wir daneben eine konforme Abbildung der zweiblättrigen nur in $z'=-\varrho$ gewundenen Überlagerungsfläche des Einheitskreises $|z'|<1$ auf die Ellipse $\mathfrak{E}'$ in der w'-Ebene. Die Windungspunkte $z=0$, $z'=-\varrho$ gehen dabei in die Symmetriezentren $w=0$, $w'=0$ über.

Nun bilden wir noch die Ellipse $\mathfrak{E}$ affin auf die Ellipse $\mathfrak{E}'$ durch

$$u'=\frac{R+\frac{1}{R}}{R-\frac{1}{R}}u,\qquad v'=\frac{R-\frac{1}{R}}{R+\frac{1}{R}}v$$

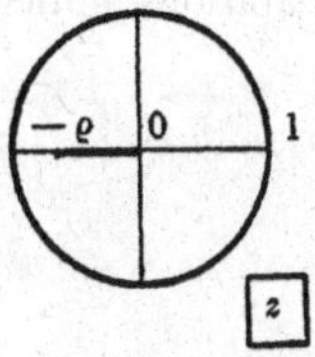

−ϱ
0
1
z

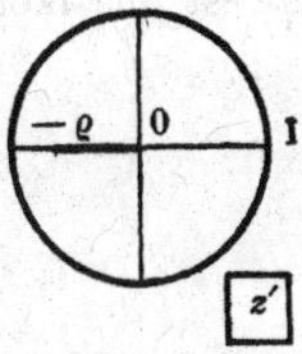

−ϱ
0
1
z′

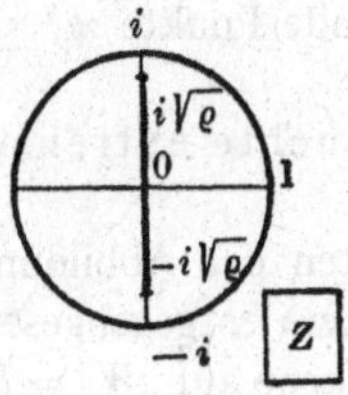

i
$i\sqrt{\varrho}$
0
1
$-i\sqrt{\varrho}$
−i
Z

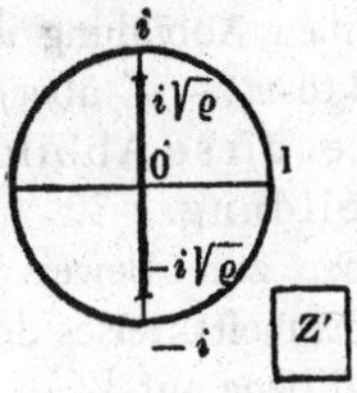

i
$i\sqrt{\varrho}$
0
1
$-i\sqrt{\varrho}$
−i
Z′

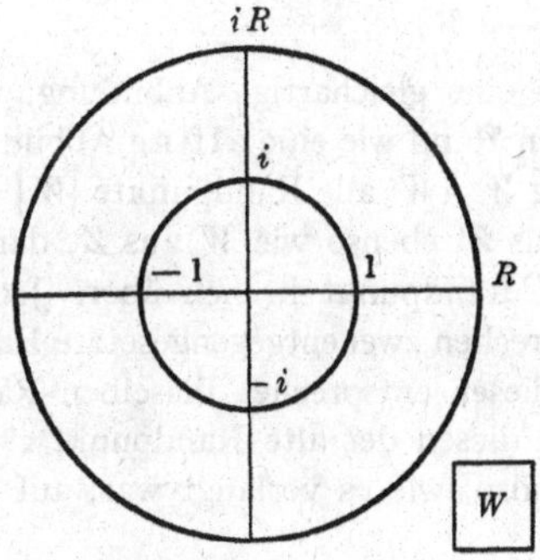

iR
i
−1
1
R
−i
W

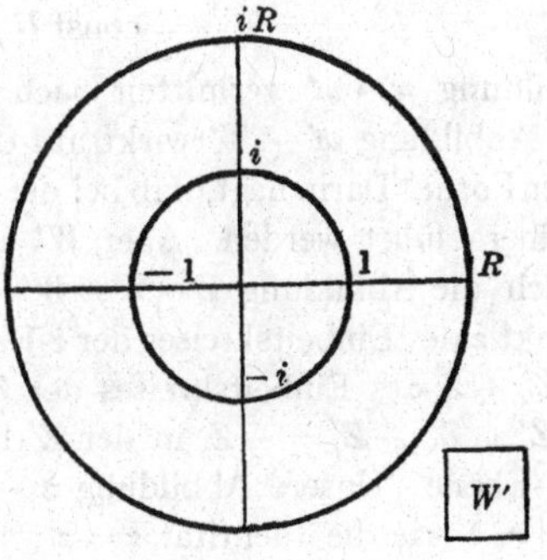

iR
i
−1
1
R
−i
W′

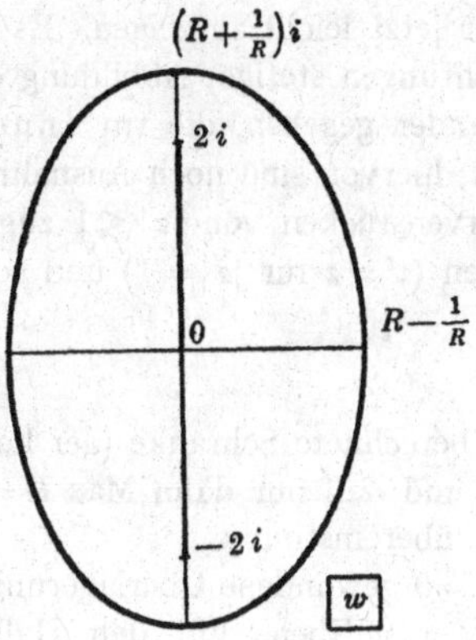

$(R+\frac{1}{R})i$
2i
0
$R-\frac{1}{R}$
−2i
w

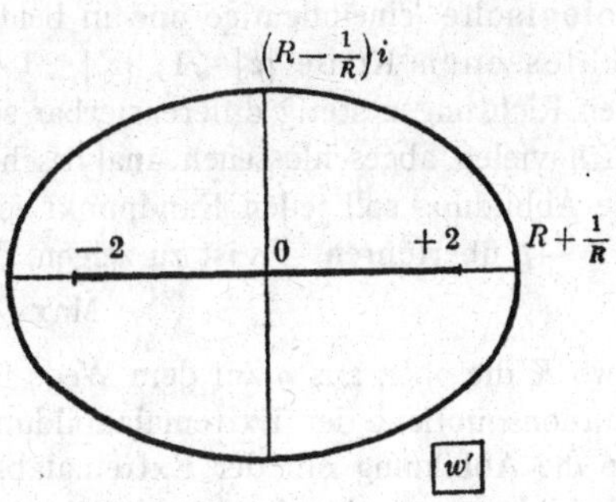

$(R-\frac{1}{R})i$
−2
0
+2
$R+\frac{1}{R}$
w′

ab. Diese Abbildung ist quasikonform; ihr konstanter Dilatationsquotient ist

$$K = \left(\frac{R + \frac{1}{R}}{R - \frac{1}{R}} \right)^2 .$$

Die Abbildungen

$$z \to w \to w' \to z'$$

setzen sich zu einer quasikonformen Abbildung des Einheitskreises $|z| < 1$ auf den Einheitskreis $|z'| < 1$ mit dem konstanten Dilatationsquotienten K zusammen (denn auch bei der affinen Abbildung $w \to w'$ gehen entsprechende Punkte w, $-w$ in entsprechende Punkte w', $-w'$ über).

Ich behaupte, diese Abbildung $z \to z'$ sei die gesuchte extremale quasikonforme Abbildung.

Wir untersuchen zum Beweis zuerst das Randverhalten der Abbildung. Einem Randpunkt des Einheitskreises der z-Ebene entsprechen zwei entgegengesetzte Randpunkte in der Z-Ebene auf $|Z| = 1$ und auch in der W-Ebene auf $|W| = R$. Bei der Abbildung $W \to w$ erleidet nun der Kreis $|W| = R$, wie eingangs bemerkt wurde, eine affine Abbildung der Form

$$u = \text{const}\, U, \qquad v = \text{const}\, V .$$

Die Abbildung $w \to w'$ vermittelt nach Definition eine gleichartige Abbildung, und auch die Abbildung $w' \to W'$ wirkt auf den äußeren Rand wie eine affine Abbildung von dieser Form. Darin liegt, daß bei der Abbildung $W \to W'$ alle Randpunkte $|W| = R$ in sich übergeführt werden. Aber W' entstand aus Z' ebenso wie W aus Z, darum führt auch die Abbildung $Z \to W \to W' \to Z'$ jeden Randpunkt in sich über. Jedem Randpunkt z des Einheitskreises der z-Ebene entsprechen zwei entgegengesetzte Randpunkte Z, $-Z$ des Einheitskreises der Z-Ebene, diesen entsprechen dieselben Randpunkte $Z' = Z$, $-Z' = -Z$ in der Z'-Ebene und diesen der alte Randpunkt $z' = z$ in der z'-Ebene. Unsere Abbildung $z \to z'$ wirkt also, wie es verlangt war, auf den Rand $|z| = 1$ wie die Identität $z = z'$.

Nun müssen wir zeigen, daß $z = 0$ in $z' = -\varrho$ übergeht. $z = 0$ geht, wie oben bewiesen wurde, in $w = 0$ über; $w = 0$ entspricht $w' = 0$, und $w' = 0$ geht, wie schon bemerkt wurde, in $z' = -\varrho$ über.

Die Extremaleigenschaft unserer Abbildung ist jetzt leicht zu zeigen. Es sei eine topologische (eineindeutige und in beiden Richtungen stetige) Abbildung der abgeschlossenen Kreise $|z| \leq 1$, $|z'| \leq 1$ aufeinander gegeben, die im Inneren in beiden Richtungen stetig differenzierbar sein soll; hiervon sind noch Ausnahmen auf endlich vielen abgeschlossenen analytischen Kurvenstücken von $|z| \leq 1$ zugelassen. Diese Abbildung soll jeden Randpunkt fest lassen ($z' = z$ für $|z| = 1$) und soll $z = 0$ in $z' = -\varrho$ überführen. Es ist zu zeigen, daß

$$\operatorname{Max} D \geq K$$

ist, wo K die oben aus ϱ auf dem Wege über R berechnete Schranke (der konstante Dilatationsquotient der Extremalabbildung) ist, und daß nur dann $\operatorname{Max} D = K$ ist, wenn die Abbildung mit der Extremalabbildung übereinstimmt.

Wir bilden wie vorhin die zweiblättrige nur in $z=0$ gewundene Überlagerungsfläche des Einheitskreises $|z| < 1$ auf die Ellipse $\mathfrak{E}$ der w-Ebene mit den Halbachsen

$R-\frac{1}{R}$, $R+\frac{1}{R}$ und die zweiblättrige nur in $z'=-\varrho$ gewundene Überlagerungsfläche des Einheitskreises $|z'|<1$ auf die Ellipse $\mathfrak{E}'$ der w'-Ebene mit den Halbachsen $R+\frac{1}{R}$, $R-\frac{1}{R}$ konform ab. Dabei geht $z=0$ in $w=0$ und $z'=-\varrho$ in $w'=0$ über, wie wir oben gesehen haben. Dagegen dürfen wir nicht etwa wie vorhin $\mathfrak{E}$ affin auf $\mathfrak{E}'$ abbilden, vielmehr ist durch

$$w \to z \to z' \to w',$$

wo $z \to z'$ die zu untersuchende topologische Abbildung ist, eine Abbildung der Ellipse $\mathfrak{E}$ der w-Ebene auf die Ellipse $\mathfrak{E}'$ der w'-Ebene gegeben. Denn weil die Abbildung $z=0$ in $z'=-\varrho$ überführt, ist sie zugleich eine topologische Abbildung der zweiblättrigen nur in $z=0$ gewundenen Überlagerungsfläche von $|z|<1$ auf die zweiblättrige nur in $z'=-\varrho$ gewundene Überlagerungsfläche von $|z'|<1$.

Wir haben oben gesehen, daß der affinen Randabbildung

$$u'=\frac{R+\frac{1}{R}}{R-\frac{1}{R}}u\,,\qquad v'=\frac{R-\frac{1}{R}}{R+\frac{1}{R}}v$$

der Ellipse $\mathfrak{E}$ auf die Ellipse $\mathfrak{E}'$ vermöge unserer festen Abbildungen $w \to z$, $w' \to z'$ die identische Randabbildung $z=z'$ der Einheitskreisperipherien $|z|=1$, $|z'|=1$ aufeinander entspricht. Da nun bei unserer zu untersuchenden Abbildung $z \longleftrightarrow z'$ nach Voraussetzung der Rand fest bleibt ($z'=z$ für $|z|=1$), muß die entsprechende Abbildung $w \longleftrightarrow w'$ von $\mathfrak{E}$ auf $\mathfrak{E}'$ am Rande mit dieser affinen Abbildung übereinstimmen (nachdem man evtl. noch w' mit $-w'$ vertauscht hat, was auf eine Blättervertauschung unserer zweiblättrigen Überlagerungsfläche von $|z'|<1$ herauskommt).

Der Dilatationsquotient D ist beim Übergang von der Abbildung $z \longleftrightarrow z'$ zu der Abbildung $w \longleftrightarrow w'$ invariant.

Wir haben also eine topologische Abbildung der Ellipse $\mathfrak{E}$ der w-Ebene mit den Halbachsen $R-\frac{1}{R}$, $R+\frac{1}{R}$ auf die Ellipse $\mathfrak{E}'$ der w'-Ebene mit den Halbachsen $R+\frac{1}{R}$, $R-\frac{1}{R}$. Für Randpunkte ist diese Abbildung durch

$$u'=\frac{R+\frac{1}{R}}{R-\frac{1}{R}}v\,,\qquad v'=\frac{R-\frac{1}{R}}{R+\frac{1}{R}}v$$

gegeben. Die Abbildung ist im Innern in beiden Richtungen stetig differenzierbar, höchstens mit Ausnahme endlich vieler abgeschlossener analytischer Kurvenstücke auf $\mathfrak{E}$.

$$C=\operatorname{Supr} D$$

sei die obere Schranke des Dilatationsquotienten D; dabei können die Punkte der Ausnahmekurven unberücksichtigt bleiben. Es soll gezeigt werden, daß

$$C \geq K=\left(\frac{R+\frac{1}{R}}{R-\frac{1}{R}}\right)^2$$

ist und daß aus $C=K$ folgt, daß die Abbildung affin ist (also, des Randverhaltens wegen, die alte Extremalabbildung vorliegt).

$l(v)$ sei die Länge der Sehne $\mathfrak{I}w=\text{const}=v$ in $\mathfrak{E}$, $l'(v')$ sei die Länge der Sehne $\mathfrak{I}w'=\text{const}=v'$ in $\mathfrak{E}'$. Das w'-Bild der Sehne $\mathfrak{I}w=\text{const}=v$ von $\mathfrak{E}$ verbindet wegen der Voraussetzung über das Verhalten der Abbildung am Rande die Endpunkte der Sehne $\mathfrak{J}w' = \text{const} = \dfrac{R-\frac{1}{R}}{R+\frac{1}{R}}v$, hat also mindestens die Länge $l'\left(\dfrac{R-\frac{1}{R}}{R+\frac{1}{R}}v\right)$:

$$l'\left(\frac{R-\frac{1}{R}}{R+\frac{1}{R}}v\right) \leq \int_{-\frac{1}{2}l(v)}^{+\frac{1}{2}l(v)} \left|\frac{\partial w'}{\partial u}\right| du .$$

Nach der Schwarzschen Umgleichung folgt

$$l'\left(\frac{R-\frac{1}{R}}{R+\frac{1}{R}}v\right)^2 \leq l(v) \int_{\mathfrak{J}w=v} \left|\frac{\partial w'}{\partial u}\right|^2 du .$$

und ist aber [2])

$$\left|\frac{\partial w'}{\partial u}\right|^2 \leq D\frac{\boxed{dw'}}{\boxed{dw}} \leq C\frac{\boxed{dw'}}{\boxed{dw}},$$

folglich

$$l'\left(\frac{R-\frac{1}{R}}{R+\frac{1}{R}}v\right)^2 \leq l(v) \int_{\mathfrak{J}w=v} C\frac{\boxed{dw'}}{\boxed{dw}} du .$$

Wegen unserer Formel für die affine Randabbildung ist aber

$$l'\left(\frac{R-\frac{1}{R}}{R+\frac{1}{R}}v\right) = \frac{R+\frac{1}{R}}{R-\frac{1}{R}} l(v) .$$

Mithin

$$\left(\frac{R+\frac{1}{R}}{R-\frac{1}{R}}\right)^2 l(v) \leq \int_{\mathfrak{J}w=v} C\frac{\boxed{dw'}}{\boxed{dw}} du .$$

Integration nach v ergibt jetzt, wenn $F=F'$ der Inhalt von $\mathfrak{E}$ und zugleich der von $\mathfrak{E}'$ ist,

$$\left(\frac{R+\frac{1}{R}}{R-\frac{1}{R}}\right)^2 F \leq CF'$$

oder

$$K \leq C .$$

Wenn $C=K$ sein soll, dann muß in allen Abschätzungen dieser Rechnung Gleichheit gelten. Dann muß die Sehne $\mathfrak{J}w=v$ in die monoton durchlaufene Sehne $\mathfrak{J}w' = \dfrac{R-\frac{1}{R}}{R+\frac{1}{R}}v$ übergehen, längs jeder solchen Sehne muß $\left|\dfrac{\partial w'}{\partial u}\right|$ konstant sein, die Richtung maximaler Dilatation muß überall parallel zur reellen Achse sein, und überall muß $D=C=K$ sein. Aus einem Teil dieser Bedingungen ergibt sich schon, daß die Abbildung dann affin sein muß.

Zum Schluß wollen wir unser Ergebnis noch quantitativ auswerten. Wir führen die folgende Funktion $\Phi(\mathsf{P})$ ein: für $\mathsf{P} > 1$ schlitze man das Äußere des Einheitskreises von P bis $+\infty$ längs der reellen Achse auf und bilde das so entstehende Ringgebiet konform auf einen konzentrischen Kreisring ab; der Quotient von dessen größerem und kleinerem Halbmesser sei $\Phi(\mathsf{P})$. Diese Funktion hängt elementar mit der elliptischen Modulfunktion zusammen; ich habe aber, ohne diesen Zusammenhang zu benutzen, auf rein geometrischem Wege bewiesen[3]: $\Phi(\mathsf{P})$ wächst monoton und stetig mit P von 1 bis $+\infty$; für $\mathsf{P} \to \infty$ gilt

$$\Phi(\mathsf{P}) \sim 4\,\mathsf{P};$$

dabei bleibt aber

$$\mathsf{P} < \Phi(\mathsf{P}) < 4\,\mathsf{P}.$$

Nun kann man den von $z = -\varrho$ bis $z = 0$ geradlinig aufgeschlitzten Einheitskreis $|z| < 1$ durch die Funktion $-\frac{1}{z}$ auf das von $\frac{1}{\varrho}$ bis $+\infty$ längs der reellen Achse aufgeschlitzte Äußere des Einheitskreises und dieses nach Definition der Funktion Φ auf einen Kreisring

$$1 < |\zeta| < \Phi\left(\frac{1}{\varrho}\right)$$

konform abbilden. Dessen unverzweigte zweiblättrige Überlagerungsfläche läßt sich auf dem Umwege über die z-Ebene und unsere obigen Z und W auf den Kreisring $1 < |W| < R$ abbilden; andererseits geht sie durch die Funktion $\sqrt{\zeta}$ in einen schlichten Kreisring mit den Halbmessern 1 und $\sqrt{\Phi\left(\frac{1}{\varrho}\right)}$ über. Folglich ist

$$R = \sqrt{\Phi\left(\frac{1}{\varrho}\right)}.$$

Hieraus berechnet sich

$$K = \frac{R + \frac{1}{R}}{R - \frac{1}{R}} = \frac{\Phi\left(\frac{1}{\varrho}\right) + 1}{\Phi\left(\frac{1}{\varrho}\right) - 1}.$$

Wenn ϱ von 0 bis 1 wächst, wächst K monoton und stetig von 1 bis $+\infty$.

Aus $\Phi(\mathsf{P}) \sim 4\,\mathsf{P}$ für $\mathsf{P} \to \infty$ folgt

$$K - 1 \sim \frac{\varrho}{2} \quad \text{für } \varrho \to 0.$$

Aus $\Phi(\mathsf{P}) < 4\,\mathsf{P}$ folgt

$$K > \frac{1 + \frac{\varrho}{4}}{1 - \frac{\varrho}{4}} > 1 + \frac{\varrho}{2}.$$

Also: Eine quasikonforme Abbildung des Einheitskreises $|z| \leq 1$ auf sich, bei der alle Randpunkte fest bleiben, verschiebt den Mittelpunkt $z = 0$ um höchstens

$$2\,(\operatorname{Supr} D - 1).$$

---

[3]) O. Teichmüller, Untersuchungen über konforme und quasikonforme Abbildung. Deutsche Mathematik 3 (1938), § 2. 1.

23*

32.
Veränderliche Riemannsche Flächen

Deutsche Math. 7, 344–359 (1944)

Es ist seit langem bekannt, daß die Klassen konform äquivalenter geschlossener Riemannscher Flächen vom Geschlecht g von

$$\tau = \begin{cases} 0, & g = 0 \\ 1, & g = 1 \\ 3(g-1), & g > 1 \end{cases}$$

komplexen Konstanten abhängen. Man hat diese Zahl auf verschiedenen heuristischen Wegen erhalten, und das Ergebnis wird in der Literatur weitergegeben, ohne daß man sich allzuviele Gedanken über den Sinn dieser Aussage macht. Die Menge $\mathfrak{R}$ aller Klassen konform äquivalenter Flächen eines Geschlechts $g > 0$ hat sicher die Mächtigkeit des Kontinuums; wenn man darüber hinaus die Dimension von $\mathfrak{R}$ berechnen will, muß man erst $\mathfrak{R}$ in irgendeinem Sinne zu einem Raum machen.

Man hat zunächst versucht, die Elemente von $\mathfrak{R}$ durch τ Koordinaten oder auch durch $\nu > \tau$ Koordinaten, zwischen denen $\nu - \tau$ Relationen bestehen, zu beschreiben [1]). Aber die verschiedenen Berechnungen von τ auf dieser Grundlage standen in keiner Beziehung zueinander, und es war nicht von vornherein selbstverständlich, sondern eher ein Wunder, daß dabei immer derselbe Wert von τ herauskam. Ich meine, man soll nicht zuerst nach einer expliziten Darstellung der Punkte von $\mathfrak{R}$ durch Zahlen in einem Koordinatensystem fragen, sondern vielmehr die innere Struktur des „Raumes" $\mathfrak{R}$ untersuchen.

Man müßte also damit anfangen, einen Umgebungsbegriff in $\mathfrak{R}$ einzuführen; aber da liegt überhaupt nur ein Ansatz vor [2]), und der ist für die Grundlegung unbrauchbar. Solange $\mathfrak{R}$ aber kein Umgebungsraum ist, hat $\mathfrak{R}$ auch keine Dimension im Sinne der Analysis oder Punktmengenlehre.

Dann hat v. d. Waerden [3]) im Rahmen der algebraischen Geometrie bewiesen, daß ein algebraischer Funktionenkörper von τ Parametern abhängt, wenn man gewisse Ausartungen ausschließt; ich gehe darauf nicht weiter ein, denn das Problem wird dort durch ein rein algebraisches ersetzt, aus dessen Lösung der Funktionentheoretiker nicht diejenigen Aufschlüsse erhält, die für ihn von Bedeutung sind.

Ich untersuche nun das Problem nicht um seiner selbst willen, sondern ich brauchte einige Kenntnisse von $\mathfrak{R}$ zur Untersuchung quasikonformer Abbildungen usw. Deshalb stand auch für mich die Anwendbarkeit innerhalb der Theorie der Riemannschen Flächen im Vordergrund. Man braucht aber $\mathfrak{R}$ nicht nur als Umgebungsraum oder nur als algebraisches Gebilde, sondern auch als analytische Mannigfaltigkeit, d. h. man will in der Umgebung jedes Punktes von $\mathfrak{R}$ ein Koordinatensystem von τ

---

[1]) S. hierüber z. B. Enzyklopädie der mathematischen Wissenschaften, Band II, 2. Teil, S. 147f. (W. Wirtinger).

[2]) O. Teichmüller, Extremale quasikonforme Abbildungen und quadratische Differentiale, Abhandl. Preuß. Akad. Wiss. 1939, Nr. 18 oder 54.

[3]) B. L. van der Waerden, Zur algebraischen Geometrie. XI. Projektive und birationale Äquivalenz und Moduln von ebenen Kurven. Math. Ann. 114.

Koordinaten haben, und alle Koordinatentransformationen sollen analytisch sein. Dann hat man von selbst einen Umgebungsbegriff, und es ist in unserem Falle auch nicht schwer, eine Klasse von Koordinatensystem auszuzeichnen, die sich algebraisch ineinander transformieren.

Aber weil man die Menge $\mathfrak{R}$ noch auf verschiedene Arten zu einer analytischen Mannigfaltigkeit machen kann, muß gefordert werden, daß die Art, die man auswählt, durch bestimmte Eigenschaften eindeutig ausgezeichnet ist; und diese auszeichnenden Eigenschaften müssen die funktionentheoretische Anwendbarkeit verbürgen. Es zeigt sich dabei, daß $\mathfrak{R}$ gewisse singuläre Mannigfaltigkeiten enthält; wir werden aber einen Überlagerungsraum $\underline{\mathfrak{R}}$ angeben, der singularitätenfrei ist.

Es ist mir in absehbarer Zeit nicht möglich, die umfangreichen Einzelausführungen hierüber zu veröffentlichen. Deshalb gebe ich nur an dieser Stelle einen kurzen Überblick über die Methoden und Ergebnisse. Dabei lasse ich jedoch die Berechnung der ersten Abteilungen in $\underline{\mathfrak{R}}$ vollständig fort.

Meine Lösung des Problems beruht, wie ich jetzt nachträglich feststelle, hauptsächlich auf drei neueingeführten Begriffen:

Topologische Festlegung,
Analytische Schar Riemannscher Flächen,
Windungsstückkoordinaten.

Die **topologische Festlegung** [4]) der geschlossenen Flächen vom Geschlecht g geschieht folgendermaßen: $\mathfrak{H}_0$ sei eine ganz fest gewählte, $\mathfrak{H}$ eine beliebige geschlossene Riemannsche Fläche vom Geschlecht g; H sei eine topologische Abbildung von $\mathfrak{H}_0$ auf $\mathfrak{H}$. (Den Zusatz „topologisch" werden wir im folgenden fortlassen.) Wir werden es mit den Paaren $(\mathfrak{H}, H)$ einer Fläche $\mathfrak{H}$ und einer Abbildung des festen $\mathfrak{H}_0$ auf $\mathfrak{H}$ zu tun haben. Zwei solche Paare heißen gleich: $(\mathfrak{H}, H) = (\mathfrak{H}', H')$, wenn erstens $\mathfrak{H} = \mathfrak{H}'$ ist und wenn sich zweitens die Abbildung H'^{-1} von $\mathfrak{H}_0$ auf sich in die Identität verformen läßt (d. h. wenn man jeden Punkt $\mathfrak{p}$ von $\mathfrak{H}_0$ und jedem t mit $0 \leq t \leq 1$ einen Bildpunkt $\mathfrak{q}(\mathfrak{p}, t)$ auf $\mathfrak{H}_0$ stetig so zuordnen kann, daß $\mathfrak{q}(\mathfrak{p}, 0) = \mathfrak{p}$ und $\mathfrak{q}(\mathfrak{p}, 1) = H'^{-1} H \mathfrak{p}$ für alle $\mathfrak{p}$ gilt). Die Paare $(\mathfrak{H}, H)$ zerfallen in Klassen „gleicher" Paare; eine solche Klasse bezeichnen wir mit $\underline{\mathfrak{H}}$ und nennen sie eine topologisch festgelegte Riemannsche Fläche vom Geschlecht g. Durch $\underline{\mathfrak{H}}$ wird also erstens die Fläche $\mathfrak{H}$ gegeben, darüber hinaus aber zweitens eine Abbildung H von $\mathfrak{H}_0$ auf $\mathfrak{H}$, die nur bis auf Deformation bestimmt ist.

Ist A eine Abbildung von $\mathfrak{H}$ auf $\mathfrak{H}'$, so setzen wir

$$A\underline{\mathfrak{H}} = \underline{\mathfrak{H}}' \leftrightarrow A(\mathfrak{H}, H) = (\mathfrak{H}', AH),$$

d. h. A führt das topologisch festgelegte $\underline{\mathfrak{H}}$ in dasjenige topologisch festgelegte $\underline{\mathfrak{H}}' = (\mathfrak{H}', H')$ über, das der Fläche $\mathfrak{H}' = A\mathfrak{H}$ und der zusammengesetzten Abbildung $H' = AH$ von $\mathfrak{H}_0$ auf $\mathfrak{H}'$ entspricht. Wenn es zu vorgegebenen $\underline{\mathfrak{H}}$ und $\underline{\mathfrak{H}}'$ eine konforme Abbildung A von $\mathfrak{H}$ auf $\mathfrak{H}'$ mit $A\underline{\mathfrak{H}} = \underline{\mathfrak{H}}'$ gibt, dann heißen $\underline{\mathfrak{H}}$ und $\underline{\mathfrak{H}}'$ konform äquivalent. Die Klassen konform äquivalenter topologisch festgelegter Flächen $\underline{\mathfrak{H}}$ des Geschlechts g nennen wir $\underline{\mathfrak{h}}$; sie bilden die Punkte eines „Raumes" $\underline{\mathfrak{R}}$. Dagegen bilden die Klassen konform äquivalenter Flächen $\mathfrak{H}$ des Geschlechts g, die wir $\mathfrak{h}$ nennen, einen „Raum" $\mathfrak{R}$.

[4]) Vgl. Nr. 49—51 der in Anm. 2 genannten Arbeit.

Das Modulproblem besteht in der Frage nach der Beschaffenheit des Raumes $\mathfrak{R}$. Es zeigt sich jedoch, daß es besser ist, zuerst den Raum $\underline{\mathfrak{R}}$ zu untersuchen.

Wir kommen nun zu dem wichtigsten hier einzuführenden Begriff, dem der **analytischen Schar Riemannscher Flächen.** — Zuvor sei kurz an den Begriff der analytischen Mannigfaltigkeit erinnert. $\mathfrak{M}$ sei irgendein Umgebungsraum, also eine Menge, in der allen Punkten $\mathfrak{p}$ Umgebungen $\mathfrak{U}(\mathfrak{p})$ so zugeordnet sind, daß die Hausdorffschen Axiome für offene Umgebungen gelten. Jedem Punkt $\mathfrak{p}$ von $\mathfrak{M}$ sei mindestens eine topologische Abbildung A einer Umgebung $\mathfrak{U}$ von $\mathfrak{p}$ auf ein Gebiet $\mathfrak{G}$ des n-dimensionalen komplexen $(z_1, \ldots, z_n)$-Zahlenraumes zugeordnet, und wenn $\mathfrak{p}'$ ein Punkt von $\mathfrak{U}$ ist und ihm eine topologische Abbildung A' einer Umgebung $\mathfrak{U}'$ von $\mathfrak{p}'$ auf ein Gebiet $\mathfrak{G}'$ des $(z'_1, \ldots, z'_n)$-Raums zugeordnet ist, dann soll die Abbildung $A'A^{-1}(z_1, \ldots, z_n) = (z'_1, \ldots, z'_n)$ durch n analytische Funktionen $z'_i = f_i(z_1, \ldots, z_n)$ mit nichtverschwindender Funktionaldeterminante $\left|\frac{\partial f_i}{\partial z_k}\right|$ vermittelt werden. Dadurch wird $\mathfrak{M}$ zu einer n-dimensionalen komplexen analytischen Mannigfaltigkeit. Es ist natürlich möglich, den „Koordinatentransformationen" $z \longleftrightarrow z'$ noch weitere Bedingungen aufzuerlegen (z. B. daß die f_i algebraische Funktionen sein sollen, die natürlich an der jeweils betrachteten Stelle regulär analytisch sein müssen). — Das einfachste Beispiel ($n = 1$) ist die Riemannsche Fläche im allgemeinsten Sinne des Wortes. — Wir fordern vorläufig nicht, daß $\mathfrak{M}$ zusammenhängend sei.

$\mathfrak{P}$ sei eine solche r-dimensionale komplexe analytische Mannigfaltigkeit, deren Punkt $\mathfrak{p}$ also durch r Koordinaten $p_1, \ldots, p_r$ beschrieben wird. Jedem Punkt $\mathfrak{p}$ von $\mathfrak{P}$ sei eine geschlossene Riemannsche Fläche $\mathfrak{H} = \mathfrak{H}(\mathfrak{p})$ des festen Geschlechts g zugeordnet; der Punkt $\mathfrak{t}$ eines solchen $\mathfrak{H}(\mathfrak{p})$ wird durch eine Koordinate (Ortsuniformisierende) t beschrieben. Nun fassen wir die Paare $(\mathfrak{p}, \mathfrak{t})$ ins Auge: $\mathfrak{p}$ ist ein Punkt von $\mathfrak{P}$ und $\mathfrak{t}$ ein Punkt der zugehörigen Fläche $\mathfrak{H}(\mathfrak{p})$. Diese Paare $(\mathfrak{p}, \mathfrak{t})$ sollen wieder die Punkte einer neuen $(r+1)$-dimensionalen komplexen analytischen Mannigfaltigkeit $\mathfrak{M}$ bilden, und zwar soll es in $\mathfrak{M}$ ein ausgezeichnetes analytisches Koordinatensystem $(p_1, \ldots, p_r, t)$ geben, bestehend aus den Koordinaten $p_1, \ldots, p_r$ von $\mathfrak{p}$ und einer letzten Koordinate [5] t, die für feste $p_1, \ldots, p_r$ eine Ortsuniformisierende der zugehörigen Fläche $\mathfrak{H}(\mathfrak{p}) = \mathfrak{H}(p_1, \ldots, p_r)$ ist. Der Übergang zu einem zweiten „ausgezeichneten" Koordinatensystem $p'_1, \ldots, p'_r, t'$ von $\mathfrak{M}$ wird dann durch Formeln

$$p'_\varrho = f_\varrho(p_1, \ldots, p_r) \qquad (\varrho = 1, \ldots, r); \quad t' = g(p_1, \ldots, p_r, t)$$

gegeben, wo also

$$\frac{\partial p'_\varrho}{\partial t} = 0$$

sein muß, während

$$\left|\frac{\partial p'_\varrho}{\partial p_\sigma}\right| \neq 0 \quad \text{und} \quad \frac{\partial t'}{\partial t} \neq 0$$

ist. Die Koordinatentransformationen von dieser Gestalt bilden offenbar eine Gruppe. Eine Schar $\mathfrak{H}(\mathfrak{p})$, die in dieser Weise zu einer $(r+1)$-dimensionalen Mannigfaltigkeit

[5]) Besser „Subordinate"; vgl. O. Teichmüller, Über Extremalprobleme der konformen Geometrie. Deutsche Mathematik 6 (1941).

$\mathfrak{M}$ gemacht worden ist, nennen wir eine analytische Schar Riemannscher Flächen, $\mathfrak{P}$ ihre Parametermannigfaltigkeit.

Das Wesentliche ist, daß man in $\mathfrak{M}$ die letzte Koordinate t, die ja eine Ortsuniformisierende auf $\mathfrak{H}(\mathfrak{p})$ ist, nicht ganz beliebig für alle $\mathfrak{p}$ unabhängig voneinander wählen darf, sondern daß man für eine gewisse analytische Abhängigkeit des t von $\mathfrak{p}$ sorgen muß. So ein t, das mit $p_1, \ldots, p_r$ zusammen ein analytisches Koordinatensystem in $\mathfrak{M}$ bildet, nenne ich eine **permanente Ortsuniformisierende** im Gegensatz zu der Ortsuniformisierenden schlechthin, die nur für eine bestimmte Fläche $\mathfrak{H}$ brauchbar ist.

[Beispiel: Die über $z=0, 1, \infty, p$ verzweigte zweiblättrige Überlagerungsfläche der z-Ebene. Also ein Parameter p; $\mathfrak{P}$ ist die in $0, 1, \infty$ punktierte p-Ebene. Es sei $t=z$ in der Umgebung aller nicht verzweigten Punkte, $t=\sqrt{z}$, $\sqrt{z-1}$, $\sqrt{\frac{1}{z}}$ in den Verzweigungspunkten $0, 1, \infty$ und $t=\sqrt{z-p}$ in dem Verzweigungspunkt $z=p$, wo die Vorzeichen der Quadratwurzeln in geeigneter stetiger Weise festgelegt werden müssen. So ist der Umgebung jedes Punktes von $\mathfrak{M}$, d. h. jedes Paares $(p, \mathfrak{t})$ eines p aus $\mathfrak{P}$ und eines Punktes $\mathfrak{t}$ der zu p gehörigen Fläche, ein Koordinatensystem (p, t) zugeordnet, und alle Forderungen sind erfüllt.]

Wir können diesen Begriff der analytischen Schar Riemannscher Flächen mit dem der topologischen Festlegung in Verbindung bringen. Es läßt sich nämlich zeigen: Zu jedem Punkt $\mathfrak{p}^{(0)}$ von $\mathfrak{P}$ gibt es eine zusammenhängende Umgebung $\mathfrak{U}$ und eine Abbildung $A_{\mathfrak{p}}$, die jedem $\mathfrak{p}$ aus $\mathfrak{U}$ und jedem Punkt $\mathfrak{t}^{(0)}$ von $\mathfrak{H}^{(0)}=\mathfrak{H}(\mathfrak{p}^{(0)})$ einen Punkt $A_{\mathfrak{p}}\,\mathfrak{t}_0=\mathfrak{t}$ von $\mathfrak{H}(\mathfrak{p})$ stetig so zuordnet, daß die Abbildung $\mathfrak{t}_0 \to \mathfrak{t}$ bei festem $\mathfrak{p}$ eine topologische Abbildung von $\mathfrak{H}^{(0)}$ auf $\mathfrak{H}(\mathfrak{p})$ ist. Ist nun $B_{\mathfrak{p}}$ eine Abbildung mit derselben Eigenschaft, so läßt sich $B_{\mathfrak{p}}^{-1}A_{\mathfrak{p}}$ in die Identität verformen (indem man $\mathfrak{p}$ nach $\mathfrak{p}^{(0)}$ wandern läßt), folglich ist $A_{\mathfrak{p}}$ bis auf Deformation eindeutig bestimmt (in einer Umgebung $\mathfrak{U}$ von $\mathfrak{p}^{(0)}$!). Ist nun $\mathfrak{H}^{(0)}$ durch eine Abbildung $\mathfrak{H}^{(0)}$ von $\mathfrak{H}_0$ auf $\mathfrak{H}^{(0)}$ zu einer topologisch festgelegten Fläche $\underline{\mathfrak{H}}^{(0)}=(\mathfrak{H}^{(0)}, H^{(0)})$ gemacht, so setzen wir

$$\underline{\mathfrak{H}}(\mathfrak{p})=A_{\mathfrak{p}}\,\underline{\mathfrak{H}}^{(0)}=(\mathfrak{H}(\mathfrak{p}), A_{\mathfrak{p}}\,H^{(0)})$$

und haben damit alle $\mathfrak{H}(\mathfrak{p})$ für eine Umgebung von $\mathfrak{p}^{(0)}$ zu topologisch festgelegten $\underline{\mathfrak{H}}(\mathfrak{p})$ gemacht.

Nach bekannten Grundsätzen der stetigen Fortsetzung muß es nun eine relativ unverzweigte Überlagerung $\underline{\mathfrak{P}}$ von $\mathfrak{P}$ derart geben, daß jedem Punkt $\underline{\mathfrak{p}}$ von $\underline{\mathfrak{P}}$ eine topologisch festgelegte Fläche $\underline{\mathfrak{H}}(\underline{\mathfrak{p}})$ entspricht; natürlich muß die $\underline{\mathfrak{H}}(\underline{\mathfrak{p}})$ zugrunde liegende Fläche $\mathfrak{H}$ gerade die dem unter $\underline{\mathfrak{p}}$ liegenden Punkte $\mathfrak{p}$ von $\mathfrak{P}$ zugeordnete Fläche $\mathfrak{H}(\mathfrak{p})$ sein, und in einer Umgebung jedes $\underline{\mathfrak{p}}^{(0)}$ stimmt die topologische Festlegung von $\underline{\mathfrak{H}}$ mit der soeben getroffenen Festsetzung

$$\underline{\mathfrak{H}}(\underline{\mathfrak{p}})=A_{\mathfrak{p}}\,\underline{\mathfrak{H}}^{(0)}$$

überein. Wir sagen dann kurz, die topologische Festlegung hängt stetig von $\mathfrak{p}$ ab. Auf diese Weise erhalten wir die analytische Mannigfaltigkeit topologisch festgelegter Riemannscher Flächen. Oft wird $\underline{\mathfrak{P}}$ mit $\mathfrak{P}$ übereinstimmen; wir schreiben jetzt statt $\underline{\mathfrak{P}}$ und $\underline{\mathfrak{p}}$ wieder $\mathfrak{P}$ und $\mathfrak{p}$.

Nun sind verschiedene Begriffe, die man sonst nur für eine feste Riemannsche Fläche $\mathfrak{H}$ einführt, für unsere von Parametern $p_1, \ldots, p_r$ abhängenden Riemannschen Flächen $\mathfrak{H}(\mathfrak{p})$ richtig zu formulieren. Grundlage dafür ist die permanente Ortsuniformisierende t.

$p_{r+1}, \ldots, p_s$ sind noch weitere zu $p_1, \ldots, p_r$ (den Koordinaten in $\mathfrak{P}$) hinzutretende Parameter, die auch fehlen dürfen. Ein Punkt $\mathfrak{t}$ von $\mathfrak{H}(\mathfrak{p})$ hängt analytisch von $p_1, \ldots, p_s$ ab, wenn in jeder Umgebung, wo $p_1, \ldots, p_r, t$ ein Koordinatensystem von $\mathfrak{M}$ sind (oder wo t eine permanente Ortsuniformisierende ist), die Koordinate t von $\mathfrak{t}$ analytisch von $p_1, \ldots, p_s$ abhängt.

Ein ganzer Divisor $\mathfrak{a} = \mathfrak{t}_1 \cdots \mathfrak{t}_n$ ist ein Produkt von n gleichen oder verschiedenen „Primdivisoren" $\mathfrak{t}_\nu$ der gleichen Fläche $\mathfrak{H}$; die Primdivisoren sind den Punkten eineindeutig zugeordnet und werden auch mit denselben Buchstaben bezeichnet. Wir wollen zunächst annehmen, für all diese n-Punkte sei dieselbe permanente Ortsuniformisierende t zuständig. Gehört dann $\mathfrak{t}_\nu$ zu $t = t_\nu$, so seien $s_1, \ldots, s_n$ die elementarsymmetrischen Funktionen von $t_1, \ldots, t_n$. Wir sagen, $\mathfrak{a}$ hängt analytisch von $p_1, \ldots, p_s$ ab, wenn $s_1, \ldots, s_n$ analytische Funktionen von $p_1, \ldots, p_s$ sind. Man beweist, daß das von der Wahl der permanenten Ortsuniformisierenden t unabhängig ist.

Wenn man nicht für alle $\mathfrak{t}_\nu$ dasselbe t benutzen kann oder will, teilt man die $\mathfrak{t}_\nu$ (in der Umgebung eines $(p_1^{(0)}, \ldots, p_s^{(0)})$) so in Klassen ein, daß man für jede Klasse eine permanente Ortsuniformisierende hat und die $\mathfrak{t}_\nu$ verschiedener Klassen stets verschieden sind. Wenn dann für jede Klasse das Produkt ihrer Primdivisoren analytisch von $p_1, \ldots, p_s$ abhängt, dann sagen wir, $\mathfrak{a}$ hängt analytisch von $p_1, \ldots, p_s$ ab. Man beweist, daß dies von der Art der Klassenzusammenfassung unabhängig ist.

Ist $\mathfrak{a}\mathfrak{b} = \mathfrak{c}$ und hängen $\mathfrak{a}$ und $\mathfrak{c}$ analytisch von $p_1, \ldots, p_s$ ab, dann gilt dasselbe für $\mathfrak{b}$.

Auf Grund des letzten Satzes definieren wir: ein gebrochener Divisor $\mathfrak{d}$ hängt analytisch von $p_1, \ldots, p_s$ ab, wenn $\mathfrak{d} = \frac{\mathfrak{a}}{\mathfrak{b}}$ ist, wo $\mathfrak{a}$ und $\mathfrak{b}$ ganze Divisoren sind, die analytisch von $p_1, \ldots, p_s$ abhängen.

Nun kommt der für uns wichtige Begriff des Hauptteils. Unter einem Hauptteil an der Stelle $\mathfrak{t}$ der Fläche $\mathfrak{H}$ versteht man eine additive Restklasse der additiven Gruppe aller Funktionen, die in einer Umgebung von $\mathfrak{t}$ bis auf Pole regulär sind, mod dem Normalteiler der an der Stelle $\mathfrak{t}$ regulären Funktionen. Wenn endlich vielen Punkten $\mathfrak{t}$ Hauptteile zugeordnet sind, spricht man von einem Hauptteilsystem. Wann hängt nun ein Hauptteilsystem analytisch von $p_1, \ldots, p_s$ ab?

t sei eine permanente Ortsuniformisierende, und

$$Q(t) = t^n + \beta_{n-1} t^{n-1} + \cdots + \beta_0$$

sei ein Polynom vom Grade n mit dem höchsten Koeffizienten 1, dessen Nullstellen alle in dem Gebiet liegen, auf das t beschränkt ist.

$$P(t) = \alpha_0 + \cdots + \alpha_{n-1} t^{n-1}$$

sei ein Polynom vom Grade $n-1$. Wenn $\alpha_0, \ldots, \alpha_{n-1}, \beta_0, \ldots, \beta_{n-1}$ analytisch von $p_1, \ldots, p_s$ abhängen, sagen wir, das Hauptteilsystem von $\frac{P(t)}{Q(t)}$ hängt analytisch von $p_1, \ldots, p_s$ ab. Ein Hauptteilsystem hängt analytisch von $p_1, \ldots, p_s$ ab, wenn es gleich dem Hauptteilsystem eines solchen $\frac{P(t)}{Q(t)}$ ist; vorausgesetzt, daß seine Pole alle in dem durch t uniformisierten Teil von $\mathfrak{H}$ liegen. Sonst spaltet man das Hauptteilsystem (genau wie oben den ganzen Divisor) in getrennte Teile auf und fordert, daß diese nach Einführen je einer permanenten Ortsuniformisierenden analytisch von $p_1, \ldots, p$ abhängen.

Zur Rechtfertigung dieser Definition wie auch für weitere Anwendungen braucht man folgenden Hilfssatz:

Ist $f(p_1, \ldots, p_r, t)$ für $(p_1, \ldots, p_r)$ in einem Gebiet $\mathfrak{P}$, $0<\varrho<|t|<R$ regulär analytisch und hat f bei festen p_σ als Funktion von t allein in $|t|<R$ höchstens n Pole, aber keine anderen Singularitäten, dann gibt es Polynome

$$P(t)=\alpha_0(p_1, \ldots, p_s)+\cdots+\alpha_{n-1}(p_1, \ldots, p_s)\, t^{n-1},$$
$$Q(t)=t^n+\beta_{n-1}(p_1, \ldots, p_s)\, t^{n-1}+\cdots+\beta_0(p_1, \ldots, p_s),$$

deren Koeffizienten analytisch von $p_1, \ldots, p_s$ abhängen, und eine für $(p_1, \ldots, p_r)$ in $\mathfrak{P}$, $|t|<R$ reguläre Funktion $r(p_1, \ldots, p_s, t)$ mit

$$f=\frac{P}{Q}+r.$$

Unter einer Funktion der Fläche $\mathfrak{H}$ versteht man bei festem $\mathfrak{p}$ (also bei festen $p_1, \ldots, p_r$) eine auf $\mathfrak{H}$ überall bis auf Pole analytische Funktion f. Wir sagen, f hängt analytisch von $p_1, \ldots, p_s$ ab, wenn f in der Umgebung jeder Stelle eine regulär analytische Funktion von $p_1, \ldots, p_s$ und t ist (t permanente Ortsuniformisierende), ausgenommen die Umgebungen von nur endlich vielen Punkten jeder einzelnen Fläche $\mathfrak{H}$. Selbstverständlich sind die Pole von f auf $\mathfrak{H}$ auszunehmen, aber vielleicht noch weitere Punkte. Wir wissen schon, daß das Hauptteilsystem eines solchen f analytisch von $p_1, \ldots, p_r$ abhängt, aber wir können noch mehr sagen: Ist t eine permanente Ortsuniformisierende und f in $0<\varrho<|t|<R$ regulär und $\varphi(t)$ eine in $0<\varrho<|t|<R$ reguläre Funktion, die bei festem $\mathfrak{p}$ in $|t|<R$ bis auf höchstens m Pole regulär ist, dann hängt der in $|t|\leq\varrho$ fallende Teil des Hauptteilsystems von $f(t)\,\varphi(t)$ analytisch von $p_1, \ldots, p_s$ ab. Dies ist bei gegebenem φ als eine Regularitätsaussage über f aufzufassen.

$n(p_1, \ldots, p_s)$ sei der Grad von f, also die Zahl der a-Stellen von f, mehrfache mehrfach gezählt, der von der Konstanten a nicht abhängt; a kann auch ∞ sein. (Wir sehen jetzt von dem Fall eines konstanten f ab.) Im allgemeinen ist $n(p_1, \ldots, p_s)$ gleich einer Konstanten n; nur für einige $(p_1, \ldots, p_s)$ kann $n(p_1, \ldots, p_s)<n$ sein; $n(p_1, \ldots, p_s)>n$ ist ausgeschlossen. Wir betrachten f in der Umgebung einer Stelle $(p_1^{(0)}, \ldots, p_s^{(0)}, t^{(0)})$. Bei festen $p_\sigma=p_\sigma^{(0)}$ möge f an der Stelle $t^{(0)}$ den Wert $a^{(0)}$, der auch ∞ sein kann, α-mal annehmen. Wenn dann $(p_1, \ldots, p_s)$ hinreichend nahe bei $(p_1^{(0)}, \ldots, p_s^{(0)})$ liegt, wird f in einer beliebig kleinen Umgebung von $t=t^{(0)}$ den festen Wert a für nichtspezielles $(p_1, \ldots, p_s)$ entweder ν-mal oder $(\nu+\alpha)$-mal annehmen, je nachdem $a\neq a^{(0)}$ oder $a=a^{(0)}$ ist. ν ist hier eine bei festgehaltenen $p_\sigma^{(0)}$ nur noch von $t^{(0)}$, aber nicht von a abhängige ganzrationale nichtnegative Zahl, und es ist

$$n-n(p_1^{(0)}, \ldots, p_s^{(0)})=\sum \nu,$$

wo rechts alle zu den verschiedenen $t^{(0)}$ gehörigen ν zu summieren sind; insbesondere sind nur endlich viele von 0 verschieden.

Wenn alle $\nu=0$ sind, wenn also $n(p_1, \ldots, p_s)=n$ ist oder wenn sich der Grad von f bei der Spezialisierung $p_\sigma=p_\sigma^{(0)}$ nicht verkleinert, dann sagen wir, f hänge analytisch von erster Art von $p_1, \ldots, p_s$ ab. Das ist dann und nur dann der Fall, wenn in einer Umgebung jeder Stelle entweder f oder $\frac{1}{f}$ eine regulär analytische Funktion von $p_1, \ldots, p_s, t$ ist.

Wir wissen bei all dem nicht, ob es bei einer vorgegebenen analytischen Schar Riemannscher Flächen überhaupt Funktionen gibt, die analytisch oder gar analytisch von erster Art von den Parametern abhängen. Wir definieren:

Eine analytische Schar Riemannscher Flächen $\mathfrak{H}(\mathfrak{p})$ heißt im großen analytisch, wenn es in der Umgebung jedes $\mathfrak{p}$ eine Funktion der Fläche $\mathfrak{H}(\mathfrak{p})$ gibt, die analytisch von erster Art von den Parametern $p_1, \ldots, p_r$ abhängt.

Nur für solche Scharen kann ich Aussagen im großen machen, d. h. solche Aussagen, die sich auf das Verhalten der Funktionen auf der ganzen Fläche $\mathfrak{H}$ beziehen; die Abhängigkeit von $\mathfrak{p}$ wird vorläufig nur im kleinen, in der Umgebung eines $\mathfrak{p}^{(0)}$ untersucht.

All das gilt sinngemäß auch für analytische Scharen topologisch festgelegter Riemannscher Flächen.

Jetzt sind wir so weit, daß wir das Hauptergebnis aussprechen können.

Es gibt zu jedem g eine im großen analytische Schar topologisch festgelegter Riemannscher Flächen des Geschlechts g: $\underline{\mathfrak{H}}[\mathfrak{c}]$, wo $\mathfrak{c}$ eine τ-dimensionale komplexe analytische Mannigfaltigkeit $\mathfrak{C}$ durchläuft, mit folgenden Eigenschaften:

Zu jeder topologisch festgelegten Fläche $\underline{\mathfrak{H}}$ des Geschlechts g gibt es ein und nur ein konform äquivalentes $\underline{\mathfrak{H}}[\mathfrak{c}]$.

Ist $\underline{\mathfrak{H}}(\mathfrak{p})$ irgendeine im großen analytische Schar topologisch festgelegter Flächen vom Geschlecht g, beschrieben durch die Parameter $p_1, \ldots, p_r$ und die permanente Ortsuniformisierende t, so gibt es eine Abbildung der Schar $\underline{\mathfrak{H}}(\mathfrak{p})$ in die Schar $\underline{\mathfrak{H}}[\mathfrak{c}]$, die durch die Parameter $c_1, \ldots, c_\tau$ und die permanente Ortsuniformisierende T beschrieben sei, wobei $c_1, \ldots, c_\tau$ analytische Funktionen von $p_1, \ldots, p_r$ werden und T eine analytische Funktion von $p_1, \ldots, p_r, t$ mit $\frac{\partial T}{\partial t} \neq 0$ wird und bei der die topologisch festgelegte Fläche $\underline{\mathfrak{H}}(\mathfrak{p})$ konform auf $\underline{\mathfrak{H}}[\mathfrak{c}]$ abgebildet wird.

Hierdurch ist die Schar $\underline{\mathfrak{H}}[\mathfrak{c}]$ im wesentlichen eindeutig bestimmt. Die (komplexe) Dimension τ von $\mathfrak{C}$ ist

$$\tau = \begin{cases} 0, & g = 0 \\ 1, & g = 1 \, . \\ 3(g-1), & g > 1 \end{cases}$$

Daß die Schar $\underline{\mathfrak{H}}[\mathfrak{c}]$ durch die angegebenen Eigenschaften eindeutig bestimmt ist, sieht man leicht ein: Ist $\underline{\mathfrak{H}}[\mathfrak{c}']$ eine zweite Schar mit denselben Eigenschaften, beschrieben durch die Parameter $c'_1, \ldots, c'_{\tau'}$ und die permanente Ortsuniformisierende T', so ist die Abbildung $\mathfrak{c} \leftrightarrow \mathfrak{c}'$, bei der $\mathfrak{H}[\mathfrak{c}]$ und $\mathfrak{H}'[\mathfrak{c}']$ konform äquivalent sind, eineindeutig und läßt sich zu einer analytischen Abbildung

$$(c'_1, \ldots, c'_{\tau'}, T') \rightarrow (c_1, \ldots, c_\tau, T)$$

sowie zu einer Abbildung

$$(c_1, \ldots, c_{\tau'}, T) \rightarrow (c'_1, \ldots, c'_{\tau'}, T'),$$

die nicht notwendig die Umkehrung der ersten Abbildung ist, fortsetzen. Aber nach Weglassen von T und T' sind die beiden Abbildungen Umkehrungen voneinander: $c'_1, \ldots, c'_{\tau'}$ hängen mit $c_1, \ldots, c_\tau$ durch eine analytische Transformation mit nicht verschwindender Funktionaldeterminate zusammen[1]). Wegen $\frac{\partial T'}{\partial T} \neq 0$ und $\frac{\partial T}{\partial T'} \neq 0$ ist jetzt auch jede der beiden erweiterten Abbildungen analytisch mit nichtverschwindender Funktionaldeterminante. Die beiden Scharen lassen sich also analytisch aufeinander abbilden.

Mit dem genannten Satze ist das **Modulproblem** gelöst. Wir bilden nämlich den Raum $\mathfrak{R}$ aller Klassen konform äquivalenter topologisch festgelegter Flächen des Geschlechts g eineindeutig auf die τ-dimensionale komplexe analytische Mannigfaltigkeit $\mathfrak{C}$ ab, indem wir jeder Klasse $\underline{\mathfrak{h}}$ aus $\mathfrak{R}$ dasjenige $\mathfrak{c}$ aus $\mathfrak{C}$ zuordnen, für das $\underline{\mathfrak{H}}[\mathfrak{c}]$ zu $\underline{\mathfrak{h}}$ gehört. So machen wir auch $\mathfrak{R}$ in eindeutig bestimmter Weise zu einer τ-dimensionalen komplexen analytischen Mannigfaltigkeit. Eine konforme Invariante einer topologisch festgelegten Riemannschen Fläche $\underline{\mathfrak{H}}$, also eine Funktion auf $\mathfrak{R}$, heißt analytisch, wenn sie nach Übergang zu $\mathfrak{C}$ analytisch von $c_1, \ldots, c_\tau$ abhängt. Wir haben jetzt auch einen Umgebungsbegriff in $\mathfrak{R}$.

Wir wollen gleich noch ein zweites Ergebnis aussprechen, das beim Beweis des ersten gebraucht wird. Es handelt sich um die Bestimmung einer Funktion durch verallgemeinerte Hauptteilsysteme.

$\mathfrak{H}(\mathfrak{p})$ sei eine im großen analytische Schar Riemannscher Flächen. Für n getrennte Teile der Flächen $\mathfrak{H}(\mathfrak{p})$, wo $\mathfrak{p}$ ein einer Umgebung von $\mathfrak{p}^{(0)}$ bleiben soll, nehmen wir permanente Ortsuniformisierende t_ν und betrachten die Kreise $|t_\nu| < R$. Es sei $0 < \varrho < R$. $\varphi_\nu(t_\nu)$ sei in $\varrho < |t_\nu| < R$ eine analytische Funktion von $p_1, \ldots, p_s, t_\nu$ und habe bei festen p_σ in $|t| < R$ keine Singularitäten außer Polen, deren Vielfachheitensumme höchstens m_ν sei. Es sei

$$Q_\nu(t_\nu) = t_\nu^n + \beta_{n-1,\nu} t_\nu^{n-1} + \cdots + \beta_{0,\nu},$$

wo die $\beta_{i,\nu}$ analytisch von den p_σ abhängen und alle Nullstellen von $Q_\nu(t_\nu)$ in $|t_\nu| < \varrho$ liegen. Es sei

$$P_\nu(t_\nu) = \alpha_{0,\nu} + \cdots + \alpha_{n-1,\nu} t_\nu^{n-1}$$

mit zunächst noch unbestimmten Koeffizienten. Wir suchen Funktionen f von $\mathfrak{H}(\mathfrak{p})$, für die $f\varphi_\nu$ in $|t_\nu| < R$ dasselbe Hauptteilsystem wie $\frac{P_\nu}{Q_\nu}$ hat und die im übrigen regulär sind.

Zunächst behandeln wir das homogene Problem, wo alle $\alpha_{i,\nu} = 0$ sind. Da wird also nach den Funktionen f gefragt, für die $f\varphi_\nu$ in $|t_\nu| < R$ regulär ist und die selbst im übrigen regulär sind. Das ist eine Fragestellung von der Art, wie sie dem Riemann-Rochschen Satz zugrunde liegt. h sei die Höchstzahl linear unabhängiger Funktionen f mit den genannten Eigenschaften, so daß jedes f sich linear mit komplexen Koeffizienten aus h linear unabhängigen $f_1, \ldots, f_h$ zusammensetzt. h hängt noch von $\mathfrak{p}$ ab: $h = h(\mathfrak{p})$. Es zeigt sich nun:

$h(\mathfrak{p})$ ist im allgemeinen konstant; nur für spezielle $\mathfrak{p}$ kann es sich vergrößern, aber nie verkleinern. Wenn $h(\mathfrak{p})$ sich bei der Spezialisierung $\mathfrak{p} = \mathfrak{p}^{(0)}$ nicht vergrößert, dann kann man die Basisfunktionen $f_1, \ldots, f_h$ in einer Umgebung von $\mathfrak{p}^{(0)}$ so wählen, daß sie analytisch von $p_1, \ldots, p$ abhängen.

[1]) Der Satz von der Invarianz der Dimensionenzahl lehrt, daß $\tau = \tau'$ ist.

Dazu ist zu sagen, daß man oft von vornherein sagen kann, daß h von $\mathfrak{p}$ unabhängig ist (z. B. auf Grund des Riemann-Rochschen Satzes).

Nun wenden wir uns zum inhomogenen Problem und numerieren die $\alpha_{i,\nu}$ irgendwie laufend durch: $\alpha_1, \ldots, \alpha_k$. Ferner beschränken wir uns auf den Fall, daß sich h bei der Spezialisierung $\mathfrak{p}=\mathfrak{p}^{(0)}$ nicht vergrößert. Dann gilt:

Dann und nur dann gibt es zu gegebenen $\alpha_1, \ldots, \alpha_k$ eine Funktion f, wenn nach geeigneter Numerierung etwa $\alpha_{l+1}, \ldots, \alpha_k$ ganz bestimmte Linearkombinationen der freibleibenden $\alpha_1, \ldots, \alpha_l$ sind $(0 \leq l \leq k)$; die Koeffizienten dieser Linearkombinationen hängen analytisch von $p_1, \ldots, p_s$ ab. Dann erhält man f in der Gestalt

$$f = \alpha_1 F_1 + \cdots + \alpha_l F_l + \beta_1 f_1 + \cdots + \beta_h f_h ,$$

wo die F_λ Funktionen von $\mathfrak{H}(\mathfrak{p})$ sind, die analytisch von $p_1, \ldots, p_s$ abhängen, während $\beta_1, \ldots, \beta_h$ frei bleibende Konstanten sind.

All dies kann ich nur für im großen analytische Scharen Riemannscher Flächen beweisen. Ich weiß nicht, ob jede analytische Schar Riemannscher Flächen im großen analytisch ist oder nicht.

An der Voraussetzung, daß es eine Funktion z der Fläche $\mathfrak{H}(\mathfrak{p})$ geben soll, die analytisch von erster Art von $p_1, \ldots, p_r$ abhängt, sieht man schon, wie der Beweis unserer Behauptungen anzusetzen ist: Wir legen $\mathfrak{H}(\mathfrak{p})$ über die z-Ebene als n-blättrige Riemannsche Überlagerungsfläche $\mathfrak{Z}(\mathfrak{p})$, wo n der Grad von z ist, der ja von $\mathfrak{p}$ nicht abhängt. Das geschieht bekanntlich so: z ist eine Funktion des Ortes $\mathfrak{t}$ auf $\mathfrak{H}(\mathfrak{p})$; wir fassen nun umgekehrt den Punkt $\mathfrak{t}$ von $\mathfrak{H}(\mathfrak{p})$ (beschrieben durch die Ortsuniformisierende t) als Funktion von z auf. Da z jeden Wert n-mal annimmt, wird $\mathfrak{t}$ auf einer n-blättrigen Überlagerungsfläche $\mathfrak{Z}(\mathfrak{p})$ der z-Ebene eindeutig, und $\mathfrak{Z}(\mathfrak{p})$ erscheint konform auf $\mathfrak{H}(\mathfrak{p})$ abgebildet; dabei müssen wir noch auf die Ausnahmen in den mehrfachen Polen und sonstigen Kreuzungspunkten $\left(\text{Nullstellen von } \frac{dz}{dt}\right)$ achten, die den Windungspunkten von $\mathfrak{Z}(\mathfrak{p})$ entsprechen.

$\mathfrak{Z}(\mathfrak{p})$ wird am besten durch Angaben seiner Windungspunkte und seiner Struktur im großen beschrieben. Wenn nun z analytisch von erster Art von $p_1, \ldots, p_r$ abhängt, wie hängen dann die Windungspunkte der Fläche $\mathfrak{Z}$ von $p_1, \ldots, p_r$ ab? Bei dieser Frage ist noch zu berücksichtigen, daß bei einer Spezialisierung $p_\varrho = p_\varrho^{(0)}$ z. B. zwei zweiblättrige Windungspunkte von $\mathfrak{Z}$ zu einem dreiblättrigen verschmelzen können usw.

Damit sind wir zu dem Fragenkreis gekommen, mit dem ich meine Untersuchungen über veränderliche Riemannsche Flächen begonnen habe. Wir müssen den Begriff des **Windungsstücks** und die **Windungsstückkoordinaten** einführen.

$\mathfrak{C}$ sei eine geschlossene Jordankurve, die die z-Ebene in ein Innengebiet $\mathfrak{J}$ und ein Außengebiet $\mathfrak{A}$ einteilt. Wenn man eine geschlossene Riemannsche Fläche $\mathfrak{Z}$ über der z-Ebene über $\mathfrak{C}$ zerschneidet, dann zerfällt der über $\mathfrak{J}$ liegende Teil von $\mathfrak{Z}$ in endlich viele Stücke; die mehrblättrigen, aber einfach zusammenhängenden dieser Stücke sind Windungsstücke.

Man muß also zunächst Riemannsche Flächenstücke $\mathfrak{W}$ über $\mathfrak{J}$ betrachten, die zusammenhängend sind und nur endlich viele Windungspunkte, aber keine Randpunkte über $\mathfrak{J}$ haben und jeden Punkt n-mal überdecken (Windungspunkte mehrfach gezählt): das sind die n-blättrigen Überlagerungen $\mathfrak{W}$ von $\mathfrak{J}$. Eine solche ist dann und nur dann einfach zusammenhängend, wenn die Summe der Vielfachheiten ihrer

Verzweigungspunkte gleich $n-1$ ist (ein λ-blättriger Windungspunkt gilt als $(\lambda-1)$-facher Verzweigungspunkt); dann besteht der Rand von $\mathfrak{W}$ aus einer einzigen Kurve, die n-blättrig über $\mathfrak{C}$ verläuft. Dagegen ist für ein mehrfach zusammenhängendes $\mathfrak{W}$ die Summe der Vielfachheiten der Verzweigungspunkte größer als $n-1$.

Aber eine einfach zusammenhängende n-blättrige Überlagerung $\mathfrak{W}$ von $\mathfrak{J}$ ist noch nicht etwa ein Windungsstück. Wenn schon so ein $\mathfrak{W}$ beim Zerschneiden einer geschlossenen Fläche $\mathfrak{Z}$ über $\mathfrak{C}$ herausgefallen sein mag, dann kann man es auf n verschiedene Arten in sein Loch wieder einsetzen, und im allgemeinen wird man (für $n>2$) dabei n verschiedene Flächen $\mathfrak{Z}$ erhalten. Denn man kann ja an der n-blättrigen Randkurve von $\mathfrak{W}$ über $\mathfrak{C}$ gar nicht unterscheiden, welcher Randpunkt von $\mathfrak{W}$ einem bestimmten Randpunkte des Restes von $\mathfrak{Z}$ über derselben Stelle der z-Ebene entspricht. Erst indem wir an den einfach zusammenhängenden n-blättrigen Überlagerungen $\mathfrak{W}$ von $\mathfrak{J}$ ein solches Unterscheidungsmerkmal anbringen, machen wir sie zu Windungsstücken W.

z_0 sei irgendein Punkt von $\mathfrak{J}$. Wir fassen den über $\mathfrak{C}+\mathfrak{A}$ liegenden Teil der Riemannschen Fläche der Funktion $\sqrt[n]{z-z_0}$ ins Auge: sein Inneres heiße $\mathfrak{A}^n$, sein Rand $\mathfrak{C}^n$. Man kann die über demselben z liegenden n Punkte von $\mathfrak{C}^n$ dadurch unterscheiden, daß $\sqrt[n]{z-z_0}$ in ihnen n verschiedene Werte annimmt.

Nun hat der Rand einer einfach zusammenhängenden n-blättrigen Überlagerung $\mathfrak{W}$ von $\mathfrak{J}$ dieselbe Struktur wie $\mathfrak{C}^n$. Wir identifizieren in bestimmter Weise den Rand von $\mathfrak{W}$ mit $\mathfrak{C}^n$ und machen dadurch $\mathfrak{W}$ zu einem Windungsstück W.

Wenn nämlich $\mathfrak{W}$ aus einer Fläche $\mathfrak{Z}$ wie oben herausgefallen ist, brauchen wir nur den Rand des in $\mathfrak{Z}$ durch Ausschneiden von $\mathfrak{W}$ entstandenen Loches gleichfalls in bestimmter Weise mit $\mathfrak{C}^n$ zu identifizieren: dann kann kein Zweifel mehr auftreten, wie W in das Loch einzupassen ist.

W ist durch die elementarsymmetrischen Funktionen der z-Werte seiner $n-1$ Verzweigungspunkte (mehrfache mehrfach gezählt) noch nicht eindeutig bestimmt (außer für $n=2$). Wir werden W durch $n-1$ andere komplexe Zahlen eindeutig beschreiben: das werden die „Windungsstückkoordinaten".

Indem wir den Rand von $\mathfrak{W}$ in bestimmter Weise mit dem Rande $\mathfrak{C}^n$ von $\mathfrak{A}^n$ identifiziert haben, haben wir W als Teil einer geschlossenen Fläche $\mathfrak{F}=\mathfrak{W}+\mathfrak{C}^n+\mathfrak{A}^n$ vom Geschlecht 0 über der z-Ebene anzusehen. $\mathfrak{F}$ läßt sich nach der Uniformisierungstheorie konform auf die t-Kugel abbilden. Wir normieren diese Abbildung so, daß ∞ in ∞ übergeht und dort eine Entwicklung

$$\sqrt[n]{z-z_0}=t+\frac{\text{const}}{t}+\frac{\text{const}}{t^2}+\cdots$$

besteht ($\sqrt[n]{z-z_0}$ ist ja auf $\mathfrak{A}^n$ eindeutig). Dann ist z eine außer ∞ überall reguläre Funktion von t, also ein Polynom, und zwar ist

$$z=t^n+b_{n-2}t^{n-2}+\cdots+b_1 t+b_0 .$$

Das Windungsstück W legt also $n-1$ komplexe Zahlen $b_0,\ldots,b_{n-2}$ fest. Diese bestimmen umgekehrt auch W eindeutig; wir nennen $b_0,\ldots,b_{n-2}$ die Koordinaten des Windungsstücks W. Ein Windungsstück hängt analytisch von Parametern ab, wenn seine Koordinaten b_ν analytische Funktionen dieser Parameter sind. t heißt die permanente Uniformisierende von W.

Wenn wir nicht von $\mathfrak{W}$ zu W übergegangen wären, gäbe es n verschiedene Randzuordnungen zwischen $\mathfrak{W}$ und $\mathfrak{A}^n$, und t wäre nur bis auf Multiplikation mit einer n-ten Einheitswurzel bestimmt. Entsprechend würden, abgesehen vom Falle $n=2$, die Windungsstückkoordinaten $b_0, \ldots, b_{n-2}$ eine zyklische Gruppe von n Abänderungen gestatten:

$$b_\nu \to \zeta^{-\varkappa\nu} b_\nu \quad \left(\nu = 0, \ldots, n-2,\ \varkappa \bmod n,\ \zeta = e^{\frac{2\pi i}{n}}\right).$$

Wir wollen hier nicht näher auf die Theorie der Windungsstückkoordinaten eingehen.

Um die Windungsstücke auf veränderliche Riemannsche Flächen $\mathfrak{Z}(\mathfrak{p})$ über der z-Ebene anzuwenden, führen wir den Begriff der normierten Fläche ein. Das ist eine geschlossene Riemannsche Fläche über der z-Ebene, die über $z=\infty$ keine Windungspunkte hat und von deren schlichten Blättern über ∞ eines als „erstes" durch Definition ausgezeichnet ist; den Punkt $z=\infty$ dieses „ersten" Blattes bezeichnen wir mit ∞_1. Eine Fläche $\mathfrak{Z}$, die in dieser Weise normiert ist, bezeichnen wir mit $\hat{\mathfrak{Z}}$; ist $\mathfrak{Z}$ außerdem topologisch festgelegt, so schreiben wir $\hat{\underline{\mathfrak{Z}}}$.

Aus so einem $\hat{\underline{\mathfrak{Z}}}$ kann man Windungsstücke ausschneiden, am einfachsten z. B., indem man um jeden Windungspunkt einen kleinen Kreis schlägt. Wir wollen $\hat{\underline{\mathfrak{Z}}}$ aus l Windungsstücken $W_1, \ldots, W_l$, die einschließlich des Randes zueinander auf $\hat{\underline{\mathfrak{Z}}}$ punktfremd sind, und einem unverzweigten Rest R, auf dem der Punkt ∞_1 ausgezeichnet ist, aufgebaut denken. Ist n_λ die Blätterzahl von W_λ, so gilt

$$\sum_{\lambda=1}^{l} (n_\lambda - 1) = V = 2n + 2g - 2,$$

wo V die Gesamtverzweigungszahl und g das Geschlecht von $\mathfrak{Z}$ ist. W_λ hat $n_\lambda - 1$ Windungsstückkoordinaten $b_{\lambda,0}, \ldots, b_{\lambda, n_\lambda - 2}$; das sind zusammen V Koordinaten $b_{\lambda,\nu}$. Wir lassen jetzt $\hat{\underline{\mathfrak{Z}}}$ analytisch von Parametern $p_1, \ldots, p_r$ abhängen, indem wir R und ∞_1 darauf fest halten und $W_1, \ldots, W_\lambda$ so variieren lassen, daß sämtliche $b_{\lambda,\nu}$ analytisch von den p_ϱ abhängen. Selbstverständlich sind die abgeänderten W_λ wieder „richtig" in die Löcher von R einzuhängen. Auf jedem W_λ nimmt man die permanente Uniformisierende t_λ als permanente Ortsuniformisierende, im übrigen an allen schlichten Stellen z oder $\frac{1}{z}$. Man beweist, daß diese Definitionen von der Wahl der Zerschneidung $\hat{\underline{\mathfrak{Z}}} = R + W_1 + \cdots + W_l$ unabhängig sind und daß nach ihnen die $\hat{\underline{\mathfrak{Z}}}$ eine analytische Schar Riemannscher Flächen ist, deren Parametermannigfaltigkeit komplex V-dimensional ist.

Diese Definitionen werden durch folgenden Satz gerechtfertigt:

$$\sum_{\mu=1}^{M} \sum_{\nu=1}^{N} A_{\mu\nu} z^\mu w^\nu = 0$$

sei eine Gleichung für die algebraische Funktion w von z, deren Koeffizienten $A_{\mu\nu}$ analytische Funktionen von $p_1, \ldots, p_r$ sind ($(p_1, \ldots, p_r)$ in einem einfach zusammenhängenden Gebiet $\mathfrak{P}$). Der Koeffizient von w^N möge identisch verschwinden (d. h. $A_{1N}, \ldots, A_{MN}$ sollen in $\mathfrak{P}$ keine gemeinsame Nullstelle haben). Die Gleichung soll für alle $(p_1, \ldots, p_r)$ irreduzibel sein; dann verschwindet von selbst ihre Diskriminante $D(z)$ nie identisch.

Die Riemannsche Fläche $\mathfrak{Z}$ der algebraischen Funktion $w(z)$ soll für alle $(p_1, \ldots, p_r)$ in $\mathfrak{P}$ dasselbe Geschlecht g haben. Über $z=\infty$ soll kein Verzweigungspunkt liegen. Man kann dann $\mathfrak{Z}$ so zu einer normierten Fläche $\hat{\mathfrak{Z}}$ machen, daß der Hauptteil von wz^k an der Stelle ∞_1 für alle k analytisch von den p_ϱ abhängt, und dann hängt $\hat{\mathfrak{Z}}$ im Sinne unserer Definition analytisch von den p_ϱ ab.

Das Wesentliche an diesem langen Satze ist, daß mit den Gleichungskoeffizienten auch die Windungsstückkoordinaten analytisch von den Parametern abhängen, wenn man von denjenigen Parameterwerten absieht, wo sich bei Parameterspezialisierung das Geschlecht erniedrigt oder die Fläche auseinanderfällt.

Was heißt das? — Wir greifen ein Windungsstück W heraus. Man zeigt leicht, daß es unter unseren topologischen Voraussetzungen auch bei Abänderung der p_ϱ zunächst ein Windungsstück bleibt. Auf W war

$$z=t^n+b_{n-2}t^{n-2}+\cdots+b_0;$$

W war ein Teil der Fläche der durch diese Gleichung definierten algebraischen Funktion $t(z)$. Die Verzweigungspunkte von W entsprechen den Nullstellen von $\frac{dz}{dt}$ mit Berücksichtigung der Vielfachheiten; daraus sieht man sofort, daß die elementarsymmetrischen Funktionen $s_1, \ldots, s_{n-1}$ der z-Werte $a_1, \ldots, a_{n-1}$ der Verzweigungspunkte Polynome in $b_0, \ldots, b_{n-2}$ sind. Es läßt sich zeigen, daß $b_0, \ldots, b_{n-2}$ ganz algebraische Funktionen von $s_1, \ldots, s_{n-1}$ sind. $a_1, \ldots, a_{n-1}$ sind nun einige der Nullstellen der Diskriminante $D(z)$ der obigen Gleichung, und so kann man wohl erwarten, daß mit den Koeffizienten von $D(z)$ auch $s_1, \ldots, s_{n-1}$ analytisch von den p_ϱ abhängen. Tatsächlich hängen aber sogar die b_ν, die doch als Funktionen der s_ν verzweigt sind (außer für $n=2$), regulär von den p_ϱ ab. Meines Wissens ist auf diese Erscheinung bisher noch nicht hingewiesen worden.

Wenn z. B. bei analytischer Parameterspezialisierung zwei zweiblättrige Windungspunkte $z=a_1$, $z=a_2$ der Fläche zu einem dreiblättrigen verschmelzen, dann hängen nicht nur a_1+a_2 und $a_1 \cdot a_2$, sondern auch noch $(a_1-a_2)^{2/3}$ regulär analytisch von den Parametern ab.

Ferner zeigt sich folgendes: z sei eine Funktion der Fläche $\mathfrak{H}(\mathfrak{p})$, die analytisch von erster Art von den Parametern abhängt. z habe lauter einfache getrennte Pole, von denen wir einen in stetiger Weise als „ersten" auszeichnen. Legt man $\mathfrak{H}(\mathfrak{p})$ über die z-Ebene, so erhält man eine normierte Fläche $\mathfrak{Z}(\mathfrak{p})$. Diese hängt analytisch von $p_1, \ldots, p_r$ ab, und ihre permanenten Ortsuniformisierenden hängen analytisch mit denen von $\mathfrak{H}(\mathfrak{p})$ zusammen.

Zu einem (z. B. diesem) $\hat{\mathfrak{Z}}(\mathfrak{p})$, das analytisch von $\mathfrak{p}$ abhängt, gibt es nun stets auch eine erzeugende Gleichung $\sum A_{\mu\nu} z^\mu w^\nu = 0$ wie oben, deren Koeffizienten analytisch von $\mathfrak{p}$ abhängen (wenigstens in einer Umgebung jedes $\mathfrak{p}$). Der Beweis dieses Satzes enthält die einzige Schwierigkeit; alle bisherigen Behauptungen über Windungsstücke folgen mehr oder weniger einfach aus den Definitionen.

Dieser Satz liefert uns zu z noch ein w, das analytisch von den Parametern abhängt und mit z zusammen den Körper aller Funktionen der Fläche $\mathfrak{H}(\mathfrak{p})$ erzeugt. Auf Grund hiervon kann man die schon oben ausgesprochene Behauptung über die analytische Bestimmtheit einer Funktion durch verallgemeinerte Hauptteilsysteme beweisen.

Jetzt möchte ich noch kurz andeuten, auf welchem Wege ich zu der Modulschar $\mathfrak{H}[\mathfrak{c}]$, dem Hauptergebnis, komme. Es sei

$$n > 2g - 2.$$

Jede Riemannsche Fläche vom Geschlecht g ist dann konform äquivalent mit einer n-blättrigen normierten Fläche $\hat{\mathfrak{Z}}$; $\hat{\mathfrak{Z}}$ hängt von

$$V = 2n + 2g - 2$$

komplexen Koordinaten $b_{\lambda,\nu}$ ab. Die Funktion z von $\hat{\mathfrak{Z}}$ ersetze ich nun durch eine benachbarte Funktion ζ vom Grade n; diese hängt von $2n - g + 1$ Konstanten ab. Wenn man $\hat{\mathfrak{Z}}$ über die ζ-Ebene legt, entsteht eine Nachbarfläche $\hat{\mathfrak{Z}}_\zeta$ von $\hat{\mathfrak{Z}}$. Aber $\mathfrak{Z}$ gestattet noch eine kontinuierliche Gruppe konformer Abbildungen auf sich, deren Element von

$$\pi = \begin{cases} 3, g = 0 \\ 1, g = 1 \\ 0, g > 1 \end{cases}$$

komplexen Konstanten abhängt. Deshalb hängt die Gesamtheit der $\hat{\mathfrak{Z}}_\zeta$, die man aus einem $\hat{\mathfrak{Z}}$ durch den Übergang $z \to \zeta$ herstellen kann, nicht von $2n - g + 1$, sondern nur von

$$2n - g + 1 - \pi$$

Konstanten ab. Die Umgebung jedes $\hat{\mathfrak{Z}}$ zerfällt auf diese Weise in lauter $(2n - g + 1 - \pi)$-parametrige Scharen konform äquivalenter $\hat{\mathfrak{Z}}_\zeta$; die einzelne Schar hängt von

$$\tau = V - (2n - g + 1 - \pi) = 3(g-1) + \pi = \begin{cases} 0, & g = 0 \\ 1, & g = 1 \\ 3(g-1), & g > 1 \end{cases}$$

Parametern $c_1, \ldots, c_\tau$ ab. Das muß natürlich genauer ausgeführt werden.

Das gilt in der Umgebung eines bestimmten $\hat{\mathfrak{Z}}$. Nun führe ich für $\hat{\mathfrak{Z}}$ und damit auch für die Nachbarflächen eine topologische Festlegung ein, gehe also von $\hat{\mathfrak{Z}}$ zu $\underline{\hat{\mathfrak{Z}}}$ über. Wenn dies geschehen ist, läßt sich beweisen: Jedes $\underline{\hat{\mathfrak{Z}}}$ hat eine Umgebung mit der Eigenschaft, daß zwei topologisch festgelegte normierte Flächen $\underline{\hat{\mathfrak{Z}}}_1$ und $\underline{\hat{\mathfrak{Z}}}_2$, die sich als topologisch festgelegte Flächen konform aufeinander abbilden lassen, stets auseinander wie oben durch eine kleine Abänderung des z hervorgehen: $\underline{\hat{\mathfrak{Z}}}_2 = \underline{\hat{\mathfrak{Z}}}_{1\zeta}$. Auch dieser Satz müßte noch genauer formuliert werden. Sein Beweis enthält die ganze Schwierigkeit.

Jetzt bilden wir die Klassen konform äquivalenter topologisch festgelegter normierter Flächen aus der Umgebung eines bestimmten $\underline{\hat{\mathfrak{Z}}}$ eineindeutig auf gewisse Punkte des Raumes $\underline{\mathfrak{R}}$ aller Klassen konform äquivalenter topologisch festgelegter Flächen des Geschlechts g ab und führen dadurch in einer Teilmenge von $\underline{\mathfrak{R}}$ ein Koordinatensystem ein. Es zeigt sich, daß $\underline{\mathfrak{R}}$ dadurch in widerspruchsfreier Weise zu einer τ-dimensionalen komplexen analytischen Mannigfaltigkeit $\mathfrak{C}$ wird.

Jedem $\mathfrak{c}$ aus $\mathfrak{C}$ wird nun in analytischer Weise eine zugehörige topologisch festgelegte normierte Fläche $\underline{\hat{\mathfrak{Z}}}$ als $\underline{\mathfrak{H}}[\mathfrak{c}]$ zugeordnet. In jedem Windungsstück W von $\underline{\hat{\mathfrak{Z}}}$ führen wir die zugehörige permanente Uniformisierende t, in allen schlichten Punkten von $\underline{\hat{\mathfrak{Z}}}$ entweder z oder $\frac{1}{z}$ als permanente Ortsuniformisierende ein. Man beweist, daß dann alle Forderungen erfüllt sind.

$\underline{\mathfrak{R}}$ besteht aus höchstens abzählbar vielen zusammenhängenden Teilen. Ich vermute, daß $\underline{\mathfrak{R}}$ einfach zusammenhängend ist.

Zum Schluß soll noch kurz angegeben werden, was bei Aufhebung der topologischen Festlegung entsteht [7]).

$\underline{\mathfrak{H}}$ sei eine topologisch festgelegte Riemannsche Fläche vom Geschlecht g, $\mathfrak{G}$ sei die Gruppe aller topologischen Abbildungen der zugrunde liegenden Fläche $\mathfrak{H}$ auf sich und $\mathfrak{A}$ der Normalteiler aller Elemente von $\mathfrak{G}$, die sich in die Identität deformieren lassen. Die Faktorgruppe

$$\mathfrak{F} = \mathfrak{G}/\mathfrak{A}$$

ist die Abbildungsklassengruppe von $\mathfrak{H}$. Ist nun $\underline{\mathfrak{H}}'$ eine zweite topologisch festgelegte Fläche des Geschlechts g und haben $\mathfrak{G}'$, $\mathfrak{A}'$, $\mathfrak{F}'$ für $\underline{\mathfrak{H}}'$ die entsprechende Bedeutung, so gibt es eine Abbildung H von $\underline{\mathfrak{H}}$ auf $\underline{\mathfrak{H}}'$: $H\,\underline{\mathfrak{H}} = \underline{\mathfrak{H}}'$, und wir ordnen jedem Element G von $\mathfrak{G}$ das Element

$$G' = HGH^{-1}$$

von $\mathfrak{G}'$ zu. Das ist ein Isomorphismus $\mathfrak{G} \cong \mathfrak{G}'$, der $\mathfrak{A}$ in $\mathfrak{A}'$ überführt und der folglich auch einen Isomorphismus

$$\mathfrak{F} \cong \mathfrak{F}'$$

der Faktorgruppen bewirkt. Weil aber $\mathfrak{H}$ und $\mathfrak{H}'$ topologisch festgelegt sind, ist H bis auf Deformation (d. h. bis auf einen rechtsseitigen Faktor aus $\mathfrak{A}$ oder bis auf einen linksseitigen Faktor aus $\mathfrak{A}'$) bestimmt. Deswegen ist zwar nicht der Isomorphismus $\mathfrak{G} \cong \mathfrak{G}'$, wohl aber der Isomorphismus $\mathfrak{F} \cong \mathfrak{F}'$ eindeutig bestimmt.

Die Abbildungsklassengruppen aller topologisch festgelegten Flächen des Geschlechts g sind in eindeutig bestimmter Weise isomorph; daraufhin identifizieren wir sie alle und sprechen von der Abbildungsklassengruppe $\mathfrak{F}$ schlechthin.

Ohne die topologische Festlegung wäre das Identifizieren von F und F' nur bis auf einen inneren Automorphismus möglich.

$\mathfrak{K}$ sei die Gruppe aller konformen Abbildungen von $\mathfrak{H}$ auf sich. Man zeigt: Der Durchschnitt $\mathfrak{K} \frown \mathfrak{A}$, also die Gruppe aller in die Identität deformierbaren konformen Abbildungen von $\mathfrak{H}$ auf sich, ist eine π-gliedrige kontinuierliche Gruppe, wo

$$\pi = \begin{cases} 3, & g = 0 \\ 1, & g = 1; \\ 0, & g > 1 \end{cases}$$

insbesondere ist

$$\mathfrak{K} \frown \mathfrak{A} = 1 \text{ für } g > 1 .$$

Für alle Elemente F von $\mathfrak{F} = \mathfrak{G}/\mathfrak{A}$ sei

$$F\,\underline{\mathfrak{H}} = G\,\underline{\mathfrak{H}}, \text{ wenn } F \leftrightarrow G \bmod \mathfrak{A};$$

d. h. für G aus $\mathfrak{G}$ hängt der topologisch festgelegte Hauptbereich $G\underline{\mathfrak{H}}$, der sich von $\underline{\mathfrak{H}}$ nur durch die topologische Festlegung unterscheidet, nur von der Restklasse F von G mod $\mathfrak{A}$ ab und wird darum mit $F\underline{\mathfrak{H}}$ bezeichnet. Ist K eine konforme Abbildung von $\underline{\mathfrak{H}}$ auf $\underline{\mathfrak{H}}'$, so ist

$$K(G\underline{\mathfrak{H}}) = KGK^{-1}\,\underline{\mathfrak{H}}',$$

---

[7]) Vgl. Nr. 141—144 der in Anm. 2 genannten Arbeit.

folglich, weil die Abbildungen G von $\underline{\mathfrak{H}}$ auf sich und KGK^{-1} von $\underline{\mathfrak{H}}'$ auf sich zu derselben Restklasse F aus $\mathfrak{F}$ gehören,

$$K(F\underline{\mathfrak{H}}) = F\underline{\mathfrak{H}}',$$

d. h. wenn $\underline{\mathfrak{H}}$ und $\underline{\mathfrak{H}}'$ konform äquivalent sind, dann sind auch $F\underline{\mathfrak{H}}$ und $F\underline{\mathfrak{H}}'$ konform äquivalent. Ist also $\underline{\mathfrak{h}}$ in $\underline{\mathfrak{R}}$ die Klasse mit $\underline{\mathfrak{H}}$ konform äquivalenter topologisch festgelegter Flächen, so dürfen wir, ohne einen Widerspruch zu befürchten, die Klasse mit $F\underline{\mathfrak{H}}$ konform äquivalenter topologisch festgelegter Flächen $F\,\underline{\mathfrak{h}}$ nennen. Jedem F aus $\mathfrak{F}$ ist so eine eineindeutige Abbildung $\underline{\mathfrak{h}} \to F\,\underline{\mathfrak{h}}$ von $\underline{\mathfrak{R}}$ auf sich zugeordnet. Allerdings kommt es gelegentlich vor, daß $F\,\underline{\mathfrak{h}} = \underline{\mathfrak{h}}$ für alle $\underline{\mathfrak{h}}$ und trotzdem $F \neq 1$ ist.

Für ein festes $\underline{\mathfrak{h}}$, die Klasse von $\underline{\mathfrak{H}}$, suchen wir die Untergruppe aller F aus $\mathfrak{F}$ mit $F\underline{\mathfrak{h}} = \underline{\mathfrak{h}}$. Da müssen für ein (also jedes) G aus $\mathfrak{G}$, dessen Restklasse mod $\mathfrak{A}$ gleich F ist, $G\underline{\mathfrak{H}}$ und $\underline{\mathfrak{H}}$ konform äquivalent sein, d. h. es muß ein K aus $\mathfrak{K}$ mit $G\underline{\mathfrak{H}} = K\underline{\mathfrak{H}}$ geben. Das heißt aber $G \equiv K \pmod{\mathfrak{A}}$ nach der Definition der Gleichheit topologisch festgelegter Hauptbereiche. Man sieht hieraus, daß die fragliche Untergruppe die Faktorgruppe mod $\mathfrak{A}$ der Gruppe $\mathfrak{K}\mathfrak{A}$ aller in konforme Abbildungen deformierbaren Abbildungen von $\underline{\mathfrak{H}}$ auf sich ist: sie ist gleich

$$\mathfrak{K}\mathfrak{A}/\mathfrak{A} \cong \mathfrak{K}/\mathfrak{K} \cap \mathfrak{A},$$

also immer endlich.

Es wird gezeigt, daß die Darstellung von $\mathfrak{F}$ durch Abbildungen $\underline{\mathfrak{h}} \to F\,\underline{\mathfrak{h}}$ von $\underline{\mathfrak{R}}$ auf sich eigentlich diskontinuierlich ist. Zu jedem $\underline{\mathfrak{h}}$ aus $\underline{\mathfrak{R}}$ gibt es nämlich eine so kleine Umgebung $\mathfrak{U}$ in $\underline{\mathfrak{R}}$, daß aus $F\,\underline{\mathfrak{h}}_1 = \underline{\mathfrak{h}}_2$, $\underline{\mathfrak{h}}_1$ und $\underline{\mathfrak{h}}_2$ in $\mathfrak{U}$, folgt $F\,\underline{\mathfrak{h}} = \underline{\mathfrak{h}}$. Es ist klar, daß die Abbildungen $\underline{\mathfrak{h}} \to F\,\underline{\mathfrak{h}}$ analytisch sind ($\underline{\mathfrak{R}}$ ist ja jetzt eine analytische Mannigfaltigkeit). Der Raum $\mathfrak{R}$ aller Klassen $\mathfrak{h}$ konform äquivalenter Riemannscher Flächen des Geschlechts g entsteht aus $\underline{\mathfrak{R}}$, indem man vermöge $\mathfrak{F}$ äquivalente Punkte identifiziert (also $\underline{\mathfrak{h}}_1$ und $\underline{\mathfrak{h}}_2$ dann und nur dann identifiziert, wenn es ein F in $\mathfrak{F}$ mit $F\,\underline{\mathfrak{h}}_1 = \underline{\mathfrak{h}}_2$ gibt).

$\underline{\mathfrak{R}}$ ist eine analytische Mannigfaltigkeit. In allen Punkten von $\underline{\mathfrak{R}}$, die nur bei denjenigen Elementen von F invariant sind, die überhaupt alle Punkte von $\underline{\mathfrak{R}}$ fest lassen, kann man ein Koordinatensystem von $\underline{\mathfrak{R}}$ ohne weiteres nach $\mathfrak{R}$ übertragen und erhält so auch in $\mathfrak{R}$ ein analytisches Koordinatensystem; das liegt daran, daß die Gruppe eigentlich diskontinuierlich ist. Hiermit ist schon der „allgemeine" Punkt von $\underline{\mathfrak{R}}$ erfaßt; denn die Ausnahmepunkte liegen, wie sich aus dem Folgenden ergibt, auf gewissen analytischen Mannigfaltigkeiten in $\underline{\mathfrak{R}}$.

$\underline{\mathfrak{h}}$ sei ein bestimmter Punkt von $\mathfrak{R}$;

$$\mathfrak{F}_{\underline{\mathfrak{h}}} = \mathfrak{K}\mathfrak{A}/\mathfrak{A} \cong \mathfrak{K}/\mathfrak{K} - \mathfrak{A}$$

sei die endliche Gruppe aller F aus $\mathfrak{F}$ mit $F\,\underline{\mathfrak{h}} = \underline{\mathfrak{h}}$. Ohne Zurückgehen auf die Riemannschen Flächen zeigt man leicht, daß man ein analytisches Koordinatensystem $c_1, \ldots, c_\tau$ von $\underline{\mathfrak{R}}$ in der Umgebung von $\underline{\mathfrak{h}}$ so wählen kann, daß $\underline{\mathfrak{h}}$ der Punkt

$$c_1 = \cdots = c_\tau = 0$$

ist und daß sich die Koordinaten $c_1, \ldots, c_\tau$ bei Anwendung der Elemente von $\mathfrak{F}_{\underline{\mathfrak{h}}}$ linear transformieren. Man hat also eine Darstellung der Gruppe $\mathfrak{F}_{\underline{\mathfrak{h}}}$ durch lineare Transformationen. Ich kann auch an Hand der auf der Fläche $\underline{\mathfrak{H}}$ gegebenen Gruppe $\mathfrak{K}$

genau bestimmen, um welche Darstellung es sich handelt; aber um das zu erklären, müßte ich erst die quadratischen und reziproken Differentiale einführen.

$\mathfrak{R}$ entsteht also in einer Umgebung von $\mathfrak{h}$ aus $\underline{\mathfrak{R}}$, wenn man solche $(c_1, \ldots, c_\tau)$ identifiziert, die vermöge dieser linearen Gruppe äquivalent sind. Wenn wir nicht gerade alle Elemente von $\mathfrak{F}_{\mathfrak{h}}$ durch die Identität dargestellt haben, ist $c_1, \ldots, c_\tau$ kein eindeutiges Koordinatensystem in $\mathfrak{R}$. In einigen Fällen gelingt es, in $\mathfrak{R}$ ein Koordinatensystem $\gamma_1, \ldots, \gamma_\tau$ einzuführen, das wenigstens im allgemeinen mit $c_1, \ldots, c_\tau$ analytisch zusammenhängt; in anderen Fällen ist das unmöglich.

Als Beispiel nehmen wir eine hyperelliptische Fläche $(g > 1)$ in allgemeiner Lage. $\mathfrak{F}_{\mathfrak{h}}$ besteht aus zwei Elementen: Identität und Blättervertauschung. Wenn man geeignete Koordinaten $c_1, \ldots, c_\tau$ einführt $(\tau = 3g - 3)$, bleiben $c_1, \ldots, c_{2g-1}$ ungeändert, während die übrigen $g - 2$ Koordinaten $c_{2g}, \ldots, c_{3g-3}$ bei der „Blättervertauschung" das Vorzeichen wechseln. Im Falle $g = 2$ kann man c_1, c_2, c_3 als Koordinaten für $\mathfrak{R}$ beibehalten. Im Falle $g = 3$ bleiben $c_1, \ldots, c_5$ ungeändert und nur c_6 wechselt das Vorzeichen; da kann man $\gamma_1 = c_1, \ldots, \gamma_5 = c_5, \gamma_6 = c_6^2$ setzen und hat ein brauchbares Koordinatensystem für $\mathfrak{R}$. Schon im Falle $g = 4$ bleiben dagegen $c_1, \ldots, c_7$ ungeändert, und c_8 und c_9 wechseln gleichzeitig das Vorzeichen; da kann man kein Koordinatensystem $\gamma_1, \ldots, \gamma_9$ in vernünftiger Weise einführen. Der Raum $\mathfrak{R}$ hat hier also eine schwere Singularität. Das ist eine nachträgliche Rechtfertigung dafür, daß wir gleich zu Anfang von $\mathfrak{R}$ zu $\underline{\mathfrak{R}}$ übergegangen sind.

Wir suchen nun bei gegebenem $\mathfrak{h}$ in $\underline{\mathfrak{R}}$ wenigstens ein System von evtl. zu vielen analytischen Funktionen $\gamma_1, \ldots, \gamma_{\tau'}$ von $c_1, \ldots, c_\tau$, die bei jener linearen Gruppe invariant, also Funktionen von $\mathfrak{R}$ sind, mit der Eigenschaft, daß jede bei der linearen Gruppe invariante analytische Funktion sich als Potenzreihe in $\gamma_1, \ldots, \gamma_{\tau'}$ schreiben läßt. Das Wort „analytisch" bezieht sich selbstverständlich nur auf die Stelle $c_1 = \cdots = c_\tau = 0$. Nach einem von Witt angegebenen Verfahren kann man die Mindestzahl τ' solcher Funktionen γ_i nach unten abschätzen. Im Falle der hyperelliptischen Fläche in allgemeiner Lage erhält man

$$\tau' \geq \frac{g(g+1)}{2};$$

man kann z. B. die Funktionen

$$c_1, \ldots, c_{2g-1}; \; c_i c_k \; (2g \leq i \leq k \leq 3g - 3)$$

nehmen, deren Anzahl gerade $\frac{g(g+1)}{2}$ ist. Das steht offenbar in einem Zusammenhang damit, daß die Riemannsche Periodenmatrix der Integrale erster Gattung auch gerade $\frac{g(g+1)}{2}$ Konstanten liefert; diese Periodenmatrix ist nämlich bei einer Abbildung F aus $\mathfrak{F}$, die für eine hyperelliptische Fläche Blättervertauschung bedeutet, invariant.

33.
Einfache Beispiele zur Wertverteilungslehre

Deutsche Math. 7, 360–368 (1944)

„Gegeben sei eine einfach zusammenhängende Riemannsche Fläche $\mathfrak{W}$ über der w-Kugel. Man kann sie bekanntlich eineindeutig und konform auf den Einheitskreis $|z|<1$, auf die punktierte Ebene $z \neq \infty$ oder auf die volle z-Kugel abbilden, so daß w eine eindeutige Funktion von z wird: $w=f(z)$. Die Wertverteilung dieser eindeutigen Funktion ist zu untersuchen."

Dies ist ein Hauptproblem der modernen Funktionentheorie. Von seiner Lösung sind wir allerdings noch recht weit entfernt. Bei den meisten vorliegenden Untersuchungen steht das Typenproblem im Vordergrund: Zu entscheiden, ob sich eine offene Fläche $\mathfrak{W}$ auf den Einheitskreis oder auf die punktierte Ebene konform abbilden läßt (Grenzkreistypus-Grenzpunkttypus). Die Bestimmung der besonderen Wertverteilungseigenschaften der Funktion $w=f(z)$, also ihrer Wachstumsordnung, ihrer Defekte usw., ist von der Fläche $\mathfrak{W}$ her nur in wenigen Fällen gelungen. An erster Stelle stehen hier die von R. Nevanlinna, Ahlfors und Elfving untersuchten „Flächen mit endlich vielen logarithmischen Enden"[1]). Dann hat aber Ullrich schon vor Jahren auf gewisse übersichtlich gebaute Flächen in unserem Zusammenhang hingewiesen, und auch ich habe damals Behauptungen veröffentlicht, die sich auf diese Flächen bezogen[2]). Diese Beispiele wollen wir hier vollständig behandeln.

Wir werden es mit Flächen $\mathfrak{W}$ zu tun haben, die nur über endlich vielen Stellen $w=a_1, \ldots, a_q$ der w-Kugel Verzweigungs- oder Randpunkte haben, so daß die Umkehrfunktion $z(w)$ sich auf der in $a_1, \ldots, a_q$ punktierten w-Kugel unbeschränkt analytisch fortsetzen läßt. Wir ziehen auf der w-Kugel eine einfache geschlossene Kurve L durch $a_1, a_2, \ldots, a_q, a_1$, die die Kugel in ein positiv umlaufenes Gebiet $\mathfrak{J}$ und ein negativ umlaufenes Gebiet $\mathfrak{A}$ zerlegt. $\mathfrak{W}$ zerfällt, über L zerschnitten, in lauter Halbblätter $\mathfrak{J}$ bzw. $\mathfrak{A}$. Die Vorschrift, wie $\mathfrak{W}$ aus diesen Halbblättern zusammenzubauen ist, stellt man nach Elfving durch einen Streckenkomplex dar[3]). Dieser besteht aus Punkten, die durch topologische „Strecken" verbunden sind; die Punkte („Knoten") sind als „Innenknoten" (kleine Kreise) und „Außenknoten" (Kreuze) unterschieden, und die Strecken („Glieder") tragen Nummern $1, 2, \ldots$ oder q. Bei

---

[1]) R. Nevanlinna, Über Riemannsche Flächen mit endlich vielen Windungspunkten, Acta math. 58. L. Ahlfors, Über eine in der neueren Wertverteilungslehre betrachtete Klasse transzendenter Funktionen, Acta math. 58. G. Elfving, Über eine Klasse von Riemannschen Flächen und ihre Uniformisierung, Acta Soc. Sci. fenn. N. S. 12.

[2]) E. Ullrich, Flächenbau und Wachstumsordnung bei gebrochenen Funktionen, Jber. dtsch. Math.-Ver. 46, bes. S. 269f. O. Teichmüller, Eine Anwendung quasikonformer Abbildungen auf das Typenproblem, Deutsche Mathematik 2, bes. S. 327. E. Ullrich, Flächenbau und Wertverteilung, 9. Skandinavischer Mathematikerkongreß Helsingfors 1938, bes. S. 13f. O. Teichmüller, Vermutungen und Sätze über die Wertverteilung gebrochener Funktionen endlicher Ordnung, Deutsche Mathematik 4, bes. S. 163f. (Anm. 3) und S. 186f.

[3]) G. Elfving, Über eine Klasse von Riemannschen Flächen und ihre Uniformisierung, Acta Soc. Sci. fenn., N. S. A 2. Wir setzen voraus, daß der Leser mit dieser graphischen Darstellung, die auch Ullrich[4]) ausführlich beschreibt, vertraut ist.

gegebenem Streckenkomplex hat man die Fläche $\mathfrak{W}$ folgendermaßen aufzubauen: Jedem Innenknoten bzw. Außenknoten (Kreis bzw. Kreuz) des Streckenkomplexes ordnet man ein Exemplar von $\mathfrak{J}$ bzw. $\mathfrak{A}$ (ein „Halbblatt") zu, und wenn ein Kreis mit einem Kreuz durch ein Glied mit der Nummer i verbunden ist, verheftet man die zugehörigen Halbblätter $\mathfrak{J}$, $\mathfrak{A}$ längs L von a_i bis a_{i+1} (i mod q). Den Gebieten, in die der Streckenkomplex die Ebene einteilt und deren Rand abwechselnd aus Gliedern der Nummern $i-1$ und i besteht, entsprechen Punkte über a_i, und zwar entsprechen den Zweiecken schlichte Flächenpunkte von $\mathfrak{W}$ über a_i, den $2\,\lambda$-Ecken ($\lambda = 2, 3, \ldots$) λ-blättrige Windungspunkte und den unbeschränkten Gebieten mit unendlich vielen Ecken logarithmische Windungspunkte.

E. Ullrich verallgemeinerte die von R. Nevanlinna, Ahlfors und Elfving untersuchten Flächen mit p logarithmischen Enden, indem er Flächen mit p periodischen Enden betrachtete[4]). Ihr Streckenkomplex besteht aus einem Kern, an den an p getrennten Stellen Teilkomplexe angesetzt sind, die sich periodisch immer wieder bis ins Unendliche wiederholen. Den Lücken zwischen diesen periodischen Enden entsprechen p logarithmische Windungspunkte der Fläche $\mathfrak{W}$.

Wir können diese Streckenkomplexe auch so beschreiben: an den Kern, der aus endlich vielen Knoten und Gliedern besteht und von dem aus noch endlich viele freie Glieder nach außen ragen, werden unendlich viele Exemplare eines Kranzes periodisch angehängt, der ebenfalls aus endlich vielen Knoten und Gliedern besteht, von dem aus aber gleich viele Glieder nach außen und nach innen ragen. Der Kranz darf aus mehreren getrennten Stücken bestehen, nur muß die Verheftung eines Exemplars des Kranzes mit dem nächsten immer in gleicher Weise erfolgen.

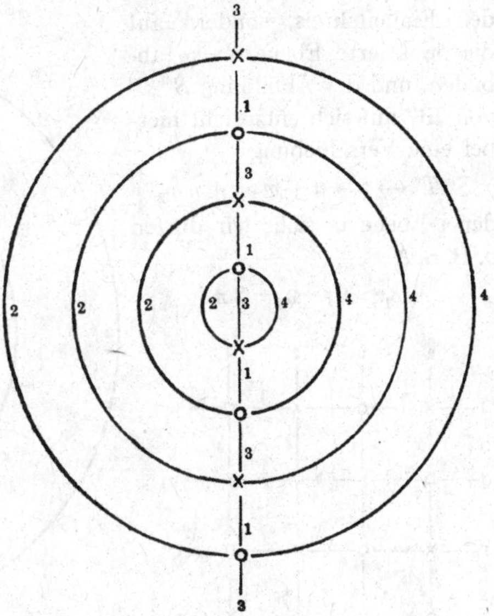

Abbildung 1.

Wenn man die Beschreibung so faßt, spricht man besser von „periodisch endenden Riemannschen Flächen". Die Zahl p der logarithmischen Windungspunkte erscheint jetzt als etwas sekundäres. Insbesondere ist es jetzt möglich, daß $p = 0$ wird, also logarithmische Windungspunkte überhaupt fehlen; das tritt besonders dann ein, wenn der Kranz rund herum geschlossen ist. Ein Beispiel eines solchen Streckenkomplexes zeigt Abb. 1.

Um solche periodisch endenden Riemannschen Flächen ohne logarithmische Windungspunkte zu untersuchen, gehen wir von einem doppeltperio-

[4]) E. Ullrich, Zum Umkehrproblem der Wertverteilungslehre (Vorläufige Mitteilung), Gött. Nachr. N. F. 1.

dischen Streckenkomplex aus, wie Abb. 2 einen zeigt. Ein solcher Streckenkomplex hat eine Gruppe $\mathfrak{G}^2$ von Verschiebungen in sich, die zwei Erzeugende S, T hat und aus allen kommutativen Produkten $S^m T^n$ (m, n ganzrational) besteht. $\mathfrak{W}''$ sei die zugehörige Fläche, die wie oben angegeben, aus Halbblättern $\mathfrak{I}$, $\mathfrak{A}$ aufgebaut ist. Jeder Verschiebung $S^m T^n$ des Streckenkomplexes in sich, die ja die Knoten permutiert, ordnen wir dieselbe Permutation der den Knoten zugeordneten Halbblätter $\mathfrak{I}$ bzw. $\mathfrak{A}$ zu: das ist eine konforme Abbildung von $\mathfrak{W}''$ auf sich, bei der ein Flächenpunkt über einer Stelle $w = w_0$ der w-Kugel stets in einen ebensolchen Flächenpunkt übergeht und die wir wieder $S^m T^n$ nennen. Wegen der Existenz dieser zu $\mathfrak{G}^2$ isomorphen Gruppe konformer Abbildungen von $\mathfrak{W}''$ auf sich läßt sich $\mathfrak{W}''$ nicht auf den Einheitskreis, sondern auf die punktierte Ebene $v \neq \infty$ abbilden, und der Abbildung $S^m T^n$ von $\mathfrak{W}''$ auf sich entspricht hierbei eine Verschiebung

$$S^m T^n \leftrightarrow u \to u + m\,\omega_1 + n\,\omega_2$$

der v-Ebene in sich; wir dürfen o. B. d. A.

$$\Re\,\omega_1 > 0; \quad \omega_2 = 2\pi i$$

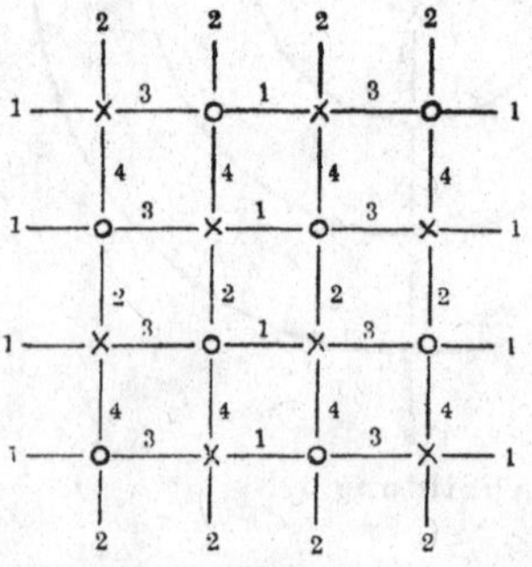

Abbildung 2.

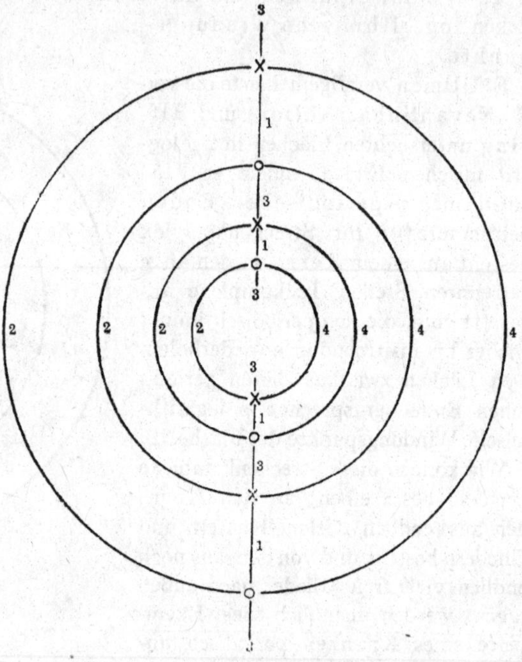

Abbildung 3.

annehmen. Die Abbildungsfunktion $w = h(v)$ ist eine mod (ω_1, ω_2) doppeltperiodische, also elliptische Funktion, die jeden Wert a im Periodenparallelogramm G-mal annimmt; G ist die Zahl der bei $\mathfrak{G}^2$ inäquivalenten Innenknoten (oder Außenknoten) und heißt der Grad von $h(v)$.

Auf Grund unserer Annahme $\omega_2 = 2\pi i$ führen wir

$$\nu = e^u$$

als neue unabhängig Veränderliche ein, setzen also

$$h(u) = h\,(\log \nu) = g(\nu)\,.$$

$g(\nu)$ ist eine eindeutige Funktion, die bei $\nu = 0$ und $\nu = \infty$ wesentliche Singularitäten hat. Dementsprechend gehört zu der Riemannschen Fläche $\mathfrak{W}'$, auf die $w = g(\nu)$ die in $\nu = 0$ und $\nu = \infty$ punktierte ν-Ebene abbildet, ein Streckenkomplex, der aus unendlich vielen periodisch ineinander gehängten Kränzen besteht und der sich deshalb auch gegen einen Punkt im Endlichen häuft (Abb. 3). Er entsteht aus dem ursprünglichen doppeltperiodischen Streckenkomplex, wenn man diesen so auf einen Zylindermantel aufwickelt, daß er immer wieder mit sich selbst zur Deckung kommt und einem geschlossenen Umlauf gerade die Verschiebung T entspricht, und dann den Zylindermantel topologisch auf die zweifach punktierte Ebene abbildet. $g(v)$ hat die Eigenschaft

$$g(v\, e^{\omega_1}) = g(v) \qquad (\Re\, \omega_1 > 0)$$

und nimmt in jedem Kreisring

$$\varrho < |v| \leq \varrho\, e^{\Re\, \omega_1}$$

jeden Wert G-mal an.

Um nun wieder zu einer einfach zusammenhängenden Fläche zu kommen, schneiden wir einen Kranz und alle in ihn nach innen zu eingehängten Kränze fort und setzen an ihre Stelle irgendeinen endlichen Kern. So entsteht der Streckenkomplex der allgemeinsten periodisch endenden Riemannschen Fläche $\mathfrak{W}$ ohne logarithmische Windungspunkte. $\mathfrak{W}$ wird konform auf den Einheitskreis $|z| < 1$ oder auf die punktierte Ebene $z \neq \infty$ abgebildet: $w = f(z)$.

Da der äußere Teil des Streckenkomplexes dieser Fläche $\mathfrak{W}$ mit dem entsprechenden Teil des Streckenkomplexes der vorigen, von $w = g(v)$ erzeugten Fläche $\mathfrak{W}'$ übereinstimmt, können wir einen beträchtlichen Teil der Flächen $\mathfrak{W}$ und $\mathfrak{W}'$ geradezu identifizieren. Dem Kern des Streckenkomplexes von $\mathfrak{W}$ entsprechen nur endlich viele Halbblätter, deren Bild in der z-Ebene, weil keine logarithmischen Windungspunkte vorkommen, ganz innerhalb eines Kreises $|z| \leq R$ liegt ($R < 1$ im Grenzkreisfall, $R < \infty$ im Grenzpunktfall). Der Rest von $\mathfrak{W}$ ist also auf ein zweifach zusammenhängendes Gebiet der z-Ebene konform abgebildet, das $R < |z| < 1$ bzw. $R < |z| < \infty$ enthält; dieser Rest von $\mathfrak{W}$ ist mit dem entsprechenden Teil von $\mathfrak{W}'$ identifiziert, und diesem entspricht in der v-Ebene ebenso ein zweifach zusammenhängendes Gebiet, das eine Umgebung $R' < |v| < \infty$ des Punktes $v = \infty$ enthält. Insgesamt ist ein $R < |z| < 1$ bzw. $R < |z| < \infty$ enthaltendes Gebiet der z-Ebene eineindeutig und konform auf dem Wege über $\mathfrak{W}$ und $\mathfrak{W}'$ auf ein $R' < |v| < \infty$ enthaltendes Gebiet der v-Ebene abgebildet. Hieraus folgt schon, daß nicht der Grenzkreisfall, sondern der Grenzpunktfall vorliegt [5]). Anderenfalls wäre ja z in $R' < |v| < \infty$ eine beschränkte analytische Funktion von v, die für $v \to \infty$ einen Grenzwert haben müßte, während andererseits die Umgebung von $v = \infty$ auf eine innere Umgebung der ganzen Kreislinie $|z| = 1$ abgebildet wäre. Vielmehr ist $\mathfrak{W}$ auf die punktierte z-Ebene abgebildet, und es ist

$$w = f(z) = g(v)\,,$$

und die Abbildung $z \leftrightarrow v$ ist in einer Umgebung von $z = \infty \leftrightarrow v = \infty$ eineindeutig und konform.

Wir berechnen nun die Wertverteilungsgrößen der Funktion $w = f(z)$ in den üblichen Nevanlinnaschen Bezeichnungen [6]). Beschränkte Größen bezeichnen wir dabei kurz mit B.

[5]) Das folgt auch aus dem Wittichschen Typenkriterium. H. Wittich, Über die konforme Abbildung einer Klasse Riemannscher Flächen, Math. Z. 45 (1939).

[6]) R. Nevanlinna, La théorème de Picard-Borel et la théorie des fonctions méromorphes, Paris 1929; Eindeutige analytische Funktionen, Berlin 1936.

Wir zerlegen den Teil $|v|>R'$ der v-Ebene in die Kreisringe

$$\mathfrak{K}_\nu:\ R'\,e^{(\nu-1)\Re\omega_1}<|v|\leq R'\,e^{\nu\Re\omega_1}\qquad(\nu=1,2,\ldots).$$

In jedem dieser Kreisringe nimmt $g(v)$ jeden Wert G-mal an. Wenn man jede λ-fache a_i-Stelle als $(\lambda-1)$-fachen „Kreuzungspunkt" zählt, ist die Summe der Vielfachheiten der Kreuzungspunkte, wo $g(v)$ den Wert a_i in unserem Kreisring $\mathfrak{K}_\nu$ annimmt, etwa gleich E_i; auch E_i läßt sich leicht am Sternkomplex ablesen, da die λ-fachen a_i-Stellen ja den 2λ-Ecken aus lauter Gliedern mit den Nummern $i-1$ und i entsprechen.

Die Summe $n(r,a)$ der Vielfachheiten aller a-Stellen von $f(z)$ auf $|z|\leq r$ berechnet sich nun folgendermaßen: $|z|\leq r$ enthält etwa die z-Bilder der Kreisringe $\mathfrak{K}_1,\ldots,\mathfrak{K}_\nu$, und $\mathfrak{K}_{\nu+1}$ oder $\mathfrak{K}_{\nu+2}$ greift schon über $|z|=r$ hinaus, wenn nur r hinreichend groß ist. Dabei ist

$$\nu=\frac{\log r}{\Re\,\omega_1}+B.$$

Denn es besteht ja eine Entwicklung

$$v=c_{-1}z+c_0+\frac{c_1}{z}+\cdots.$$

Das Bild jedes $\mathfrak{K}_\nu$ liefert zu $n(r,a)$ den Beitrag G; dazu kommt noch ein konstanter Beitrag des vom z-Bild von $|v|=R'$ eingeschlossenen Stücks der z-Ebene. Insgesamt ist

$$n(r,a)=\frac{G}{\Re\,\omega_1}\log r+B\,.$$

Die Summe $n_1(r,a_i)$ der Vielfachheiten der Kreuzungspunkte von $f(z)$ auf $|z|\leq r$ mit dem Werte $w=a_i$ berechnet sich entsprechend zu

$$n_1(r,a_i)=\frac{E_i}{\Re\,\omega_1}\log r+B\,.$$

Integration nach $\log r$ ergibt

$$N(r,a)=n(0,a)\log r+\int_0^r\{n(\varrho,a)-n(0,a)\}\,d\log\varrho=\frac{G}{2\,\Re\,\omega_1}(\log r)^2+B\log r\,;$$

$$N_1(r,a_i)=n_1(0,a_i)\log r+\int_0^r\{n_1(\varrho,a_i)-n_1(0,a_i)\}\,d\log\varrho=\frac{E_i}{2\,\Re\,\omega_1}(\log r)^2+B\log r\,.$$

Wir benutzen nun den ersten und zweiten Hauptsatz der Wertverteilungslehre, die Umkehrung des zweiten Hauptsatzes und den Satz von Collingwood [6]) [7]). Diese lauten für die erzeugenden Funktionen $f(z)$ unserer nur über $a_1,\ldots,a_q$ verzweigten Flächen:

$$T(r,f)=N(r,a)+m(r,a)+B\,.$$

$$2\,T(r,f)=\sum_{i=1}^q m(r,a_i)+\sum_{i=1}^q N_1(r,a_i)+R\,,$$

wo

$$-B\,\overset{+}{\log}(r\,T(r,f))\leq\overset{+}{\log}\,r+B$$

[7]) O. Teichmüller, Eine Umkehrung des zweiten Hauptsatzes der Wertverteilungslehre, Deutsche Mathematik 2. Dort ist weitere Literatur angegeben.

für hinreichend große r; die Abschätzung von R nach unten gilt, wenn $T(r,f)$ die Wachstumsordnung ∞ hat, nur außerhalb einer kleinen Ausnahmemenge der r-Geraden

$$m(r,a)=B$$

für jedes von $a_1,\ldots,a_q$ verschiedene a sowie für jedes a_i, über dem nur schlichte Stellen und algebraische Windungspunkte beschränkter Ordnung von $\mathfrak{W}$ und keine logarithmischen Windungspunkte liegen.

Für unsere periodisch endenden Flächen ohne logarithmische Windungspunkte ist also $m(r,a)$ stets beschränkt, und es ist

$$T(r,f)=\frac{G}{2\,\Re\,\omega_1}(\log r)^2+B\log r\,.$$

Die Defekte sind

$$\delta(a_i)=\lim_{r\to\infty}\frac{m(r,a_i)}{T(r,f)}=0;$$

die Verzweigungsindices dagegen

$$\varepsilon(a_i)=\lim_{r\to\infty}\frac{N_1(r,a_i)}{T(r,f)}=\frac{E_i}{G}\,.$$

Nach dem zweiten Hauptsatz und seiner Umkehrung muß

$$\sum_{i=1}^{q}\frac{E_i}{G}=2$$

sein. Das kann man in der Tat elementar bestätigen, wenn man den doppeltperiodischen Streckenkomplex der Fläche $\mathfrak{W}''$ auf einen Torus so aufwickelt, daß er immer wieder mit sich selbst zur Deckung kommt und den Umläufen um einen Längen- bzw. Breitenkreis des Torus S bzw. T entspricht. Bestimmt der so entstehende endliche Streckenkomplex nämlich e Ecken, k Kanten und f Flächen, so ist nach der Eulerschen Polyederformel für den Torus

$$e-k+f=0\,.$$

Nun ist $e=2G$; sind die Flächen ein $2\lambda_1$-Eck, ..., ein $2\lambda_f$-Eck, so ist

$$2k=\sum_{\nu=1}^{f}2\lambda_\nu=2f+2\sum_{\nu=1}^{f}(\lambda_\nu-1)\,,$$

also

$$k=f+\sum_{i=1}^{q}E_i;$$

Setzt man das in die Eulersche Polyederformel ein, so entsteht, wie behauptet wurde,

$$2G-\sum_{i=1}^{q}E_i=0\,.$$

Als Beispiel betrachten wir die Fläche, deren Streckenkomplex in Abb. 1 wiedergegeben ist. Hier ist $q=4$ und

$$G=2;\quad E_1=E_2=E_3=E_4=1\,.$$

Also

$$\varepsilon(a_1)=\varepsilon(a_2)=\varepsilon(a_3)=\varepsilon(a_4)=\frac{1}{2}\,.$$

Nach der Theorie der elliptischen Funktionen folgt aus $G=2$, daß wir durch eine Verschiebung der u-Ebene und eine gebrochene lineare Transformation der w-Kugel, nach der $a_4=\infty$ ist,

$$h(u)=\wp(u\,|\,\omega_1, 2\pi i)$$

erreichen können. Durch solche Transformationen kann man nämlich jede elliptische Funktion vom Grad 2 in die $\wp$-Funktion überführen. $\wp(u)$ ist eine gerade Funktion von u, die im Periodenparallelogramm an den Stellen $\frac{\omega_1}{2}$, $\frac{\omega_1}{2}+\pi i$, πi, 0 die Werte a_1, a_2, a_3, $a_4=\infty$ zweifach annimmt.

Es ist

$$g(\nu)=h(\log \nu)=\wp(\log \nu\,|\,\omega_1, 2\pi i)\,.$$

Weil $\wp(v)$ eine gerade Funktion ist, nimmt $g(\nu)$ in zwei Punkten $\nu=e^{i\vartheta}$, $\nu=e^{-i\vartheta}$ der Einheitskreisperipherie $|\nu|=1$ stets gleiche Werte an; in $\nu=1$ wird der Wert $a_4=\infty$, in $\nu=-1$ der Wert a_3 zweifach angenommen.

Nun bilden wir das Äußere $|\nu|>1$ des Einheitskreises durch

$$z=\frac{1}{2}\left(\nu+\frac{1}{\nu}\right); \quad \nu=z+\sqrt{z^2-1}$$

konform auf die von -1 bis $+1$ geradlinig aufgeschlitzte z-Ebene ab und setzen

$$w=f(z)=g(\nu)\,.$$

Weil $f(z)$ an beiden Ufern des Schlitzes gleiche Werte annimmt, wird $w=f(z)$ eine in der ganzen punktierten Ebene meromorphe Funktion, die in $z=1$ den Wert $a_4=\infty$ und in $z=-1$ den Wert a_3 einfach annimmt. Man sieht sofort, daß der Streckenkomplex dieser Funktion gerade der in Abb. 1 gezeichnete ist. Wir können also die erzeugende Funktion der zum Streckenkomplex Abb. 1 gehörenden Riemannschen Fläche explizit angeben:

$$w=f(z)=\wp(\log(z+\sqrt{z^2-1})\,|\,\omega_1, 2\pi i)\,.$$

Es war $\Re\omega_1>0$ und $\omega_2=2\pi i$; das Periodenverhältnis ist also

$$\omega=\frac{\omega_2}{\omega_1}=\frac{2\pi i}{\omega_1}; \quad \Im\omega>0\,.$$

Folglich gilt für die Charakteristik

$$T(r,f)\sim\frac{G}{2\Re\omega_1}(\log r)^2 \cdot \frac{G}{4\pi}\Im\omega\cdot(\log r)^2\,.$$

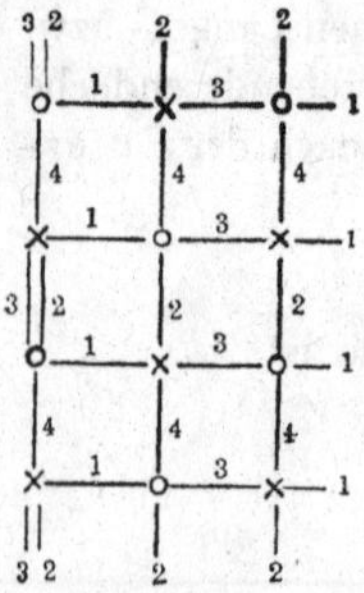

Abbildung 4.

ω hängt mit dem Doppelverhältnis von a_1, a_2, a_3, a_4 durch die Umkehrfunktion der elliptischen Modulfunktion zusammen, und welchen Zweig dieser polymorphen Funktion man nehmen muß, das hängt von der Wahl der Zerschneidungskurve L ab, die ja keineswegs bis auf Deformation bestimmt ist. Der reelle Faktor der Charakteristik hängt also ganz wesentlich von den Verzweigungspunkten sowie von der Wahl der Zerschneidungskurve ab.

Setzen wir schließlich

$$\zeta=\log(z-1); \quad z=1+e^{\zeta}\,,$$

so erzeugt

$$w=F(\zeta)=f(1+e^{\zeta})=\wp(\log(1+e^{\zeta}+\sqrt{e^{2\zeta}+2e^{\zeta}})\,|\,\omega_1, 2\pi i)$$

eine Riemannsche Fläche, deren Streckenkomplex wir in Abb. 4 wiedergeben. Wir berechnen die Wertverteilungsgrößen für diese Funktion; genau ebenso kann man für jede Riemannsche Fläche vorgehen, die, wie unsere, die einfach zusammenhängende relativ unverzweigte Überlagerungsfläche einer einmal punktierten „periodisch endenden Riemannschen Fläche ohne logarithmische Windungspunkte" ist.

Wir berechnen zuerst $n(\varrho, a)$ und $n_1(\varrho, a_i)$. Aus

$$\nu = c_{-1} z + c_0 + \frac{c_1}{z} + \cdots \qquad (|z| > \text{const})$$

folgt

$$\mu = \log \nu = \zeta + \log c_{-1} + d_1 e^{-\zeta} + d_2 e^{-2\zeta} + \cdots, \qquad (\Re \zeta > \text{const}).$$

Weil auch μ um $2\pi i$ zunimmt, wenn ζ um $2\pi i$ zunimmt, folgt

$$\mu = \zeta + B \qquad (\Re \zeta \geq 0).$$

Das μ-Bild des Halbkreises $|\zeta| \leq \varrho$, $\Re \zeta \geq 0$ enthält also einen Halbkreis

$$|\mu| \leq \varrho - B, \quad \Re \mu \geq \text{const}$$

und ist in einem Halbkreis $|\mu| \leq \varrho + B$, $\Re \mu \geq \text{const}$ enthalten. Nun nimmt $w = h(\mu)$ jeden Wert a im Periodenparallelogramm, dessen Flächeninhalt $2\pi \Re \omega_1$ ist, zweimal an, in einem Halbkreis $|\mu| \leq c$, $\Re \mu \geq \text{const}$ also $\left\{2 \cdot \frac{\frac{1}{2}\pi c^2}{2\pi \Re \omega_1} + Bc = \frac{c^2}{2 \Re \omega_1} + Bc\right\}$-mal. Darum liefert der Halbkreis $|\zeta| \leq r$, $\Re \zeta > 0$ zu $n(\varrho, a)$ einen Beitrag $\frac{\varrho^2}{2 \Re \omega_1} + B\varrho$. Ebenso liefert er zu $n(\varrho, a_i)$ $(i = 1, 2, 3, 4)$ den Beitrag $\frac{\varrho^2}{4 \Re \omega_1} + B\varrho$. Aber in $\Re \zeta < 0$ nimmt $F(\zeta)$ jeden Wert in jedem Periodenstreifen $b < \Im \zeta \leq b + 2\pi$ nur endlich oft an. Folglich ist für alle a

$$n(\varrho, a) = \frac{\varrho^2}{2 \Re \omega_1} + B\varrho \quad \text{und} \quad n_1(\varrho, a_i) = \frac{\varrho^2}{4 R \omega_1} + B\varrho;$$

$$N(\varrho, a) = \frac{\varrho^2}{4 \Re \omega_1} + B\varrho; \qquad N_1(\varrho, a) = \frac{\varrho^2}{8 \Re \omega_1} + B\varrho.$$

Nach dem Satz von Collingwood ist für alle a, außer höchstens für $a_4 = \infty$, $m(r, a)$ beschränkt. Also

$$T(\varrho, F) = \frac{\varrho^2}{4 \Re \omega_1} + B\varrho.$$

Nach dem ersten Hauptsatz

$$T(\varrho, F) = N(\varrho, \infty) + m(\varrho, \infty)$$

folgt

$$m(\varrho, \infty) = B\varrho.$$

Wie vorher sind sämtliche Defekte 0:

$$\delta(a_i) = \lim_{r \to \infty} \frac{m(\varrho, a_i)}{T(\varrho, f)} = 0;$$

die Verzweigungsindices sind gleich $\frac{1}{2}$

$$\varepsilon(a_i) = \lim_{r \to \infty} \frac{N_1(\varrho, a_i)}{T(\varrho, f)} = \frac{1}{2}.$$

Man kann auch unmittelbar bestätigen, daß $m(\varrho, \infty) = B\varrho$ ist. In der Nähe von $z = 1$ ist $w = \frac{\text{const}}{z - 1} + \cdots$, folglich

$$w = \text{const} \cdot e^{-\zeta} + \cdots \qquad (\Re \zeta > \text{const}).$$

Deshalb liefert $\Re\zeta < \mathrm{const}$ zu

$$m(\varrho, \infty) = \frac{1}{2\pi} \oint_{|\zeta|=\varrho} \overset{+}{\log} |w| \, d \arg \zeta$$

einen Beitrag

$$\frac{1}{2\pi} \int_{\substack{|\zeta|=\varrho \\ \Re\zeta < \mathrm{const}}} \Re(-\zeta) \, d \arg \zeta + B = \frac{\varrho}{\pi} + B.$$

Nach dem Beweis des Satzes von Collingwood [7]) liefert der Rest $\Re\zeta \geq \mathrm{const}$ nur einen beschränkten Beitrag zu $m(r, \infty)$. Folglich

$$m(r, \infty) = \frac{\varrho}{\pi} + B.$$

Wir haben in $w = F(\zeta)$ also ein Beispiel einer gebrochenen Funktion endlicher Ordnung, die keinen Nevanlinnaschen Ausnahmewert hat, obwohl die von ihr erzeugte Riemannsche Fläche einen logarithmischen Windungspunkt hat.

34.
Über die partielle Differentiation algebraischer Funktionen nach einem Parameter und die Invarianz einer gewissen Hauptteilsystemklasse

J. reine angew. Math. *186*, 49–57 (1944)

In einer vorangehenden Arbeit [1]), die hier jedoch nicht als bekannt vorausgesetzt wird, habe ich drei Vermutungen aufgestellt, in denen invariante Bildungen in algebraischen Funktionenkörpern (reziproke Differentiale und ihre Hauptteile und Hauptteilsystemklassen, die durch partielle Differentiation entstehen) auftraten. Den auf diese Bildungen bezüglichen Teil jener Arbeit möchte ich im folgenden in einer anderen, vom algebraischen Standpunkt eleganteren Weise darstellen; dabei wird sich der Beweis meiner ersten Vermutung fast von selbst ergeben.

Der Vollständigkeit wegen entwickle ich dabei alles, was ich über Differentialquotienten in algebraischen Funktionenkörpern brauche, von Grund auf. Im ersten Teil werden die bekannten Sätze über die Fortsetzung von Differentiationen bewiesen, der zweite Teil bringt die gewöhnliche Theorie der Differentiale (erster Ordnung) in algebraischen Funktionenkörpern und eine einfache Formel der partiellen Differentiation in neuen Bezeichnungen und erst im dritten Teil folgt nach der $\mathfrak{p}$-adischen Deutung der bis dahin eingeführten Operationen der Beweis für die Invarianz einer gewissen Hauptteilsystemklasse unter recht allgemeinen Voraussetzungen. Aber wenn ich alles Bekannte weggelassen hätte, wäre die Arbeit kaum kürzer geworden.

Dieser neue Aufbau geht auf einen Briefwechsel mit Herrn M. Eichler zurück. Eichler fand, daß meine erste Vermutung auf der Identität (11) beruhte [2]), und bewies darüber hinaus auch meine zweite Vermutung für den Sonderfall der elliptischen und hyperelliptischen Funktionenkörper. Damals lagen allerdings noch andere Definitionen zugrunde, die auf Grund von (6) aus den hier gegebenen entstehen. Ich schloß natürlich aus (11), daß (4) gelten müßte; beim Versuch, (4) direkt zu beweisen, entstanden die neuen, hier an die Spitze gestellten Definitionen.

Da auf Grund gewisser von Eichler gefundenen Verallgemeinerungen (4) allgemein aus (11) folgt (ohne weiteres folgt es für ein Geschlecht $g > 1$, weil es da keine überall endlichen reziproken Differentiale gibt), nenne ich (4) und (11) *die Eichlerschen Formeln*; sie bilden die Grundlage des neuen Beweises. Auch andere Einzelheiten sind aus Eichlers Briefen entnommen, deren Inhalt weit über seine Veröffentlichung [2]) hinausgeht.

---

[1]) O. Teichmüller, Drei Vermutungen über algebraische Funktionenkörper, dieses Journ. **185** (1943), 1—11.
[2]) M. Eichler, Bemerkungen zu den vorstehenden Vermutungen von Teichmüller, dieses Journ. **185** (1943), 12—13.

Noch eine Bemerkung sei an dieser Stelle gestattet. Die vorliegende Arbeit ist rein algebraisch geschrieben wie auch der größte Teil der vorangehenden[1]). Ursprünglich standen aber analytische Fragestellungen im Vordergrund; nur konnte ich 1940 meine heuristischen Ergebnisse noch nicht exakt analytisch formulieren. Deshalb übersetzte ich sie in die Sprache des Algebraikers, wo sich wenigstens exakt formulierbare Vermutungen ergaben.

Inzwischen sind aber meine Untersuchungen über die analytische Abhängigkeit eines algebraischen Funktionenkörpers von endlich vielen komplexen Parametern (oder, was dasselbe ist, die Theorie der *Moduln* algebraischer Funktionenkörper) so weit fortgeschritten, daß ich zwar *nicht* meine damaligen Vermutungen für den Fall des komplexen Konstantenkörpers beweisen kann (denn darin stecken noch algebraische Hypothesen), wohl aber *das analytische Analogon meiner drei Vermutungen*, das ja den heuristischen Ausgangspunkt bildete, nunmehr exakt formulieren und beweisen kann, und zwar ohne quasikonforme Abbildungen heranzuziehen. Diese Ergebnisse sollen später einmal veröffentlicht werden.

I.

R sei ein kommutativer Ring, R^* ein kommutativer Oberring von R. Wenn jedem Element a von R ein Element $a' = \frac{\partial a}{\partial p}$ von R^* so zugeordnet ist, daß

$$(a + b)' = a' + b', \ (ab)' = a'b + ab'$$

gilt, so heißt die Abbildung $a \to a'$ eine *Differentiation* von R in R^*. Im Falle $R^* = R$ sprechen wir von einer *Differentiation* in R; diese ist also logisch zu unterscheiden von einer Differentiation von R, bei der die Ableitungen a' in einem Oberring von R liegen können. — Bei der Schreibweise $a' = \frac{\partial a}{\partial p}$, die für unsere Zwecke bequem ist, muß $\frac{\partial}{\partial p}$ einfach als ein Operator angesehen werden, der auf a angewandt wird; man soll nicht an die Differentiation nach einem *Element* p denken (das wäre nur ein Sonderfall).

Der Vollständigkeit wegen skizzieren wir die Beweise für drei längst bekannte Hilfssätze.

Hilfssatz 1. *Ist Q der (kommutative) Quotientenkörper eines Ringes R und R^* ein kommutativer Oberring von Q, so läßt sich jede Differentiation $\frac{\partial}{\partial p}$ von R in R^* zu einer eindeutig bestimmten Differentiation von Q in R^* fortsetzen, die wir wieder mit $\frac{\partial}{\partial p}$ bezeichnen.*

Insbesondere läßt sich jede Differentiation in R zu einer Differentiation in Q fortsetzen, die als die Differentiation von Q eindeutig bestimmt ist.

Beweis. Für $\frac{a}{b}$ in Q (a, b in R) setzen wir

$$\left(\frac{a}{b}\right)' = \frac{a'b - ab'}{b^2}.$$

Ist $\frac{a}{b} = \frac{c}{d}$, so ist

$$\left(\frac{ad}{bd}\right)' = \frac{(a'd + ad')bd - ad(b'd + bd')}{(bd)^2} = \frac{a'b - ab'}{b^2} = \left(\frac{a}{b}\right)',$$

und ebenso $\left(\frac{bc}{bd}\right)' = \left(\frac{c}{d}\right)'$, wegen $ad = bc$ also $\left(\frac{a}{b}\right)' = \left(\frac{c}{d}\right)'$. Ebenso bestätigt man unmittelbar

$$\left(\frac{a + c}{b}\right)' = \left(\frac{a}{b}\right)' + \left(\frac{c}{b}\right)'$$

und

$$\left(\frac{ac}{bd}\right)' = \left(\frac{a}{b}\right)' \frac{c}{d} + \frac{a}{b}\left(\frac{c}{d}\right)'.$$

Es gibt also eine Fortsetzung. Diese ist eindeutig bestimmt, weil sich der Wert von $\left(\frac{a}{b}\right)'$ aus

$$a' = \left(\frac{a}{b}\right)' b + \frac{a}{b} b'$$

eindeutig ergibt.

Hilfssatz 2. *Ist $R[x]$ der Polynomring über dem kommutativen Ring R mit Einselement und $\frac{\partial}{\partial p}$ eine Differentiation von R in dem kommutativen Oberring R^*, der o. B. d. A. auch Oberring von $R[x]$ sein soll, und x' ein Element von R^*, so gibt es eine und nur eine Fortsetzung von $\frac{\partial}{\partial p}$ zu einer Differentiation $\frac{\partial^*}{\partial p}$ von $R[x]$ in R^*, bei der*

$$\frac{\partial^* x}{\partial p} = x'$$

ist.

Insbesondere gibt es eine und nur eine Fortsetzung einer Differentiation $\frac{\partial}{\partial p}$ in R zu einer Differentiation $\frac{\partial^*}{\partial p}$ von $R[x]$, bei der $x' = 0$ ist; diese bezeichnen wir mit

$$\frac{{}_x\partial}{\partial p}$$

(weil sie noch von x abhängt). Diese ist von selbst eine Differentiation in $R[x]$. Sie ist also durch die Eigenschaften

$$\frac{{}_x\partial a}{\partial p} = \frac{\partial a}{\partial p} \text{ für } a \text{ in } R, \quad \frac{{}_x\partial x}{\partial p} = 0$$

als Differentiation von $R[x]$ bestimmt.

Ferner gibt es zu der Nulldifferentiation von R ($a' = 0$ für alle a in R) eine Fortsetzung auf $R[x]$, bei der $x' = 1$ ist; diese bezeichnet man mit $\frac{d}{dx}$. Es ist $\frac{d}{dx}$ also eine Differentiation in $R[x]$, die durch

$$\frac{da}{dx} = 0 \quad (a \text{ in } R), \quad \frac{dx}{dx} = 1$$

als Differentiation von $R[x]$ eindeutig bestimmt ist.

Beweis. Für $f = \sum_{\nu=0}^{n} a_\nu x^\nu$ (a_ν aus R) setzen wir

$$\frac{\partial^* f}{\partial p} = \sum_{\nu=0}^{n} \left(\frac{\partial a_\nu}{\partial p} x^\nu + \nu a_\nu x^{\nu-1} x'\right),$$

wo natürlich für $\nu = 0$ der zweite Summand wegfällt. Man bestätigt elementar

$$\frac{\partial^*(f+g)}{\partial p} = \frac{\partial^* f}{\partial p} + \frac{\partial^* g}{\partial p}, \quad \frac{\partial^*(fg)}{\partial p} = \frac{\partial^* f}{\partial p} g + f \frac{\partial^* g}{\partial p}.$$

Dies ist also eine Fortsetzung mit den verlangten Eigenschaften. Sie ist eindeutig bestimmt, weil sich $\frac{\partial^* f}{\partial p}$ nach den Differentiationsregeln eindeutig berechnet.

Nach der angegebenen Formel kann man übrigens $\frac{\partial^*}{\partial p}$ durch die beiden in der

7*

Formulierung des Hilfssatzes hervorgehobenen Sonderfälle ausdrücken (wenn $\frac{\partial}{\partial p}$ eine Differentiation in R war):

Zusatz. *Es ist*

$$\frac{\partial^*}{\partial p} = \frac{{}^x\partial}{\partial p} + x' \frac{d}{dx}.$$

Hilfssatz 3. *R sei ein Körper, K ein separabler Oberkörper endlichen Grades von R und R^* ein kommutativer Oberring von K. Dann läßt sich jede Differentiation $\frac{\partial}{\partial p}$ von R in R^* zu einer eindeutig bestimmten Differentiation von K in R^* fortsetzen, die wir wieder mit $\frac{\partial}{\partial p}$ bezeichnen.*

Insbesondere läßt sich jede Differentiation in R zu einer und nur einer Differentiation von K fortsetzen, und diese ist von selbst eine Differentiation in K.

Beweis. Weil K/R endlich und separabel ist, gibt es ein ϑ in K und ein irreduzibles Polynom $f(x)$ im Polynomring $R[x]$ mit

$$K = R(\vartheta), \quad f(\vartheta) = 0, \quad f'(\vartheta) \neq 0, \quad K \cong R[x]/f(x).$$

Wir setzen nach Hilfssatz 2 die Differentiation $\frac{\partial}{\partial p}$ von R in $R^*[x]$ zu einer Differentiation $\frac{\partial^*}{\partial p}$ von $R^*[x]$ fort, bei der $\frac{\partial^* x}{\partial p} = x'$ ein sogleich näher zu bestimmendes Element von $R^*[x]$ ist. Nach dem Zusatz zu Hilfssatz 2 ist

$$\frac{\partial^* f(x)}{\partial p} = \frac{{}^x\partial f(x)}{\partial p} + x' f'(x).$$

Wegen $f'(\vartheta) \neq 0$ ist $f'(x) \not\equiv 0 \pmod{f(x)}$, und wir können x' in $R^*[x]$ so wählen, daß

$$\frac{\partial^* f(x)}{\partial p} \equiv 0 \pmod{f(x)}$$

wird. Dann ist für jedes g aus $R[x]$ auch

$$\frac{\partial^*(fg)}{\partial p} \equiv 0 \pmod{f}.$$

Aus $a \equiv b \pmod{f}$ folgt also $\frac{\partial p}{\partial^* a} \equiv \frac{\partial^* b}{\partial p} \pmod{f}$: der Operator $\frac{\partial^*}{\partial p}$ überträgt sich auf die Restklassen mod $f(x)$ und ergibt eine Differentiation $\frac{\partial^*}{\partial p}$ von $R[x]/f(x) \cong K$, die eine Fortsetzung der Differentiation $\frac{\partial}{\partial p}$ von R ist. Damit ist die Existenz bewiesen. Die Eindeutigkeit folgt so: Aus

$$0 = \frac{\partial f(\vartheta)}{\partial p} = \frac{{}^x\partial f}{\partial p}(\vartheta) + \frac{\partial \vartheta}{\partial p} f'(\vartheta)$$

und $f'(\vartheta) \neq 0$ berechnet sich $\frac{\partial \vartheta}{\partial p}$ eindeutig; aber jedes α aus K hat die Form

$$\alpha = \sum_{\nu=0}^{n-1} a_\nu \vartheta^\nu,$$

und hieraus folgt, daß

$$\frac{\partial \alpha}{\partial p} = \sum_{\nu=0}^{n-1} \left(\frac{\partial a_\nu}{\partial p} \vartheta^\nu + \nu a_\nu \vartheta^{\nu-1} \frac{\partial \vartheta}{\partial p} \right)$$

eindeutig bestimmt ist.

II.

Von jetzt an sei k ein vollkommener Körper, in dem eine Differentiation $\frac{\partial}{\partial p}$ gegeben ist, und K ein algebraischer Funktionenkörper einer Veränderlichen über dem Konstantenkörper k. Ist x ein separierendes Element von K, so entsteht K aus k folgendermaßen: $k[x]$ ist der Polynomring über k, $k(x)$ sein Quotientenkörper und $K/k(x)$ endlich und separabel. Auf diesen Aufbau von K wenden wir nacheinander Hilfssatz 2, Hilfssatz 1 und Hilfssatz 3 an und erhalten:

Es gibt eine und nur eine Differentiation $\frac{{}_x\partial}{\partial p}$ *von* K *mit*

$$(1) \qquad \frac{{}_x\partial a}{\partial p} = \frac{\partial a}{\partial p} \quad (a \text{ in } k), \quad \frac{{}_x\partial x}{\partial p} = 0.$$

Diese ist eine Differentiation in K.

Der Index links unten am ∂, der angibt, welches separierende Element von K die Ableitung 0 erhalten soll, ist jetzt, wo wir in K alle separierenden Elemente x als gleichberechtigt ansehen, unentbehrlich. — Beim Beweis der eindeutigen Bestimmtheit von $\frac{{}_x\partial}{\partial p}$ ist es wesentlich, daß wir in Hilfssatz 1 bis 3 immer eindeutige Bestimmtheit als Differentiation von Q bzw. $R[x]$ bzw. K bewiesen haben.

Genau so folgt aus Hilfssatz 2, 1 und 3:

Es gibt eine und nur eine Differentiation $\frac{d}{dx}$ *von* K *mit*

$$(2) \qquad \frac{da}{dx} = 0 \quad (a \text{ in } k), \quad \frac{dx}{dx} = 1.$$

Diese ist eine Differentiation in K.

Wir stellen jetzt Zusammenhänge zwischen diesen Differentiationen auf.

Sind x *und* y *separierende Elemente von* K, *so ist*

$$\frac{d}{dx} = \frac{dy}{dx}\frac{d}{dy}$$

also für alle z *aus* K

$$(3) \qquad \frac{dz}{dx} = \frac{dy}{dx}\frac{dz}{dy}.$$

Beweis. Es ist

$$D = \left(\frac{dy}{dx}\right)^{-1}\frac{d}{dx}$$

eine Differentiation in K mit den Eigenschaften

$$Da = 0 \ (a \text{ in } k), \ Dy = 1.$$

Diese sind aber für die Differentiation $\frac{d}{dy}$ charakteristisch. Folglich ist

$$\left(\frac{dy}{dx}\right)^{-1}\frac{d}{dx} = D = \frac{d}{dy}$$

oder

$$\frac{d}{dx} = \frac{dy}{dx}\frac{d}{dy}.$$

Auf Grund dieser Formel können wir in K *Differentiale* einführen. Für jede ganzrationale Zahl m bilden wir bei zunächst festem separierenden Element x von K einen K-Modul aller „Differentiale m-ter Dimension" vom Rang 1 mit dem Basiselement dx^m Ein Differential m-ter Dimension ist also ein Ausdruck $a\,dx^m$ (*aus* K), und man kann diese Ausdrücke addieren, subtrahieren und mit Elementen von K multiplizieren. Beim Übergang zu einem anderen separierenden Element y von K setzen wir fest:

Es sei $a\,dx^m = b\,dy^m$ *dann und nur dann, wenn* $a = b\left(\frac{dy}{dx}\right)^m$ *ist.*

Denn aus (3) und (2) folgt, daß $\frac{dy}{dx} \neq 0$ ist und daß unsere Gleichheitsdefinition reflexiv, symmetrisch und transitiv ist. (Symmetrisch, weil aus (2) und (3)

$$\frac{dy}{dx} \cdot \frac{dx}{dy} = 1$$

folgt.) — Für $m = 0$ setzen wir natürlich $dx^0 = 1$, die Differentiale 0-ter Dimension sind also die Elemente von K. In den Fällen $m = 1, 2, -1$ spricht man von gewöhnlichen, quadratischen, reziproken Differentialen. — Schließlich multiplizieren wir Dimensionsdifferentiale nach der Formel

$$a\,dx^m \cdot b\,dx^n = ab\,dx^{m+n}$$

Das steht mit der Festsetzung $a\,dx^0 = a$ nicht in Widerspruch und ist invariant beim Übergang zu einem anderen separierenden Element y.

Für beliebige z aus K und *positives* m setzen wir schließlich in Übereinstimmung mit allen bisherigen Festsetzungen

$$dz^m = \left(\frac{dz}{dx}\right)^m dx^m.$$

Nun leiten wir eine Formel ab, die einen Zusammenhang zwischen den verschiedenen in K erklärten Differentiationen $\frac{{}_x\partial}{\partial p}$ herstellt und einer einfachen Regel für partielle Differentiation aus der Analysis entspricht.

Sind x *und* y *separierende Elemente von* K, *so ist*

$$\frac{{}_x\partial}{\partial p} = \frac{{}_y\partial}{\partial p} + \frac{{}_x\partial y}{\partial p}\frac{d}{dy}.$$

Beweis. Es ist

$$D = \frac{{}_x\partial}{\partial p} - \frac{{}_x\partial y}{\partial p}\frac{d}{dy}$$

eine Differentiation in K mit den Eigenschaften

$$Da = \frac{\partial a}{\partial p}\ (a \text{ in } K),\ Dy = 0.$$

Diese sind aber für die Differentiation $\frac{{}_y\partial}{\partial p}$ charakteristisch. Folglich ist

$$\frac{{}_x\partial}{\partial p} - \frac{{}_x\partial y}{\partial p}\frac{d}{dy} = D = \frac{{}_y\partial}{\partial p}$$

oder

$$\frac{{}_x\partial}{\partial p} = \frac{{}_y\partial}{\partial p} + \frac{{}_x\partial y}{\partial p}\frac{d}{dy},$$

w. z. b. w.

Wir wenden diese Formel auf ein *separierendes* Element z von K an:

$$\frac{{}_x\partial z}{\partial p} = \frac{{}_y\partial z}{\partial p} + \frac{{}_x\partial y}{\partial p}\frac{dz}{dy}$$

und multiplizieren mit dem reziproken Differential dz^{-1}:

$$\frac{{}_x\partial z}{\partial p}dz^{-1} = \frac{{}_y\partial z}{\partial p}dz^{-1} + \frac{{}_x\partial y}{\partial p}dy^{-1}$$

$\left(\text{wegen } \frac{dz}{dy}dz^{-1} = dy^{-1}\right)$. Führen wir für irgend zwei separierende Elemente x, y von K die Abkürzung

$$\frac{{}^{x}\partial y}{\partial p}dy^{-1} = [y, x]$$

ein, so lautet unser Ergebnis

(4) $$[z, x] = [z, y] + [y, x].$$

Das ist die *erste Eichlersche Formel.* Setzt man in ihr $x = y = z$, so erhält man

$$[x, x] = 0;$$

das ist aber nach (1) klar. Setzt man dagegen nur $x = z$, so erhält man

(5) $$[x, y] = -[y, x],$$

eine Formel, die wir bald auf anderem Wege bestätigen werden. Übrigens folgt aus (4) auch

$$[t, x] = [t, z] + [z, y] + [y, x]$$

usw. Der wesentliche Inhalt der ersten Eichlerschen Formel ist, daß sich das reziproke Differential $[y, x]$ wie eine Differenz $\varphi(y) - \varphi(x)$ verhält; vgl. (11).

Wir geben noch an, wie man $[y, x]$ berechnen kann. $F(x, y) = 0$ sei die über k irreduzible Gleichung zwischen den separierenden Elementen x und y. Ferner seien F_x und F_y die gewöhnlichen partiellen Ableitungen, die beide nicht Null sind; F_p entstehe aus F, indem man alle Koeffizienten a_{ik} von F durch $\frac{\partial a_{ik}}{\partial p}$ ersetzt. Wendet man die Differentiation $\frac{{}^{x}\partial}{\partial p}$ auf die Gleichung $F(x, y) = 0$ an, so erhält man

$$F_p + F_y \frac{{}^{x}\partial y}{\partial p} = 0,$$

also

(6) $$[y, x] = \frac{{}^{x}\partial y}{\partial p}dy^{-1} = -\frac{F_p}{F_y}dy^{-1}.$$

Von der rechten Seite dieser Gleichung für den Fall, daß x eine verallgemeinerte Ortsuniformisierende ist, bin ich in der vorhergehenden Arbeit[1]) ausgegangen.

Ebenso wie (6) ist

(7) $$[x, y] = -\frac{F_p}{F_x}dx^{-1}.$$

Durch Anwenden von $\frac{d}{dx}$ auf $F(x, y) = 0$ erhält man aber $F_x + F_y\frac{dy}{dx} = 0$ oder

$$\frac{1}{F_x} = -\frac{1}{F_y}\frac{dx}{dy};$$

das setzen wir in (7) ein:

$$[x, y] = \frac{F_p}{F_y}dy^{-1}.$$

Vergleich mit (6) ergibt wieder (5).

Man kann ohne weiteres von y zu $\frac{1}{y}$ übergehen, denn es ist $\left[\frac{1}{y}, y\right] = 0$ und darum nach (4)

$$\left[\frac{1}{y}, x\right] = \left[\frac{1}{y}, y\right] + [y, x] = [y, x].$$

III.

$\mathfrak{p}$ sei eine Primstelle von K. Wir setzen als bekannt voraus: zu $\mathfrak{p}$ gehört eine Bewertung von K. Schließt man K hinsichtlich dieser Bewertung ab, so entsteht der $\mathfrak{p}$-adische Oberkörper $K_{\mathfrak{p}}$. Es sei $k^{\mathfrak{p}}$ der Körper aller in bezug auf k algebraischen Elemente von $K_{\mathfrak{p}}$. Dann ist $k^{\mathfrak{p}}$ ein endlicher (und separabler) Oberkörper des vollkommenen Konstantenkörpers k. Sei π ein in K liegendes Primelement von $\mathfrak{p}$. Dann haben die Elemente von $K_{\mathfrak{p}}$ die eindeutige Potenzreihendarstellung

(8) $$\alpha = \sum_{\nu=\nu(\alpha)}^{\infty} a_\nu \pi^\nu \quad (a_\nu \text{ in } k^{\mathfrak{p}}).$$

Die Differentiation $\frac{\partial}{\partial p}$ in k setzt sich nach Hilfssatz 3 zu einer eindeutig bestimmten Differentiation in $k^{\mathfrak{p}}$ fort, die wir wieder mit $\frac{\partial}{\partial p}$ bezeichnen. Wir führen jetzt die folgende Differentiation D in $K_{\mathfrak{p}}$ ein: hat ein Element α von K die Potenzreihendarstellung (8), so sei

(9) $$D\alpha = \sum_{\nu=\nu(\alpha)}^{\infty} \frac{\partial a_\nu}{\partial p} \pi^\nu.$$

Man bestätigt leicht, daß das wirklich eine Differentiation in $K_{\mathfrak{p}}$ ist.

Wendet man dieses D nur auf die Elemente von K an, so hat man eine Differentiation von K in $K_{\mathfrak{p}}$ mit

$$Da = \frac{\partial a}{\partial p} \quad (a \text{ in } K), \quad D\pi = 0.$$

π lag aber in K. Also hat D die Eigenschaften, die für die Differentiation $\frac{{}^\pi\partial}{\partial p}$ von K charakteristisch sind:

$$D = \frac{{}^\pi\partial}{\partial p} \text{ in } K.$$

Wir haben benutzt, daß $\frac{{}^\pi\partial}{\partial p}$ durch seine Eigenschaften als Differentiation von K (nicht nur als Differentiation in K) eindeutig bestimmt ist. Ebenso sieht man

$$\frac{d\alpha}{d\pi} = \sum_{\nu=\nu(\alpha)}^{\infty} \nu a_\nu \pi^{\nu-1} \quad (\alpha \text{ in } K).$$

α ist dann und nur dann für $\mathfrak{p}$ ganz, wenn es eine Darstellung

$$\alpha = \sum_{\nu=0}^{\infty} a_\nu \pi^\nu \quad (a_\nu \text{ aus } k^{\mathfrak{p}})$$

hat. Dann ist aber nach (9) auch $D\alpha$ ganz. Wir sehen:

Ist π in K ein Primelement an der Stelle $\mathfrak{p}$ (also von selbst ein separierendes Element), so ist mit x stets auch $\frac{{}^\pi\partial x}{\partial p}$ für $\mathfrak{p}$ ganz.

Ebenso ist mit x auch $\frac{\partial x}{\partial \pi}$ für $\mathfrak{p}$ ganz.

Ein Differential m-ter Dimension $a dx^m$ heißt *für $\mathfrak{p}$ ganz*, wenn $a\left(\frac{\partial y}{\partial \pi}\right)^m$ für ein Primelement π an der Stelle $\mathfrak{p}$ ganz ist (unabhängig von der Wahl des separierenden Elements x und des Primelements π. Wir bezeichnen ein Differential m-ter Dimension $a dx^m$ kurz mit $d\xi^m$ oder ähnlich, obwohl es im allgemeinen nicht die m-te Potenz des Differentials eines ξ aus K sein wird. Wir nennen hier zwei reziproke Differentiale $d\xi^{-1}$, $d\eta^{-1}$ kurz *kongruent* an der Primstelle $\mathfrak{p}$:

$$d\xi^{-1} \equiv d\eta^{-1} \text{ in } \mathfrak{p},$$

wenn $d\xi^{-1} - d\eta^{-1}$ für $\mathfrak{p}$ ganz ist. Eine (additive) Restklasse von reziproken Differentialen mod den für $\mathfrak{p}$ ganzen reziproken Differentialen nennen wir einen *Hauptteil*. $d\xi^{-1}$ und $d\eta^{-1}$ sind also kongruent, wenn sie denselben Hauptteil haben.

Unter einer *verallgemeinerten Ortsuniformisierenden* für $\mathfrak{p}$ verstehen wir ein Element ω von K mit einer $\mathfrak{p}$-adischen Entwicklung

$$\omega = \sum_{\nu=0}^{\infty} a_\nu \pi^\nu \quad (a_\nu \text{ in } k^{\mathfrak{p}}),\ a_1 \neq 0.$$

ω und $d\omega^{-1}$ sollen also für $\mathfrak{p}$ ganz sein. Dann ist, wie oben bewiesen wurde, auch $\frac{{}_\pi\partial\omega}{\partial p}$ für $\mathfrak{p}$ ganz. Folglich ist auch

$$(10) \qquad [\omega, \pi] = \frac{{}_\pi\partial\omega}{\partial p} d\omega^{-1} \equiv 0 \text{ in } \mathfrak{p}.$$

Sind ω und ω' zwei verallgemeinerte Ortsuniformisierende für $\mathfrak{p}$, so ist nach (4) und (10)

$$[\varphi, \omega'] = [\omega, \pi] - [\omega', \pi] \equiv 0 \text{ in } \mathfrak{p}.$$

Ist x ein beliebiges separierendes Element von K, so ist für zwei verallgemeinerte Ortsuniformierende ω, ω'

$$[x, \omega'] = [x, \omega] + [\omega, \omega'] \equiv [x, \omega] \text{ in } \mathfrak{p}.$$

Der *Hauptteil* von $[x, \omega]$ hängt also nicht von ω, sondern nur von x ab; wir bezeichnen ihn kurz mit $d\eta^{-1}(x)$. Nach (6) ist dies genau der in der vorangehenden Arbeit eingeführte Hauptteil. Es sei daran erinnert, daß man für ω z. B. jedes Primelement π von $\mathfrak{p}$ nehmen kann.

Wenn jeder Primstelle $\mathfrak{p}$ von K ein Hauptteil zugeordnet ist, aber nur endlich viele von Null verschieden sind, dann sprechen wir von einem *Hauptteilsystem.* Ein separierendes Element x von K ist nun für alle $\mathfrak{p}$ außer endlich vielen eine verallgemeinerte Ortsuniformisierende; ordnet man ihm also für jedes $\mathfrak{p}$ den Hauptteil $d\eta^{-1}(x)$ von $[x, \omega]$ zu (ω verallgemeinerte Ortsuniformisierende für $\mathfrak{p}$), so ist das ein Hauptteilsystem, das wir wieder mit $d\eta^{-1}(x)$ bezeichnen.

Jedes reziproke Differential $d\xi^{-1}$ hat ein Hauptteilsystem: man nimmt einfach an jeder Primstelle $\mathfrak{p}$ den Hauptteil von $d\xi^{-1}$. Zwei Hauptteilsysteme sollen zu derselben *Klasse* gehören, wenn ihre Differenz gleich dem Hauptteilsystem eines passenden reziproken Differentials $d\xi^{-1}$ von K ist. So entstehen die *Hauptteilsystemklassen.*

x und y seien zwei separierende Elemente von K und ω eine verallgemeinerte Ortsuniformisierende an der Primstelle $\mathfrak{p}$. Dann ist nach der ersten Eichlerschen Formel (4)

$$[y, \omega] = [y, x] + [x, \omega],$$

also, wenn wir nur auf die Hauptteile achten,

$$(11) \qquad d\eta^{-1}(y) \equiv [y, x] + d\eta^{-1}(x).$$

Das ist die *zweite Eichlersche Formel.* Sie zeigt, daß die Differenz der beiden Hauptteilsysteme $d\eta^{-1}(y)$ und $d\eta^{-1}(x)$ gleich dem Hauptteilsystem des reziproken Differentials $[y, x]$ ist. $d\eta^{-1}(x)$ und $d\eta^{-1}(y)$ liegen somit in derselben *Hauptteilsystemklasse*:

Die Hauptteilsystemklasse von $d\eta^{-1}(x)$ hängt also nicht von x ab, sondern nur von K/k und der vorgegebenen Differentiation $\frac{\partial}{\partial p}$ in k.

Das ist die erste Vermutung meiner vorangehenden Arbeit [1]). Die zweite und dritte Vermutung besagen ungefähr, daß diese Hauptteilsystemklasse dann und nur dann verschwindet, wenn $\frac{\partial}{\partial p}$, auf alle algebraische Birationalinvarianten von K/k angewandt, Null ergibt.

Eingegangen 22. August 1942.

Bibliographie

1935

1. Operatoren im Wachsschen Raum, J. reine angew. Math. *174*, 73–124

1936

2. Über die Struktur diskret bewerteter perfekter Körper, Nachr. Ges. Wiss. Göttingen, math.-phys. Kl. 1, 151–161
3. Verschränkte Produkte mit Normalringen, Deutsche Math. *1*, 92–102
4. Multiplikation zyklischer Normalringe, Deutsche Math. *1*, 197–238
5. Über die Stetigkeit linearer analytischer Funktionale, Deutsche Math. *1*, 350–352
6. *p*-Algebren, Deutsche Math. *1*, 362–388
7. Differentialrechnung bei Charakteristik *p*, J. reine angew. Math. *175*, 89–99

1937

8. Eine Umkehrung des zweiten Hauptsatzes der Wertverteilungslehre, Deutsche Math. *2*, 96–107
9. Eine Anwendung quasikonformer Abbildungen auf das Typenproblem, Deutsche Math. *2*, 321–327
10. Zerfallende zyklische *p*-Algebren, J. reine angew. Math. *176*, 157–160
11. Diskret bewertete perfekte Körper mit unvollkommenem Restklassenkörper, J. reine angew. Math. *176*, 141–152
12. Der Elementarteilsatz für nichtkommutative Ringe, Sitzungsber. Preuß. Akad. Wiss. 169–177

1938

13. Untersuchungen über konforme und quasikonforme Abbildung, Deutsche Math. *3*, 621–678
14. Ungleichungen zwischen den Koeffizienten schlichter Funktionen, Sitzungsber. Preuß. Akad. Wiss. 363–375

1939

15. Eine Verschärfung des Dreikreisesatzes, Deutsche Math. *4*, 16–22
16. Über den Begriff des partiellen Differentialquotienten und die Operationen der Vektoranalysis, Deutsche Math. *4*, 131–133

17. Vermutungen und Sätze über die Wertverteilung gebrochener Funktionen endlicher Ordnung, Deutsche Math. *4,* 161–190
18. Erreichbare Randpunkte, Deutsche Math. *4,* 455–461
19. Braucht der Algebraiker das Auswahlaxiom? Deutsche Math. *4,* 567–577
20. Extremale quasikonforme Abbildungen und quadratische Differentiale, Abh. Preuß. Akad. Wiss., math.-naturw. Kl. 22, 197

1940

21. Genauere Ausführungen über den Begriff des partiellen Differentialquotienten und die Operationen der Vektoranalysis, Deutsche Math. *5,* 64–72
22. Über die sogenannte nichtkommutative Galoissche Theorie und die Relation $\xi_{\lambda,\mu,\nu}\, \xi_{\lambda,\mu\nu,\pi}\, \xi^{\lambda}_{\mu,\nu,\pi} = \xi_{\lambda,\mu,\nu\pi}\, \xi_{\lambda\mu,\nu,\pi}$, Deutsche Math. *5,* 138–149

1941

23. Über Extremalprobleme der konformen Geometrie, Deutsche Math. *6,* 50–77
24. Vollständige Lösung einer Extremalaufgabe der quasikonformen Abbildung, Abh. Preuß. Akad. Wiss., math.-naturw. Kl. 5, 18

1942

25. Skizze einer Begründung der algebraischen Funktionentheorie durch Uniformisierung, Deutsche Math. *6,* 257–265
26. Berichtigung zu der Arbeit „Genauere Ausführungen über den Begriff des partiellen Differentialquotienten und die Operationen der Vektoranalysis“, Deutsche Math. *6,* 281–282

1943

27. Drei Vermutungen über algebraische Funktionenkörper, J. reine angew. Math. *185,* 1–11
28. Ein neuer Beweis für die Funktionalgleichung der *L*-Reihen, Abh. math. Sem. Hansische Univ. *15,* 85–96
29. Bestimmung der extremalen quasikonformen Abbildungen bei geschlossenen orientierten Riemannschen Flächen, Abh. Preuß. Akad. Wiss., math.-naturw. Kl. 4, 42

1944

30. Beweis der analytischen Abhängigkeit des konformen Moduls einer analytischen Ringflächenschar von den Parametern, Deutsche Math. *7,* 309–336
31. Ein Verschiebungssatz der quasikonformen Abbildung, Deutsche Math. *7,* 336–343
32. Veränderliche Riemannsche Flächen, Deutsche Math. *7,* 344–359
33. Einfache Beispiele zur Wertverteilungslehre, Deutsche Math. *7,* 360–368

34. Über die partielle Differentation algebraischer Funktionen nach einem Parameter und die Invarianz einer gewissen Hauptteilsystemklasse, J. reine angew. Math. *186,* 49–57

Literatur

Mathematical Reviews, Jahrbuch der Fortschritte in der Mathematik, Zentralblatt für Mathematik, Jahresbericht der Deutschen Mathematiker-Vereinigung

Für die freundliche Genehmigung zur Aufnahme in die Gesammelten Abhandlungen danken wir:

der *Akademie der Wissenschaften der DDR* für die Erlaubnis zum Abdruck der drei Arbeiten aus den Abhandlungen der Preußischen Akademie der Wissenschaften, mathematisch-naturwissenschaftliche Klasse;

der *Akademie der Wissenschaften Göttingen* für die Erlaubnis zum Abdruck der Arbeit aus den Nachrichten der Gesellschaft der Wissenschaften in Göttingen, mathematisch-physikalische Klasse;

dem *Verlag Walter de Gruyter & Co.* für die Erlaubnis zum Abdruck der sechs Arbeiten aus dem Journal für reine und angewandte Mathematik und der zwei Arbeiten aus den Sitzungsberichten der Preußischen Akademie der Wissenschaften;

dem *Mathematischen Seminar der Universität Hamburg* für die Erlaubnis zum Abdruck der Arbeit aus den Abhandlungen des Mathematischen Seminars der Hansischen Universität;

dem *Verlag S. Hirzel* für die Erlaubnis zum Abdruck der 21 Arbeiten aus der Deutschen Mathematik;

dem Verlag *B. G. Teubner GmbH* für die Erlaubnis zum Abdruck der Arbeit aus den Abhandlungen des Mathematischen Seminars der Hansischen Universität.

G. Cantor

Gesammelte Abhandlungen mathematischen und philosophischen Inhalts

Mit erläuternden Anmerkungen sowie mit Ergänzungen aus dem Briefwechsel Cantor–Dedekind
Herausgeber: E. Zermelo
Nebst einem Lebenslauf Cantors von A. Fraenkel
Reprint der Erstauflage Berlin 1932 – ergänzt um eine Bibliographie weiterer Arbeiten des Autors
1980. 1 Porträt. (4), VII, 489 Seiten
ISBN 3-540-09849-6

Aus dem Vorwort von E. Zermelo: "In der Geschichte der Wissenschaften ist es gewiß ein seltener Fall, wenn eine ganze wissenschaftliche Disziplin von grundlegender Bedeutung der schöpferischen Tat eines einzelnen zu verdanken ist. Dieser Fall ist verwirklicht in der Schöpfung Georg Cantors, der Mengenlehre, einer neuen mathematischen Disziplin, die während eines Zeitraumes von etwa 25 Jahren in einer Reihe von Abhandlungen ein und desselben Forschers in ihren Grundzügen entwickelt, seitdem zum bleibenden Besitze der Wissenschaft geworden ist, so daß alle späteren Forschungen auf diesem Gebiete nur noch als ergänzende Ausführungen seiner grundlegenden Gedanken aufzufassen sind. Aber auch abgesehen von dieser ihrer historischen Bedeutung sind die Cantorschen Originalabhandlungen noch für den heutigen Leser von unmittelbarem Interesse, in ihrer klassischen Einfachheit und Präzision ebenso zur ersten Einführung geeignet und darin noch von keinem neueren Lehrbuch übertroffen, wie auch für den Fortgeschrittenen durch die Fülle der zugrunde liegenden Gedanken eine genußreich anregende Lektüre. Der immer noch wachsende Einfluß der Mengenlehre auf alle Zweige der modernen Mathematik und vor allem ihre überragende Bedeutung für die heutige Grundlagenforschung haben bei Mathematikern wie bei Philosophen den Wunsch entstehen lassen, die in verschiedenen Zeitschriften zerstreuten und teilweise schwer zugänglichen Abhandlungen in ihrem natürlichen Zusammenhange lesen und studieren zu können. Diesem Bedürfnisse zu entsprechen ist die hier vorliegende Gesamtausgabe bestimmt, welche aber außer den rein mengentheoretischen auch alle übrigen wissenschaftlichen Abhandlungen Cantors mathematischen und philosophischen Inhalts umfaßt. ..."

Dieser Nachdruck der Erstauflage von 1932 wurde ergänzt durch eine Liste derjenigen Arbeiten Georg Cantors, die nicht in der Originalausgabe enthalten sind, sowie einer Zusammenstellung der Veröffentlichungen, die Briefe von Cantor enthalten (von J. Dauben).

Printed in the United States
By Bookmasters